中文版 Rhino 5.0 完全自学教程

培训教材版

U0250880

徐平 章勇 苏浪 编著

人民邮电出版社
北京

图书在版编目（CIP）数据

中文版Rhino 5.0完全自学教程 ：培训教材版 / 徐平，章勇，苏浪编著. -- 北京 ：人民邮电出版社，2020.9
ISBN 978-7-115-52357-0

Ⅰ. ①中… Ⅱ. ①徐… ②章… ③苏… Ⅲ. ①产品设计－计算机辅助设计－应用软件－教材 Ⅳ. ①TB472-39

中国版本图书馆CIP数据核字(2019)第252192号

内容提要

这是一本全面介绍 Rhino 5.0 基本功能及实际应用的书。本书针对零基础读者编写，是入门级读者快速、全面掌握 Rhino 5.0 的参考书。

本书从 Rhino 5.0 的基本操作入手，结合大量的可操作性案例，全面、深入地阐述了 Rhino 的曲线运用、曲面建模、实体建模和网格建模技术。在软件运用方面，本书还结合当前较为常用的 KeyShot 渲染软件进行讲解，向读者展示了如何运用 Rhino 结合 KeyShot 制作优秀的产品效果图，让读者能够学以致用。

本书共分为 13 章，前 6 章介绍 36 个技术板块的内容，第 7 章介绍 KeyShot 渲染软件的使用方法，最后 6 章安排了 6 个工业产品综合实例。全书讲解细致，案例丰富，能够使读者有效掌握软件技术。本书讲解模式新颖，非常符合读者学习新知识的思维习惯。

本书附带学习资源，内容包括书中案例的素材文件、场景文件和实例文件，以及 PPT 教学课件和在线教学视频。读者可在线获取这些资源，具体方法请参看本书前言。

本书适合作为 Rhino 初、中级读者的入门及提高的参考书，尤其是零基础读者。另外，请读者注意，本书所有内容均采用 Rhino 5.0 和 KeyShot 3.2 进行编写。

◆ 著　　徐 平　章 勇　苏 浪
　责任编辑　张丹丹
　责任印制　马振武
◆ 人民邮电出版社出版发行　北京市丰台区成寿寺路 11 号
　邮编　100164　电子邮件　315@ptpress.com.cn
　网址　https://www.ptpress.com.cn
　北京隆昌伟业印刷有限公司印刷
◆ 开本：787×1092　1/16
　印张：29.5
　字数：1018 千字　　2020 年 9 月第 1 版
　印数：1 – 2 000 册　　2020 年 9 月北京第 1 次印刷

定价：69.80 元

读者服务热线：(010) 81055410　印装质量热线：(010) 81055316
反盗版热线：(010) 81055315
广告经营许可证：京东市监广登字 20170147 号

前言

Rhino，全称为Rhinoceros，也称“犀牛”，是由Robert McNeel & Associates公司研发的一套功能强大的自由造型建模软件，可以精确地制作出用来作为渲染表现、动画、工程图、分析评估以及生产用的模型，因此被广泛地应用于工业设计、珠宝设计、交通工具设计、机械设计、玩具设计与建筑设计等领域。

本书是初学者自学Rhino 5.0的经典图书。本书从实用角度出发，全面、系统地讲解了Rhino 5.0的各大功能，着重于Rhino建模核心概念的剖析；通过实战演练使读者加深对Rhino建模工具的理解；同时，本书着重于产品建模思路的分析、产品建模技巧和方法的讲解。此外，本书精心安排了66个具有针对性的实战案例和8个综合实例，使读者能够在实践中真正体会到Rhino 5.0的强大功能和曲面建模的精妙所在，并且书中全部案例都配有教学视频，详细演示了案例的制作过程。

本书内容特色

本书共分为13章，从Rhino 5.0的应用领域开始讲起，先介绍软件的界面和工作环境设置，然后讲解Rhino的操作方法，包括对象的选择、移动、缩放、复制、旋转、镜像、阵列等；接着按照曲线、曲面、实体和网格四大建模板块讲解软件本身的主要功能，内容涉及不同类型的模型的区别、模型的创建和编辑、模型分析等；最后讲解KeyShot渲染技术，并安排了6个大型综合实例。

本书覆盖了Rhino 5.0绝大部分的工具与命令，同时以“基础知识讲解+实战练习”的形式进行讲解，贯穿所有知识点和技术难点，层次一目了然。

本书的版面结构说明

为了达到让读者轻松自学，以及深入了解软件功能的目的，本书专门设计了“技巧与提示”“疑难问答”“技术专题”“知识链接”“实战”“综合实例”等项目，简要介绍如下。

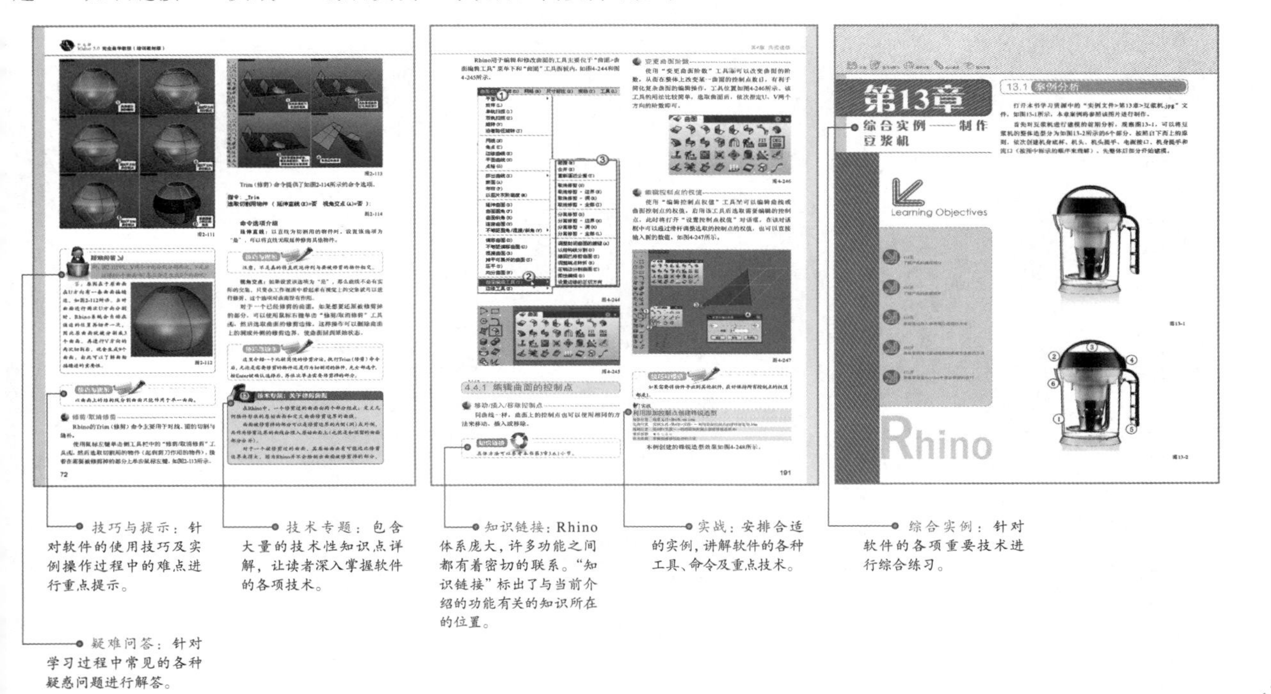

鸣谢

本书由徐平、章勇、苏浪编著，徐平撰写第1～8章，章勇撰写第9～13章，苏浪进行教学视频的录制。本书撰写过程中得到了学犀牛网校的大力支持，在此表示感谢，同时感谢张冠军、田致宇、龙奇和李鼎泽等提供的作品图片。

由于时间所限和编者自身能力的关系，书中难免存在疏漏之处，请广大读者不吝赐教。

祝您在学习的道路上百尺竿头，更进一步！

其他说明

本书附带学习资源，内容包括书中案例的素材文件、场景文件和实例文件，以及PPT教学课件和在线教学视频。扫描右侧或封底的“资源获取”二维码，关注“数艺设”的微信公众号，即可得到资源文件获取方式。如需资源获取技术支持，请致函szys@ptpress.com.cn。在学习的过程中，如果遇到问题，欢迎您与我们交流，客服邮箱：press@iread360.com。

资源获取

编者

2020年5月

资源与支持

本书由“数艺设”出品，“数艺设”社区平台（www.shuyishe.com）为您提供后续服务。

配套资源

书中案例的素材文件、场景文件和实例文件
PPT教学课件
在线教学视频

资源获取请扫码

“数艺设”社区平台，为艺术设计从业者提供专业的教育产品。

与我们联系

我们的联系邮箱是 szys@ptpress.com.cn。如果您对本书有任何疑问或建议，请您发邮件给我们，并请在邮件标题中注明本书书名及ISBN，以便我们更高效地做出反馈。

如果您有兴趣出版图书、录制教学课程，或者参与技术审校等工作，可以发邮件给我们；有意出版图书的作者也可以到“数艺设”社区平台在线投稿（直接访问 www.shuyishe.com 即可）。如果学校、培训机构或企业想批量购买本书或“数艺设”出版的其他图书，也可以发邮件联系我们。

如果您在网上发现针对“数艺设”出品图书的各种形式的盗版行为，包括对图书全部或部分内容的非授权传播，请您将怀疑有侵权行为的链接通过邮件发给我们。您的这一举动是对作者权益的保护，也是我们持续为您提供有价值的内容的动力之源。

关于“数艺设”

人民邮电出版社有限公司旗下品牌“数艺设”，专注于专业艺术设计类图书出版，为艺术设计从业者提供专业的图书、U书、课程等教育产品。出版领域涉及平面、三维、影视、摄影与后期等数字艺术门类，字体设计、品牌设计、色彩设计等设计理论与应用门类，UI设计、电商设计、新媒体设计、游戏设计、交互设计、原型设计等互联网设计门类，环艺设计手绘、插画设计手绘、工业设计手绘等设计手绘门类。更多服务请访问“数艺设”社区平台www.shuyishe.com。我们将提供及时、准确、专业的学习服务。

目录

第1章 进入Rhino 5.0的精彩世界 .... 14 

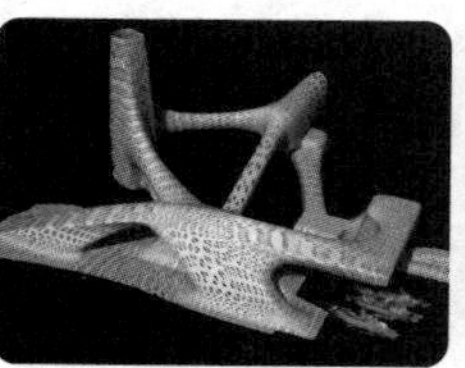

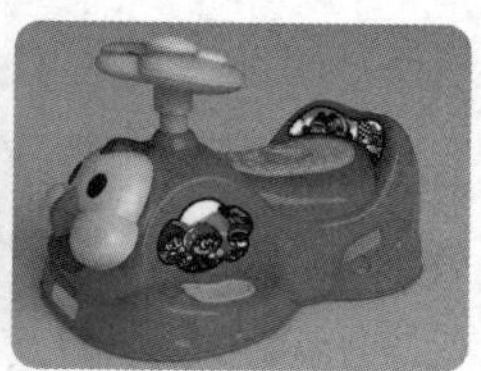

第2章 掌握Rhino 5.0的基础操作 52

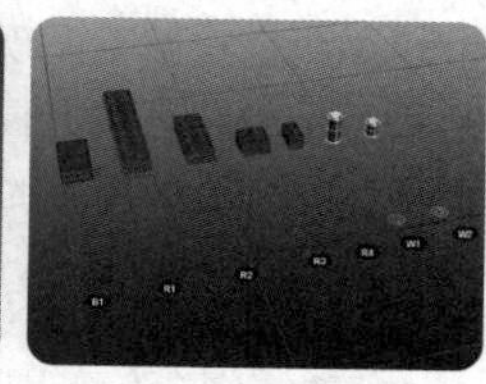

第3章 曲线应用……90

第4章 曲面建模......142

第13章 综合实例——制作豆浆机........................436

第1章 进入Rhino 5.0的精彩世界

Learning Objectives

Rhino

1.1 认识Rhino 5.0

Rhino，全称为Rhinoceros，也称“犀牛”，是由Robert McNeel & Associates公司研发的一套功能强大的自由造型建模软件，可以精确地制作出用来作为渲染表现、动画、工程图 、分析评估以及生产用的模型，因此被广泛地应用于工业设计、珠宝设计、交通工具设计、机械设计、玩具设计与建筑设计等领域，如图1-1～图1-6所示。

图1-1

图1-2

图1-3

图1-4

图1-5

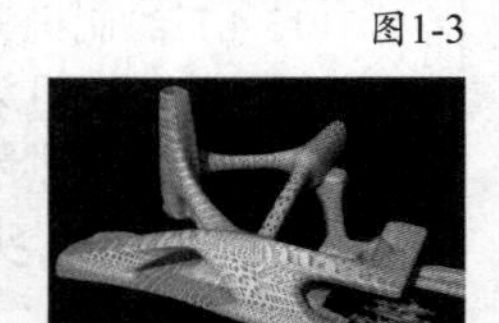

图1-6

技巧与提示

Rhino从1992年开始研发，1998年推出了Rhinoceros 1.0版本。从Rhinoceros 3.0版本开始更换了软件内核，增强了图形的显示能力以及软件的兼容性，最明显的改变就是图标的指示性更加明确。编写本书采用的版本为Rhinoceros 5.0。需要注意的是，要预先安装好Rhinoceros 4.0 SR5以上版本才可以安装和使用Rhinoceros 5.0。

1.2 了解Rhino建模的核心理念

Rhino是一款相对较小的建模软件，对系统配置的要求也不高。其操作界面简洁，运行速度很快，建模功能也非常强大，能够很容易地表现设计师的设计思想。同时，在Rhino中可以输出OBJ、DXF、IGES、STL、3DM等不同格式的文件，几乎可以与市面上所有的三维软件完成对接。

Rhino建模的核心是NURBS曲面技术，要了解这一建模理念，首先要明白什么是NURBS。

1.2.1 什么是NURBS

NURBS是Non-Uniform Rational B-Splines的缩写，译为“非均匀有理B样条曲线”，是指以数学的方式精确地描述所有的造型（从简单的2D线条到复杂的3D有机自由曲面与实体）。由于它具有灵活性与精确性，因此可以应用到从草图到动画再到加工的任何步骤中。

Rhino以NURBS呈现曲线及曲面，NURBS曲线和曲面具有以下5点重要的特质，这些特质使其成为计算机辅助建模的理想选择。

第1点：目前，主流的CG类软件（如3ds Max、Maya、Softimage等）以及主要的工程软件（如Pro/E、UG、CATIA等）都包含NURBS几何图形的标准，因此使用Rhino创建的NURBS模型可以导入许多建模、渲染、动画和工程分析软件中进行后期处理，而且以NURBS保存的几何图形在20年后仍然可以使用。

第2点：NURBS非常普及，目前有很多大学及培训机构都有专门教授计算几何及计算机图形学的课程，这意味着专业软件厂商、工程团队、工业设计公司及动画公司可以很方便地找到受过NURBS程序训练的程序设计师。

第3点：NURBS可以精确地描述标准的几何图形（直线、圆、椭圆、球体、环状体）及自由造型的几何图形（车身、人体）。

第4点：以NURBS描述的几何图形所需的数据量远比一般的网格图形要少。

第5点：NURBS的计算规则可以有效并精确地在计算机上执行。

1.2.2 多边形网格

在Rhino中着色或渲染NURBS曲面时，曲面会先转换为多边形网格。多边形网格是Rhino的又一大利器，它的存在为Rhino与其他软件的完美对接搭建起了一道可靠的桥梁，也为Rhino自身的进一步强大创造了一个新的机遇。

在开始了解多边形网格前，首先来了解一下什么是多边形造型。所谓多边形造型，是指用多边形表示或者近似表示物体曲面的物体造型方法。多边形造型非常适用于扫描线渲染。

多边形造型所用的基本对象是三维空间中的顶点。将两个顶点连接起来的直线称为边。3个顶点经3条边连接起来成为三角形，三角形是欧几里得空间中最简单的多边形。多个三角形可以组成更加复杂的多边形，或者生成多于3个顶点的单个物体。四边形和三角形是多边形造型中最常用的形状，通过共同的顶点连接在一起的一组多边形通常被当作一个元素，组成元素的每一个多边形就是一个表面。

通过共有的边连接在一起的一组多边形叫作一个网格。为了增加网格渲染时效果的真实性，它必须是非自相交的，也就是说多边形内部没有边（或者说网格不能穿过自身），并且网格不能出现任何的错误（如重复的顶点、边或者表面）。另外，对于有些场合，网格必须是流形，即它不包含空洞或者奇点（网格两个不同部分之间通过唯一的顶点相连）。

Rhino的多边形网格是若干多边形和定义多边形的顶点的集合，包含三角形和四边形面片，如图1-7所示。

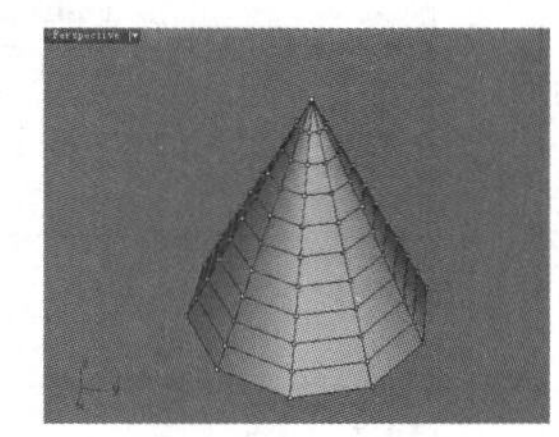

图1-7

Rhino的多边形网格包括了各个顶点的坐标值，此外还包含了法线向量、颜色和纹理等信息。

多边形网格的一个主要优点是它比其他的表示方法处理速度快，而且许多三维软件都使用具有三维多边形网格数据的格式来表示几何体，这为Rhino与其他软件之间的数据交换创造了条件。

1.3 Rhino 5.0的工作界面

安装好Rhino 5.0后，双击桌面上的快捷图标，快速启动软件，其工作界面如图1-8所示。

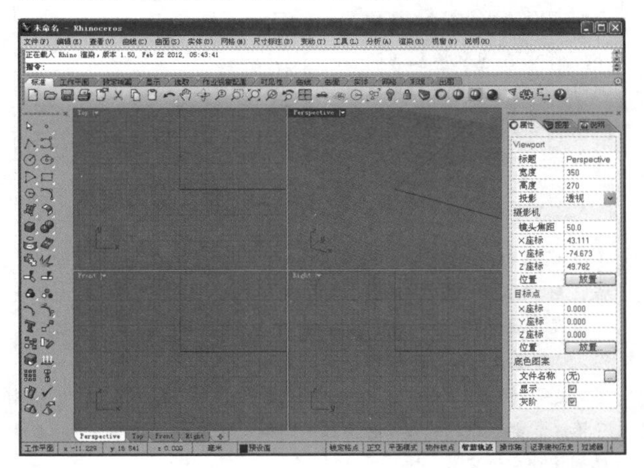

图1-8

01 技术专题：选择模板文件

每一次启动Rhino 5.0时，都会弹出如图1-9所示的预设窗口，在该窗口中可以选择一个需要使用的模板文件，也可以快速打开最近使用的文件。

模板文件是3DM格式的文件，通常储存于Rhino安装目录下的support文件夹内。按照类型来划分，Rhino 5.0提供了“大物件”和“小物件”两种类型的模板文件，它们的区别在于“绝对公差”等设置不同，如图1-10所示；按照单位来划分，Rhino 5.0提供了“米”“厘米”“毫米”“英寸”和

“英尺”5种单位。通常选择“大物件-毫米”或“小物件-毫米”模板文件，因为“毫米”是设计中常用的计量单位。

图1-9

图1-10

要使用一个模板文件，直接在该文件上单击鼠标左键即可。如果没有选择任何模板文件，那么系统将使用默认的设置建立新文件（默认是“小物件-毫米”文件）。可以将常用的模板文件设置为默认建立的文件，只需在预设窗口中勾选“预设打开这个模板”选项即可，如图1-11所示。

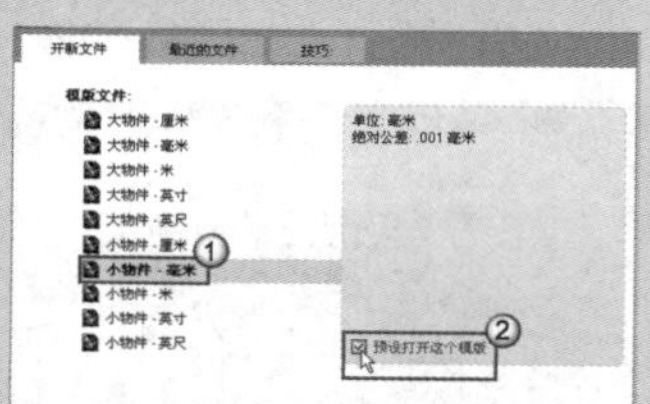

图1-11

选定模板进入工作界面后，如果想要修改所使用的模板，可以执行“文件>新建”菜单命令（快捷键为Ctrl+N）进入“打开模板文件”对话框，然后重新进行选择即可，如图1-12所示。需要注意的是，选择模板时最好先查看“单位”和“绝对公差”设置，因为“单位”可以体现物件的大小，而“绝对公差”反映了物件需要达到的精度，这些都是建模时会遇到的情况，所以在建模前就应该设置妥当。

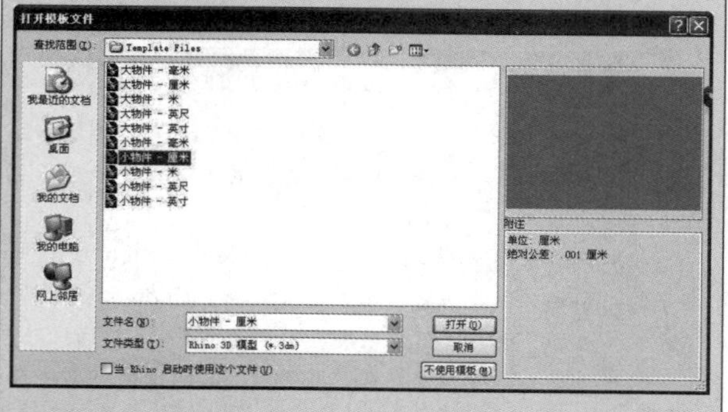

图1-12

Rhino 5.0的工作界面主要由标题栏、菜单栏、命令行、工具栏、工作视图、状态栏和图形面板7个部分组成，如图1-13所示。

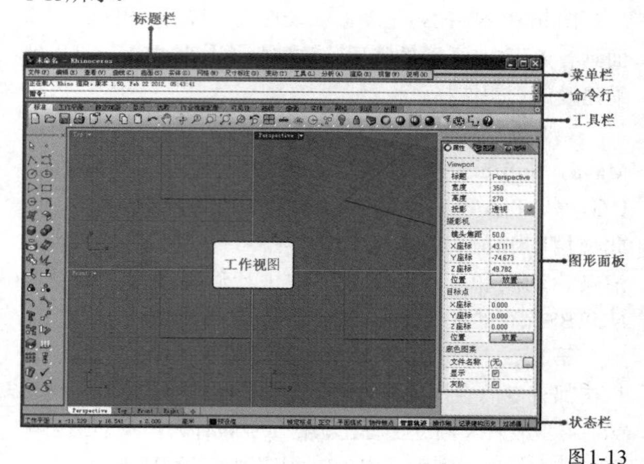

图1-13

1.3.1 标题栏

标题栏位于界面的顶部，主要显示了软件图标、当前使用文件的名称（如果当前使用的文件还没有命名，则显示为“未命名”）以及软件名称等信息，如图1-14所示。

未命名 - Rhinoceros

图1-14

1.3.2 菜单栏

菜单栏位于标题栏下方，包含“文件”“编辑”“查看”“曲线”“曲面”“实体”“网格”“尺寸标注”“变动”“工具”“分析”“渲染”“视窗”和“说明”14个主菜单，如图1-15所示。

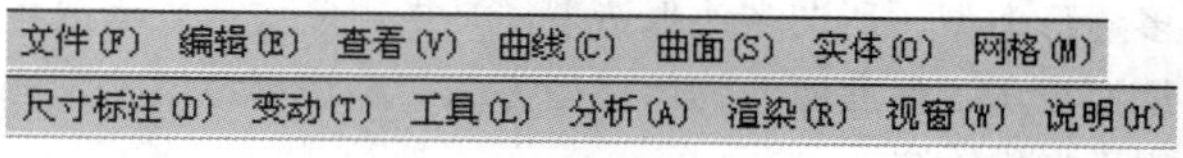

文件(F) 编辑(E) 查看(V) 曲线(C) 曲面(S) 实体(O) 网格(M)
尺寸标注(D) 变动(T) 工具(L) 分析(A) 渲染(R) 视窗(W) 说明(H)

图1-15

02 技术专题：菜单命令的基础知识

Rhino 5.0的菜单栏同Windows操作平台下的其他应用程序一样，几乎所有的工具和命令都可以在菜单上找到，并依据不同的功能区进行排列。例如，所有创建实体的命令都可以在“实体”菜单下找到。有时，加入的插件程序也会在菜单栏上显示出来。

在执行菜单中的命令时可以发现，某些命令后面有与之对应的快捷键，如“组合”命令的快捷键为Ctrl+J，也就是说按Ctrl+J组合键就可以将选定的物件组合在一起，如图1-16所示。牢记这些快捷键能够节省很多操作时间。

若下拉菜单命令的后面带有省略号（…），则表示执行该命令后会弹出一个对话框，如图1-17所示。

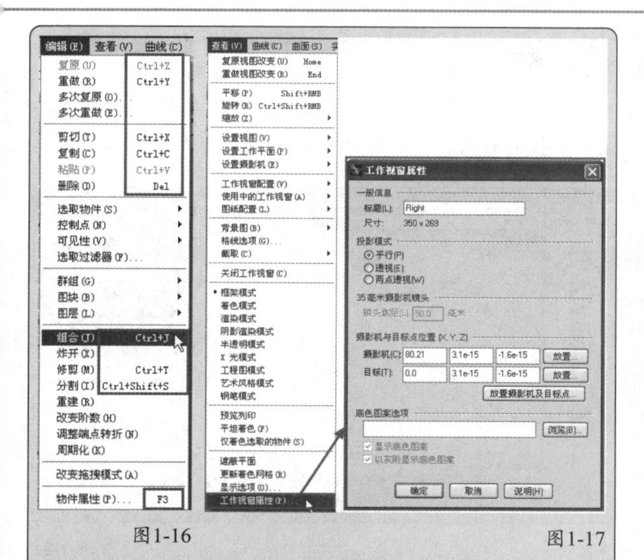

图1-16　　图1-17

若下拉菜单命令的后面带有小箭头图标（▶），则表示该命令含有子菜单，如图1-18所示。

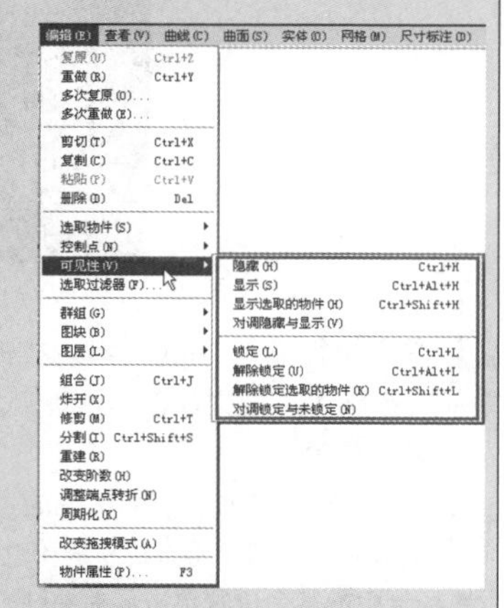

图1-18

几乎所有菜单和菜单命令都提供了一个首字母，例如，“编辑”菜单的首字母为E，而该菜单下的“复原”命令的首字母为U，如图1-19所示。这一设置用于通过键盘执行命令，以执行“编辑>复原”菜单命令为例，首先按Alt键（此时首字母上将出现一条下画线，如图1-20所示），然后按E键，接着按U键即可复原上一个操作（按Ctrl+Z组合键也可以达到相同的效果）。

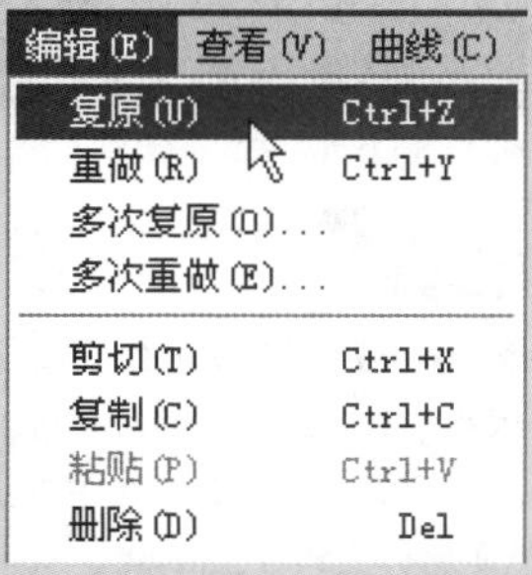

图1-19 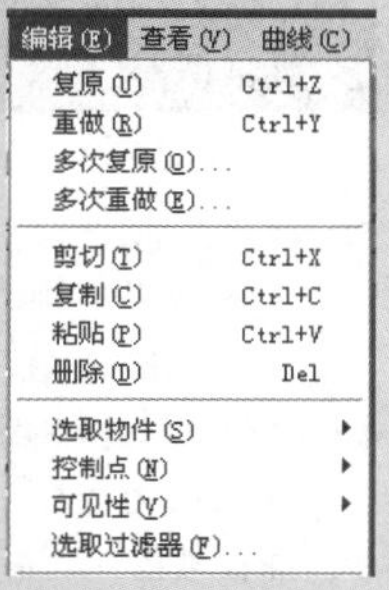　　图1-20

当某个菜单命令显示为灰色时，则表示该命令不可用，这是因为在当前操作中没有适合该命令的操作对象。如初次运行Rhino 5.0时，由于还没有在文件中进行过任何操作，因此“编辑”菜单下的“复原”命令就不可用，如图1-21所示；而进行了某个操作后（比如绘制一条曲线），“复原”命令才可用，如图1-22所示。

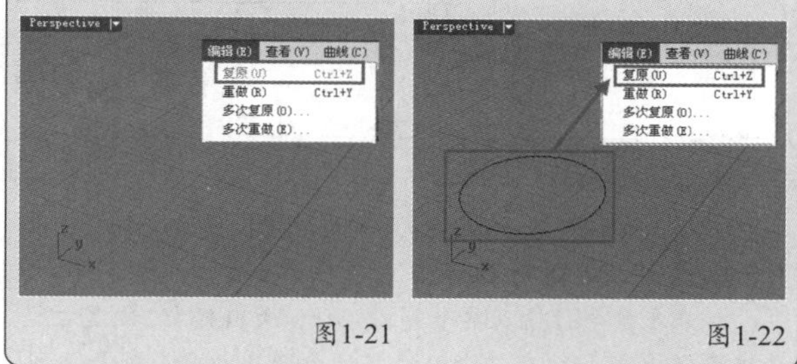

图1-21　　图1-22

1.3.3 命令行

Rhino 5.0拥有和AutoCAD相似的命令行，主要分为“命令历史区”和“命令输入行”两个部分，如图1-23所示。在命令输入行中可以输入命令来执行操作，完成的操作过程将被记录并显示在命令历史区中。

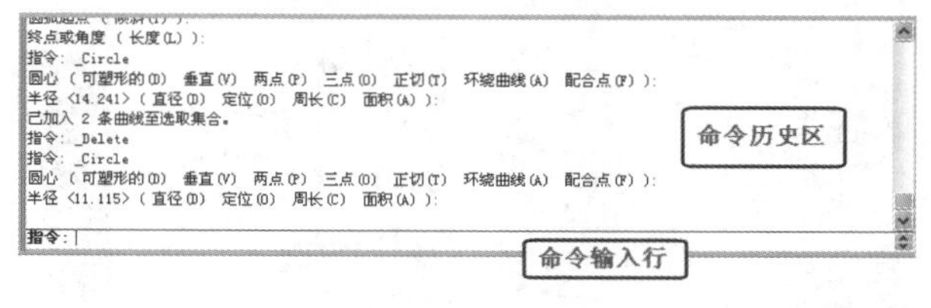

图1-23

下面以“移动”命令为例，讲解一个命令的完整执行过程。

01 在Rhino 5.0工作界面左侧的工具栏中单击“移动”工具，如图1-24所示。

02 查看命令行，可以看到已经出现了“选取要移动的物件”的提示，如图1-25所示。

图1-24　　图1-25

03 根据上一命令提示在视图窗口中选择一个物件，此时将出现“选取要移动的物件，按Enter完成”的提示，如图1-26所示。在该提示下可以继续选择需要移动的物件，也可以按键盘上的Enter键（回车键）完成选择。

图1-26

04 依次根据命令提示指定移动的起点和终点，完成命令操作，如图1-27所示。

```
指令: _Move
选取要移动的物件:
选取要移动的物件，按 Enter 完成:
移动的起点 ( 垂直(V)=否 ):
移动的终点 <28.743>:
指令:
```

图1-27

一个命令执行完成后，如果需要重复执行该命令，可以按Enter键或Space键（空格键）。

如果在命令行输入单个英文字母，大概停留2秒左右，系统会弹出一个所有以输入的字母为开头的命令列表。图1-28所示是以M开头的命令列表，而图1-29所示是以Mo开头的命令列表。

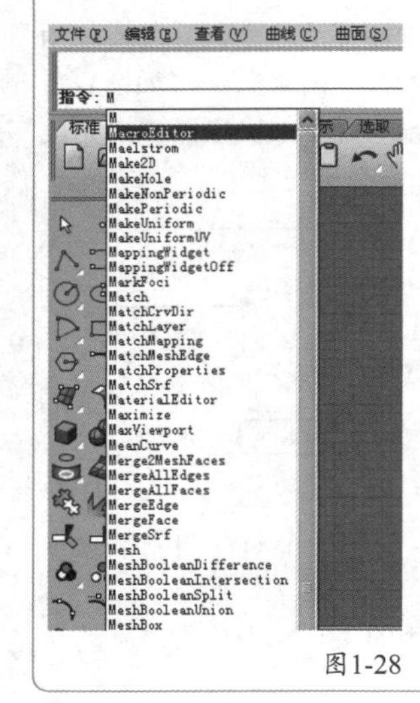

图1-28

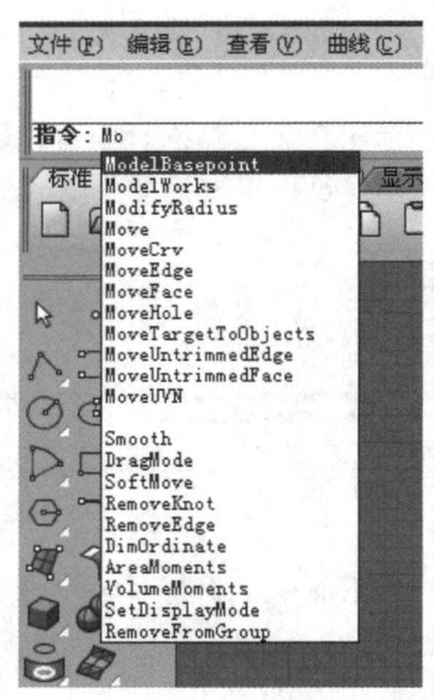

图1-29

实战

利用命令行复制模型

场景位置	场景文件>第1章>01.3dm
实例位置	实例文件>第1章>实战——利用命令行复制模型.3dm
视频位置	第1章>实战——利用命令行复制模型.flv
难易指数	★★☆☆☆
技术掌握	掌握通过命令行执行Rhino命令的方法

本例讲解通过命令行启用Copy（复制）命令复制模型的方法，效果如图1-30所示。

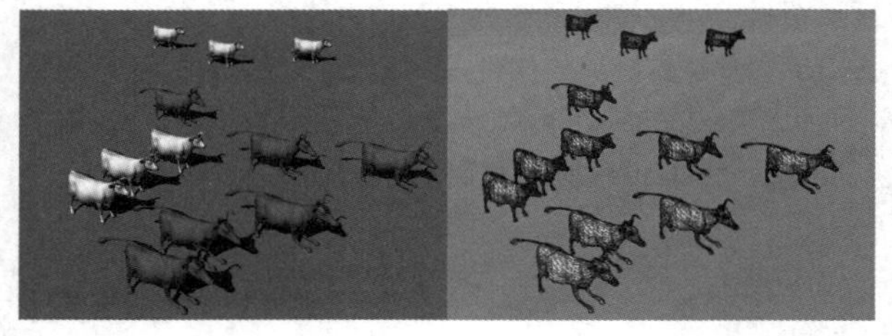

图1-30

01 执行“文件>打开”菜单命令或按Ctrl+O组合键，系统弹出“打开”对话框，然后选择本书学习资源中的“场景文件>第1章>01.3dm”文件，并单击打开(O)按钮，如图1-31所示，打开的场景效果如图1-32所示。

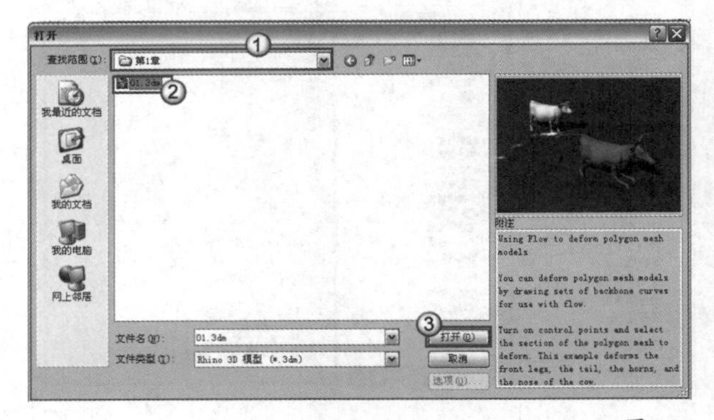

图1-31

图1-32

02 在命令行输入Copy，然后按Enter键，接着根据命令提示进行操作，效果如图1-33所示，具体操作步骤如下。

操作步骤

① 选择两头牛模型，并按Enter键确认。

② 在任意位置单击鼠标左键拾取一点作为复制的起点，然后在场景中的其余位置单击鼠标左键确定复制的终点。

③ 继续通过拾取点进行复制，然后按Enter键完成操作。

图1-33

由于Rhino是通过命令行来进行命令操作，因此本书在讲解命令操作过程的时候将以“操作步骤”的形式来介绍。

在上面的操作中，如果最后一步没有按Enter键结束命令，那么可以一直进行复制，直到按Enter键、Space键或Esc键退出命令。

03 技术专题：在Rhino中执行命令的多种方式

通过前面的讲解和实战练习，现在我们来简单地总结一下在Rhino中执行命令的多种方式。

第1种：通过菜单栏，例如，“复制”命令就位于“变动”主菜单中，如图1-34所示。需要注意的是，“编辑”主菜单下也有“复制”命令，如图1-35所示。它们的区别在于，“变动>复制”菜单命令只能在当前工作文件内复制物件；而“编辑>复制”菜单命令是将选取的物件复制到Windows剪贴板内，因此可以粘贴到任何其他能够识别的程序中。

第2种：通过在命令行输入英文指令来启用相关的命令，这种方法需要大家熟悉常用命令的英文指令，例如，“复制”命令的英文指令是Copy。

第3种：通过单击工具栏中的工具按钮来启用相关的命令，例如，在工作界面左侧的工具栏中单击“复制”工具也可以启用“复制”命令，如图1-36所示。

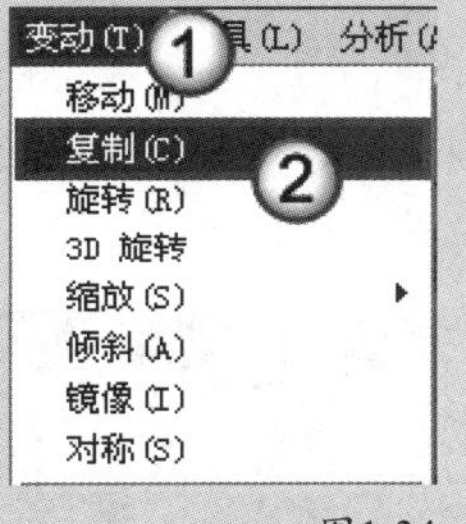

图1-34

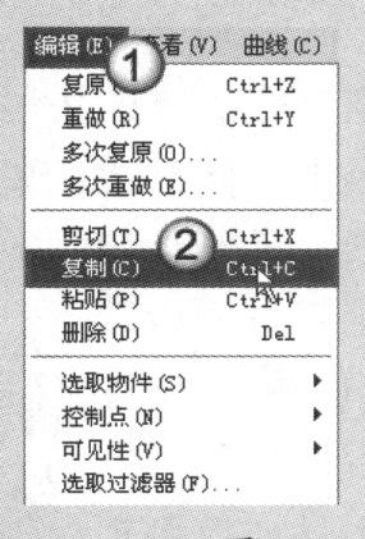

图1-35

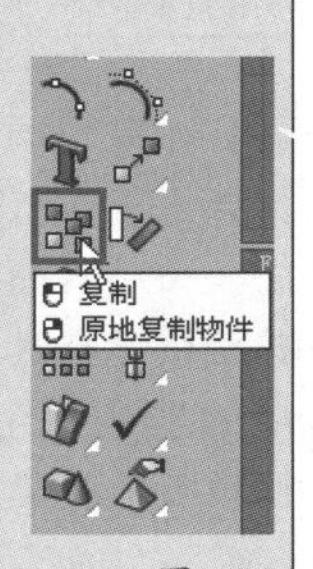

图1-36

1.3.4 工具栏

Rhino 5.0的工具栏主要分为“主工具栏”和“侧工具栏”两个部分，如图1-37所示。主工具栏依据不同的使用功能集成了“标准”“工作平面”“设定视图”“显示”“选取”“作业视窗配置”“可见性”“曲线”“曲面”“实体”“网格”“彩现”和“出图”13个工具选项卡。不同选项卡下所提供的工具各不相同，甚至会改变侧工具栏中的工具，图1-38所示是“曲线”选项卡下的工具栏。

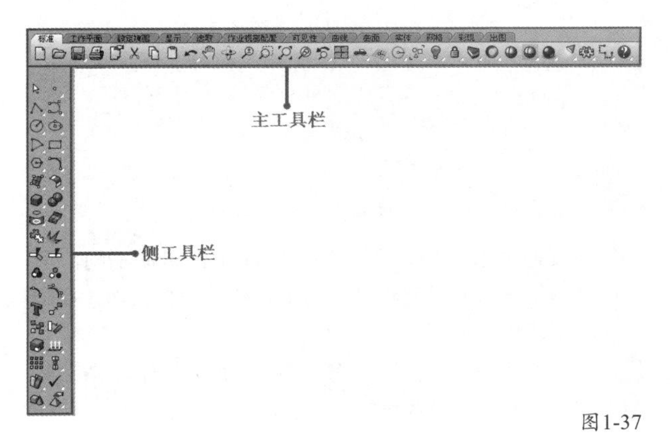

图1-37

图1-38

技巧与提示

在“曲线”“曲面”“实体”“网格”“彩现”和“出图”6个选项卡下，侧工具栏中提供的工具各不相同。其余7个选项卡下的侧工具栏提供的工具相同。

04 技术专题：工具栏的基础知识

由于Rhino 5.0的工具栏包含了几乎所有工具，因此具有以下特点。

第1点：主工具栏和侧工具栏都可以调整为浮动工具面板，也可以停靠在界面的任意位置，如图1-39所示。

第2点：主工具栏中的每一个选项卡都可以调整为单独的工具面板，如图1-40所示。

图1-39

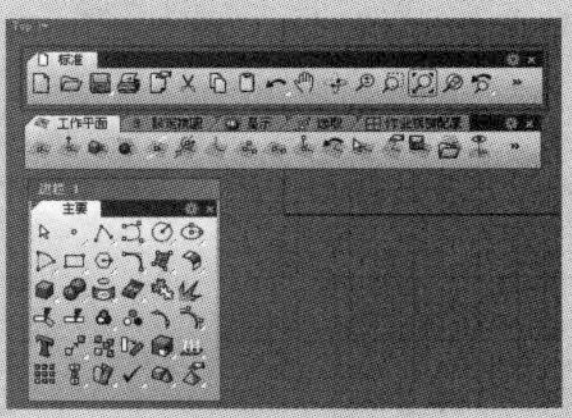

图1-40

第3点：某些工具的右下角带有一个白色的三角形图标，这表示该工具下包含有拓展工具，如图1-41所示。

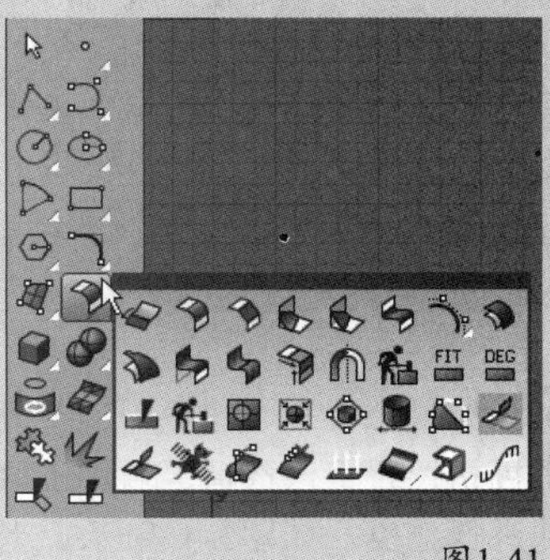

图1-41

实战

调整工具栏的位置

场景位置 无
实例位置 无
视频位置 第1章>实战——调整工具栏的位置.flv
难易指数 ★☆☆☆☆
技术掌握 掌握改变工具栏的位置和打开拓展工具面板的方法

01 将鼠标指针放置在侧工具栏的顶部，当指针变为形状时，按住鼠标左键不放，然后将侧工具栏拖曳至视图窗口中，如图1-42和图1-43所示。

图1-42

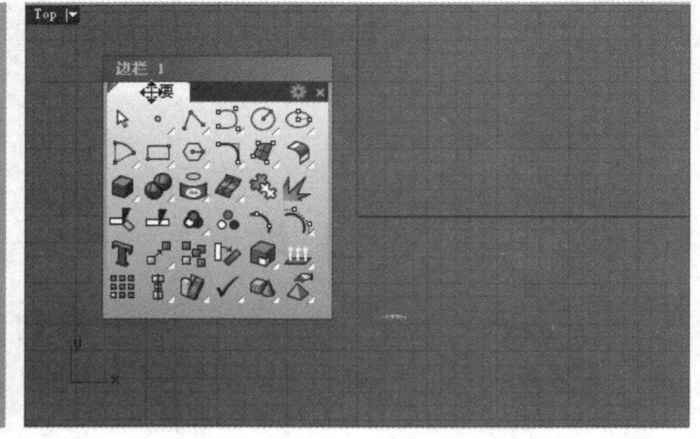

图1-43

02 如果想要恢复工具栏的原状，只需将鼠标指针置于工具栏顶部的蓝色标签上并按住鼠标左键不放，然后拖曳至工作界面左侧，当出现一条蓝色的色带时，松开鼠标左键，即可完成操作，如图1-44所示。如果想将工具栏放置在工作界面的其余位置，可以使用相同的方法进行操作，图1-45所示是侧工具栏放置在工作视窗右侧后的效果。

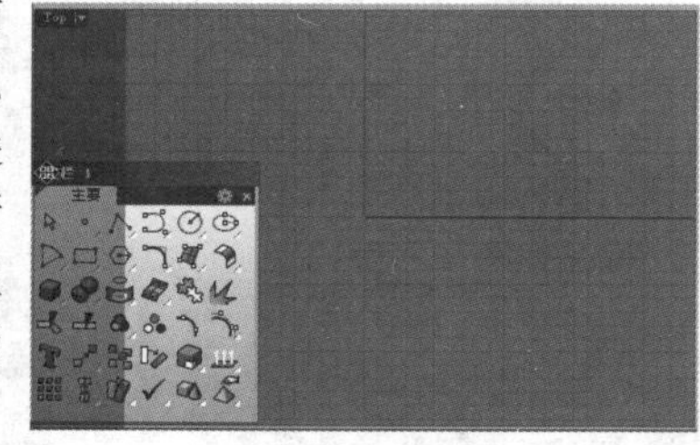
图1-44

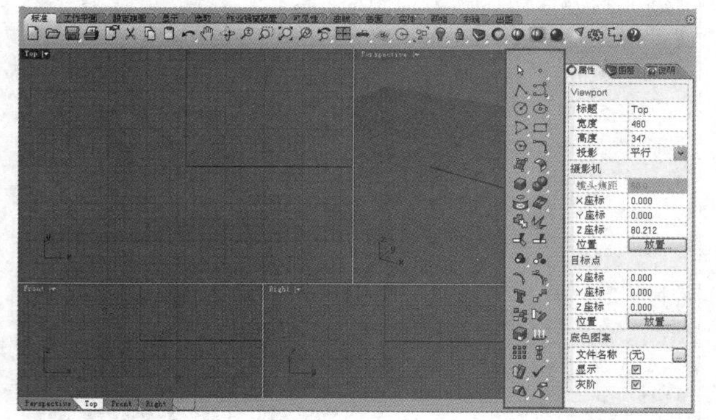
图1-45

03 如果想将某个选项卡调整为单独的工具栏，可以将鼠标指针置于该选项卡名称上，然后按住鼠标左键不放并进行拖曳，如图1-46所示。当拖曳至合适的位置后松开鼠标左键即可，效果如图1-47所示。

图1-46

图1-47

如果想要复原工具选项卡，可以使用相同的方法进行操作。同时，使用这种方法也可以任意改变选项卡之间的顺序。

04 如果想调出某个工具的拓展工具面板，可以将鼠标指针置于该工具上，然后按住鼠标左键不放，此时可弹出一个工具面板，如图1-48所示；接着松开鼠标左键，移动鼠标指针至工具面板顶部的灰色标签位置，如图1-49所示；最后按住鼠标左键就可以拖曳工具面板到视图中的任何位置，如图1-50所示。

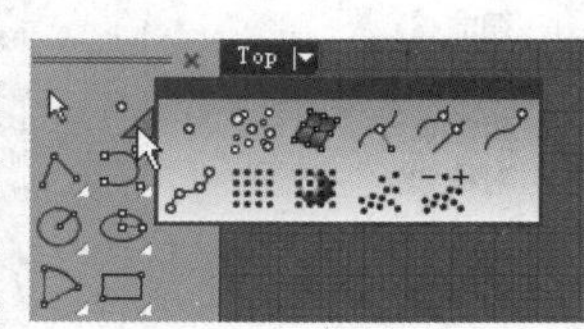

图1-48

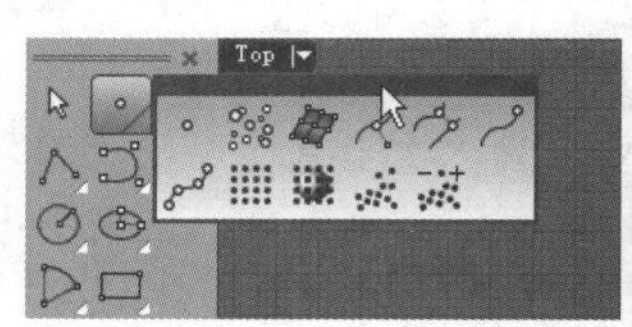

图1-49

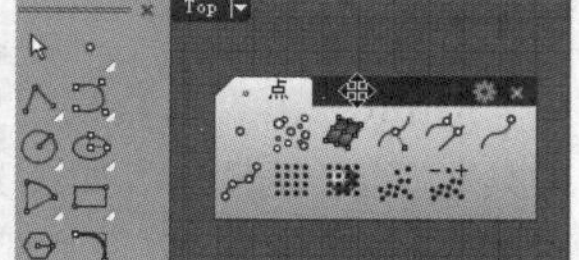

图1-50

当不需要使用打开的工具面板时，可以通过右上角的按钮将其关闭。

实战

创建个性化工具栏

场景位置 无
实例位置 无
视频位置 第1章>实战——创建个性化工具栏.flv
难易指数 ★☆☆☆☆
技术掌握 掌握自定义工具栏的方法和技巧

在实际的工作中，因为每个人的工作习惯不同，所以可以根据自己的习惯将常用的工具列在一起，创建属于自己的工具栏。

01 执行“工具>工具列配置”菜单命令，打开“工具列”窗口，如图1-51和图1-52所示。

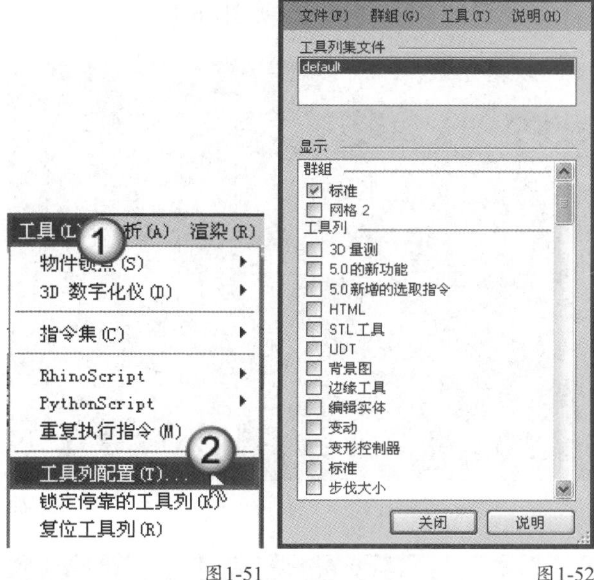

图1-51　　图1-52

02 在“工具列”窗口中执行“文件>开新文件”命令，然后在弹出的“另存为”对话框中设置好文件的保存路径和保存名称（这里设置为zy），最后单击保存(S)按钮保存新文件，如图1-53所示。

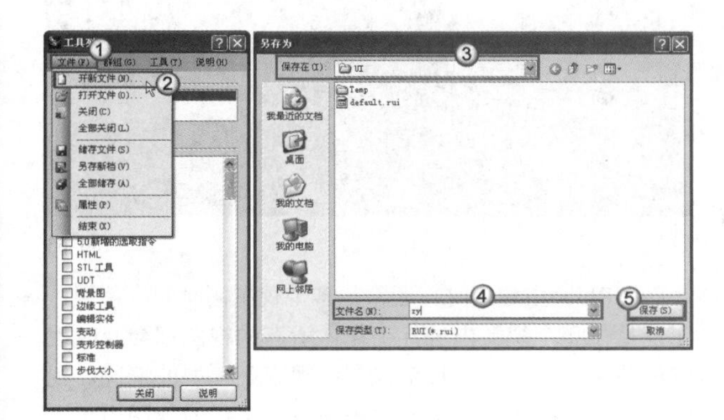

图1-53

03 在“工具列集文件”列表中选择新建的zy文件，此时“显示”列表下出现了“工具列群组”选项，勾选该选项，视图中出现了新设定的浮动工具栏，如图1-54所示。

04 在“工具列群组”选项上单击鼠标右键，然后在弹出的菜单中选择“属性”命令，打开“群组属性”对话框；接着在“名称”文本框中修改新工具栏的名称为zy，最后依次单击确定按钮和关闭按钮，如图1-55所示。

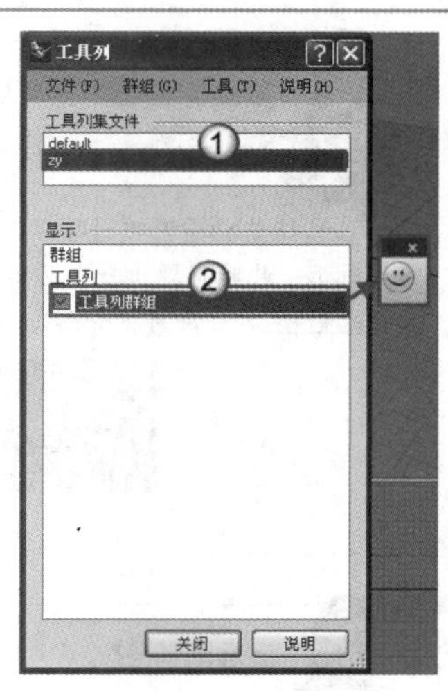

图1-54

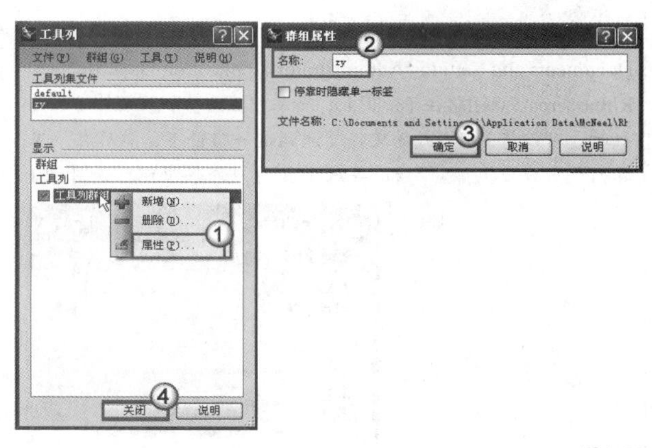

图1-55

05 现在要为新工具栏增加常用工具。首先将鼠标指针移动到新工具栏右侧，当指针变成↔形状时，按住鼠标左键不放并向右拖曳，将工具栏调整得大一些，如图1-56所示。

06 按住Ctrl键不放，然后将鼠标指针置于任意一个工具图标上，当出现“复制连结”的提示后，按住鼠标左键将其拖曳至新工具栏中，如图1-57所示。

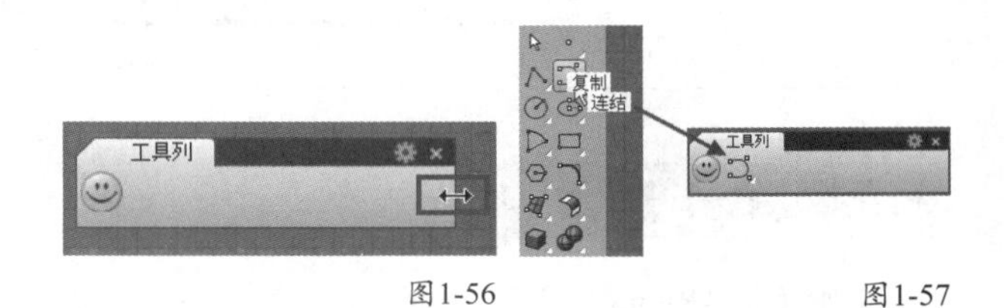

图1-56　　图1-57

07 使用相同的方法为新工具栏添加一系列常用工具，结果如图1-58所示。

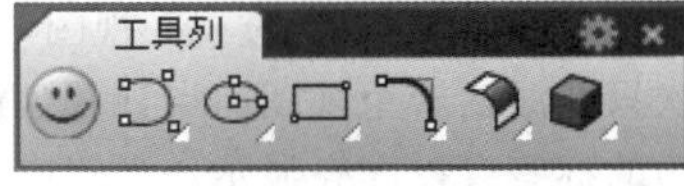

图1-58

疑难问答

问：如何删除工具栏中的工具？

答：按住Shift键的同时将工具图标拖曳出工具栏，如图1-59所示，此时将弹出一个对话框询问用户是否确认删除，单击 是(Y) 按钮即可，如图1-60所示。

图1-59

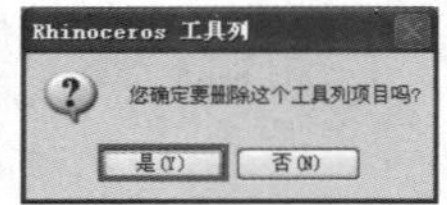

图1-60

疑难问答

问：如何加入插件的工具栏？

答：Rhino 5.0的工具栏文件的后缀为rui，保存在C:\Documents and Settings\Administrator\Application Data\McNeel\Rhinoceros\5.0\UI路径下。因此，如果以后需要加入插件的工具栏时，可以将RUI格式的文件复制到这一路径下，然后在“工具列”窗口中执行“群组>导入工具列”命令即可，如图1-61所示。

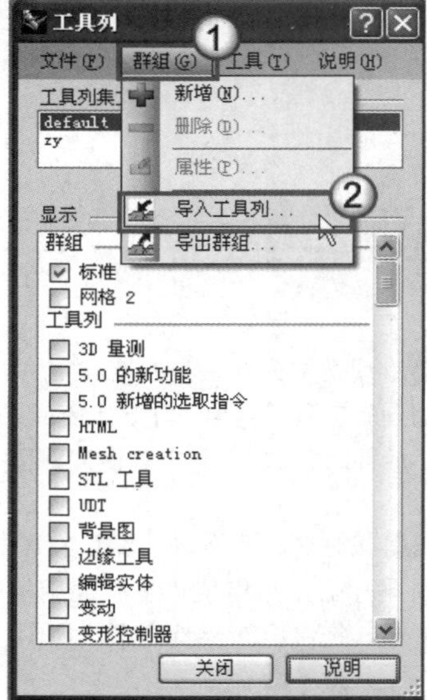

图1-61

1.3.5 工作视图

工作视图是Rhino中用于工作的实际区域，占据了界面的大部分空间。默认打开的Rhino 5.0显示了4个视图，分别是Top（顶）视图、Front（前）视图、Right（右）视图和Perspective（透视）视图，如图1-62所示。用户一次只能激活一个视图，当视图被激活时，位于视图左上角的标签会以高亮显示。当双击视图标签时，该视图会最大化显示。如果将鼠标指针放在4个视图的交界处，则可以调节4个视窗的比例大小，如图1-63所示。

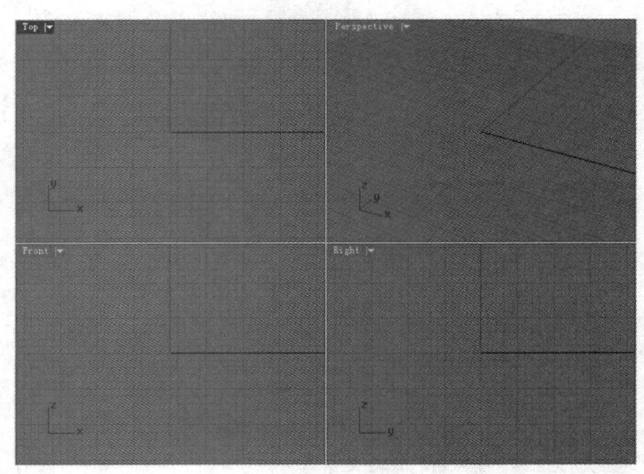

图1-62

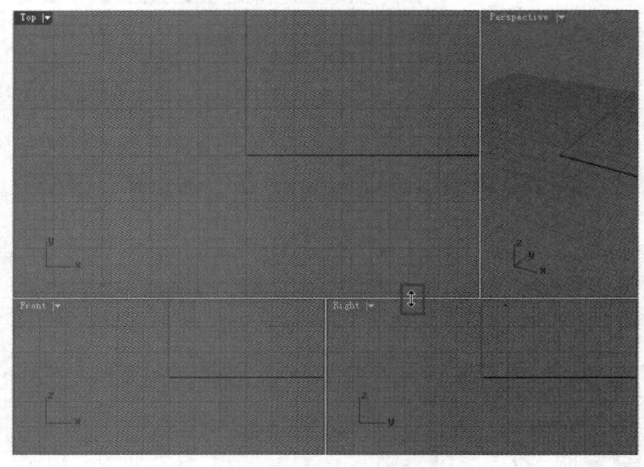

图1-63

在Rhino中建模时，通常是多个视图同时配合使用，无论是在哪个视图内进行工作，所有的视图都会及时地刷新图像，以便能在每个视图中观察到模型的情况。视图之间的切换比较简单，只需在需要工作的视图内单击鼠标左键即可激活该视图。

作业视窗配置

视图上方有一个“作业视窗配置”工具栏，该工具栏内提供的工具专门用于视图编辑，如图1-64所示。也可以通过“标准”工具栏下的“四个作业视窗”工具田来展开“作业视窗配置”工具面板，如图1-65所示。

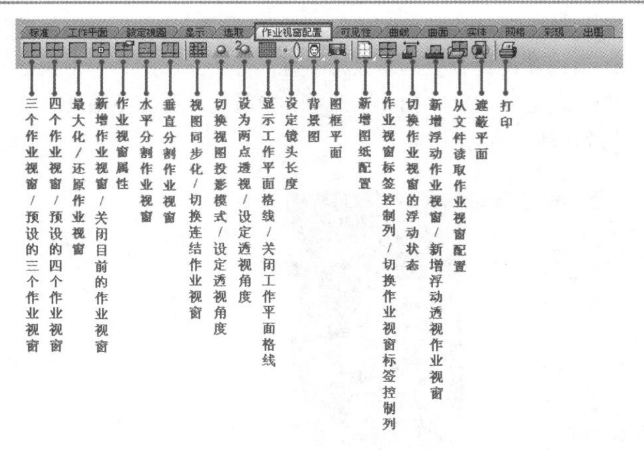

图1-64

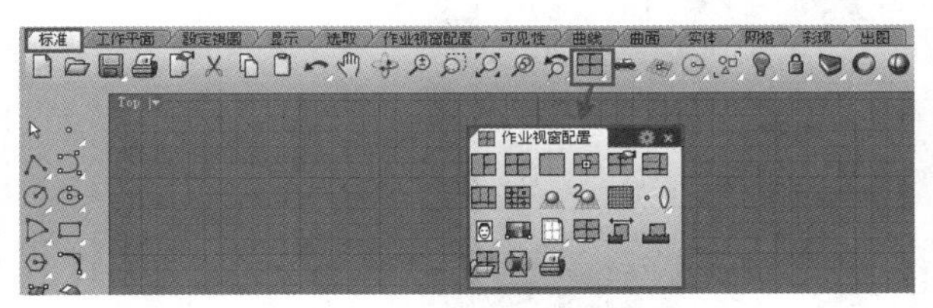

图1-65

下面对“作业视窗配置”工具栏中的一些重要工具进行介绍。

<1>三个作业视窗/预设的三个作业视窗

如果一个图形只需要两个示意图就能很清楚地表达本身的结构和特征，那么，一般情况下就使用3个视图来作业。使用“三个作业视窗/预设的三个作业视窗”工具可以将工作视图配置为Top（顶）视图、Front（前）视图和Perspective（透视）视图3个标准的视图，如图1-66所示。

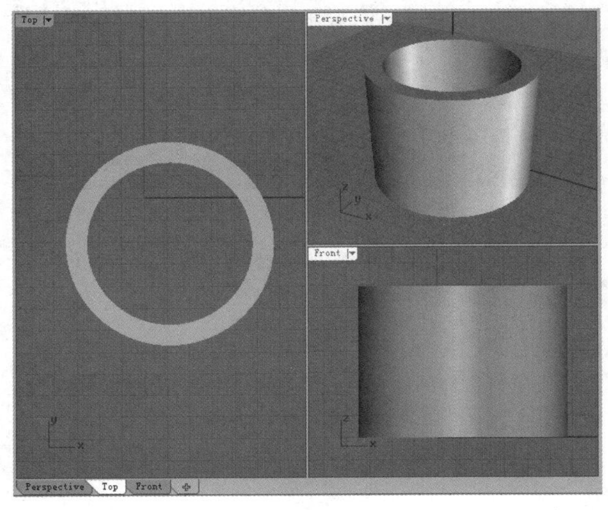

图1-66

<2>四个作业视窗/预设的四个作业视窗

使用“四个作业视窗/预设的四个作业视窗”工具可以将工作视图配置为4个视图显示（也就是默认打开Rhino 5.0时显示的4个视图），该工具常用于恢复视图的初始状态，如图1-67所示。

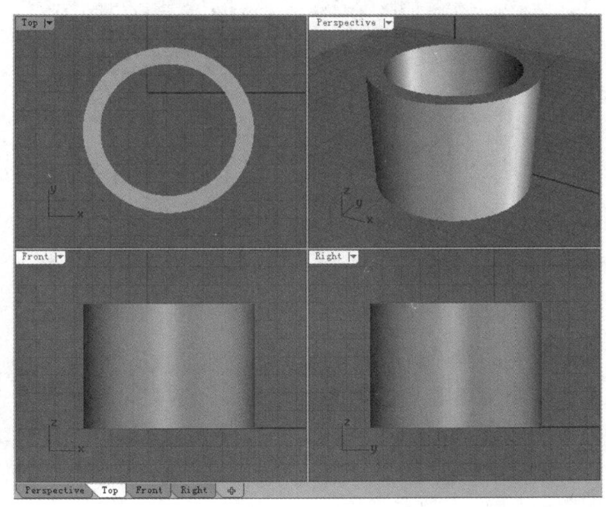

图1-67

实战

切换视图观看模式

场景位置	场景文件>第1章>02.3dm
实例位置	实例文件>第1章>实战——切换视图观看模式.3dm
视频位置	第1章>实战——切换视图观看模式.flv
难易指数	★☆☆☆☆
技术掌握	掌握调整作业视窗的数量和切换视图模式的方法

01 执行“文件>打开”菜单命令或按Ctrl+O组合键，打开本书学习资源中的“场景文件>第1章>02.3dm”文件，如图1-68所示。

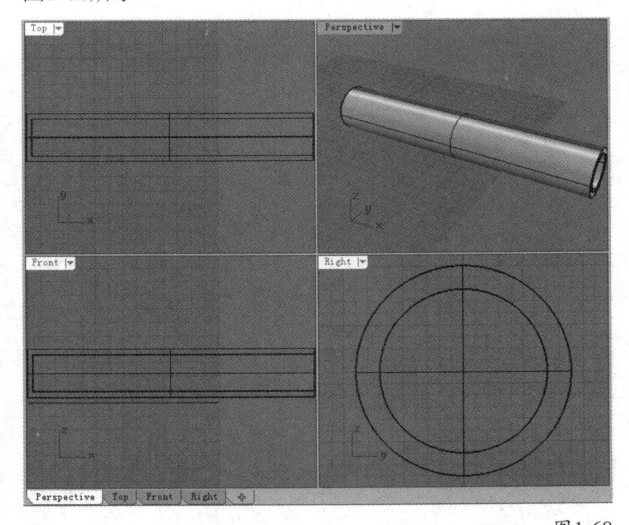

图1-68

02 打开的场景中有一个圆管模型，该模型用3个视图即可表达，因此单击“三个作业视窗”工具，效果如图1-69所示。

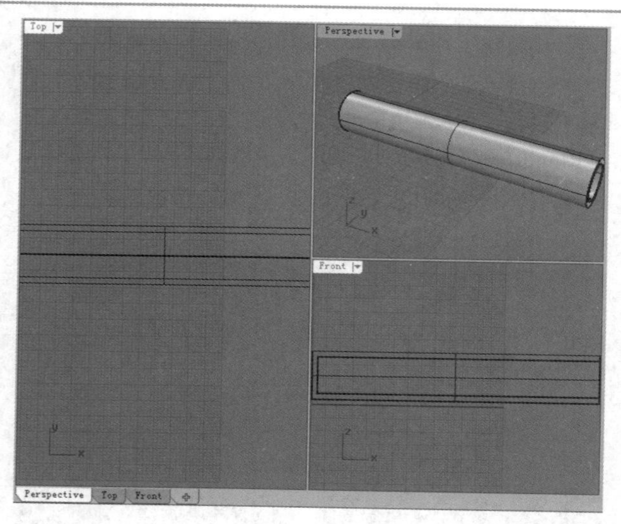

图1-69

03 在预设的3个标准视图中，左侧是Top（顶）视图，现在要将其更改为Perspective（透视）视图。首先单击激活Top（顶）视图，然后执行“查看>设置视图>Perspective”菜单命令，如图1-70所示，更改视图后的效果如图1-71所示。

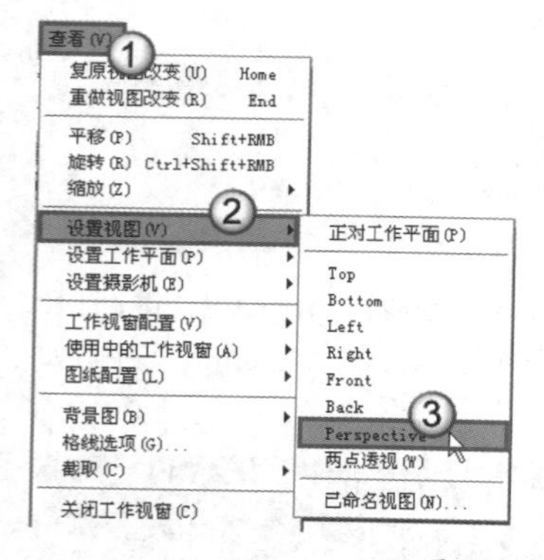

图1-70

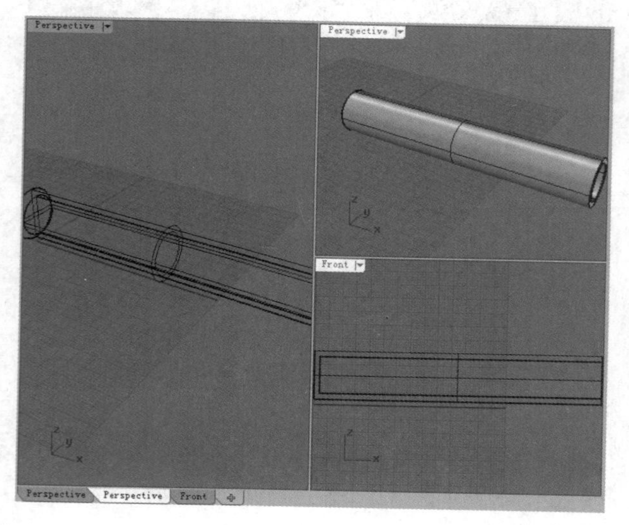

图1-71

04 单击激活右上角的Perspective（透视）视图，然后在该视图的标签上单击鼠标右键，并在弹出的菜单中执行“设置视图> Top”命令，如图1-72所示，更改视图后的效果如图1-73所示。

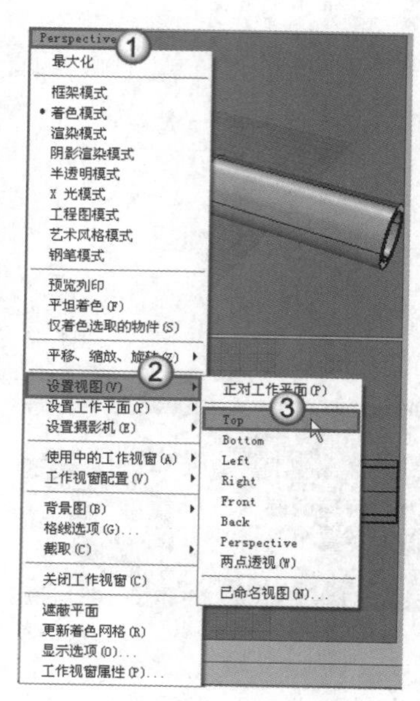

图1-72

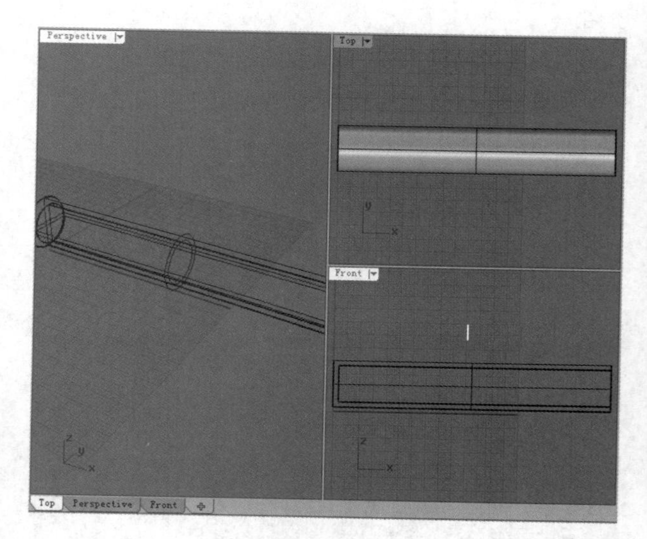

图1-73

05 使用上面介绍的任意一种方法更改Front（前）视图为Right（右）视图，如图1-74所示。

06 执行“文件>另存为”菜单命令，打开“储存”对话框，然后设置好文件的保存路径和名称，并单击保存(S)按钮，将其另存为一个单独的文件，如图1-75所示。

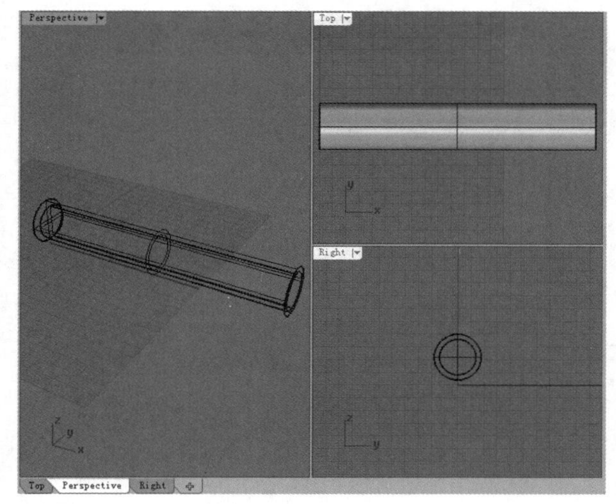

图1-74

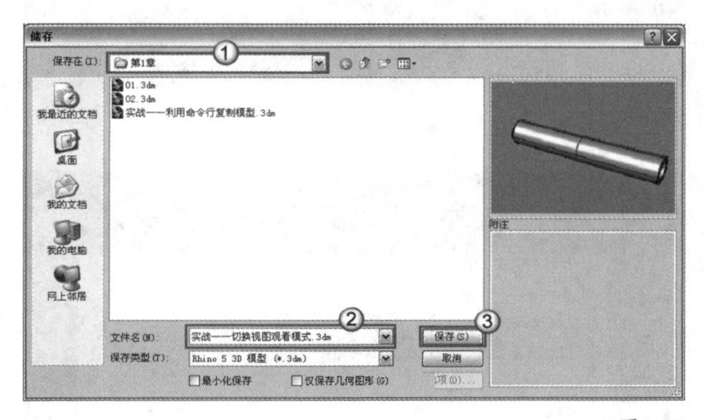

图1-75

<3>最大化/还原作业视窗

在多视图配置下，使用“最大化/还原作业视窗”工具可以将当前激活的视图最大化显示，也可以将最大化显示的视图还原为多视图配置（同双击视图标签的操作一样）。

<4>显示工作平面格线/关闭工作平面格线

默认状态下的工作视图会显示网格线，主要用于辅助设计、判断尺寸。但如果在视图内导入了背景图，并需要描绘背景图时，网格线可能会对绘图工作产生干扰，这就需要将其关闭。使用“显示工作平面格线/关闭工作平面格线”工具就可以显示或关闭网格线（使用鼠标左键单击该工具将显示网格线，使用鼠标右键单击该工具将关闭网格线），其快捷键为F7。

在Rhino中，将鼠标指针指向某个工具后，等待约1秒左右，将弹出该工具的名称提示，如图1-76所示。

从图1-76中可以看到，弹出的提示有两种，一种是只有一个提示，这表示该工具只有一种用法；另一种是有两个提示，这表示该工具有两种用法。细心的读者还可以发现，在名称提示前面有一个鼠标图案，该图案中的黑色部分提示了使用该工具应该单击哪一个鼠标按键（左键或右键）。因此，读者在使用一个工具的时候要注意它们的区别。

图1-76

<5>背景图

背景图是建模的一种参照，它能有效地控制模型的比例，特别是三视图背景图能够更加直观地反映出模型应有的尺寸关系、细节特征以及结构特点，因此背景图的设置是Rhino建模的首要问题。

设置背景图通常使用“背景图”工具，该工具下包含了一个工具面板，如图1-77所示。

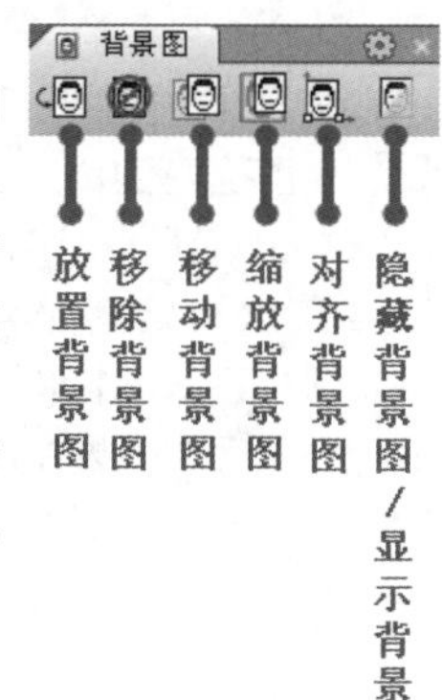

图1-77

“背景图”工具面板中的工具都比较简单，从名称就可以了解其大致作用，因此这里就不再分别介绍。要注意的是，导入的背景图通常会和工作平面的x轴对齐，且一个工作窗口只能放置一个背景图，放置第2个背景图时，先前放置的背景图会被删除。

实战

在Top视图中创建二维背景图

场景位置	无
实例位置	实例文件>第1章>实战——在Top视图中创建二维背景图.3dm
视频位置	第1章>实战——在Top视图中创建二维背景图.flv
难易指数	★★☆☆☆
技术掌握	掌握设置背景图的方法

01 单击“标准”工具栏中的“新建文件”工具，新建一个“小物件-毫米.3dm”文件，然后将Top（顶）视图最大化显示，如图1-78所示。

图1-78

02 调出“背景图”工具面板，然后单击“放置背景图”工具，接着在弹出的“打开位图”对话框中找到本书学习资源中的“素材文件>第1章>汽车三视图背景图.bmp”文件，如图1-79所示。

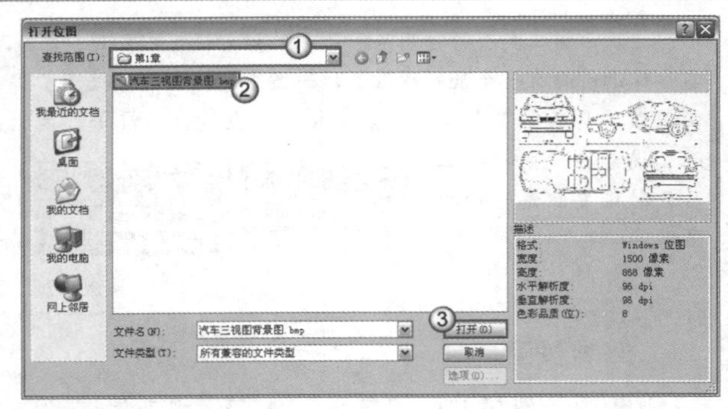

图1-79

03 单击[打开(O)]按钮，返回Top（顶）视图，然后任意指定两个点导入图片，如图1-80所示；导入后的效果如图1-81所示。

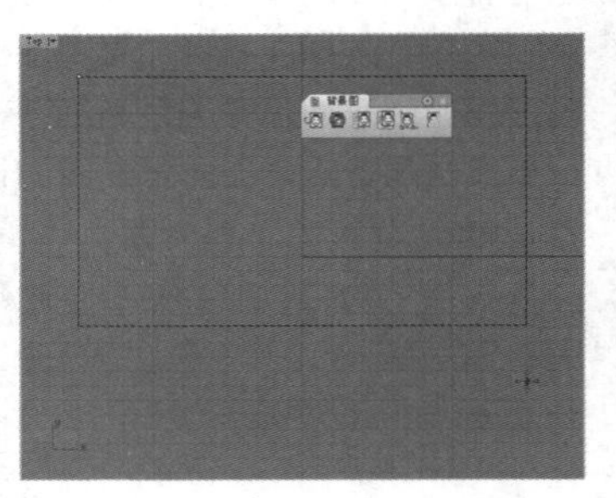

图1-80

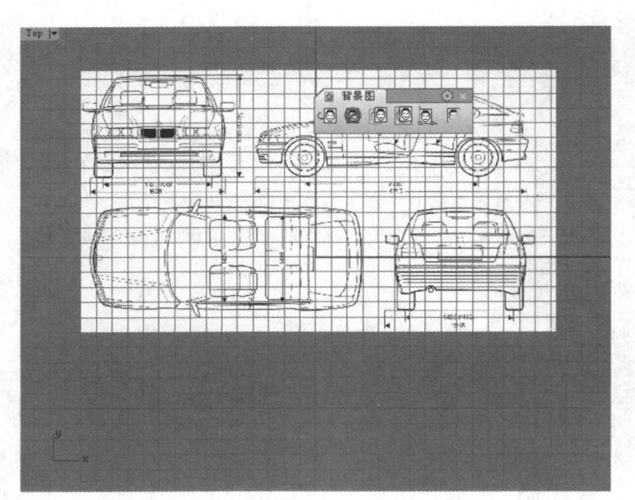

图1-81

04 从图1-81中可以看到网格线挡住了我们要观察的图片，因此按F7键关闭网格线，结果如图1-82所示。

05 在状态栏上单击[物件锁点]按钮，打开“物件锁点”选项栏，然后勾选“点”选项，如图1-83所示。

06 单击“背景图”工具面板中的“移动背景图”工具，然后捕捉背景图片的左下角点为移动的起点，接着在命令行输入坐标（0,0,0）作为移动的终点，移动后的效果如图1-84所示。

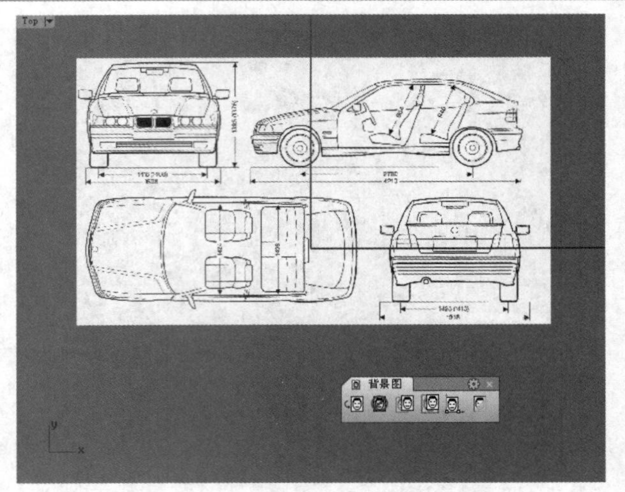

图1-82

图1-83

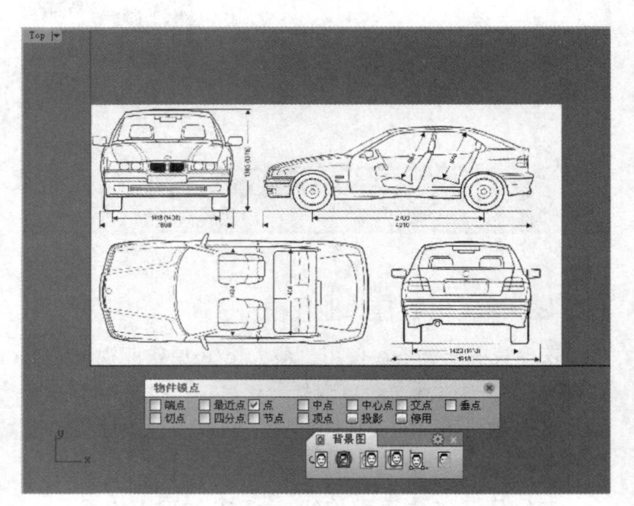

图1-84

技巧与提示

为了保证移动的精确性，可以通过输入坐标的方式来确定移动的终点。

<6>图框平面

“图框平面”工具同样用于打开一个图片文件，与“背景图”工具不同的是，使用“图框平面”工具打开的图片位于网格线的前面，而且在导入图片时就可以指定图片的放置角度，同时导入的图片是作为一个矩形平面存在的（图框平面的长宽比会保持与图片文件一致），如图1-85所示。

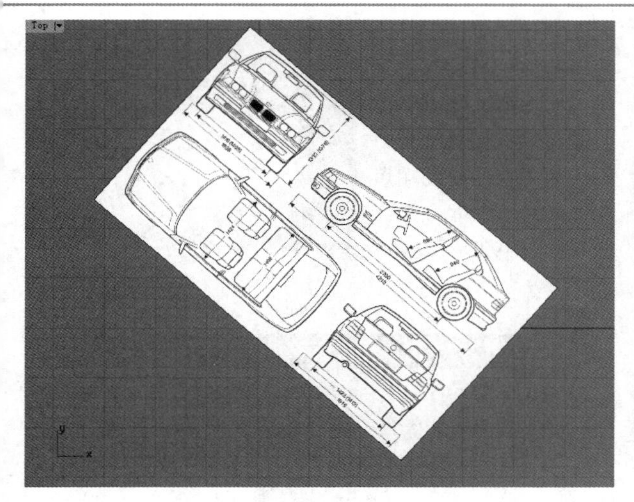

图1-85

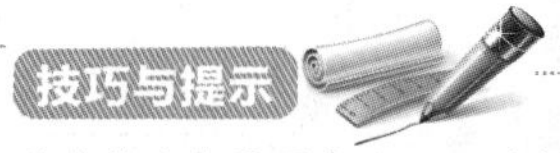

图片作为背景图来处理可编辑性比较差，没有图框平面方便。通常在只有一张参考图的情况下，可以考虑采用背景图的方式。

实战

导入汽车参考视图

场景位置	无
实例位置	实例文件>第1章>实战——导入汽车参考视图.3dm
视频位置	第1章>实战——导入汽车参考视图.flv
难易指数	★★☆☆☆
技术掌握	掌握导入多个参考视图和对齐的方法

01 首先新建一个文件，然后单击激活Top（顶）视窗，接着单击“图框平面”工具，并在弹出的“打开位图”对话框中找到本书学习资源中的“素材文件>第1章>顶视图.png”文件，如图1-86所示。

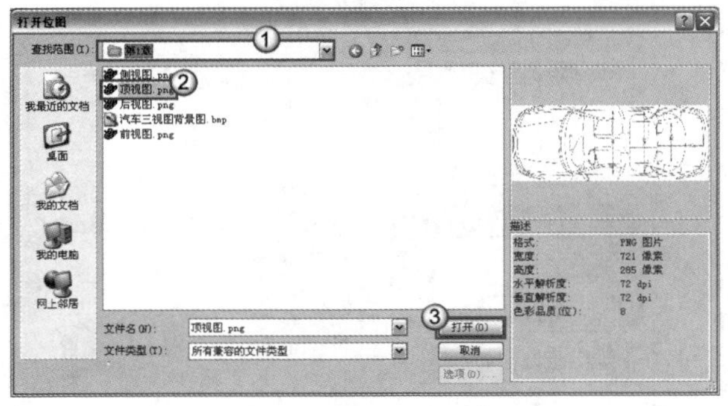

图1-86

02 单击打开(O)按钮，返回工作视图，然后在状态栏上单击锁定格点按钮，开启“锁定格点”功能，接着在Top（顶）视图中捕捉格点创建一个图框，此时打开的图片将自动附着在图框平面上，如图1-87所示。

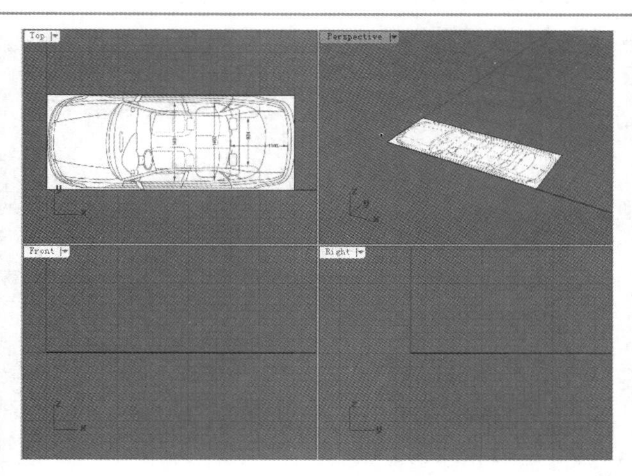

图1-87

03 使用相同的方法在Front（前）视图中打开“侧视图.png”图片，如图1-88所示。

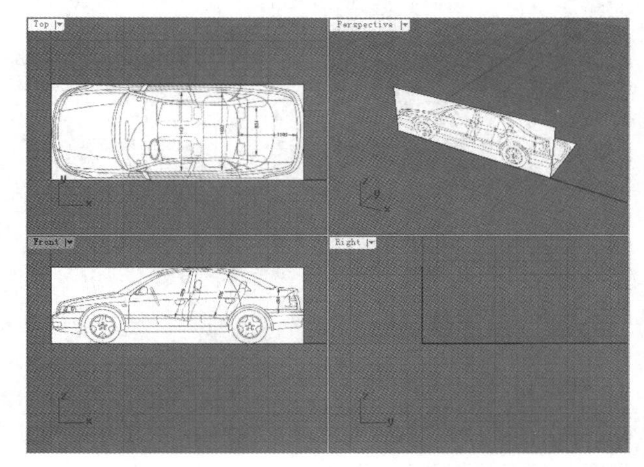

图1-88

导入侧视图时，注意开启“端点”捕捉模式，方便捕捉顶视图的两个端点，使图片的尺寸比例保持一致。

04 单击Right（右）视图，然后单击“作业视窗配置”工具栏中的“垂直分割作业视窗”工具，将该视图垂直分割为两个视图，如图1-89所示。

05 将上一步分割的其中一个视图调整为Left（左）视图，并调整下面3个视图的大小，如图1-90所示。

将鼠标指针指向两个视图中间的分隔位置，当指针变为或形状后，可以在水平方向或垂直方向上调整视图的大小。

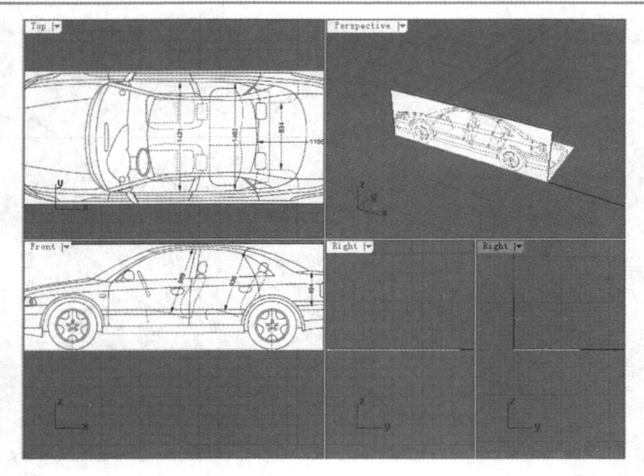

图1-89

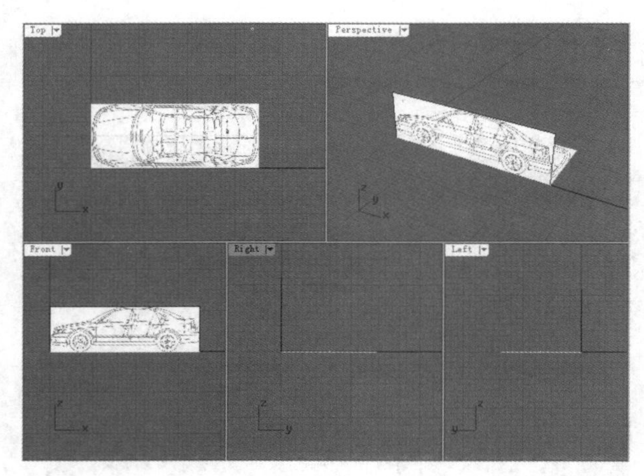

图1-90

06 在Right（右）视图和Left（左）视图中依次打开“后视图.png”和“前视图.png”文件，结果如图1-91所示。

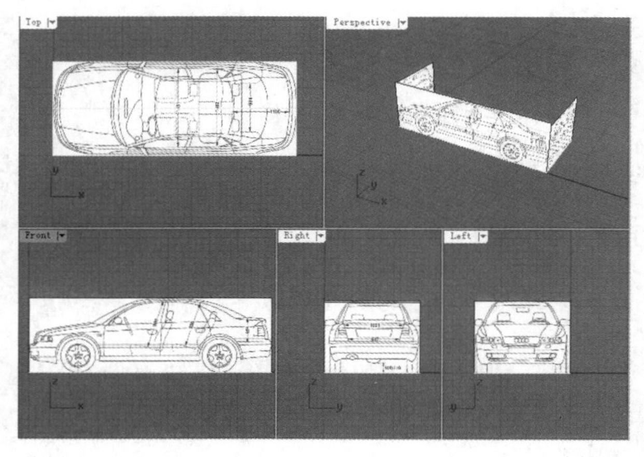

图1-91

07 对于汽车而言，一般以腰线位置的对齐为准，因此使用“移动”工具将侧视图移动到中间位置（通过捕捉端点和中点进行移动），最终效果如图1-92所示。

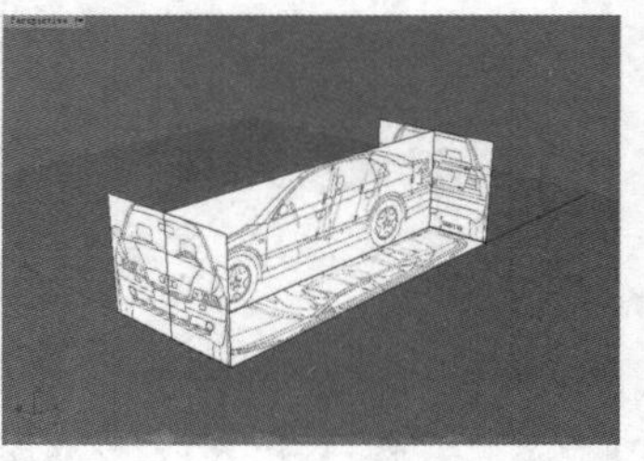

图1-92

05 技术专题：图片偏移的解决方法

使用“图框平面”工具打开图片文件时，可能会出现图片在矩形面上发生偏移的情况，如图1-93所示。遇到这种情况就需要对图片进行编辑，下面对编辑的方法进行讲解。

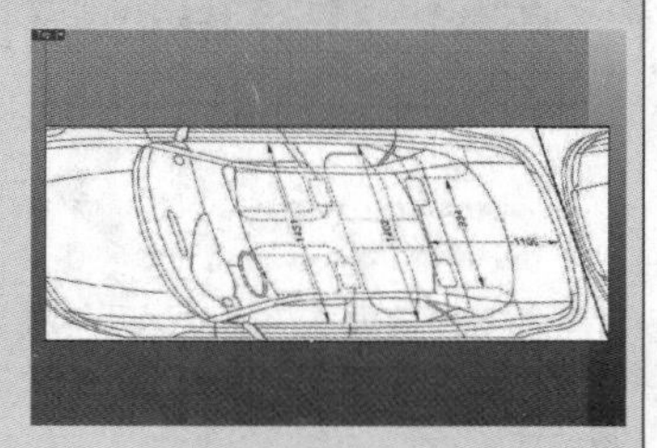

图1-93

首先单击选择图框平面，然后在工作视图右侧的“属性”面板中单击“材质”按钮，此时可以在“贴图”卷展栏下的“颜色”通道中看到已经加载了“顶视图.png”贴图，如图1-94所示。

单击“顶视图.png”贴图，打开“编辑顶视图”窗口，然后展开“输出调整”卷展栏，并勾选Clamp（固定）选项，如图1-95所示。

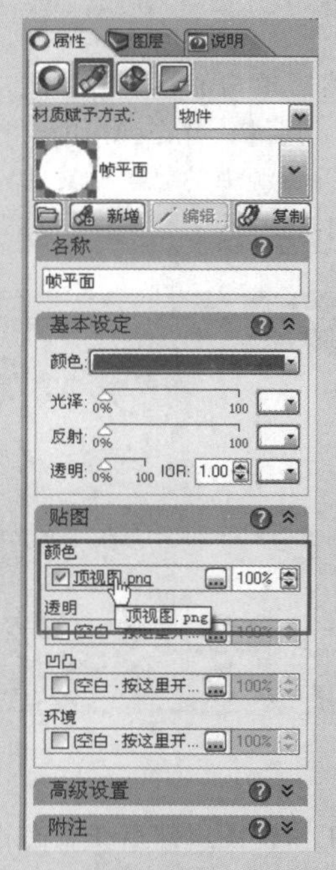

图1-94

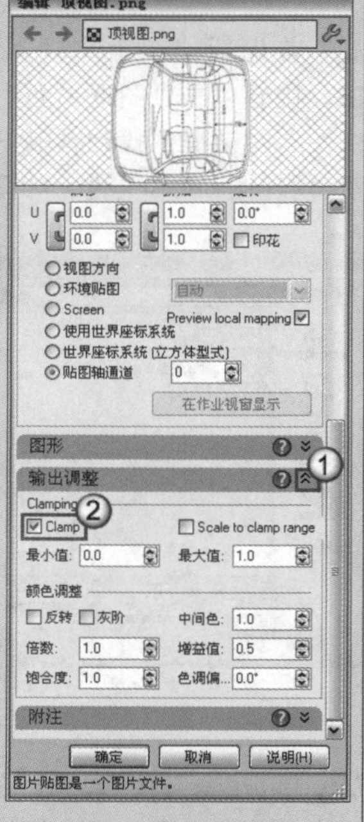

图1-95

现在可以看到视图中的图片被纠正了，如图1-96所示。

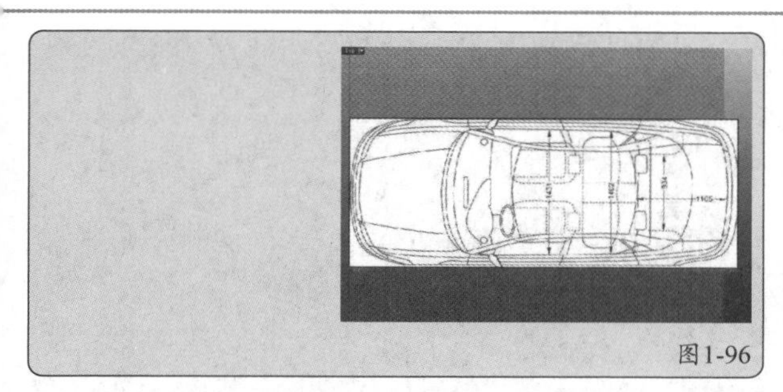

图1-96

<7>新增图纸配置

“新增图纸配置”工具主要用于为打印的图纸配置工作视图，是Rhino 5.0的新增功能。其工具面板中提供的工具也是为了出图用的，如图1-97所示。

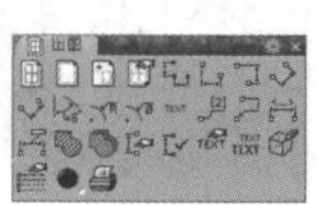

图1-97

实战

打印壶的三视图

场景位置	场景文件>第1章>03.3dm
实例位置	实例文件>第1章>实战——打印壶的三视图.3dm
视频位置	第1章>实战——打印壶的三视图.flv
难易指数	★★☆☆☆
技术掌握	掌握配置打印视图和打印出图的方法

01 执行“文件>打开”菜单命令或按Ctrl+O组合键，打开本书学习资源中的“场景文件>第1章>03.3dm”文件，如图1-98所示。

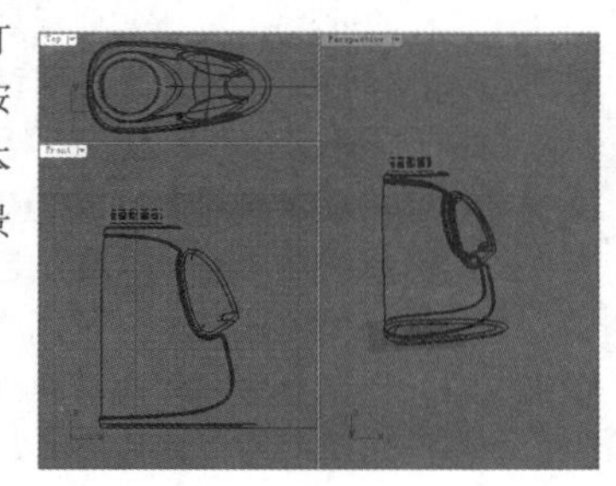

图1-98

02 调出“出图”工具面板，然后使用鼠标左键单击“新增图纸配置：四个子视图/新增图纸配置：单一子视图”工具，此时新增了一个“图纸1”视图，同时该视图具有4个标准的子视图，如图1-99所示。

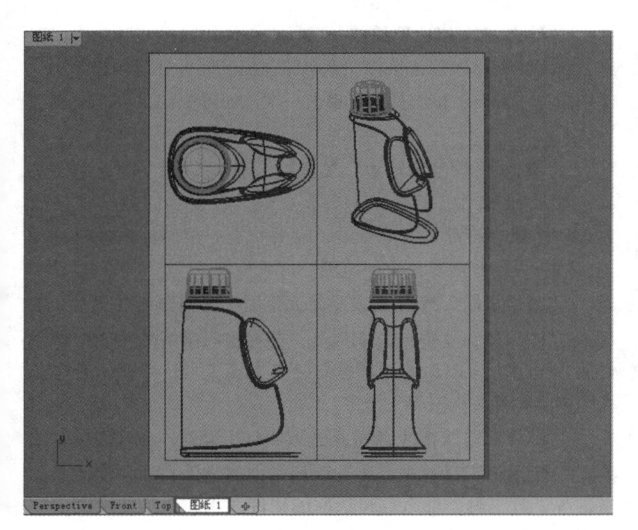

图1-99

03 单击“出图”工具栏中的“打印”工具，打开“打印设置”对话框，然后在“目标”卷展栏下设置打印为“图片文件”，并设置打印的尺寸为210mm×297mm，如图1-100所示。

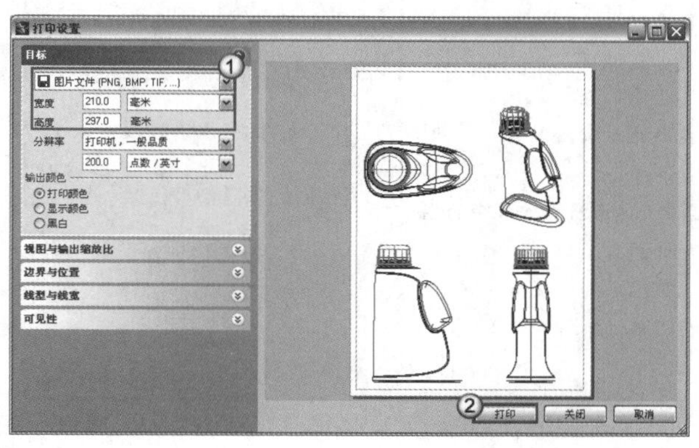

图1-100

04 单击打印按钮，然后在弹出的“保存位图”对话框中设置好保存的路径和名称，并单击保存(S)按钮开始打印，如图1-101所示，打印完成后的图片效果如图1-102所示。

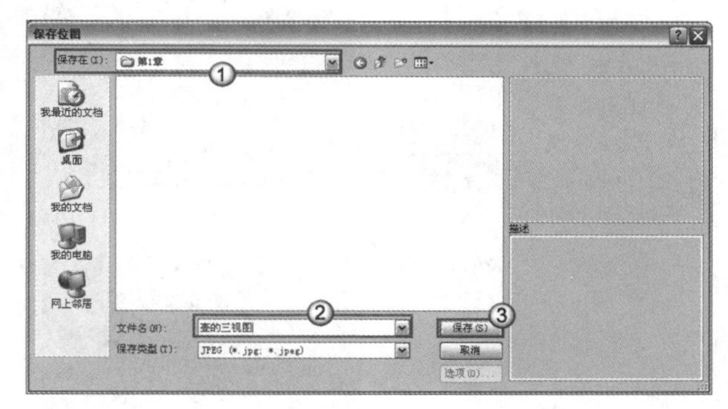

图1-101

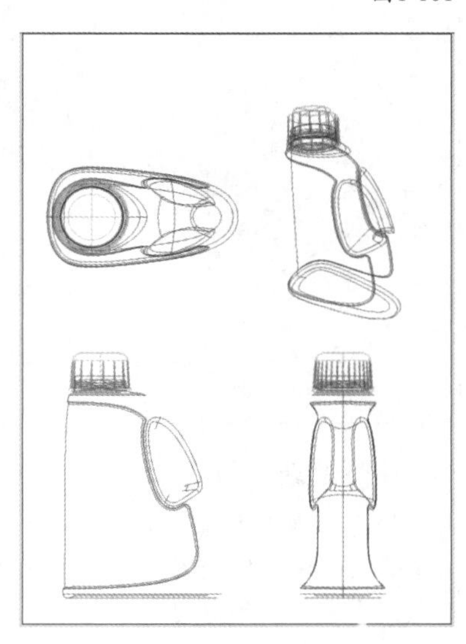

图1-102

06 技术专题：自定义图纸配置的视图

配置打印视图后，可以通过“出图”工具面板中的工具对图形进行标注。此外，还可以将配置的视图删除，并进行自定义添加。例如，要打印3个视图，那么首先删除两个多余的视图，再通过“新增子视图”工具定义一个新视图，如图1-103所示。

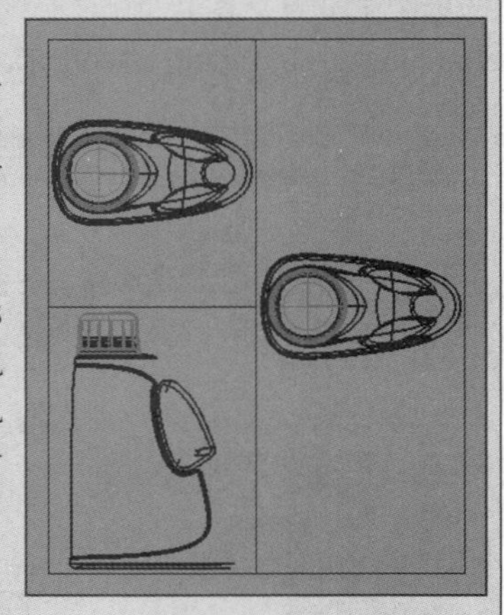
图1-103

在配置的视图中，如果要改变某个子视图，例如，设置Top（顶）视图为Perspective（透视）视图，那么首先需要通过视图标签菜单选中该子视图，如图1-104所示；然后再通过子视图标签菜单进行更改，如图1-105所示。

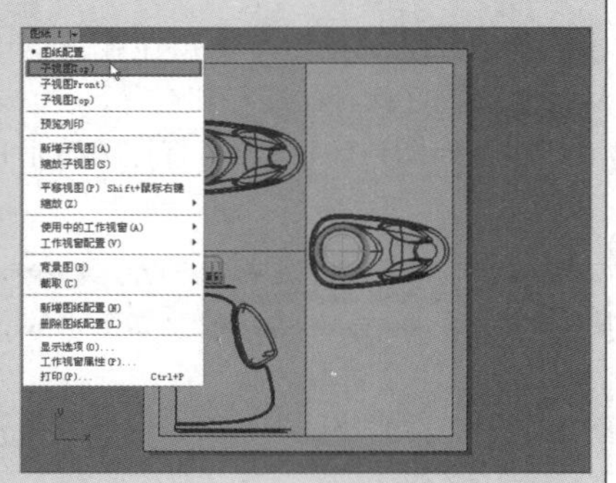
图1-104

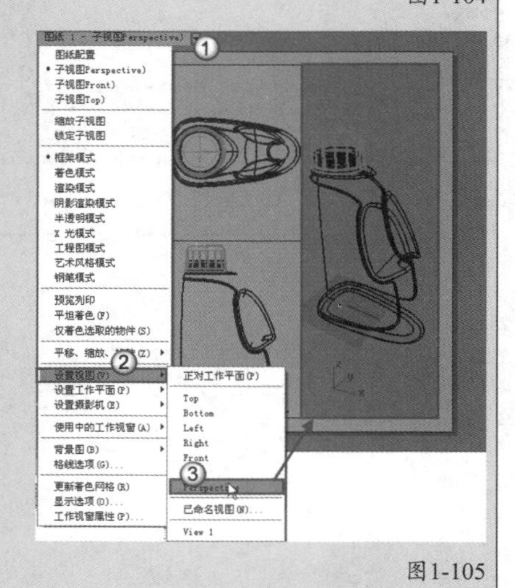
图1-105

<8>遮蔽平面

使用“遮蔽平面”工具可以在工作视图中建立一个矩形平面，位于矩形平面背面的物件会被隐藏（在遮蔽平面上有一条方向指示线，指示线指向的方向为正面），如图1-106所示。

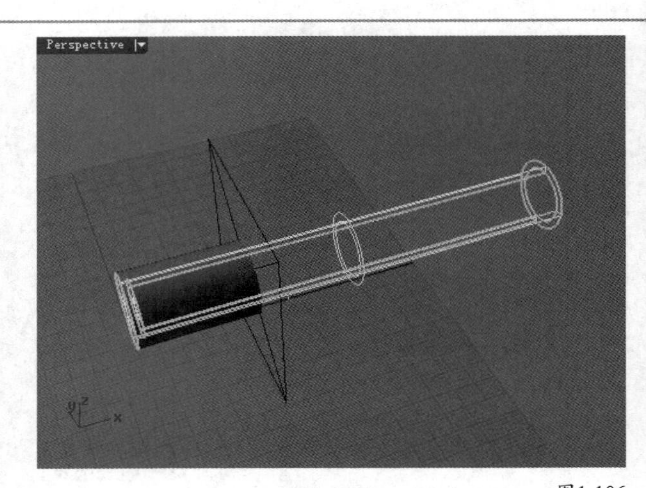

图1-106

技巧与提示

遮蔽平面是无限延伸的平面，在视图中建立的矩形平面只是用来指出遮蔽平面的位置和方向。

移动和缩放视图

在建模的过程中，常常需要反复查看模型的整体情况和细节效果，这需要经常对视图进行移动和缩放操作。

要移动视图，可以通过“标准”工具栏下的“平移”工具；要缩放视图，可以通过“标准”工具栏下的“动态缩放/以比例缩放”工具、“框选缩放/目标缩放”工具、“缩放至最大范围/缩放至最大范围（全部作业视窗）”工具和“缩放至选取物件/缩放至选取物件（全部作业视窗）”工具，如图1-107所示。

图1-107

移动和缩放视图工具介绍

“平移”工具：激活该工具后，在视图中按住鼠标左键不放并拖曳即可进行平移操作。

“动态缩放/以比例缩放”工具：使用鼠标左键单击该工具，然后在视图中按住鼠标左键不放并拖曳即可进行动态缩放；使用鼠标右键单击该工具，每单击一次，即可按1.1的动态比例进行放大。

“框选缩放/目标缩放”工具：使用鼠标左键单击该工具，然后在视图中拖曳一个矩形选框，被框选的范围将被放大；使用鼠标右键单击该工具，需要指定一个新的摄像机目标点，然后再指定需要放大的范围。

“缩放至最大范围/缩放至最大范围（全部作业视图）”工具：使用鼠标左键单击该工具，会在当前激活的视图中将物件放大至最大范围；使用鼠标右键单击该工具，会在所有作业视图中将物件放大至最大范围。

“缩放至选取物件/缩放至选取物件（全部作业视图）”工具：使用该工具首先需要选取场景中的物件，如果使用鼠标左键单击该工具，那么会将选取的物件在当前激活的视图中放大至最大范围显示；如果使用鼠标右键单击该工具，那么会将选取的物件在所有视图中放大至最大范围显示。

表1-1列出了通过鼠标和键盘对视图进行平移、缩放和旋转操作的快捷方式。

表1-1 平移、旋转和缩放视图的快捷方式

动作	快捷方式	说明
平移视图	Shift+鼠标右键拖曳	
	鼠标右键拖曳	Perspective（透视）视图不可用
	Shift+方向键/Ctrl+方向键	
缩放视图	向前滚动鼠标中键	放大视图
	PageUp键	放大视图
	向后滚动鼠标中键	缩小视图
	PageDown键	缩小视图
	Ctrl+鼠标右键拖曳	动态缩放
	Alt+鼠标右键拖曳	动态缩放，仅适用于Perspective（透视）视图
	Ctrl+Shift+E	缩放至最大范围（当前作业视图）
	Ctrl+Alt+E	缩放至最大范围（全部作业视图）
	Ctrl+W	框选缩放
旋转视图	鼠标右键	仅适用于Perspective（透视）视图
	Alt+Shift+鼠标右键/方向键	以z轴为中心的水平旋转
	Ctrl+Shift+鼠标右键	球型旋转
	Ctrl+ Shift+PageUp	向左倾斜
	Ctrl+ Shift+PageDown	向右倾斜

通常情况下，只需要记住Shift+鼠标右键可以平移视图、滚动鼠标中键可以缩放视图、Ctrl+Shift+鼠标右键可以旋转视图，即可应付绝大部分的工作，如果有特殊的需要，那么可以通过表1-1来查找需要使用的方式。

工作平面的设置

工作平面是指作图的平面，也就是可以直接进行绘制以及编辑操作的平面。工作平面是一个无限延伸的平面，在工作平面上相互交织的直线阵列（称为网格线）会显示在设置的范围内，网格线可作为建模的参考，网格线的范围、间隔和颜色都可以自定义。

Rhino中的每个视图都有一个工作平面，所有的工作都是基于这个平面进行的，包括三维空间操作。预设的工作平面有6个，分别为Top（顶）、Bottom（底）、Front（前）、Back（后）、Right（右）和Left（左），如图1-108所示（注意坐标轴的变化）。

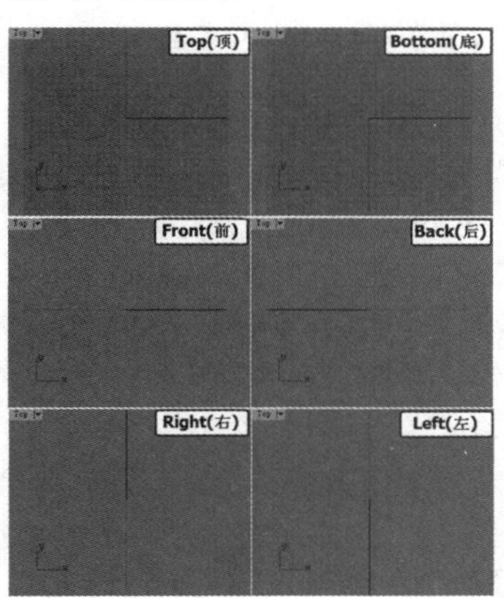

图1-108

每个工作平面都由两个坐标轴来定义，坐标原点与空间坐标原点重合。直观地看，也就是6个平面视图。可以想象有一个正方体，正方体的6个面分别对应6个工作平面，如图1-109所示。

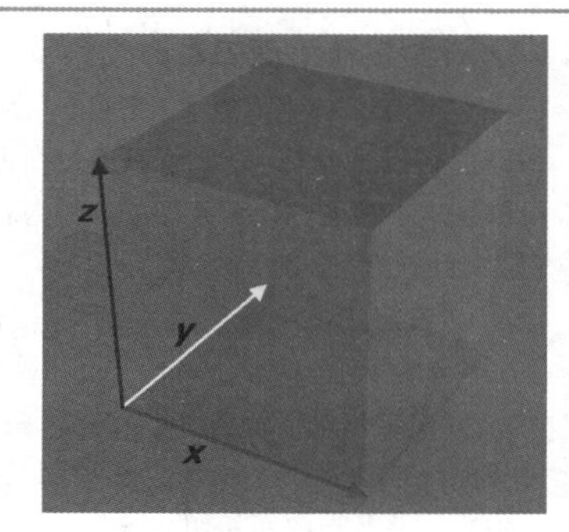

图1-109

要注意的是，对应的两个工作平面的位置重合，但坐标方向相反，如Top（顶）和Bottom（底）、Front（前）和Back（后）、Right（右）和Left（左）。

Rhino 5.0为设置工作平面提供了一系列工具和命令，这些工具和命令的启用方式有以下几种。

第1种：通过“查看>设置工作平面”菜单来执行这些命令，如图1-110所示。

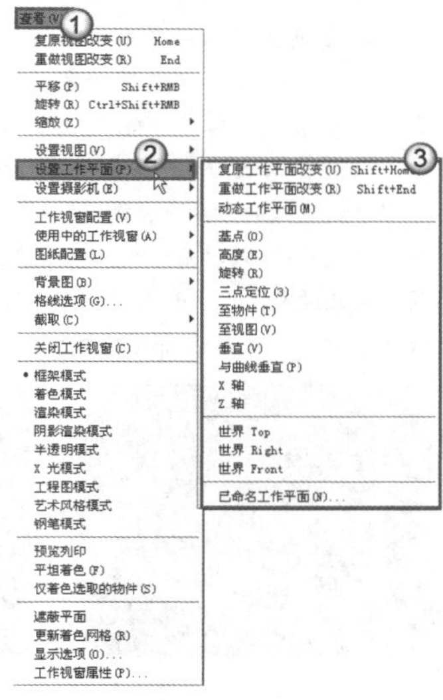

图1-110

第2种：通过“标准”工具栏下的“设定工作平面原点”工具展开“工作平面”工具面板，如图1-111所示。

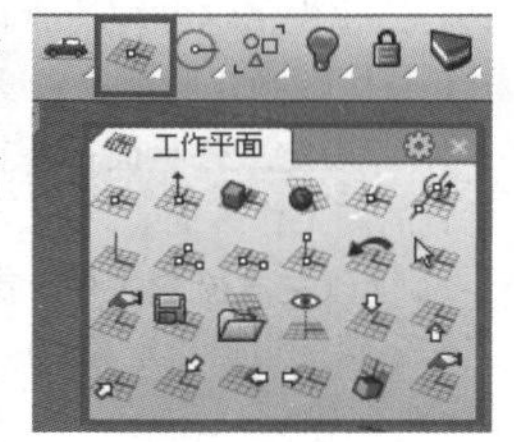

图1-111

第3种：通过“工作平面”工具栏来使用这些工具，如图1-112所示。

图1-112

设置工作平面工具介绍

“设定工作平面原点”工具：用于为当前工作视图的工作平面重新设置坐标原点，可以通过命令行输入原点的新坐标，也可以在工作视图内任意拾取一点作为新原点的位置（通常需要配合“物件锁点”功能）。

“设定工作平面高度”工具：设定工作平面在垂直方向上的移动距离。

“设定工作平面至物件”工具：设定工作平面到选择的物件（曲线或曲面）上，新工作平面的原点会被放置在曲面的中心位置，并且与曲面相切。

“设定工作平面至曲面”工具：设置工作平面到选择的曲面上，并与曲面相切，与“设定工作平面至物件”工具不同的是，该工具在选择曲面后，可以自定义原点的位置，同时能够自定义x轴的方向。

“设定工作平面与曲线垂直”工具：设置工作平面与曲线垂直，需要指定原点的位置。

使用“设定工作平面与曲线垂直”工具可以将工作平面快速地设置到一条曲线上不同的位置，有助于建立单轨扫掠曲面。例如，将工作平面定位到曲线上后，可以很容易地在三维空间中绘制出与路径曲线垂直的断面曲线。

另外，曲线的方向会影响工作平面的轴向。观察图1-113，可以看到直线的方向是指向x轴的正方向；而在图1-114中，直线的方向是指向x轴的负方向。在这两张图中，由于曲线的方向不同，因此设定工作平面与曲线垂直后，其轴向也不同。要反转曲线的方向，可以使用Flip（反转方向）或Dir（分析方向）命令。

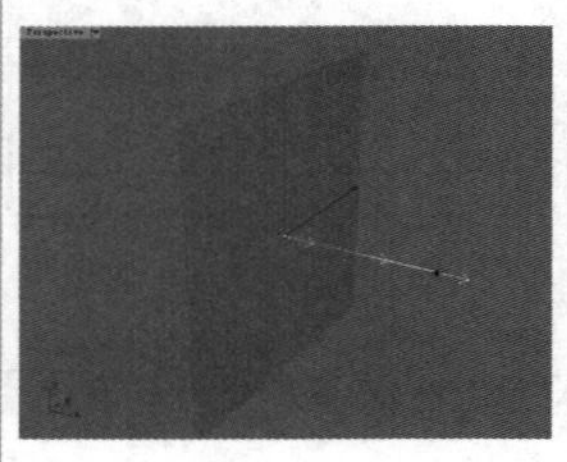

图1-113

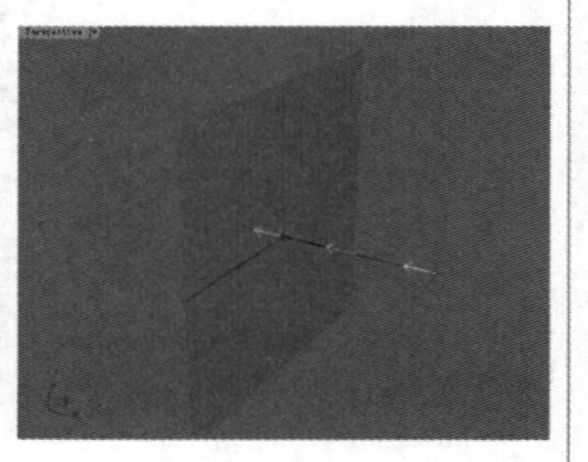

图1-114

“旋转工作平面”工具：用于旋转工作平面，启用该工具后，首先指定旋转轴的起点和终点，然后输入工作平面的旋转角度（或指定两个点来设置角度）。

“设定工作平面：垂直”工具：设定一个与原工作平面垂直的新工作平面。

“以三点设定工作平面”工具：通过3个点定义一个新的工作平面，第1点指定原点的位置，第2点指定x轴的方向，第3点指定y轴的方向。

“以X轴设定工作平面”工具：通过指定原点的位置和x轴的方向定义一个新的工作平面。

“以Z轴设定工作平面”工具：通过指定原点的位置和z轴的方向定义一个新的工作平面。

“上一个工作平面/下一个工作平面”工具：使用鼠标左键单击该工具将复原至上一个使用过的工作平面；使用鼠标右键单击该工具将重做下一个工作平面。

“选取已储存的工作平面”工具：用于管理已命名的工作平面，用户可以储存、复原、编辑已命名的工作平面。

“已命名工作平面”工具：单击该工具将打开一个对话框，其中列出了已经命名保存的所有工作平面，用户可以还原、删除和重命名这些工作平面，如图1-115所示。

图1-115

“储存工作平面/还原工作平面”工具：使用鼠标左键单击该工具可以将设定好的工作平面保存起来（通过命令行设置保存名称），方便以后需要的时候使用；使用鼠标右键单击该工具可以还原已经保存的某个工作平面（通过命令行输入需要还原的工作平面的名称）。

“读取工作平面”工具：调取保存的工作平面。

“设定工作平面至视图”工具：以观看者的角度设定工作平面。

“设定工作平面为世界Top/Bottom/Front/Back/Right/Left”工具：这6个工具如图1-116所示，用于设置预设的工作平面。

图1-116

“设定动态工作平面”工具：用于设置工作平面到物件上，当移动、旋转物件时，附加于物件上的工作平面会随着物件移动。

“设定同步工作平面模式/设定标准工作平面模式”工具：工作平面有两种模式，分别是标准模式与同步模式。使用标准模式时，每一个工作视图的工作平面是各自独立的；使用同步模式时，改变一个作业视图的工作平面，其他工作视图的工作平面也会相应地改变。

使用“设定动态工作平面”工具附加动态工作平面到物件上，并设置“自动更新选项”为“是”之后，可以非常明显地体会到标准模式与同步模式的区别。在标准模式下，只有当前工作视图的工作平面会随着物件的变动而自动更新；而在同步模式下，所有视图的工作平面都会随着物件的变动而自动更新。

实战

设定工作平面

场景位置	场景文件>第1章>04.3dm
实例位置	实例文件>第1章>实战——设定工作平面.3dm
视频位置	第1章>实战——设定工作平面.flv
难易指数	★☆☆☆☆
技术掌握	掌握通过更改工作平面创建模型的方法

01 打开本书学习资源中的“场景文件>第1章>04.3dm”文件，如图1-117所示，可以看到当前的工作平面是水平面。

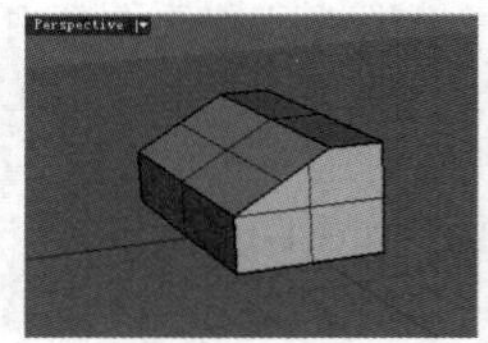

图1-117

02 调出“工作平面”工具面板，然后单击“设定工作平面至物件”工具，接着单击模型的斜面，此时工作平面被更改至斜面所在的面上，如图1-118所示。

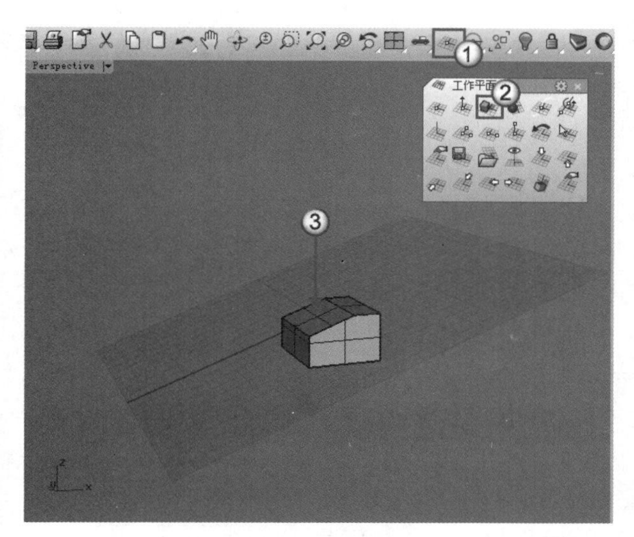

图1-118

03 执行“实体>圆柱体”菜单命令，创建一个如图1-119所示的圆柱体，具体操作步骤如下。

操作步骤

①在命令行输入圆柱体底面圆心的坐标为(0,0,0)，并按Enter键确认。

②在命令行输入8（底面半径），并按Enter键确认。

③在命令行输入-25（圆柱体高度），并按Enter键确认。

图1-119

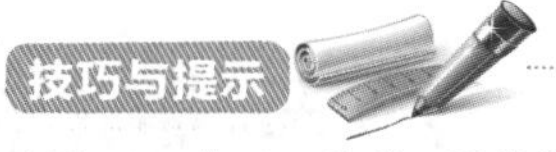

从图1-119中可以看到，圆柱体的底面位于新设置的工作平面上，其延展的方向为z轴负方向。

1.3.6 状态栏

状态栏位于整个工作界面的最下方，主要显示了一些系统操作时的信息，如图1-120所示。

图1-120

按照不同的使用功能，可以将状态栏划分为4个部分。

坐标系统

状态栏的左侧显示了当前所使用的坐标系统（“世界”或“工作平面”，可以通过单击在两种系统之间切换），同时还显示了鼠标指针所在位置的坐标，如图1-121所示。

世界	x -0.98	y 0.00	z 2.52
工作平面	x 8.24	y 4.49	z 0.00

图1-121

单位提示

状态栏中显示了当前工作文件所使用的单位，如图1-122所示。此外，在绘制或编辑图形时，这里将显示相应的数值，例如，移动一个图形，这里将显示移动的距离值，如图1-123所示。

z 0.00	英尺	预设图层

图1-122

z 0.00	29.13 英尺	预设图层

图1-123

图层提示

状态栏的中间位置显示了当前使用的图层，可以更改当前图层，如图1-124所示。

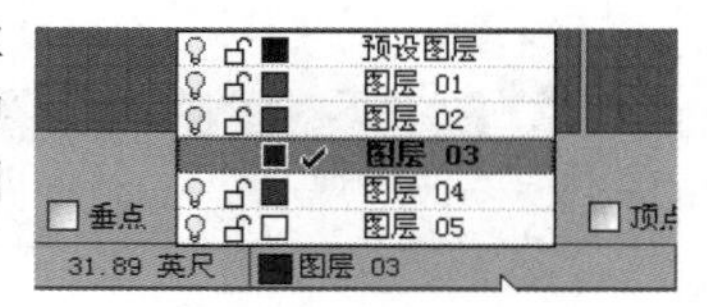

图1-124

辅助建模功能

状态栏的右侧提供了一系列辅助建模功能，包括“锁定格点”“正交”“平面模式”“物件锁点”“智慧轨迹”“操作轴”“记录建构历史”和“过滤器”功能。当这些辅助功能处于启用状态时，其按钮颜色将高亮显示；若处于禁用状态时，则以灰色显示。

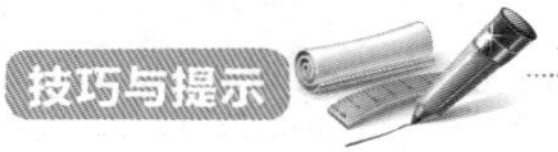

执行某个菜单命令时，状态栏中将显示该命令的相关介绍，如图1-125所示。

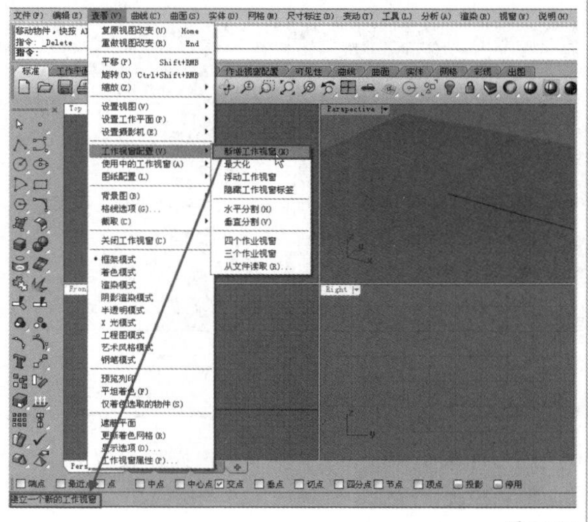

图1-125

07 技术专题：物件锁点/智慧轨迹

“物件锁点”功能也称为捕捉功能，所谓“物件锁点”，指的是将鼠标指针移动至某个可以锁定的点（如端点、中点、交点等）附近时，指针标记会自动吸附至该点上。

开启“物件锁点”功能的方式主要有两种，如下所述。

第1种：通过“标准”工具栏下的“物件锁点”工具面板，如图1-126所示。

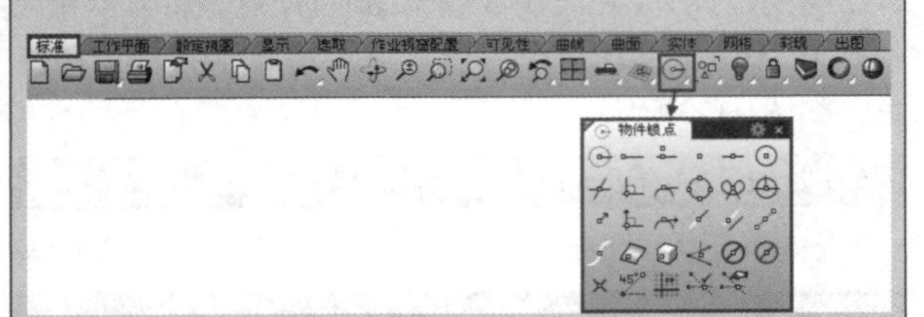

图1-126

第2种：通过状态栏的“物件锁点”选项栏，如图1-127所示。

物件锁点

端点 最近点 点 中点 中心点 交点 垂点
切点 四分点 节点 顶点 投影 停用

图1-127

要注意这两种方式的区别，“物件锁点”工具栏是以工具的形式提供捕捉功能，因此启用一次工具，只能捕捉一次；而“物件锁点”选项栏是以选项的形式提供捕捉功能，因此勾选一个选项后，该选项对应的锁点模式将一直开启。所以，通常会通过“物件锁点”选项栏来启用捕捉功能。

“物件锁点”是伴随“智慧轨迹”出现的，“智慧轨迹”是指建模时根据不同需要建立的暂时性的辅助线（轨迹线）和辅助点（智慧点）。之所以说“物件锁点”是伴随“智慧轨迹”出现的，是因为在“物件锁点”选项栏中按住Ctrl键不放，即可显示出“智慧轨迹”功能提供的锁点模式，如图1-128所示（由于这些锁点模式只能在命令执行的过程中使用，因此图中为灰色显示）。

图1-128

“物件锁点”选项栏具有以下特点。

第1点：在一种锁点模式上单击鼠标左键即可启用该模式；如果单击鼠标右键，在启用该模式的同时将禁用其他模式。

第2点：勾选“停用”选项将禁用所有锁点模式；如果使用鼠标右键单击该选项，那么将全选所有锁点模式。

1.3.7 图形面板

图形面板是Rhino为了便于用户操作设置的一个区域，默认情况下提供了“属性”“图层”和“说明”3个面板，如图1-129所示。

图1-129

技巧与提示

如果要打开更多的面板，可以在面板标签上单击鼠标右键，然后在弹出的菜单中进行选择，如图1-130所示。

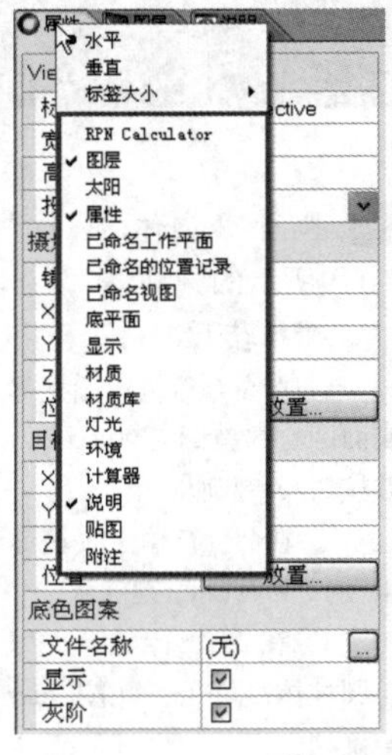

图1-130

属性

<1>工作视图属性

“属性”面板是Rhino用来管理视图界面以及显示物件详细信息的专用工具面板。在视图中没有选中物件的情况下会显示激活视图的基本属性，如图1-131所示。

属性 图层

Viewport

标题	Perspective
宽度	408
高度	299
投影	透视
摄影机	
镜头焦距	50.0
X 座标	5.378
Y 座标	-68.130
Z 座标	68.853
位置	放置...
目标点	
X 座标	-6.239
Y 座标	0.555
Z 座标	-2.283
位置	放置...
底色图案	
文件名称	(无)
显示	☑
灰阶	☑

图1-131

使用中按照工作视图的类型不同（模型工作视图、图纸配置工作视图、子工作视图），这个面板会显示不同的设置。

工作视图重要属性介绍

标题：显示激活视图的名称，可以更改名称。

宽度/高度：显示激活视图的宽度和高度，同样可以更改这两个数值。

投影：照相机映射物体到平面得到的轮廓就叫投影。可分为“平行”“透视”和“两点透视”3种。平行视图在其他绘图程序也叫作正视图，平行视图的工作平面网格线相互平行，同样大小的物件不会因为在视图中的位置不同而看起来大小不同；在透视视图里，工作平面网格线往远方的消失点汇集形成深度感。在透视投影的视图中，越远的物件看起来越小。

镜头焦距：工作视图设为“透视”投影模式时可以改变摄影机的镜头焦距，标准的35毫米摄影机的镜头焦距是43~50mm。

X/Y/Z坐标：显示摄影机或目标点位置的世界坐标，可以自定义设置。

放置...：单击这个按钮，以鼠标指针指定摄影机或目标点的位置。

文件名称：显示底色图案文件的图片文件名称。底色图案是显示于工作视图工作平面网格线之后的图片，底色图案不会因为缩放、平移、旋转视图而改变。

显示：显示或隐藏底色图案。

灰阶：以灰阶显示底色图案。

底色图案不会出现在渲染影像里。

<2>物件属性

如果有选中的物件（通常在视图中以黄色方式亮显），“属性”面板中会显示出物件的属性，包括“物件”“贴图轴”和“材质”3个子面板，如图1-132所示。

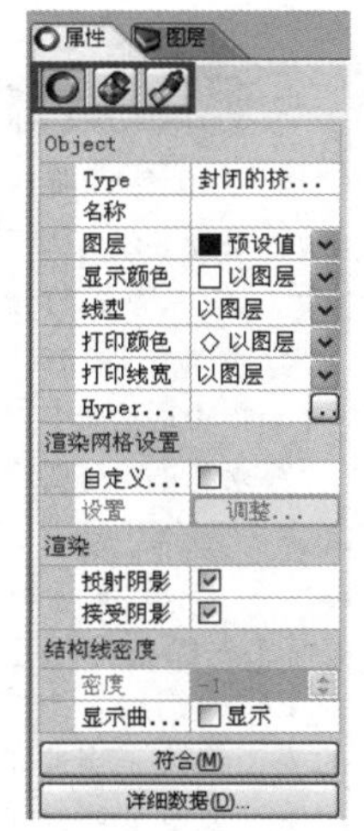

图1-132

物件重要属性介绍

“物件”子面板：设置物件的基本属性。

Type（类型）：显示物件的类型，如曲线、曲面、多重曲面等。

名称：物件的名称会保存在Rhino的3DM文件中，也可以导出为某些可以接受物件名称的文件格式。

图层：在“图层”列表中选择其他图层可以改变物件所在的图层，可以在“图层”面板中建立新图层或改变图层的属性。

关于图层的更多内容请参考后面的“图层”小节。

显示颜色：设置物件的颜色，包括“以图层”方式显示、“以父物件”方式显示以及自定义颜色等方式。在着色工作视图中，物件可以以图层的颜色或物件属性里设置的颜色显示。

线型：设置物件的线型。

打印颜色：设置物件的打印颜色，包括“以显示”“以图层”“以父物件”方式打印以及自定义颜色方式打印。

打印线宽：设置物件打印时的线宽，包括“以图层”方式、“以父物件”方式、默认方式以及以自定义方式打印。

渲染网格设置：当着色或渲染NURBS曲面时，曲面会先转换为网格，其中包括自定义网格。

渲染：主要包括“投射阴影”和“接受阴影”两个选项，默认都为勾选状态。

结构线密度：设置是否显示物件的网格结构线，默认不显示。勾选“显示”选项后，如果设置“密度”为0，那么曲面不会显示非节点结构线。

技巧与提示

可以在“Rhino选项”对话框的“一般”面板中设置新建立的物件的结构线密度。

符合(M)：将选取物件的图层、显示颜色、线型、打印颜色、打印线宽、曲面结构线密度等设置匹配于其他物件。

详细数据(D)...：显示物件的几何信息。

“贴图轴”子面板：该面板主要提供了用于编辑贴图的工具，如图1-133所示。

图1-133

“拆解UV”工具：是一种对贴图的操作方式。

“自订贴图轴”工具：自由设定某一辅助曲面或网格为贴图轴的参考对象。

“赋予曲面贴图轴”工具：附加曲面UV对应轴到物件的纹理对应通道，并可以进行调整。

“赋予平面贴图轴”工具：附加平面对应轴到物件的纹理对应通道，并可以进行调整。

“赋予立方体贴图轴”工具：附加立方体对应轴到物件的纹理对应通道，并可以进行调整。

“赋予球体贴图轴”工具：附加球体对应轴到物件的纹理对应通道，并可以进行调整。

“赋予圆柱体贴图轴”工具：附加圆柱体对应轴到物件的纹理对应通道，并可以进行调整。

“删除贴图轴”工具：从物件删除指定编码的对应通道。

“符合贴图轴”工具：将选取的物件的颜色、光泽度、透明度、纹理贴图、透明贴图、凹凸贴图和环境贴图设置与模型中的其他物件符合。

“UV编辑器”工具：设置纹理贴图在UV方向的大小参数。

“材质”子面板：主要用于设置材质的赋予方式，以及对材质进行调整，如图1-134所示。

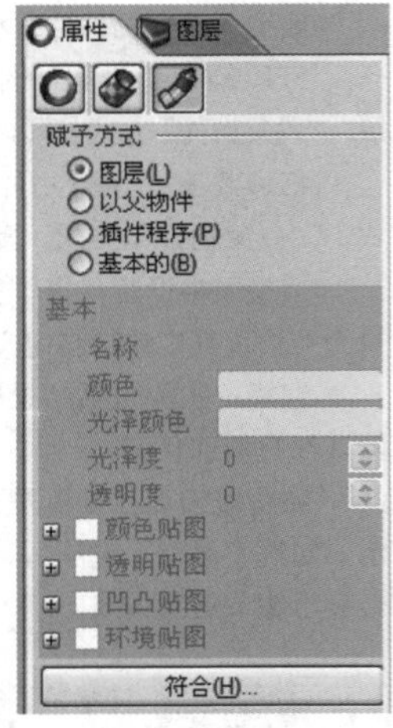

图1-134

图层

图层是方便用户管理模型建构的有效工具，不仅可以将模型合理分类，还能在后期的渲染输出中提供便捷的材质表现，方便用户进行模型展示。

图层可以用来组织物件，可以同时对一个图层中的所有物件做同样的改变。例如，关闭一个图层可以隐藏该图层中的所有物件；更改一个图层的颜色会改变该图层中所有物件的显示颜色等。

默认显示的“图层”面板如图1-135所示。如果不小心关闭了该面板，那么可以使用鼠标左键单击“标准”工具栏下的“编辑图层/关闭图层”工具，或者使用鼠标右键单击状态栏中的图层提示，将其再次打开。

名称		材质	线型	打印线宽
预设图层	✓		Continuous	预设值
图层 01			Continuous	预设值
图层 02			Continuous	预设值
图层 03			Continuous	预设值
图层 04			Continuous	预设值
图层 05			Continuous	预设值

图1-135

图层工具介绍

“新图层”工具：新建一个图层，同时可以为图层命名，默认是以递增的尾数自动命名。

技巧与提示

为图层命名后，如果还需要对名称进行修改，可以先选择该图层，然后单击图层的名称或按F2键进行修改。处于编辑图层名称的状态下时，按Tab键可以快速建立新图层。

“新子图层”工具：在选取的图层之下建立子图层（父子关系）。

“删除”工具：删除选中的图层，如果要删除的图层中有物件，将会弹出如图1-136所示的对话框提醒用户。

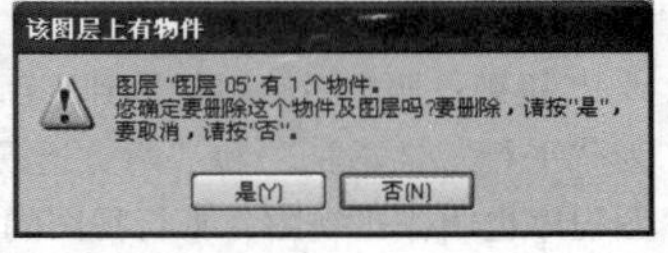

图1-136

“上移”工具/“下移”工具：将选取的图层在图层列表中往上或往下移动一个排序。

“上移一个父图层”工具：将选取的子图层移出它的父图层。

“过滤器”工具：当一个文件有非常多的图层时，为了便于查找需要使用的图层，可以通过“过滤器”工具提供的多种过滤条件来筛选需要显示的图层，如图1-137所示。

“工具”工具：该工具下提供了用于编辑图层的选项，如图1-138所示。

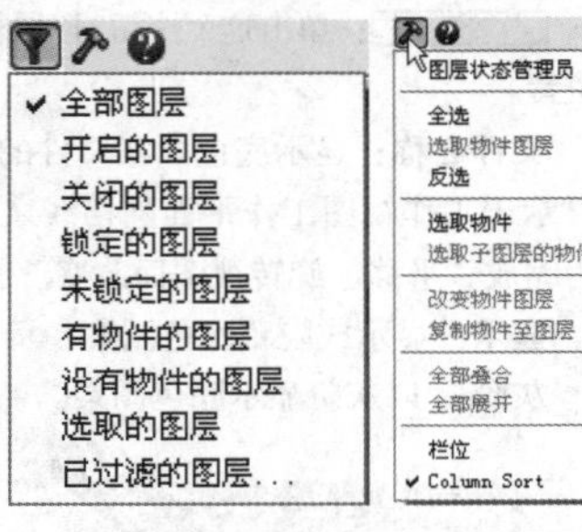

图1-137 图1-138

“名称”标签：显示图层的名称。

技巧与提示

“图层”面板中的一些标签没有显示名称，有不清楚的读者可以参考图1-139。另外，单击这些标签可以升序或降序排列图层。

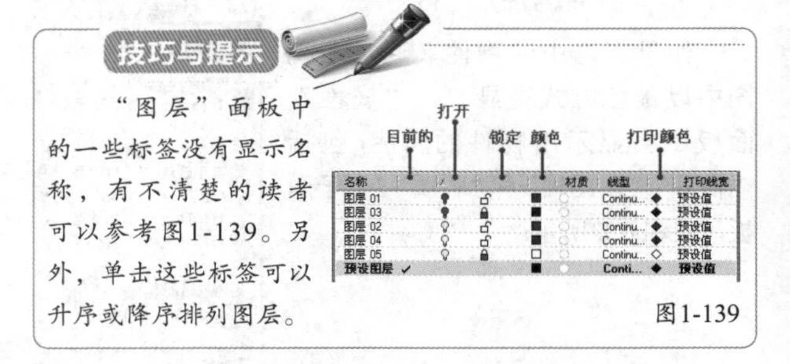

图1-139

“目前的”标签：显示标记的图层为当前工作的图层，当前创建的模型都位于当前工作图层中。要改变当前工作图层，可以单击其他图层对应的标记位置；也可以通过图层的右键菜单进行设置，如图1-140所示。

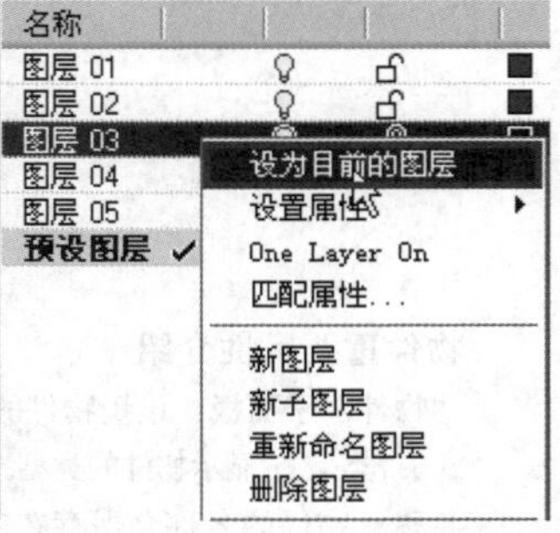

图1-140

“打开”标签：显示图层是否打开，打开的图层以标记显示，此时可以看到图层内的物件；关闭的图层以标记显示（单击可切换），此时无法看到图层内的物件。

“锁定”标签：显示图层是否锁定，锁定的图层以标记显示，此时图层中的物件可见但无法编辑；未锁定的图层以标记显示（单击可切换），此时图层中的物件可见也可编辑。

“颜色”标签：显示图层使用的颜色，单击正方形色块可设置图层的颜色。

“材质”标签：显示图层使用的材质，单击按钮将打开“图层材质”对话框，用于设置图层中所有物件的渲染颜色及材质，如图1-141所示。

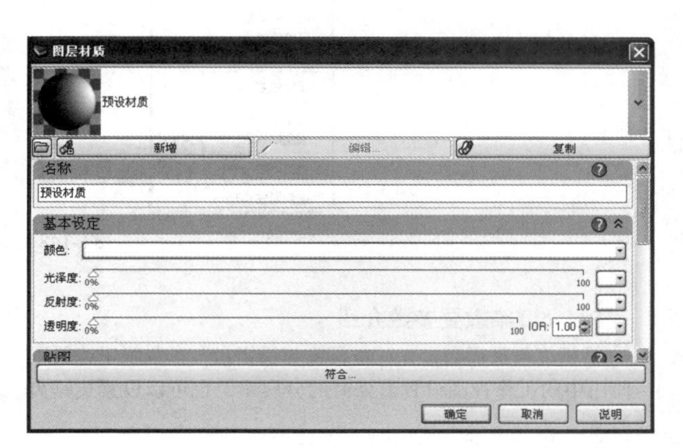

图1-141

“线型”标签：显示图层使用的线型，单击Continuous文字将打开“选择线型”对话框，如图1-142所示。

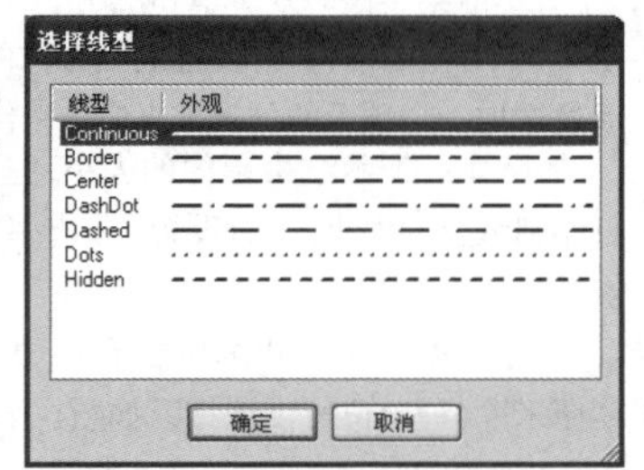

图1-142

“打印颜色”标签：显示图层的打印颜色，单击菱形色块可设置打印颜色，设置好的颜色只有打印时才能看见。

“打印线宽”标签：显示图层打印时的线宽，单击“预设值”文字将打开“选择打印线宽”对话框，如图1-143所示。同样，这里设置的线宽只有在打印时才能看见。

图1-143

1.4 设置Rhino 5.0的工作环境

Rhino 5.0默认提供的工作环境可以适用于绝大多数的工作，但不同的用户可能会有一些不同的需求，例如，要以“百米”或者“海里”为建模单位，通过模板文件显然无法达到这个要求，只能通过“文件属性”对话框进行设置，如图1-144所示。

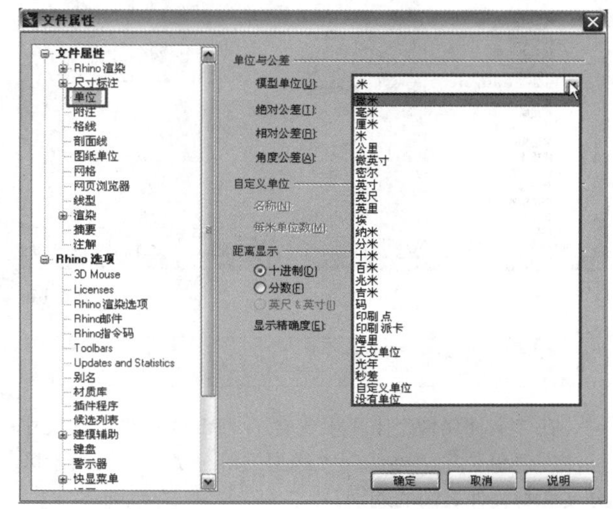

图1-144

要打开“文件属性”对话框有多种方法，常用的方法是单击“标准”工具栏下的“文件属性/选项”工具，或者单击“标准”工具栏下的“选项”工具，如图1-145所示。

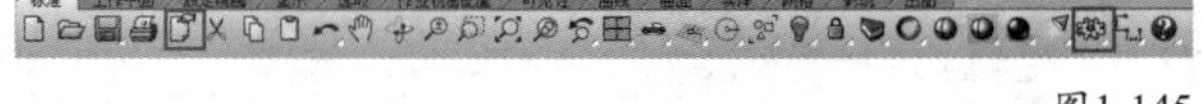

图1-145

Rhino 5.0的菜单中有多个命令也可以打开“文件属性”对话框，例如，执行“文件>文件属性”菜单命令，或者执行“工具>选项”菜单命令等。由于比较多，这里就不再一一列举。

需要注意的是，使用鼠标左键单击“文件属性/选项”工具，打开的是“文件属性”对话框；而使用鼠标右键单击该工具（或单击“选项”工具），打开的则是“Rhino选项”对话框，如图1-146所示。这两个对话框除了名称不同，其他没有什么区别。从这一点可以看出，Rhino 5.0提供的用于设置工作环境的对话框其实是由两个部分组成的，分别是“文件属性”和“Rhino选项”，下面将对一些重点内容进行介绍。

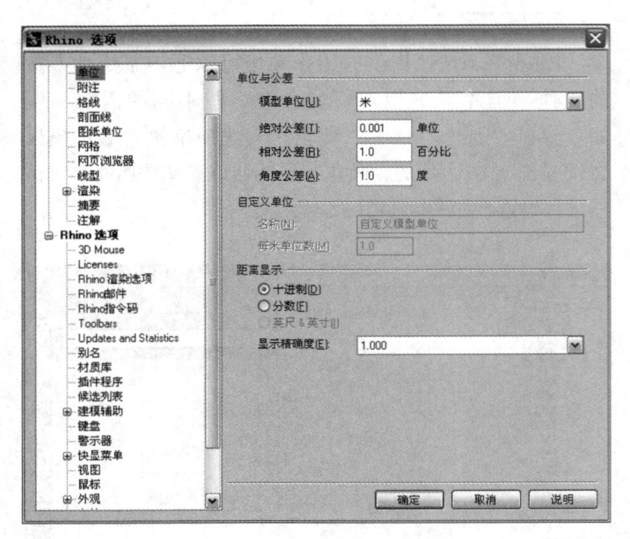

图1-146

1.4.1 文件属性

在“文件属性”下主要包含了“Rhino渲染”“尺寸标注”“单位”“格线”“线型”等分类，主要用于区分文件与文件之间的差别。

Rhino渲染

“Rhino渲染”面板中的参数主要用于管理模型的渲染设置，包含“解析度与反锯齿”“环境光”“背景”和“其他”4个参数组，如图1-147所示。

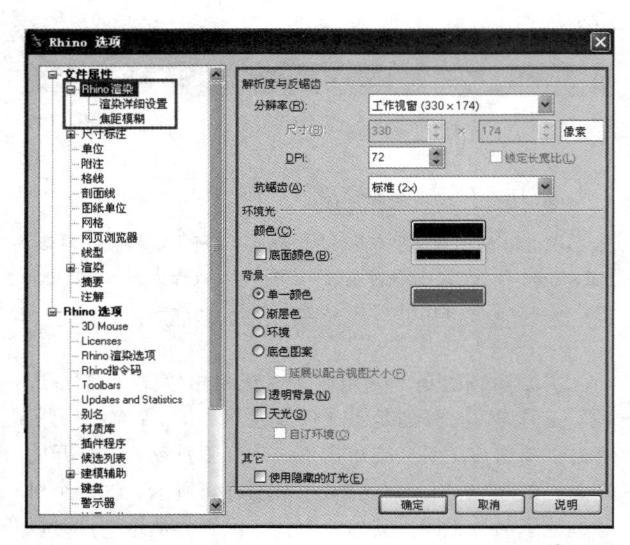

图1-147

技巧与提示

要让“Rhino渲染”面板中的参数作用于场景模型，需要指定当前的渲染器为“Rhino渲染”，方法为执行“渲染>目前的渲染器>Rhino渲染”菜单命令，如图1-148所示。

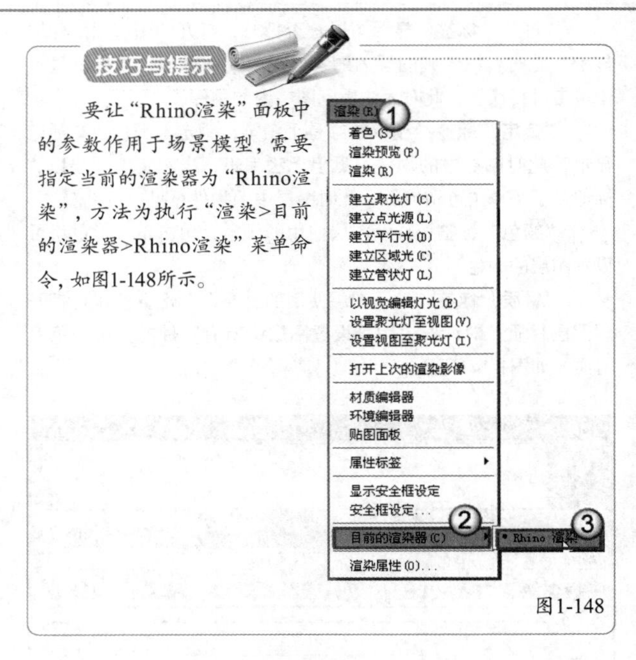

图1-148

Rhino渲染重要参数介绍

解析度与反锯齿：在“解析度与反锯齿”参数组中，可以为使用中的工作视图设置渲染时的分辨率，也可以设置抗锯齿的类型。

分辨率：可供设置的分辨率有3类，第1类是“工作视窗”尺寸，表示渲染影像的分辨率和使用中的工作视图一样；第2类是“自定义”尺寸，由用户自由设置渲染影像的尺寸；第3类是预设尺寸，通过选取一个预设的分辨率来渲染工作视图，如图1-149所示。

尺寸：表示渲染影像的大小，这个选项可以用来决定实际打印到纸上的大小，只有设置“分辨率”为“自定义”，该参数才能被激活。

单位：定义尺寸单位，有“像素”“英寸”“毫米”和“厘米”4种单位可供选择，如图1-150所示。

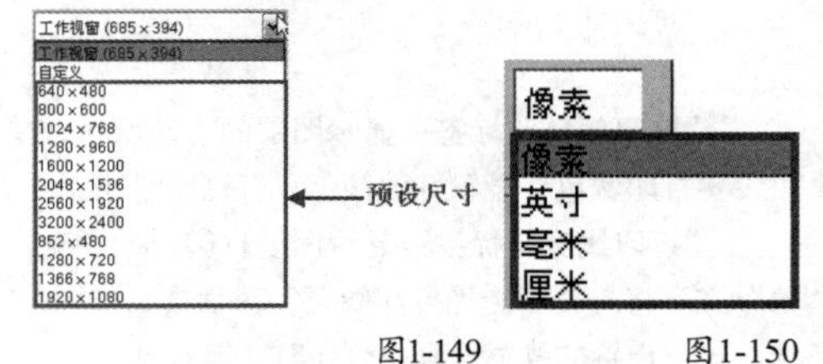

图1-149　图1-150

DPI：代表每英寸的点数，该值越大，精度越高。

锁定长宽比：只有设置“分辨率”为“自定义”，该选项才能被激活，用于锁定渲染影像高度和宽度的比例。例如，改变宽度时，高度也会按照比例进行同样的改变。

抗锯齿：在渲染影像中，由于显示分辨率的限制，通常会在斜线、曲线上产生阶梯状的锯齿，为了消除这些锯齿，使渲染影像中的物件边缘平滑化，就需要设置抗锯齿，有4个选项可供选择，如图1-151所示。图1-152显示了同一个模型设置抗锯齿前后的对比效果（注意观察边缘）。

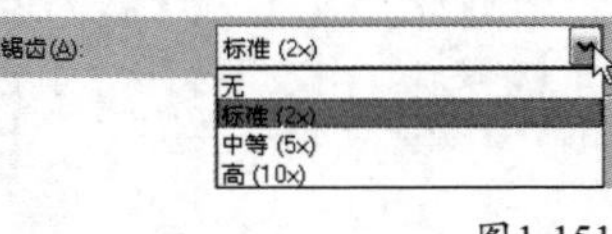

图1-151

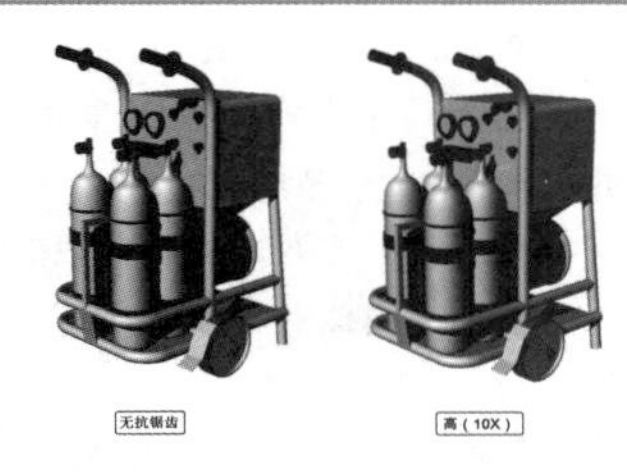

图1-152

抗锯齿是以对像素做超取样的方式来消除渲染影像中的锯齿的。

环境光：控制环境光颜色。

颜色：控制场影中最暗的点在渲染影像中的颜色，场影中照明度较低的部分在渲染影像中会显示为物件及环境光颜色的混合色。通过右侧的色块按钮▇▇▇可以打开“选取颜色”对话框设置颜色，如图1-153所示。

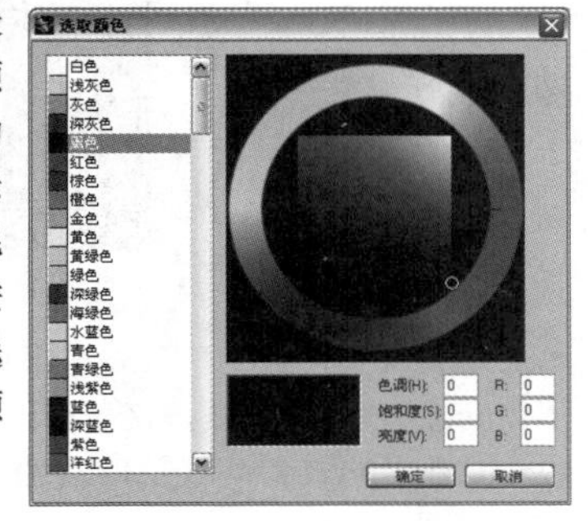

图1-153

底面颜色：控制来自地面的环境光颜色。

背景：控制背景的设置。

单一颜色：设置渲染影像的背景颜色。

渐层色：设置一个渐变背景，该选项具有两个色块，上面一个色块控制顶部颜色，下面一个色块控制底部颜色，如图1-154所示。

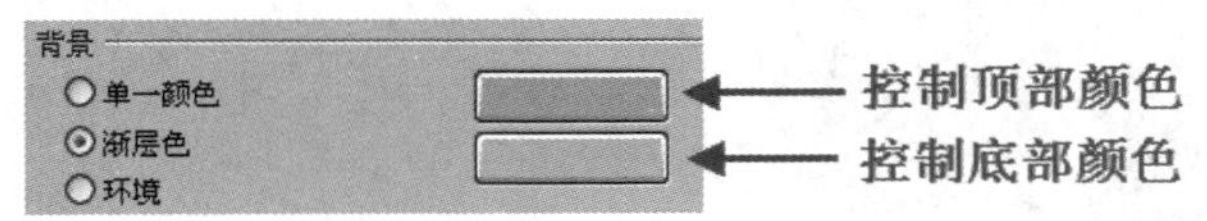

图1-154

环境：代表Rhino场景的初始状态，它只有在渲染模式下才可以显示，其中可以自行调节相关参数。

底色图案：以工作视图中的底色图案（背景图）作为渲染影像的背景，可以通过“延展以配合视图大小”选项来缩放底色图案以适合渲染影像的大小。

透明背景：将背景渲染为透明的Alpha通道，如图1-155所示。但在保存渲染影像时，必须保存为支持Alpha通道的格式（PNG、TGA、TIF）。这个设置非常有用，常常用来做渲染出图的后期处理。

图1-155

天光：勾选该选项后，Rhino将以全局光的模式渲染，这种模式相比其他模式最大的特点就是阴影被细分和模糊了，如图1-156所示。

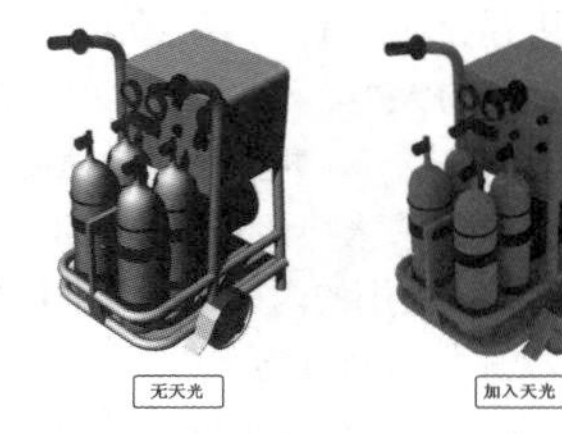

图1-156

在图1-156展示效果的基础上，如果勾选“透明背景”和“自订环境”选项，并通过Lord from file（自文件加载）按钮加载一张hdr高动态背景贴图，其效果更佳，如图1-157和图1-158所示。

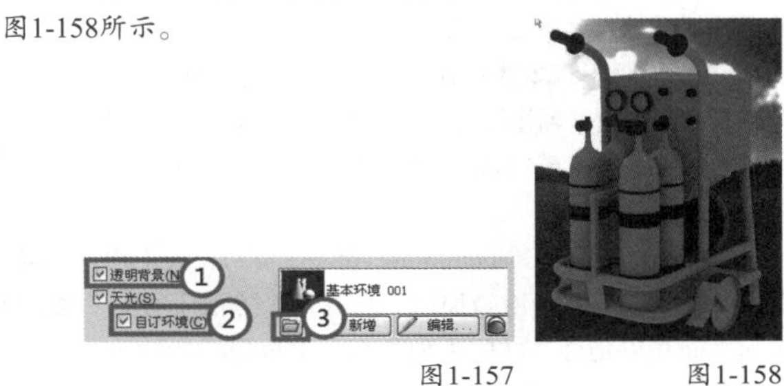

图1-157　图1-158

其他：该参数组中只提供了一个“使用隐藏的灯光”选项，如果在建模的过程中隐藏了某个灯光，而在渲染时又需要渲染出这个灯光对场景的照明效果，那么可以勾选该选项（对于关闭的图层也是如此）。

<1>渲染详细设置

在“文件属性”分类下展开“Rhino渲染”选项，然后单击“渲染详细设置”子选项，打开其参数设置面板，如图1-159所示。

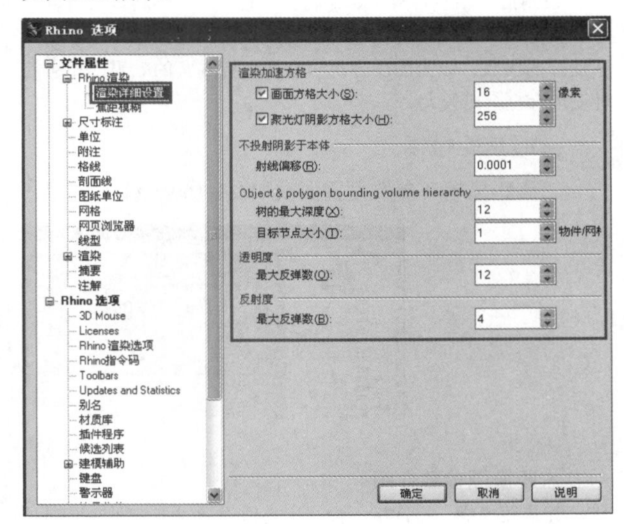

图1-159

渲染详细设置重要参数介绍

渲染加速方格：渲染外挂程序会将工作视图分割成许多矩形区域（方格）进行渲染，用于调节渲染的画面品质以及画面中阴影颗粒的大小。渲染场景时，渲染加速方格中的参数直接决定细分的大小、清晰层度以及渲染速度。细分数值越高，画面的清晰度越好，相应的渲染速度越慢，耗时越长。

画面方格大小：控制每一个方格的宽度和高度像素。方格设置越小，使用的内存越多，但最终渲染的速度会越快。

聚光灯阴影方格大小：这属于Rhino 5.0自带的聚光灯阴影细分。Rhino 5.0自带的渲染器属于光线跟踪渲染，最耗费时间的是光线追踪时的阴影细分精度。阴影的细分主要是渲染外挂程序将聚光灯锥体分割成许多方格，再次将方格内的物件排序得到一个列表。聚光灯阴影方格是以方格的数目计算，不以像素计算，因为灯光本身和像素并没有关联。渲染场景时，聚光灯阴影方格大小中的参数直接决定细分的大小、清晰度以及渲染速度。细分数值越高，画面的清晰度越好，相应的渲染速度越慢，耗时越长，反之亦然。

不投射阴影于本体：在渲染场景中，由于多组灯光照射，令场景中阴影投射到物体上，造成物体表现出现明显的明暗交界，引起物体质感的混淆。将这个选项设置为0即可看到渲染时阴影投射于物体造成的瑕疵。

Object & polygon bounding volume hierarchy（**物件与网格面BSP树**）：是一种渲染加速方法，这个方法不会一一测试网格面，而是以物件在空间中的位置分类成像树状的阶层结构，按照这一阶层结构进行渲染。建立BSP树一样需要时间及占用内存，BSP 树的阶层越多，节点越小，使用的内存越多，建立BSP树的时间也会越长。

树的最大深度：控制建立BSP树时将画面细分的次数。

目标节点大小：定义每一个包含物件或网格面的节点的大小。

透明度：“最大反弹数”参数控制射线与透明物件交集的追踪次数，默认值为12，代表可以正常渲染12个透明的面，第13个透明的面会被视为不透明而停止追踪。这个限制可以避免光线追踪无尽地计算下去，进而节省渲染时间。

反射度：一些材料（如金属）具有反射功能，“反射度”参数就是用来模拟环境反射的程度。“最大反弹数”是控制光子反弹的次数，较大的反弹次数会产生更真实的效果，相应的耗费内存也会比较大。

<2>焦距模糊

“焦距模糊”参数设置面板如图1-160所示。

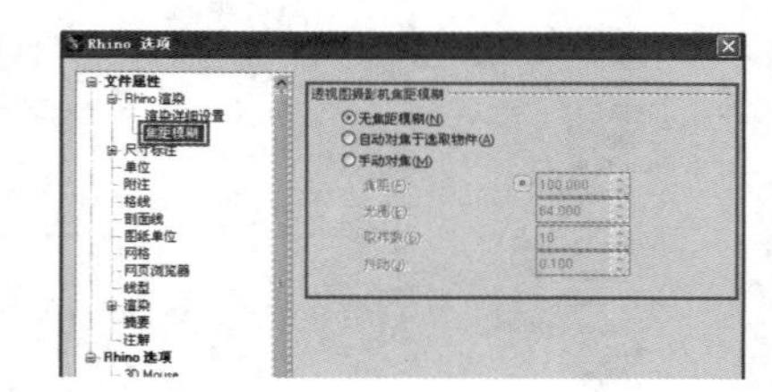

图1-160

焦距模糊参数介绍

无焦距模糊：摄像机不会产生类似于摄像镜头那样根据对焦远近产生的模糊景象。

自动对焦于选取物件：Rhino系统自动对焦在被选物体上。

手动对焦：选中该选项后，“焦距”“光圈”“取样数”和“抖动”参数将被激活。

焦距：光线经过透镜就会聚成的点。焦距增大，景深就越小。

光圈：用来控制光线透过镜头，进入机身内感光面的光量，该值越大，景深就越小。

取样数：渲染时采集的像素，这个一般保持不变。

抖动：模拟真实手动摄影环境下镜头的抖动效果。

实战

设置焦距

场景位置	场景文件>第1章>05.3dm
实例位置	实例文件>第1章>实战——设置焦距.3dm
视频位置	第1章>实战——设置焦距.flv
难易指数	★★☆☆☆
技术掌握	掌握透视图摄影机焦距模糊设定的方法

01 打开本书学习资源中的“场景文件>第1章>05.3dm”文件，如图1-161所示。

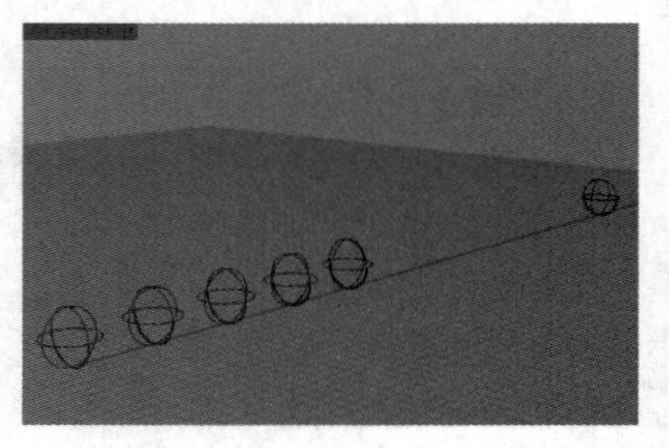

图1-161

02 选择第1个球体，然后单击“选项”工具，打开“Rhino选项”对话框，接着在“焦距模糊”参数设置面板中启用“自动对焦于选取物件”选项，并单击确定按钮，如图1-162所示。

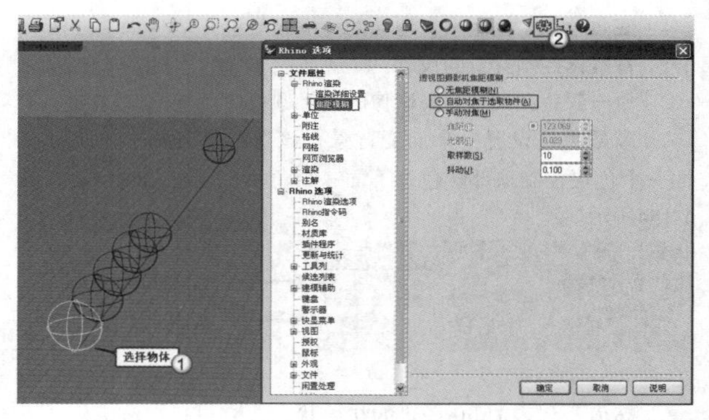

图1-162

03 使用鼠标左键单击“标准”工具栏下的“渲染/渲染设定”工具，渲染物件，如图1-163所示。

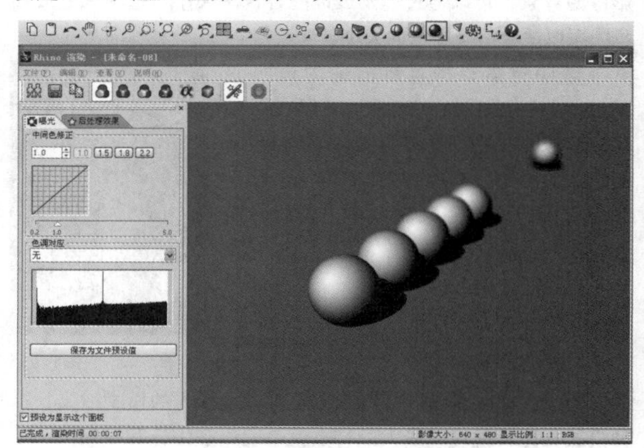

图1-163

单位

单位是Rhino比较重要的一个组成部分，而“单位”面板中的参数就是用于管理目前模型的单位设置，如图1-164所示。

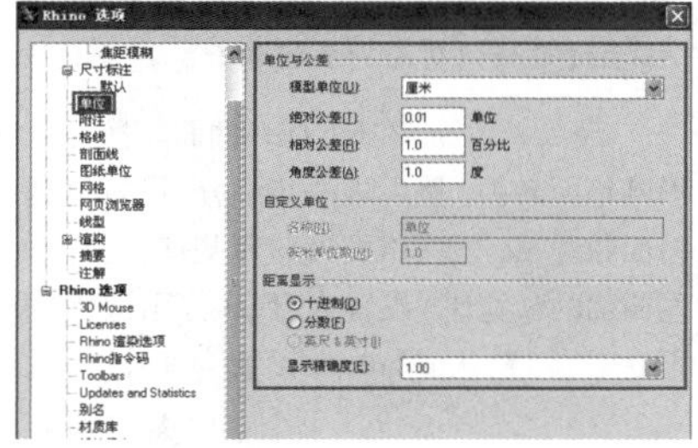

图1-164

单位设置重要参数介绍

模型单位： 控制模型使用的单位。当场景中存在对象时，如果改变单位，那么系统会弹出一个对话框询问是否要按比例缩放模型，如图1-165所示。

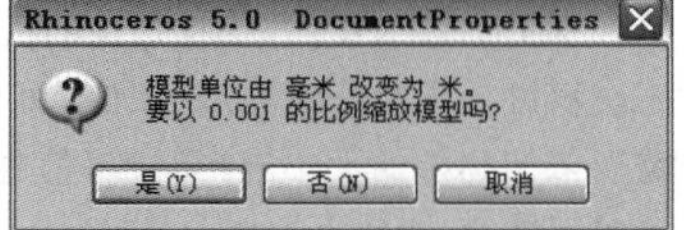

图1-165

绝对公差： 在Rhino建模中对曲线、曲面的编辑都有精度限制，也就是误差的大小，影响精度的参数就是公差值。绝对公差是在建立无法绝对精确的几何图形时控制允许的误差值。例如，修剪曲面、偏移图形或进行布尔运算时所建立的对象都不是绝对精确的。在建模之前就应该根据模型精度要求设置合适的绝对公差。建模过程中会根据建模出现的问题来修改绝对公差。比如在使用“组合”命令时，两曲面间距在绝对公差范围之内就可以被组合，否则就无法组合。当绝对公差设置为0.01时，如图1-166所示的两曲面无法组合（两曲面间距超出了0.01cm）。

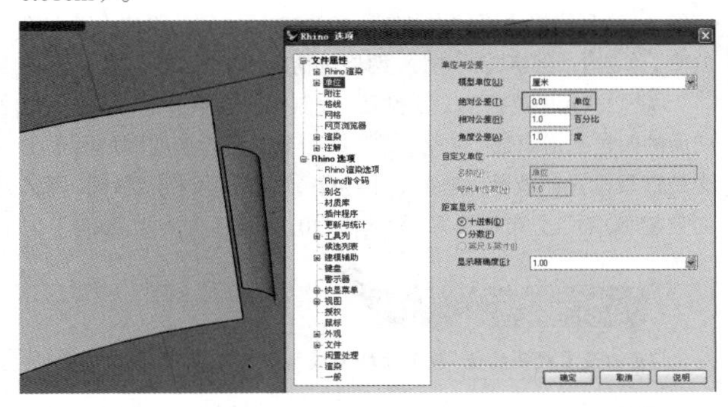

图1-166

如果把绝对公差改为1，那么这两个曲面就可以组合在一起了，如图1-167所示。但要记住，当处理完建模中的问题后，一定要把绝对公差恢复为原来设置，这样可以保证后面做的模型与前面做的模型保持一致性。

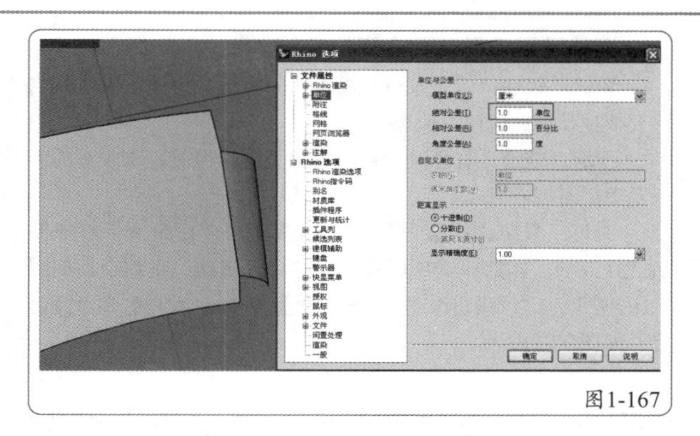

图1-167

相对公差： 相对公差根据具体模型尺寸的百分比确定公差范围，相对公差提供了另外一种确定精度的方法。

角度公差： Rhino在建立或修改物件时，角度误差值会小于角度公差。例如，两条曲线在相接点的切线方向差异角度小于或等于角度公差时，会被看作相切。

08 技术专题：单位设置的注意事项

由于“自定义单位”和“距离显示”参数组中的参数使用得比较少，因此这里就不再进行介绍。下面对设置单位的一些注意事项进行说明。

第1点：开始建立模型前，建议先设置模型使用的公差，并且不要随意改变。

第2点：在Rhino中导入一个文件时，不管该文件是否含有单位或公差设置，都不会改变Rhino本身的单位或公差设置。

第3点：Rhino适于在绝对公差为0.01～0.001的环境中工作，模型上小特征（小圆角或曲线的微小偏移距离）的大小≥10×绝对公差。也就是说，如果绝对公差设置为0.01，那么物件模型倒角的最小半径（或曲线偏移的最小距离）不能小于0.1（10×0.01）。

第4点：建议不要使用小于0.0001的绝对公差，因为会导致计算交集和圆角的速度明显变慢。

网格

在Rhino中着色或渲染NURBS曲面时，曲面会先转换为多边形网格，如果不满意预设的着色和渲染质量，可以通过“网格”面板中的参数来进行设置，如图1-168所示。

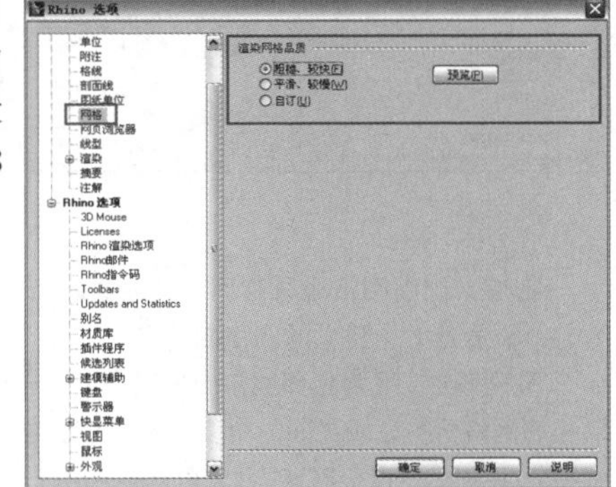

图1-168

网格设置重要参数介绍

粗糙、较快：着色及渲染质量比较粗糙，但速度较快。当需要快速预览的时候一般选择此项。

平滑、较慢：着色及渲染质量较平滑，但需要比较长的着色及渲染时间。

自订：自定义设置渲染网格品质，通常在模型最终成型后选择此项。勾选该选项后将弹出“自订选项”参数组，如图1-169所示。可以通过单击 进阶设定(C)... 按钮展开更多参数设置，如图1-170所示。

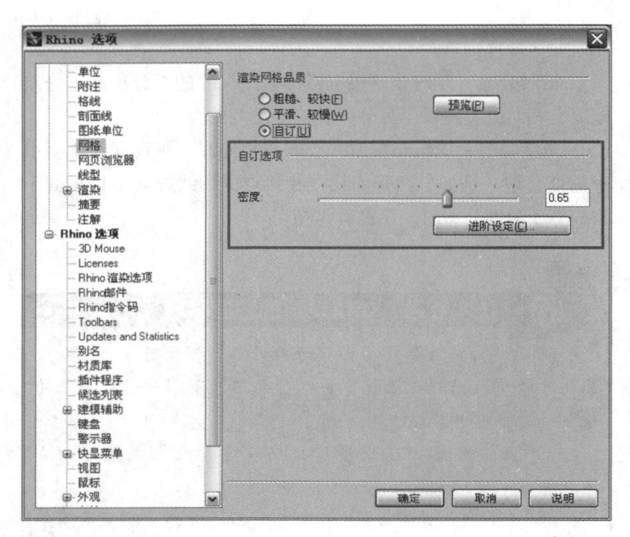

图1-169

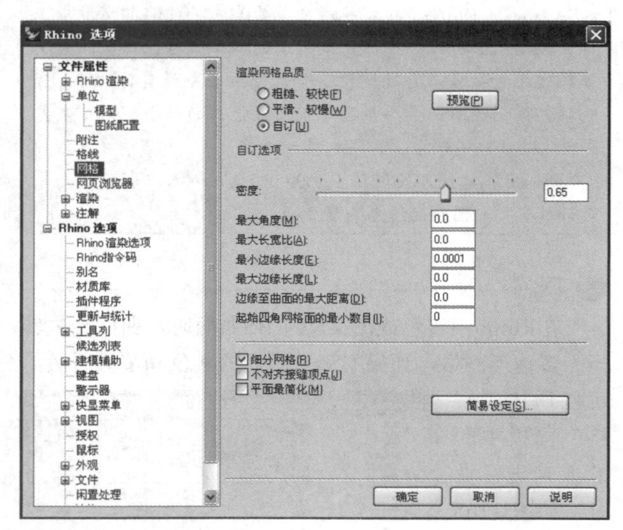

图1-170

密度：控制网格边缘与原来的曲面之间的距离，取值范围为0～1。值越大，建立的网格面越多。

最大角度：设置相邻网格面的法线之间允许的最大角度，如果相邻网格面的法线之间的角度大于这里设置的值，网格会进一步细分，网格的密度会提高。最大角度的数值越小，速度也就越慢，但是显示精度也就越高。

技巧与提示

以最大角度设置转换网格的结果只受物件形状的影响，与物件大小无关。这个设置值通常会在物件曲率较大的部分建立较多的网格面，平坦的部分建立较少的网格面。

最大长宽比：在NURBS曲面转换为网格时，一开始是以四角形网格面转换，然后进一步细分。设置值越小，网格转换越慢，网格面数越多，但网格面形状越规律。这个设置值大约是起始四角网格面的长宽比。设置为0代表停用这个参数，网格面的长宽比将不受限制。默认值为0，不设置为0时，建议设置为1～100。

当物件的形状较为细长时，可以将这个参数设置为0，此时建立的网格面的形状可能会很细长，因此可以配合其他参数控制网格的平滑度。

最小边缘长度：当网格边缘的长度小于该参数设置的值时，不会再进一步细分网格，默认值为0.0001。设置该参数值的时候需要依照物件的大小进行调整，值越大，网格转换越快，同时网格越不精确，面数也较少。当设置为0时，表示停用这个参数。

最大边缘长度：当网格边缘的长度大于该参数设置的值时，网格会进一步细分，直到所有网格边缘的长度都小于该参数值。默认值为 0，表示停用这个参数。设置该参数值的时候同样需要依照物件的大小进行调整，值越小，网格转换越慢，网格面数越多，网格面的大小也越平均。

注意，“最小边缘长度”和“最大边缘长度”参数与物件的比例有关，使用的是当前的单位设置。

边缘至曲面的最大距离：为该参数设置一个值后，网格会一直细分，直到网格边缘的中点与NURBS曲面之间的距离小于设置的值。值越小，网格转换越慢，网格越精确，网格面数越多。

起始四角网格面的最小数目：控制网格转换开始时，每一个曲面的四角网格面数。也就是说，每一个曲面转换的网格面至少会是这里设置的数目。值越大，网格转换越慢，网格越精确，网格面数越多，而且分布越平均。默认值为0，建议值为0～10000。

可以设置较高的值，使曲面转换成网格时可以保留细节部分。

细分网格：勾选该选项后，在转换网格时，Rhino会一直不断地细分，直到网格符合“最大角度”“最小边缘长度”“最大边缘长度”以及“边缘至曲面的最大距离”参数设置的值。禁用该选项后，网格转换较快，网格不精确，同时网格面较少。

不对齐接缝顶点：勾选该选项后，所有曲面将各自独立转换网格，转换速度较快，网格面较少，但转换后的网格在曲面的组合边缘处会产生缝隙。

技巧与提示

除非以未修剪的单一曲面转换网格，否则Rhino无法以纯四角网格面建立稠密的网格。

当禁用"细分网格"选项，并勾选"不对齐接缝顶点"选项后，可以使转换的网格有较多的四角网格面。

平面最简化：勾选该选项后，转换网格时会先分割边缘，然后以三角形网格面填充边缘内的区域。转换速度较慢，网格面较少。

技巧与提示

勾选"平面最简化"选项后，转换网格时除了"不对齐接缝顶点"选项外，其他所有选项都会被忽略，并以最少的网格面转换平面。

实战

多边形网格调节

场景位置	场景文件>第1章>06.3dm
实例位置	无
视频位置	第1章>实战——多边形网格调节.flv
难易指数	★☆☆☆☆
技术掌握	掌握调节多边形网格质量的方法

01 打开本书学习资源中的"场景文件>第1章>06.3dm"文件，如图1-171所示。

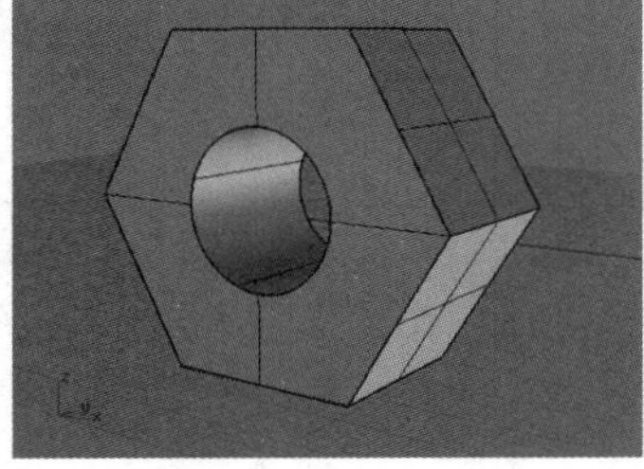

图1-171

02 单击"标准"工具栏下的"文件属性/选项"工具，打开"Rhino选项"对话框，然后切换到"网格"参数面板中，并设置"渲染网格品质"为"自订"，接着单击[进阶设定(C)...]按钮，展开所有参数设置，如图1-172所示。

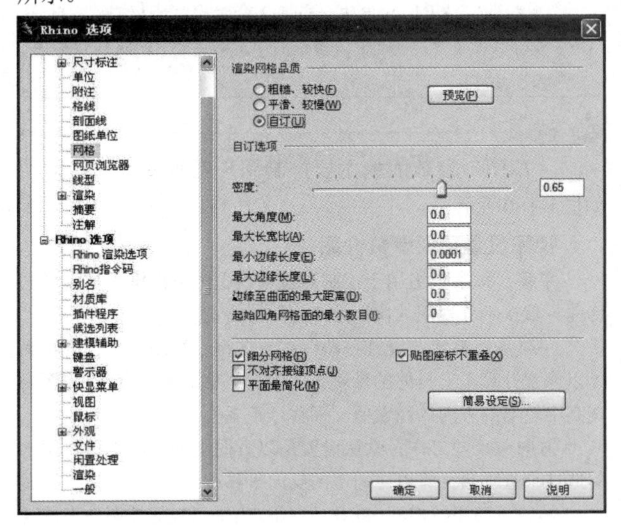

图1-172

03 将"密度""最大角度""最大长宽比""最小边缘长度""最大边缘长度"5个参数的值都设置为0，然后设置"边缘至曲面的最大距离"为0.5、"起始四角网格面的最小数目"为16，接着勾选"平面最简化"选项，如图1-173所示。

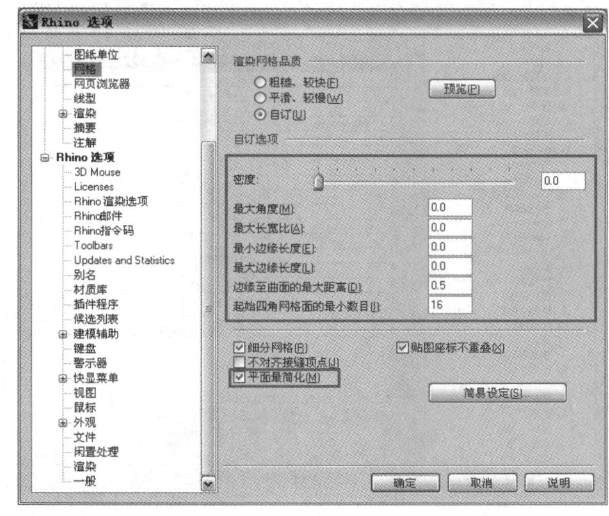

图1-173

04 单击[确定]按钮退出"Rhino选项"对话框，然后使用鼠标左键单击"标准"工具栏下的"着色/着色全部作业视窗"工具，着色效果如图1-174所示。从图中可以看到曲面交界处有溢出现象，这表明曲面的网格精度不高，这一表现方式通常用于建模时的快速表现。

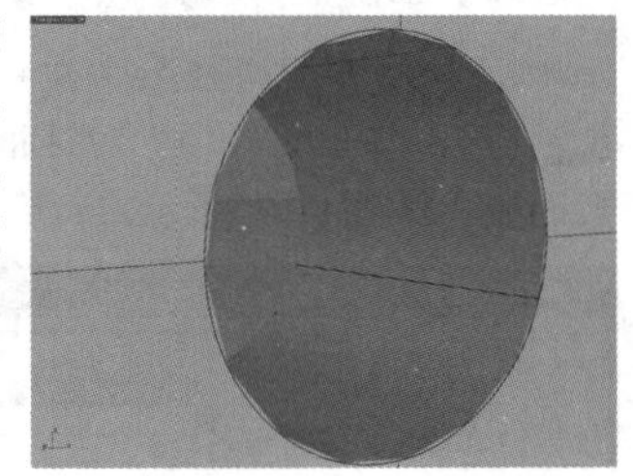

图1-174

05 再次打开"Rhino选项"对话框，然后调整"边缘至曲面的最大距离"为0.01，其他参数不变，着色效果如图1-175所示，从图中可以看到曲面交界处变得圆滑，这表明曲面的网格精度提高，这一表现方式主要用于建模后的最终成型。

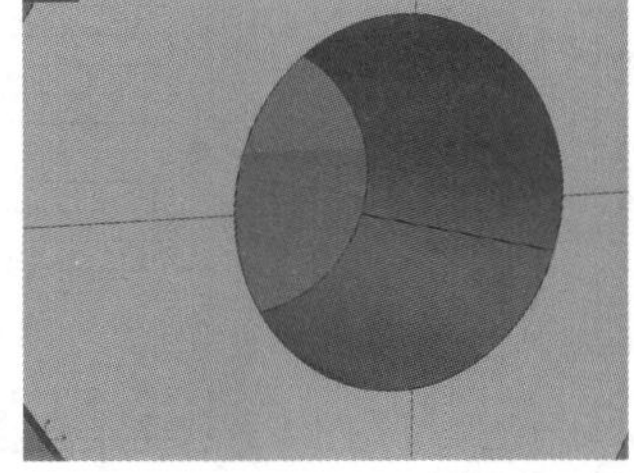

图1-175

1.4.2 Rhino选项

在"Rhino选项"分类下主要包括了"别名""视图""外观"等分类，主要用于区分命令功能之间的差别。

别名

别名可以理解为快捷键，而“别名”参数面板就用于自定义快捷键，如图1-176所示。其中“指令巨集”列表中定义的是完整的指令，而“别名”列表中定义的是命令的快捷键。

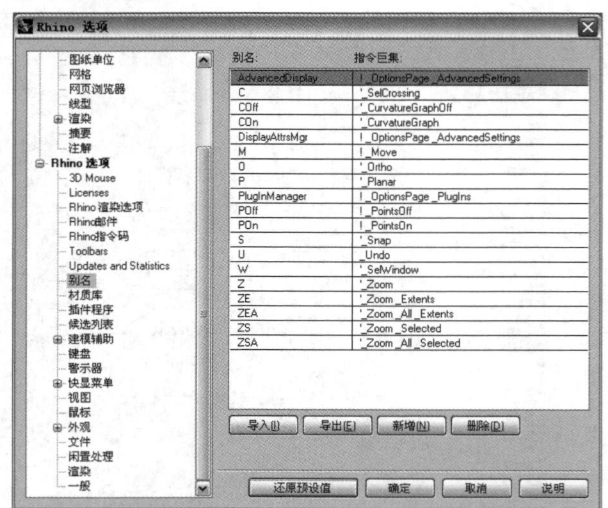

图1-176

实战

设置Rhino指令快捷键

场景位置　无
实例位置　无
视频位置　第1章>实战——设置Rhino指令快捷键.flv
难易指数　★☆☆☆☆
技术掌握　掌握为Rhino指令设置快捷键的方法

01 打开“Rhino选项”对话框，然后切换到“别名”参数面板，如图1-177所示。

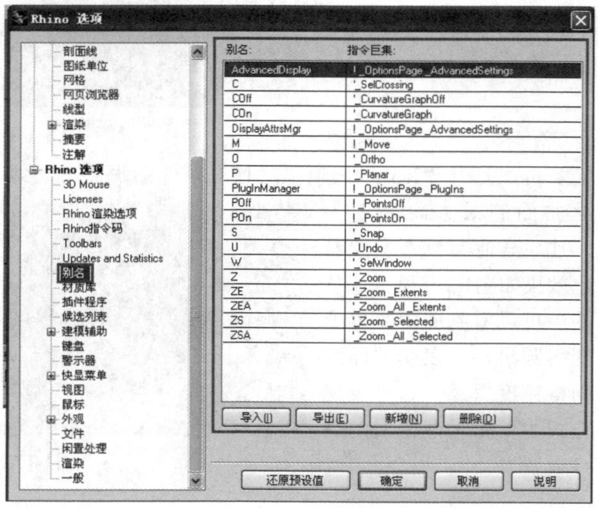

图1-177

02 本例将为ExtrudeCrv（直线挤出）命令设置一个快捷键。首先单击“新增(N)”按钮，建立一个新别名，然后在左侧的“别名”栏中输入ee，接着在右边的“指令巨集”栏中输入ExtrudeCrv，如图1-178所示。最后单击“确定”按钮完成设置。

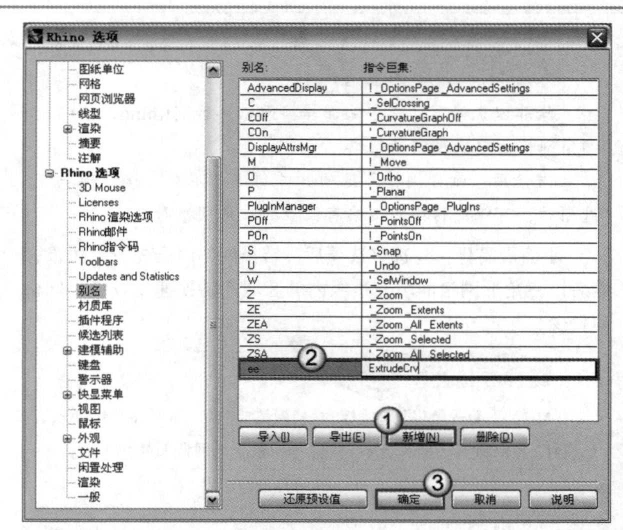

图1-178

03 实践检验一下别名设置是否有效，在命令行输入ee并按Enter键确认，可以看到出现了“选取要挤出的曲线”提示，这表示该命令已经被成功启用，如图1-179所示。

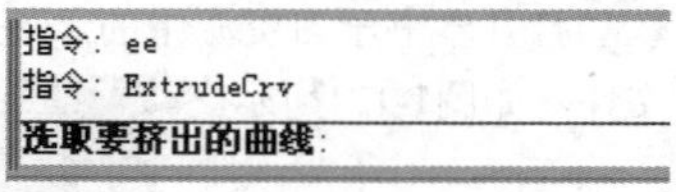

指令：ee
指令：ExtrudeCrv
选取要挤出的曲线：

图1-179

09 技术专题：自定义指令别名的注意事项

在“别名”参数面板的“指令巨集”栏中，可以看到Rhino默认设置的指令前都带有一些特殊符号，下面对这些符号的含义进行介绍。

感叹号（！）+空格：以这种方式开头的指令可以终止目前正在执行的任何其他指令。

底线（_）：Rhino有数种语言的版本，为了让指令在各种语言版本中都能正确执行，必须在每个指令前加上底线，以Move（移动）命令为例，应该是_Move；如果加上上面所说的感叹号（！）和空格，应该是! _Move。

连字号（-）：Rhino中的一些指令会弹出对话框，如果在该指令前加上连字号，将强制该指令不弹出对话框，而是通过命令选项执行。

视图

“视图”参数面板主要控制用户在视图中的操作，如图1-180所示。

视图设置重要参数介绍

平移：该参数组用于控制通过键盘上的方向键平移视图的特性，默认平移视图的快捷方式为鼠标右键。

平移步距系数：设置每按一次方向键，视图所平移的距离（以像素计算）。具体的计算公式为：平移的距离=工作视图的宽高中较窄的方向的像素值×平移步距系数。

方向键反向工作：默认设置是以方向键的方向平移视图，勾选这个选项后，将以方向键的反向平移视图。

始终平移平行视图：默认情况下，当平行视图被调整为透视角度后，通过鼠标右键或方向键将不能再对其进行平移操作（而是旋转操作），如果仍然希望通过鼠标右键或方向键进行平移操作，可以勾选该选项。

缩放：该参数组只包含一个“缩放比”参数。前面说过，按PageUp键和PageDown键或者滚动鼠标中键可以放大和缩小视图，而“缩放比”参数就用于控制每一次放大和缩小的比例。

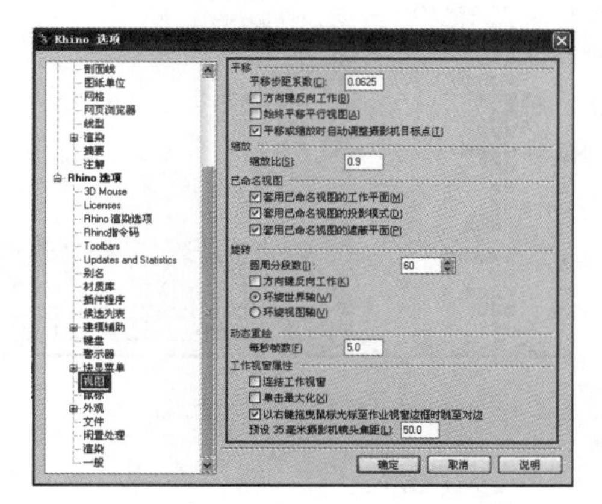

图1-180

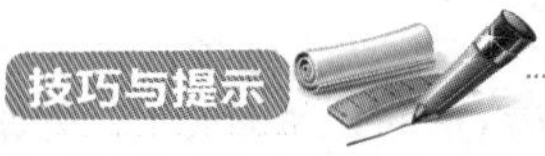

当“缩放比”参数大于1时，PageUp键、PageDown键和鼠标中键的缩放方向将相反。

已命名视图：该参数组包含3个选项，当自定义一个视图并进行保存后，如果要将该视图的工作平面、投影模式和遮蔽平面设置还原（应用）到其他视图中，需要勾选这3个选项。

旋转：该参数组用于控制视图的旋转角度和方式。

圆周分段数：在透视角度下，按键盘上的方向键可以旋转视图，该参数控制一个圆周（360°）上旋转的段数，预设是60段，也就是说每按一次方向键旋转6°。

方向键反向工作：默认设置是以方向键的方向旋转视图，勾选这个选项后，将以方向键的反向旋转视图。

环绕世界轴：向左右旋转视图时，视图摄影机绕着世界z轴旋转。

环绕视图轴：向左右旋转视图时，视图摄影机绕着视图平面的y轴旋转。

动态重绘：该参数组只提供了一个“每秒帧数”参数。在对视图进行平移、缩放、旋转等操作的过程中，为了实时动态显示，因此需要不断地重绘，使用“每秒帧数”参数可以控制图形显示的反应速度（每秒钟视图显示的帧数），默认值是合理的重绘速度。

在较大的场景中动态重绘会比较慢，因此必要时Rhino会取消重绘。

工作视窗属性：该参数组控制工作视图的一些操作方式。

连结工作视窗：开启视图实时同步功能，也就是说改变一个视图时（如平移或缩放），其他视图会同时进行改变。

在“作业视窗配置”工具栏中有一个“视图同步化/切换连结作业视窗”工具，“连结工作视窗”选项对应该工具的右键功能。如果使用鼠标左键单击该工具，可以使其他视图与当前激活的视图对齐（但不会保持同步性）。

单击最大化：默认情况下，只有双击视图标签才能最大化视图。勾选该选项后，单击即可最大化视图。

以右键拖曳鼠标指针至作业视窗边框时跳至对边：通过右键平移视图时，指针到达视图的边缘后，如果勾选该选项，那么指针会自动跳至该边缘的对边处，这样可以一直平移视图至自己想要的位置；如果未勾选该选项，那么指针移动至屏幕边缘后将无法继续移动。

预设35毫米摄影机镜头焦距：当工作视图由“平行”投影模式改为“透视”投影模式后，预设的视图摄像机镜头焦距。

外观

“外观”参数面板可以设置Rhino窗口界面的颜色及某些项目的可见性，它是Rhino 5.0非常重要的设置，其包含了一些视图显示的重要内容，如图1-181所示。

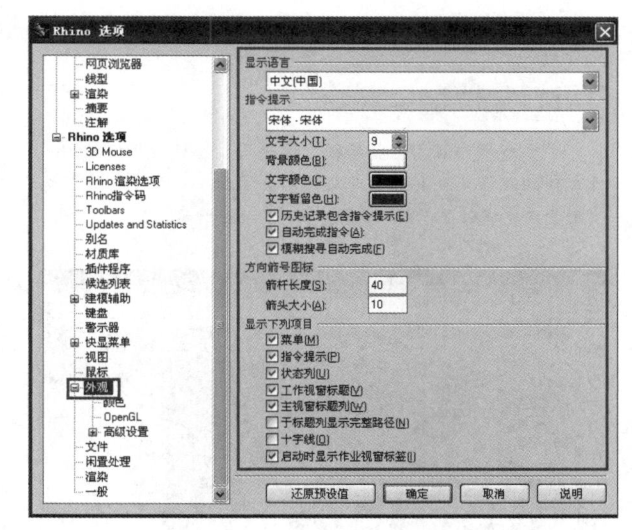

图1-181

“外观”参数面板中还包含了“颜色”、OpenGL以及“高级设置”3个子面板，因此其复杂程度可想而知。

外观设置重要参数介绍

显示语言：设置Rhino界面使用的语言，可以从下拉列表中选择已安装的语言。

指令提示：影响命令行的外观。可以设置命令行文字的字体、大小、颜色和暂留色（鼠标指针停留在选项上时选项的显示颜色），也可以设置背景色。

方向箭号图标：使用Dir（分析方向）命令时，Rhino通过箭头显示选定曲线或曲面的方向，而“箭杆长度”和“箭头大小”参数就用于设置箭杆的长度和箭头的大小。

显示下列项目：该参数组中的选项通常是全部勾选，全部禁用的工作界面如图1-182所示。

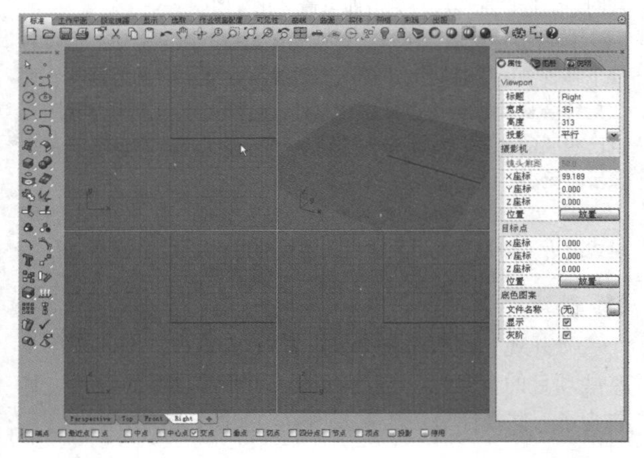

图1-182

技巧与提示

“于标题列显示完整路径”选项用于在标题栏中显示工作文件的路径（没有保存的文件不会显示）；“十字线”选项用于在建模时显示的十字线，如图1-183所示。

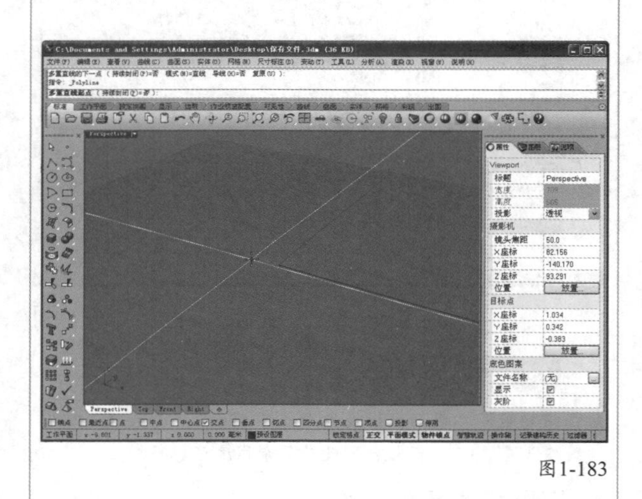

图1-183

<1>颜色

“颜色”子面板如图1-184所示，主要用于设置工作界面中各部分的颜色。如果需要还原为原始设置，只需单击按钮即可。

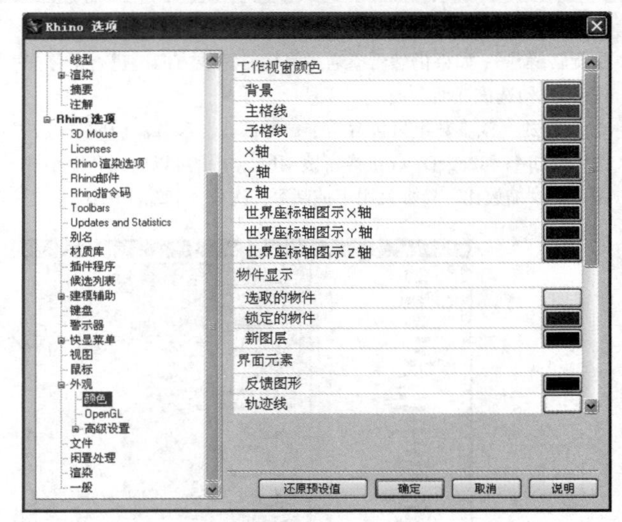

图1-184

<2>OpenGL

OpenGL子面板如图1-185所示，比较重要的参数是“外观设定”参数组中的“反锯齿”选项，这项功能在Rhino 5.0版本中被设置到了OpenGL子面板下，方便了用户的使用。

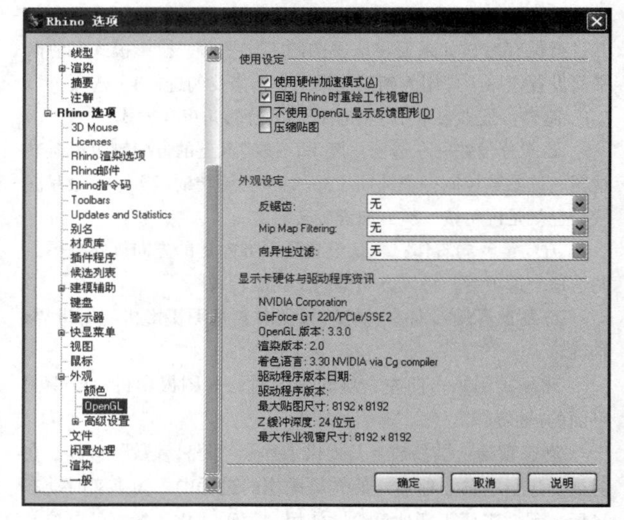

图1-185

<3>高级设置

“高级设置”子面板如图1-186所示，可以看到其中有“框架模式”“着色模式”“渲染模式”“阴影渲染模式”“半透明模式”“X光模式”“工程图模式”“艺术风格模式”和“钢笔模式”共9种显示模式。

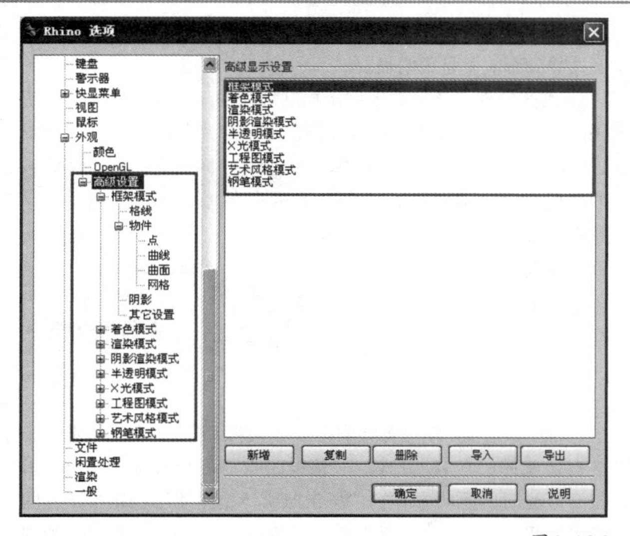

图1-186

为了方便用户在建模的过程中以不同的方式查看模型，Rhino 5.0提供了多种显示模式，“高级设置”子面板就用于对这些模式的参数进行设置。

任意选择一种显示模式，并展开其子目录，可以看到相应的设置分类和参数选项，如图1-187所示。

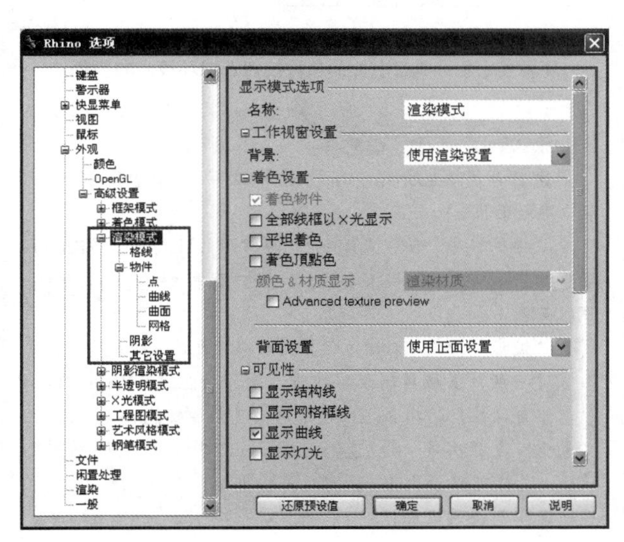

图1-187

除了“框架模式”没有“着色设置”参数组外，其他显示模式都包含“显示模式选项”“工作视窗设置”“着色设置”“可见性”“曲面边缘设置”“灯光物件”和“照明配置”参数组，下面分别进行介绍。

显示模式重要参数介绍

显示模式选项：显示模式的名称。

工作视窗设置：设置工作视图背景的颜色，包含7种设置，如图1-188所示。

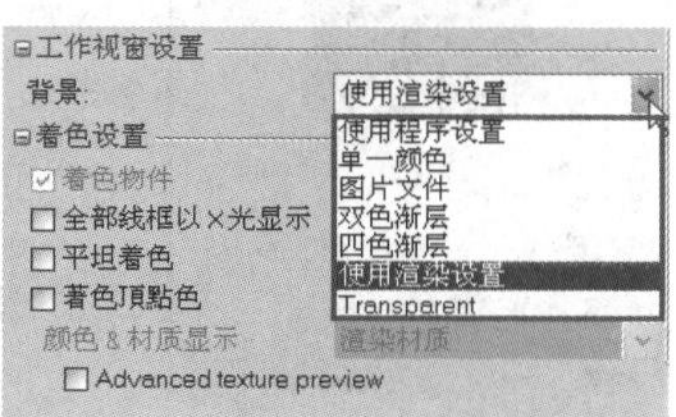

图1-188

使用程序设置：使用“颜色”子面板中的设置。

单一颜色：自定义一种背景颜色。

图片文件：以选取的图片文件作为工作视图的背景。

双色渐层：通过设置“上方颜色”和“下方颜色”来定义一个双色渐变背景。

四色渐层：通过设置“左上方颜色”“左下方颜色”“右上方颜色”和“右下方颜色”来定义一个4色渐变背景。

使用渲染设置：使用“Rhino渲染”面板中的背景设置。

着色设置：该参数组用于设置显示模式着色的方式。

全部线框以X光显示：着色模型，同时会显示模型内部被挡住的线框结构，如图1-189所示。

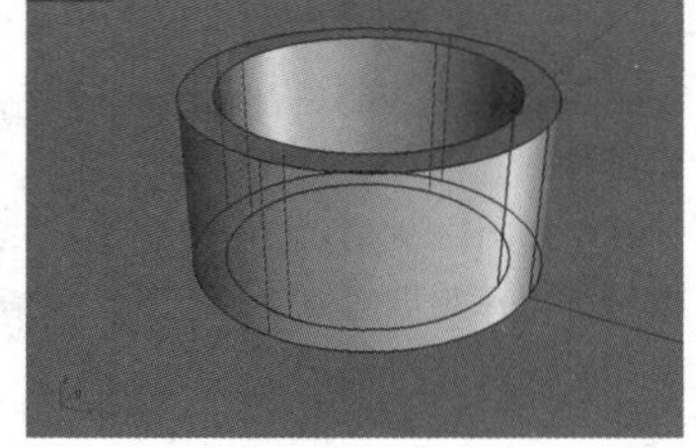

图1-189

平坦着色：以网格着色模型，可以看到着色网格的每一个网格面，如图1-190所示。

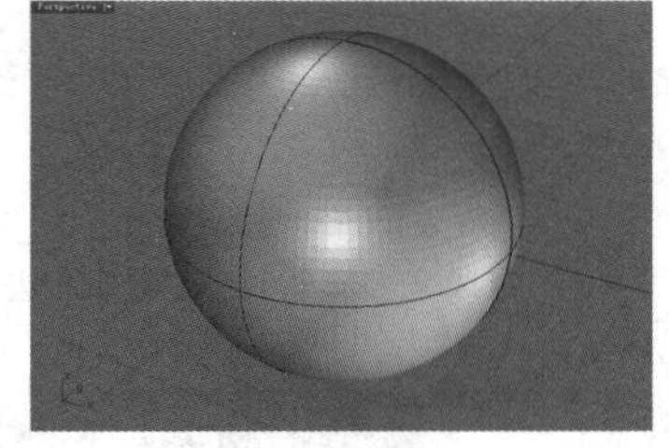

图1-190

颜色&材质显示：包含4个选项，如图1-191所示。其中“物件颜色”是指以物件属性里设置的颜色显示，可以设置“光泽度”和“透明度”；“全部物件使用单一颜色”是指以单一颜色显示物件，可以设置“光泽度”“透明度”和颜色；“渲染材质”是指以材质显示物件；“全部物件使用自定义材质”是指通过“自订物件属性设定”对话框中的设置来显示物件，如图1-192所示。

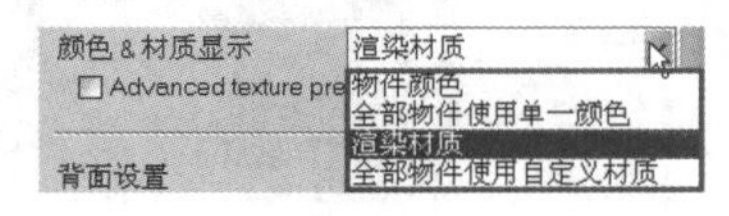

图1-191

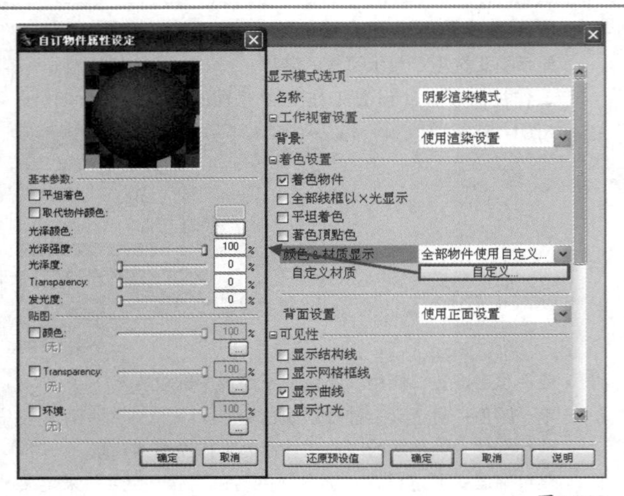

图1-192

背面设置：控制物件背面的显示方式，如图1-193所示。

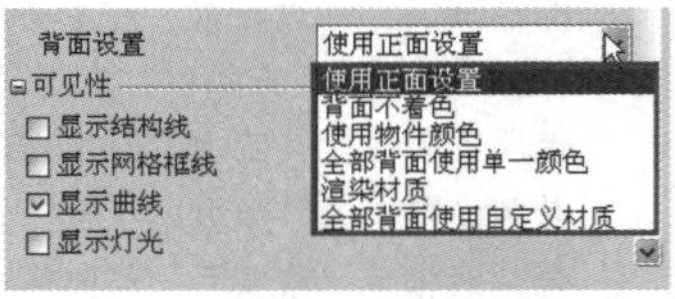

图1-193

可见性：控制是否显示结构线、曲线、灯光等元素，如图1-194所示，一般情况下这里的设置不用改动。

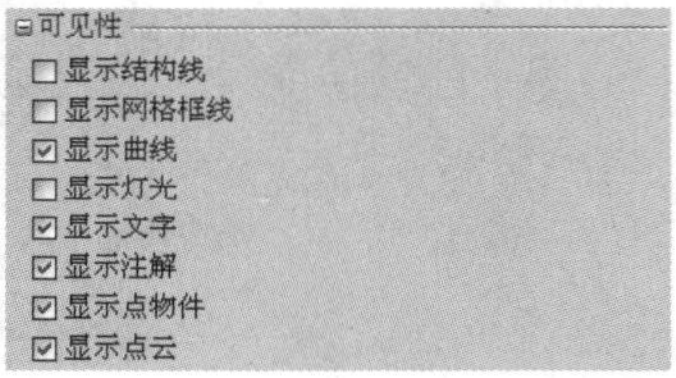

图1-194

曲面边缘设置：该参数组用于对曲面边缘的显示效果进行设置，包含“边缘线宽（像素）”和“颜色淡化%”两个参数，如图1-195所示。

图1-195

边缘线宽（像素）：控制曲面边界显示的线宽，如图1-196所示。

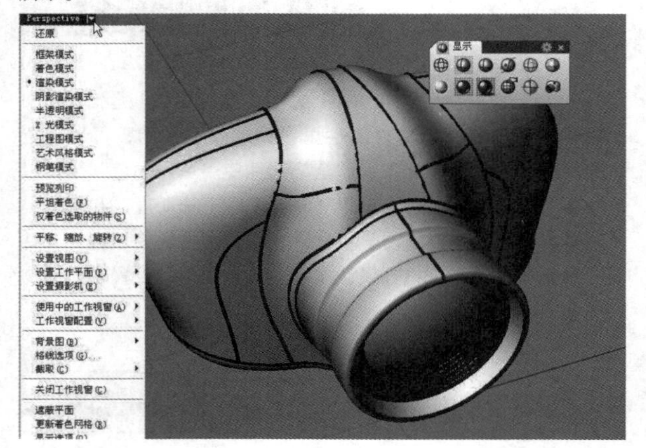

图1-196

颜色淡化%：控制曲面边界显示的透明度，这一参数对曲面边界的影响不是很明显。

灯光物件：该参数组用于控制灯光的显示效果，包含“使用隐藏的灯光”和“使用灯光颜色显示灯光”两个选项，如图1-197所示。一般只在最终渲染的时候考虑，建模时保持默认状态即可。

图1-197

照明配置：该参数组用于控制照明方式和环境光颜色，如图1-198所示。

图1-198

照明方式：有“无照明”“预设照明”“场景照明”和“自定义照明”4种方式。“预设照明”是指未建立灯光或未打开灯光时的照明方式；“场景照明”是指使用场景中建立的灯光照明；“自定义照明”允许设置最多8个自定义灯光，如图1-199所示。

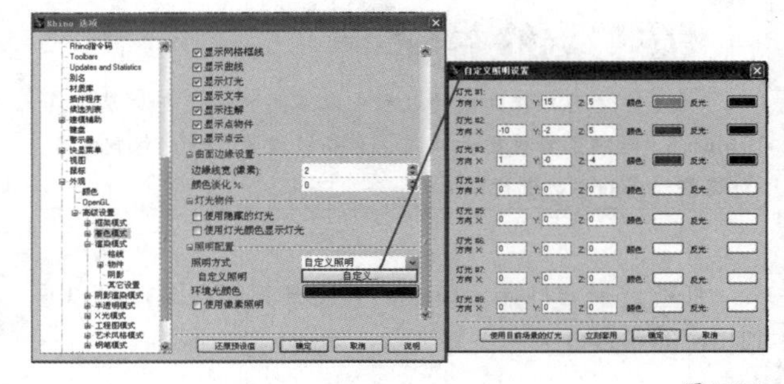

图1-199

环境光颜色：通过右侧的色块按钮选取环境光的颜色。

这里再简单地介绍一下“插件程序”“键盘”和“一般”参数面板。

“插件程序”面板是Rhino比较常用的设置，很多Rhino插件都需要通过该面板来安装，一般只要单击Install...按钮就可以安装。

“键盘”面板可以通过设置键盘快捷方式来执行命令。

“一般”面板控制菜单功能、复原功能以及Rhino启动时需要自动执行的指令。比较常用的是复原功能，建议设置“最少可复原次数”为100，这样可以最大限度地保证错误的还原，如图1-200所示。

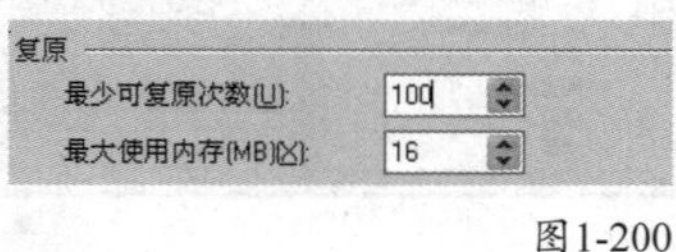

图1-200

关于工作环境的设置就介绍到这里，还有一些其他的参数设置会在本书后面的章节中体现。

实战

自定义工作环境

场景位置	无
实例位置	无
视频位置	第1章>实战——自定义工作环境.flv
难易指数	★☆☆☆☆
技术掌握	掌握自定义工作环境的方法

01 首先运行Rhino 5.0，然后新建一个模板文件（注意查看模板文件的单位和公差设置）。

02 执行“工具>选项”菜单命令，打开“Rhino选项”对话框，然后在“单位”面板中再次确认模型所使用的单位和公差设置，如图1-201所示。

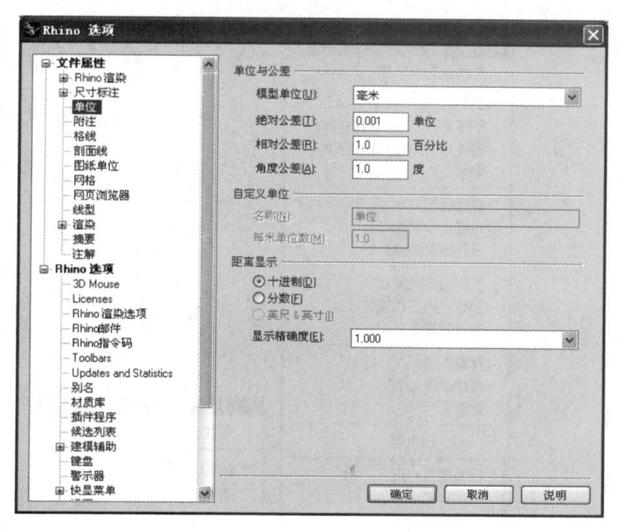

图1-201

技巧与提示

模型单位一般设置为“毫米”，绝对公差依据物体大小来定，大的物体一般设置为0.01毫米，小的物体一般设置为0.001毫米。

注意，“图纸单位”面板中的设置与“单位”面板中的设置要一样。另外，“网格”面板中的设置一般保持默认即可。

03 在“别名”面板中为常用的命令设置快捷操作方式。

04 在“外观”面板的“显示下列项目”参数组中勾选所有选项，如图1-202所示。

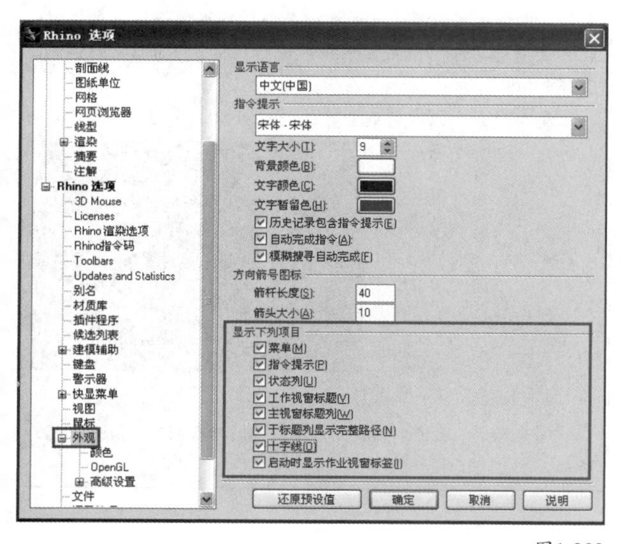

图1-202

05 在“外观”面板的OpenGL子面板中设置“反锯齿”为8x，如图1-203所示。

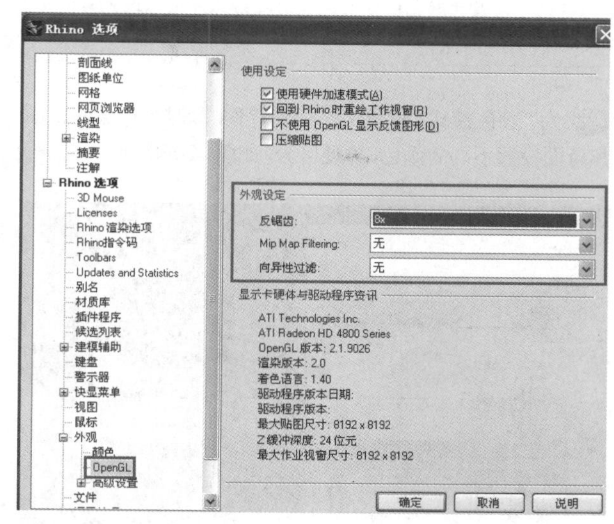

图1-203

06 展开“高级设置”子面板，首先为“框架模式”设置工作视图背景，如图1-204所示。完成设置后，工作视图的显示效果如图1-205所示。

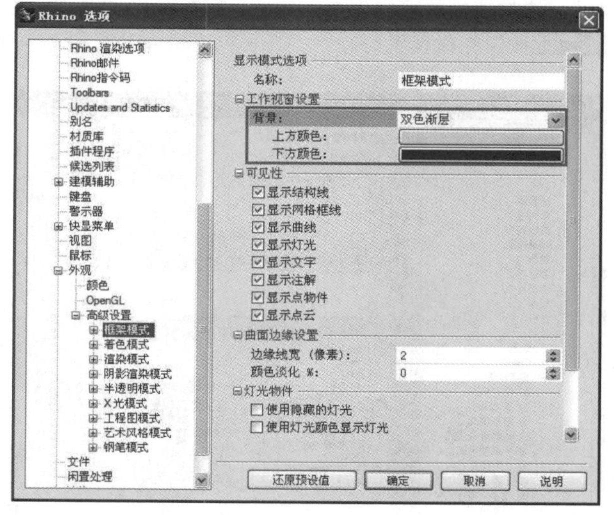

图1-204

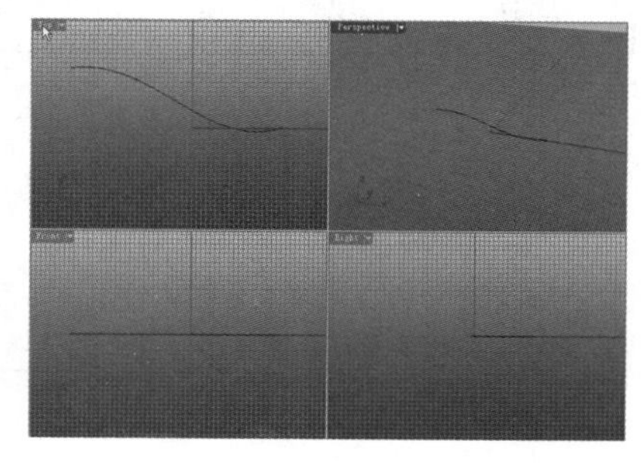

图1-205

这里设置的颜色以方便建模时观察为原则，避免与网格线混淆。

07 为“着色模式”设置工作视图背景，同时为模型的正面和背面设置不同的颜色，方便区分，如图1-206所示。

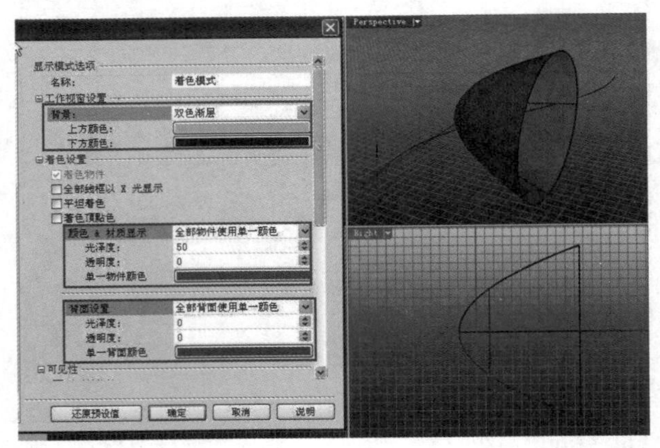

图1-206

08 在“一般”面板中设置“最少可复原次数”为100，增加建模的可操作性，如图1-207所示。最后单击 确定 按钮完成设置。

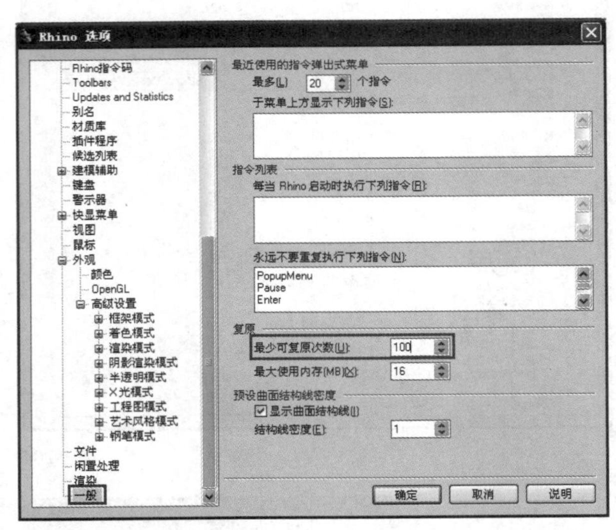

图1-207

本例介绍的自定义工作环境的方法适用于大多数情况，有特殊需要的读者可根据自己的需要进行调节。

10 技术专题：Rhino的显示模式

在前面的内容中提到了Rhino的9种显示模式，如果要将这9种模式应用于模型，主要有以下3种方法。

第1种：通过“查看”菜单，如图1-208所示。

第2种：通过视图标签菜单，如图1-209所示。

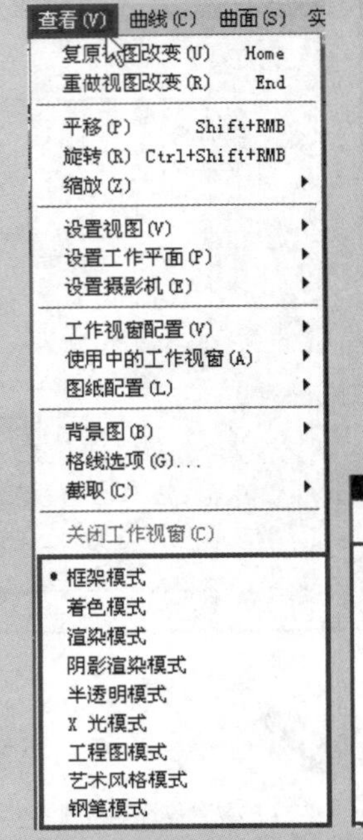

图1-208　图1-209

第3种：通过“显示”工具栏，如图1-210所示。

图1-210

在建模时，通常会使用“框架模式”或“着色模式”，因为这两种模式显示的效果便于观察网格线。在模型最终成型后，可以使用其他模式进行设置。下面对8种模式进行介绍。

框架模式：以网格框架显示，如图1-211所示。

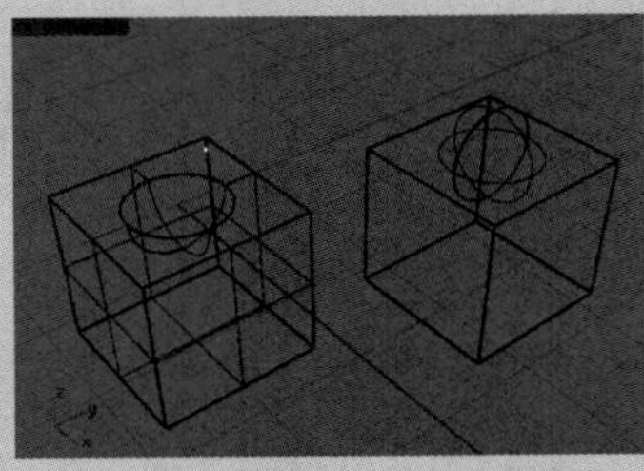

图1-211

着色模式：设定工作视图为不透明的着色模式，如图1-212所示。

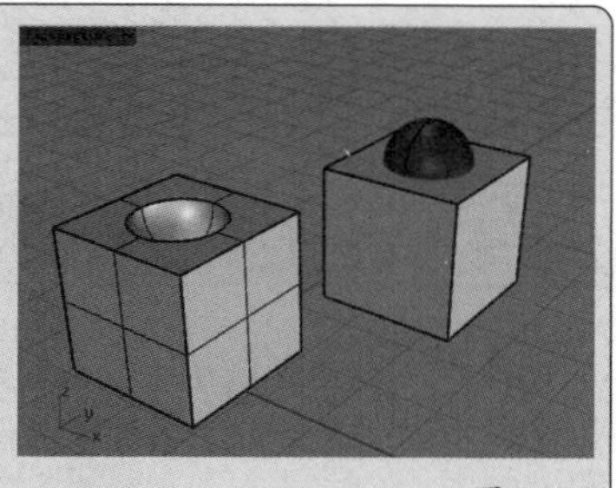

图1-212

渲染模式：模拟有质感、有光影的渲染效果，如图1-213所示。

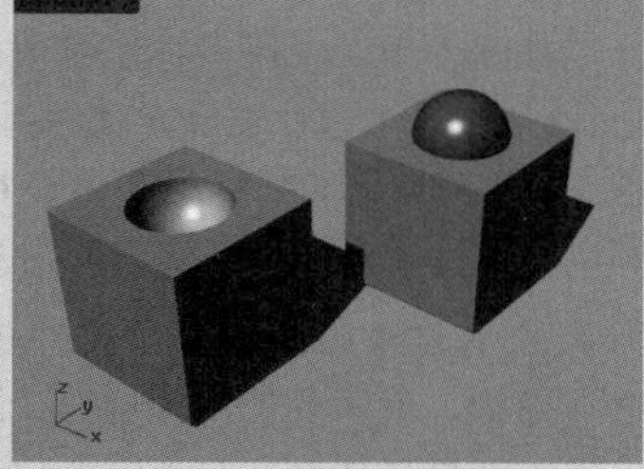

图1-213

半透明模式：以半透明着色曲面，如图1-214所示。

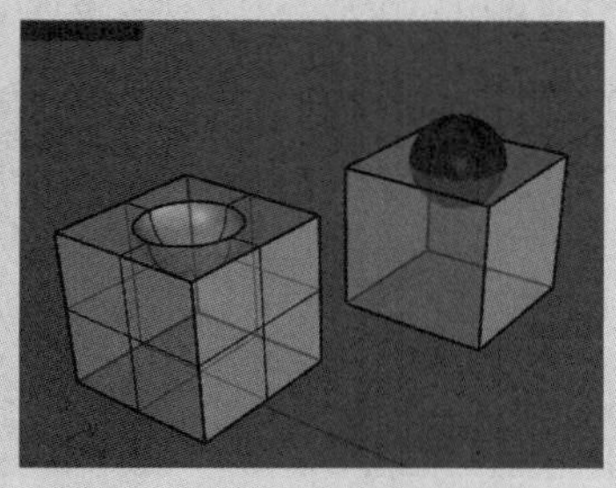

图1-214

X光模式：着色物件，但位于前方的物件完全不会阻挡到后面的物件，如图1-215所示。

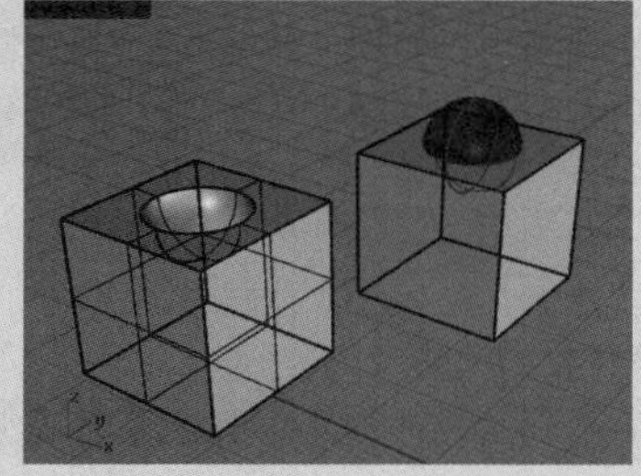

图1-215

工程图模式：以工程图的方式显示模型，如图1-216所示。

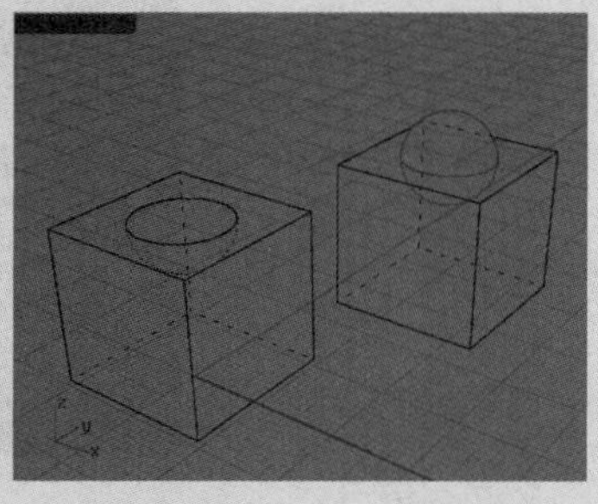

图1-216

艺术风格模式：以艺术手绘效果显示模型，如图1-217所示。

图1-217

钢笔模式：以钢笔勾线的方式显示模型，如图1-218所示。

图1-218

资源获取验证码：83145

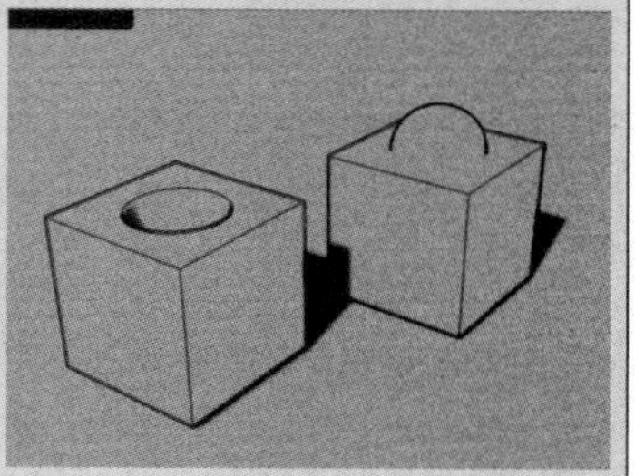

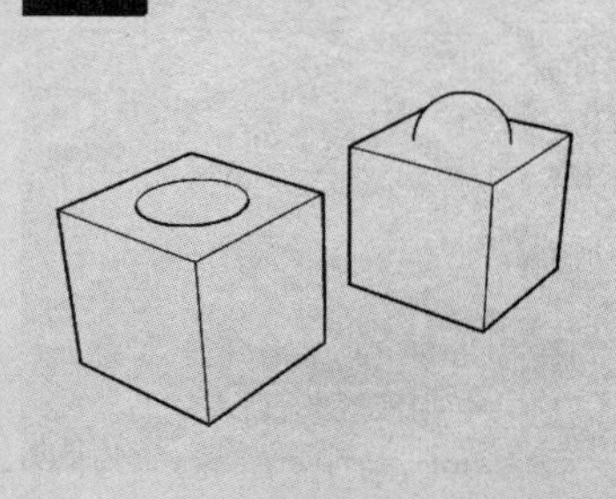

第2章 掌握Rhino 5.0的基础操作

Rhino

2.1 选择对象

在建模的过程中，选择对象是比较常用的操作，依据物体不同的属性，可以利用不同的选择方式来进行选择。

2.1.1 基础选择方式

在大部分三维软件中，使用鼠标左键单击一个物件即可将该物件选中，Rhino也是如此，这种选择方式称为单选。

默认情况下，Rhino中的物件以黑色线框显示，当一个物件被选中时，其颜色会变为黄色以示区别，如图2-1所示。

单选这种方式通常适用于对单个物件进行操作，如果需要选择多个物件进行操作，就需要使用到框选或跨选方式。框选指的是从左至右拖曳出一个矩形选框，只有完全位于矩形框内的物件才能被选中，如图2-2所示。而跨选指的是从右至左拖曳出一个矩形选框，只要物件有部分位于选框内，即可被选中。

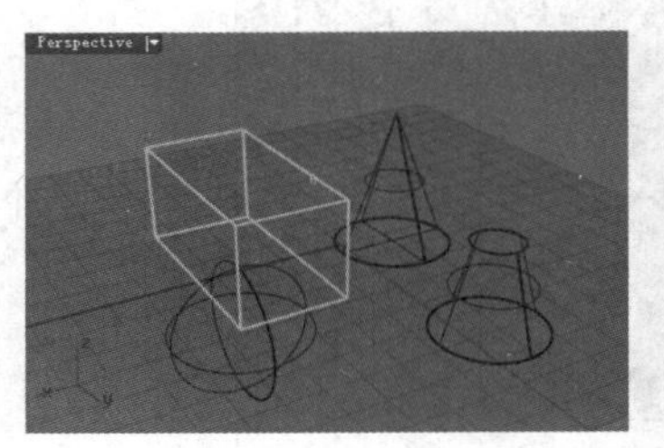

图2-1

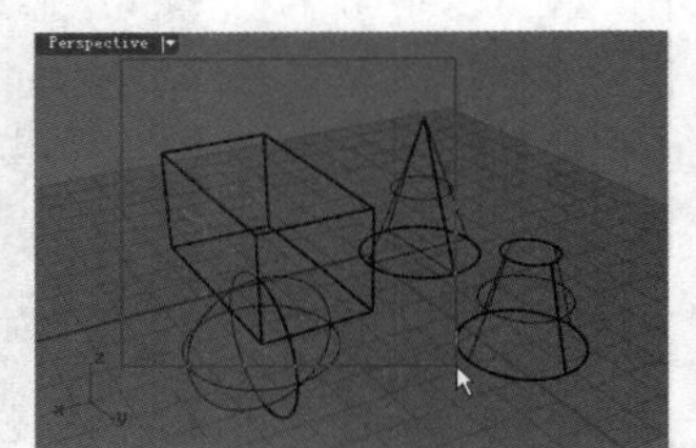

图2-2

当物件被选中后，如果要取消选择，可以按Esc键或在工作视图的空白区域单击鼠标左键。

疑难问答

问：如何在重合的物件中选中需要的物件？

答：使用鼠标左键单击位置重合的物件，由于Rhino无法判断想要选取的物件，因此会弹出一个"候选列表"对话框，如图2-3所示，在该对话框中单击一个选项即可选中对应的物件（鼠标指针指向选项时，对应的物件会高亮显示）。物件重合这种情况普遍发生在面线重叠等情况下。

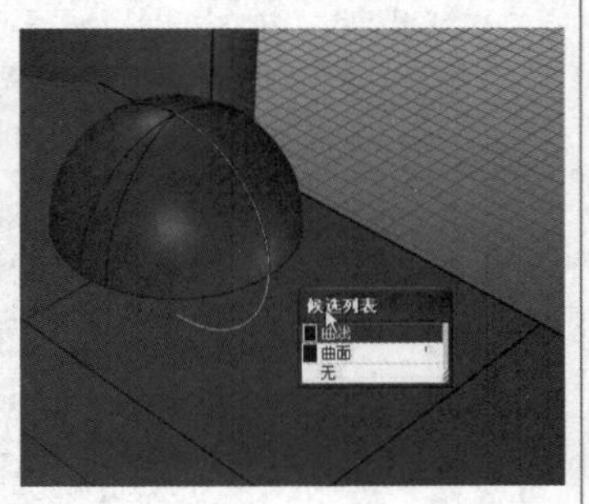

图2-3

实战

加选和减选

场景位置　场景文件>第2章>01.3dm
实例位置　无
视频位置　第2章>实战——加选和减选.flv
难易指数　★☆☆☆☆
技术掌握　掌握加选和减选物件的方法

01 打开本书学习资源中的“场景文件>第2章>01.3dm”文件，如图2-4所示。

02 采用框选方式选择中间4个红色的模型，如图2-5所示。

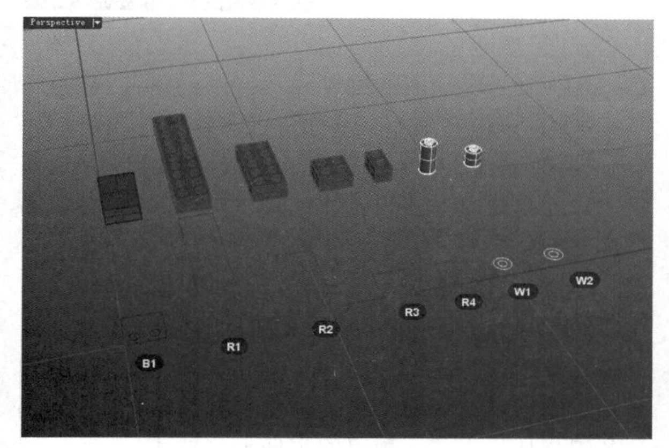

图2-4

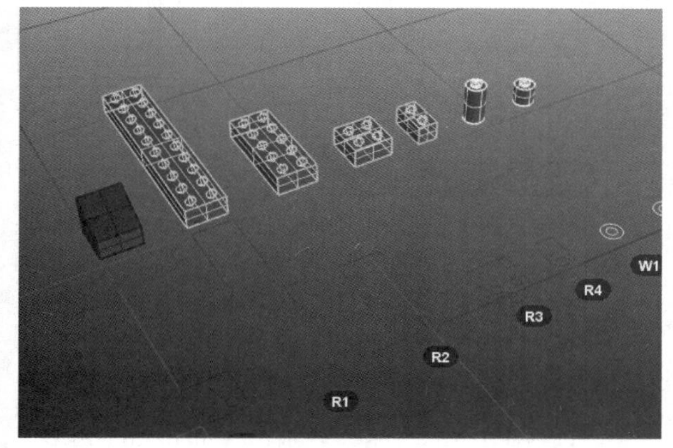

图2-5

03 按住Ctrl键的同时依次单击右侧已经被选中的两个红色模型，结果如图2-6所示，可以看到它们已经被排除在选择集之外了。

04 按住Shift键的同时依次单击之前没有被选择的3个模型，如图2-7所示，可以看到这3个模型已经被添加到了选择集中。

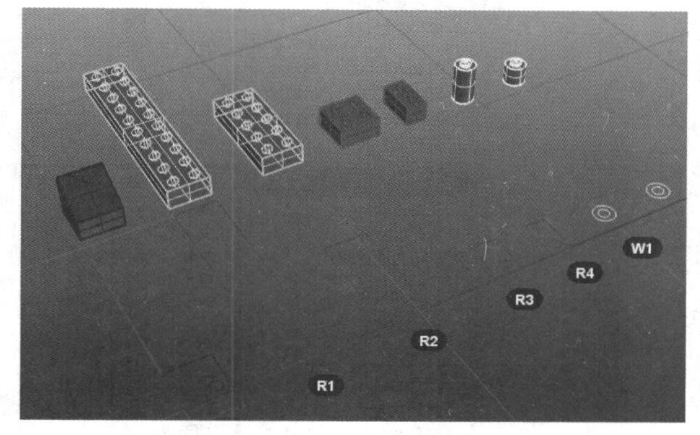

图2-6

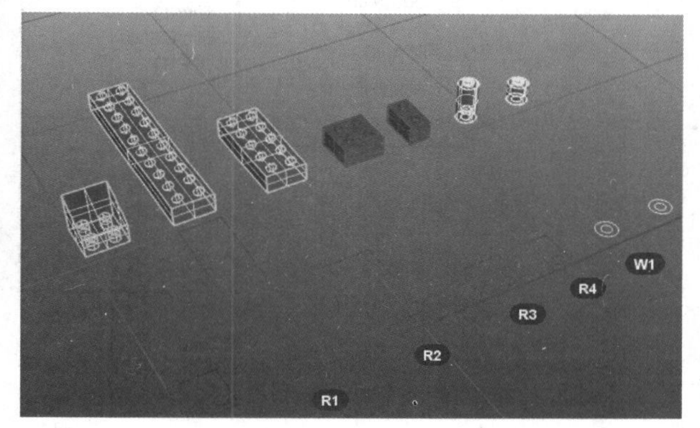

图2-7

2.1.2 Rhino提供的选择方式

Rhino 5.0提供了比以往任何一个版本都要丰富的选取指令，这些指令主要位于“编辑>选取物件”菜单中，如图2-8所示。

如果要通过工具启用这些指令，可以通过“选取”工具栏，如图2-9所示。也可以通过“标准”工具栏下的“全部选取/全部取消选取”工具展开“选取”工具面板，如图2-10所示。

下面介绍一下这些工具的用法。

全部选取/全部取消选取

使用“全部选取”工具可以将视图中显示的物件全部选中，快捷键为Ctrl + A，注意隐藏的物件无法被选中。而使用“全部取消选取”工具可以全部取消选择的物件，快捷键为Esc，该工具无法在其他命令执行的过程中取消已选取的物件。

编辑(E) 查看(V) 曲线(C) 曲面(S) 实体(O) 网格(M)

复原(U) Ctrl+Z
重做(R) Ctrl+Y
多次复原(O)...
多次重做(E)...
剪切(T) Ctrl+X
复制(C) Ctrl+C
粘贴(P) Ctrl+V
删除(D) Del
选取物件(S)
控制点(N)
可见性(V)
选取过滤器(F)...
群组(G)
图块(B)
图层(L)
组合(J) Ctrl+J
炸开(X)
修剪(M) Ctrl+T
分割(I) Ctrl+Shift+S
重建(R)
改变阶数(H)
调整端点转折(N)
周期化(K)
改变拖拽模式(A)
物件属性(P)... F3

全部物件(A) Ctrl+A
无(N) Esc
反选(I)
先前的选取集合(V)
最后建立的物件(L)
区域与体积选取(A)
点(P)
曲线(C)
多重直线(P)
曲面(S)
多重曲面(P)
网格(M)
灯光(L)
尺寸标注(D)
文字(T)
图块引例(B)
以图层(L)...
以颜色(C)
以物件名称(O)
以群组名称(G)
以图块名称(K)...
重复的物件(D)

图2-8

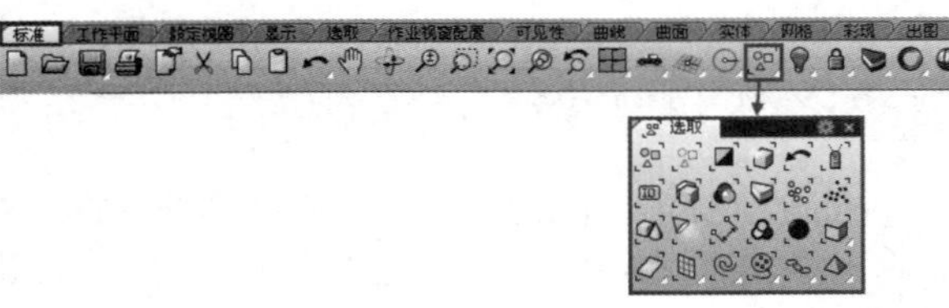

图2-9

图2-10

反选选取集合/反选控制点选取集合

所谓反选，就是取消已经选取的物件，同时选择之前未选取的物件，使用“反选选取集合/反选控制点选取集合”工具可以进行反选。

选取最后建立的物件

“选取最后建立的物件”工具是Rhino 5.0的新增工具，用来选择最后建立的一个物件。这里所说的“最后建立”，不仅是指创建，同时还包含了编辑更改。

例如，现在创建了物件1（先创建）和物件2（后创建），如图2-11所示，如果完成创建后没有进行过任何变动，那么使用“选取最后建立的物件”工具将选取物件2，如图2-12所示；如果完成创建后对物件1的大小或位置等进行了更改，那么选择的将是物件1，如图2-13所示。

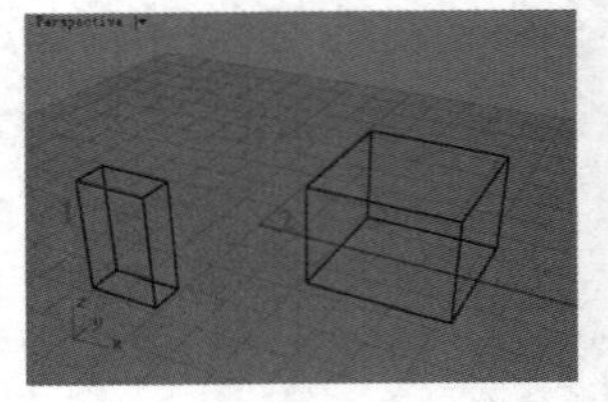

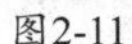

图2-11

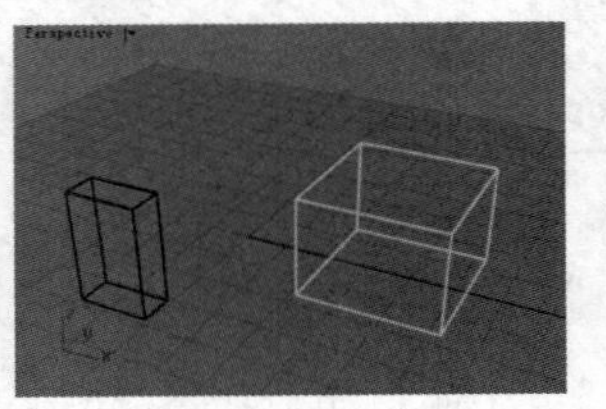

图2-12

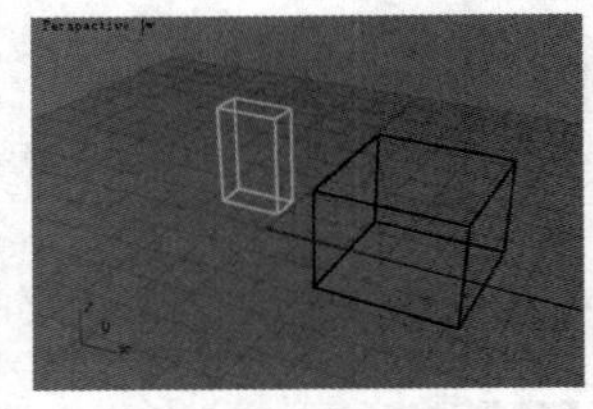

图2-13

选取上一次选取的物件

建模的过程中有时候需要选取很多物件进行操作，如果一不小心点错，比如点到了空白位置，自动取消了选择集，那么可以通过“选取上一次选取的物件”工具来恢复之前的选择。

以物件名称选取

“以物件名称选取”工具适用于选取命名物件，单击该工具将打开“选取名称”对话框，如图2-14所示。该对话框会列出所有已命名的物件（隐藏或锁定的物件不会列出），可根据设定的名称来选择。

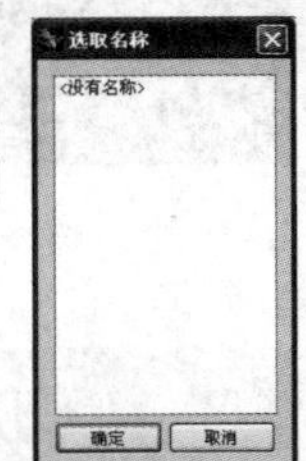

图2-14

技巧与提示

由于隐藏或锁定的物件不会被列出，因此无法选取这两类物件。

通过“选取名称”对话框中的“没有名称”选项，可以选取未命名的物件。

以物件ID选取

“以物件ID选取”工具同样是Rhino 5.0的新增工具，通过在命令行输入物件的ID进行选取。物件的ID可以通过“物件属性”对话框进行查询，如图2-15所示。

选取重复的物件

如果要选取几何数据完全一样而且可见的物件，可以使用“选取重复的物件”工具，但会保留一个物件不选取。通常用于删除重叠的物件。

以颜色选取

如果要选取颜色相同的物件，可以使用“以颜色选取”工具。

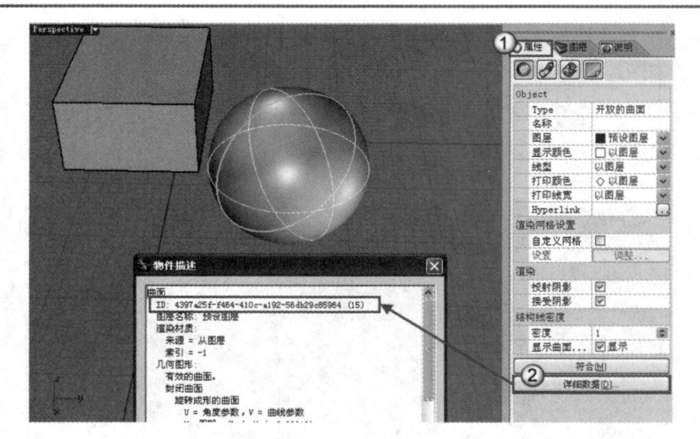

图2-15

以图层选取/以图层编号选取

使用鼠标左键单击“以图层选取/以图层编号选取”工具将弹出“要选取的图层”对话框，如图2-16所示，在该对话框中选择一个图层，并单击选取按钮或确定按钮，即可选中该图层上的所有物件。使用鼠标右键单击该工具将通过命令行输入图层的编号进行选取。

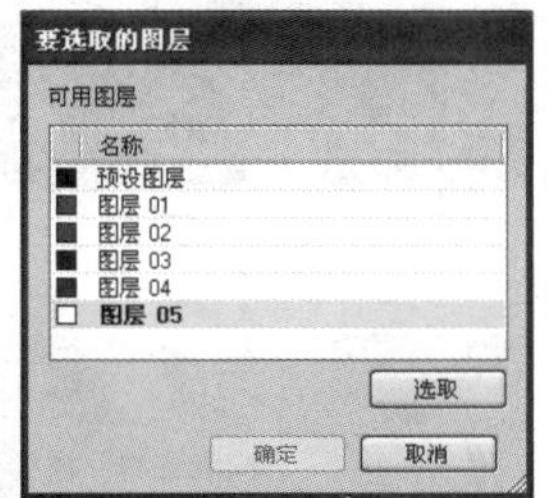

图2-16

选取点/选取点云

点是单个物件，点云是多个点的集合。使用“选取点”工具可以选取所有的点对象，而使用“选取点云”工具可以选取所有的点云物件。

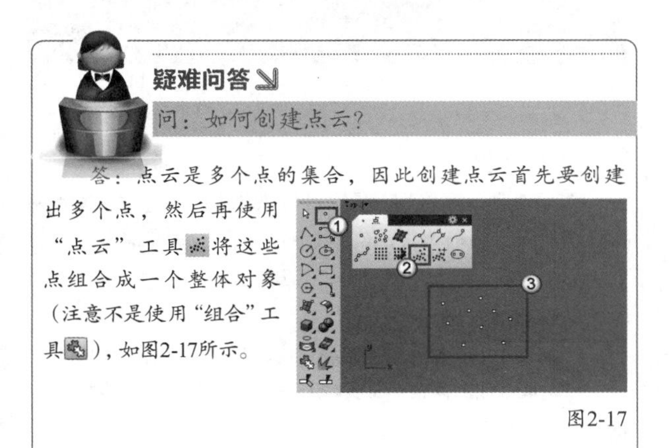

疑难问答

问：如何创建点云?

答：点云是多个点的集合，因此创建点云首先要创建出多个点，然后再使用“点云”工具将这些点组合成一个整体对象（注意不是使用“组合”工具），如图2-17所示。

图2-17

选取全部图块引例/以名称选取图块

图块是指将多个物件定义为单一物件，Rhino可以定义图块，同时也可以插入图块。使用鼠标左键单击“选取全部图块引例/以名称选取图块”工具将选择文件中插入的所有图块；使用鼠标右键单击该工具将弹出Select Block Instances（选择图块引例）对话框，用于选取指定名称的图块引例，如图2-18所示。

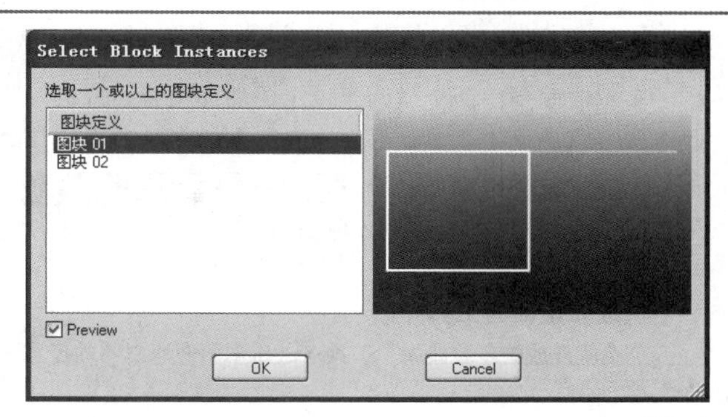

图2-18

场景中不存在定义的图块时，使用鼠标右键单击“选取全部图块引例/以名称选取图块”工具将不会打开Select Block Instances（选择图块引例）对话框，同时在命令行将显示“没有图块引例可选取”。

选取灯光

使用“选取灯光”工具可以选取场景中的全部灯光物件。

选取尺寸标注/选取文字方块

使用鼠标左键单击“选取尺寸标注/选取文字方块”工具将选取所有的尺寸标注；使用鼠标右键单击将选取所有的文字。

以群组名称选取

场景中存在群组时，单击“以群组名称选取”工具将打开“选取群组”对话框，以指定群组名称选取物件，如图2-19所示。

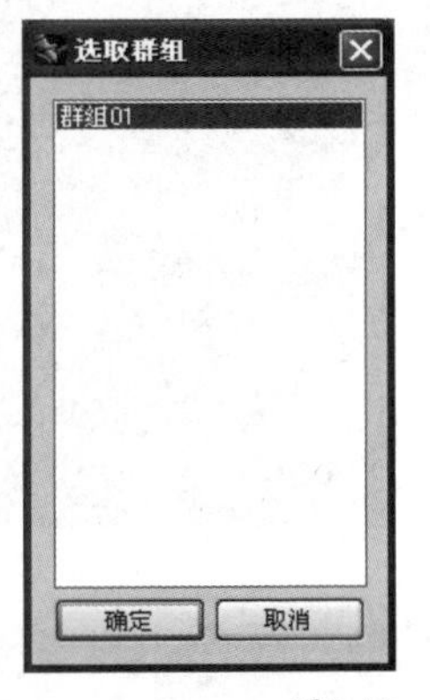

图2-19

选取注解点

使用“选取注解点”工具可以选取所有的注解点，图2-20中红圈内的部分就是注解点。

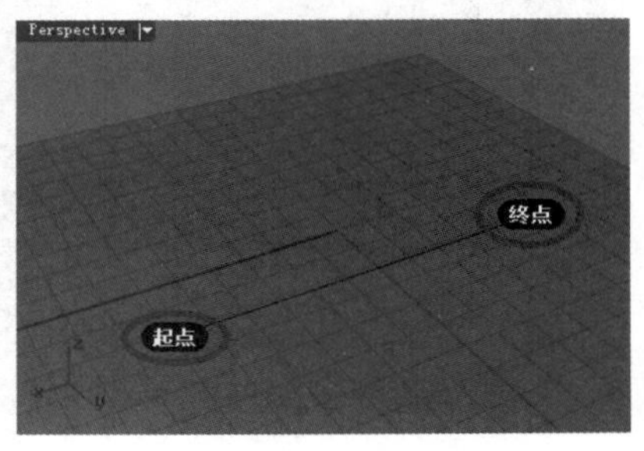

图2-20

选取多重曲面

多重曲面是由两个或两个以上的曲面组合而成的，“选取多重曲面”工具用于选取所有的多重曲面，该工具下包含了一个“选取多重曲面”工具面板，如图2-21所示。

图2-21

选取多重曲面工具介绍

“选取开放的多重曲面”工具：选取所有未封闭的多重曲面。

“选取封闭的多重曲面”工具：如果多重曲面构成了一个封闭空间，那么这个多重曲面也称为实体，该工具用于选取封闭的多重曲面。

选取曲面

使用“选取曲面”工具可以选取视图显示的所有曲面，该工具下包含了一个“选取曲面”工具面板，如图2-22所示。

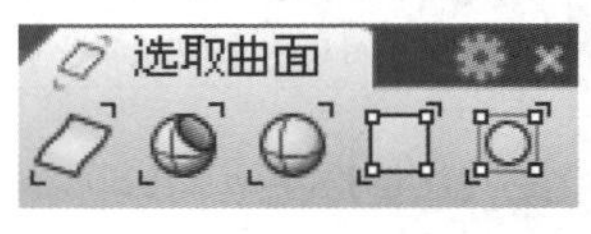

图2-22

选取曲面工具介绍

“选取开放的曲面”工具：选取所有开放的曲面，如图2-23所示。

“选取封闭的曲面”工具：选取所有封闭的曲面，如图2-24所示。

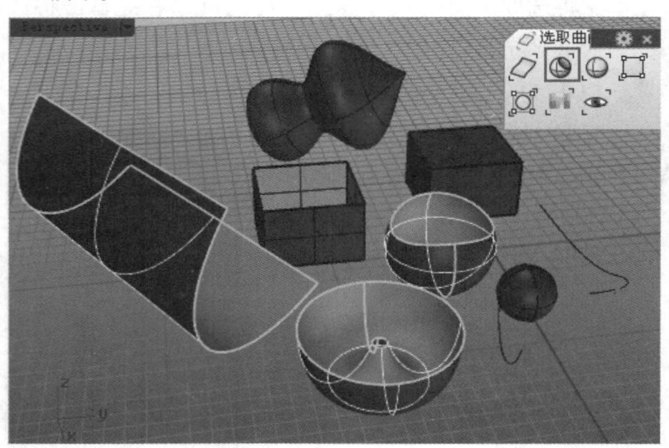

图2-23

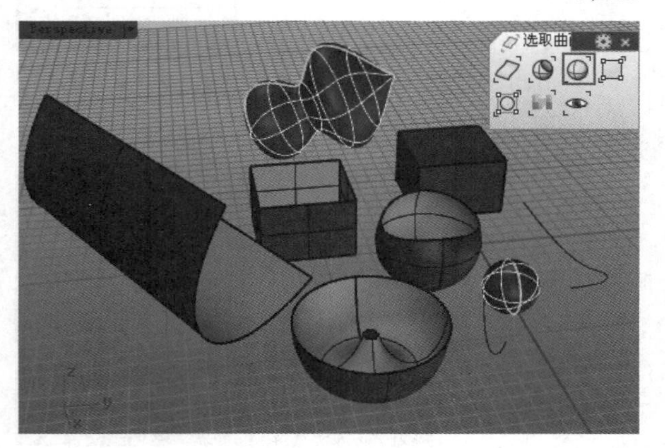

图2-24

“选取未修剪的曲面”工具：选取所有未修剪的曲面，如图2-25所示。

“选取修剪过的曲面”工具：选取所有修剪过的曲面，如图2-26所示。

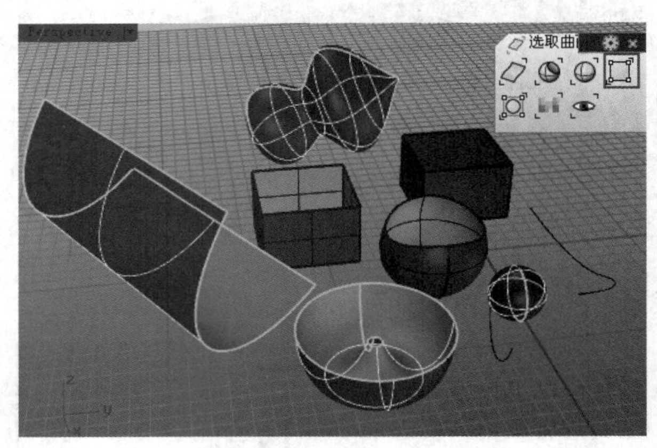

图2-25

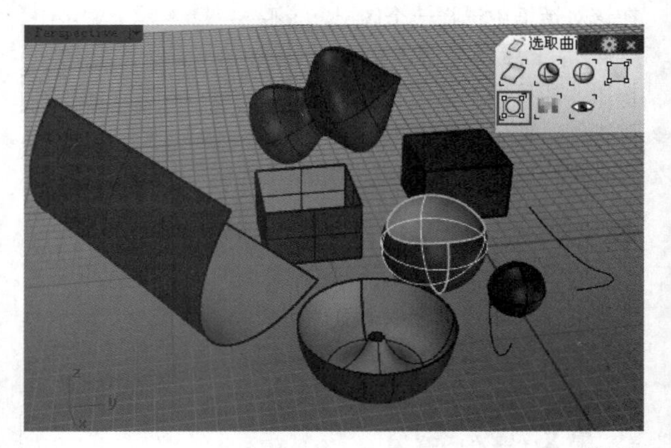

图2-26

选取网格

使用“选取网格”工具可以选取视图显示的所有网格物件，该工具下包含了一个“选取网格”工具面板，如图2-27所示。

图2-27

选取网格工具介绍

“选取开放的网格”工具：选取所有开放的网格物件。

“选取封闭的网格”工具：选取所有封闭的网格物件。

选取曲线

使用“选取曲线”工具可以选取所有的曲线，该工具下包含了一个“选取曲线”工具面板，如图2-28所示。

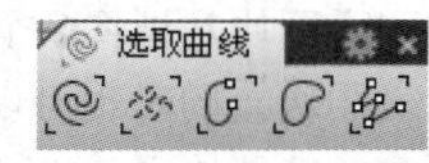

图2-28

选取曲线工具介绍

“选取过短的曲线”工具：选取所有比指定长度短的曲线。

“选取开放的曲线”工具：选取所有开放的曲线。

“选取封闭的曲线”工具：选取所有封闭的曲线。

“选取多重直线”工具：选取所有的多重直线。

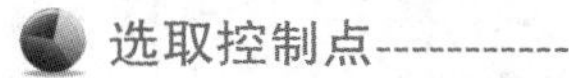

选取控制点

首先介绍一下“以套索圈选点”工具，启用该工具后，通过绘制一个不规则的范围选取物件。该工具下包含了一个“选取点”工具面板，这些工具用于选取物件的控制点，如图2-29所示。

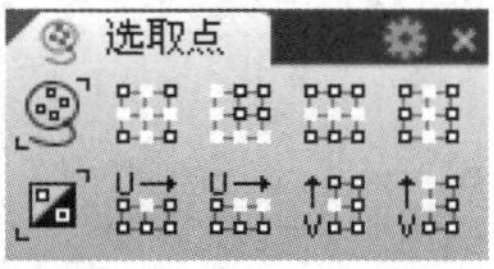

图2-29

选取控制点工具介绍

“选取相邻的点/取消选取相邻的点”工具：加选与选取的控制点相邻的控制点，使用鼠标右键单击该工具将取消对相邻点的选取。

> **技巧与提示**
>
> 选择一个物件后，执行“编辑>控制点>开启控制点”菜单命令（快捷键为F10）可以显示控制点，执行“编辑>控制点>关闭控制点”菜单命令（快捷键为F11）可以关闭控制点的显示。

“选取UV方向”工具：选取U、V两个方向的所有控制点。

“选取U方向”工具：通过目前选取的控制点选取U方向的所有控制点，如图2-30所示。

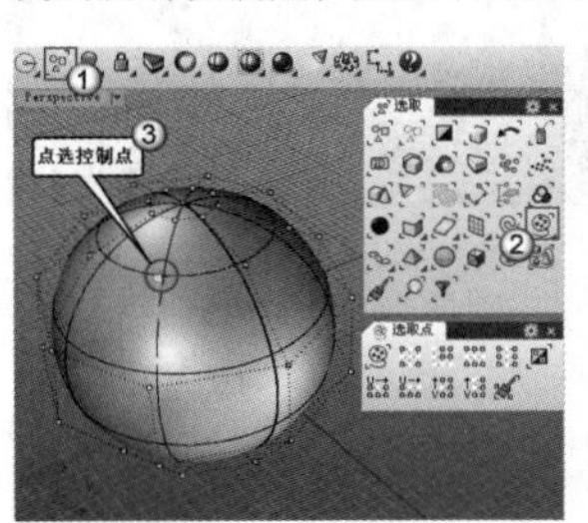

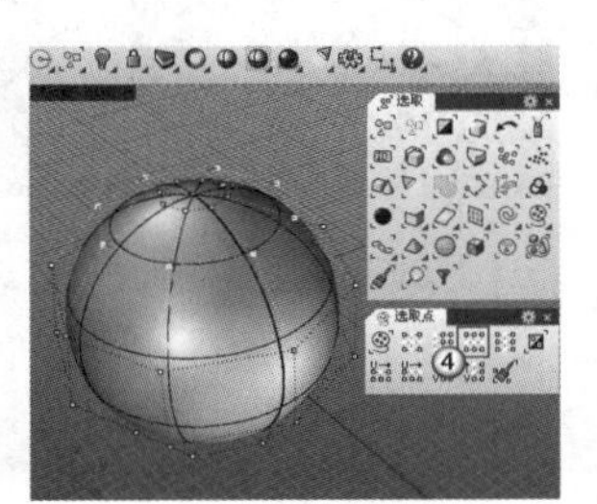

图2-30

“选取V方向”工具：通过目前选取的控制点选取V方向的所有控制点。

“反选点选取集合/显示隐藏的点”工具：取消已选取的控制点或编辑点，并选取所有未选取的控制点或编辑点。

“U方向的下一点/U方向的上一点”工具：左键选取U方向的下一个控制点，右键选取U方向的上一个控制点。

“加选U方向的下一点/加选U方向的上一点”工具：左键加选下一个位于U方向的控制点，右键加选上一个位于U方向的控制点。

“V方向的下一点/V方向的上一点”工具：左键选取V方向的下一个控制点，右键选取V方向的上一个控制点。

“加选V方向的下一点/加选V方向的上一点”工具：左键加选下一个位于V方向的控制点，右键加选上一个位于V方向的控制点。

连锁选取

使用“连锁选取”工具可以选取端点相接的连锁曲线，该工具下包含了一个“选取连锁”工具面板，分别用于选取具有位置连续（G0）、相切连续（G1）和曲率连续（G2）的曲线，如图2-31所示。

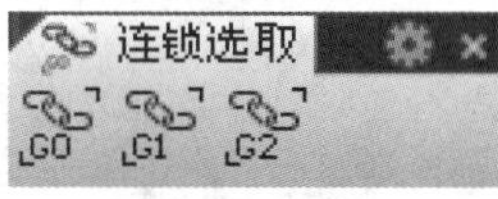

图2-31

> **知识链接**
>
> 关于曲线连续性的介绍，可以参考本书第3章的3.1.4小节。

选取有建构历史的物件

单击状态栏中的记录建构历史按钮可以记录物件的建构历史（完成一个物件的制作后，该功能会自动关闭），而“选取有建构历史的物件”工具就用于选取具有建构历史记录的物件。该工具下包含了一个“选取建构历史”工具面板，如图2-32所示。

图2-32

选取建构历史工具介绍

“选取建构历史父物件”工具：选取建构历史父物件。

“选取建构历史子物件”工具：选取建构历史子物件。

11 技术专题：建构历史父子物件分析

Rhino建模中，如果由线生成面，那么面的生成依赖线，这个面与构成面的线之间就可以构成父与子的关系。父物体决定了子物体的造型，当改变父物体造型时，子物体也会随着变化。这对于建模修改非常有意义，下面列举一个简单的例子来说明。

观察图2-33，首先开启“记录建构历史”功能，然后启用“单轨扫描”工具，将圆形曲线沿着另一条曲线扫掠生成曲面，如图2-34所示。

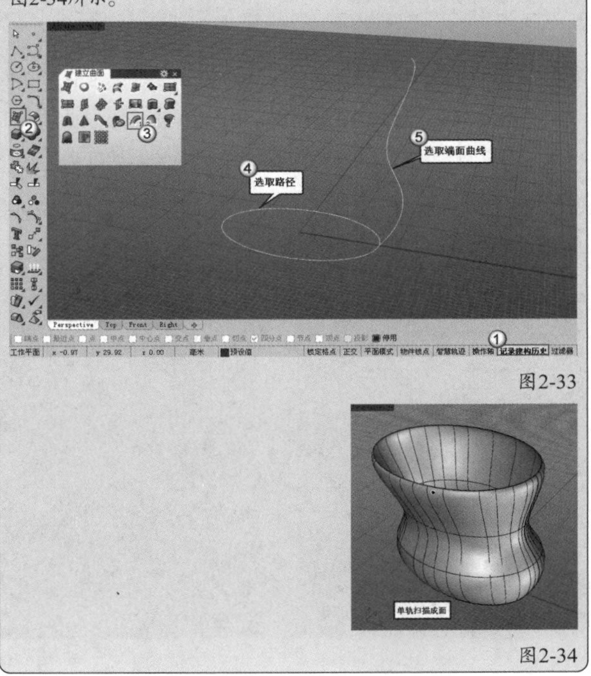

图2-33

图2-34

启用“选取建构历史子物件”工具，选择曲面，然后按Enter键确认，此时父物体（原曲线）被选择，如图2-35所示。

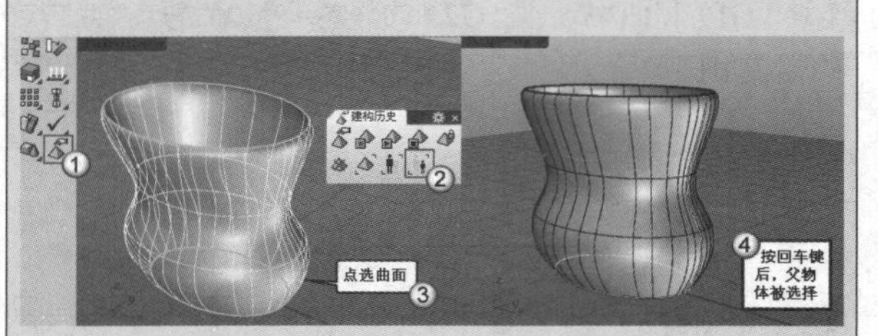

图2-35

按F10键打开父物体的控制点，然后移动其中一个控制点，父物体（原曲线）及子物体（曲面）的造型都跟着发生变化，如图2-36所示。

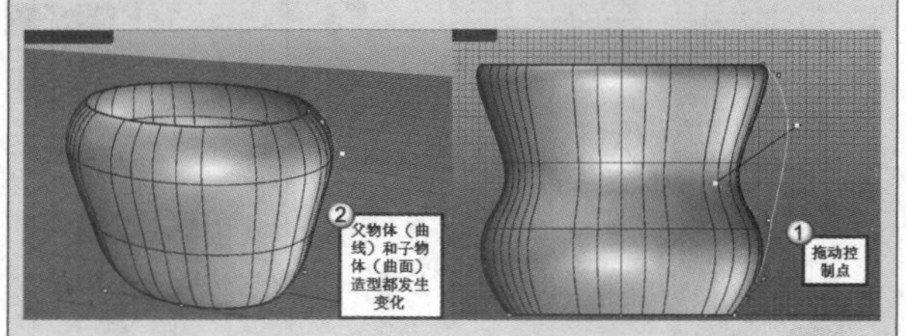

图2-36

从上面的例子可以知道，在由线生成面的过程中，可以定义线为父物体，面为子物体，建模完成后，只需修改线的走向，曲面造型也会随着发生变化，无需重新创建曲面。

实战

选取对象的多种方式

场景位置	场景文件>第2章>01.3dm
实例位置	无
视频位置	第2章>实战——选取对象的多种方式.flv
难易指数	★☆☆☆☆
技术掌握	掌握利用不同的方式选取不同对象的方法

01 再次打开本书学习资源中的“场景文件>第2章>01.3dm”文件，然后调出“选取”工具面板，接着单击“选取曲线”工具，可以看到所有的曲线都被选择，如图2-37所示。

02 单击“选取曲面”工具，可以看到所有的单一曲面都被选择，如图2-38所示。

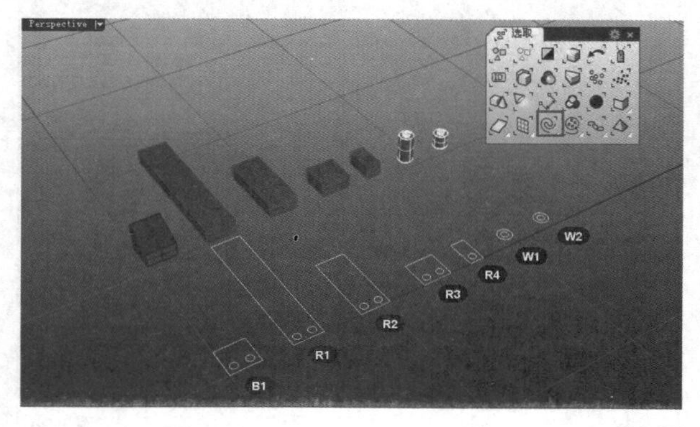

图2-37

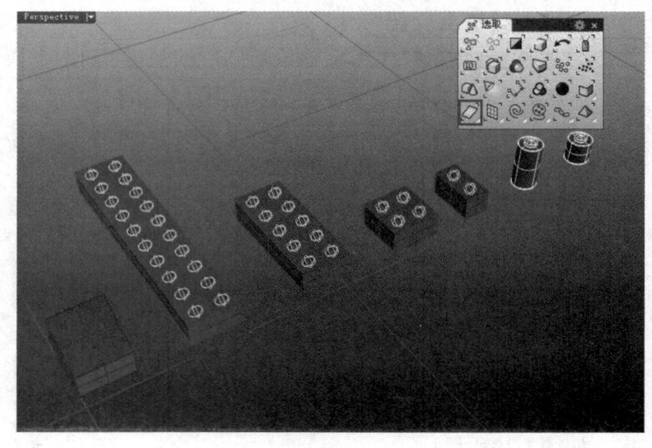

图2-38

03 单击“选取多重曲面”工具，可以看到所有的多重曲面被选择，如图2-39所示。

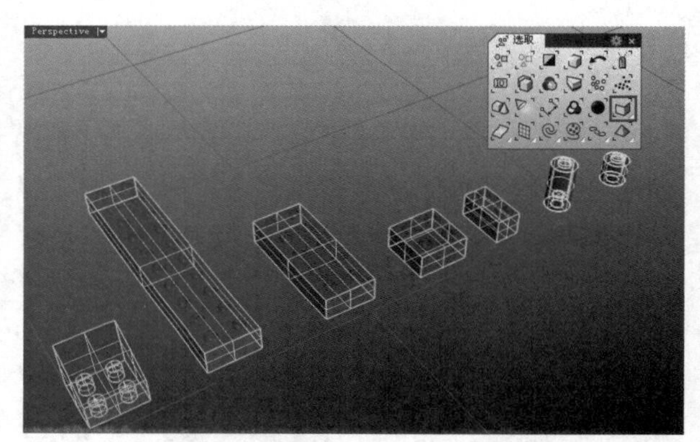

图2-39

04 单击“选取注解点”工具，可以看到所有的注解点被选择，如图2-40所示。

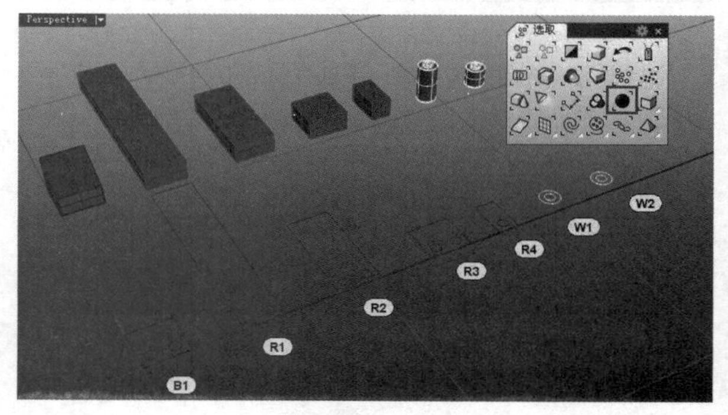

图2-40

05 单击“以颜色选取”工具，然后选择任意一个红色物件，接着按Enter键确认，此时将选中场景中的所有红色物件，如图2-41所示。

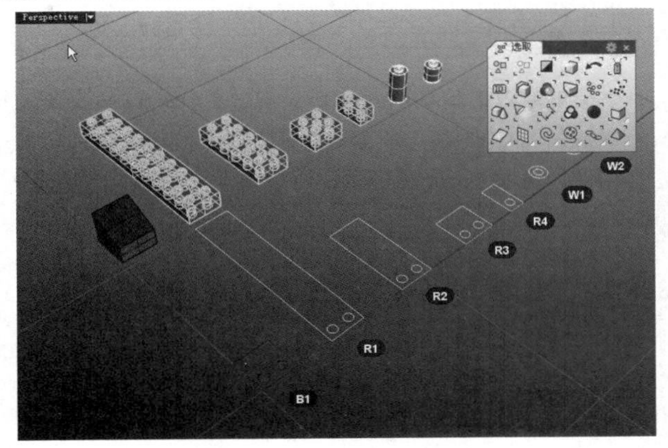

图2-41

06 单击“反选选取集合/反选控制点选取集合”工具，可以看到上一步选择的对象已经取消选择，而之前没有选择的对象被选中，如图2-42所示。

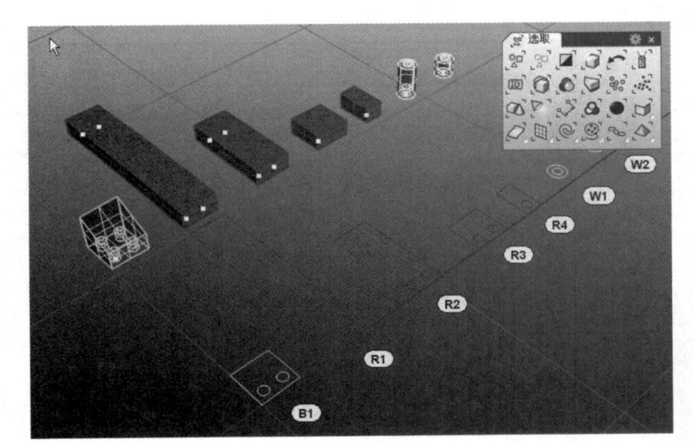

图2-42

实战

选择控制点

场景位置	场景文件>第2章>02.3dm
实例位置	无
视频位置	第2章>实战——选择控制点.flv
难易指数	★☆☆☆☆
技术掌握	掌握选择对象上的控制点的方法

01 打开本书学习资源中的“场景文件>第2章>02.3dm”文件，场景中有一个球体模型，如图2-43所示。

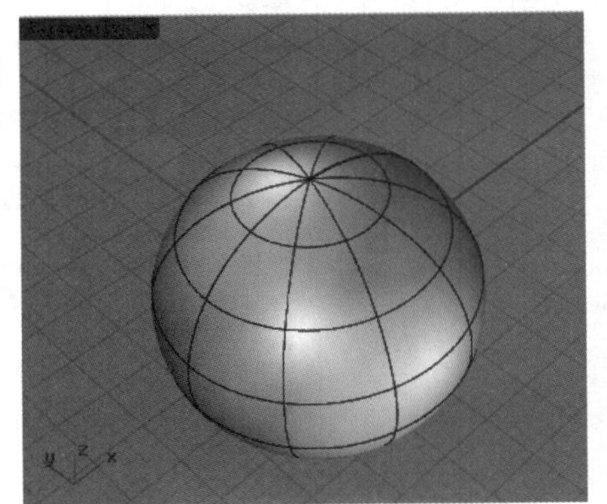

图2-43

02 单击选择球体模型，然后按F10键显示控制点，接着选择如图2-44所示的控制点。

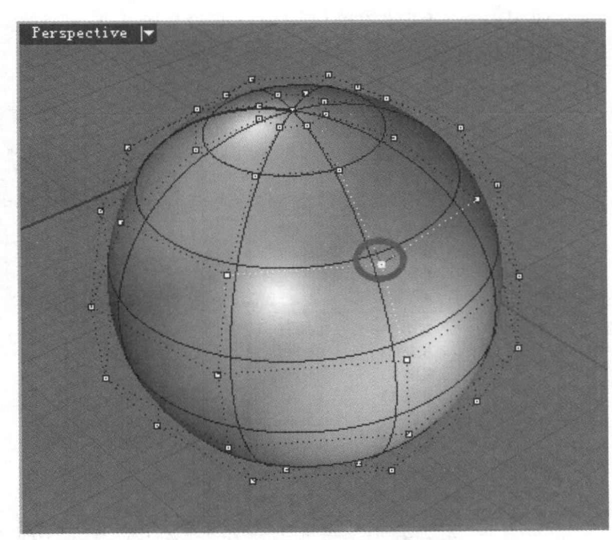

图2-44

03 展开“选取点”工具面板，然后单击“选取V方向”工具，选择一列控制点，结果如图2-45所示。

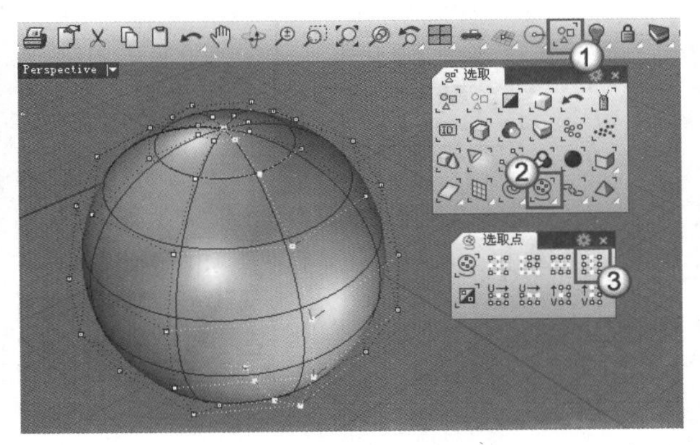

图2-45

12 技术专题：过滤器功能的使用

选择对象常常需要配合“物件锁点”和“过滤器”功能来提高使用效率。“过滤器”功能可以通过“过滤器”选项栏来启用（单击状态栏中的 过滤器 按钮），如图2-46所示。在“过滤器”选项栏中，禁用一个选项将无法选择该类对象。

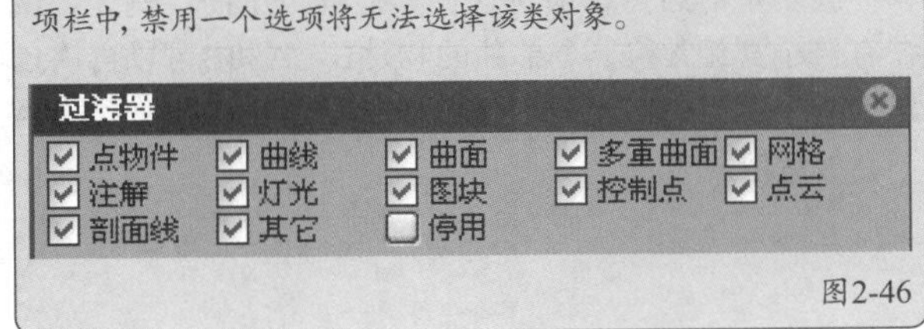

图2-46

2.2 群组与解散群组

使用Rhino 5.0建模的过程中，群组功能主要起到绑定不同部件的作用，它能通过解组和编组来灵活处理物件的关系，客观上加快建模的速度。

群组操作命令主要集合在“编辑>群组”菜单下，如图2-47所示。

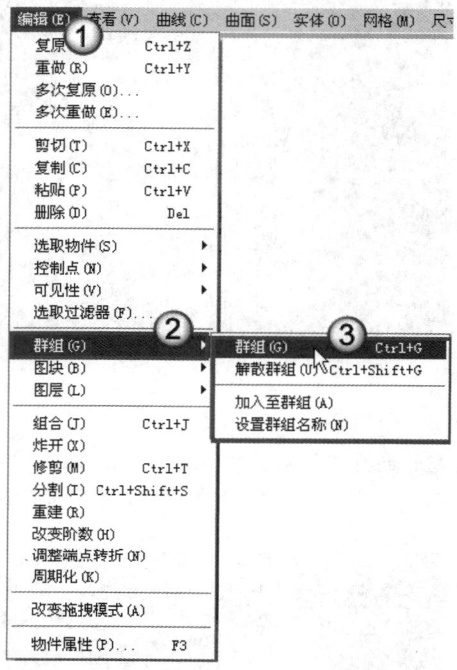

图2-47

此外，在侧工具栏中可以找到“群组”工具和“解散群组”工具，通过“群组”工具可以调出“群组”工具面板，如图2-48所示。

图2-48

2.2.1 群组/解散群组

使用“群组”工具或按Ctrl+G组合键可以将选取的物件创建为群组，而使用“解散群组”工具或按Ctrl+Shift+G组合键可以解除群组状态。

Rhino中的群组是可以嵌套的，所谓嵌套，是指一个物件或一个群组可以被包含在其他群组里面。例如，现在有一个群组A和一个单独的物件B，A和B可以再次创建为一个群组C，当群组C被解散时，里面包含的群组A不会被解散。

2.2.2 加入至群组/从群组中移除

如果要将群组外的物件加入群组内，可以使用“加入至群组”工具，启用该工具后，先选择需要加入的物件，并按Enter键确认，再选择群组，同样按Enter键确认。

如果要将物件从群组中移除，可以使用“从群组中移除”工具，启用该工具后，选择需要移除的物件，并按Enter键确认即可。

2.2.3 设定群组名称

为了便于管理场景中的群组，可以使用“设定群组名称”工具为群组命名。

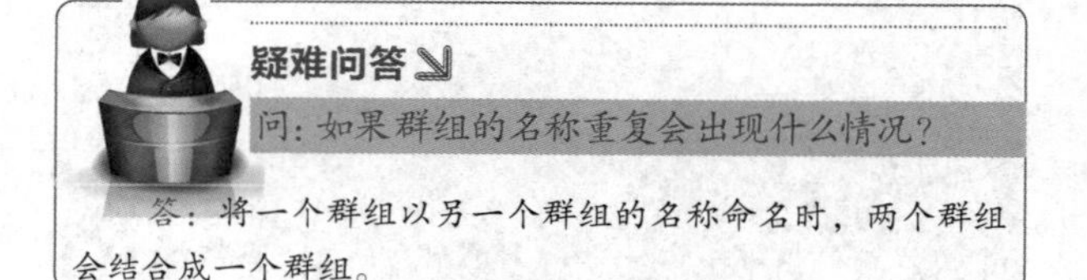

2.3 隐藏与锁定

建模时，由于当前正在编辑的模型毕竟只是一小部分，而其他堆砌的物件会影响视觉上的操作，因此就需要将物体隐藏或者锁定。

2.3.1 隐藏和显示对象

将对象隐藏和显示的命令主要集合在“编辑>可见性”菜单下，如图2-49所示。

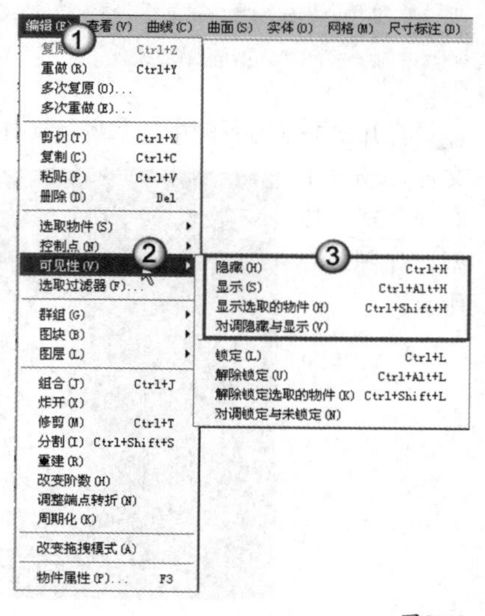

图2-49

对应的工具位于“可见性”工具面板中（通过“标准”工具栏下的“隐藏物件/显示物件”工具调出），如图2-50所示。

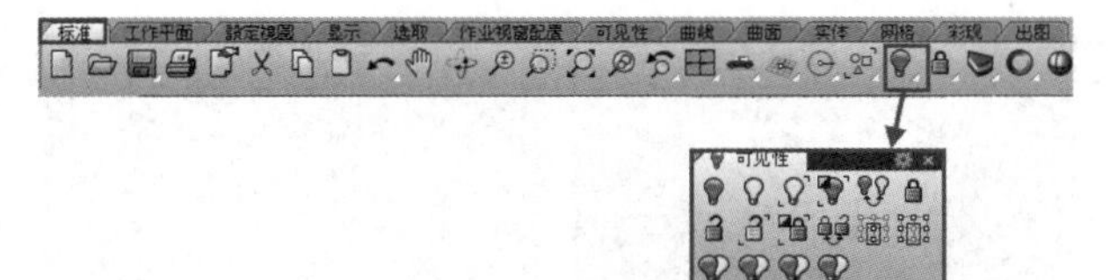

图2-50

隐藏物件

使用鼠标左键单击“隐藏物件/显示物件”工具可以隐藏选取的物件；如果要隐藏未选取的物件，可以使用“隐藏未选取的物件”工具。

同理，物件上的控制点也可以被隐藏，使用鼠标左键单击“隐藏控制点/显示点”工具即可；如果要隐藏未选取的控制点，可以使用鼠标左键单击“隐藏未选取的控制点/显示隐藏的控制点”工具。

显示物件

使用“隐藏物件/显示物件”工具的右键功能或“显示物件”工具可以显示出隐藏的物件；而使用“隐藏未选取的控制点/显示隐藏的控制点”工具的右键功能可以显示出隐藏的控制点。

疑难问答

问：如果隐藏了多个物件，现在只想要显示其中的一个或一部分物件怎么办？

答：使用“显示选取的物件”工具，启用该工具后，Rhino会显示出被隐藏的物件，同时将未隐藏的物件暂时隐藏，将需要显示的物件选中，然后按Enter键即可。

对调隐藏与显示的物件

使用“对调隐藏与显示的物件”工具可以隐藏所有可见的物件，并显示所有之前被隐藏的物件。

2.3.2 锁定对象

在建模过程中，如果不希望某些对象被编辑，但同时又希望该对象可见，那么可以将其锁定。被锁定的物体变成灰色显示，如图2-51所示。

技巧与提示

隐藏的物体不可见，也不能进行操作；锁定的物体虽然可见，但不能被选中，也不能进行操作。

锁定物件/解除锁定物件

使用鼠标左键单击“锁定物件/解除锁定物件”工具可以锁定选取的物件，锁定的物件无法被编辑；使用鼠标右键单击该工具或使用“解除锁定物件”工具可以解除所有物件的锁定。

如果场景中存在多个锁定物件，现在想要解锁其中的某个物件，可以使用“解除锁定选取的物件”工具；如果要锁定未选取的物件，可以使用“锁定未选取的物件”工具。

对调锁定与未锁定的物件

“对调锁定与未锁定的物件”工具的功能与“对调隐藏与显示的物件”工具类似，用于解除已经锁定的物件，同时锁定之前未锁定的物件。

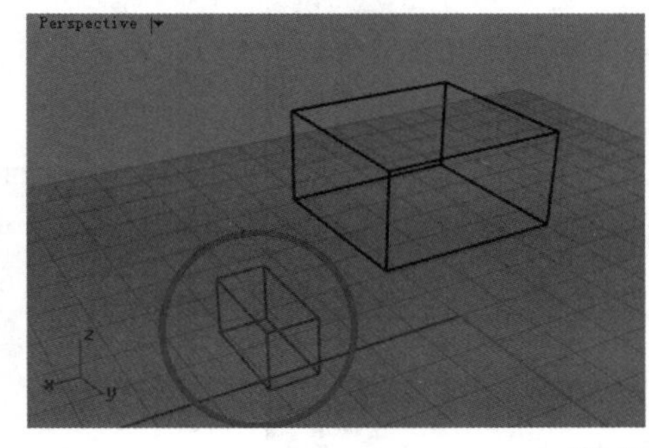

图2-51

知识链接

对于隐藏、显示、锁定和解锁功能，除了上面介绍的方法外，还可以通过“图层”面板实现，具体内容可以参考本书第1章1.3.7小节。

2.4 对象的变动

建模的过程中不可避免地要对模型进行移动、旋转、复制等操作，有时甚至要对模型进行变形，这些基本的操作构成了Rhino建模的基础。本节将对这些最常用也是最核心的功能进行讲解。

Rhino中用于变动对象的命令大多位于“变动”菜单下，如图2-52所示。这些命令主要用于改变模型的位置、大小、方向和形状。

变动(T) 工具(L) 分析(A)
移动(M)
复制(C)
旋转(R)
3D 旋转
缩放(S)
倾斜(A)
镜像(I)
对称(S)
对齐(N)
定位(O)
阵列(Y)
设置点(P)
投影至工作平面(E)
扭转(W)
弯曲(B)
锥状化(T)
沿着曲线流动(F)
沿着曲面流动(L)
使平滑(H)
UVN 移动
柔性移动(V)
变形控制器编辑(D)

图2-52

此外，在“变动”工具面板（通过侧工具栏中的“移动”工具调出）中也可以找到对应的工具，如图2-53所示。

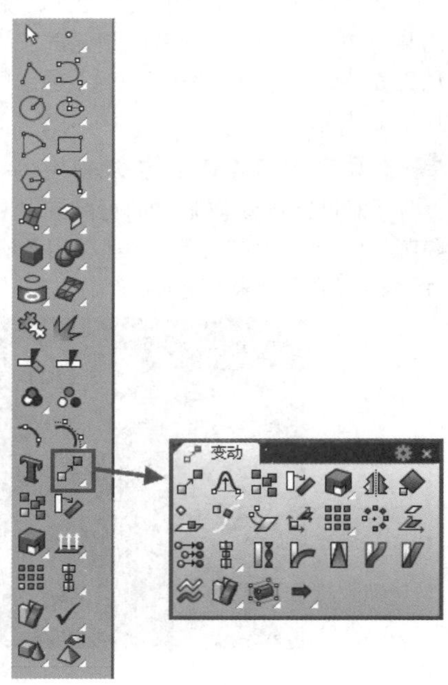

图2-53

2.4.1 移动对象

移动是将一个物件从现在的位置挪动到一个指定的新位置，物件的大小和方向不会发生改变。在Rhino中，可以使用“移动”工具移动物件，也可以通过拖曳的方式移动物件，还可以通过键盘快捷键进行移动。

此外，针对不同的对象，Rhino也提供了对应的移动命令，如MoveCrv（移动曲线段）、MoveEdge（移动边缘）、MoveFace（将面移动）、MoveHole（将洞移动）等命令。

使用“移动”工具移动物件

单击“移动”工具，然后选取需要移动的物件（可选取多个物件），接着指定移动的起点或输入起点的坐标，最后指定移动的终点或输入终点的坐标，如图2-54所示。

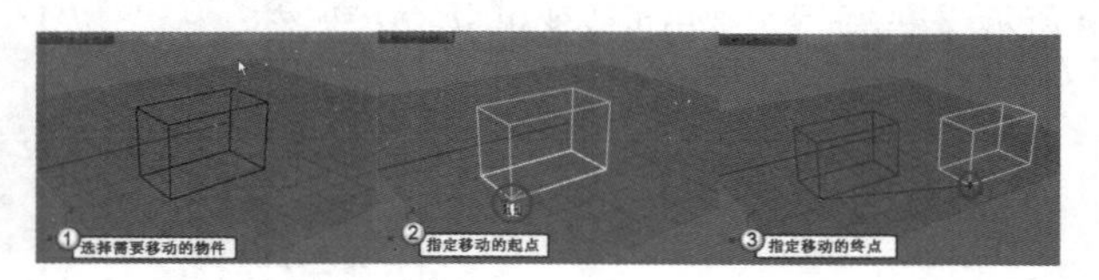

图2-54

移动物件的时候可以看到如图2-55所示的命令提示，其中“垂直”选项用于设置是否在当前工作平面的垂直（z轴）方向上移动。

```
指令: _Move
选取要移动的物件:
选取要移动的物件，按 Enter 完成:
移动的起点 ( 垂直(V)=否 ):
移动的终点:
```

图2-55

通过拖曳的方式移动物件

这是一种非常简单的方式，选择需要移动的物件或控制点直接拖曳到其他位置即可，如图2-56和图2-57所示。

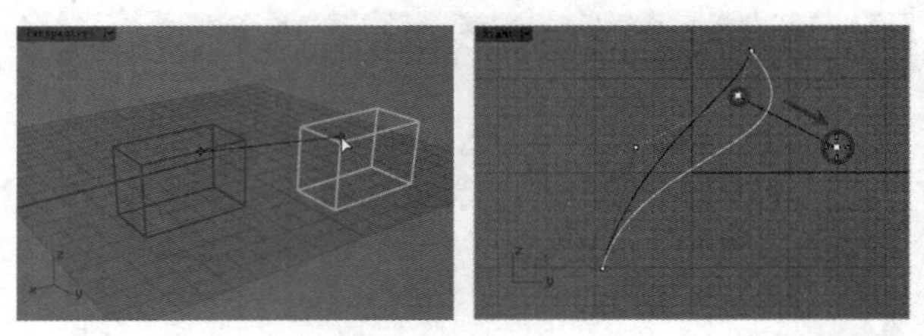

图2-56　图2-57

需要说明的是，使用这种方法移动物件很难与其他物件对齐。

通过键盘快捷键移动物件

选择一个物件后，通过Alt键+方向键可以沿着工作平面的4个方向进行移动；通过Alt键+PageUp/PageDown键可以沿着工作平面的垂直（z轴）方向进行移动。

通过键盘快捷键移动物件的方法可以通过“Rhino”对话框的“推移设置”面板进行调整，如图2-58所示。

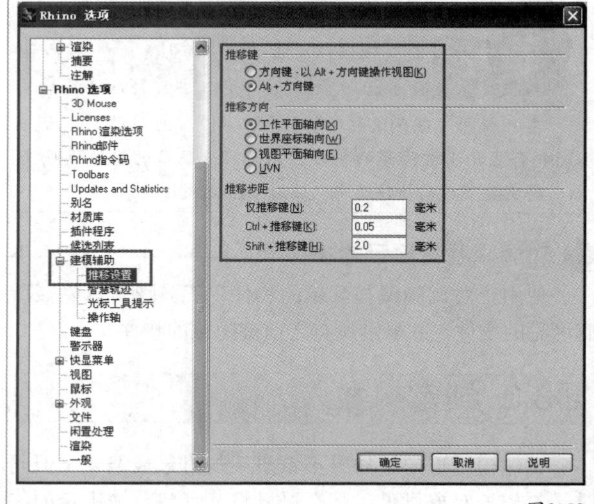

图2-58

移动曲线段

使用“移动曲线段”工具可以移动多重曲线或多重直线中的一条线段，相邻的线段会被延展。启用该工具后，选取多重曲线或多重直线上的一条线段，然后分别指定移动的起点和终点，如图2-59所示。

使用“移动曲线段”工具时可以在命令行看到如图2-60所示的命令提示。

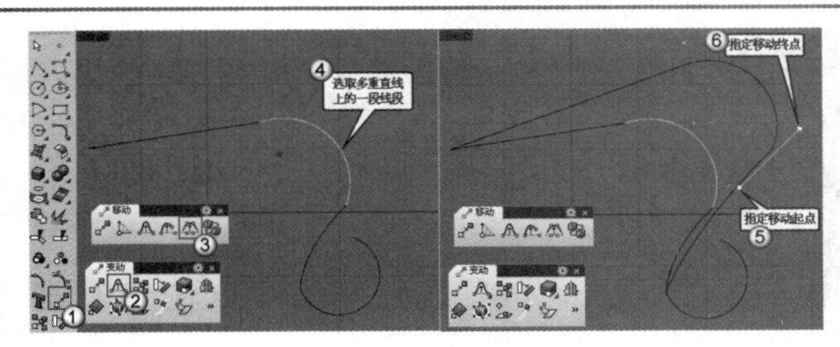

图2-59

指令：_MoveCrv
选取曲线段（端点(E)=否 复制(C)=否）：

图2-60

命令选项介绍

端点：只有设置为“否”才能移动多重直线中的一条线段；如果设置为“是”，移动的是多重直线中每一条线段的端点。

复制：如果设置为“是”，在移动的同时可以复制线段。

移动边缘

使用“移动边缘/移动未修剪的边缘”工具可以移动多重曲面或实体的边线，周围的曲面会随着进行调整，如图2-61所示。

将面移动

使用“将面移动/移动未修剪的面”工具可以移动多重曲面或实体的面，周围的曲面会随着进行调整，如图2-62所示。该工具适用于移动较简单的多重曲面上的面，如调整建筑物墙体的厚度。

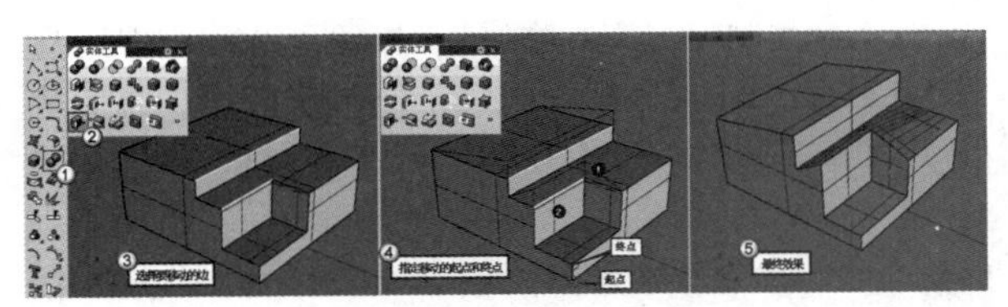

图2-61

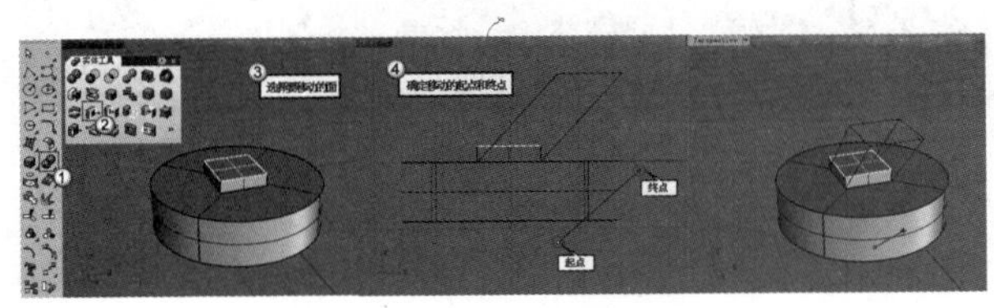

图2-62

技巧与提示

从“移动边缘/移动未修剪的边缘”工具和“将面移动/移动未修剪的面”工具的名称可以看出，这两个工具的右键功能都用于移动未修剪的对象（边缘和面）。也就是说，当一个多重曲面或实体被修剪过时，使用这两个工具的右键功能无法移动边线和面。需要注意的是，对于不规则的多重曲面或实体，Rhino可能会判定其为修剪过的对象（即使没有修剪过）。

将洞移动

使用“将洞移动/将洞复制”工具的左键功能可以移动平面上的洞，如图2-63所示。使用该工具的右键功能将调用“将洞复制”命令，如图2-64所示。

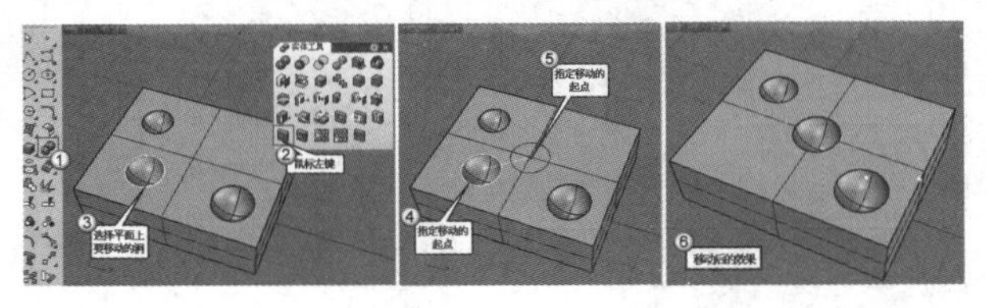

图2-63

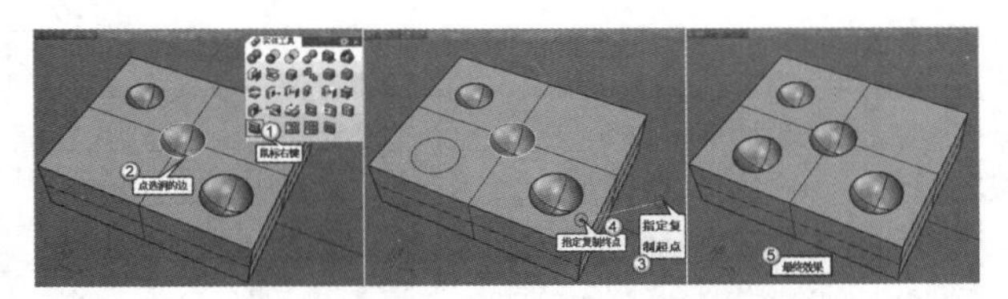

图2-64

移动目标点至物件

使用MoveTargetToObjects（移动目标点至物件）命令可以将视图摄影机的目标点移动到所选取物件的中心点上。操作过程比较简单，选择一个物件，然后执行“查看>设置摄像机>移动目标点至物件”菜单命令即可；也可以先执行命令再选择物件。

UVN移动

使用“UVN移动/关闭UVN移动”工具可以沿着曲面的U、V或法线方向移动控制点，工具位置如图2-65所示。

启用该工具将打开“UVN移动”对话框，如图2-66所示。

图2-65

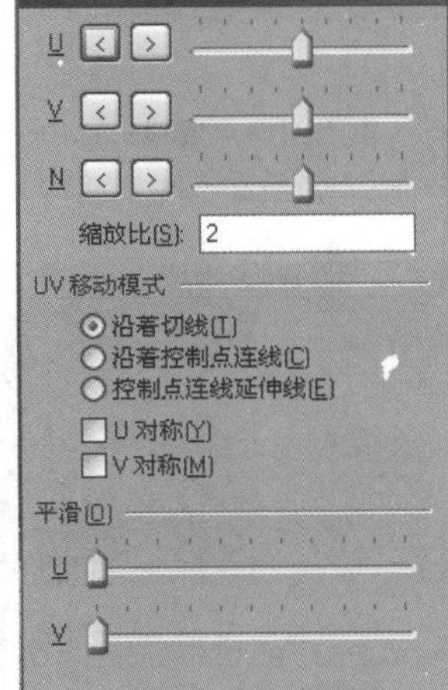

图2-66

UVN移动特定参数介绍

U/V/N：代表沿着曲面的U、V或法线方向移动控制点。

缩放比：设置滑杆拉到尽头的移动量（Rhino单位）。缩放比越大，UVN移动的距离也就越大，如图2-67和图2-68所示。

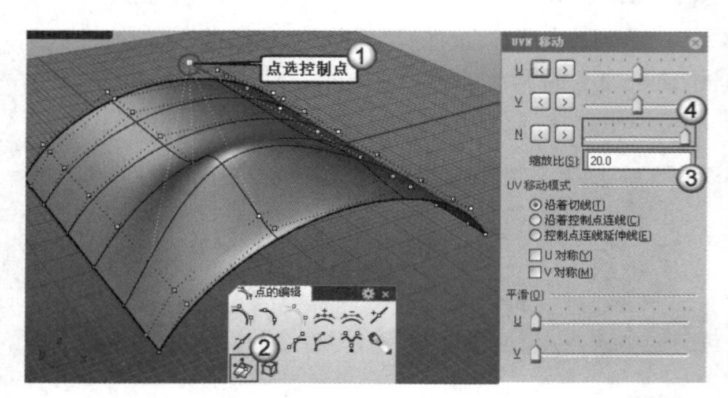

图2-67

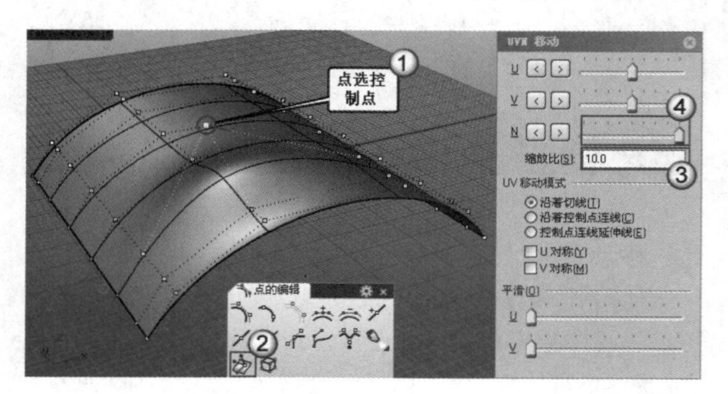

图2-68

沿着切线： 选中该选项后，拖曳U和V方向的滑杆会将控制点沿着一个和曲面相切的平面移动，如图2-69所示。

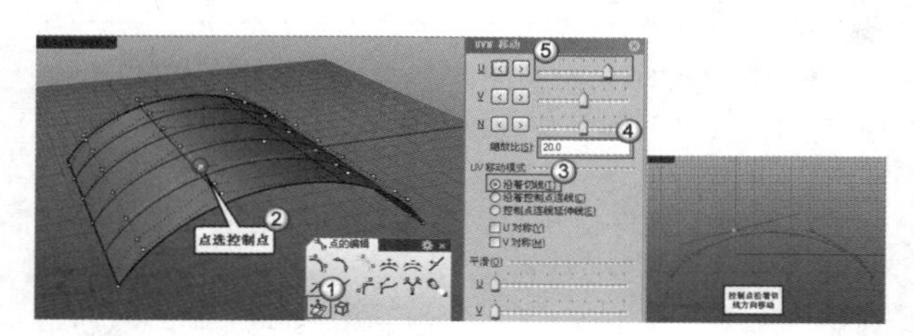

图2-69

沿着控制点连线： 选中该选项后，拖曳U和V方向的滑杆会将控制点沿着控制点连结线移动，如图2-70所示。

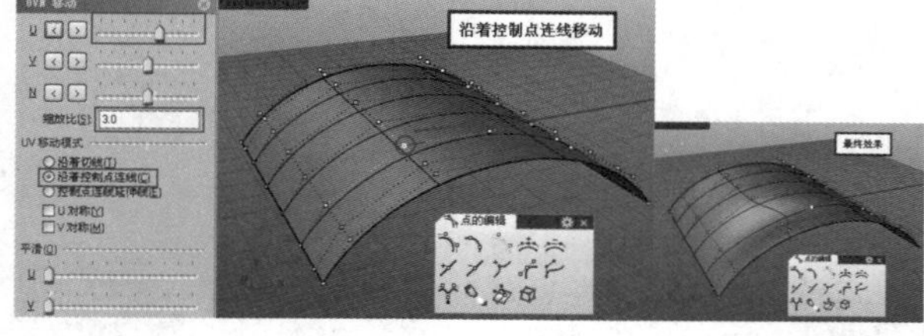

图2-70

控制点连线延伸线： 将控制点沿着控制点连线及其延伸线移动。

U对称/V对称： 勾选这两个选项可以对称地调整曲面的控制点，如图2-71所示。这两个选项在产品建模中应用非常普遍。

平滑U/V： 使曲面控制点的分布均匀化，如图2-72所示。

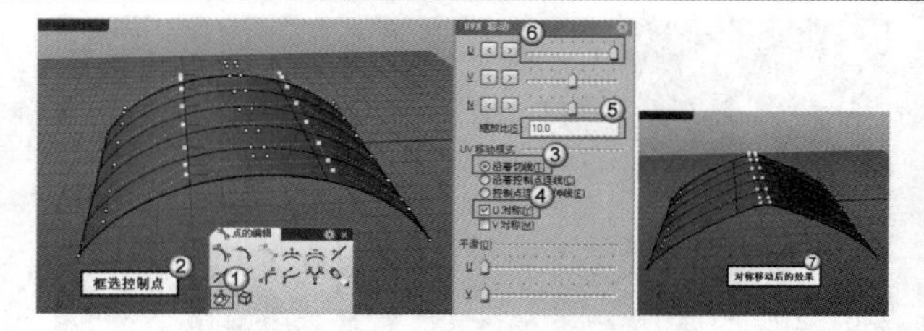

图2-71

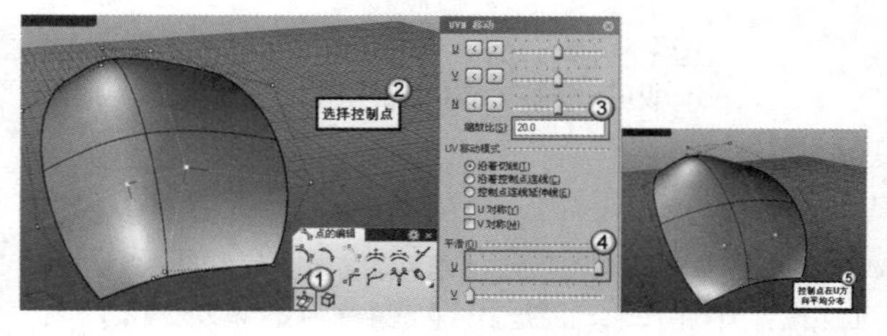

图2-72

2.4.2 复制对象

复制是一种省时省力的操作方法，在一个较大的场景中，不可避免地会存在一些重复的对象，如果每一个对象都重新制作，既浪费时间也降低了工作效率，所以可以通过复制快速方便地得到。甚至有些对象之间具有相似性，也可以先通过复制再进行修改来得到。Rhino中的复制可以看作是一种自由的阵列。

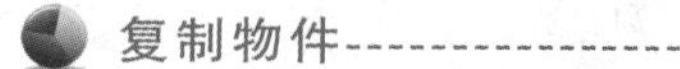

复制物件

使用“复制/原地复制物件”工具可以复制物件，启用该工具后，选取需要复制的物件，然后指定复制的起点和终点，如图2-73所示。在没有按Enter键结束命令前，可以一直进行复制。

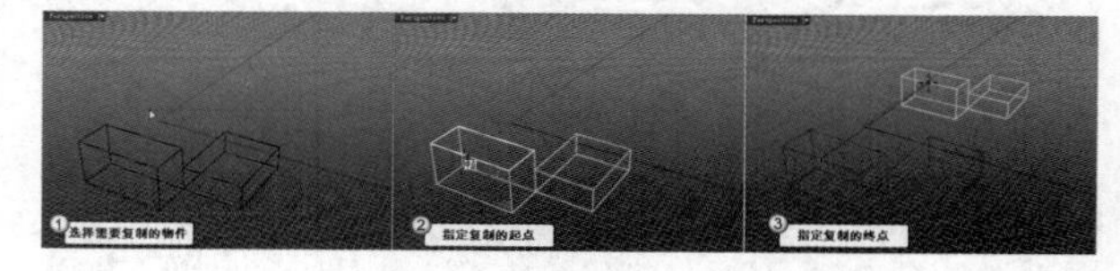

图2-73

使用“复制/原地复制物件”工具将出现如图2-74所示的命令提示。

复制的起点（ 垂直(V)=否　原地复制(I)):
复制的终点:
复制的终点（ 从上一个点(F)=否　使用上一个距离(U)=否　使用上一个方向(S)=否):

图2-74

命令选项介绍

垂直： 如果设置为“是”，将强制往目前工作平面垂直的方向复制物件。

原地复制： 将选取的物件在原位置复制。

从上一个点： 默认设置为“否”，表示始终以第1次选取的起点为复制的起点；如果设置为“是”，将以上一个复制物件的终点为新的复制起点。

使用上一个距离：默认设置为“否”，可以使用不同的距离继续复制物件；如果设置为“是”，将以上一个复制物件的距离复制下一个物件。

使用上一个方向：默认设置为“否”，可以在不同的方向继续复制物件；如果设置为“是”，将以上一个复制物件的方向复制下一个物件。

如果选取的是群组内的多个物件，复制所得到的新物件不会属于原来的群组，而是属于一个新的群组。

如果选取一个物件后按Ctrl+C组合键，将复制该物件（包括属性和位置信息）至Windows剪贴板中，此时按Ctrl+V组合键将在原位置粘贴物件（同命令提示中的“原地复制”选项的功能相同）。粘贴时，物件会被放置在它原来所在的图层，如果该图层已经不存在，Rhino会建立该图层。

另外，使用鼠标右键单击“复制/原地复制物件”工具也可以在原位置进行复制。

复制工作平面

使用CopyCPlaneToAll（复制工作平面到全部工作视图）命令可以将选取的工作视图的工作平面应用到其他工作视图。方法比较简单，在命令行输入命令后，单击选取一个工作视图即可。

使用CopyCPlaneSettingsToAll（复制工作平面设置到全部工作视图）命令可以将选取的工作视图的工作平面设置（网格线设置、锁定间距）应用到其他工作视图，方法同上。

复制物件至图层

对于一个或多个物件，在复制的同时如果要改变其所在的图层，可以使用“复制物件至图层”工具，工具位置如图2-75所示。

图2-75

启用“复制物件至图层”工具后，选择一个或多个物件，然后按Enter键确认，此时将弹出“复制物体的目的图层”对话框，在该对话框中选取一个图层即可，如图2-76所示。

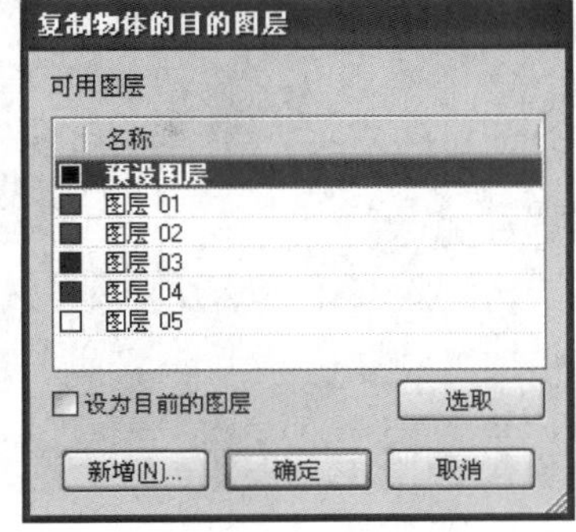
复制物体的目的图层

可用图层

名称
预设图层
图层 01
图层 02
图层 03
图层 04
图层 05

设为目前的图层 选取

新增(N)... 确定 取消

图2-76

技巧与提示

其他还有一些复制命令，这里简单介绍一下。

使用CopyDetailToViewport（复制子视图为工作视图）命令可以将图纸配置里面的子视图复制成为模型工作视图；使用CopyViewportToDetail（复制工作视图为子视图）命令可以将模型工作视图复制成为图纸配置里的子视图。

使用CopyLayout（复制图纸配置）命令可以复制使用中的图纸配置，使其成为一个新的图纸配置。

使用CopyRenderWindowToClipboard（复制渲染窗口至剪贴板）命令可以将渲染窗口中的渲染影像复制到Windows剪贴板中。

2.4.3 旋转对象

Rhino中旋转物件有二维旋转和三维旋转两种方式，旋转视图可以使用“旋转视图/旋转摄影机”工具，旋转多重曲面或实体的边或面可以使用RotateEdge（旋转边缘）和RotateFace（将面旋转）命令。

二维旋转

二维旋转就是将选定的物件围绕一个指定的基点改变其角度，旋转轴与当前工作平面垂直。使用鼠标左键单击“2D旋转/3D旋转”工具，然后选取需要旋转的物件，接着指定旋转中心点，最后输入角度或指定两个参考点（两个参考点之间的角度就是旋转的角度），如图2-77所示。

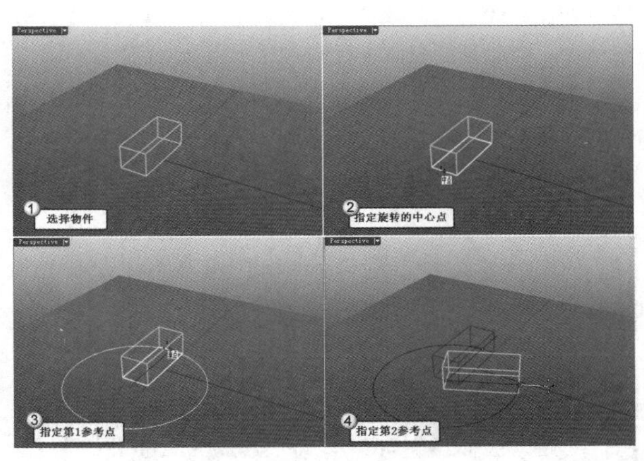

图2-77

三维旋转

三维旋转与二维旋转的区别在于，二维旋转指定一个中心点即可确定旋转轴，而三维旋转需要指定旋转轴的两个端点（也就是说可以在任意方向和角度进行旋转），如图2-78所示。

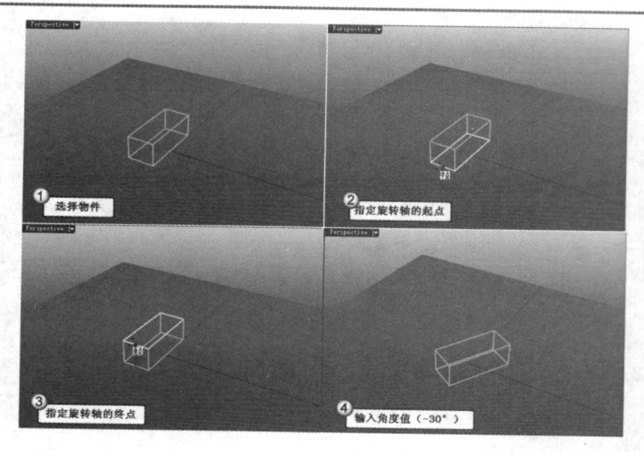

图2-78

旋转视图

使用“旋转视图/旋转摄影机”工具可以将视图绕着摄影机目标点旋转，与Ctrl+Shift+鼠标右键的操作相同，工具位置如图2-79所示。

图2-79

旋转边缘

使用RotateEdge（旋转边缘）命令可以绕中心轴旋转多重曲面或实体的边线，周围的曲面会随着进行调整，如图2-80所示。该命令在Rhino 5.0中属于已经取消的命令，因此只能在命令行输入这个指令来启用。

需要注意的是，上图是对长方体的边进行水平面方向的旋转，如果希望进行竖直平面方向的旋转需要更改工作平面，如图2-81所示。

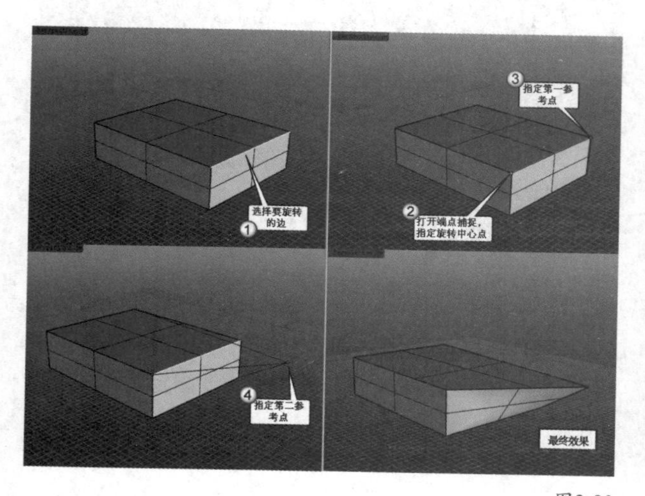

图2-80

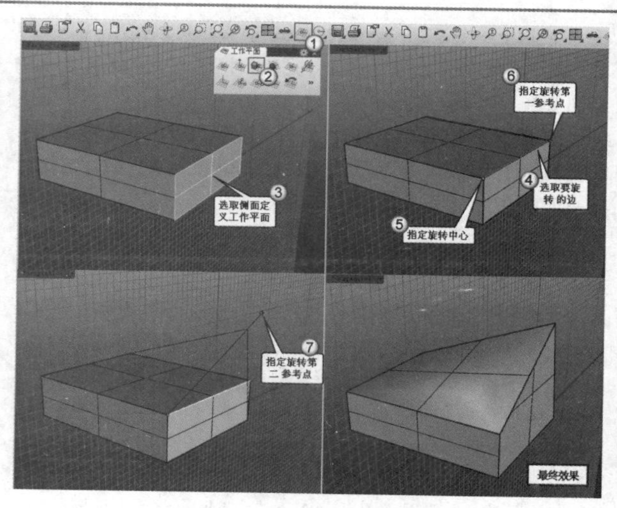

图2-81

多重曲面的边缘在旋转后会保持组合状态，不会出现裂缝，但这个指令最好作用于立方体之类的物件。

将面旋转

使用RotateFace（将面旋转）命令可以绕中心轴旋转多重曲面或实体的面，周围的曲面会随着进行调整，如图2-82所示。这个命令同样属于被取消的命令。

将洞旋转

使用“将洞旋转”工具可以将平面上的洞绕旋转中心点旋转，如图2-83所示。

使用“将洞旋转”工具不但可以完成洞的旋转，同时也可完成旋转并复制。只要在命令行中设置“复制”选项为“是”，即可完成一个洞的多次旋转复制，如图2-84所示。

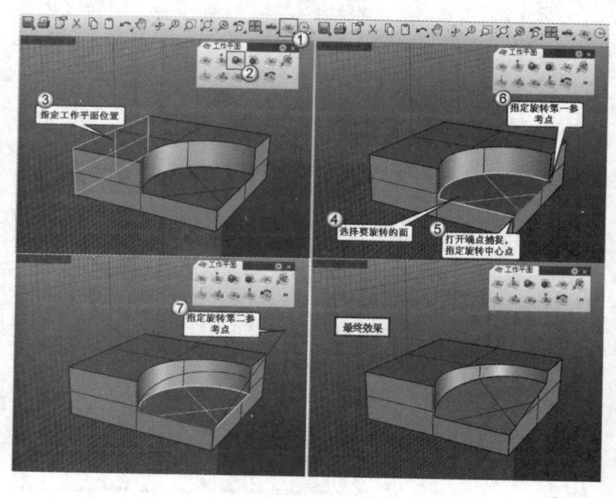

图2-82

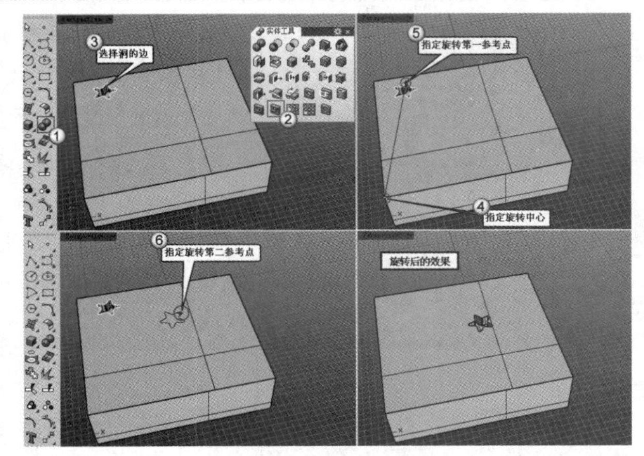

图2-83

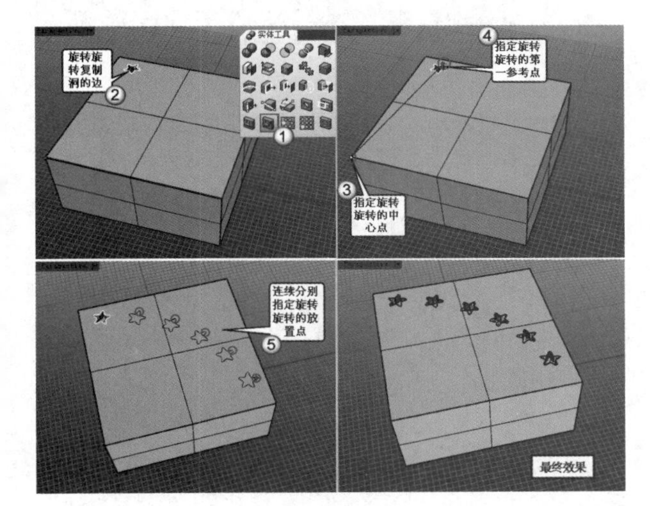

图2-84

实战

利用旋转复制创建纹样

场景位置	场景文件>第2章>03.3dm
实例位置	实例文件>第2章>实战——利用旋转复制创建纹样.3dm
视频位置	第2章>实战——利用旋转复制创建纹样.flv
难易指数	★★☆☆☆
技术掌握	掌握旋转复制图形的方法

本例创建的纹样如图2-85所示。从图中可以看出纹样是以一个单元体通过环形阵列形成的，所以只要复制出同样的单元体并分别旋转一定的角度就可以了。

图2-85

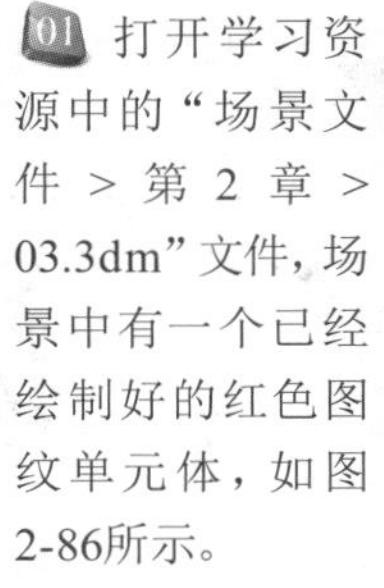

01 打开学习资源中的“场景文件 > 第 2 章 > 03.3dm”文件，场景中有一个已经绘制好的红色图纹单元体，如图2-86所示。

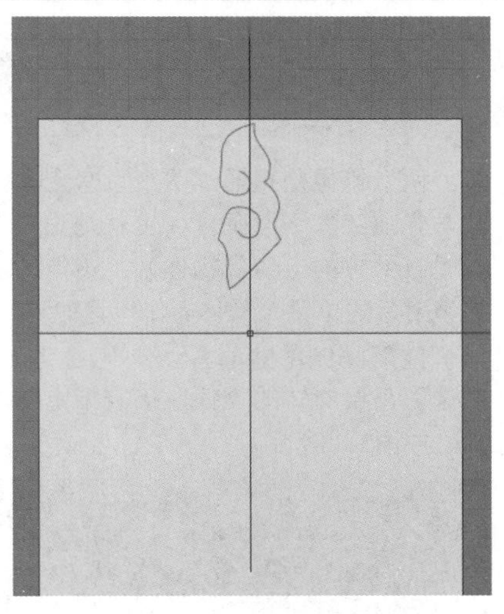

图2-86

02 使用鼠标左键单击“2D旋转/3D旋转”工具，以复制的方式旋转单体红色图纹，结果如图2-87所示，具体操作步骤如下。

操作步骤

① 框选单体红色图纹，并按Enter键确认。

② 单击命令行中的“复制”选项，将其设置为“是”，表示以复制的方式进行旋转。

③ 捕捉十字线的交点，确定旋转的中心。

④ 在命令行输入36，并按Enter键确认，表示以36° 生成第1个旋转复制的曲线。然后依次输入72、108、144、180、216、252、288和324，旋转复制出其他曲线。

图2-87

技巧与提示

执行一个命令的过程中，如果要选择某个子选项，可以通过在命令行直接单击的方式，如上面单击“复制”选项；也可以通过输入子选项字母代号的方式，如输入C。

2.4.4 镜像对象

镜像也是创建物件副本的一种常用方式，与复制不同的是，镜像生成的物件与原始物件是对称的。Rhino中镜像物件有两点镜像和三点镜像两种方式。

两点镜像

两点镜像是指通过两个点来定义镜像平面，镜像平面与当前工作平面垂直（也就是说不能在与当前工作平面垂直的方向上镜像物件）。镜像的过程中可以预览物件镜射后的位置，具体操作步骤如下。

使用鼠标左键单击“镜射/三点镜射”工具，然后选取需要旋转的物件，接着指定镜像平面的起点和终点，如图2-88所示。

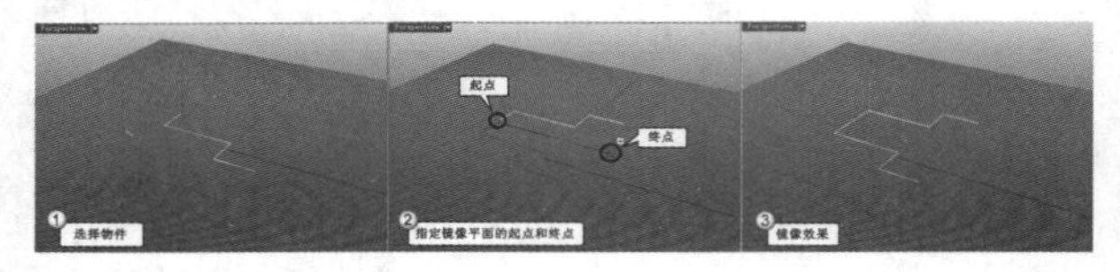

图2-88

三点镜像

三点镜像是指通过3个点来定义镜像平面，可以在与当前工作平面垂直的方向上镜像物件，具体操作步骤如下。

使用鼠标右键单击“镜射/三点镜射”工具，然后选取需要旋转的物件，接着依次指定镜像平面的第1点、第2点和第3点，如图2-89所示。

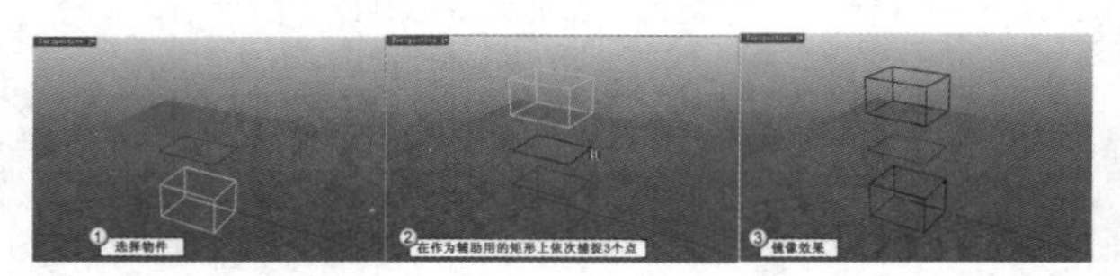

图2-89

2.4.5 缩放对象

缩放是指改变物件的大小尺寸，Rhino提供了“三轴缩放”“二轴缩放”“单轴缩放”和“非等比缩放”4种缩放方式，如图2-90和图2-91所示。

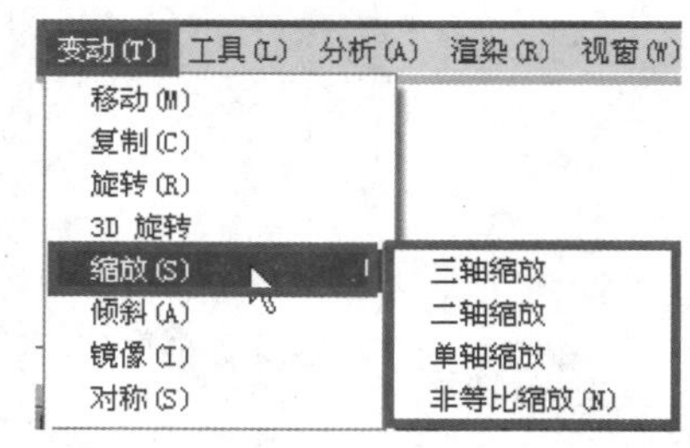

图2-90

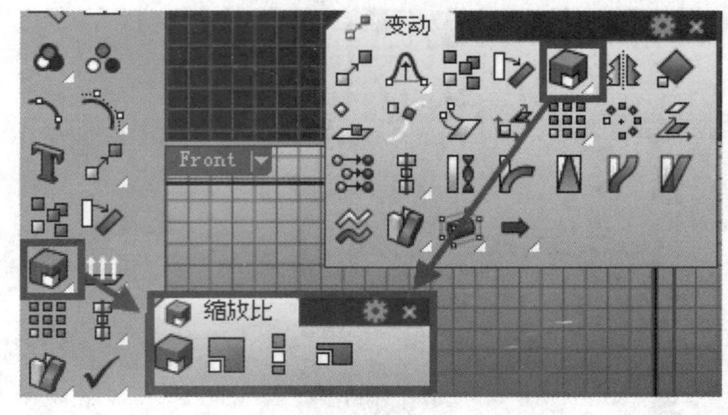

图2-91

三轴缩放

三轴缩放是在工作平面的3个轴向上以同比例缩放选取的物件。单击“三轴缩放”工具，然后选取需要缩放物件，接着指定缩放的基点，再输入缩放比，如图2-92所示。

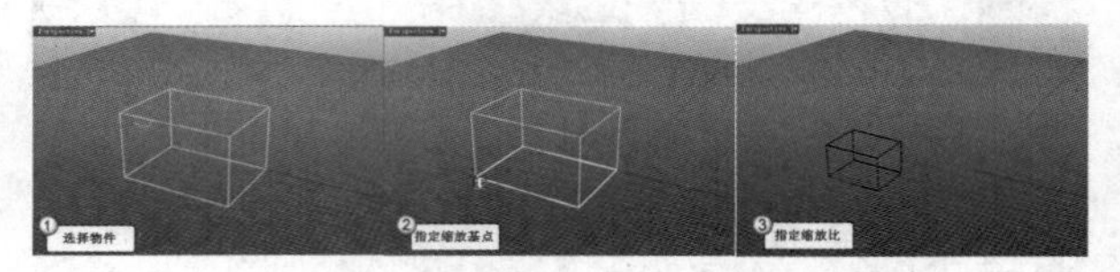

图2-92

如果要将未知大小的物件缩放为指定的大小，可以通过指定第一参考点和输入新距离的方式来得到。观察图2-93所示的长方体，现在边A的长度未知，但肯定超过10个长度单位（一个栅格为一个长度单位）。

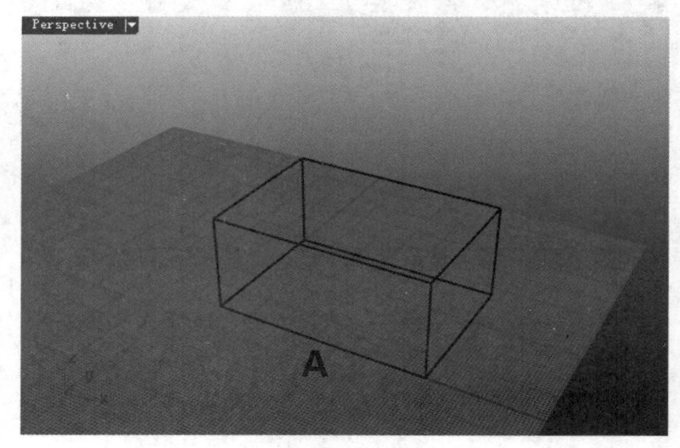

图2-93

如果要缩放这个长方体，使边A的长度变为10，可以在指定基点的时候捕捉边A的左端点，再捕捉边A的右端点为第一参考点，接着输入10并回车，缩放的结果如图2-94所示。

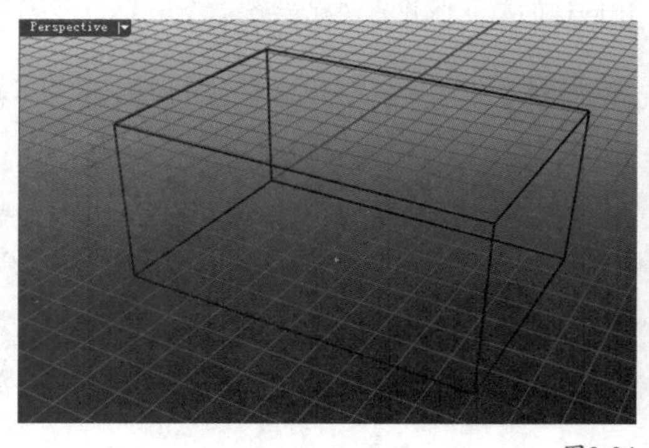

图2-94

缩放的同时也可以复制物件。

二轴缩放

二轴缩放是在工作平面的x轴、y轴方向上缩放选取的物件，其操作步骤同三轴缩放相同，区别在于二轴缩放只会在工作平面的x轴、y轴方向上进行缩放。比如一个长方体，通过二轴缩放方式缩放0.5倍后，其长度和宽度将变为原来的一半，但高度不变。

单轴缩放

单轴缩放是在指定的方向上缩放选取的物件，其操作步骤同前面的两种缩放方式大致相同，但输入缩放比后还需要指定缩放的方向。

不等比缩放

不等比缩放是在3个轴向上以不同的比例缩放选取的物件。

2.4.6 阵列对象

阵列是指按一定的组合规律进行大规模复制，Rhino提供了“矩形”“环形”“沿着曲线”“沿着曲面”和“沿着曲面上的曲线”5种阵列方式，如图2-95和图2-96所示。

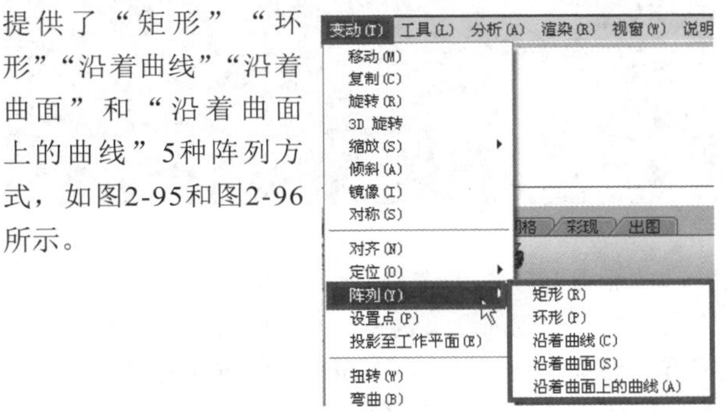

图2-95

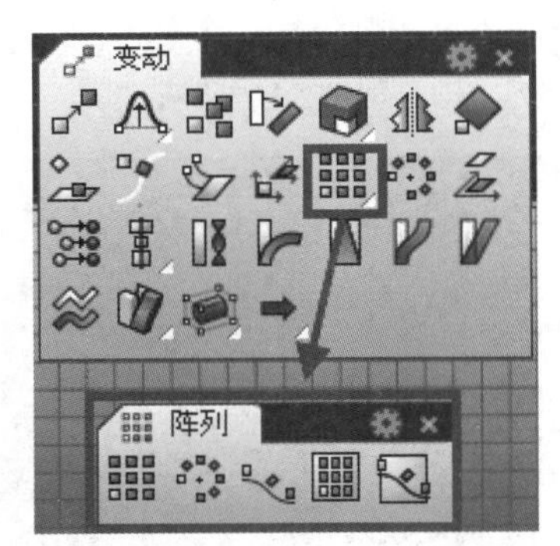

图2-96

矩形阵列

矩形阵列是以指定的行数、列数和层数（轴向）复制物件。启用“矩形阵列”工具后，选取需要阵列的物件，然后依次指定x轴方向、y轴方向和z轴方向的复制数（大于1的整数），再指定x轴方向、y轴方向和z轴方向的间距，如图2-97所示。

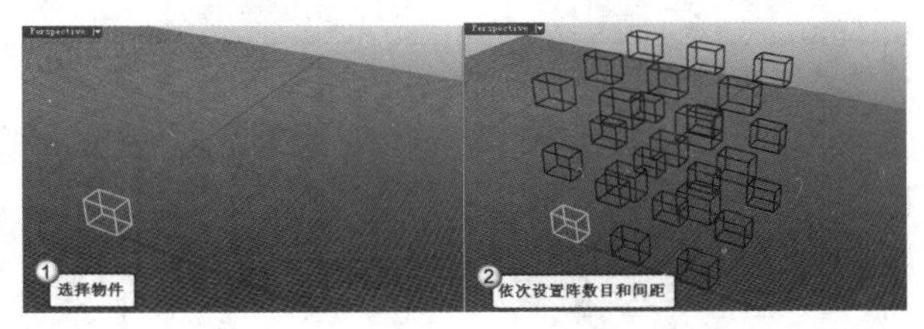

图2-97

环形阵列

环形阵列是以指定的数目绕中心点复制物件，比如在前面的“创建纹样”案例中，也可以通过环形阵列的方式得到最终纹样。

启用“环形阵列”工具后，选取需要阵列的物件，然后指定环形阵列的中心点，再输入项目数（必须大于或等于2），最后输入总共的旋转角度。

例如，在前面的“创建纹样”案例中，如果要进行环形阵列，那么阵列的中心点为十字线的交点，阵列数为10，阵列角度为360°。

沿着曲线阵列

沿着曲线阵列是指沿着曲线复制对象，对象会随着曲线扭转。

启用“沿着曲线阵列”工具后，选取需要阵列的物件并按Enter键确认，然后选取路径曲线，此时将打开“沿着曲线阵列选项”对话框，在该对话框中设置阵列的项目数或项目间距，同时指定定位方式，如图2-98所示。

图2-98

在“沿着曲线阵列”工具的命令提示中有一个“基准点”选项。当需要阵列的物件不位于曲线上时，物件沿着曲线阵列之前必须先被移动至曲线上，基准点是物件移至曲线上使用的参考点，决定了阵列后的物件与曲线的位置关系，图2-99和图2-100所示分别是同一个物体不同基准点的阵列过程。

沿着曲线阵列特定参数介绍

方式：“项目数”表示指定阵列的数目，物件的间距根据路径曲线的长度自动划分，如图2-101所示；“项目间的距离”表示指定阵列物件之间的距离，阵列物件的数量根据曲线长度而定，如图2-102所示。

定位：“不旋转”指物件阵列时不会随着路径曲线旋转，其方向保持不变；“自由扭转”指物件阵列时会沿着曲线在三维空间中旋转；“走向”指物件阵列时会沿着曲线在水平面上旋转。

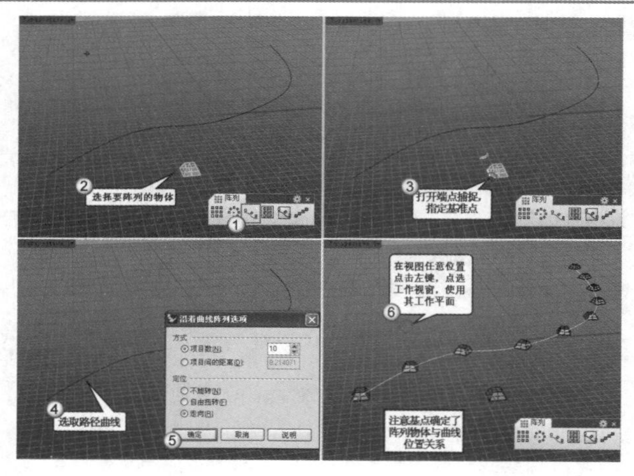

图2-99

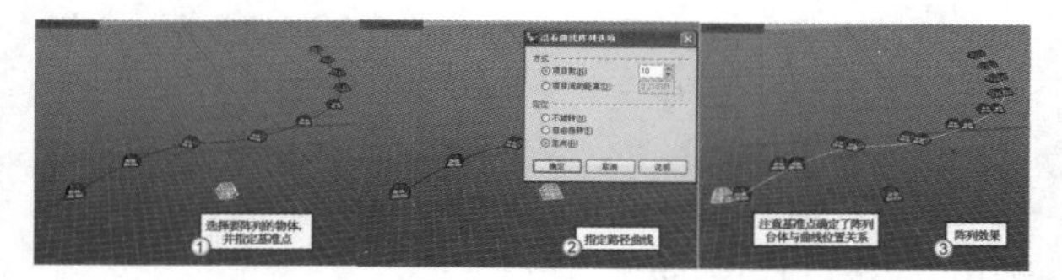

图2-100

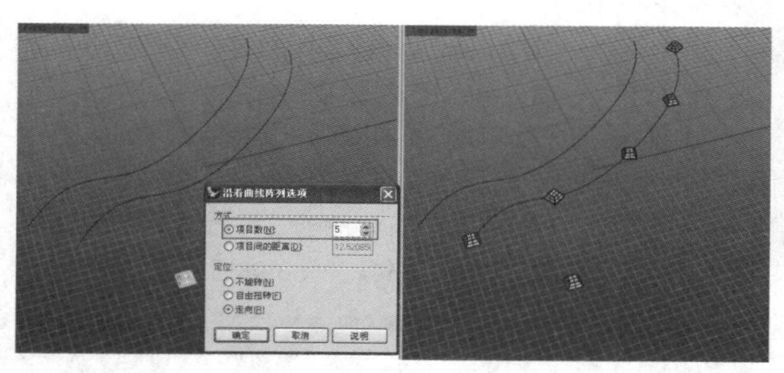

图2-101

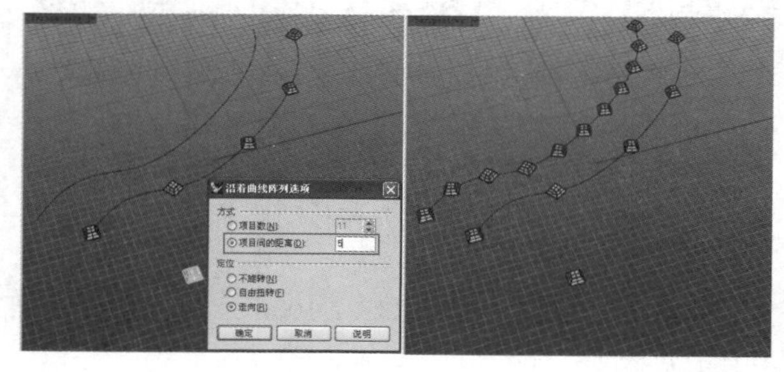

图2-102

在曲面上阵列

在曲面上阵列是指在曲面上以指定的行数和列数（曲面的U、V方向）复制物件，物件会根据曲面的法线来定位。

启用“在曲面上阵列”工具，选取需要阵列的物件，然后指定一个相对于阵列物件的基准点（通常在需要阵列的物件上指定），再指定阵列时物件的参考法线方向，接着选取目标曲面，最后输入U方向的项目数和V方向的项目数，如图2-103所示。

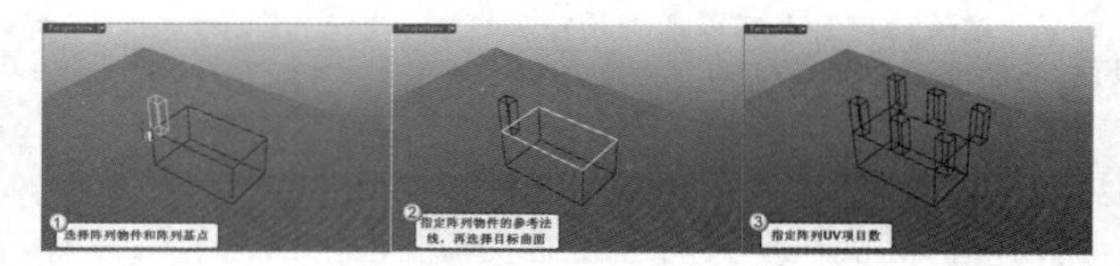

图2-103

物件阵列会以整个未修剪曲面为范围平均分布于曲面的方向上。如果目标曲面是修剪过的曲面，物件阵列可能会超出可见的曲面之外，分布于整个未修剪的曲面之上。

曲面外的物件也可以在目标曲面上阵列，如图2-104所示。但要注意，指定阵列物件的基准点时，不能在目标曲面上指定，必须在物件本身指定。

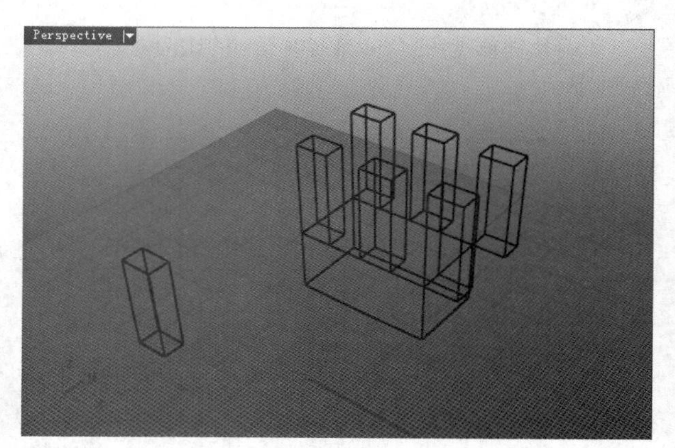

图2-104

关于参考法线的选取，要说明的是，参考法线的方向不同，得到的结果也不一样，同时和目标曲面的法线方向也有关系。如目标曲面的法线方向为向上，如图2-105所示；依次选取参考法线的方向为*x*轴、*y*轴、*z*轴的正方向在曲面上阵列，结果如图2-106所示；如果选取参考法线的方向为*x*轴、*y*轴、*z*轴的负方向在曲面上阵列，结果如图2-107所示。

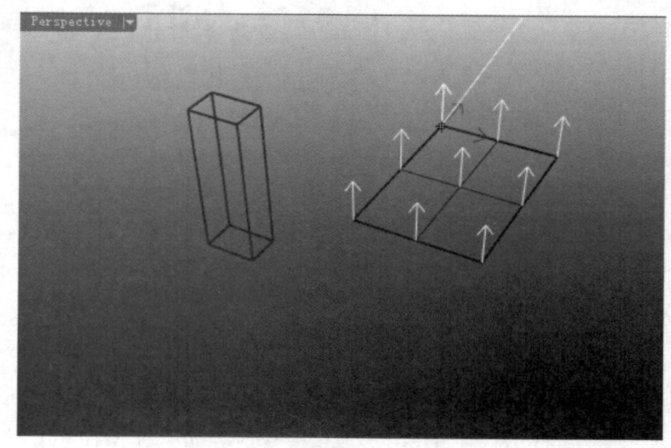

图2-105

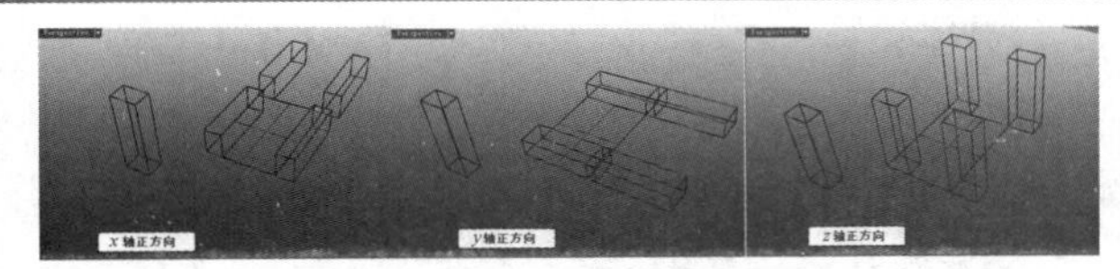

图2-106

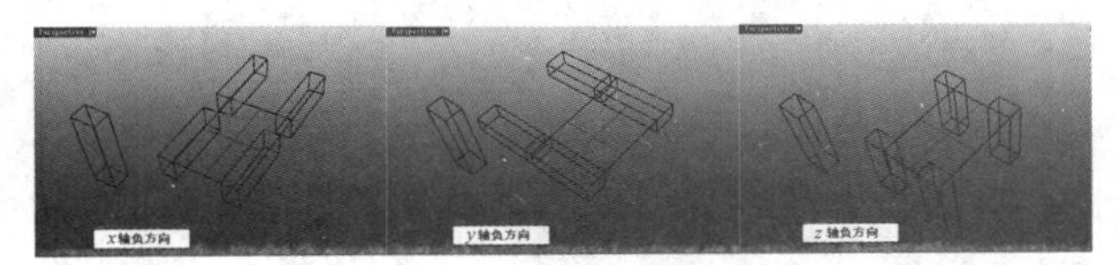

图2-107

从上面的图中可以看到，曲面的法线方向为向上时，选取的参考法线如果是正方向，那么物件阵列在曲面的上方；如果选取的参考法线是负方向，那么物件阵列在曲面的下方。从这个结论可以推断，如果曲面的法线方向相反（向下），那么阵列结果也会相反。

沿着曲面上的曲线阵列

沿着曲面上的曲线阵列是指沿着曲面上的曲线等距离复制对象，阵列对象会依据曲面的法线方向定位。

启用“沿着曲面上的曲线阵列”工具，然后选取需要阵列的物件，并指定基准点（通常在需要阵列的物件上指定），接着选取一条路径曲线，再选取曲线下的曲面，最后在曲线上指定要放置对象的点或输入与上一个放置点的距离，如图2-108所示。

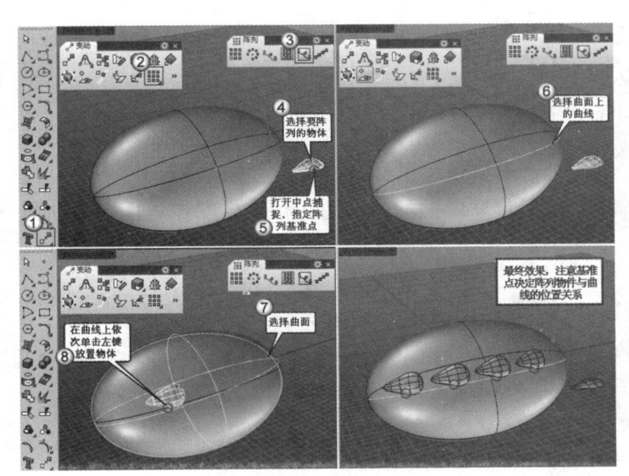

图2-108

2.4.7 分割与修剪对象

分割是指将一个完整的物件分离成为多个单独的物件，而修剪是指从一个完整的物件中剪掉一部分，分割和修剪都需要借助参照物。

分割/以结构线分割曲面

分割一个物件至少需要两个条件，首先是要有切割用的物件，其次是切割用的物件和需要分割的物件之间要产生交集（不一定相交，但要有交集，比如切割用的物件延伸后与需要分割的物件是相交的）。

使用鼠标左键单击“分割/以结构线分割曲面”工具，然后选择需要切割的物件（可以一次选取多个物件），接着选择切割用的物件，最后按Enter键完成分割，如图2-109所示。

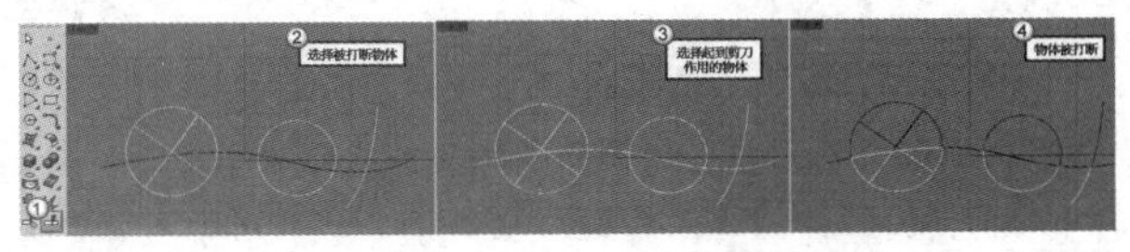

图2-109

切割用的物件与要切割的物件在三维空间中不需要相交，但是在进行切割的操作视图中，切割用的物件看起来一定是把要切割的物件分成了两部分，只有这样才能完成分割。图2-109所示的4个物件，其空间位置关系如图2-110所示。在Top（顶）视图中，球体、圆和曲线这3个物体都可以被黄色曲线分割；在Front（前）视图中，黄色的切割线只能将球体分成上下不等的两部分；在Right（右）视图中，黄色的切割线无法将球体、圆和曲线这3个物体中的任何一个分成两部分；在Perspective（透视）视图中也是这样，黄色的切割线不能分割球体、圆和曲线这3个物体。

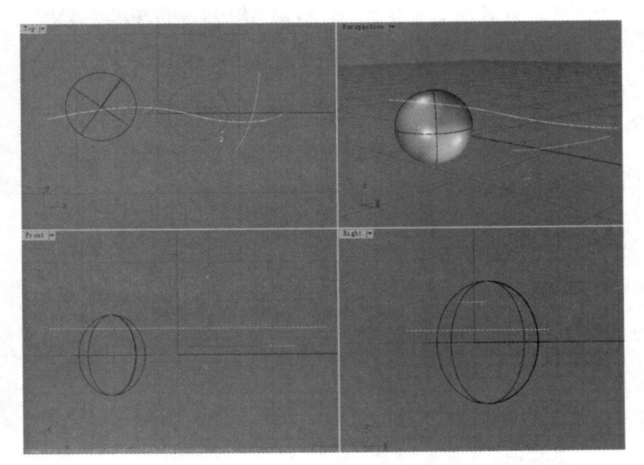

图2-110

“分割/以结构线分割曲面”工具还有一种用法，就是以曲面上的结构线分割曲面。

使用鼠标右键单击“分割/以结构线分割曲面”工具，然后选取曲面，接着指定V、U方向的分割线（通过指定分割点来确定分割线，可以控制只在U方向或V方向上分割，也可以在两个方向上分割），最后按Enter键确定分割，如图2-111所示。

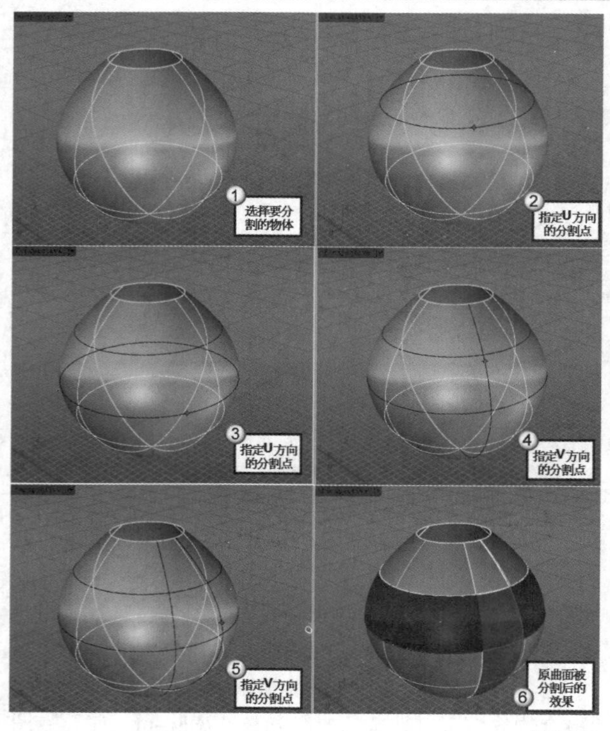

图2-111

疑难问答

问：图2-111中U、V两个方向分别分割两次，不是应该得到6个曲面吗？怎么会是生成9个曲面呢？

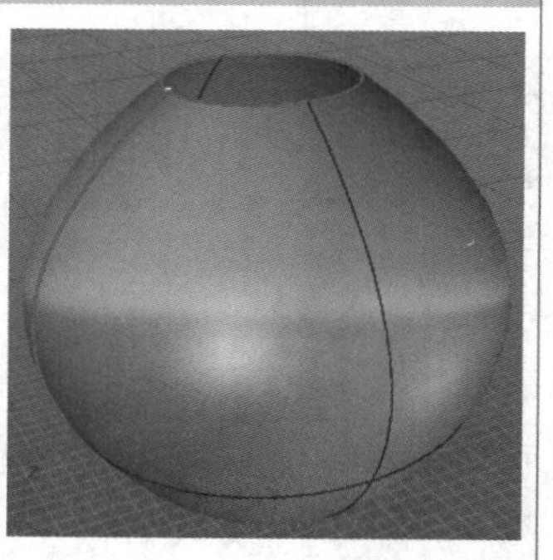

图2-112

答：原因在于原曲面在U方向有一条曲面接缝边，如图2-112所示。当对曲面进行两次U方向分割时，Rhino系统会自动在该边的位置再切开一次，因此原曲面就被分割成3个曲面。再进行V方向的两次切割后，就会生成9个曲面。由此可以了解曲面接缝边的重要性。

以曲面上的结构线分割曲面只能作用于单一曲面。

修剪/取消修剪

Rhino的Trim（修剪）命令主要用于对线、面的切割与缝补。

使用鼠标左键单击侧工具栏中的“修剪/取消修剪”工具，然后选取切割用的物件（起到剪刀作用的物件），接着在需要被修剪掉的部分上单击鼠标左键，如图2-113所示。

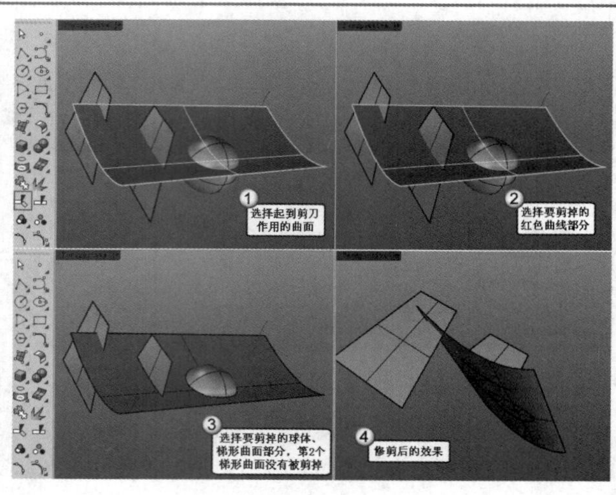

图2-113

Trim（修剪）命令提供了如图2-114所示的命令选项。

```
指令: _Trim
选取切割用物件 ( 延伸直线(E)=否  视角交点(A)=否 ):
```

图2-114

命令选项介绍

延伸直线：以直线为切割用的物件时，设置该选项为“是”，可以将直线无限延伸修剪其他物件。

注意，不是真的将直线延伸到与要被修剪的物件相交。

视角交点：如果设置该选项为“是”，那么曲线不必有实际的交集，只要在工作视图中看起来有视觉上的交集就可以进行修剪，这个选项对曲面没有作用。

对于一个已经修剪的曲面，如果想要还原被修剪掉的部分，可以使用鼠标右键单击“修剪/取消修剪”工具，然后选取曲面的修剪边缘。这样操作可以删除曲面上的洞或外侧的修剪边界，使曲面回到原始状态。

这里介绍一个比较简便的修剪方法，执行Trim（修剪）命令后，无论是需要修剪的物件还是作为切割用的物件，先全部选中，按Enter键确认选择后，再依次单击需要修剪掉的部分。

13 技术专题：关于修剪曲面

在Rhino中，一个修剪过的曲面由两个部分组成：定义几何物件形状的原始曲面和定义曲面修剪边界的曲线。

曲面被修剪掉的部分可以是修剪边界的内侧（洞）或外侧，而作为修剪边界的曲线会埋入原始曲面上（也就是和保留的曲面部分合并）。

对于一个被修剪过的曲面，其原始曲面有可能远比修剪边界来得大，因为Rhino并不会绘制出曲面被修剪掉的部分，所以无法看到完整的原始曲面。原始曲面表示了几何物件的真实造型，而修剪边界曲线只是用来表示曲面的哪一部分应该被视为修剪掉的部分，和曲面的实际形状无关。例如，以一条跨越曲面的曲线修剪曲面，然后打开该曲面的控制点，会发现曲面控制点的结构完全不受曲面修剪的影响，如图2-115所示。

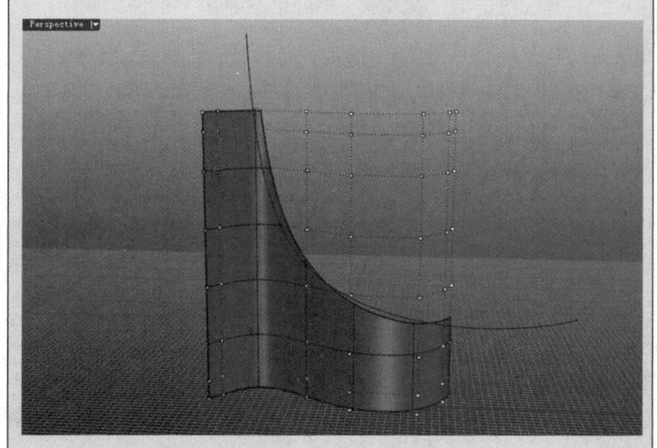

图2-115

像这样的情况，如果要使曲面控制点的结构和剪切面的实际形状相同，可以使用“缩回已修剪曲面/缩回已修剪曲面至边缘”工具，重新修正曲面控制点的排布，设定剪切面新的原始性。该工具将在本书第4章中进行详细讲解。

2.4.8 组合与炸开对象

Rhino的“组合”工具可以将不同的物件连结在一起成为单一物件，可以组合的对象包括线、面和体，例如，数条直线可以组合成多重直线，数条曲线可以组合成多重曲线，多个曲面或多重曲面可以组合成多重曲面或实体。

组合的过程比较简单，单击“组合”工具，然后选取多个要组合的物件（曲线、曲面、多重曲面或网格），并按Enter键即可。

技巧与提示

Rhino的组合功能是非常强大的，组合的对象可以不共线，也可以不共面，比如两条平行线也可以组合。但组合物件并不会改变物件的几何数据，只是把相接的曲面“黏”起来，使网格转换、布尔运算和交集时可以跨越曲面而不产生缝隙。

如果想把已经组合好的物件拆开，就需要用到“炸开/抽离曲面”工具，操作方法同样很简单，先使用鼠标左键单击工具，然后选择需要炸开的对象，接着按Enter键完成操作。

实战

利用缩放/分割/阵列创建花形纹样

场景位置	无
实例位置	实例文件>第2章>实战——利用缩放/分割/阵列创建花形纹样.3dm
视频位置	第2章>实战——利用缩放/分割/阵列创建花形纹样.flv
难易指数	★★☆☆☆
技术掌握	掌握缩放、分割、环形阵列和选取曲线的方法

本例创建的花形纹样效果如图2-116所示。

图2-116

01 开启“锁定格点”功能，然后单击侧工具栏中的“圆：中心点、半径”工具，接着在Top（顶）视图的坐标原点上单击鼠标左键确定圆心，再将指针指向另一点并单击鼠标左键确定半径，绘制一个如图2-117所示的圆。

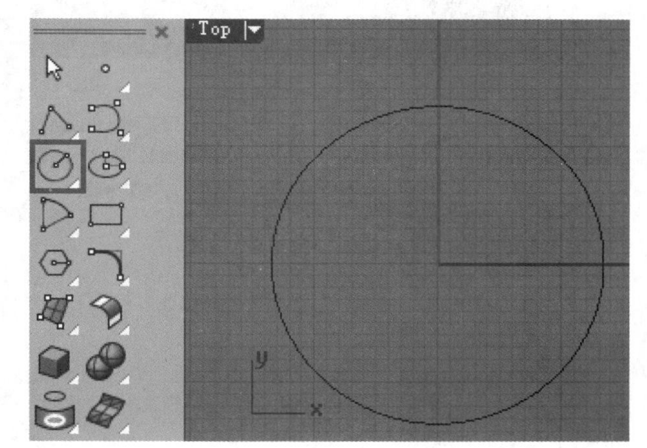

图2-117

02 选中上一步绘制的圆，然后单击侧工具栏中的“曲线圆角”工具不放，调出“曲线”工具面板；接着使用鼠标左键单击“重建曲线/以主曲线重建曲线”工具，打开“重建曲线”对话框，并在该对话框中设置“点数”为6、“阶数”为3，如图2-118所示，完成设置后单击确定按钮，将圆重建。

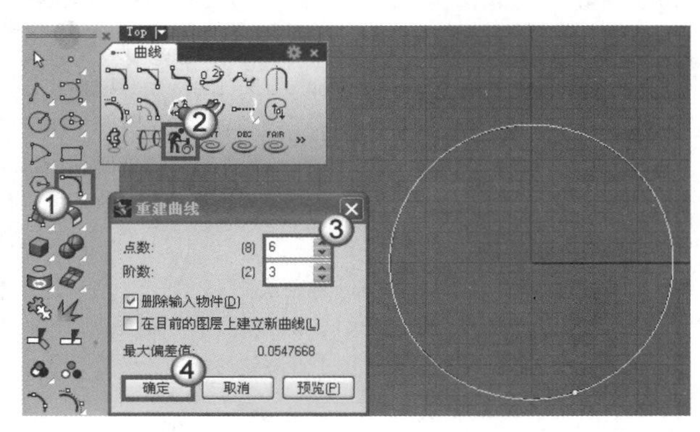

图2-118

03 保持对圆的选择，然后在侧工具栏中使用鼠标左键单击“打开编辑点/关闭点”工具，显示圆的控制点，如图2-119所示。

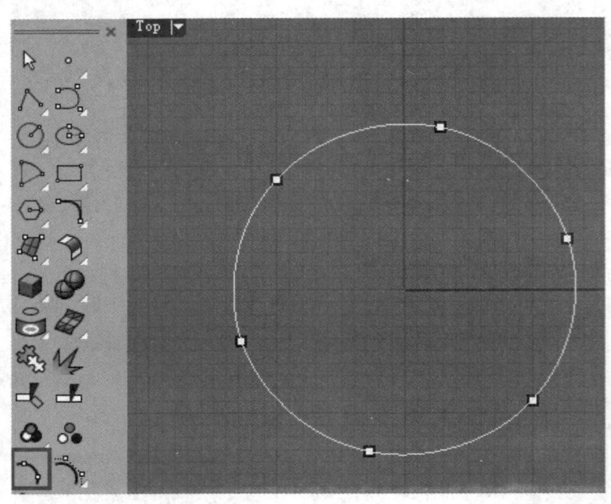

图2-119

04 单击选择一个控制点，然后按住Shift键的同时间隔选择其余两个控制点，接着执行“变动>缩放>二轴缩放”菜单命令，在缩放的同时复制曲线，如图2-120所示，具体操作步骤如下。

操作步骤

① 单击命令行中的“复制”选项，将其设置为“是”。

② 捕捉坐标原点为缩放的基点。

③ 任意捕捉一点指定缩放的第一参考点。

④ 移动鼠标，在适当位置指定第二参考点，然后按Enter键完成操作。

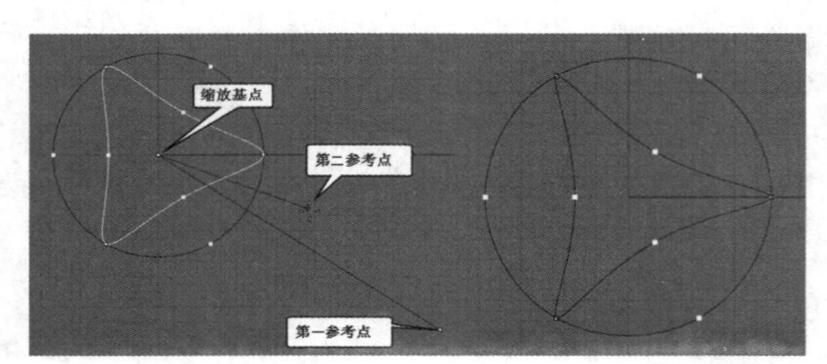

图2-120

05 使用鼠标右键单击“打开编辑点/关闭点”工具，关闭控制点的显示；然后使用鼠标左键单击“2D旋转/3D旋转”工具，旋转圆和曲线，如图2-121所示，具体操作步骤如下。

操作步骤

① 框选圆和曲线，并按Enter键确认。

② 捕捉坐标原点为旋转的中心点。

③ 捕捉圆和曲线的交点（图中红圈处的点）。

④ 捕捉y轴上的格点。

06 再次单击“打开编辑点/关闭点”工具，显示出圆内部的曲线的控制点，然后选择图2-122所示的两个控制点，接着在“缩放比”工具面板中单击“单轴缩放”工具，对曲线再次进行缩放复制，具体操作步骤如下。

操作步骤

① 单击命令行中的“复制”选项，将其设置为“是”。

② 捕捉坐标原点为缩放的基点。

③ 参考图2-123指定第一参考点和第二参考点。

④ 继续指定第二参考点，得到多条曲线，如图2-124所示。

07 在侧工具栏中单击“指定三个或四个角建立曲面”工具不放，调出“建立曲面”工具面板，然后单击“以平面曲线建立曲面”工具，接着选择缩放得到的最外圈的曲线，并按Enter键或鼠标右键建立曲面，如图2-125所示。

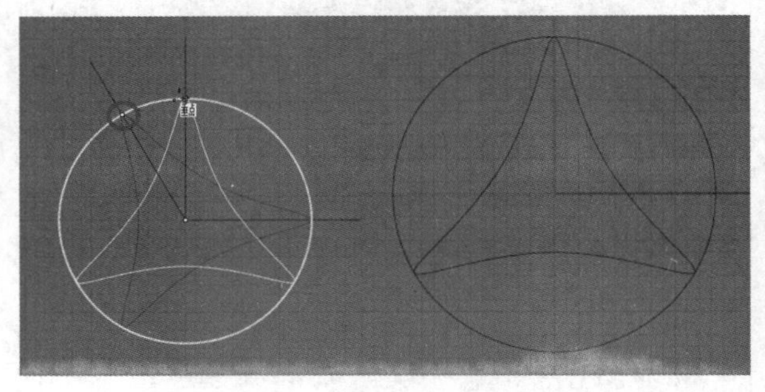

图2-121

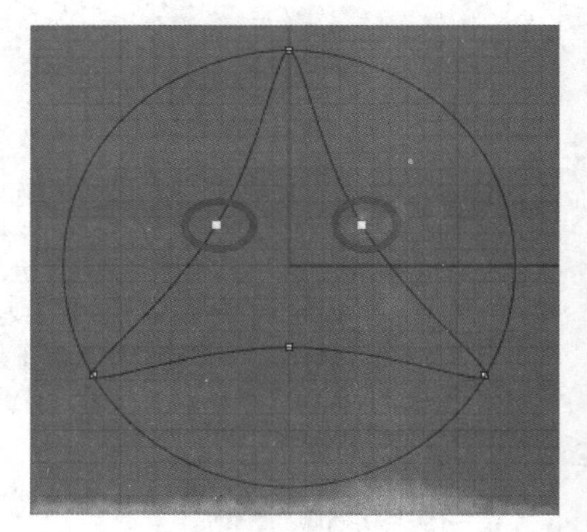

图2-122

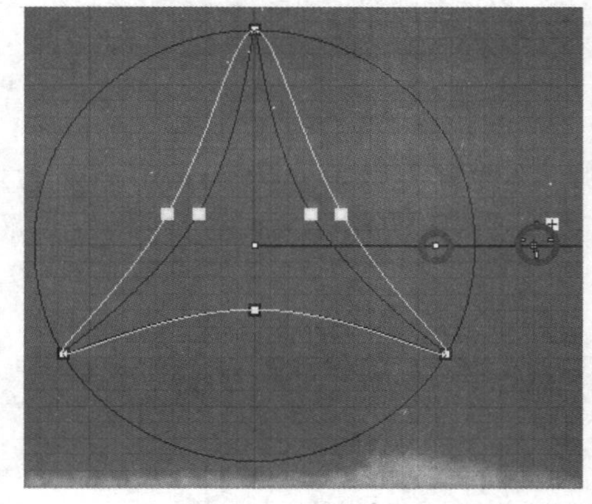

图2-123

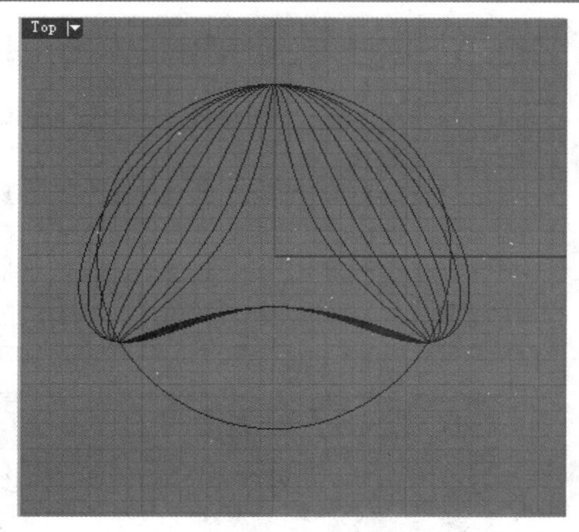

图2-124

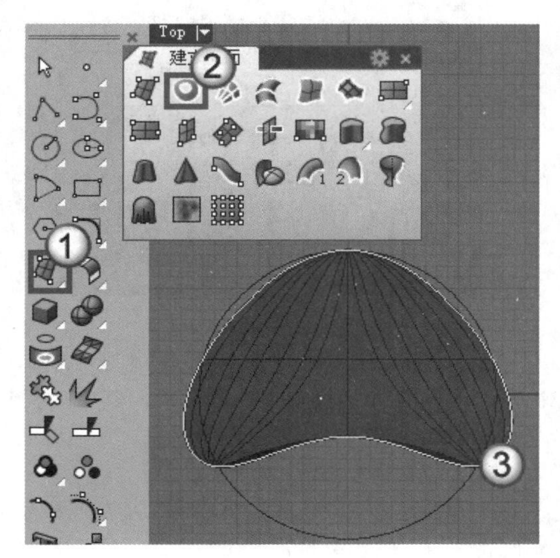

图2-125

08 使用鼠标左键单击“分割”工具，将上一步创建的面分割成若干段，如图2-126所示，具体操作步骤如下。

操作步骤

① 选择上一步创建的面，按Enter键确认。

② 选择所有缩放得到的曲线，按Enter键确认。

09 按住Shift键的同时间隔选择被分割的曲面，然后按Delete键删除，得到如图2-127所示的模型。

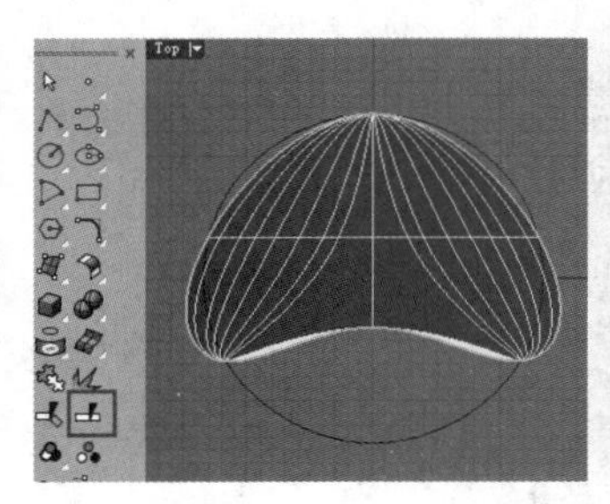

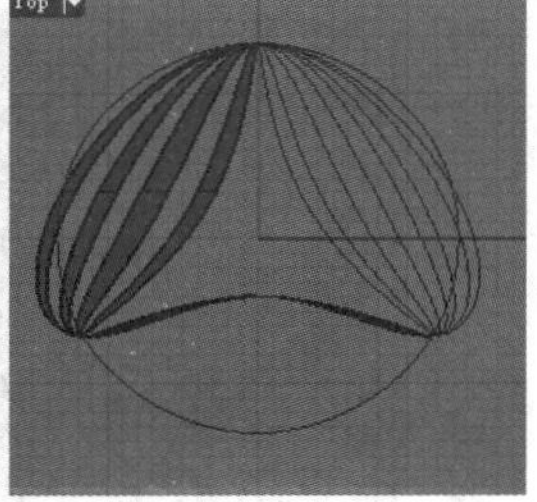

图2-126　　图2-127

10 调出“选取”工具面板，然后单击“选取曲线”工具，选择视图中的所有曲线，接着按Delete键删除，得到如图2-128所示的曲面。

11 使用“环形阵列”工具对保留的曲面进行环形阵列，得到本例的最终效果，如图2-129所示，具体操作步骤如下。

操作步骤

① 框选保留的所有曲面，按Enter键确认。

② 捕捉曲面顶部的端点为阵列中心点。

③ 在命令行输入3并按Enter键确认。

④ 在命令行输入360，然后按两次Enter键。

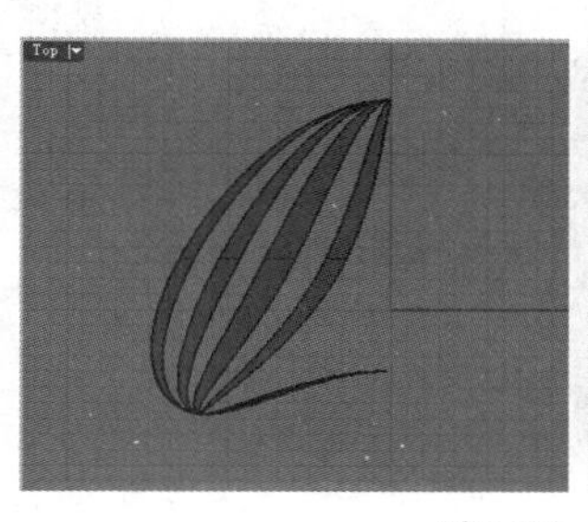

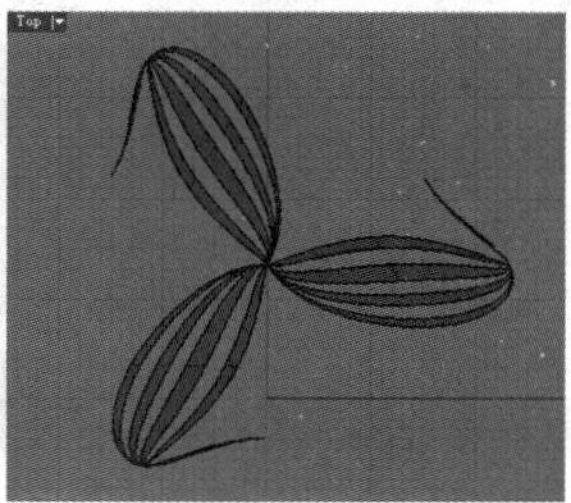

图2-128　　图2-129

2.4.9 弯曲对象

如果要将一个竖直的物件塑造成C形状，可以使用“弯曲”工具。

单击“变动”工具面板中的“弯曲”工具，然后选取需要弯曲的物件，接着指定骨干直线的起点代表物件弯曲的原点，再指定骨干直线的终点，最后指定弯曲的通过点，如图2-130所示。

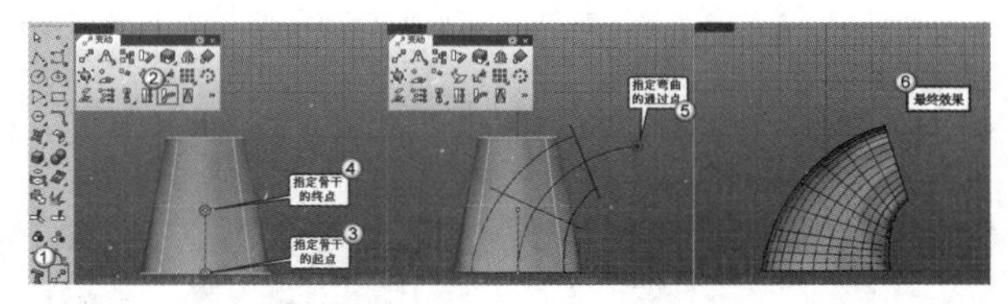

图2-130

指定弯曲的通过点时，可以看到如图2-131所示的命令选项。

弯曲的通过点 (复制(C)=否 硬性(R)=否 限制于骨干(L)=否 角度(A) 对称(S)=否):

图2-131

命令选项介绍

复制：弯曲的同时复制物件。

硬性：“硬性=是”表示只移动物件，每一个物件本身不会变形；“硬性=否”表示每一个物件都会变形，如图2-132和图2-133所示。

限制于骨干：设置为“是”代表物件只有在骨干范围内的部分会被弯曲；设置为“否”代表物件的弯曲范围会延伸到鼠标的指定点，如图2-134所示。

角度：以输入角度的方式设定弯曲量。

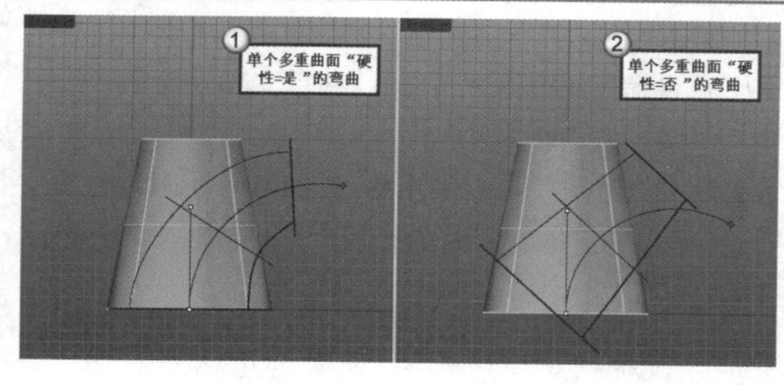

图2-132

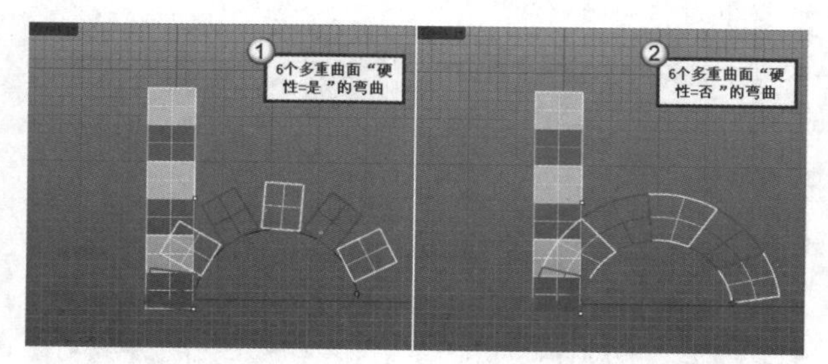

图2-133

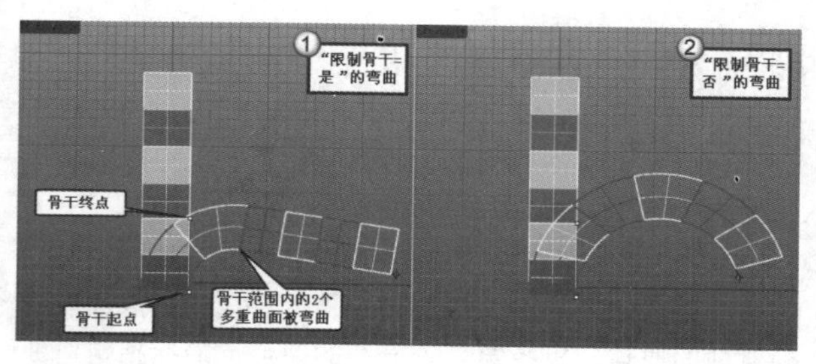

图2-134

对称：设置为“是”代表以物件中点为弯曲骨干的起点，将物件做对称弯曲，如图2-135所示；设置为“否”代表只弯曲物件的一侧，如图2-136所示。

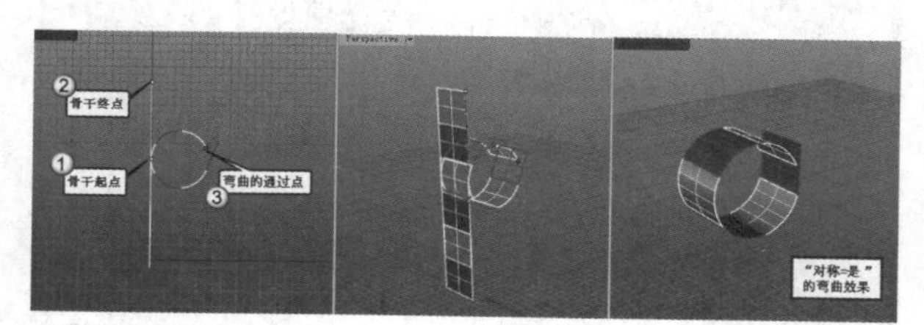

图2-135

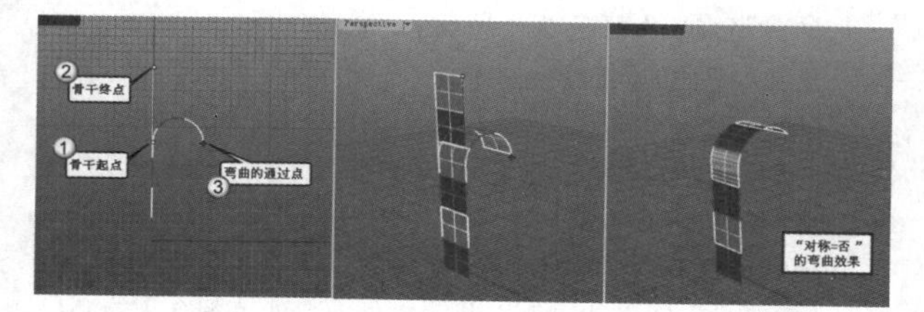

图2-136

2.4.10 扭转对象

扭转对象是指绕一个轴对物件本身进行旋转，类似于扭毛巾的方式。

单击“变动”工具面板中的“扭转”工具，然后选取需要扭转的物件，接着指定扭转轴的起点（物件靠近这个点的部分会完全扭转，离这个点最远的部分会维持原来的形状），再指定扭转轴的终点，最后输入扭转角度或指定两个参考点定义扭转角度，如图2-137所示。

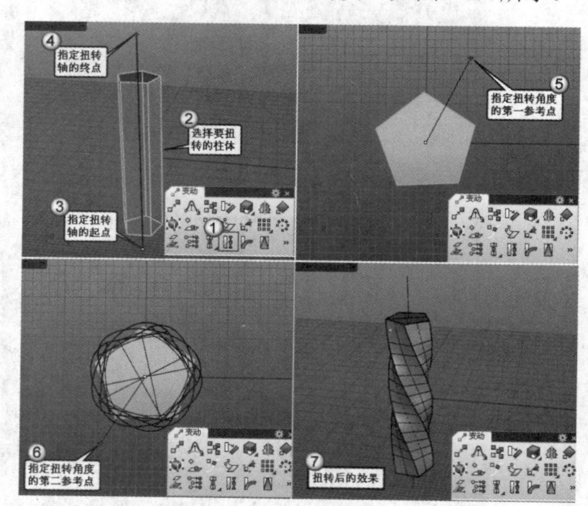

图2-137

在“扭转”工具的命令提示中包含“复制”“硬性”“无限延伸”等多个参数选项，其中“复制”和“硬性”选项的含义与上节弯曲对象一致，这里介绍一下“无限延伸”选项的含义。

如果设置“无限延伸”选项为“是”，那么即使轴线比物件短，变形影响范围还是会给予整个物件，如图2-138所示；如果设置为“否”，那么物件的变形范围将受限于轴线的长度，也就是说如果轴线比物件短，物件只有在轴线范围内的部分会变形，如图2-139所示。此外，在轴线端点处会有一段变形缓冲区。

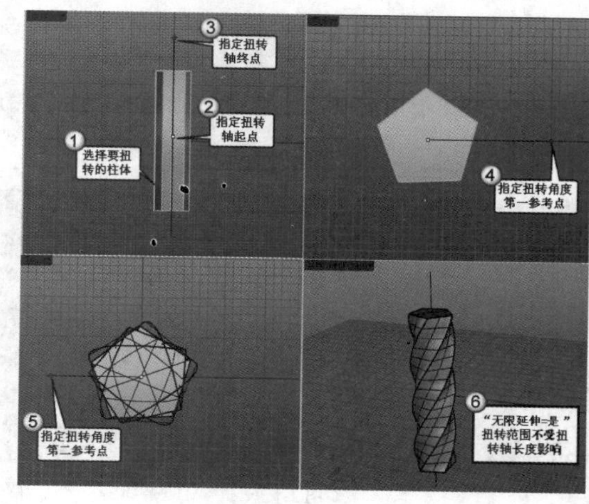

图2-138

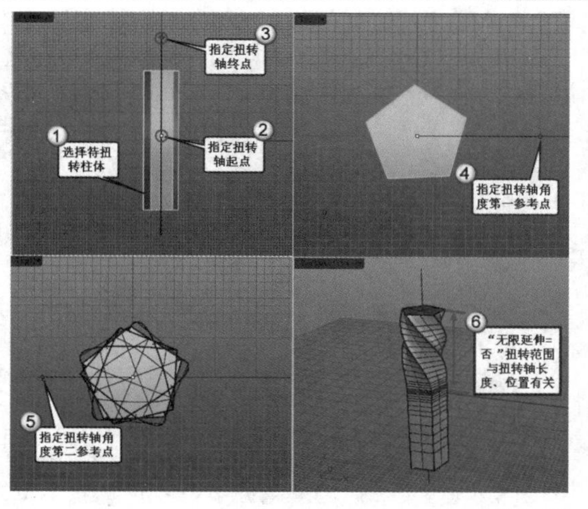

图2-139

2.4.11 锥状化对象

锥状化对象是通过指定一条轴线，将物件沿着轴线做锥状变形。

单击“变动”工具面板中的“锥状化”工具，然后选取需要锥化变形的物件，接着指定锥状轴的起点和终点，再指定变形的起始距离和终止距离，如图2-140所示。

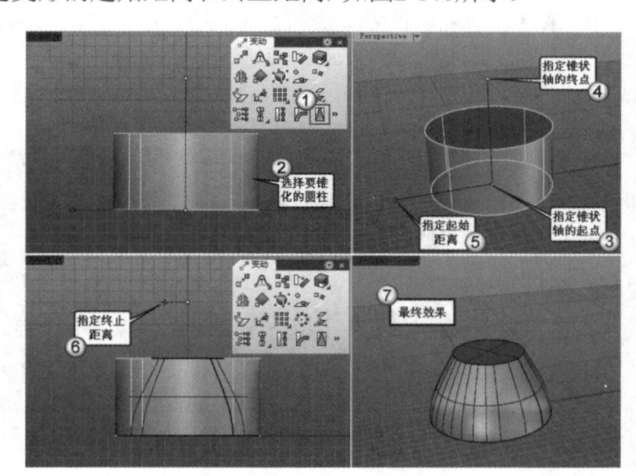

图2-140

建立锥状轴时将出现如图2-141所示的选项。

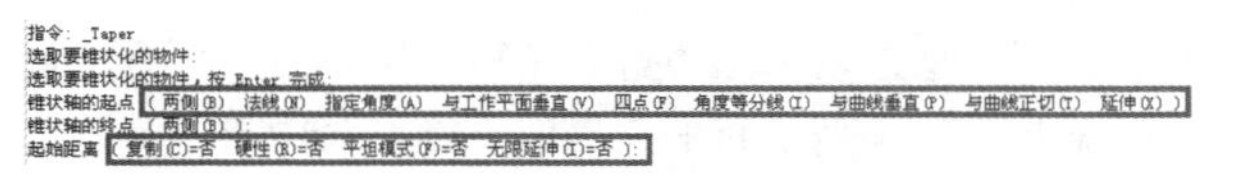

图2-141

命令选项介绍

两侧： 锥状轴的创建方式是先指定中点，再指定终点，也就是通过绘制一半的直线指定另一半的长度。

法线： 锥状轴的创建方式是起点在曲面上，终点与曲面法线走向一致，如图2-142所示。

指定角度： 锥状轴是与基准线呈指定角度的直线，如图2-143所示。

与工作平面垂直： 锥状轴是一条与工作平面垂直的直线。

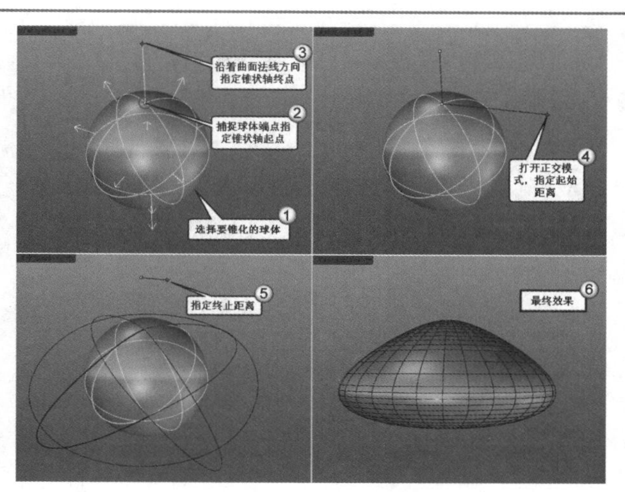

图2-142

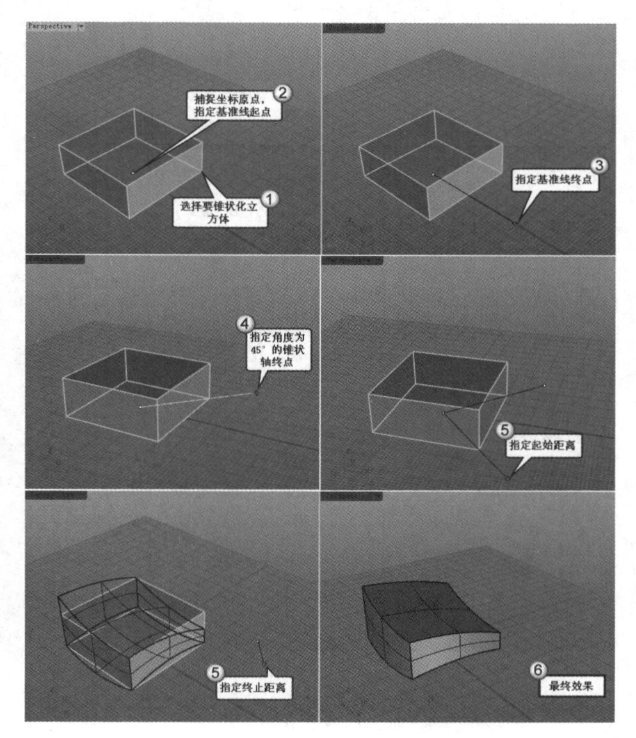

图2-143

四点： 以两个点指定直线的方向，再通过两个点绘制出锥状轴。

角度等分线： 以指定的角度画出一条角度等分线作为锥状轴。

与曲线垂直： 与其他曲线垂直的直线作为锥状轴。

与曲线正切： 与其他曲线正切的直线作为锥状轴。

延伸： 以曲线延伸一条直线作为锥状轴。先点选一条曲线，注意点选曲线的位置靠近要延伸端点的一端，再指定延伸出的直线的终点，得到锥状轴。

平坦模式： 以两个轴向进行锥状化变形，如图2-144所示。

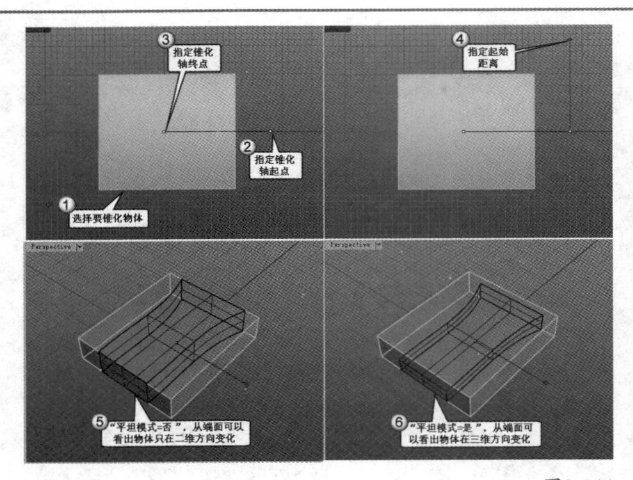

图2-144

2.4.12 沿着曲线流动对象

沿着曲线流动对象是指将物件或群组以基准曲线对应到目标曲线，同时对物件进行变形。

单击“变动”工具面板中的“沿着曲线流动”工具，然后选取一个或一组物件，接着依次选取基准曲线和目标曲线（注意要靠近端点处选择），如图2-145所示。

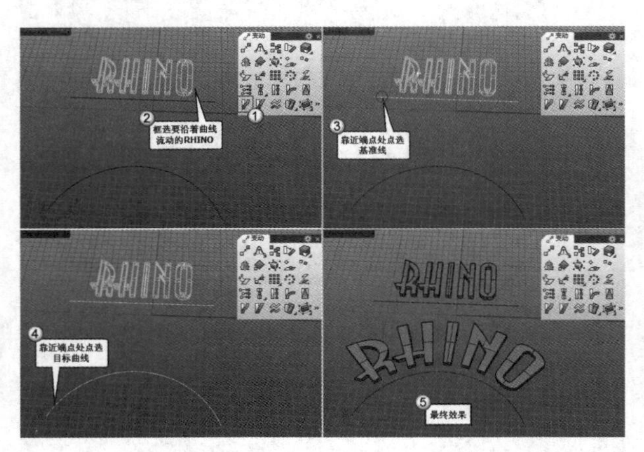

图2-145

“沿着曲线流动”工具常用于将物件以直线排列的形式变形为曲线排列，因为这比在曲线上建立物件更容易。下面介绍一些重要的命令选项，如图2-146所示。

基准曲线 - 点选靠近端点处 (复制(C)=是 硬性(R)=否 直线(L) 局部(O)=否 延展(S)=否):
目标曲线 - 点选靠近对应的端点处 (复制(C)=是 硬性(R)=否 直线(L) 局部(O)=否 延展(S)=否):

图2-146

直线：如果视图中没有基准曲线和目标曲线，可以通过该选项进行绘制。

局部：如果设置为“是”，将指定两个圆定义环绕基准曲线的“圆管”，物件在圆管内的部分会被流动，在圆管外的部分固定不变，圆管壁为变形力衰减区，如图2-147所示；如果设置为“否”，代表整个物件都会受到影响。

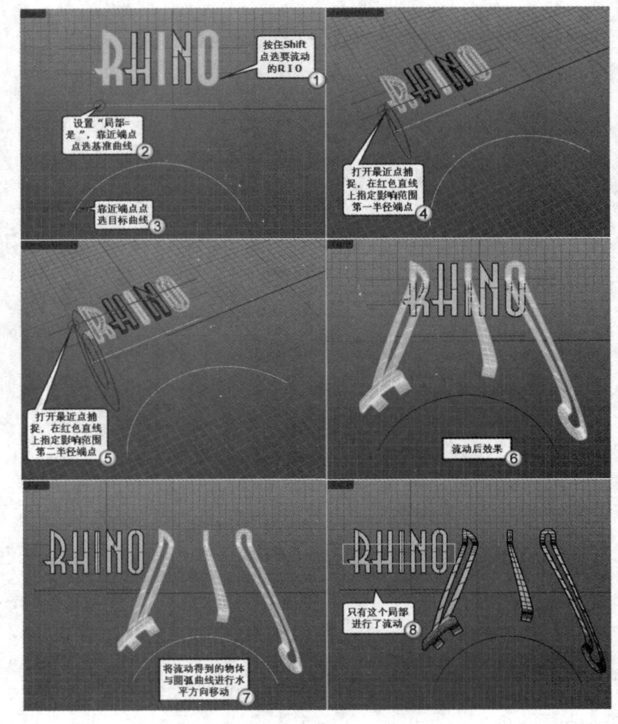

图2-147

延展：如果设置为“是”，代表物件在流动后会因为基准曲线和目标曲线的长度不同而被延展或压缩；如果设置为“否”，代表物件在流动后长度不会改变，如图2-148所示。

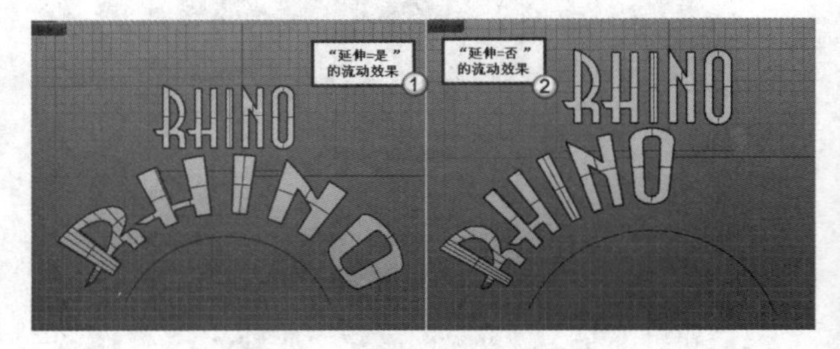

图2-148

2.4.13 倾斜对象

倾斜对象是以指定的角度在与工作平面平行的方向上倾斜物件，类似于将书架上的一排书籍往左右倾斜，但长度会改变。例如，矩形在倾斜后会变成平行四边形，其左、右两个边的长度会越来越长，但上、下两个边的长度始终维持不变，平行四边形的高度也不会改变。

单击“变动”工具面板中的“倾斜”工具，然后选取需要倾斜的物件，接着指定倾斜的基点（基点在物件倾斜时不会移动），再指定定义倾斜角度的参考点，最后指定倾斜角度，如图2-149所示。

图2-149

2.4.14 平滑对象

如果要均化指定范围内曲线控制点、曲面控制点、网格顶点的位置，可以使用“使平滑”工具。该工具适用于局部除去曲线或曲面上不需要的细节与自交的部分。

使用“使平滑”工具前，应该先打开曲线或曲面的控制点，然后选择要平滑的区域的控制点，再启用该工具，此时将打开“平滑”对话框，在该对话框中设置需要平滑的轴向，并按需要调整“平滑系数”，如图2-150所示。

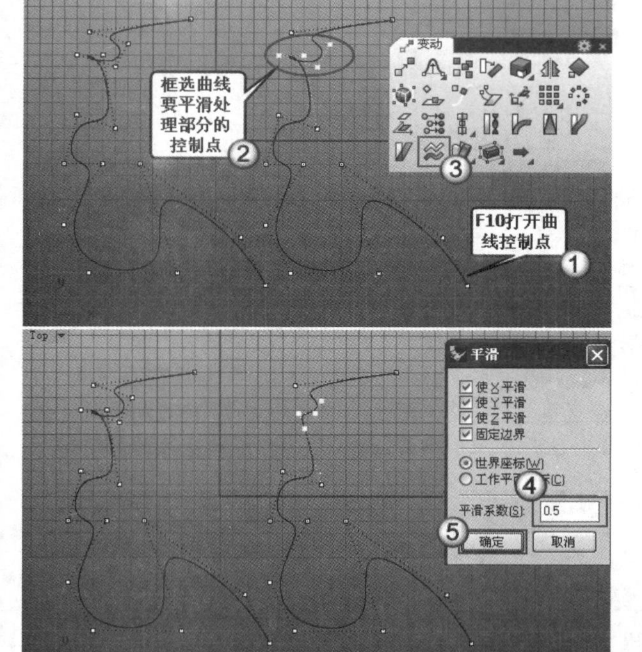

图2-150

以鼠标右键选取一个轴向会取消其他轴向。选取的控制点会小幅度的移动，使曲线或曲面变得较平滑。

设置“平滑系数”时，取值0～1表示曲线控制点会往两侧控制点的距离中点移动；大于1表示曲线控制点会往两侧控制点的距离中点移动并超过该点；负值表示曲线控制点会往两侧控制点的距离中点的反方向移动。

实战

利用锥化/扭转/沿着曲线流动创建扭曲造型

场景位置	场景文件>第2章>04.3dm
实例位置	实例文件>第2章>实战——利用锥化/扭转/沿着曲线流动创建扭曲造型.3dm
视频位置	第2章>实战——利用锥化/扭转/沿着曲线流动创建扭曲造型.flv
难易指数	★★☆☆☆
技术掌握	掌握锥化、扭转、选取控制点、沿着曲线流动和控制点权值的操作方法

本例创建的扭曲造型效果如图2-151所示。

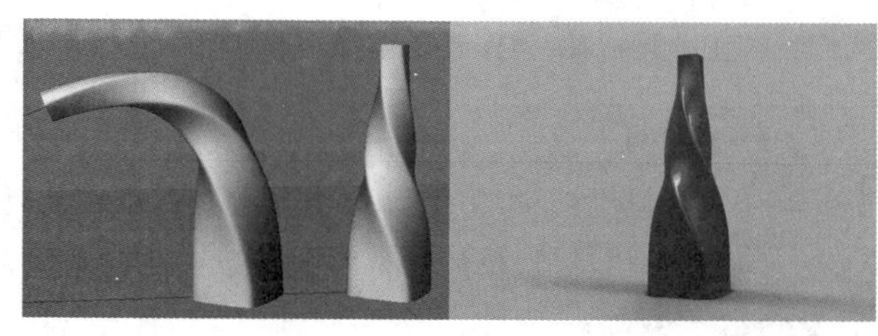

图2-151

01 打开本书学习资源中的“场景文件>第2章>04.3dm”文件，如图2-152所示。

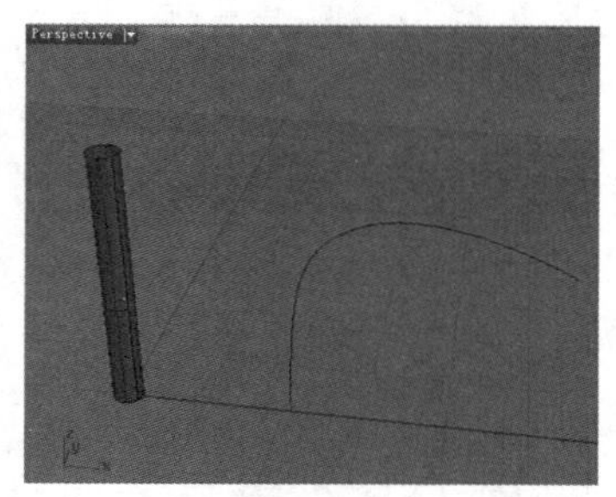

图2-152

02 执行“变动>锥状化”菜单命令，对场景中的圆管曲面进行锥状化变形，如图2-153所示，具体操作步骤如下。

操作步骤

① 选择圆管曲面，按Enter键确认。

② 在Front（前）视图中的y轴上捕捉一点作为锥状轴的起点，然后在y轴上捕捉另一点作为锥状轴的终点。

③ 在任意位置单击鼠标左键拾取一点作为起始距离，然后移动鼠标，可以发现产生了不同程度的变化，在合适的位置拾取另一点作为终止距离。

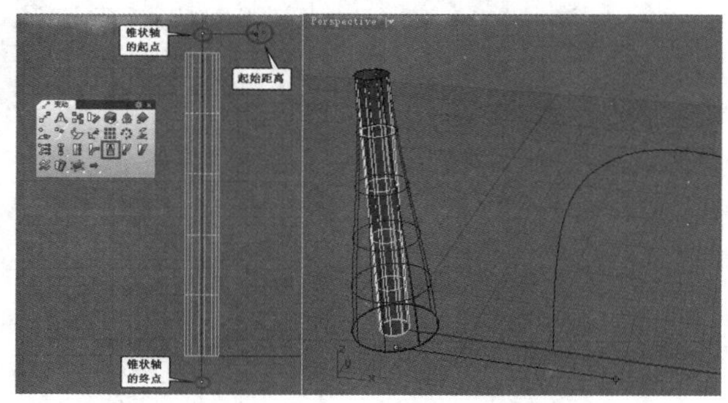

图2-153

03 单击“变动”工具面板中的“扭转”工具，对锥状化后的曲面进行扭转，效果如图2-156所示，具体操作步骤如下。

操作步骤

① 选择锥状化的曲面，按Enter键确认。

② 捕捉坐标原点作为扭转轴起点，然后在Front（前）视图中捕捉y轴上的一点确定终点，如图2-154所示。

③ 在Top（顶）视图中任意指定一个点作为第一参考点，然后在合适的角度拾取一点作为第二参考点，如图2-155所示。

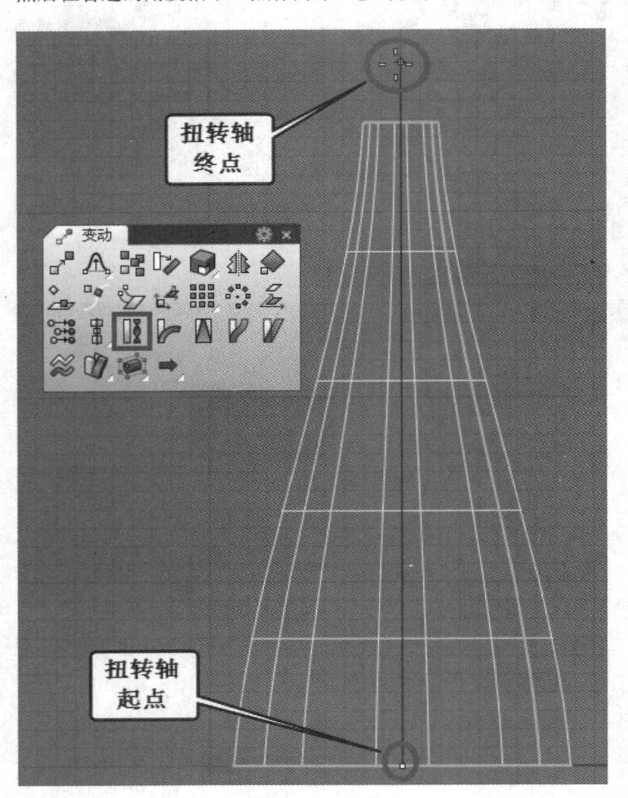

图2-154

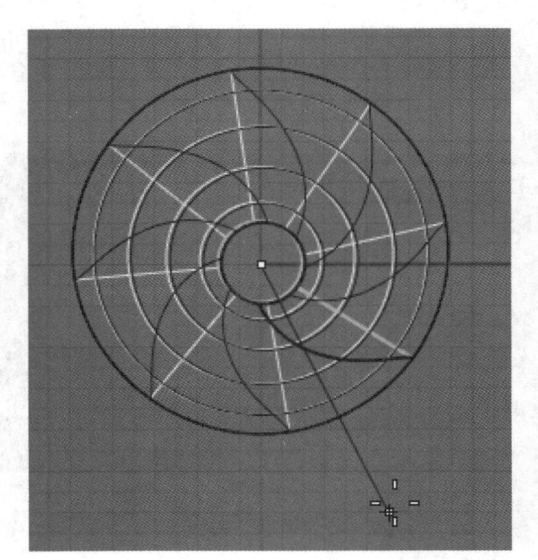

图2-155

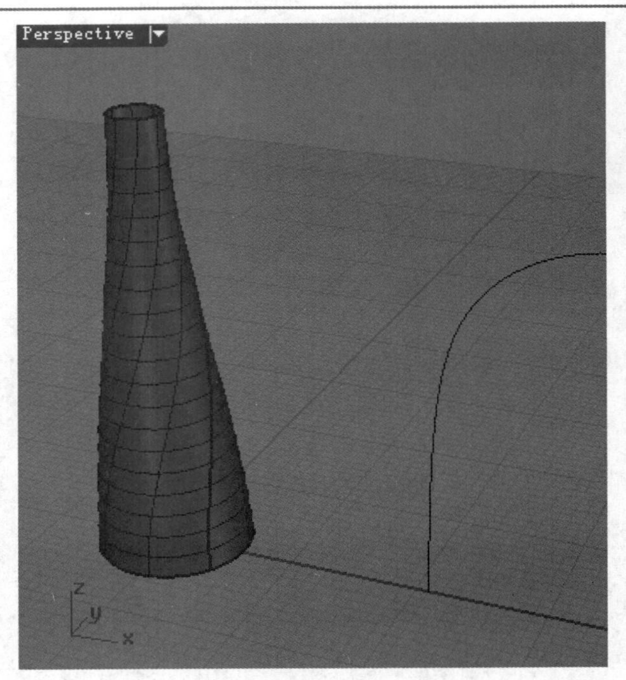

图2-156

将扭转前后比较，可以看到曲面的ISO线发生了变化。

04 选择曲面，然后按F10键打开控制点，接着按住Shift键的同时选择如图2-157所示的4个点，最后在“选取点”工具面板中单击“选取V方向”工具，将4列点全部选择，如图2-158所示。

05 启用“编辑控制点权值”工具，打开“设置控制点权值”对话框，然后设置“权值”为5，如图2-159所示，完成设置后单击确定按钮，效果如图2-160所示。

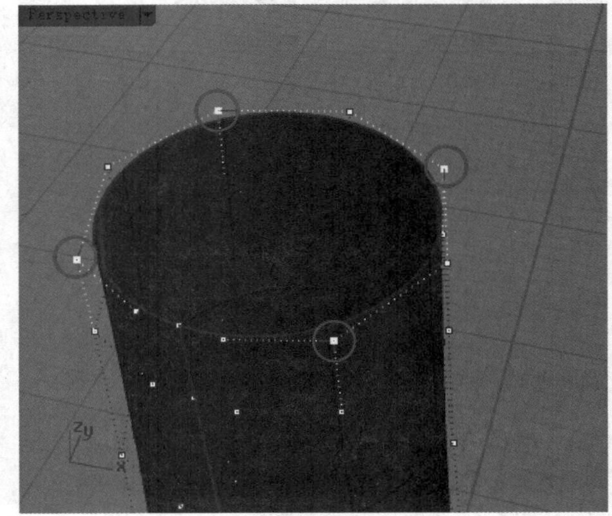

图2-157

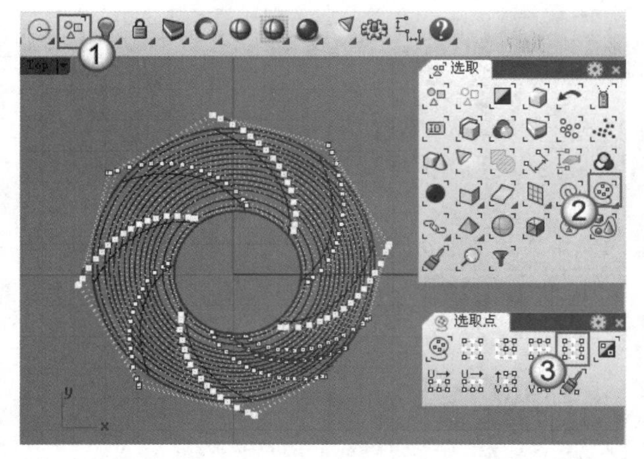

图2-158

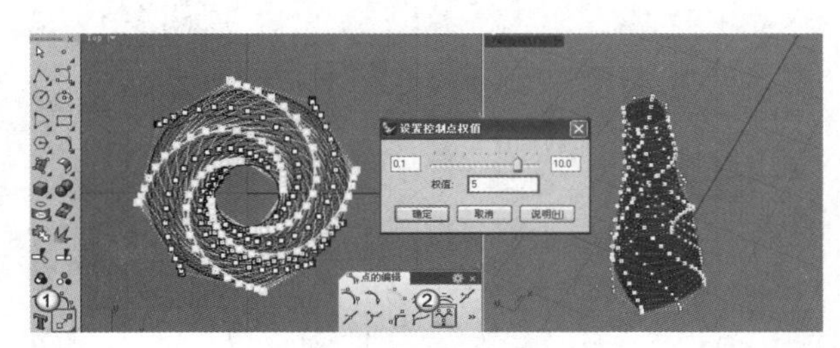

图2-159

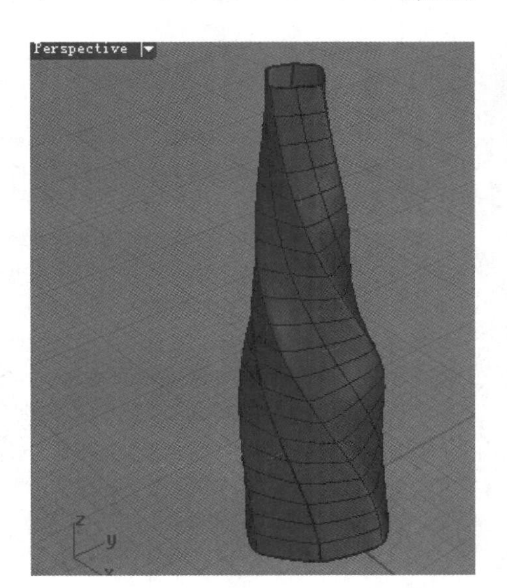

图2-160

06 在“变动”工具面板中单击“沿着曲线流动”工具，将模型沿着弯曲的曲线变形，效果如图2-161所示，具体操作步骤如下。

操作步骤

① 选择曲面，按Enter键确认。

② 在命令行中单击“直线”选项，然后依次指定基准直线的起点和终点。

③ 在靠近端点处选择目标曲线，如图2-162所示。

图2-161

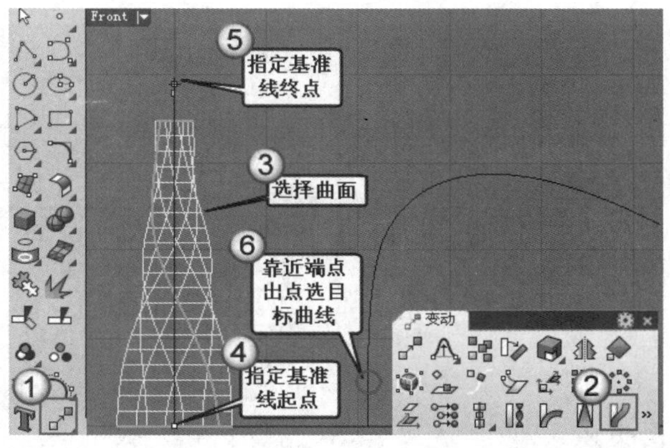

图2-162

2.4.15 变形控制器

Rhino的变形控制器工具主要位于“变形控制器”工具面板中，如图2-163所示。

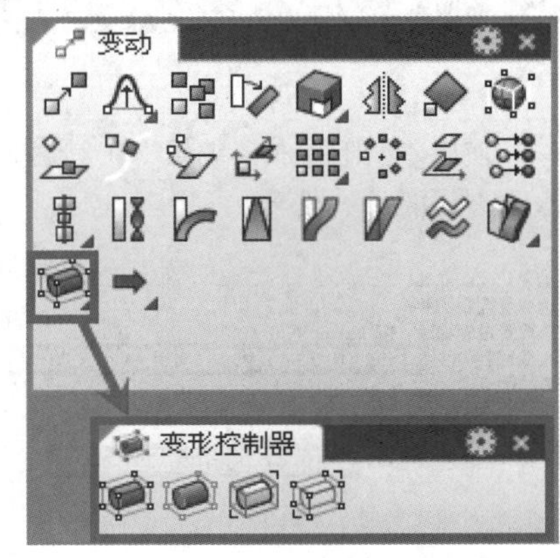

图2-163

变形控制器编辑

使用“变形控制器编辑”工具可以通过结构简单的物件（控制器）对复杂的物件（要变形的物件）做平顺的变形，该工具提供了一种改变物件造型的新方式，即不需要直接改变要变形的物件，而是通过更改控制器（控制要变形的物件）造型来改变物件的造型。控制器包含“边框方块”控制器、“直线”控制器、“矩形”控制器、“立方体”控制器和“变形”控制器。

启用“变形控制器编辑”工具后，选取要变形的物件，然后选取或建立一个控制物件，再定义变形范围，最后编辑控制器，通过对控制器的变形操作来改变要变形的物件，如图2-164所示（以“边框方块”控制器进行变形）。

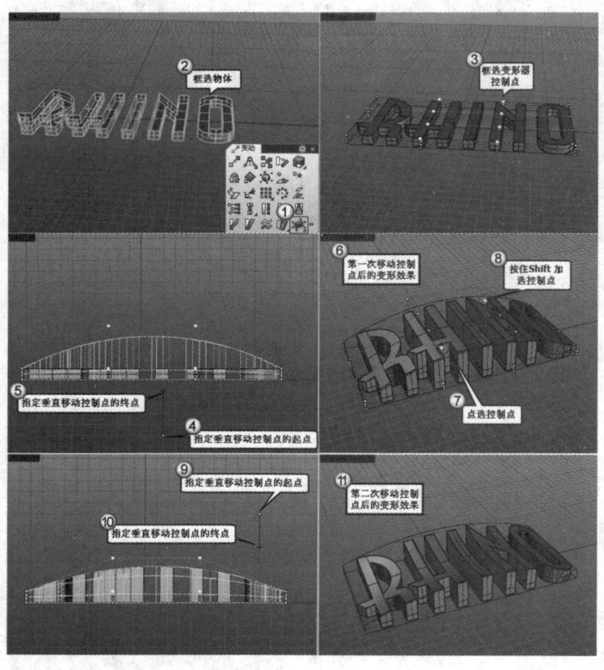

图2-164

使用“变形控制器编辑”工具时，可以看到如图2-165所示的命令选项。

```
指令: _CageEdit
选取受控制物件:
选取受控制物件，按 Enter 完成:
选取控制物件 ( 边框方块(B)  直线(L)  矩形(R)  立方体(O)  变形(D)=精确 ): 直线
直线起点:
直线终点:
NURBS 参数 ( 阶数(D)=3  点数(P)=4 ):
要编辑的范围 <整体> ( 整体(G)  局部(L)  其它(O) ):
```

图2-165

命令选项介绍

边框方块：使用物件的边框方块。

直线：锥状轴的创建方式是起点在曲面上，终点与曲面法线走向一致，如图2-166所示。

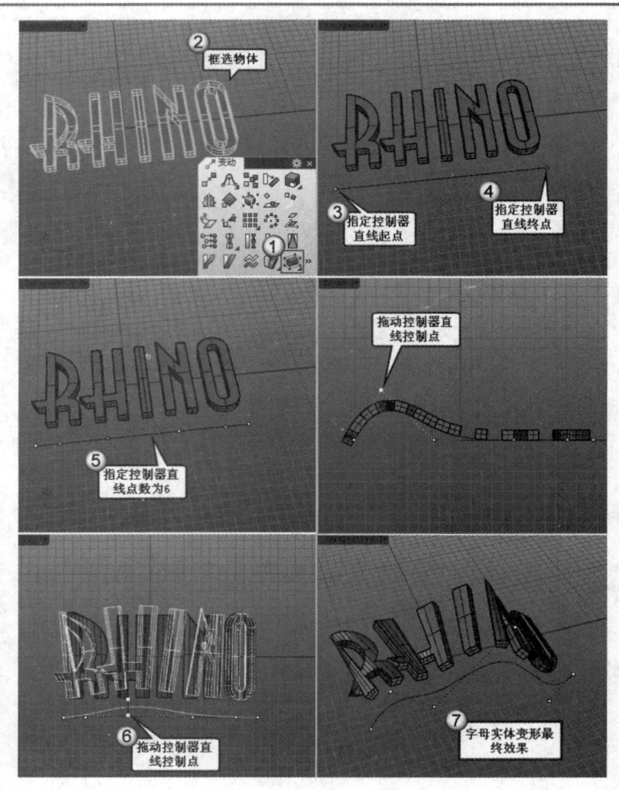

图2-166

矩形：建立一个矩形平面作为变形控制物件，如图2-167所示。

立方体：建立一个立方体作为变形控制物件。与“边框方块”变形器类似。

变形：“精确”变形表示物件变形的速度较慢，物件在变形后曲面结构会变得较为复杂；“快速”变形表示变形后的曲面控制点比较少，所以比较不精确。

整体：受控制物件变形的部分不仅止于控制物件（控制器）的范围内，在控制物件（控制器）范围外的部分也会受到影响，控制物件（控制器）的变形作用力无限远，如图2-168所示。

局部：设定控制物件（控制器）范围外变形作用力的衰减距离，受控制物件（要变形的物件）在超出衰减距离以外的部分完全不会变形，如图2-169所示。

图2-167

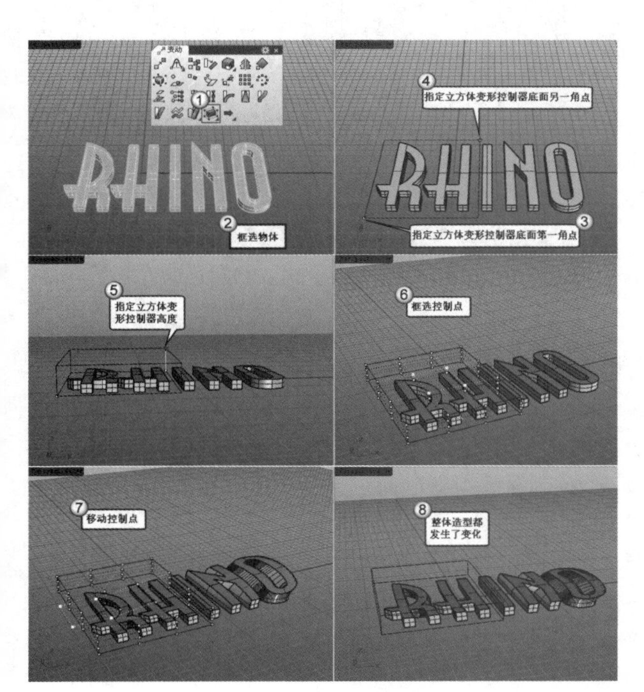

图2-168

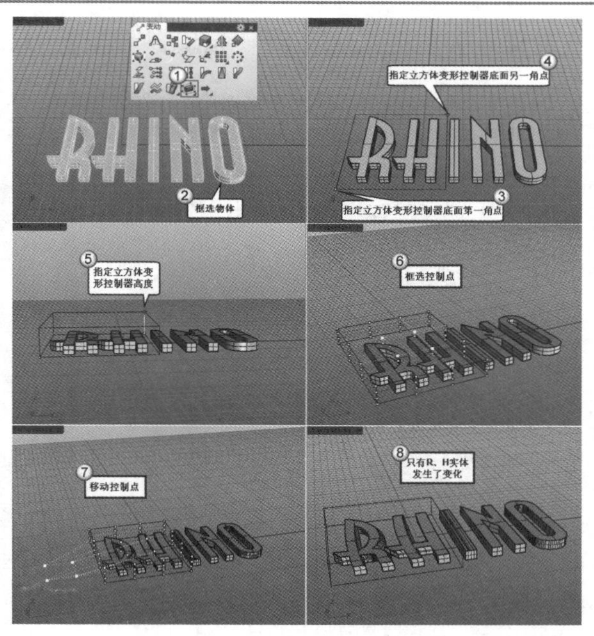

图2-169

从变形控制器中释放物件

对物件使用“变形控制器编辑”工具后，物件就与控制器进行了捆绑。如果希望原物件脱离控制器的束缚，可以使用“从变形控制器中释放物件”工具，使原物件与控制器之间不再有关联性。

启用“从变形控制器中释放物件”工具，然后选择受控制物件，并按Enter键确认，即可将选择的物件从控制器中释放出来，如图2-170所示。

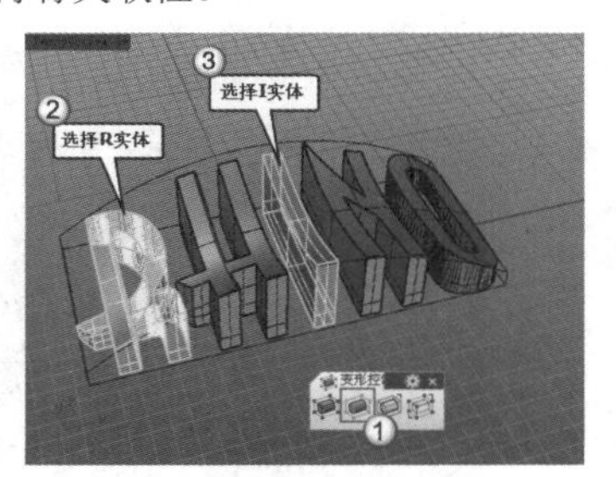

图2-170

在图2-170中，将R和I字母从控制器中释放出来后，控制器的变化不会再影响这两个字母，如图2-171所示。

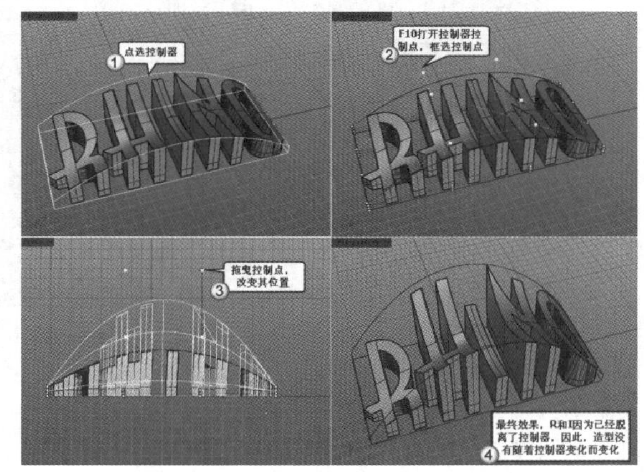

图2-171

其余两个工具这里简单介绍一下，“选取控制物件”工具用于选取所有变形控制器的控制物件，“选取受控制物件”工具用于选取某个变形控制器的受控制物件。

实战

利用变形控制器创建花瓶造型

场景位置	场景文件>第2章>05.3dm
实例位置	实例文件>第2章>实战——利用变形控制器创建花瓶造型.3dm
视频位置	第2章>实战——利用变形控制器创建花瓶造型.flv
难易指数	★★☆☆☆
技术掌握	掌握变形控制器、操作轴和补面的方法

本例创建的花瓶造型效果如图2-172所示。

图2-172

01 打开本书学习资源中的“场景文件>第2章>05.3dm”文件，如图2-173所示。

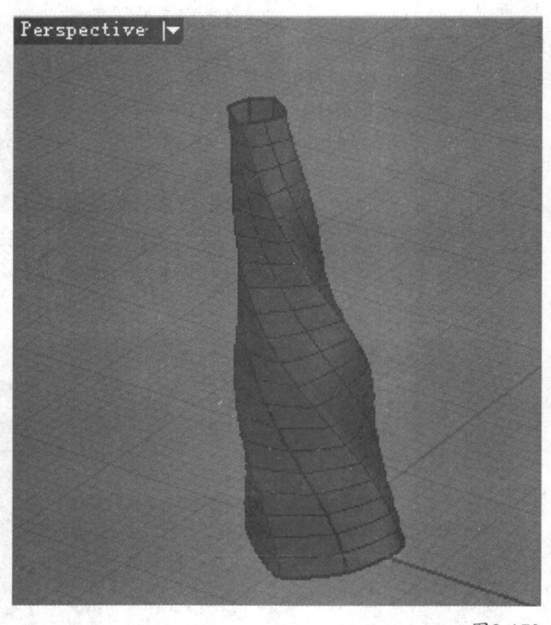

图2-173

02 展开“变形控制器”工具面板，然后单击“变形控制器编辑”工具，为物件增加变形控制器，如图2-174和图2-175所示，具体操作步骤如下。

操作步骤

① 选择曲面，然后按Enter键确认。

② 在命令行中单击“边框方块”选项，然后连续按3次Enter键。

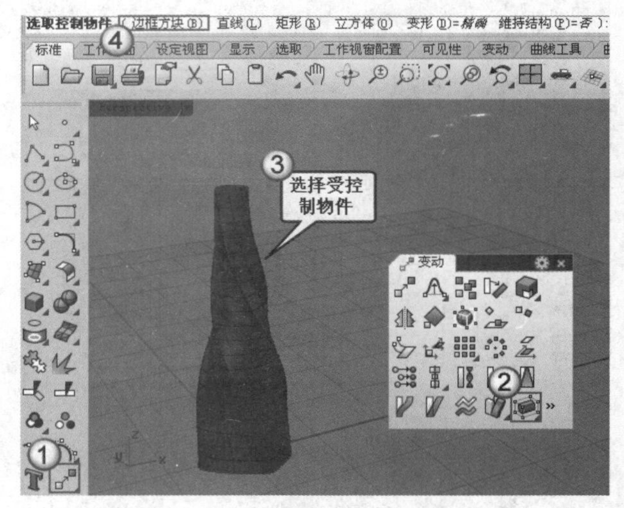

图2-174

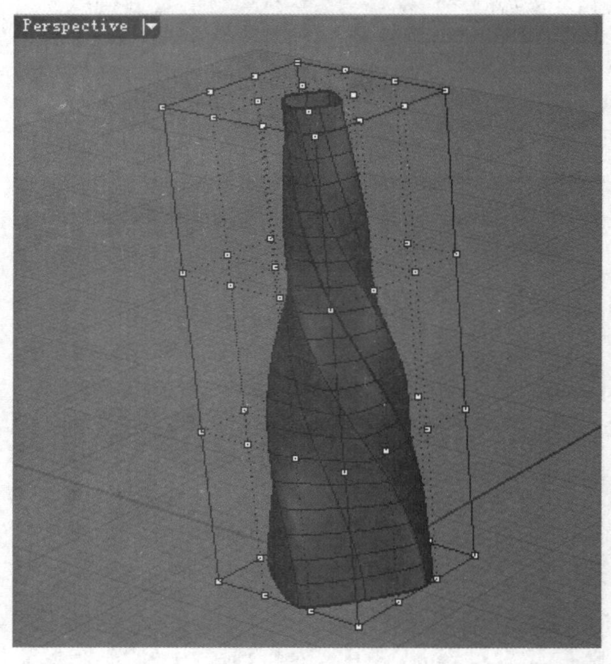

图2-175

03 框选倒数第2排的控制点，然后单击状态栏中的操作轴按钮，显示出操作轴，如图2-176所示。

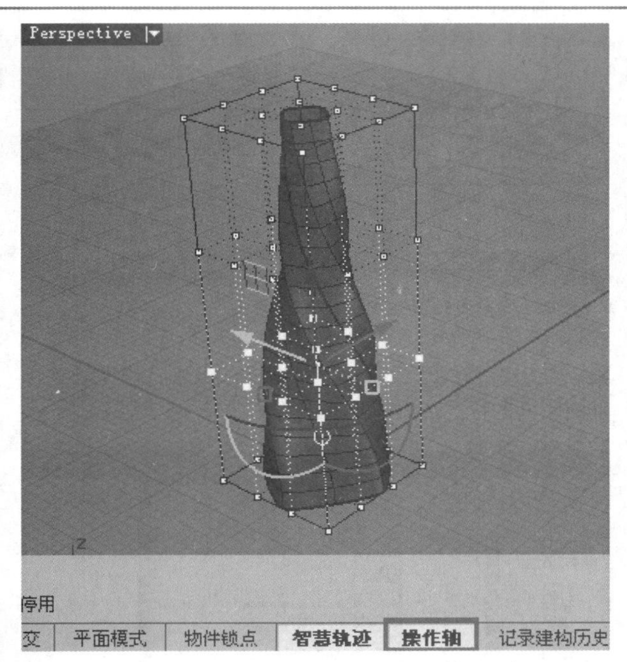

图2-176

04 将鼠标指针移动到操作轴的绿色小方框上，然后按住鼠标左键不放并进行拖曳，接着再将指针移动到操作轴的红色小方框上，同样按住鼠标左键不放并进行拖曳，如图2-177所示，模型的效果如图2-178所示。

05 通过“指定三或四个角建立曲面”工具展开“建立曲面”工具面板，然后单击“以平面曲线建立曲面”工具，接着单击模型的底部边，生成底面，如图2-179所示。花瓶造型的最终效果如图2-180所示。

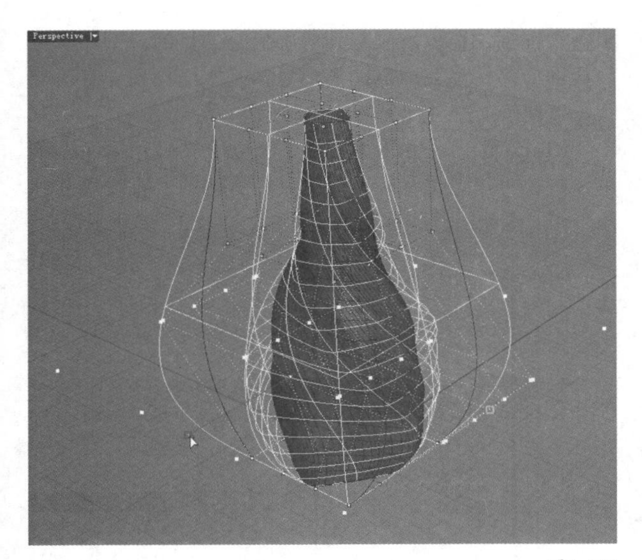

图2-177

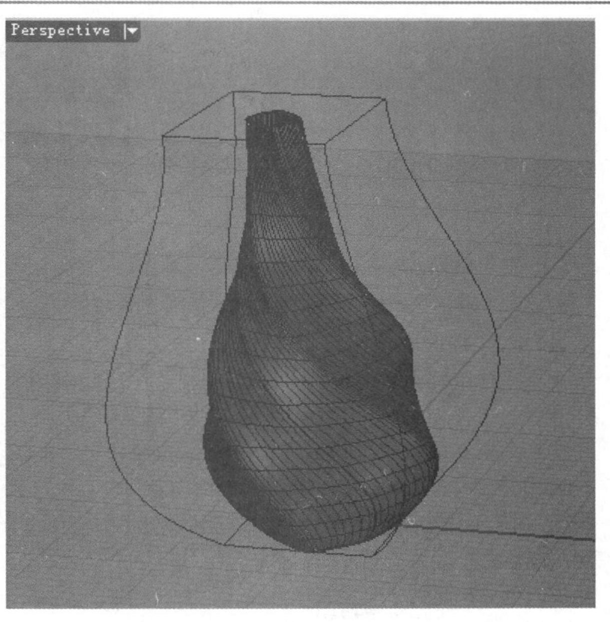

图2-178

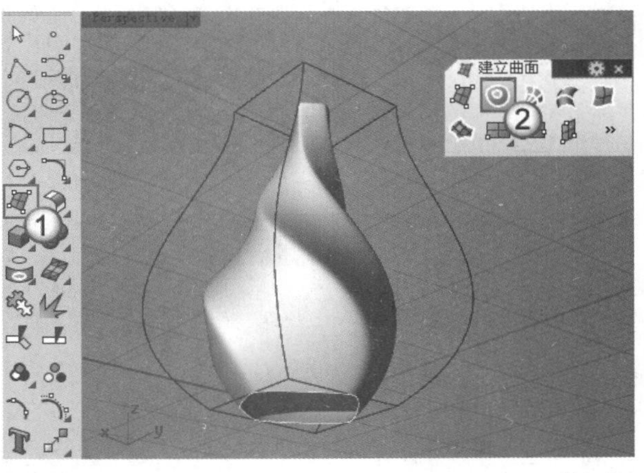

图2-179

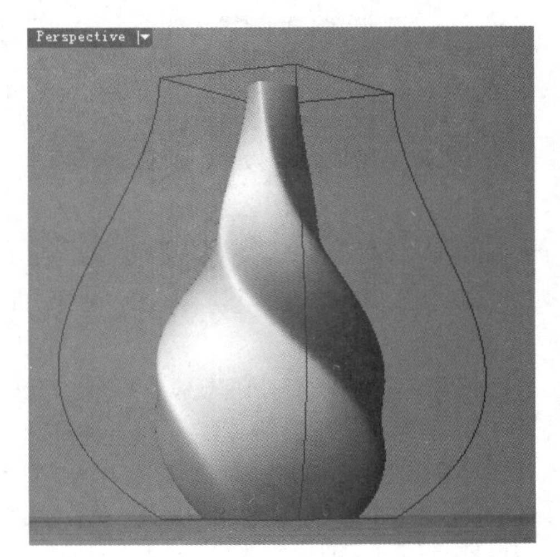

图2-180

2.5 导入与导出

Rhino可以说是一个高效的数据中转站，几乎能导入或导出任何一种3D和2D格式的文件，包括IGES、STP、3DS、OBJ等格式。

2.5.1 导入文件

导入文件的方法比较简单，执行“文件>导入”菜单命令或使用鼠标右键单击“打开文件/导入”工具，打开“导入”对话框，然后选择需要导入的文件类型，并找到其所在的位置，最后单击打开(O)按钮即可，如图2-181和图2-182所示。

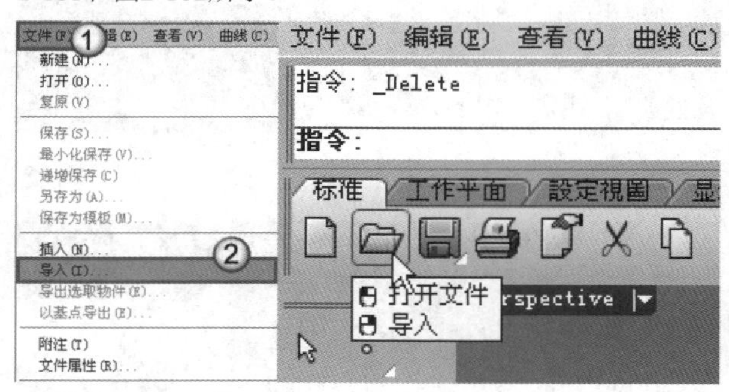

图2-181

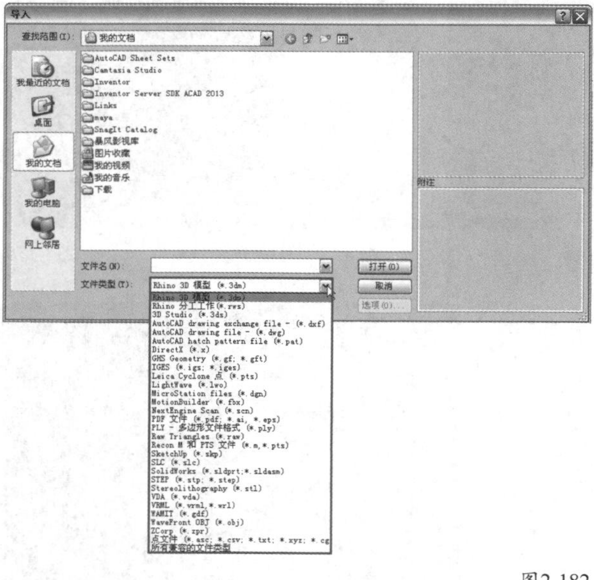

图2-182

2.5.2 导出文件

要导出文件，可以执行“文件>另存为”或“文件>导出选取物件”菜单命令，如图2-183所示。前者导出的是整个模型场景；而后者只导出所选择的物件，一般用于KeyShot等渲染器对接的时候。

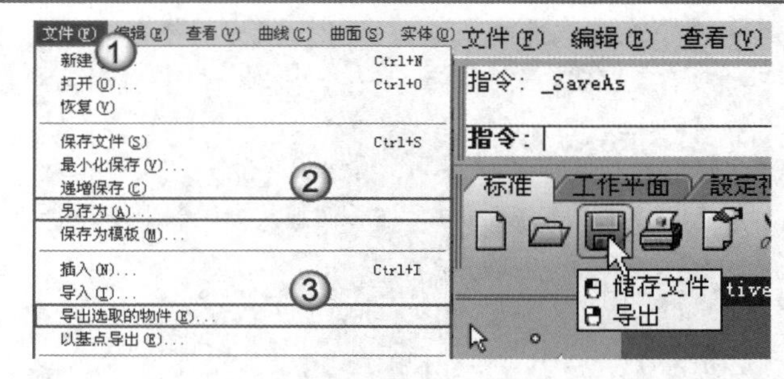

图2-183

导出时将打开“储存”对话框，可以将模型场景存储成不同的格式，如图2-184所示。

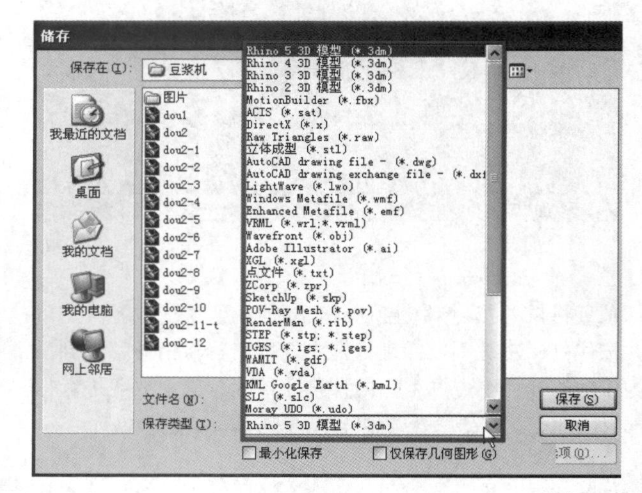

图2-184

2.6 尺寸标注与修改

尺寸标注在生产中起到明确尺寸的目的。例如，将设计的产品构建完成后，需要对其基本结构尺寸有所交代，以便于厂家进行生产。

Rhino用于标注尺寸的命令都位于“尺寸标注”菜单下，也可以通过“标准”工具栏右侧的“直线尺寸标注”工具来展开相应的工具面板，如图2-185所示。

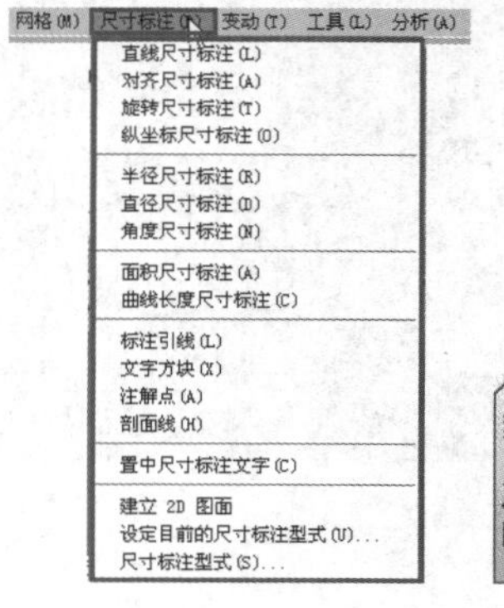

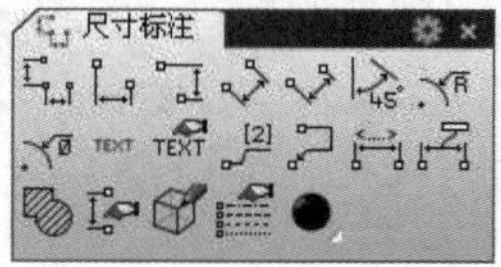

图2-185

在“尺寸标注”工具面板中，第1行的工具用于标注具体的尺寸，如标注直线、斜线、角度、半径和直径等；第2行用于标注文字编辑方式；第3行用于设置标注样式，添加注解点等。

初始状态下，Rhino 5.0的尺寸标注设置保持默认状态，可以通过“Rhino选项”对话框对这些设置进行修改，如图2-186所示。

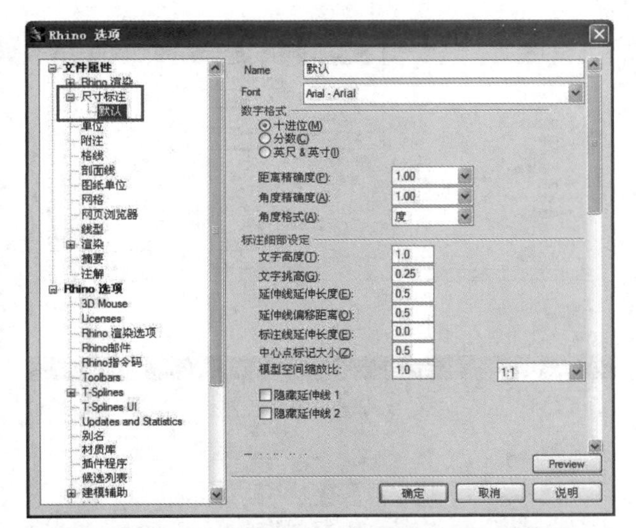

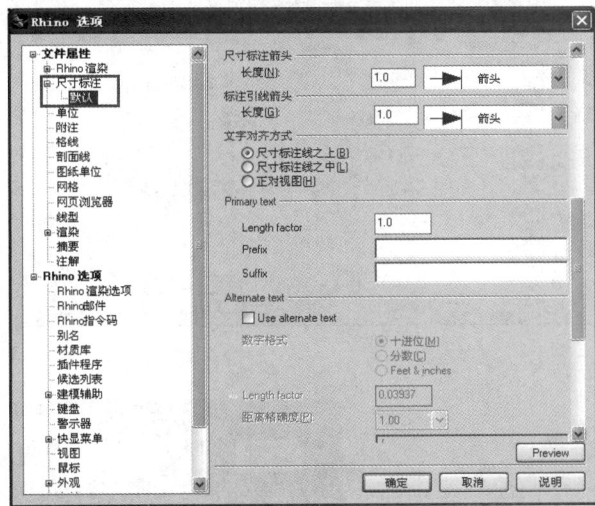

图2-186

尺寸标注参数介绍

Name（名称）：为尺寸标注的样式命名。

Font（字体）：设置尺寸标注的文字字体。

数字格式：十进制代表1.25这样的数字；分数代表1-1/4这样的数字；英尺&英寸代表1'-3"这样的数字。

距离精确度：设置距离标注显示的精确度，默认是小数点后两位。

角度精确度：设置角度标注显示的精确度，默认也是小数点后两位。

角度格式：设置角度标注的单位。

文字高度：设置标注文字的高度。

文字挑高：设置文字与标注线的距离。

延伸线延伸长度：设置延伸线突出于标注线的长度。

延伸线偏移距离：设置延伸线起点与物件标注点之间的距离。

标注线延伸长度：设置标注线突出于延伸线的长度（通常与斜标配合使用）。

中心点标记大小：设置半径或直径尺寸标注的中心点标记大小。

模型空间缩放比例：设置尺寸按空间缩放比例放大或缩小。

隐藏延伸线1/隐藏延伸线2：设置是否隐藏延伸线，一般保持不变。

尺寸标注箭头：设置标注的箭头样式和大小。

标注引线箭头：设置标注引线的箭头样式和大小。

文字对齐方式：设置标注文字放置于标注线的上方、中间或总是正对视图。

Primary text（主要文字）：通过Length factor（长度缩放比）参数可以指定Rhino单位和尺寸标注单位的长度缩放比；通过Prefix（前缀）和Suffix（后缀）参数可以设置附加于标注文字之前或之后的文字。

Alternate text（替代文字）：在主要标注文字之后加上一组不同单位的标注文字。勾选Use alternate text（使用替代文字）选项可以激活下面的参数，这些参数的含义与前面讲解过的大致相同。

Tolerances（公差）/Mask（遮罩）：用于设置公差和遮罩，通常情况下保持默认状态即可。

如果在一个文件中需要使用多个标注样式，那么可以通过“尺寸标注”面板来新建，如图2-187所示。

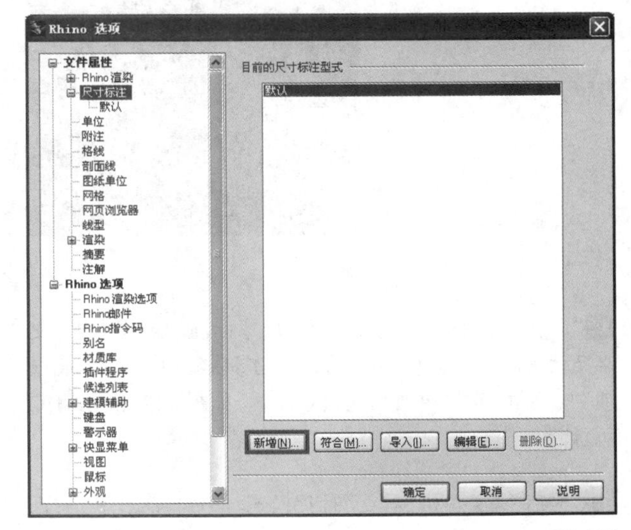

图2-187

实战

标注零件平面图

场景位置	场景文件>第2章>06.3dm
实例位置	实例文件>第2章>实战——标注零件平面图.3dm
视频位置	第2章>实战——标注零件平面图.flv
难易指数	★★☆☆☆
技术掌握	掌握尺寸标注方式和修改尺寸标注样式的方法

本例标注的零件平面图效果如图2-188所示。

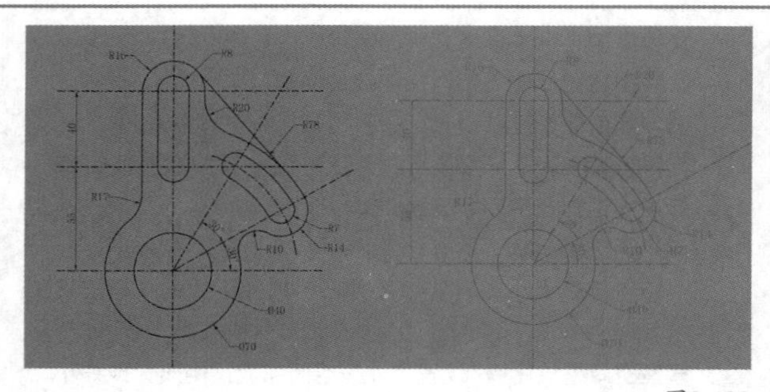

图2-188

01 打开本书学习资源中的“场景文件>第2章>06.3dm”文件，看到如图2-189所示的零件平面图。

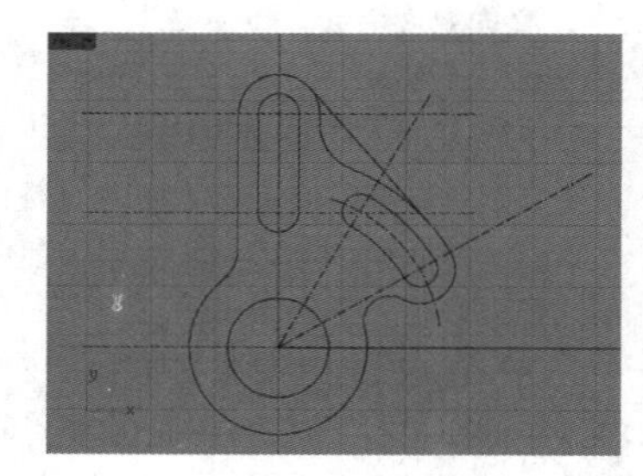

图2-189

02 开启“最近点”捕捉模式，然后启用“垂直尺寸标注”工具，标注两水平线间距，如图2-190所示。

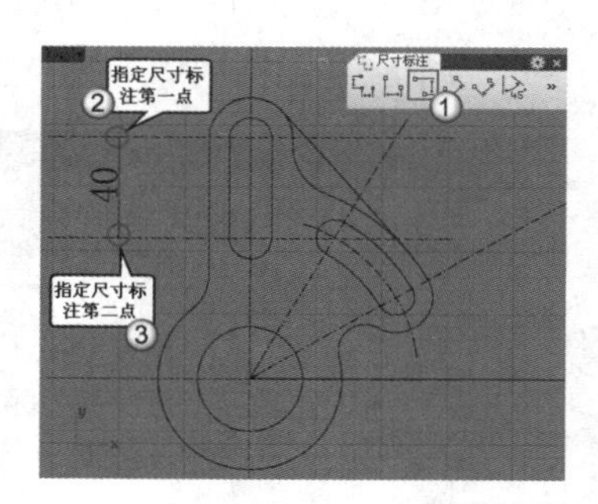

图2-190

03 从上图的标注中可以看到，尺寸标注的箭头太小，文字又太大，需要调整。单击“选项”工具，打开“Rhino选项”对话框，然后更改相关尺寸设置，如图2-191和图2-192所示。

04 开启“端点”和“垂点”捕捉模式，然后再次启用“垂直尺寸标注”工具，标注两水平线间距，如图2-193所示。

05 开启“最近点”捕捉模式，然后启用“角度尺寸标注”工具，标注两直线间夹角，如图2-194所示。

06 启用“直径尺寸标注”工具，标注圆的直径，如图2-195所示。

图2-191

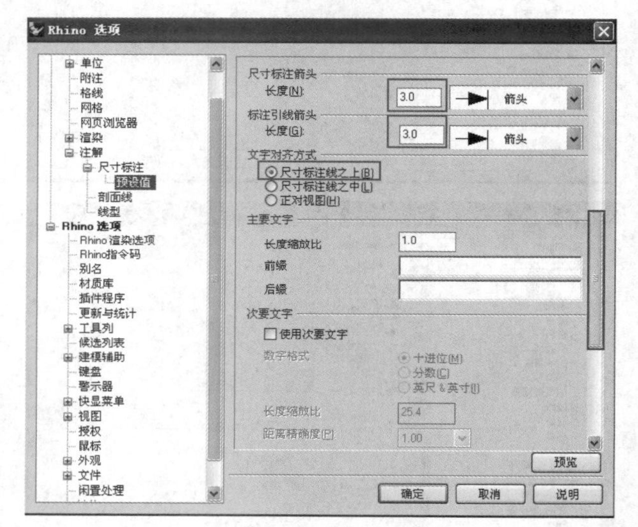

图2-192

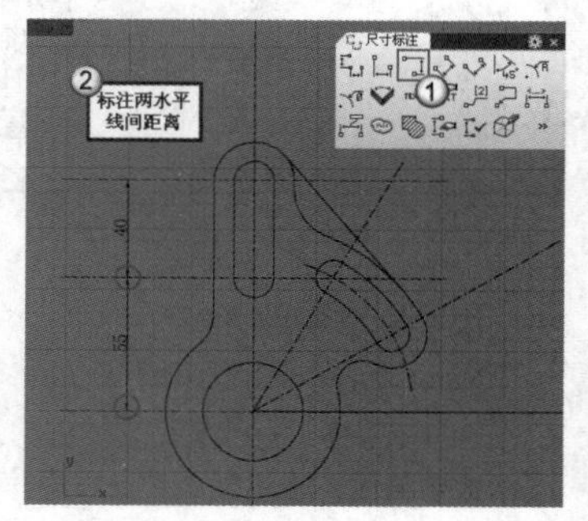

图2-193

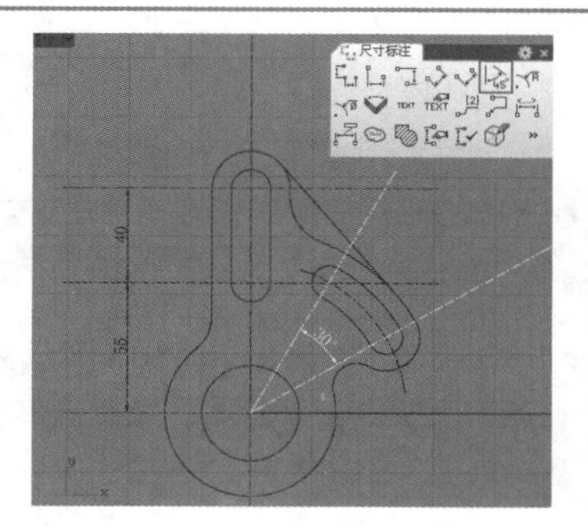

图2-194

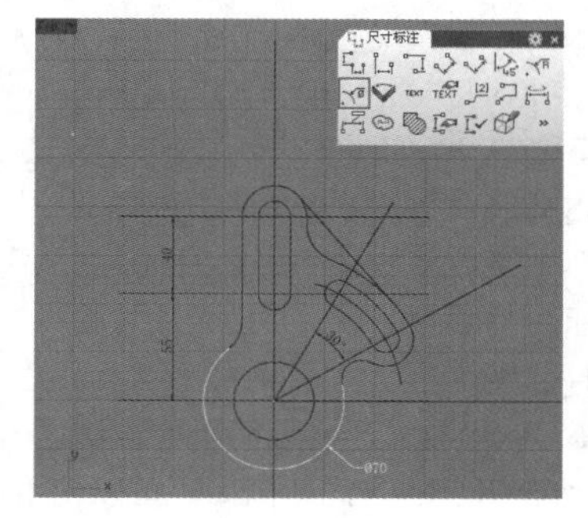

图2-195

07 启用“半径尺寸标注”工具，标注圆的半径，如图2-196所示。

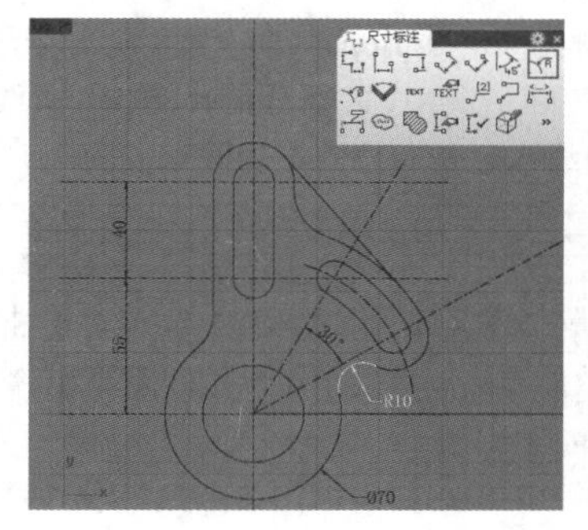

图2-196

08 使用相同的方法标注零件平面图的其余尺寸，如图2-197所示。

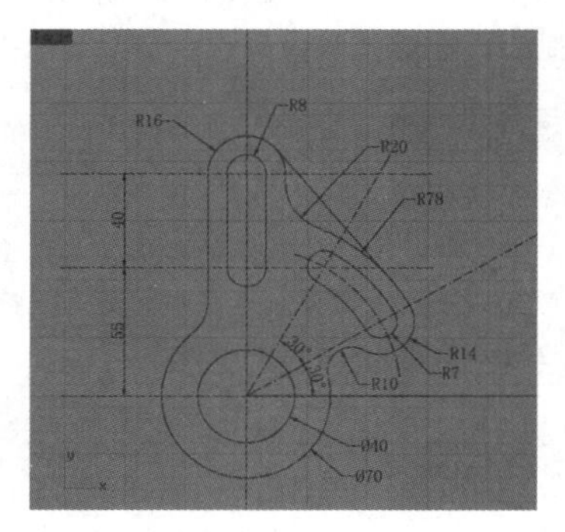

图2-197

09 再次打开“Rhino选项”对话框，更改“文字挑高”为2，如图2-198所示。零件平面图最终标注效果如图2-199所示。

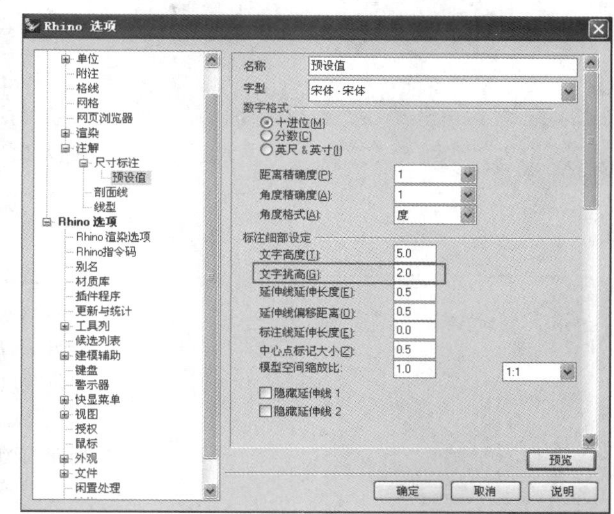

图2-198

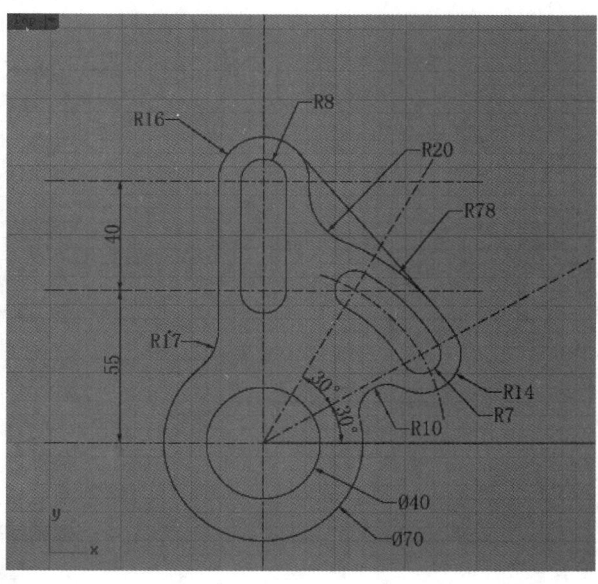

图2-199

第3章 曲线应用

Learning Objectives

Rhino

3.1 曲线的关键要素

Rhino中的曲线分为NURBS曲线和多重曲线两大类，NURBS曲线由“控制点”“节点”“阶数”及“连续性”所定义，其特征是可以在任意一点上分割和合并。

3.1.1 控制点

控制点也叫作控制顶点（Control Vertex，简称CV），如图3-1所示。控制点是NURBS基底函数的系数，最小数目是“阶数+1”。控制点是物件（曲线、曲面、灯光、尺寸标注）的“掣点”，并且无法与其所属的物件分离。

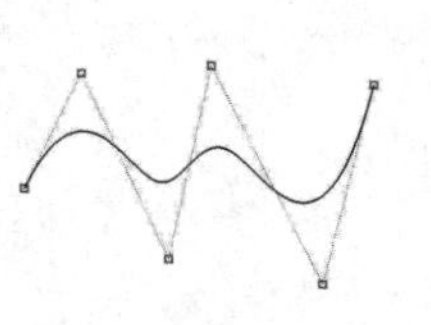

图3-1

改变NURBS曲线形状最简单的方法之一是移动控制点，Rhino有多种移动控制点的方式，例如，可以使用鼠标进行移动，也可以使用专门编辑控制点的工具（在3.6.1小节将进行详细介绍）。

每个控制点都带有一个数字（权值），除了少数的特例以外，权值大多是正数。当一条曲线上所有的控制点都有相同的权值时（通常是1），称为Non-Rational（非有理）曲线，否则称为Rational（有理）曲线。在实际情况中，大部分的NURBS曲线是非有理的；但有些NURBS曲线永远是有理的，如圆和椭圆。

3.1.2 节点

节点是曲线上记录参数值的点，是由B-Spline多项式定义改变的点。非一致的节点向量的节点参数间距不相等，包括复节点（相邻的节点有同样的参数值）。

在一条NURBS曲线中，节点数等于“阶数+n–1”，n 代表控制点的数量，所以插入一个节点会增加一个控制点，移除一个节点也会减少一个控制点。插入节点时可以不改变NURBS曲线的形状，但通常移除节点必定会改变NURBS曲线的形状。Rhino也允许用户直接删除控制点，删除控制点时也会删除一个节点。

技巧与提示

这一节讲解的知识会涉及一些数学知识，本书安排了主要的知识点让大家了解，其余专业性比较强的知识，如权值、多项式、节点向量、节点重数的定义等，由于不属于本书讲解的范畴，因此不进行细致的介绍，有兴趣的读者可以参考相关书籍。

3.1.3 阶数

阶数，也称作级数，是描述曲线的方程式组的最高指数，由于Rhino的NURBS曲面和曲线都是由数学函数式构成的，而这些函数是有理多项式，所以NURBS的阶数是多项式的次数。比如圆的方程式是$(x-a)^2+(y-b)^2=r^2$，其中最高指数是2，所以标准圆是2阶的。

从NURBS建模的观点来看，“阶数–1”是曲线一个跨距中最大可以“弯曲”的次数。例如，1阶的直线可以“弯曲”的次数为0，如图3-2所示；抛物线、双曲线、圆弧、圆（圆锥断面曲线）为2阶曲线，可以“弯曲”的次数为1，如图3-3所示；立方贝塞尔曲线为3阶曲线，如果将3阶曲线的控制点排成Z字形，该曲线有两次“弯曲”，如图3-4所示。

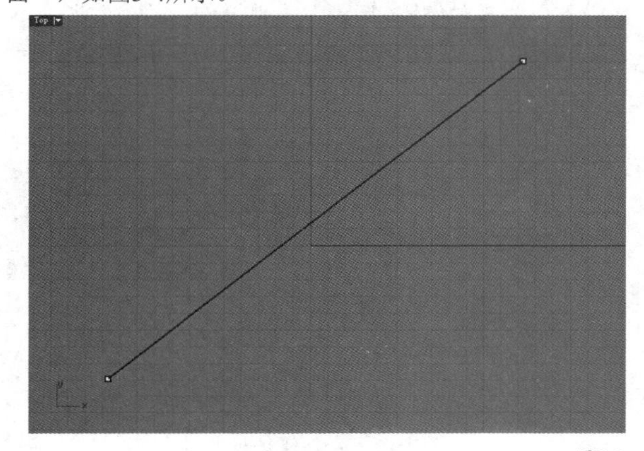

图3-2

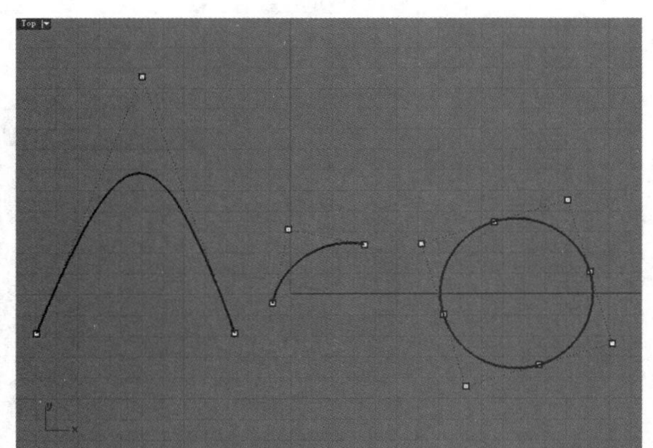

图3-3

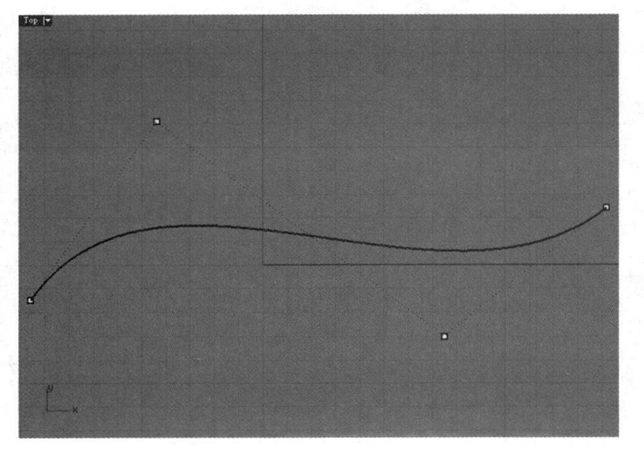

图3-4

从上面的例子中可以看出，阶数好比绳子的材质，弹性各不相同，表现为曲线之间的连接光滑程度，阶数越高连接越顺滑。一般两阶就达到曲率程度，当然还要考虑曲线形态。

3.1.4 连续性

Rhino的连续性是建模的一个关键性理论概念，对连续性的理解将直接决定模型构建的质量和最终的效果。

连续性用于描述两条曲线或两个曲面之间的关系，每一个等级的连续性都必须先符合所有较低等级的连续性的要求。一般，Rhino的连续性主要表现为以下3种。

第1种：位置连续（G0）。只测量两条曲线端点的位置是否相同，两条曲线的端点位于同一个位置时称为位置连续（G0），如图3-5所示。

第2种：相切连续（G1）。测量两条曲线相接端点的位置及方向，曲线的方向是由曲线端点的前两个控制点决定，两条曲线相接点的前两个控制点（共4个控制点）位于同一直线时称为相切连续（G1）。G1连续的曲线或曲面必定符合G0连续的要求，如图3-6所示。

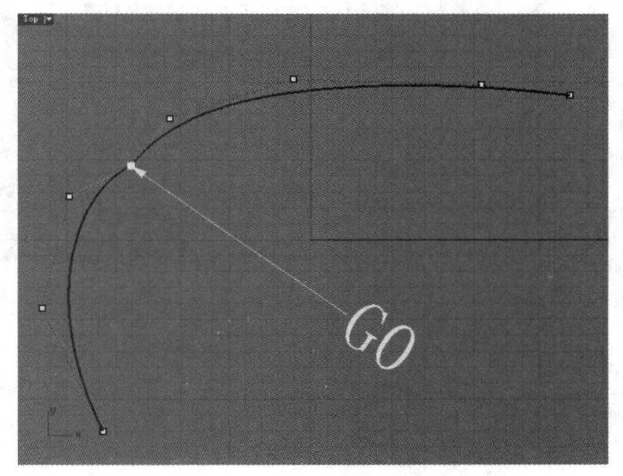

图3-5

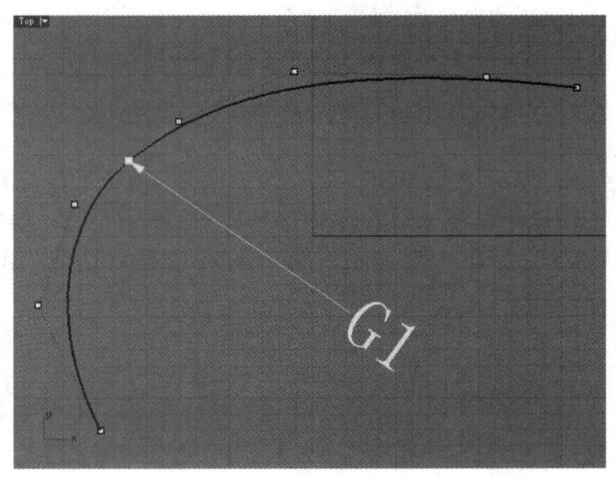

图3-6

第3种：曲率连续（G2）。测量两条曲线的端点位置、方向及曲率半径是否相同，两条曲线相接端点的曲率半径一样时称为曲率连续（G2），曲率连续无法以控制点的位置来判断。G2 连续的曲线或曲面必定符合G0及G1连续的条件，如图3-7所示。

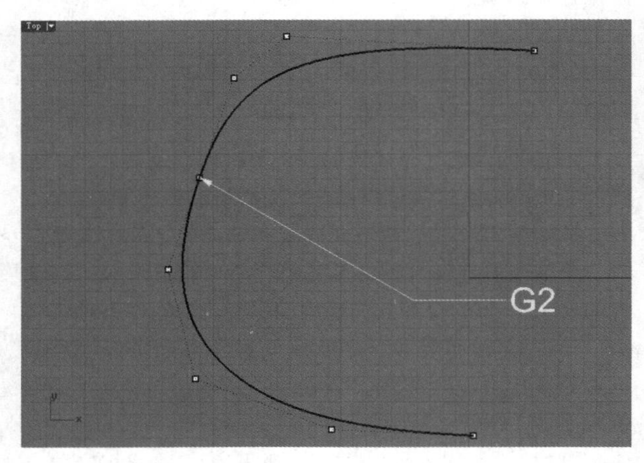

图3-7

疑难问答

问：如何检测曲线的连续性？

答：要检测两条曲线的连续性，可以使用“两条曲线的几何连续性”工具，如图3-8所示。启用该工具后，依次选择需要检测的曲线，并按回车键，命令行中即可出现检测的结果。

图3-8

实战

利用衔接曲线工具调节曲线连续性

场景位置	场景文件>第3章>01.3dm
实例位置	实例文件>第3章>实战——利用衔接曲线工具调节曲线连续性.3dm
视频位置	第3章>实战——利用衔接曲线工具调节曲线连续性.flv
难易指数	★☆☆☆☆
技术掌握	掌握利用“衔接曲线”工具调节曲线连续性的方法

01 打开本书学习资源中的“场景文件>第3章>01.3dm”文件，图中有两条直线，并且是G0连续，如图3-9所示。

02 通过“曲线圆角”工具调出“曲线”工具面板，然后单击“衔接曲线”工具，如图3-10所示，接着依次单击两条曲线的连接部分，此时将弹出“衔接曲线”对话框，如图3-11所示。

03 在“衔接曲线”对话框中设置“连续性”为“曲率”，再勾选“互相衔接”选项，如图3-12所示，最后单击确定按钮，使曲线达到G2连续，效果如图3-13所示。

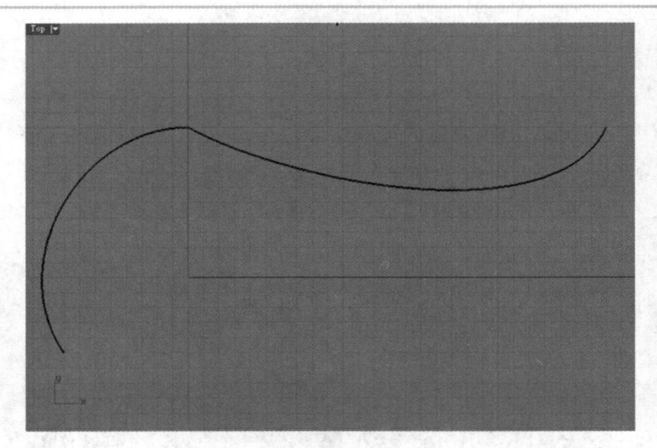

图3-9

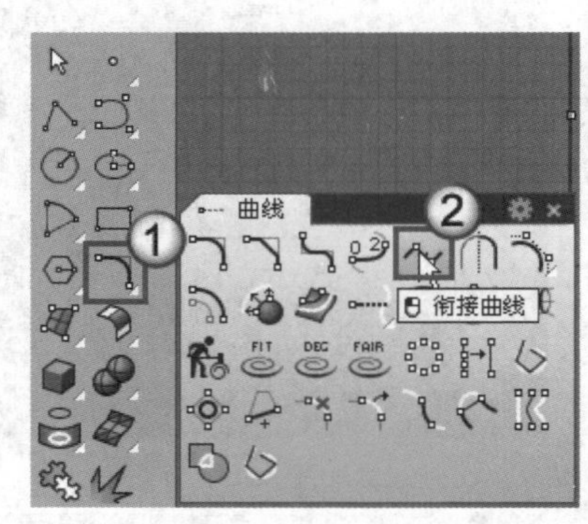

图3-10

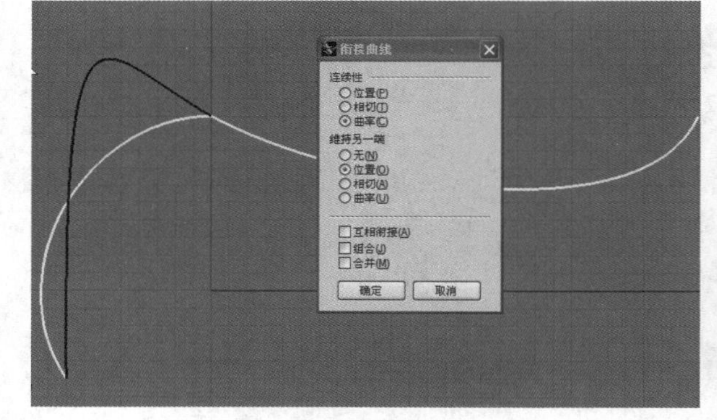

图3-11

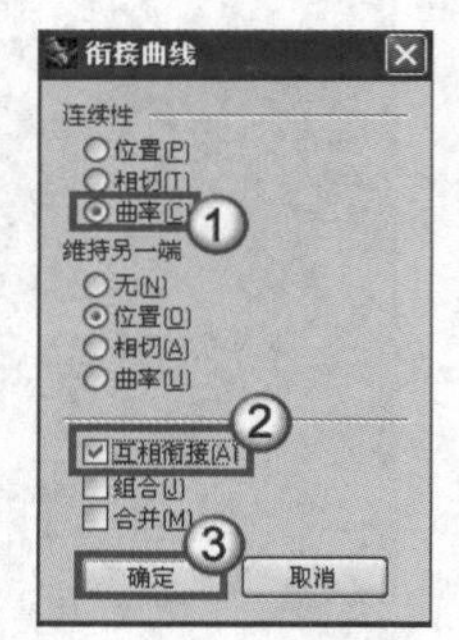

图3-12

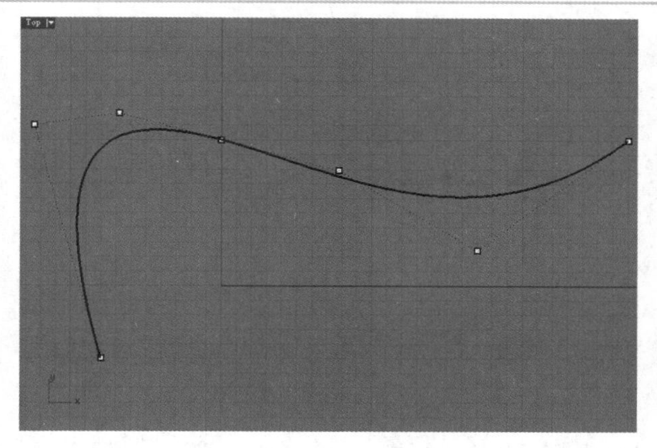

图3-13

技巧与提示

在“衔接曲线”对话框中，“位置”代表G0、“相切”代表G1、“曲率”代表G2。

通过“衔接曲线”工具来调节曲线，优点是很方便，不需要太多的操作；缺点是曲线的变形幅度相对较大，容易造成曲线走形。所以，如果对形态要求不是很严格，可以运用这一工具。

实战

手动调节曲线连续性

场景位置	场景文件>第3章>01.3dm
实例位置	实例文件>第3章>实战——手动调节曲线连续性.3dm
视频位置	第3章>实战——手动调节曲线连续性.flv
难易指数	★☆☆☆☆
技术掌握	掌握通过调整控制点来调节曲线连续性的方法

01 再次打开本书学习资源中的“场景文件>第3章>01.3dm”文件，然后在“点的编辑”工具面板中单击“插入一个控制点”工具，并分别在两条曲线衔接的地方各自增加一个控制点，如图3-14所示。

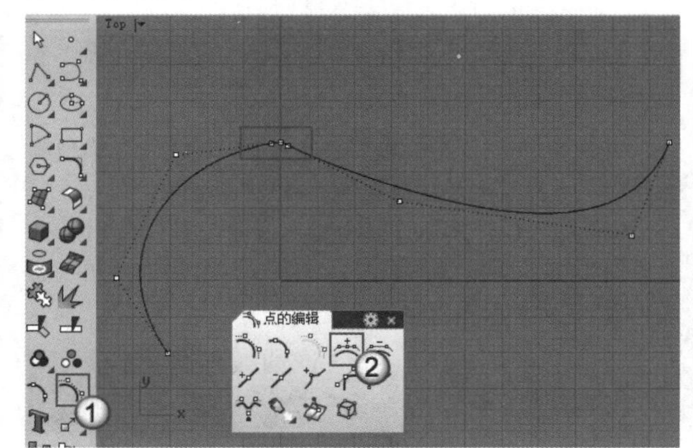

图3-14

02 开启“端点”和“点”捕捉模式，然后选取右侧增加的点，将它拖曳到最近的端点上，如图3-15所示。

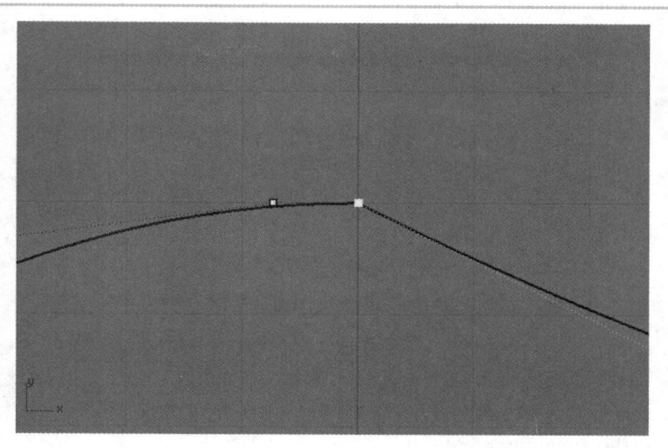

图3-15

03 开启“正交”功能，然后将上一步改动的点沿水平方向退回到原来的位置，如图3-16所示。

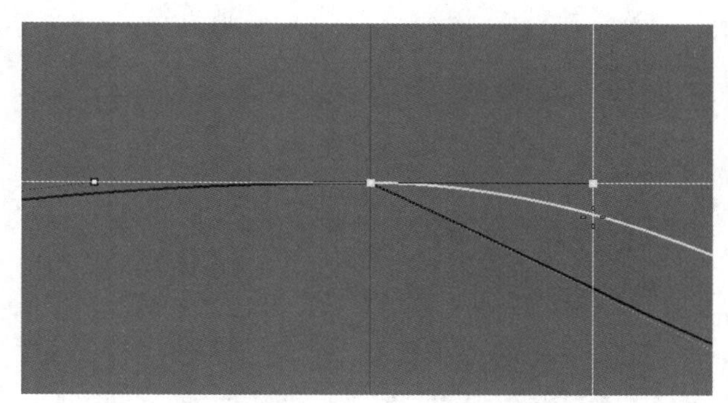

图3-16

04 对左侧添加的点进行同样的操作，然后检测两条曲线的几何连续性，可以发现已经达到G1连续。接下来用同样的方法调节与这两个点相邻的另两个点，如图3-17所示。最后再次检测两条曲线的几何连续性，可以发现已经达到了G2连续。

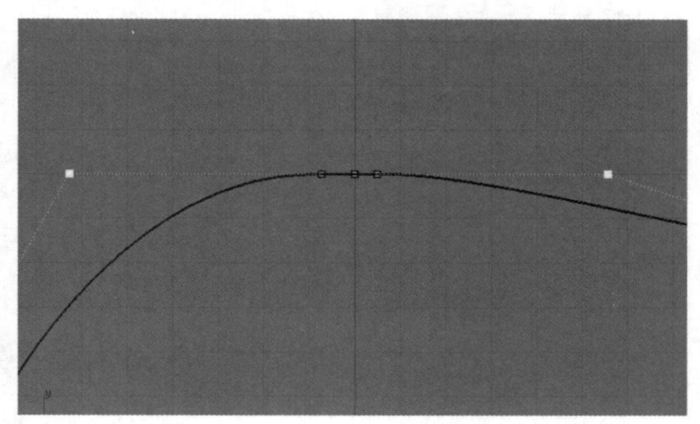

图3-17

技巧与提示

手动调节曲率的优点是控制性强，操作灵活；缺点是操作相对复杂一些，需要一定的经验。

14 技术专题：曲率的变化与曲线连续性的关系

上面的两个案例使用了两种不同的方法来调节曲面的连续性，我们来比较一下两者调节后曲率的区别。

首先在“分析”工具面板中单击“打开曲率图形/关闭曲率图形”工具，然后选择一条曲线，打开“曲率图形”对话框，如图3-18所示。通过该对话框中的参数可以设置曲率图形的缩放比、曲率梳密度和颜色，以及是否同时显示曲面U、V两个方向的曲率图形。

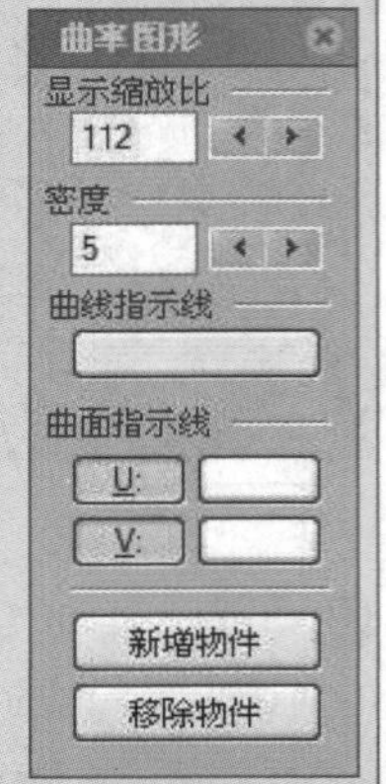

图3-18

打开“曲率图形”对话框后，即可看到曲率梳，曲线的连续性在曲率梳上表现得非常明显，如G0连续时曲率梳会出现如图3-19所示的断裂状态。

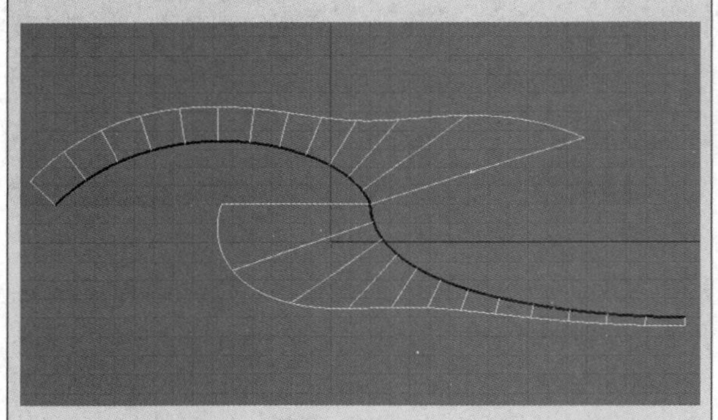

图3-19

G1连续时曲率梳的状态如图3-20所示，此时两条曲线在相接点处的法线相同，并且在相接点的切线夹角为0°。

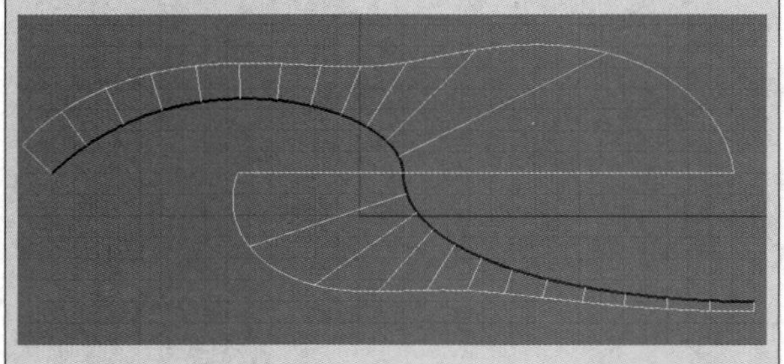

图3-20

G2曲率连续时曲率梳的变化如图3-21所示，两条曲线在相接点的曲率的向量（方向和绝对值）相同。

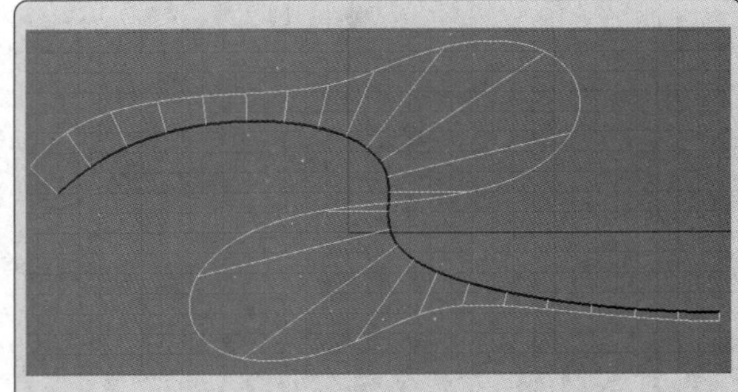

图3-21

现在我们来对比两个案例中调节后的曲线，如图3-22所示。可以发现虽然都是G2曲率连续，但是一个曲率变化是断点的，一个是连续的，所以两种调节方法还是有差别的。

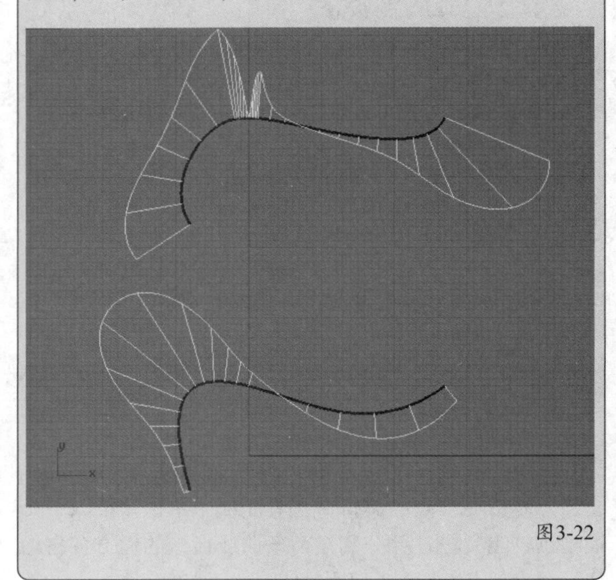

图3-22

3.2 绘制直线

直线是Rhino模型的重要组成部分，建立一个模型就像建楼房一样常常是从搭建各种直线构架开始的。

Rhino 5.0提供了17种绘制直线的工具，都集成在“直线”工具面板内，如图3-23所示。这些工具在“曲线>直线”菜单命令下也可以找到。

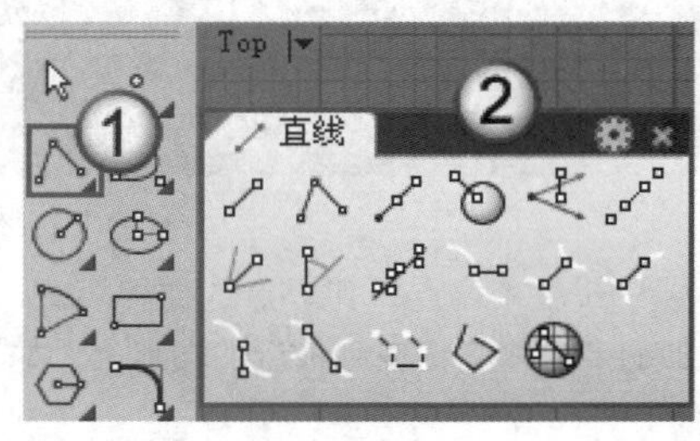

图3-23

3.2.1 绘制单一直线

绘制单一直线需要执行“曲线>直线>单一直线”菜单命令或单击“直线”工具面板中的“直线”工具。单一直线由两个端点构成，所以绘制时只需指定两个点（起点和终点）。

绘制直线的时候，在命令行中将出现如图3-24所示的选项。

```
指令: _Line
直线起点 ( 两侧(B)  法线(N)  指定角度(A)  与工作平面垂直(V)
四点(F)  角度等分线(I)  与曲线垂直(P)  与曲线正切(T)  延伸(X) ):
```

图3-24

命令选项介绍

两侧：先指定中点，再指定终点，也就是通过绘制一半的直线指定另一半的长度，如图3-25所示。

法线：绘制一条与曲面垂直的直线。先选取一个曲面，再在曲面上指定直线的起点，最后指定直线的终点或输入长度，如图3-26所示。

指定角度：绘制一条与基准线呈指定角度的直线。先指定参考线起点，再指定参考线终点，然后输入参考角度，最后指定直线的终点，如图3-27所示（图中输入的参考角度为60°）。

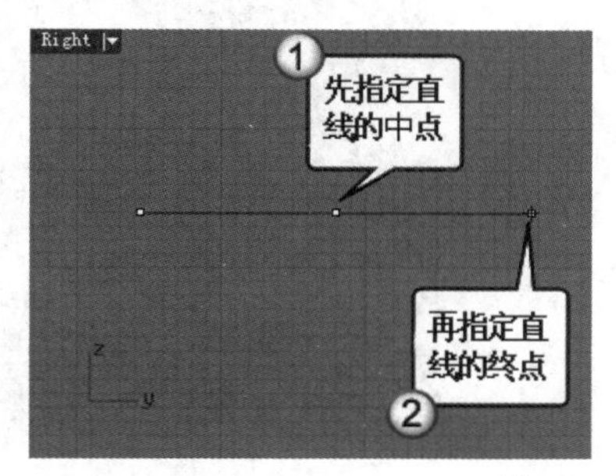

图3-25

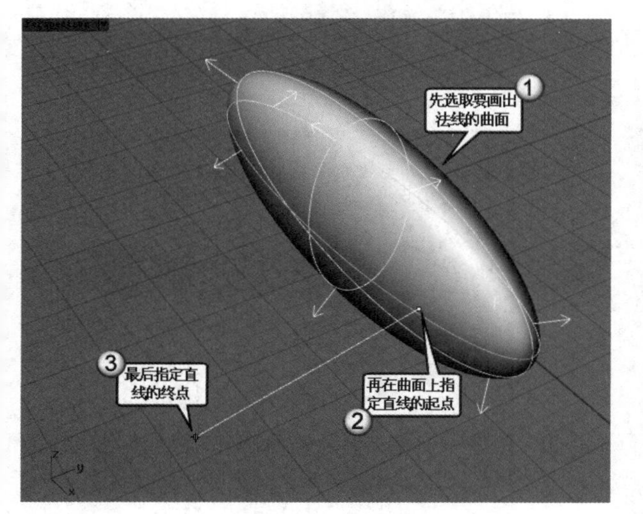

图3-26

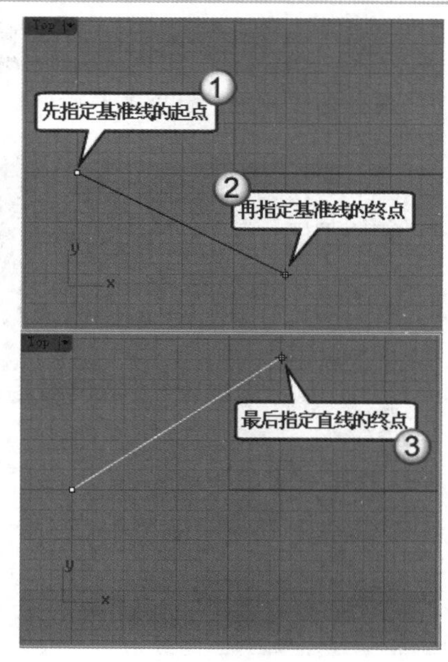

图3-27

与工作平面垂直：绘制一条与工作平面垂直的直线。先指定直线的起点，移动鼠标拖曳出与工作平面垂直的直线，再指定直线的终点，如图3-28所示。

图3-28

技巧与提示

值得注意的是，当工作平面不在常规的水平、垂直方向时，该选项会经常使用。例如，工作平面在物件的斜面方向，如图3-29所示。

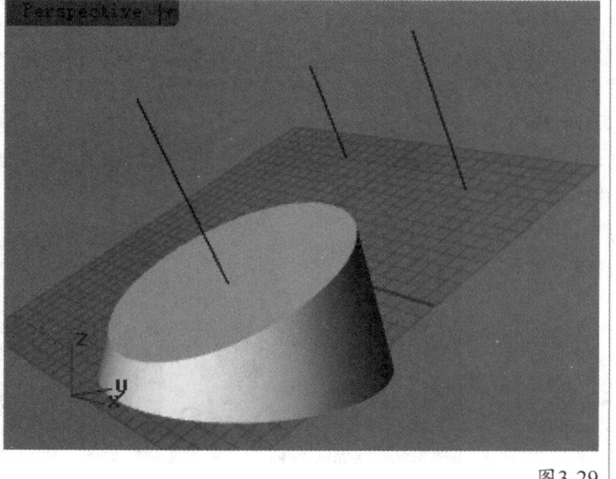

图3-29

四点：以两个点指定直线的方向，再通过两个点绘制出直线。先指定基准线的起点，再指定基准线的终点，确定了直线的方向，随后分别指定直线的起点和终点，确定直线的长度，如图3-30所示。

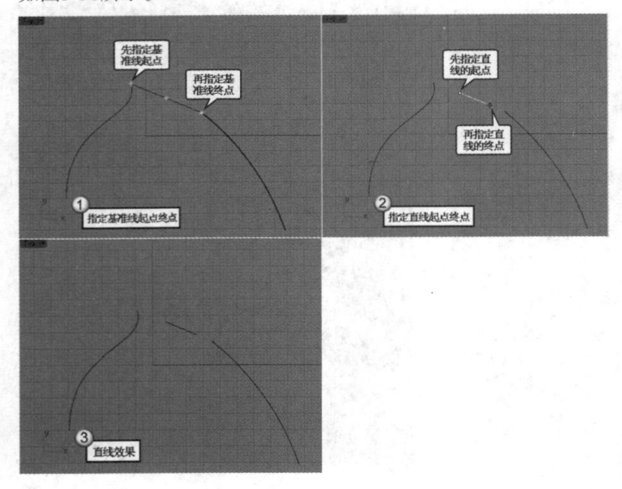

图3-30

角度等分线：以指定的角度绘制出一条角度等分线。先指定角度等分线的起点，再指定起始角度线，接着指定终止角度线，最后指定直线的终点或输入长度，如图3-31所示。

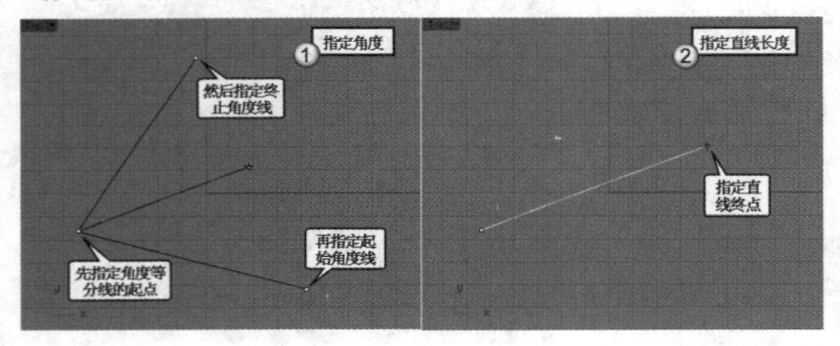

图3-31

与曲线垂直/与曲线正切：绘制一条与其他曲线垂直或相切的直线。这两个选项的创建步骤基本一致，以“与曲线垂直”选项为例，先在一条曲线上指定直线的起点，移动鼠标后拖曳出与曲线垂直的直线，指定直线的终点，得到一条与曲线垂直的直线，如图3-32所示。

延伸：以直线延伸一条曲线。先点选一条曲线（或直线），注意点选曲线（或直线）的位置靠近要延伸端点的一端，再指定延伸出的直线的终点，得到一条直线，如图3-33所示。

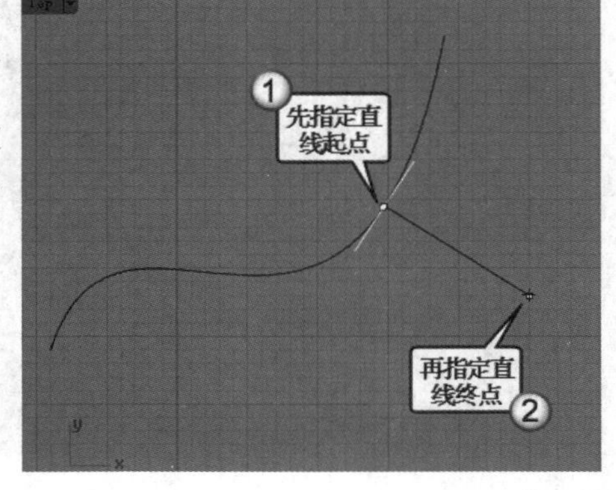

图3-32

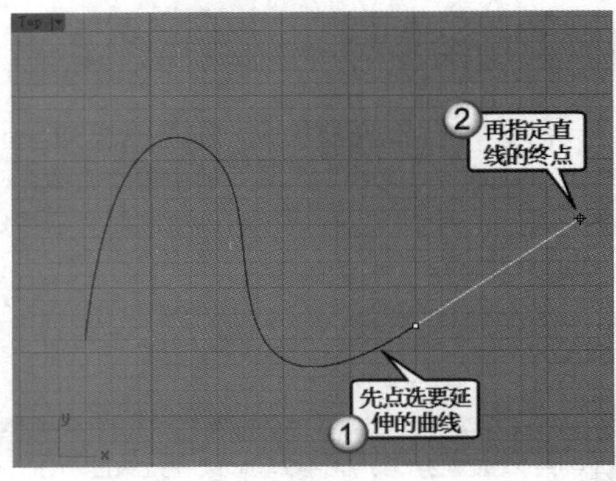

图3-33

3.2.2 绘制和转换多重直线

多重直线是由多条端点重合的直线段或曲线段组成，无论多重直线有多少段，它都是一个整体对象，因此选择多重直线中的任意一段，都将直接选中整个对象，如图3-34所示。当利用“炸开/抽离曲面”工具将多重直线炸开后，就会得到多条单独的直线和曲线，如图3-35所示。

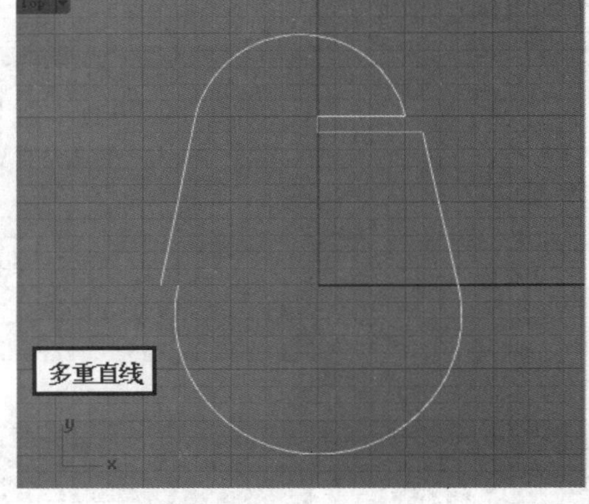

图3-34

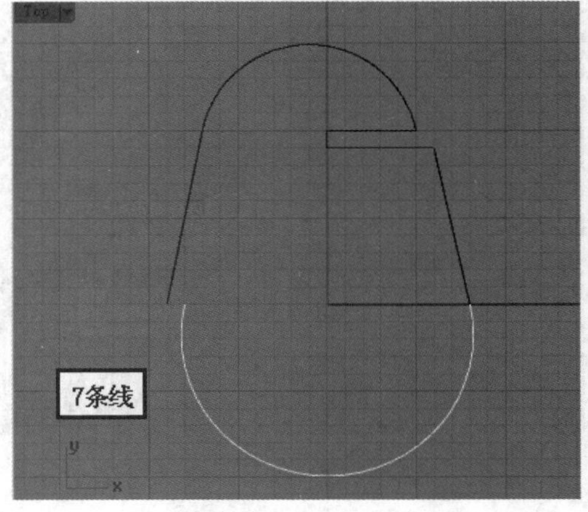

图3-35

绘制多重直线

绘制多重直线可以执行“曲线>多重直线>多重直线”菜单命令或单击“直线”工具面板中的“多重直线/线段”工具，其命令选项如图3-36所示。

```
指令: _Polyline
多重直线起点 ( 持续封闭(P)=否 ):
多重直线的下一点 ( 持续封闭(P)=否  模式(M)=直线  导线(H)=是  复原(U) ):
多重直线的下一点，按 Enter 完成 ( 持续封闭(P)=否  模式(M)=直线  导线(H)=是  长度(L)  复原(U) ):
多重直线的下一点，按 Enter 完成 ( 持续封闭(P)=否  封闭(C)  模式(M)=直线  导线(H)=是  长度(L)  复原(U) ):
多重直线的下一点，按 Enter 完成 ( 持续封闭(P)=否  封闭(C)  模式(M)=直线  导线(H)=是  长度(L)  复原(U) ):
```

图3-36

命令选项介绍

封闭：使曲线平滑地封闭，建立周期曲线。

模式：设置为“直线”模式表示接下来绘制的是直线段，设置为“圆弧”模式表示接下来绘制的是弧线段。

导线：设置为“是”代表打开动态的相切或正交轨迹线，在建立圆弧和直线混合的多重曲线时可以更方便。

长度：设置下一条线段的长度，这个选项只有设置“模式”为“直线”时才会出现。

复原：建立曲线时取消最后一个指定的点。

方向：这个选项只有设置“模式”为“圆弧”时才会出现，用于指定下一个圆弧线段起点的正切方向。

转换多重直线

除了直接进行绘制外，也可以通过“将曲线转换为多重直线”工具将曲线转换为多重直线，该工具的位置如图3-37所示。

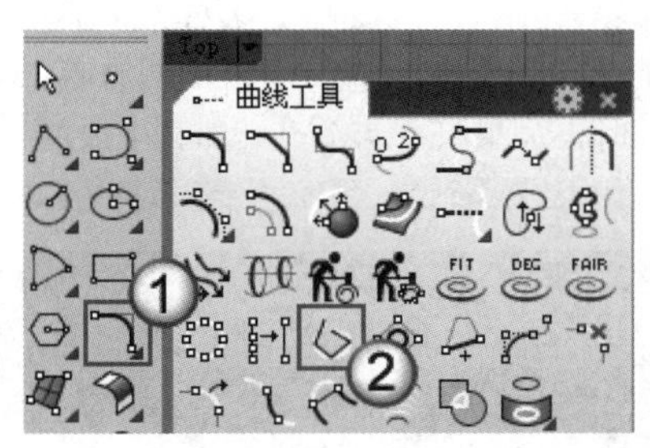

图3-37

启用“将曲线转换为多重直线”工具，然后选择需要转换为多重直线的对象，并按Enter键确认，此时将看到如图3-38所示的命令选项。

```
按 Enter 接受设置 ( 输出为(O)=圆弧  简化输入物体(S)=否  删除输入物件(D)=是
角度公差(A)=0.1  公差(T)=0.01  最小长度(M)=0  最大长度(X)=0  目的图层(U)=目前的 ):
```

图3-38

命令选项介绍

输出为：设置为“圆弧”代表将曲线转换成圆弧线段组成的多重曲线，曲线接近直线的部分会转换为直线线段；设置为“直线”代表将曲线转换成多重直线。

简化输入物体：设置为“是”代表结合共线的直线和共圆的圆弧。这个选项是以模型的绝对公差和角度公差工作，而不是自定公差设置，它确保含有圆弧和直线线段的NURBS曲线可以在正确的位置切断为圆弧或直线，使曲线转换更精确；设置为“否”代表当相对于绝对公差而言非常短的NURBS曲线转换成直线或圆弧时，形状可能会有过大的改变，关闭这个选项可以得到比较好而且精确的结果。

删除输入物件：设置为“是”代表原始物件会被删除；设置为“否”代表删除原始物件会导致无法记录建构历史。

角度公差：曲线和转换后的圆弧线段端点的方向被允许的最大偏差角度。将角度公差设为0可以停用这个使圆弧与圆弧之间相切及圆弧与曲线之间接近相切的设置，得到的曲线上会有锐角点。

公差：取代系统公差设置。

最小长度：结果线段的最小长度，设定为 0 表示不限制最小长度。

最大长度：结果线段的最大长度，设定为 0 表示不限制最大长度。

目的图层：指定建立物件的图层。

现将同一条曲线分别转化为不同形式的多重直线，通过对比掌握参数意义。

见图3-39，将曲线转换多重直线时，在命令行设置“输出为直线”、“最小长度”为5、“最大长度为”10。图3-40同样是“输出为直线”，不过“最小长度”为10、“最大长度”为20。

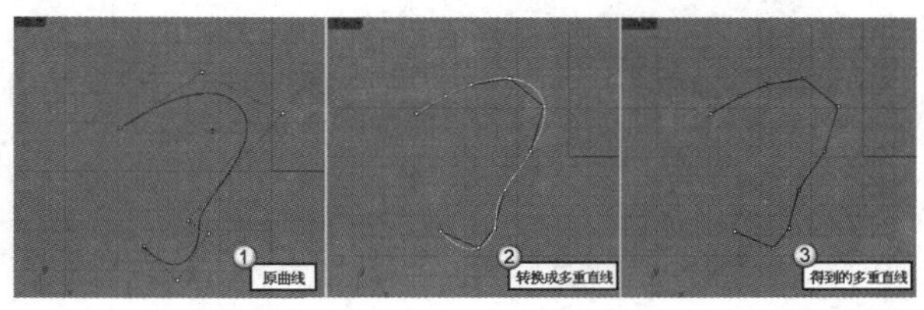

图3-39

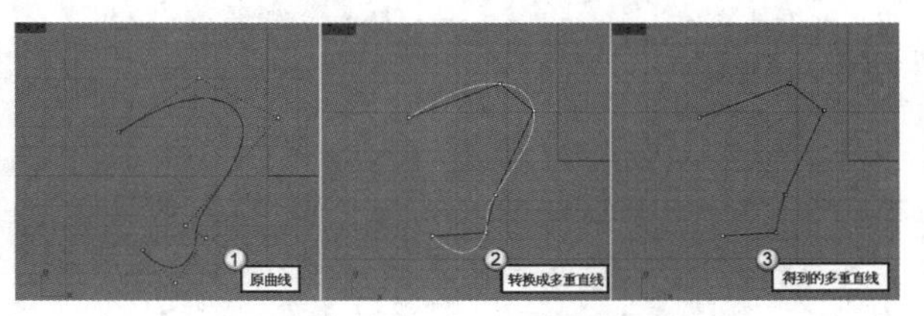

图3-40

实战

利用多重直线绘制建筑平面图墙线

场景位置	场景文件>第3章>02.3dm
实例位置	实例文件>第3章>实战——利用多重直线绘制建筑平面图墙线.3dm
视频位置	第3章>实战——利用多重直线绘制建筑平面图墙线.flv
难易指数	★☆☆☆☆
技术掌握	掌握绘制多重直线的方法

01 打开本书学习资源中的“场景文件>第3章>02.3dm”文件，如图3-41所示。

02 单击“直线”工具面板中的“多重直线”工具，然后开启“锁定格点”功能，接着围绕图片中的外墙体绘制多重直线，如图3-42所示，结果如图3-43所示。

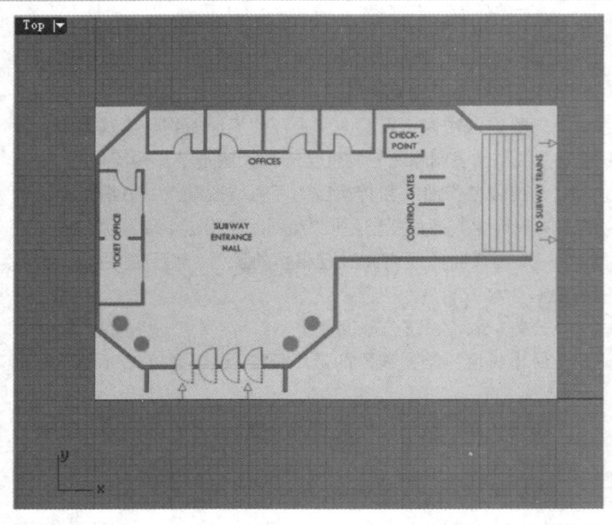

图3-41

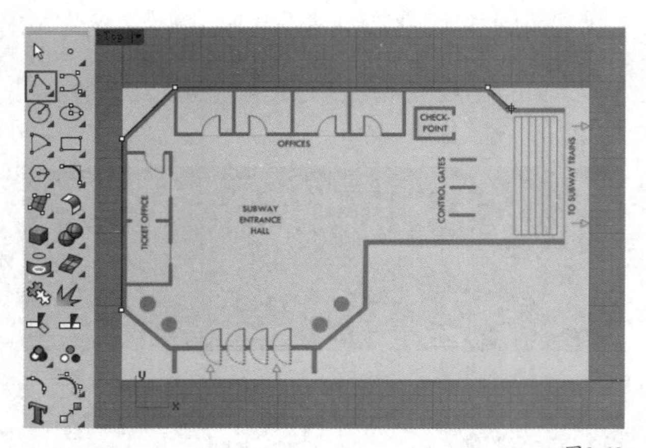

图3-42

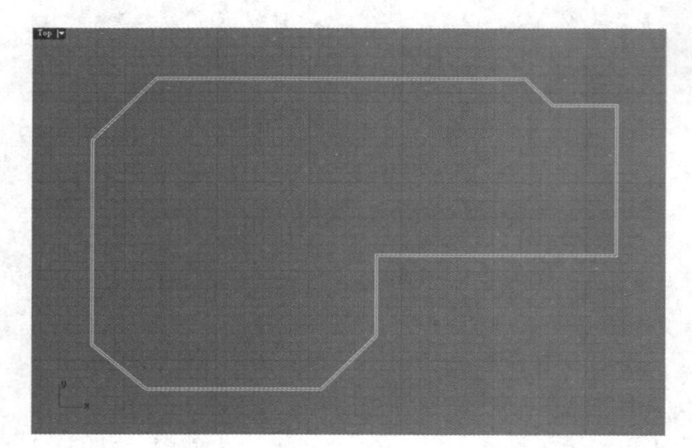

图3-43

技巧与提示

如果绘制的过程中出现一些错误，如某一点的位置不正确，如图3-44所示，可以在命令行中输入U，那么刚刚确定的那个点就取消了。

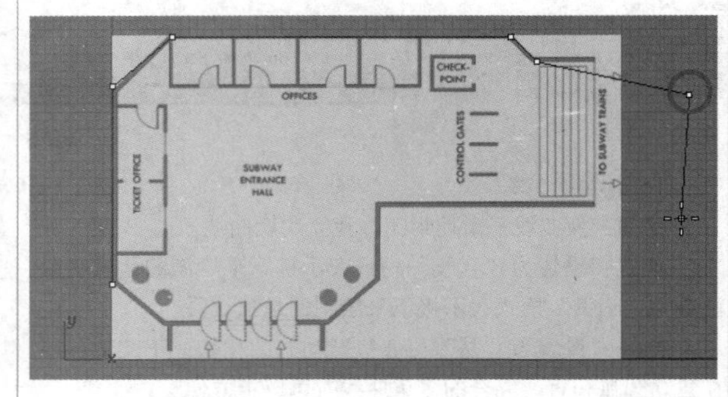

图3-44

3.2.3 通过点和网格绘制直线

通过点绘制直线

绘制直线还有一种方法是先确定点的位置，然后通过这些点自动生成直线。有两个工具提供了这样的功能，一个是"配合数个点的直线"工具，另一个是"多重直线：通过数个点"工具，操作方法都比较简单，启用工具后选择需要自动生成直线的点，按Enter键即可。

所不同的是，使用"配合数个点的直线"工具时，如果只有两个点，那么生成的直线会连接两个点；如果有多个点，那么会穿过这些点，如图3-45所示。

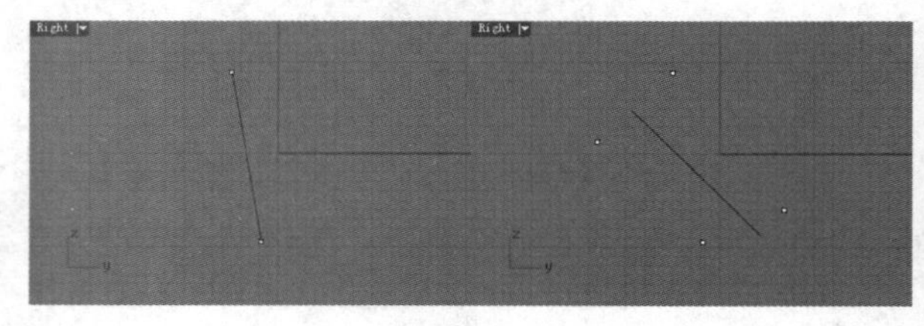

图3-45

而使用"多重直线：通过数个点"工具时，无论有多少个点，生成的线都会连接这些点，如图3-46所示。

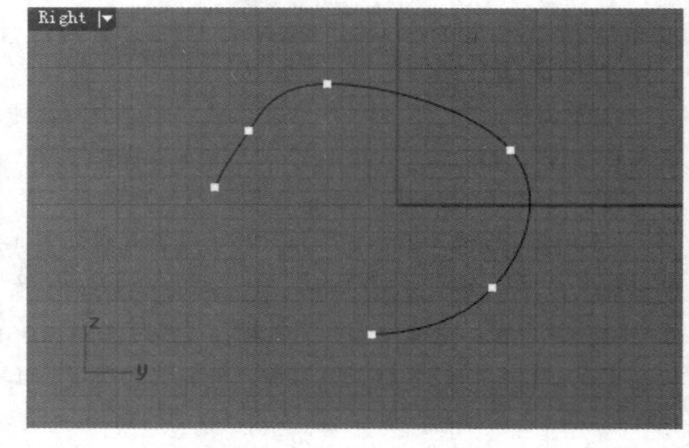

图3-46

通过网格绘制直线

如果要在网格上绘制多重直线，可以使用“多重直线：在网格上”工具，绘制方法与“多重直线/线段”工具相同，区别在于需要先选取一个网格，并且绘制的范围被限定在选取的网格内，如图3-47所示。

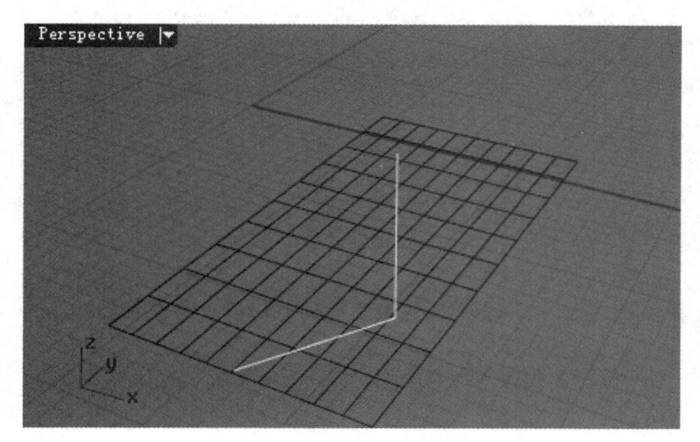

图3-47

3.2.4 绘制切线

绘制切线至少需要一条以上的原始曲线，主要有3个工具，集中在“直线”工具面板内，如图3-48所示。

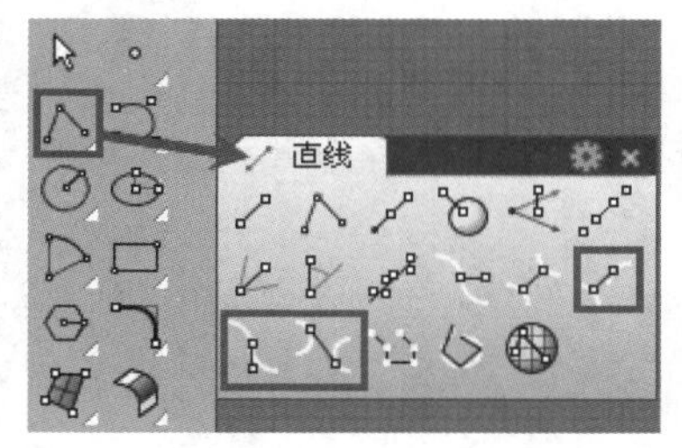

图3-48

起点正切/终点垂直

使用“直线：起点正切、终点垂直”工具可以绘制一条与其他曲线相切的直线，另一端采用垂直模式，如图3-49所示。

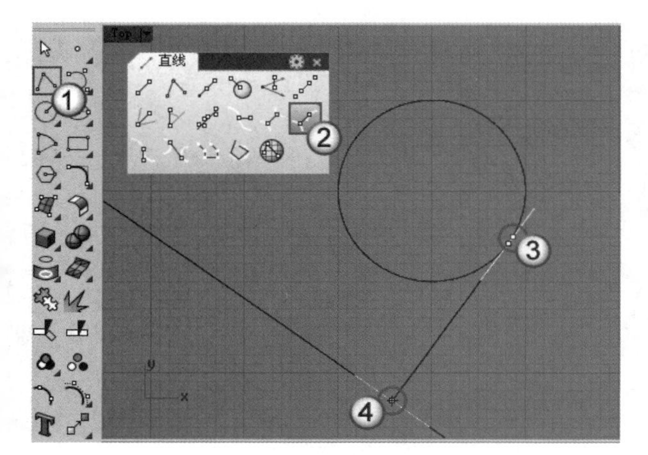

图3-49

起点与曲线正切

如果要绘制一条与曲线相切的直线，可以使用“直线：起点与曲线正切”工具，如图3-50所示。

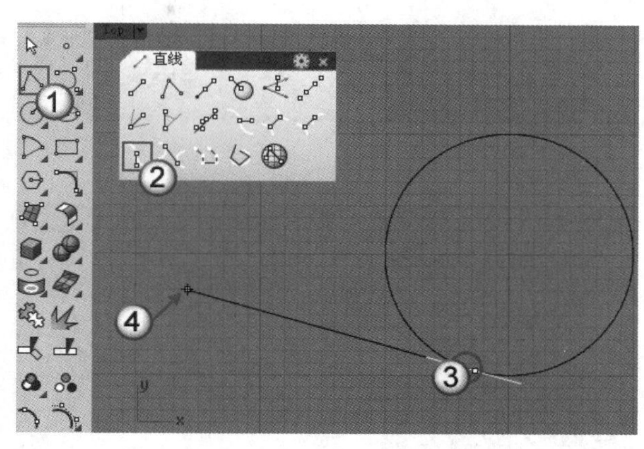

图3-50

与两条曲线正切

使用“直线：与两条曲线正切”工具可以绘制与两条曲线相切的直线，方法为依次选择两条曲线，然后按Enter键即可自动生成，如图3-51所示。

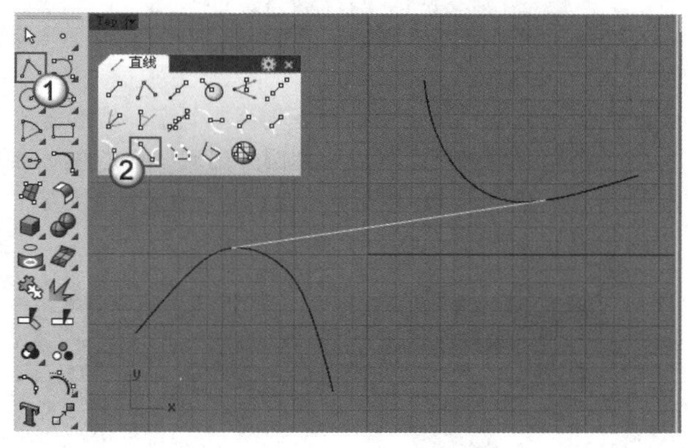

图3-51

实战

利用切线创建花形图案

场景位置	场景文件>第3章>03.3dm
实例位置	实例文件>第3章>实战——利用切线创建花形图案.3dm
视频位置	第3章>实战——利用切线创建花形图案.flv
难易指数	★★☆☆☆
技术掌握	掌握绘制切线的各种方法

本例创建的花形图案效果如图3-52所示。

01 打开本书学习资源中的“场景文件>第3章>03.3dm”文件，场景中有多个圆，如图3-53所示。

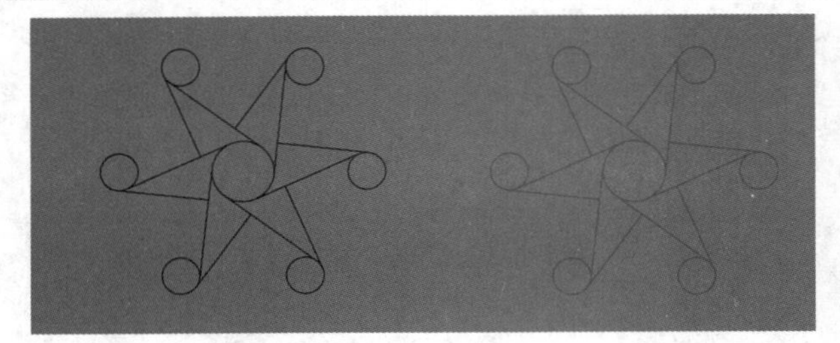

图3-52

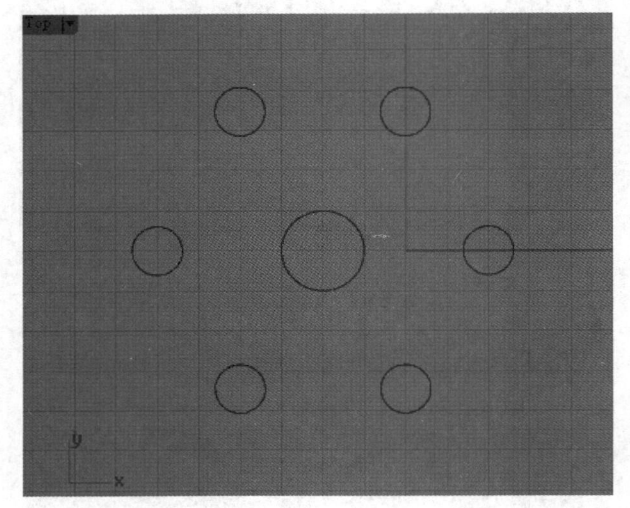

图3-53

02 启用“直线：起点与曲线正切”工具，然后将鼠标指针指向右侧的圆，可以看到圆上出现了切点和对应的切线，在该圆的上部单击鼠标左键确定第1点，接着在中间的圆下部确定第2点，如图3-54所示。

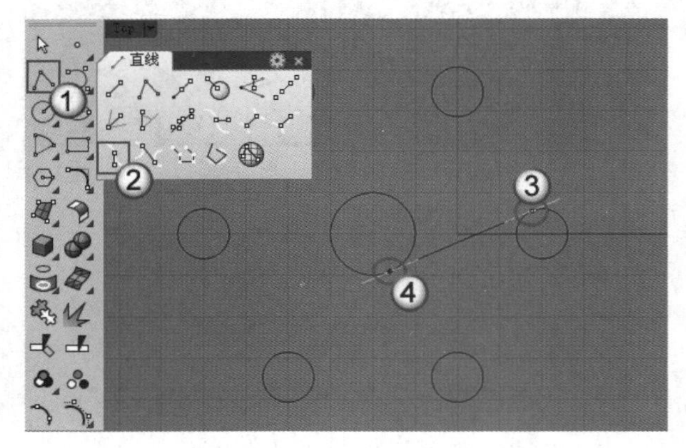

图3-54

03 使用相同的方法继续绘制曲线相切线，结果如图3-55所示。

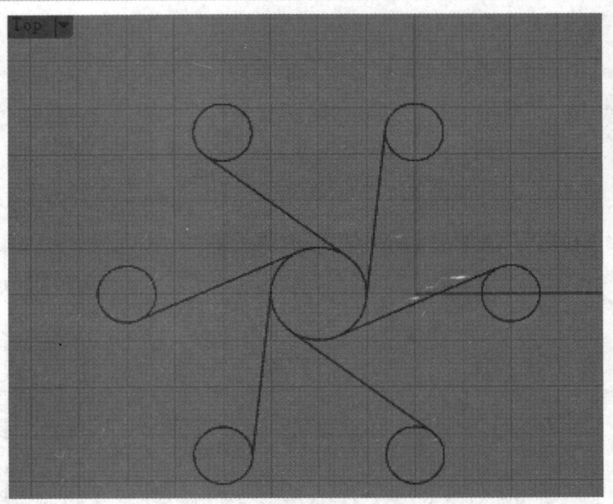

图3-55

04 启用“直线：起点正切、终点垂直”工具，然后在右侧的圆上部单击鼠标左键指定第1点，接着将鼠标指针移动到对应的直线上指定垂足，如图3-56所示。

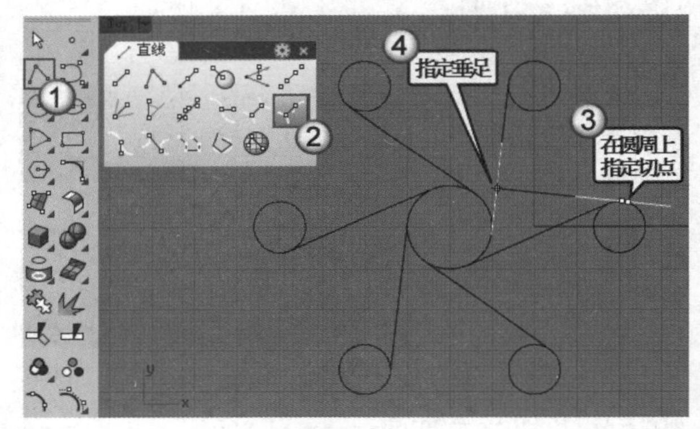

图3-56

05 使用相同的方法绘制多条起点正切、终点垂直的直线，结果如图3-57所示。

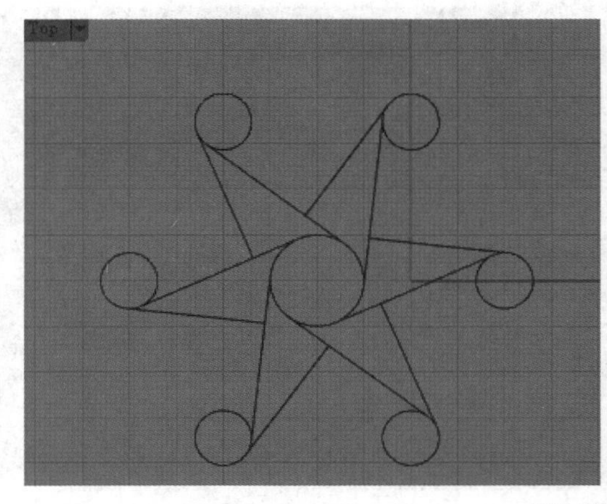

图3-57

3.2.5 编辑法线

曲线的法线是垂直于曲线上一点的切线的直线，曲面上某一点的法线指的是经过这一点并且与该点切平面垂直的那条直线（即向量）。图3-58所示白色箭头的部分就是法线。曲面法线的方向不具有唯一性，开放的曲面或多重曲面的法线方向则不一定，在相反方向的法线也是曲面法线。定向曲面的法线通常按照右手定则来确定。

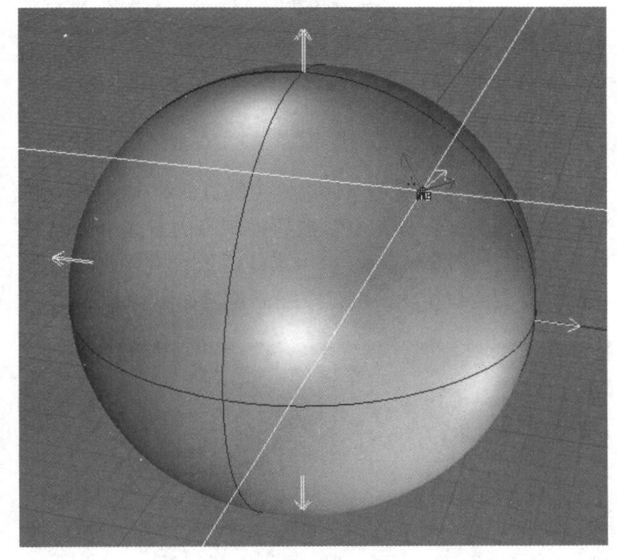

图3-58

通常，有两种方法可以比较直观地观察曲面的正反法线方向。

第1种：利用“分析方向/反转方向”工具（或执行“分析>方向”菜单命令），如图3-59所示。该工具有两种用法，左键为分析曲线法线方向，右键为反转曲线法线方向。启用工具后，选取一个物件并按Enter键确认，此时会显示法线方向，如果将鼠标指针移动到物件上会显示动态方向箭头。

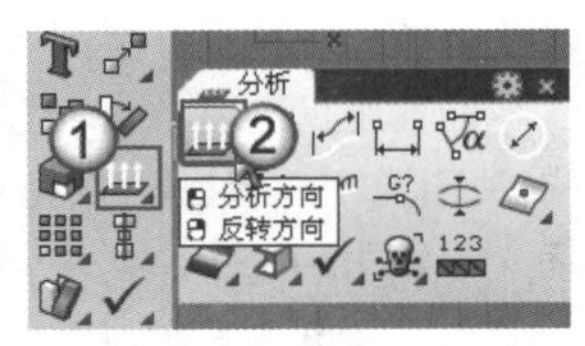

图3-59

第2种：利用“Rhino选项”对话框中的“着色模式”设置，如图3-60所示，设置“颜色&材质显示”和“背面设置”为不同的颜色，效果如图3-61所示。可以看到法线的正面方向为蓝色，背面方向为橘色。

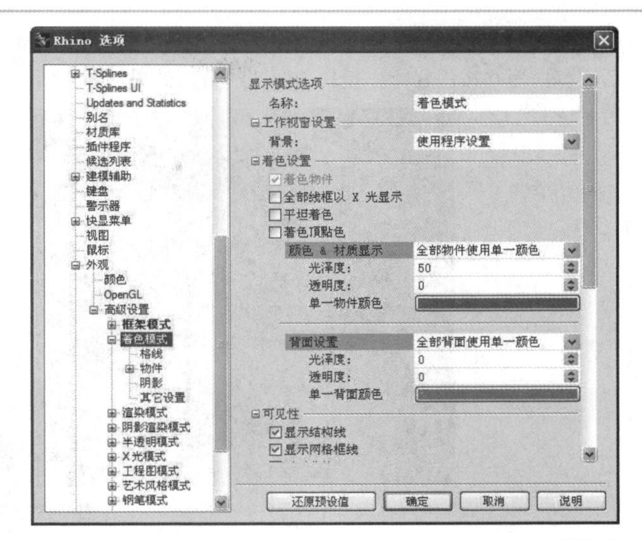

图3-60

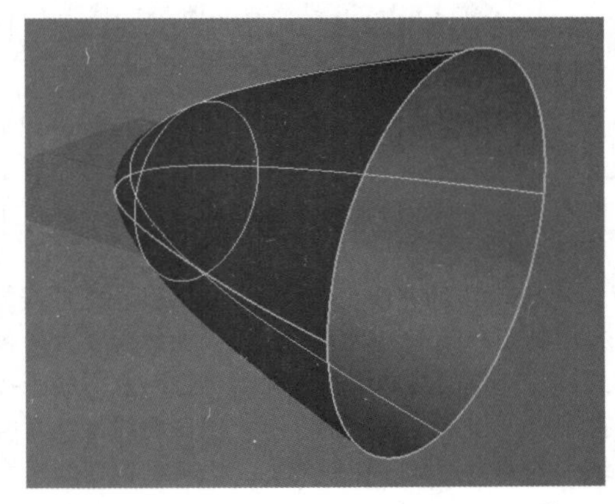

图3-61

实战

修改曲面的法线方向

场景位置	场景文件>第3章>04.3dm
实例位置	实例文件>第3章>实战——修改曲面的法线方向.3dm
视频位置	第3章>实战——修改曲面的法线方向.flv
难易指数	★☆☆☆☆
技术掌握	掌握“分析方向/反转方向”工具的使用方法

01 打开本书学习资源中的“场景文件>第3章>04.3dm”文件，场景中有一个设置了正反面颜色的曲面造型，如图3-62所示。

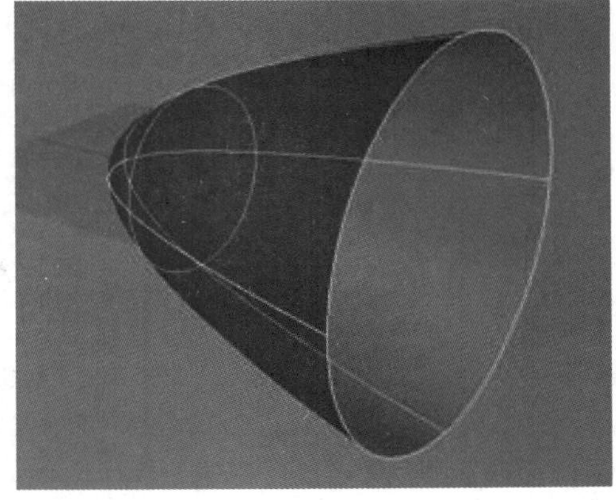

图3-62

02 使用鼠标右键单击“分析方向/反转方向”工具，然后选择曲面并按Enter键，反转曲面法线后的效果如图3-63所示。

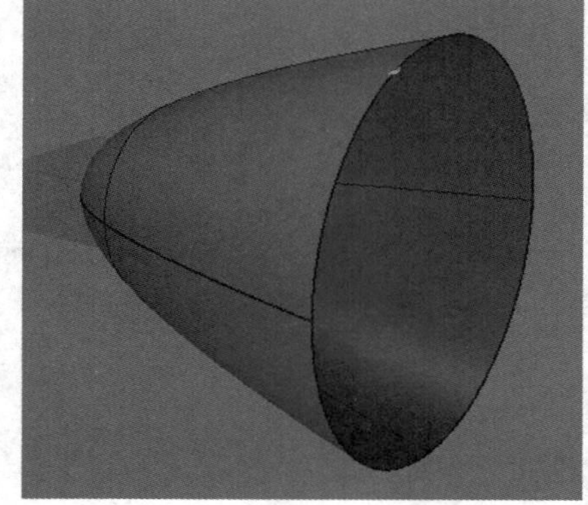

图3-63

3.3 绘制自由曲线

曲线是构建模型的一种常用手段，Rhino建模的一般流程就是先绘制平面或空间曲线，然后再通过这些曲线构造复杂曲面。因此，模型品质好坏的关键在于曲线的质量。

Rhino中的曲线是由点确定的，而构建曲线的点主要有控制点和编辑点两大类，所以曲线主要有两种表现方式：控制点曲线和编辑点曲线。控制点曲线受控于各个控制点，但是这些控制点不一定在曲线上；而编辑点曲线中的编辑点必须在曲线上，也就是说曲线将通过各个指定的编辑点。

要绘制自由曲线可以通过“曲线>自由造型”菜单下的命令，如图3-64所示；也可以使用“曲线”工具面板中提供的工具，如图3-65所示。

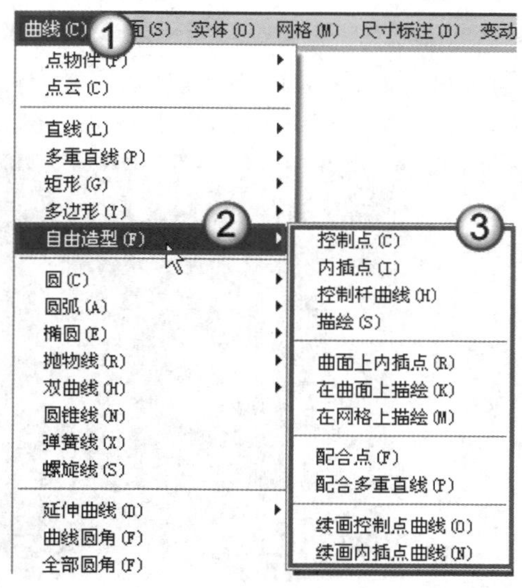

图3-64

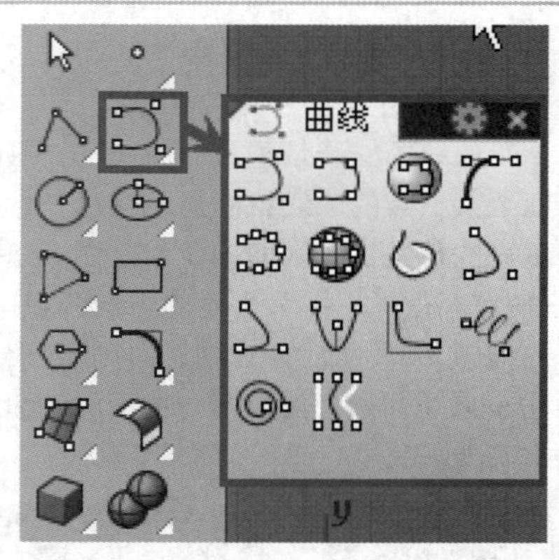

图3-65

3.3.1 绘制控制点曲线

绘制控制点曲线可以使用“控制点曲线/通过数个点的曲线”工具，该工具以放置控制点的方式绘制出曲线，绘制方法比较简单，启用工具后依次指定控制点即可，如果要完成绘制，可以按Enter键，如图3-66所示。

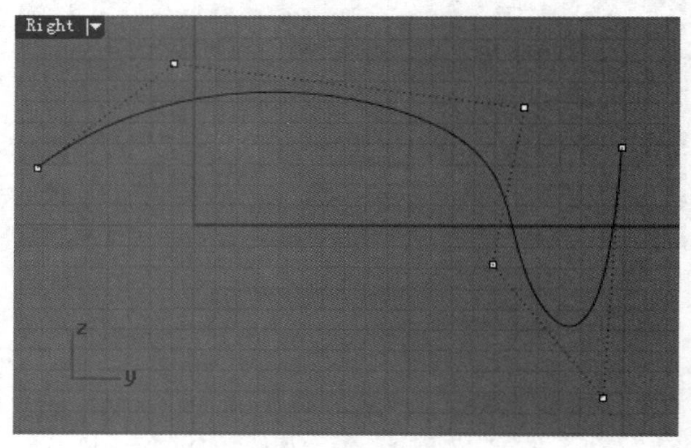

图3-66

绘制控制点曲线时需要注意曲线的阶数，“控制点曲线/通过数个点的曲线”工具的命令提示中有一个“阶数”选项，可以用来修改曲线的阶数。只要放置的控制点数目小于或等于设置的曲线阶数，那么建立的曲线的阶数为“控制点数–1”。

曲线上的控制点要想显示或关闭，可以通过“打开点/关闭点”工具，快捷键为F10（打开）和F11（关闭），如图3-67所示。

图3-67

如果要在曲线上增加控制点，可以通过“插入一个控制点”工具；如果要删除曲线上的控制点，可以在选择控制点后按键盘上的Delete键。

实战

利用控制点曲线绘制卡通图案

场景位置	场景文件>第3章>05.3dm
实例位置	实例文件>第3章>实战——利用控制点曲线绘制卡通图案.3dm
视频位置	第3章>实战——利用控制点曲线绘制卡通图案.flv
难易指数	★★☆☆☆
技术掌握	掌握“控制点曲线/通过数个点的曲线”工具的使用方法

本例绘制的卡通图案如图3-68所示。

图3-68

01 打开本书学习资源中的“场景文件>第3章>05.3dm”文件，如图3-69所示。

图3-69

02 启用“控制点曲线/通过数个点的曲线”工具，参考背景图片在Top（顶）视图中连续单击鼠标左键确定多个点，并按Enter键结束绘制，可以得到一条曲线，如图3-70所示。

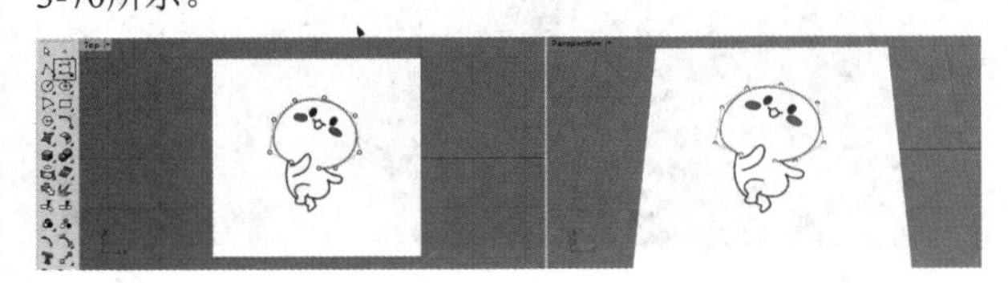

图3-70

03 选择上一步绘制的曲线，按F10键显示出控制点，然后选择控制点进行拖曳，调节曲线的形状，如图3-71所示。

图3-71

04 启用“插入一个控制点”工具，然后在卡通图案轮廓线上单击鼠标左键增加一个控制点，并按Enter键或单击鼠标右键结束命令，接着选择这条曲线，再按F10键打开控制点，最后将增加的控制点拖曳到合适的位置，调整曲线的形态，如图3-72所示。

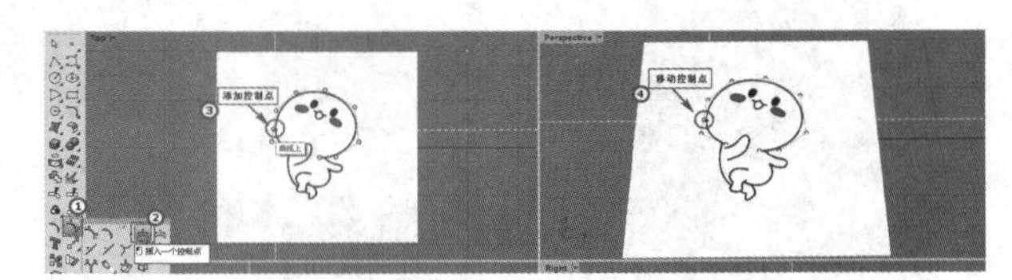

图3-72

05 重复使用“控制点曲线/通过数个点的曲线”工具勾画出卡通图案的其他轮廓线，结果如图3-73所示。

图3-73

注意，对于周期曲线（封闭曲线）无法插入控制点。

3.3.2 绘制编辑点曲线

NURBS曲线上的编辑点是由节点平均值计算而来的。例如，一条3阶曲线的节点向量为（0，0，0，1，2，3，3，3），而编辑点是由（0，1/3，1，2，8/3，3）这一参数值分布在曲线上。与控制点曲线最大的不同是，编辑点位于曲线上，而不会在曲线外，如图3-74所示。

编辑点在Rhino中也称为“内插点”，而在许多CAD程序中，通常将编辑点曲线称为“样条曲线”或“云形线”。绘制编辑点曲线可以使用“内插点曲线/控制点曲线”工具，该工具的左键功能用于绘制内插点曲线，即通过指定编辑点来实现；右键功能用于绘制控制杆曲线，即通过指定带有调节控制杆的编辑点来实现，如图3-75所示。

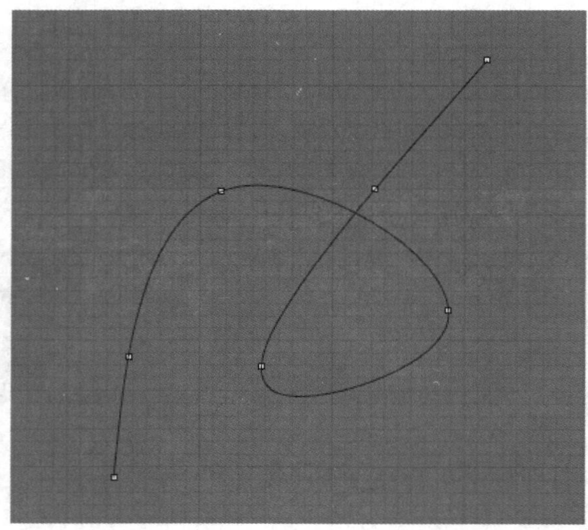

图3-74

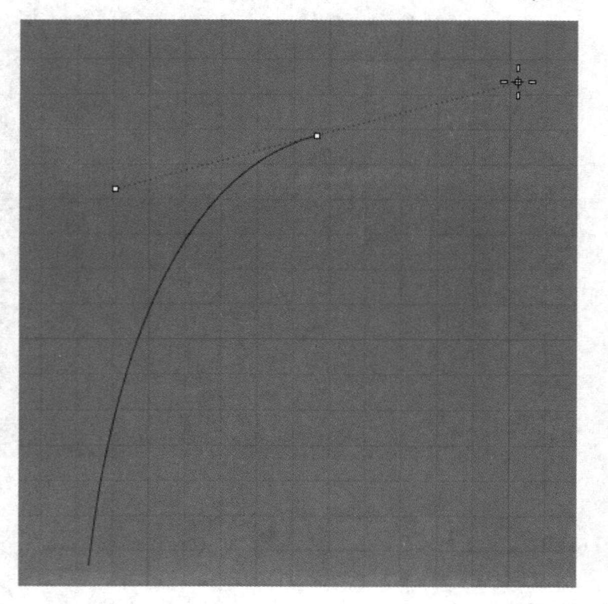

图3-75

绘制内插点曲线时将出现如图3-76所示的命令选项。

```
指令: _InterpCrv
曲线起点 ( 阶数(D)=3  节点(K)=弦长  持续封闭(P)=否  起点相切(S) ):
下一点 ( 阶数(D)=3  节点(K)=弦长  持续封闭(P)=否  终点相切(N)  复原(U) ):
下一点，按 Enter 完成 ( 阶数(D)=3  节点(K)=弦长  持续封闭(P)=否  终点相切(N)  复原(U) ):
下一点，按 Enter 完成 ( 阶数(D)=3  节点(K)=弦长  持续封闭(P)=否  终点相切(N)  封闭(C)  尖锐封闭(S)=否  复原(U) ):
```

图3-76

命令选项介绍

阶数：曲线的阶数最大可以设为11。建立阶数较高的曲线时，控制点的数目必须比阶数大1或以上，得到的曲线的阶数才会是设置的阶数。

节点：决定内插点曲线如何参数化，包含“一致”“弦长”和“弦长平方根”3个子选项，当内插点曲线每一个指定点的间距都相同时，3种参数化建立的曲线完全一样。建立内插点曲线时，指定的插入点会转换为曲线节点的参数值，参数化的意思是如何决定节点的参数间距。

一致：节点的参数间距都是1，节点的参数间距并不是节点之间的实际距离，当节点之间的实际距离大约相同时，可以使用一致的参数化。除了将曲线重建以外，只有一致的参数化可以分别建立数条参数化相同的曲线。不论如何移动控制点改变曲线的形状，参数化一致的曲线的每一个控制点对曲线的形状都有相同的控制力，曲面也有相同的情况。

弦长：以内插点之间的距离作为节点的参数间距，当曲线插入点的距离差异非常大时，以“弦长”参数化建立的曲线会比“一致”参数化好。

弦长平方根：以内插点之间的距离的平方根作为节点的参数间距。

起点相切/终点相切：绘制起点或终点与其他曲线相切的曲线。

封闭：使曲线平滑地封闭，建立周期曲线。

尖锐封闭：如果封闭曲线时将该选项设置为“是”，那么建立的将是起点（终点）为锐角的曲线，而非平滑的周期曲线。

复原：建立曲线时取消最后一个指定的点。

绘制编辑点曲线时，如果将鼠标指针指向曲线的起点附近，将自动封闭曲线，按住Alt键可以暂时停用自动封闭功能。

此外，可以使用“曲面上的内插点曲线”工具在曲面上绘制内插点曲线，将曲线的范围限制在曲面内，如图3-77所示。

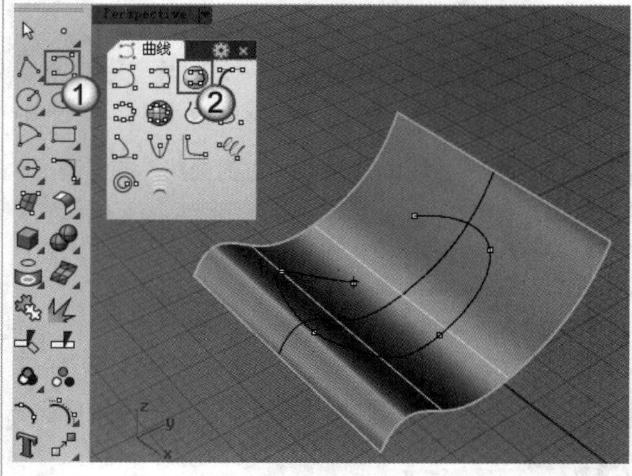

图3-77

绘制控制点曲线时，按住Alt键可以建立一个锐角点，按住Ctrl键可以移动最后一个曲线点的位置。如果要想显示或关闭曲线的编辑点，可以使用“打开编辑点/关闭点”工具，如图3-78所示。

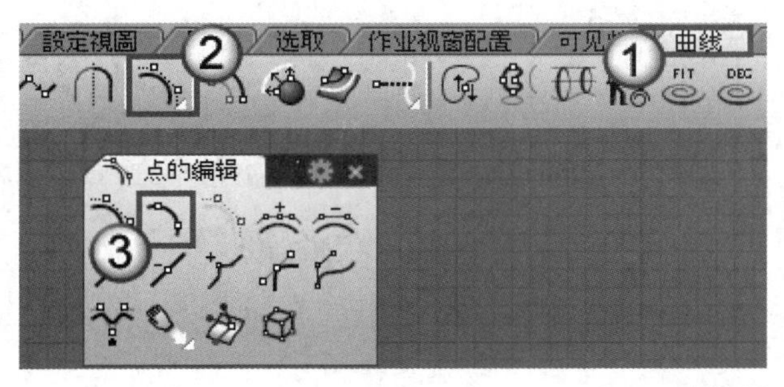

图3-78

“内插点曲线/控制点曲线”工具的左键功能相对较随意，所以比较适合绘制一些过渡较缓和的曲线；而右键功能相对易控制，所以比较适合绘制一些弧度较大的曲线。

3.3.3 绘制描绘曲线

描绘曲线类似于在纸上徒手画线，绘制描绘曲线的操作命令位于“曲线>自由造型”菜单下和“曲线”工具面板中，如图3-79和图3-80所示。

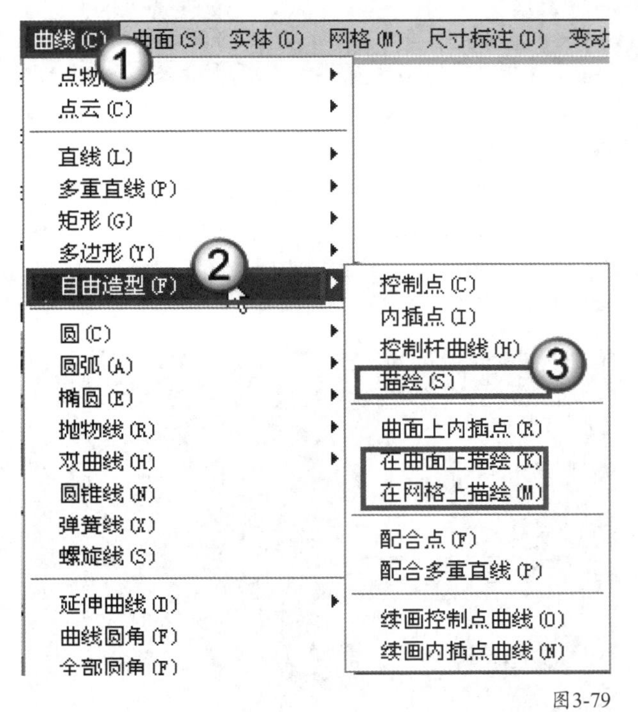

图3-79

图3-80

“曲线>自由造型”菜单下的“描绘”和“在曲面上描绘”命令集成在“描绘/在曲线上描绘”工具上。

绘制描绘曲线的方法比较简单，启用工具后在视图中按住鼠标左键不放并拖曳即可直接绘制，如图3-81所示，按Enter键结束命令之前可以一直进行绘制。

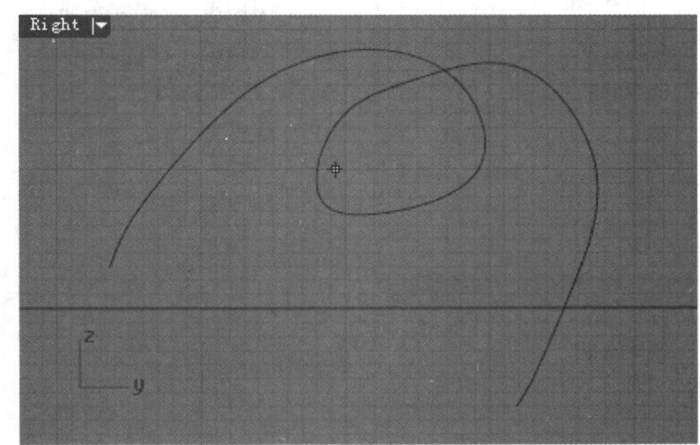

图3-81

技巧与提示

使用“描绘”命令可以在任意空间进行绘制，使用“在曲面上描绘”和“在网格上描绘”命令则会被限制在曲面和网格上，图3-82所示是在球体上绘制描绘曲线。

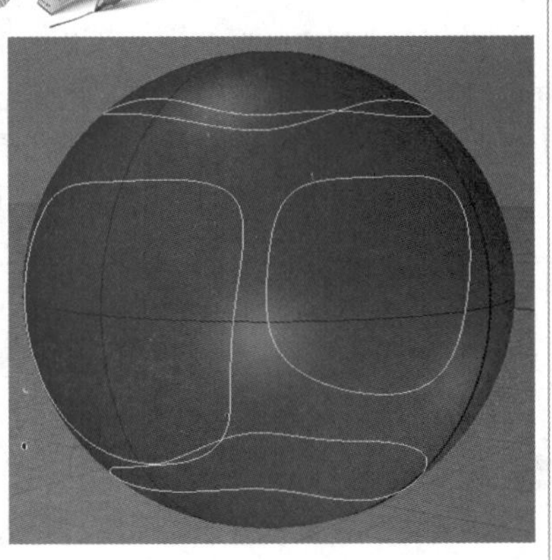

图3-82

3.3.4 绘制圆锥曲线

圆锥曲线又称二次曲线，包括椭圆、抛物线和双曲线。椭圆指一个平面切过正圆锥体侧面产生的封闭交线，Rho数值介于0.0和0.5之间；抛物线指一个平面切过正圆锥体侧面及底面产生的交线，Rho数值为0.5；双曲线指一个与正圆锥体底面垂直的平面切过圆锥体侧面产生的交线，Rho数值介于0.5和1之间。

Rho为曲线饱满值，Rho值越小，曲线就越平坦；Rho值越大，曲线就越饱满。

Rhino中绘制圆锥曲线的操作命令位于“曲线”菜单下和“曲线”工具面板中，如图3-83和图3-84所示。

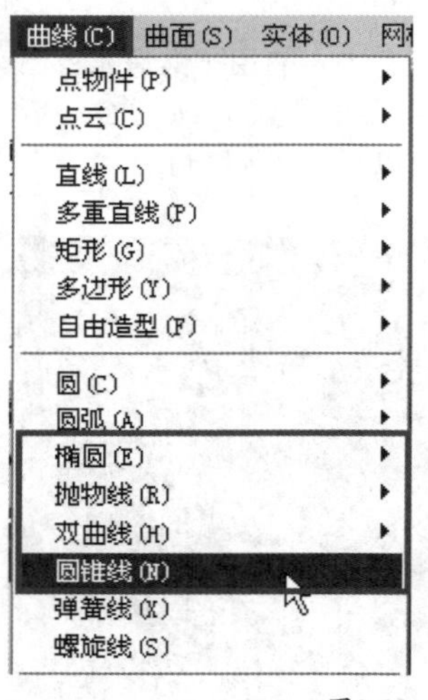

图3-83

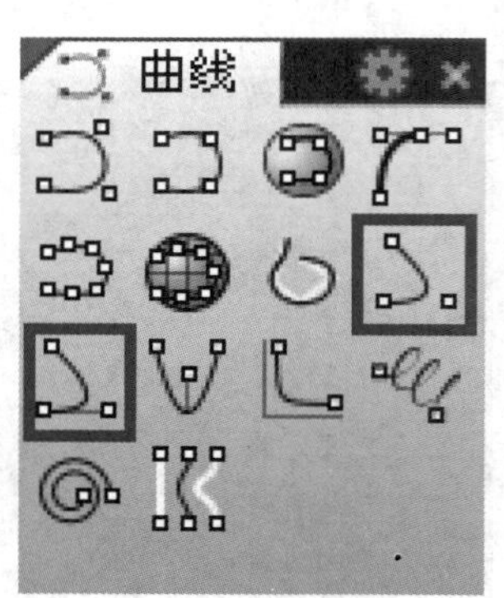

图3-84

绘制圆锥曲线有多种方式，如“起点垂直”方式、“起点正切”方式和“起点正切、终点”方式，下面分别进行介绍。

默认方式

默认方式是通过指定3个点来构造一个三角形，再通过指定顶点处的曲率点或输入Rho值来绘制出抛物线，如图3-85所示。执行“曲线>圆锥线”菜单命令或使用鼠标左键单击“圆锥线/圆锥线：起点垂直”工具即可启用这种绘制方式。

顶点的位置可以定义圆锥线所在的平面，Rho数值介于0和1之间。

起点垂直

这种方式需要一条原始曲线，圆锥曲线的起点垂直于在原始曲线上选取的点，如图3-86所示。使用鼠标右键单击“圆锥线/圆锥线：起点垂直”工具可以启用这种方式。

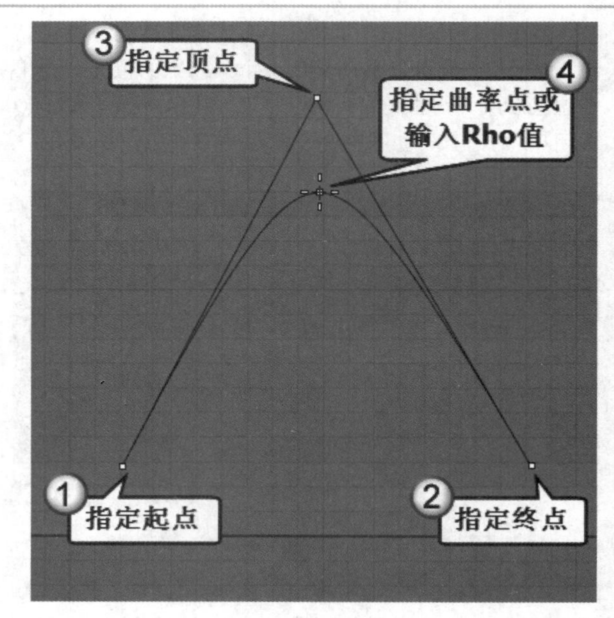

图3-85

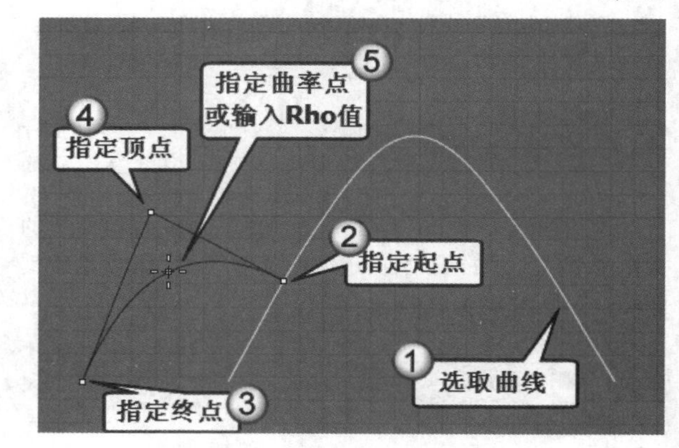

图3-86

起点正切

这种方式同样需要一条原始曲线，圆锥曲线的起点与原始曲线上选取的点相切，如图3-87所示。使用鼠标左键单击“圆锥线：起点正切/圆锥线：起点正切、终点”工具可以启用这种方式。

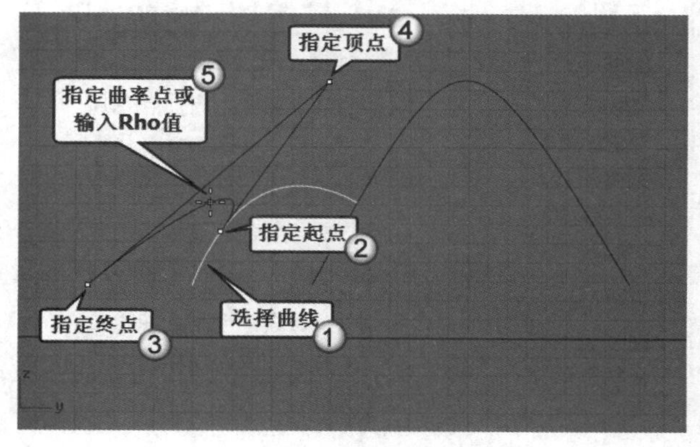

图3-87

起点正切/终点

这种方式需要两条原始曲线，新绘制的圆锥线与左右两条圆锥线正切，如图3-88所示。使用鼠标右键单击“圆锥线：起点正切/圆锥线：起点正切、终点”工具可以启用这种方式。

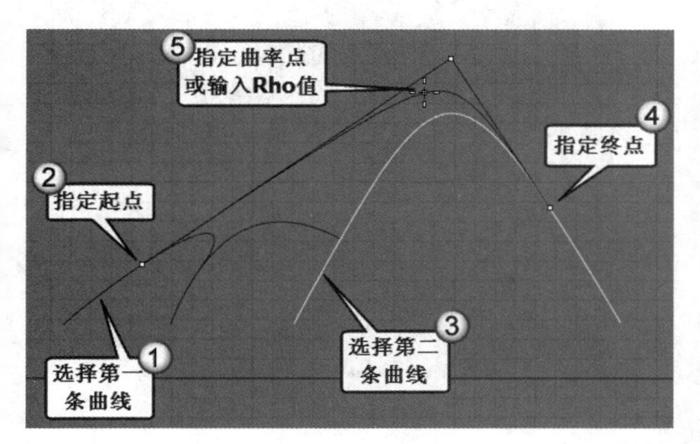

图3-88

3.3.5 绘制螺旋线

使用“螺旋线/平坦螺旋线”工具可以绘制螺旋线，启用该工具后，首先指定螺旋线轴的起点和终点（螺旋线轴是螺旋线绕着旋转的一条假想的直线），然后指定螺旋线的第一半径和起点，再指定螺旋线的终点和第二半径，如图3-89所示。

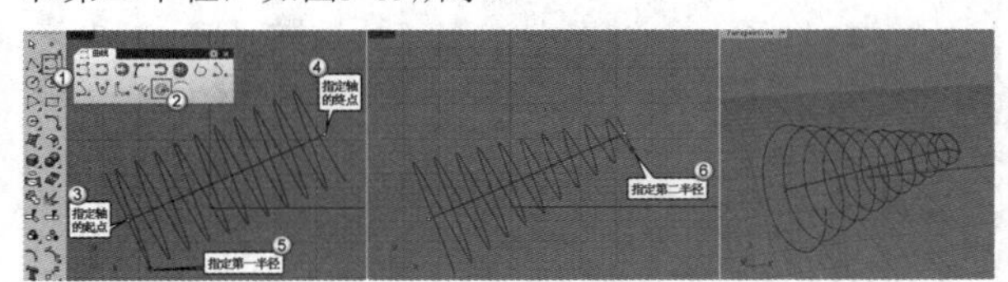

图3-89

在上面的操作过程中，将看到如图3-90所示的命令提示。

```
指令: _Spiral
轴的起点 ( 平坦(F)  垂直(V)  环绕曲线(A) ):
轴的终点:
第一半径和起点 <1.000> ( 直径(D)  模式(M)=圈数  圈数(T)=10  螺距(P)=0.608276  反向扭转(R)=否 ):
第二半径 <0.000> ( 直径(D)  模式(M)=圈数  圈数(T)=10  螺距(P)=0.608276  反向扭转(R)=否 ):
```

图3-90

命令选项介绍

平坦：绘制一条平面的螺旋线。

垂直：绘制一条轴线与工作平面垂直的螺旋线。

环绕曲线：绘制一条环绕曲线的螺旋线。

直径/半径：以直径或半径定义螺旋线。

模式：有两种模式，一种为圈数，代表以圈数为主，螺距会自动调整；另一种为螺距，以螺距为主，圈数会自动调整。

圈数/螺距：设置螺旋线的圈数和螺距。

反向扭转：反转扭转方向为逆时针方向，改变设置可以实时预览。

3.3.6 绘制抛物线

绘制抛物线有两种方式，一种是先指定焦点，然后指定方向（抛物线“开口”的方向），再指定终点，如图3-91所示。另一种是先指定顶点，再指定焦点和终点，如图3-92所示。

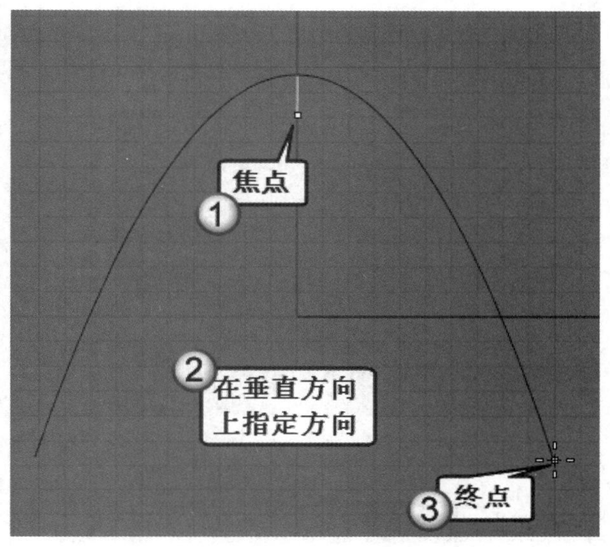

图3-91

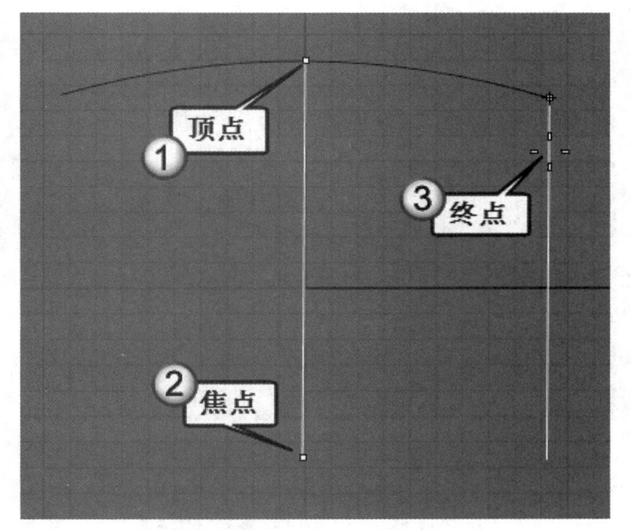

图3-92

完成抛物线的绘制后，在命令行会显示出焦点至顶点的距离和抛物线的长度，如图3-93所示。

```
指令: _Parabola
抛物线焦点 ( 顶点(V)  标示焦点(M)=否  单侧(H)=否 ):
抛物线方向 ( 标示焦点(M)=否  单侧(H)=否 ):
抛物线终点 ( 标示焦点(M)=否  单侧(H)=否 ):
焦点至顶点的距离 = 2.3259，长度 = 26.5121
```

图3-93

3.3.7 绘制双曲线

使用“双曲线”工具可以绘制双曲线，默认情况下是通过指定中心点、焦点和终点进行绘制，如图3-94所示。绘制时可以看到如图3-95所示的命令选项，这3个选项代表了3种不同的绘制方式。

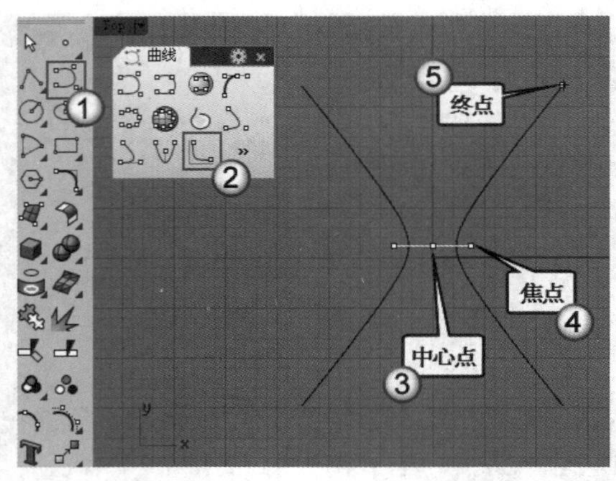

图3-94

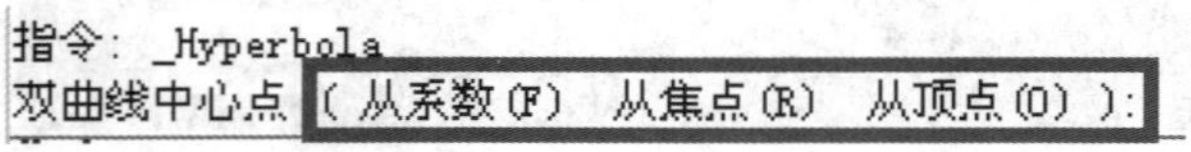

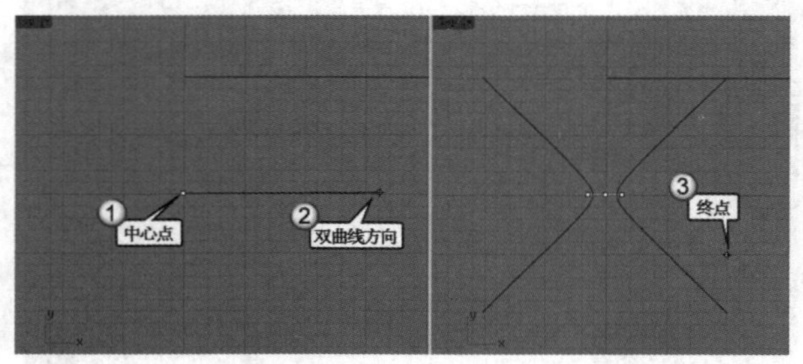

图3-95

命令选项介绍

从系数：以双曲线方程式的A和B系数定义曲线，A系数代表双曲线中心点到顶点的距离，如果C是双曲线中心点到焦点的距离，那么B2=C2-A2；B系数是渐近线的斜率，如图3-96所示。

图3-96

从焦点：从两个焦点开始绘制双曲线，如图3-97所示。

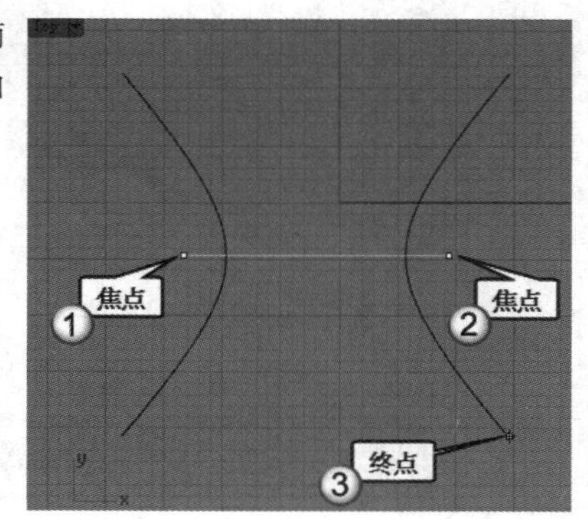

图3-97

从顶点：通过指定顶点、焦点和终点绘制双曲线，如图3-98所示。

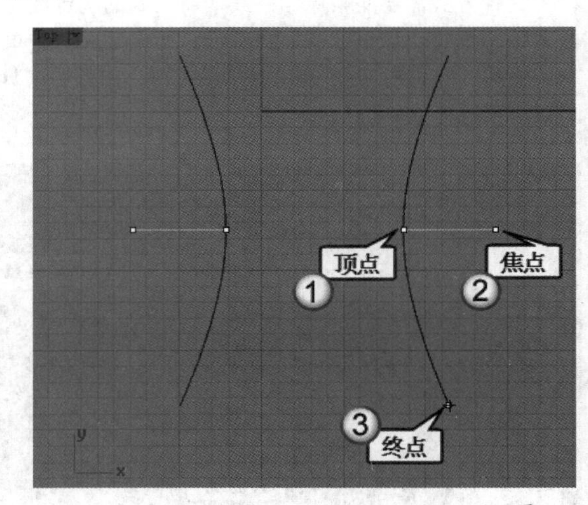

图3-98

3.3.8 绘制弹簧线

同绘制螺旋线相似，绘制弹簧线也需要先指定一条假想的旋转轴；所不同的是，弹簧线具有一个统一的半径，如图3-99所示。

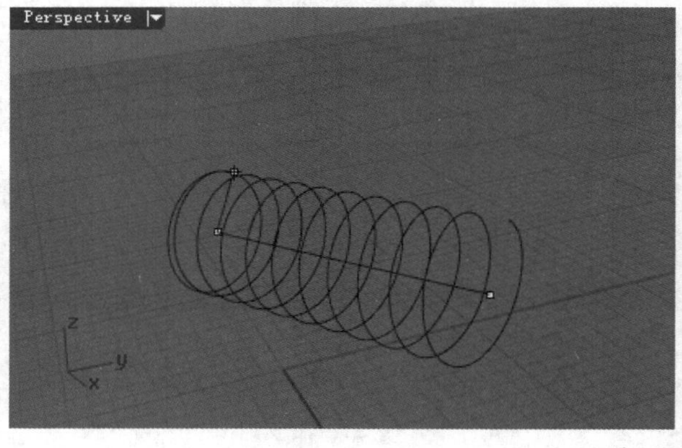

图3-99

实战

沿曲线绘制弹簧线

场景位置	无
实例位置	实例文件>第3章>实战——沿曲线绘制弹簧线.3dm
视频位置	第3章>实战——沿曲线绘制弹簧线.flv
难易指数	★☆☆☆☆
技术掌握	掌握绘制弹簧线的方法

01 使用“控制点曲线/通过数个点的曲线”工具在Top（顶）视图中绘制一条如图3-100所示的曲线。

02 使用鼠标左键单击“弹簧线/垂直弹簧线”工具，然后在命令行单击“环绕曲线”选项，接着选择上一步绘制的曲线，最后指定弹簧线的半径，结果如图3-101所示。

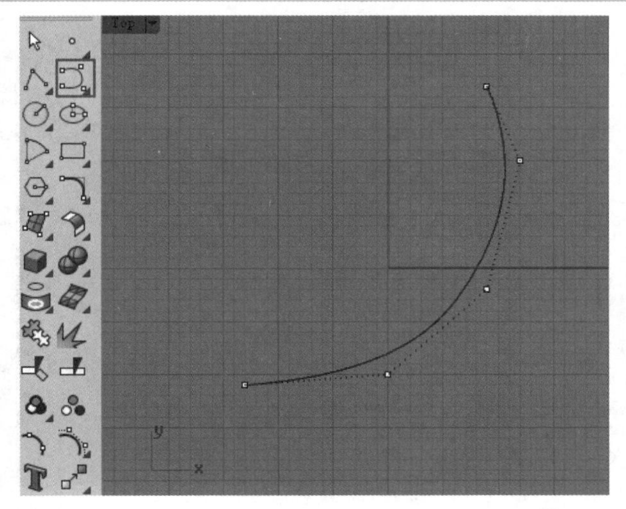
图3-100

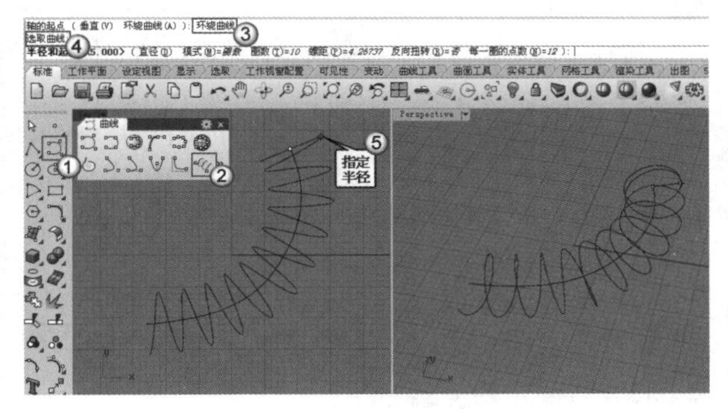

图3-101

3.4 绘制标准曲线

Rhino里的标准曲线主要指圆、椭圆、多边形和文字。这里的标准没有明确的说法，之所以称作标准曲线，主要是因为：首先是绝大多数三维软件都将这些对象作为一个标准放在功能面板中使用，因此有通用的情况；其次是这些命令像个标准库一样，只需做简单的参数修改就能使用，不需要太多的手动调节。

3.4.1 绘制圆

圆是一种常见的几何图形，当一条线段绕着它的一个端点在平面内旋转一个周期时，它的另一个端点的轨迹叫作圆。

在Rhino中绘制圆有多种方式，集成在“曲线>圆”菜单下和“圆”工具面板中，如图3-102和图3-103所示。

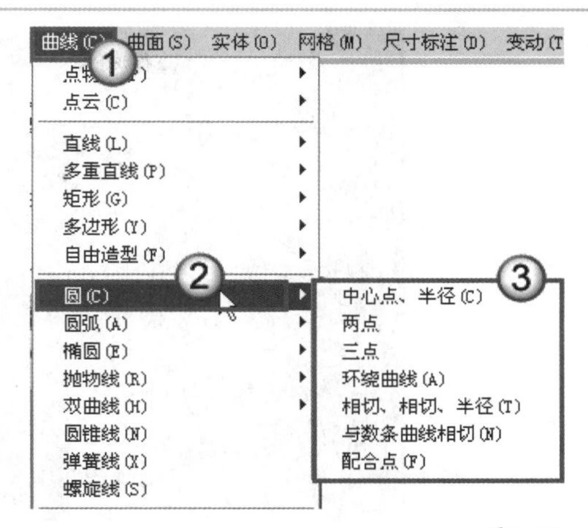

图3-102

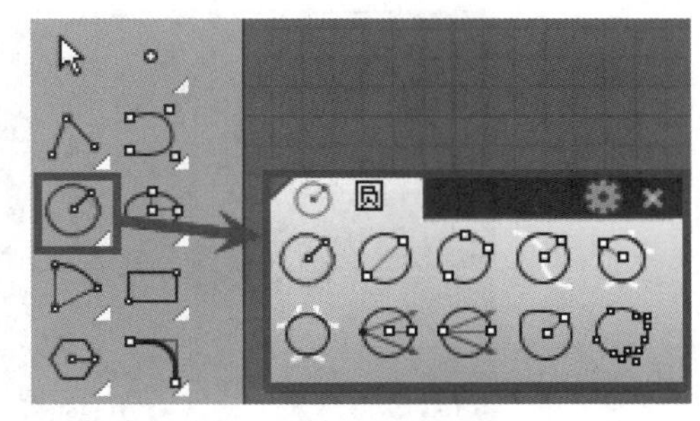

图3-103

中心点/半径

这种方式是通过指定中心点和半径来建立圆，如图3-104所示。绘制的过程中将看到如图3-105所示的命令选项。

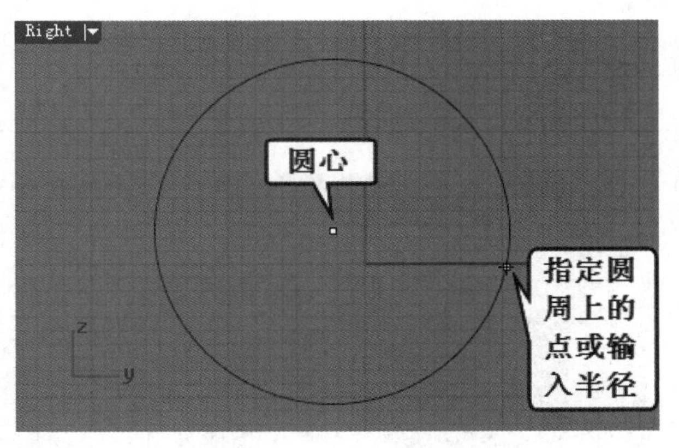

图3-104

```
指令: Circle
圆心（可塑形的(D) 垂直(V) 两点(P) 三点(O) 正切(T) 环绕曲线(A) 逼近数个点(F)）:
```

图3-105

图3-105所示的命令选项大部分用于切换到其他绘制圆的方式，但要注意“可塑形的”选项，该选项用于以指定的阶数或控制点数建立形状近似的NURBS曲线，如图3-106和图3-107所示。

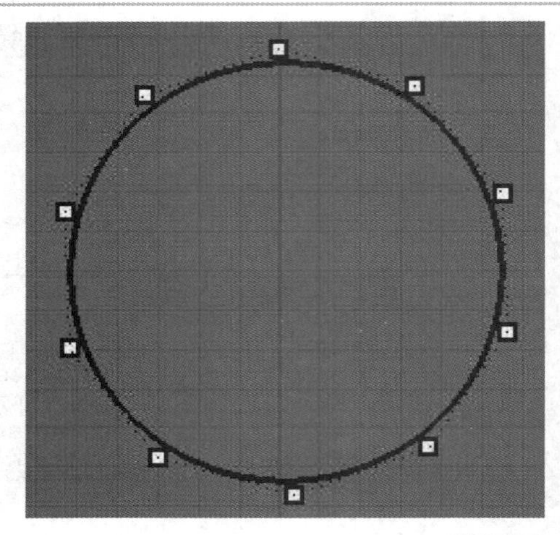

图3-106

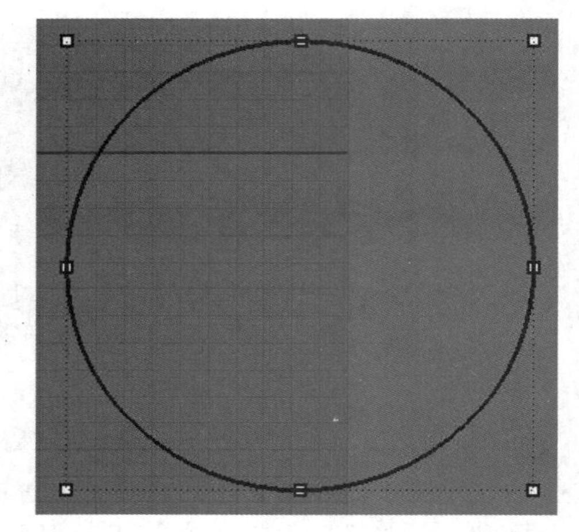

图3-107

两点/三点

“两点”方式通过指定直径线的两个端点来绘制一个圆，如图3-108所示；“三点”方式通过指定圆周上的3个点来绘制一个圆，如图3-109所示。

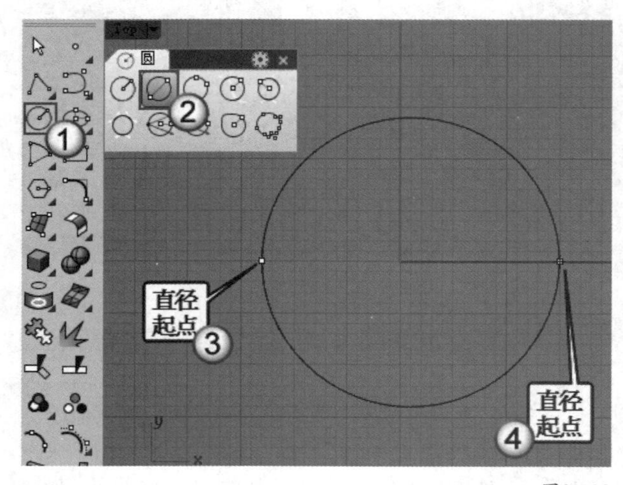

图3-108

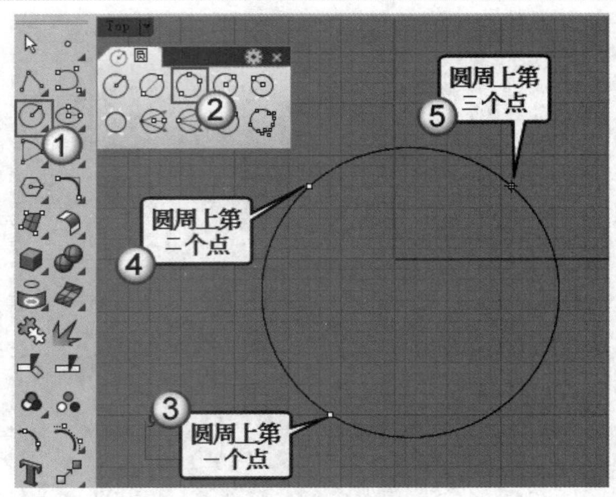

图3-109

环绕曲线

这种方式是绘制一个与曲线垂直的圆，圆心位于曲线上。

见图3-110，先使用“直线”工具在Front（前）视图中绘制一条倾斜直线，然后启用“圆：中心点、半径”工具，接着在命令行单击“环绕曲线”选项，并选择直线，最后在直线上确定圆的中心，再指定圆的半径。

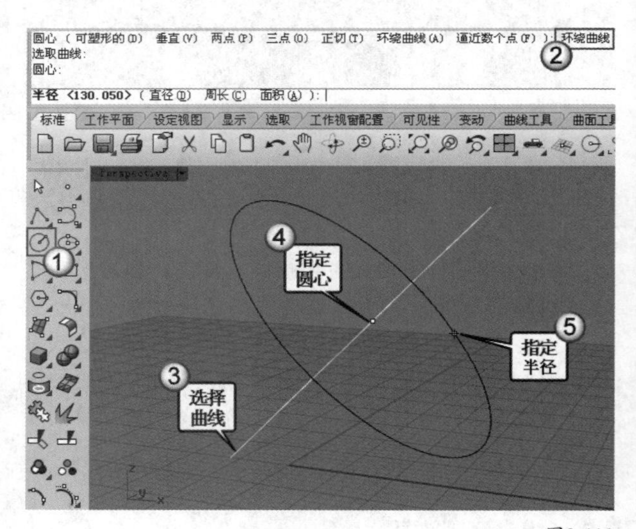

图3-110

相切、相切、半径

绘制一个与两条曲线相切并具有指定半径值的圆，如图3-111所示。

如果第2条相切曲线上有某一个点可以与指定半径的圆相切，相切线标记可以锁定该点。

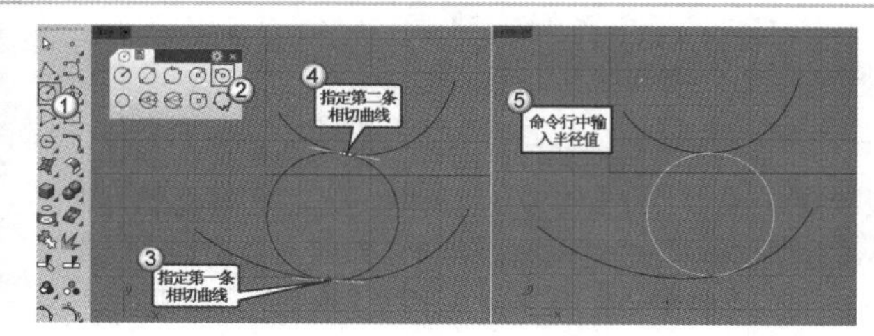

图3-111

与数条曲线相切

绘制一个与3条曲线相切的圆，如图3-112所示。

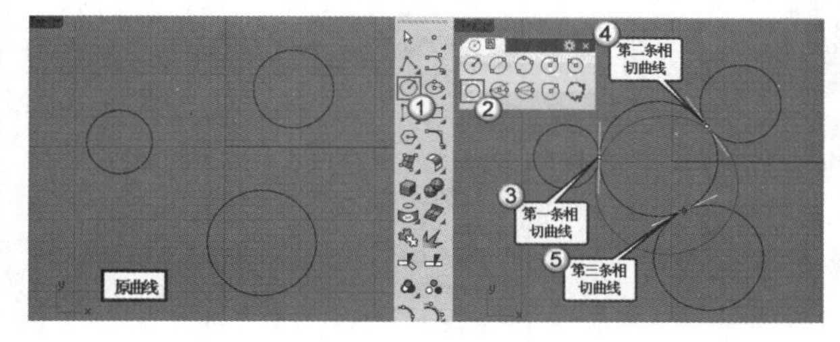

图3-112

与工作平面垂直

使用“圆：与工作平面垂直、中心点、半径”工具和“圆：与工作平面垂直、直径”工具都可以绘制一个与工作平面垂直的圆，启用工具后依次指定中心点和半径（直径）即可，如图3-113所示。

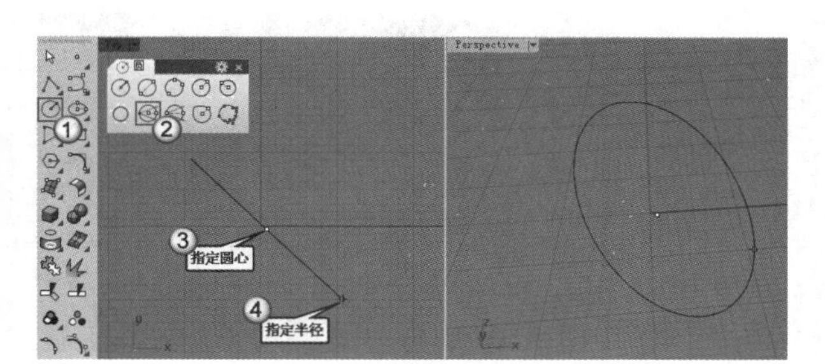

图3-113

配合点

这种方式在前面已经有过多次介绍，通过指定多个点来绘制一个圆（至少需要选取3个点），如图3-114所示。

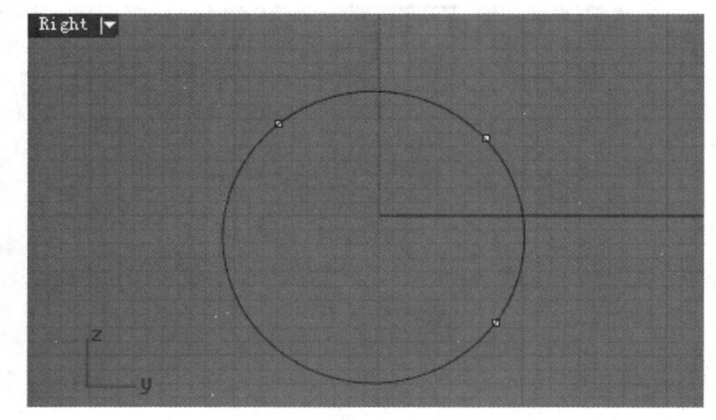

图3-114

实战

利用圆绘制星形图案

场景位置	无
实例位置	实例文件>第3章>实战——利用圆绘制星形图案.3dm
视频位置	第3章>实战——利用圆绘制星形图案.flv
难易指数	★★☆☆☆
技术掌握	掌握绘制圆的方法和通过控制点对圆进行变形生成特殊造型曲线的技巧

本例绘制的星形图案如图3-115所示。

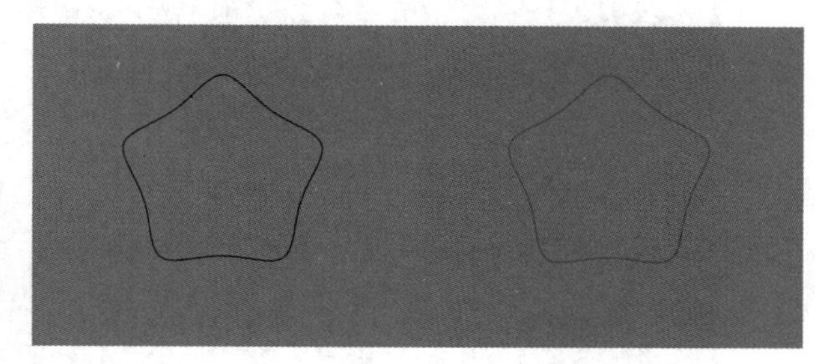

图3-115

01 启用“圆：中心点、半径”工具，利用“可塑形方式”绘制一个如图3-116所示的圆，具体操作步骤如下。

操作步骤

① 在命令行单击“可塑形的”选项。

② 在Top（顶）视图中拾取一点作为圆心，然后拾取另一点确定半径。

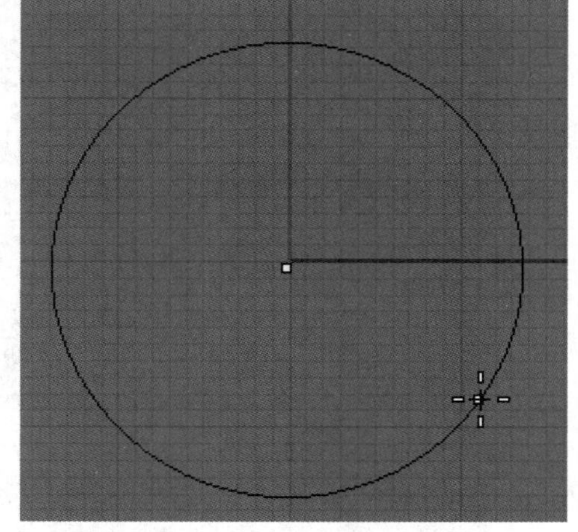

图3-116

02 选择上一步绘制的圆，按F10键打开控制点，如图3-117所示。

03 开启“点”捕捉模式，然后使用“多重直线/线段”工具捕捉对角点绘制如图3-118所示的两条直线。

04 按住Shift键间隔选择控制点，然后开启“交点”捕捉模式，接着使用鼠标右键单击“三轴缩放/二轴缩放”工具，对圆进行缩放，如图3-119所示，具体操作步骤如下。

操作步骤

① 捕捉两条直线的交点作为缩放的基点。

② 在适当的位置拾取一点作为缩放的第一参考点。

③ 在上一点的基础上往回收，确定缩放比。

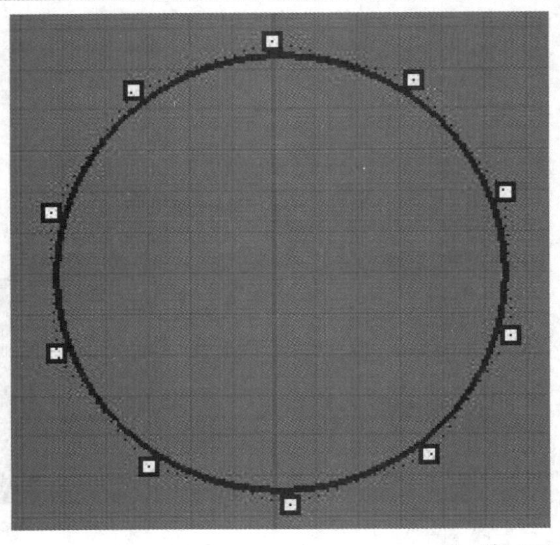
图3-117

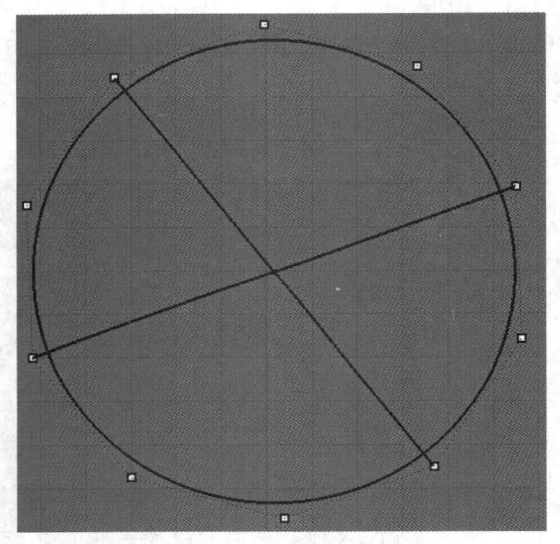
图3-118

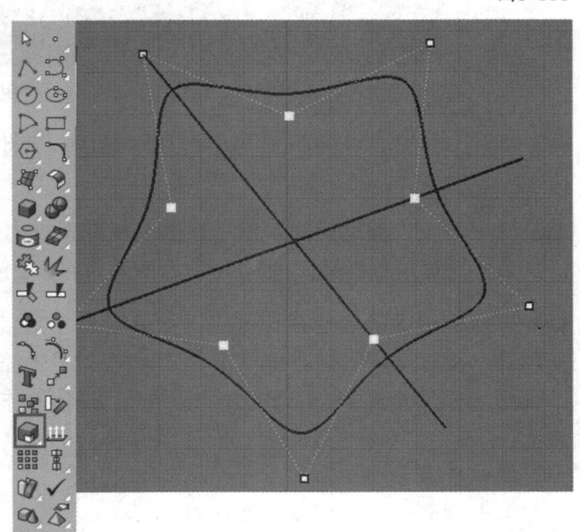
图3-119

3.4.2 绘制椭圆

椭圆是圆锥曲线的一种，即圆锥与平面的截线。从数学上来看，椭圆是平面上到两定点的距离之和为常值的点的轨迹，也可定义为到定点距离与到定直线间距离之比为常值的点之轨迹；从形状上来看，椭圆则是一种特殊的圆。

在Rhino中绘制椭圆可以通过“曲线>椭圆”菜单下的命令和“椭圆”工具面板中的工具，如图3-120和图3-121所示。

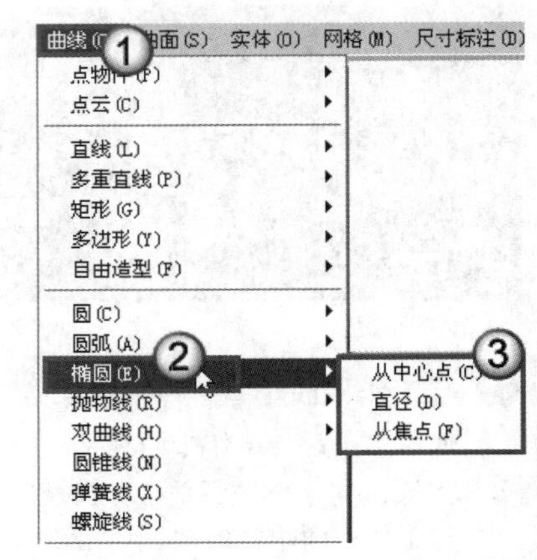

图3-120

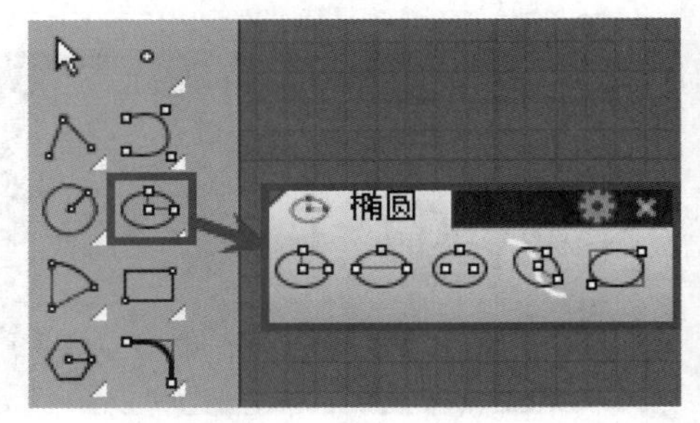

图3-121

从中心点

这是默认的绘制方式，先指定中心点，然后依次指定两个半轴的端点，如图3-122所示。

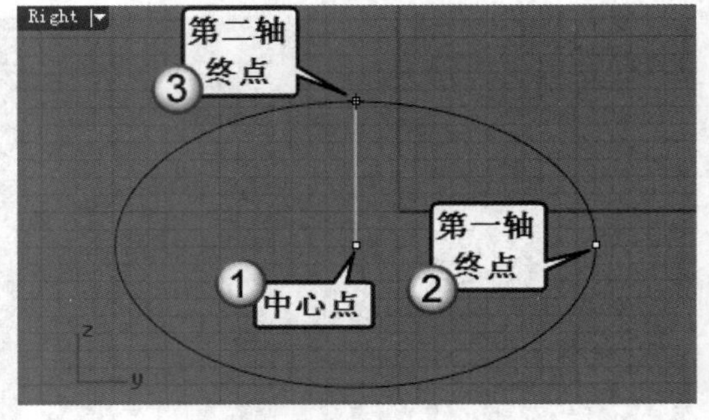

图3-122

从焦点

以椭圆的两个焦点及通过点绘制出一个椭圆，如图3-123所示。

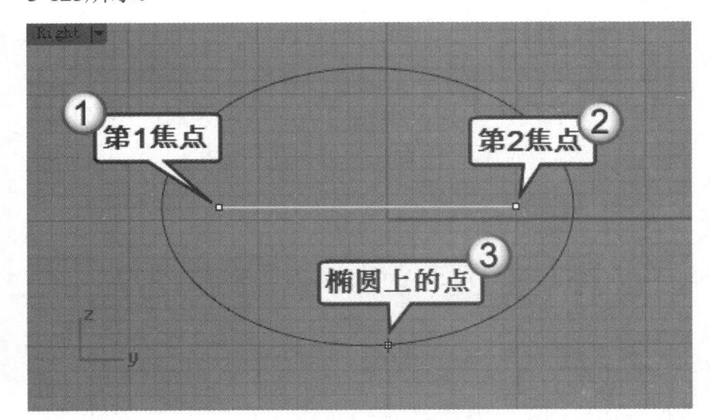

图3-123

角

使用“椭圆：角”工具可以通过指定矩形的对角点来绘制椭圆，如图3-124所示。

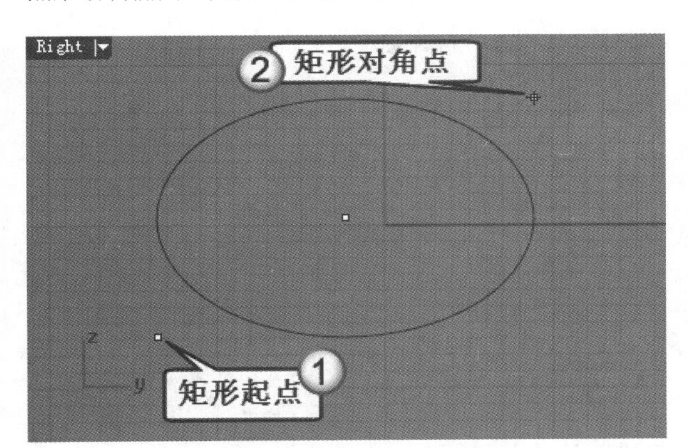

图3-124

“直径”方式和“环绕曲线”方式可以参考3.4.1小节。

实战

利用椭圆绘制豌豆形图案

场景位置	无
实例位置	实例文件>第3章>实战——利用椭圆绘制豌豆形图案.3dm
视频位置	第3章>实战——利用椭圆绘制豌豆形图案.flv
难易指数	★★☆☆☆
技术掌握	掌握椭圆的绘制方法

本例绘制的豌豆形图案如图3-125所示。

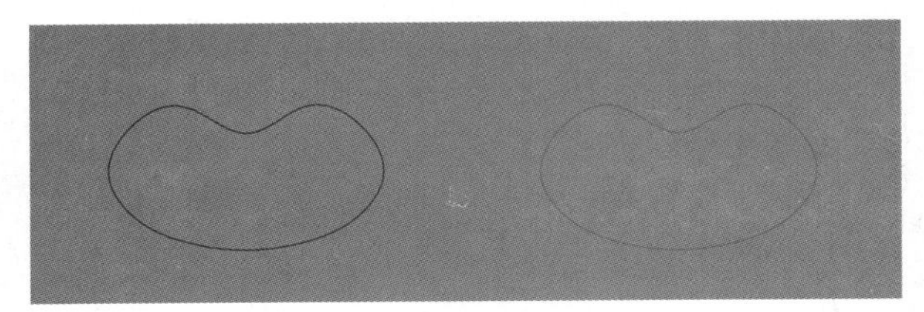

图3-125

01 启用“椭圆：从中心点”工具，绘制如图3-126所示的椭圆，具体操作步骤如下。

操作步骤

① 在命令行中单击“可塑形的”选项。

② 在Top（顶）视图指定椭圆的中心点。

③ 依次指定长轴和短轴的终点。

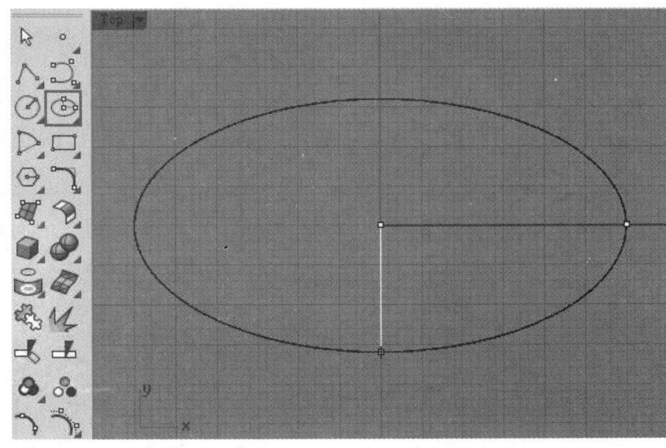

图3-126

02 选择上一步绘制的椭圆，按F10键打开控制点，可以看到椭圆由12个控制点组成，如图3-127所示。

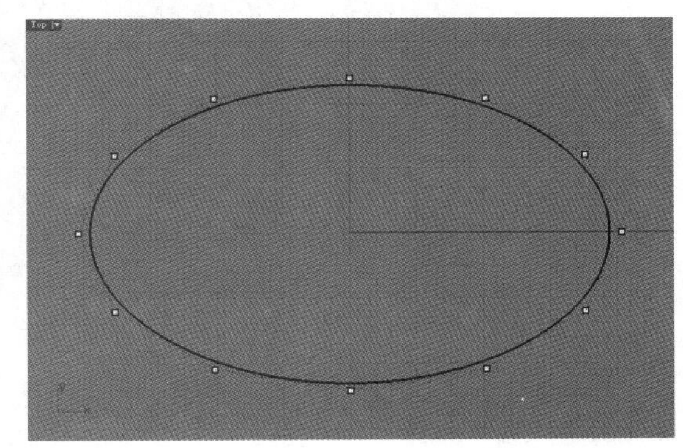

图3-127

03 选中短轴顶端的控制点，并向下拖曳一段距离，得到如图3-128所示的豌豆形状。

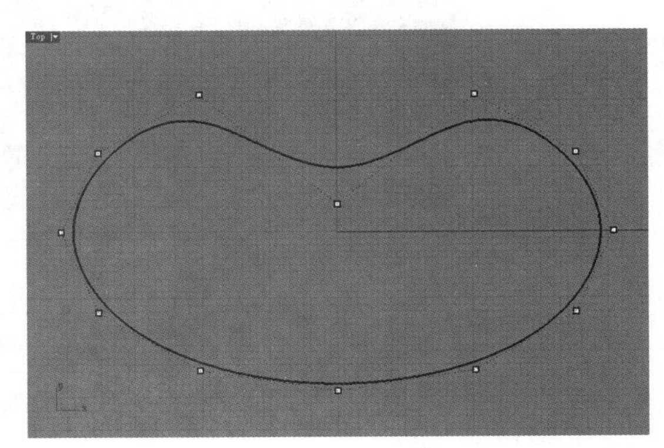

图3-128

3.4.3 绘制和转换圆弧

绘制圆弧

圆弧是圆的一部分，Rhino中绘制圆弧的操作命令集成在“曲线>圆弧”菜单下和“圆弧”工具面板内，如图3-129和图3-130所示。

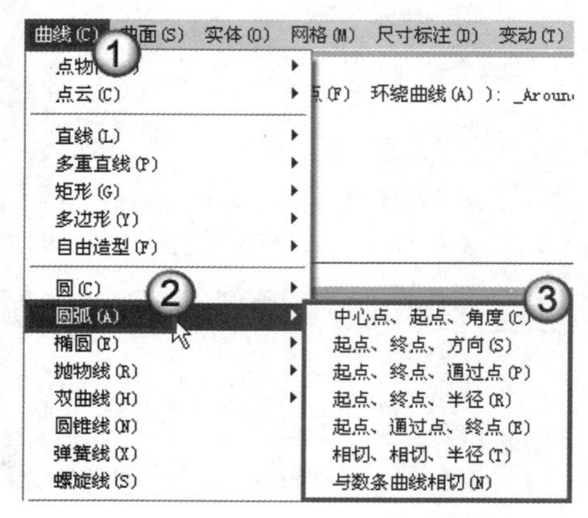

图3-129

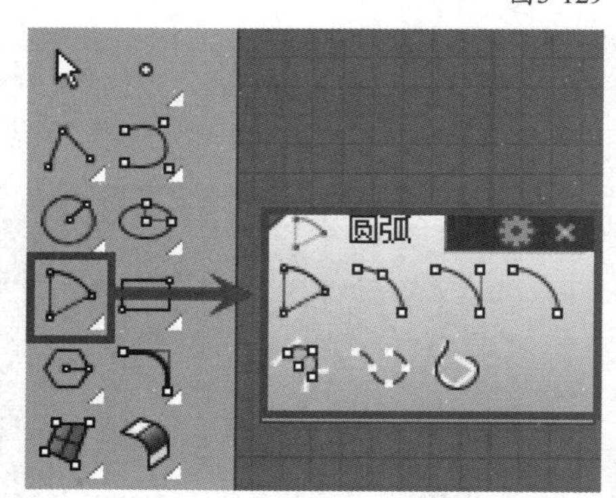

图3-130

默认情况下是使用“中心点、起点、角度”方式来建立圆弧，如图3-131所示。

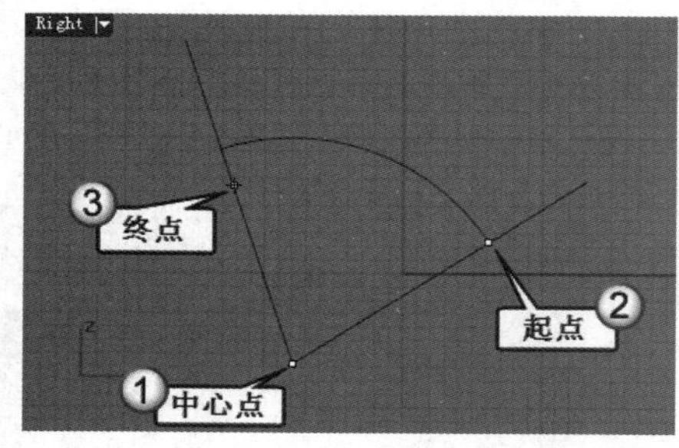

图3-131

其余几种绘制方法都比较简单，这里就不再介绍。

在命令提示中有一个“倾斜”选项，使用该选项可以绘制一个不与工作平面平行的圆弧。

转换圆弧

使用“将曲线转换为圆弧”工具可以转换曲线为圆弧或多重直线。

见图3-132，将原曲线（黄色亮显曲线）重新转换为圆弧，在命令行中设置“输出为圆弧”“最小长度”为4、“最大长度”为10，得到一条曲线，该曲线由多段圆弧组成。为方便观察，利用“炸开/抽离曲面”工具将曲线打散，可以得到8段圆弧。

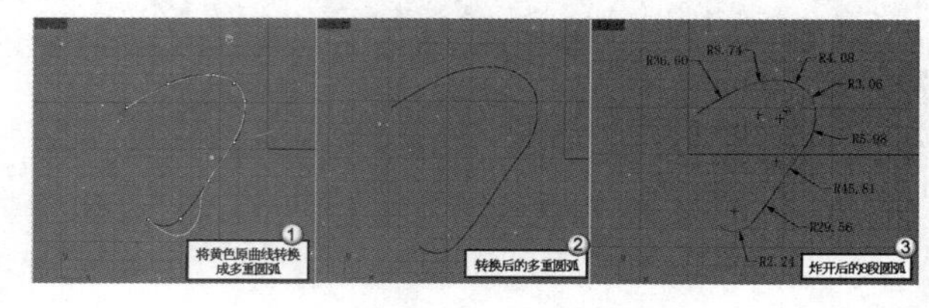

图3-132

实战

绘制零件平面图

场景位置	无
实例位置	实例文件>第3章>实战——绘制零件平面图.3dm
视频位置	第3章>实战——绘制零件平面图.flv
难易指数	★★★☆☆
技术掌握	掌握利用各种曲线工具绘制复杂平面图形的方法

本例绘制的零件平面图如图3-133所示。

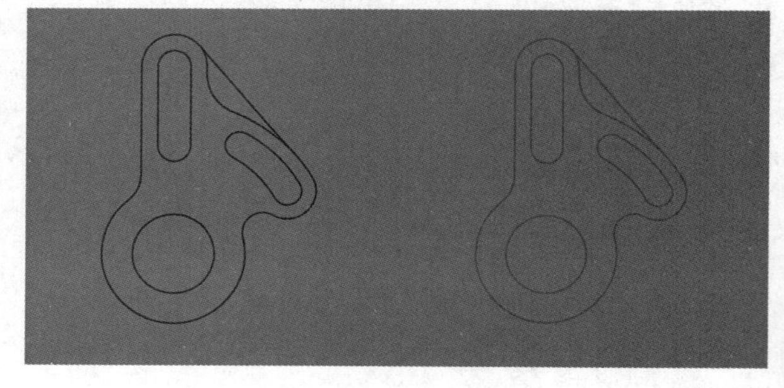

图3-133

01 首先设置绘制零件图的工作环境。单击“选项”工具，打开“Rhino选项”对话框，然后在“格线”面板内设置“格线属性”和“格点锁定”参数，如图3-134所示。

02 在“单位”面板中设置“模型单位”为“毫米”，如图3-135所示。

03 启用“直线”工具，然后开启“锁定格点”和“正交”功能，接着捕捉坐标原点在Top（前）视图中绘制两条与坐标轴重合的直线（以“两侧”方式），最后在“属性”面板中将两条直线的线型更改为Border，如图3-136所示。

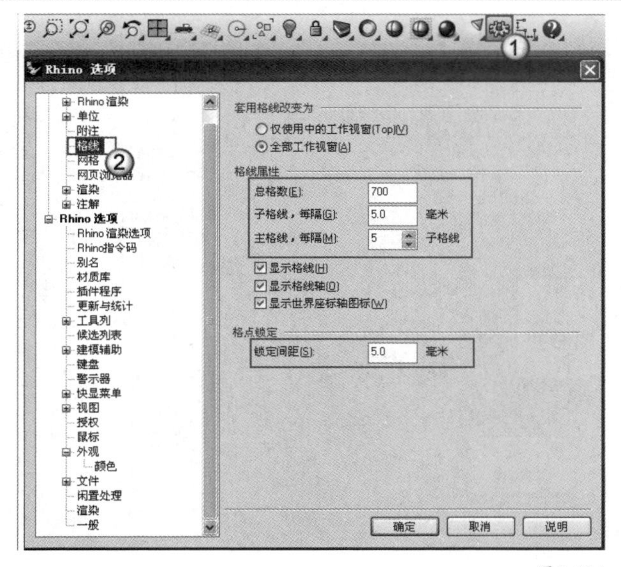

图3-134

图3-135

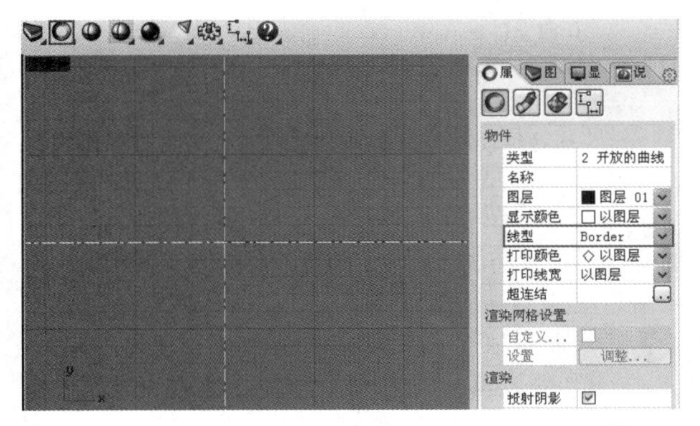

图3-136

04 通过“曲线圆角”工具调出“曲线”工具面板，然后单击“偏移曲线”工具，如图3-137所示，接着对上一步绘制的水平直线进行偏移，如图3-138所示，具体操作步骤如下。

操作步骤

① 选择上一步绘制的水平直线，如图3-138中的直线1。

② 在命令行输入55，并按Enter键确认，表示偏移的距离为55mm。

③ 在水平直线上方单击鼠标左键，指定偏移的方向，得到直线2。

④ 按空格键或Enter键重复执行Offset（偏移曲线）命令。

⑤ 选择刚刚偏移得到的水平直线（图3-138中的直线2），然后设置偏移距离为40mm，将其向上偏移。

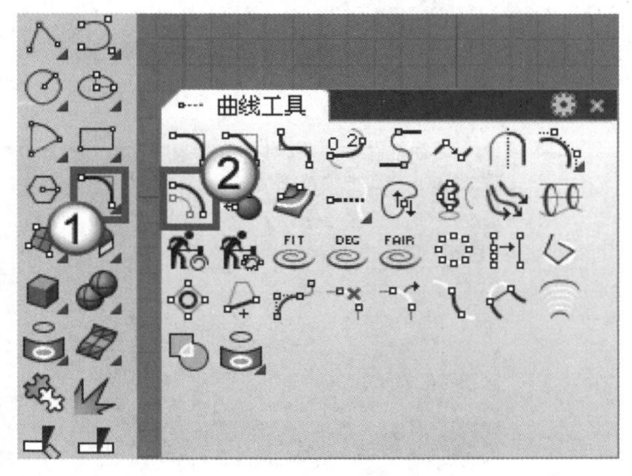

图3-137

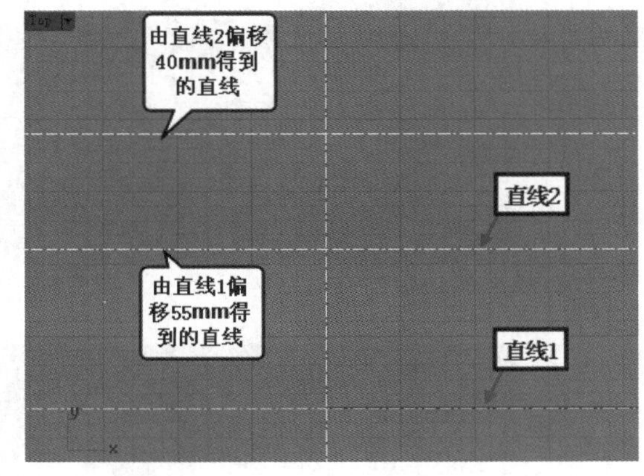

图3-138

05 启用“圆：中心点、半径”工具，打开“交点”捕捉模式，捕捉最下面的辅助直线的交点绘制3个半径分别为20mm、35mm和64mm的同心圆，如图3-139所示。

06 按空格键或Enter键再次启用“圆：中心点、半径”工具，捕捉最上面的辅助直线的交点绘制两个半径分别为8mm和16mm的同心圆，如图3-140所示。

07 启用“直线”工具，绘制如图3-141所示的4条直线。

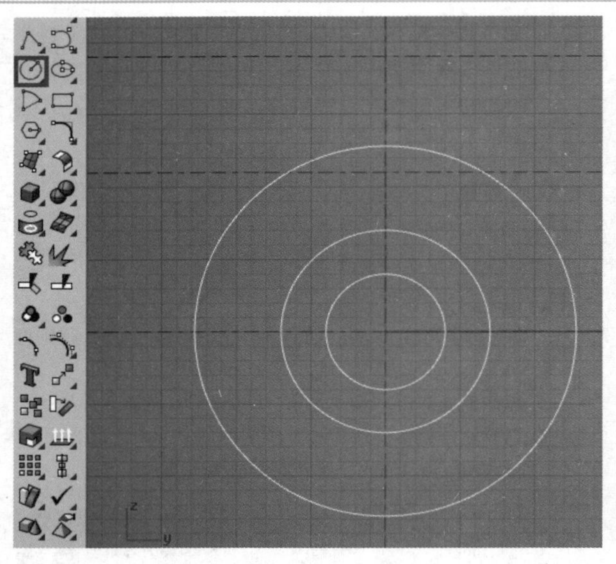

图3-139

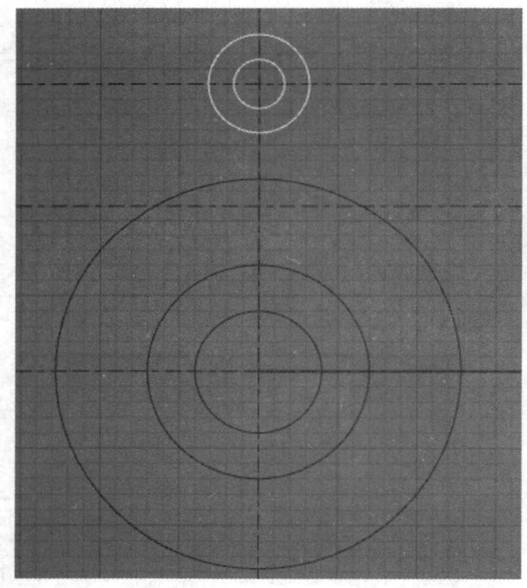

图3-140

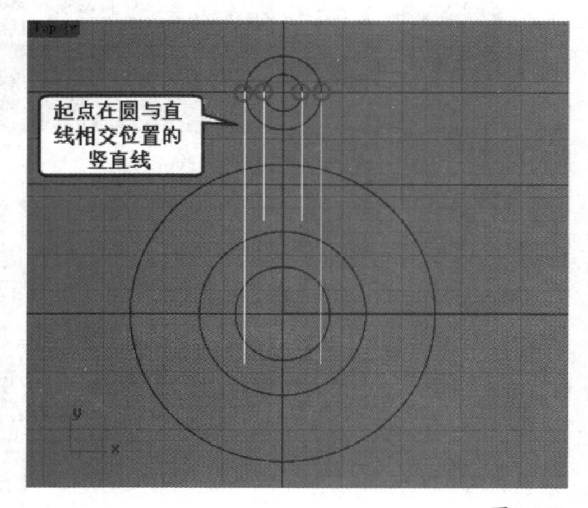

图3-141

08 启用“圆：正切、正切、半径”工具，绘制一个正切于圆和直线且半径为17mm的圆，如图3-142所示。

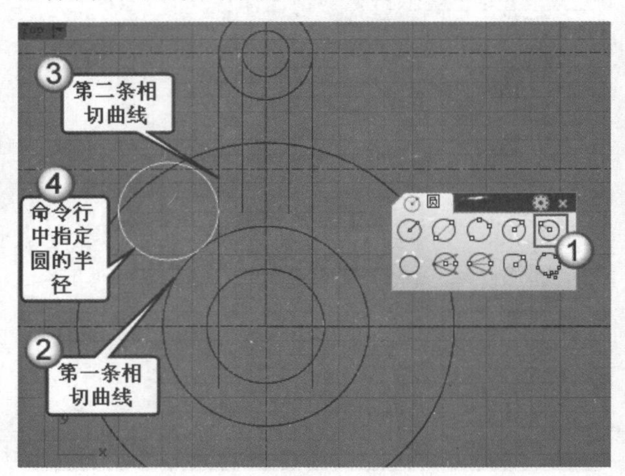

图3-142

09 启用“修剪/取消修剪”工具，按住Shift键的同时选择所有参与修剪的曲线，然后按Enter键确认，接着单击要剪掉的曲线部分，如图3-143所示。

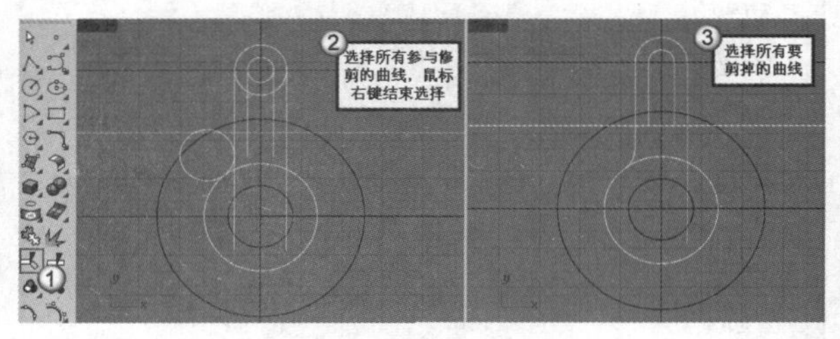

图3-143

10 启用“直线”工具，以“指定角度”方式绘制直线，并将直线线型更改为Border，如图3-144所示，具体操作步骤如下。

操作步骤

① 在命令行中单击“指定角度”选项。

② 捕捉坐标原点为基准线起点，然后捕捉与x轴重合的水平直线的右端点为基准线终点。

③ 在命令行输入30并按Enter键确认，限定即将绘制的直线与基准线的角度为30°。

④ 在超过第2条水平线上方任意位置指定终点。

⑤ 选择绘制的直线，在“属性”面板中修改线型为Border。

11 使用同样的方法绘制一条如图3-145所示的直线（基准线为上一步绘制的直线，角度同样是30°），并将直线线型更改为Border。

12 将中间一条水平辅助线隐藏，然后启用“圆：中心点、半径”工具，以坐标原点为圆心绘制3个半径分别为57mm、71mm和78mm的同心圆；接着以斜线与半径为64mm的圆的交点为圆心，绘制半径为7mm和14mm的圆，如图3-146所示。

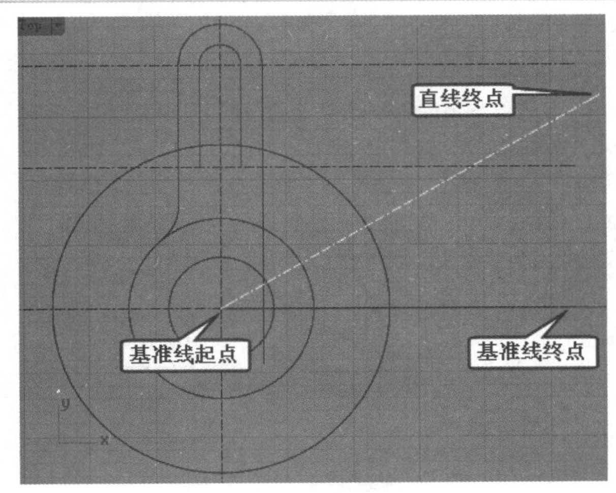

图3-144

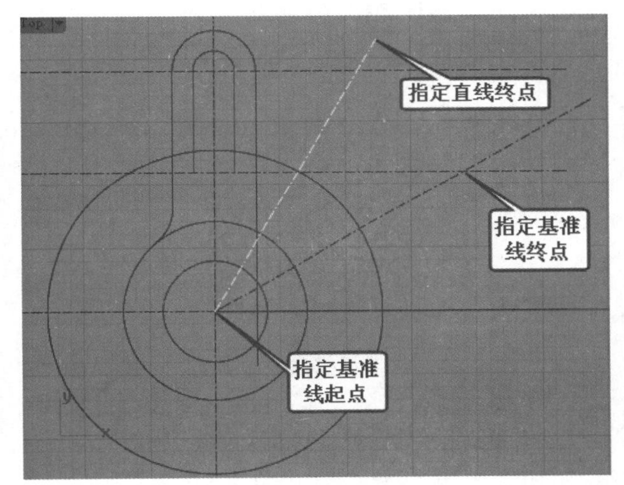

图3-145

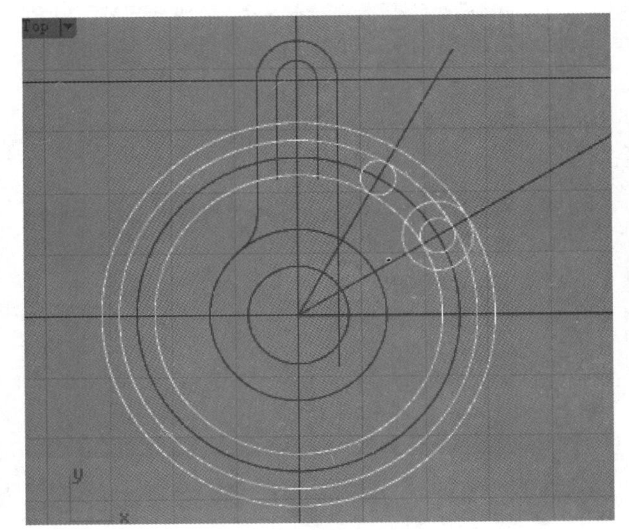

图3-146

13 使用“修剪/取消修剪”工具对上一步绘制的圆进行修剪，如图3-147所示。

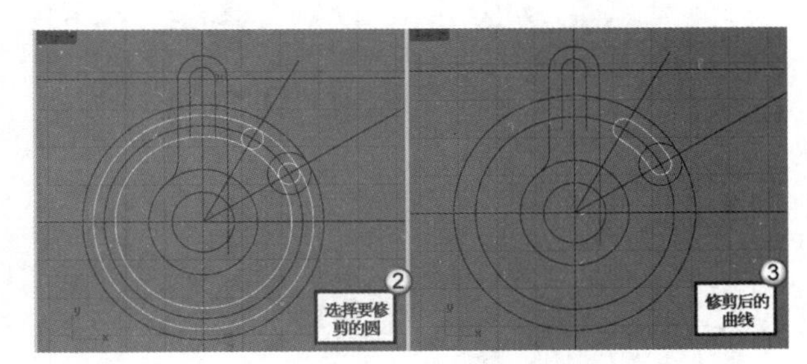

图3-147

14 启用“圆: 正切、正切、半径”工具，分别绘制半径为20mm和10mm的正切圆，如图3-148所示。

15 再次使用“修剪/取消修剪”工具对曲线进行修剪，如图3-149所示。

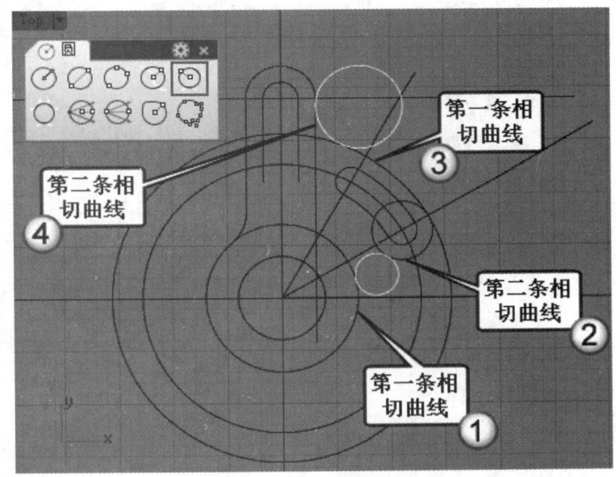

图3-148

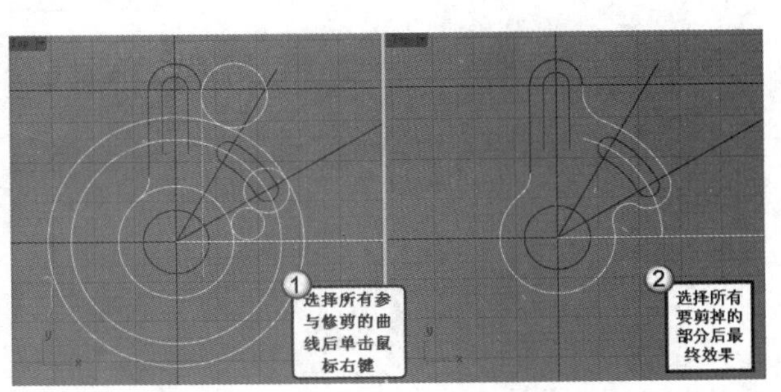

图3-149

16 使用鼠标左键单击“镜射/三点镜射”工具，打开“中点”捕捉模式，对圆弧曲线进行镜像，如图3-150所示。

17 启用“直线：与两条曲线正切”工具，绘制如图3-151所示的直线。

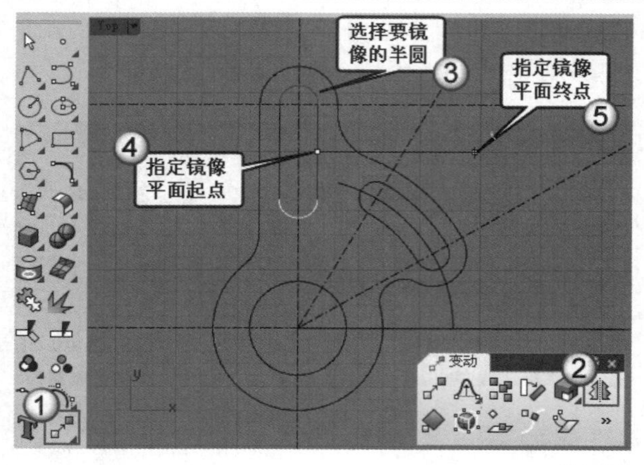

图3-150

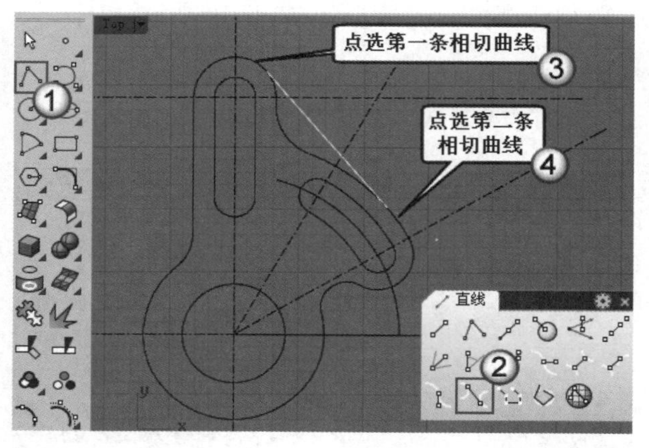

图3-151

18 将隐藏的水平辅助线显示出来，完成本案例的绘制，如图3-152所示。

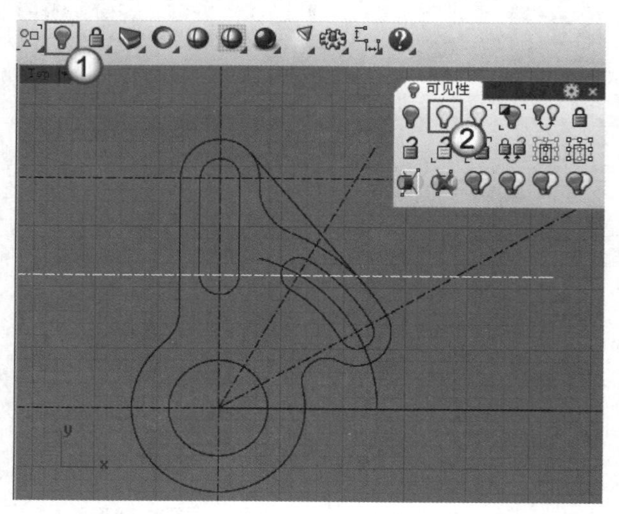

图3-152

3.4.4 绘制多边形

多边形是由3条或3条以上的直线首尾相连组成的封闭几何图形。Rhino中绘制多边形的命令位于“曲线>多边形”菜单下和“多边形”工具面板中，如图3-153和图3-154所示。

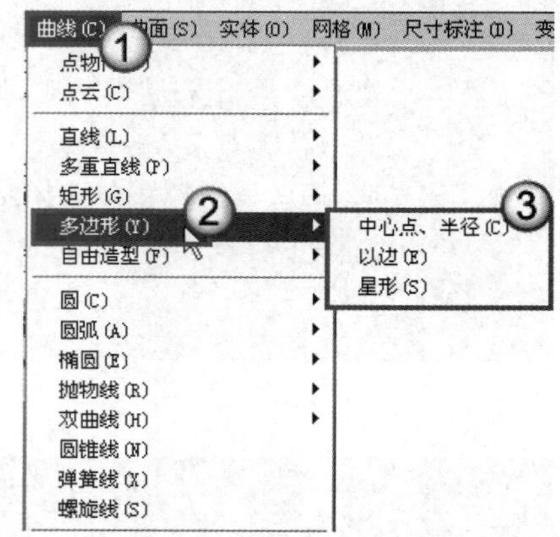

图3-153

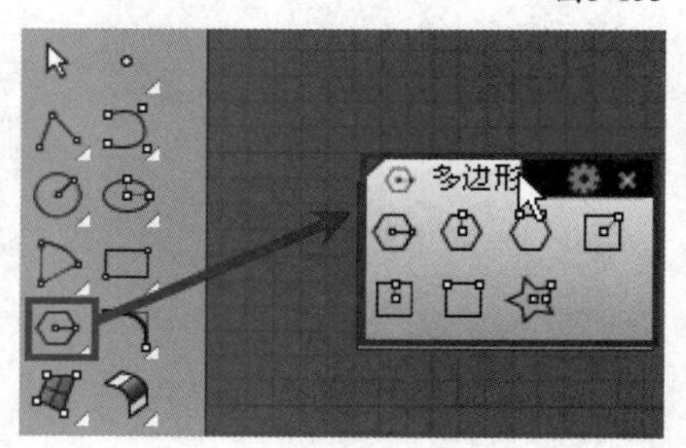

图3-154

绘制多边形的命令和工具大致可以分为两类，一类是绘制正多边形，比如绘制正八边形（设置“边数”为8即可），如图3-155所示。

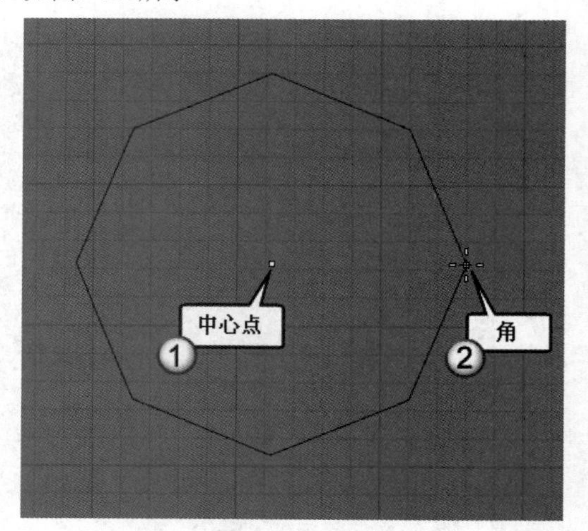

图3-155

使用“多边形”工具面板中的前7个工具都可以绘制出图3-155所示的正八边形，只是在绘制的方式上有区别。

另一类是绘制星形，启用“多边形：星形”工具后，在视图中指定图形的中心点，然后指定角的外径和内径，如图3-156所示。

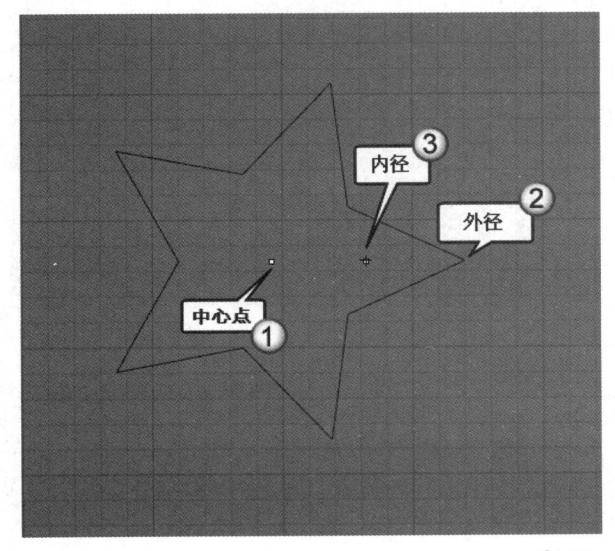

图3-156

3.4.5 创建文字

如果要在Rhino中创建文字，可以使用“文字物件”工具，启用该工具后将打开“文字物件”对话框，如图3-157所示。可以建立的文字对象包括文字曲线、曲面或实体。

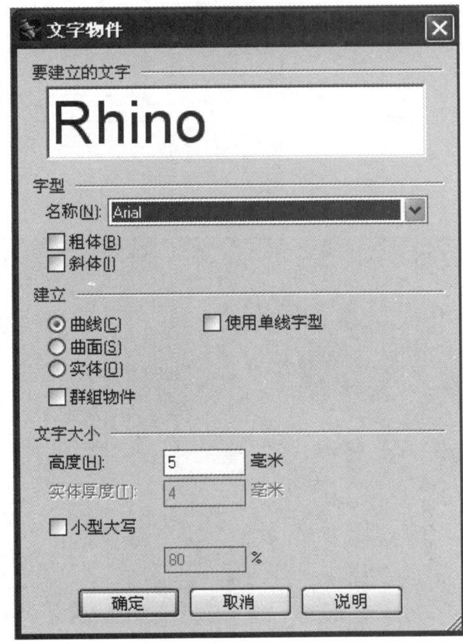

图3-157

文字物件特定参数介绍

要建立的文字：在文本框内输入需要创建的文字，通过右键菜单可以剪切、复制和粘贴文字，如图3-158所示。

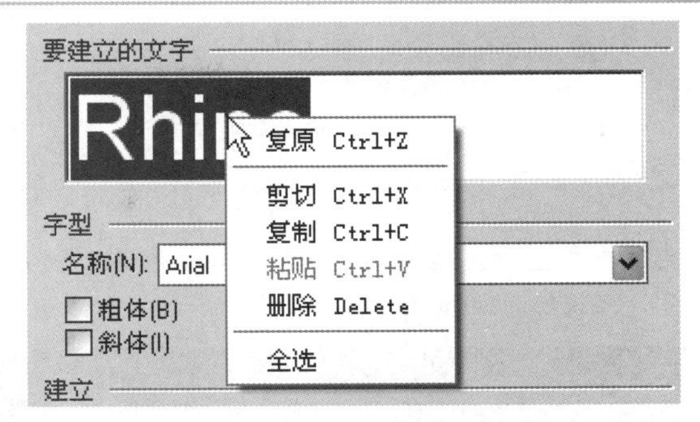

图3-158

字型：通过“名称”列表可以设置字体，勾选“粗体”和“斜体”选项可以设置字体为粗体和斜体。

建立：设置建立的文字类型。

曲线：以文字的外框线建立曲线。

使用单线字型：建立的文字曲线为开放曲线，可作为文字雕刻机的路径；未勾选时，文字曲线为封闭曲线。

曲面：以文字的外框线建立曲面。

实体：建立实体文字。

群组物件：将建立的文字物件创建为群组，否则每一个字都是单独的对象。

文字大小：设置文字的高度和厚度等，这里的参数在实际的工作中运用得比较多。

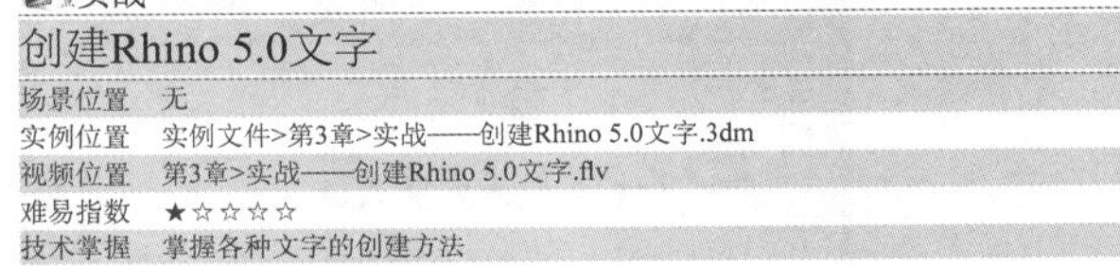

实战

创建Rhino 5.0文字

场景位置	无
实例位置	实例文件>第3章>实战——创建Rhino 5.0文字.3dm
视频位置	第3章>实战——创建Rhino 5.0文字.flv
难易指数	★☆☆☆☆
技术掌握	掌握各种文字的创建方法

01 在侧工具栏中单击“文字物件”工具，打开“文字物件”对话框，然后设置字体为Arial Baltic，再设置建立的文字类型为“曲线”，接着设置“高度”为5毫米，最后在文本框中输入“Rhino5.0”字样，如图3-159所示。

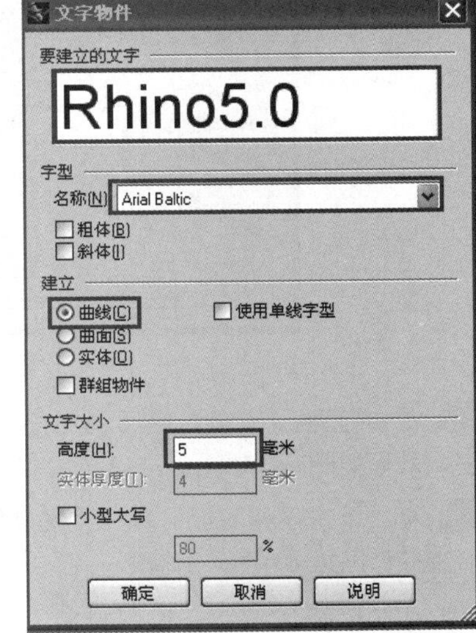

图3-159

技巧与提示

如果读者的计算机内没有安装相应的字体，可以自行决定所使用的字体。

02 单击确定按钮，返回视图中，拾取一点放置文字，效果如图3-160所示。

图3-160

03 单击鼠标右键，再次打开“文字物件”对话框，修改字体为BankGothic Md BT，再勾选“粗体”和“斜体”选项，接着设置建立的文字类型为“曲面”，最后设置“高度”为7毫米，如图3-161所示。

图3-161

04 单击确定按钮，返回视图中，拾取一点放置文字，效果如图3-162所示。

05 再次单击鼠标右键，打开“文字物件”对话框，然后进行如图3-163所示的修改。

06 单击确定按钮，返回视图中，拾取一点放置文字，效果如图3-164所示。

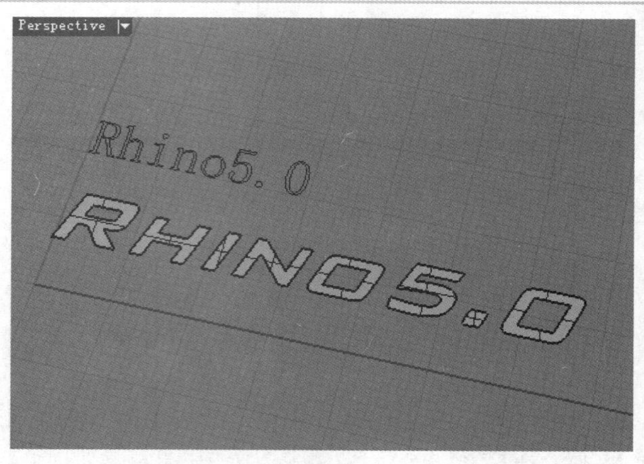

图3-162

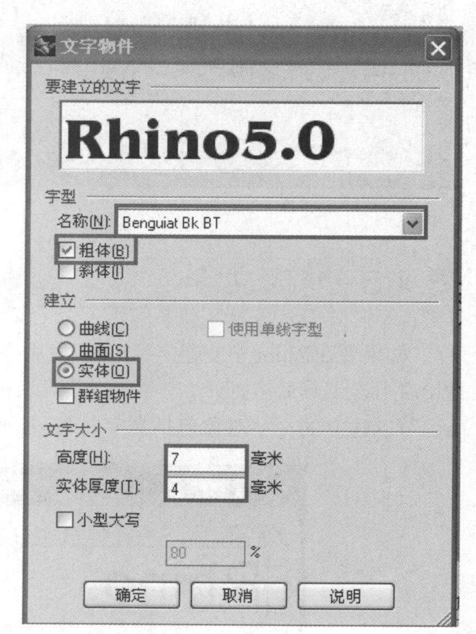

图3-163

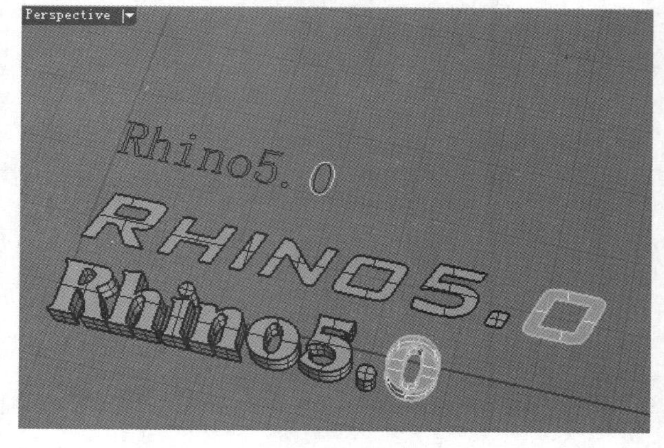

图3-164

07 上述创建的曲线、曲面及实体文字中的每一个字母等单元物件相互独立，因此可以对文字中的任何一个单元件进行编辑。选择曲线文字中的0和O文字，对其进行缩放；然后选择曲面文字中的H、N和数字5，将它们移动到“图层01”中；最后选择实体文字中的I字母，使用“实体工具”工具面板中的“挤出面/沿着路径挤出面”工具将其面板挤出一定高度，最终效果如图3-165所示。

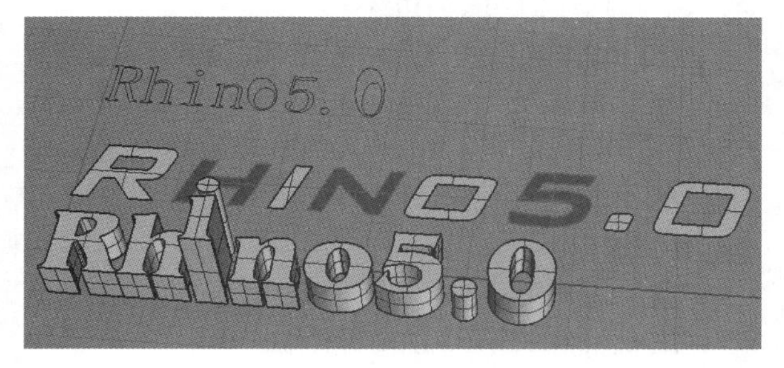

图3-165

3.5 从对象上生成曲线

Rhino中的曲线除了用于边缘构造曲面的基本曲线外，还有用于对象曲面内部的曲线。这些曲线在曲面内不仅保证了曲面的品质，还有效地塑造了对象曲面的细节，所以，这一节要重点学习怎样从对象曲面上生成曲线。

3.5.1 由曲面投影生成曲线

很多时候需要在曲面上加入Logo或者按钮之类的对象，这就需要在曲面上投影生成曲线，以此来确定其位置和造型特点。

Rhino中在曲面上投影生成曲线的工具主要有“投影至曲面”工具和“将曲线拉至曲面”工具，如图3-166所示。

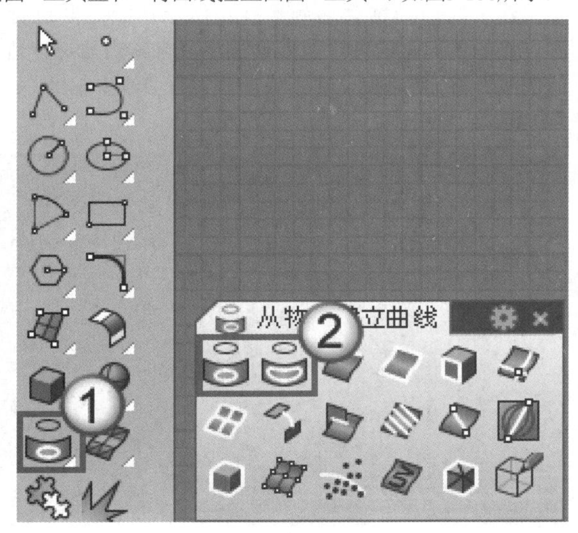

图3-166

投影至曲面

使用“投影至曲面”工具可以将曲线或点物件往工作平面的方向投影到曲面上，如果曲线在投影方向上和选取的物件没有交集，将无法建立投影曲线。

将曲线拉至曲面

使用“将曲线拉至曲面”工具是以曲面的法线方向将曲线拉回曲面上，投影结束后，新生成的曲线会处于选取状态。

实战

将椭圆投影到球体上

场景位置	场景文件>第3章>06.3dm
实例位置	实例文件>第3章>实战——将椭圆投影到球体上.3dm
视频位置	第3章>实战——将椭圆投影到球体上.flv
难易指数	★☆☆☆☆
技术掌握	掌握将曲线投影到物件上的方法

01 首先打开本例的场景文件，场景中有一个球体和一个椭圆，如图3-167所示。

02 启用“投影至曲面”工具，然后选择椭圆，并按Enter键确认，接着选择球体，再次按Enter键确认，将椭圆投影至球体上，如图3-168所示。

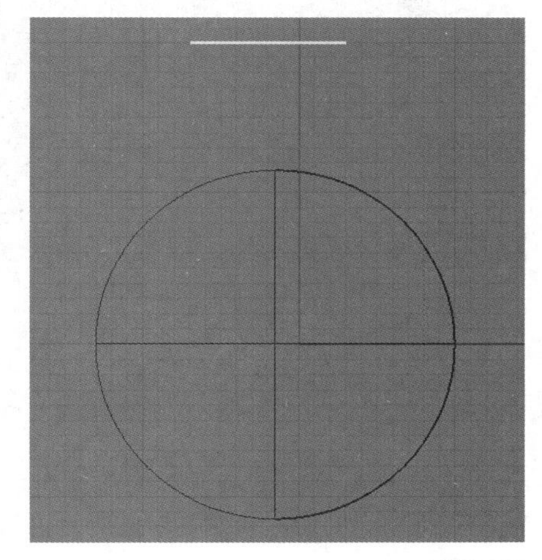

图3-167

图3-168

这种投影方式是参照所显示的工作平面来垂直映射的，所以要参考默认的工作平面来进行。

03 启用“将曲线拉至曲面”工具，然后使用与上一步相同的方法进行操作，投影效果如图3-169所示。

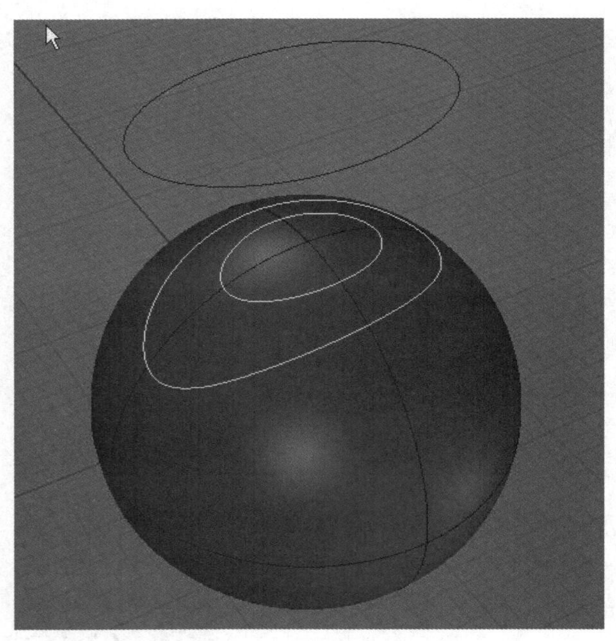

图3-169

3.5.2 由曲面边生成曲线

曲面一般都由至少3条以上的曲线封闭而成，所以要想获得曲面的边，就要复制出曲面边缘的曲线，如图3-170所示。

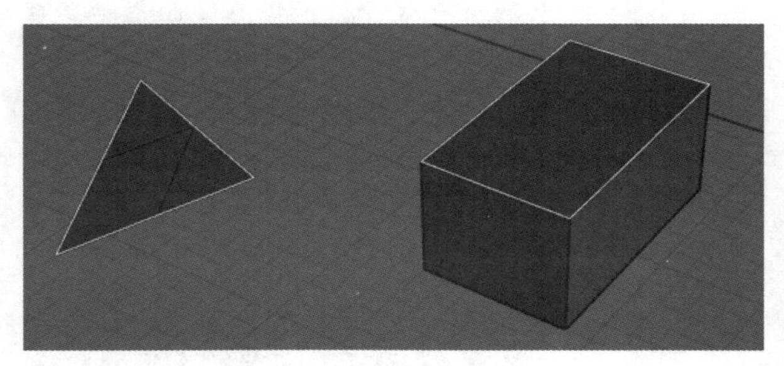

图3-170

Rhino中复制曲面边线的工具主要有“复制边缘/复制网格边缘”工具、“复制边框”工具、“复制面的边框”工具，如图3-171所示。

图3-171

复制边缘/复制网格边缘

使用“复制边缘/复制网格边缘”工具可以复制曲面的边缘为曲线，但要注意，如果是从一个被修剪过的曲面中复制边缘，那么复制得到的曲线的控制点数及结构会与原来的曲线不同。

复制边框

使用“复制边框”工具可以复制曲面、多重曲面或网格的边框为曲线，无法复制实体的边缘。

复制面的边框

使用“复制面的边框”工具可以复制实体中单个曲面的边框为曲线。

技巧与提示

要注意这3个工具的区别，“复制边缘/复制网格边缘”工具复制的是单独的边缘，如复制立方体上的一条棱边；“复制边框”工具复制的是曲面、多重曲面或网格的整体边缘；而“复制面的边框”工具复制的是实体中某个面的整体边缘。

由曲面边生成曲线在Rhino建模中是非常有用的一个功能，熟练掌握这些工具有助于提高曲面建模的效率。

3.5.3 在两个曲面间生成混接曲线

建模时，通常会遇到需要在两个曲面之间进行过渡连接的情况，这种过渡曲面的生成常常需要进行适当的造型调整，所以就需要生成一些混合曲线来辅助，如图3-172所示。

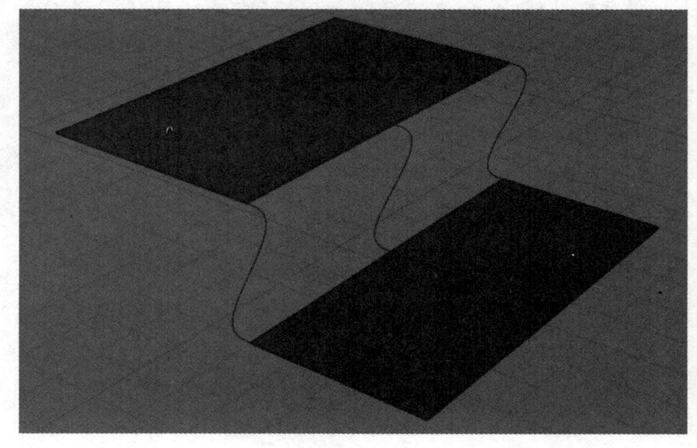

图3-172

在Rhino中，建立曲面间的混合曲线可以使用“垂直混接”工具，如图3-173所示。建立时需要先指定第1条混接曲线和混接点，再指定第2条混接曲线和混接点。指定的曲线和混接点不同，生成的曲线也不同，如图3-174所示。

图3-173

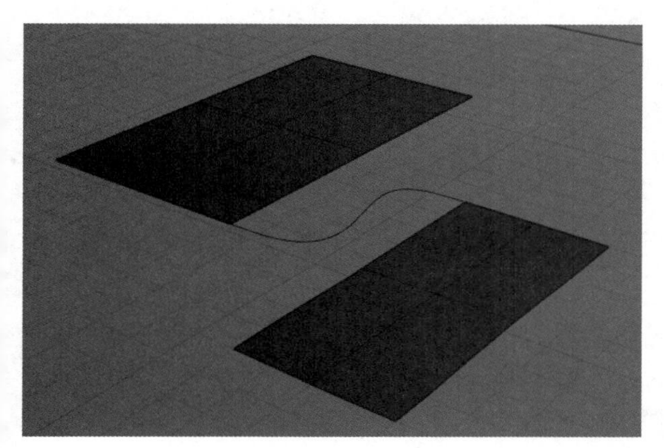

图3-174

3.5.4 提取曲面ISO线

ISO线是指曲面的结构线，ISO线不能直接控制，只能透过曲面的控制点来直接调试。想要提取曲面的ISO线，可以使用“抽离结构线”工具和“抽离框架”工具，如图3-175所示。

图3-175

抽离结构线

使用“抽离结构线”工具可以抽离曲面上指定位置的结构线为曲线，建立的曲线独立于曲面之外，曲面的结构并不会受到任何改变。

启用“抽离结构线”工具后，选取一个曲面，鼠标指针的移动会被限制在曲面上，并显示曲面上通过指针位置的结构线，然后指定一点即可建立曲线，如图3-176所示。

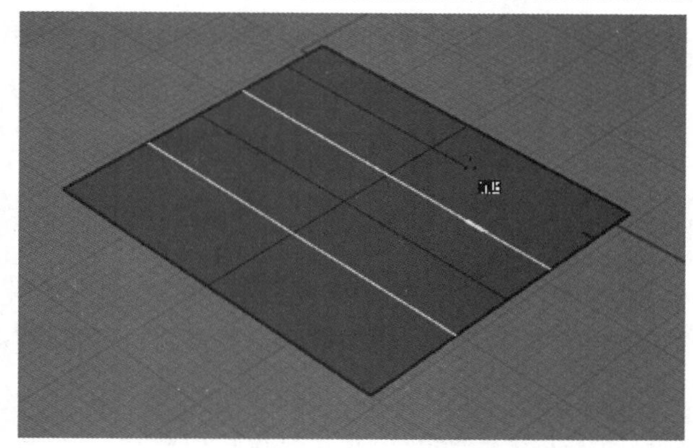

图3-176

抽离结构线时可以根据需要设置不同的方向（U、V方向或两者同时出现），可以抽离一个曲面单方向的数条结构线，再通过放样建立通过这些结构线的曲面；也可以通过抽离结构线为需要放置于曲面上的物件定位。

抽离框架

使用“抽离框架”工具可以复制曲面或多重曲面在框架显示模式中可见的所有结构线，方法比较简单，启用工具后选择曲面并按Enter键即可，效果如图3-177所示（抽离后移动到空白区域）。

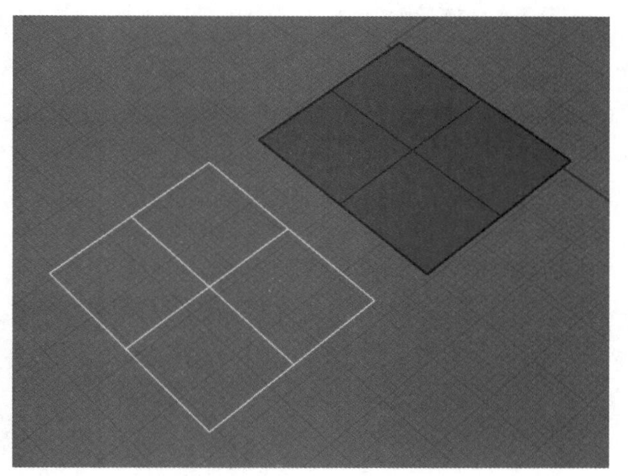

图3-177

3.5.5 提取曲面的交线

如果要从两个曲面相交的位置处提取一条曲线，或从两条曲线的交点处提取一个点，可以使用“物件交集”工具，如图3-178所示。

“物件交集”工具的使用方法比较简单，启用工具后，选择相交的两个物件，然后按Enter键即可，如图3-179所示。

图3-178

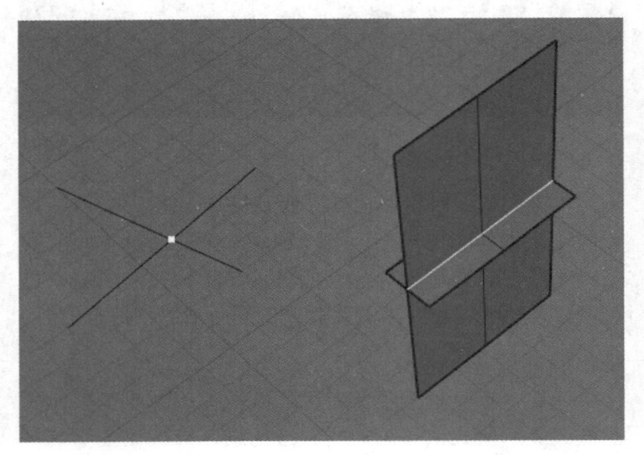

图3-179

3.5.6 建立等距离断面线

如果要在曲线、曲面、多重曲面或网格上建立一排等距分布的交线或交点，可以使用"等距断面线"工具，如图3-180所示。

启用"等距断面线"工具后，选取用于建立等距线的物件，然后指定基准点，再指定与等距平面垂直的方向，最后指定等分间距，如图3-181所示。

图3-180

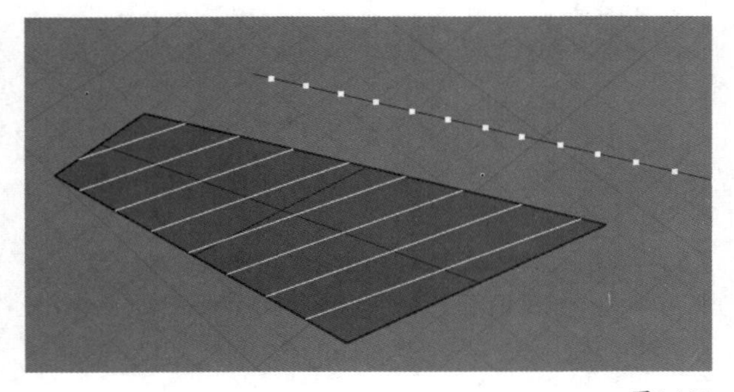

图3-181

实战

从物件中建立曲线

场景位置	场景文件>第3章>07.3dm
实例位置	实例文件>第3章>实战——从物件中建立曲线.3dm
视频位置	第3章>实战——从物件中建立曲线.flv
难易指数	★★☆☆☆
技术掌握	掌握从物件中建立曲线的各种方法

01 打开本例的场景文件，场景中有一个圆柱面、一个弧形面和一个椭圆球体，如图3-182所示。

图3-182

02 启用"物件交集"工具，然后依次选择圆柱面和弧形面，并按Enter键创建出这两个面的交线，如图3-183所示。

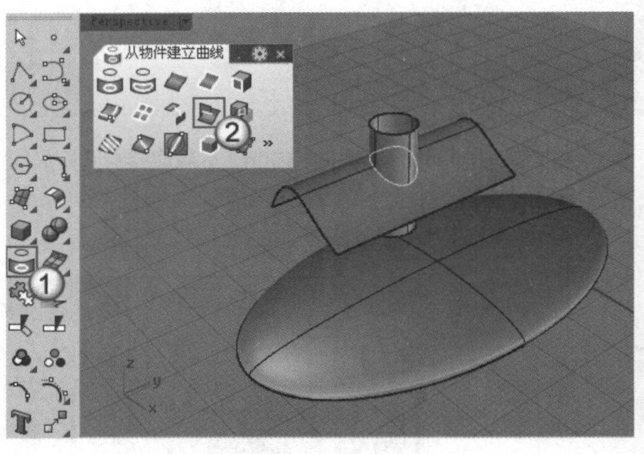

图3-183

03 启用"投影至曲面"工具，然后选择圆柱面的顶边，并按Enter键确认，接着选择椭圆球体，再次按Enter键确认，将圆柱面的顶边投影至椭圆球体上，如图3-184和图3-185所示。

04 启用"抽离结构线"工具，抽离椭圆球体的结构线，如图3-186所示，具体操作步骤如下。

操作步骤

① 选择椭圆球体。

② 在椭圆球体上单击左键生成一条曲线。

③ 再次单击左键生成第2条曲线，然后按Enter键完成操作。

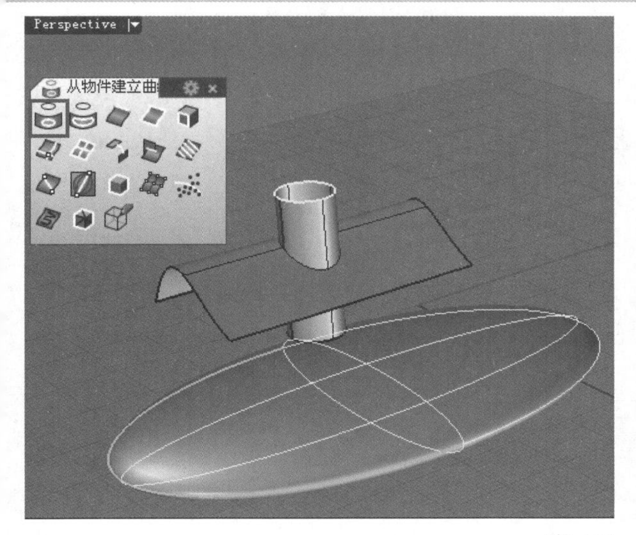

图3-184

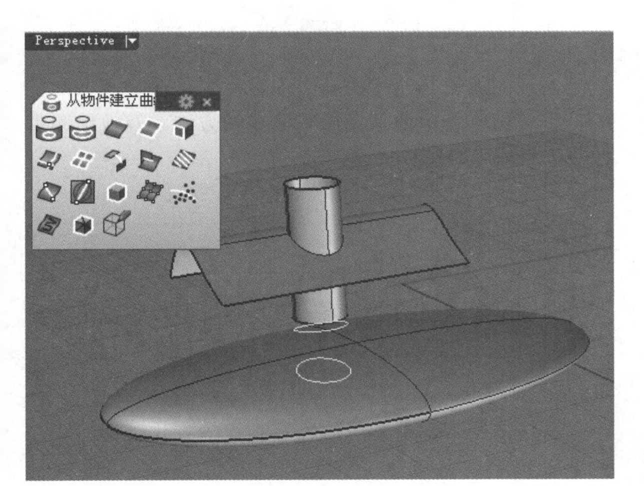

图3-185

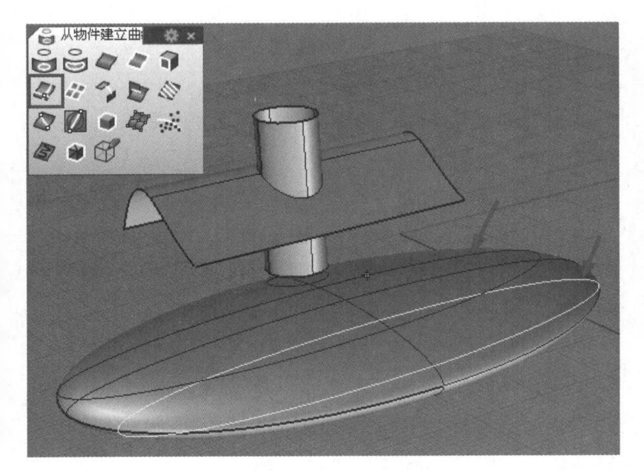

图3-186

05 启用“复制边框”工具，然后选择弧形面，并按Enter键复制出弧形面的边线，如图3-187所示。

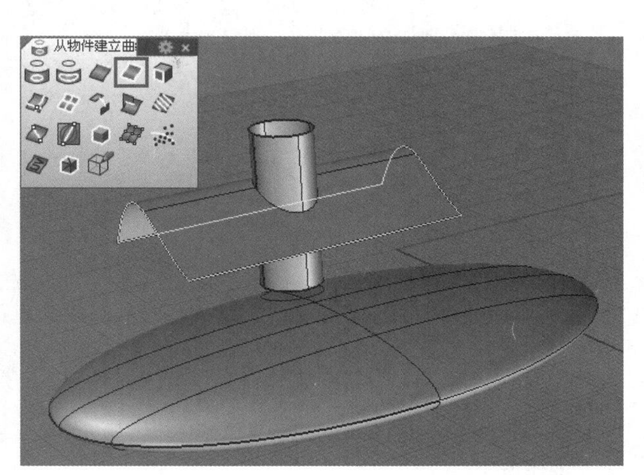

图3-187

06 启用“垂直混接”工具，混接弧形面和圆柱面，如图3-188和图3-189所示，具体操作步骤如下。

操作步骤

① 选择弧形面的左侧边作为垂直混接的第1条曲线。

② 在选择的边线上拾取一点，确定曲线上的混接起点。

③ 选择圆柱面的顶边作为垂直混接的第2条曲线。

④ 在圆柱面的顶边上拾取对应的一点，确定曲线上的混接终点。

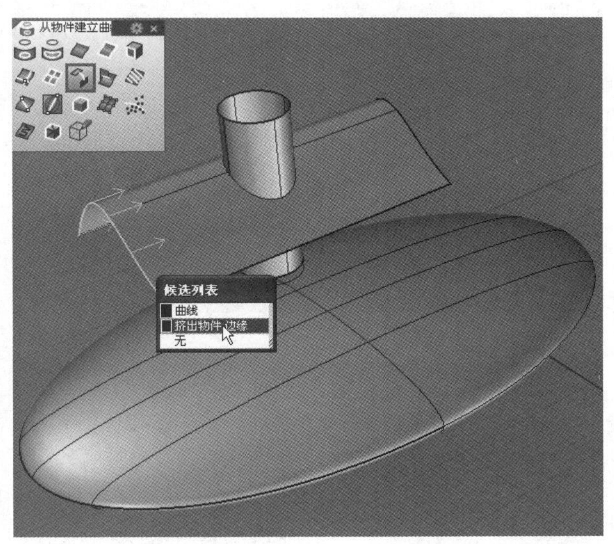

图3-188

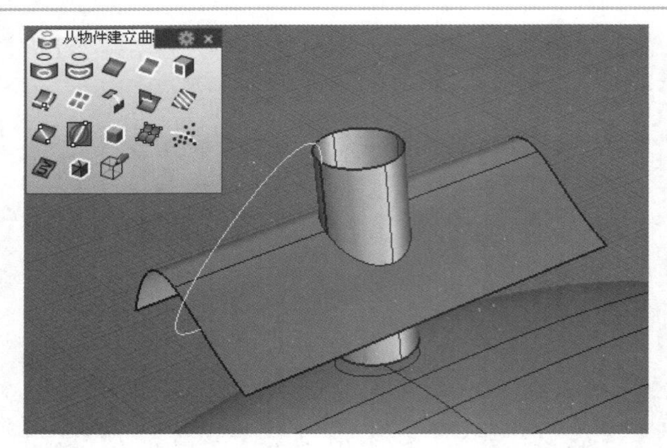

图3-189

07 启用“等距断面线”工具，在椭圆球体上生成等距断面线，如图3-190和图3-191所示，具体操作步骤如下。

操作步骤

① 选择椭圆球体，按Enter键确认。

② 在y轴方向上拾取两个点确定等距断面线的方向。

③ 在空白位置拾取两个点指定断面曲线间距（注意不要太大，参考图3-190）。

08 按住Shift键的同时依次单击曲面和椭圆球体，将它们选中，再按Delete删除，得到如图3-192所示的曲线。

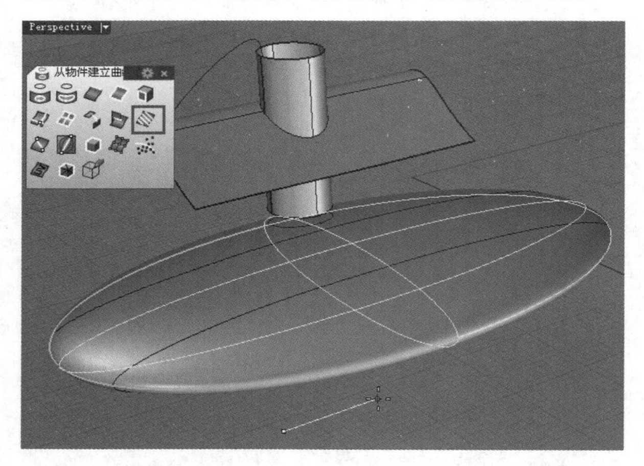

图3-190

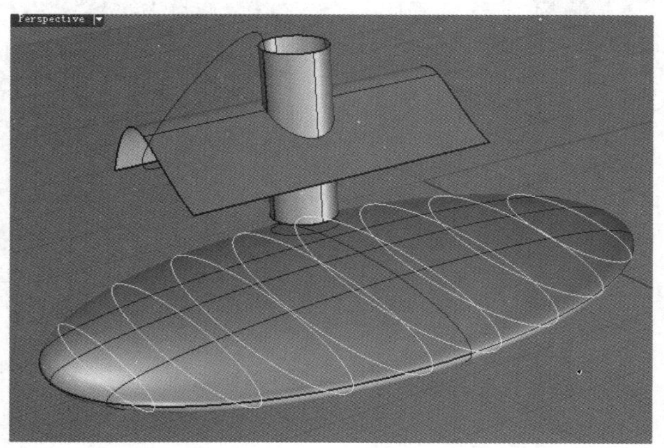

图3-191

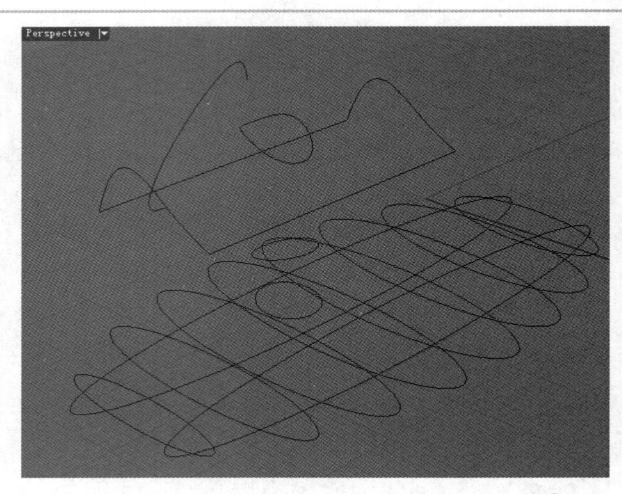

图3-192

3.6 编辑曲线

曲线的编辑是建模的核心内容，也是决定模型质量的一个关键。合理地掌握编辑曲线的方法，有效地利用曲线的编辑工具可以提高建模的能力。

3.6.1 编辑曲线上的点

曲线上的点包括控制点、编辑点、节点和锐角点，下面分别进行介绍。

控制点

一般情况下都是使用放置控制点的方式绘制曲线，既便于控制线型又便于修改。如果要显示曲线的控制点，选中曲线后可以按F10键；如果要关闭曲线的控制点，可以按F11键。

使用“关闭选取物件的点”工具也可以关闭点，区别在于后者只能关闭选中的物体的点。

编辑控制点的命令位于“编辑>控制点”菜单下和“点的编辑”工具面板中，如图3-193和图3-194所示。而设置控制点显示的参数位于“Rhino选项”对话框内，如图3-195所示。

<1>移动控制点

移动控制点的方法在前面已经有过介绍，有两种方法，一种是选择点并进行拖曳，这是比较常用的方法；另一种是使用“UVN 移动”工具。

“UVN 移动”工具的用法可以参考本书第2章的2.4.1小节。

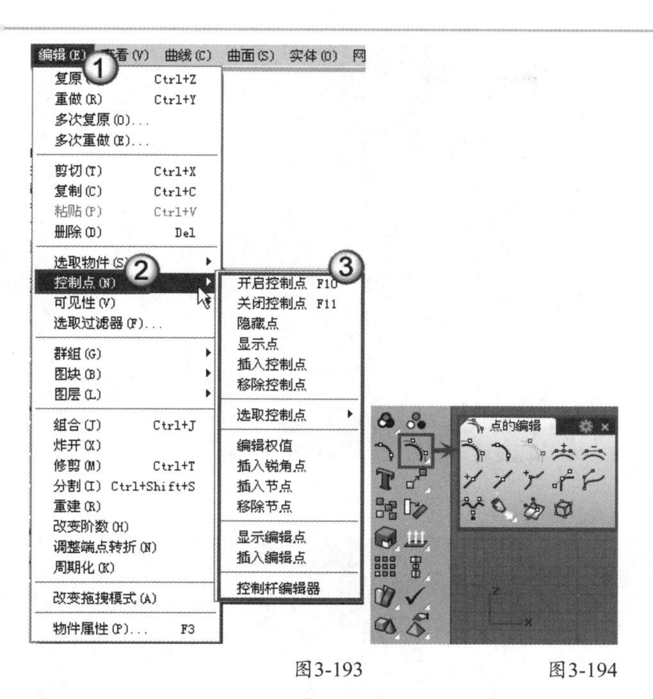

图3-193　　图3-194

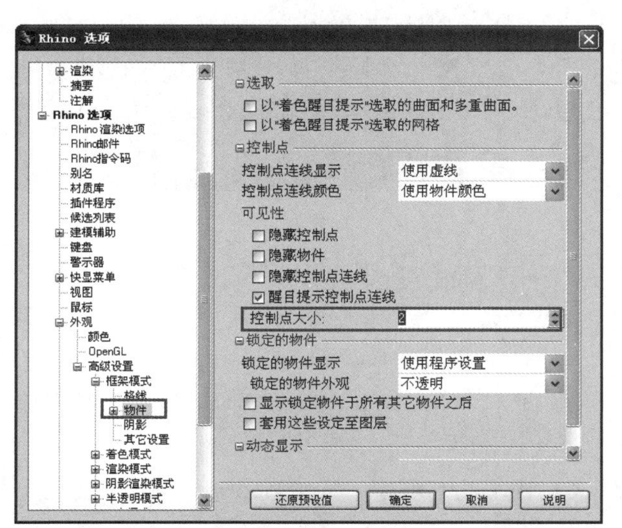

图3-195

<2>插入控制点

使用"插入一个控制点"工具可以在曲线或曲面上加入一个或一排控制点，启用工具后选择需要插入控制点的曲线，然后在需要的位置单击鼠标左键插入即可。插入控制点会改变曲线或曲面的形状，如图3-196所示。

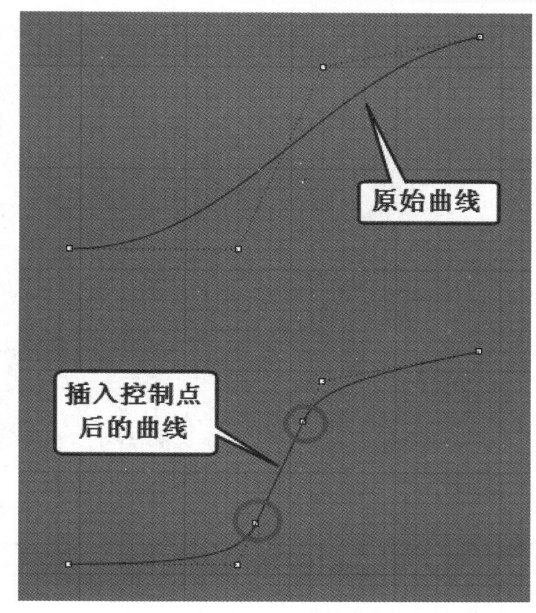

图3-196

<3>删除控制点

删除控制点也有两种方法，比较推荐的一种是选择控制点后按Delete键；也可以使用"移除一个控制点"工具，方法为选择曲线，然后将鼠标指针移动到需要删除的控制点附近，并单击鼠标左键即可。删除控制点同样会影响曲线或曲面的形状。

编辑点

编辑点和控制点非常类似，但编辑点是位于曲线上的，而且移动一个编辑点通常会改变整条曲线的形状，而移动控制点只会改变曲线一个范围内的形状。修改编辑点适用于需要让一条曲线通过某一个点的情况，而修改控制点可以改变曲线的形状并同时保有曲线的平整度。

除了移动编辑点外，也可以通过执行"编辑>控制点>插入编辑点"菜单命令在曲线上插入编辑点，方法同插入控制点类似。

节点

节点和控制点是有区别的，节点属于B-Spline多项式定义改变的点，一条单一的曲线一般只有起点和终点两个节点，而控制点却可以有无数个。

使用"插入节点"工具可以在曲线上加入节点，但要注意，增加节点必然增加控制点的数目。

观察图3-197，这是两条走向一致的曲线，图中红色圆圈标示的点都是节点，其他的点都是控制点。在上面的曲线中，使用"插入节点"工具在中间位置插入了一个节点，因此曲线的控制点数目也随之增加一个。

使用"移除节点"工具可以删除节点，删除节点可用于删除两条曲线的组合点，组合点删除后曲线将无法再被炸开成为单独的曲线。

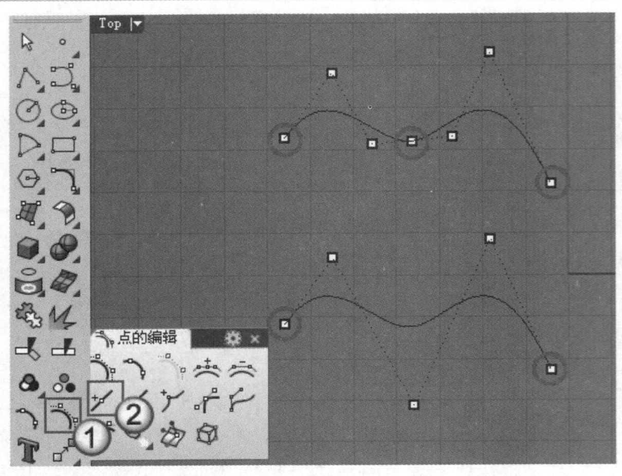

图3-197

锐角点

锐角点是曲线突然改变方向的点，例如，矩形的角都是锐角点，或者直线与圆弧的相接点，如图3-198所示。

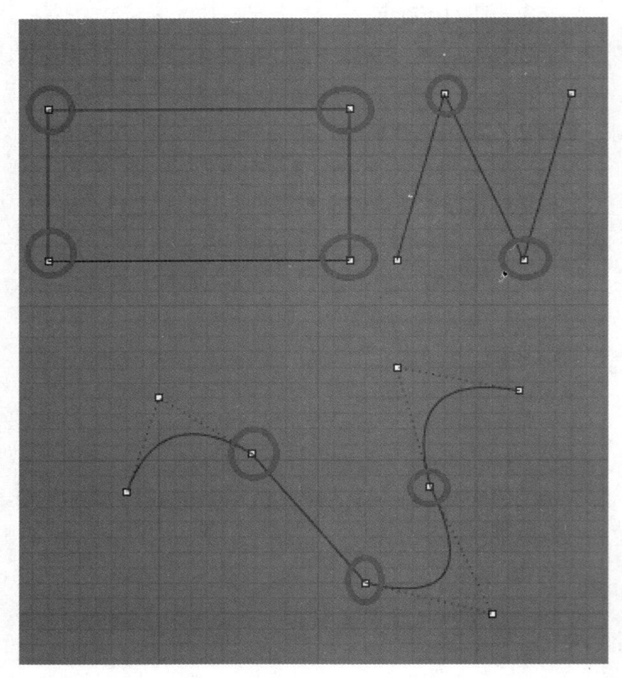

图3-198

使用“插入锐角点”工具可以在曲线上插入锐角点，插入一个锐角点相当于插入3个控制点，如图3-199所示。加入锐角点之后，该曲线就可以被炸开，变成两条曲线，如图3-200所示。

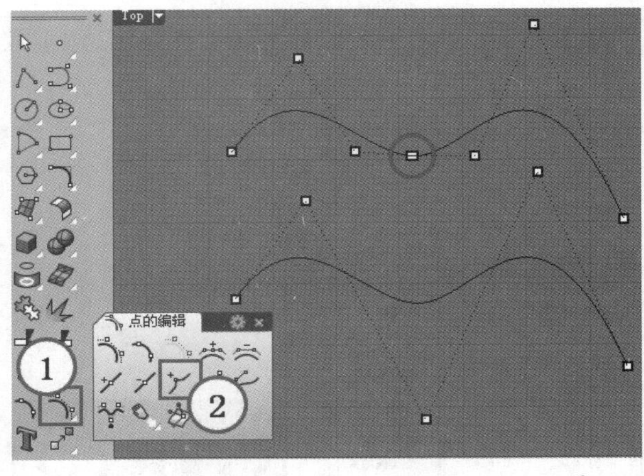

图3-199

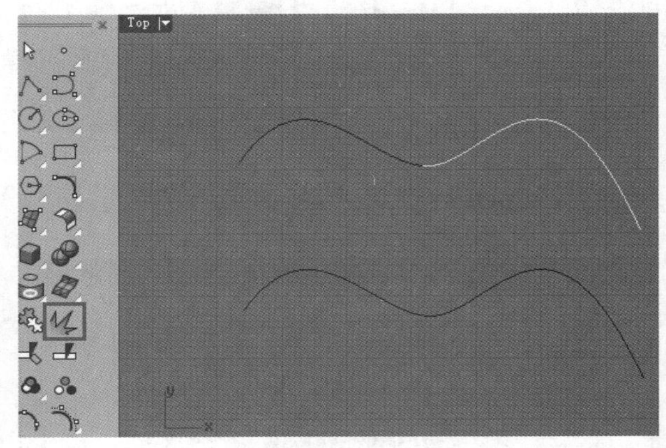

图3-200

3.6.2 控制杆编辑器

调整曲线形状的一种方法是使用“控制杆编辑器”工具，可以在曲线上添加一个贝塞尔曲线控制杆（控制杆的位置可根据需要选择），如图3-201所示。

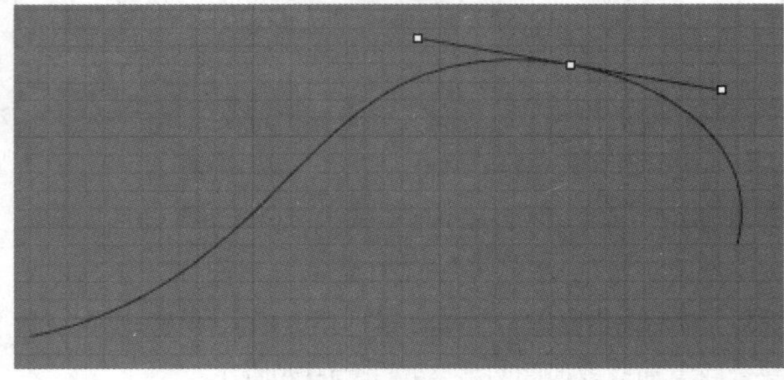

图3-201

启用“控制杆编辑器”工具后，在曲线上指定控制杆的掣点的位置，然后，通过移动控制杆两端的控制点（或称控制柄）进行调整，接着可以移动控制杆至新位置，并再次进行调整，直到按Enter键结束命令。

3.6.3 调整曲线端点转折

使用“调整曲线端点转折”工具可以调整曲线端点或曲面未修剪边缘处的形状，这是一个非常有用的工具，专门用于曲线或曲面过渡的造型塑造。

观察图3-202，上面是原始曲线，下面是进行了调整的曲线。启用“调整曲线端点转折”工具后，选择下面曲线的黑色段部分，曲线会自动显示出控制点，移动鼠标指针到控制点上进行拖曳，即可改变曲线造型，但改变造型后的黑色曲线与红色曲线的连续性不变（也就是相切方向或曲率不变）。

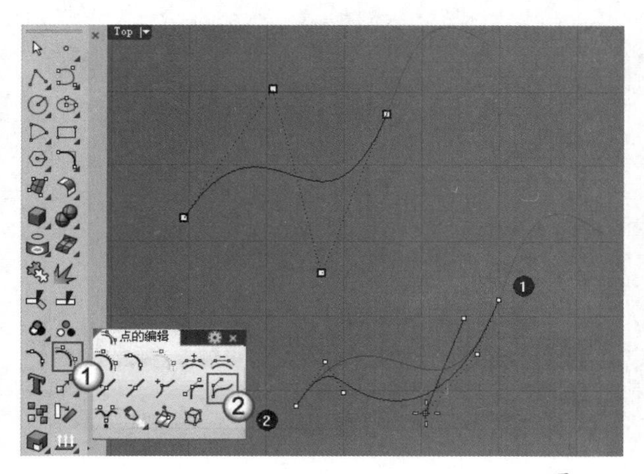

图3-202

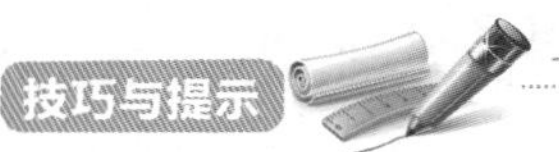

编辑曲线时，曲线控制点的移动会被限制在某个路径上，避免曲线在端点处的切线方向或曲率被改变。

3.6.4 调整封闭曲线的接缝

在Rhino中，每一条封闭曲线都有一个接缝点，如图3-203所示。图中带有箭头的点就是接缝点，箭头指示了曲线的方向，可以反转这个方向。

使用“调整封闭曲线的接缝”工具可以对接缝点进行移动，启用工具后选择一条或多条封闭曲线，此时会显示曲线上的接缝点，如果同时选择了多条封闭曲线，那么每一条曲线的接缝处会显示一个点物件，同时会有一条轨迹线连接每一条曲线的接缝点，如图3-204所示。选择接缝点并进行拖曳即可（限制在曲线上）。

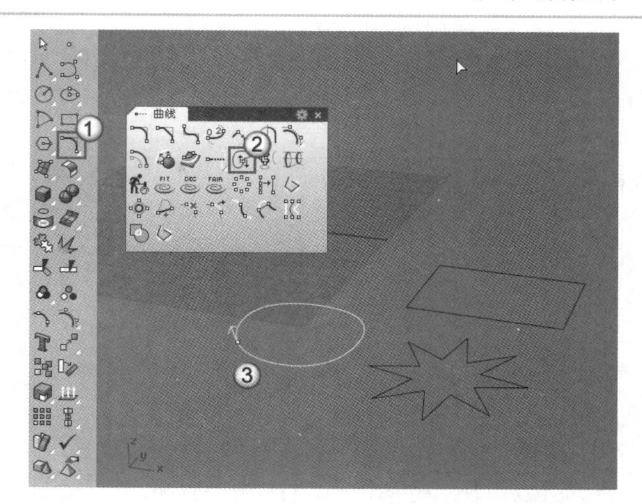

图3-203

图3-204

15 技术专题：接缝点的作用

为什么要强调曲线接缝点的作用呢？因为曲线的接缝点直接决定了某种状态下曲面的裁剪性以及裁剪后的效果。下面通过一个测试来讲解。

观察图3-205，其中有一个圆柱面和一条线段。现在要通过线段将圆柱面切开，按照预期的思路，一个圆柱被一根线切开应该是一分为二，即变成两个部分，那么实际中一定会是这样吗？

使用鼠标左键单击“分割/以结构线分割曲面”工具，然后选择圆柱面作为被切割物件，再选择线段作为切割用物件，结果如图3-206所示。

可以看到圆柱被一分为三了，原因何在？看一下构成这个圆柱的原始曲线的起始点（也就是接缝点），如图3-207所示。

问题就出在这里，直线和接缝点不交叉，造成分割之后Rhino系统会自动在接缝点位置切开一次，也就是多切割一次，因而会造成一分为三的效果。

要想改变这一问题也很简单，启用“调整封闭曲线的接缝”工具，然后调整接缝点的位置到直线与圆柱的交点处，如图3-208所示。

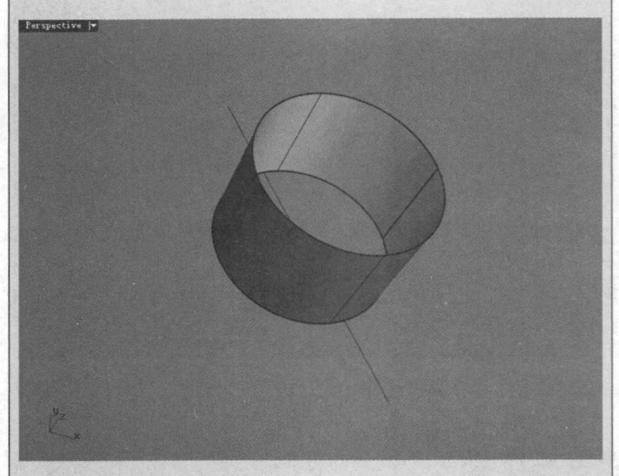

图3-205

图3-206

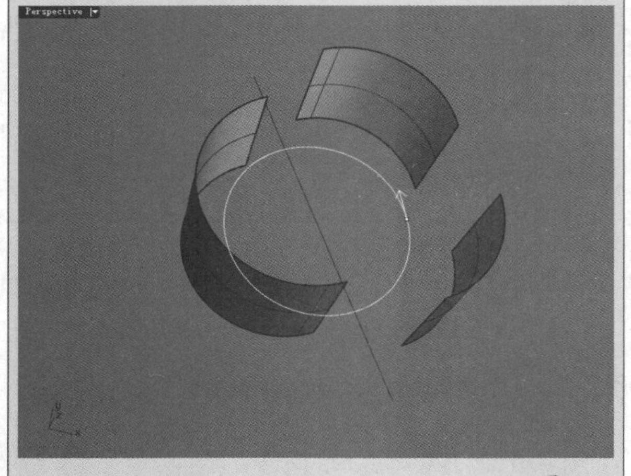

图3-207

重新进行剪切，结果是一分为二，正常了，如图3-209所示。

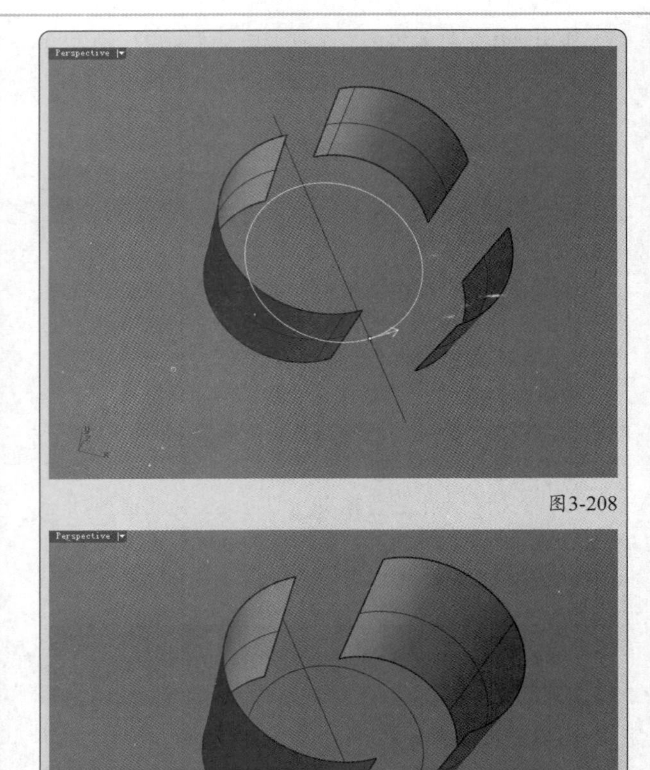

图3-208

图3-209

3.6.5 变更曲线的阶数

Rhino中改变曲线和曲面的阶数分别有专门的工具，如图3-210和图3-211所示。

使用“变更阶数”工具改变曲线阶数的过程比较简单，启用工具后选择一条曲线，然后输入新的阶数值即可，例如，将2阶圆变为4阶圆，如图3-212所示。

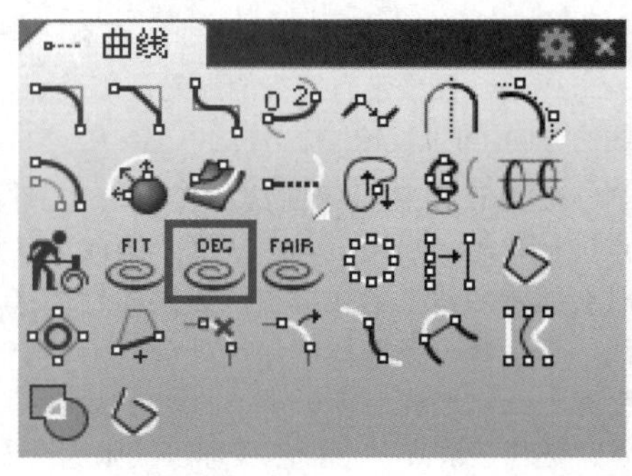

图3-210

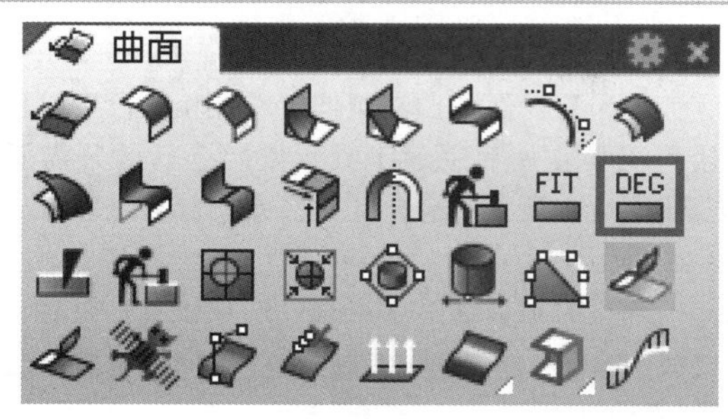

图3-211

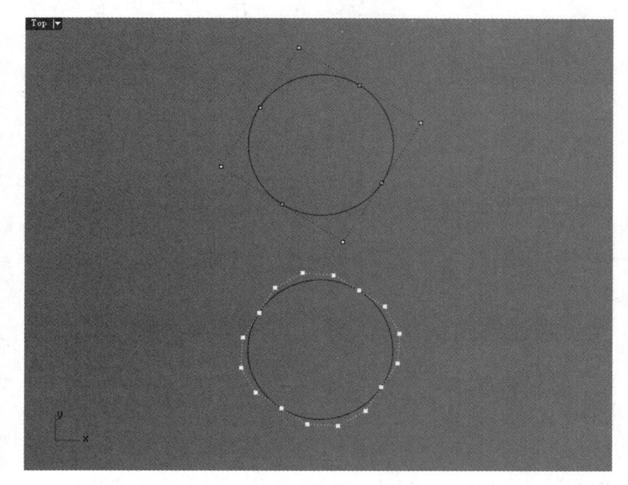

图3-212

改变阶数时，命令提示中有一个“可塑形的”选项，如果设置为“是”，表示原来的曲线改变阶数后会稍微变形，但不会产生复节点；如果设置为否，表示新曲线和原来的曲线有完全一样的形状与参数化，但会产生复节点。复节点数量=原来的节点数量+新阶数—旧阶数。

改变曲线的阶数会保留曲线的节点结构，但会在每一个跨距增加或减少控制点，所以提高曲面的阶数时，由于控制点增加，曲面会变得更平滑。

如果要将几何图形导出到其他程序，应该尽可能建立阶数较低的曲面，因为有许多CAD程序无法导入3阶以上的曲面。同时，越高阶数的物件显示速度越慢，消耗的内存也越多。

变更曲面阶数的方法将在下一章中进行讲解。

3.6.6 延伸和连接曲线

Rhino为延伸和连接曲线提供了一系列的工具，如图3-213所示。

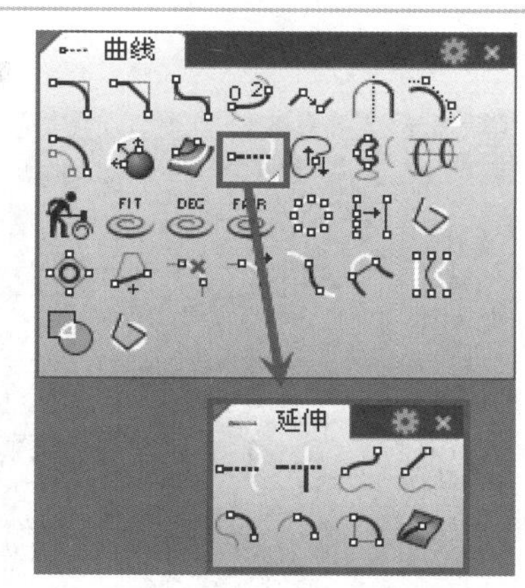

图3-213

延伸曲线

使用“延伸曲线”工具可以延长曲线至选取的边界，也可以按指定的长度延长，还可以拖曳曲线端点至新位置，延伸的部分会与原来的曲线组合在一起成为同一条曲线。下面对这几种延伸方式分别进行介绍。

第1种：延长曲线至选取的边界。启用“延伸曲线”工具后，首先选择边界物件（圆），并按Enter键确认，然后在曲线上需要延伸的一侧单击鼠标左键，如图3-214所示。

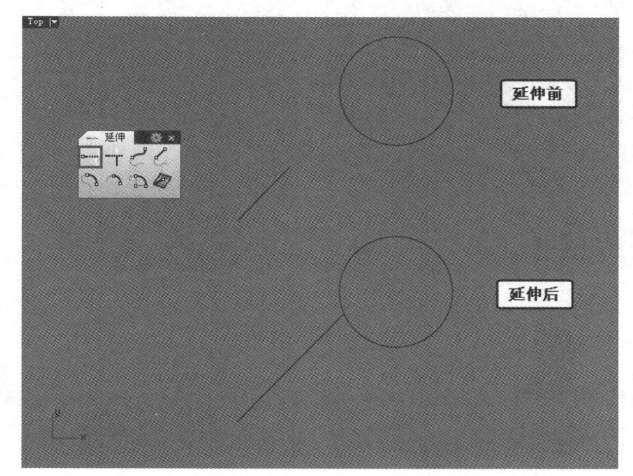

图3-214

第2种：按指定的长度延长。启用“延伸曲线”工具后，首先设置延伸长度（如设置为50），然后再在曲线上需要延伸的一侧单击鼠标左键，如图3-215所示。

第3种：拖曳曲线端点至新位置。启用“延伸曲线”工具后，直接按Enter键表示使用动态颜色，然后在曲线上需要延伸的一侧单击鼠标左键，接着在新位置指定一点即可，如图3-216所示。

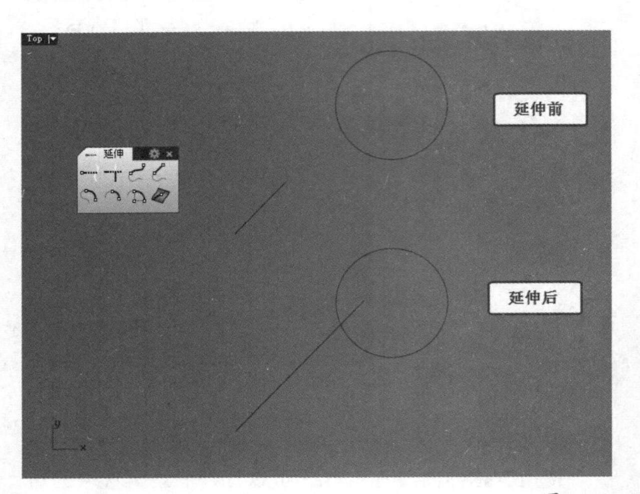

图3-215

图3-216

疑难问答

问：为什么要在曲线上需要延伸的一侧单击鼠标左键？

答：由于一条曲线有两个方向，因此延伸的过程中需要选择靠近延伸方向的一端，这样才能得到正确的结果；如果选择的是另一端，那么将往反方向延伸，如图3-217所示。

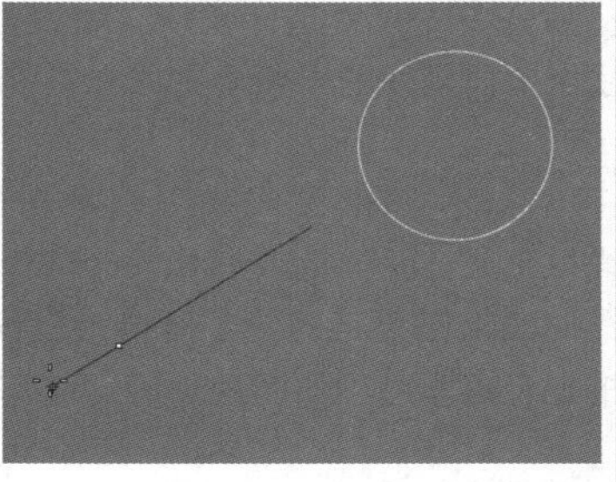

图3-217

连接直线

如果要让两条曲线延伸后端点相接，可以使用“连接”工具，启用该工具后依次选择两条需要连接的曲线即可，连接时会自动对多余的部分进行修剪，如图3-218所示。

连接时可以通过“组合”选项设置是否将连接后的曲线组合为一条曲线，同时要注意曲线位置的选择，如图3-219所示。

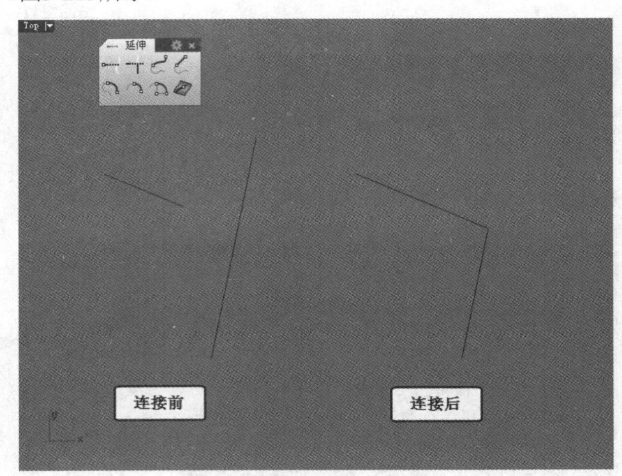

图3-218

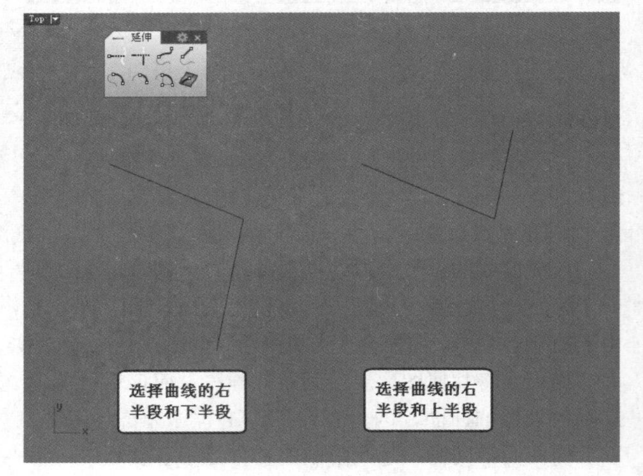

图3-219

3.6.7 混接曲线

前面介绍了如何在两个曲面之间生成混接曲线，如果要在两条曲线之间生成混接曲线，那么可以使用“可调式混接曲线/混接曲线”工具。

使用鼠标左键单击“可调式混接曲线/混接曲线”工具，然后分别选取两条曲线需要衔接的位置，此时将显示出带有控制点的混接曲线（可调节），同时将打开“调整曲线混接”对话框，如图3-220所示。如果是使用鼠标右键单击该工具，那么将直接生成曲线，如图3-221所示。

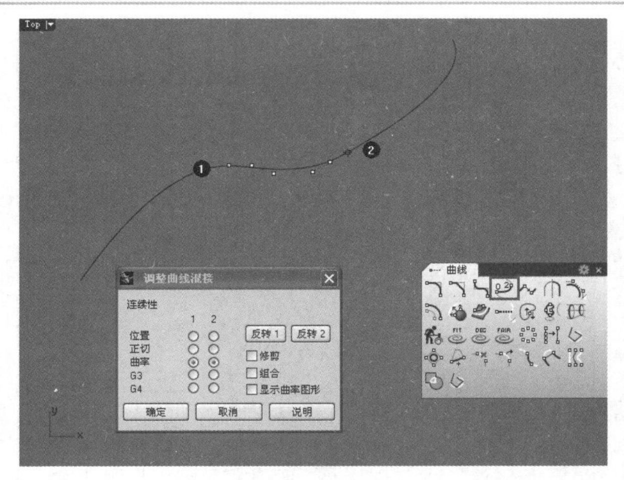

图3-220

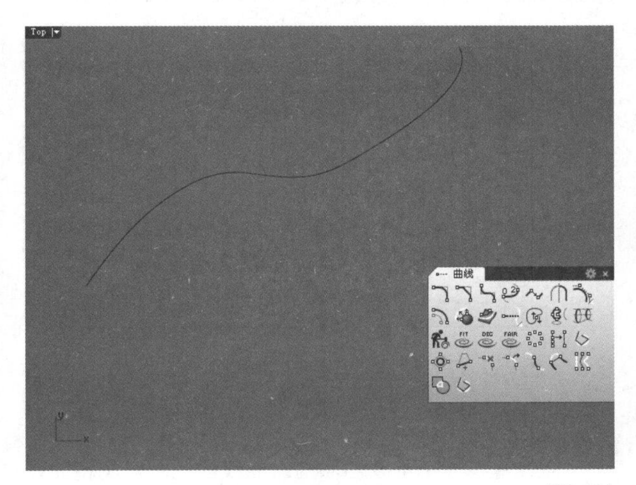

图3-221

混接曲线特定参数介绍

连续性： 设置混接曲线与其他曲线或边缘的连续性。

反转 1/反转 2：反转曲线或曲面的方向。

修剪： 勾选该选项后，原来的曲线会被建立的混接曲线修剪。

组合： 勾选该选项后，原来的曲线在修剪或延伸后将与混接曲线组合为一条曲线。

显示曲率图形： 打开“曲率图形”对话框，显示用来分析曲线曲率质量的图形。

调整混接曲线时，两端的控制点是可以分别调整的，按住Shift键则可以做对称性的调整。

16 技术专题：关于混接曲线的连续性

使用“控制点曲线/通过数个点的曲线”工具在Top（顶）视图中任意绘制两条曲线，如图3-222所示。

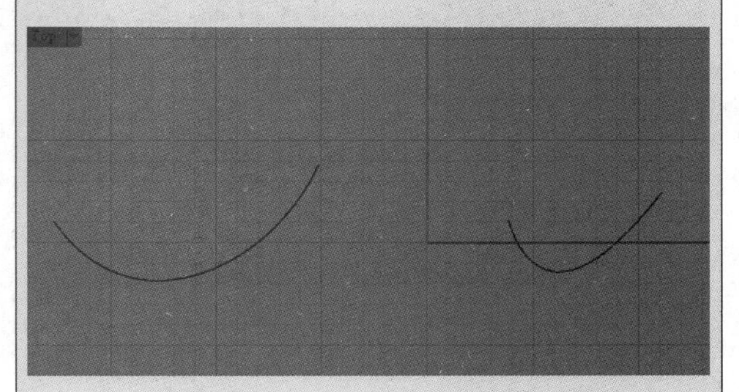

图3-222

使用鼠标左键单击“可调式混接曲线/混接曲线”工具，然后分别选择左侧曲线的右半段和右侧曲线的左半段，得到如图3-223所示的效果，同时打开“调整曲线混接”对话框。

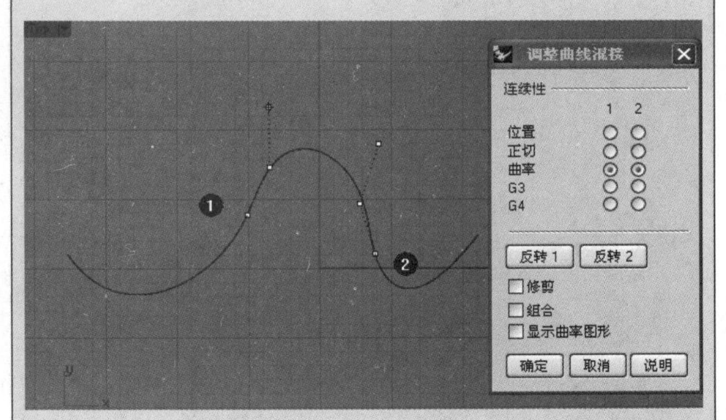

图3-223

勾选“显示曲率图形”选项，打开“曲率图形”对话框，然后在“调整曲线混接”对话框中设置“连续性1”和“连续性2”都是“位置”，即G0模式，查看曲率的变化，可以看出G0状态下黄色曲率图形完全断开。两条曲线仅端点相接，如图3-224所示。

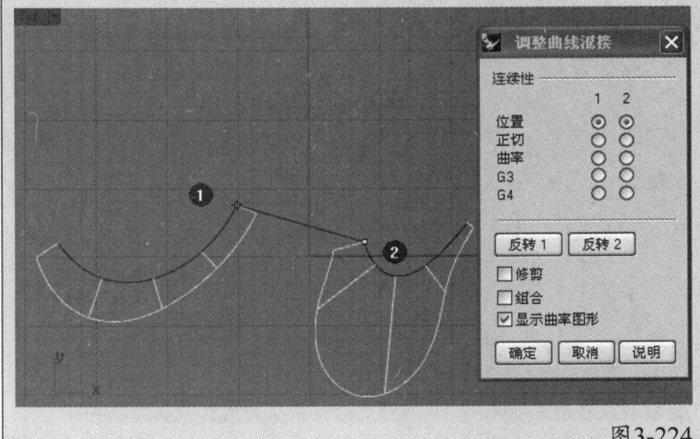

图3-224

设置“连续性1”和“连续性2”都是“正切”，即G1模式，可以看出黄色曲率图形在交接处保持一条直线垂直于端点，两条曲线的端点相接且切线方向一致，如图3-225所示。

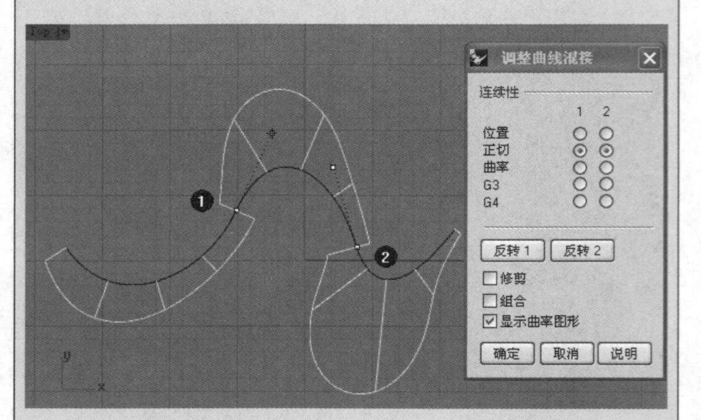

图3-225

设置“连续性1”和“连续性2”都是“曲率”，即G2模式，可以看出G2状态下黄色曲率图形在交接处以一条完整的弧线过渡，两条曲线的端点不只相接，连切线方向与曲率半径都一样，不过交接处的黄色曲率图形还是有锐角点，如图3-226所示。

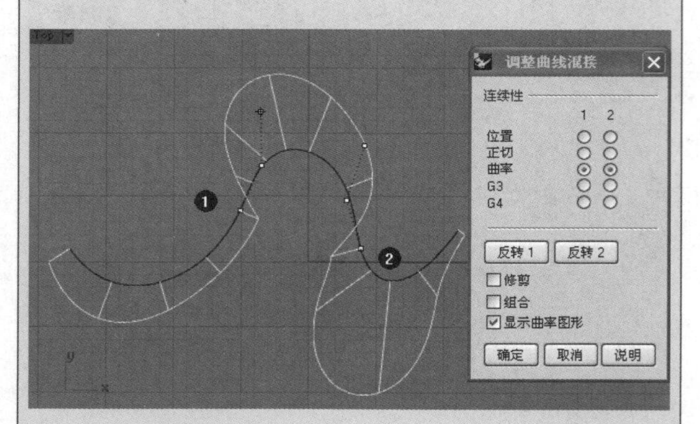

图3-226

设置“连续性1”和“连续性2”为G3模式，可以看出G3状态下黄色曲率图形在交接处以一条完整的弧线过渡，两条曲线的端点除了位置、切线方向及曲率半径一致以外，半径的变化率也必须相同，如图3-227所示。

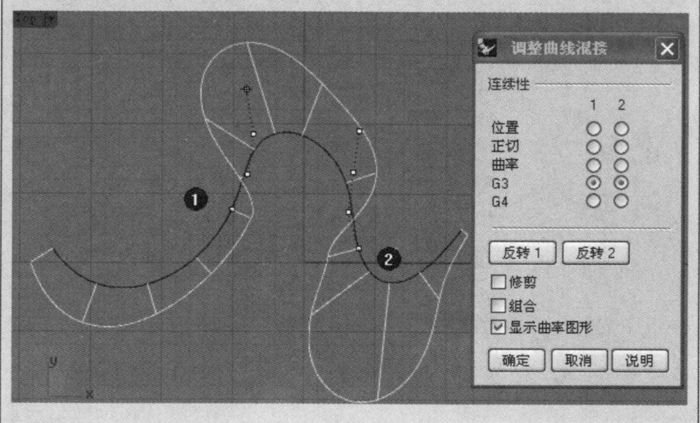

图3-227

设置“连续性1”和“连续性2”为G4模式，可以看出G4状态下黄色曲率图形在交接处以一条完整的弧线过渡，G4连续需要G3连续的所有条件以外，在3D空间的曲率变化率也必须相同，如图3-228所示。

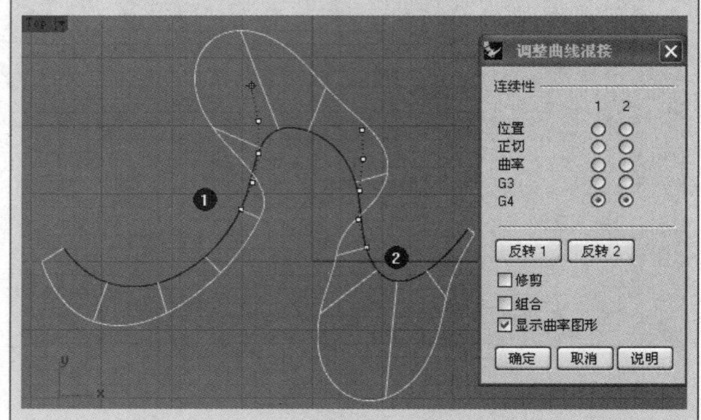

图3-228

G0、G1的曲率图形（黄色曲率梳）与G2、G3、G4的曲率图形（黄色曲率梳）有明显的变化，可以直观地看到。但是G2、G3、G4这3种混接模式的曲率图形变化非常小，不易察觉。G2、G3、G4之间的区别主要在混接曲线端点控制点个数的不同，从前面的图中可以看到G2混接曲线端点控制点为3个，G3混接曲线端点控制点为4个，G4混接曲线端点控制点为5个。对工业产品建模而言，G2连续的曲线基本可以满足创建光顺曲面要求，通常G4连续极少用到。

3.6.8 优化曲线

曲线建模一个重要的原则：曲线的控制点越精简越好，控制点的分布越均匀越好。所以在建模时，有时候需要对一些比较复杂的曲线进行优化。

优化曲线主要通过“重建曲线/以主曲线重建曲线”工具，如图3-229所示。该工具以指定的阶数和控制点数重建选取的曲线，例如，将一条具有15个控制点的曲线以7个控制点重建，如图3-230所示。

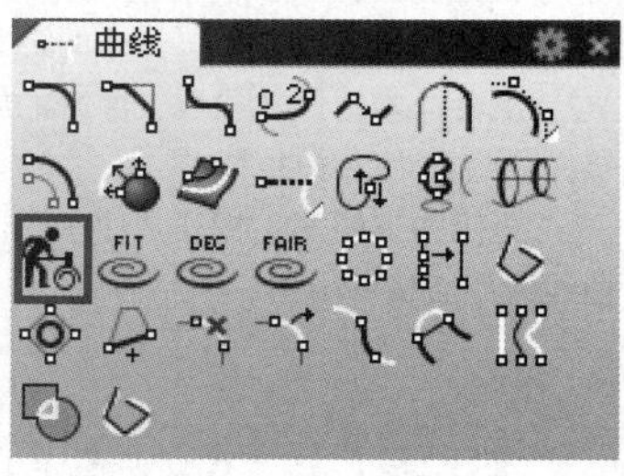

图3-229

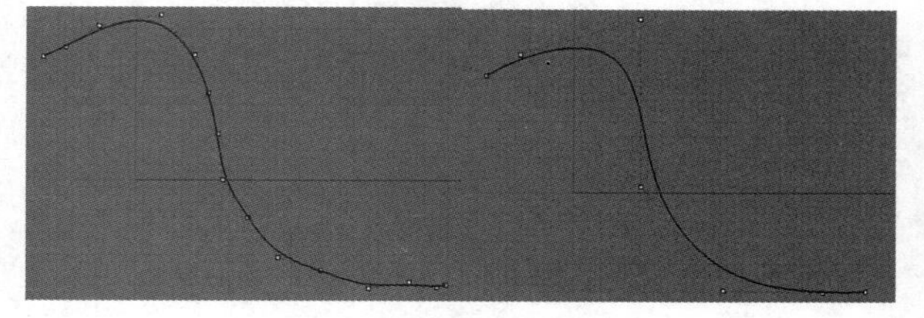

图3-230

使用鼠标左键单击“重建曲线/以主曲线重建曲线”工具，然后选取一条曲线，并按Enter键确认，将打开如图3-231所示的“重建”对话框。

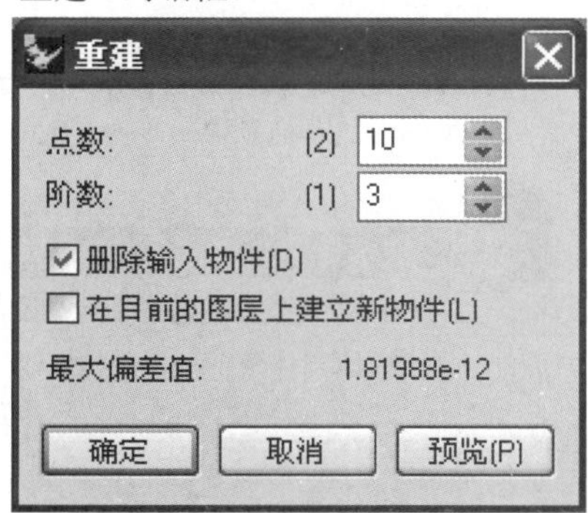

图3-231

重建曲线特定参数介绍

点数：设置曲线重建后的控制点数，括号里的数字是原来的曲线的控制点数。

阶数：设置曲线重建后的阶数，取值范围为1～11。

删除输入物件：勾选后原始曲线会被删除。删除输入物件会导致无法记录建构历史。

在目前的图层上建立新物体：取消这个选项会在原始曲线所在的图层中建立新曲线。

预览(P)：重建曲线之前可以通过这个按钮预览重建后的效果。如果对预览效果比较满意，可以单击确定按钮完成重建。

显示控制点并打开“曲率图形”对话框可以查看详细的曲线结构。如果一次重建数条曲线，那么所有的曲线都会以指定的阶数和控制点数重建。重建后曲线的节点分布会比较平均。

3.6.9 曲线倒角

曲线倒角分为圆角和斜角两种方式，如图3-232所示。

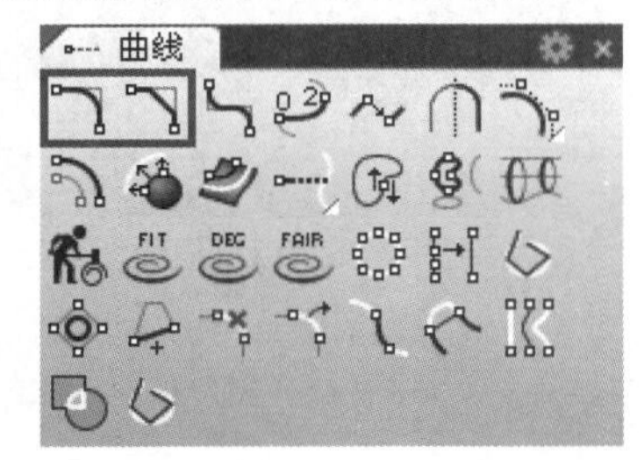

图3-232

曲线圆角

曲线圆角是指在两条曲线的交点处以圆弧建立过渡曲线，如图3-233所示。

启用“曲线圆角”工具后，依次选择需要圆角的两条曲线即可。建立圆角时，命令行会显示如图3-234所示的选项。

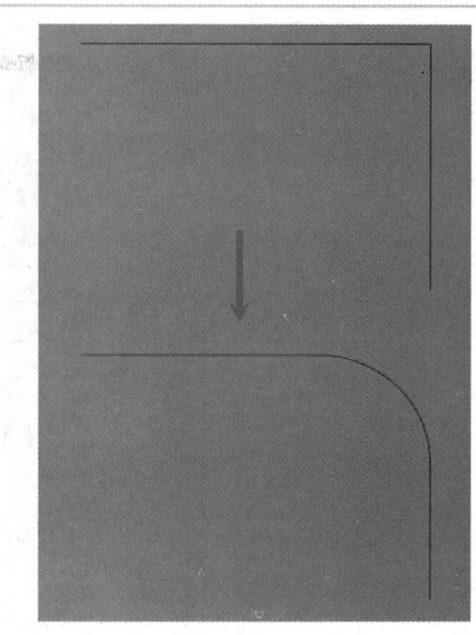

图3-233

指令: _Fillet
选取要建立圆角的第一条曲线 (半径(R)=30 组合(J)=否 修剪(T)=是 圆弧延伸方式(E)=圆弧):

图3-234

命令选项介绍

半径：设置圆角的半径。

组合：设置是否组合圆角后的曲线。

修剪：设置是否在进行圆角处理的同时修剪原始曲线，如图3-235所示。

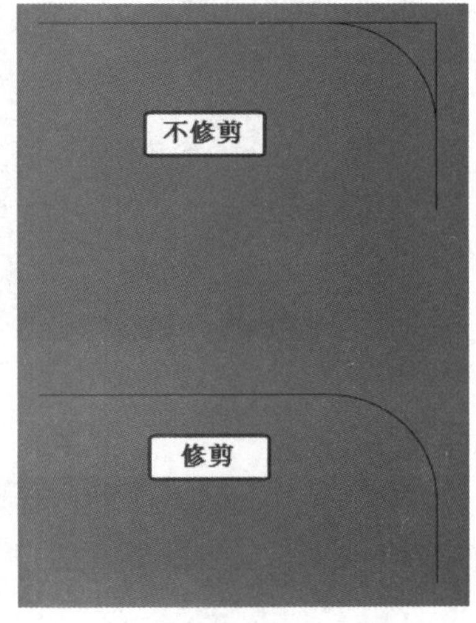

图3-235

圆弧延伸方式：当用来建立圆角的曲线是圆弧，而且无法与圆角曲线相接时，以直线或圆弧延伸原来的曲线。

曲线斜角

曲线斜角是在两条曲线之间以一条直线建立过渡曲线，如图3-236所示。

建立曲线斜角和建立曲线圆角的方法类似，区别在于曲线圆角是通过半径定义圆角的圆弧，如图3-237所示；而曲线斜角是通过给出与两条曲线相关的两个距离来定义斜边，如图3-238所示。

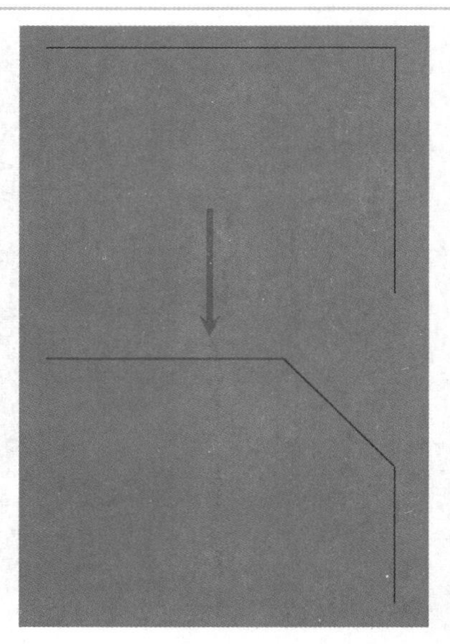

图3-236

图3-237

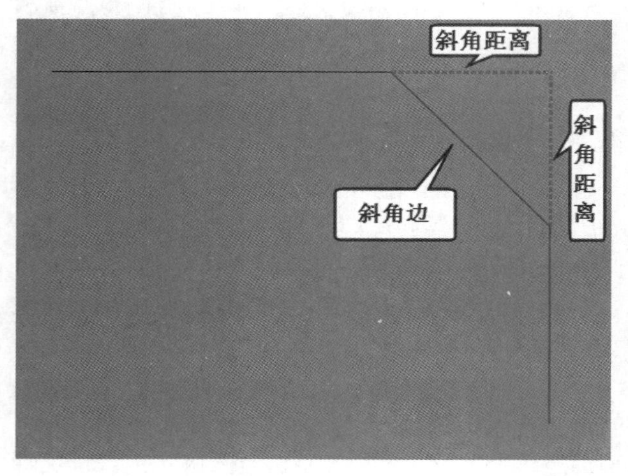

图3-238

技巧与提示

从图3-238中可以看出有两个斜角距离，这两个距离可以设置为相同，也可以设置为不同。当两个斜角距离不同时，需要注意一下两条需要建立斜角的曲线的选择顺序，选择的第1条曲线代表第1个斜角距离，选择的第2条曲线代表第2个斜角距离。

17 技术专题：曲线倒角的特殊运用

"曲线圆角"工具和"曲线斜角"工具在一些特殊场合会有一些特殊用途，比如前面学习延伸曲线的时候曾学习过"连接"工具。运用"曲线圆角"工具和"曲线斜角"工具可以达到同样的效果。

见图3-239，图中有两条分离的直线。

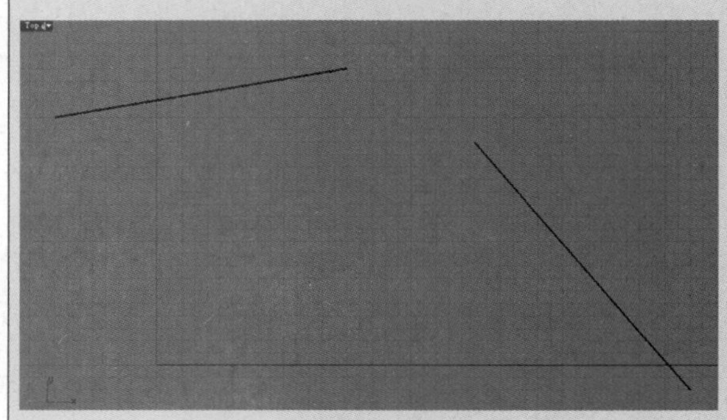

图3-239

启用"曲线圆角"工具或"曲线斜角"工具，然后设置圆角半径或倒角距离为0，再对两条直线进行圆角处理或倒角，效果如图3-240所示。

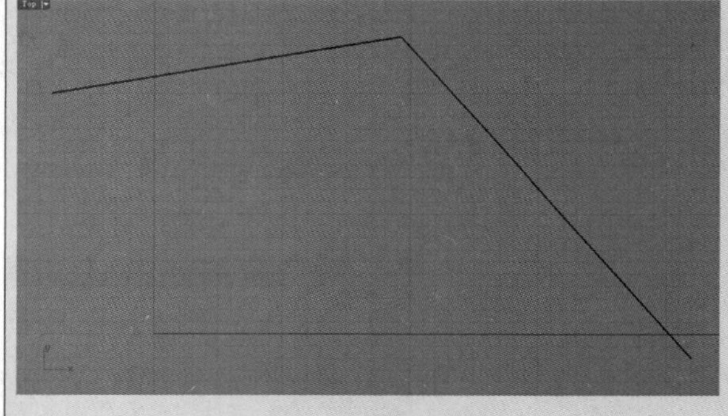

图3-240

这一结果和使用"连接"工具得到的效果一样，关键的地方就在半径和倒角距离的设置上，仔细思考就能体会其中的意义。

3.6.10 偏移曲线

偏移曲线是指通过指定距离或指定点在选择对象的一侧生成新的对象，偏移可以是等距离复制图形，如偏移开放曲线；也可以是放大或缩小图形，如偏移闭合曲线，如图3-241所示。

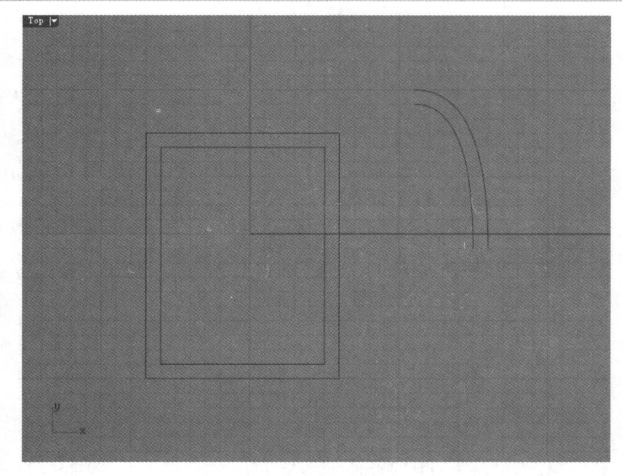

图3-241

使用“偏移曲线”工具可以对选择的曲线进行偏移，工具位置如图3-242所示。

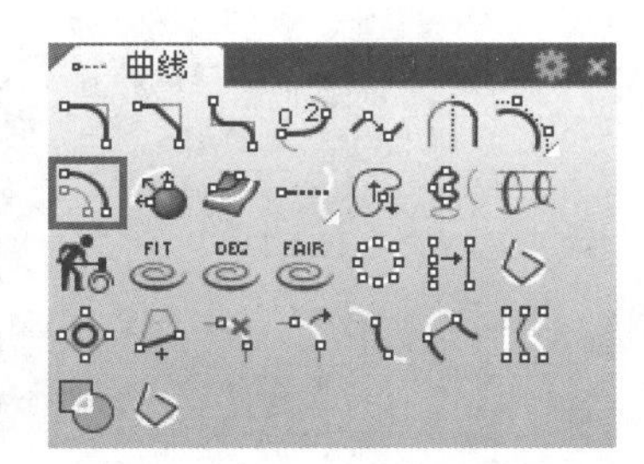

图3-242

启用“偏移曲线”工具后，选取一条曲线或一个曲面边缘，然后指定偏移的方向即可，偏移时可以看到如图3-243所示的命令选项。

```
指令: _Offset
选取要偏移的曲线 ( 距离(D)=0.956655  角(C)=锐角  通过点(T)
 公差(O)=0.001  两侧(B)  与工作平面平行(I)=否  加盖(A)=无 ):
```

图3-243

命令选项介绍

距离：设置偏移的距离。

角：设置角如何偏移，具有“锐角”“圆角”“平滑”和“斜角”4个选项，其中“平滑”指在相邻的偏移线段之间建立连续性为G1的混接曲线，如图3-244所示。

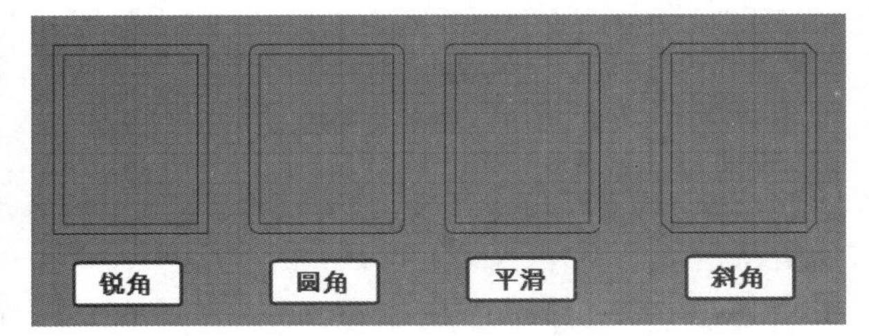

图3-244

通过点：指定偏移曲线的通过点，而不再使用设置的偏移距离。

公差：设置偏移曲线的公差。

两侧：在曲线的两侧同时偏移。

注意，曲线的偏移距离必须适当，偏移距离过大时，偏移曲线可能会产生自交的情况。此外，偏移曲线有时会自动增加偏移后的曲线的控制点数目。

实战

利用偏移/混接曲线绘制酒杯正投影造型

场景位置	无
实例位置	实例文件>第3章>实战——利用偏移/混接曲线绘制酒杯正投影造型.3dm
视频位置	第3章>实战——利用偏移/混接曲线绘制酒杯正投影造型.flv
难易指数	★★☆☆☆
技术掌握	掌握基本的曲线生成和编辑工具的用法

Rhino建模非常重要的方式就是由线生成面，即通过构建曲面关键轮廓线来创建曲面。因此，可以通过一些创建平面投影线或素描结构线的方式来锻炼构建曲面关键线的能力。本例就是运用基本的曲线生成和编辑工具绘制如图3-245所示的酒杯正投影造型轮廓线，图3-246所示是将酒杯正投影轮廓线旋转生成实体模型后的效果。

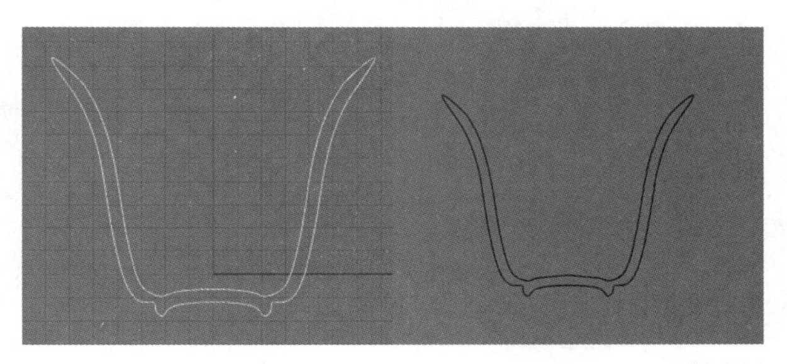

图3-245

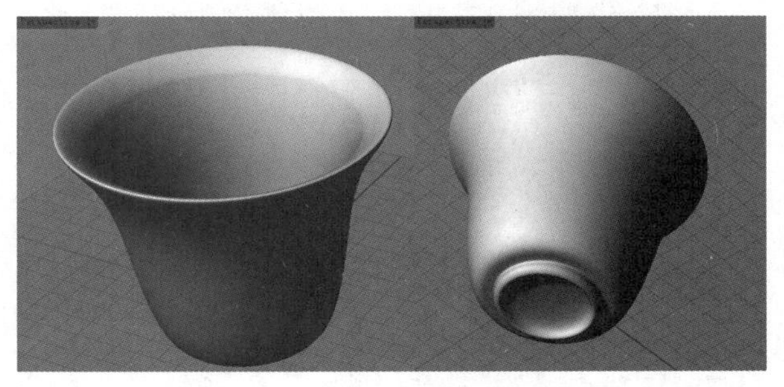

图3-246

01 启用“控制点曲线/通过数个点的曲线”工具，在Front（前）视图中绘制酒杯外表面轮廓线，如图3-247所示。

复杂的曲线通常很难一次绘制成功，因此通过控制点进行调整是必不可少的步骤，而这需要大家耐心，因为细节往往是决定模型质量好坏的关键。

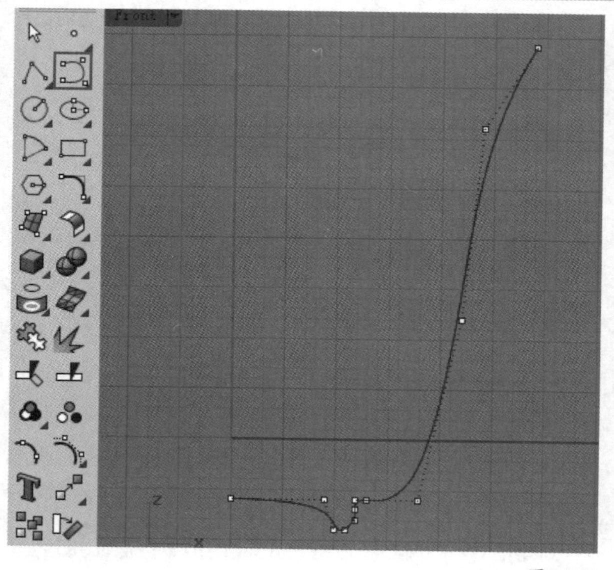

图3-247

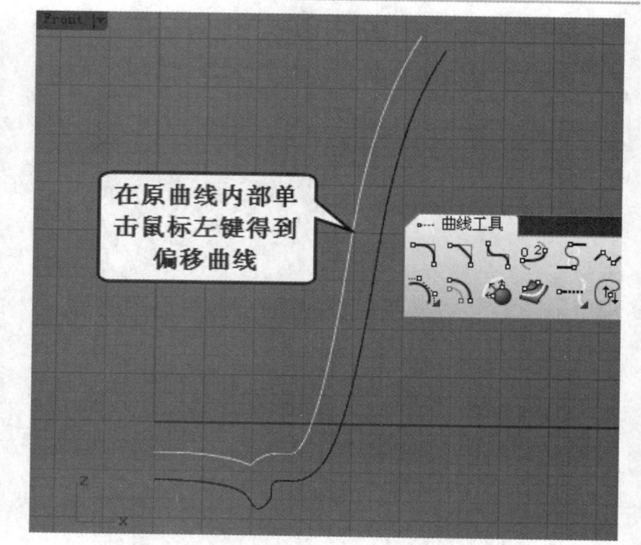

图3-249

02 启用“偏移曲线”工具，对上一步绘制的曲线进行偏移，具体操作步骤如下。

操作步骤

① 选择上一步绘制的曲线。

② 在命令行中单击“距离”选项，然后在视图中指定两个点定义偏移的距离，如图3-248所示。

③ 在原曲线内部单击鼠标左键得到偏移曲线，如图3-249所示。

03 使用“炸开/抽离曲面”工具将偏移得到的曲线炸开，如图3-250所示。

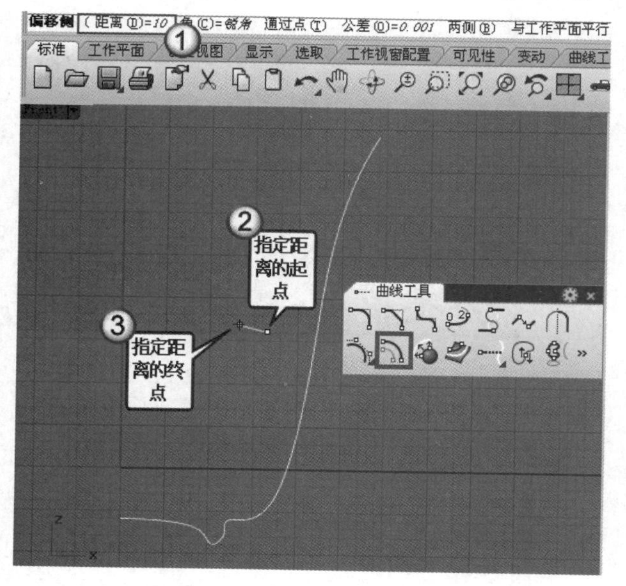

图3-248

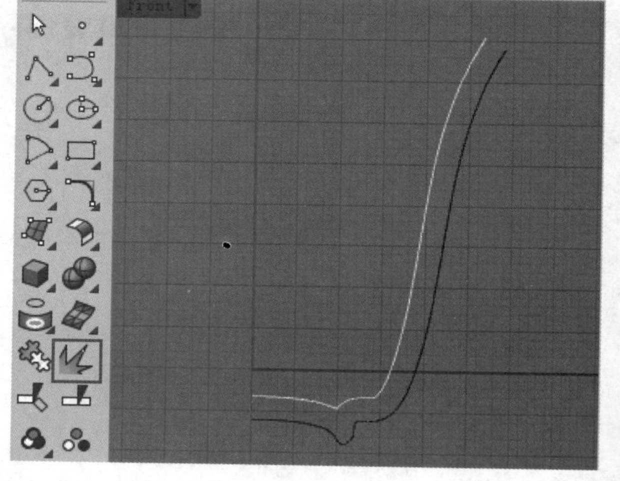

图3-250

04 选择炸开后的曲线，然后按F10键打开控制点，并框选如图3-251所示的控制点，接着按Delete键删除这些控制点，结果如图3-252所示。

05 观察图3-252中酒杯内壁曲线，可以发现其控制点比较多，由于控制点过多会影响曲面模型质量及曲面建模后期修改，因此需要重建曲线，减少控制点。使用鼠标左键单击“重建曲线/以主曲线重建曲线”工具，然后选择酒杯内壁曲线，并按Enter键打开“重建”对话框，接着设置“点数”为6，并单击预览(P)按钮和确定按钮，如图3-253所示。

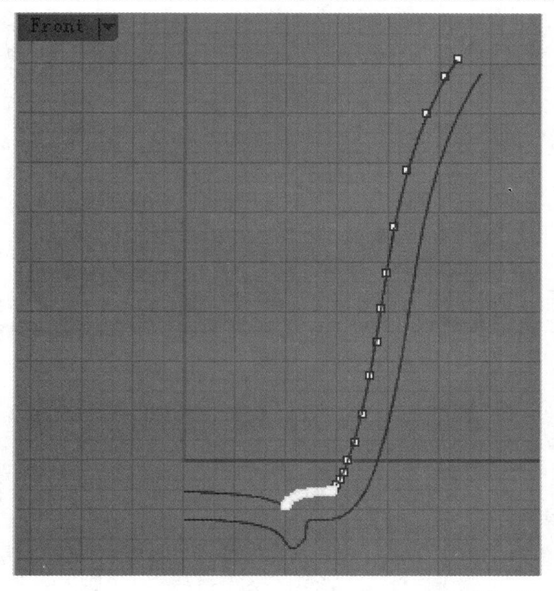

图3-251

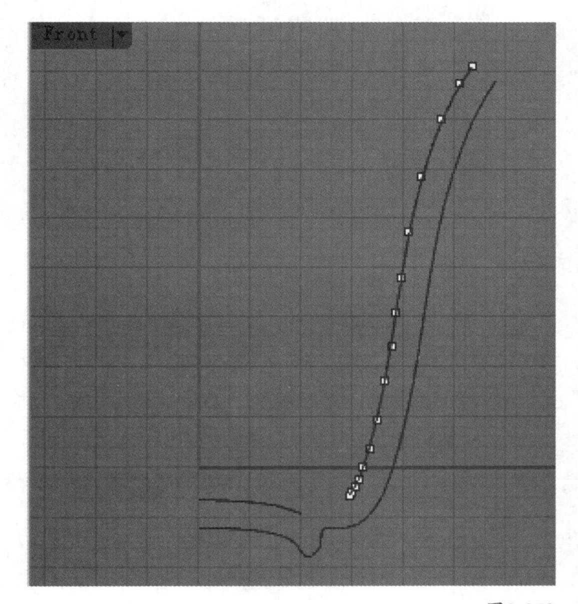

图3-252

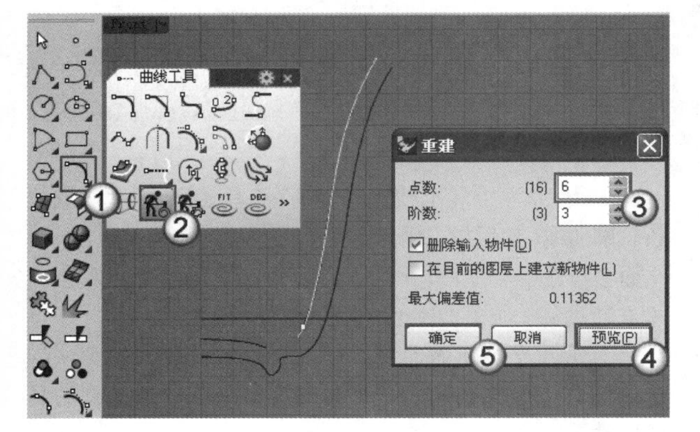

图3-253

06 使用鼠标左键单击“可调式混接曲线/混接曲线”工具，创建G2连续的混接曲线，具体操作步骤如下。

操作步骤

① 分别选取两条需要衔接的曲线，如图3-254所示。

② 调整混接曲线端点处控制点的位置，然后在“调整曲线混接”对话框中单击确定按钮（注意保证“连续性”为“曲率”），如图3-255所示。

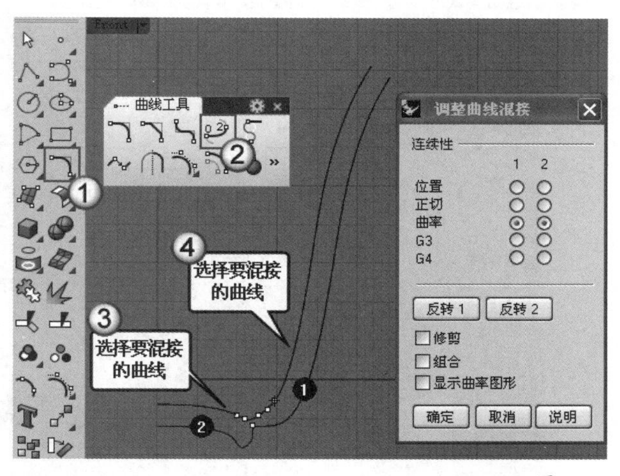

图3-254

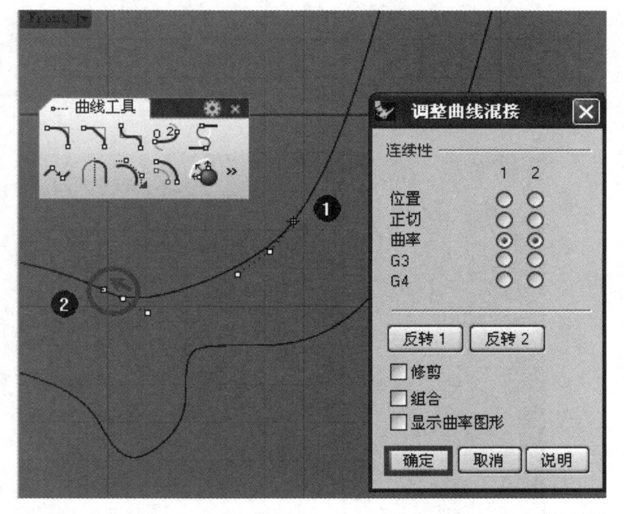

图3-255

07 使用相同的方式在酒杯内外两条轮廓线的顶部创建混接曲线，如图3-256和图3-257所示。

08 使用“镜射/三点镜射”工具将所有曲线镜像复制一份到左侧，如图3-258所示，具体操作步骤如下。

操作步骤

① 框选之前绘制的所有曲线，按Enter键确认。

② 在命令行中单击“复制”选项，将其设置为“是”。

③ 捕捉酒杯外表面轮廓线的左端点为镜像轴的起点，然后捕捉酒杯内表面轮廓线的左端点为镜像轴的终点。

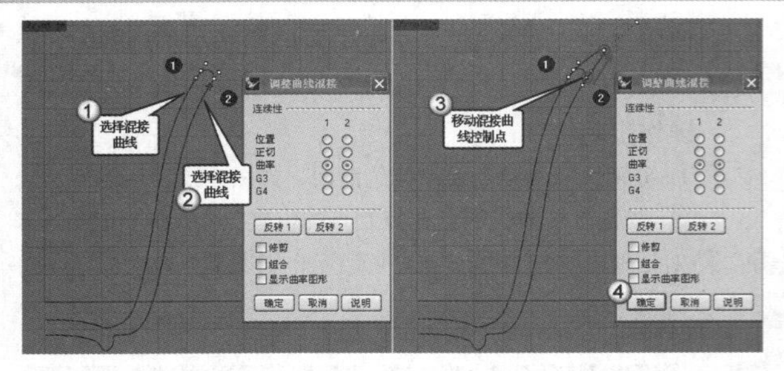

图3-256

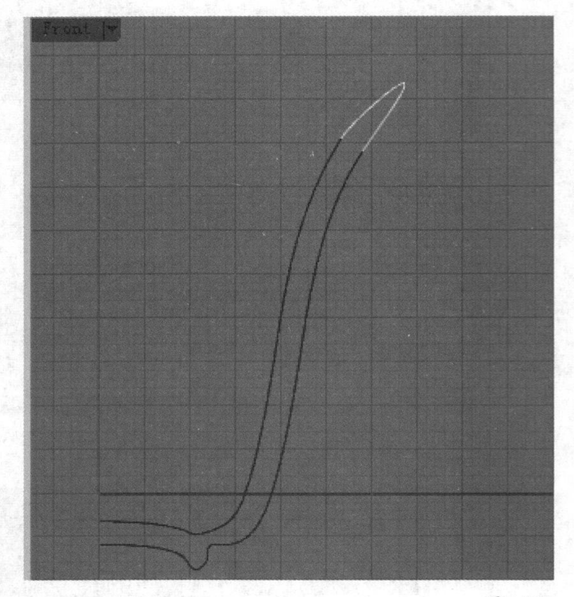

图3-257

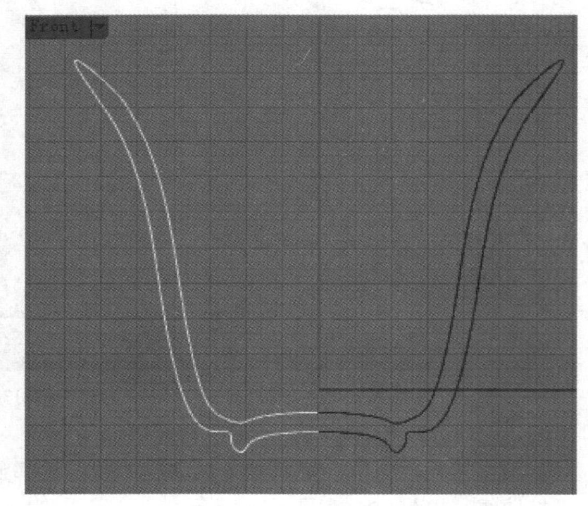

图3-258

09 启用“衔接曲线”工具，对酒杯底面内壁两条曲线进行G2衔接，如图3-259所示。然后使用相同的方法对酒杯底面外壁两条曲线也进行G2衔接。

10 启用“组合”工具，组合所有曲线，最终结果如图3-260所示。

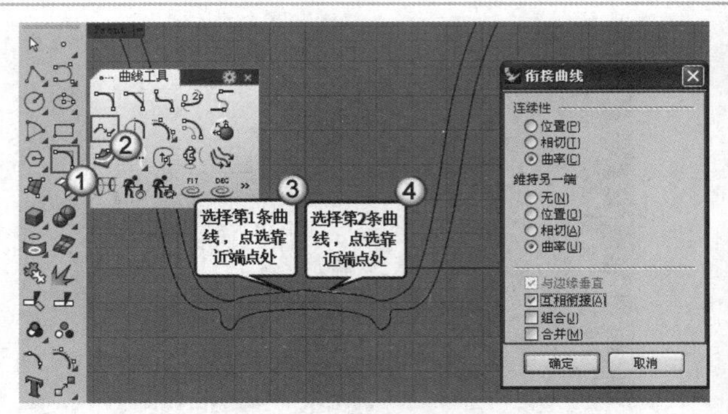

图3-259

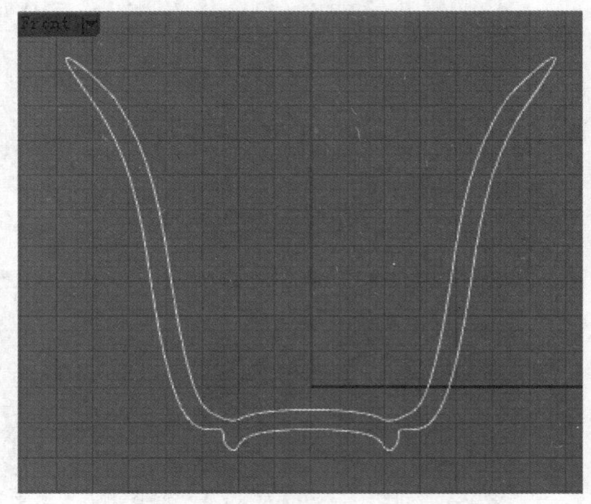

图3-260

3.6.11 从断面轮廓线建立曲线

使用“从断面轮廓线建立曲线”工具可以建立通过数条轮廓线的断面线，工具位置如图3-261所示。

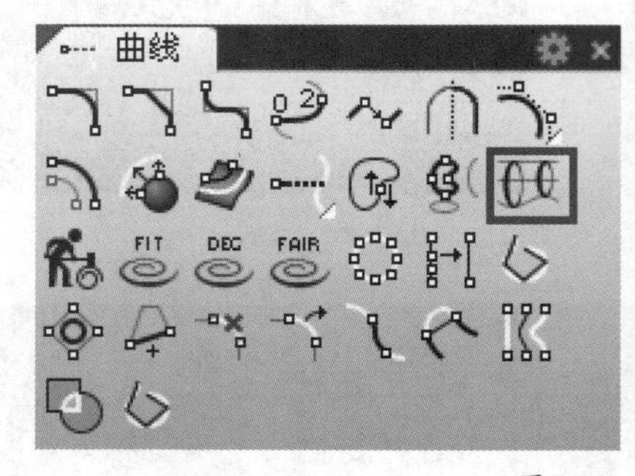

图3-261

启用“从断面轮廓线建立曲线”工具后，依次选取数条轮廓曲线，然后指定用来定义断面平面的直线起点，断面平面会与使用中的工作平面垂直，再指定断面平面的终点，建立通过每一个断面平面与轮廓线交点的曲线。

对于建立的断面曲线，可以通过放样或其他方法创建曲面。下面我们通过一个实战案例来解读该工具的具体用法。

实战

利用断面轮廓线创建花瓶造型

场景位置 无
实例位置 实例文件>第3章>实战——利用断面轮廓线创建花瓶造型.3dm
视频位置 第3章>实战——利用断面轮廓线创建花瓶造型.flv
难易指数 ★★☆☆☆
技术掌握 掌握“从断面轮廓线建立曲线”工具的使用方法

本例创建的花瓶造型效果如图3-262所示。

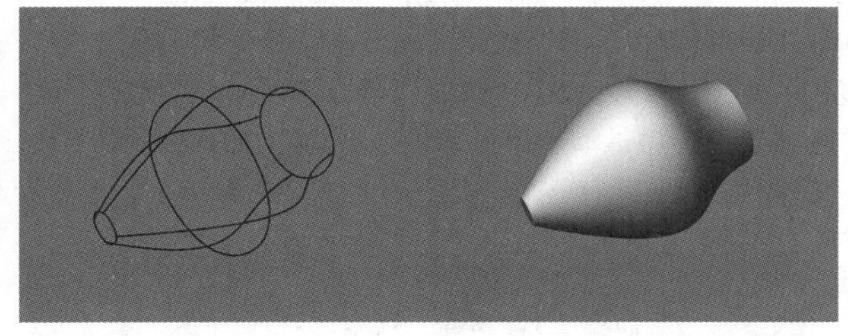

图3-262

01 启用“控制点曲线/通过数个点的曲线”工具，在Top（顶）视图中绘制如图3-263所示的曲线。

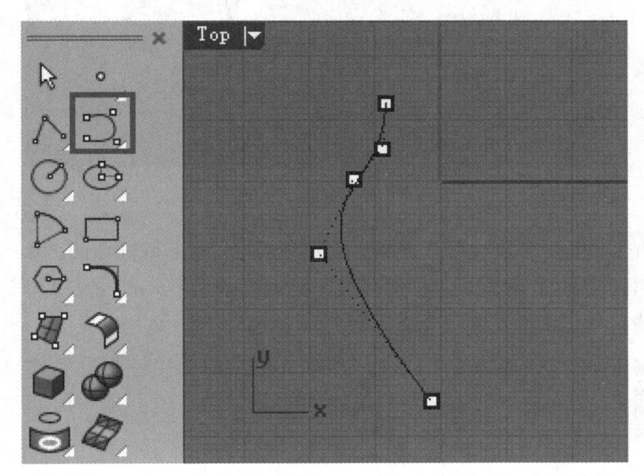

图3-263

02 使用鼠标左键单击“2D旋转/3D旋转”工具，在Front（前）视图中对绘制的曲线进行旋转复制，如图3-264所示，具体操作步骤如下。

操作步骤

① 选择上一步绘制的曲线，按Enter键确认。

② 捕捉坐标原点为旋转的中心点（注意设置“复制”为“是”）。

③ 在命令行输入90，并按Enter键确认，表示以90° 生成第1个旋转复制的曲线。然后依次输入180和270，旋转复制出其他两条曲线。

03 启用“从断面轮廓线建立曲线”工具，建立多条断面线，具体操作步骤如下。

操作步骤

① 依次选取4条轮廓曲线，按Enter键确认。

② 参照图3-265指定断面线的起点和终点，对应生成一条断面线。

③ 在不同的位置重复指定断面线的起点和终点，生成其他3条断面线，如图3-266所示。

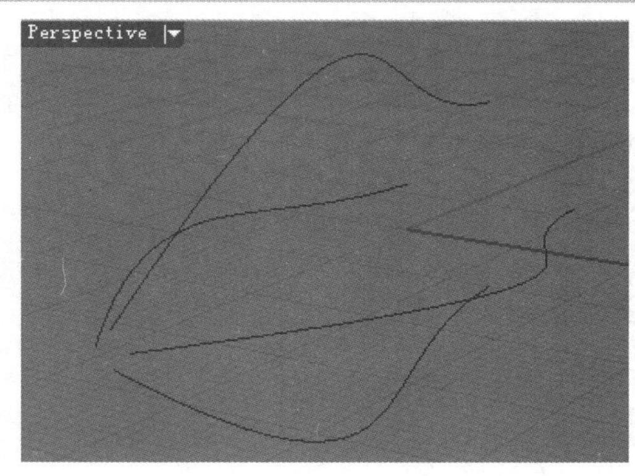

图3-264

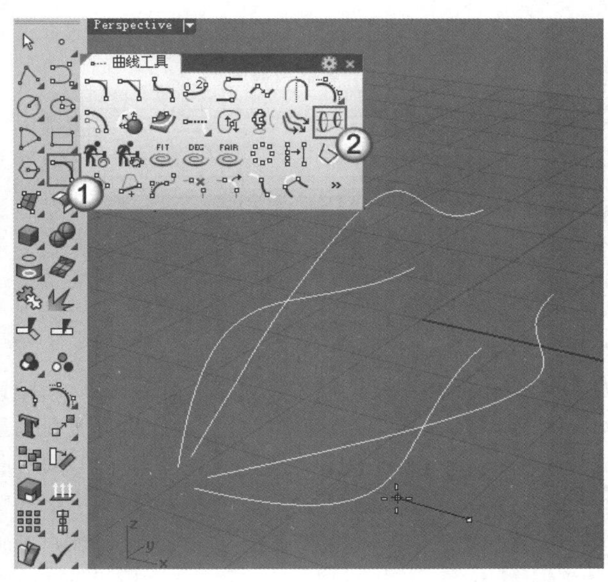

图3-265

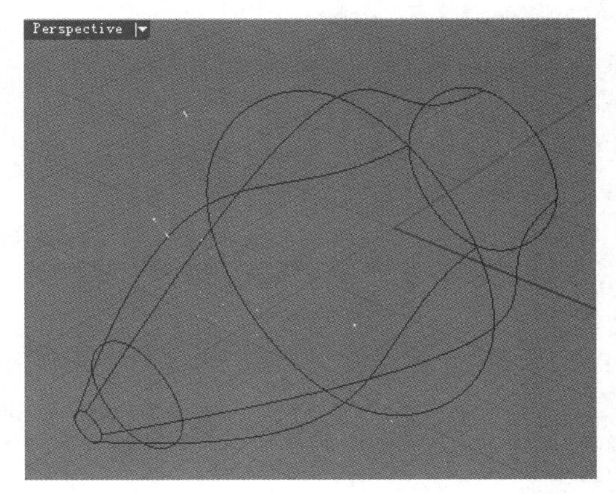

图3-266

技巧与提示

在上面的操作过程中，每指定一组断面线的起点和终点，将对应生成一条断面线。

第4章 曲面建模

Learning Objectives

Rhino

4.1 曲面的关键要素

在Rhino中可以建立两种曲面：NURBS曲面和Rational（有理）曲面。NURBS曲面指以数学的方式定义的曲面，从形状上看就像一张具有延展性的矩形橡胶皮，NURBS曲面可以表现简单的造型，也可以表现自由造型与雕塑造型。不论何种造型的NURBS曲面都有一个原始的矩形结构，如图4-1所示。

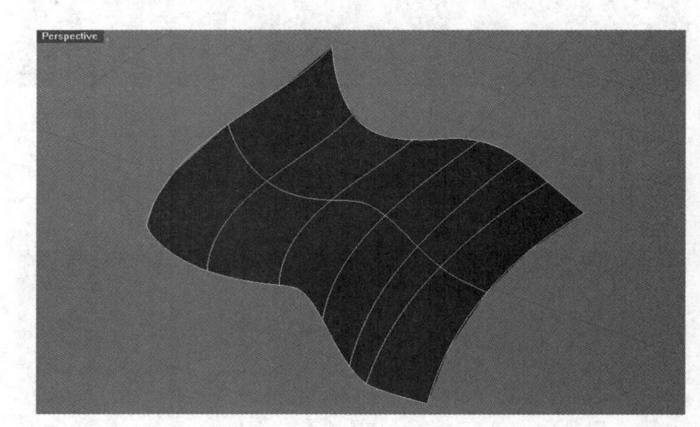

图4-1

NURBS曲面又可以细分为两种曲面：周期曲面和非周期曲面。周期曲面是封闭的曲面，移动周期曲面接缝附近的控制点不会产生锐边，以周期曲线建立的曲面通常也会是周期曲面，如图4-2所示。

非周期曲面同样是封闭的曲面，移动非周期曲面接缝附近的控制点可能会产生锐边，以非周期曲线建立的曲面通常也会是非周期曲面，如图4-3所示。

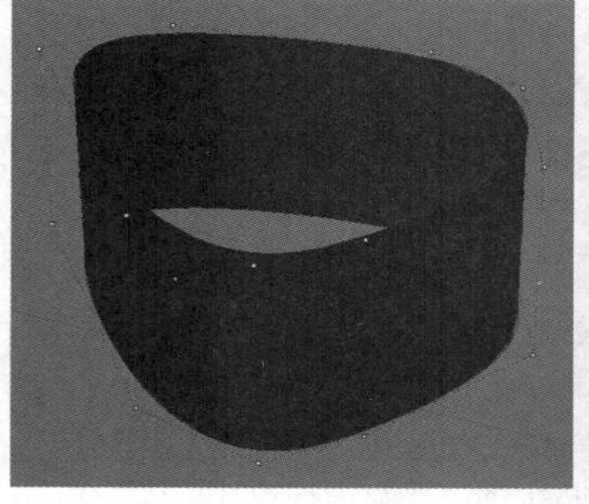

图4-2

图4-3

疑难问答

问：什么是周期曲线和非周期曲线？

答：周期曲线是接缝处平滑的封闭曲线，编辑接缝附近的控制点不会产生锐角点；而非周期曲线是接缝处（曲线起点和终点的位置）为锐角点的封闭曲线，移动非周期曲线接缝附近的控制点可能会产生锐角点。

Rational（有理）曲面包含球体、圆柱体侧面和圆锥体，这类型的曲面以圆心及半径定义，而不是以多项式定义，如图4-4所示。

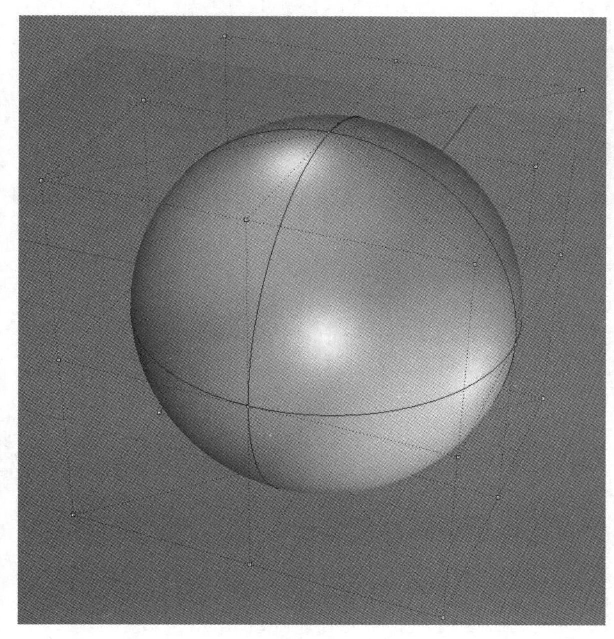

图4-4

无论是NURBS曲面还是Rational（有理）曲面，都是由点和线构成的，所以构造曲面的关键就是构造曲面上的点和线。下面将详细了解曲面的5大关键要素。

4.1.1 控制点

打开和关闭曲面控制点的方法与曲线相同，通过快捷键F10和F11即可。曲面的控制点与曲面有密切关系，主要体现在控制点的数目、位置以及权重上，不同的控制点数目会有不同阶数的曲面。图4-5所示是1阶、2阶和3阶的曲线，挤出成曲面后的效果如图4-6所示。

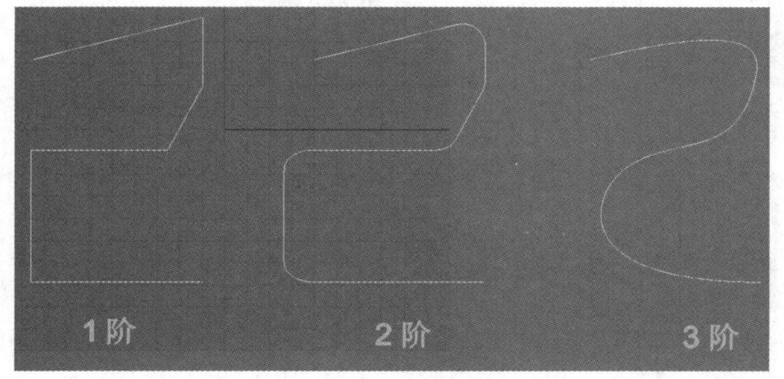

图4-5

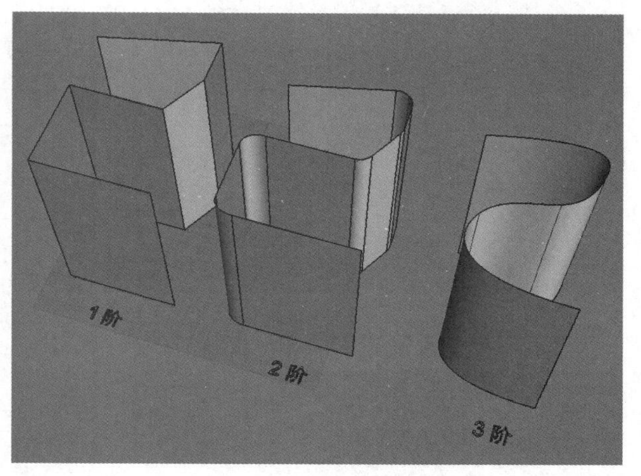

图4-6

4.1.2 ISO线条

曲面的ISO线条就是曲面的结构线。如图4-7所示，曲面上的黑色线段就是曲面的ISO线条。

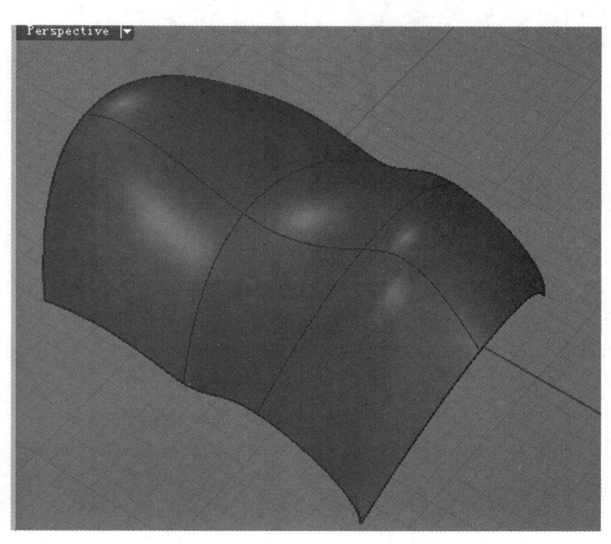

图4-7

增加曲面的控制点会相应地增加曲面的ISO线条，例如，在图4-7所示的曲面上增加一排控制点，相应地增加了两条ISO线，如图4-8和图4-9所示。因此，要增加ISO线，可以在曲面上增加控制点；同理，要减少ISO线也可以移除曲面上的控制点。

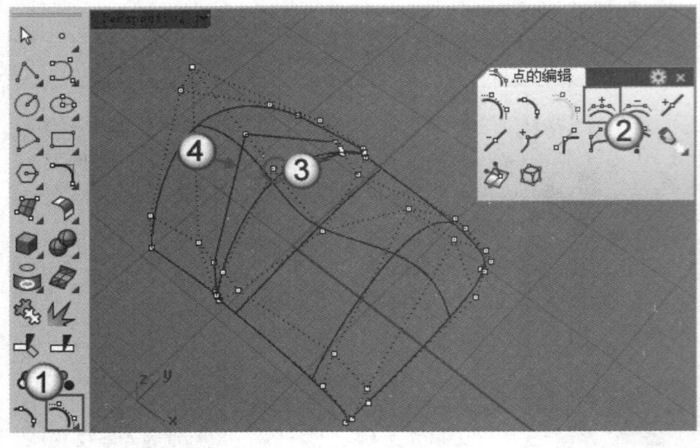

图4-8

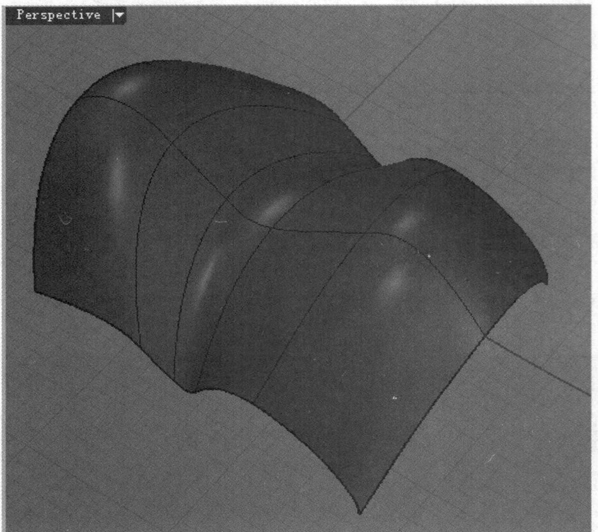

图4-9

4.1.3 曲面边

曲面的边是构成曲面的基本要素，而对于边线的调节是曲面成型的一个关键。合理地调节曲面的边线，有效地利用曲面的边线再造曲面是Rhino曲面建模不容忽视的常用手法。

4.1.4 权重

曲面控制点的权重值是控制点对曲面的牵引力，权重值越高曲面会越接近控制点。

观察图4-10，图中是一个中间部位突出的平面曲面，且突出的那个控制点的权值为1.0。如果我们将权值修改为0.5，曲面的变化如图4-11所示，可以看到凸起的高度降低，变得较圆滑；如果将权值修改为10，结果如图4-12所示，可以看到曲面凸起明显拉长，变得又高又尖。

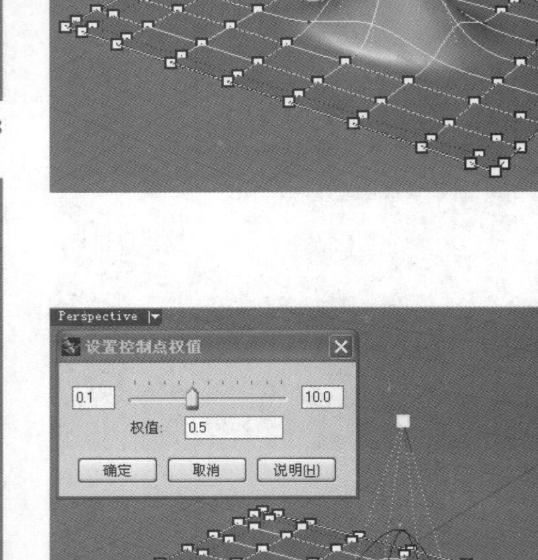

图4-10

图4-11

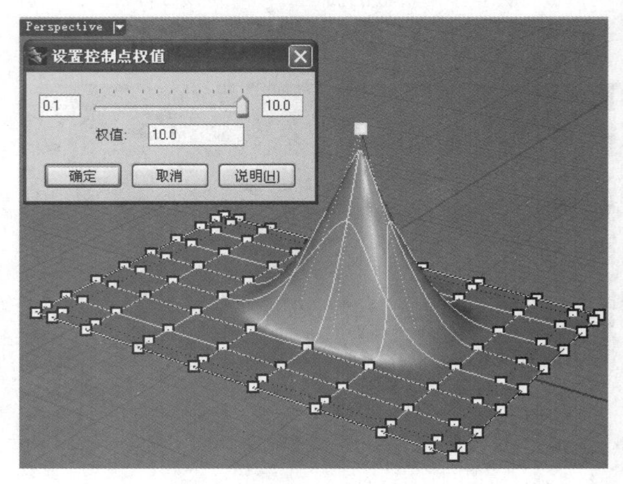

图4-12

从中我们不难看出，权重值小于1时，曲面变化比较圆滑；权重值大于1时，曲面变化比较尖锐。曲面上的控制点的权重主要用于局部凹凸造型的设计表现，在编辑上不会影响周围曲率的过渡变化。

改变曲面控制点权值的方法可以参考本章4.4.1小节。

4.1.5 曲面的方向

曲面的方向会影响建立曲面和布尔运算的结果。每一个曲面其实都具有矩形的结构，曲面有3个方向：U、V、N（法线），可以使用Dir（分析方向）命令显示曲面的U、V、N方向，如图4-13所示。

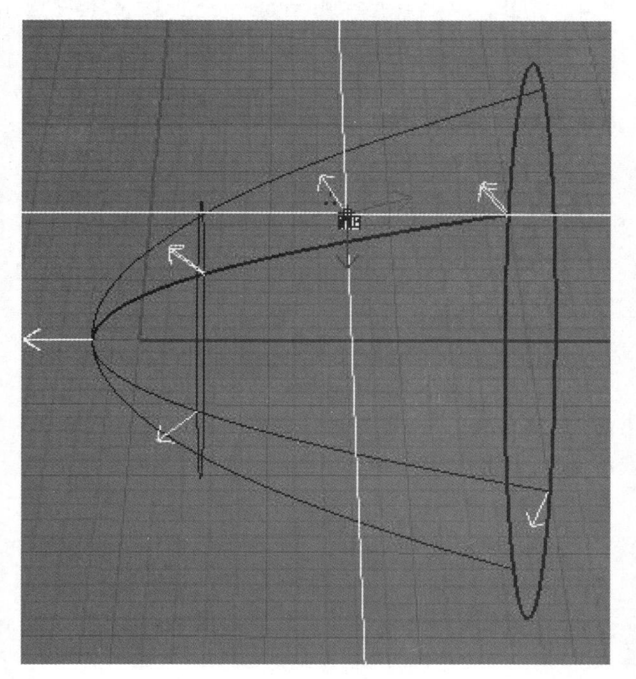

图4-13

在图4-13中，中间十字线的坐标箭头就是曲面的方向，其中U方向以红色箭头显示，V方向以绿色箭头显示，N（法线）方向以白色箭头显示。曲面的U、V方向会随着曲面的形状“流动”。可以将曲面的U、V、N方向看作一般的坐标方向，只不过U、V、N方向是位于曲面上的。曲面的U、V方向和纹理贴图对应及插入节点有关。

4.2 解析曲面

4.2.1 曲率与曲面的关系

想要了解曲率与曲面的关系，首先要了解一下曲线的曲率。曲线上的任何一点都有一条与该点相切的直线，也可以找出与该点相切的圆，这个圆的半径倒数（1除以半径值可以得到其倒数）是曲线在该点的曲率。曲线上某一点的相切圆有可能位于曲线的左侧也可能位于右侧，为了进行区分，可以将曲率加上正负符号，相切圆位于曲线左侧时曲率为正数；位于曲线右侧时曲率为负数，这种表示方式称为有正负的曲率。

曲面的曲率

曲面的曲率主要包括“断面曲率”“主要曲率”“高斯曲率”和“平均曲率”4类。

<1>断面曲率

以一条直线切割曲面时会产生一条断面线，断面线的曲率就是这个曲面在这个位置的断面曲率，如图4-14所示。

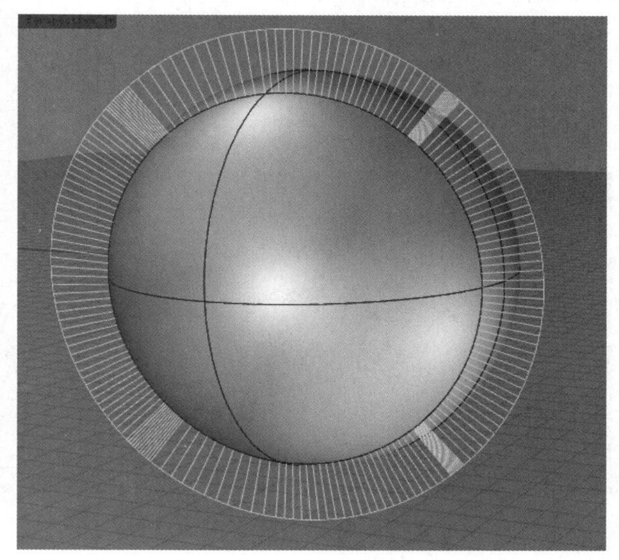

图4-14

曲面上任意一点的断面曲率不是唯一的，曲面上某一点的曲率为曲面在该点处的曲率之一，这个曲率是有正负的曲率。由通过这一点的断面决定。以许多不同方向的平面切过曲面上的同一点，会产生许多断面线，每一条断面线在该点的曲率都不同，其中必定有一个最大值和最小值。

<2>主要曲率

曲面上一个点的最大曲率和最小曲率称为主要曲率，高斯曲率和平均曲率都是由最大主要曲率与最小主要曲率计算而来的。

<3>高斯曲率

高斯曲率是曲面上一个点的最大主要曲率与最小主要曲率的乘积。高斯曲率为正数时，代表曲面上该点的最大主要曲率与最小主要曲率的断面线往曲面的同一侧弯曲；高斯曲率为负数时，最大主要曲率与最小主要曲率的断面线往曲面的不同侧弯曲；高斯曲率为 0 时，最大主要曲率与最小主要曲率的断面线之一是直的（曲率为0）。

<4>平均曲率

平均曲率是曲面上一个点的最大主要曲率与最小主要曲率的平均数，曲面上一个点的平均曲率为0时，该点的高斯曲率可能是负数或0。一个曲面上任意点的平均曲率都是0的曲面称为极小曲面；一个曲面上任意点的平均曲率都是固定的曲面称为定值平均曲率（CMC）曲面。CMC曲面上任意点的平均曲率都一样，极小曲面属于CMC曲面的一种，也就是曲面上的任意点的曲率都是0。

曲面的连续性

Rhino曲面建模常见的流程是由线到面，所以曲线之间的关系直接决定了曲面之间的结果。曲线的连续分为G0、G1和G2连续，因此曲面的连续相应的也可分为以下3种。

<1>位置连续（G0）

如果两个曲面相接边缘处的斑马纹相互错开，代表两个曲面以G0（位置）连续性相接，如图 4-15所示。

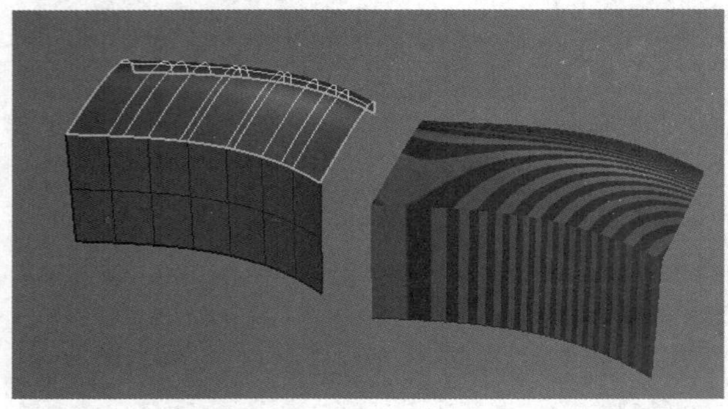

图4-15

<2>相切但曲率不同（G1）

如果两个曲面相接边缘处的斑马纹相接但有锐角，两个曲面的相接边缘位置相同，切线方向也一样，代表两个曲面以G1（位置+相切）连续性相接，如图4-16所示。

<3>位置/相切/曲率相同（G2）

如果两个曲面相接边缘处的斑马纹平顺地连接，两个曲面的相接边缘除了位置和切线方向相同以外，曲率也相同，代表两个曲面以G2（位置+相切+曲率）连续性相接，如图4-17所示。

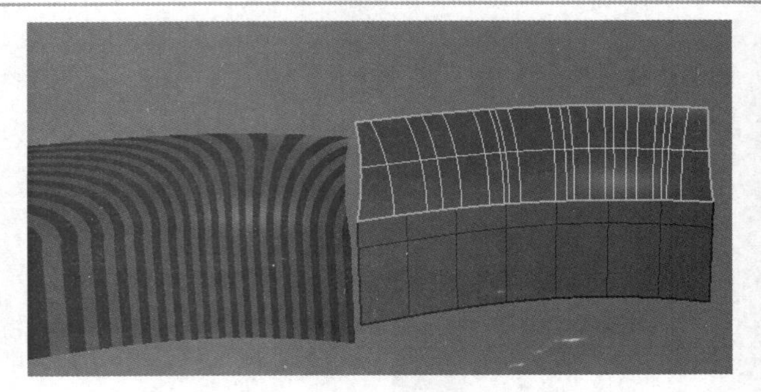

图4-16

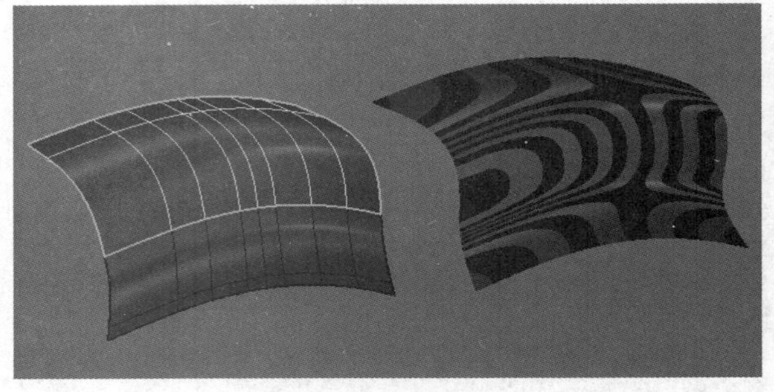

图4-17

4.2.2 曲面的CV点与曲面的关系

CV点是建立曲面时的控制点，是曲面的基础，因此调节曲面最直观的方法就是调节CV点。但CV点的形态与曲面的形态有着一定的差距，而且利用CV点编辑曲面在构造历史、连续关系等方面比较复杂。所以，初学者应用此种方法会有一定困难，需要一定的练习后才能熟练使用。使用CV点编辑曲面主要体现在以下两个方面。

调节曲面CV点的数量

通过移动CV点来调节曲面形态的前提条件就是曲面的CV点不能太多，否则无法调节。曲面CV点的多少需要根据曲面的具体形态而定，过少会无法描述曲面，过多则无法调节。所以确定CV点的数量需要一定的操作经验。

利用CV点调节曲面的形态

如果曲线相同，曲面也可以通过CV点来编辑。通过移动曲面上的CV点可以调节曲面的形状，但这种方法对曲面上的CV点有一定的要求，因为如果CV点太多，调节将很复杂，所以不建议初学者使用。另外还要注意CV点编辑曲面将删除曲面的构造历史。

4.2.3 曲面点的权重与曲面的关系

曲面CV点的权重与曲线的权重一样，只要打开控制点，就可以对所需要编辑的点进行权值调节。权重的作用也与曲线的权重类似，都能在不改变CV点的数量和排列的基础上改变曲面的形态。不过，一般情况下是不需要调节曲面上CV点的权重的，因为曲面的CV点一般都不在曲面上，所以，调节CV点对曲面的曲率影响较大，多半时候都会使曲面发生无法控制的形变。

4.2.4 曲面的阶数与曲面的关系

曲面的阶数也与曲线的阶数类似，只不过前者变得更复杂。一条曲线只有一个阶数，而一个曲面却有两个阶数，分别是U方向和V方向的阶数。两个方向可以独立确定阶数，互不影响，所以排列组合的可能性就很多。因为曲面主要就在1～3阶范围内，所以暂时就使用1—2—3阶来组合。就像曲线一样，两个方向都是1阶的话，这个面就是平面；两个方向中有1个方向是1阶、另一方向是2阶以上，这个面就是单曲面；两个方向都是2阶以上的话，这个面就是双曲面。

与曲线类似，当改变曲面的阶数时，曲面有可能发生变化。阶数上升时，曲面不发生变化只是曲面的控制点会增加；阶数下降时，每降一阶，曲面就变化一次，直至变成平面为止。

4.3 创建曲面

4.3.1 由点建面

通过点来构造曲面是最基础的方式，Rhino也提供了多个创建工具，如图4-18所示。

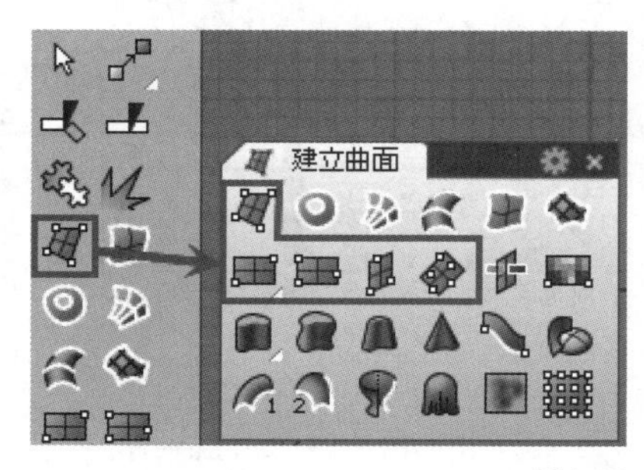

图4-18

通过3个点或4个点建立曲面

使用“指定三或四个角建立曲面”工具可以创建三角形的曲面或四角形的曲面，三角形的曲面必然位于同一平面内，但四角形的曲面可以位于不同的平面内，如图4-19所示。

使用“指定三或四个角建立曲面”工具创建曲面的方法比较简单，创建三角形面时，依次指定曲面的3个角点，再按Enter键即可；创建四角形面时，依次指定曲面的4个角点，命令会自动结束，如果要创建非平面的曲面，可以在指定点时跨越到其他工作视图。

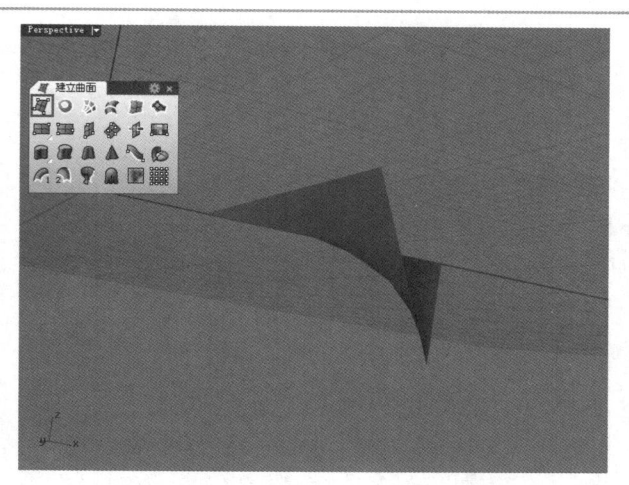

图4-19

建立矩形平面

建立矩形平面有两种方式，一种是通过指定矩形的对角点，也就是使用“矩形平面：角对角”工具，如图4-20所示；另一种是通过指定矩形一条边的两个端点和对边上的一点，也就是使用“矩形平面：三点”工具，如图4-21所示。

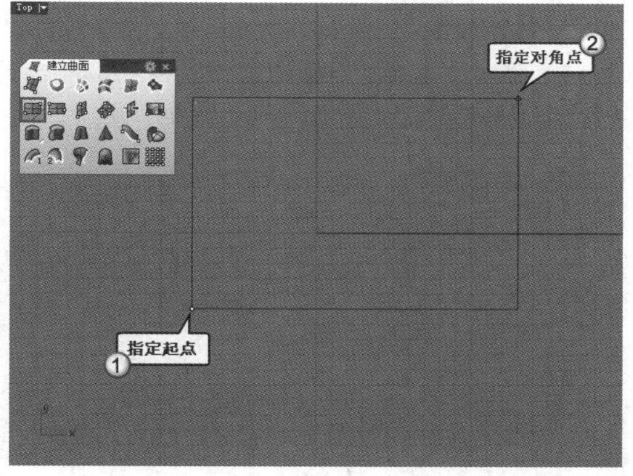

图4-20

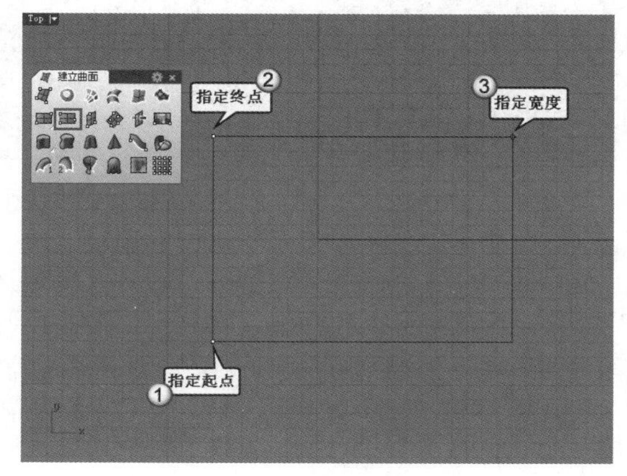

图4-21

建立垂直平面

如果要创建一个与工作平面垂直的矩形，可以使用“垂直平面”工具，如图4-22所示。

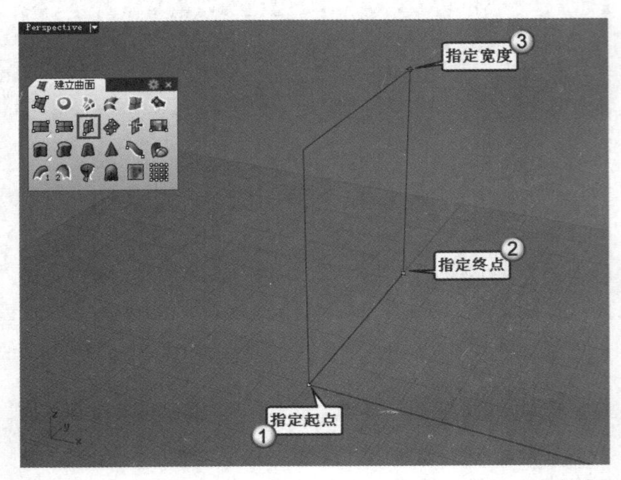

图4-22

通过多个点建立曲面

通过3个点可以构建一个平面，因此当视图中存在3个或3个以上的点物件时，可以使用“配合数个点的平面”工具创建一个平面。需要注意的是，无论有多少个点或点的排布有多么不规则，Rhino会自动选取上下左右4个方向最靠外的点创建矩形平面，如图4-23所示。

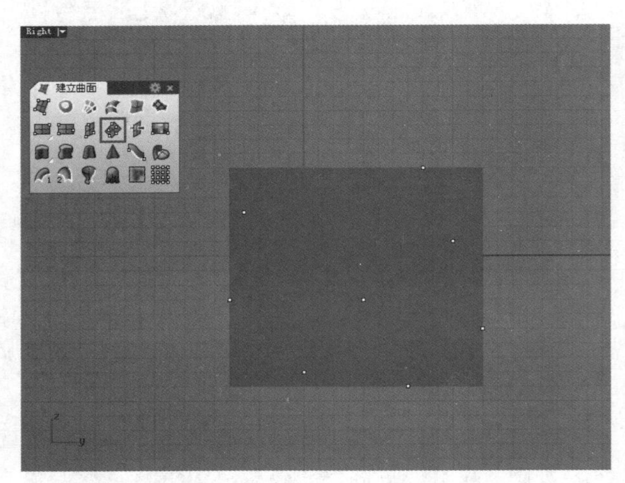

图4-23

实战

利用由点建面方式创建房屋

场景位置	场景文件>第4章>01.3dm
实例位置	实例文件>第4章>实战——利用由点建面方式创建房屋.3dm
视频位置	第4章>实战——利用由点建面方式创建房屋.flv
难易指数	★★☆☆☆
技术掌握	掌握由点建面和图层编辑的方法

本例创建的房屋效果如图4-24所示。

图4-24

01 打开本案例的场景文件，如图4-25所示。

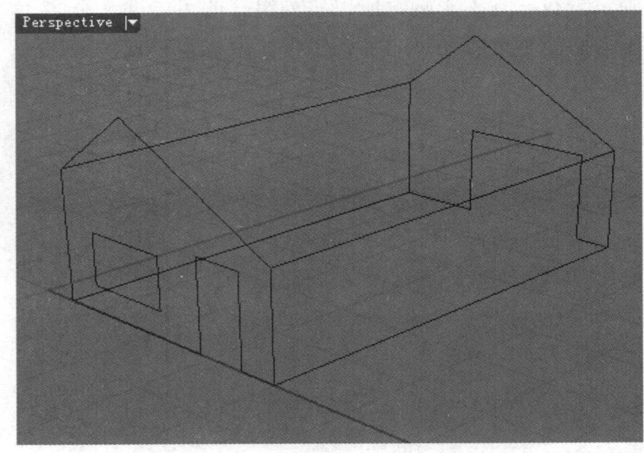

图4-25

02 切换到“图层”面板，然后单击两次Layer01图层，将其重命名为“门”，如图4-26所示。

属性 | 图层 | 说明

名称				材质	线型		打印线宽
Default	✓		■	○	Conti...	◆	预设值
门			■	○	Continu...	◆	预设值
Layer 02			■	○	Continu...	◆	预设值
Layer 03			■	○	Continu...	◆	预设值
Layer 04			■	○	Continu...	◆	预设值
Layer 05			□	○	Continu...	◇	预设值

图4-26

03 使用相同的方法修改Layer02图层的名称为“窗”，再修改Layer03图层的名称为“房屋主体”，并快速双击“门”图层，将其设置为当前工作图层，如图4-27所示。

属性 | 图层 | 说明

名称				材质	线型		打印线宽
Default			■	○	Continu...	◆	预设值
门	✓		□	●	Conti...	◇	预设值
窗			■	○	Continu...	◆	预设值
房屋主体			■	○	Continu...	◆	预设值
Layer 04			■	○	Continu...	◆	预设值
Layer 05			□	○	Continu...	◇	预设值

图4-27

04 开启“端点”捕捉模式，然后启用“指定三或四个角建立曲面”工具，在门的位置依次捕捉4个端点创建出如图4-28所示的平面。

05 使用相同的方法创建另一扇门，如图4-29所示。

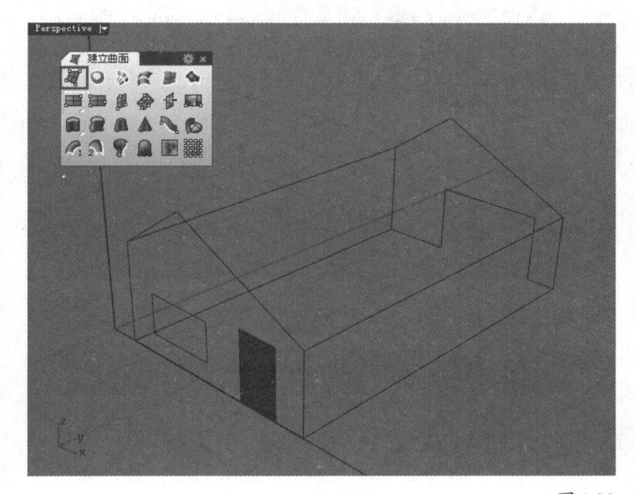

图4-28

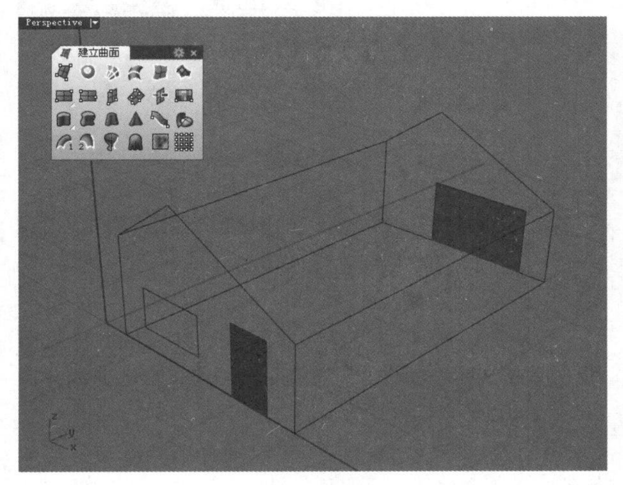

图4-29

06 通过状态栏将“窗”图层设置为当前工作图层，然后继续使用“指定三或四个角建立曲面”工具创建窗户平面，如图4-30所示。

07 将“房屋主体”图层设置为当前工作图层，同样使用“指定三或四个角建立曲面”工具创建房屋主体曲面（由6个矩形面和两个三角形面组成），如图4-31所示。

08 完成创建后，可以看出房屋主体与门和窗重合，因此需要修剪房屋主体的面。使用鼠标左键单击“分割/以结构线分割曲面”工具，分割窗户和门所在的两个面，然后将与门、窗重合的墙体面删除，效果如图4-32所示。

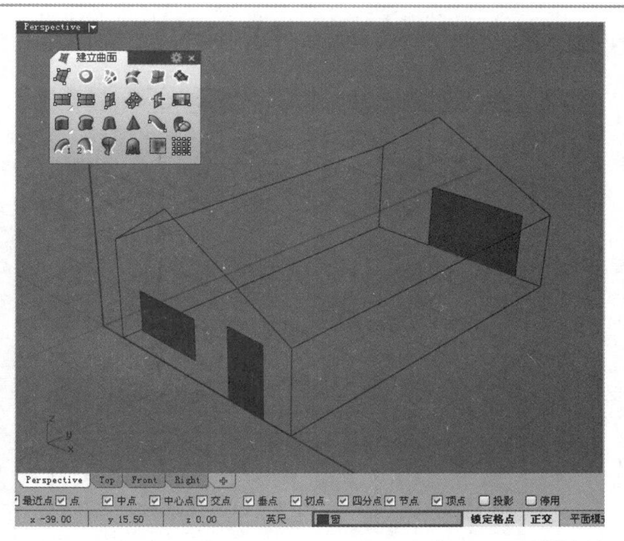

图4-30

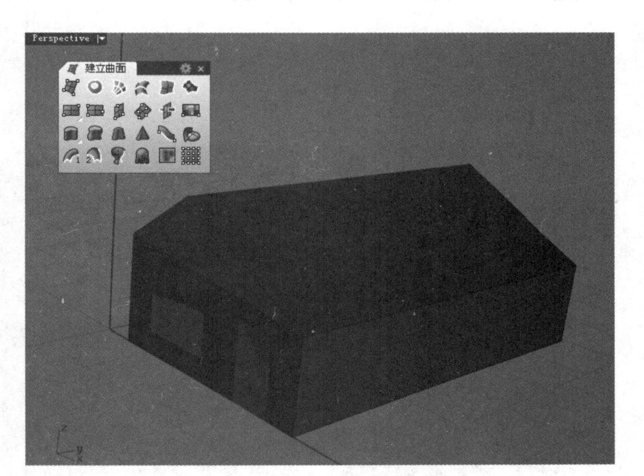

图4-31

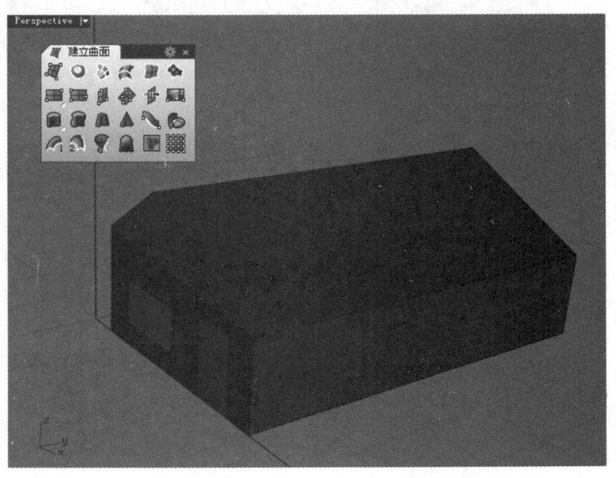

图4-32

09 打开“Rhino选项”对话框，进行如图4-33所示的设置。

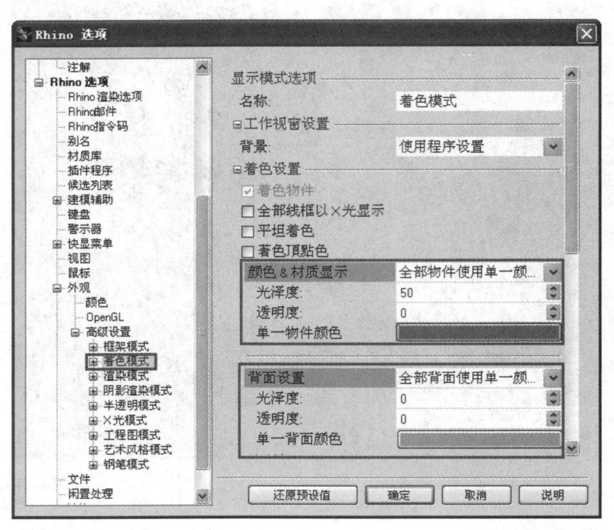

图4-33

10 在“标准”工具栏下单击“着色/着色全部作业视窗”工具，将模型着色显示，效果如图4-34所示。

图4-34

11 通过“分析方向/反转方向”工具的右键功能调整门、窗和屋顶的曲面为背面方向，再调整墙体的曲线为正面方向，最终效果如图4-35所示。

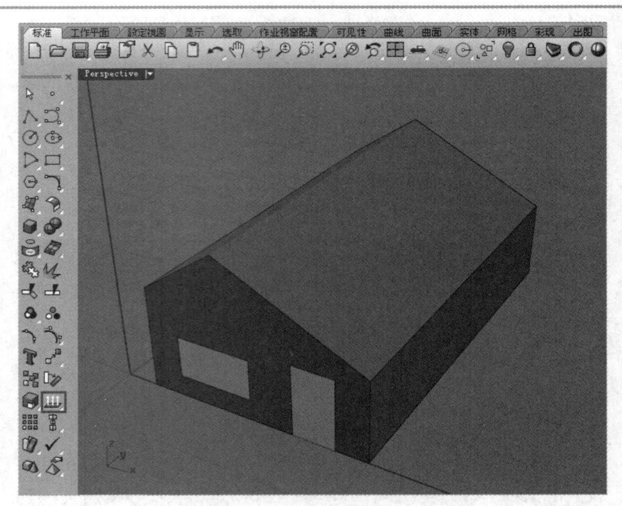

图4-35

4.3.2 由边建面

曲面最少要由3条或3条以上的曲线来构成，所以，由边线来构建曲面也要满足至少3条以上这一基本条件。通过边线来创建曲面主要有两个工具，“以平面曲线建立曲面”工具和“以二、三或四个边缘曲线建立曲面”工具，如图4-36所示。

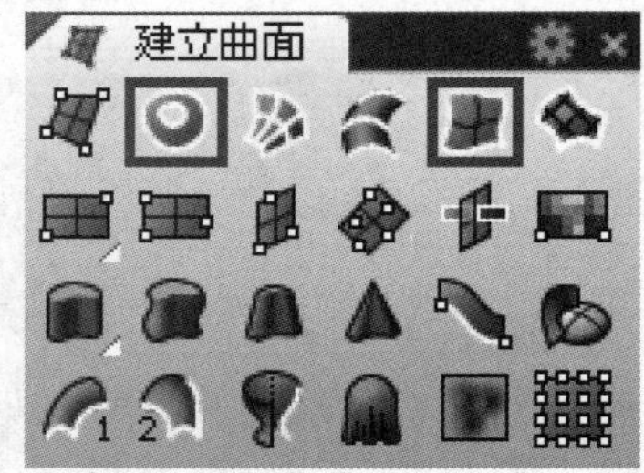

图4-36

以封闭曲线建立曲面

使用“以平面曲线建立曲面”工具可以将封闭的平面曲线创建为平面，方法比较简单，框选曲线并按Enter键即可，如图4-37所示。

不过需要注意的是，如果曲线有部分重叠，那么每条曲线都会建立一个平面。此外，如果一条曲线完全位于另一条曲线内部，该曲线会被当成洞的边界，如图4-38所示。

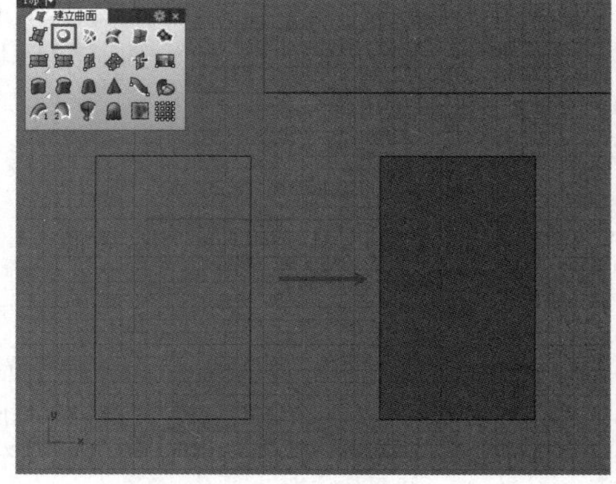

图4-37

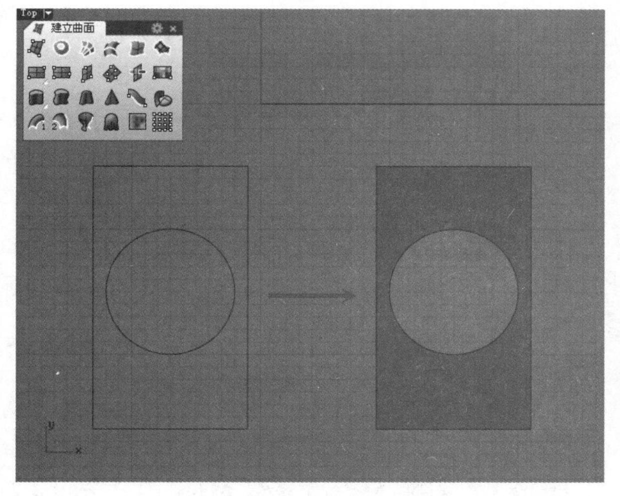

图4-38

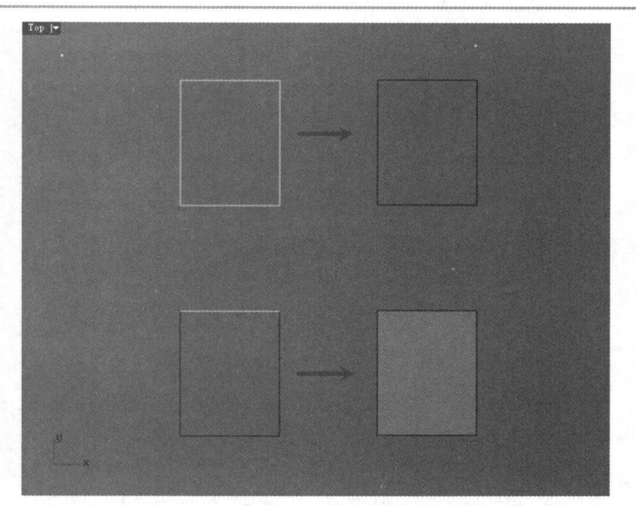

图4-40

以开放曲线建立曲面

“以二、三或四个边缘曲线建立曲面”工具的用法与“以平面曲线建立曲面”工具相同，区别在于后者创建的是满足“封闭”这一条件的曲面，而前者创建的是满足“开放”这一条件的曲面。

观察图4-39，上图是将两条直线创建为曲面的效果，下图是将3条曲线创建为曲面的效果，从下图的结果中可以看到，当用于建立曲面的开放曲线之间有较大的差异时，生成的曲面同样会产生一些差异。

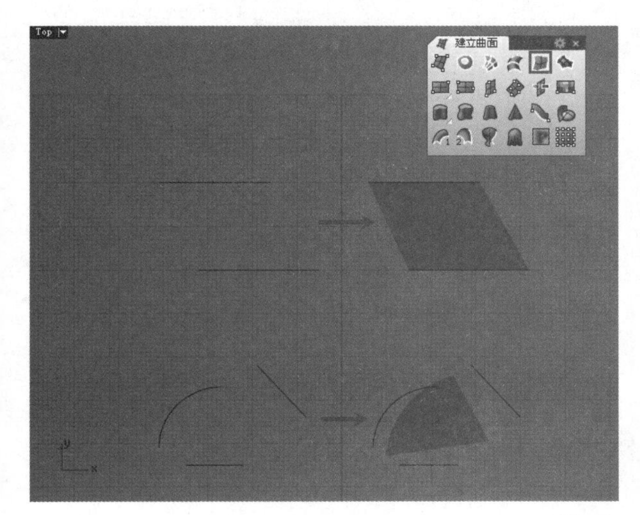

图4-39

再来观察图4-40，上图是一个闭合的矩形，可以看到无法创建曲面；而下图是将矩形炸开为4条开放线段后的效果，可以看到能够被创建为曲面。

通过上面的对比可以得出一个结论：使用“以平面曲线建立曲面”工具时，曲线必须构成一个封闭的平面环境，这个封闭的环境是由一条曲线构成还是由多条曲线构成并不重要；而使用“以二、三或四个边缘曲线建立曲面”工具时，曲线的数量只能是2、3或4条，而且必须是开放曲线，是否构成封闭环境并不重要。

疑难问答

问：一个闭合的矩形无法使用“以二、三或四个边缘曲线建立曲面”工具创建曲面，那么两个或3个闭合矩形呢？

答：同样不可以，有兴趣的读者可以自行尝试。

实战

利用由边建面方式创建收纳盒

场景位置	场景文件>第4章>02.3dm
实例位置	实例文件>第4章>实战——利用由边建面方式创建收纳盒.3dm
视频位置	第4章>实战——利用由边建面方式创建收纳盒.flv
难易指数	★★★☆☆
技术掌握	掌握以封闭曲面建面、以开放曲线建面和创建厚度的方法

本例创建的收纳盒效果如图4-41所示。

图4-41

01 打开本案例的场景文件，如图4-42所示。

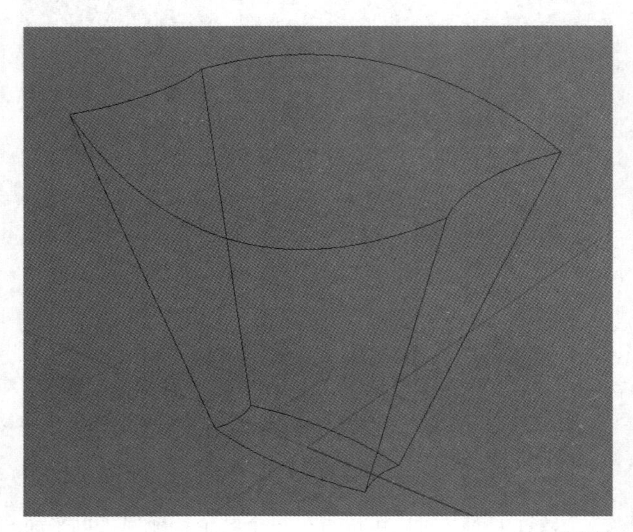

图4-42

02 启用“以二、三或四个边缘曲线建立曲面”工具，然后分别选择相连的4条线，建立一个曲面，如图4-43所示。

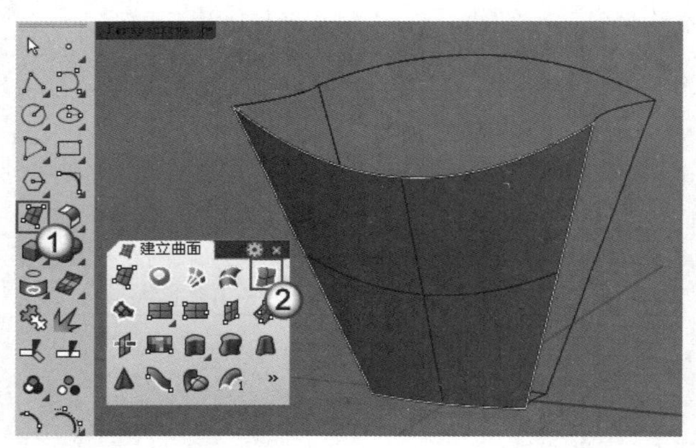

图4-43

03 使用相同的方法创建其他面，结果如图4-44所示。

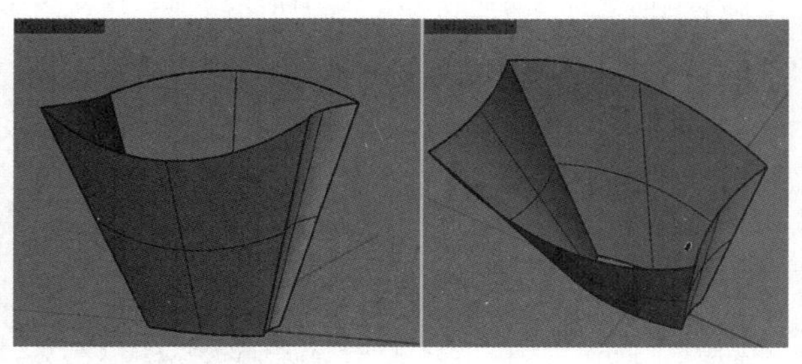

图4-44

04 选择背面朝外的曲面，然后使用鼠标右键单击“分析方向/反转方向”工具，改变其法线方向，如图4-45所示。

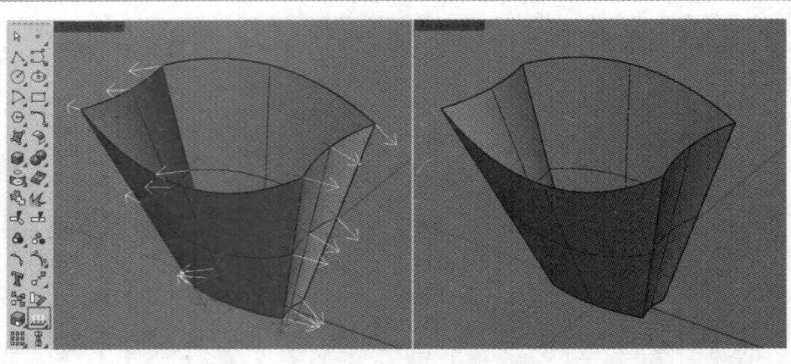

图4-45

05 单击“以平面曲线建立曲面”工具，然后依次选择4个面的底边，创建底面，如图4-46所示。

图4-46

06 使用“组合”工具组合前面创建的5个面，如图4-47所示。

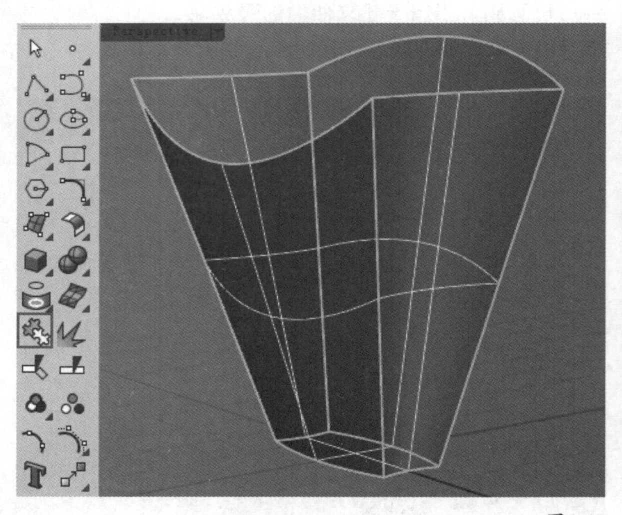

图4-47

07 在“曲面工具”工具面板中单击“偏移曲面”工具，对组合后的曲面进行偏移复制，如图4-48所示，具体操作步骤如下。

操作步骤

① 选择组合后的曲面，按Enter键确认。

② 在命令行中单击“距离”选项，设置偏移距离为1，然后按Enter键完成操作。

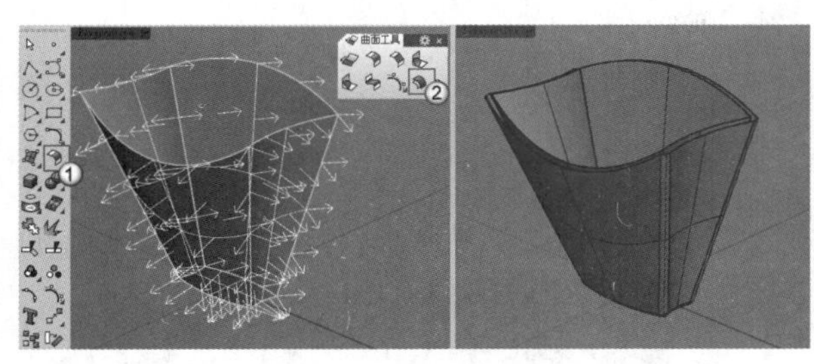

图4-48

“偏移曲面”工具的具体用法可以参考本章4.4.7小节。

08 在“实体工具”工具面板中使用鼠标左键单击“不等距边缘圆角/不等距边缘混接”工具，对内部的多重曲面的4条棱边进行倒角，如图4-49所示，具体操作步骤如下。

操作步骤

① 在命令行中单击“下一个半径”选项，然后设置半径为0.5。

② 依次选择内部的多重曲面的4条棱边，按两次Enter键得到倒角曲面。

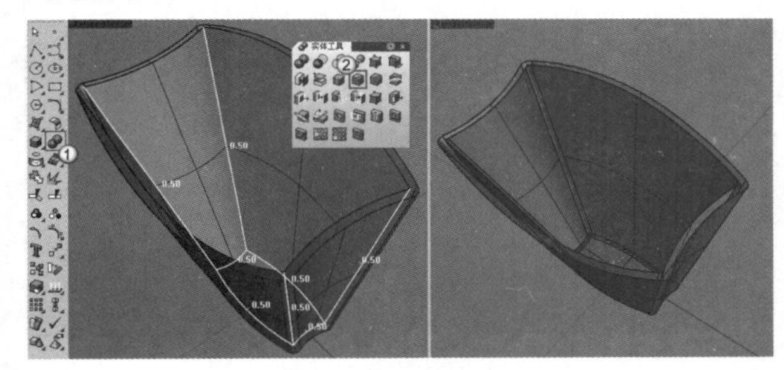

图4-49

“不等距边缘圆角/不等距边缘混接”工具的具体用法可以参考本书第5章5.4.6小节。

09 打开“端点”捕捉模式，然后使用“直线”工具捕捉倒角处的端点创建8条直线，如图4-50和图4-51所示。

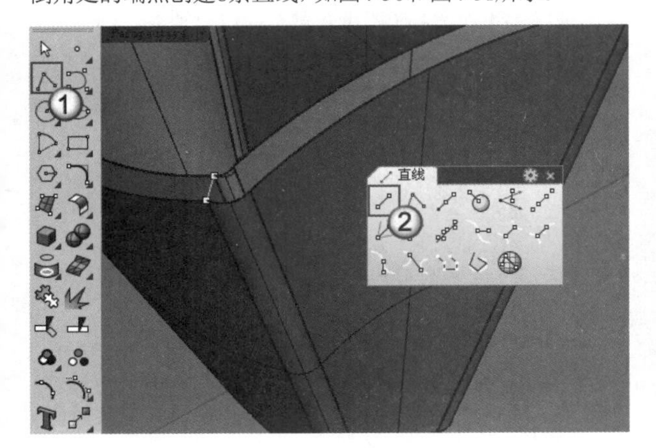

图4-50

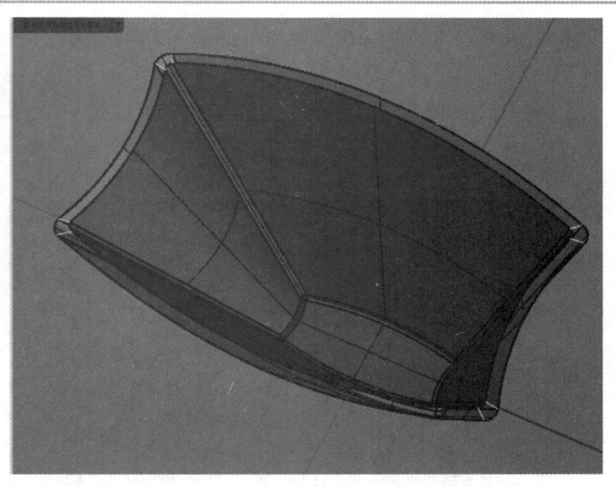

图4-51

10 单击“以二、三或四个边缘曲线建立曲面”工具，然后依次选择倒角处的4条相连曲线，创建出如图4-52所示的平面。

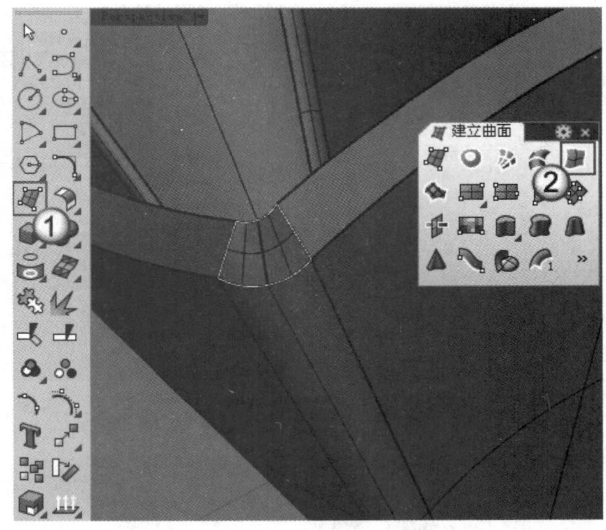

图4-52

11 使用相同的方法依次创建其余曲面，如图4-53所示。

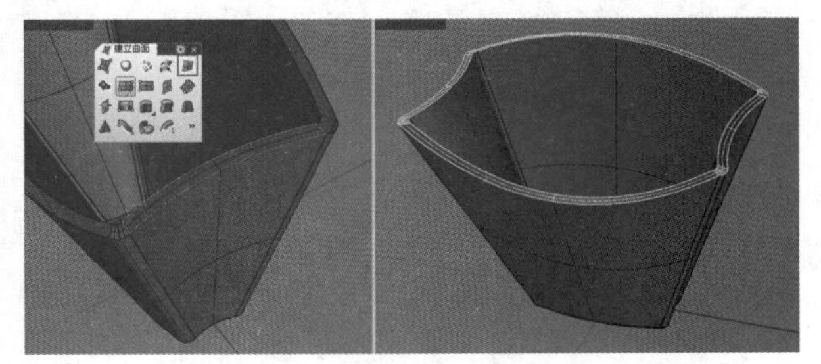

图4-53

12 单击“椭圆：从中心点”工具，在Front（前）视图中绘制如图4-54所示的椭圆。

13 使用“修剪/取消修剪”工具对多重曲面进行修剪，如图4-55所示，修剪完成后的效果如图4-56所示。

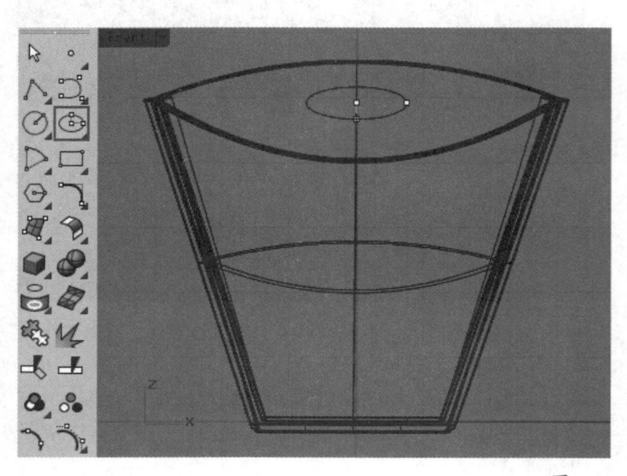

图4-54

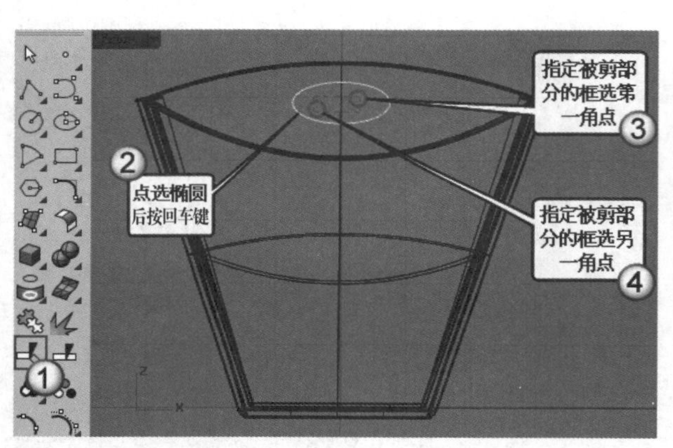

图4-55

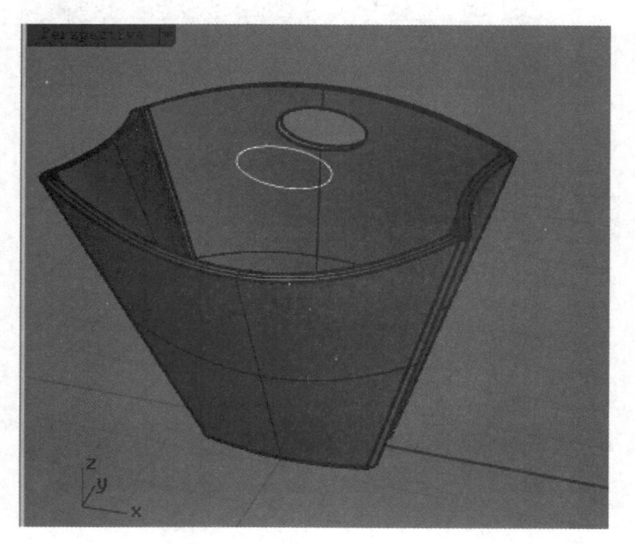

图4-56

14 单击“放样”工具，对修剪边缘进行放样，生成如图4-57所示的曲面，具体操作步骤如下。

操作步骤

① 依次选择两条修剪边缘，然后按Enter键打开“放样选项”对话框，如图4-58所示。

② 在“放样选项”对话框中设置“造型”为“平直区段”，然后单击确定按钮完成放样。

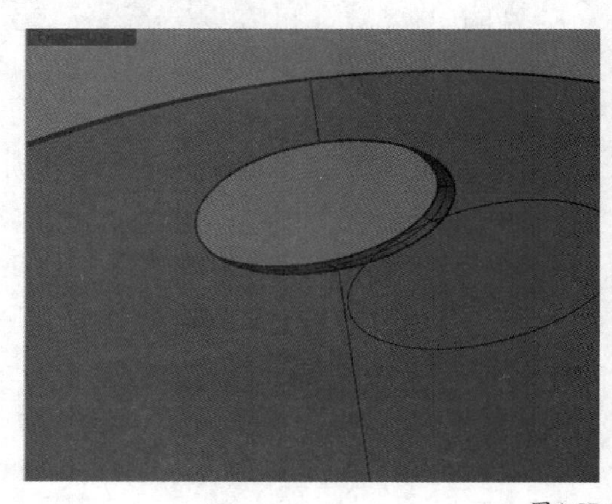

图4-57

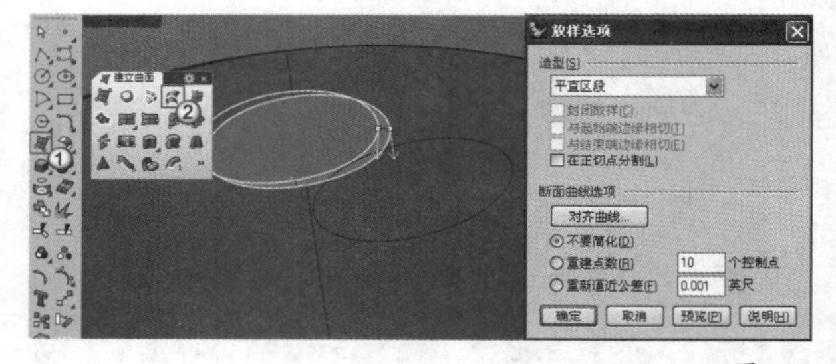

图4-58

“放样”工具的具体用法可以参考本章4.3.7小节。

15 调出“选取”工具面板，然后单击“选取曲线”工具，选择全部曲线，接着使用鼠标左键单击“隐藏物件/显示物件”工具，将曲线隐藏，如图4-59所示，模型的最终效果如图4-60所示。

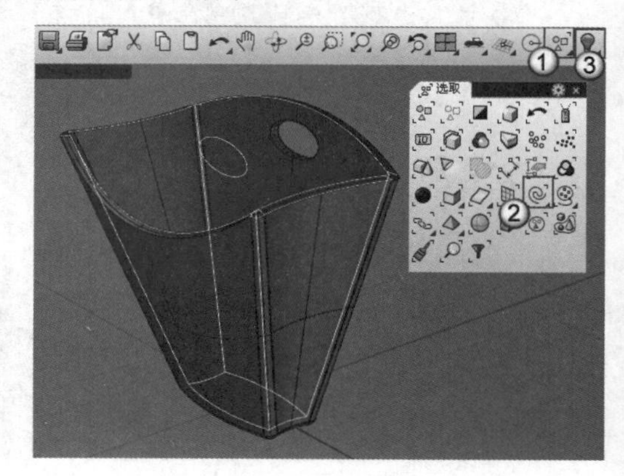

图4-59

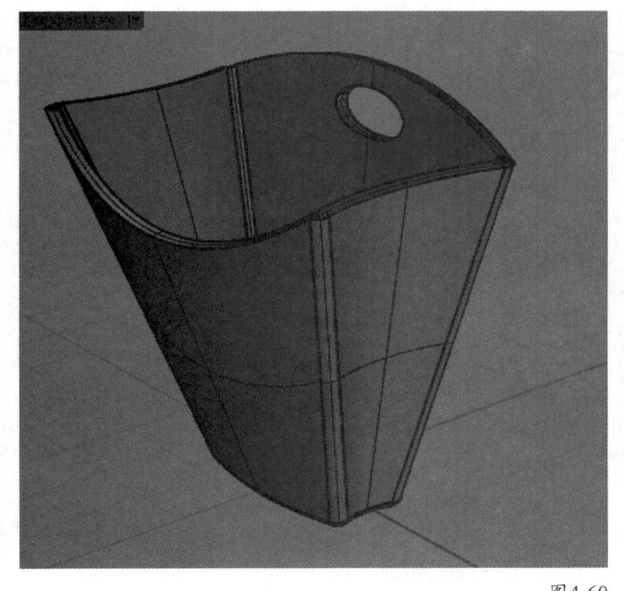
图4-60

4.3.3 挤压成形

挤压成形是多数三维建模软件都具有的一种功能，它的基本原理就是朝一个方向进行直线拉伸，挤压方式分为以下两大类。

第1类：挤压曲线。主要是对曲线进行拉伸，包括“直线挤出”工具、“沿着曲线挤出/沿着副曲线挤出”工具、“挤出曲线成锥状”工具、“挤出至点”工具、“彩带”工具和“往曲面法线方向挤出曲线”工具，如图4-61所示。

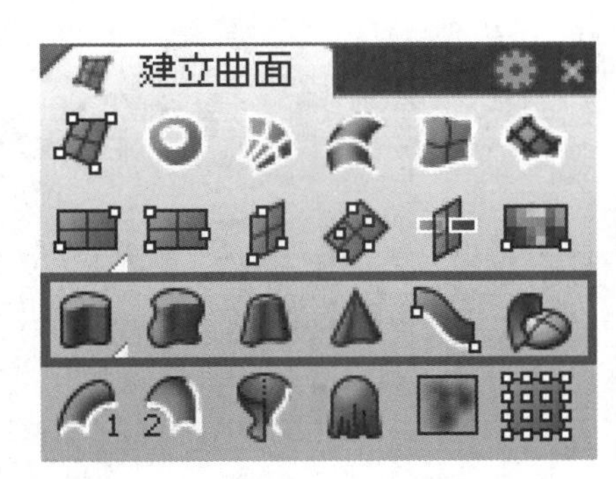

图4-61

第2类：挤压曲面。主要是通过拉伸截面来实现形体的塑造，这部分内容将在第5章进行讲解。

直线挤出

使用“直线挤出”工具可以将曲线沿着与工作平面垂直的方向挤出生成曲面或实体。

启用“直线挤出”工具后，选择需要挤出的曲线，然后指定挤出距离即可，如图4-62所示。

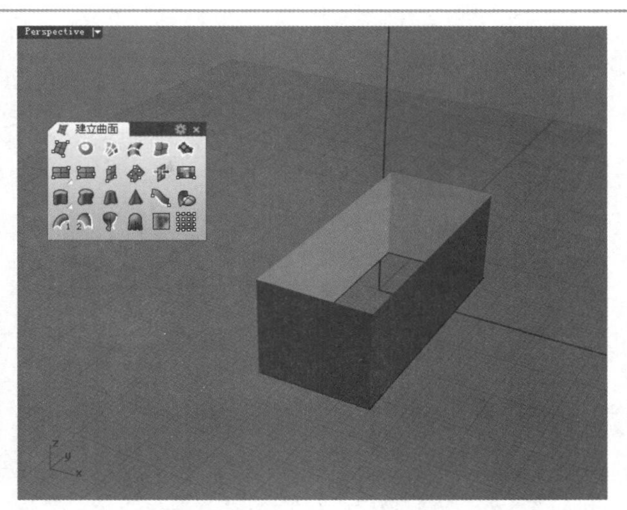

图4-62

选择需要挤出的曲线后将看到如图4-63所示的命令选项。

挤出长度 < 11.128> (方向(D) 两侧(B)=是 实体(S)=否
删除输入物件(L)=否 至边界(T) 分割正切点(P)=否 设定基准点(A)):

图4-63

命令选项介绍

方向：通过指定两个点定义挤压的方向，如图4-64所示。

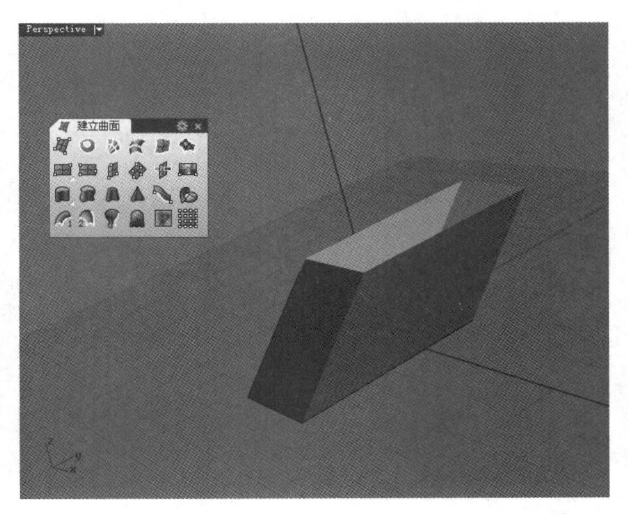

图4-64

两侧：将曲线向两侧挤压。

实体：如果设置为“是”，同时挤出的曲线是封闭的平面曲线，那么挤压生成的将是实体模型。

删除输入物件：如果设置为“是”，那么挤压生成曲面或实体后，原始曲线将被删除。删除输入物件会导致无法记录建构历史。

实战

利用直线挤出创建笔筒

场景位置	无
实例位置	实例文件>第4章>实战——利用直线挤出创建笔筒.3dm
视频位置	第4章>实战——利用直线挤出创建笔筒.flv
难易指数	★★★☆☆
技术掌握	掌握不同方式直线挤出曲面的方法

本例创建的笔筒效果如图4-65所示。

图4-65

01 启用“多边形：中心点、半径”工具，在Top（顶）视图中绘制一个五边形，如图4-66所示，具体操作步骤如下。

操作步骤

① 在命令行单击“边数”选项，然后设置边数为5。

② 在Top（顶）视图中依次指定多边形的中心点和角点。

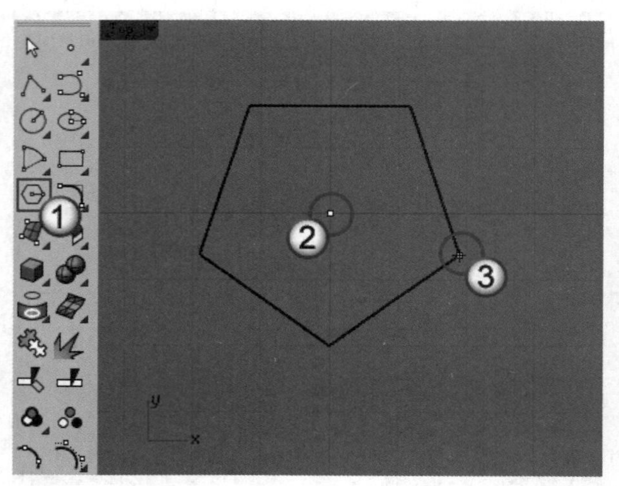

图4-66

02 启用“直线挤出”工具，以“对称”方式挤出曲面，如图4-67所示，具体操作步骤如下。

操作步骤

① 选择上一步绘制的正五边形，按Enter键确认。

② 在命令行单击“两侧”选项，将其设置为“是”。

③ 拖曳鼠标在合适位置拾取一点，指定挤出长度。

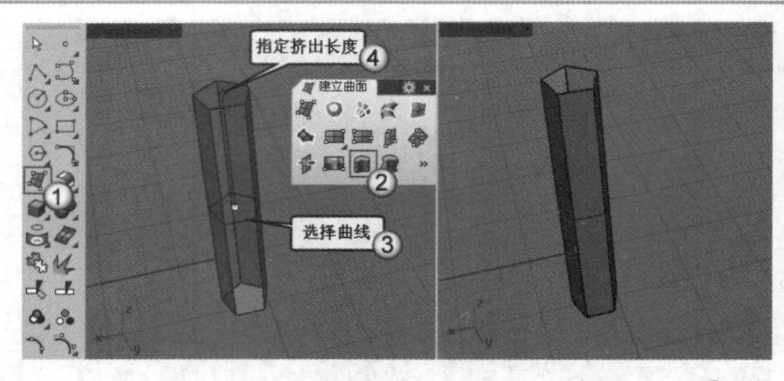

图4-67

03 在“曲面工具”工具面板中单击“偏移曲面”工具，将挤出的曲面向外偏移，如图4-68所示，具体操作步骤如下。

操作步骤

① 选择挤出的曲面，按Enter键确认。

② 在命令行中单击“距离”选项，设置偏移距离为0.5，然后按Enter键完成操作。

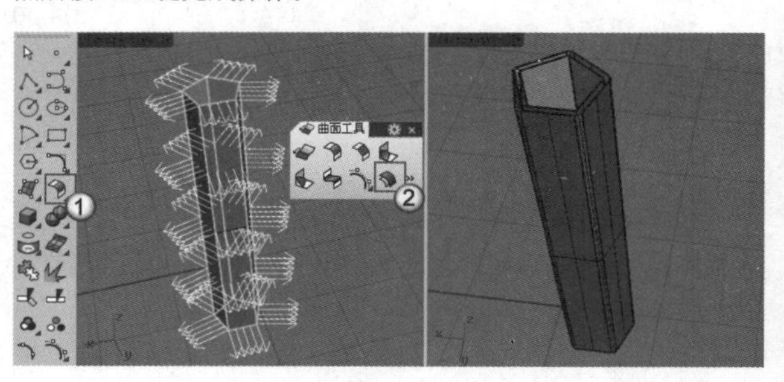

图4-68

04 选择原曲面，然后使用鼠标左键单击“隐藏物件/显示物件”工具，将原曲面隐藏，如图4-69所示。

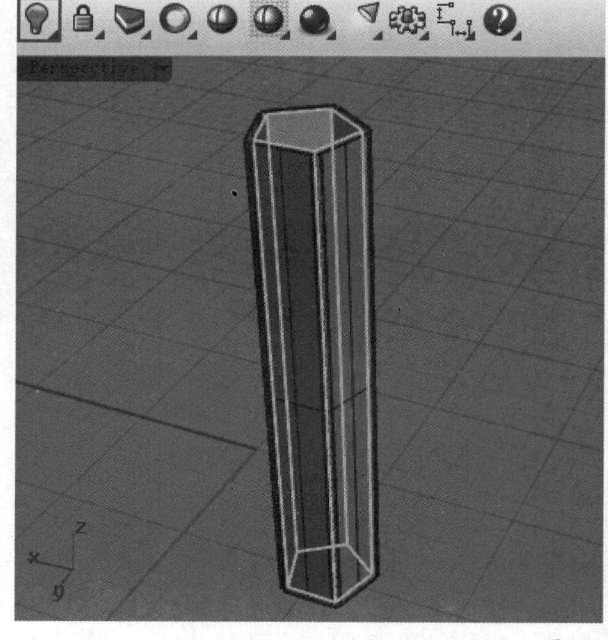

图4-69

05 启用“直线挤出”工具，选择如图4-70所示的曲面边进行挤出（设置“两侧”为“否”），效果如图4-71所示。

06 再次启用“直线挤出”工具，将上一步挤出的曲面边沿另一个方向挤出，如图4-72所示，具体操作步骤如下。

操作步骤

① 选择上一步挤出曲面的顶边，按Enter键确认。

② 在命令行单击“方向”选项，然后在五边形上捕捉中点指定挤出的方向。

③ 拖曳鼠标在合适位置拾取一点，指定挤出长度。

图4-70

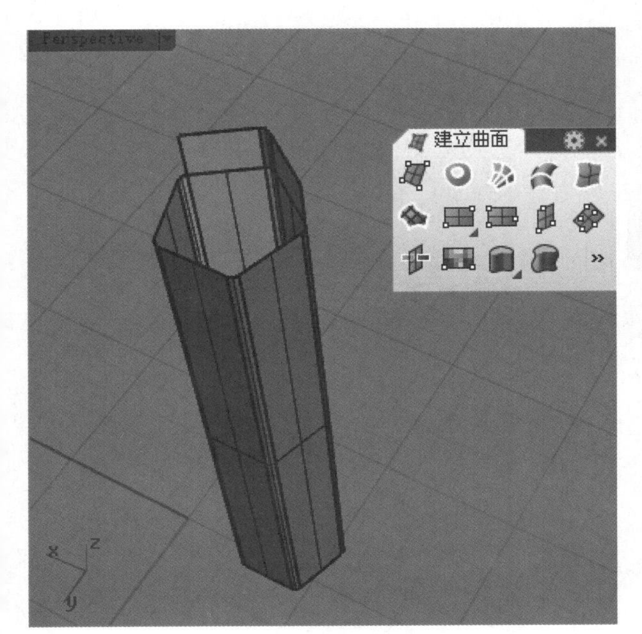

图4-71

图4-72

07 单击“环形阵列”工具，在Top（顶）视图中对所有物件进行环形阵列，如图4-73所示，具体操作步骤如下。

操作步骤

① 在Top（顶）视图中框选所有物件，按Enter键确认。

② 参考图4-73指定阵列的中心点，然后设置阵列数为4，接着按3次Enter键完成阵列。

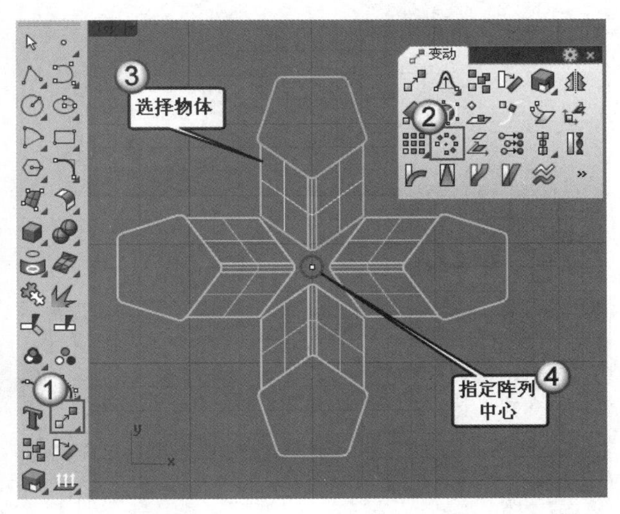

图4-73

08 再次启用“直线挤出”工具，选择如图4-74所示的曲面边进行挤出，效果如图4-75所示。

09 再次启用“直线挤出”工具，将上一步挤出曲面的侧边线沿另一个方向挤出，如图4-76所示。

图4-74

图4-75

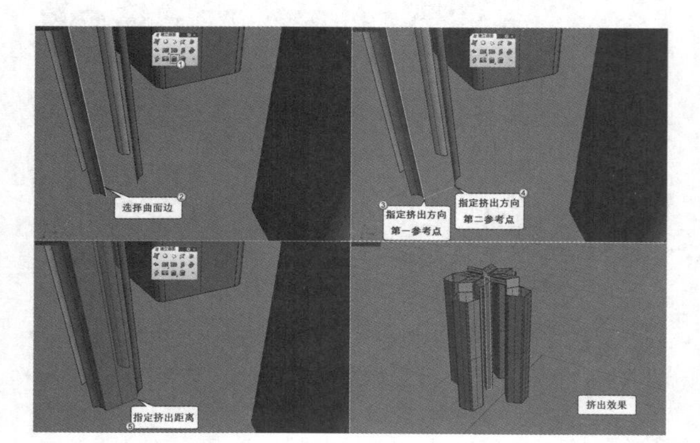

图4-76

10 使用同样的方法生成其他曲面，效果如图4-77所示。

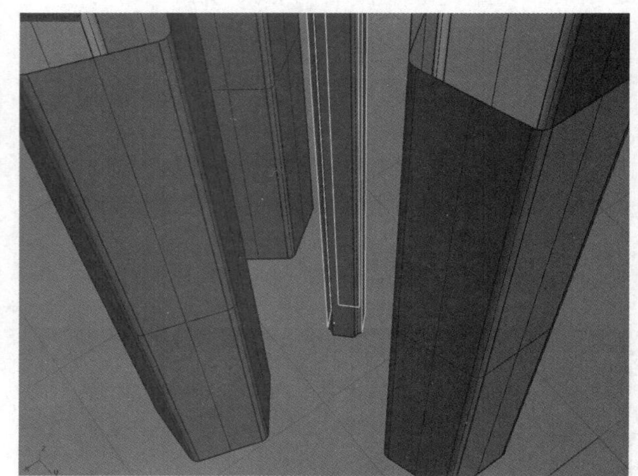

图4-77

11 启用“以平面曲线建立曲面”工具，点选曲面底边，生成底面，如图4-78所示，最终效果如图4-79所示。

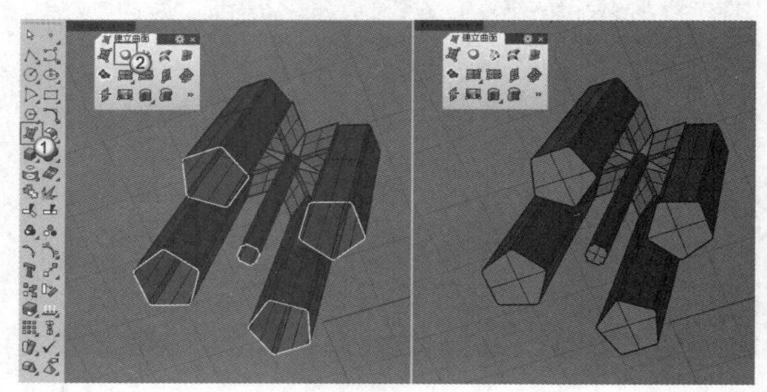

图4-78

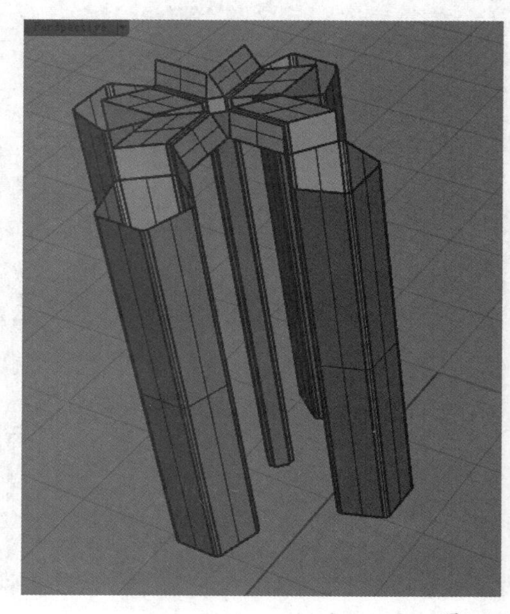

图4-79

沿着曲线挤出

使用“沿着曲线挤出/沿着副曲线挤出”工具可以沿着一条路径曲线挤出另一条曲线。

启用“沿着曲线挤出/沿着副曲线挤出”工具后，先选择需要挤出的曲线，并按Enter键确认，然后再选择路径曲线即可，如图4-80所示，挤出的效果如图4-81所示。

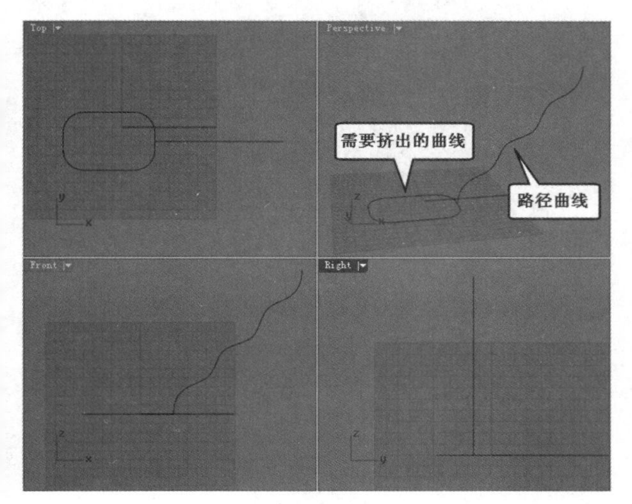

图4-80

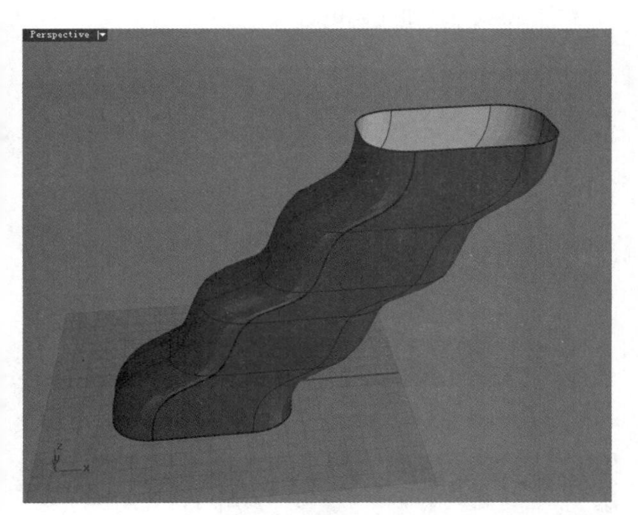

图4-81

上面介绍的是将曲线沿着路径曲线完整挤出的方法，如果不希望完整挤出，可以使用“沿着曲线挤出/沿着副曲线挤出”工具的右键功能。同样是先选择需要挤出的曲线，按Enter键确认，然后选择路径曲线，接着在路径曲线上指定两个点进行挤出，曲线挤出后的形状就是这两个点之间曲线的形状，如图4-82所示。

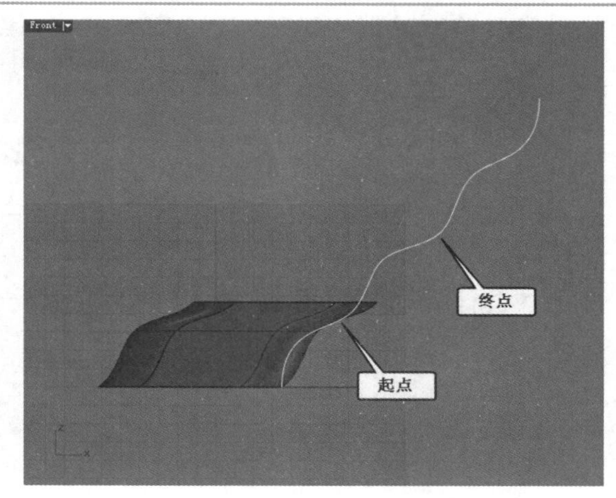

图4-82

实战

利用沿着曲线挤出创建儿童桌

场景位置	无
实例位置	实例文件>第4章>实战——利用沿着曲线挤出创建儿童桌.3dm
视频位置	第4章>实战——利用沿着曲线挤出创建儿童桌.flv
难易指数	★★★☆☆
技术掌握	掌握沿着曲线挤出曲面的方法

本例创建的儿童桌效果如图4-83所示。

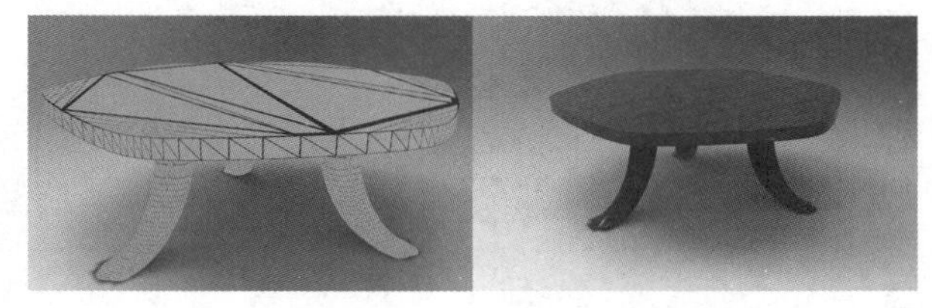

图4-83

01 启用“圆：中心点、半径”工具，在Top（顶）视图中绘制一个圆，如图4-84所示。

02 选择上一步绘制的圆，然后按F10键打开控制点，并按住Shift键间隔选择控制点，接着单击“二轴缩放”工具，对选择的控制点进行缩放，如图4-85所示。

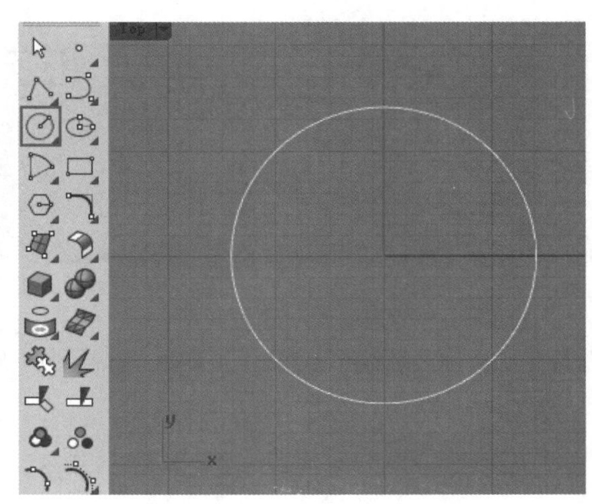

图4-84

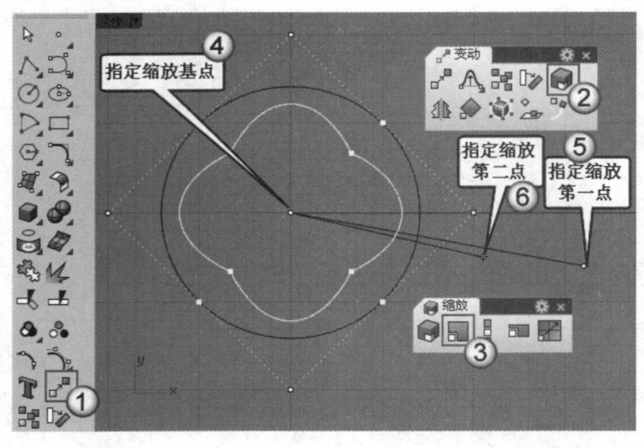

图4-85

03 使用“控制点曲线/通过数个点的曲线”工具在Front（前）视图中绘制如图4-86所示的曲线。

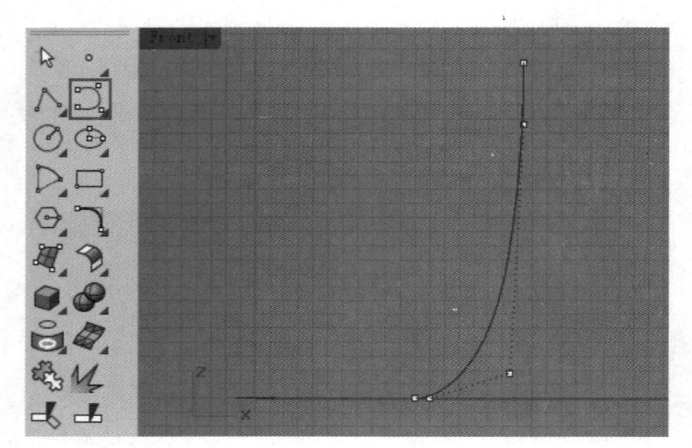
图4-86

04 使用鼠标左键单击“沿着曲线挤出/沿着副曲线挤出”工具，然后选择缩放控制点后的圆作为要挤出的曲线，并按Enter键确认，接着在靠近起点处选择上一步绘制的曲线作为路径，生成曲面，如图4-87所示。

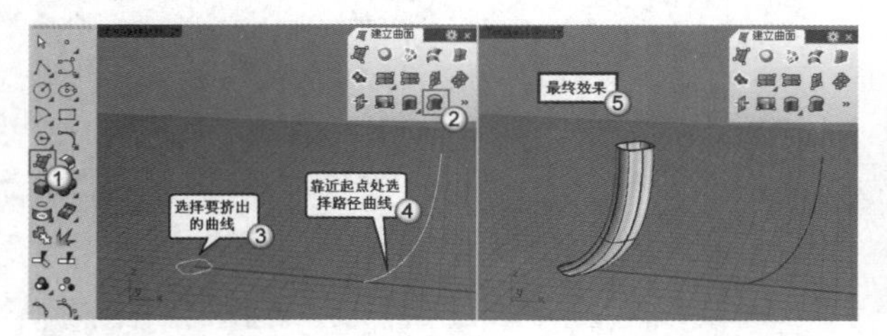

图4-87

05 启用“圆：中心点、半径”工具，绘制一个如图4-88所示的圆。

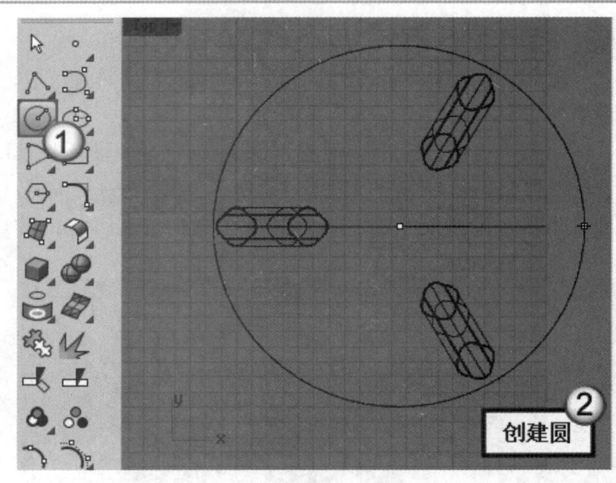

图4-88

06 使用鼠标左键单击“重建曲线/以主曲线重建曲线”工具，然后选择圆，并按Enter键打开“重建”对话框，接着设置“点数”为12，最后单击确定按钮对绘制的圆进行重建，如图4-89所示。

07 选择圆，然后按F10键打开控制点，接着按住Shift键间隔选择控制点，再单击“编辑控制点权值”工具，设置控制点权值，如图4-90所示。

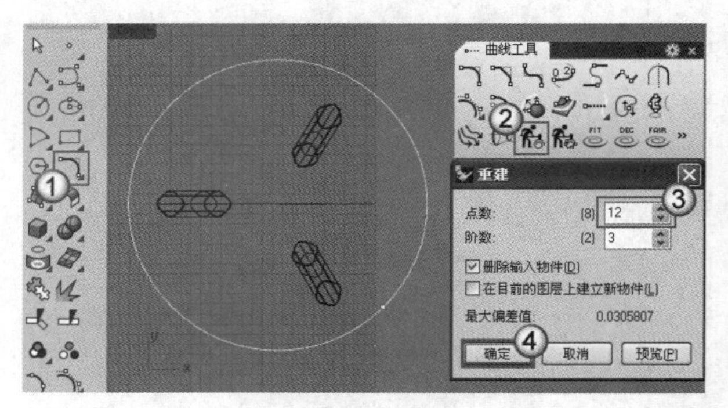

图4-89

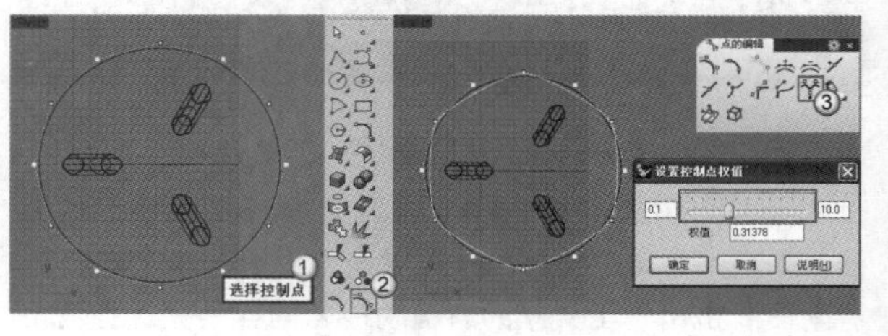

图4-90

08 使用“多重直线/线段”工具在Front（前）视图中绘制直线，如图4-91所示。

09 使用鼠标左键单击“沿着曲线挤出/沿着副曲线挤出”工具，以实体方式生成物件，如图4-92所示，具体操作步骤如下。

操作步骤

① 选取编辑控制点权值后的圆，按Enter键确认。

② 在命令行单击“实体”选项，将其设置为“是”，然后选取上一步绘制的线段作为路径曲线。

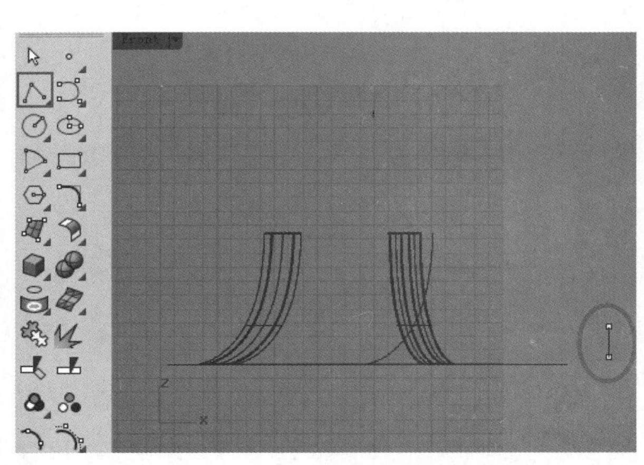

图4-91

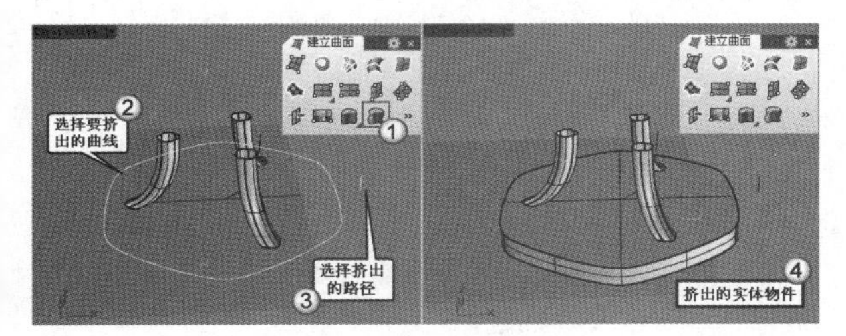

图4-92

10 将挤出的桌面模型拖曳到合适的位置，然后使用“以平面曲线建立曲面”工具为桌子腿创建底面，完成儿童桌模型的制作，如图4-93所示。

图4-93

挤出曲线成锥状

使用“挤出曲线成锥状”工具可以挤出曲线建立锥状的曲面或实体，这一工具常用在带有一定拔模角度的物体上。不过在实际的工作中，通常不需要创建带有拔模角度的模型，因为做模具的时候，拔模角度在工程软件里面创建比较方便，而且方案模型没有拔模角度更有利于结构或模具工程师根据实际情况进行调整。

启用“挤出曲线成锥状”工具后，选择需要挤出的曲线，并按Enter键确认，然后指定挤出的距离即可，如图4-94所示。

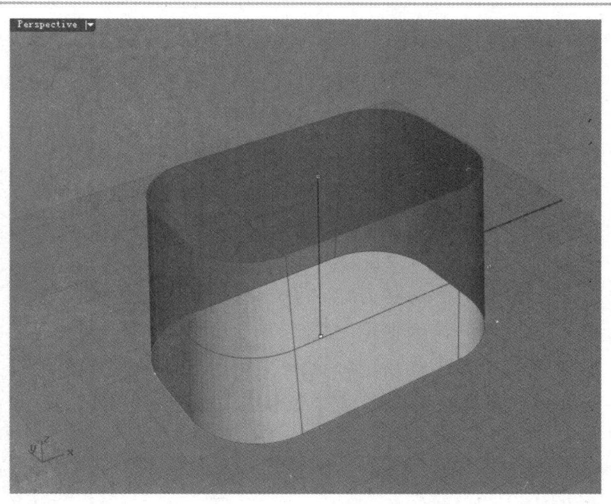

图4-94

选择需要挤出的曲线后将看到如图4-95所示的命令选项。

挤出长度 < 1> (方向(D) 拔模角度(R)=5 实体(S)=否 角(C)=锐角 删除输入物件(L)=否 反转角度(F) 至边界(T) 设定基准点(B)):

图4-95

命令选项介绍

拔模角度： 这一参数以工作平面为计算依据，当曲面与工作平面垂直时，拔模角度为0°；当曲面与工作平面平行时，拔模角度为90°。

反转角度： 切换拔模角度数值的正、负方向，正值向内，负值向外。

挤出至点

使用“挤出至点”工具可以挤出曲线至一点建立曲面或实体，点的位置可以任意指定，如图4-96所示。

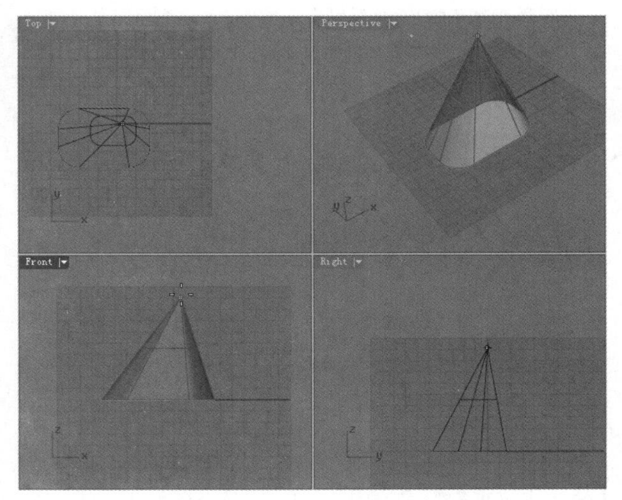

图4-96

挤出带状曲面

观察图4-97，如果要通过左侧的曲线创建出右侧的曲面，有多少种方法？从前面学习的知识中我们至少可以找出两种方法，一种是先偏移曲线，再通过“以平面曲线建立曲面”工具或“以二、三或四个边缘曲线建立曲面”工具生成曲面；另一种是调整工作平面为垂直方向，然后使用“直线挤出”工具进行拉伸。

上面介绍的两种方法都有一些复杂，至少要涉及两个不同的工具，而使用“彩带”工具可以一次性完成操作。启用该工具后选择曲线，然后在需要建立曲面的一侧单击鼠标左键即可，其命令选项如图4-98所示。

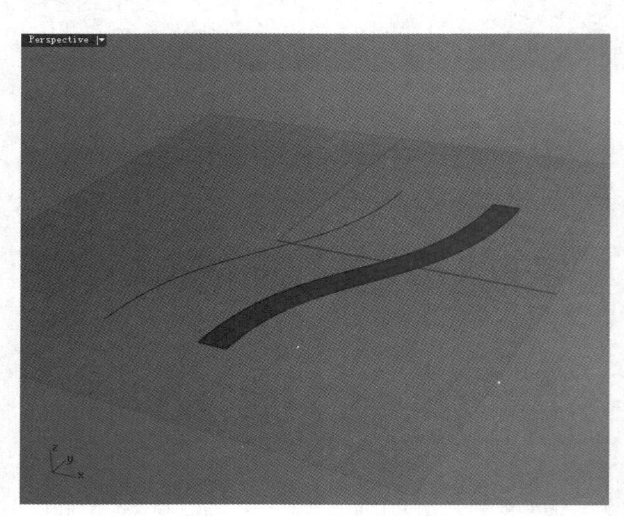

图4-97

指令：_Ribbon
选取要建立彩带的曲线（距离(D)=1　角(C)=锐角　通过点(T)　公差(O)=0.001　两侧(B)　与工作平面平行(I)=否）：
偏移侧（距离(D)=1　角(C)=锐角　通过点(T)　公差(O)=0.001　两侧(B)　与工作平面平行(I)=否）：

图4-98

命令选项介绍

距离：设置曲线的偏移距离，也是曲面生成后的宽度。

通过点：指定偏移曲线的通过点，从而取代输入数值的方式。

两侧：在曲线的两侧生成曲面。

“彩带”工具一般适合在做分型线的厚度时使用。

实战

利用挤出带状曲面创建分型线造型

场景位置	场景文件>第4章>03.3dm
实例位置	实例文件>第4章>实战——利用挤出带状曲面创建分型线造型.3dm
视频位置	第4章>实战——利用挤出带状曲面创建分型线造型.flv
难易指数	★★☆☆☆
技术掌握	掌握产品分型线建模方法

本例创建的分型线造型效果如图4-99所示。

01 打开场景文件，场景中有一个椭圆体，如图4-100所示。

02 在Front（前）视图绘制一条如图4-101所示的直线。

03 使用鼠标左键单击“分割/以结构线分割曲面”工具，用上一步绘制的直线对椭圆体进行分割，如图4-102所示。

04 从图4-102中可以看到，椭圆体被分割成为了3个部分，使用“组合”工具将上面的两个曲面合并为一个整体，如图4-103所示。

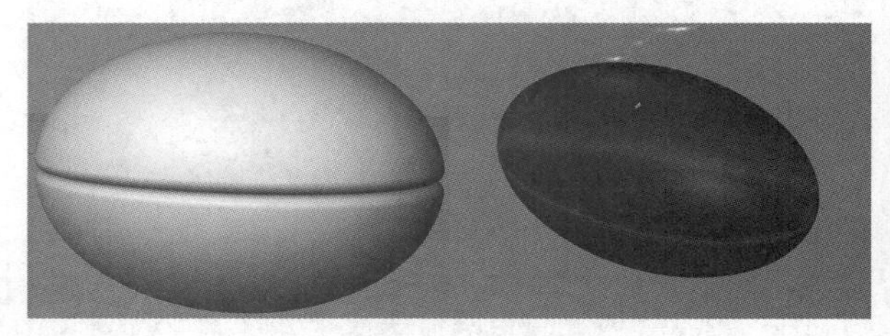

图4-99

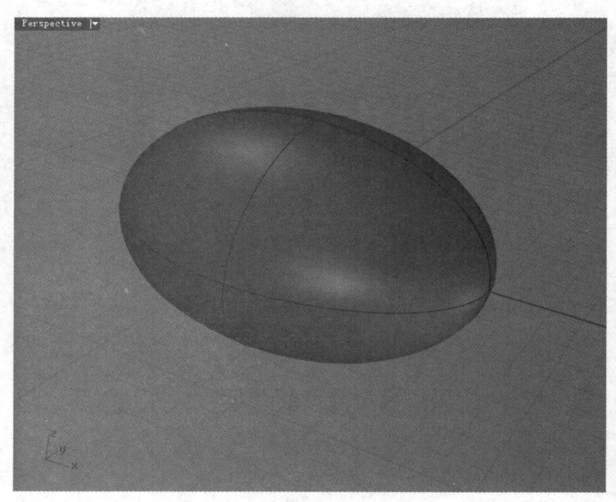

图4-100

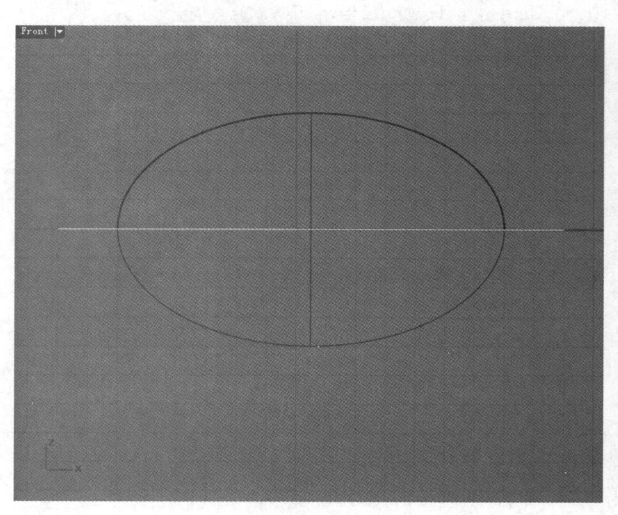

图4-101

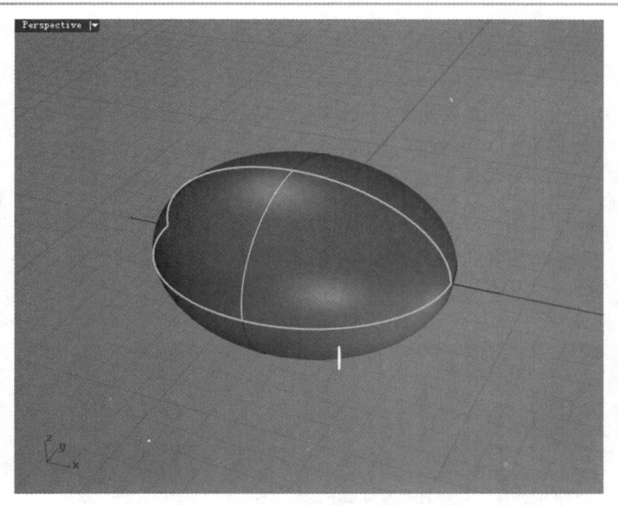

图4-102

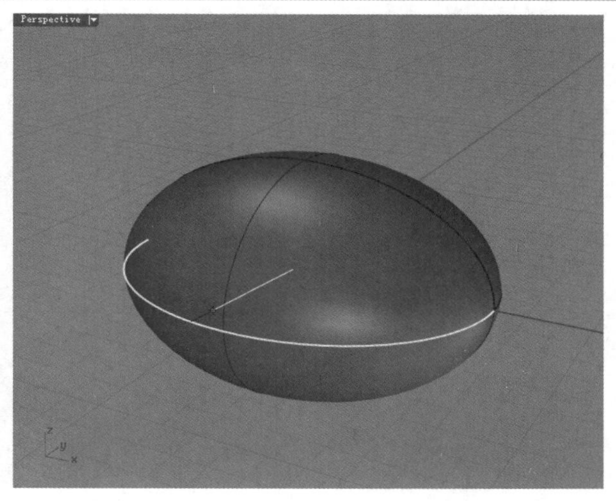

图4-104

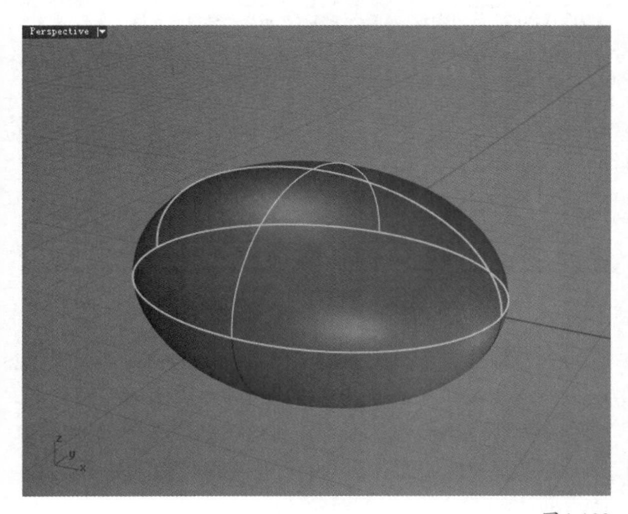

图4-103

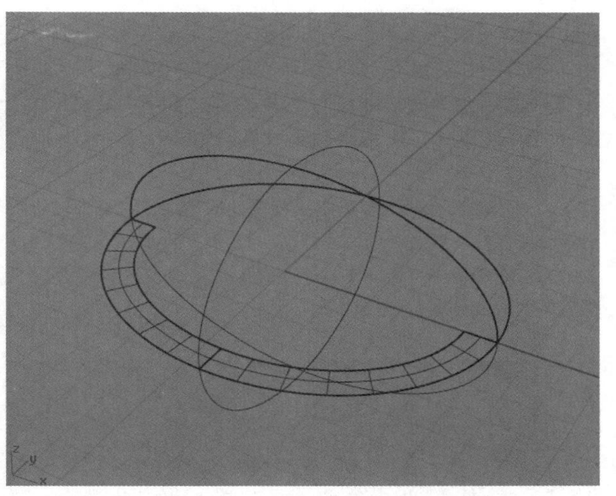

图4-105

05 现在的椭圆体具有上下两个面，它们的分型线位于中间相交的位置，但是没有足够的厚度体现出来，所以需要创建连接处的接缝厚度。单击“彩带”工具，创建接缝带，如图4-104和图4-105所示，具体操作步骤如下。

操作步骤

① 选择曲面接缝处一半的边线，然后在命令行中单击“距离”选项，并设置偏移距离为1。

② 在曲面内部单击鼠标左键，完成曲面的创建。

06 使用相同的方法创建出另一半接缝带，如图4-106所示。

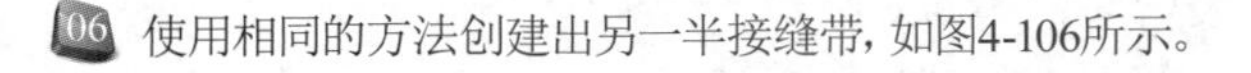

07 使用鼠标右键单击“复制/原地复制物件”工具，将两条接缝带原地复制一份，然后利用“组合”工具将接缝带分别与上下两个曲面组合，如图4-107所示（为了方便读者查看效果，这里将组合后的两个多重曲面分开了一段距离）。

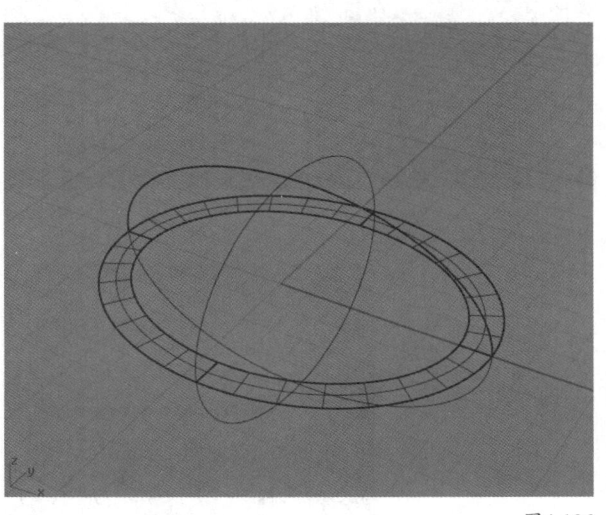

图4-106

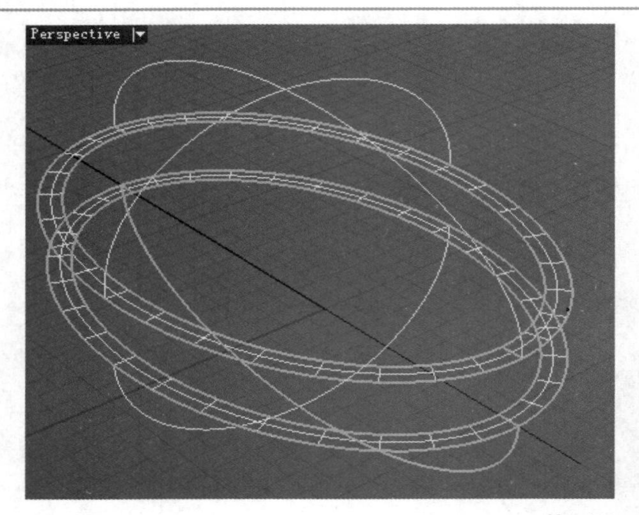

图4-107

08 调出“实体工具”工具面板，然后使用鼠标左键单击“不等距边缘圆角/不等距边缘混接”工具，对两个多重曲面结合处的边线进行圆角处理，如图4-108所示，具体操作步骤如下。最终效果如图4-109所示。

操作步骤

① 依次选择两个多重曲线相接处的边线，注意选取边线的箭头要保持一致。

② 在命令中单击“下一个半径”选项，设置半径为0.5，然后按两次Enter键完成操作。

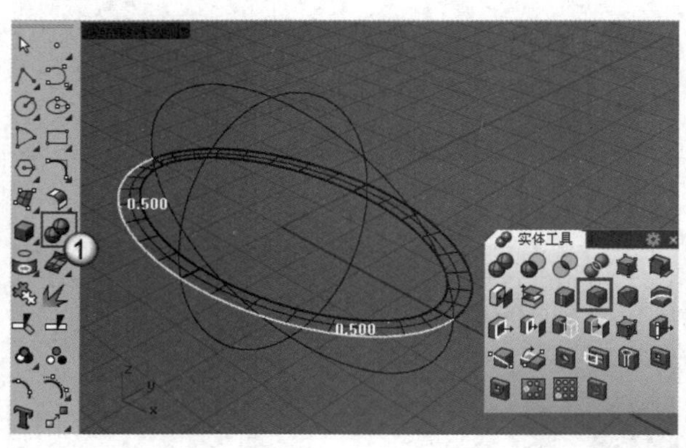

图4-108

图4-109

往曲面法线方向挤出曲线

使用“往曲面法线方向挤出曲线”工具可以挤出曲面上的曲线建立曲面，挤出的方向为曲面的法线方向。

这个工具有两种用法，一种是挤出曲面本身的边线。启用“往曲面法线方向挤出曲线”工具后，选取曲面上的一条曲线，然后选取曲线下的基底曲面，接着指定曲线拉伸的距离，再指定曲线上需要偏移的点和距离（可以重复指定），如图4-110所示。

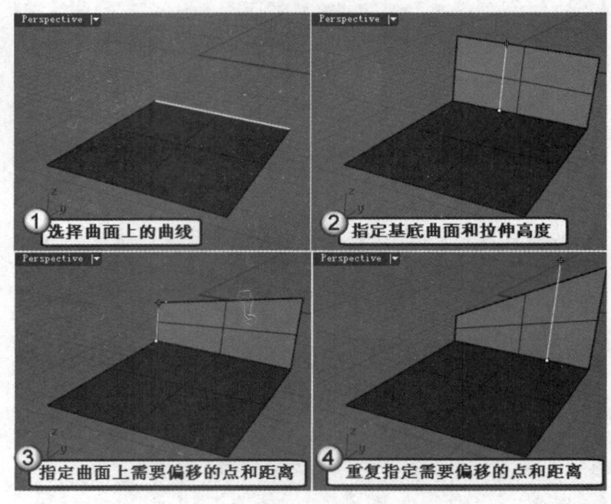

图4-110

另一种是参考基底曲面挤出自定义的曲线，当然，这条曲线需要位于曲面上。如图4-111所示的椭圆体和弧线，弧线位于椭圆体面上，将这条曲线基于椭圆体拉伸，并调整拉伸曲面各部分的偏移高度，效果如图4-112所示。

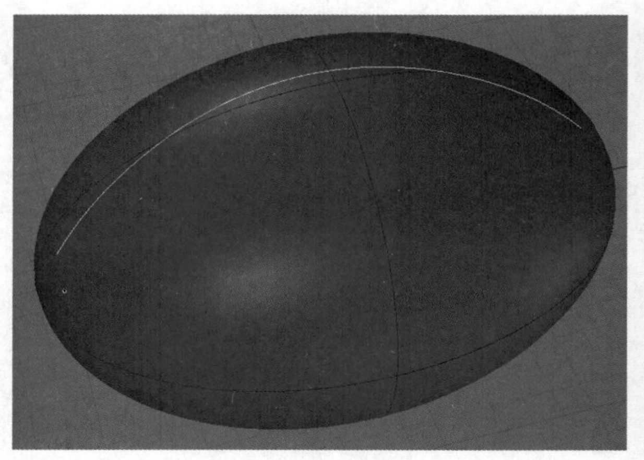

图4-111

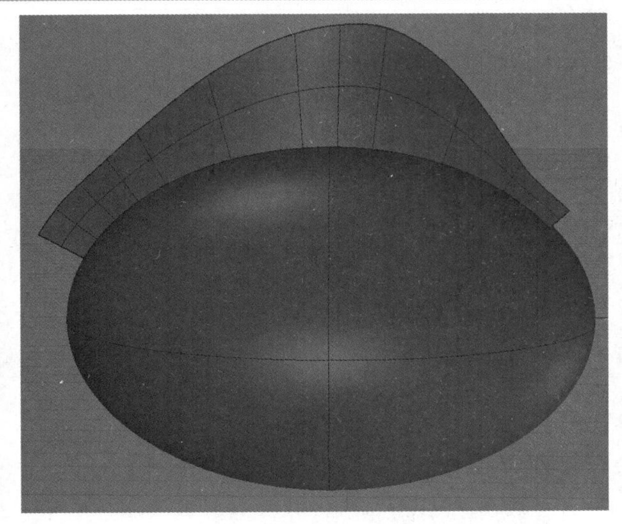

图4-112

4.3.4 旋转成形/沿路径旋转

旋转成形是曲面建模较常用的一种成形方式，其应用范围广泛，有不少意想不到的形态都可以通过这种方式创建出来。其工作原理是将曲线围绕旋转轴旋转而成，如果旋转的是直线，那么旋转生成的就是单一曲面，如不加盖的圆柱面等；如果旋转的是多段曲线，那么旋转成形的就是混合曲面，如球体和杯子等。

Rhino中的旋转成形主要使用"旋转成形/沿路径旋转"工具，工具位置如图4-113所示。该工具的左键功能就是前一段所介绍的工作方式，而右键功能是沿着路径旋转（同样需要指定旋转轴）。相对而言，左键功能的应用面要宽泛一些，而右键功能需要满足一些条件才能使用。

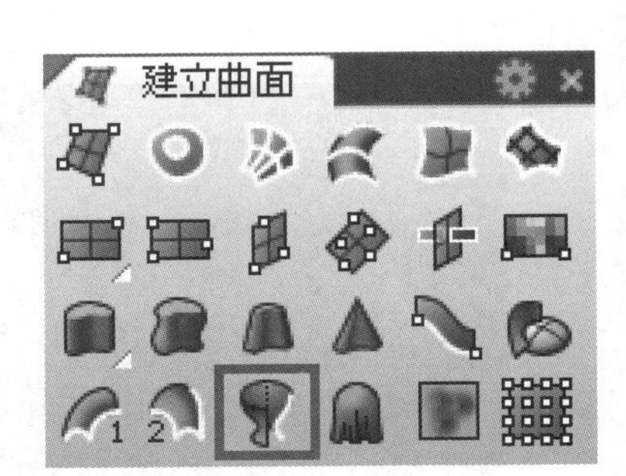

图4-113

旋转成形

将一条曲线旋转成形的过程如图4-114所示，首先选择需要旋转的图形，然后指定旋转轴的起点和终点，再指定旋转的起始角度和终止角度（可以直接输入需要旋转的角度数值）。

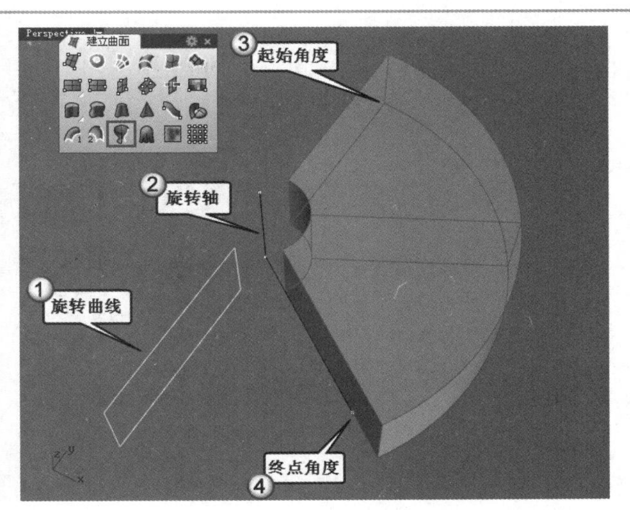

图4-114

在旋转成形的过程中，要注意命令提示中的"可塑形的"选项，设置为"否"表示以圆形旋转建立曲面，建立的曲面为Rational（有理）曲面，这样的曲面在编辑控制点时可能会产生锐边；如果设置为"是"，则代表重建旋转成形曲面的环绕方向为3阶，为Non-Rational（非有理）曲面，这样的曲面在编辑控制点时可以平滑地变形。

沿路径旋转

前面说过"旋转成形/沿路径旋转"工具的右键功能需要满足一些条件，这里的条件是说至少需要一条轮廓曲线和一条路径曲线。例如，图4-115所示的3条曲线，其中圆弧是轮廓曲线，星形图案是路径曲线，直线则是旋转轴。将圆弧沿着路径曲线旋转生成曲面后的效果如图4-116所示。

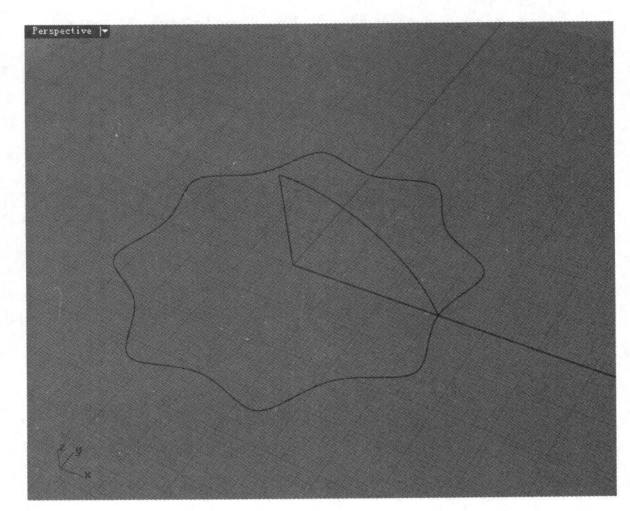

图4-115

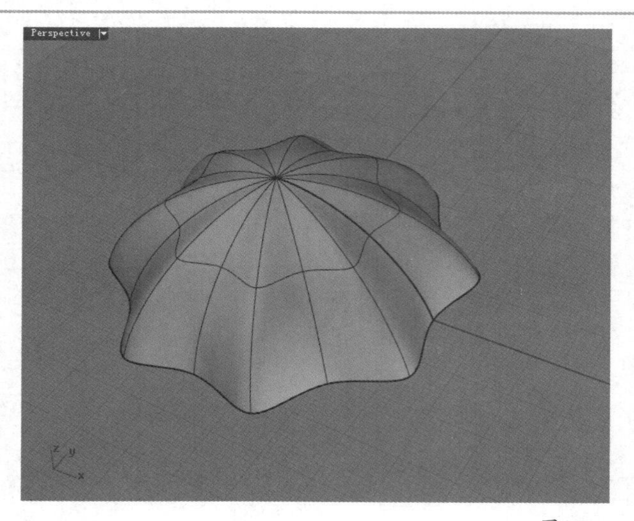

图4-116

“旋转成形/沿路径旋转”工具是极少数能把点也作为对象进行操作的工具，基于这一特点，凡是带有收缩性的（如子弹的头部这一类）曲面通常都会考虑旋转成形方法。

实战

利用旋转成形创建酒杯

场景位置	无
实例位置	实例文件>第4章>实战——利用旋转成形创建酒杯.3dm
视频位置	第4章>实战——利用旋转成形创建酒杯.flv
难易指数	★★☆☆☆
技术掌握	掌握通过模型的截面结构线旋转生成曲面模型的方法

本例创建的酒杯模型效果如图4-117所示。

图4-117

01 使用“控制点曲线/使用数个点的曲线”工具在Front（前）视图中绘制如图4-118所示的曲线。

读者也可以直接打开本书学习资源中的“场景文件>第4章>旋转.3dm”文件来使用。

02 使用鼠标左键单击“旋转成形/沿路径旋转”工具，在Front（前）视图中对上一步绘制的曲线进行绕轴旋转，效果如图4-119所示，具体操作步骤如下。

操作步骤

① 选择曲线，按Enter键确认。

② 开启“正交”功能，然后在曲线左侧的合适位置指定旋转轴的起点和终点，如图4-120所示，最后按两次Enter键完成操作。

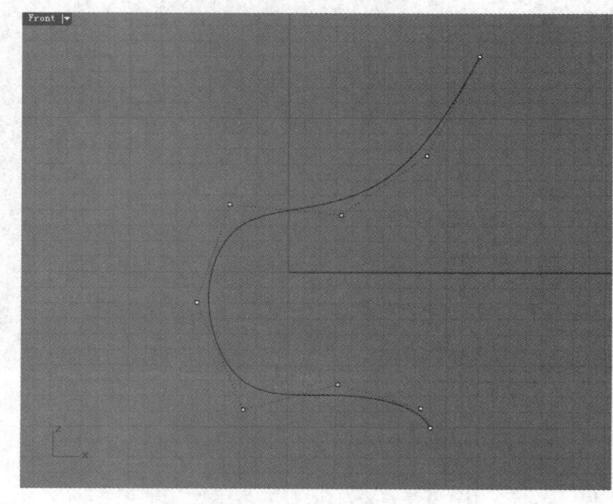

图4-118

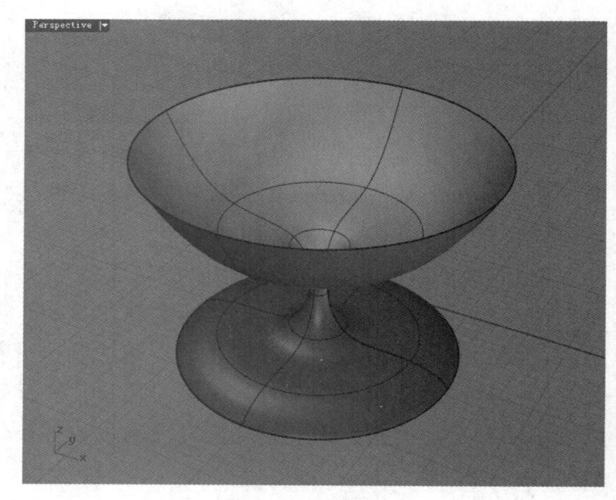

图4-119

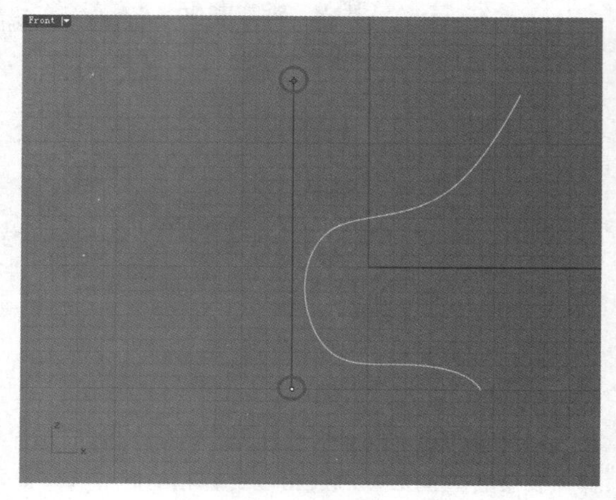

图4-120

03 从图4-119中可以看到旋转生成的酒杯模型只是一个面，并没有现实中的厚度，所以要先对用于旋转的曲线做一些处理。按Ctrl+A组合键全选视图中的物件，然后按Delete键删除，接着使用“控制点曲线/使用数个点的曲线”工具重新绘制如图4-121所示的曲线（注意曲线下方的端点位于坐标轴格点上）。

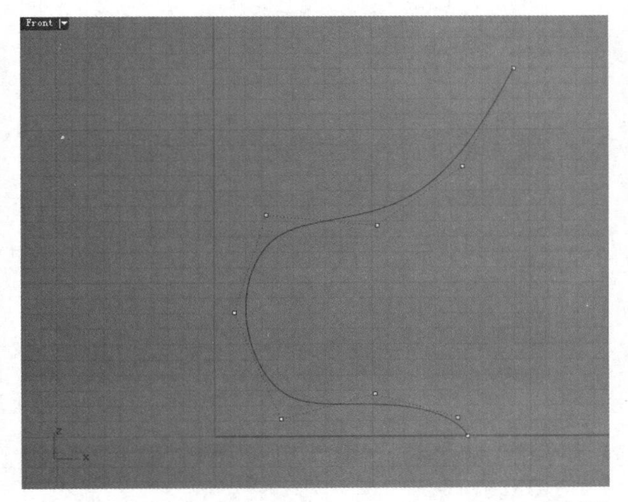

图4-121

这里也可以按Ctrl+Z组合键撤销旋转成形操作，然后将之前绘制的曲线移动到图4-121所示的位置。

04 单击“偏移曲线”工具，对上一步绘制的曲线进行偏移复制，如图4-122所示，具体操作步骤如下。

操作步骤

① 选择上一步绘制的曲线，按Enter键确认。

② 在命令行中单击“距离”选项，设置偏移距离为1。

③ 在曲线外侧单击鼠标左键。

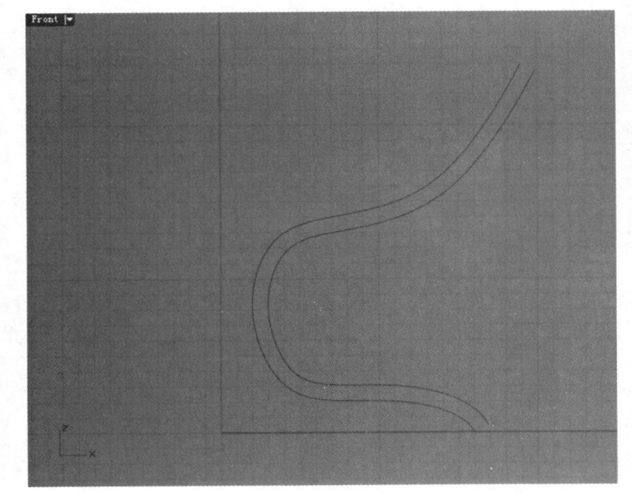

图4-122

05 从图4-122中可以看到，偏移生成的曲线和原曲线的底部端点没有位于一条水平线上，为了使酒杯模型的底部平整，需要对其进行调整，先绘制一条如图4-123所示的直线。

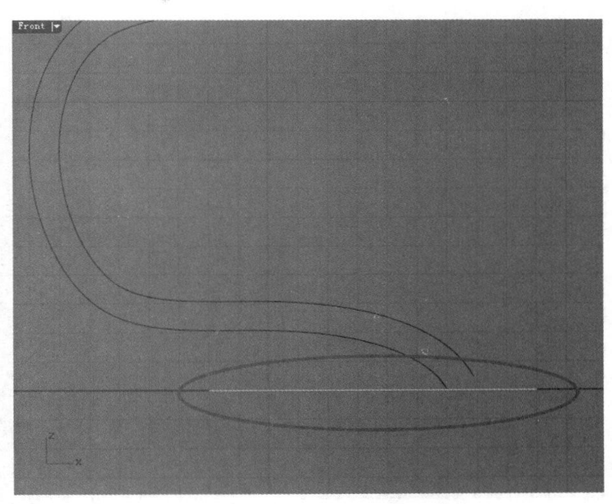

图4-123

06 单击“曲线圆角”工具，对偏移生成的曲线和上一步绘制的水平直线进行圆角处理，如图4-124所示，具体操作步骤如下。

操作步骤

① 在命令行中单击“半径”选项，设置圆角半径为0。

② 依次选择偏移生成的曲线和水平直线。

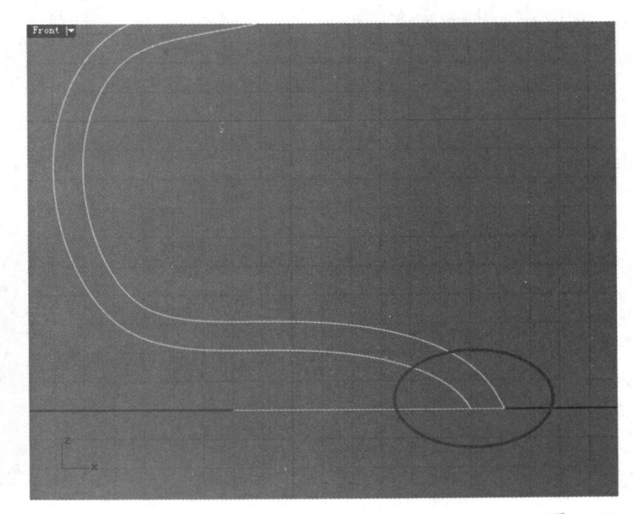

图4-124

07 选择水平直线，按F10键显示控制点，然后选择左侧的控制点移动到轮廓曲线的端点上，如图4-125所示。

08 在“曲线”工具面板中使用鼠标左键单击“可调式混接曲线/混接曲线”工具，在两条轮廓曲线顶部建立一条混接曲线，如图4-126所示，具体操作步骤如下。

操作步骤

① 依次选择两条轮廓曲线。

② 系统自动弹出“调整曲线混接”对话框，设置“连续性”为“曲率”，再单击[确定]按钮完成操作。

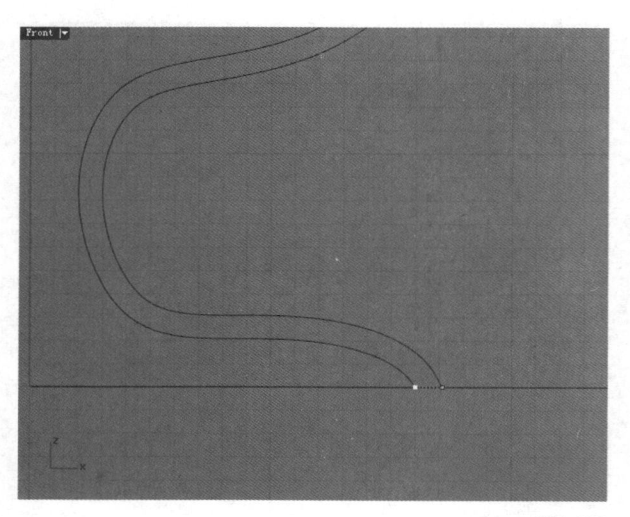

图4-125

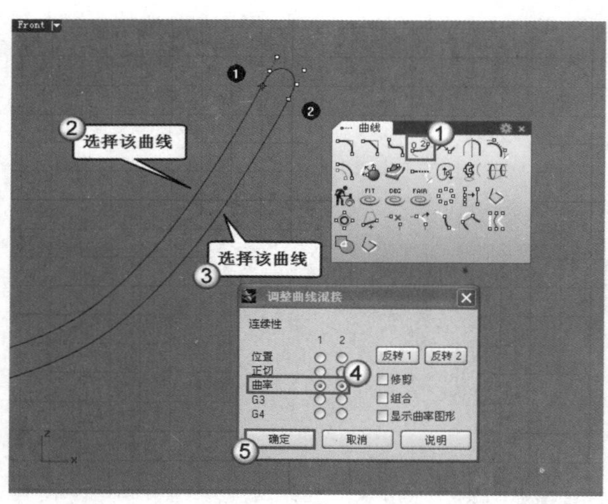

图4-126

选择两条曲线的时候，注意在需要混接的位置附近进行选择。

09 使用“组合”工具合并4条曲线，如图4-127所示。

10 在状态栏中单击[记录建构历史]按钮，开启“记录建构历史”功能，然后使用鼠标左键单击“旋转成形/沿路径旋转”工具，对合并的曲线进行绕轴旋转，如图4-128所示，具体操作步骤如下。

操作步骤

① 选择合并后的曲线，按Enter键确认。

② 拾取坐标原点为旋转轴起点，然后在垂直方向上拾取另一点作为旋转轴终点，如图4-129所示，最后按两次Enter键完成操作。

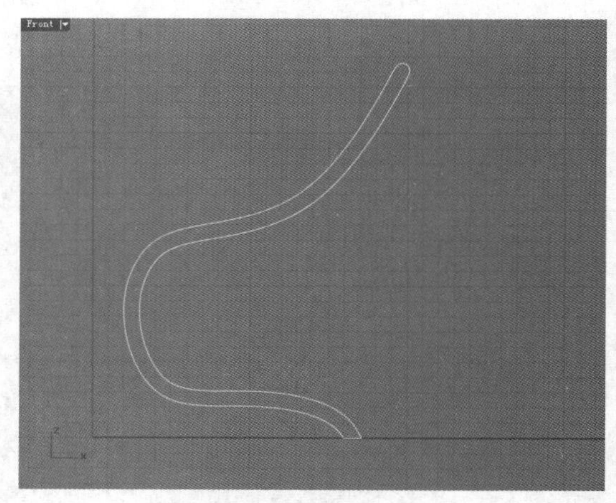

图4-127

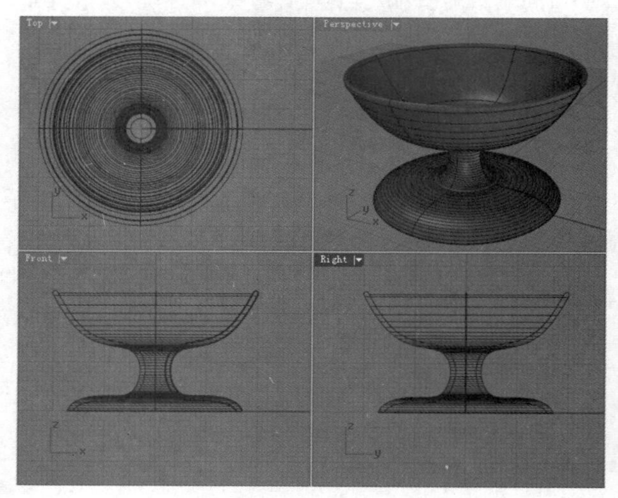

图4-128

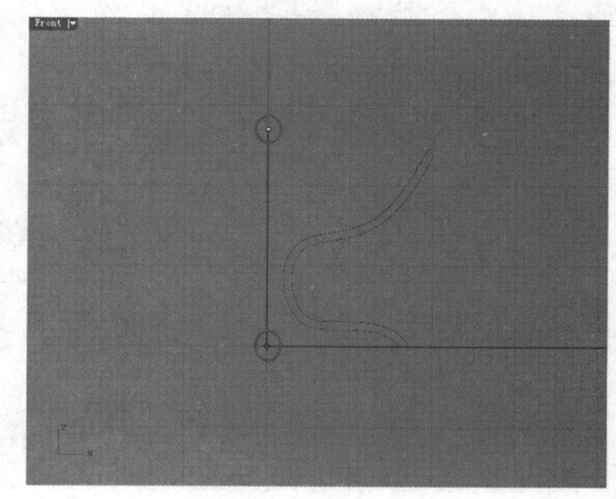

图4-129

11 由于已经记录了建构历史，因此所有的步骤都被放在了历史记录里，现在只要调整曲线的形状，杯子的造型会同步发生变化。选择旋转成形的原始曲线，按F10键打开控制点，然后按住Shift键的同时间隔选择控制点，如图4-130所示。

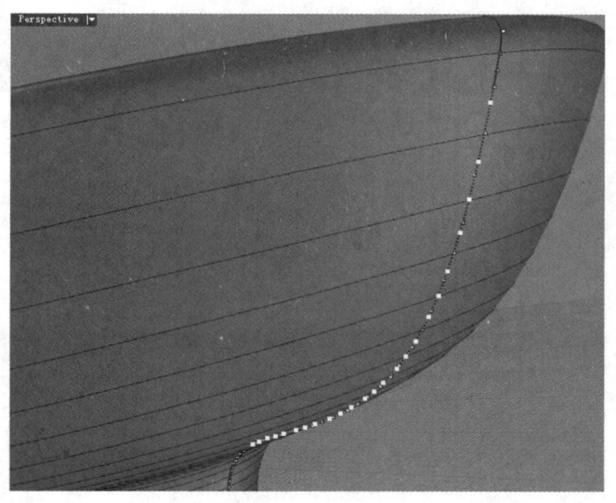

图4-130

12 使用鼠标左键单击“UVN 移动/关闭UVN移动”工具，打开“UVN移动”对话框，然后设置“缩放比”为1，再将N参数的滑杆向左拖曳，移动选择的控制点，如图4-131所示。

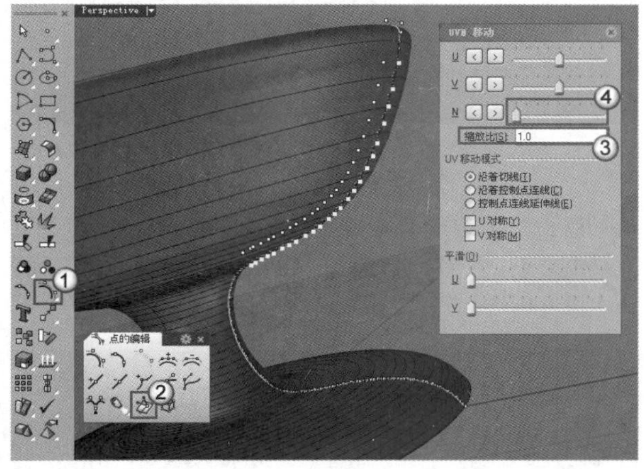

图4-131

13 完成上面的操作后，按F11键关闭控制点，得到如图4-132所示的模型。

图4-132

4.3.5 单轨扫掠

单轨扫掠也称作一轨放样，是一种简单而又常用的成型方法。通过单轨扫掠这种方式建立曲面至少需要两条曲线，一条为路径曲线，定义了曲面的边；另一条为断面曲线，定义了曲面的横截面（可以有多个横截面），如图4-133和图4-134所示。

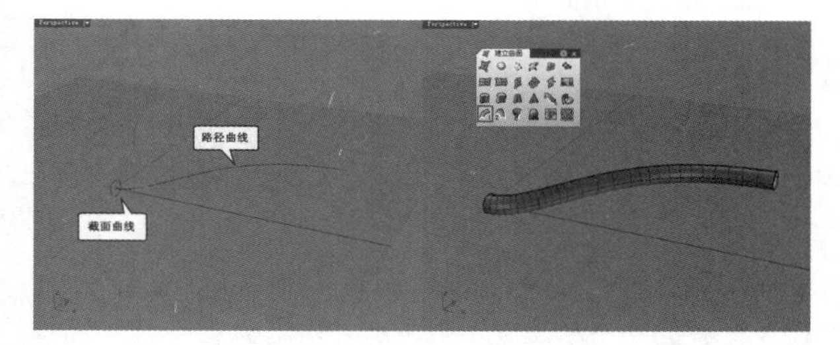

图4-133

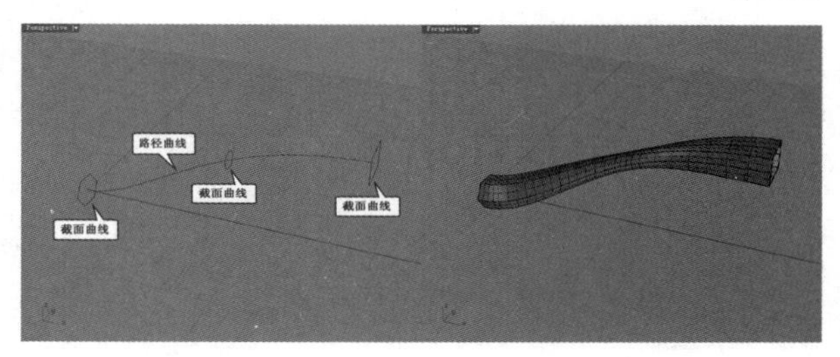

图4-134

使用“单轨扫掠”工具将截面曲线沿着路径线扫掠生成曲面的过程比较简单，启用工具后，依次选择路径曲线和断面曲线，然后按两次Enter键即可，此时将打开“单轨扫掠选项”对话框，如图4-135所示。

单轨扫掠选项

造型(S)

自由扭转

封闭扫掠(C)

整体渐变(R)

未修剪斜接(U)

断面曲线选项

对齐断面...

不要简化(D)

重建点数(R) 5 个控制点(O)

以公差整修(F) 0.01

最简扫掠(S)

正切点不分割(A)

确定 取消 预览(P) 说明(H)

图4-135

单轨扫掠特定参数介绍

造型：包含“自由扭转”“走向Top”“走向Right”和“走向Front”4种方式。

自由扭转：扫掠时曲面会随着路径曲线扭转。

走向Top/走向Right/走向Front：指断面曲线在扫掠时与Top（顶）/Right（右）/Front（前）视图工作平面的角度维持不变。

封闭扫掠：当路径为封闭曲线，并且存在两条或两条以上的断面曲线时，该选项才能被激活。只有勾选该选项才能创建封闭曲面，如图4-136和图4-137所示。

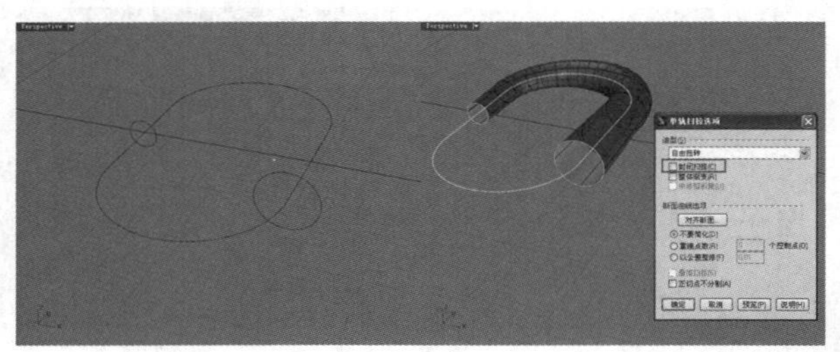

图4-136

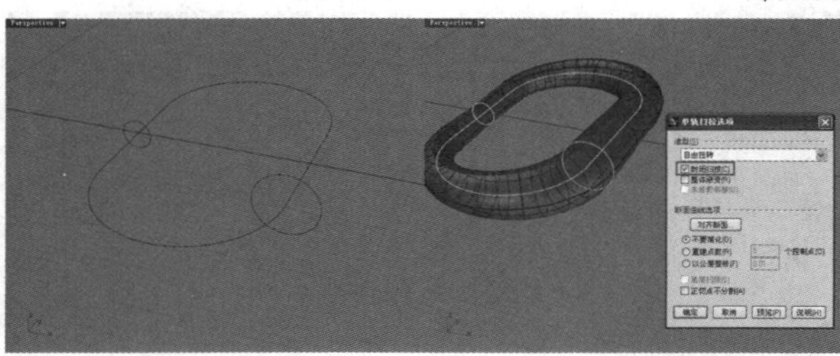

图4-137

整体渐变：勾选这个选项后，曲面的断面形状以线性渐变的方式从起点断面曲线扫掠至终点断面曲线，如果未勾选这个选项，那么曲面的断面形状在起点和终点处的形状变化较小，在路径中段的变化较大。

未修剪斜接：如果建立的曲面是多重曲面，多重曲面中的个别曲面都是未修剪的曲面。

对齐断面...：反转曲面扫掠过断面曲线的方向。

不要简化：建立曲面之前不对断面曲线进行简化。

重建点数：建立曲面之前以设置的控制点数重建所有的断面曲线。

以公差整修：建立曲面之前先重新逼近断面曲线。每条断面曲线的结构都相同才可以建立质量良好的扫掠曲面，使用“以公差整修”选项时，所有的断面曲线会以3阶曲线重新逼近，使所有断面曲线的结构一致化。未使用该选项时，所有断面曲线的阶数和节点会一致化，但形状并不会改变。可以使用“以公差整修”选项设置断面曲线重新逼近的公差，但逼近路径曲线是由“Rhino选项”对话框“单位”面板中的“绝对公差”参数所控制的。

实战

利用单轨扫掠创建戒指

场景位置	无
实例位置	实例文件>第4章>实战——利用单轨扫掠创建戒指.3dm
视频位置	第4章>实战——利用单轨扫掠创建戒指.flv
难易指数	★★★☆☆
技术掌握	掌握单轨扫掠的方法和沿曲线流动等编辑技巧

本例创建的戒指效果如图4-138所示。

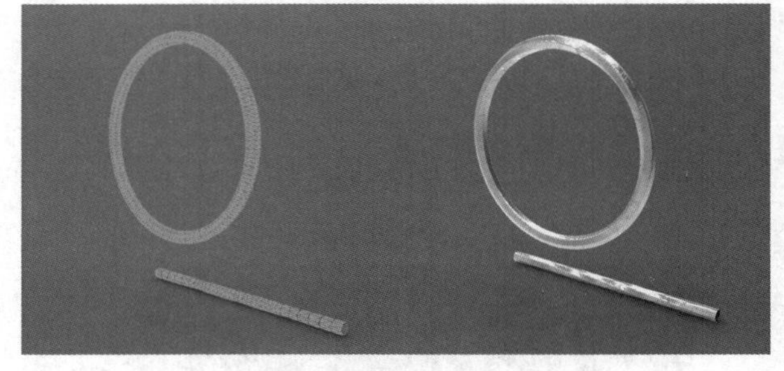

图4-138

01 使用“控制点曲线/通过数个点的曲线”工具在Top（顶）视图中绘制一条直线，长度适当即可，如图4-139所示。

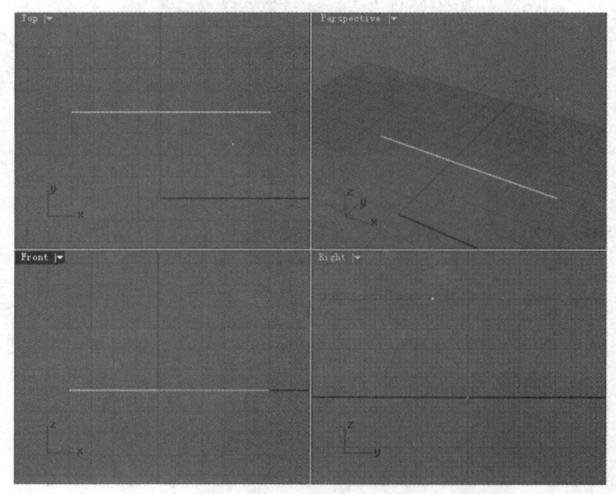

图4-139

02 调出“多边形”工具面板，然后单击“外切多边形：中心点、半径”工具，绘制一个如图4-140所示的正六边形。

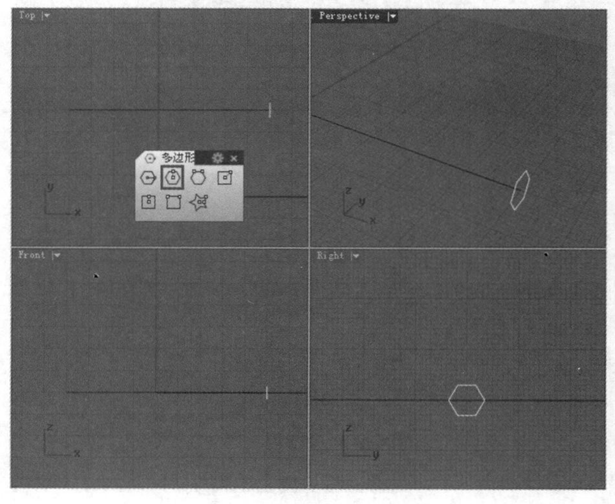

图4-140

03 单击“单轨扫掠”工具，将正六边形沿着直线进行扫掠，如图4-141所示，具体操作步骤如下。

操作步骤

① 选择直线作为扫掠路径。

② 选择正六边形作为断面曲线，然后按两次Enter键打开“单轨扫掠选项”对话框，在该对话框中直接单击确定按钮。

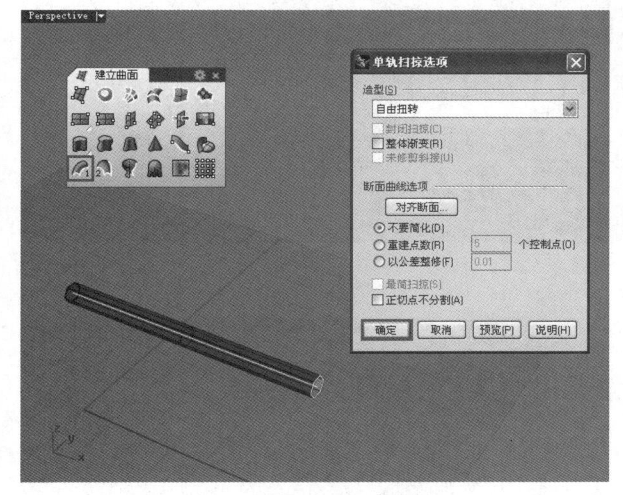

图4-141

04 单击“扭转”工具，对扫掠生成的曲面进行扭转，如图4-142所示，具体操作步骤如下。

操作步骤

① 选择扫掠生成的曲面，按Enter键确认。

② 捕捉直线的两个端点作为扭转轴的起点和终点。

③ 在Right（右）视图中捕捉*x*轴上的一点作为扭转角度的第一参考点，如图4-143所示，然后在命令行输入180，表示扭转角度为180°。

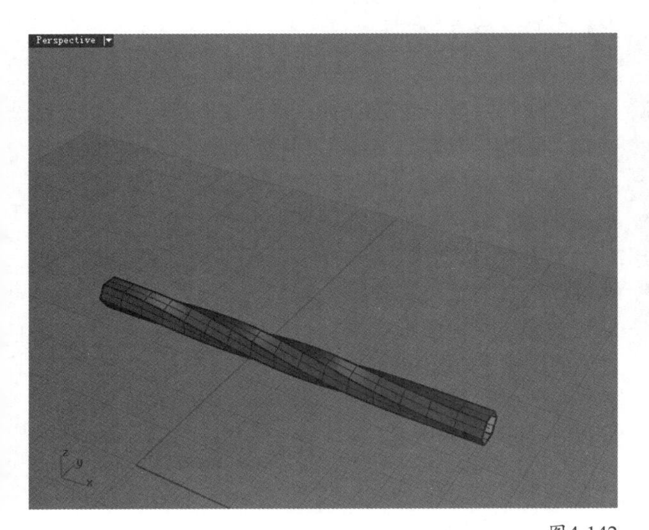

图4-142

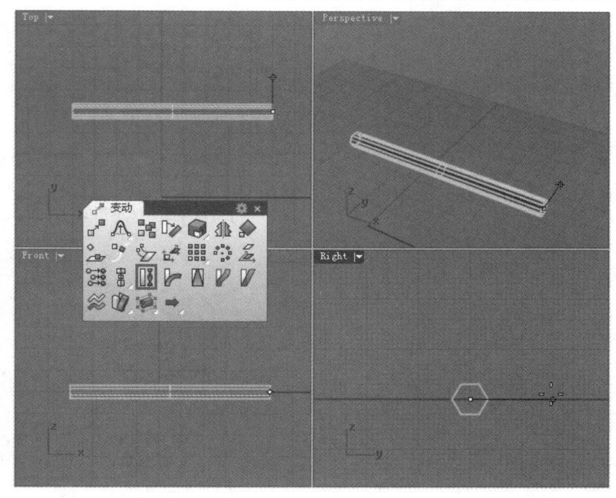

图4-143

05 使用鼠标左键单击“不等距边缘圆角/不等距边缘混接”工具，对多重曲面的边缘进行倒角，如图4-144和图4-145所示，具体操作步骤如下。

操作步骤

① 依次选择曲面的6条边缘。

② 在命令行中单击“下一个半径”选项，设置半径为0.2，然后按3次Enter键完成操作。

06 使用“圆：中心点、半径”工具在Front（前）视窗中绘制一个圆，如图4-146所示。

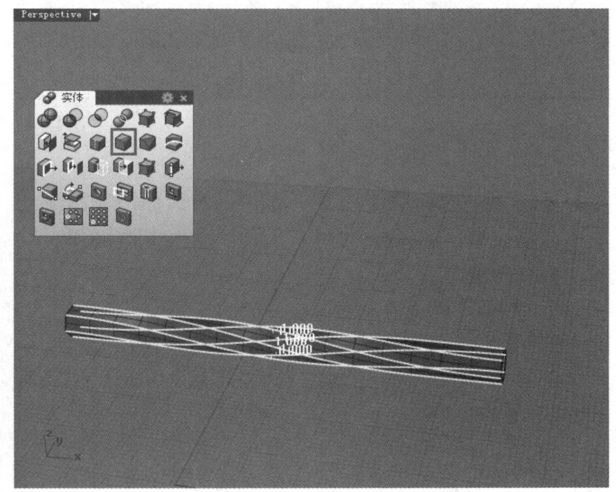

图4-144

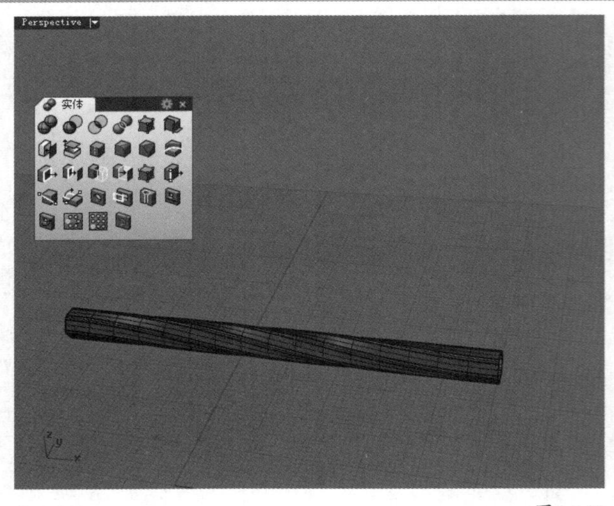

图4-145

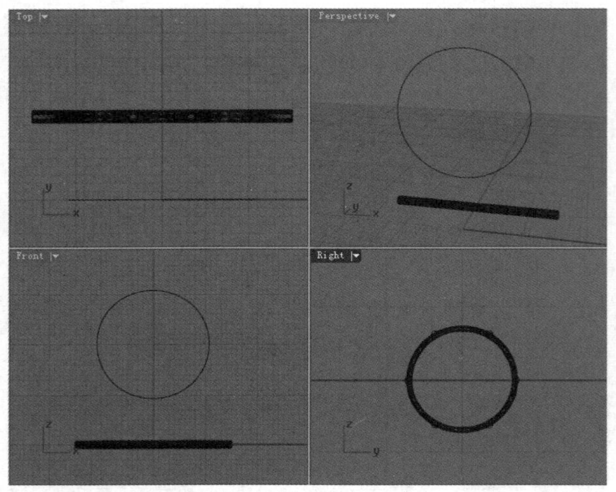

图4-146

07 单击“沿着曲线流动”工具，将曲面沿着圆流动生成戒指模型，如图4-147所示，具体操作步骤如下。

操作步骤

① 选择曲面，按Enter键确认。

② 在命令行中单击“延展”选项，将其设置为“是”。

③ 在命令行中单击“直线”选项，然后依次捕捉直线的两个端点，最后选择圆。

08 调出“显示”工具面板，然后单击“渲染模式作业视窗”工具，调整模型的显示效果，如图4-148所示。

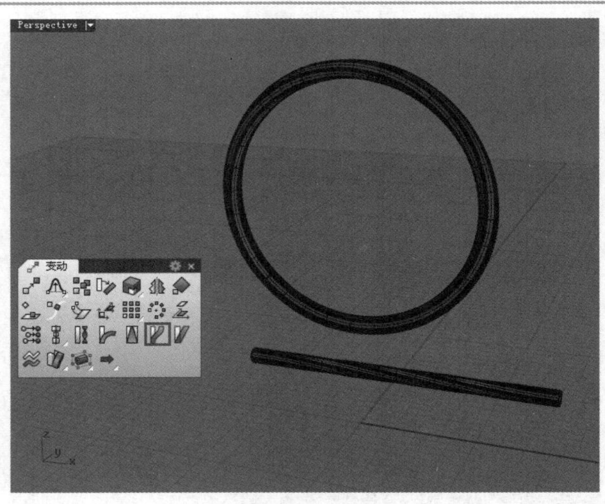

图4-147

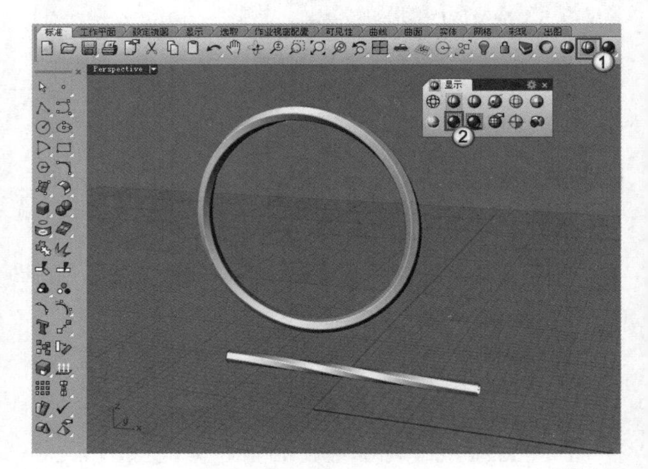

图4-148

4.3.6 双轨扫掠

双轨扫掠至少需要3条曲线来创建，两条作为轨迹路线定义曲面的两边，另一条定义曲面的截面部分。双轨扫掠与单轨扫掠非常类似，只是多出了一条轨道，用来更好地对形态进行定义，同时也丰富了曲面生成的方式。

使用“双轨扫掠”工具可以沿着两条路径扫掠通过数条定义曲面形状的断面曲线建立曲面，该工具同样位于“建立曲面”工具面板内，如图4-149所示。

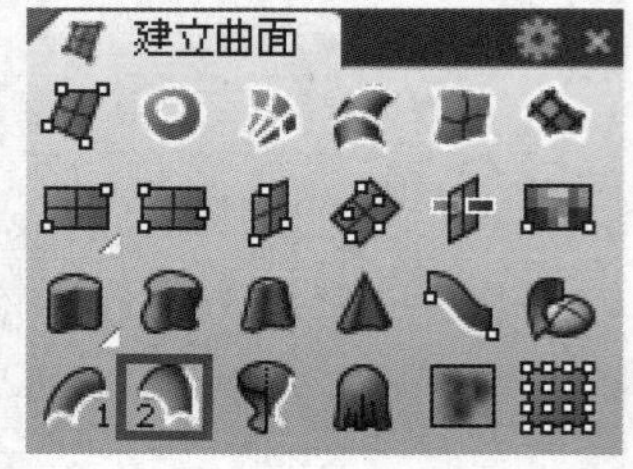

图4-149

同单轨扫掠一样，双轨扫掠也是先选择路径曲线（两条），再选择断面曲线（可以有多条），此时将打开“双轨扫掠选项”对话框，如图4-150所示。

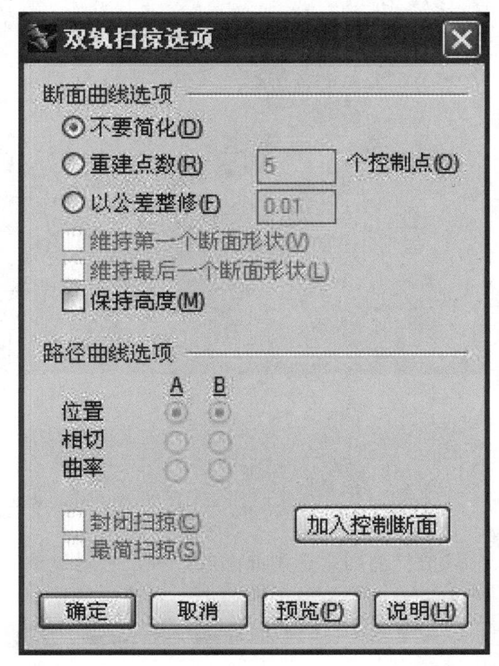

图4-150

双轨扫掠特定参数介绍

维持第一个断面形状：使用相切或曲率连续计算扫掠曲面边缘的连续性时，建立的曲面可能会脱离输入的断面曲线，这个选项可以强迫扫掠曲面的开始边缘符合第一条断面曲线的形状。

维持最后一个断面形状：使用相切或曲率连续计算扫掠曲面边缘的连续性时，建立的曲面可能会脱离输入的断面曲线，这个选项可以强迫扫掠曲面的开始边缘符合最后一条断面曲线的形状。

保持高度：预设的情况下，扫掠曲面的断面会随着两条路径曲线的间距缩放宽度和高度，该选项可以固定扫掠曲面的断面高度不随着两条路径曲线的间距缩放。

路径曲线选项：只有断面曲线为Non-Ration（非有理）曲线（也就是所有控制点的权值都为1）时，这些选项才可以使用。有正圆弧或椭圆结构的曲线为Rational（有理）曲线。

最简扫掠：当两条路径曲线的结构相同而且断面曲线摆放的位置符合要求时，可以建立最简化的扫掠曲面，建立的曲面与输入的曲线之间完全没有误差。以数条断面曲线进行最简扫掠时，两条路径曲线的阶数及结构必须完全相同，且每一条断面曲线都必须放置于两条路径曲线相对的编辑点上。

加入控制断面：加入额外的断面曲线，用来控制曲面断面结构线的方向。

双轨扫掠时，断面曲线的阶数可以不同，但建立的曲面的断面阶数为最高阶的断面曲线的阶数。

实战

利用双轨扫掠创建洗脸池

场景位置	场景文件>第4章>04.3dm
实例位置	实例文件>第4章>实战——利用双轨扫掠创建洗脸池.3dm
视频位置	第4章>实战——利用双轨扫掠创建洗脸池.flv
难易指数	★★☆☆☆
技术掌握	掌握双轨扫掠的方法

本例创建的洗脸池模型效果如图4-151所示。

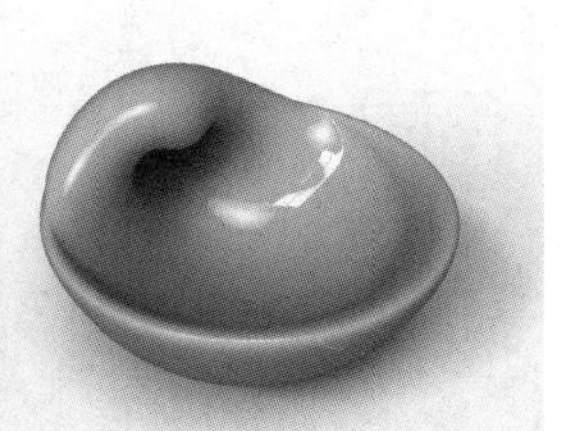

图4-151

01 打开本案例的场景文件，如图4-152所示。

图4-152

02 单击“双轨扫掠”工具，对曲线上半部分进行扫掠生成曲面，效果如图4-154所示，具体操作步骤如下。

操作步骤

① 选择顶部的两条弧线作为扫掠路径，如图4-153所示。

② 选择圆作为断面曲线，并按Enter键打开“双轨扫掠选项”对话框，在该对话框中直接单击确定按钮。

03 按Enter键或空格键再次启用“双轨扫掠”工具，对下面的曲线进行扫掠，效果如图4-156所示，具体操作步骤如下。

操作步骤

① 依次选择下面的两段圆弧，如图4-155所示。

② 选择圆作为断面曲线，并按Enter键打开“双轨扫掠选项”对话框，在该对话框中直接单击确定按钮。

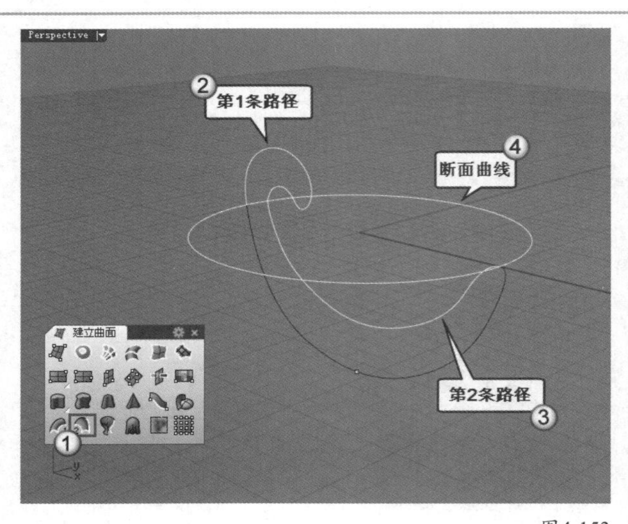

图4-153

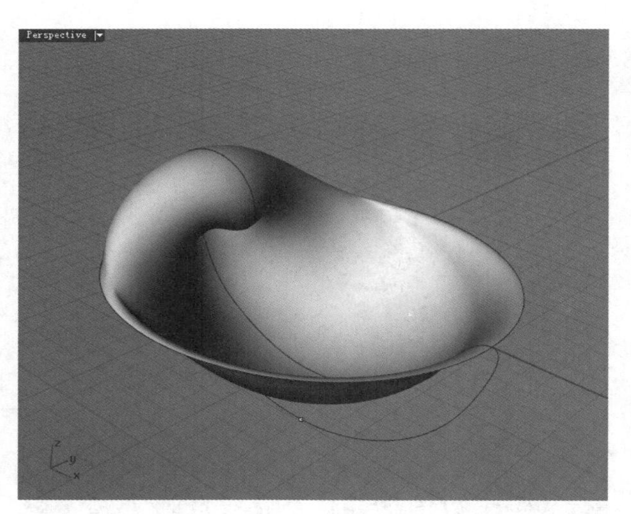

图4-154

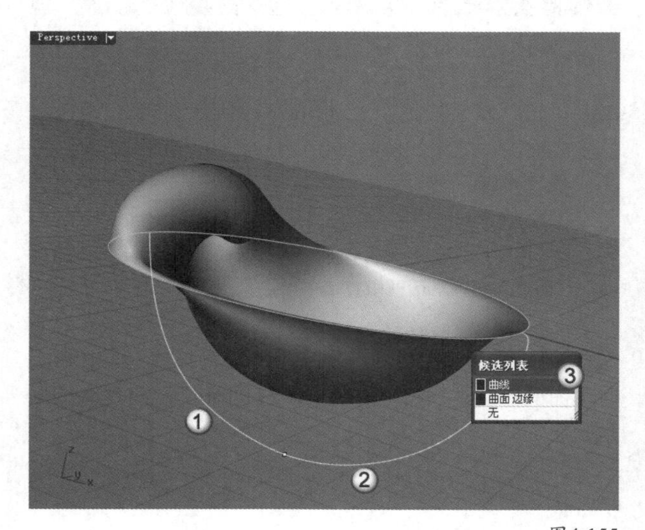

图4-155

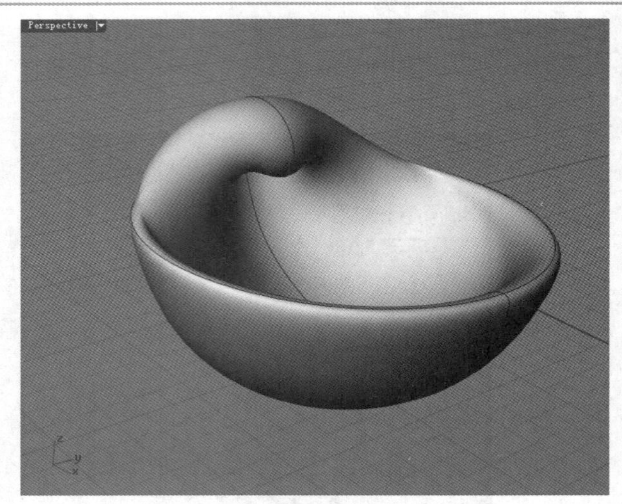

图4-156

4.3.7 放样曲面

放样曲面是造型曲面的一种，它通过曲线之间的过渡来生成曲面。放样曲面主要由放样的轮廓曲线组成，可以想象为在一组截面轮廓线构成的骨架上蒙放一张光滑的皮。

放样曲面主要使用“放样”工具，工具位置如图4-157所示。

图4-157

放样的过程比较简单，例如，对图4-158所示的3条曲线进行放样，启用“放样”工具后框选3条曲线即可，效果如图4-159所示。

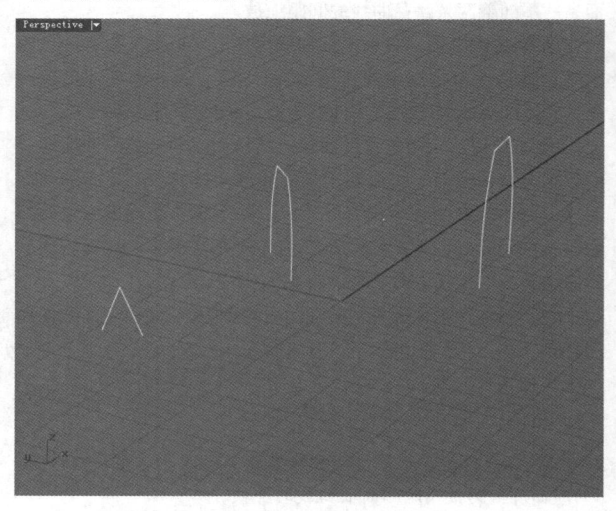

图4-158

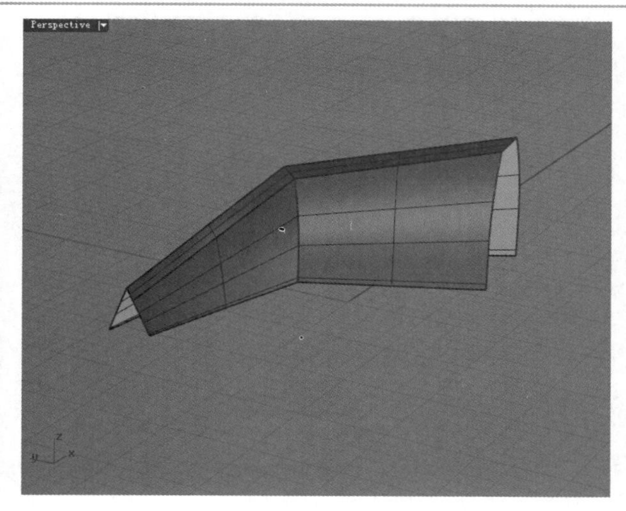

图4-159

放样时将打开“放样选项”对话框，如图4-160所示。

放样选项
造型(S)
平直区段
封闭放样(C)
与起始端边缘相切(T)
与结束端边缘相切(E)
在正切点分割(L)
断面曲线选项
对齐曲线...
不要简化(D)
重建点数(R) 10 个控制点
以公差整修(F) 0.01 毫米
确定 取消 预览(P) 说明(H)

图4-160

放样特定参数介绍

造型：设置生成曲面的方式，包含“标准”“松弛”“紧绷”“平直区段”“可展开的”和“均匀”6种方式。

标准：如果想建立的曲面是比较平缓的，或者断面曲线之间距离比较大，可以使用这个选项，如图4-161所示。

松弛：放样曲面的控制点会放置于断面曲线的控制点上，这个选项可以建立比较平滑的放样曲面，但放样曲面并不会通过所有的断面曲线，如图4-162所示。

紧绷：这一选项适用于建立转角处的曲面，如图4-163所示。

平直区段：放样曲面在断面曲线之间是平直的曲面，如图4-164所示。

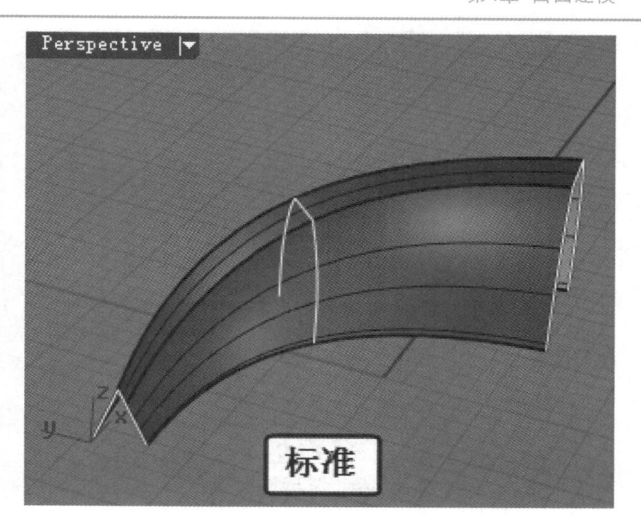

图4-161

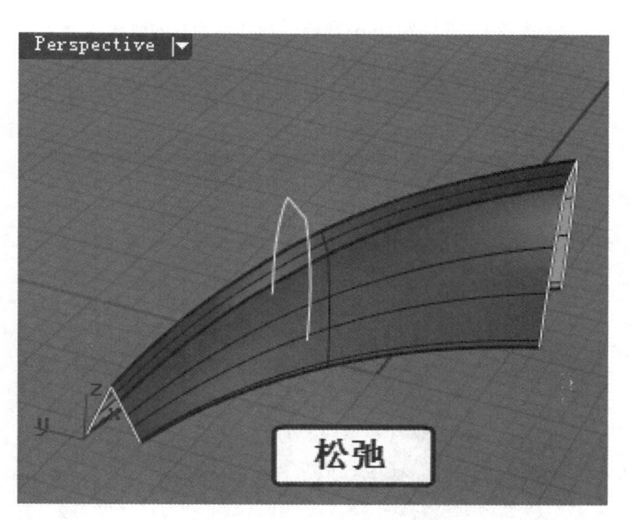

图4-162

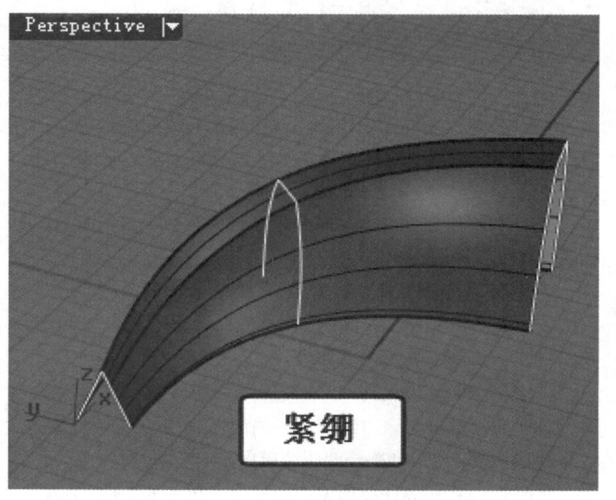

图4-163

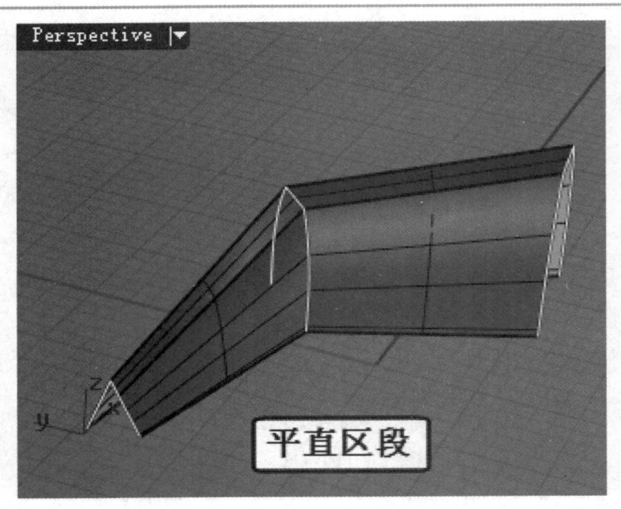

图4-164

可展开的：以每一对断面曲线建立可展开的曲面或多重曲面，该选项适用于需要展开曲面的情况。使用该选项建立的放样曲面展开时不会有延展的问题，但并不是所有的曲线都可以建立这样的放样曲面，如图4-165所示。

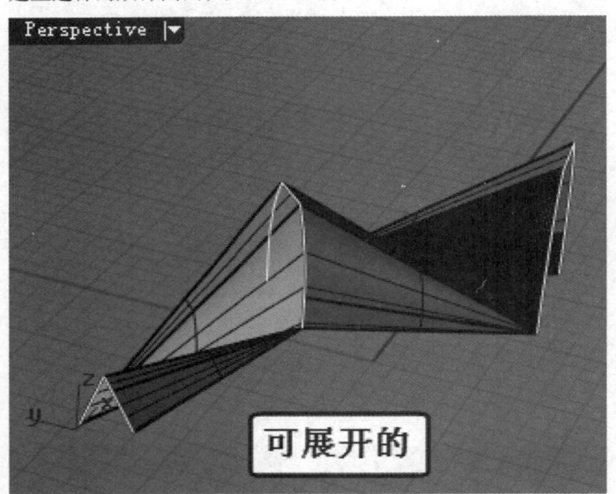

图4-165

均匀：建立的曲面的控制点对曲面都有相同的影响力，可以用来建立多个结构相同的曲面（建立对变动画），如图4-166所示。

封闭放样：建立封闭的曲面，必须要有3条或3条以上的断面曲线才可以使用。

与起始端边缘相切：如果第1条断面曲线是曲面的边缘，放样曲面可以与该边缘所属的曲面形成相切，这个选项必须有3条或3条以上的断面曲线才可以使用。

与结束端边缘相切：如果最后一条断面曲线是曲面的边缘，放样曲面可以与该边缘所属的曲面形成相切，这个选项必须要有3条或3条以上的断面曲线才可以使用。

对齐曲线...：当放样曲面发生扭转时，单击断面曲线靠近端点处可以反转曲线的对齐方向。

不要简化：不重建断面曲线。

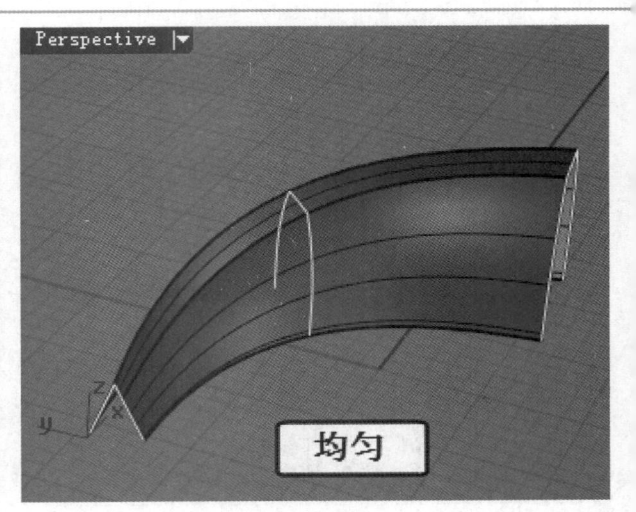

图4-166

实战

利用放样曲面创建落地灯

场景位置	无
实例位置	实例文件>第4章>实战——利用放样曲面创建落地灯.3dm
视频位置	第4章>实战——利用放样曲面创建落地灯.flv
难易指数	★★★☆☆
技术掌握	掌握曲线放样的方法

本例创建的落地灯效果如图4-167所示。

图4-167

01 单击“圆：中心点、半径”工具，在Top（顶）视图中以坐标轴原点为圆心绘制一个如图4-168所示的圆。

02 使用鼠标左键单击“重建曲线/以主曲线重建曲线”工具，然后选择圆，并按Enter键打开“重建”对话框，接着设置“点数”为12、“阶数”为3，最后单击确定按钮对绘制的圆进行重建，如图4-169所示。

03 开启“正交”功能，然后使用“复制/原地复制物件”工具复制出3个圆，如图4-170所示。

04 使用“二轴缩放”工具依次对复制得到的圆进行缩放，如图4-171和图4-172所示。

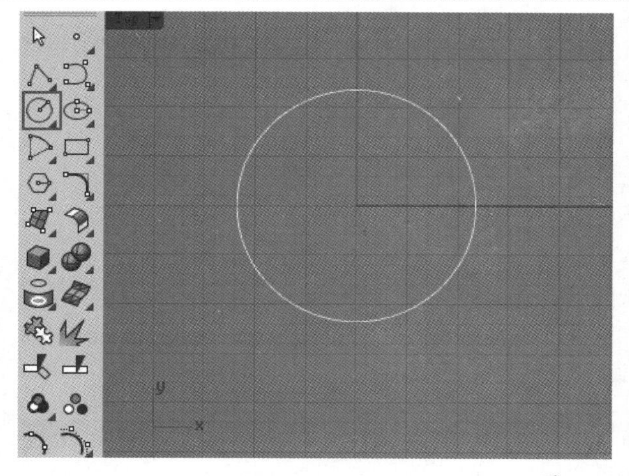

图4-168

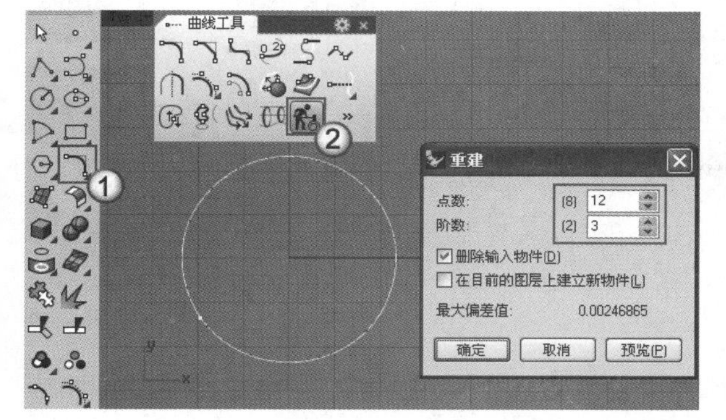

图4-169

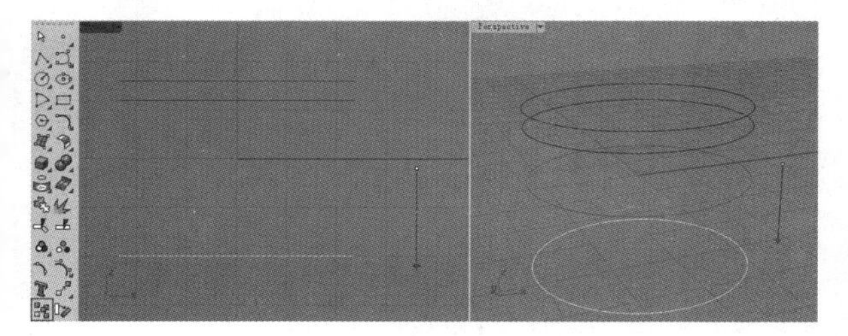

图4-170

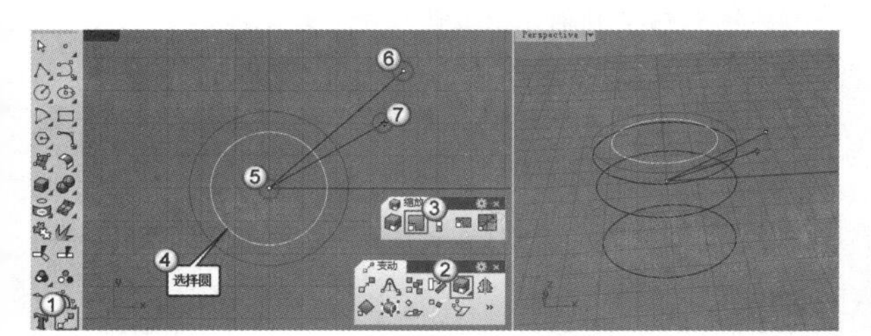

图4-171

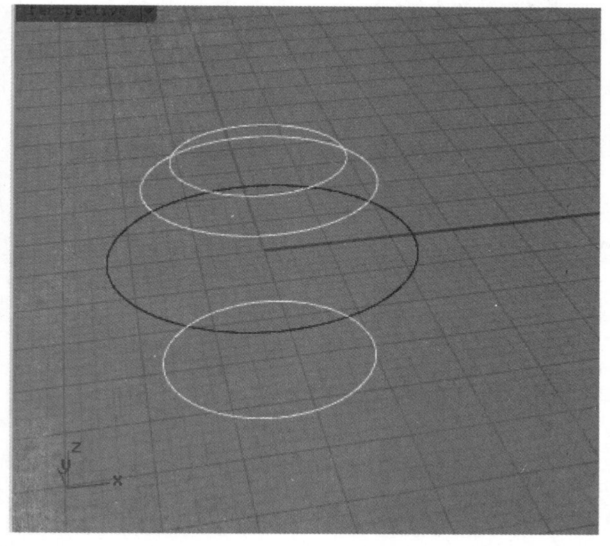

图4-172

疑难问答

问：为什么通过复制和缩放来得到大小不等的圆，而不是直接绘制4个圆呢？

答：主要是希望这几个圆的控制点个数和位置基本一致，以便后面利用这几个圆创建出的曲面有较理想的ISO线和较好的曲面质量，如图4-173所示。通常用来创建曲面的诸条曲线在控制点的个数及位置上要尽量保持一致，这样在后期曲面细节创建中会更加方便。

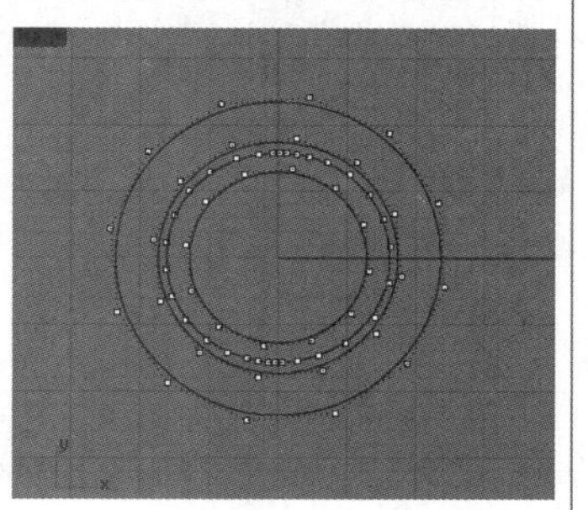

图4-173

05 单击“弯曲”工具，以“对称”方式对最下面的圆进行变形，如图4-174所示，具体操作步骤如下。

操作步骤

① 选择最下面的圆，按Enter键确认。

② 捕捉圆心作为骨干的起点，然后在水平方向上拾取一点作为骨干的终点。

③ 在命令行单击“对称”选项，将其设置为“是”。

④ 在圆上方指定一点确定弯曲的通过点。

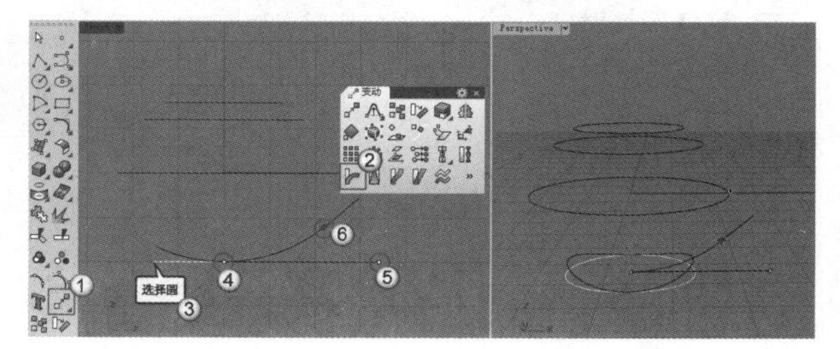

图4-174

06 选择最大的一个圆，然后按F10键打开控制点，接着按住Shift键间隔选择控制点，最后使用“二轴缩放”工具对选择的控制点进行缩放，如图4-175所示。

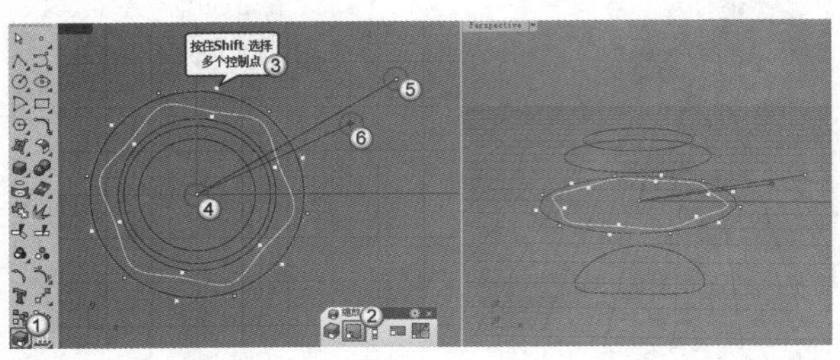

图4-175

07 使用鼠标左键单击“单点/多点”工具，创建一个如图4-176所示的点。

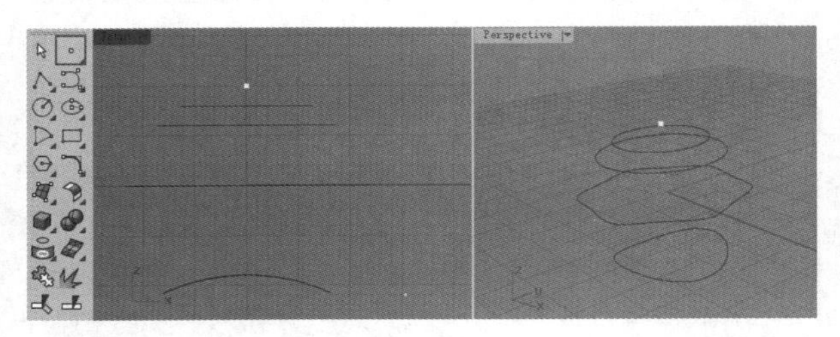

图4-176

08 单击“放样”工具，对曲线和点进行放样，具体操作步骤如下。

操作步骤

① 依次选择曲线和点对象，如图4-177所示。

② 按Enter键打开“放样选项”对话框，在该对话框中直接单击确定按钮，得到放样曲面，如图4-178所示。

09 使用“偏移曲面”工具将放样得到的曲面向内偏移（偏移距离合适即可），如图4-179所示。

10 再次启用“放样”工具，对两个曲面的开口边缘进行放样，如图4-180所示。

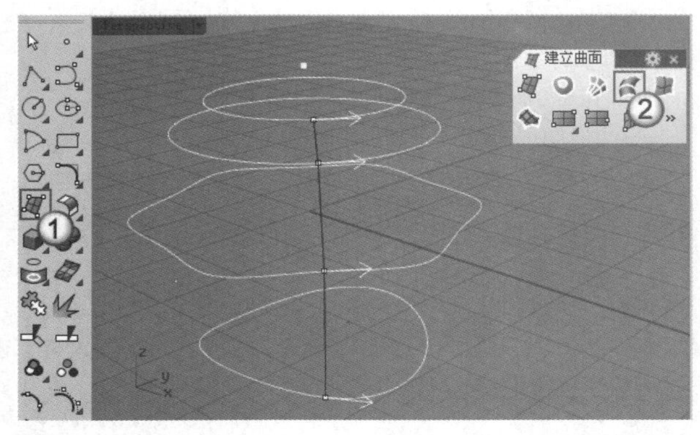

图4-177

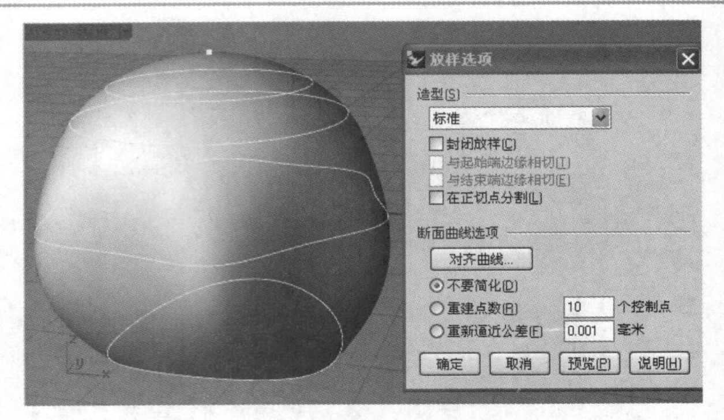

图4-178

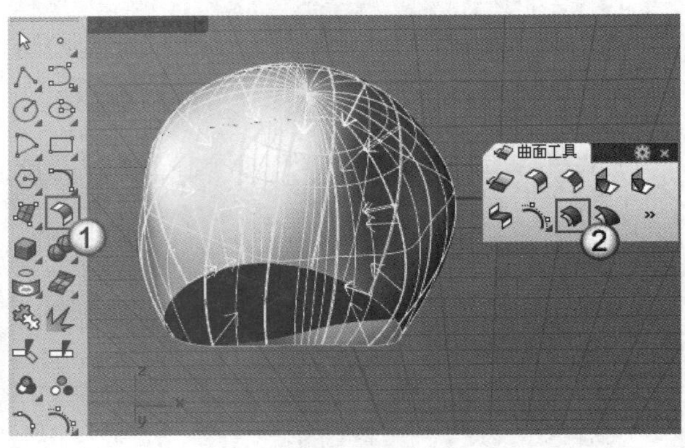

图4-179

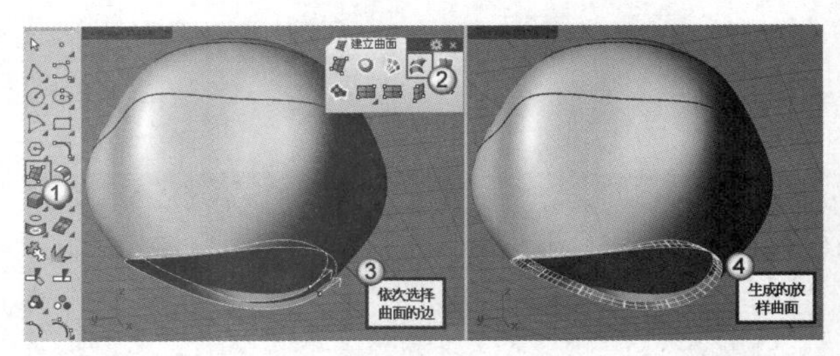

图4-180

11 使用“控制点曲线/通过数个点的曲线”工具在Front（前）视图中绘制如图4-181所示的曲线，注意曲线两端最末的两个控制点位置在一条竖线上。

12 单击“圆：环绕曲线”工具，环绕曲线绘制4个截面圆，如图4-182和图4-183所示。

13 单击“单轨扫掠”工具，以曲线为路径，以截面圆为端面曲线，创建如图4-184所示的曲面。

14 打开“端点”捕捉模式，然后单击“圆：中心点、半径”工具，在曲线端点处绘制一个圆，并将这个圆向下复制一个，如图4-185所示。

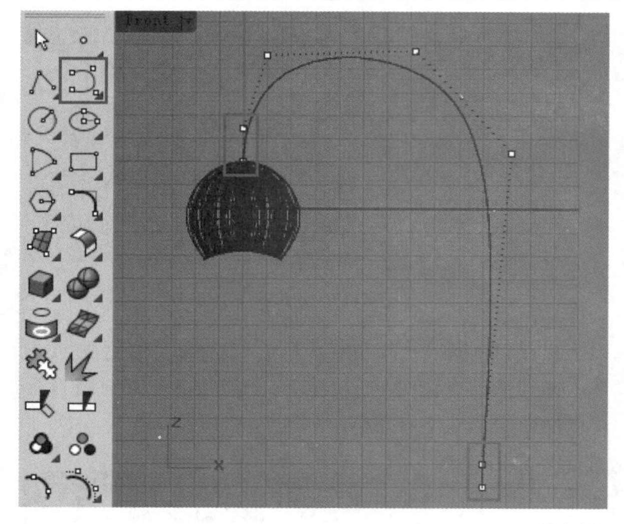

图4-181

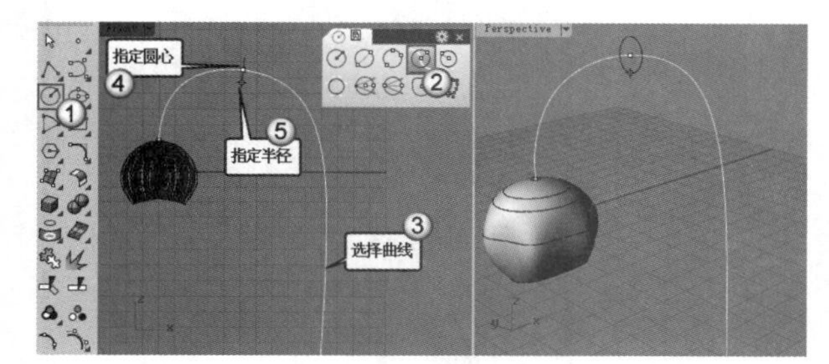

图4-182

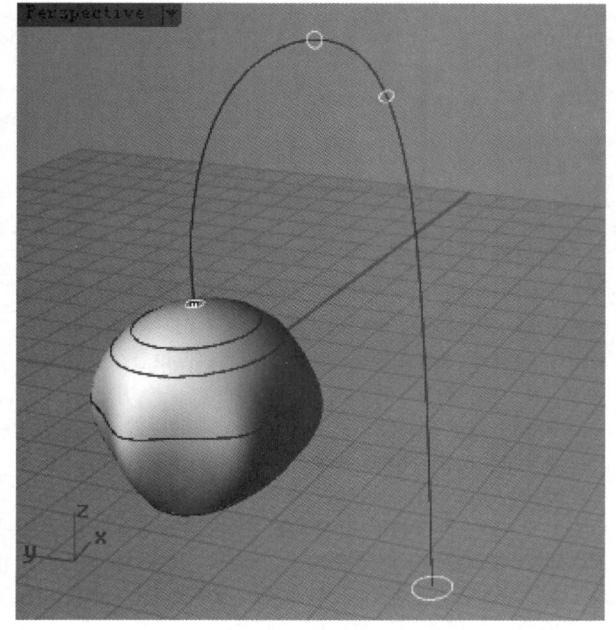

图4-183

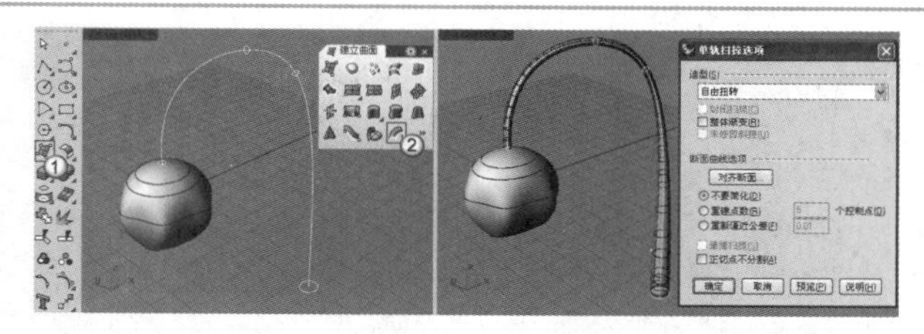

图4-184

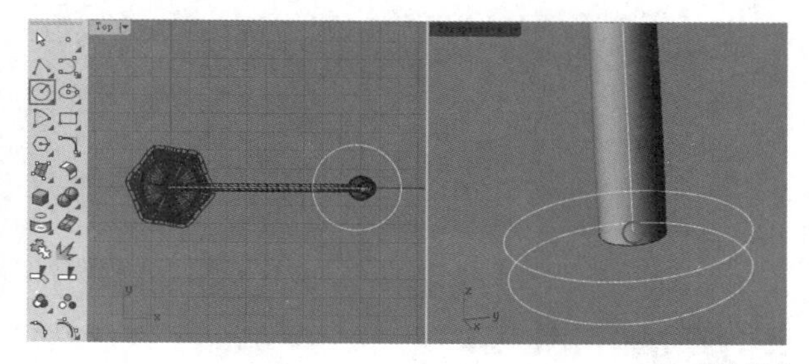

图4-185

15 打开“中心点”捕捉模式，使用鼠标右键单击“单点/多点”工具，捕捉刚绘制的两个圆的圆心创建点，如图4-186所示。

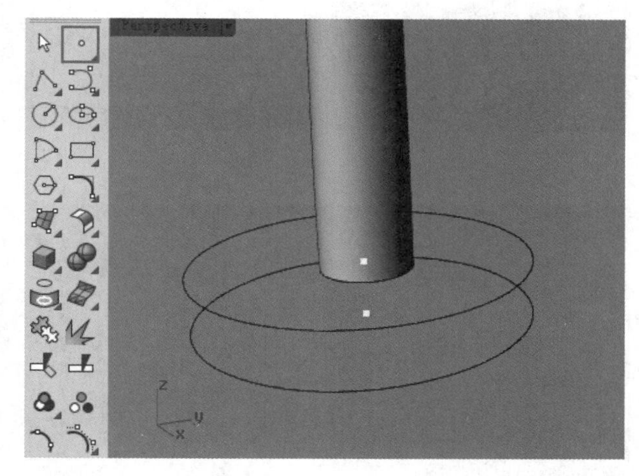

图4-186

16 单击“放样”工具，对点和圆进行放样，具体操作步骤如下。

操作步骤

① 按照点、曲线、曲线和点的顺序依次选择这4个物件，如图4-187所示。

② 按Enter键打开“放样选项”对话框，设置“造型”为“平直区段”，然后单击 确定 按钮，得到放样曲面，如图4-188所示。

现在就完成了落地灯模型的制作，最终效果如图4-189所示。

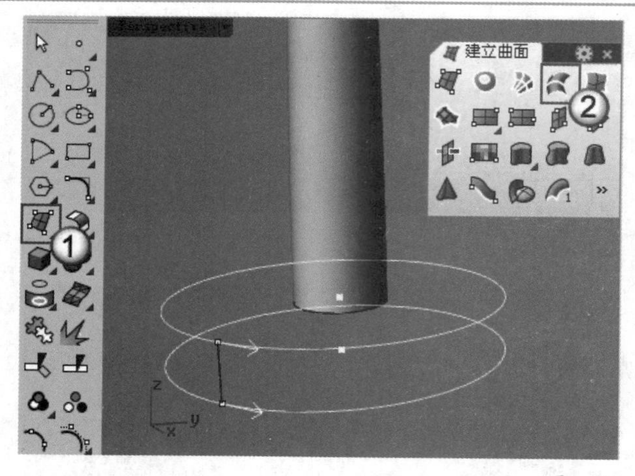

图4-187

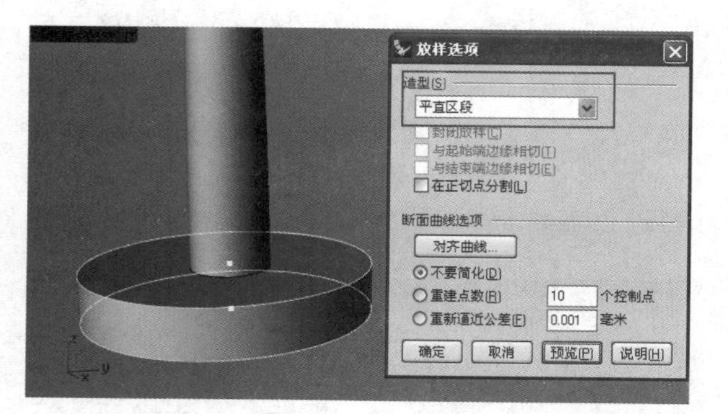

图4-188

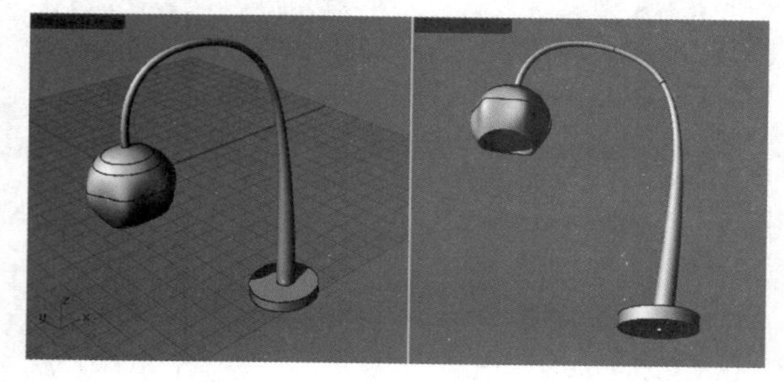

图4-189

4.3.8 嵌面

嵌面是通过对边界曲线进行综合分析运算，找出其中的平衡点后重建拟合的曲面。曲面结果与任何一条曲线都没有直接的继承性，它只是一个拟合面、近似面，所以它受公差的影响很大。嵌面完全打乱UV的方向性，仅凭曲线的位置来确定曲面的形态。

使用"嵌面"工具可以建立逼近选取的线和点物件的曲面，工具位置如图4-190所示。

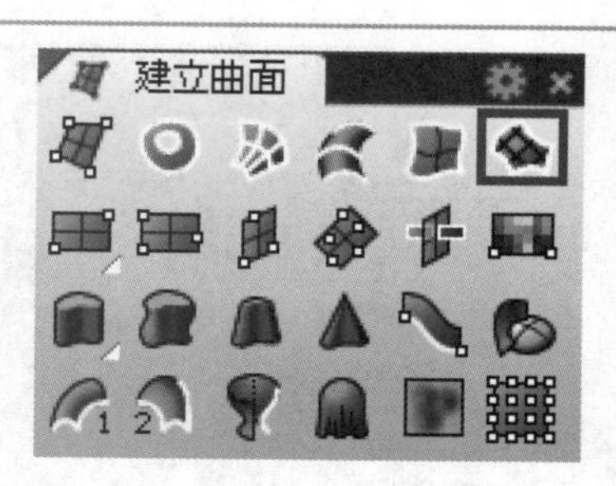

图4-190

启用"嵌面"工具后，选取曲面要逼近的点物件、曲线或曲面边缘，然后按Enter键确认，此时将打开"嵌面曲面选项"对话框，如图4-191所示。

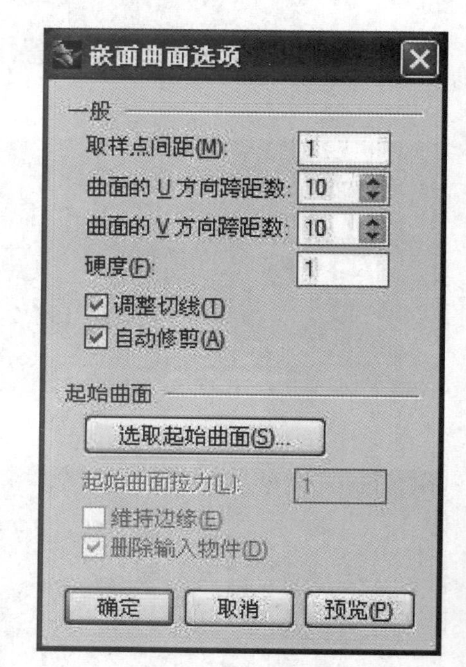

图4-191

嵌面特定参数介绍

取样点间距：如果对曲线或曲面边缘进行嵌面，整个曲线或曲面边缘不会都参与嵌面，只会提取上面的一些点来进行嵌面，这个参数用来控制采样点之间的距离。无论怎么设置这个参数，都会在一条线上至少放置8个取样点。

曲面的U方向跨距数：设置曲面U方向的跨距数。

曲面的V方向跨距数：设置曲面V方向的跨距数。

硬度：Rhino在建立嵌面的第一个阶段会找出与选取的点和曲线上的取样点符合的平面，然后再将平面变形逼近选取的点和取样点，该参数用于设置平面的变形程度，数值越大曲面"越硬"，得到的曲面越接近平面。可以使用非常小或非常大的数值测试这个设置，并预览结果，如图4-192所示。

调整切线：如果输入的曲线为曲面的边缘，建立的曲面会与周围的曲面相切，如图4-193所示。

自动修剪：试着找到封闭的边界曲线，并修剪边界以外的曲面。

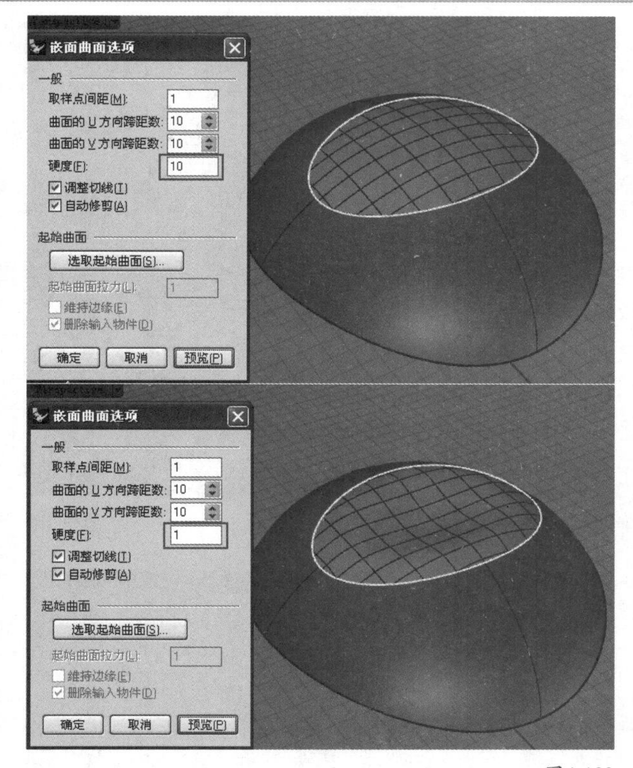

图4-192

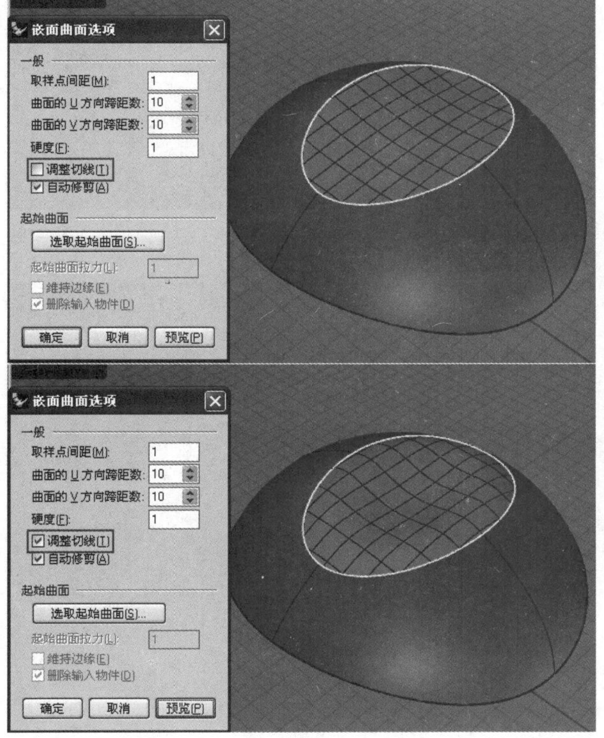

图4-193

技巧与提示

当选取的曲线形成一个封闭的边界时，曲面才可以被自动修剪。

选取起始曲面(S)...：单击该按钮可以选取一个起始曲面，可以事先建立一个和想要建立的曲面形状类似的曲面作为起始曲面。

起始曲面拉力：与“硬度”参数类似，但是作用于起始面，设置的数值越大，起始曲面的抗拒力越大，得到的曲面形状越接近起始曲面。

维持边缘：固定起始曲面的边缘，这个选项适用于以现有的曲面逼近选取的点或曲线，但不会移动起始曲面的边缘。

删除输入物件：在新的曲面建立以后删除起始曲面。

实战

利用嵌面创建三通管

场景位置	场景文件>第4章>05.3dm
实例位置	实例文件>第4章>实战——利用嵌面创建三通管.3dm
视频位置	第4章>实战——利用嵌面创建三通管.flv
难易指数	★★★☆☆
技术掌握	掌握创建嵌面和光顺曲面过渡的方法

本例创建的三通管效果如图4-194所示。

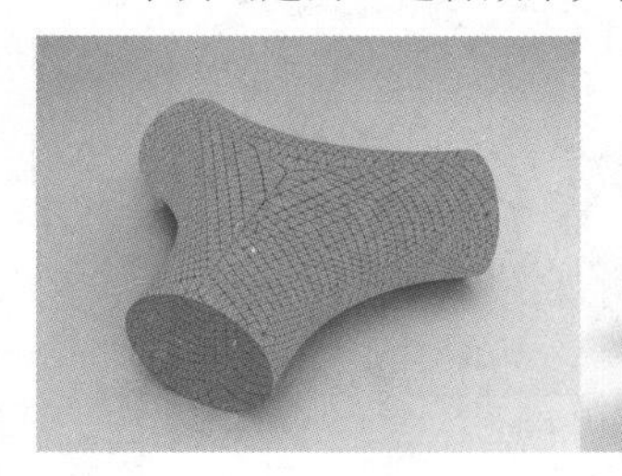

图4-194

01 打开本案例的场景文件，如图4-195所示，场景中的物件都是由线组成的。

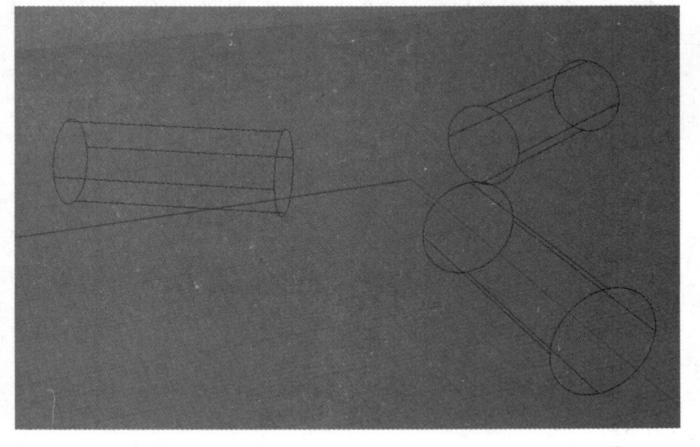

图4-195

02 单击“曲线圆角”工具，对任意两个图形顶部的边进行圆角处理，圆角半径为0，如图4-196所示。

03 使用鼠标左键单击“可调式混接曲线/混接曲线”工具，在对应图形的侧面两条边之间建立混接曲线，设置“连续性”为“曲率”，如图4-197所示。

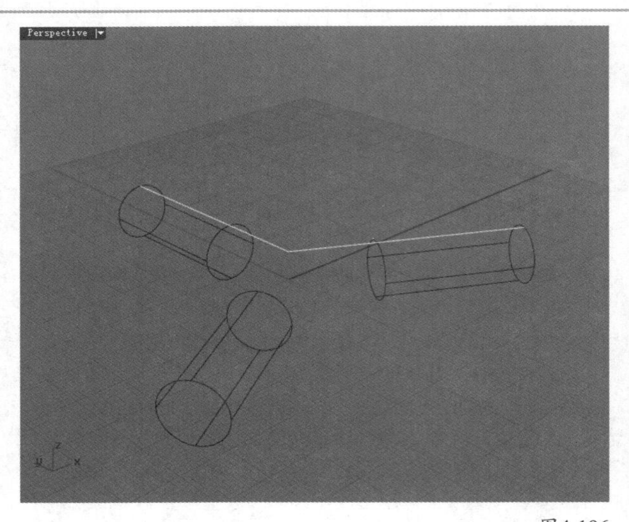

图4-196

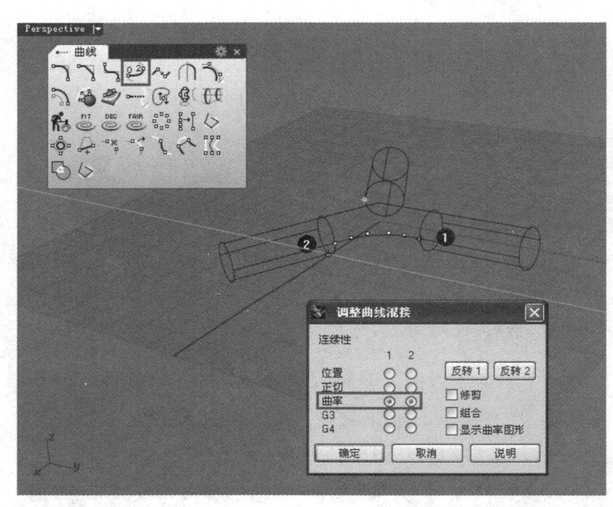

图4-197

04 开启“四分点”捕捉模式，然后单击“直线：起点正切、终点垂直”工具，绘制如图4-198所示的相切直线，具体操作步骤如下。

操作步骤

① 捕捉圆顶部的四分点，按Enter键确认。

② 在圆顶部四分点的左侧拾取一点。

05 使用相同的方式绘制另一个图形上的直线，如图4-199所示。

06 单击“分割”工具，将圆和直线分别打断，如图4-200所示，具体操作步骤如下。

操作步骤

① 选择图4-200所示的圆A和直线B作为要分割的物件，按Enter键确认。

② 选择图4-200所示的圆弧C和直线D作为切割用物件，按Enter键确认。

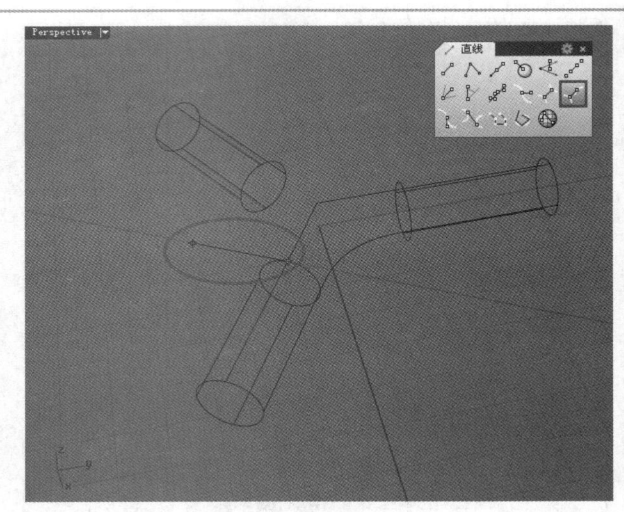

图4-198

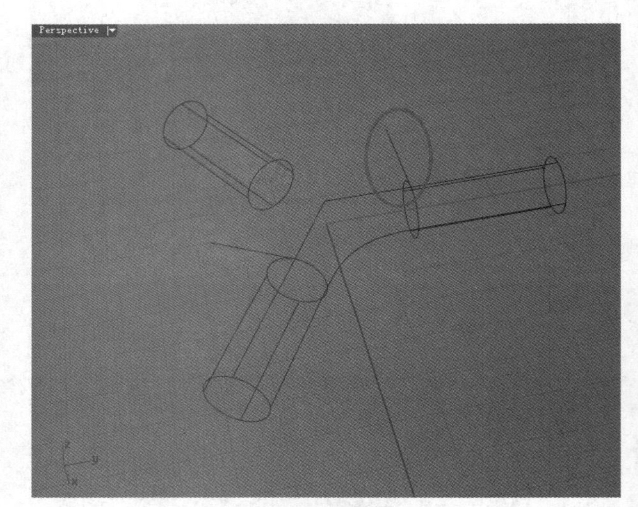

图4-199

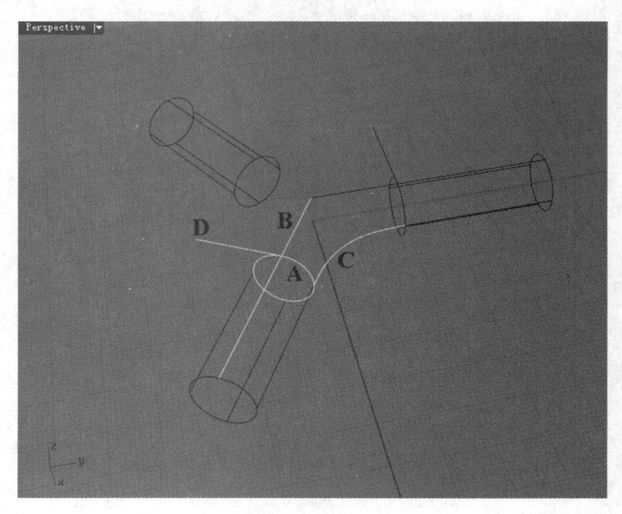

图4-200

07 使用相同的方式打断另一个图形的圆和直线，如图4-201所示。

08 使用“直线挤出”工具挤出如图4-202所示的3个曲面（长度适当即可）。

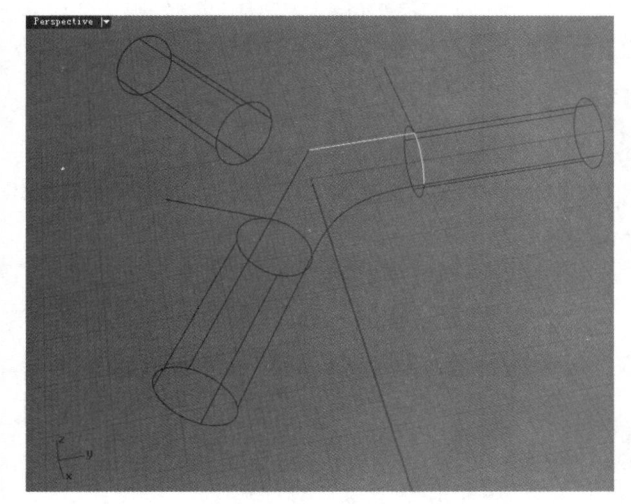

图4-201

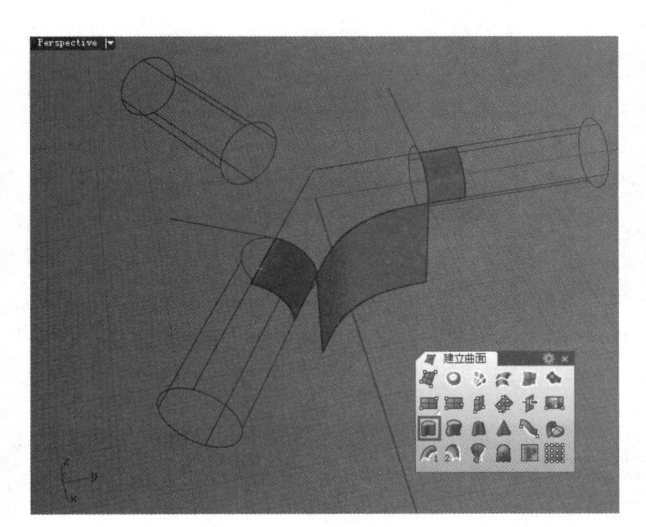

图4-202

09 按Enter键或空格键再次启用“直线挤出”工具，挤出如图4-204所示的曲面，具体操作步骤如下。

操作步骤

① 选择图4-203所示的A直线，按Enter键确认。

② 在命令行单击“方向”选项，然后捕捉B直线与A直线的交点为方向的基准点，再捕捉B直线的另一个端点为方向的第二点。

③ 捕捉B直线的另一个端点指定挤出长度。

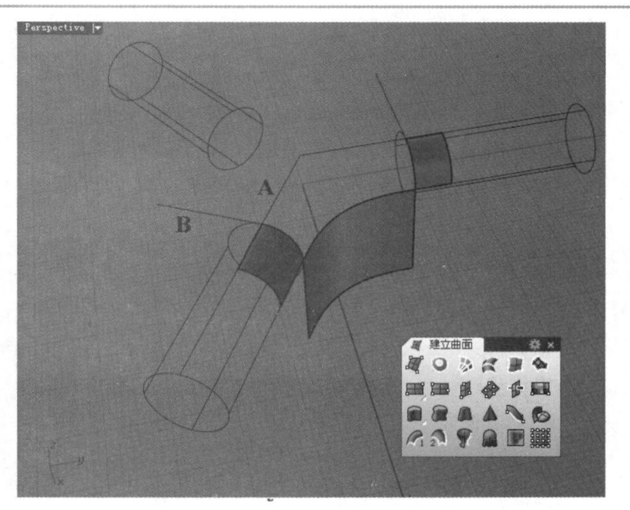

图4-203

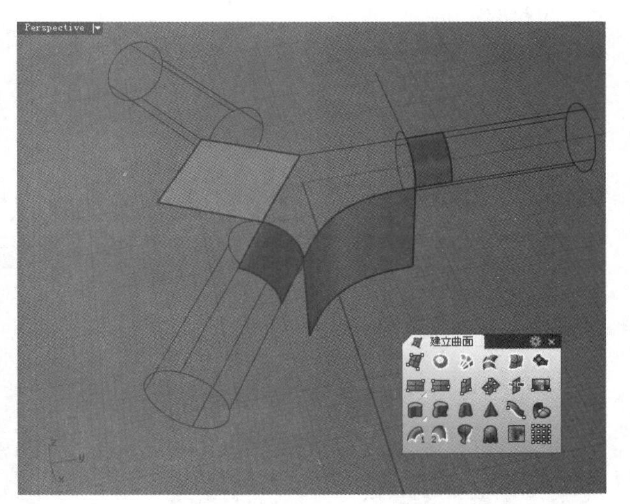

图4-204

10 使用相同的方法挤出另一个平面，如图4-205所示。

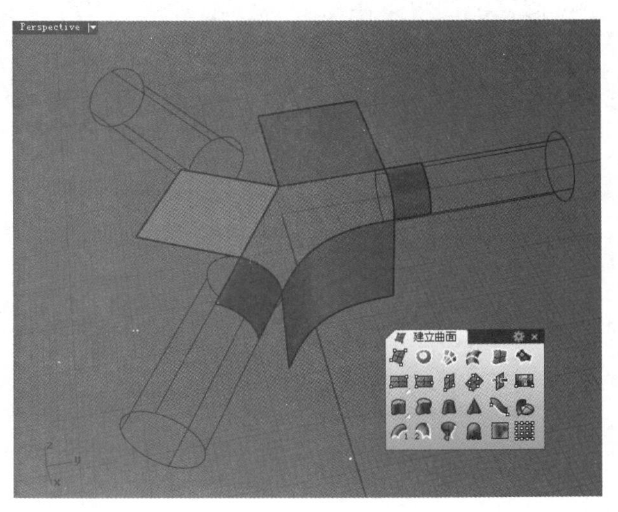

图4-205

11 单击“嵌面”工具，然后依次选择5个曲面的边，并按Enter键确认，打开“嵌面曲面选项”对话框，单击确定按钮，完成嵌面匹配，如图4-206所示。

12 删除用于生成嵌面的5个曲面，然后选择刚创建的嵌面，并使用鼠标右键单击“分析方向/反转方向”工具，将曲面法线方向反转，效果如图4-207所示。

13 调出“变动”工具面板，然后单击“环形阵列”工具，对嵌面进行阵列复制，如图4-208所示，具体操作步骤如下。

操作步骤

① 选择嵌面，按Enter键确认。

② 捕捉嵌面顶部的端点为阵列的中心点，然后指定阵列数为3，接着按3次Enter键完成操作。

14 使用“组合”工具将3个面组合为一个整体，如图4-209所示。

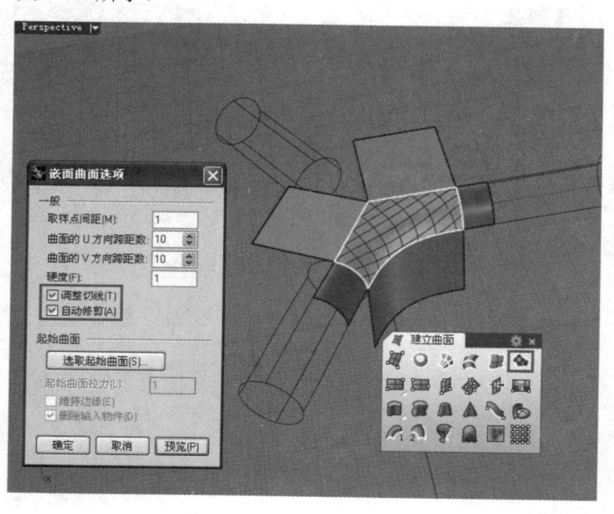

图4-206

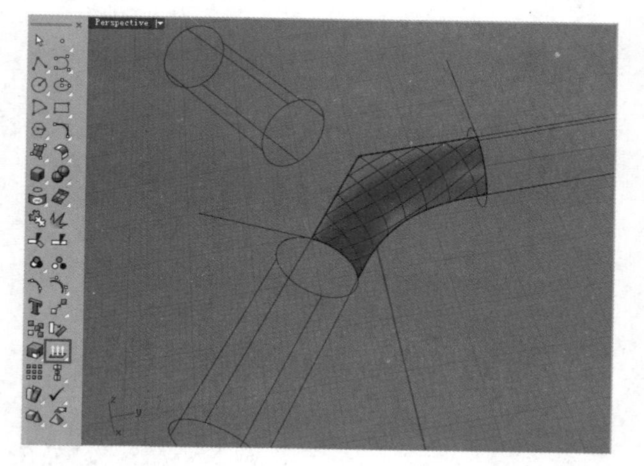

图4-207

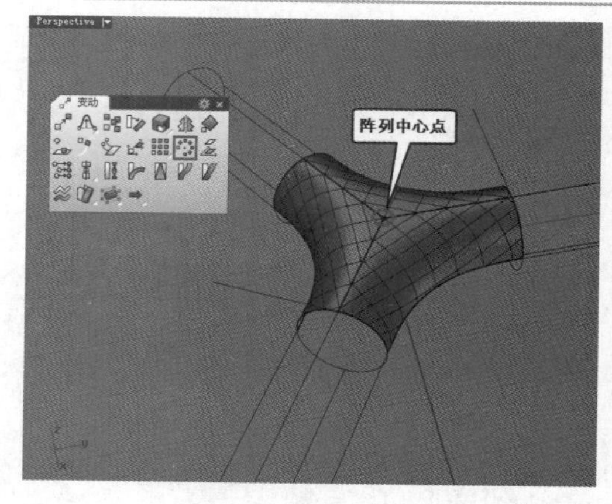

图4-208

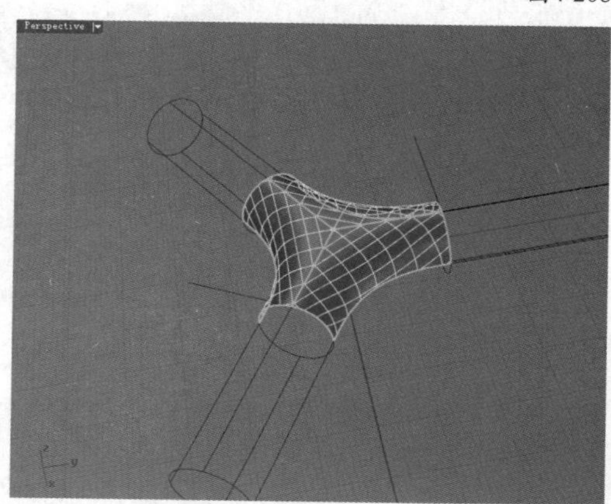

图4-209

疑难问答

问：为什么我的3个嵌面无法组合呢？

答：如果无法组合，可能是由于3个面的间隙较大，可以在“Rhino选项”对话框中调整“绝对公差”之后再组合，如图4-210所示。

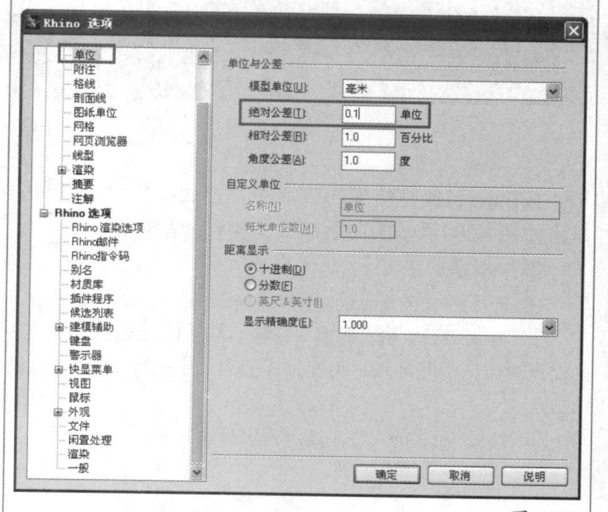

图4-210

15 使用鼠标左键单击“镜射/三点镜射”工具，将组合的曲面镜像复制一个到下方，如图4-211所示，具体操作步骤如下。

操作步骤

① 选择组合后的曲面，按Enter键确认。

② 在Front（前）视图或Right（右）视图的x轴上捕捉两点指定镜像轴。

16 使用“组合”工具将上下两个部分组合，得到三通管的最终模型，效果如图4-212所示。

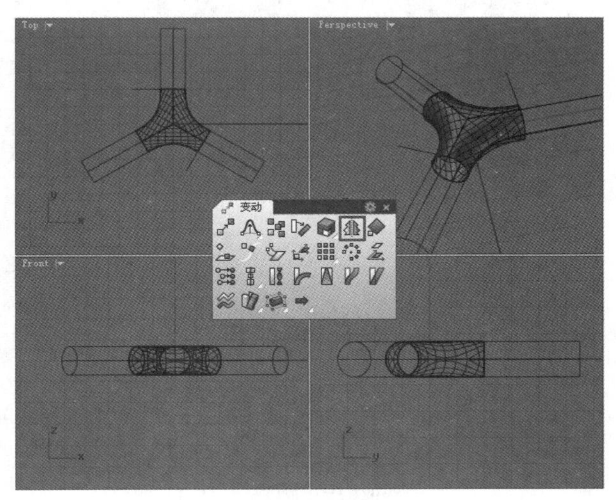

图4-211

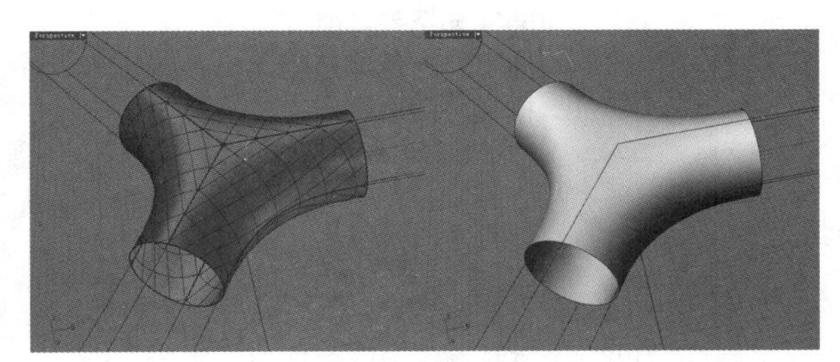

图4-212

4.3.9 网格曲面

网格曲面是通过两个不同走向的曲线（U、V）来产生面的。它可以非常精确地描述曲面的形态，并且具有匹配的功能，能保持和相邻的曲面连贯的曲率，是Rhino里特别强大的曲面生成工具。

使用“以网线建立曲面”工具可以通过数条曲线来建立曲面，工具位置如图4-213所示。但需要注意的是，一个方向的曲线必须跨越另一个方向的曲线，而且同方向的曲线不可以相互跨越。

启用“以网线建立曲面”工具，然后选取数条曲线，接着按Enter键确认，将打开“以网线建立曲面”对话框，如图4-214所示。

图4-213

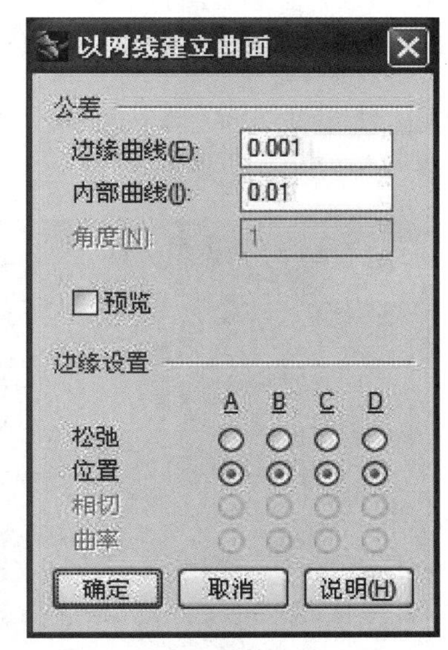

图4-214

网格曲面特定参数介绍

边缘曲线：设置逼近边缘曲线的公差，建立的曲面边缘和边缘曲线之间的距离会小于这个设置值，默认值为系统公差。

内部曲线：设置逼近内部曲线的公差，建立的曲面和内部曲线之间的距离会小于这个设置值，默认值为系统公差×10。如果输入的曲线之间的距离远大于公差设置，这个参数会建立最适当的曲面。

角度：如果输入的边缘曲线是曲面的边缘，而且选择让建立的曲面和相邻的曲面以相切或曲率连续相接时，两个曲面在相接边缘的法线方向的角度误差会小于这个设置值。

边缘设置：设置建立的曲面边缘如何符合输入的边缘曲线，“松弛”选项表示建立的曲面的边缘以较宽松的精确度逼近输入的边缘曲线。只有使用的曲线为曲面边缘时，才可以选择“相切”和“曲率”。

实战

利用网格曲面创建鼠标顶面

场景位置	无
实例位置	实例文件>第4章>实战——利用网格曲面创建鼠标顶面.3dm
视频位置	第4章>实战——利用网格曲面创建鼠标顶面.flv
难易指数	★★☆☆☆
技术掌握	掌握创建网格曲面的方法

本例创建的鼠标顶面效果如图4-215所示。

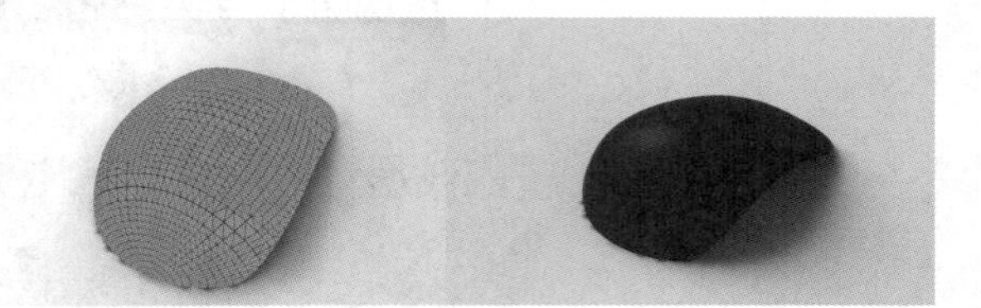

图4-215

01 使用“控制点曲线/通过数个点的曲线”工具在Top（顶）视图中绘制如图4-216所示的曲线，注意曲线的首尾两个控制点在一条水平线上。

02 使用鼠标左键单击“镜射/三点镜射”工具，镜像复制上一步绘制的曲线，如图4-217所示。

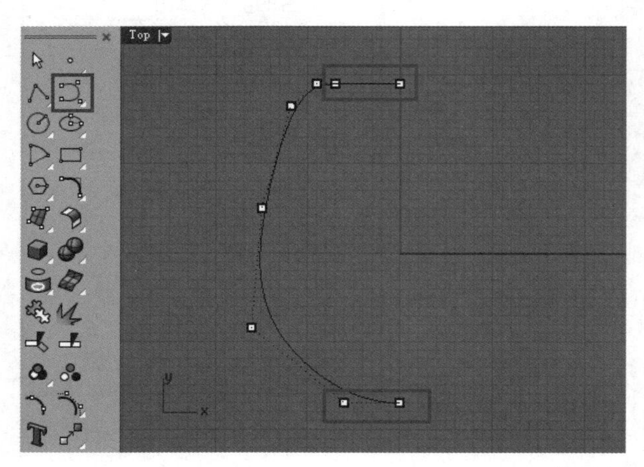

图4-216

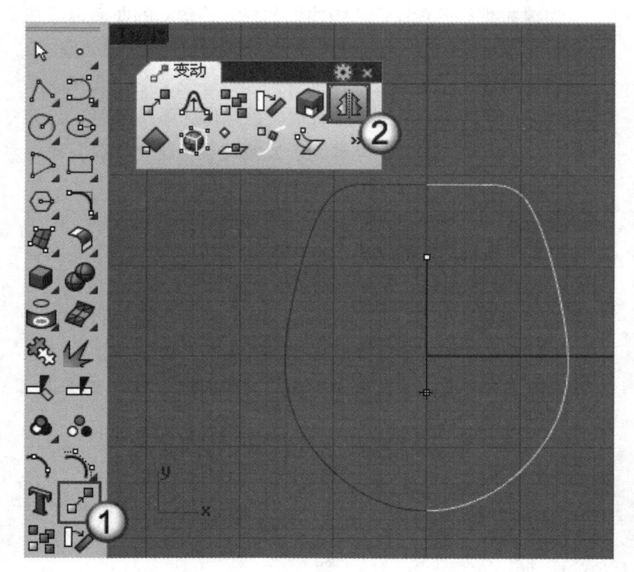

图4-217

03 调出“分析”工具面板，然后单击“两条曲线的几何连续性”工具，接着依次单击两条曲线靠近端点处的位置，检查曲线的连续性，如图4-218和图4-219所示。

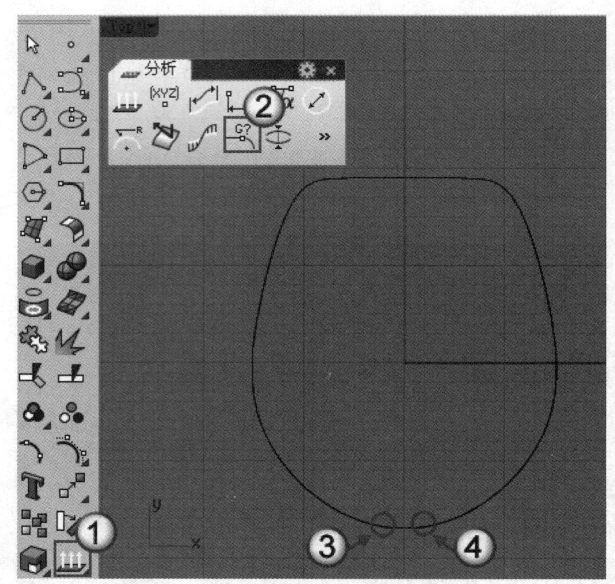

图4-218

指令：_GCon
曲线端点距离 = 0.00 厘米
曲线端点距离 = 0.00 厘米
曲线端点距离 = 0.00 厘米
曲率半径差异值 = 0.00 厘米
曲率方向差异角度 = 0.00
相切差异角度 = 0.00
两条曲线形成 G2。

图4-219

从图4-219中可以看到，两条曲线是G2连续，这说明只有使曲线靠近端点的两个控制点保持水平一致，镜射后两条曲线才能形成G2连续。

04 再次启用“控制点曲线/通过数个点的曲线”工具，并开启“端点”捕捉模式，然后在Right（右）视图中绘制如图4-220所示的曲线（注意曲线的起点和终点与上图中两条曲线的起点和终点要重合）。

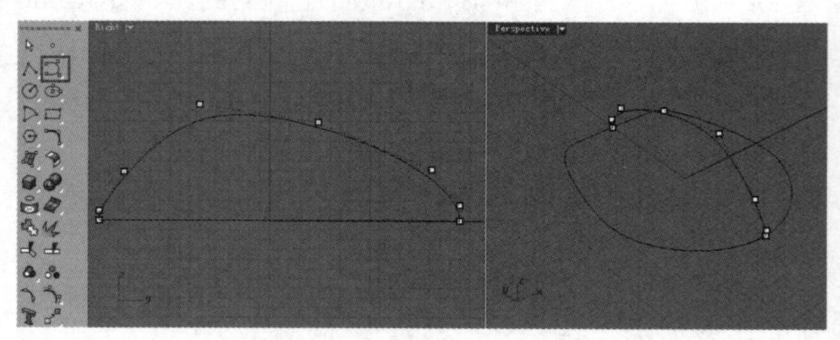

图4-220

05 单击“从断面轮廓线建立曲线”工具，建立3条断面轮廓线，如图4-221和图4-222所示。

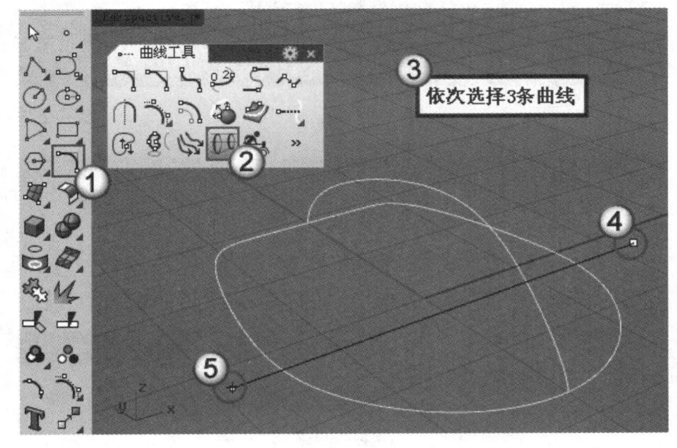

图4-221

图4-222

06 使用“修剪/取消修剪”工具将3条断面线底部的曲线段修剪掉，然后按F10键打开3条曲线的控制点，如图4-223所示。

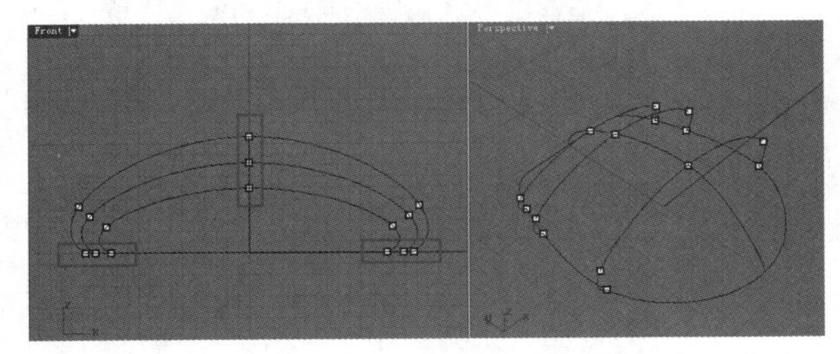

图4-223

接下来将开始调整这3条曲线的走向。为了保证这3条曲线与另外3条曲线相交，图4-223中红色框内的曲线控制点不能移动，因此只能调整没有框选的控制点。如果这些控制点不能达到预想中曲线的走向效果，可以通过重建曲线的方式增加控制点。

07 单击“单轴缩放”工具，在Front（前）视图中对最宽（最高）的一条断面曲线进行缩放，如图4-224所示，具体操作步骤如下。

操作步骤

① 选择曲线左右两侧的控制点，按Enter键确认。

② 捕捉曲线顶部的控制点作为缩放基点。

③ 开启“正交”功能，然后在缩放基点的右侧拾取一点，接着在上一点的左侧拾取合适的一点完成缩放操作。

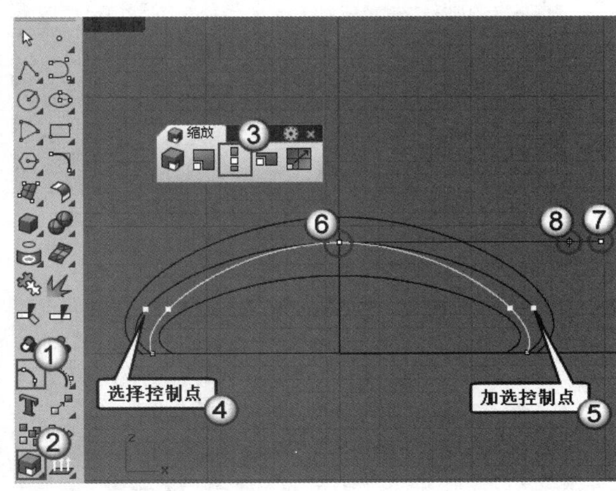

图4-224

08 使用相同的方法对另外两条曲线的走向进行调整，得到如图4-225所示的网格曲线。

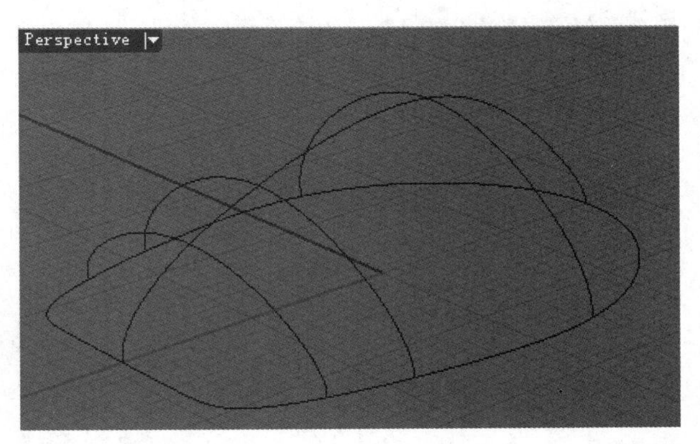

图4-225

09 单击“以网线建立曲面”工具，创建如图4-227所示的曲面，具体操作步骤如下。

操作步骤

① 框选所有曲线，如图4-226所示。

② 按Enter键打开“以网线建立曲面”对话框，直接单击确定按钮。

10 使用“控制点曲线/通过数个点的曲线”工具在Right（右）视图中绘制如图4-228所示的曲线。

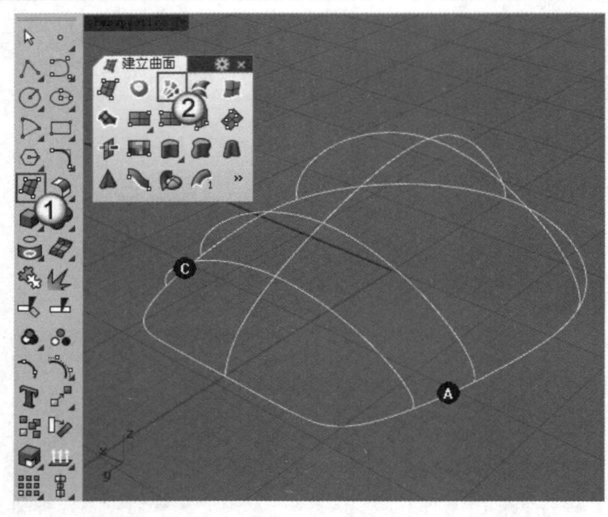

图4-226

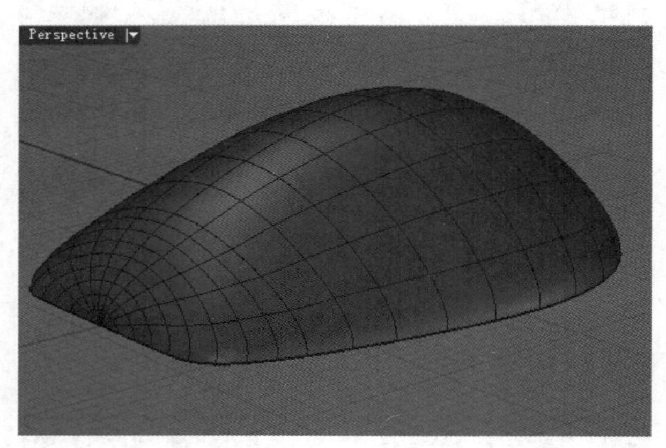

图4-227

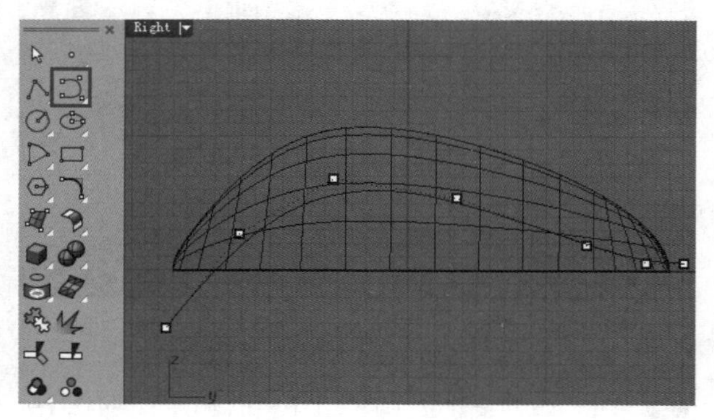

图4-228

11 使用“修剪/取消修剪”工具将位于曲线下方的曲面模型剪掉，得到如图4-229所示的鼠标顶面模型。

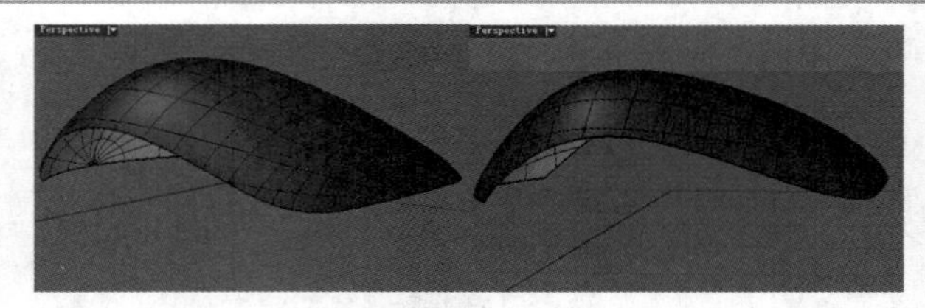

图4-229

4.3.10 在物件上产生布帘曲面

使用“在物件上产生布帘曲面”工具可以将矩形的点物件阵列往使用中工作平面的方向投影到物件上，以投影到物件上的点作为曲面的控制点建立曲面，工具位置如图4-230所示。形象地说，在某个物件上方有一块布，现在将这块布垂直向下降落，以产生自然放下去包裹物件的效果。

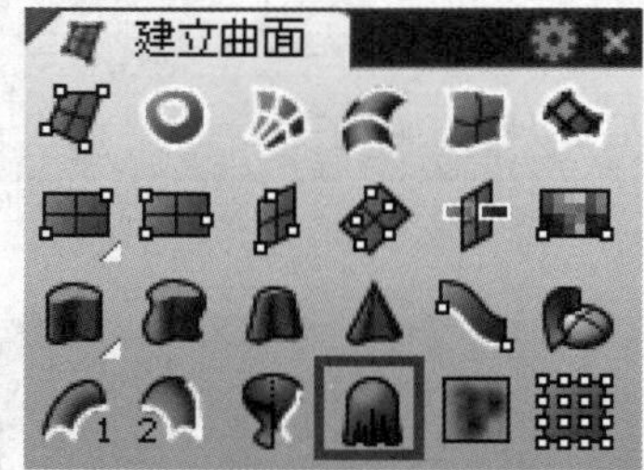

图4-230

“在物件上产生布帘曲面”工具可以作用于网格、曲面及实体，方法为在物件上方拖曳出一个矩形区域对物件做布帘，从而建立一个覆盖在物件上的曲面，如图4-231和图4-232所示。

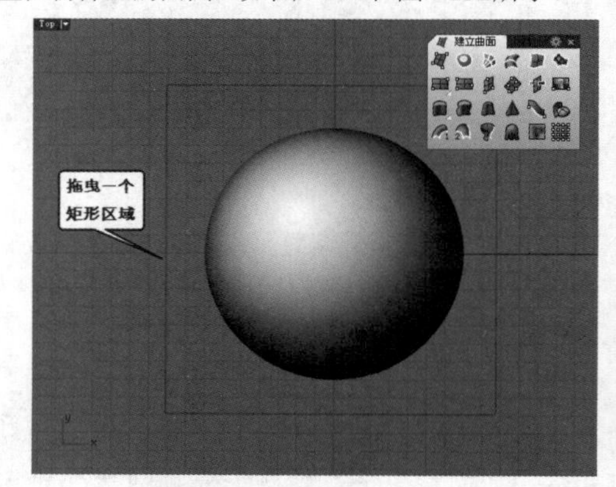

图4-231

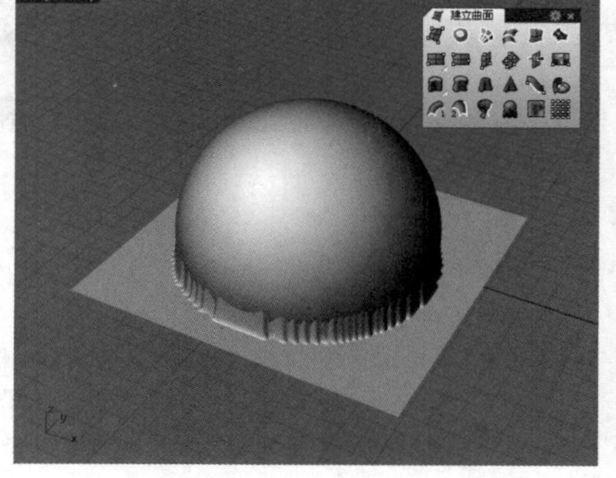

图4-232

启用“在物件上产生布帘曲面”工具后将看到如图4-233所示的命令选项。

图4-233

命令选项介绍

自动间距：间距指控制点之间的距离。设置为“是”表示布帘曲面的控制点以“间距”选项的设置值平均分布，这个选项的数值越小，曲面结构线密度越高；设置为“否”表示可以自定义控制点的间距。

自动侦测最大深度：最大深度指设置布帘曲面的最大深度，最大深度可以远离摄影机（1.0）或靠近摄影机（0.0），让布帘曲面可以完全或部分覆盖物件。设置为“是”指自动判断矩形范围内布帘曲面的最大深度，设置为“否”表示可以自定义深度。

> **技巧与提示**
>
> “在物件上产生布帘曲面”工具是以渲染Z缓冲区（Z-Buffer）取样得到点物件，再以这些点物件作为曲面的控制点建立曲面。因此，建立的曲面会比原来的物件内缩一点。

4.3.11 以图片灰阶高度创建曲面

以图片灰阶高度创建曲面是以图片黑白灰的色彩灰度来定义曲面的深浅。使用“以图片灰阶高度”工具可以通过这种方式创建曲面，工具位置如图4-234所示。

图4-234

启用“以图片灰阶高度”工具后，将打开“打开位图”对话框，从该对话框中选择一张需要用于创建曲面的位图，如图4-235所示。

图4-235

将选择的位图打开后，在视图中拖曳出一个矩形区域定义曲面的范围，如图4-236所示，完成定义后将打开“灰阶高度”对话框，如图4-237所示。

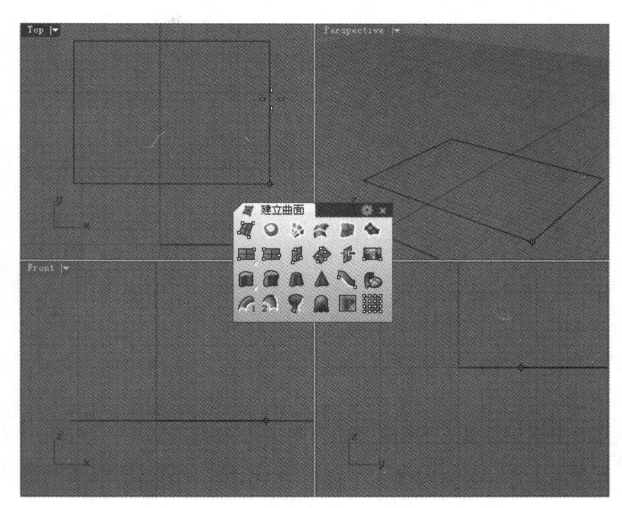

图4-236

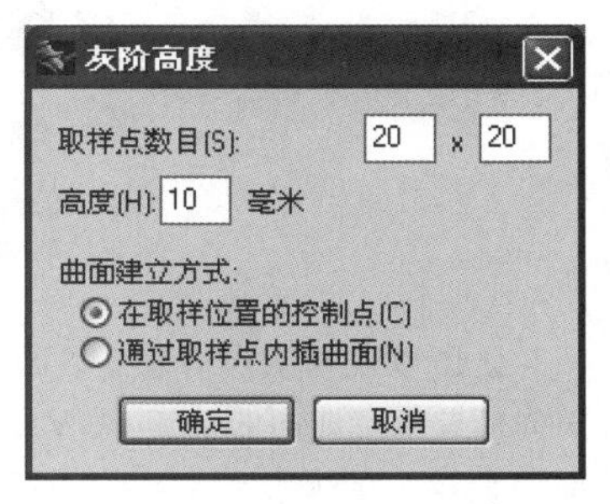

图4-237

在“灰阶高度”对话框中可以指定取样点的数目、曲面的高度和建立方式等，单击确定按钮即可自动根据图片的灰阶数值建立NURBS曲面，如图4-238所示。

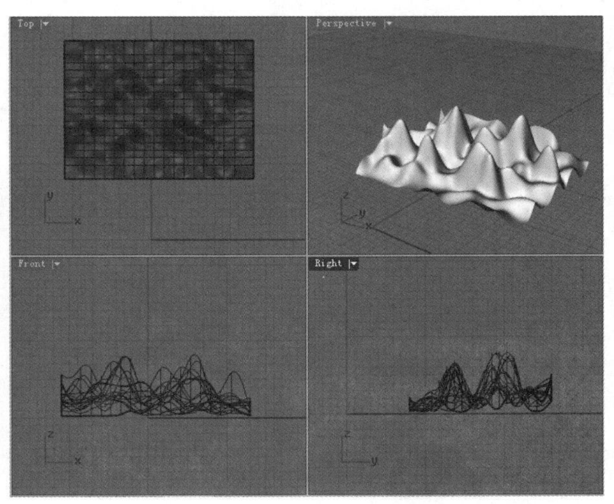

图4-238

灰阶高度特定参数介绍

取样点数目：位图的“高度”以UV两个方向设置的控制点数取样。

高度：基于灰度建立曲面的最高的高度。

曲面建立方式：“在取样位置的控制点”表示以每一个取样位置得到的高度值放置曲面的控制点，“通过取样点内插曲面”表示建立的曲面会通过每一个取样位置得到的高度值。

4.3.12 从点格建立曲面

使用“从点格建立曲面”工具可以通过指定多个排列成格状的点建立一个曲面，工具位置如图4-239所示。需要注意，这里并不是说通过点物件来建立曲面，而是通过指定曲面上的点来建立曲面。读者可能会想起“指定三或四个角建立曲面”工具，这两个工具的用法比较相似，但不同的是，“从点格建立曲面”工具更烦琐一些，不过也可以建立更复杂的曲面。

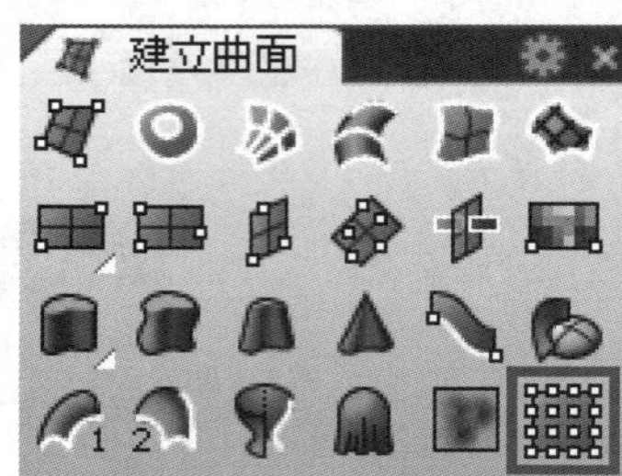

图4-239

之所以说“从点格建立曲面”工具烦琐，是因为首先需要指定曲面的U方向和V方向的控制点数（数值不能小于3），然后还需要依次指定每一个点的坐标位置。

例如，要建立图4-240所示的曲面，为了方便大家理解，这里我们先将点的位置定好，如图4-241所示，从图中可以看到一共有3层，每层有4个控制点。启用“从点格建立曲面”工具后，设置U方向的控制点数为3，设置V方向的控制点数为4，然后依次捕捉最下面一层的4个控制点，再依次捕捉中间一层的4个控制点（和上一层对齐），最后依次捕捉最上面一层的4个控制点即可（和前面两层对齐）。

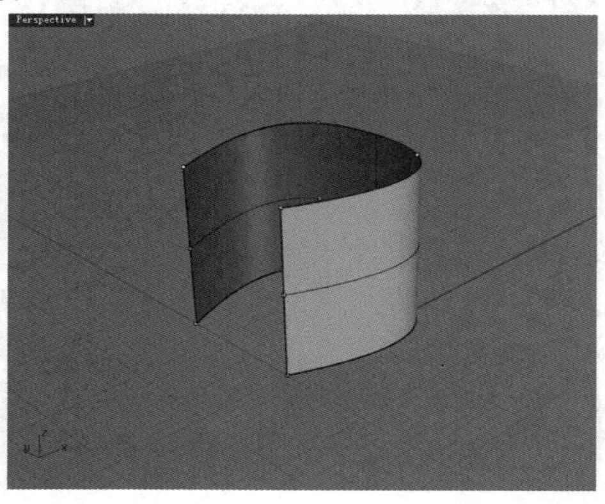

图4-240

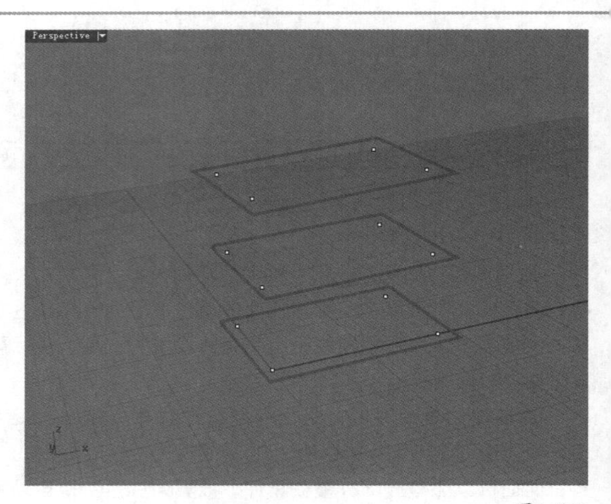

图4-241

技巧与提示

在上面的操作中，点的顺序非常重要，必须依照顺序拾取控制点或输入点的坐标。

设置UV方向的控制点数时将看到如图4-242所示的命令选项。

指令：_SrfPtGrid
U 方向的点数 <3> (封闭U(C)=否 U阶数(D)=2 保留点(K)=否):

图4-242

命令选项介绍

封闭U/ 封闭V：设置为“是”将封闭曲面的UV方向，如图4-243所示。

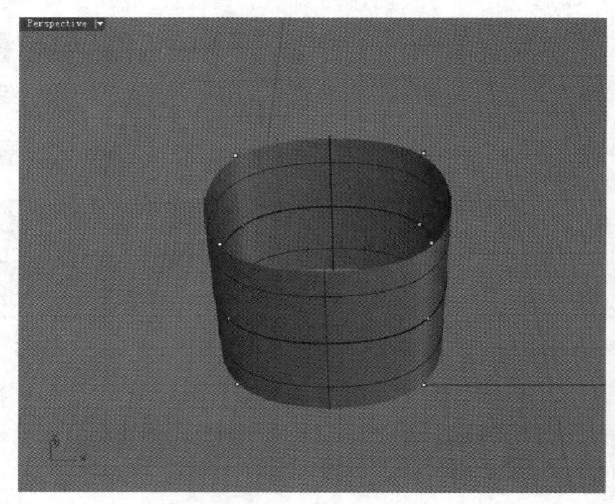

图4-243

阶数：设置曲面的阶数，UV方向的点数至少是阶数+1。

保留点：设置为“是”将在每个指定点的位置建立云点。

4.4 编辑曲面

前面学习了利用曲线来创建曲面的方法，但在大多数情况下，完成一个复杂的模型制作往往还需要通过对曲面进行编辑和修改，把不同的曲面融合在一起。因此，这一小节将介绍如何编辑曲面。

Rhino用于编辑和修改曲面的工具主要位于“曲面>曲面编辑工具”菜单下和“曲面”工具面板内，如图4-244和图4-245所示。

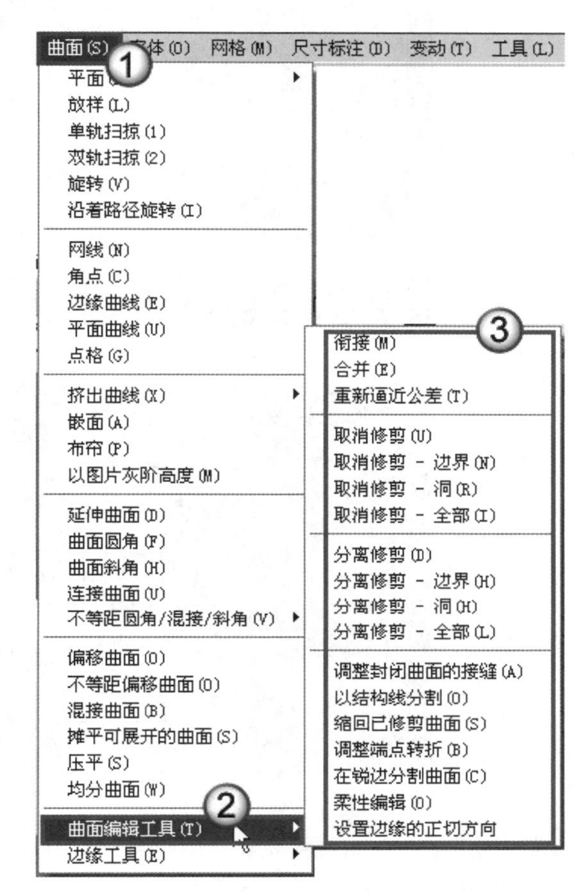

图4-244

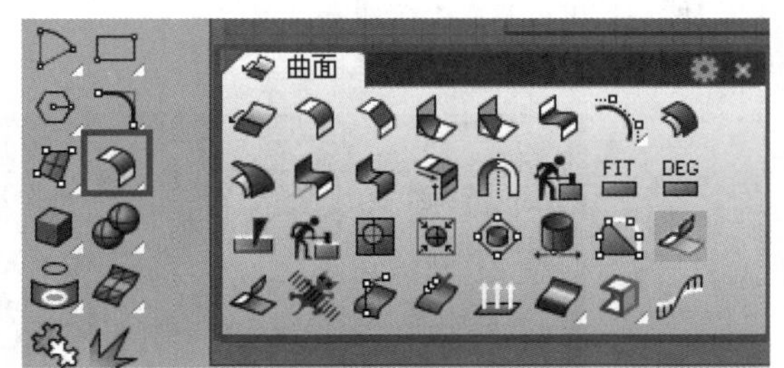

图4-245

4.4.1 编辑曲面的控制点

移动/插入/移除控制点

同曲线一样，曲面上的控制点也可以使用相同的方法来移动、插入或移除。

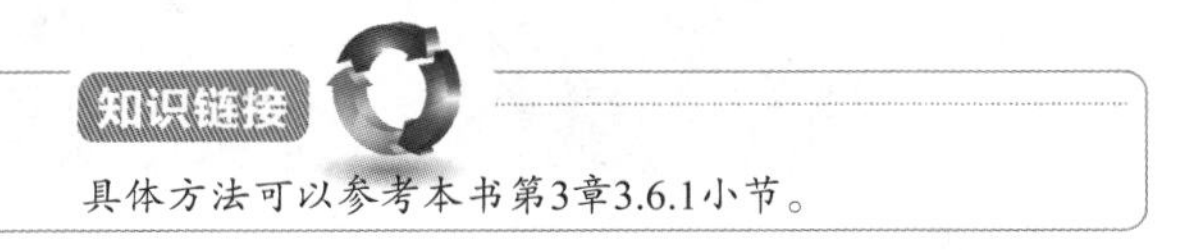

具体方法可以参考本书第3章3.6.1小节。

变更曲面阶数

使用“变更曲面阶数”工具可以改变曲面的阶数，从而在整体上改变某一曲面的控制点数目，有利于简化复杂曲面的编辑操作，工具位置如图4-246所示。该工具的用法比较简单，选取曲面后，依次指定U、V两个方向的阶数即可。

图4-246

编辑控制点的权值

使用“编辑控制点权值”工具可以编辑曲线或曲面控制点的权值，启用该工具后选取需要编辑的控制点，此时将打开“设置控制点权值”对话框，在该对话框中可以通过滑杆调整选取的控制点的权值，也可以直接输入新的数值，如图4-247所示。

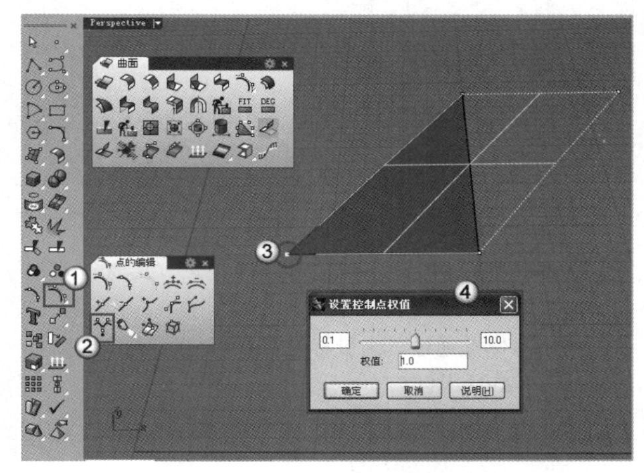

图4-247

如果需要将物件导出到其他软件，最好保持所有控制点的权值都是1。

实战

利用添加控制点创建锋锐造型

场景位置	场景文件>第4章>06.3dm
实例位置	实例文件>第4章>实战——利用添加控制点创建锋锐造型.3dm
视频位置	第4章>实战——利用添加控制点创建锋锐造型.flv
难易指数	★☆☆☆☆
技术掌握	掌握创建锋锐造型的方法

本例创建的锋锐造型效果如图4-248所示。

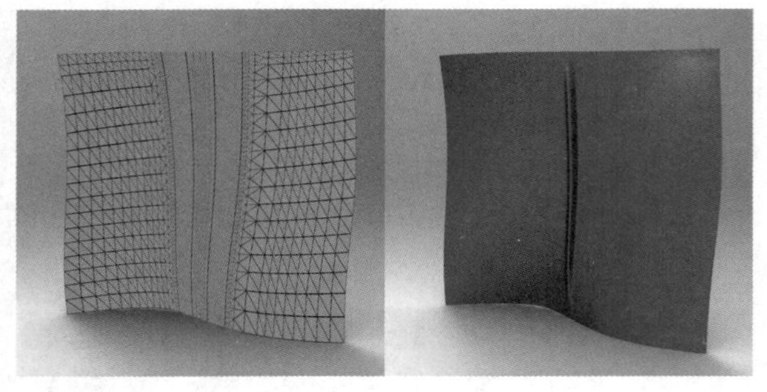

图4-248

01 打开本案例的场景文件，场景中有一个光顺曲面，如图4-249所示。

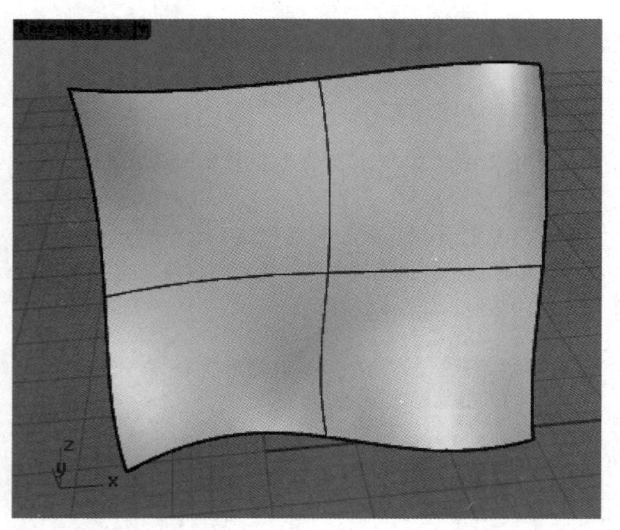

图4-249

02 选择曲面，然后按F10键打开控制点，接着在“点的编辑”工具栏中单击“插入一个控制点”工具，在曲面的中间位置通过单击鼠标左键插入4条U方向的结构线，如图4-250和图4-251所示。

03 按住Shift键的同时选择中间一条结构线位于曲线内的3个控制点，如图4-252所示。

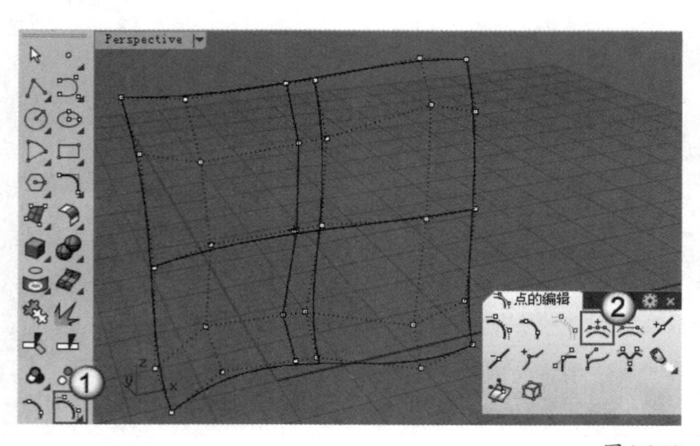

图4-250

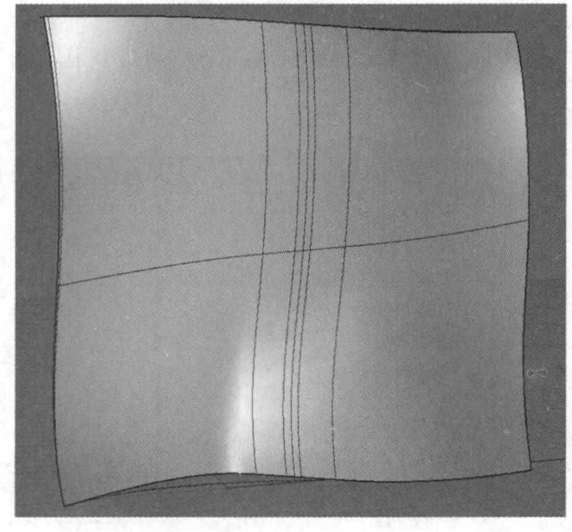

图4-251

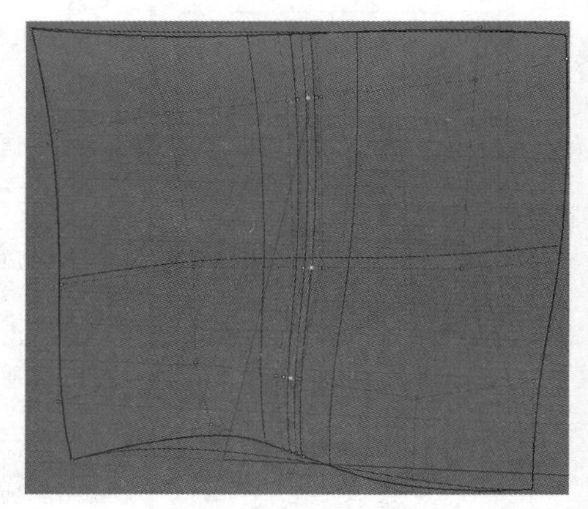

图4-252

04 在状态栏上单击操作轴按钮，在视图中显示出操作轴，如图4-253所示，然后向外拖曳绿色轴，效果如图4-254所示。可以看到一个两端渐消的圆角完成了，形成一种锋锐的造型。

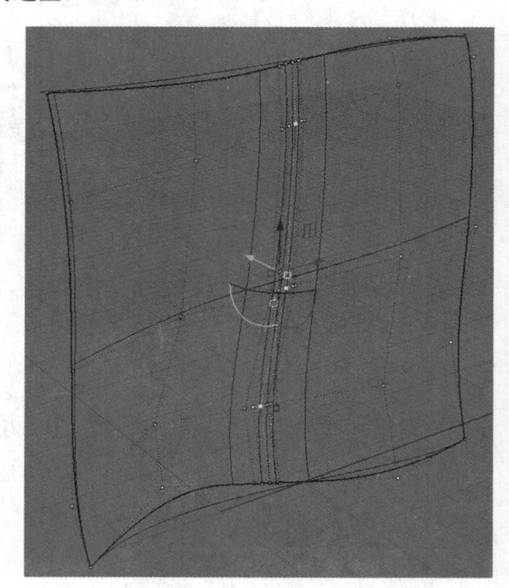

图4-253

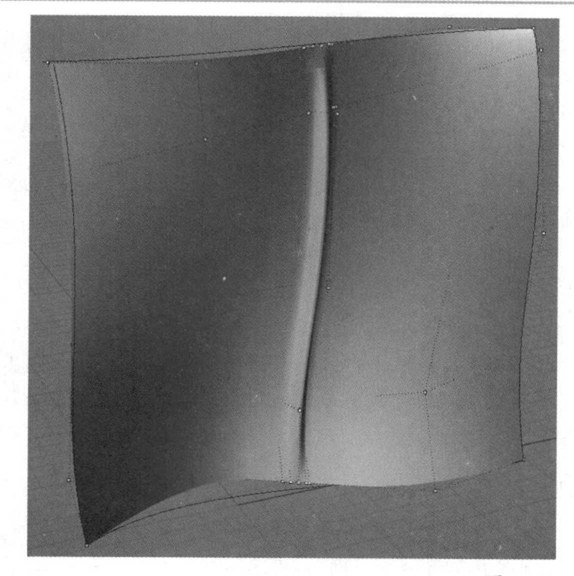

图4-254

在建模的时候，Rhino的倒角是一个软肋，有时为了造型的需要必须创建模拟倒角来增加模型表现的效果。

4.4.2 编辑曲面的边

曲面边线是控制曲面造型的一种方式，所以，要想改变曲面的形状首先考虑改变曲面的边线。

复制曲面的边线

复制曲面边线的工具主要有“复制边缘/复制网格边缘”工具、“复制边框”工具和“复制面的边框”工具，如图4-255所示。

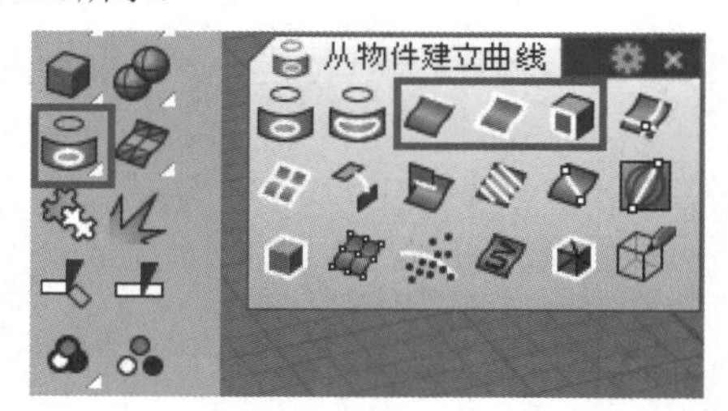

图4-255

这3个工具在本书第3章的3.5.2小节有过详细的介绍，不清楚的读者可以翻阅该小节。

调整曲面边缘

有时候，两个或两个以上的相邻曲面在保证面面匹配的关系下需要对边缘进行调整，这就需要调整某一曲面的边缘。利用“调整曲面边缘转折”工具可以做到这一点，工具位置如图4-256所示。

图4-256

使用“调整曲面边缘转折”工具可以调整曲线端点或曲面未修剪边缘处的形状。启用该工具后选取一个曲面边缘，然后在曲面边缘上指定一点，曲面在此点的形状会受到最大影响，接着在曲面边缘上指定两个点定义编辑范围（或直接按Enter键将整个曲面边缘当作编辑范围），最后通过拖曳调整点编辑曲面边缘处的形状。调整曲面时，指定点处会受到最大的影响，影响力往编辑范围两端递减至0。

18 技术专题：调整曲面边缘转折分析

观察图4-257，图中所示的两个模型造型一致（读者可以打开本书学习资源中的“场景文件>第4章>调整曲面边缘转折.3dm”文件），其中一个模型使用了“斑马纹分析/关闭斑马纹分析”工具分析曲面质量，可以看到斑马线连续通顺。

选择没有被分析的一个曲面，按F10键打开曲面的控制点，然后选择曲面边上的一个控制点进行移动，可以看到曲面之间出现缝隙，如图4-258所示，这说明直接移动曲面边上的控制点，会直接改变曲面之间的连续性。

图4-257

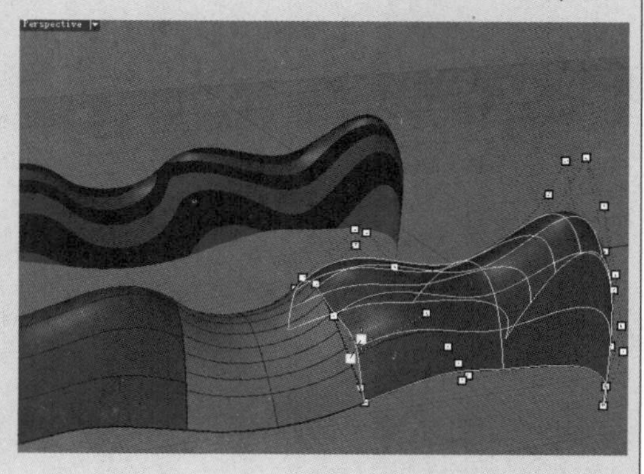

图4-258

如果移动第2列的控制点，移动后查看曲面的连续性，可以看到斑马线出现错位，如图4-259和图4-260所示。这表示原本连续的曲面因为直接移动控制点，改变了曲面的连续性，使其连续性为G0。

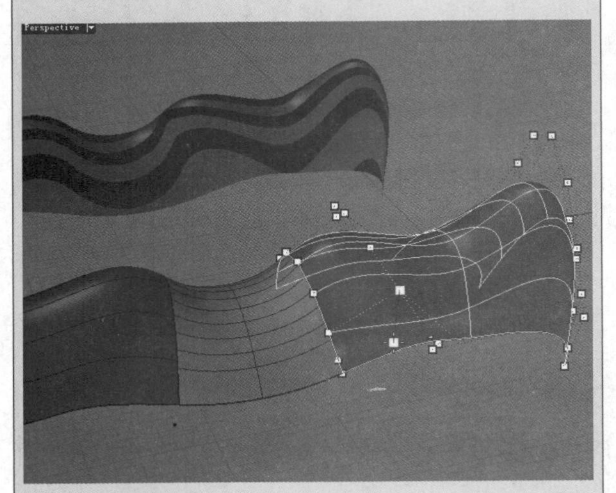

图4-259

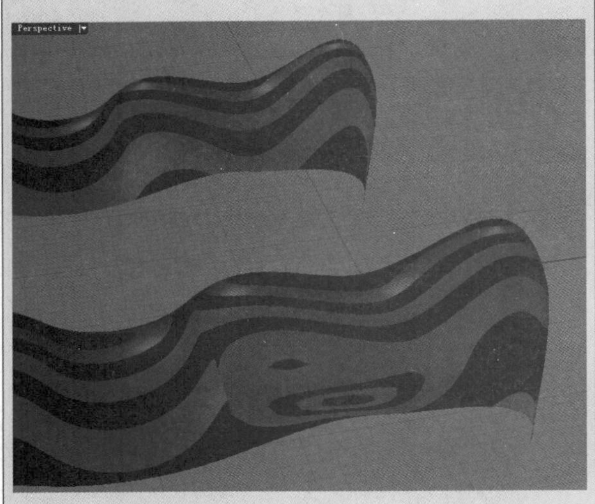

图4-260

接下来我们利用“调整曲面边缘转折”工具对其中一个曲面边进行调整。启用“调整曲面边缘转折”工具，然后单击两个曲面相接的位置，此时将弹出“候选列表”对话框，选择图4-261所示的右侧曲面的边。

在选择的边上拾取一个点，视图中会出现图4-262所示的3个控制点。

这3个控制点中曲面边上的控制点不能移动，否则会出现缝隙；其余两个控制点移动后直接改变曲面造型，但不会改变该曲面与相接曲面之间的连续性。例如，移动第2个控制点，曲面造型发生改变，如图4-263和图4-264所示。

完成调整后单击鼠标右键结束操作，然后用斑马纹检查曲面的连续性，可以看到曲面上的斑马线连续流畅，曲面的连续性没有发生改变，如图4-265所示。

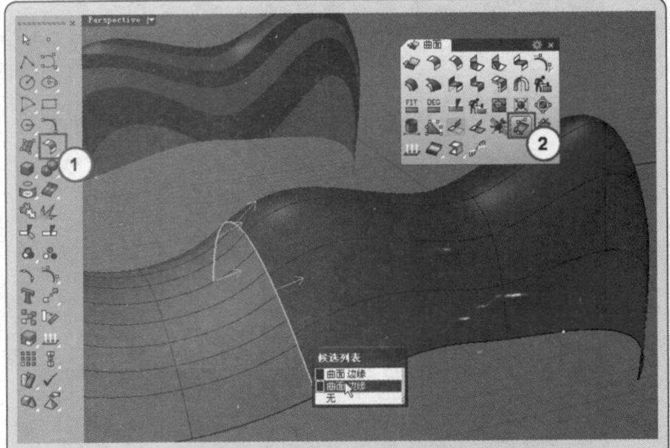

图4-261

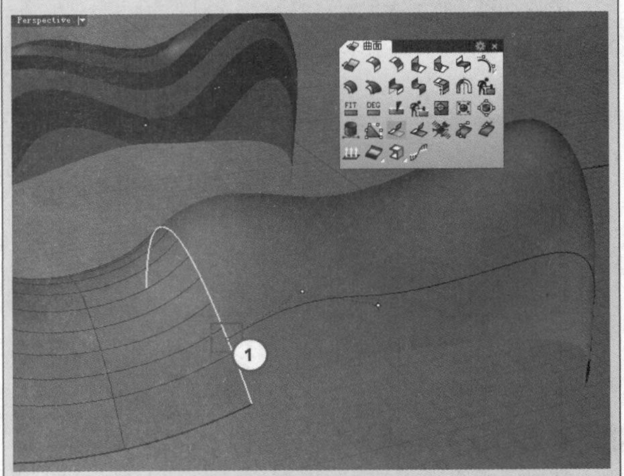

图4-262

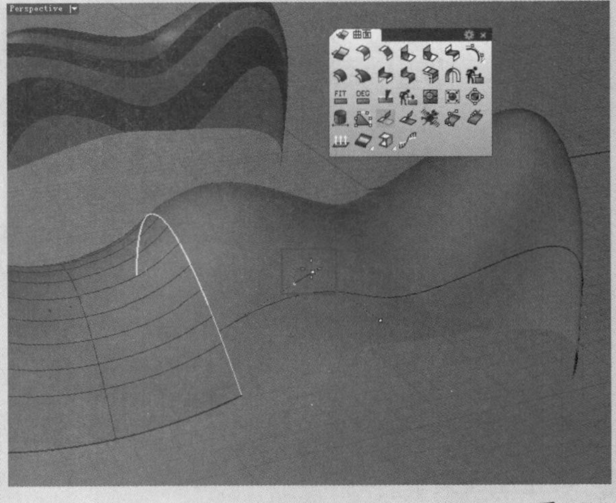

图4-263

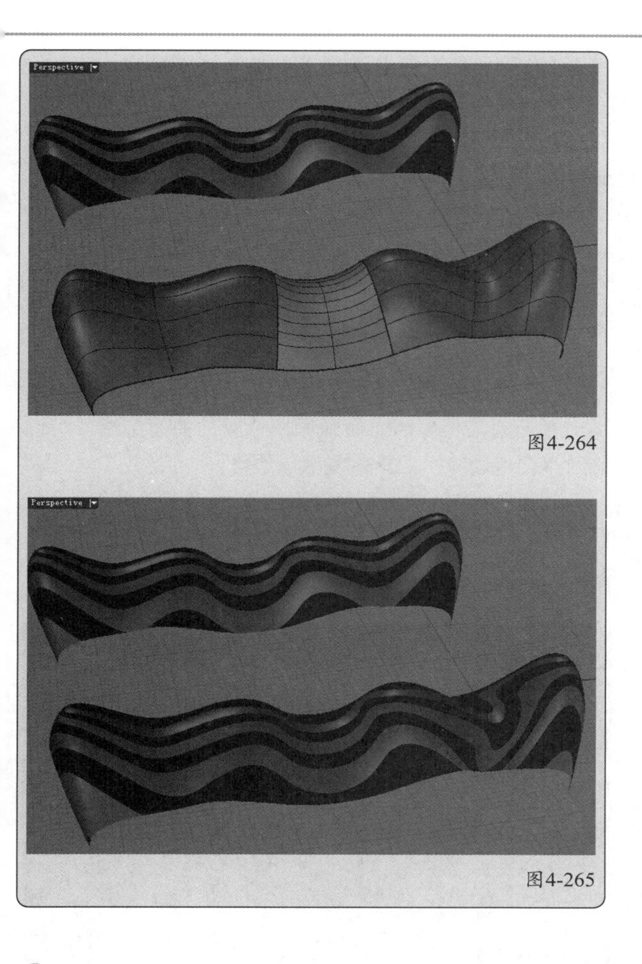

图4-264

图4-265

分析曲面的边

分析曲面边的工具主要集中在“边缘工具”工具面板内，如图4-266所示。

图4-266

<1>显示边缘

使用“显示边缘/关闭显示边缘”工具可以显示出曲面和多重曲面的边缘，亮显边缘默认为紫色，断点位置为白色的点，如图4-267所示。

启用“显示边缘/关闭显示边缘”工具后，选取一个物件并按Enter键，曲面边缘会以设置的颜色醒目提示，矩形的点代表曲面边缘的端点，同时会打开“边缘分析”对话框，如图4-268所示。

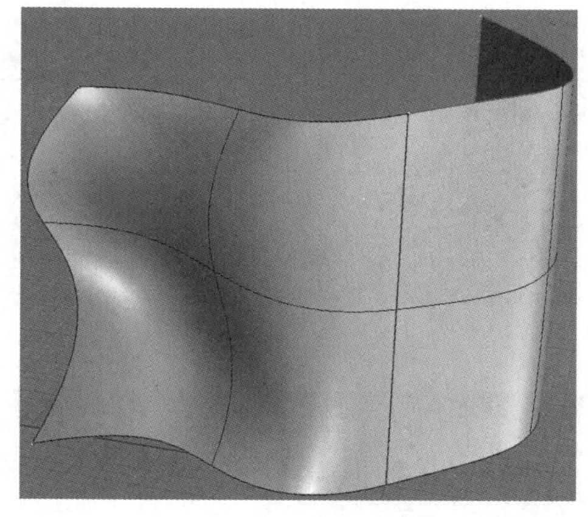

图4-267

图4-268

边缘分析特定参数介绍

显示：“全部边缘”指显示所有的曲面和多重曲面的边缘；“外露边缘”指显示未组合的曲面和多重曲面的边缘。

放大(Z)：放大外露边缘。

边缘颜色：指设置显示边缘的颜色。

新增物件(D)：指新增要显示边缘的物件。

移除物件(R)：指关闭物件的边缘显示。

<2>分割边缘/合并边缘

使用“分割边缘/合并边缘”工具可以在指定点分割曲面边缘或者将同一个曲面的数段相邻的边缘合并为一段。

分割边缘只需在选取曲面的边缘后指定分割点；而合并边缘选取相接的两个边缘即可，不过要注意的是，要被合并的边缘必须是外露边缘，必须属于同一个曲面，且必须是相邻的边缘，两个边缘的共享点必须平滑没有锐角。

图4-269所示，是没有分割前的边缘被挤出后的效果；而图4-270所示是分割后的边缘其中一段被挤出后的效果。

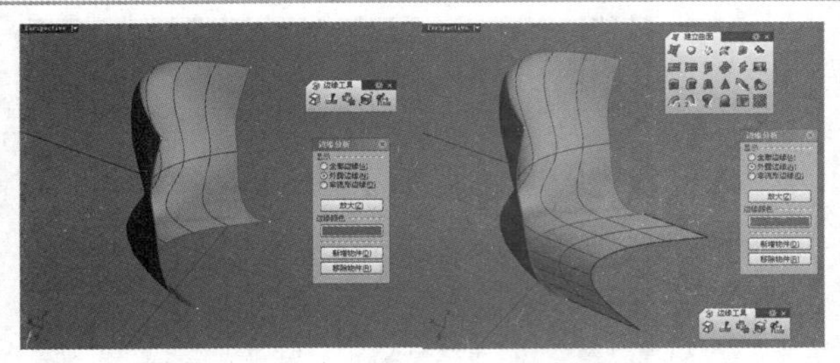

图4-269

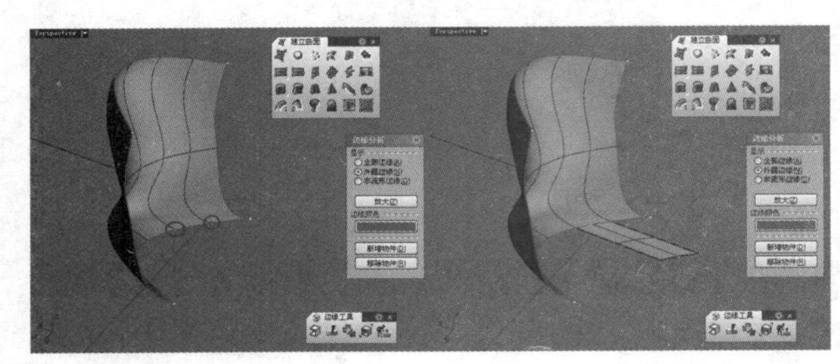

图4-270

<3>组合两个外露边缘

使用“组合两个外露边缘”工具可以组合两个距离大于公差的外露边缘，方法为选取两个位置一样或非常接近的曲面或多重曲面边缘，然后按Enter键即可。如果两个外露边缘（至少有一部分）看起来是并行的，但未组合在一起，将会弹出一个对话框提示是否将两个边缘强迫组合，如图4-271所示。

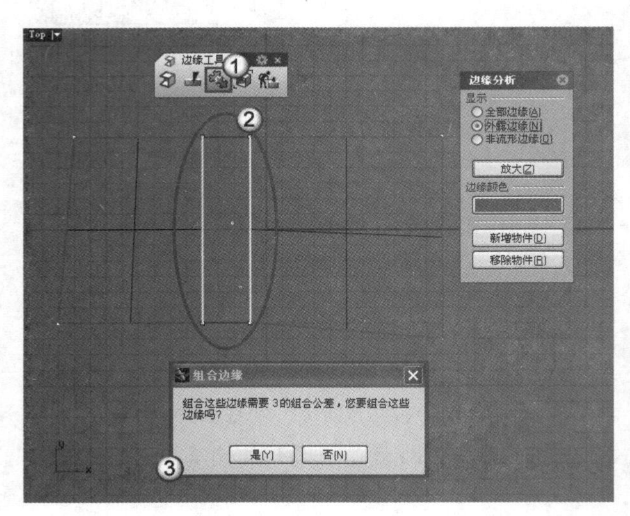

图4-271

从上图中可以看到，组合时会忽略模型的绝对公差，无论两个边缘距离多远都会被组合。这说明组合和拓扑学有关（两个边缘是否被视为一个边缘），而不是和几何图形有关（两个边缘的位置关系）。但需要注意的是，如果两个曲面的边缘非常接近（距离小于绝对公差），那么组合后并不会有任何问题；如果两个距离大于绝对公差的曲面边缘被强迫组合，那么在往后的某些建模工作则可能会发生问题。

不论使用什么方法将两个曲面组合，两个曲面的边缘都会被视为空间中同一个位置上的一个边缘。但两个曲面的边缘实际上并未被移动，所以组合产生的新边缘不同于原来的两个边缘。

<4>选取开放的多重曲面

使用“选取开放的多重曲面”工具可以选取所有开放的多重曲面，这属于选择项的范畴。

<5>重建边缘

对于因某种原因而离开原来位置的曲面边缘，可以使用“重建边缘”工具复原该边缘。

观察图4-272，这是两个分开的平面，使用“组合两个外露边缘”工具将两个平面的边缘组合到一起后的效果如图4-273所示。

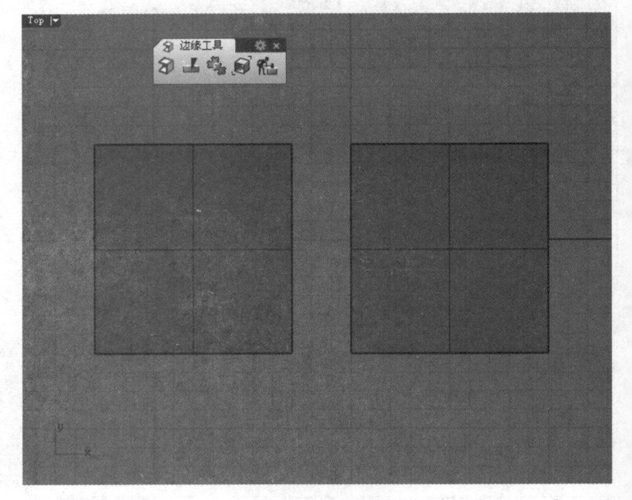

图4-272

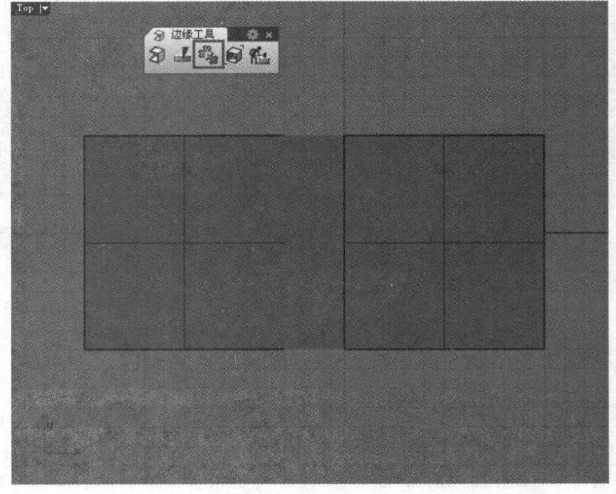

图4-273

使用“显示边缘”工具显示出组合后两个平面的边缘，如图4-274所示，可以看到两平面中间的边缘线发生断裂。

图4-274

如果使用“炸开/抽离曲面”工具将两个面炸开，再分离一定的距离，可以看到其中一个面的边缘线发生了断裂，如图4-275所示。

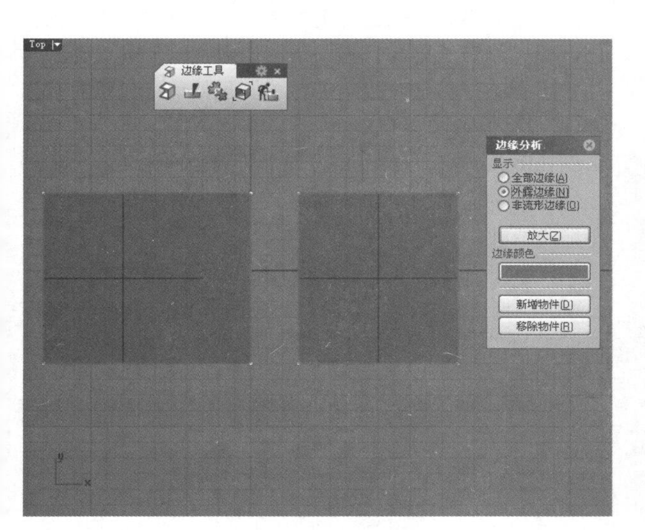

图4-275

此时就可以启用“重建边缘”工具，然后选择两个曲面并按Enter键确认，重建两个面的边缘线，使曲面回归到初始状态，如图4-276所示。

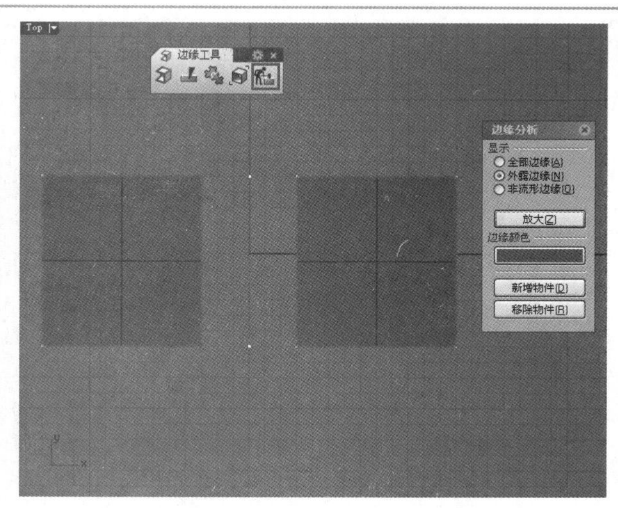

图4-276

4.4.3 编辑曲面的方向

在前面的内容中曾多次提到过使用Dir（分析方向）命令可以显示物件的法线方向，而使用Flip（反转方向）命令可以反转物件的法线方向，这两个命令代表的功能集合在“分析方向/反转方向”工具中。

下面我们列举一个小例子来说明曲面方向的重要性。观察图4-277，图中有一个矩形面和一个圆形面，其中矩形面显示的是正面，而圆形面显示的是背面。

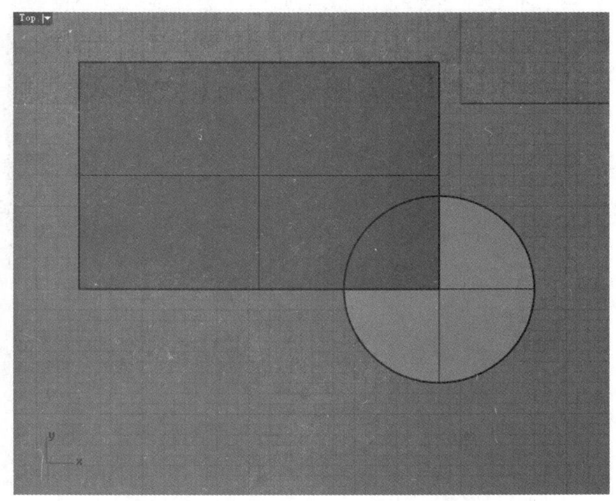

图4-277

现在使用“布尔运算差集”工具对两个面进行差集运算（启用工具后，先选择圆形面并按Enter键确认，再选择矩形面按Enter键确认），结果如图4-278所示。可以看到矩形面被翻转过来，同圆形面合并为一个整体，也就是说实际上是进行了并集运算。

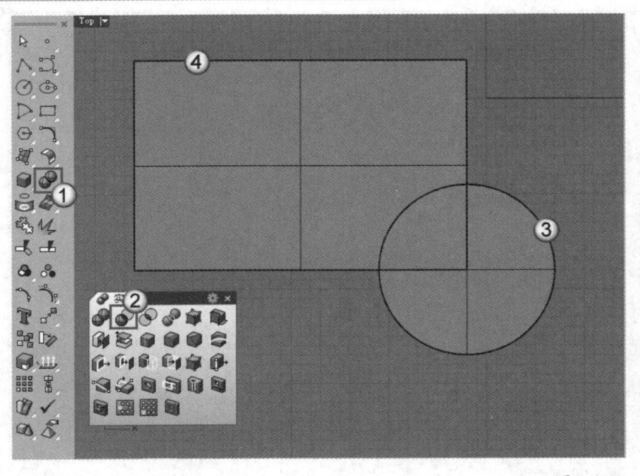

图4-278

如果使用“分析方向/反转方向”工具的右键功能将圆形面的方向反转，然后再进行差集运算，效果如图4-279所示。可以看到圆形面与矩形面重叠的部分已经被减去。

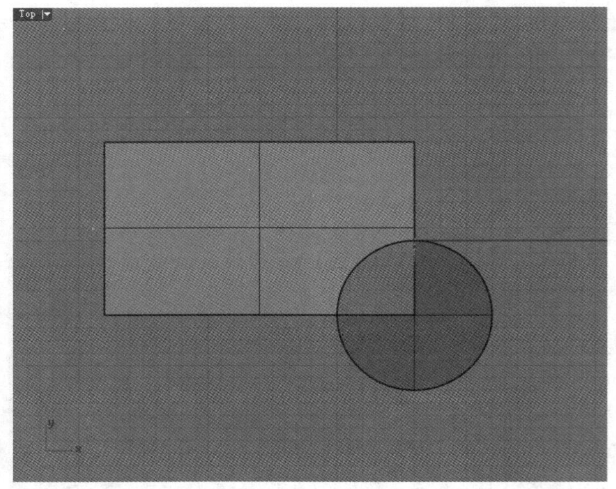

图4-279

4.4.4 曲面延伸

曲面延伸是指在已经存在的曲面的基础上，通过曲面的边界或者曲面上的曲线进行延伸，扩大曲面，即在已经存在的曲面上延展。

延伸曲面的方法比较简单，启用“延伸曲面”工具，然后选取一个曲面边缘，接着输入延伸系数或指定两个点进行延伸，如图4-280所示。

延伸曲面有两种类型，一种是“平滑”，指平滑地延伸曲面；另一种是“直线”，指以直线形式延伸曲面。这两种形式可以通过命令提示中的“型式”选项进行切换，如图4-281所示。

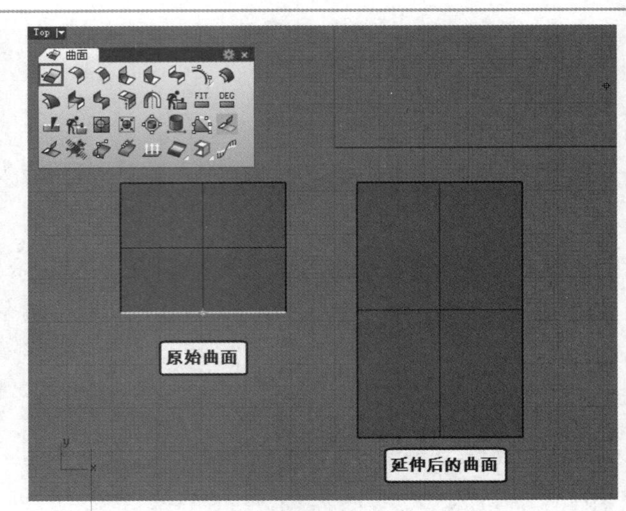

图4-280

选取要延伸的曲面边缘 (型式(T)=直线):

选取要延伸的曲面边缘 (型式(T)=平滑):

图4-281

4.4.5 曲面倒角

对产品进行倒角是设计中最常见的处理方式，通过倒角，产品不光可以显得更加美观，而且可以更加人性化，使操作者使用起来更顺手。在现代的产品设计中，几乎所有的产品都对边角进行了倒角处理，包括有些以硬朗风格为特征的产品。

在Rhino中有两种倒角方式，一种是面倒角，另一种是体倒角。而面倒角和体倒角又可分为等距倒角和不等距倒角两种。

Rhino中用于对曲面倒角的工具主要有“曲面圆角”工具、“曲面斜角”工具、“不等距曲面圆角/不等距曲面混接”工具和“不等距曲面斜角”工具，如图4-282所示。

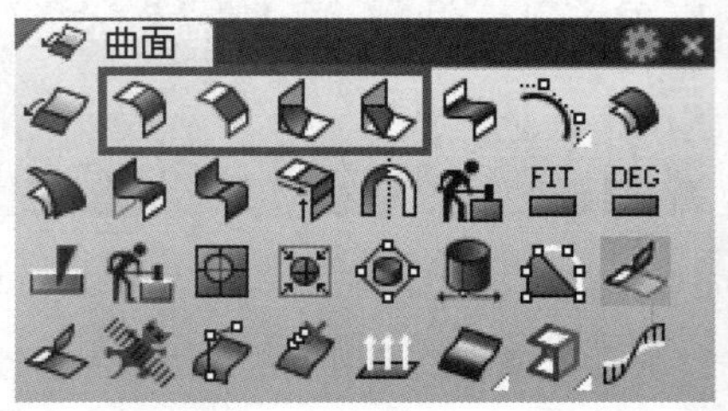

图4-282

曲面圆角

使用“曲面圆角”工具可以在两个曲面之间建立单一半径的相切圆角曲面，方法为选择两个需要圆角的曲面即可，建立时会修剪原来的曲面并与圆角曲面组合在一起，如图4-283所示。

建立圆角曲面的过程中可以看到如图4-284所示的选项。

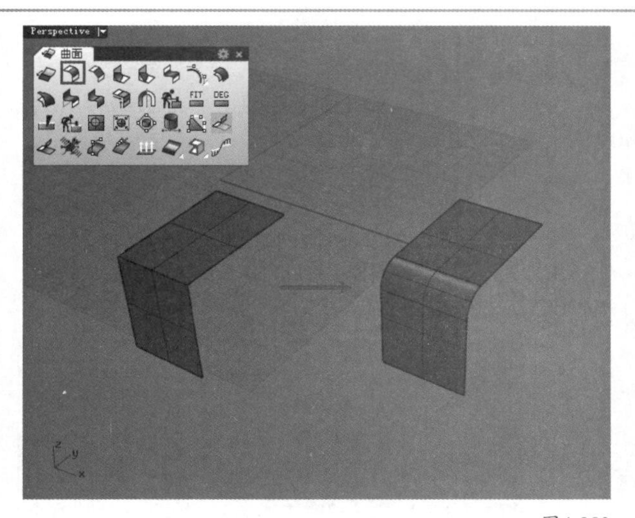

图4-283

```
指令: _FilletSrf
选取要建立圆角的第一个曲面 ( 半径(R)=1.000  延伸(E)=是  修剪(T)=是 ):
选取要建立圆角的第二个曲面 ( 半径(R)=1.000  延伸(E)=是  修剪(T)=是 ):
```

图4-284

命令选项介绍

半径：设置圆角半径。

延伸：如果设置为“是”，代表曲面长度不一样时，圆角曲面会延伸并完整修剪两个曲面。

修剪：如果设置为“是”，代表以圆角曲面修剪原来的两个曲面。

曲面斜角

使用“曲面斜角”工具可以在两个有交集的曲面之间建立斜角，如图4-285所示。

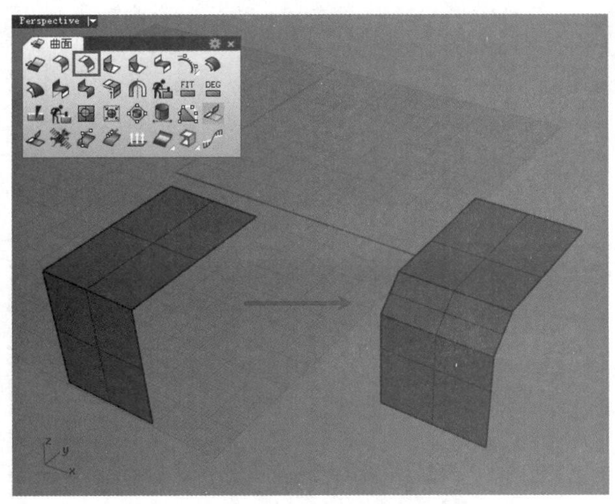

图4-285

建立曲面斜角与曲面圆角的方法相同，区别在于曲面斜角是通过指定两个曲面的交线到斜角后曲面修剪边缘的距离，如图4-286所示。

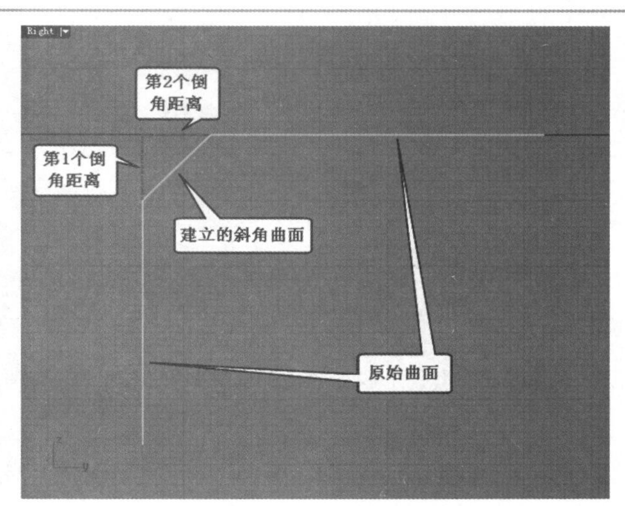

图4-286

不等距曲面圆角

使用“不等距曲面圆角/不等距曲面混接”工具可以在两个曲面之间建立不等距的相切曲面，如图4-287所示。

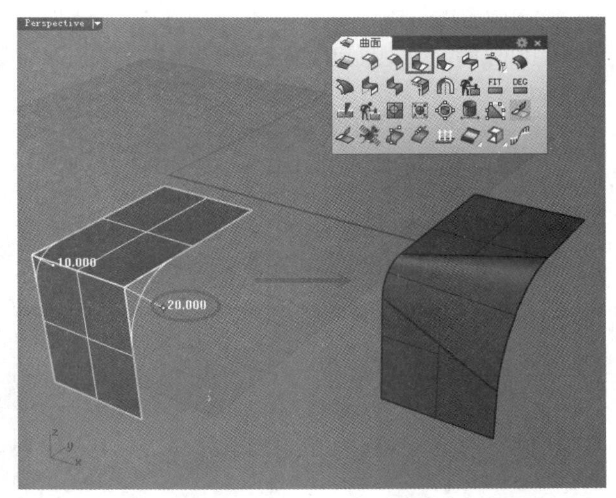

图4-287

使用鼠标左键单击“不等距曲面圆角/不等距曲面混接”工具，然后选择两个需要圆角的曲面，此时将在两个曲面之间显示出控制杆。控制杆是不等距圆角的关键，通过拖曳控制杆上的控制点即可自由设置不同的圆角半径，也可以选择控制杆后在命令行输入新的半径值。

建立不等距曲面圆角时将看到如图4-288所示的命令选项。

```
指令: _VariableFilletSrf
选取要做不等距圆角的第一个曲面 ( 半径(R)=1 ):
选取要做不等距圆角的第二个曲面 ( 半径(R)=1 ):
选取要编辑的圆角控制杆，按 Enter 完成 ( 新增控制杆(A)  复制控制杆(C)  设置全部(S)
连结控制杆(L)=否  路径造型(R)=滚球  修剪并组合(T)=否  预览(P)=否 ):
```

图4-288

命令选项介绍

半径：设置圆角曲面的半径。

新增控制杆：沿着圆角边缘增加新的控制杆。

复制控制杆：以选取的控制杆的半径建立另一个控制杆。

设置全部：设置全部控制杆的半径。

连结控制杆：设置为“是”指调整控制杆时，其他控制杆会以同样的比例调整。

删除控制杆：这个选项只有在新增了控制杆以后才会出现，也只有新增的控制杆可以被删除。

路径造型：有以下3种不同的路径方式可以选择。

路径间距：以圆角曲面两侧边缘的间距决定曲面的修剪路径。

与边缘距离：以建立圆角的边缘至圆角曲面边缘的距离决定曲面的修剪路径。

滚球：以滚球的半径决定曲面的修剪路径。

修剪并组合：设置为“是”才能在建立圆角曲面的同时修剪原始曲面并与其组合在一起。

不等距曲面斜角

使用“不等距曲面斜角”工具可以在两个曲面之间建立不等距的斜角曲面，该工具的用法与“不等距曲面圆角/不等距曲面混接”工具相似，这里就不再赘述。

实战

利用曲面倒角创建多种样式的倒角

场景位置	场景文件>第4章>07.3dm
实例位置	实例文件>第4章>实战——利用曲面倒角创建多种样式的倒角.3dm
视频位置	第4章>实战——利用曲面倒角创建多种样式的倒角.flv
难易指数	★★☆☆☆
技术掌握	掌握对曲面进行倒角各种的方法

本例创建的倒角模型效果如图4-289所示。

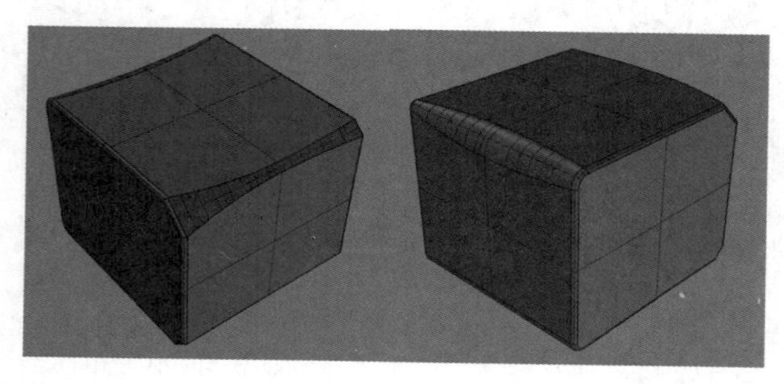

图4-289

01 打开本案例的场景文件，如图4-290所示。

02 启用“曲面圆角”工具，对图4-291所示的A、B两个曲面进行圆角处理，具体操作步骤如下。

操作步骤

① 在命令行中单击“半径”选项，设置圆角半径为1。

② 在命令行中单击“修剪”选项，再单击“是”选项，设置“修剪”为“是”。

③ 选择图4-291所示的A曲面和B曲面，完成圆角操作。

03 使用鼠标左键单击“不等距曲面圆角/不等距曲面混接”工具，为图4-292所示的A、B两个曲面建立不等距圆角曲面，效果如图4-293所示，具体操作步骤如下。

操作步骤

① 在命令行中单击“半径”选项，设置圆角半径为1。

② 选择图4-292所示的A曲面和B曲面，此时视图中出现控制杆。

③ 单击“新增控制杆”选项，再单击“目前的半径”选项，设置新控制杆的半径为3，然后在两个曲面的交接处捕捉中点新增一个控制杆，并按Enter键完成控制杆的增加。

④ 选择右侧的控制杆，然后在命令行输入0.5，并按两次Enter键完成操作。

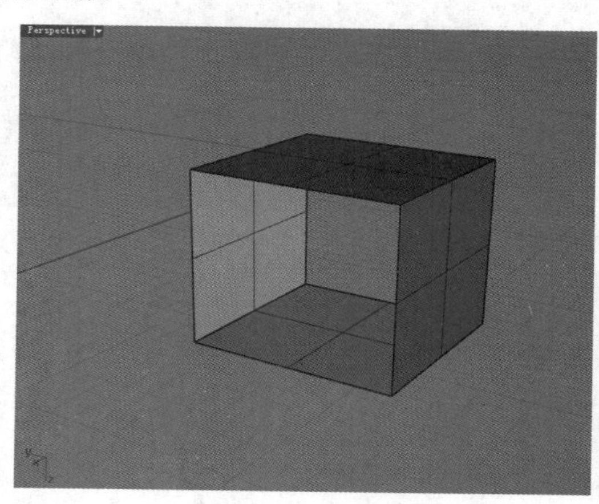

图4-290

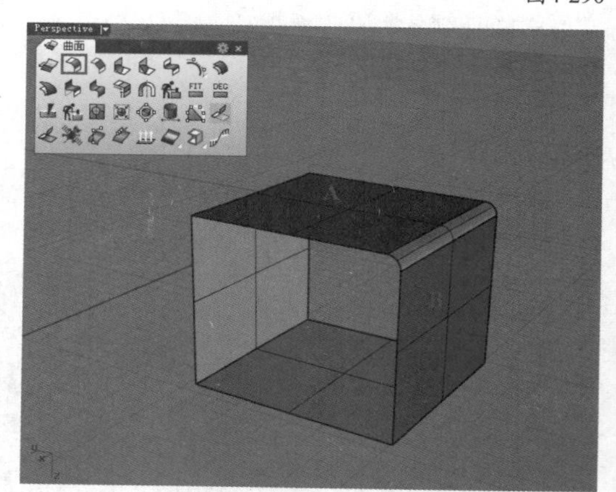

图4-291

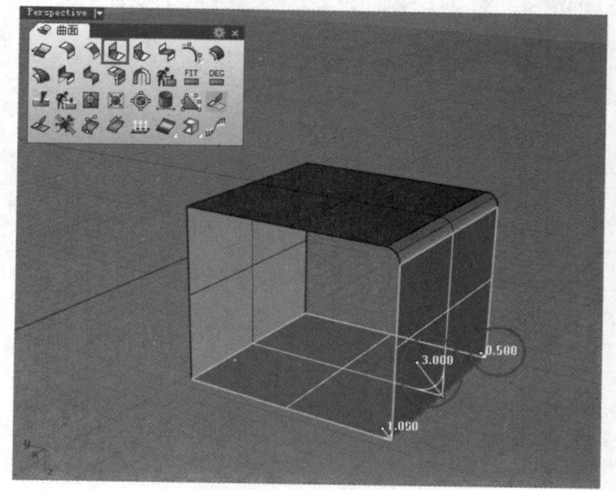

图4-292

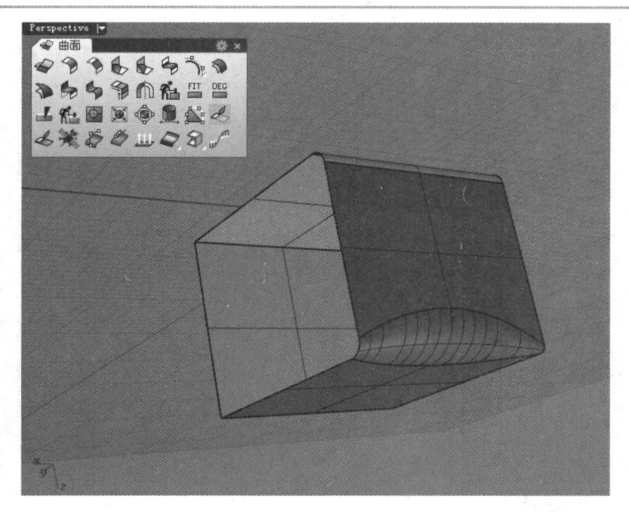

图4-293

04 启用“曲面斜角”工具，建立如图4-294所示的斜角，具体操作步骤如下。

操作步骤

① 在命令行中单击“距离”选项，设置第1个和第2个斜角距离都为1。

② 选择图4-294所示的A曲面和B曲面，完成斜角操作。

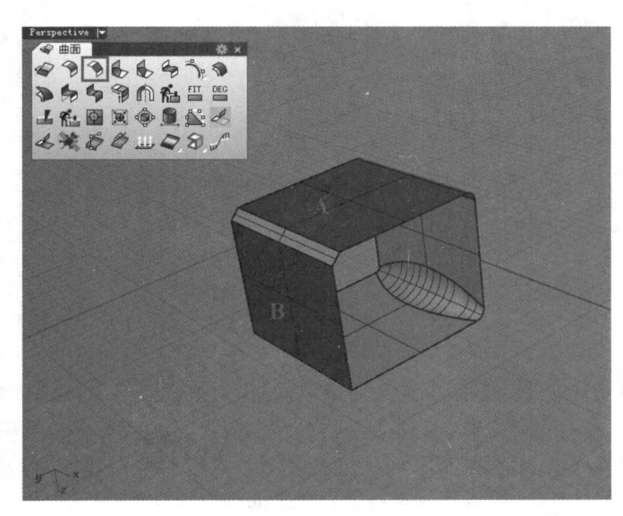

图4-294

05 启用“不等距曲面斜角”工具，建立不等距斜角曲面，如图4-295和图4-296所示，具体操作步骤如下。

操作步骤

① 在命令行中单击“斜角距离”选项，设置目前的斜角距离为1。

② 选择图4-295所示的A曲面和B曲面，此时视图中出现斜角控制杆。

③ 单击“新增控制杆”选项，再单击“目前的斜角距离”选项，设置新控制杆的斜角距离为0.5，然后在两个曲面的交接处捕捉中点新增一个控制杆，并按Enter键完成控制杆的增加。

④ 选择右侧的斜角控制杆，然后在命令行输入2，并按两次Enter键完成操作。

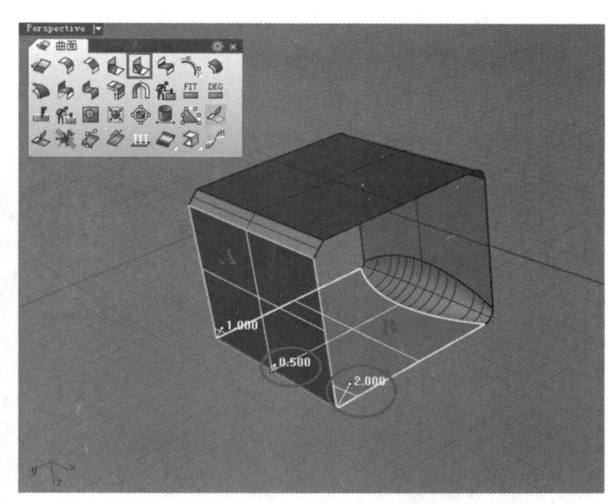

图4-295

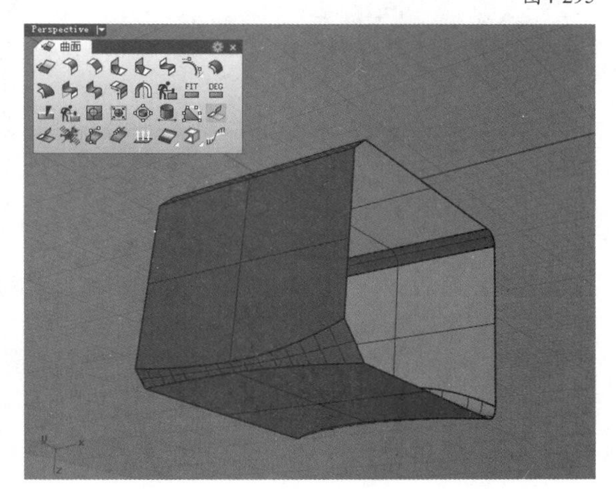

图4-296

06 使用“以平面曲线建立曲面”工具为没有封闭的两个端面建立曲面，结果如图4-297所示。

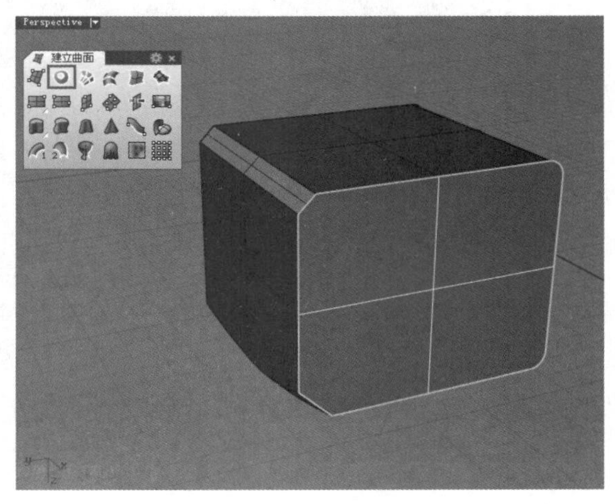

图4-297

接下来将对封闭的端面与其他侧面的直角进行倒角。如若直接倒圆角，会出现一些问题，例如，对图4-298所示的两组面进行倒圆角处理，可以看到倒角后的模型有破损。使用这种方法倒角后还需要继续修面，比较麻烦，为了一次倒角成功，不再修面，下面介绍利用体倒角的办法。

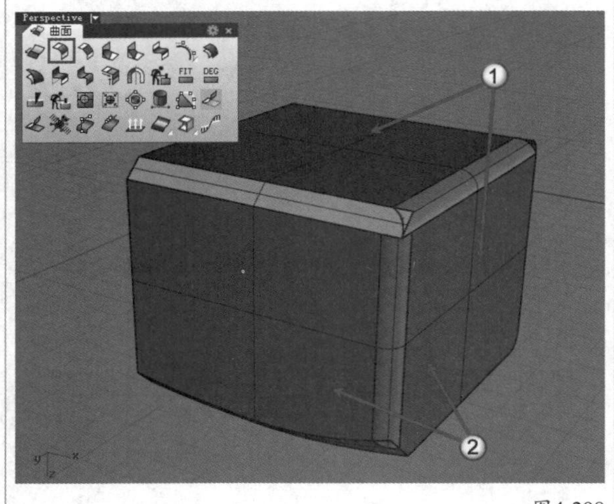

图4-298

07 使用“组合”工具将视图中的所有面组合成一个实体模型，然后在“实体工具”工具面板中使用鼠标左键单击“不等距边缘圆角/不等距边缘混接”工具，对图4-299所示的模型边缘进行圆角处理，具体操作步骤如下。倒角后的效果如图4-300所示。

操作步骤

① 在命令行中单击“下一个半径”选项，设置圆角半径为0.3。

② 依次选取需要倒角的边缘，按两次Enter键完成操作。

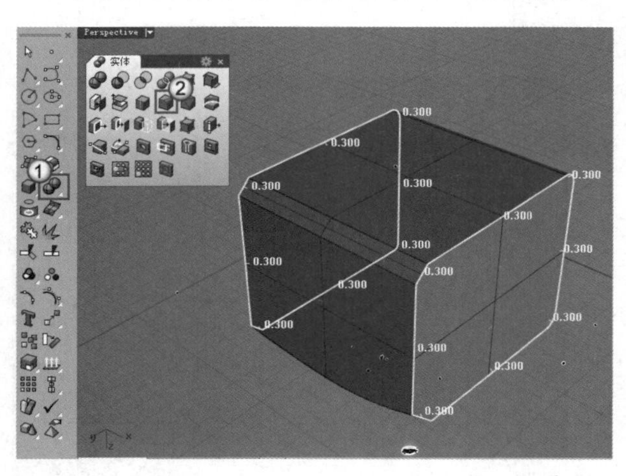

图4-299

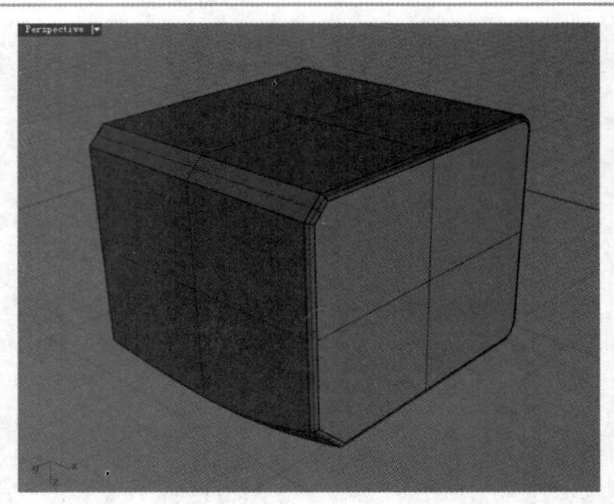

图4-300

4.4.6 混接曲面

混接曲面是在两个曲面之间创造出过渡曲面，这种过渡曲面同时包含一定的连续性。它最大的特点就是可以选择任意一侧的边来进行混合，而这条边既可以是连续完整的，也可以是断开的，如图4-301所示。

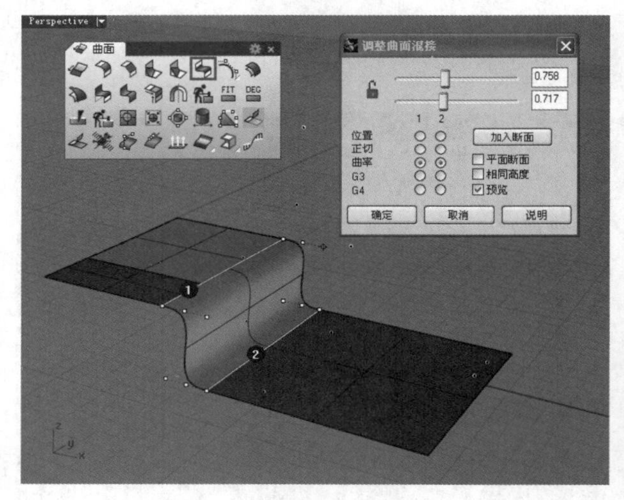

图4-301

启用“混接曲面”工具后，选取需要混接的第1个边缘（可以选择多段），按Enter键确认，然后选取需要混接的第2个边缘，同样按Enter键确认，此时在视图中将显示出混接曲面的控制点，同时将打开“调整曲面混接”对话框，如图4-302所示。

混接曲面特定参数介绍

🔓：单击该按钮将切换为锁定显示🔒，此时可以对混接曲面的控制点进行对称性的调整。

滑杆：要调整混接曲面的形态，可以通过移动控制点，也可以通过拖曳两个滑杆。

加入断面：加入额外的断面控制混接曲面的形状。当混接曲面过于扭曲时，可以使用这个功能控制混接曲面更多位置的形状。在混接曲面的两侧边缘上各指定一个点即可加入控制断面。

平面断面： 强迫混接曲面的所有断面为平面并与指定的方向平行。

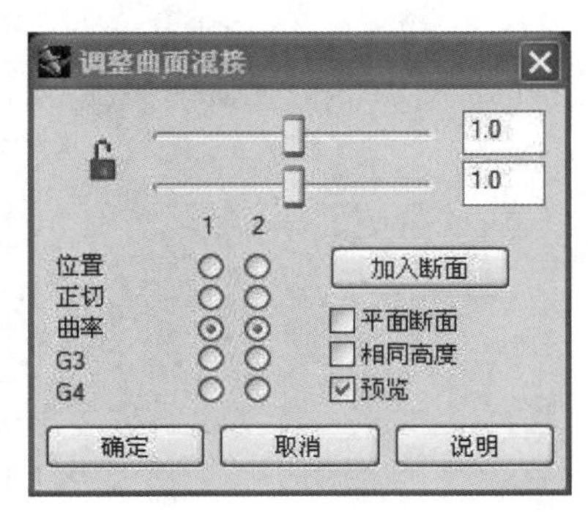

图4-302

19 技术专题：“平面断面”选项分析

观察图4-303，“平面断面”选项未勾选，从Top（顶）视图中可以看到混接曲面与原来的两个曲面边线不在一条竖直线上。

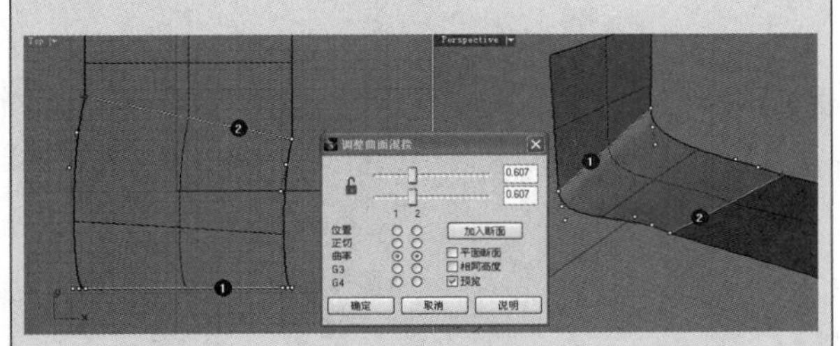

图4-303

勾选“平面断面”选项，此时命令行提示需要指定平面端面的平行线起点和终点，开启“正交”功能，然后在Top（顶）视图中的任意位置指定垂直方向上的两个点，如图4-304所示。此时再来观察混接曲面，其走向已经与原来的两个曲面边线在一条竖直线上，如图4-305所示。

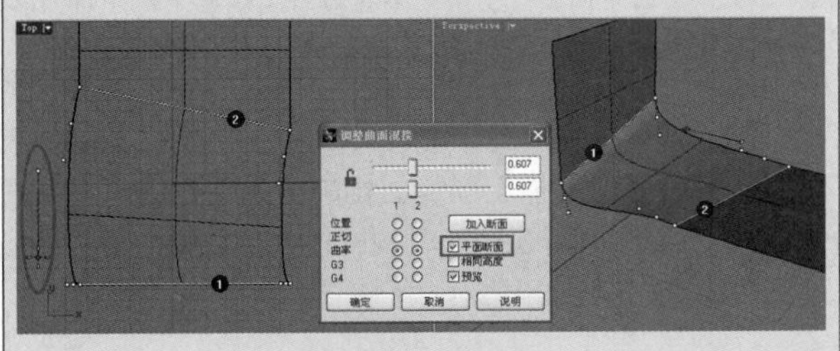

图4-304

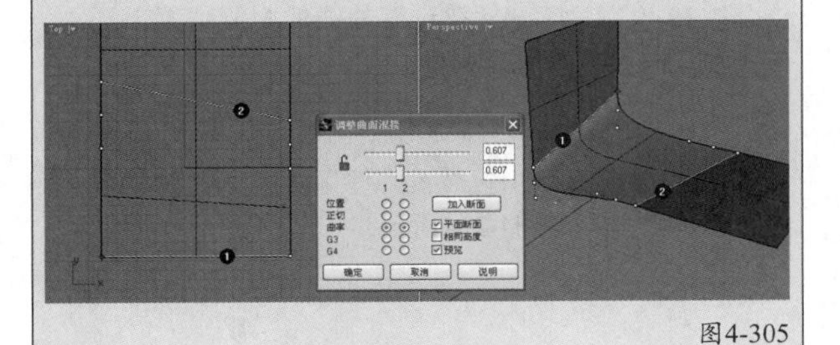

图4-305

相同高度： 当混接的两个曲面边缘之间的距离有变化时，这个选项可以让混接曲面的高度维持不变。

预览： 勾选后可以在工作窗口中预览混接曲面的效果。

连续性： 图4-306显示了5种连续性创建的混接曲面效果。

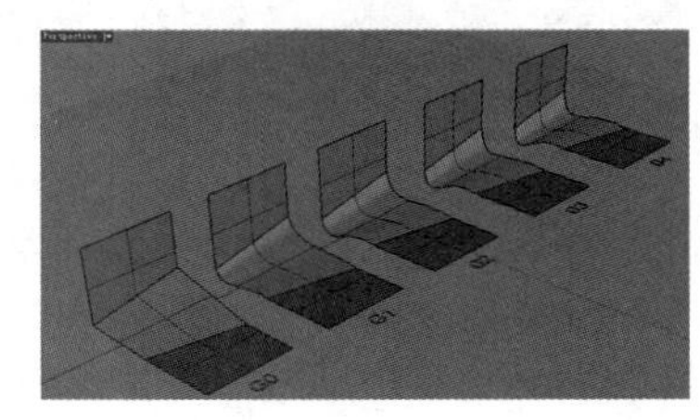

图4-306

混接曲面在渲染时可能会与其他曲面之间产生缝隙，这是因为渲染网格设定不够精细（渲染网格只是和真正曲面的形状相似而不是完全一样）。遇到这种情况，可以使用“组合”工具将混接曲面和其他曲面组合成为一个多重曲面，使不同曲面的渲染网格在接缝处的顶点完全对齐，避免出现缝隙。

实战

以曲线构建渐消曲面

场景位置	场景文件>第4章>08.3dm
实例位置	实例文件>第4章>实战——以曲线构建渐消曲面.3dm
视频位置	第4章>实战——以曲线构建渐消曲面.flv
难易指数	★★☆☆☆
技术掌握	掌握以曲线构建渐消面的方法

在同一曲面上产生具有一定的高度差，并在曲面的前端逐渐消失于一个点，而在相接触的位置仍具有G1或G2连续的曲面，称为渐消曲面。在3C产品或一般家用电器的外观产品中，常出现渐消曲面。因为渐消面能以其活泼的外观使产品更显灵活性，能提升产品质感从而吸引消费者目光增强其购买欲。

造型曲面的一端逐渐消失于一“点”，其实是消失于一“边”，当此边非常短时，看起来就像一点。实际上，在建模中，最好是消失于一极短的边，切勿真的消失于一点。这样的话，曲面质量会较好，之后建构薄壳时也能够避免发生问题。

通过定义渐消深度来构建渐消曲面有两种典型构建方式。

第1种：以曲线定义渐消深度。直接以渐消曲线定义深度的建构方式相当简单，除了可以直接编辑调整深度外，也可以追加插入点，使其具有独立的造型变化。渐消曲线具有同时调节渐消面的深度与形状的作用。

第2种：以曲面定义渐消深度。以此方式建构渐消面的原理是先建构曲面连续至主外观面，该曲面视为渐消面，然后在垂直于渐消面的方向以某一顶点旋转一定角度，因为轮廓与渐消面的角度调整是独立的，所以可得到较为细腻的曲率调整与较佳的曲面质量。

本例使用第1种方式来构建渐消曲面，效果如图4-307所示。

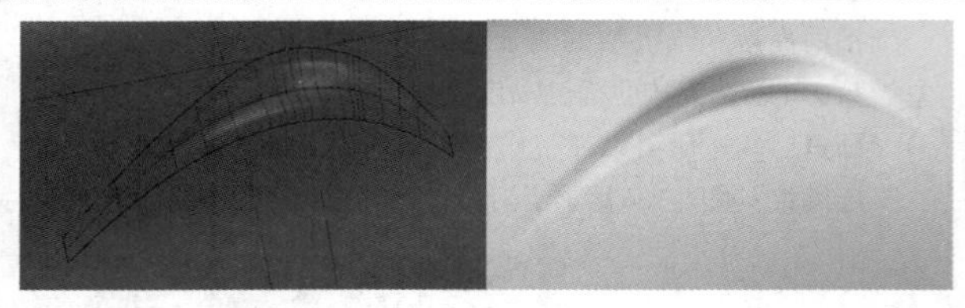

图4-307

01 打开本案例的场景文件，如图4-308所示，场景中有一条闭合曲线和一个曲面。

02 使用鼠标左键单击“分割/以结构线分割曲面”工具，以闭合曲线作为切割物件将曲面分割为两部分，然后隐藏中间分割出来的小曲面，得到如图4-309所示的模型。

03 使用鼠标左键单击“单点/多点”工具，然后开启“四分点”捕捉模式和“智慧轨迹”功能，接着在图4-310所示的曲线四分点位置上单击鼠标左键创建一个点。

04 单击“抽离结构线”工具，然后选择曲面，接着捕捉上一步创建的点，创建一条结构线，如图4-311所示。

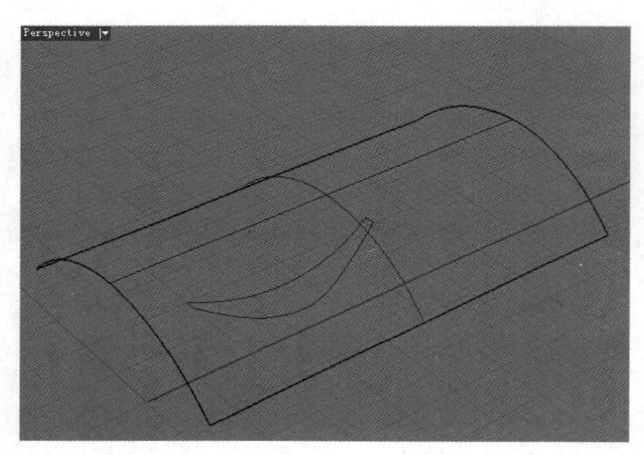

图4-308

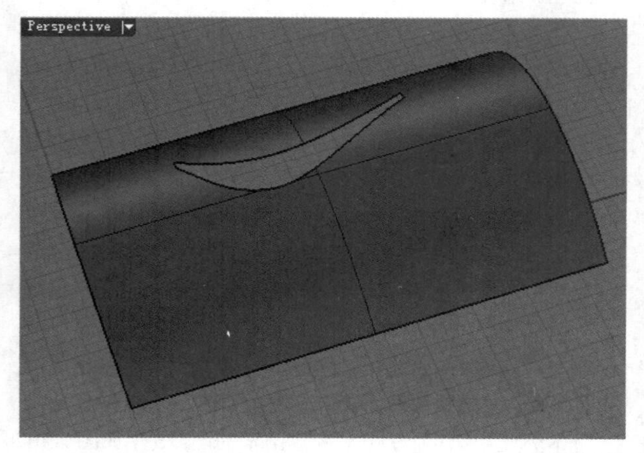

图4-309

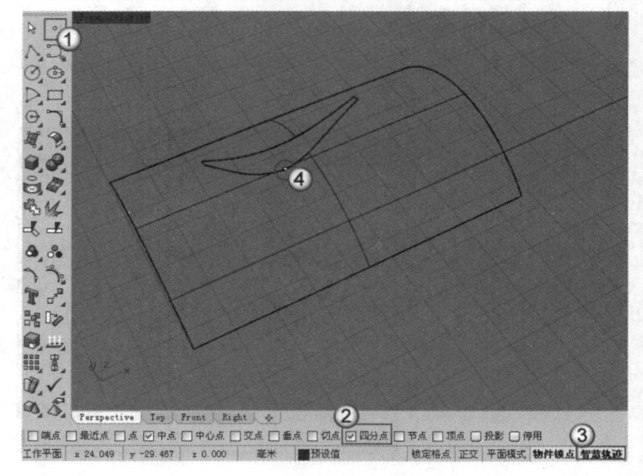

图4-310

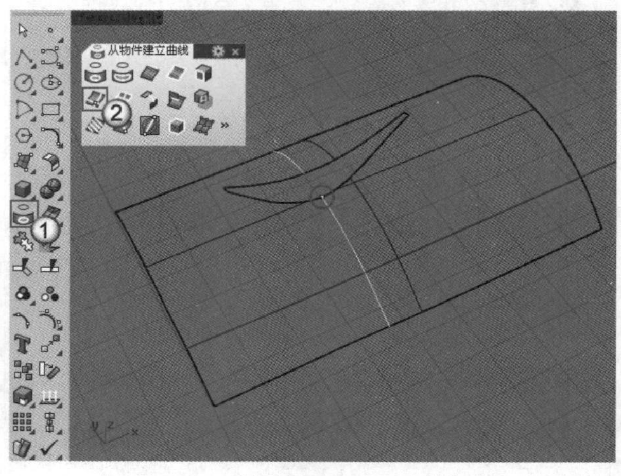

图4-311

由于曲面中间断开，因此创建的结构线也是断开的，以这两条结构线为基础，就可以定位中间过渡曲线的位置。

05 使用鼠标左键单击“可调式混接曲线/混接曲线”工具，然后分别选择上一步创建的两条结构线，接着在弹出的“调整曲线混接”对话框中单击确定按钮，得到过渡曲线，如图4-312所示。

06 接下来对这条过渡曲线进行造型编辑。单击“插入一个控制点”工具，在过渡曲线的中间位置上插入一个控制点，如图4-313所示。

07 选择过渡曲线，按F10键打开控制点，然后使用鼠标右键单击“隐藏物件/显示物件”工具，将隐藏的小曲面显示出来，如图4-314所示。

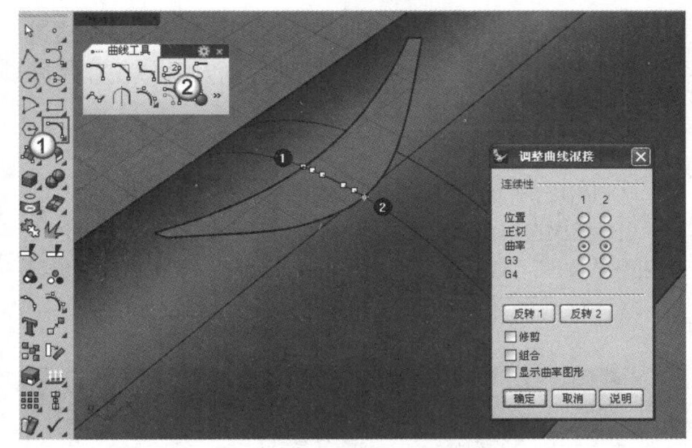

图4-312

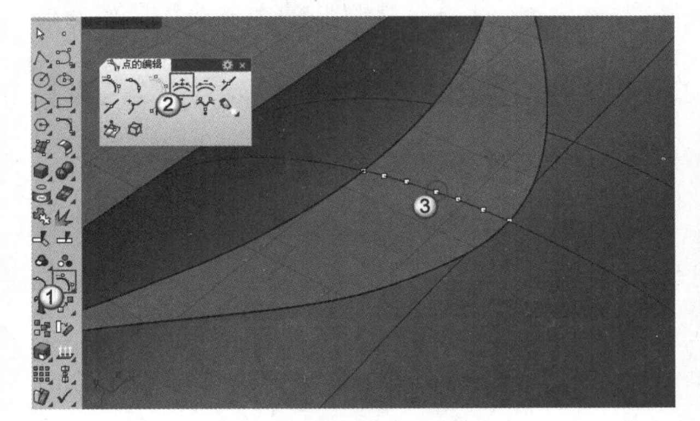

图4-313

图4-314

08 调出“工作平面”工具面板，然后单击“设定工作平面至曲面”工具，接着选择小曲面，并捕捉过渡曲线上加入的控制点确定坐标原点，最后捕捉在四分点位置上创建的点确定x轴方向，如图4-315所示，此时工作平面相切于曲面，如图4-316所示。

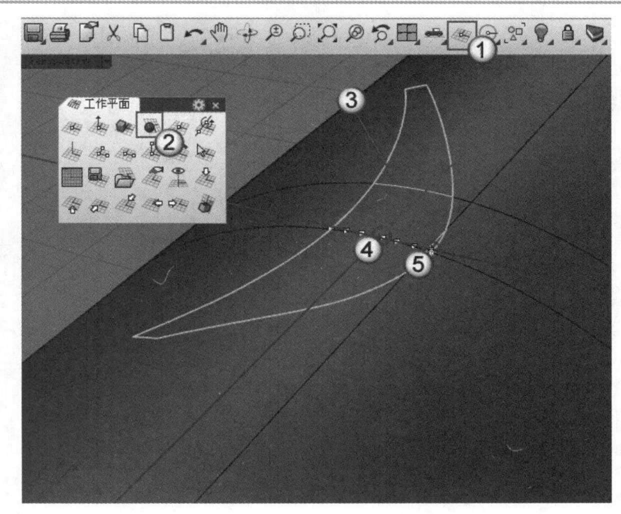

图4-315

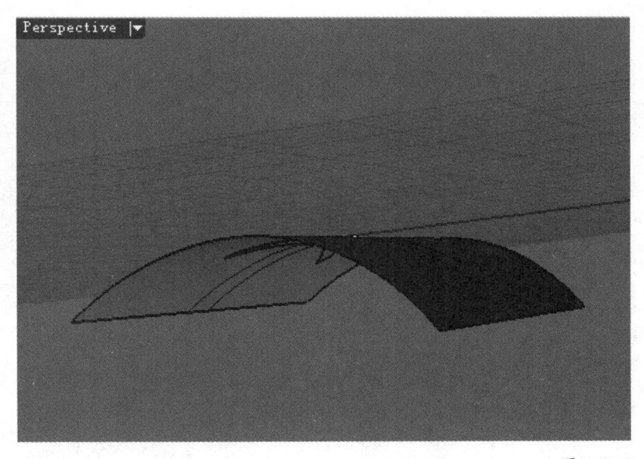

图4-316

09 单击“移动”工具，将过渡曲线上新增加的控制点垂直向下移动，如图4-317所示，具体操作步骤如下。

操作步骤

① 在Perspective（透视）视图中选择过渡曲线上新增加的控制点。

② 在命令行中单击“垂直”选项，将其设置为“是”。

③ 再次单击这一个控制点指定移动的起点，然后在工作平面下方合适的位置拾取一点指定移动的终点。

10 图4-318所示的凹度过于集中，因此需要将相邻两边的控制点的权重值降低。单击“编辑控制点权值”工具，然后选择与中间控制点相邻的两个控制点，如图4-318所示，按Enter键确认后将弹出“设置控制点权值”对话框，将权值设置为0.2，如图4-319所示，可以发现凹口变大变深了，同时曲率保持不变，单击确定按钮，完成过渡曲线的造型调整。

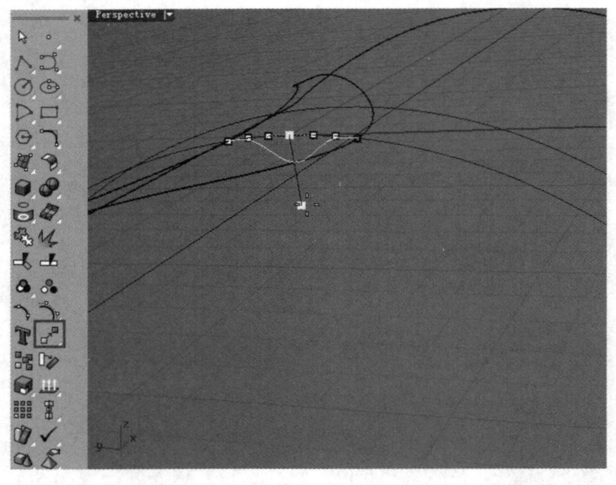
图4-317

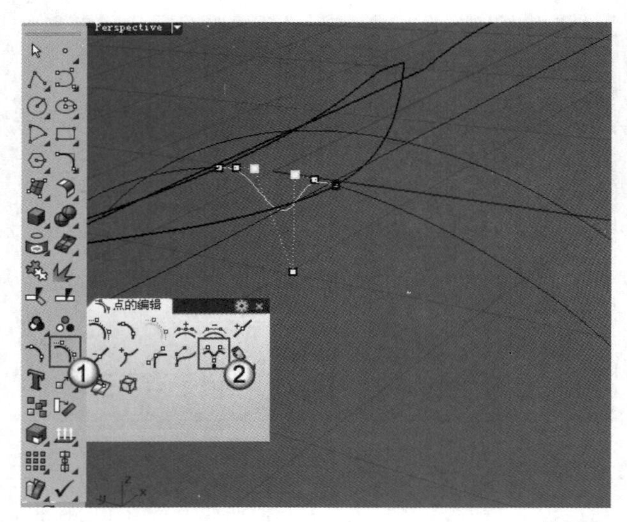

图4-318

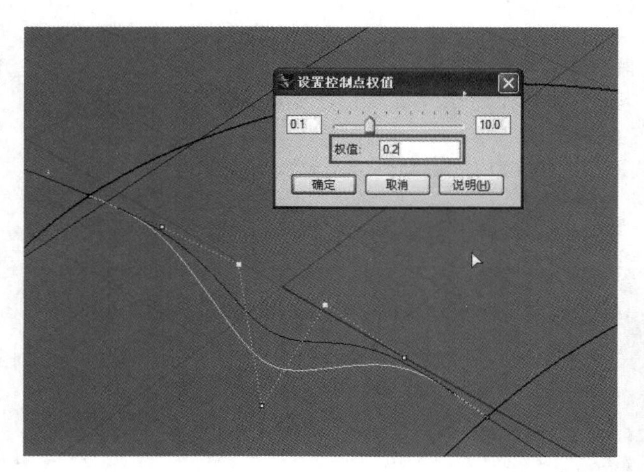

图4-319

11 单击“双轨扫掠”工具，对曲面洞口处的曲线进行扫掠，生成如图4-321所示的渐消曲面，具体操作步骤如下。

操作步骤

① 依次选择曲面洞口处的两条弧形长边作为路径。

② 依次选择曲面洞口处的短边、过渡曲线和另一条短边作为截面线，如图4-320所示，然后按Enter键打开“双轨扫掠选项”对话框，单击确定按钮完成操作。

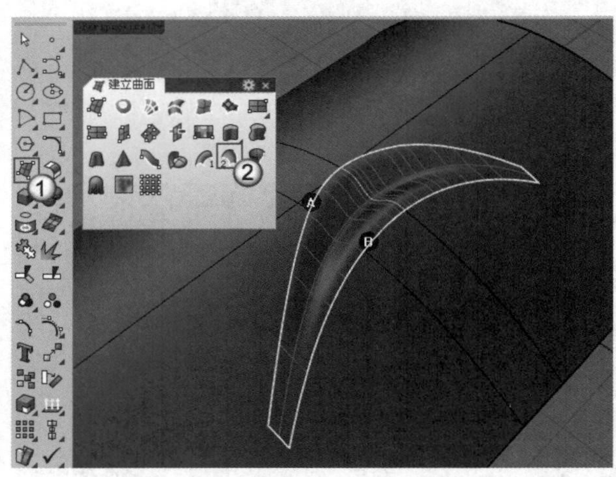

图4-320

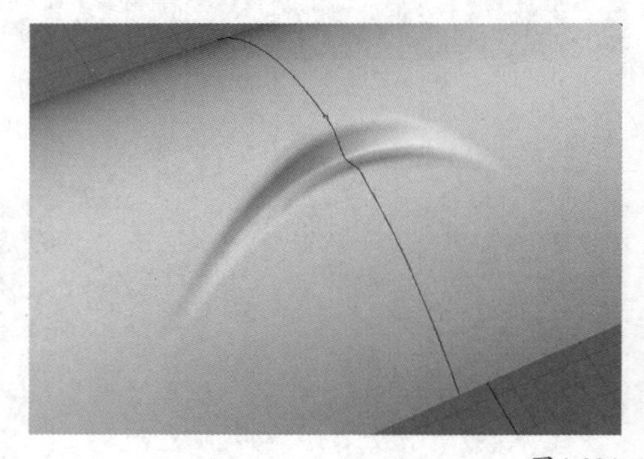
图4-321

实战

以曲面构建渐消曲面

场景位置	场景文件>第4章>09.3dm
实例位置	实例文件>第4章>实战——以曲面构建渐消曲面.3dm
视频位置	第4章>实战——以曲面构建渐消曲面.flv
难易指数	★★☆☆☆
技术掌握	掌握以曲面构建渐消面的方法

本例创建的渐消曲面效果如图4-322所示。

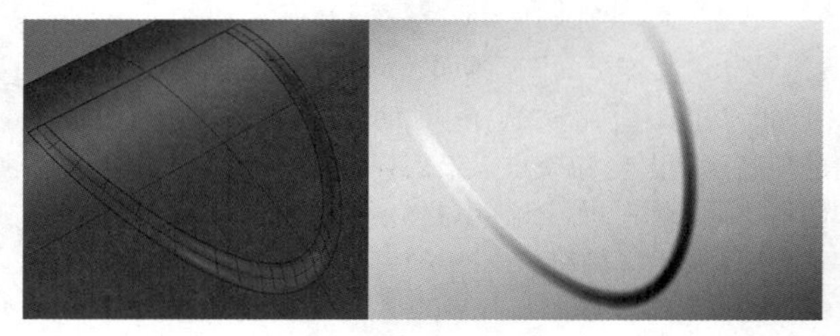
图4-322

01 打开本案例的场景文件，如图4-323所示，场景中有3条曲线和一个曲面。

02 使用鼠标左键单击“分割/以结构线分割曲面”工具，以3条曲线作为分割物件将曲面分割为3个部分，如图4-324所示。

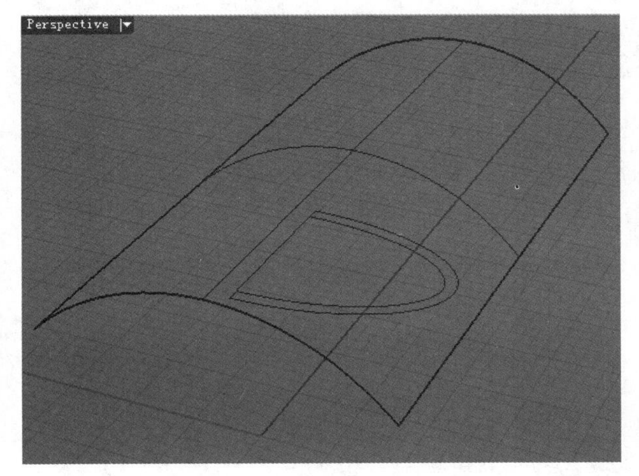

图4-323

图4-324

03 选择中间曲面，然后使用鼠标左键单击“隐藏物件/显示物件”工具，将该曲面隐藏，结果如图4-325所示。

04 选择图4-326所示的曲面，然后在“工作平面”工具面板中单击“设定工作平面为世界 Right”工具，更改工作平面。

05 将小曲面复制一个，然后按F10键打开复制曲面的控制点，如图4-327所示，可以看到小曲面控制点仍然保持原修剪曲面的控制点分布形式。现在需要将小曲面的控制点缩回到当前曲面造型的控制点分布形式。

06 将复制的曲面删除，然后在“曲面工具”工具面板中使用鼠标左键单击“缩回已修剪曲面/缩回已修剪曲面至边缘”工具，接着选择小曲面并按Enter键确认，效果如图4-328所示。

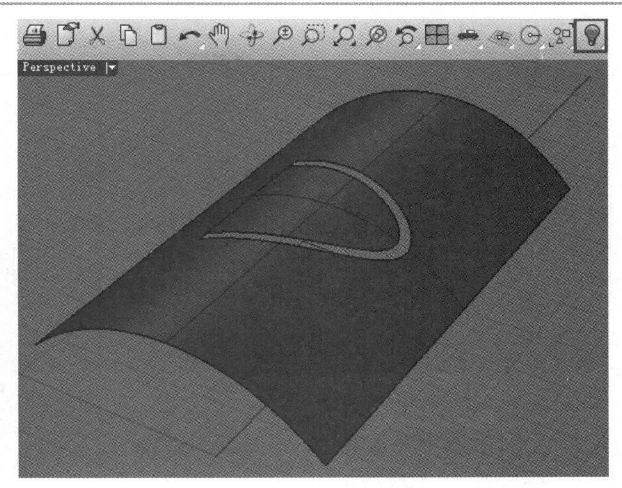

图4-325

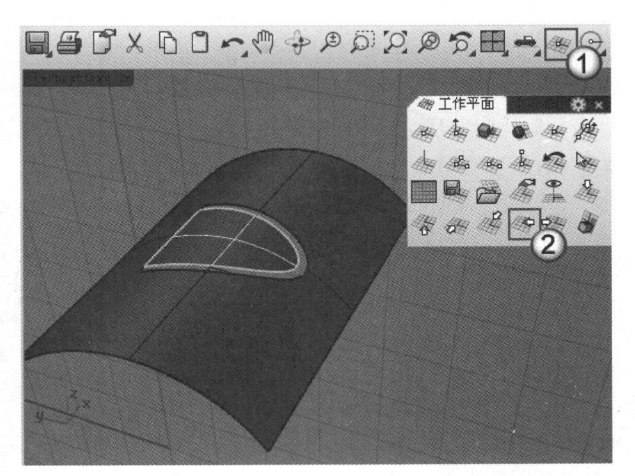

图4-326

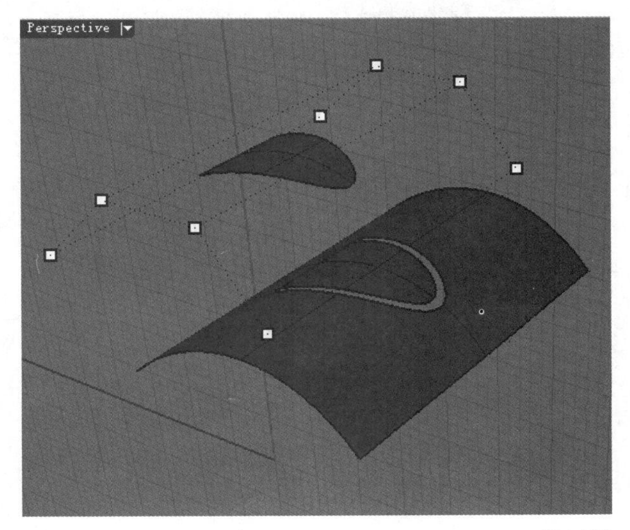

图4-327

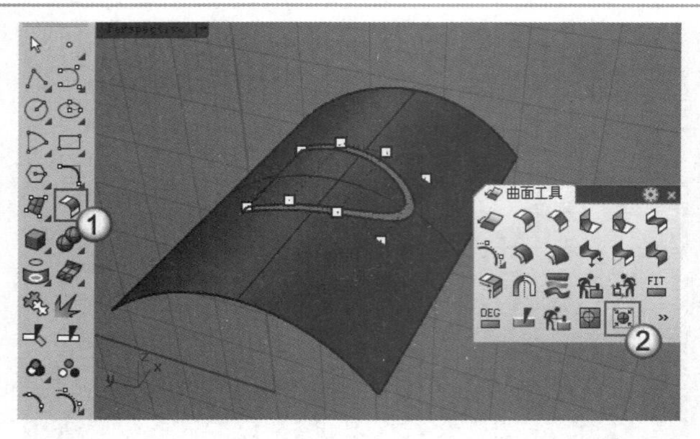

图4-328

“缩回已修剪曲面/缩回已修剪曲面至边缘”工具的具体用法可以参考本章4.4.11小节。

07 在命令行中输入m并单击鼠标右键，启用“移动”工具，然后开启“正交”功能，接着选择图4-329所示的两个控制点向上移动一段距离。

08 按Esc键取消显示控制点，然后单击“混接曲面”工具，通过两个曲面的弧形边线建立混接曲面，具体操作步骤如下。

操作步骤

① 选择大曲面的弧形边线，按Enter键确认。

② 选择小曲面的弧形边线，按Enter键打开“调整曲面混接”对话框，设置连续性为“曲率”，如图4-330所示。

③ 在“调整曲面混接”对话框中勾选“平面断面”，然后设置平面断面平行线的起点和终点，如图4-331所示，最后单击确定按钮完成操作。

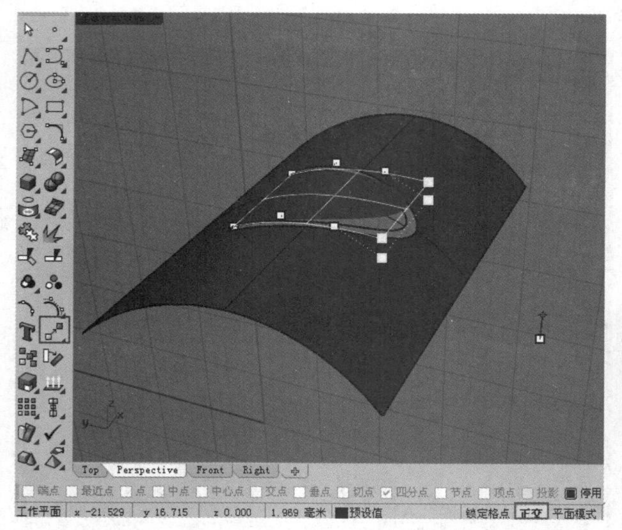

图4-329

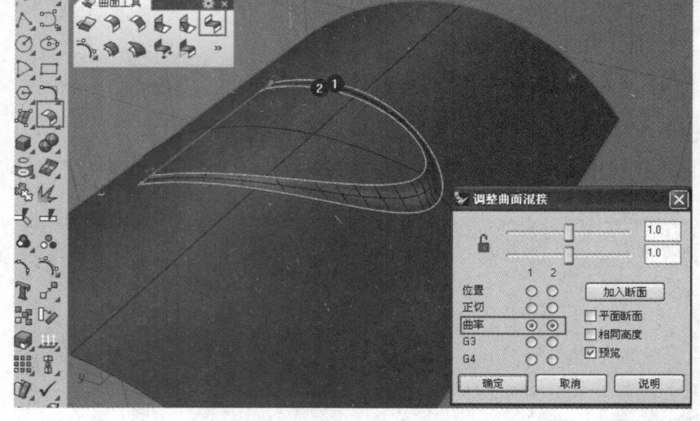

图4-330

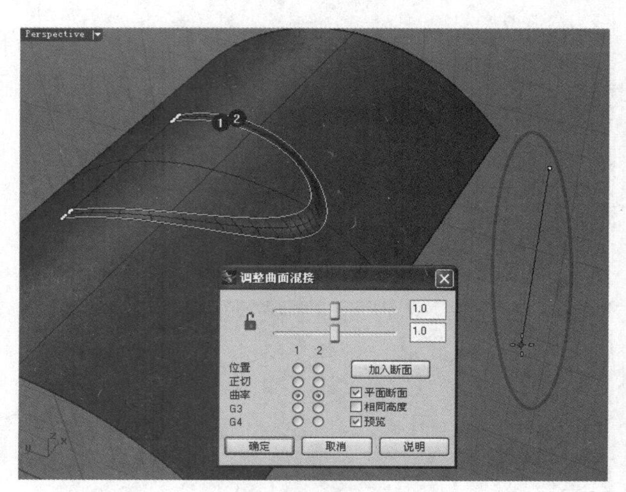

图4-331

疑难问答

问：为什么要重新设置平面断面平行线？

答：从图4-330中可以看到圆弧端点位置的ISO线有一些扭曲，并不是正常的垂直状态，所以要通过加入平面断面来修正ISO线的走向。

09 使用“组合”工具将3个曲面合并成一个复合曲面，最终效果如图4-332所示。

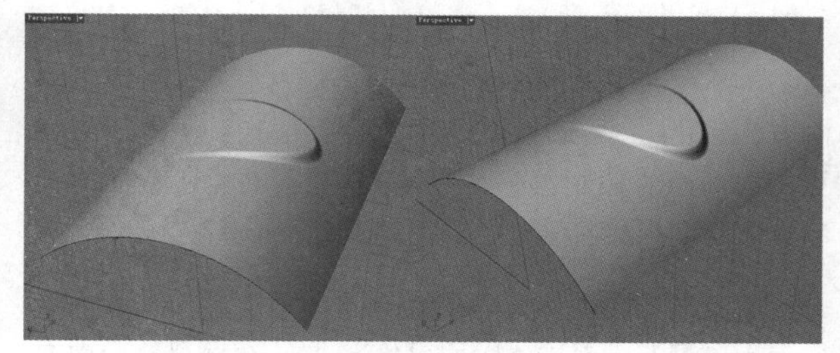

图4-332

4.4.7 偏移曲面

偏移曲面是指沿着原始曲面的法线方向，以一个指定的距离复制生成一个被缩小或者是被放大的新曲面。可以转换原曲面的法向，或切换偏移曲面到相反方向。这一功能通常用在需要制作出厚度的曲面上。

偏移曲面有“等距偏移”和“不等距偏移”两种方式，“等距偏移”可以使用“偏移曲面”工具，“不等距偏移”可以使用“不等距偏移曲面”工具，如图4-333所示。

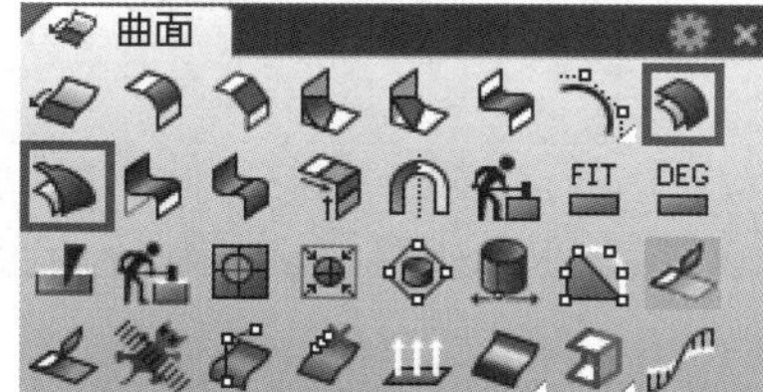

图4-333

等距偏移

启用“偏移曲面”工具后，选择需要偏移的曲面，按Enter键将显示出曲面的法线方向，该方向就是曲面的偏移方向，如果再次按Enter键即可完成偏移，如图4-334所示。

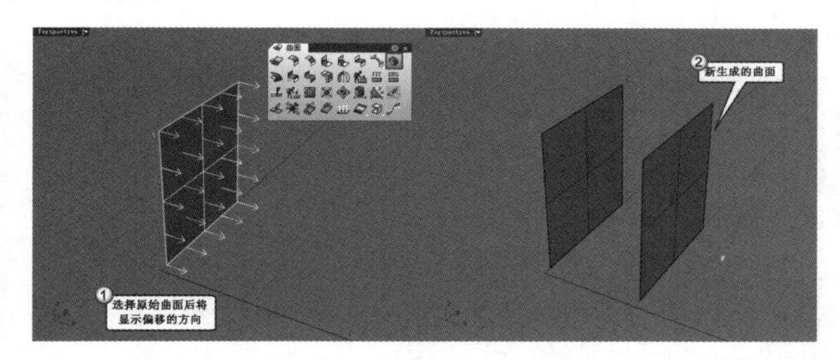

图4-334

偏移的过程中可以看到如图4-335所示的命令选项。

```
指令: _OffsetSrf
选取要反转方向的物体，按 Enter 完成 ( 距离(D)=1  角(C)=圆角
 实体(S)=是  公差(T)=0.001  删除输入物件(L)=是  全部反转(F) ):
```

图4-335

命令选项介绍

距离：设置偏移的距离。如果不想改变曲面的方向，但又想要让曲面往反方向偏移，那么可以设置为负值。

实体：以原来的曲面和偏移后的曲面边缘放样并组合成封闭的实体。

全部反转：反转所有选取的曲面的偏移方向，曲面上箭头的方向为正的偏移方向。

在Rhino 5.0之前的版本中，当偏移的曲面为多重曲面时，偏移生成的曲面会分散开来；但在Rhino 5.0中，偏移得到的仍然是多重曲面。

不等距偏移

使用“不等距偏移曲面”工具偏移复制曲面时可以通过控制杆调整曲面上不同位置的距离，如图4-336和图4-337所示。

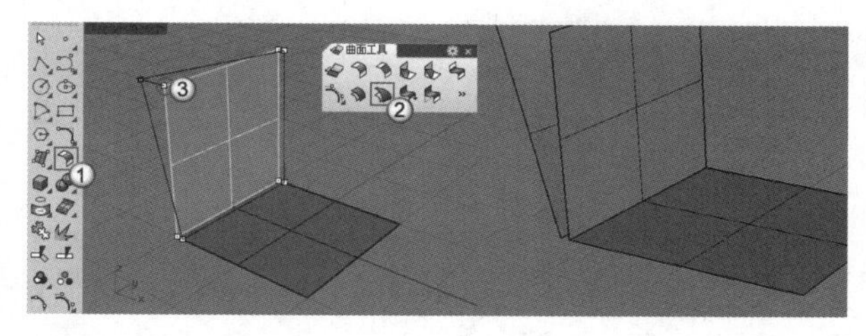

图4-336

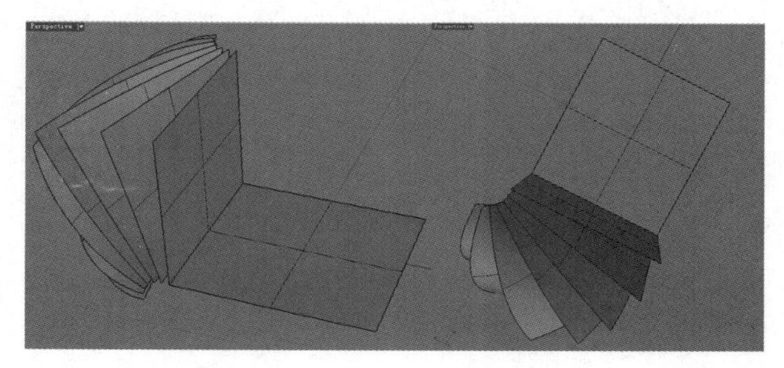

图4-337

偏移的过程中可以看到如图4-338所示的命令提示。

```
指令: _VariableOffsetSrf
选取要做不等距偏移的曲面 ( 公差(T)=0.01 ):
选取要移动的点，按 Enter 完成 ( 公差(T)=0.01  反转(F)
 设置全部(S)=1  连结控制杆(L)  新增控制杆(A)  边相切(I) ):
```

图4-338

命令选项介绍

反转：反转曲面的偏移方向，使曲面往反方向偏移。

设置全部：设置全部控制杆为相同距离。

连结控制杆：以同样的比例调整所有控制杆的距离。

新增控制杆：加入一个调整偏移距离的控制杆。

边相切：维持偏移曲面边缘的相切方向和原来的曲面一致。

实战

利用偏移曲面创建水果盘

场景位置	无
实例位置	实例文件>第4章>实战——利用偏移曲面创建水果盘.3dm
视频位置	第4章>实战——利用偏移曲面创建水果盘.flv
难易指数	★★☆☆☆
技术掌握	掌握通过偏移创建曲面厚度的方法

本例创建的水果盘效果如图4-339所示。

01 使用“控制点曲线/通过数个点的曲线”工具在Front（前）视图中绘制如图4-340所示的曲线。

读者也可以直接打开本书学习资源中的“场景文件>第4章>偏移.3dm”文件来使用。

图4-339

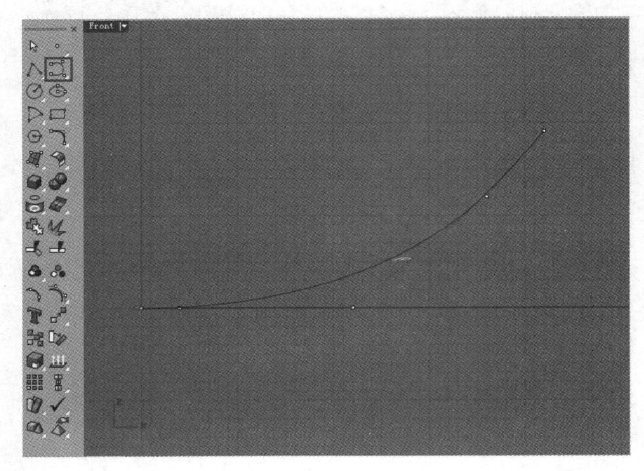

图4-340

02 使用鼠标左键单击“旋转成型/沿路径旋转”工具，在Front（前）视图将上一步绘制的曲线旋转生成单面水果盘，效果如图4-342所示，具体操作步骤如下。

操作步骤

① 选择上一步绘制的曲线，按Enter键确认。

② 捕捉曲线的左侧端点作为旋转轴的起点，然后开启“正交”功能，在垂直方向上拾取一点作为旋转轴的终点，如图4-341所示，最后按两次Enter键完成操作。

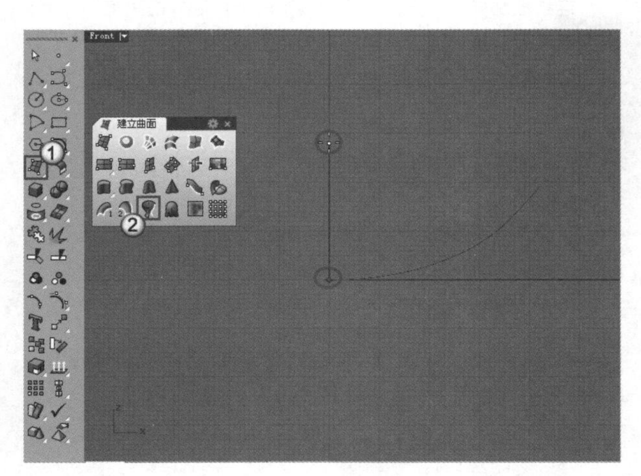

图4-341

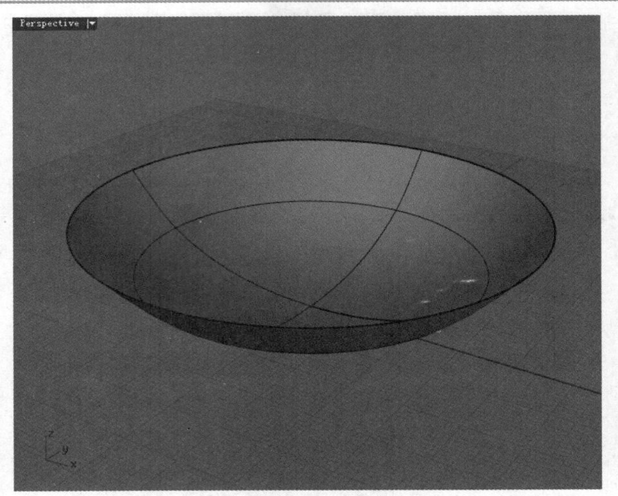

图4-342

03 单击“偏移曲面”工具，对单面水果盘进行偏移复制，如图4-343所示，具体操作步骤如下。

操作步骤

① 选择旋转生成的曲面，按Enter键确认。

② 在命令行单击“全部反转”选项，反转曲面的偏移方向。

③ 在命令行单击“距离”选项，设置偏移距离为4，然后按Enter键完成操作。

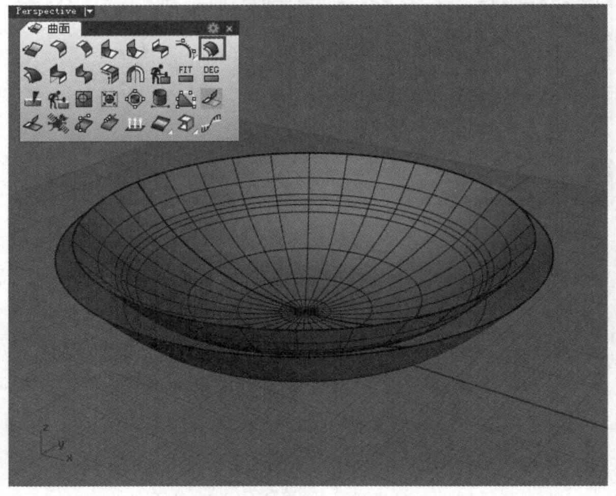

图4-343

04 单击“混接曲面”工具，对两个曲面进行混接，效果如图4-345所示，具体操作步骤如下。

操作步骤

① 选择原曲面的边缘，按Enter键确认。

② 依次选择偏移后的曲面的两段边缘，按Enter键打开“调整曲面混接”对话框，设置连续性为“曲率”，然后拖曳下面的滑块数值为0.25，如图4-344所示，最后单击确定按钮完成操作。

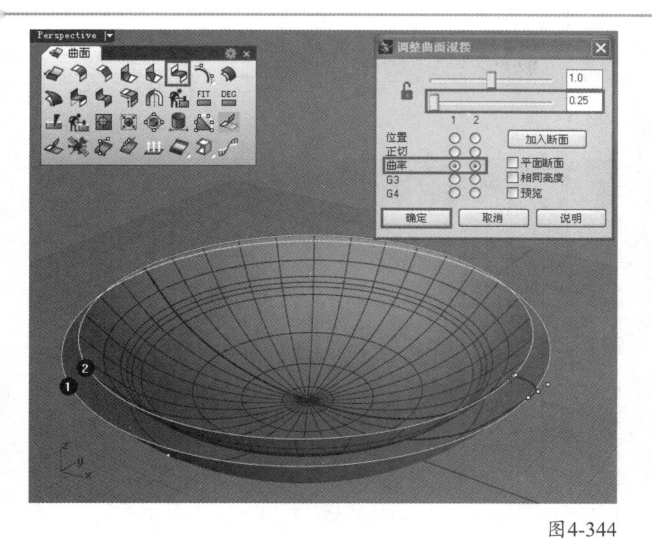

图4-344

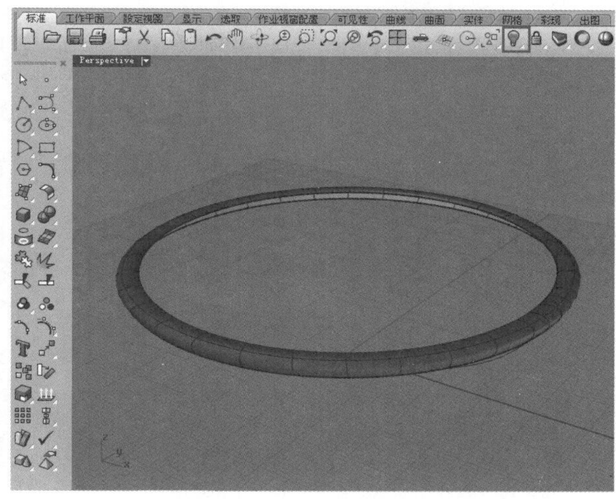

图4-346

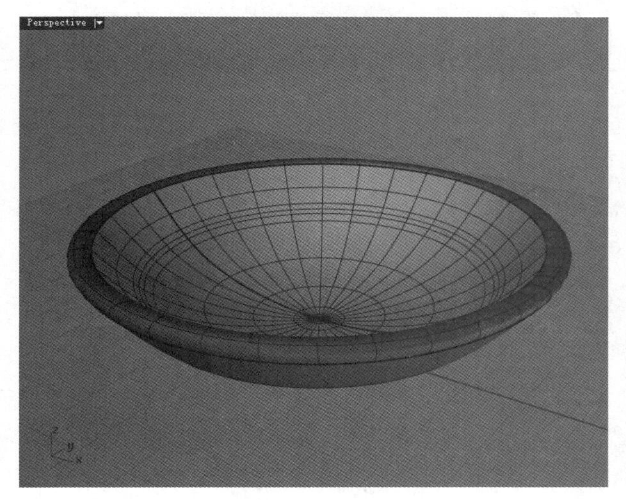

图4-345

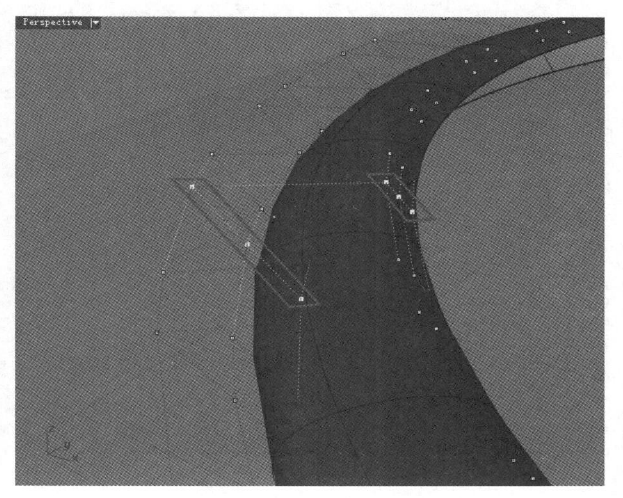

图4-347

05 按住Shift键的同时选择原曲面及偏移曲面，然后使用鼠标左键单击“隐藏物件/显示物件”工具，将这两个曲面隐藏，如图4-346所示。

06 单击选中混接曲面，然后按F10键打开控制点，可以看到V方向的控制点是6个，如图4-347所示。

07 单击“插入节点”工具，在混接曲面上增加一条圆形的ISO线，如图4-348所示。

08 按住Shift键的同时间隔选择新增加的ISO线上的控制点，如图4-349所示；然后开启“正交”功能，并在Front（前）视图中拖曳选择的控制点至图4-350所示的位置；接着按F11键关闭控制点，得到如图4-351所示的混接曲面模型。

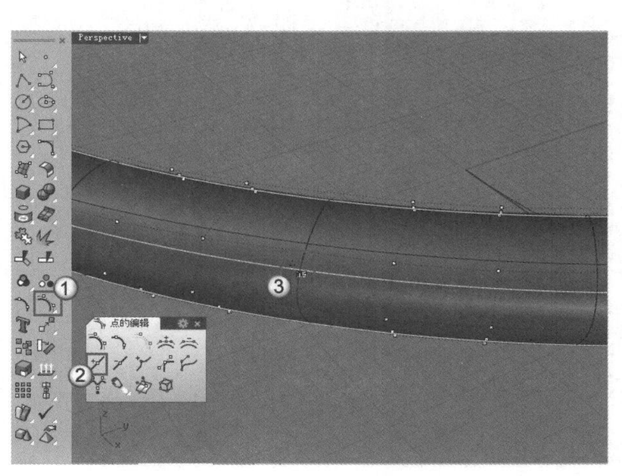

图4-348

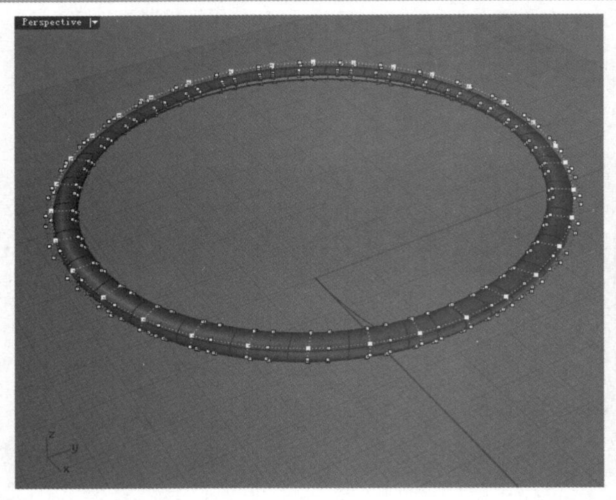

图4-349

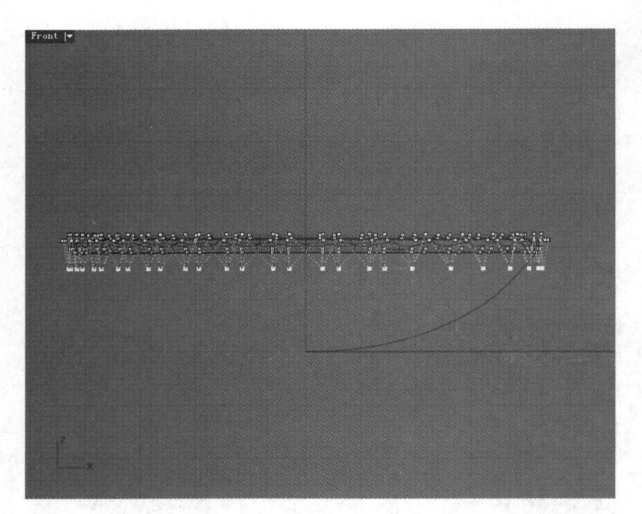

图4-350

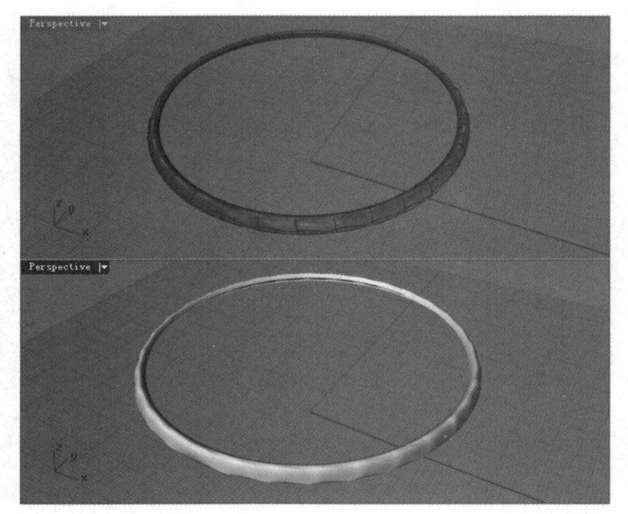

图4-351

09 使用鼠标右键单击“隐藏物件/显示物件”工具，将隐藏的两个曲面显示出来，水果盘模型的最终效果如图4-352所示。

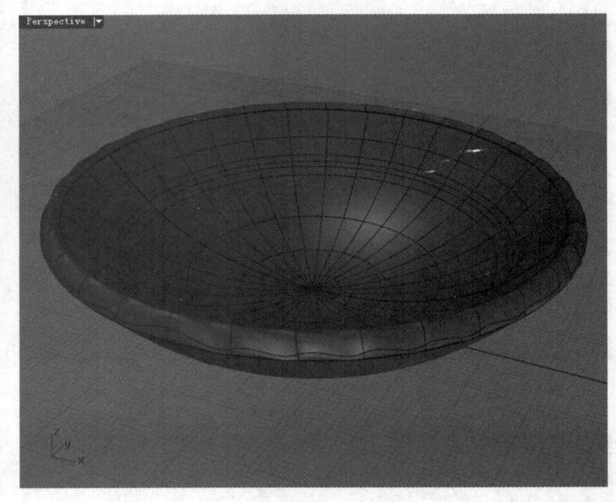

图4-352

4.4.8 衔接曲面

衔接曲面可以通过将曲面变形做到让两个曲面无论是否相交或接触，都可以匹配到一起并且具有一定的连续性。简单地理解就是可以调整曲面的边缘使其和其他曲面形成位置、相切或曲率连续。

“衔接曲面”工具位于“曲面”工具面板内，如图4-353所示。

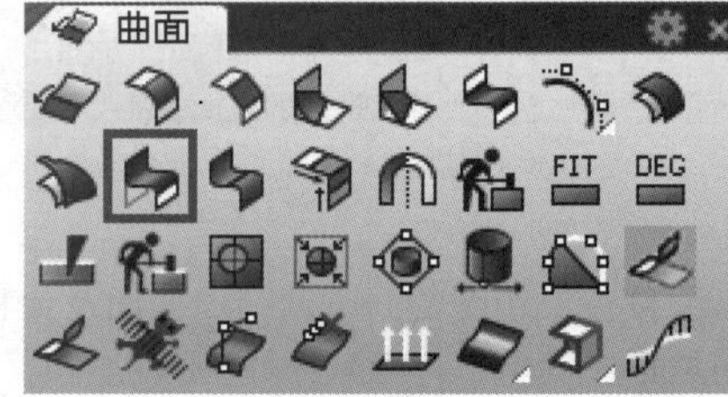

图4-353

启用“衔接曲面”工具后，依次选取要改变的未修剪曲面边缘和需要衔接至的曲面边缘（两个曲面边缘必须选取于同一侧，目标曲面的边缘可以是修剪或未修剪的边缘），此时将打开“衔接曲面”对话框，如图4-354所示。

衔接曲面特定参数介绍

维持另一端：在曲面加入节点，使曲面的另一端不被改变。如图4-355所示，其中第1个模型是两个垂直相接的曲面，也是原始模型，其余4个模型分别是“无”“位置”“正切”和“曲率”4个不同选项得到的模型。

互相衔接：如果目标曲面的边缘是未修剪边缘，两个曲面的形状会被平均调整。

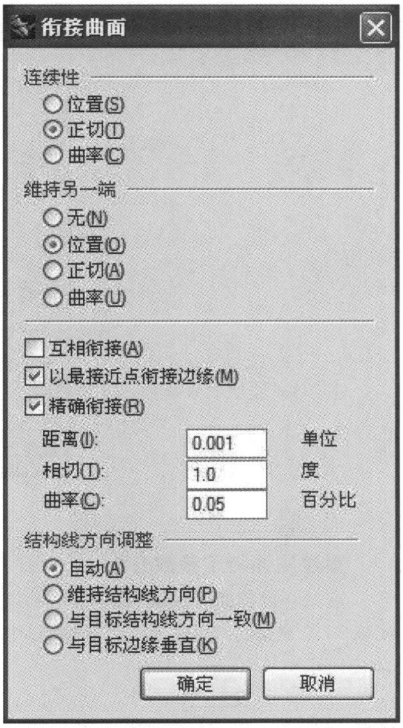

衔接曲面
连续性
位置(S)
正切(T)
曲率(C)
维持另一端
无(N)
位置(O)
正切(A)
曲率(U)
互相衔接(A)
以最接近点衔接边缘(M)
精确衔接(R)
距离(I):
0.001
单位
相切(T):
1.0
度
曲率(C):
0.05
百分比
结构线方向调整
自动(A)
维持结构线方向(P)
与目标结构线方向一致(M)
与目标边缘垂直(K)
确定
取消

图4-354

以最接近点衔接边缘：改变的曲面边缘和目标边缘有两种对齐方式，一种是延展或缩短曲面边缘，使两个曲面的边缘在衔接后端点对端点；另一种是将改变的曲面边缘的每一个控制点拉到目标曲面边缘上的最接近点。

精确衔接：检查两个曲面衔接后边缘的误差是否小于模型的绝对公差，必要时会在改变的曲面上加入更多的结构线（节点），使两个曲面衔接边缘的误差小于模型的绝对公差。

距离/相切/曲率：匹配误差容许达到的最大值。

结构线方向调整：设置改变的曲面结构线的方向，包含以下4个选项。

自动：如果目标边缘是未修剪边缘，结果和“与目标结构线方向一致”选项相同；如果目标边缘是修剪过的边缘，结果和“与目标边缘垂直”选项相同。

维持结构线方向：不改变曲面结构线的方向。

与目标结构线方向一致：改变的曲面的结构线方向会与目标曲面的结构线平行。

与目标边缘垂直：改变的曲面的结构线方向会与目标曲面边缘垂直。

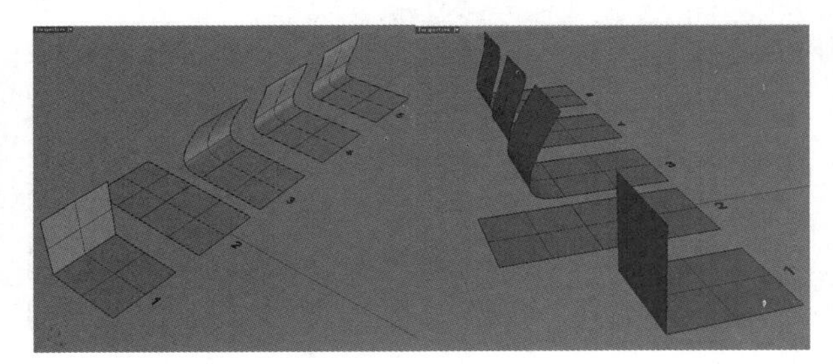

图4-355

4.4.9 合并曲面

合并曲面与组合曲面有所不同，组合曲面是创建一个复合曲面，这样的曲面无法再进行曲面编辑；而合并后的曲面依然还是单一曲面，是可以再次进行曲面编辑的。所以在建模中遇到一些不知道构造方式的曲面时，往往采用细分曲面的方法由小做到大，最后合并成一块整面。不过，合并曲面对两个原始曲面是有要求的，需要两个分离的面是共享边缘，并且未经修剪，所以在创建曲面时要特别注意这一点。

合并曲面可以使用“合并曲面”工具，如图4-356所示。

曲面
FIT
DEG

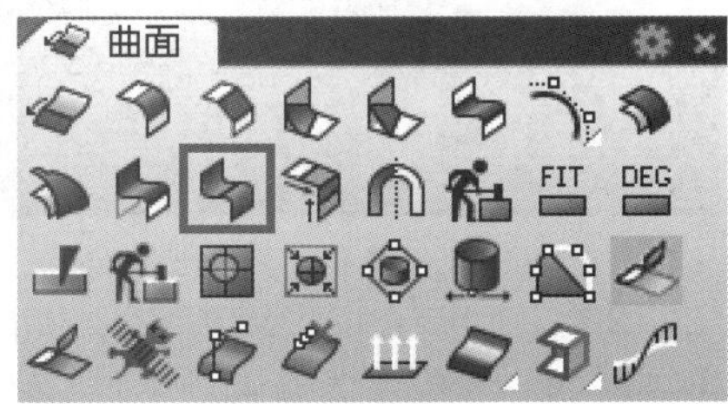

图4-356

合并曲面的过程比较简单，启用“合并曲面”工具后依次选择需要合并的两个曲面即可，如图4-357所示。合并的过程中将看到如图4-358所示的命令选项。

Perspective
曲面
FIT
DEG

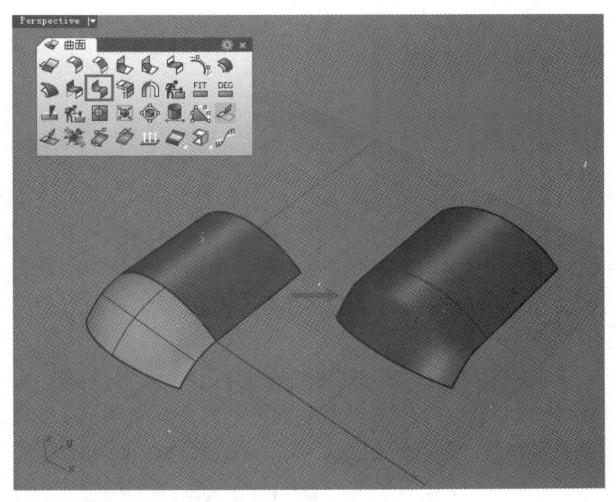

图4-357

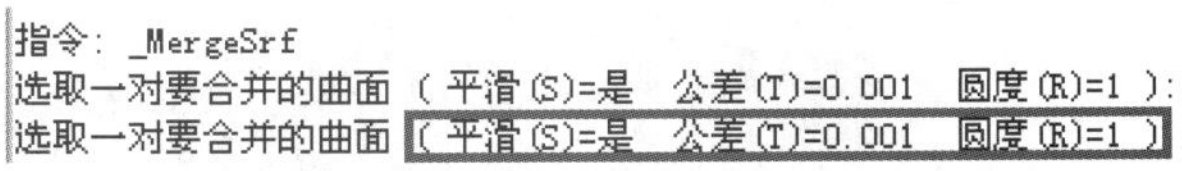

指令: _MergeSrf
选取一对要合并的曲面 (平滑(S)=是 公差(T)=0.001 圆度(R)=1):
选取一对要合并的曲面 (平滑(S)=是 公差(T)=0.001 圆度(R)=1)

图4-358

命令选项介绍

平滑：平滑地合并两个曲面，合并以后的曲面比较适合以控制点调整，但曲面会有较大的变形。图4-359所示是设置“平滑”为“是”和“平滑”为“否”的对比效果，可以看到设置“平滑”为“是”时，两个曲面为了迎合平滑过渡而被强行自动匹配了造型，造成两个曲面的变形；而设置“平滑”为“否”时，并没有发生曲面变形的情况。从这一点可知，合并曲面的一个关键就是设置平滑。

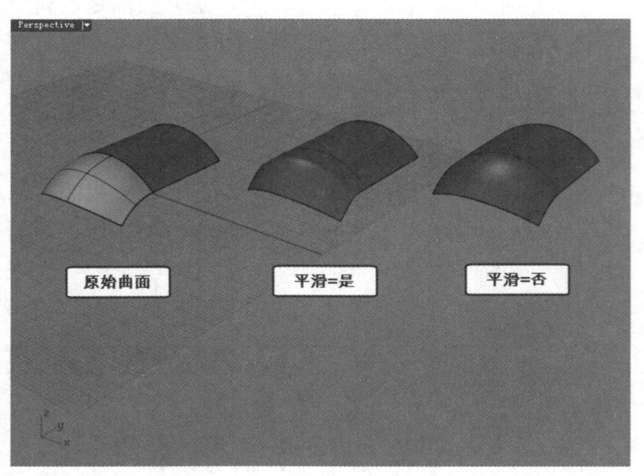

图4-359

公差：两个要合并的边缘的距离必须小于这个设置值。这个公差设置以模型的绝对公差为默认值，无法设置为0或任何小于绝对公差的数值。

圆度：定义合并的圆度（平滑度、钝度、不尖锐度），默认值为1，设置的数值必须介于0（尖锐）到1（平滑）之间。

要合并的两个曲面除了必须有共享边缘以外，边缘两端的端点也要相互对齐。

4.4.10 重建曲面

建模的过程中，进行了一系列操作后，曲面可能会变得相当复杂，这样处理起来速度会很慢。如果发生这种情况，可以通过重建曲面减少曲面的度数或面片数（当然也可以增加曲面的度数和面片数），以便对曲面的形状进行更精确的控制。

重建曲面是在不改变曲面基本形状的情况下，重新对曲面的U、V控制点数和曲面的阶数进行设置，使用“重建曲面”工具可以做到这一点，工具位置如图4-360所示。

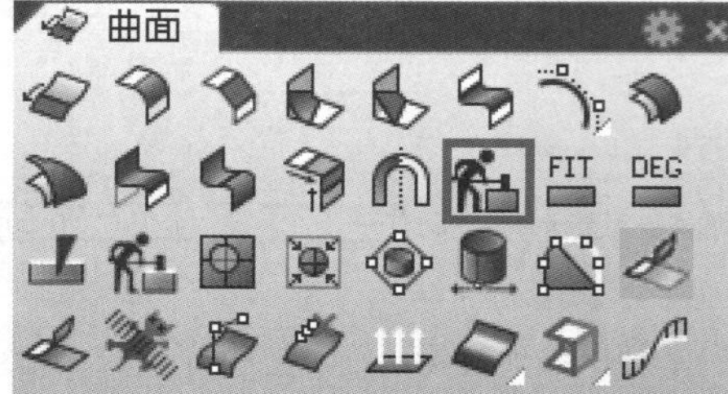

图4-360

启用“重建曲面”工具后，选择需要重建的曲面，然后按Enter键将打开“重建曲面”对话框，如图4-361所示。

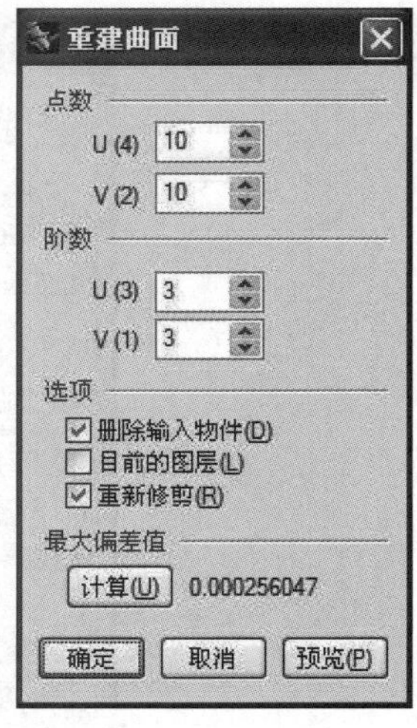

图4-361

重建曲面特定参数介绍

点数：设置曲面重建后U、V两个方向的控制点数。增加或减少U、V点数，相应地将增加或减少ISO线，如图4-362和图4-363所示。

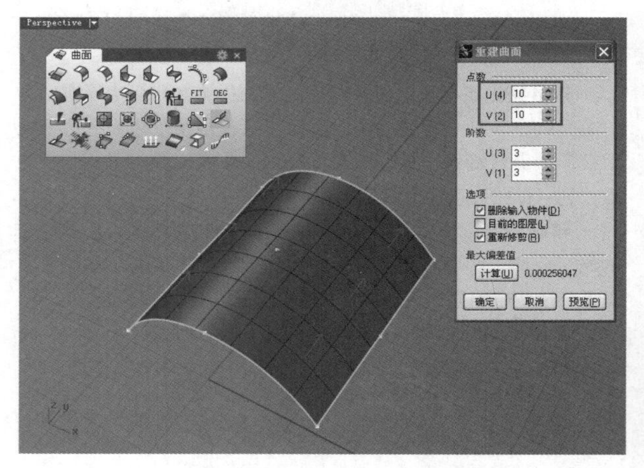

图4-362

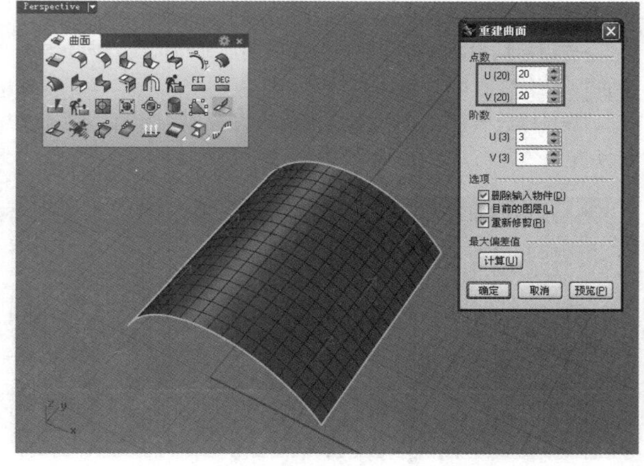

图4-363

阶数：设置曲面重建后的阶数，阶数值可以是1～11。

删除输入物件：用于建立新物件的原始物件会被删除。

目前的图层：在目前的图层建立新曲面。取消这个选项会在原曲面所在的图层建立新曲面。

重新修剪：以原来的边缘曲线修剪重建后的曲面。

最大偏差值：在原来的曲面节点及节点之间的中点放置取样点，然后将曲样点拉至重建后的曲面上计算偏差值。

计算(U)：计算原来的曲面和重建后的曲面之间的偏差值。指示线的颜色可以用来判断重建后的曲面与原来的曲面之间的偏差值，绿色代表曲面的偏差值小于绝对公差，黄色代表偏差值介于绝对公差和绝对公差的10倍之间，红色代表偏差值大于绝对公差的10倍。指示线的长度为偏差值的10倍。

在“重建曲面”对话框中除了设置“点数”和“阶数”外，重点要查看的就是“最大偏差值”，即查看重建曲面与原始曲面间的差额幅度大小，一般是越小越好。当然，建模时重建曲面的要求是曲面的UV线和阶数越小越好，因为这样以后编辑起来相对简单，不会像原始曲面那样复杂。

4.4.11 缩回已修剪曲面

缩回已修剪曲面一般发生在剪切后的面片上。当剪切后的曲面相对于原始曲面所占面积较小时，打开较小剪切面的曲面控制点可以发现它们还是以原始面的位置存在，如图4-364所示。这不符合剪切后的曲面特征，所以需要通过“缩回已修剪曲面/缩回已修剪曲面至边缘”工具重新修正曲面控制点的排布，设定剪切面新的原始性，如图4-365所示。

“缩回已修剪曲面/缩回已修剪曲面至边缘”工具有两种功能，左键功能可以使原始曲面的边缘缩回到曲面的修剪边缘附近，右键功能可以将原始曲面的边缘缩回到与修剪边界接触。两种功能的用法相同，选择需要缩回的已修剪曲面并按Enter键即可。

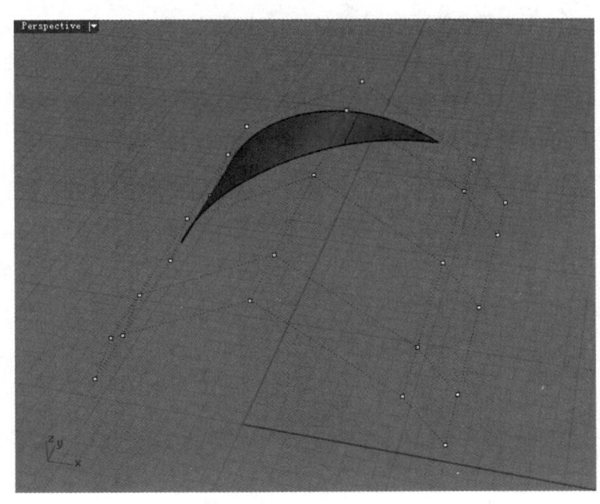

图4-364

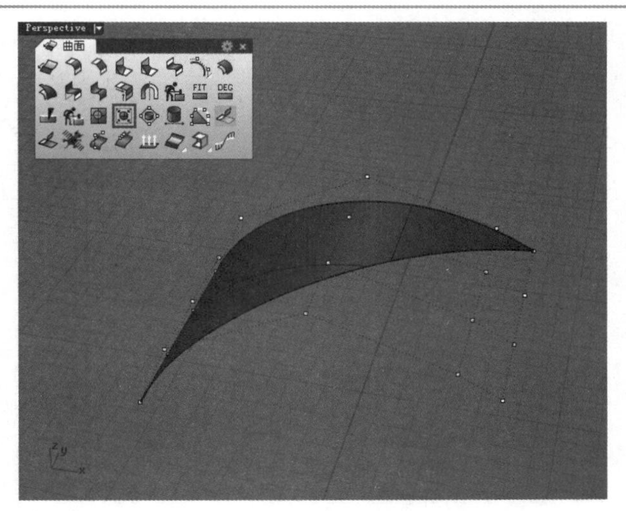

图4-365

缩回曲面就像是平滑地逆向延伸曲面，曲面缩回后多余的控制点与节点会被删除。

4.4.12 取消修剪

很多时候，都需要对已经修剪过的曲面重新进行编辑，这就需要将被修剪的曲面恢复成原样，这时就会用到“取消修剪/分离修剪”工具，工具位置如图4-366所示。

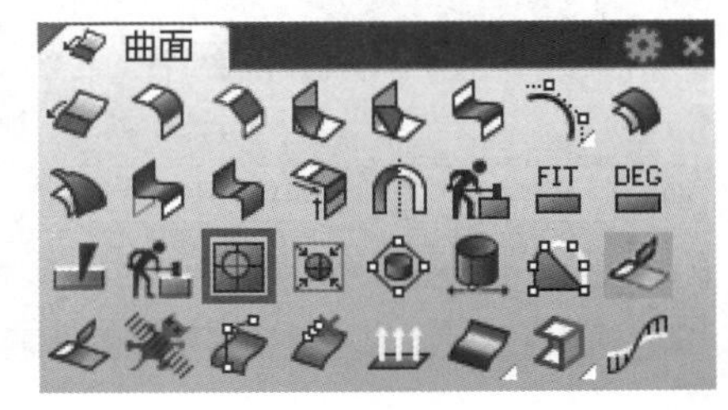

图4-366

使用“取消修剪”工具可以删除曲面的修剪边界，启用工具后选取曲面的修剪边缘并按Enter键确认即可，如图4-367所示。启用该工具后将会看到如图4-368所示的命令选项。

命令选项介绍

保留修剪物件：设置为“是”代表曲面取消修剪后保留修剪曲线；设置为“否”代表曲面取消修剪后删除修剪曲线，如图4-369所示。

全部：只要选取曲面的一个修剪边缘就可以删除该曲面的所有修剪边缘。如果选取的是洞的边缘，同一个曲面上所有的洞都会被删除。

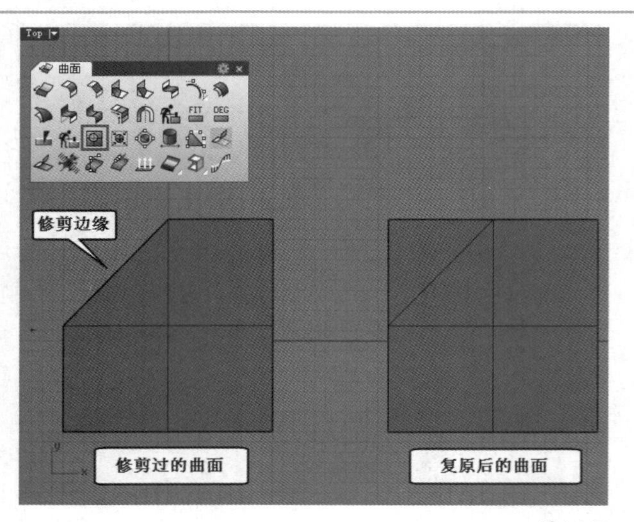

图4-367

```
指令: _Untrim
选取要取消修剪的边缘 ( 保留修剪物件(K)=否  全部(A)=否 ):
```

图4-368

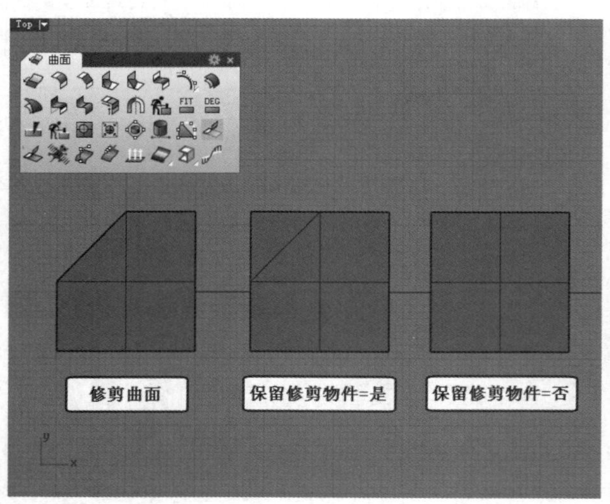

图4-369

4.4.13 连接曲面

使用“连接曲面”工具可以延伸两个曲面并相互修剪，使两个曲面的边缘相接（前提是两个曲面存在交集），如图4-370所示。

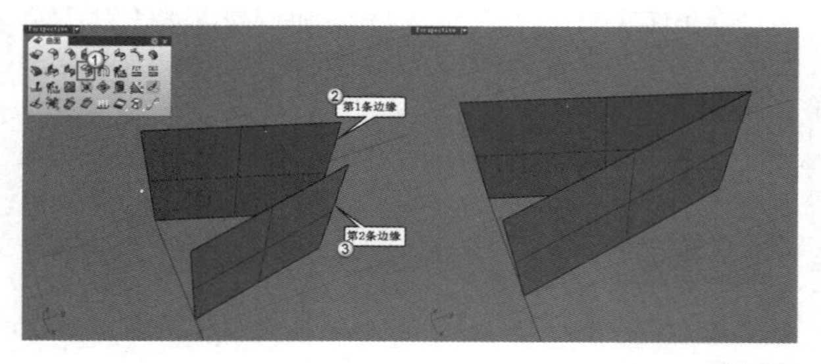

图4-370

4.4.14 对称

对称是指镜像曲线和曲面，使两侧的曲线或曲面相切。使用“对称”工具可以对称镜像物件，工具位置如图4-371所示。该工具的操作方式和“镜射/三点镜射”工具类似，选取需要对称的物件后指定对称平面的起点和终点即可。

图4-371

“对称”工具常常与“记录构建历史”功能配合使用，当编辑一侧的物件时，另一侧的物件会做对称性的改变。

实战

利用对称制作开口储蓄罐

场景位置	无
实例位置	实例文件>第4章>实战——利用对称制作开口储蓄罐.3dm
视频位置	第4章>实战——利用对称制作开口储蓄罐.flv
难易指数	★★☆☆☆
技术掌握	掌握曲面对称变形的方法

本例制作的开口储蓄罐效果如图4-372所示。

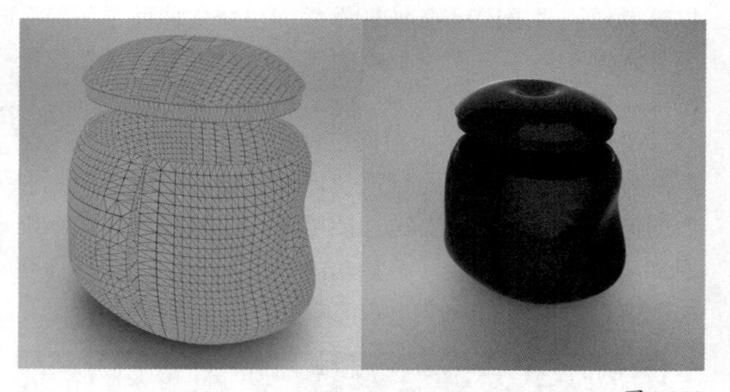

图4-372

01 使用“控制点曲线/通过数个点的曲线”工具在Front（前）视图中绘制如图4-373所示的曲线。

02 使用鼠标左键单击“复制/原地复制物件”工具，在Top（顶）视图中将上一步绘制的曲线复制两条，如图4-374所示。

03 单击“二轴缩放”工具，将中间一条曲线放大，如图4-375所示。

04 再次选择中间的曲线，然后向左侧拖曳一段距离，使中间曲线的端点与两侧曲线端点位置如图4-376所示。

05 单击“放样”工具，然后框选3条曲线，接着按Enter键打开“放样选项”对话框，设置“造型”为“标准”，如图4-377所示，最后单击确定按钮完成操作。

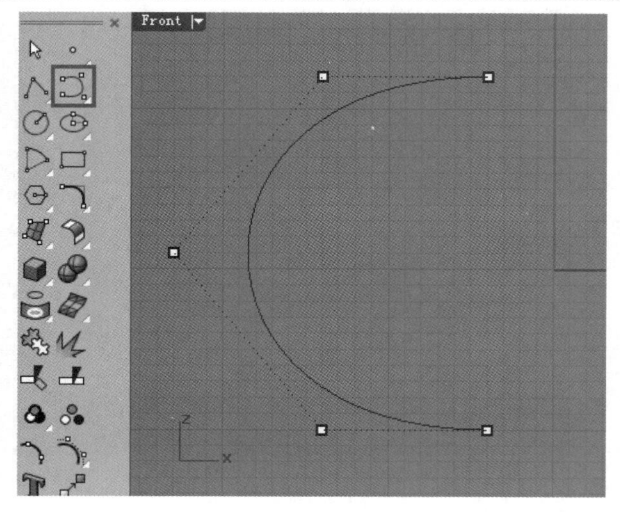

图4-373

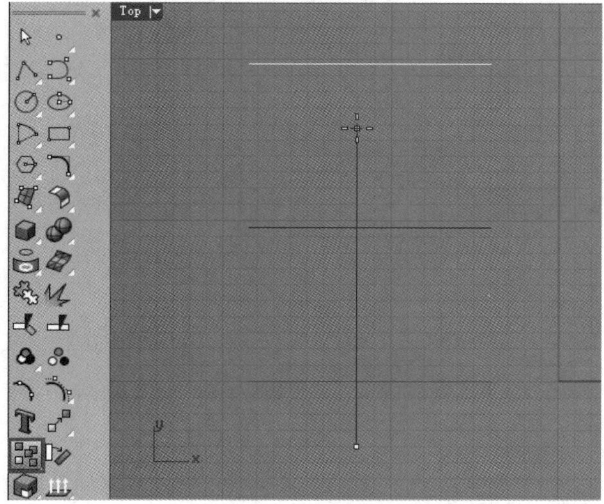

图4-374

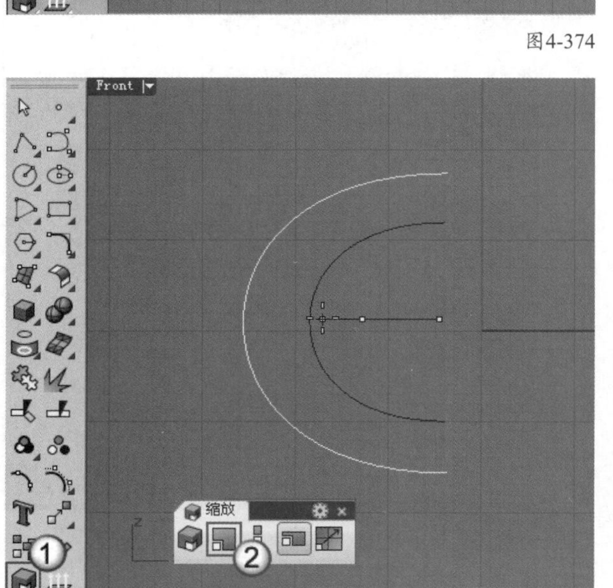

图4-375

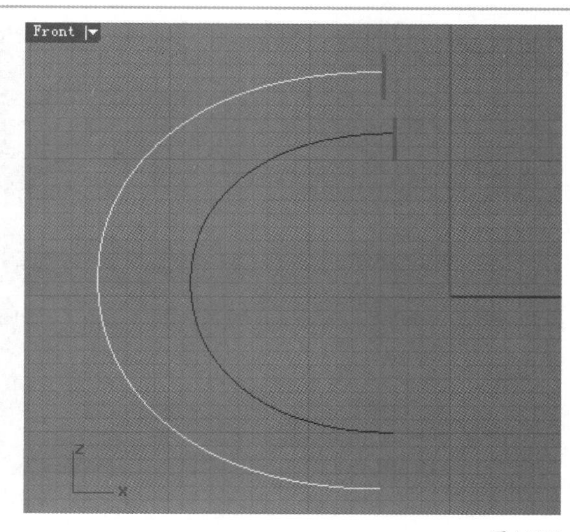

图4-376

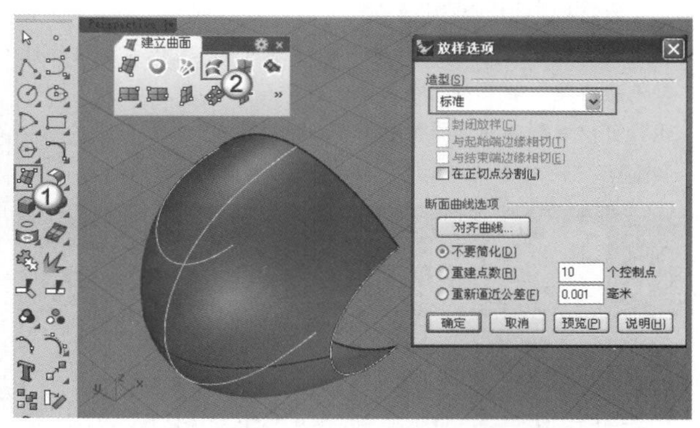

图4-377

06 单击状态栏中的记录建构历史按钮，开启该功能，再开启“正交”功能和“端点”捕捉模式，然后单击“对称”工具，对放样生成的曲面进行对称复制，效果如图4-379所示，具体操作步骤如下。

操作步骤

① 选择曲面的底边。

② 捕捉底边的两个端点作为对称平面的起点和终点，如图4-378所示。

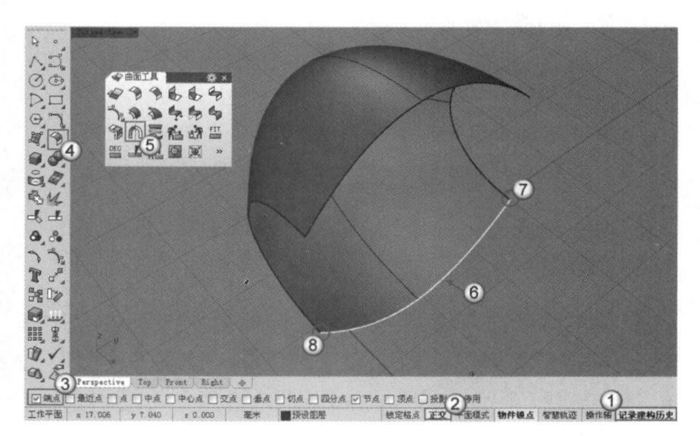

图4-378

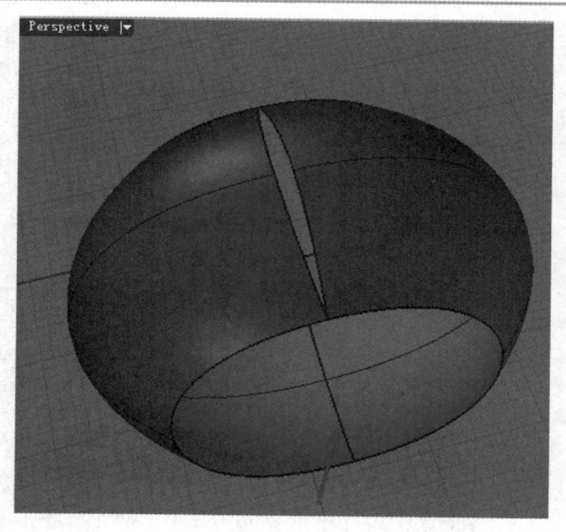

图4-379

图4-379中箭头所指的是用来对称的边，可以看到该处自动无缝对接。如果对两个曲面进行斑马纹分析，如图4-380所示，可以看到两曲面接缝处呈现G2连续。这就是“对称”工具与“镜射/三点镜射”工具最为显著的区别。

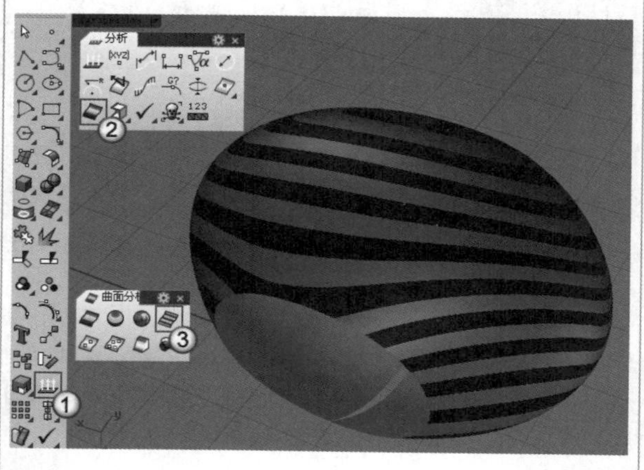

图4-380

07 选择对称前的曲面，按F10键打开控制点，然后选择图4-381所示的控制点向右拖曳，松开鼠标后得到图4-382所示的模型。

由于对称曲面时开启了“记录构建历史”功能，因此可以通过更改原曲面的方式一同更改对称曲面。

08 使用相同的方法继续调整其他控制点，调整后的模型效果如图4-383所示。

09 单击“嵌面”工具，然后选择模型的底边，并按Enter键打开“嵌面曲面选项”对话框，设置“硬度”为8，然后进行预览，如图4-384所示，最后单击确定按钮生成嵌面模型。

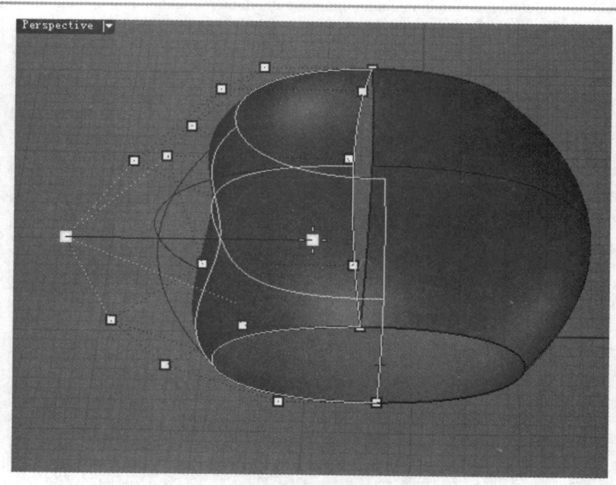

图4-381

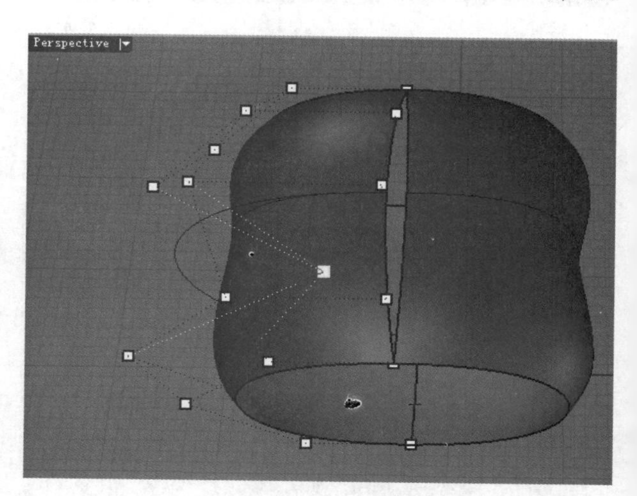

图4-382

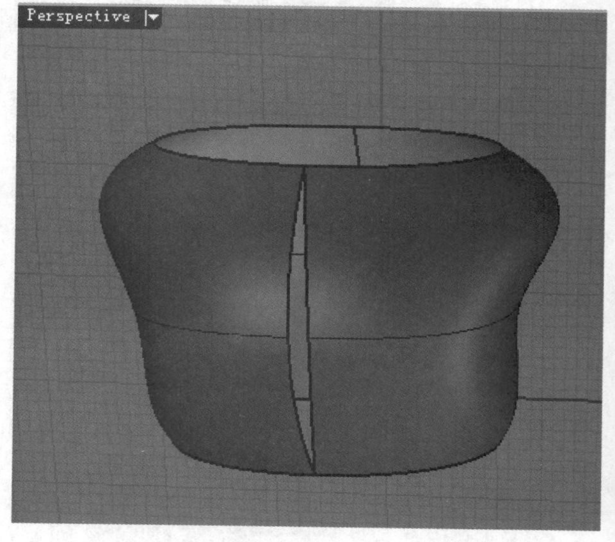

图4-383

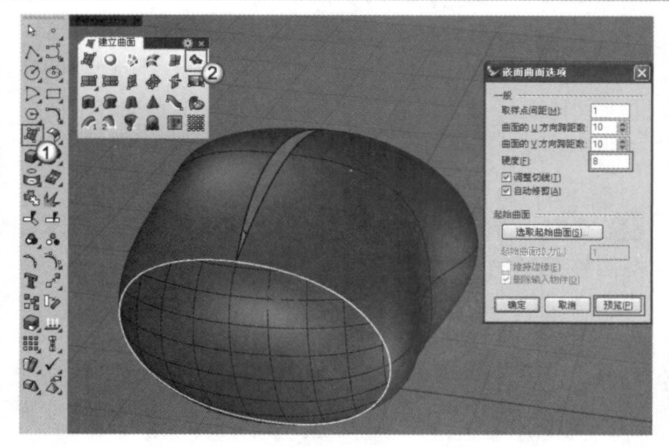

图4-384

10 使用相同的方法在模型的顶部建立嵌面，然后使用鼠标左键单击“缩回已修剪曲面/缩回已修剪曲面至边缘”工具，接着选择顶部和底部的曲面，如图4-385所示，最后按Enter键缩回曲面，得到图4-386所示的效果。

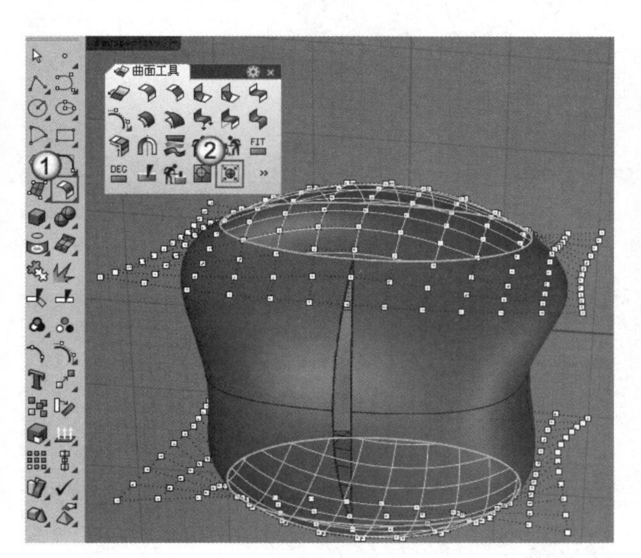

图4-385

11 单击“单轴缩放”工具，参照图4-387对顶部和底部两个曲面中心的控制点进行缩放，完成该曲面造型的调整，效果如图4-388所示。

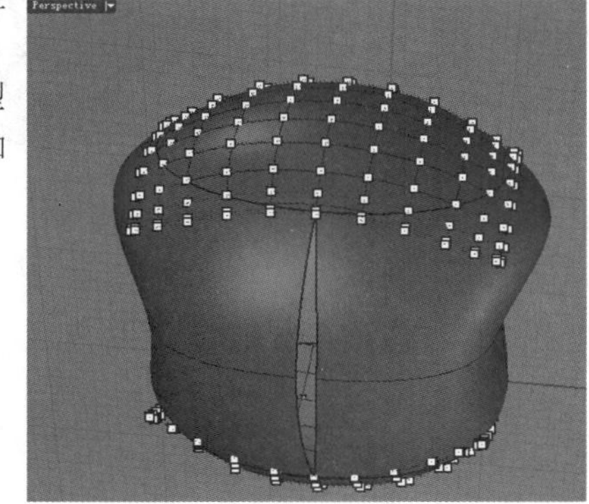

图4-386

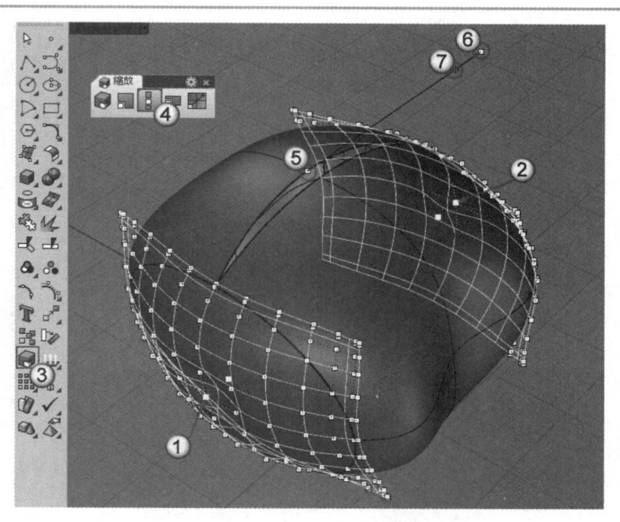

图4-387

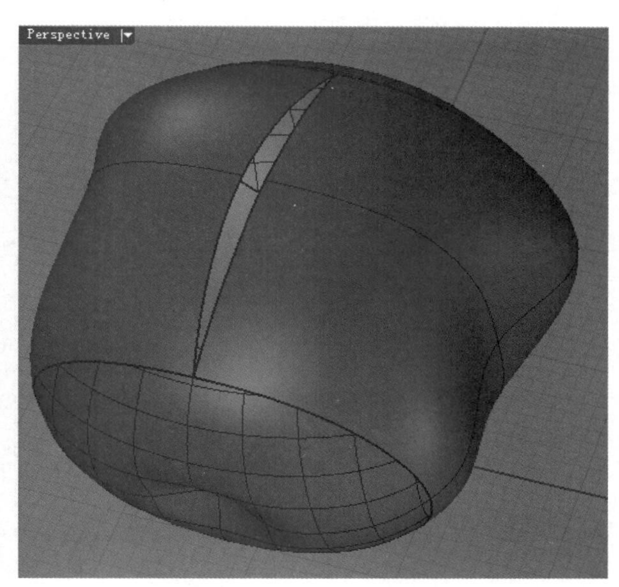

图4-388

12 选择顶部的曲面，然后使用鼠标左键单击“隐藏物件/显示物件”工具，将该曲面隐藏。接着使用“偏移曲面”工具对剩下的3个曲面进行偏移复制，如图4-389所示，具体操作步骤如下。

操作步骤

① 框选3个曲面，按Enter键确认。

② 在命令行单击“距离”选项，设置偏移距离为0.6，然后按Enter键完成操作。

13 单击“放样”工具，将原曲面与偏移曲面之间的对应边线进行放样，如图4-390所示；完成操作后使用“组合”工具将视图中的曲面组合成多重曲面，得到有厚度感的储蓄罐罐身模型，如图4-391所示。

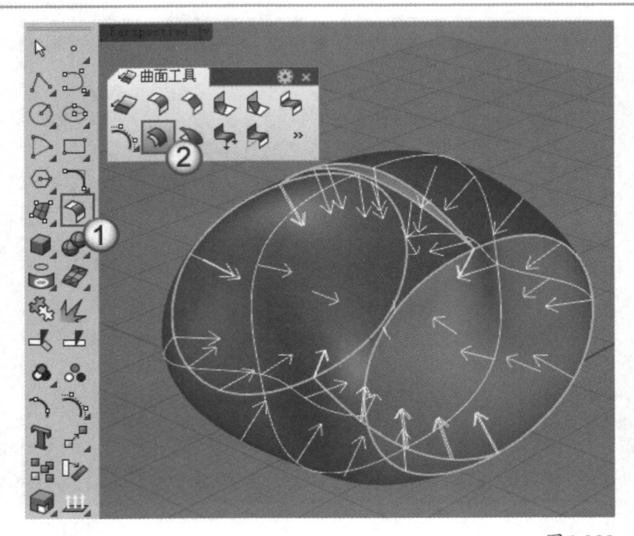

图4-389

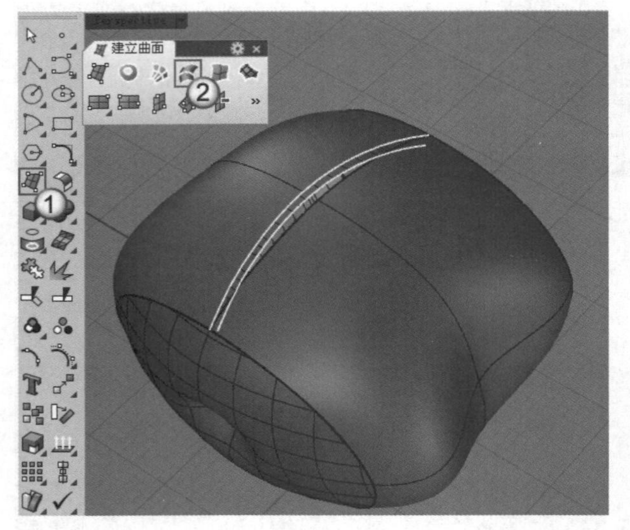

图4-390

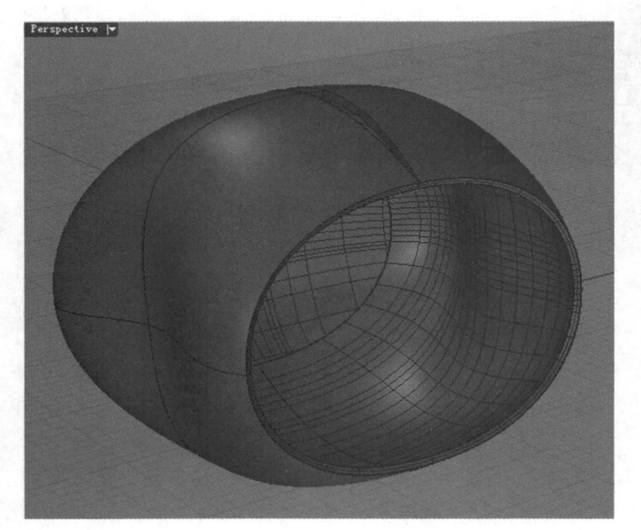

图4-391

14 使用鼠标右键单击“隐藏物件/显示物件”工具，将隐藏的顶端曲面显示出来；然后再将上一步创建的多重曲面隐藏；接下来使用“偏移曲面”工具将顶面向内偏移，偏移距离和前面的相同，如图4-392所示。

15 按空格键或Enter键再次启用“偏移曲面”工具，将偏移得到的曲面和原曲面分别再次向内偏移0.2个单位，得到4个曲面，如图4-393所示。

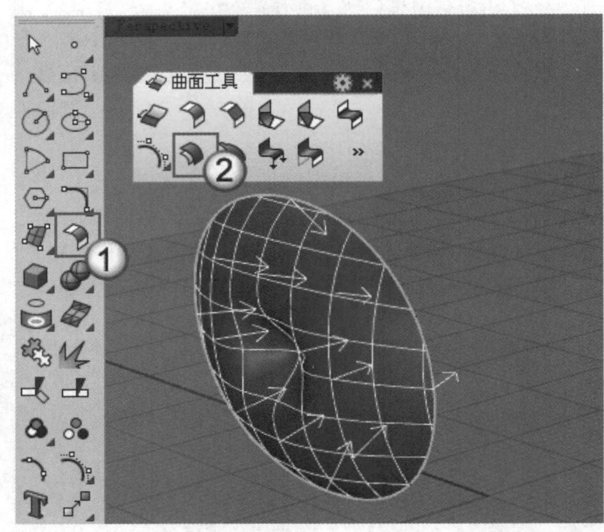

图4-392

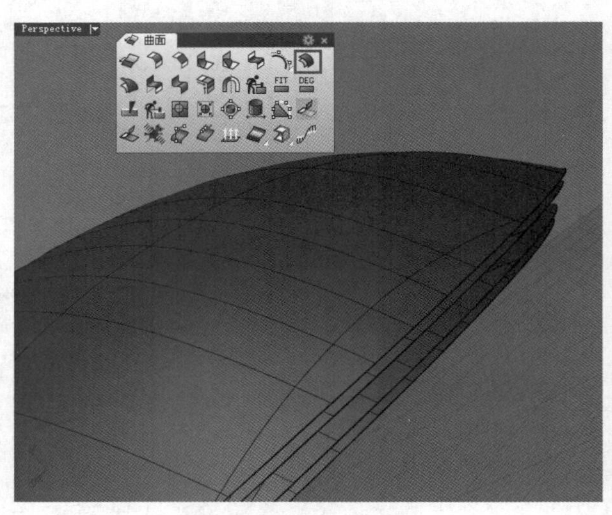

图4-393

16 选择原曲面，按Delete键删除，然后对最外面的两个曲面进行放样，如图4-394所示。

17 单击“直线挤出”工具，对内部两个曲面的边线挤出适当的距离，如图4-395所示。

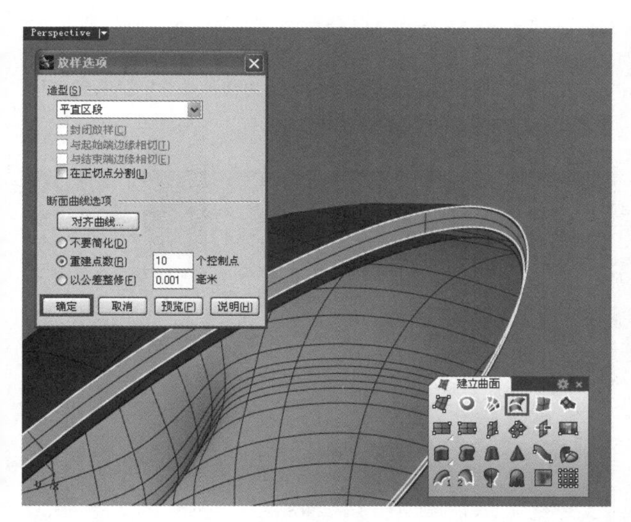

图4-394

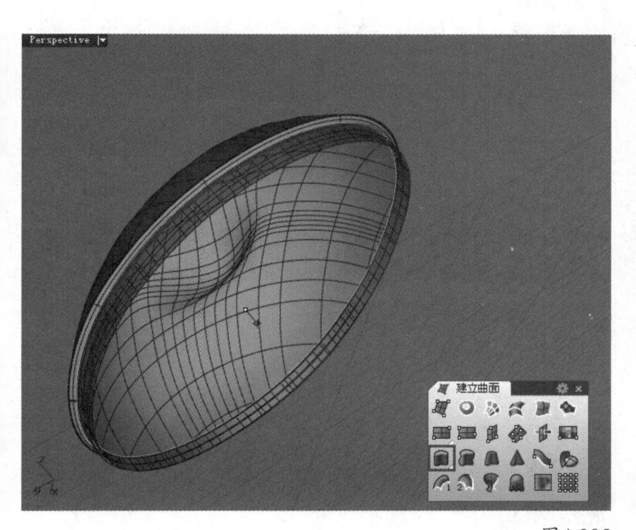

图4-395

18 删除顶部中间的曲面，再对挤出的两个曲面边进行放样，如图4-396所示。

19 使用“组合”工具组合视图中的多重曲面，得到如图4-397所示的储蓄罐顶盖模型。

20 将前面隐藏的储蓄罐罐身模型显示出来，最终的开口储蓄罐模型效果如图4-398所示。

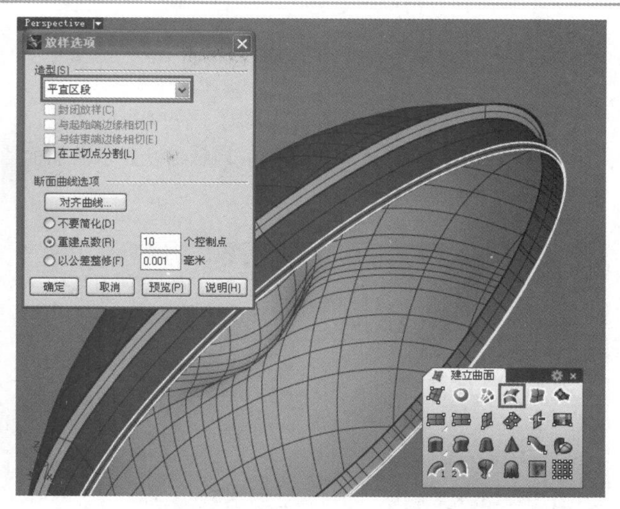

图4-396

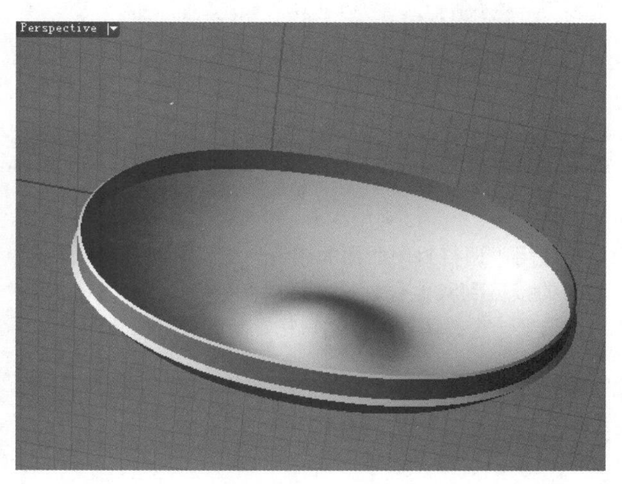

图4-397

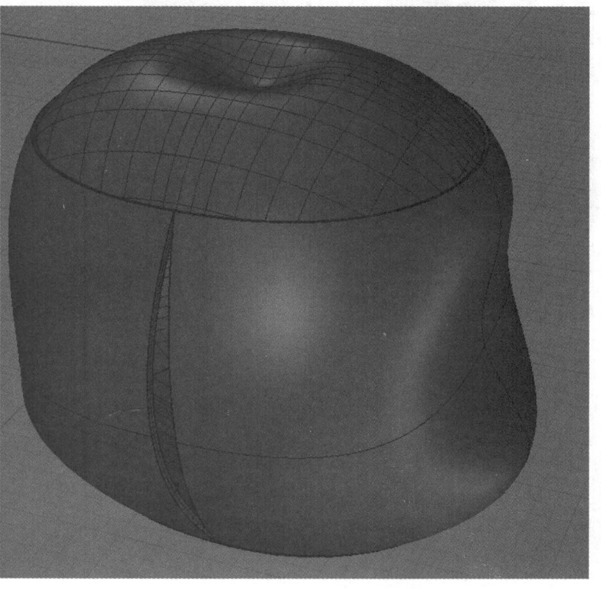

图4-398

★重点★

4.4.15 调整封闭曲面的接缝

曲面的接缝显示为一条曲线，对于一个封闭曲面，使用“显示边缘/关闭显示边缘”工具可以显示曲面的接缝线，如图4-399所示。

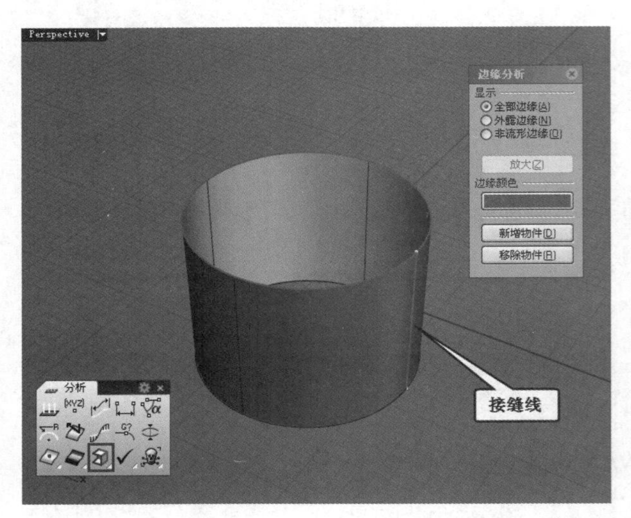

图4-399

使用“调整封闭曲面的接缝”工具可以移动封闭曲面的接缝到其他位置，如图4-400所示。启用该工具后，选取一个封闭曲面，然后指定新的接缝位置即可。

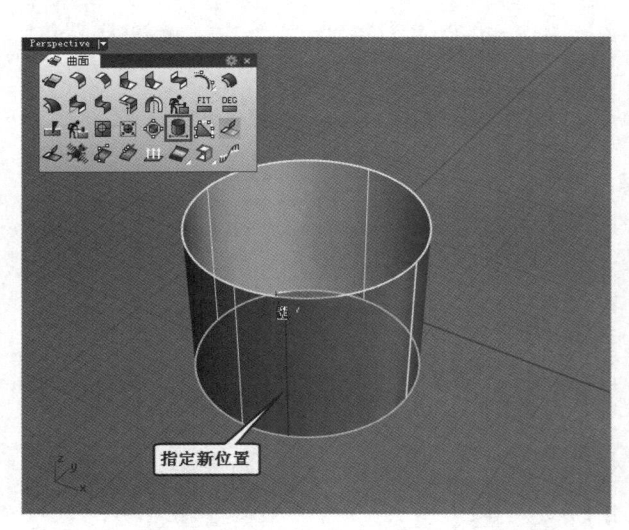

图4-400

4.4.16 移除曲面边缘

使用“移除曲面边缘”工具可以删除曲面的修剪边缘，删除修剪边缘后的曲面不一定会恢复到原始形状，而是根据不同的模式生成不同的形状，有3种模式，如图4-401所示。

```
指令: _RemoveEdge
选取要删除的曲面边缘 ( 保留修剪物件(K)=否  模式(M)=以直线取代 ): 模式
模式 <以直线取代> ( 以直线取代(R)  延伸两侧边缘(E)  选取曲线(S) ):
```

图4-401

命令选项介绍

以直线取代：这种模式以选取的边缘两端之间的直线取代原来的修剪边缘，如图4-402所示。

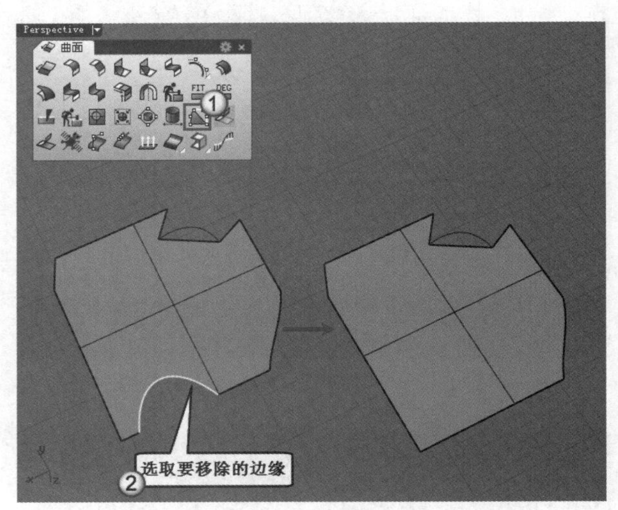

图4-402

注意，这种模式是有一些限制的，如图4-403所示的曲面的修剪边缘就不能被移除，因为该边缘本来就是一条直线。

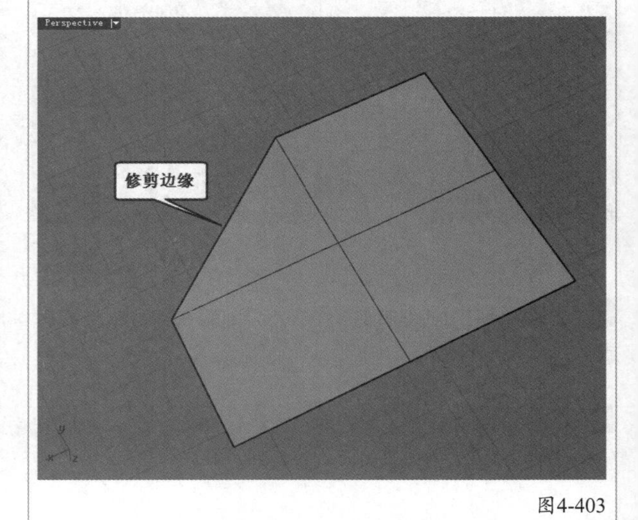

图4-403

延伸两侧边缘：这种模式会延伸两侧边缘作为新的修剪边缘，两侧边缘延伸后的交点必须位于原始曲面的边界内才能成功，如图4-404所示。

选取曲线：这种模式以一条曲线代替要删除的曲面边缘，使用这种模式时必须有一条曲线，并且该曲线的端点与要删除曲面边缘的端点重合，如图4-405所示。

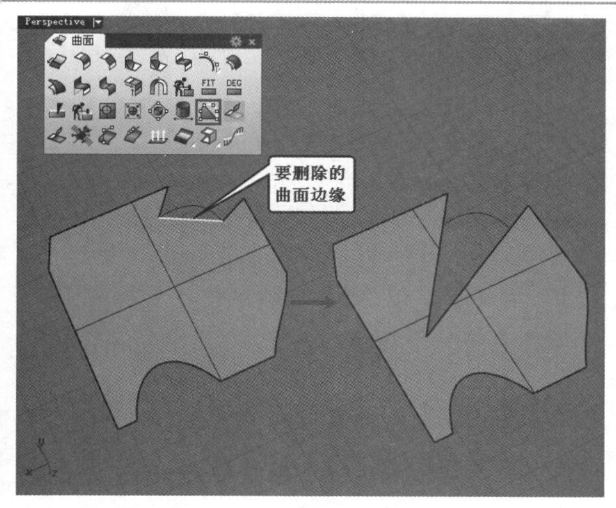

图4-404

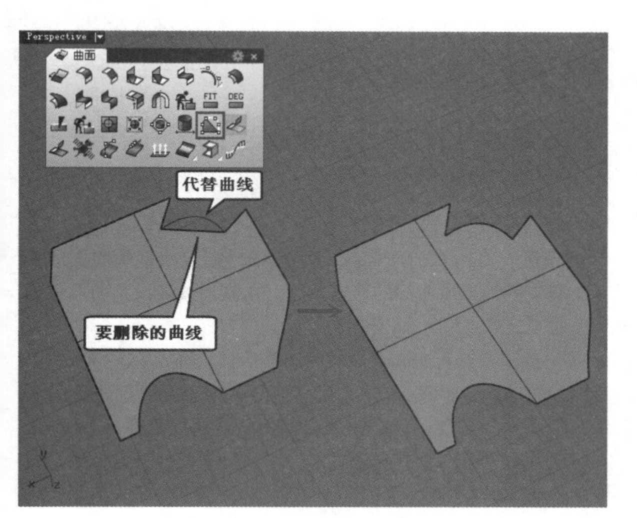

图4-405

4.5 曲面连续性检查

每次将模型部件构建完成后，除了对其细节进行有效编辑之外，还要对曲面品质进行检查。因为曲面的品质直接关系到曲面输出后的质量高低，也关系到最终效果的好坏。好品质的曲面不仅有利于模型的构建，更能让设计师养成合理建模的良好习惯。所以，要认真学习曲面连续性的检测。

Rhino用于检测曲面连续性的工具主要位于"分析"和"曲面分析"工具面板内，如图4-406所示。

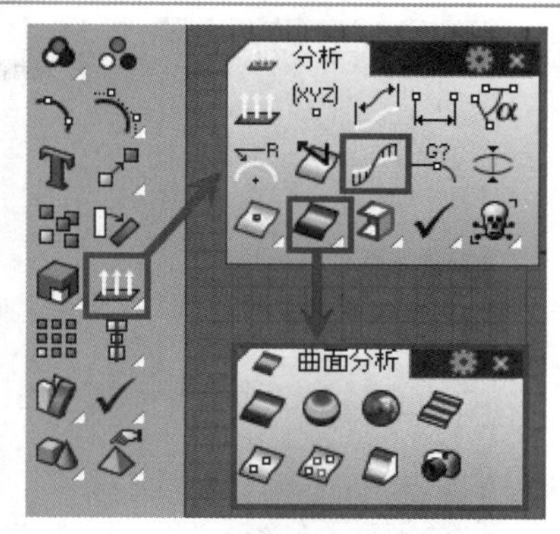

图4-406

4.5.1 曲率图形

上一章我们已经接触过"打开曲率图形/关闭曲率图形"工具，同时也了解了使用该工具可以用图形化的方式显示选取的曲面（曲线）的曲率，并会打开"曲率图形"对话框，如图4-407所示。这一小节来了解如何通过曲率图形分析曲面的连续性。

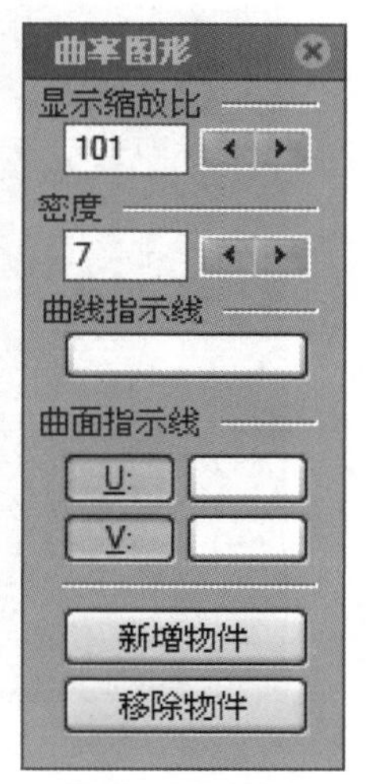

图4-407

曲率图形特定参数介绍

显示缩放比：缩放曲率指示线的长度。指示线的长度被放大后，微小的曲率变化会被夸大，变得非常明显。将该数值设置为100时，指示线的长度和曲率数值为1:1。

密度：设置曲率图形指示线的数量。

曲线指示线：设置曲线的曲率图形的颜色。

曲面指示线：设置曲面的曲率图形的颜色。

U/V：显示曲面U或V方向的曲率图形。

新增物件：加入其他要显示曲率图形的物件。

移除物件：关闭选取物件的曲率图形。

对于曲面的连续性分析，其实可以像分析曲线的连续性一样从其他视图中观察。例如，观察图4-408，从交点处的曲率图形可以看出两个曲面为G0相接，表示两条曲面不连续；而图4-409所示的两个曲面为G1相切连续，因为接点处的曲率图形有落差，不是曲率连接；图4-410所示的两个曲面为G2曲率连续，因为接点处的曲率图形没有落差（虽然两个跨距在相接点的曲率一致，但曲率变化率不一致）。

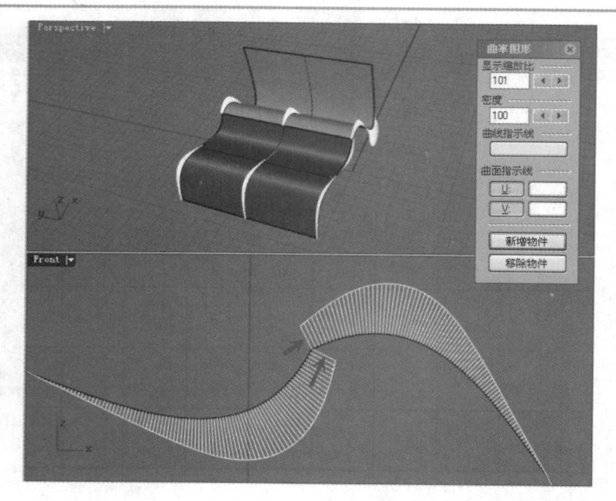

图4-408

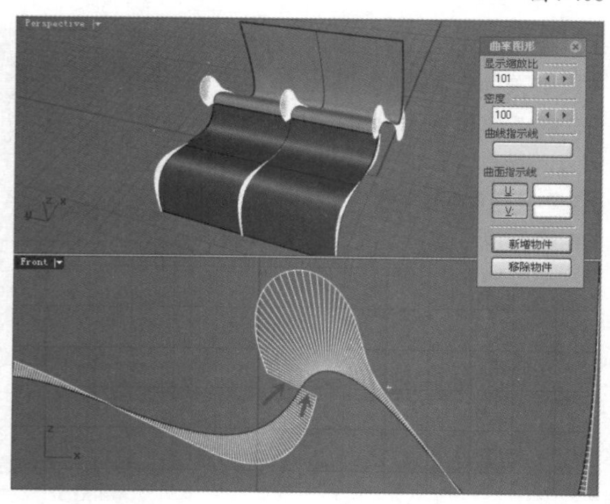

图4-409

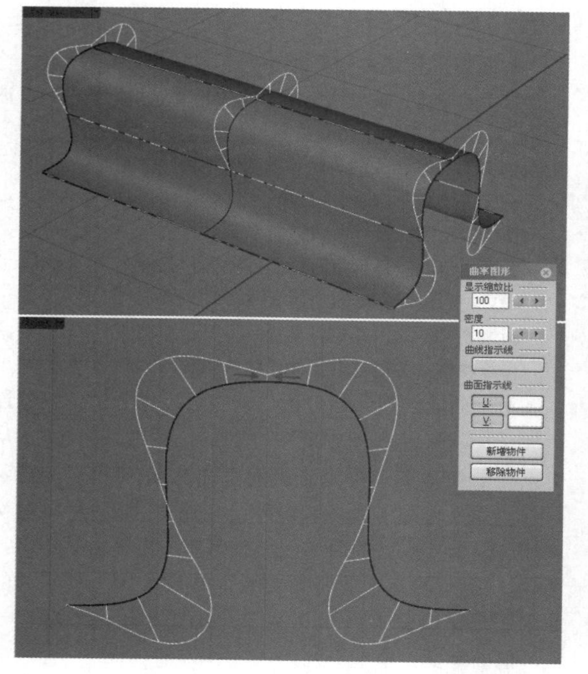

图4-410

4.5.2 曲率分析

曲率分析是指通过在曲面上显示假色来查看曲面的形状是否正常，使用“曲率分析/关闭曲率分析”工具可以在选取的曲面上显示假色，同时将打开“曲率”对话框，如图4-411所示。

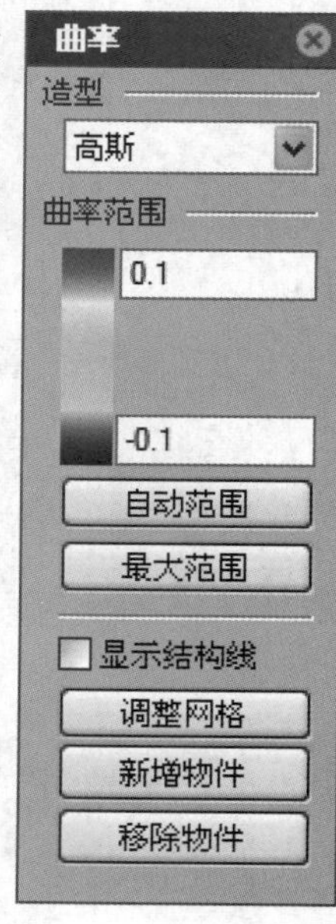

图4-411

曲率特定参数介绍

造型：在本章前面的4.2.1小节中介绍过曲率与曲面的关系，其中就提到了曲面的曲率类型。在这里可以设置曲面上显示的曲率信息类型，有以下4种。

高斯：要查看曲面上显示的曲率信息，首先要了解“曲率范围”中的颜色含义。在“高斯”类型中，绿色以上的部分表示高斯曲率为正数，此类曲面类似碗状；而绿色部分为0，这表示曲面至少有一个方向是直的；绿色以下的部分为负数，曲面的形状类似马鞍状，如图4-412所示。曲面上的每一点都会以“曲率范围”色块中的颜色显示，曲率超出红色范围的会以红色显示，曲率超出蓝色范围的会以蓝色显示。

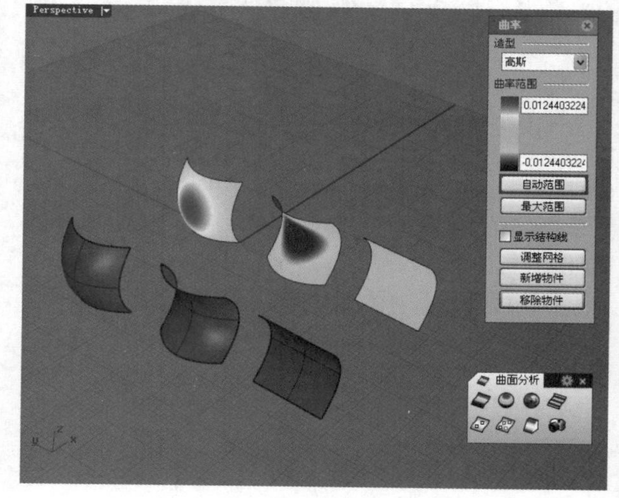

图4-412

平均：显示平均曲率的绝对值，适用于找出曲面曲率变化较大的部分。

最小半径：如果想将曲面偏移一个特定距离r，曲面上任何半径小于r的部分都将会发生问题，如曲面偏移后会发生自交。为避免发生这些问题，可以设置红色=r、蓝色=1.5×r，曲面上的红色区域是在偏移时一定会发生问题的部分，蓝色区域为安全的部分，绿色与红色之间的区域为可能发生问题的部分。

最大半径：这种类型适用于找出曲面较平坦的部分。可以将蓝色的数值设得大一点（10>100>1000），将红色的数值设为接近无限大；那么曲面上红色的区域为近似平面的部分，曲率几乎等于0。

自动范围：对一个曲面的曲率进行分析后，系统会记住上次分析曲面时所使用的设置及曲率范围。如果物件的形状有较大的改变或分析的是不同的物件，记住的设置值可能并不适用。遇到这种情况时，可以使用该按钮自动计算曲率范围，得到较好的对应颜色分布。

最大范围：可以使用该按钮将红色对应到曲面上曲率最大的部分，将蓝色对应到曲面上曲率最小的部分。当曲面的曲率有剧烈的变化时，产生的结果可能没有参考价值。

显示结构线：勾选该选项将显示物体所有选中面的ISO线。

调整网格：单击该按钮可以打开“网格高级选项”对话框，用于调整分析网格，如图4-413所示。

网格高级选项

密度: 0.8
最大角度(M): 20.0
最大长宽比(A): 0.0
最小边缘长度(E): 0.0001
最大边缘长度(L): 0.0
边缘到曲面的最大距离(D): 0.0
起始四角网格面的最小数目(I): 16

☑精细网格(R)
☐不对齐接缝顶点(J)　☐贴图座标不重叠(X)
☐平面最简化(S)

确定　取消　说明　预览(P)　简易设置(C)...

图4-413

图4-413中的参数大家可能会觉得熟悉，因为我们在第1章的1.4.1小节就进行过讲解。需要说明的是，即使所分析的曲面没有分析网格存在，Rhino也会以“Rhino选项”对话框下“网格”面板中的设置在工作视图中建立不可见的分析网格，如图4-414所示。

此外，曲面分析网格会储存在Rhino的文件里，这些网格可能会让文件变得很大。因此在保存时可以选择“仅储存几何图形”选项，或通过执行“查看>更新着色网格”菜单命令清除文件中的分析网格。

分析自由造型的NURBS曲面时，必须使用较精细的网格才可以得到较准确的分析结果。

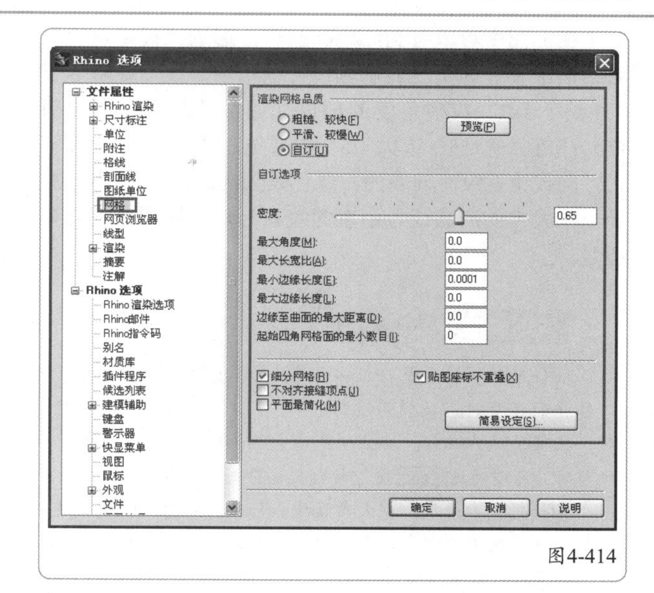

图4-414

新增物件：加入一个分析物件。

移除物件：去除一个正在分析的物件。

4.5.3 拔模角度分析

拔模角度是为了帮助从模具中取出成品，对于与模具表面直接接触并垂直于分型面的产品特征，需要有锥角或拔模角度，从而允许适当地顶出。该拔模角度会在模具打开的瞬间产生间隙，从而让制件可以轻松地脱离模具。如果在设计中不考虑拔模角度，那么由于热塑性塑料在冷却过程中会收缩，将紧贴在模具型芯或公模上很难被正常地顶出。如果能仔细考虑拔模角度和合模处封胶，则通常很有可能避免侧向运动，并节约模具及维修成本。

在Rhino中，对于制作好的模型可以通过“拔模角度分析/关闭拔模角度分析”工具来分析其拔模角度，如图4-415所示（两组模型一样，其中一组进行了拔模角度分析）。

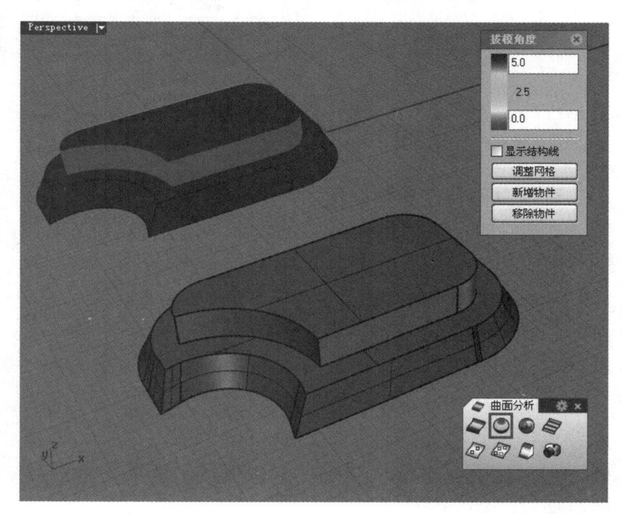

图4-415

在上图中可以看到红色和蓝色，通过“拔模角度”对话框中设置的角度显示颜色可以知道。红色表示等于0°或小于0°拔模角度的部位（通常就是有问题的部位）；蓝色就是5°或大于5°的部位，通常来说对于*z*轴正方向拔模是没有问题的；绿色是大约2.5°的部位，对于一些大件的产品或者由表面咬花处理的模型可能会有问题。

物件的拔模角度是以工作平面为计算依据的，当曲面与工作平面垂直时，拔模角度为0°。当曲面与工作平面平行时，拔模角度为90°。当拔模角度分析的颜色显示无法看出细节时，可以通过调整网格按钮提高分析网格的密度。

如果将最小角度和最大角度设成一样的数值，物件上所有超过该角度值的部分都会显示为红色，此外，曲面的法线方向和模具的拔模方向是一致的。

4.5.4 环境贴图

使用“环境贴图/关闭环境贴图”工具可以开启环境贴图曲面分析，用于分析曲面的平滑度、曲率和其他重要的属性。例如，在某些特殊的情况下可以看出其他分析工具和旋转视图所看不出来的曲面缺陷。

启用“环境贴图/关闭环境贴图”工具后，选取要显示环境贴图的物件，然后按Enter键确认，此时将打开“环境贴图选项”对话框，如图4-416所示。

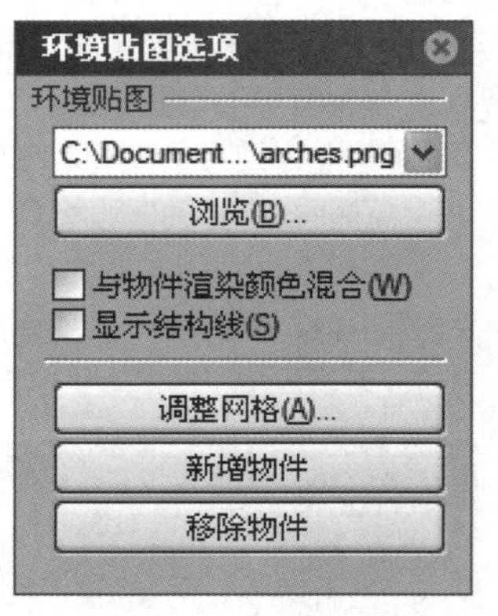

图4-416

环境贴图特定参数介绍

环境贴图：通过下拉列表可以选择不同的环境贴图来测试，也可以通过浏览(B)...按钮选择需要的贴图。

与物件渲染颜色混合：主要指将环境贴图与物件的渲染颜色混合，从而模拟不同的材质和环境贴图的显示效果。换句话说，模拟不同的材质时，请使用一般的彩色位图，并开启该选项。

图4-417所示是对开口储蓄罐和一个曲面进行环境贴图检查，通过观察曲面上反射物体景象的连续影像来判断，开口储蓄罐上的环境贴图影像连续，而曲面上的环境影像有折断。

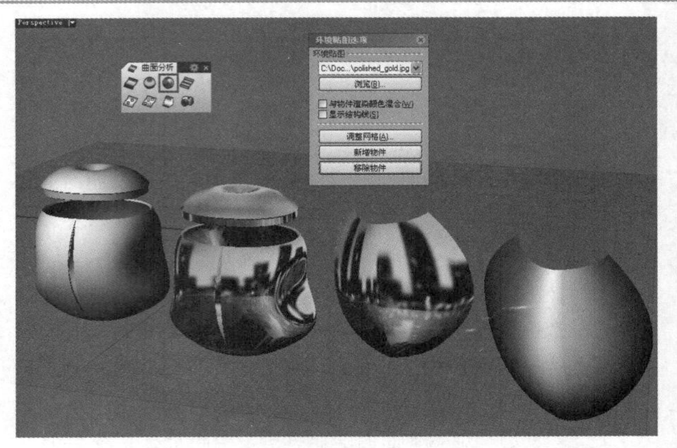

图4-417

20 技术专题：什么是环境贴图影像

环境贴图的影像是以摄影机在不同的环境中拍摄镜面金属球所得到的照片，如图4-418所示。

图4-418

将一张平面的照片修改成圆形的是无法达到上图所示的效果的，因为这样做出来的图片并没有撷取到整个周围的环境。

在日常的生活中，可以找出许多外表为镜面材质的物品，如豆浆机等，仔细观察其表面如何反射周围环境，进一步了解这个原理：当看着该物件的中心点时，可以看到自己的影像；但在物件边缘处反射的影像几乎是来自物件的后方，使得镜面球体上反射的是扭曲变形的周围（球体前方、侧面、后方）环境的影像，所有的反射物件都有这种现象。

4.5.5 斑马纹分析

在前面的内容中曾经介绍过斑马纹分析，大家应该已经有了一定的了解。所谓斑马纹分析，其实是指在曲面或网格上显示分析条纹（斑马纹），其主要意义在于对曲面的连续性进行分析。

如G0连续的两个曲面，其相接边缘处的斑马纹会相互错开，如图4-419所示；G1连续的两个曲面，边缘处的斑马纹相接但有锐角，两个曲面的相接边缘位置相同，切线方向也一样，如图4-420所示；G2连续的两个曲面，相接边缘处的斑马纹平顺地连接，两个曲面的相接边缘除了位置和切线方向相同以外，曲率也相同，如图4-421所示。

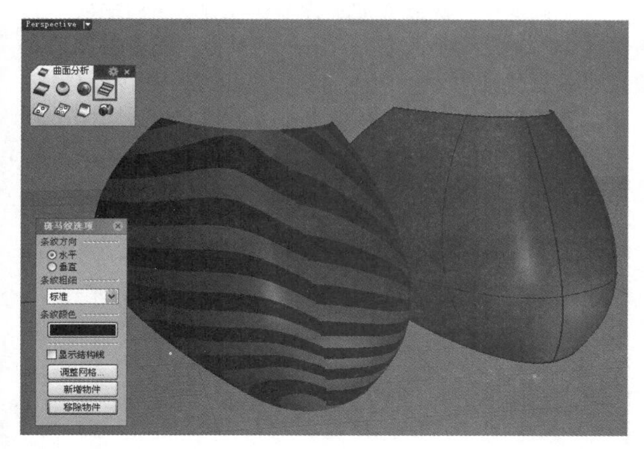

图4-419

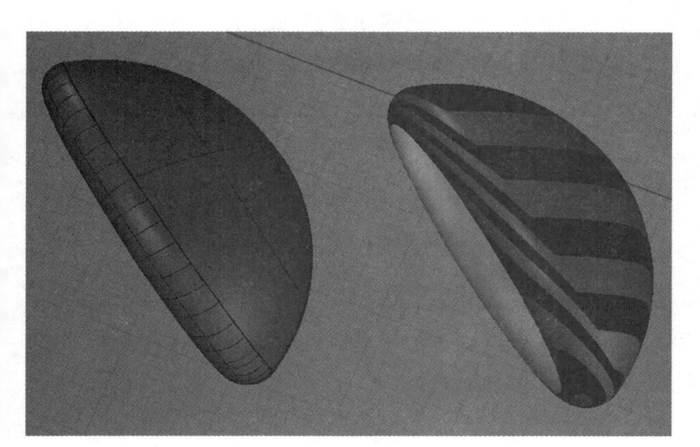

图4-420

图4-421

使用“曲面圆角”工具建立的曲面通常具有G1连续特性；使用“混接曲面”工具、“衔接曲面”工具和“从网线建立曲面”工具建立的曲面通常具有G2连续特性。

通过曲率图形也可以分析曲面的连续性，但通过斑马纹从视觉上要更直观一些。

使用“斑马纹分析/关闭斑马纹分析”工具对曲面进行分析时，将打开“斑马纹选项”对话框，通过该对话框中的参数可以设置条纹的方向、粗细和颜色等，如图4-422所示。

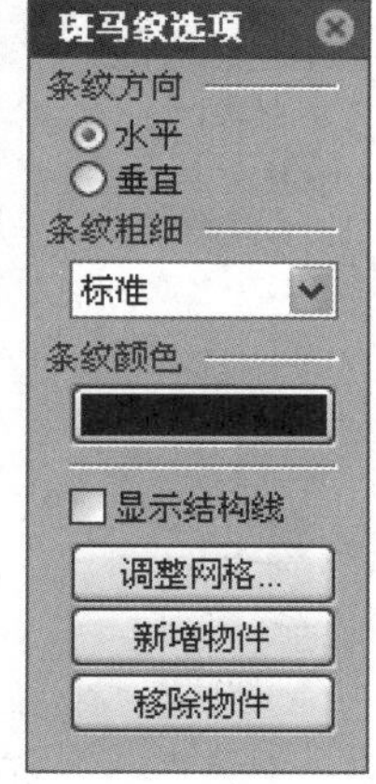

图4-422

4.5.6 以UV坐标建立点/点的UV坐标

如果要以UV坐标在曲面上建立点，可以使用“以UV坐标建立点/点的UV坐标”工具。该工具具有两个功能，左键功能是通过输入介于定义域之间的U、V坐标值来建立点，定义域由所选取的曲面上曲线起点及终点的参数值定义，建立点后在命令行会显示该点的世界坐标和工作平面坐标，如图4-423所示。

```
指令: _PointsFromUV
选取要测量的曲面 ( 建立点(C)=是  标准化(N)=否 ):
输入介于 0.000 与 19.000 之间的 U 值 ( 建立点(C)=是  标准化(N)=否 ): 12
输入介于 0.000 与 22.804 之间的 V 值 ( 建立点(C)=是  标准化(N)=否 ): 20
该点的 世界座标 = 19.295,-7.789,0.000 工作平面座标 = 19.295,-7.789,0.000
```

图4-423

“以UV坐标建立点/点的UV坐标”工具的右键功能是在所选取的曲面上任意建立点，命令行会显示该点的UV坐标，如图4-424所示。

```
指令: _EvaluateUVPt
选取要取得 UV 值的曲面 ( 建立点(C)=是  标准化(N)=否 ):
要测量的点 ( 建立点(C)=是  标准化(N)=否 ):
该点的 UV 座标 = 6.900, 6.449
要测量的点，按 Enter 完成 ( 建立点(C)=是  标准化(N)=否 ):
该点的 UV 座标 = 12.274, 5.593
```

图4-424

4.5.7 点集合偏差值

使用“点集合偏差值”工具可以分析并回报点物件、控制点、网格顶点与曲面的距离，方法为选取要分析的点，右键确定，然后选取要测试的曲线、曲面和多重曲面，右键确定，此时将打开“点/曲面偏差值”对话框，在该对话框中可以改变偏差值设置，点物件和指示线的颜色会随着偏差值设置而改变，如图4-425所示。

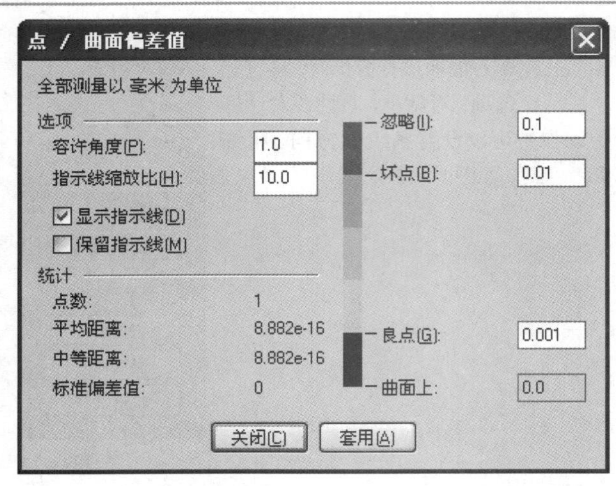

图4-425

点/曲面偏差值特定参数介绍

容许角度：对于没有曲线或曲面法线通过的点，如果位于曲线端点或曲面边缘法线容许角度范围内也会被测量，默认值为1°，设为180°时，所有的点都会被测量。

指示线缩放比：点到曲线或曲面的指示线长度会因为这里的设置值而被放大，默认值为10。

显示指示线：显示所有条件符合的点的指示线。

保留指示线：结束命令后将保留指示线，这些指示线会被放在名称为“点测试：<颜色>”的图层上。

忽略：超过这个距离的点会被忽略。

坏点：超过这个距离的点会显示为红色或被忽略。

良点：这个距离以内的点会显示为蓝色。

曲面上：位于曲线或曲面上的点也会显示为蓝色。

套用(A)：改变对话框中的设置以后，单击该按钮重新计算指示线。

4.5.8 厚度分析

使用“厚度分析/关闭厚度分析”工具可以对曲面的厚度进行分析，如图4-426所示。

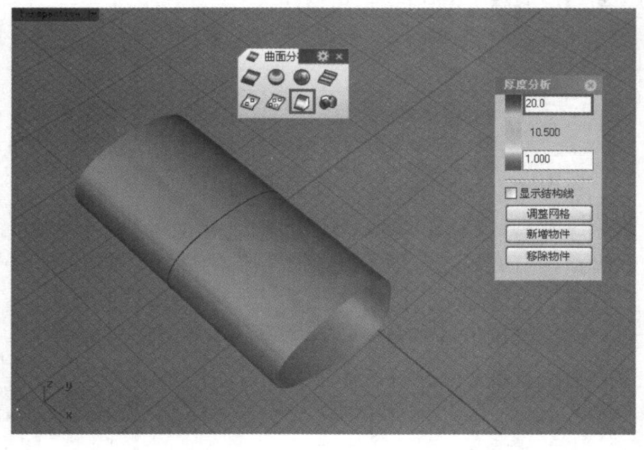

图4-426

4.5.9 撷取作业视窗

“撷取作业视窗至文件/撷取作业视窗至剪贴板”工具实际上是一个截图工具，使用鼠标左键单击该工具可以保存当前作业视图中的画面为位图，如图4-427所示；使用鼠标右键单击该工具可以将当前作业视图中的画面存储到Windows应用程序的剪贴板中（使用Ctrl+V组合键可以将剪贴板中的图像粘贴到其他文件中）。

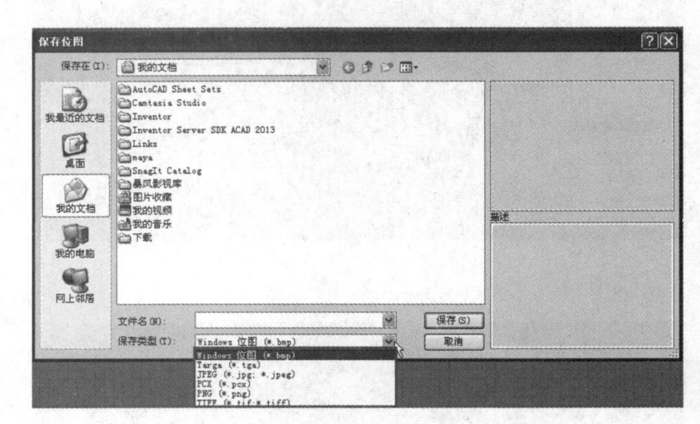

图4-427

4.6 综合实例——烧水壶建模表现

场景位置	无
实例位置	实例文件>第4章>综合实例——烧水壶建模表现.3dm
视频位置	第4章>综合实例——烧水壶建模表现.flv
难易指数	★★★★☆
技术掌握	掌握旋转、放样、扫描等创建曲面的方法和曲面编辑技巧

本例通过制作一个烧水壶模型为大家展示曲面建模的各种方法和技巧，图4-428所示是本例的着色效果和渲染效果。

图4-428

4.6.1 制作壶盖和壶身

01 使用“控制点曲线/通过数个点的曲线”工具在Front（前）视图中绘制一条竖直线和一条表示壶盖的截面线，如图4-429所示。

02 按空格键或Enter键再次启用“控制点曲线/通过数个点的曲线”工具，绘制表示壶身的曲线，如图4-430所示。

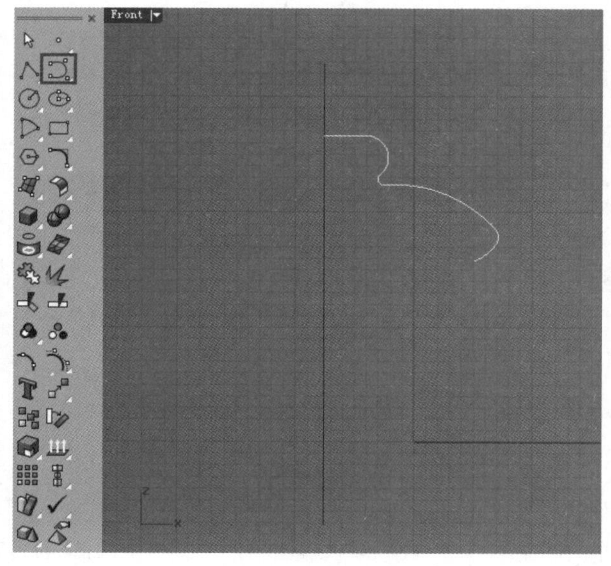

图4-429

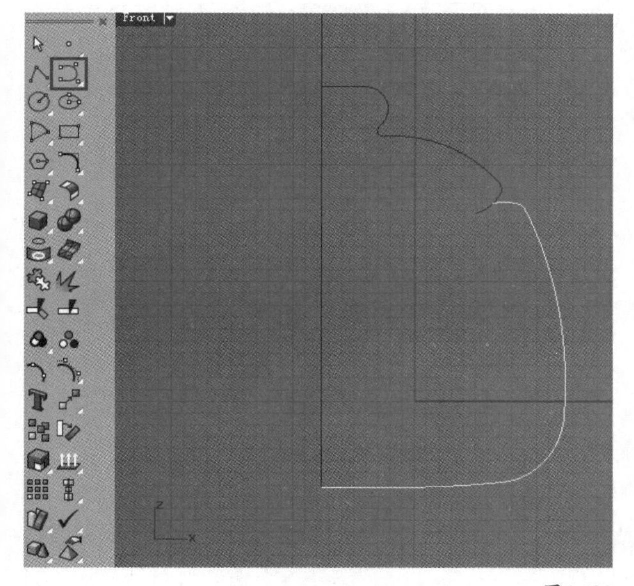

图4-430

绘制曲线的时候可以按F10键打开控制点进行调节。

03 使用鼠标左键单击"旋转成形/沿路径旋转"工具，将表示壶盖和壶身的曲线旋转生成曲面模型，效果如图4-432所示，具体操作步骤如下。

操作步骤

① 选择表示壶盖的曲线和表示壶身的曲线，按Enter键确认。

② 捕捉竖直线的两个端点确定旋转轴，然后按两次Enter键完成操作，如图4-431所示。

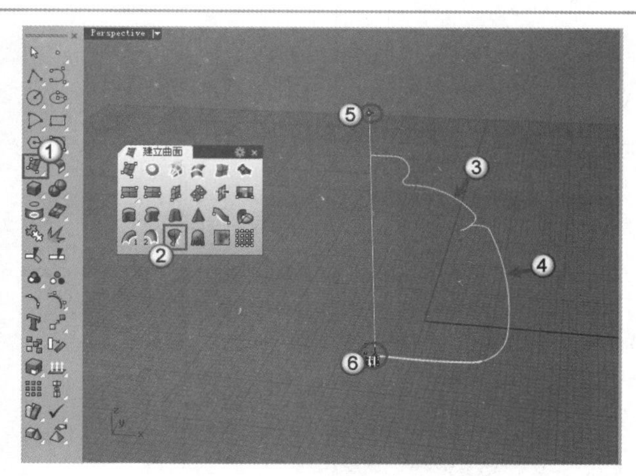

图4-431

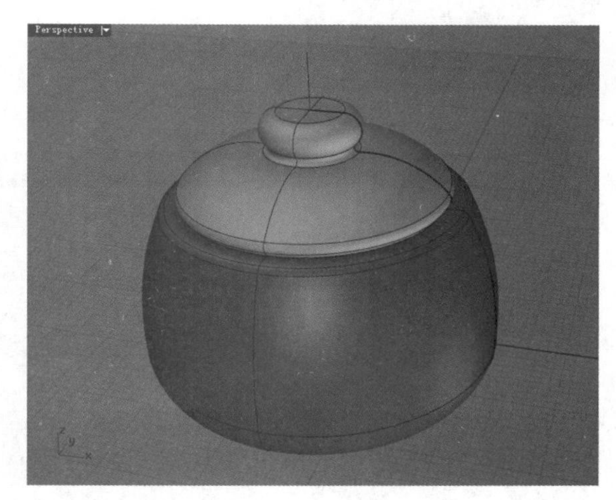

图4-432

04 从图4-432中可以看出壶盖的法线方向是指向壶内的，因此选择壶盖曲面，然后使用鼠标右键单击"分析方向/反转方向"工具，结果如图4-433所示。

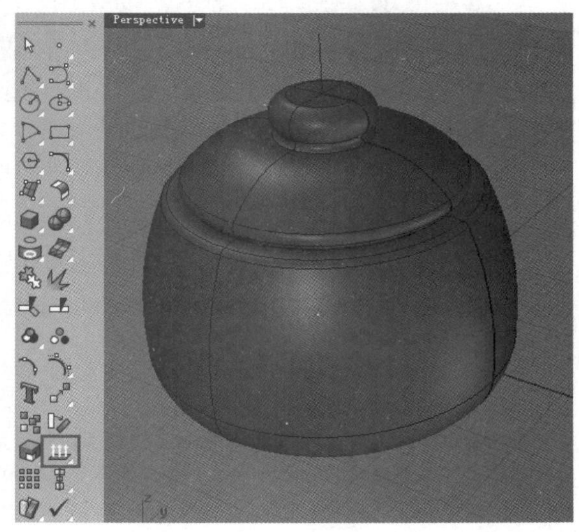

图4-433

05 选择壶身和壶盖曲面，然后在“图层”面板的“图层01”上单击鼠标右键，并在弹出的菜单中选择“改变物件图层”选项，将壶身和壶盖曲面移动到“图层01”中，如图4-434所示。

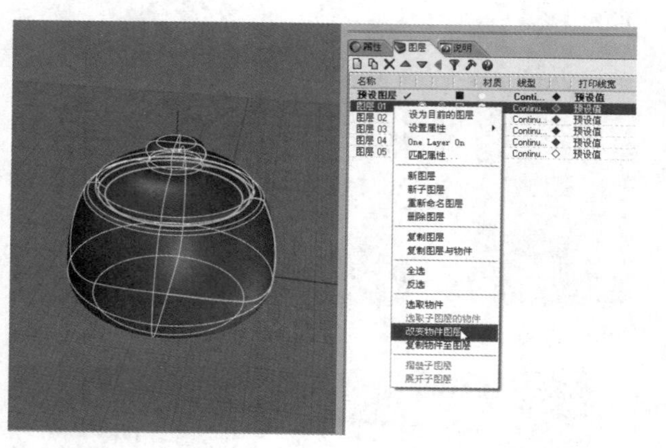

图4-434

21 技术专题：通过圆弧和圆角方式绘制复杂曲线

前面绘制壶身和壶盖的截面曲线时，由于曲线的形态有些复杂，因此调整控制点时可能不太容易把握，而且可能会觉得有些烦琐。这里介绍另外一种相对容易把握的绘制方法，以绘制壶盖的曲线为例。

首先使用“圆弧：起点、终点、起点的方向/圆弧：起点、起点的方向、终点”工具绘制如图4-435所示的3段圆弧。

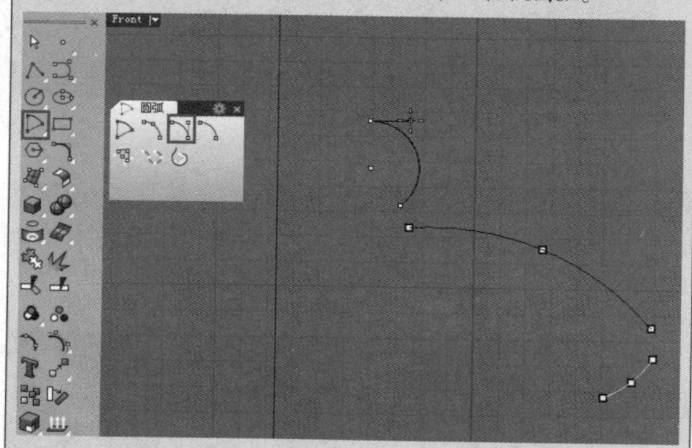

图4-435

单击“曲线圆角”工具，对上面的两段圆弧进行圆角处理，圆角半径为0.5；接着再对下面两段圆弧进行圆角处理，圆角半径为1，如图4-436所示。

使用鼠标左键单击“控制点曲线/通过数个点的曲线”工具，捕捉最上面一段圆弧的端点向左绘制一条直线作为壶盖顶部的截面线，如图4-437所示。

接下来处理顶部圆弧与直线相交的方式，首先将顶部的圆弧删除，如图4-438所示。

单击“圆：与数条曲线正切”工具，然后捕捉图4-438中A直线的右端点为第1条相切曲线的位置，再捕捉圆弧B的上端点为第2条相切曲线的位置，接着按Enter键完成圆的绘制，如图4-439所示。

使用鼠标左键单击“分析”工具面板中的“半径/曲率”工具，然后在上一步绘制的圆上单击拾取一点，可以看到圆的半径为1.894，如图4-440所示。

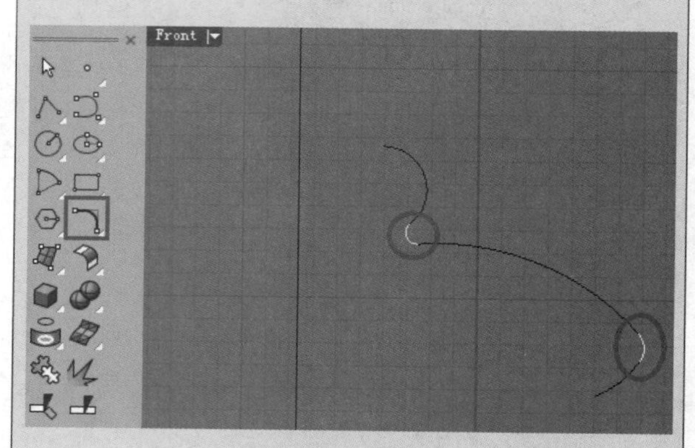

图4-436

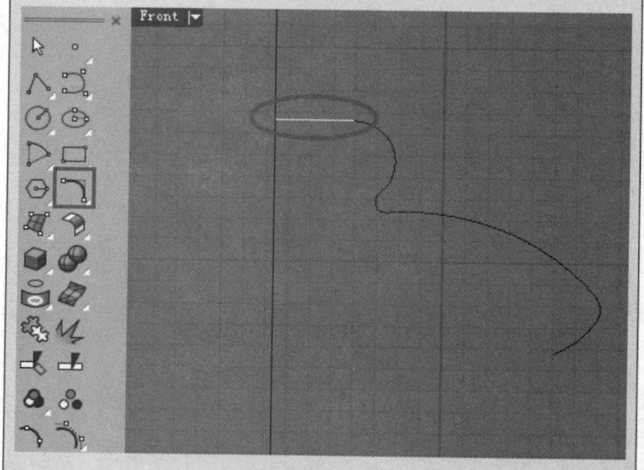

图4-437

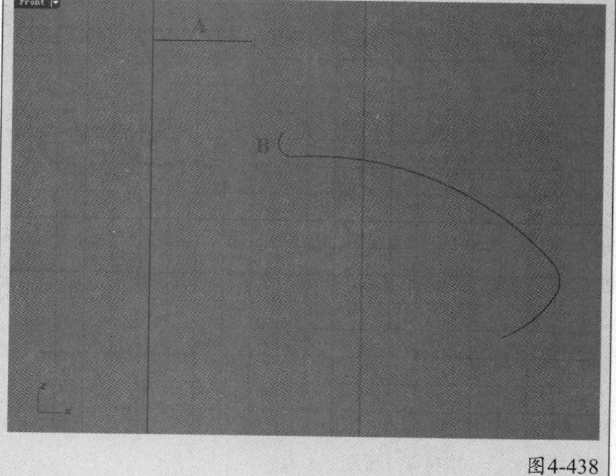

图4-438

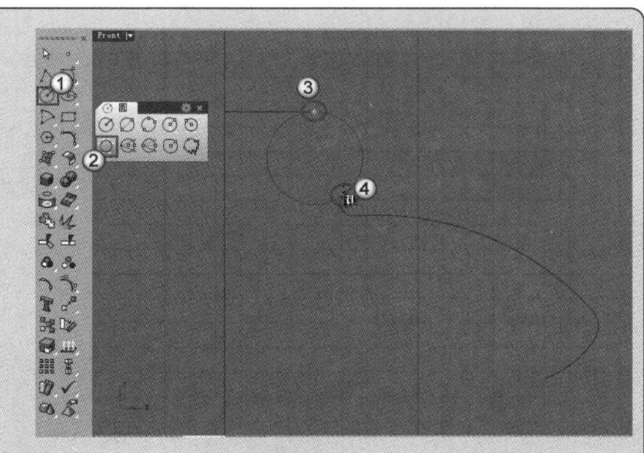

图4-439

```
指令: _Radius
指定曲线上要测量半径的点，按 Enter 完成 ( 选取曲线(S) 标示半径测量点(M)=否 ):
直径 = 3.787
半径 = 1.894
指定曲线上要测量半径的点，按 Enter 完成 ( 选取曲线(S) 标示半径测量点(M)=否 ):
```

图4-440

将绘制的圆删除，然后使用鼠标右键单击“圆弧：与数条曲线正切/圆弧：正切、正切、半径”工具，接着捕捉直线的右端点确定第1条相切线，再捕捉弧线的上端点确定第2条相切线，最后在命令行输入1.894确定圆弧半径，并将鼠标指针移动到图4-441所示的位置确定圆弧的方向。

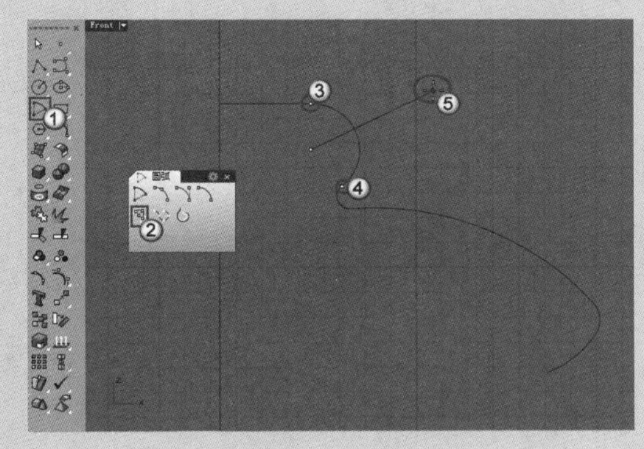

图4-441

利用“曲线圆角”工具对每两条线段的交接处进行圆角处理，圆角半径为0。这样可以防止线段之间的断开与错位，保证线与线之间是端点连接的。最后再使用“组合”工具将壶盖截面线组合，如图4-442所示。

图4-442

4.6.2 制作壶嘴

01 在“图层01”中单击按钮，使其变为状，隐藏壶盖和壶身曲面，如图4-443所示。

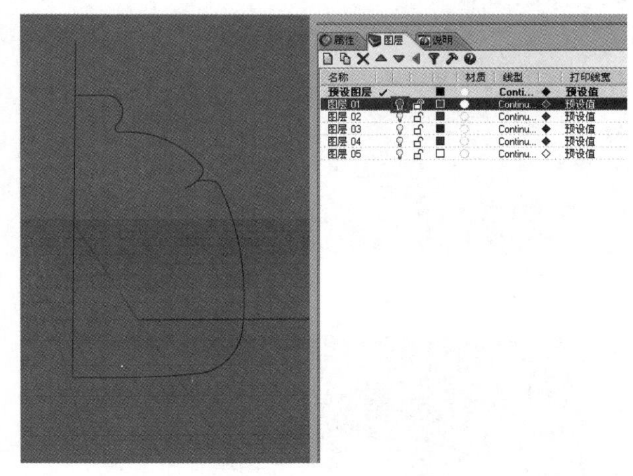

图4-443

02 进入Front（前）视图，然后使用“控制点曲线/通过数个点的曲线”工具绘制壶嘴侧面型线，如图4-444所示。

03 使用鼠标右键单击“单点/多点”工具，然后开启“最近点”捕捉模式，接着在两条壶嘴侧面型线上分别绘制6个点，如图4-445所示。

技巧与提示

注意上下对应点的位置尽量保持一致，这些点将用来定位壶嘴截面型线。

04 单击“圆：直径”工具，开启“端点”捕捉模式，捕捉两条壶嘴型线的端点绘制一个截面圆，如图4-446所示。

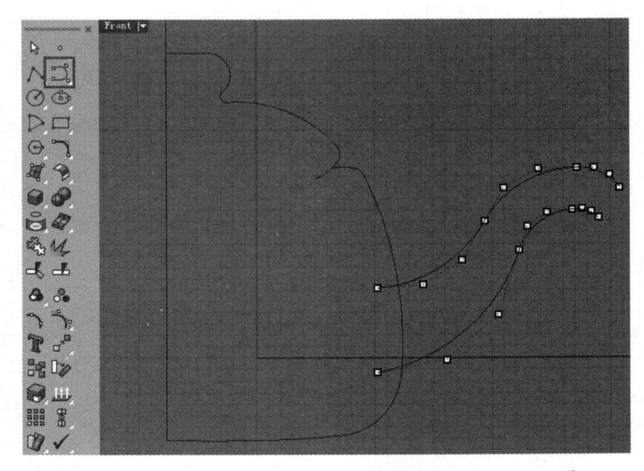

图4-444

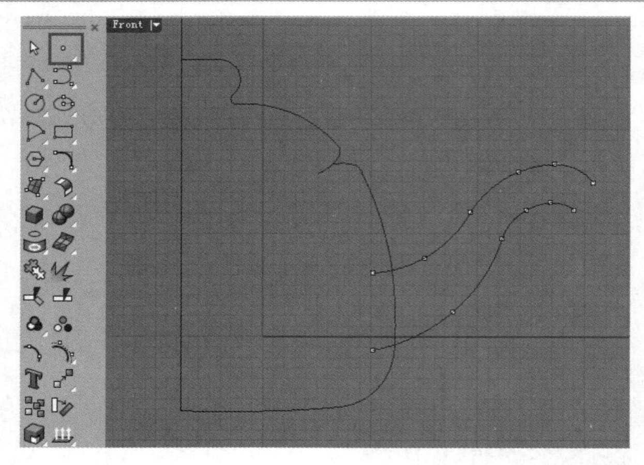
图4-445

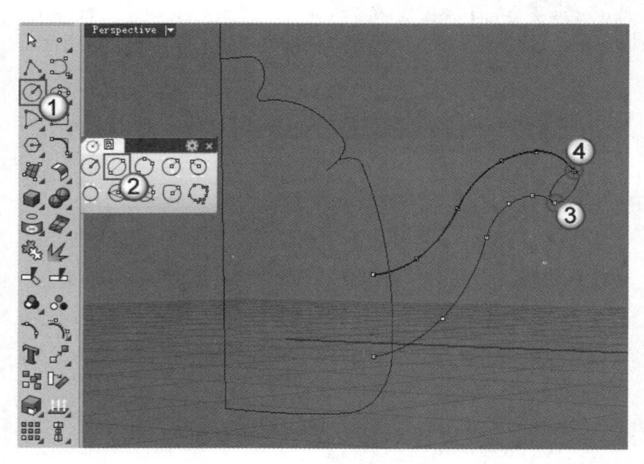
图4-446

05 调出“工作平面”工具面板，然后单击“设定工作平面为世界Left”工具，改变工作平面为垂直方向，接着再次使用“圆：直径”工具在两条壶嘴型线的另一端绘制一个截面圆，如图4-447所示。

06 单击“设定工作平面为世界Top”工具，将工作平面恢复到常用状态。然后单击“双轨扫掠”工具，将两个圆沿两条壶嘴型线进行扫掠，具体操作步骤如下。

操作步骤

① 依次选择两条壶嘴型线作为路径，再选择两个圆作为断面曲线，按Enter键确认，如图4-448所示。

② 查看扫描方向是否一致，如果一致直接按Enter键打开“双轨扫掠选项”对话框，在该对话框中单击预览(P)按钮，预览扫掠效果，如图4-449所示。

③ 观察ISO线的走向，可以发现在壶嘴的转弯位置曲面的ISO线并不是处在垂直于壶嘴型线的方向。单击加入控制断面按钮，然后开启“垂点”捕捉模式，接着在壶嘴的转弯位置加入一个控制断面，如图4-450所示。

④ 比较加入控制断面后的效果和未加入前的效果，很明显加入控制断面的ISO线分布更合理，效果更好。如果想要更完美，可以在拐角处适当地再加入控制断面，结果如图4-451所示。

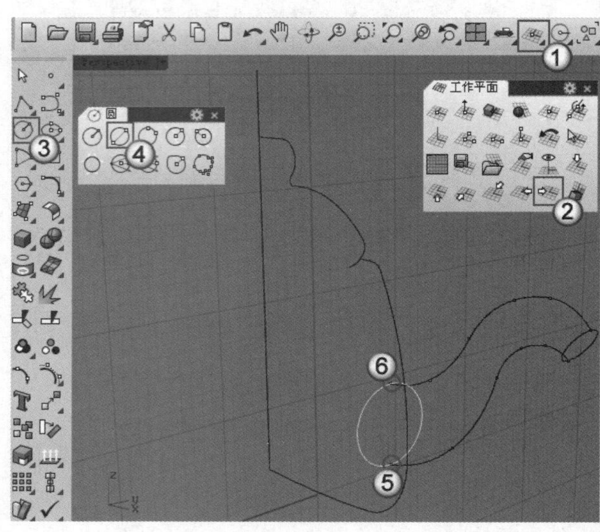

图4-447

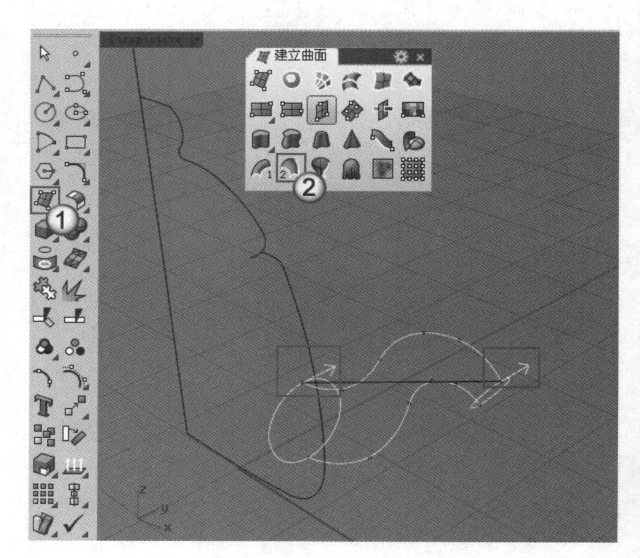

图4-448

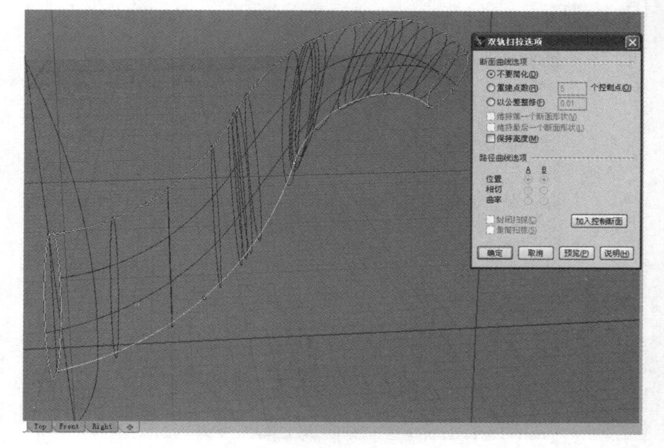

图4-449

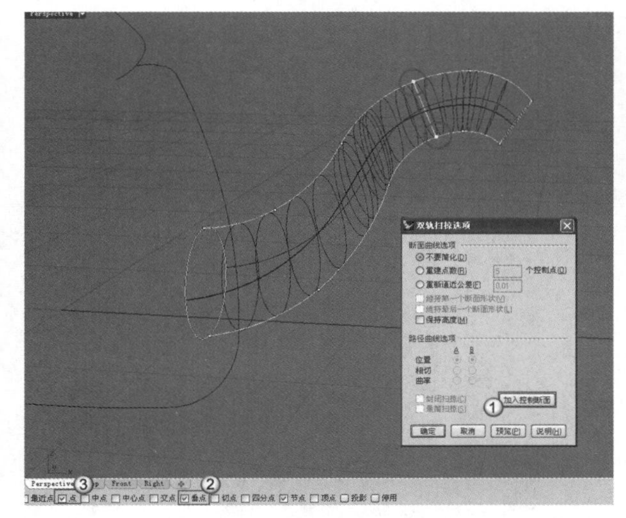

图4-450

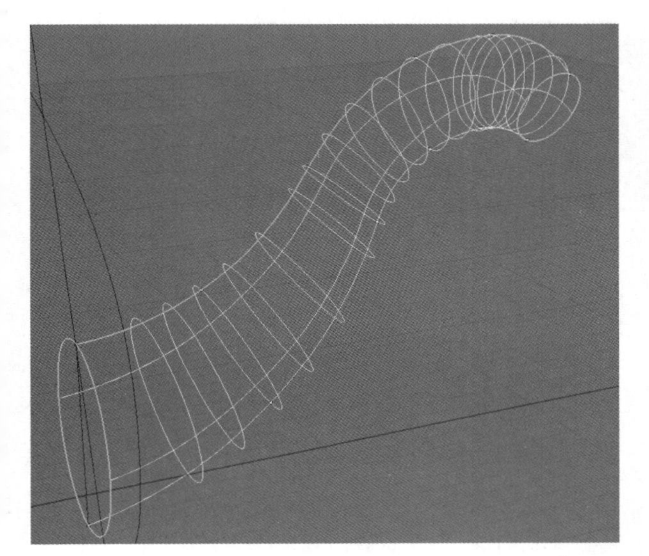

图4-451

07 单击“重建曲面”工具，然后选择壶嘴曲面，并按Enter键确认，打开“重建曲面”对话框，将U点数设置为10，再将V点数设置为5，并单击计算(U)按钮，计算最大偏差值（计算结果一般不超过1），如图4-452所示。完成计算后单击确定按钮，得到一个相对简洁、变形幅度相对较小的壶嘴曲面，如图4-453所示。

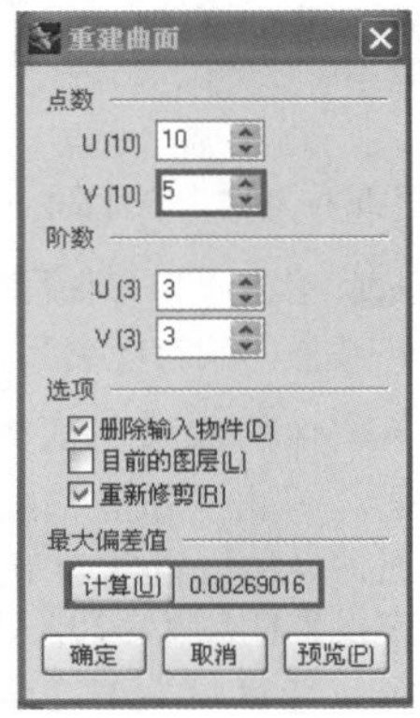

图4-452

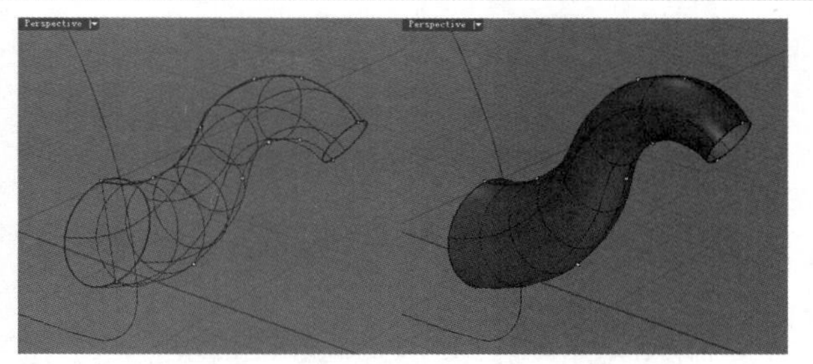

图4-453

08 将“图层01”中隐藏的壶身和壶盖曲面显示出来。然后使用“曲面圆角”工具对壶身和壶嘴进行圆角处理，效果如图4-454所示，具体操作步骤如下。

操作步骤

① 在命令行单击“半径”选项，设置半径为2。

② 依次选择壶身曲面和壶嘴曲面。

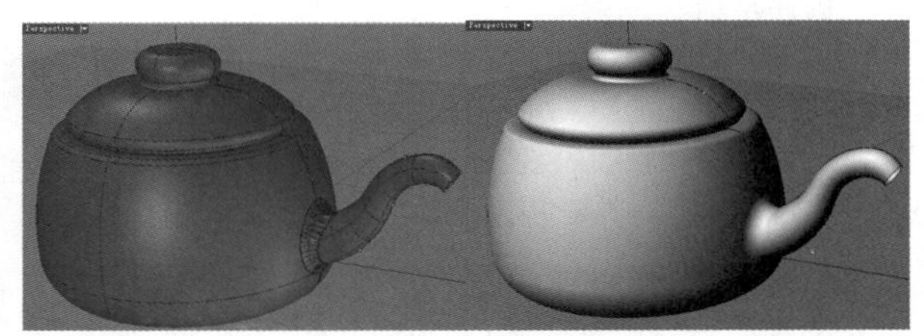

图4-454

4.6.3 制作壶把手

01 首先为壶把手定位，在壶嘴底部两条型线之间绘制一条连接线段，然后在Front（前）视图中以该线段的中点为起点绘制一条多段直线，如图4-455所示。

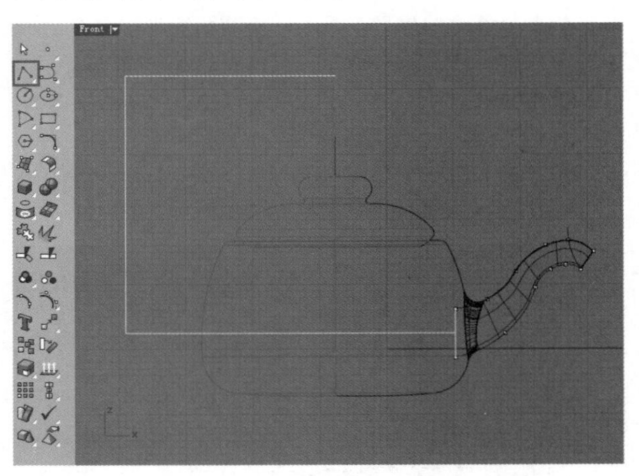

图4-455

02 使用鼠标左键单击“控制点曲线/通过数个点的曲线”工具，参考上一步绘制的多段直线绘制一条表示把手的曲线，完成绘制后删除多段直线，如图4-456所示（注意红色框中的控制点分别在一条水平线上）。

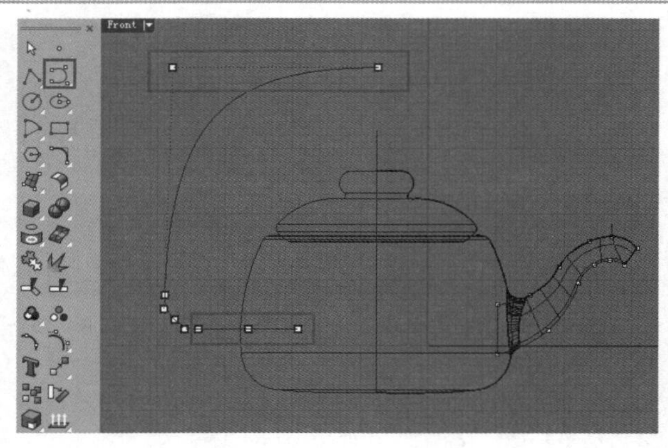

图4-456

03 使用鼠标左键单击“圆角矩形/圆锥角矩形”工具，绘制一个圆角矩形，如图4-457所示，具体操作步骤如下。

操作步骤

① 在命令行单击“中心点”选项，然后在Front（前）视窗中捕捉把手曲线的端点作为矩形的中心点。

② 在Right（右）视图中拾取合适的一点确定矩形的大小，然后再次拾取一点确定圆角半径。

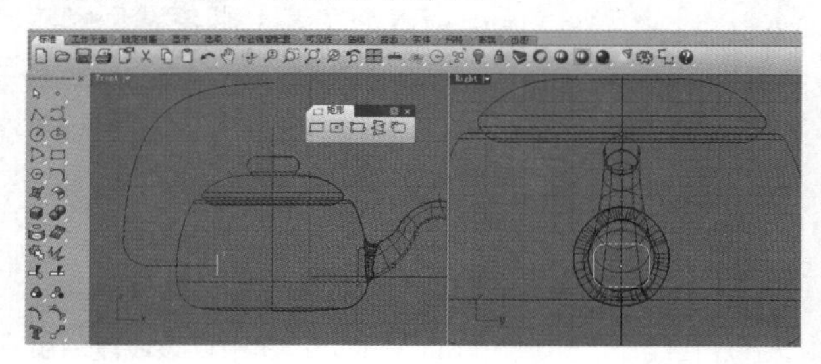

图4-457

04 单击“单轨扫掠”工具，将圆角矩形沿着把手曲线进行扫掠，如图4-458所示，具体操作步骤如下。

操作步骤

① 选择把手曲线作为路径。

② 选择圆角矩形作为断面曲线，然后按两次Enter键打开“单轨扫掠选项”对话框，直接单击确定按钮完成操作。

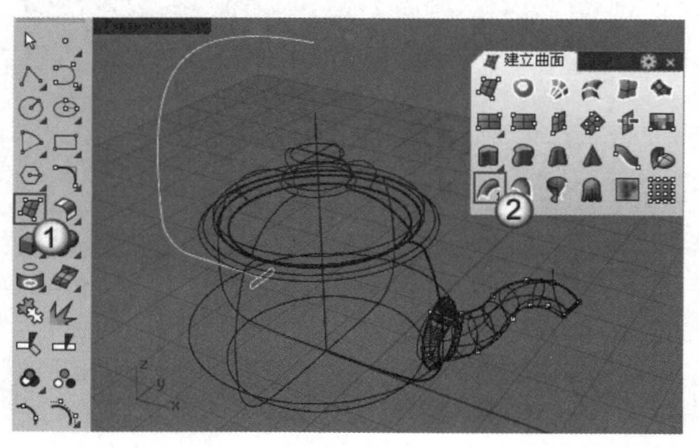

图4-458

05 现在生成的把手是一个多重曲面，选择该曲面，然后单击“炸开/抽离曲面”工具，将把手炸开成上下两个部分，如图4-459和图4-460所示。

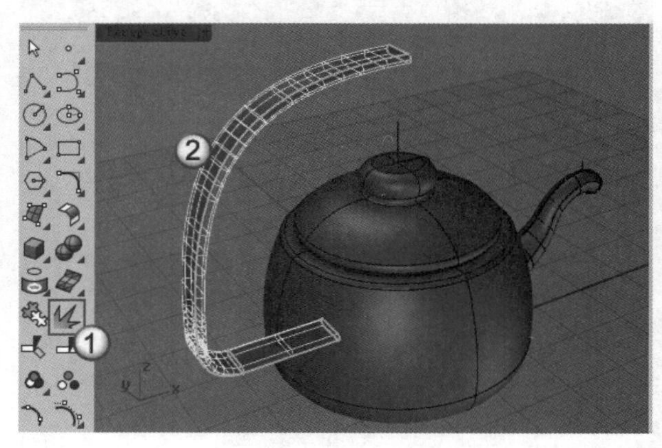

图4-459

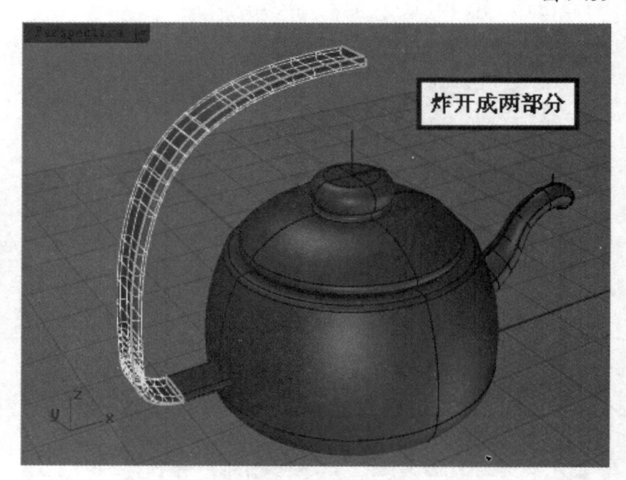

图4-460

06 使用鼠标右键单击“分割/以结构线分割曲面”工具，对上面的把手曲面进行分割，如图4-461所示，具体操作步骤如下。

操作步骤

① 选择上面的把手曲面，按Enter键确认。

② 在命令行单击“方向”选项，再单击V选项，设置分割方向为V方向。

③ 开启“节点”捕捉模式，然后在图4-461所示的位置单击鼠标左键，接着按Enter键完成分割。

07 单击“偏移曲面”工具，将分割后顶部的曲面向外偏移，偏移距离为1，如图4-462所示。

08 当前偏移曲面的ISO线分布不均匀，需要重建曲面。单击“重建曲面”工具，然后选择这个单一曲面，并按Enter键打开“重建曲面”对话框，在该对话框中设置U点数为20，再设置V点数为9，接着单击计算(U)按钮，计算最大偏差值，最后单击确定按钮，得到一个ISO线分布均匀的曲面，如图4-463所示。

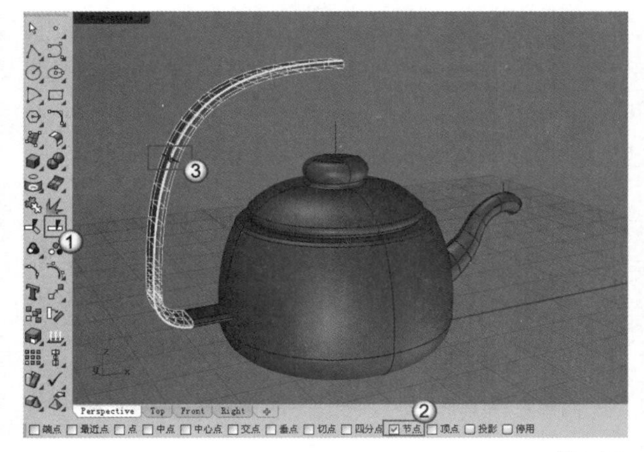
图4-461

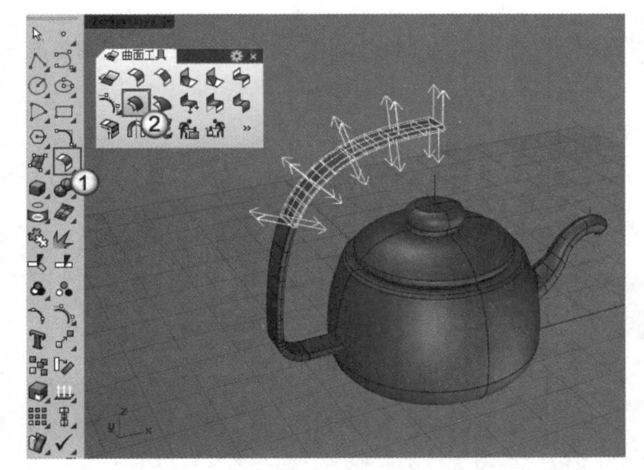
图4-462

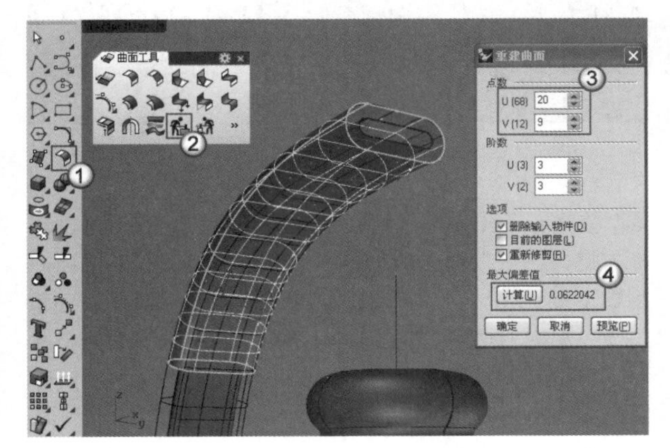
图4-463

09 按F10键打开曲面的控制点，按住Shift键的同时隔行选择底部的3个控制点，如图4-464所示。

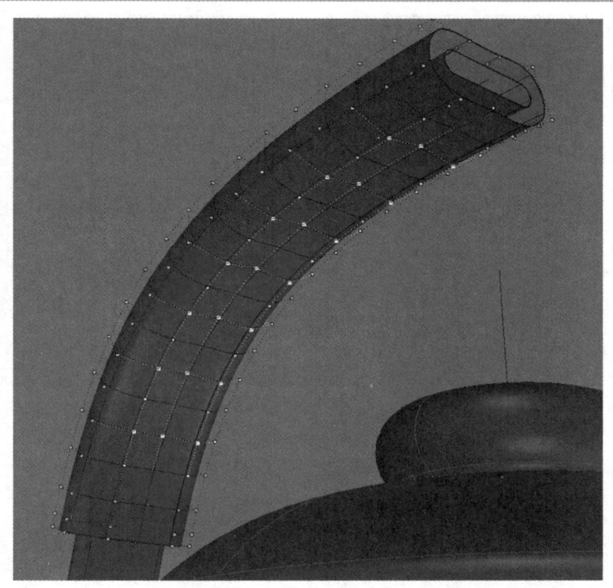
图4-464

10 使用鼠标左键单击“UVN移动/关闭UVN移动”工具，打开“UVN移动”对话框，设置“缩放比”为2，然后向右拖曳N滑杆至边缘处，如图4-465所示。

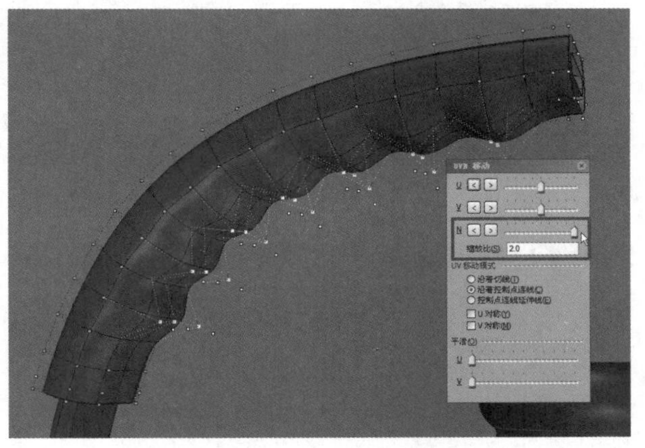
图4-465

11 关闭“UVN移动”对话框，按Esc键取消显示曲面控制点，再将内部多余的面删除，如图4-466所示。

12 调出“建立曲面”工具面板，然后单击“以平面曲线建立曲面”工具，接着选择顶部的把手曲面，如图4-467所示，最后按Enter键确定，得到如图4-468所示的结果。

13 使用鼠标左键单击“不等距边缘圆角/不等距边缘混接”工具，对加盖后的边缘进行圆角处理，如图4-469所示，具体操作步骤如下。

操作步骤

① 在命令行单击“下一个半径”选项，设置圆角半径为0.5。

② 选择加盖后的边缘，按两次Enter键完成圆角操作。

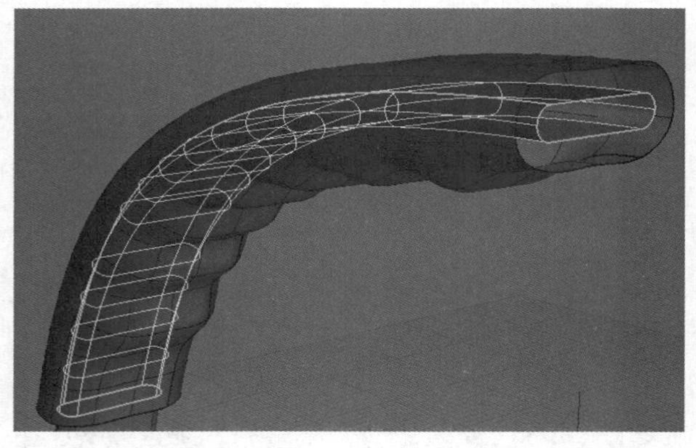

图4-466

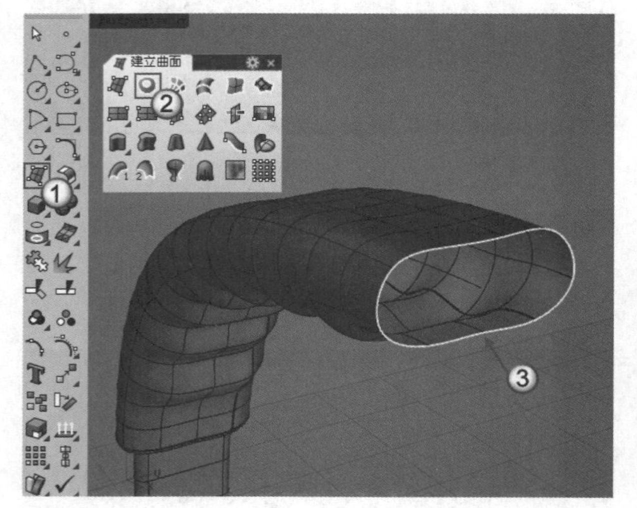

图4-467

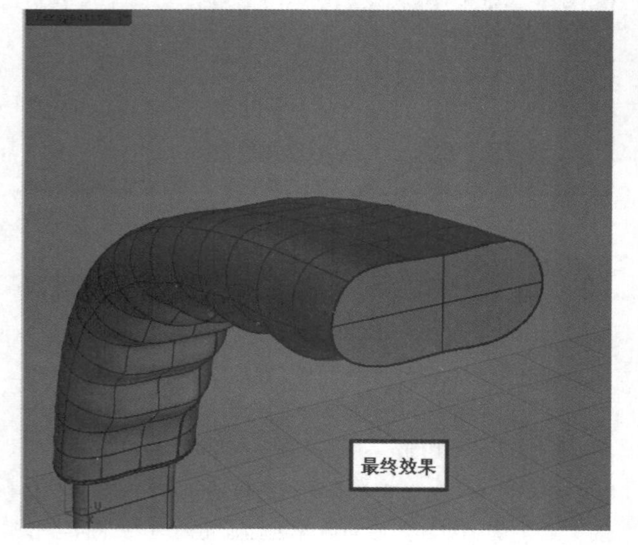

图4-468

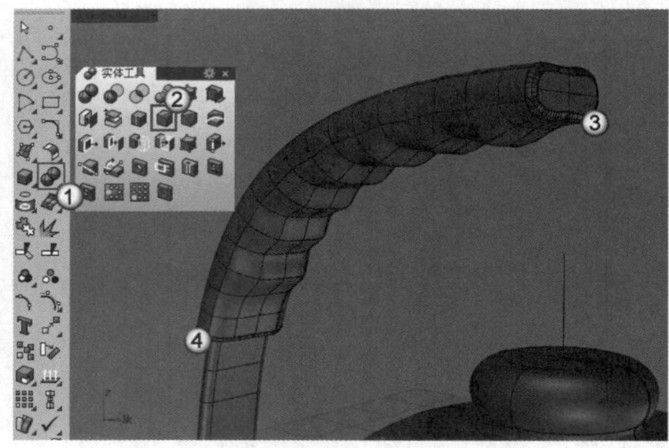

图4-469

14 调出“选取”工具面板，然后单击“选取曲线”工具，选取视图中所有的曲线；再单击“选取点”工具，选取视图中所有的点，如图4-470所示。最后使用鼠标左键单击“隐藏物件/显示物件”工具，将选取的线和点隐藏。

图4-470

15 在Perspective（透视）视图左上角的标签上单击鼠标右键，然后在弹出的菜单中选择“框架模式”选项，将模型以框架显示；接着按住Shift键的同时选择壶身和与壶身相交的把手，如图4-471所示。观察选择的两个曲面，可以看到把手深入壶身内部，因此需要对把手及壶身之间的衔接关系进行处理。

16 单击“曲面圆角”工具，对壶身和相接处的把手进行圆角处理，圆角半径为1，结果如图4-472所示。

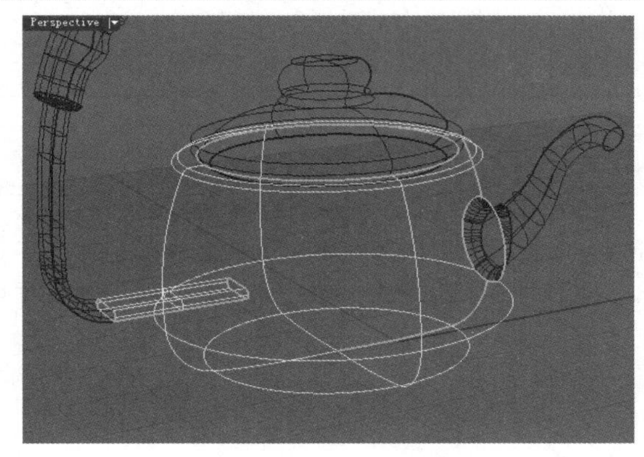

图4-471

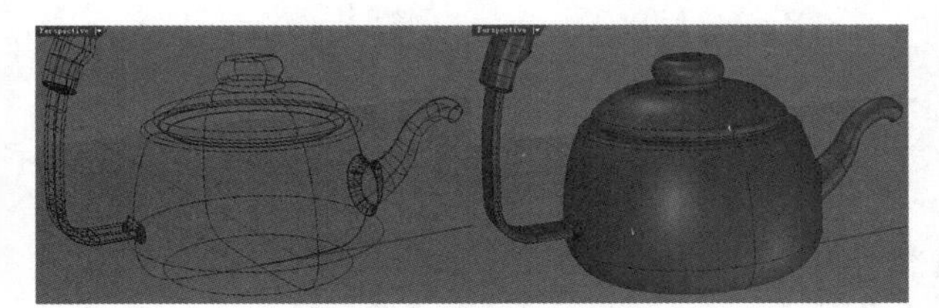

图4-472

进行圆角处理时要注意曲面的选择位置，选择把手曲面时，要选择壶身外部的曲面端才能得到想要的效果；如果选择壶身内部的曲面端，结果如图4-473所示。

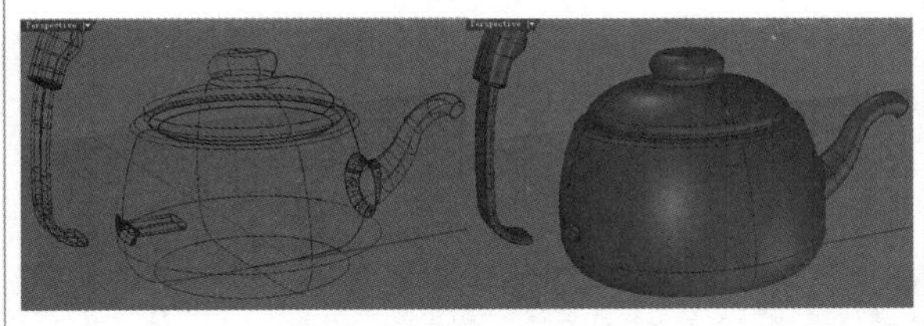

图4-473

4.6.4 分析曲面

01 使用鼠标左键单击“环境贴图/关闭环境贴图”工具，然后框选烧水壶模型，此时可以看到模型上面的图片影像连续，曲面质量较好，如图4-474所示。

02 关闭“环境贴图选项”对话框，使用鼠标左键单击“斑马纹分析/关闭斑马纹分析”工具，然后选择把手部分的曲面，观察斑马纹的连续程度，如图4-475所示。从图中可以看到斑马线连续，把手曲面质量较好。

03 以同样的方法分析烧水壶其他部分的曲面，如图4-476所示，可以看到曲面的斑马线连续。

04 关闭“斑马纹选项”对话框，烧水壶模型制作完成，最终效果如图4-477所示。

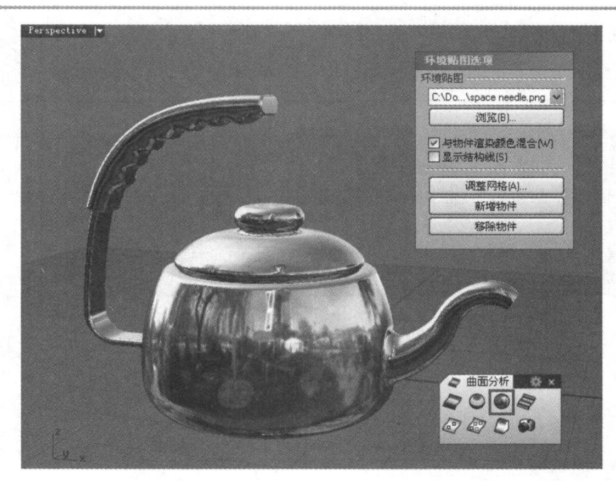

图4-474

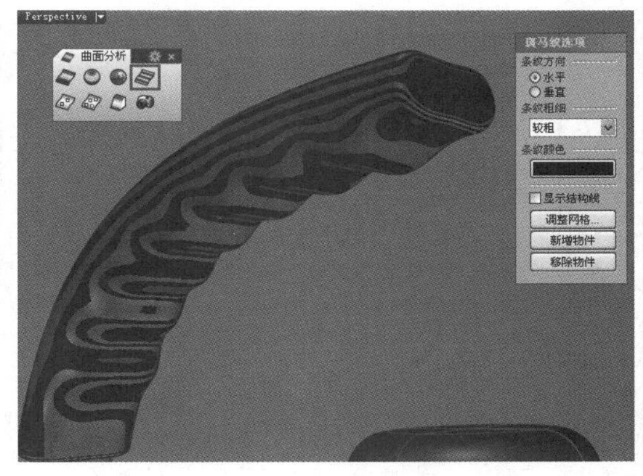

图4-475

图4-476

图4-477

第5章 实体建模

Rhino

5.1 了解多重曲面和实体

在Rhino中，能够应用实体编辑工具的必须是实体或多重曲面。实体和多重曲面的区别在于：实体是封闭的，而多重曲面可能是开放的。

观察图5-1所示的模型，从视觉上感觉是一个“立方体”，但构成这个“立方体”的6个面其实是分开的，没有组合在一起，所以这不是一个实体，如图5-2所示。

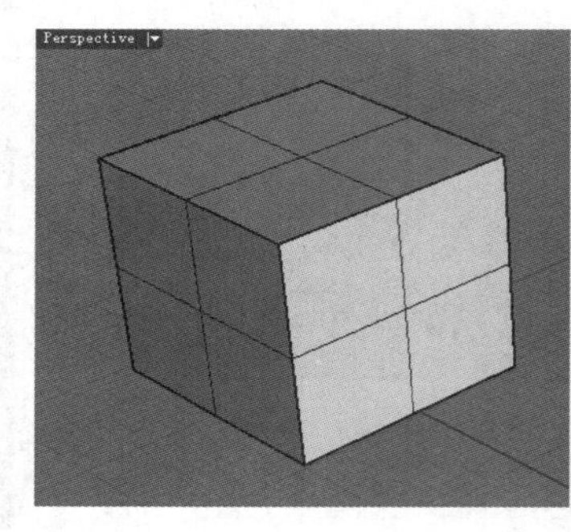

图5-1

图5-2

如果使用“组合”工具将6个面组合在一起，虽然从视觉上没有什么变化，但实际上该物件已经组合成实体了，既可以同时被选择，也可以被实体编辑工具所编辑，如图5-3所示。

我们再来看多重曲面，由两个或两个以上的曲面组合而成的物件称为多重曲面，如果组合的曲面构成了一个封闭空间，那么这个曲面也称为实体。从这一定义可以看出，多重曲面实际上包含了实体这个概念。图5-4所示的模型是由3个曲面组合而成的多重曲面。

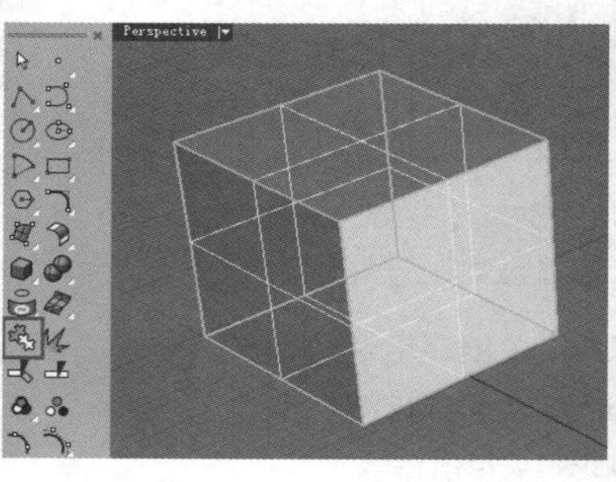

图5-3

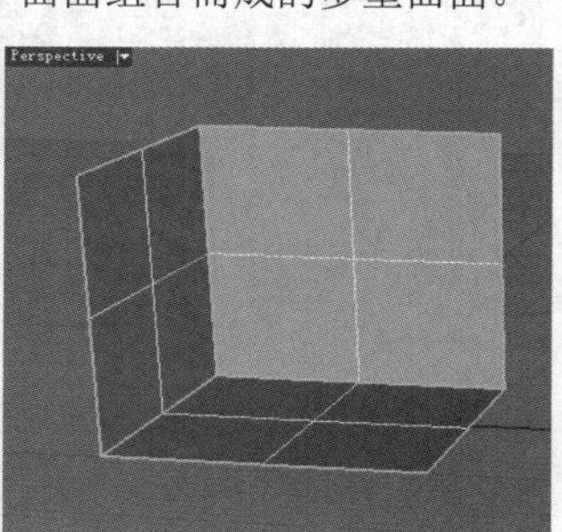

图5-4

5.2 创建标准体

标准体是Rhino自带的一些模型，用户可以通过“建立实体”工具面板中的工具直接创建这些模型。标准体包含11种对象类型，分别是立方体、圆柱体、球体、椭圆体、抛物面锥体、圆锥体、平顶锥体、棱锥、圆柱管、环状体和圆管，如图5-5所示。

除了通过“建立实体”工具面板创建模型，还可以通过“实体”选项卡和“实体”菜单找到这些创建工具，如图5-6和图5-7所示。

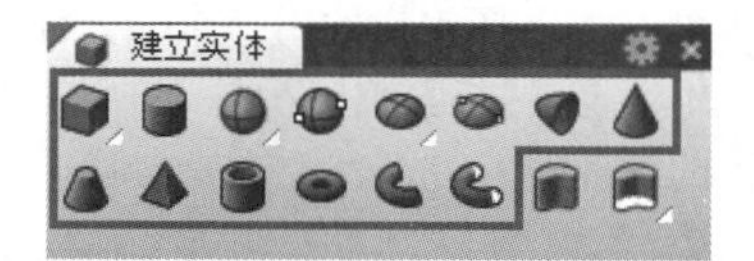

图5-5

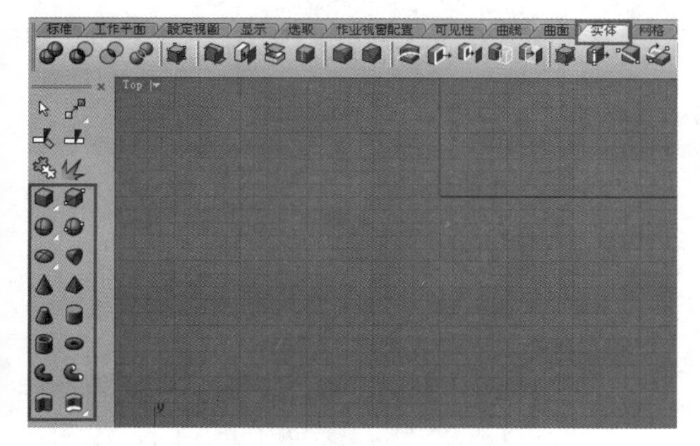

图5-6

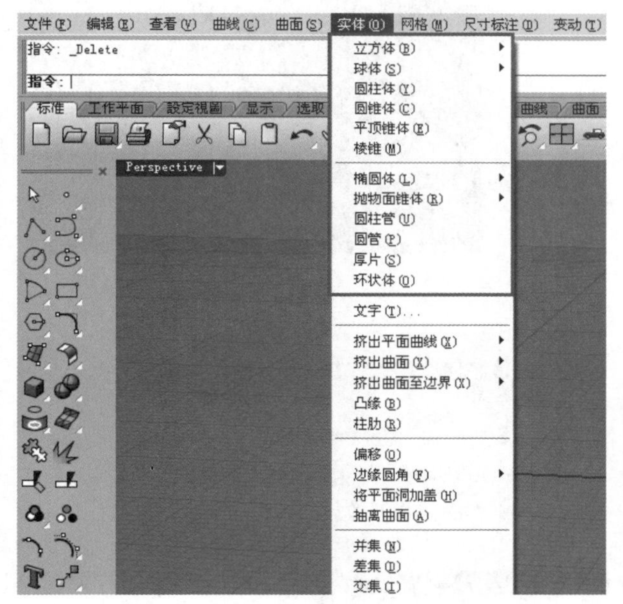

图5-7

5.2.1 立方体

立方体是建模中常用的几何体。现实中与立方体相似的物体很多，可以直接使用立方体创建出很多模型，比如方桌、橱柜等。

Rhino提供了4种创建立方体的方式，如图5-8所示。

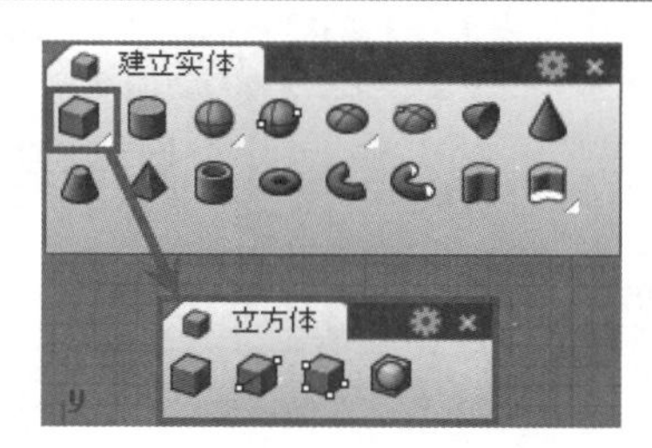

图5-8

角对角和高度

使用“立方体：角对角、高度”工具可以通过指定立方体底面和高度的方式创建立方体，如图5-9所示。

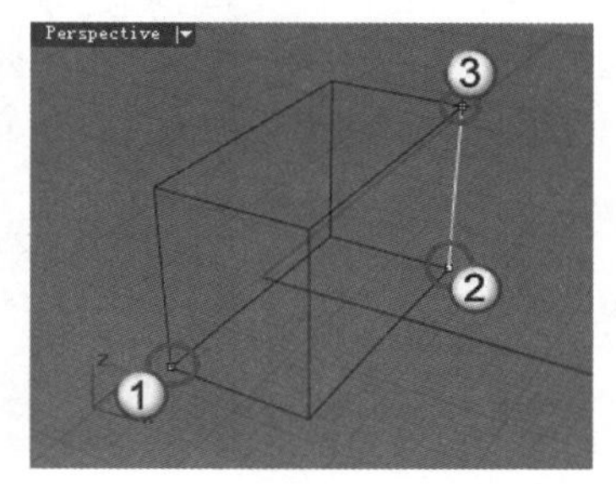

图5-9

对角线

使用“立方体：对角线”工具创建立方体的方式和上一个工具大致相同，不同的是指定底面和高度时都是通过对角线的方式，如图5-10所示。如果配合其他视图，那么可以直接指定两个点来定义对角线，如图5-11所示。

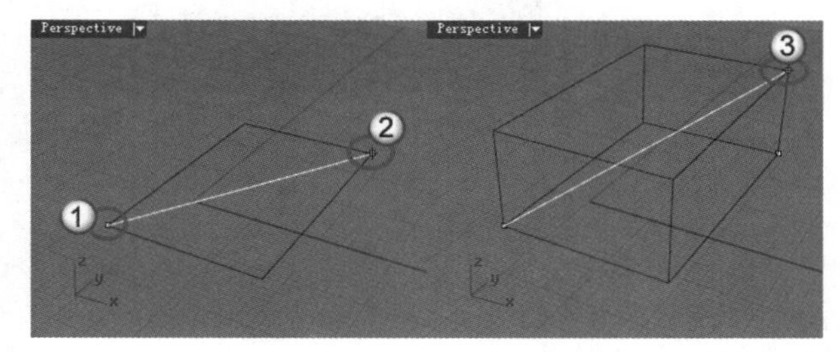

图5-10

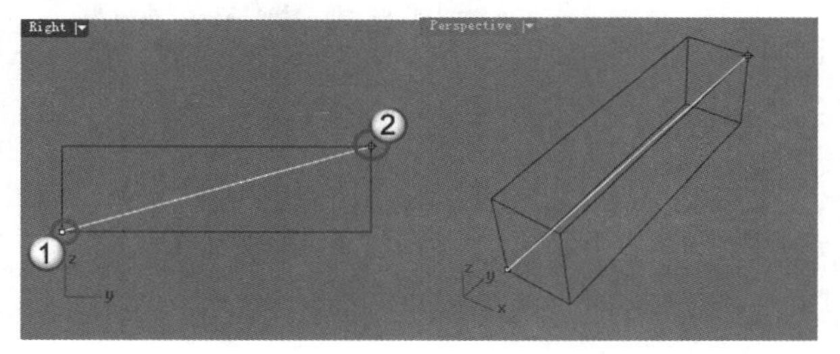

图5-11

技巧与提示

利用“立方体：对角线”工具可以创建正立方体，在命令行单击“正立方体”选项即可，如图5-12所示。

图5-12

三点和高度

使用“立方体：三点、高度/立方体：底面中心点、角、高度”工具有两种创建立方体的方式，使用鼠标左键单击该工具，需要指定地面的3个点和高度，如图5-13所示；使用鼠标右键单击该工具，需要先指定中心点，再指定底面的角点，最后指定高度，如图5-14所示。

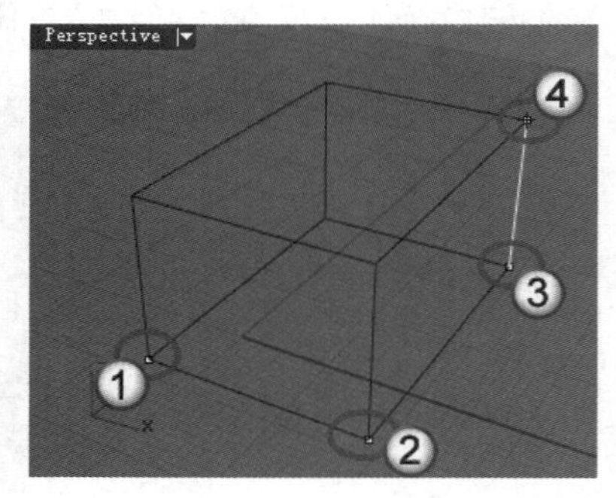

图5-13

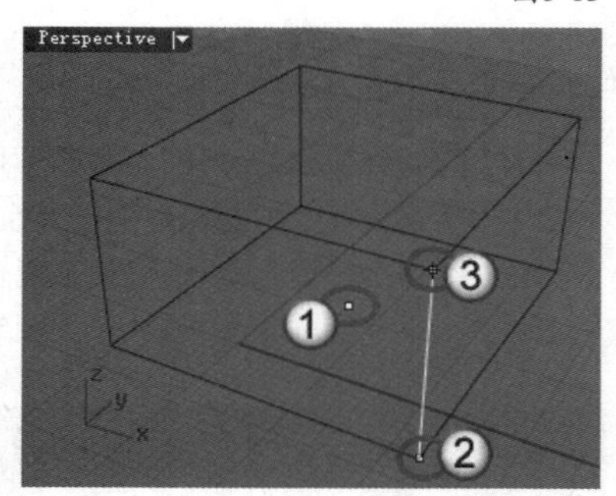

图5-14

技巧与提示

使用“三点、高度”法创建立方体时，如果没有开启正交功能，或指定底面的3个点时没有按住Shift键，那么可以创建与当前工作平面的*x*轴、*y*轴不平行的立方体，如图5-15所示。

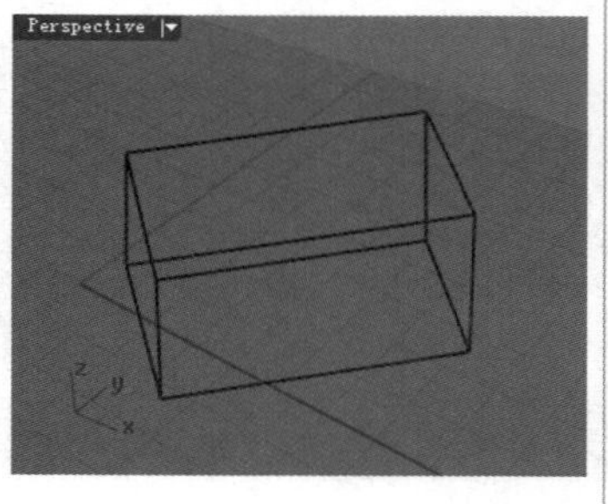

图5-15

边框方块

使用“边框方块/边框方块（工作平面）”工具可以把选择的物件用一个立方体包围起来，如图5-16所示。操作过程比较简单，启用工具后，选择需要被包围的物件即可。

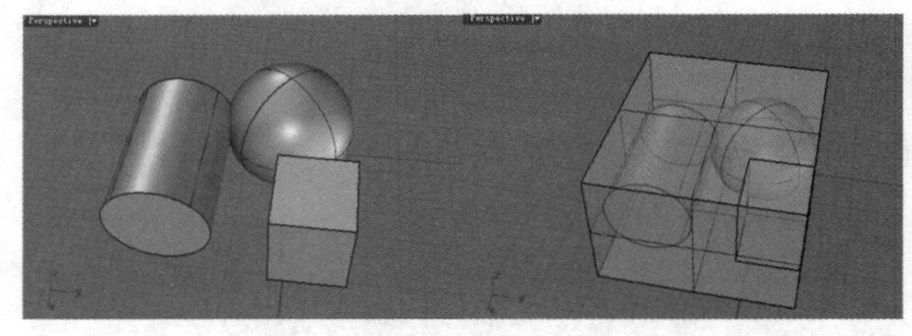

图5-16

技巧与提示

如果选择的物件是一个平面，那么建立的边框方块不是立方体，而是一个矩形，如图5-17所示。

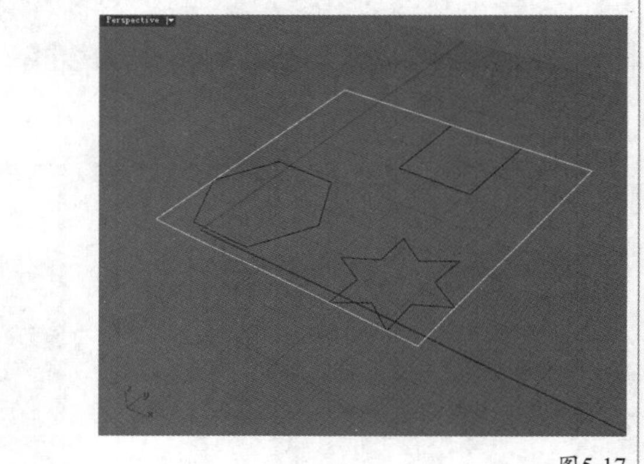

图5-17

实战

利用立方体制作储物架

场景位置	无
实例位置	实例文件>第5章>实战——利用立方体制作储物架.3dm
视频位置	第5章>实战——利用立方体制作储物架.flv
难易指数	★★☆☆☆
技术掌握	掌握创建立方体的各种方法

本例制作的储物架效果如图5-18所示。

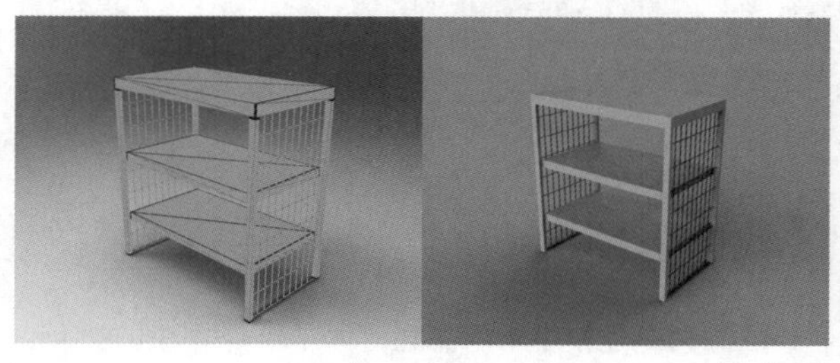

图5-18

01 使用“立方体：角对角、高度”工具在Perspective（透视）视图中创建一个如图5-19所示的立方体（大小适当即可）。

图5-19

02 使用鼠标左键单击“立方体：三点、高度/立方体：底面中心点、角、高度”工具，创建一个小一些的立方体，如图5-20所示。

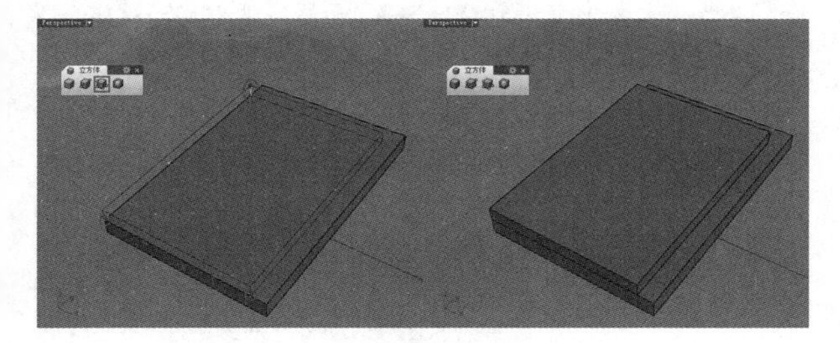

图5-20

03 执行“变动>对齐”菜单命令，将两个立方体水平居中对齐，如图5-21所示，具体操作步骤如下。

操作步骤

① 框选两个立方体，按Enter键确认。

② 在命令行中单击“水平置中”选项。

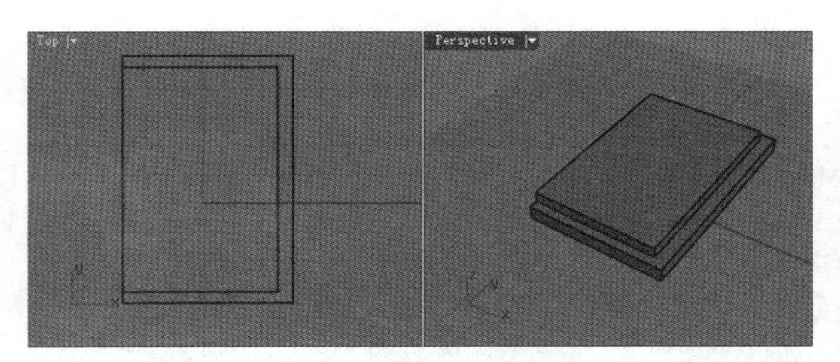

图5-21

04 使用相同的方法将两个立方体垂直居中对齐，如图5-22所示。

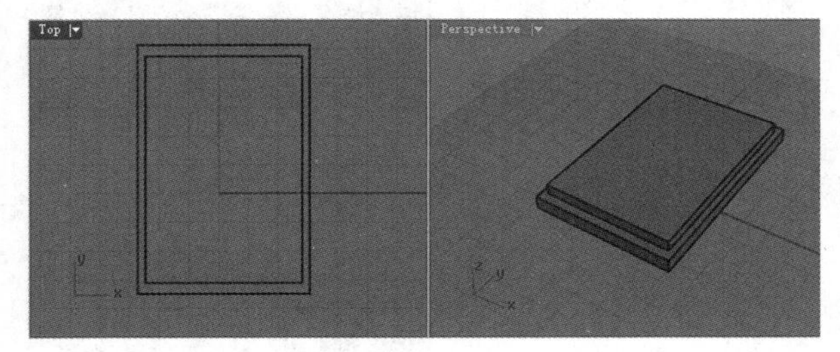

图5-22

05 在Right（右）视图中将小一些的立方体向下移动一段距离，然后再向下复制一个，结果如图5-23所示。

06 使用“立方体：对角线”工具创建如图5-24所示的立方体。

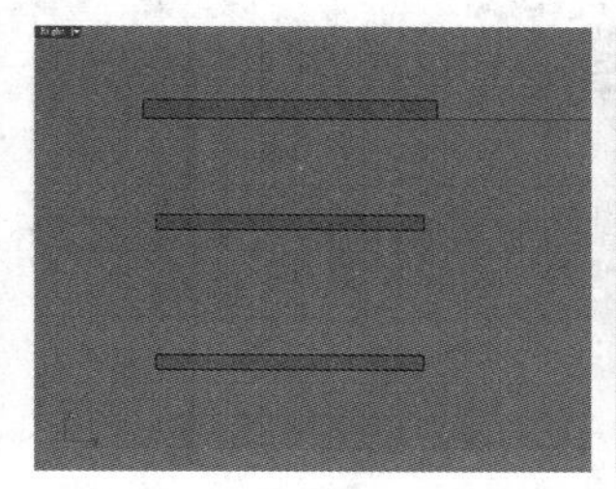

图5-23 图5-24

07 选择上一步创建的立方体，然后按F10键打开控制点，接着在Right（右）视图中框选底部的控制点，并向下拖曳一段距离，如图5-25所示。

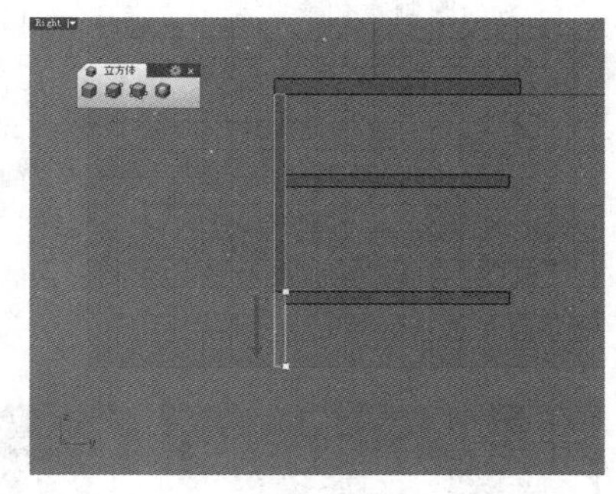

图5-25

08 将调整好的支撑模型复制到其他4个角上，如图5-26所示。

09 最后再创建一些较小的立方体构成储物架的网状结构，最终效果如图5-27所示。

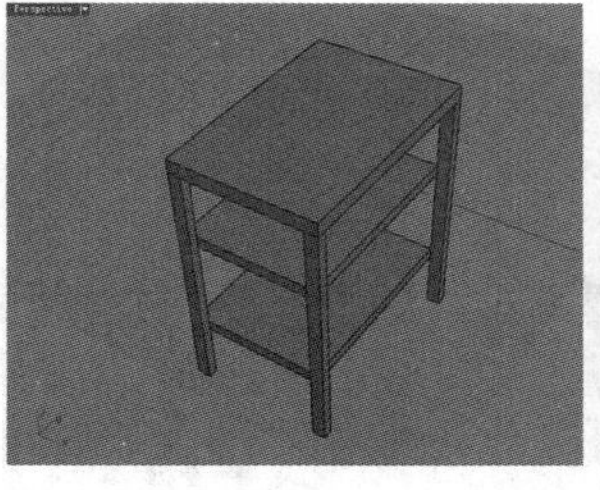

图5-26 图5-27

5.2.2 圆柱体

圆柱体在日常生活中很常见，比如玻璃杯或桌腿等。使用“圆柱体”工具创建圆柱体时，首先指定底面圆心的位置，然后指定底面半径，最后指定高度即可，如图5-28所示。

在创建圆柱体的过程中，命令行会显示如图5-29所示的6个命令选项，代表了6种不同的创建模式。

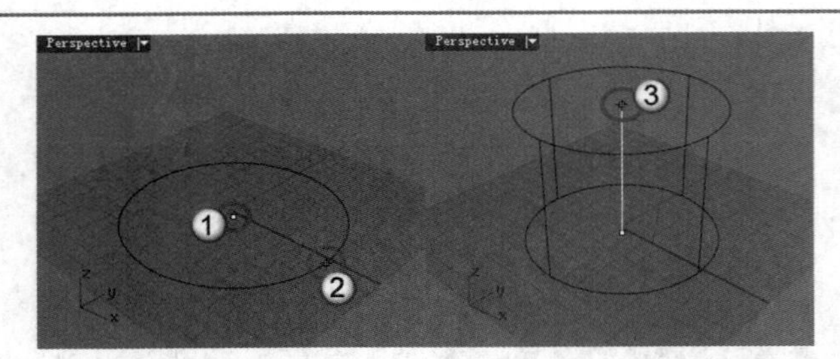

图5-28

```
指令: _Cylinder
圆柱体底面 ( 方向限制(D)=垂直  实体(S)=是  两点(P)
三点(O)  正切(T)  逼近数个点(F) ):
```

图5-29

命令选项介绍

方向限制：包含“无”“垂直”和“环绕曲线”3个子选项，用来决定圆柱体放置的角度。

无：表示所建圆柱体的方向任意，如图5-30所示。

垂直：所建圆柱体垂直于圆柱体底面所在的工作平面，这是默认的创建方式。

环绕曲线：所建圆柱体端面圆心在曲线上，并且方向与曲线垂直，如图5-31所示。

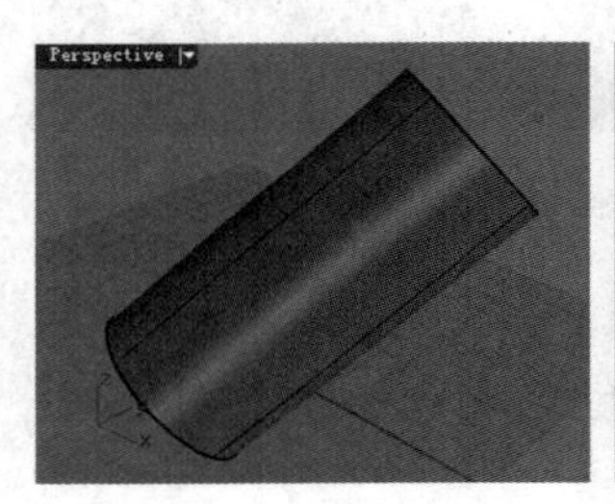

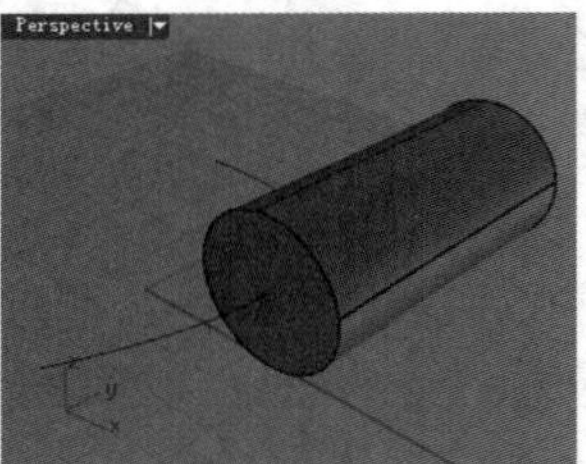

图5-30　图5-31

实体：决定所建圆柱体是否有端面，如果设置为“否”，将建立圆柱面，如图5-32所示。

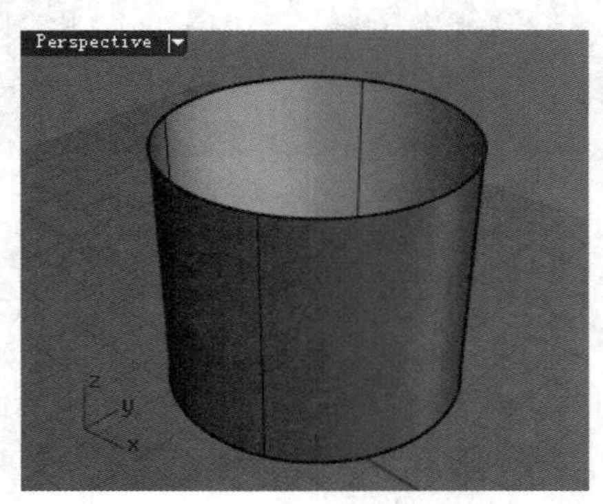

图5-32

两点：通过指定两个点（直径）来定义圆柱体的底面。

三点：通过指定圆周上的3个点来定义圆柱体的底面。

正切：通过与其他曲线相切的方式定义圆柱体的底面。

配合点：通过多个点（至少3个点）定义圆柱体的底面。

实战

利用圆柱体制作方桌

场景位置	无
实例位置	实例文件>第5章>实战——利用圆柱体制作方桌.3dm
视频位置	第5章>实战——利用圆柱体制作方桌.flv
难易指数	★☆☆☆☆
技术掌握	掌握圆柱体的创建方法

本例制作的方桌模型效果如图5-33所示。

图5-33

01 单击“立方体：对角线”工具，创建一个如图5-34所示的立方体作为桌面。

图5-34

02 单击“圆柱体”工具，创建一个如图5-35所示的圆柱体（在顶视图中指定圆柱体的底面）。

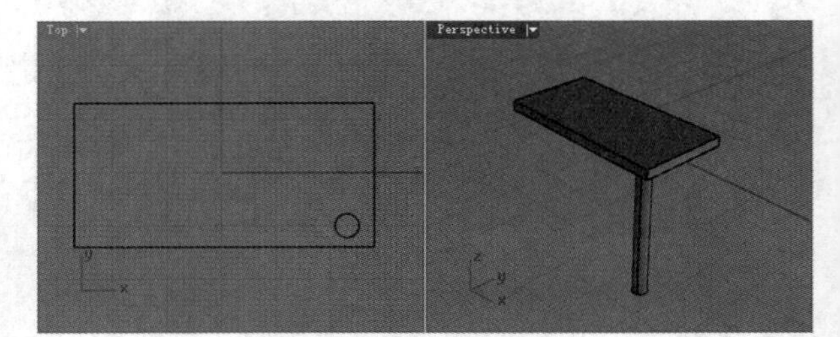

图5-35

03 在Front（前）视图中将圆柱体向下拖曳到合适的位置，如图5-36所示。

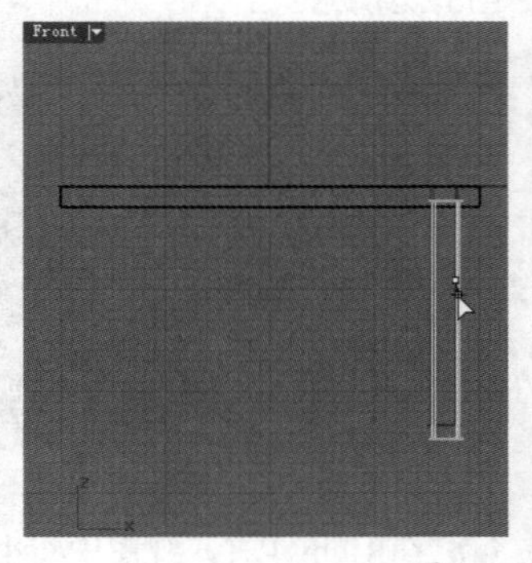

图5-36

04 使用“镜射/三点镜射”工具将圆柱体镜像复制到其余3处位置（需要镜像两次），结果如图5-37所示。

图5-37

5.2.3 球体

Rhino为球体的创建提供了7个不同的工具，如图5-38所示。

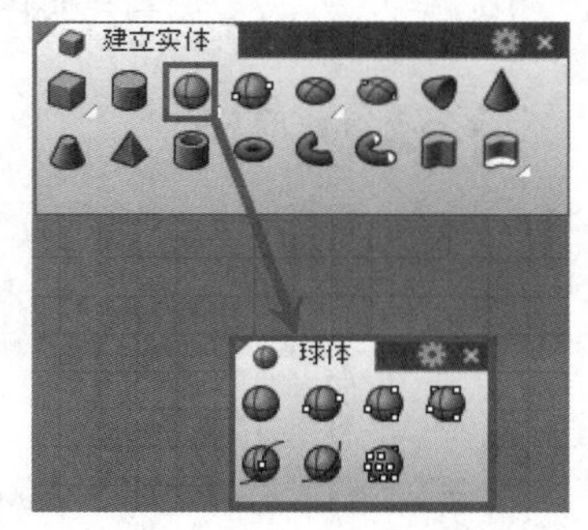

图5-38

中心点和半径

这是默认的球体创建方式，启用“球体：中心点、半径”工具后，通过指定中心点和半径来创建一个球体，如图5-39所示。

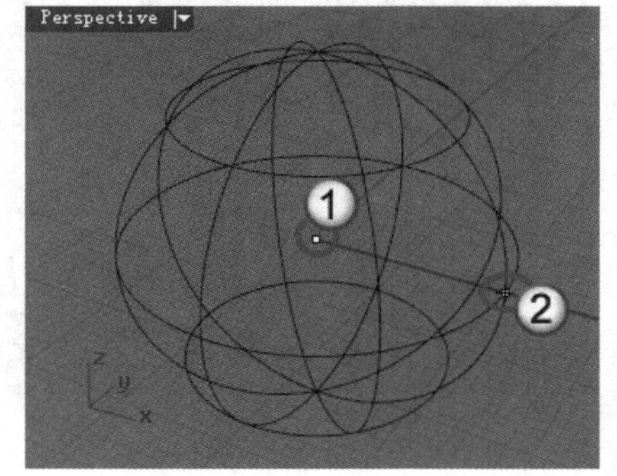

图5-39

直径

使用“球体：直径”工具可以通过指定一个圆的直径来创建球体，如图5-40所示。

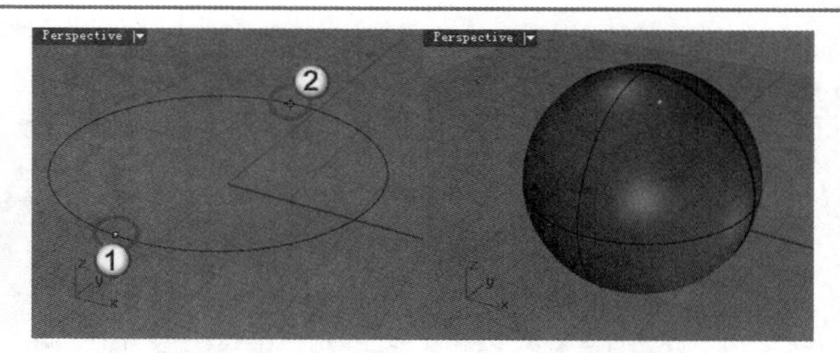

图5-40

三点/四点

使用“球体：三点”工具可以通过指定圆周上的3个点来创建一个球体，如图5-41所示；而“球体：四点”工具的用法与其类似，前3个点定义一个基底圆形，第4个点决定球体的大小（制定第4点需要配合其他视图），如图5-42所示。

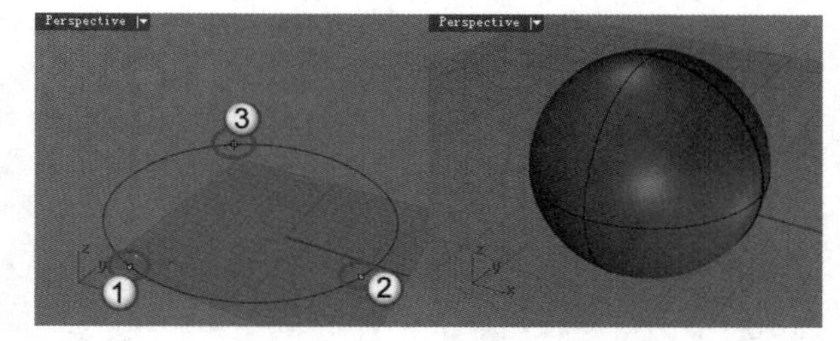

图5-41

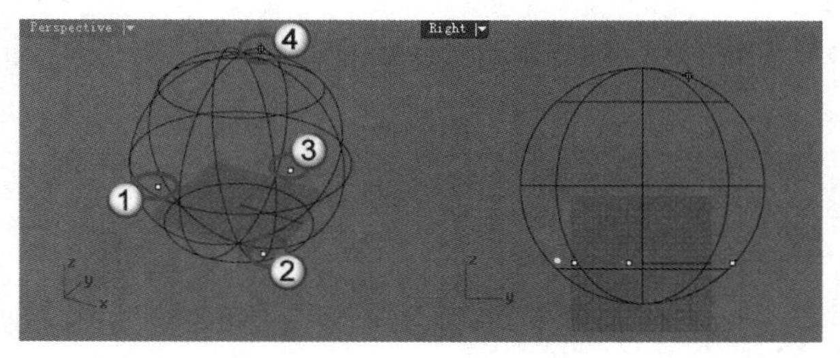

图5-42

环绕曲线

这种方法与“中心点、半径”方式类型，区别在于需要指定一条曲线，而球体的球心必须在曲线上，如图5-43所示。

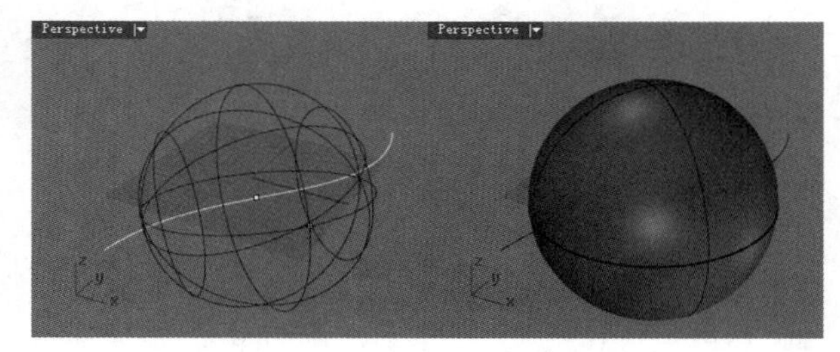

图5-43

与曲线正切

使用“球体：从与曲线正切的圆”工具可以创建与曲线相切的球体，如图5-44所示。

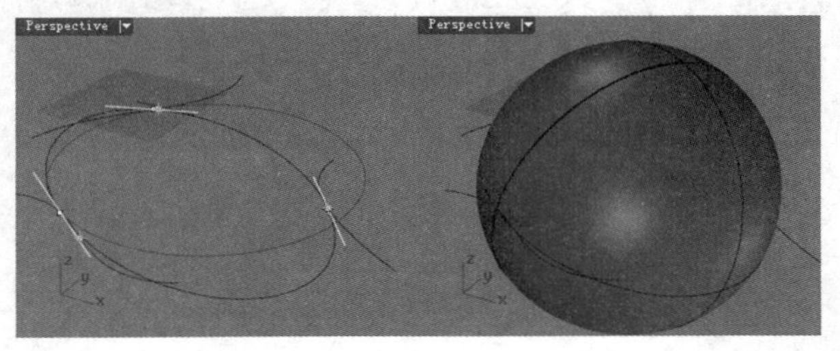

图5-44

配合点

如果要通过场景中的点来创建球体，可以使用“球体：配合点”工具（至少需要3个点），如图5-45所示。

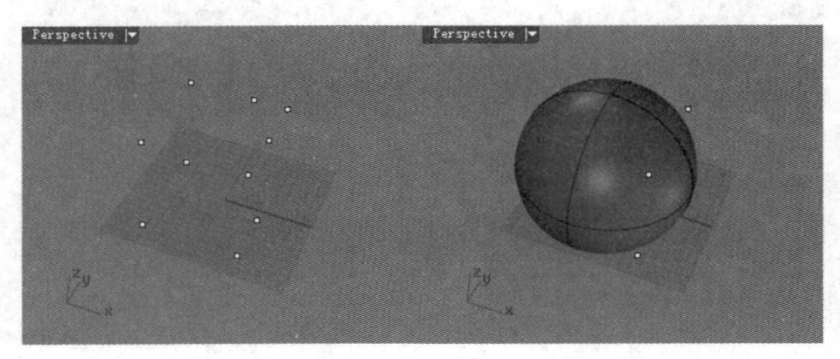

图5-45

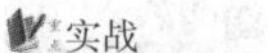
实战

利用球体制作球形吊灯

场景位置	无
实例位置	实例文件>第5章>实战——利用球体制作球形吊灯.3dm
视频位置	第5章>实战——利用球体制作球形吊灯.flv
难易指数	★★☆☆☆
技术掌握	掌握创建球体的方法

本例制作的球形吊灯效果如图5-46所示。

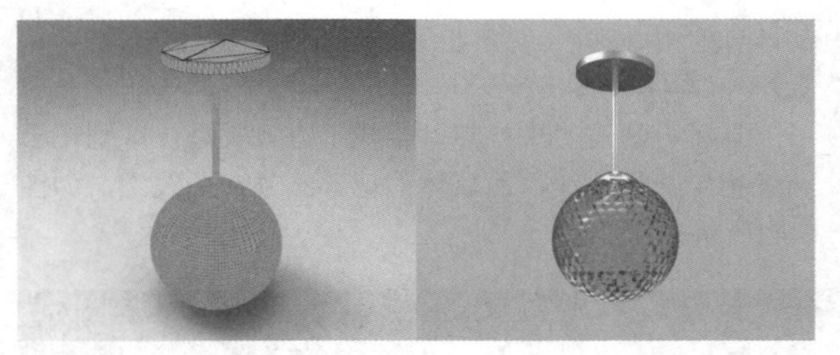

图5-46

01 使用“球体：中心点、半径”工具在场景中创建一个适当大小的球体（中心点为坐标原点），如图5-47所示。

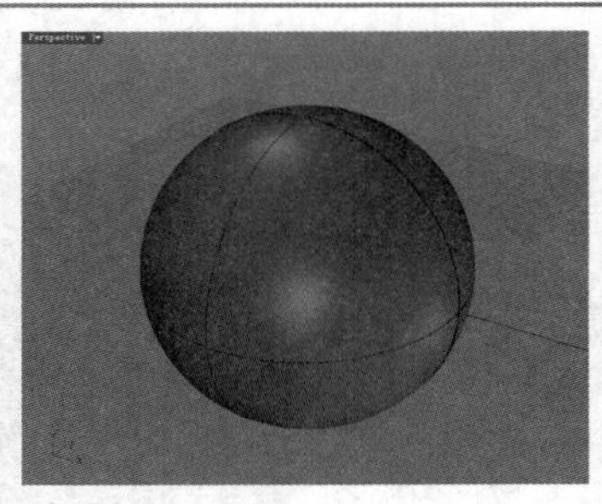

图5-47

02 再创建一个小一些的球体（中心点同样为坐标原点），如图5-48所示。

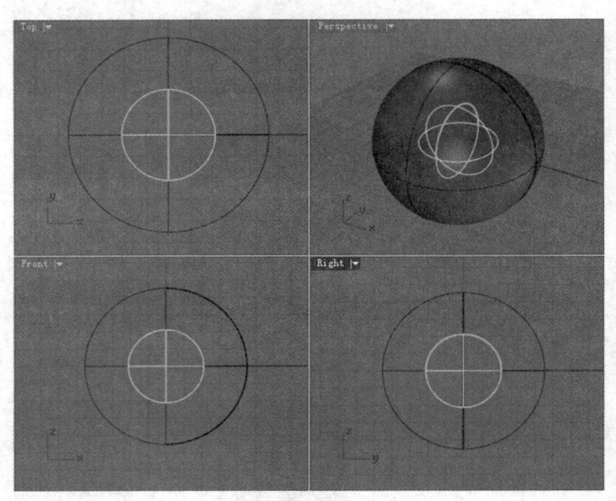

图5-48

03 在Front（前）视图中将小球体往上移动至图5-49所示的位置。

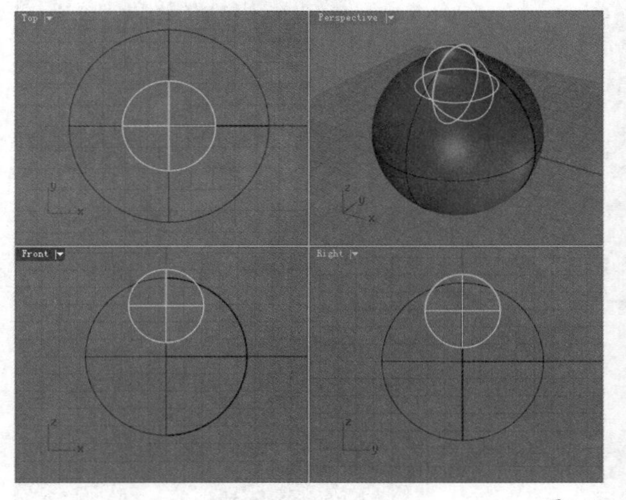

图5-49

04 使用鼠标左键单击“分割/以结构线分割曲面”工具，以大球体作为切割用的物件将小球体分割为两部分，如图5-50所示。

05 将小球体多余的部分删除，然后使用“组合”工具合并剩下的部分，如图5-51所示。

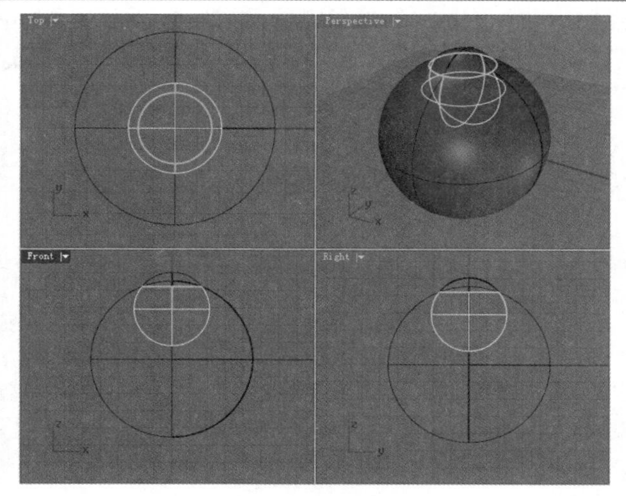

图5-50

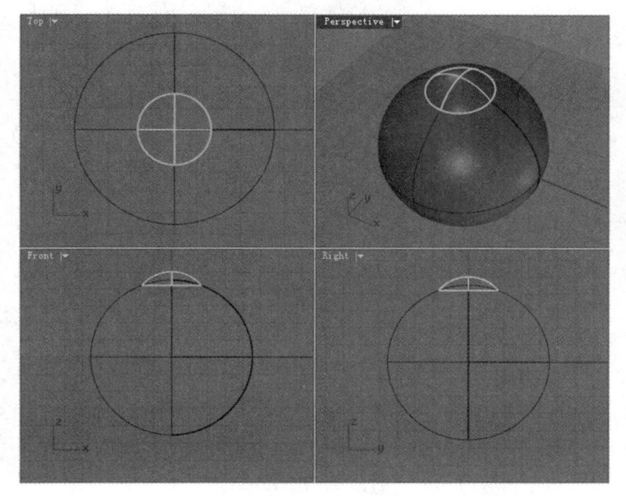

图5-51

06 使用“圆柱体”工具在球体上方创建两个圆柱体，完成球形吊灯的创建，结果如图5-52所示。

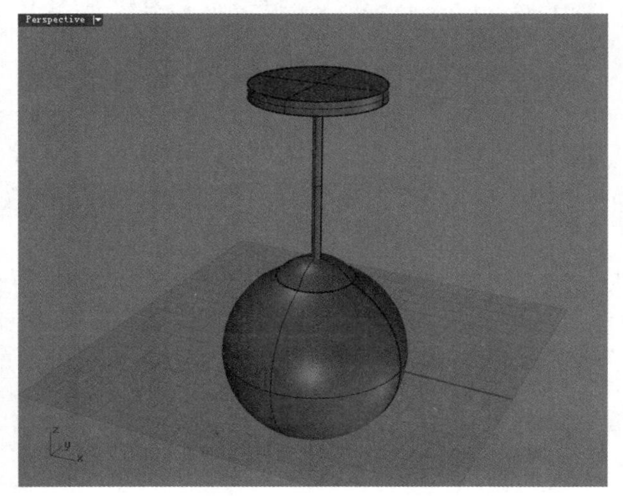

图5-52

5.2.4 椭圆体

创建椭圆体有5种方式，如图5-53所示。

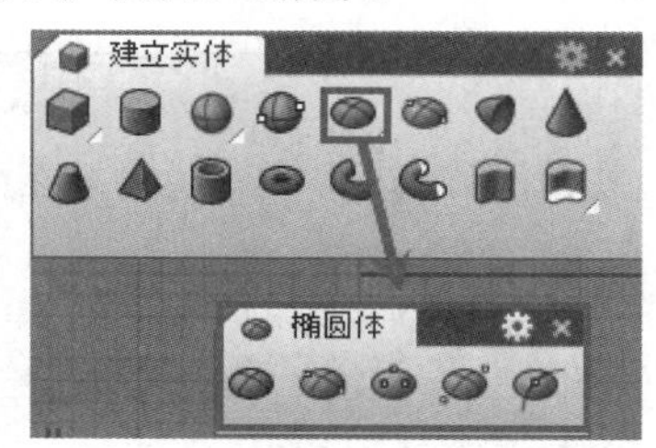

图5-53

从中心点

启用“椭圆体：从中心点”工具后，依次指定中心点、第1轴半径、第2轴半径和第3轴的半径，得到椭圆体，如图5-54所示。

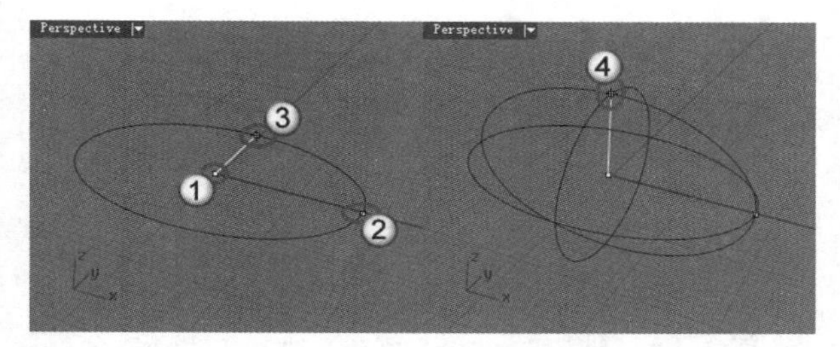

图5-54

直径

启用“椭圆体：直径”工具，然后指定一条轴的两个端点，再指定另外两条轴的半径，得到椭圆体，如图5-55所示。

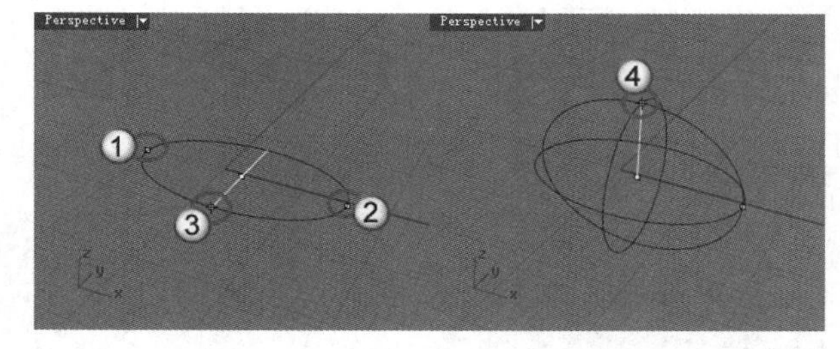

图5-55

从焦点

启用“椭圆体：从焦点”工具后，以椭圆的两个焦点及通过点创建一个椭圆体，如图5-56所示。

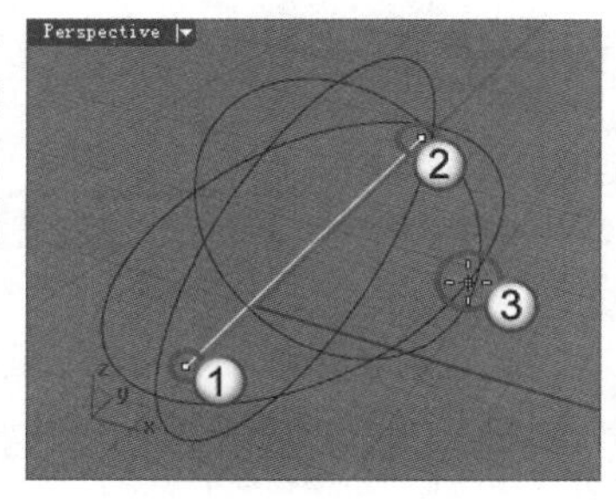

图5-56

角

使用“椭圆体：角”工具可以通过指定一个矩形的对角及第3轴的端点创建一个椭圆体，如图5-57所示。

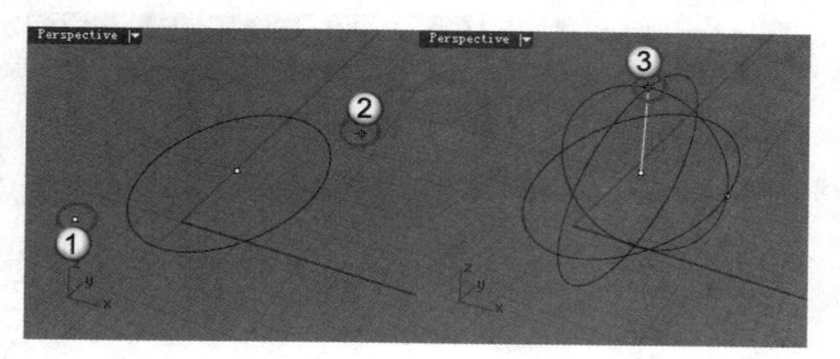

图5-57

环绕曲线

“椭圆体：环绕曲线”工具的用法与“椭圆体：从中心点”工具类似，区别在于需要先指定一条曲线，同时椭圆体的中心点位于这条曲线上，如图5-58所示。

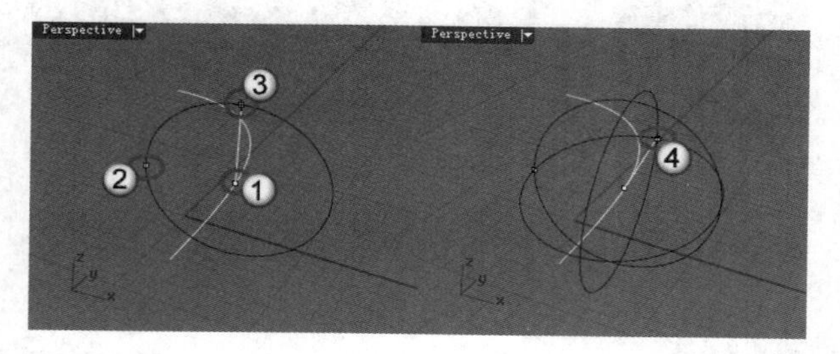

图5-58

5.2.5 抛物面锥体

使用“抛物面锥体”工具可以通过指定焦点或顶点的位置建立抛物面锥体，如图5-59所示。

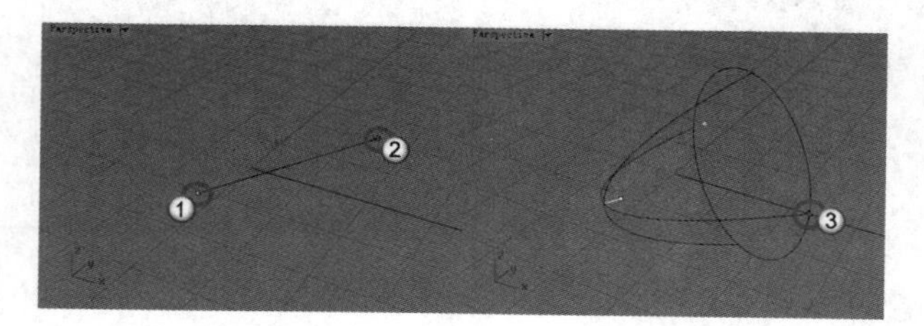

图5-59

创建抛物面锥体的时候可以看到如图5-60所示的命令提示。

```
指令：_Paraboloid
抛物面锥体焦点 ( 顶点(V)  标示焦点(M)=是  实体(S)=否 ):
```

图5-60

命令选项介绍

焦点：这是默认的创建方式，也就是图5-59所示的创建方式。首先指定抛物面的焦点位置，然后指定抛物面锥体的方向，接着指定抛物面锥体端点。

顶点：通过指定顶点、焦点和端点来创建一个抛物面锥体，如图5-61所示。

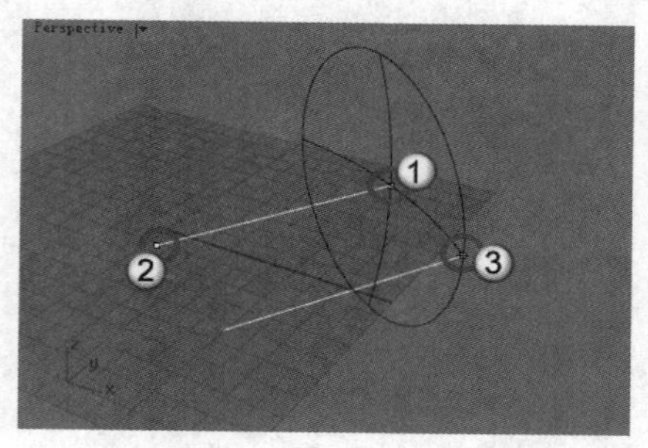

图5-61

标示焦点：默认状态下该选项设置为“否”，如果设置为“是”，那么创建的抛物面锥体将显示出焦点，如图5-62所示。

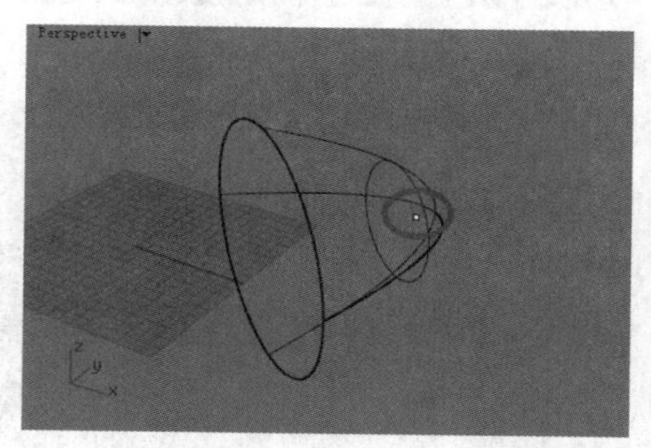

图5-62

实战

利用抛物面锥体制作滤茶器

场景位置	无
实例位置	实例文件>第5章>实战——利用抛物面锥体制作滤茶器.3dm
视频位置	第5章>实战——利用抛物面锥体制作滤茶器.flv
难易指数	★★★☆☆
技术掌握	掌握抛物面锥体的创建方法和在曲面上阵列以及布尔运算的操作技巧

本例制作的滤茶器效果如图5-63所示。

图5-63

01 单击“球体：中心点、半径”工具，在Top（顶）视图中创建一个球体，如图5-64所示。

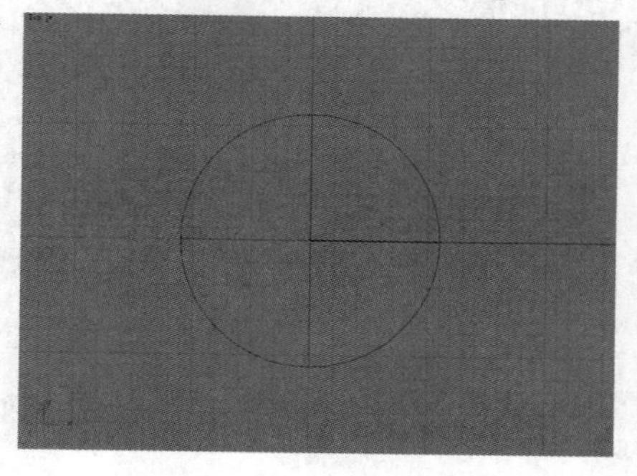

图5-64

02 单击“抛物面锥体”工具，创建如图5-65所示的抛物面。

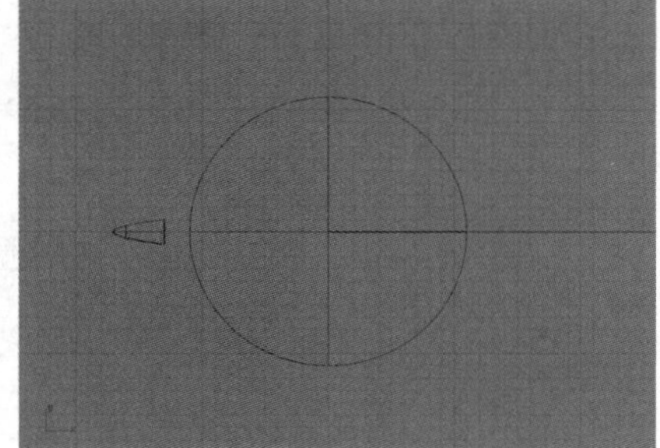

图5-65

03 调出“阵列”工具面板，然后单击“在曲面上阵列”工具，在球体上阵列抛物面，如图5-66和图5-67所示，具体操作步骤如下。

操作步骤

① 选择抛物面作为要阵列的物件，按Enter键确认。

② 在抛物面的中间位置拾取一点作为阵列物体的基准点，然后在该点的左侧再拾取一点，确定参考法线方向。

③ 选择球体作为阵列的目标曲面，然后设置曲面U、V方向的项目数都为15。

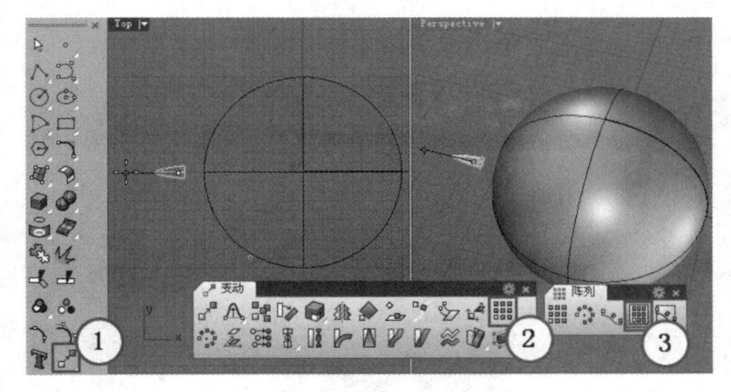

图5-66

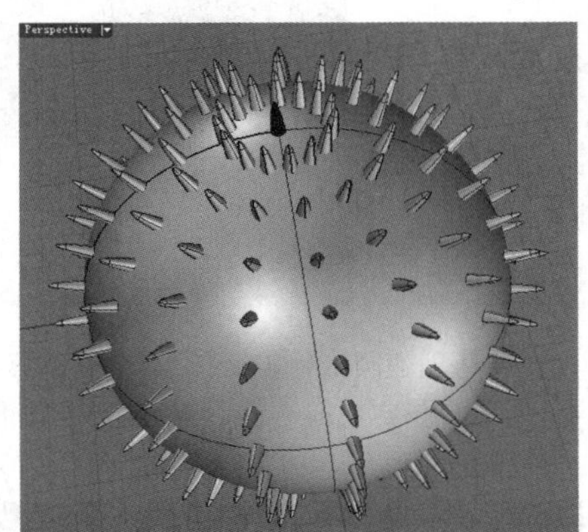

图5-67

04 按住Shift键的同时选择如图5-68所示的抛物面，然后按Delete键删除。

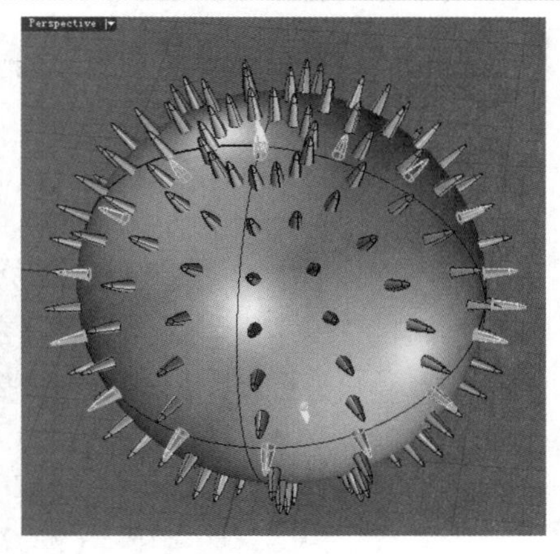

图5-68

05 将球体移动到“图层01”中，然后调出“实体”和“选取”工具面板，接着单击“布尔运算差集”工具，将抛物面从球体中减去，如图5-69和图5-70所示，具体操作步骤如下。

操作步骤

① 选择球体，按Enter键确认。

② 使用鼠标左键单击“以图层选取/以图层编号选取”工具，然后在弹出的“要选取的图层”对话框中选择“预设图层”，并单击确定按钮，如图5-69所示，最后按Enter键完成操作。

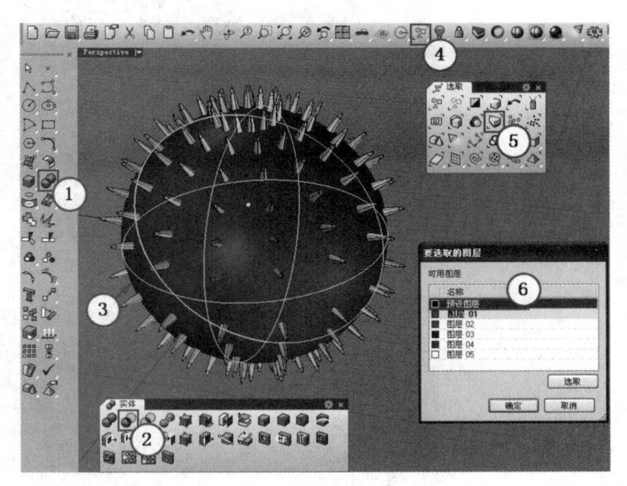

图5-69

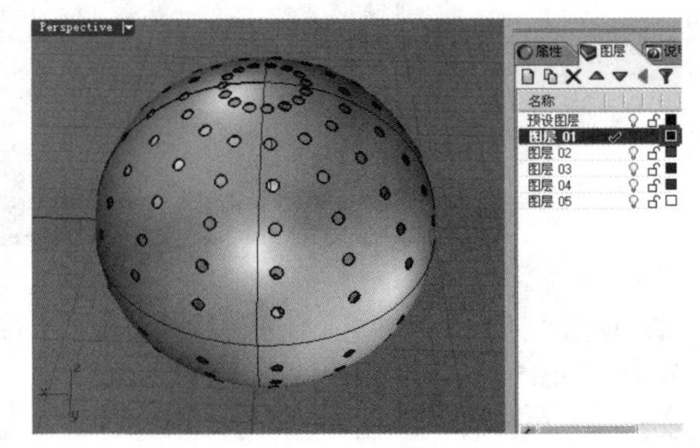

图5-70

为了便于观察，运算结束后将“图层01”的颜色设置为黑色。

06 单击“直线：从中点”工具，打开“锁定格点”功能，绘制如图5-71所示的直线。

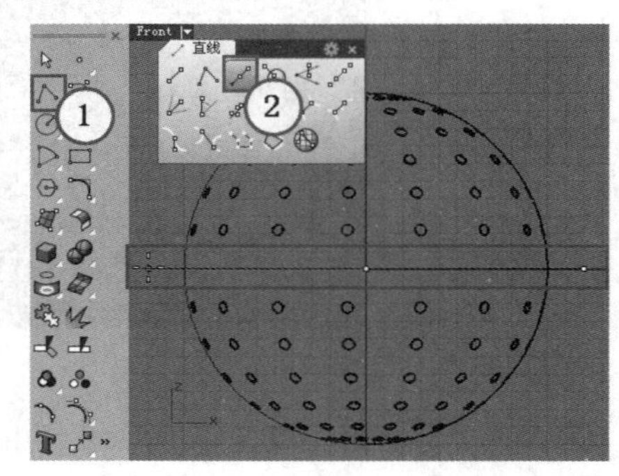

图5-71

07 使用鼠标左键单击“分割/以结构线分割曲面”工具，以上一步绘制的直线对运算后的球体进行分割，然后将上半部分的球体隐藏，如图5-72和图5-73所示。

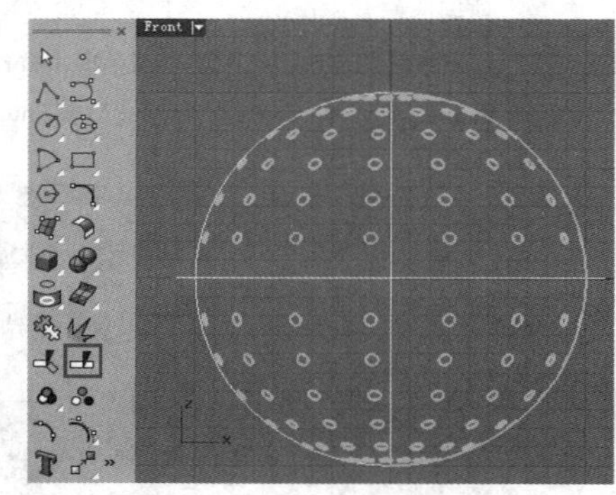

图5-72

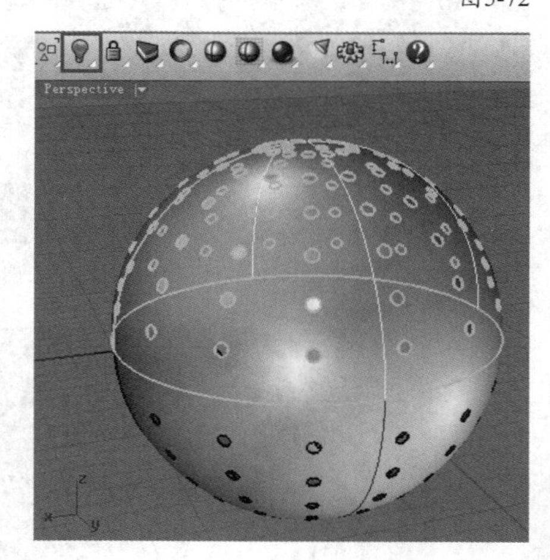

图5-73

08 调出“建立曲面”工具面板，然后单击“彩带”工具，将图5-74所示的边向内挤出一个曲面。

09 单击“曲面圆角”工具，对挤出曲面和半球曲面的边缘进行圆角处理，圆角半径为0.2，结果如图5-75所示。

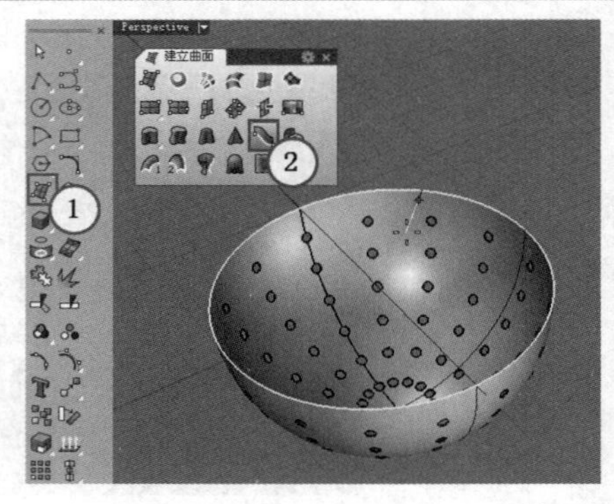

图5-74

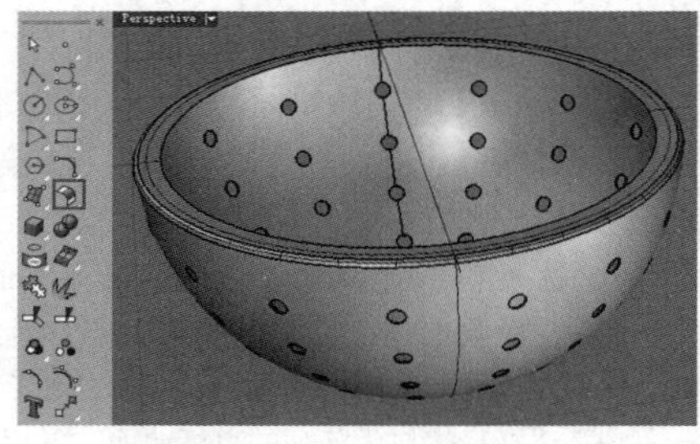

图5-75

10 将隐藏的半球显示出来，然后进行同样的圆角操作，滤茶器模型最终效果如图5-76所示。

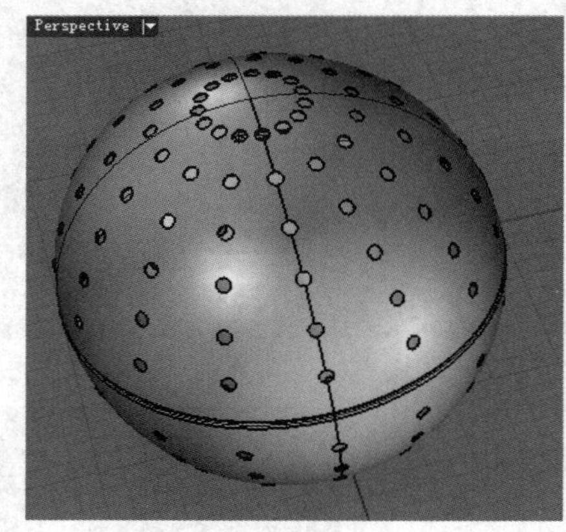

图5-76

5.2.6 圆锥体

默认创建圆锥体需要指定3个点，第1点指定底面圆心，第2点指定底面半径，第3点指定圆锥体的高度，如图5-77所示。

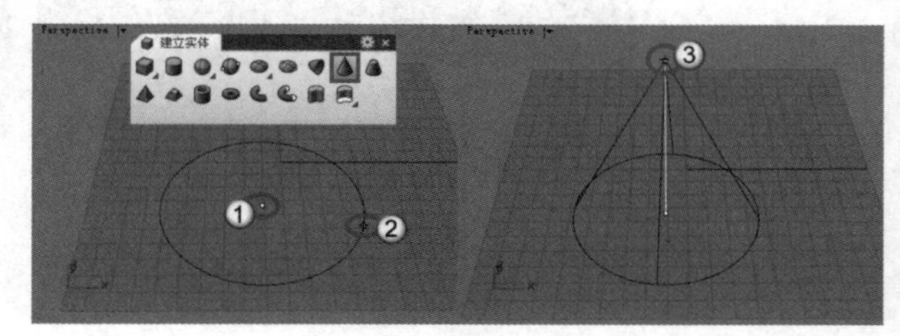

图5-77

5.2.7 平顶锥体

把圆锥体的顶部去掉一部分，得到的就是平顶锥体。所以平顶锥体的创建方法与圆锥体大致相似，区别在于指定锥体的高度后还需要指定顶面的半径，如图5-78所示。

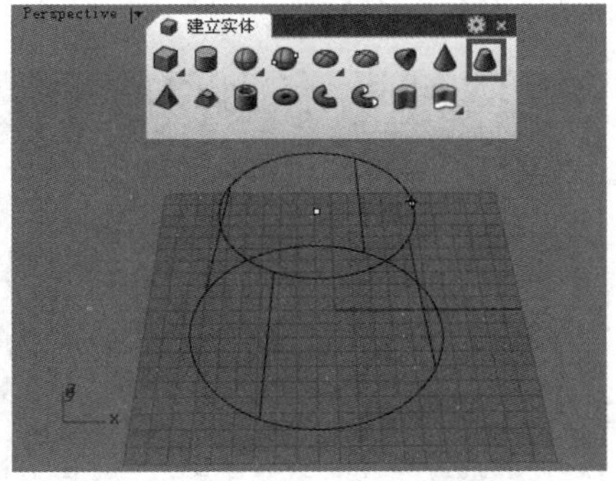

图5-78

知识链接

圆锥体与平顶锥体具有和圆柱体一样的命令选项，读者可以参考5.2.2小节。

技巧与提示

Rhino中同类型的工具可能会具有部分相同的命令选项，因此前面介绍过的命令选项后面都不再重复介绍。

5.2.8 棱锥

棱锥在Rhino中被称作“金字塔”，是以多边形底面和高度建立的实体棱锥。

启用“金字塔”工具，然后指定棱锥底面的中心点，再指定一个角，最后指定顶点，如图5-79所示。

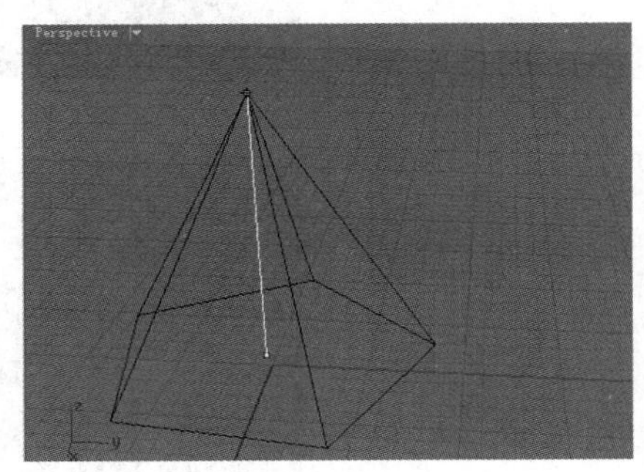

图5-79

棱锥的创建方法类似于圆锥体，不同的是要确定锥体底面的边数，默认设置的边数是5，因此创建出来的就是图5-79所示的五棱锥。可以通过命令选项修改边数，如图5-80所示。

指令: _Pyramid
内接棱锥中心点 (边数(N)=5 外切(C) 边(D) 星形(S) 方向限制(I)=垂直 实体(O)=是):

图5-80

命令选项介绍

边数：设置锥体底面的边数，例如，设置边数为8，创建的棱锥效果如图5-81所示。

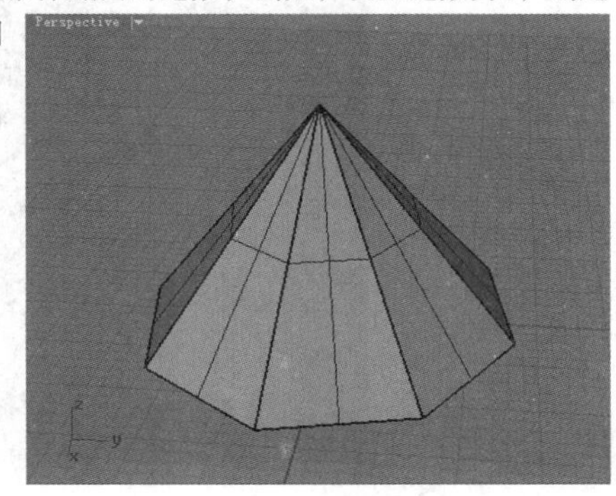

图5-81

外切：默认情况下创建棱锥是先指定中心点，然后指定一个角，如图5-82所示；而“外切”方式是先指定中心点，再指定锥体底边的中点，如图5-83所示。

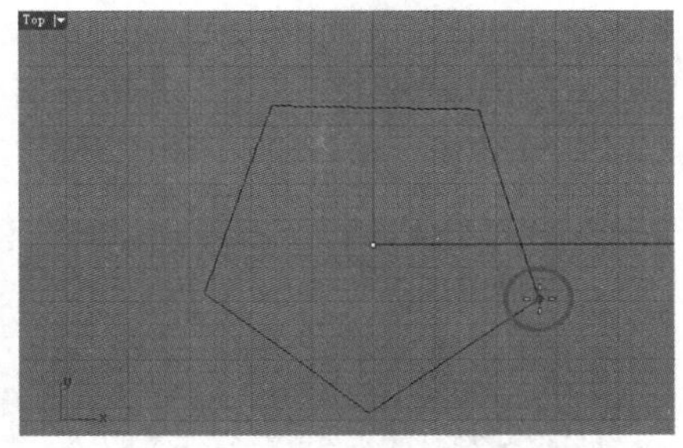

图5-82

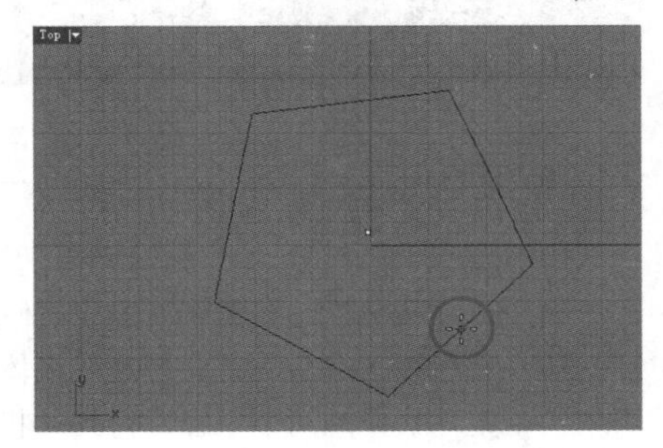

图5-83

22 技术专题：关于外切和内切

这里再详细介绍一下外切和内切的概念。所谓外切，是指外切于圆，也就是多边形的每条边都与圆相切，如图5-84所示。而内切则是指内切于圆，也就是多边形的每个顶点都位于圆周上，如图5-85所示。

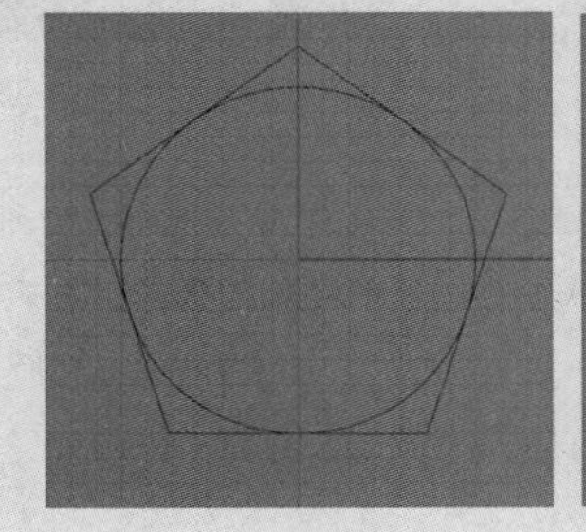

图5-84

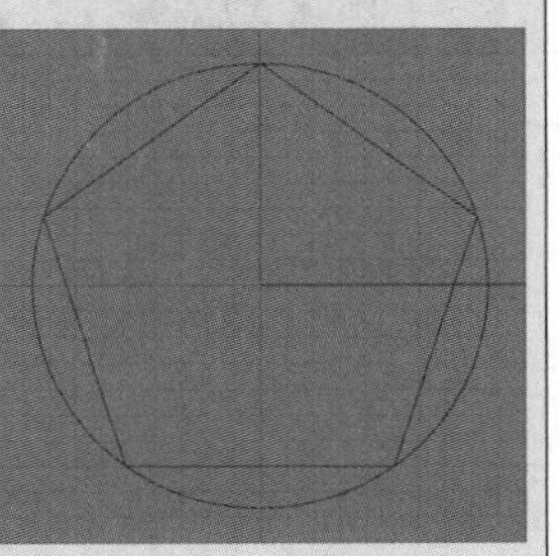

图5-85

星形：创建底面为星形的棱锥，如图5-86所示。

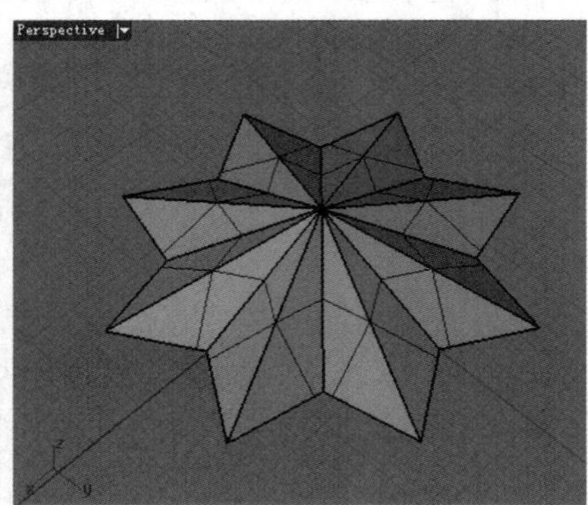

图5-86

5.2.9 圆柱管

使用“圆柱管”工具可以创建具有厚度的圆管效果，操作方法和圆柱体基本一样，不同的是圆柱管需要分别指定圆柱管的外圆半径和内圆半径，如图5-87所示。

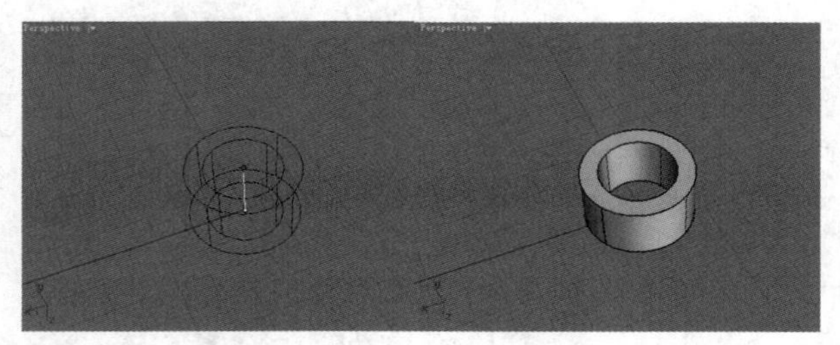

图5-87

5.2.10 环状体

使用“环状体”工具可以建立类似游泳圈造型的环状体。启用该工具后，首先确定环状体中心点，然后再依次指定环状体的两个半径，得到环状体模型，如图5-88所示。

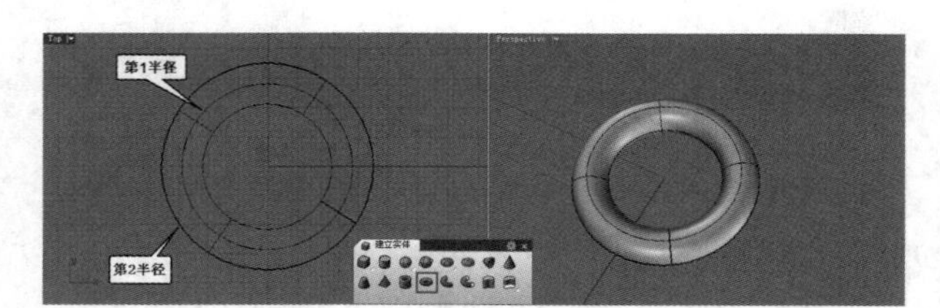

图5-88

圆柱管与环状体具有和圆柱体一样的命令选项，读者可以参考5.2.2小节。

5.2.11 圆管

Rhino中建立圆管的工具有两个，一是“圆管（平头盖）”工具，另一个是“圆管（圆头盖）”工具。这两个工具的区别在于建立的圆管端面是平头盖还是圆头盖，如图5-89所示。

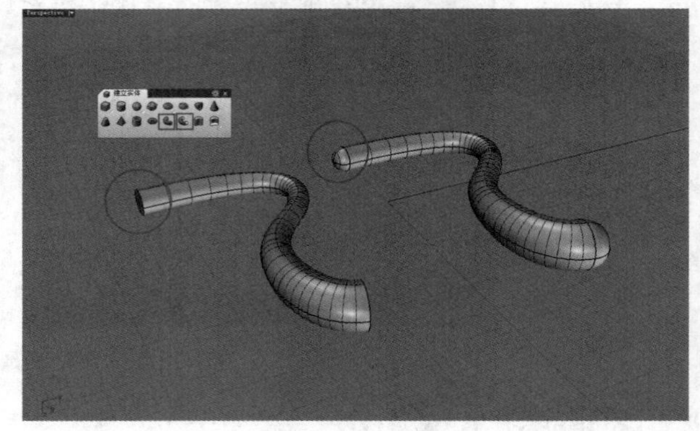

图5-89

“圆管（平头盖）”工具和“圆管（圆头盖）”工具是沿着已有曲线建立一个圆管，启用工具后根据命令提示先选择要建立圆管的曲线，然后依次指定曲线起点和终点处的截面圆（通过指定半径来定义截面圆），接着可以在曲线上其余位置继续指定不同半径的截面圆（可以指定多个），如图5-90所示，定义好截面圆后，按Enter键或单击鼠标右键，即可根据截面圆建立圆管模型，如图5-91所示。

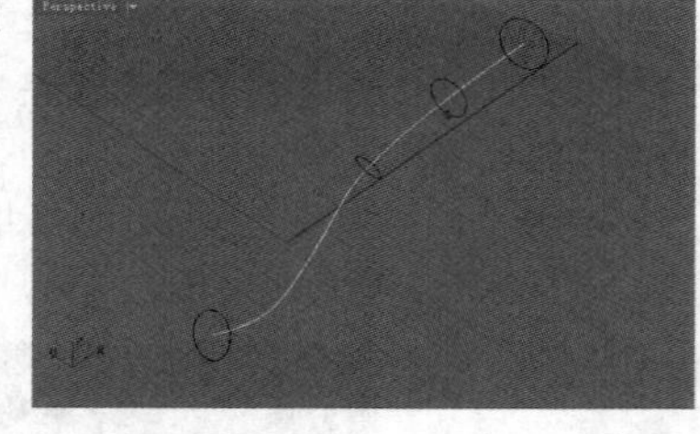

图5-90

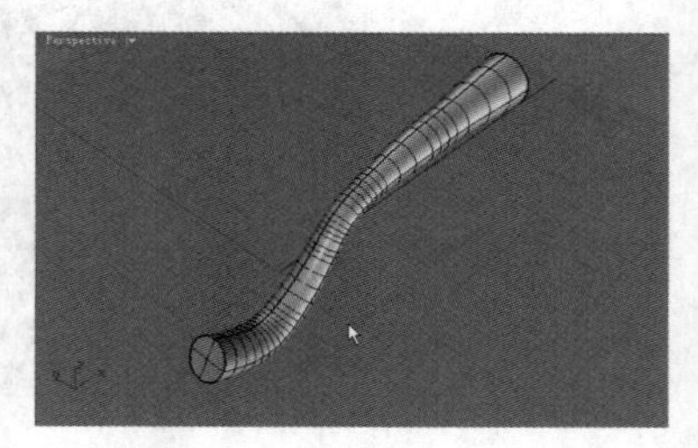

图5-91

如果创建圆管的曲线是一条封闭曲线，那么圆管的起点半径等于终点半径（圆管起点截面圆与终点截面圆重合）。例如，以圆为曲线创建圆管，如图5-92所示，图中红色方框内的圆就是圆管起点处和终点处的截面圆，建立的圆管模型效果如图5-93所示。

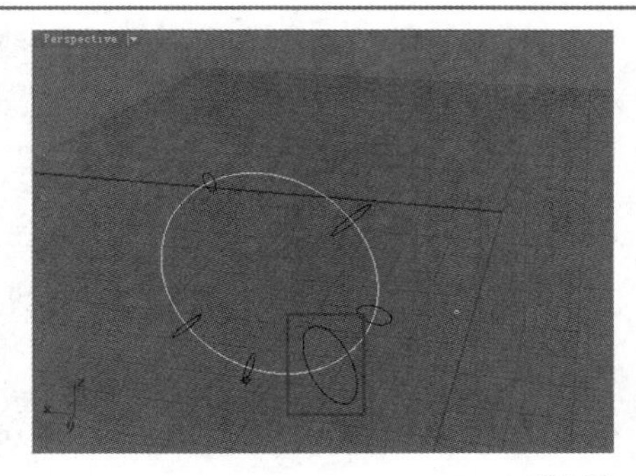

图5-92

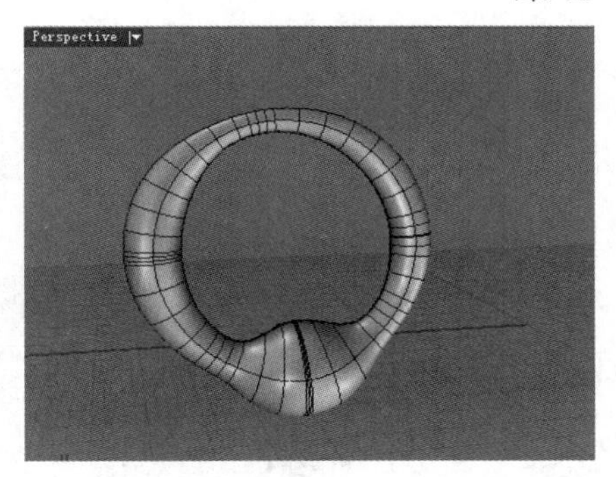

图5-93

在创建圆管的过程中，命令行提示如图5-94所示。

```
指令: _Pipe
选取要建立圆管的曲线 ( 连锁边缘(C)  数条曲线(M) ): _Pause
选取要建立圆管的曲线 ( 连锁边缘(C)  数条曲线(M) ):
起点半径 <10.000> ( 直径(D)  有厚度(T)=否  加盖(C)=圆头  渐变形式(S)=局部  正切点不分割(F)=否 ): _Cap=_Round
起点半径 <10.000> ( 直径(D)  有厚度(T)=否  加盖(C)=圆头  渐变形式(S)=局部  正切点不分割(F)=否 ): _Thick=_No
起点半径 <10.000> ( 直径(D)  有厚度(T)=否  加盖(C)=圆头  渐变形式(S)=局部  正切点不分割(F)=否 ):
终点半径 <20.000> ( 直径(D)  渐变形式(S)=局部  正切点不分割(F)=否 ):
设置半径的下一点，按 Enter 不设置:
```

图5-94

命令选项介绍

直径：默认是以半径的方式定义截面圆，单击该选项可以切换为直径方式。

有厚度：如果设置该选项为“是”，可以设置圆管的厚度，此时每一个截面都需要指定两个半径（圆管内外壁半径），如图5-95所示。

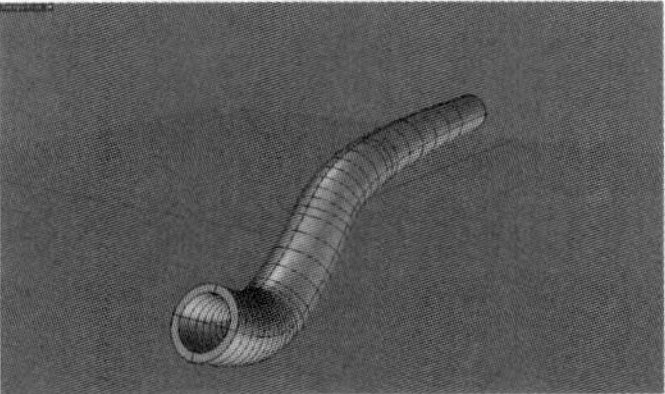

图5-95

加盖：通过这个选项可以切换圆管端面的加盖方式，包含“平头”“圆头”和“无”3种方式。当设置为“无”时，得到的是一个中空的圆管，如图5-96所示。

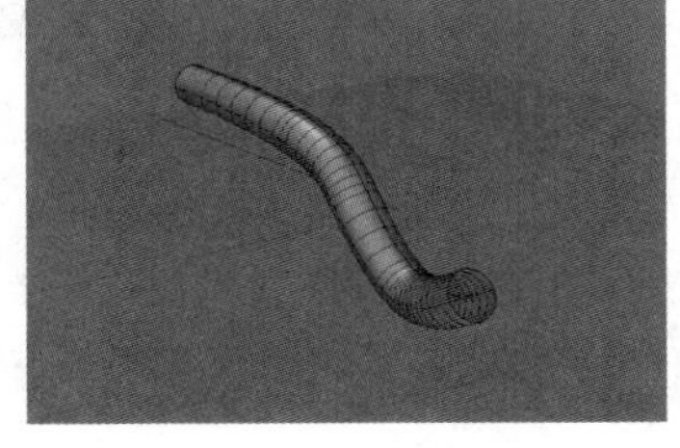

图5-96

实战

利用圆管制作水果篮

场景位置	无
实例位置	实例文件>第5章>实战——利用圆管制作水果篮.3dm
视频位置	第5章>实战——利用圆管制作水果篮.flv
难易指数	★★☆☆☆
技术掌握	掌握创建圆管的方法

本例制作的水果篮效果如图5-97所示。

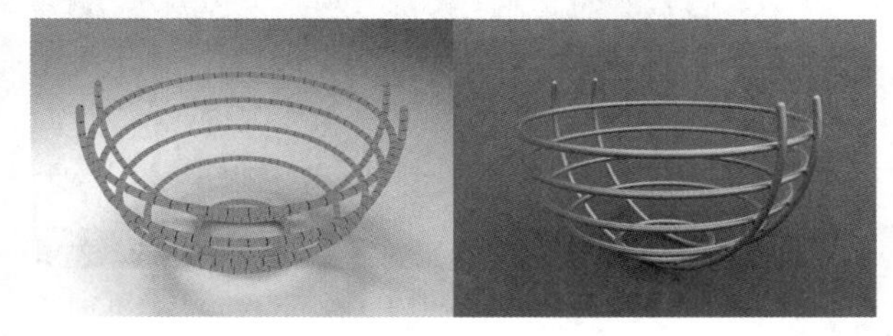

图5-97

01 使用“球体：中心点、半径”工具在Perspective（透视）视图中创建一个球体，如图5-98所示。

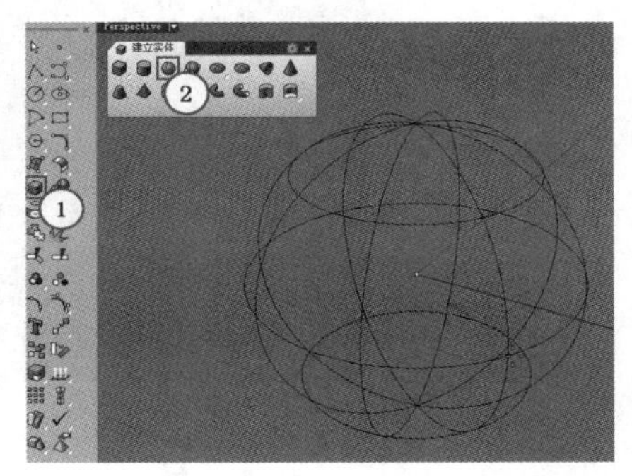

图5-98

02 启用“多重直线/线段”工具，在Front（前）视图中绘制如图5-99所示的线段。

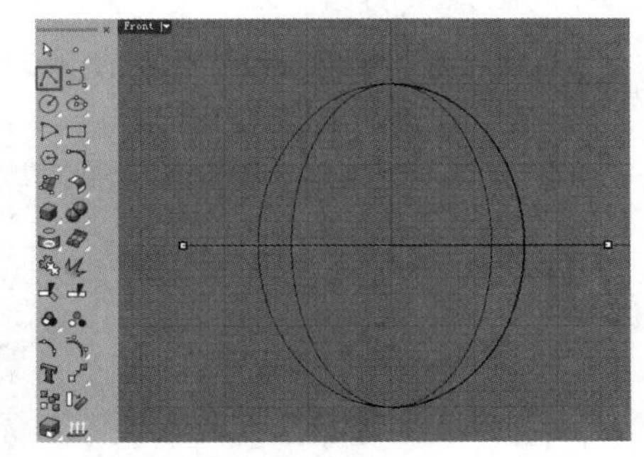

图5-99

03 单击“矩形阵列”工具，对上一步绘制的线段进行阵列复制，如图5-100所示，具体操作步骤如下。

操作步骤

① 在命令行设置y方向的阵列数为5，x轴和z轴方向的阵列数都为1。

② 在Front（前）视图中拾取两个点确定y轴方向的阵列间距，然后按Enter键完成阵列。

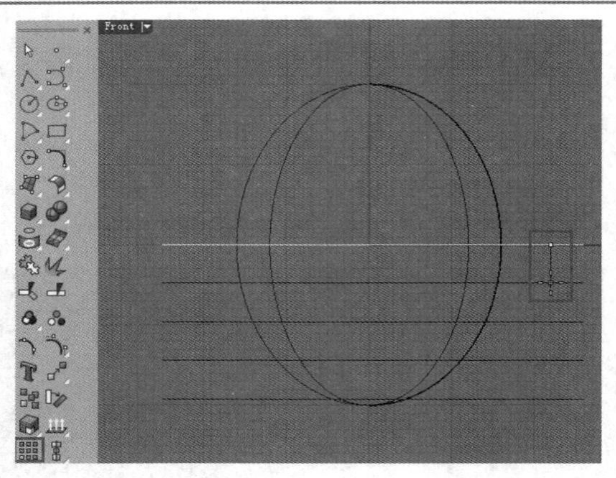

图5-100

04 单击“投影至曲面”工具，然后在Front（前）视图中选择阵列得到的5条直线，并按Enter键确认，接着选择球体，再次按Enter键得到5条投影曲线，如图5-101所示。

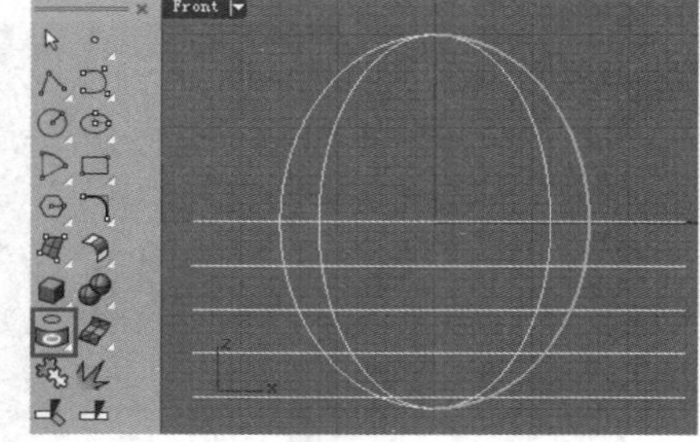

图5-101

注意，一定要在Front（前）视图中进行投影操作，不同的视图投影结果可能会不同。

05 再次启用“多重直线/线段”工具，在Right（右）视图中绘制如图5-102所示的线段。

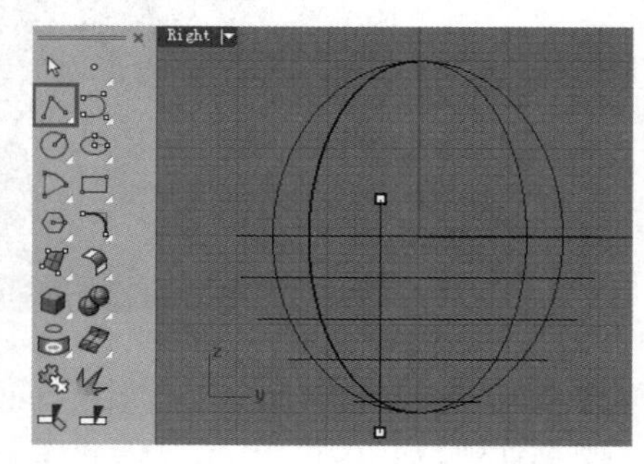

图5-102

06 单击“投影至曲面”工具，在Right（右）视图中将上一步绘制的线段投影至球体上，然后删除球体和直线，得到如图5-103所示的6条投影曲线。

07 单击“偏移曲线”工具，将圆弧曲线向外偏移，偏移距离为1，如图5-104所示。

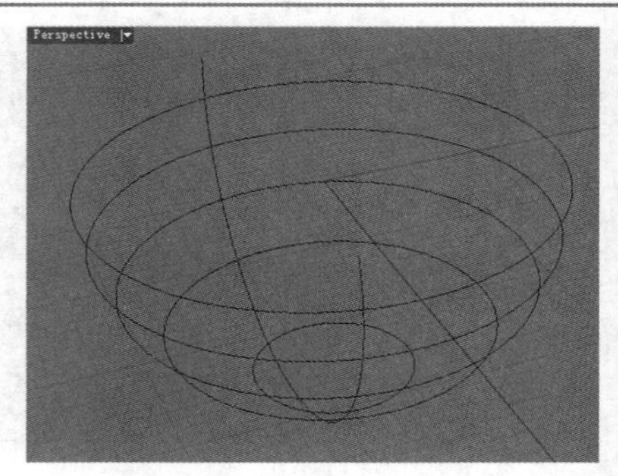

图5-103

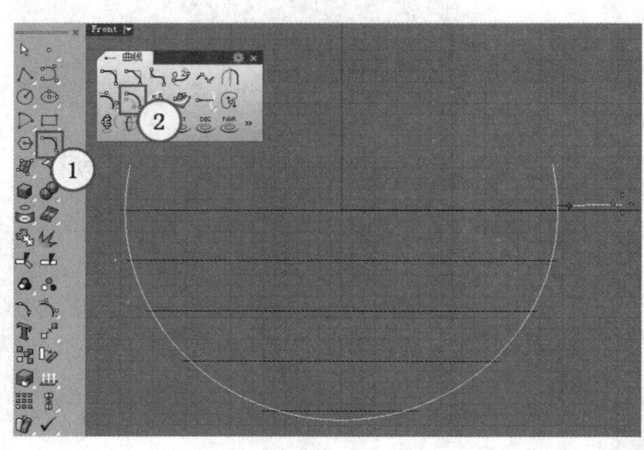

图5-104

08 单击“圆管（平头盖）”工具，然后选择一个圆，并在命令行中输入0.5，确定圆管半径，接着单击鼠标右键两次，得到一个圆管实体，最后按照同样的方式分别创建其余4个圆管，得到如图5-105所示的模型。

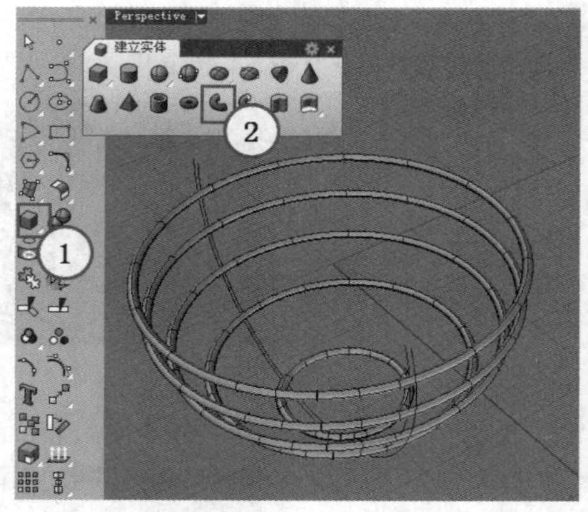

图5-105

09 单击“圆管（圆头盖）”工具，选择偏移得到的曲线，在命令行中输入0.5，确定圆管半径，然后单击鼠标右键两次，得到如图5-106所示的圆头圆管模型。

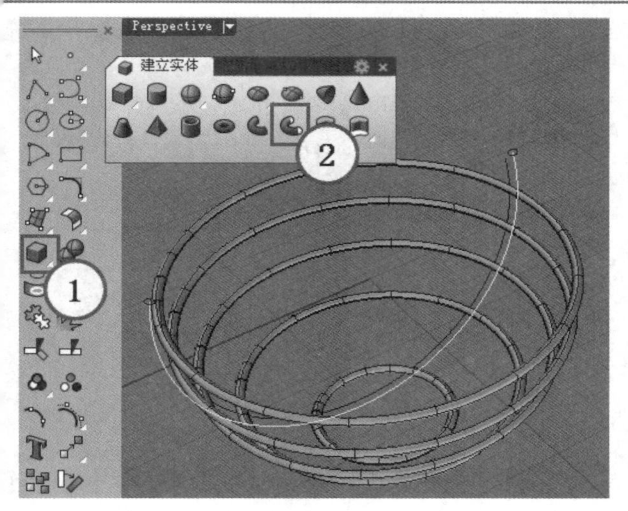

图5-106

10 使用鼠标左键单击“镜射/三点镜射”工具，启用“锁定格点”功能，在Right（右）视图中将上一步创建的圆管模型镜像复制一个到右侧，如图5-107所示，水果篮模型的最终效果如图5-108所示。

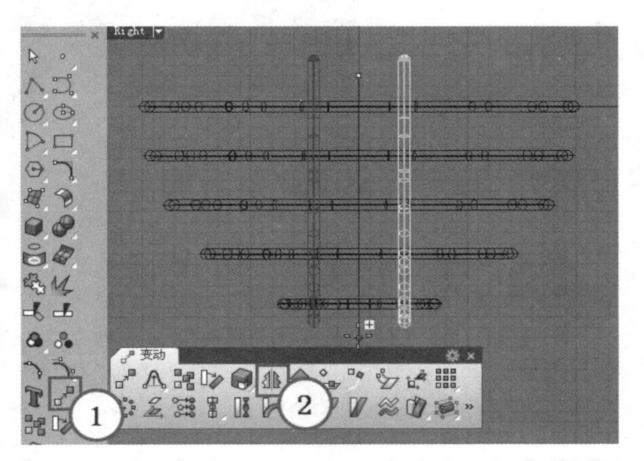

图5-107

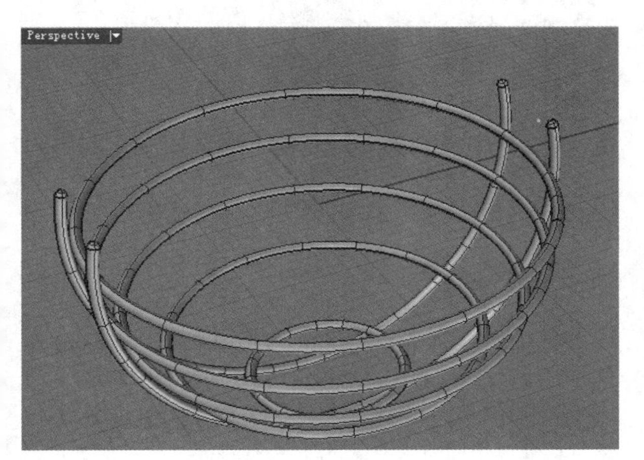

图5-108

5.3 创建挤出实体

在“建立实体”工具面板中单击“挤出曲面”工具不放，调出“挤出建立实体”工具面板，Rhino为用户提供了11种创建挤出实体的工具，如图5-109所示。

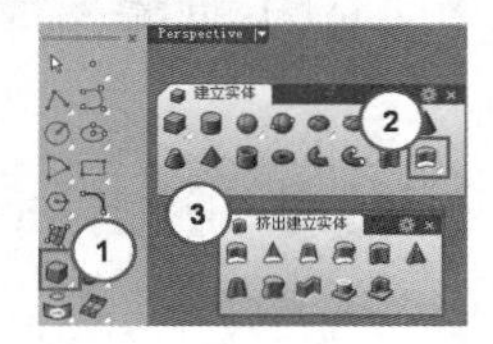

图5-109

5.3.1 挤出曲面

“挤出曲面”工具和“实体”工具面板中的“挤出面/沿着路径挤出面”工具是同一个工具，如图5-110所示。这两个工具可以挤出单一曲面，也可以挤出实体模型上的曲面。操作方法比较简单，选择需要挤出的曲面，然后指定挤出距离即可，如图5-111所示。

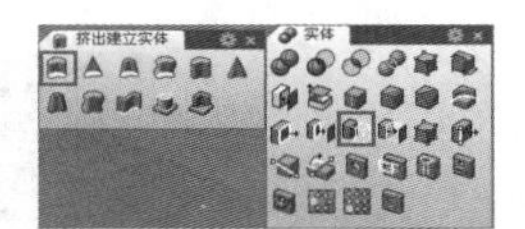

图5-110

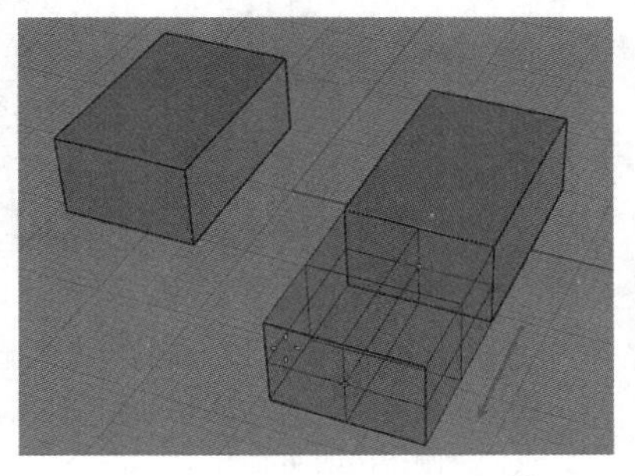

图5-111

5.3.2 挤出曲面至点

使用“挤出曲面至点”工具可以将曲面往指定的方向挤出至一点，形成锥体。

启用“挤出曲面至点”工具后，选择如图5-112所示的曲面，并单击鼠标右键，然后在Front（前）视图中指定一点，得到挤出的实体模型，如图5-113所示。

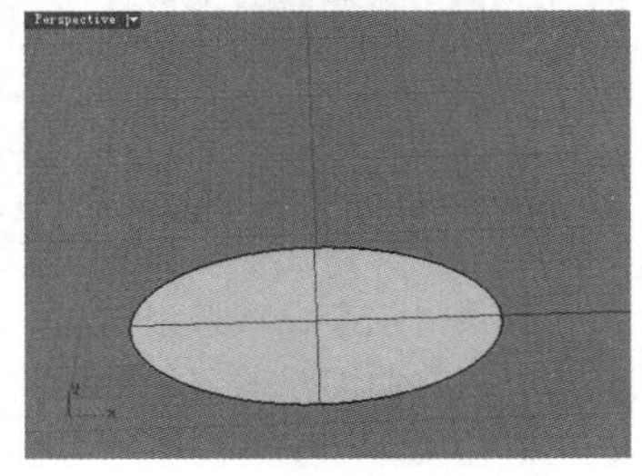

图5-112

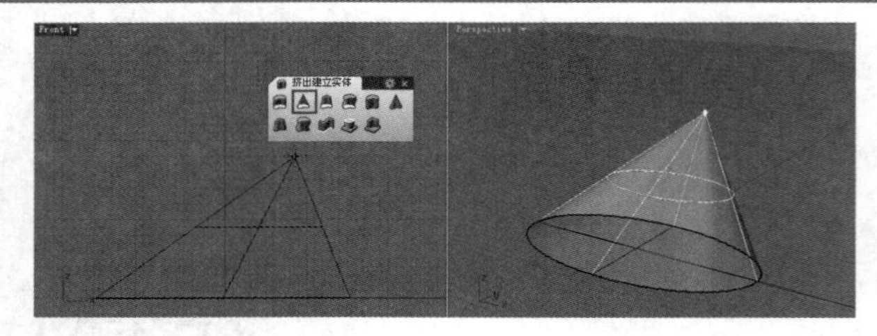
图5-113

5.3.3 挤出曲面成锥状

使用“挤出曲面成锥状”工具可以将曲面挤出成为锥状的多重曲面。启用该工具后，首先选择需要挤出的曲面，并按Enter键确认，此时将看到如图5-114所示的命令选项。

挤出长度 < 20> (方向(D) 拔模角度(R)=5 实体(S)=是 角(C)=锐角 删除输入物件(L)=否 反转角度(F) 至边界(T) 设定基准点(B)):

图5-114

命令选项介绍

方向：指定挤出的方向，默认是往工作平面的垂直方向挤出，如图5-115所示。

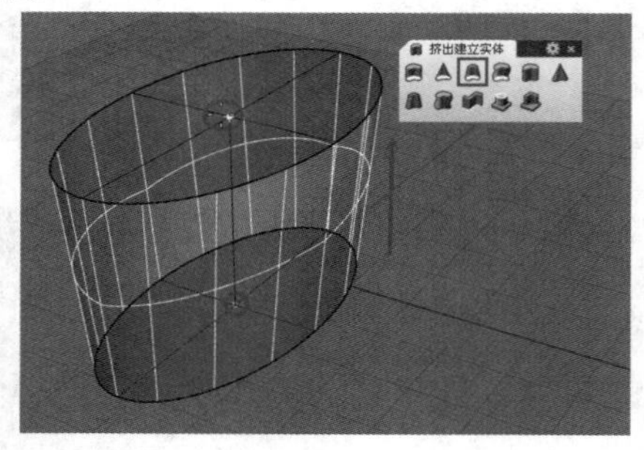
图5-115

拔模角度：设置挤出曲面的拔模角度，也就是锥状化的角度。拔模角度为正值时，挤出的曲面外展，如图5-116所示；如果为负值，则挤出的曲面内收，如图5-117所示。

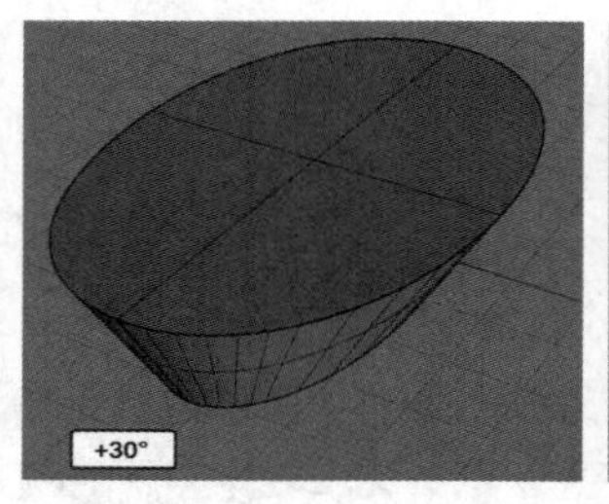

图5-116

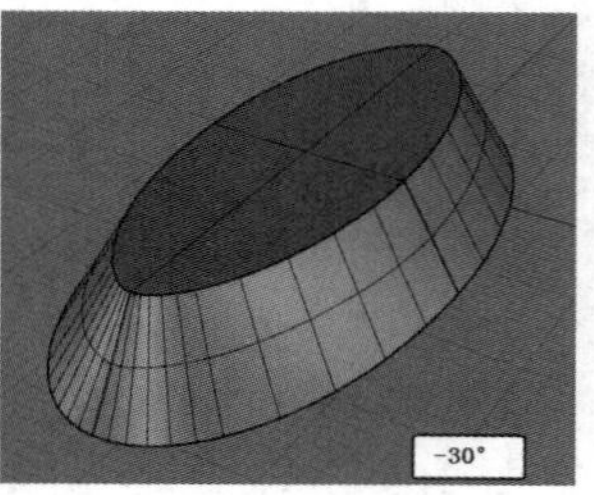

图5-117

5.3.4 沿着曲线挤出曲面

使用“沿着曲线挤出曲面/沿着副曲线挤出曲面”工具可以将曲面沿着路径曲线挤出建立实体，因此使用该工具需要有一条曲线和一个曲面。

见图5-118，图中有一条曲线和一个椭圆面。启用“沿着曲线挤出曲面/沿着副曲线挤出曲面”工具，然后选择椭圆形曲面，并按Enter键确认，接着选择曲线，得到如图5-119所示的实体模型。

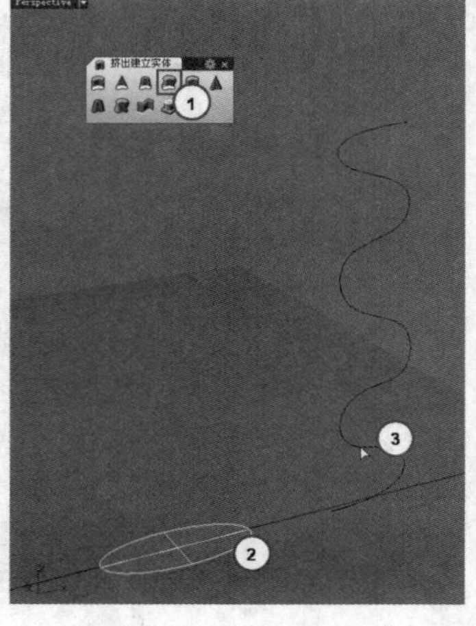

图5-118

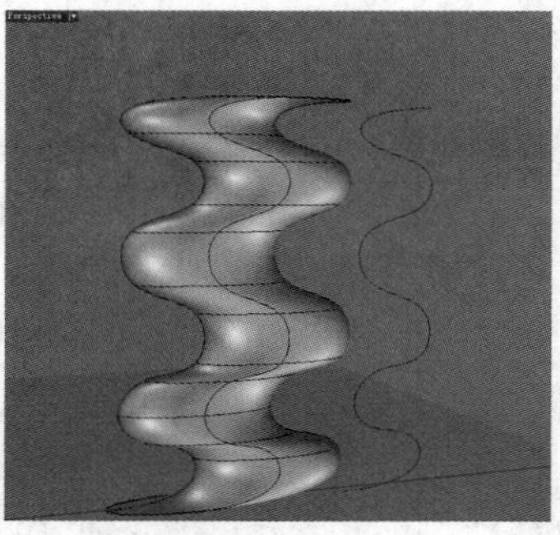
图5-119

5.3.5 以多重直线挤出成厚片

使用“以多重直线挤出成厚片”工具可以将曲线偏移、挤出并加盖建立实体模型。启用该工具后，选择一条需要挤出的曲线，然后指定曲线偏移的距离和方向，建立带状的封闭曲线，如图5-120所示，接着再指定挤出高度，挤出成为转角处斜接的实体，如图5-121所示。

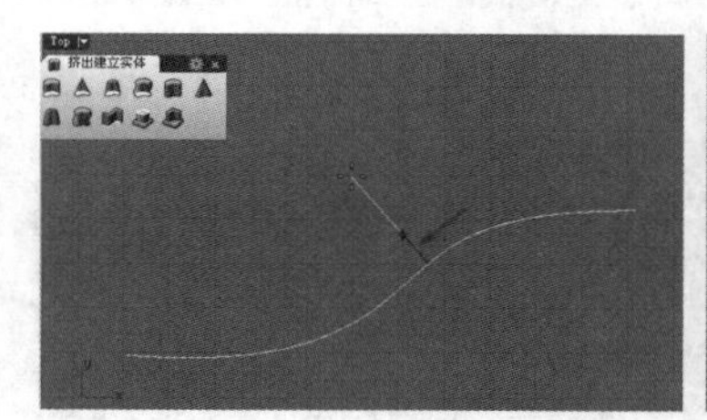
图5-120

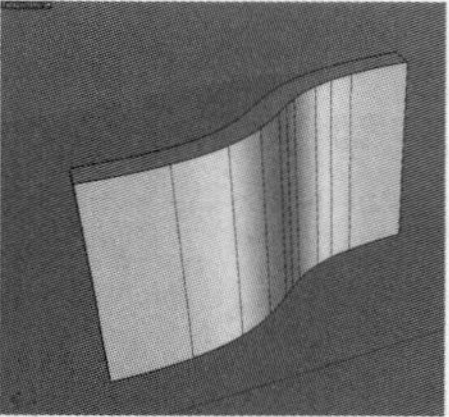
图5-121

5.3.6 凸毂

使用“凸毂”工具可以通过平面曲线在曲面或多重曲面上建立凸缘，该工具的用法比较简单，启用工具后，首先选取平面曲线（必须是封闭曲线），然后按Enter键确认，接着选择一个曲面或多重曲面作为边界即可。曲线会以其所在工作平面的垂直方向挤出至边界曲面，边界曲面会被修剪并与曲线挤出的曲面组合在一起。

根据平面曲线与多重曲面的位置不同，能够创建出两种实体。一种是曲线位于边界物件内，如球体中的圆形曲线，此时会在边界物件上挖出一个洞，如图5-122所示。另一种是曲线位于边界物件外，建立凸毂后的效果如图5-123所示。

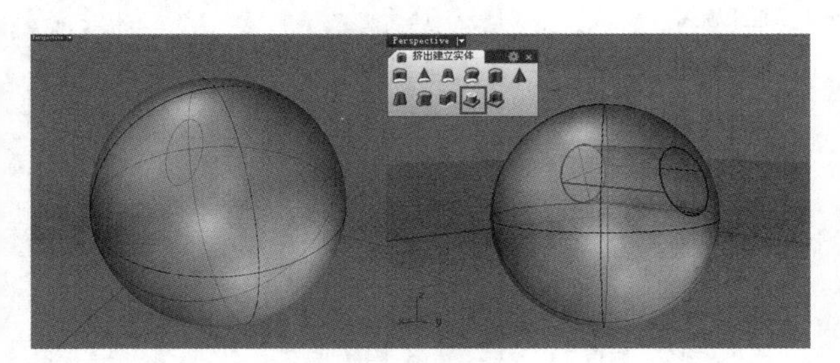

图5-122

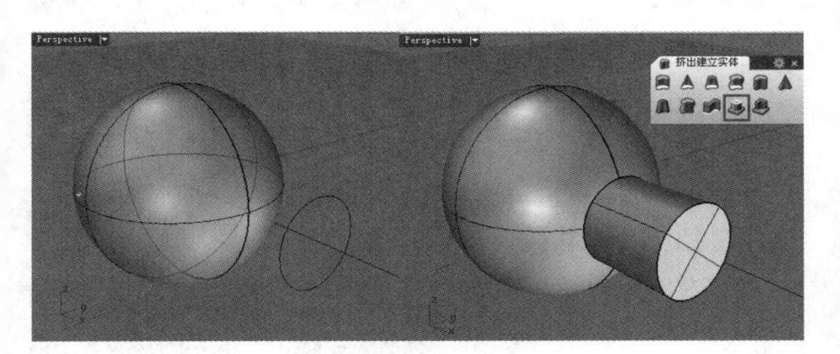

图5-123

“凸毂”工具有两种模式，一种是“直线”，另一种是“锥状”，如图5-124所示。

指令：_Boss
选取要建立凸缘的平面封闭曲线（模式(M)=直线）：模式=锥状
选取要建立凸缘的平面封闭曲线（模式(M)=锥状 拔模角度(D)=0）：

图5-124

命令选项介绍

直线：零角度挤出。

锥状：可以通过设置“拔模角度”挤出锥状化的模型。

5.3.7 肋

使用“肋”工具可以创建曲线与多重曲面之间的肋。启用该工具后，首先选择作为柱肋的平面曲线，并按Enter键确认，然后选取一个边界物件，此时系统会自动将曲线挤出成曲面，再往边界物件挤出，并与边界物件结合，如图5-125所示。

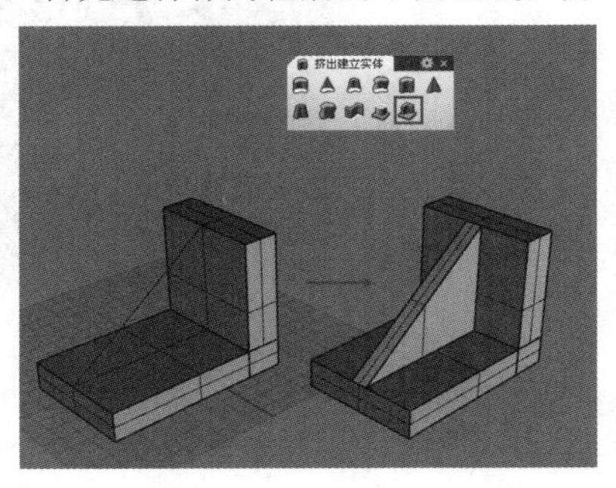

图5-125

创建肋模型时，将看到如图5-126所示的命令选项。

指令：_Rib
选取要做柱肋的平面曲线 <1.000>（偏移(O)=曲线平面 距离(D)=1 模式(M)=直线）：

图5-126

命令选项介绍

偏移：用于指定曲线偏移的模式，有“曲线平面”和“与曲线平面垂直”两种模式。

曲线平面：曲线为肋的平面轮廓时，通常使用这种模式，如图5-127所示。

图5-127

与曲线平面垂直：曲线为肋的侧面轮廓时，通常使用这种模式，如图5-128所示。

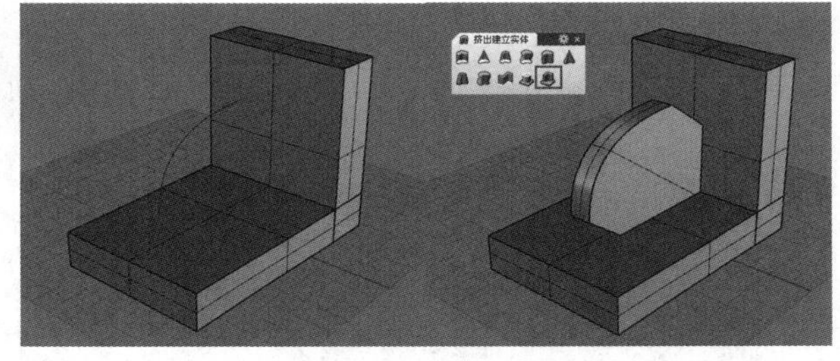

图5-128

距离：设定曲线的偏移距离，也就是肋的厚度。

模式：同样有“直线”和“锥状”两种模式。

实战

利用凸毂和肋制作机械零件

场景位置	无
实例位置	实例文件>第5章>实战——利用凸毂和肋制作机械零件.3dm
视频位置	第5章>实战——利用凸毂和肋制作机械零件.flv
难易指数	★★★☆☆
技术掌握	掌握各种挤出曲面的方法以及凸毂和肋的创建方法

本例制作的机械零件效果如图5-129所示。

01 使用“球体：中心点、半径”工具在Perspective（透视）视图中创建一个球体，如图5-130所示。

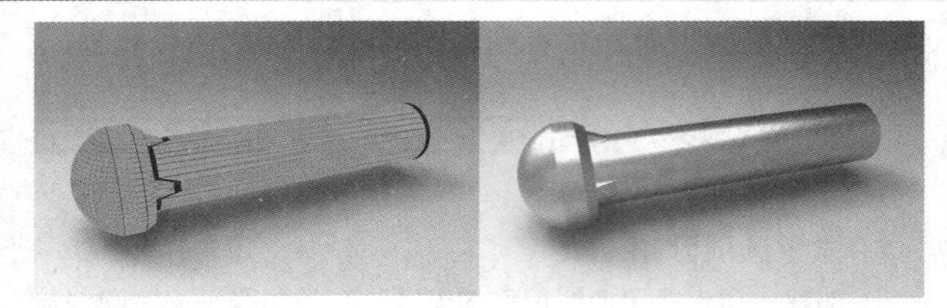

图5-129

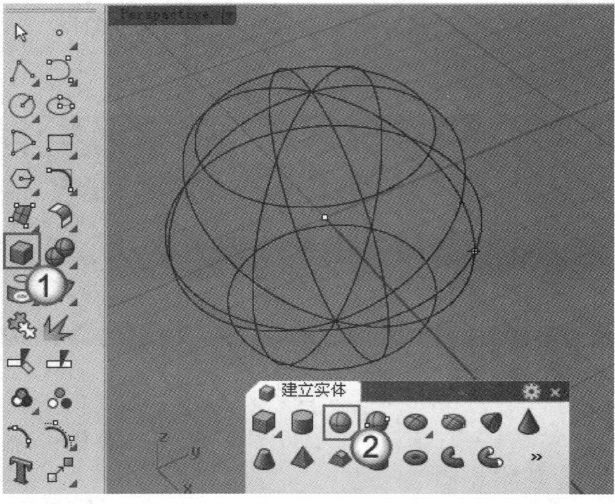

图5-130

02 单击“立方体：角对角、高度”工具，在Top（顶）视图中创建立方体底面，然后在Perspective（透视）视图中指定立方体的高度，如图5-131所示。

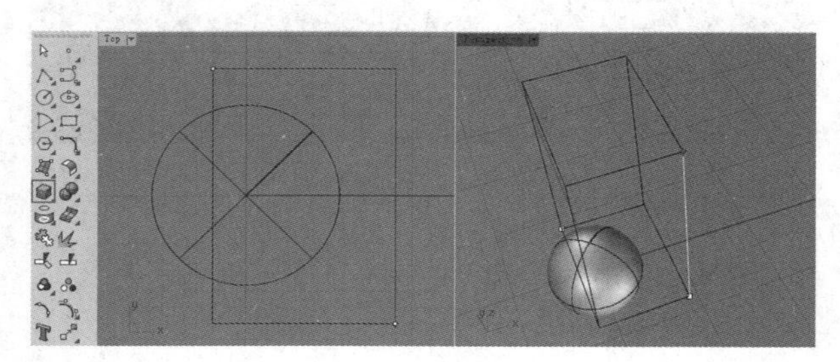

图5-131

03 选择上一步创建的立方体，按住鼠标左键不放进行拖曳，移动立方体的位置，使其贯穿球体，如图5-132所示。

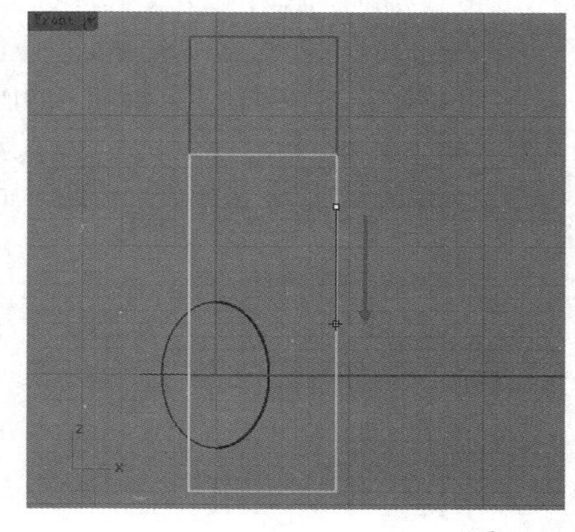

图5-132

04 使用鼠标右键单击Perspective（透视）视图左上角的标签，然后在弹出的菜单中选择“半透明模式”选项，效果如图5-133所示。

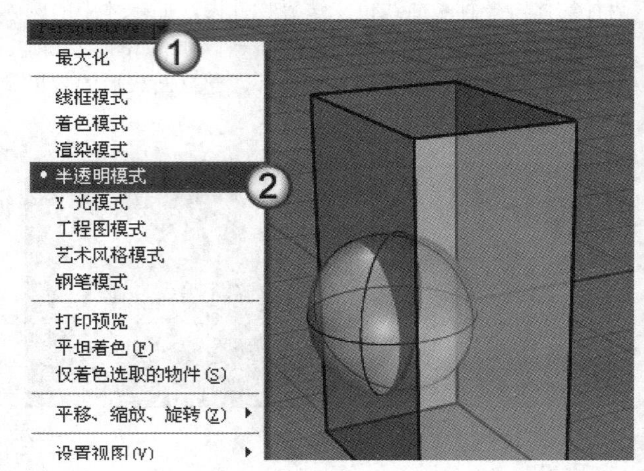

图5-133

05 在“实体工具”工具面板中单击“布尔运算差集”工具，然后选择球体，并单击鼠标右键确认，接着选择立方体，如图5-134所示，最后再次单击鼠标右键结束命令，得到一个冠状体，如图5-135所示。

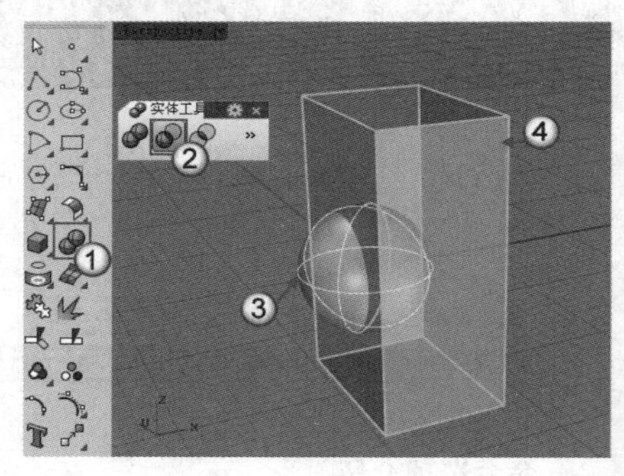

图5-134

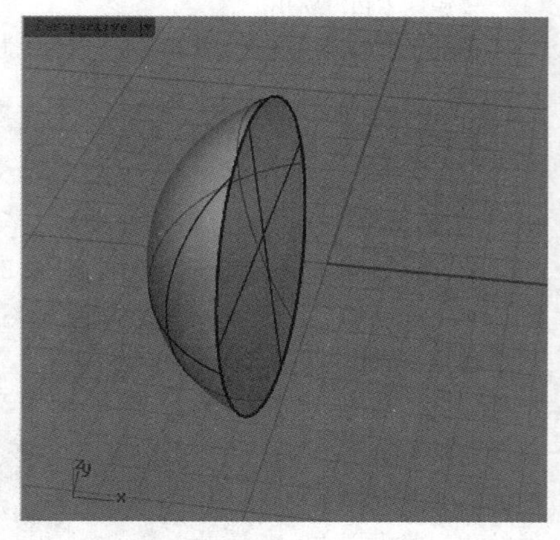

图5-135

06 单击“挤出曲面”工具，选择冠状体的圆面进行挤出，如图5-136所示，挤出后的效果如图5-137所示。

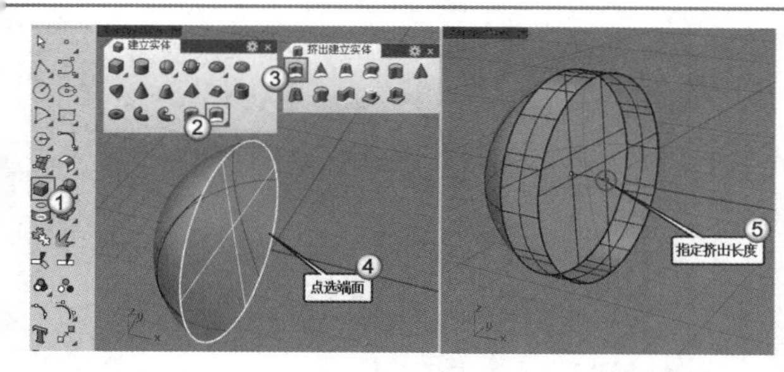

图5-136

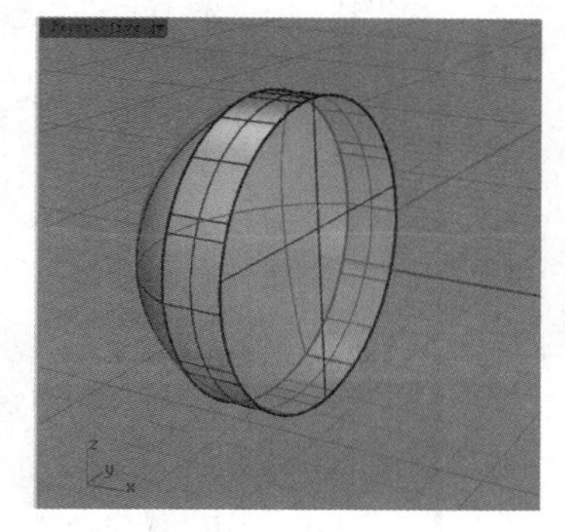

图5-137

07 单击“挤出曲面成锥状”工具，然后选择如图5-138所示的端面进行挤出，效果如图5-139所示，具体操作步骤如下。

操作步骤

① 选择如图5-138所示的端面，按Enter键确认。

② 在命令行单击“拔模角度”选项，设置“拔模角度”为-30°。

③ 指定挤出长度。

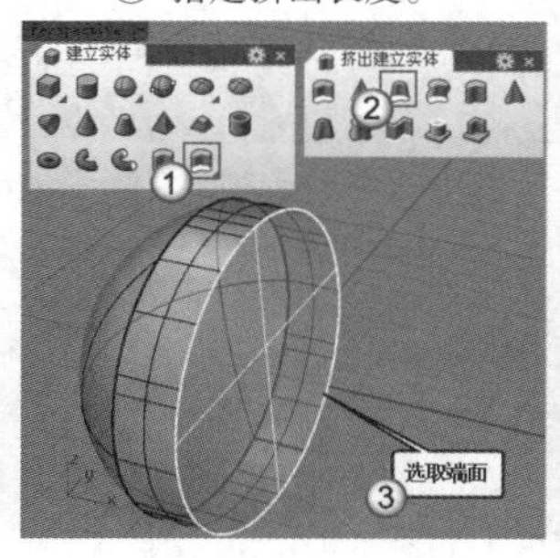

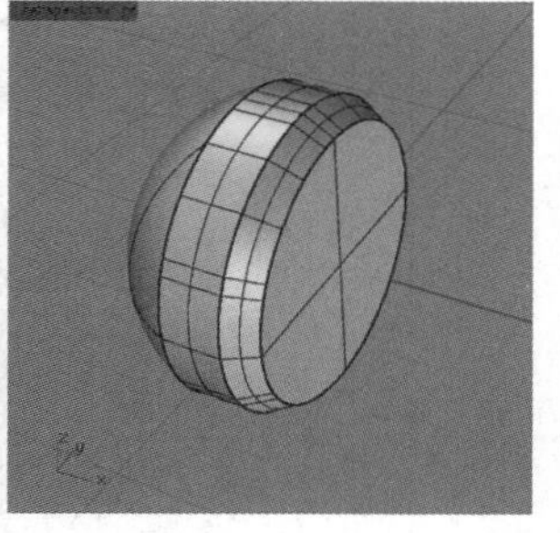

图5-138　图5-139

08 启用“圆：中心点、半径”工具，在Right（右）视图中绘制一个如图5-140所示的圆。

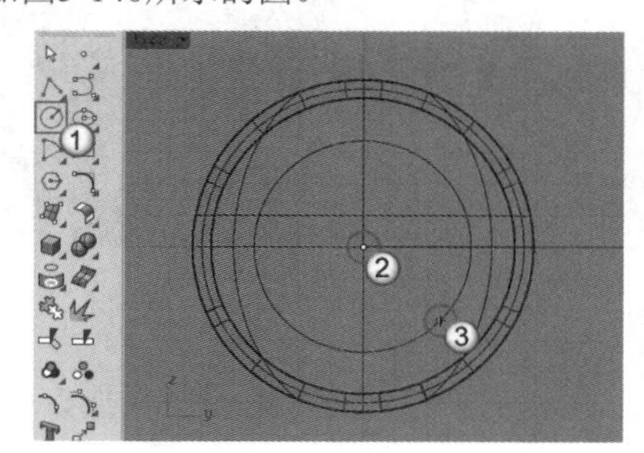

图5-140

09 打开“正交”功能，然后选择上一步绘制的圆进行拖曳，如图5-141所示。

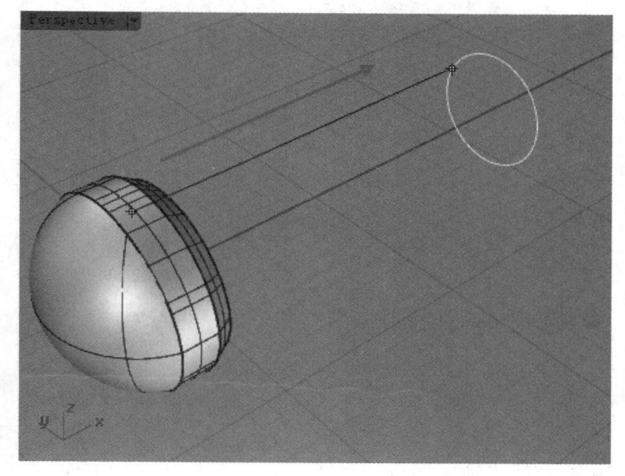

图5-141

10 单击“凸毂”工具，然后选择圆，按Enter键确认后选择端面，生成凸毂，如图5-142和图5-143所示。

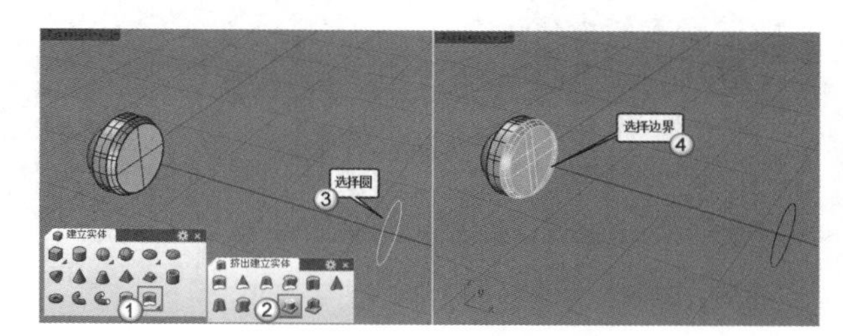

图5-142

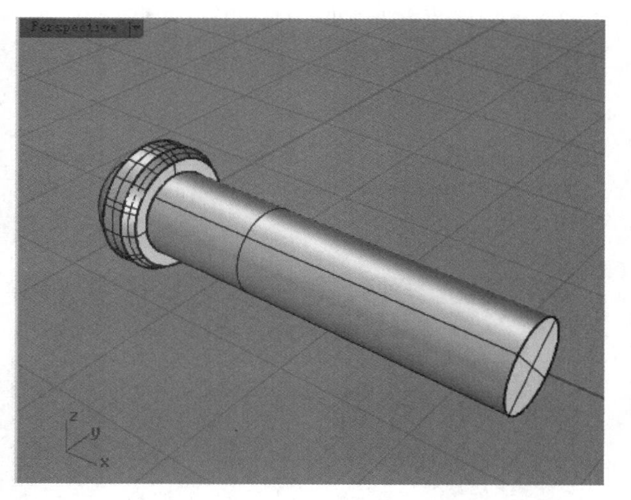

图5-143

11 启用“多重直线/线段”工具，绘制如图5-144所示的线段。

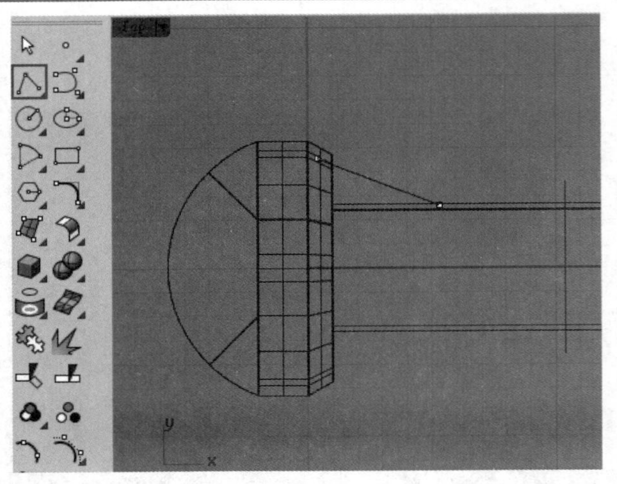

图5-144

12 开启“锁定格点”功能，然后单击“环形阵列”工具，在Right（右）视图中以坐标原点为阵列中心将上一步绘制的线段阵列复制4条，如图5-145所示。

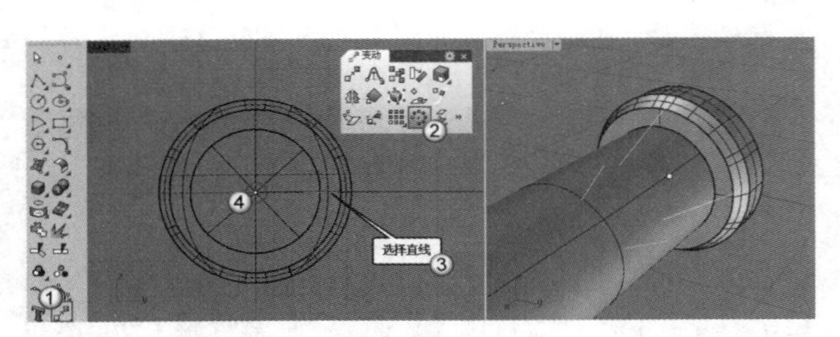

图5-145

13 单击“肋”工具，然后选择一条直线，按Enter键确认后再选择柱体，生成肋，如图5-146和图5-147所示。

14 使用相同的方法创建出其他3个肋，并以“半透明模式”显示，效果如图5-148所示。

15 启用“圆：中心点、半径”工具，在Right（右）视图中绘制一个如图5-149所示的圆，然后拖曳至图5-150所示的位置。

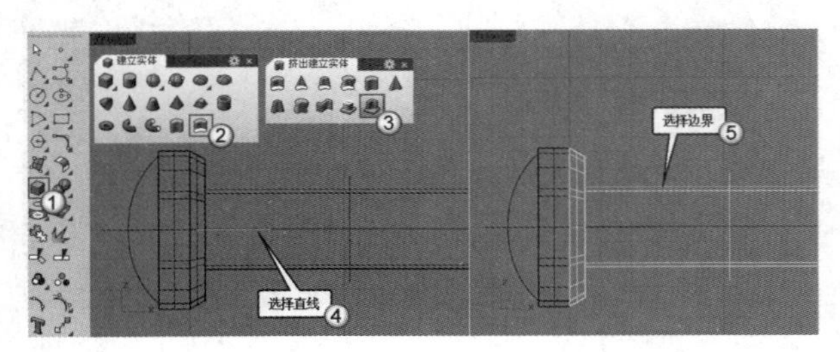

图5-146

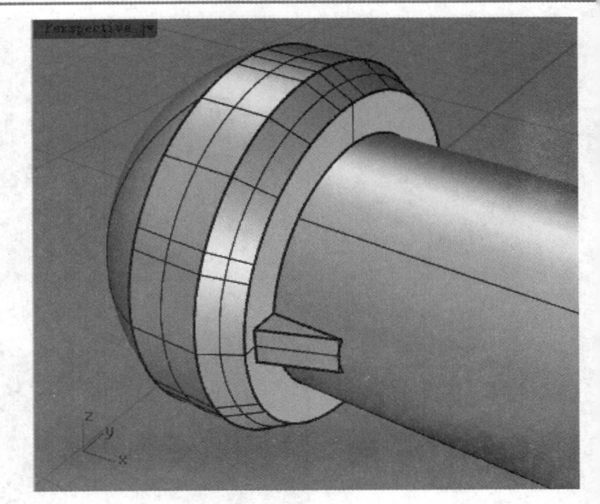
图5-147

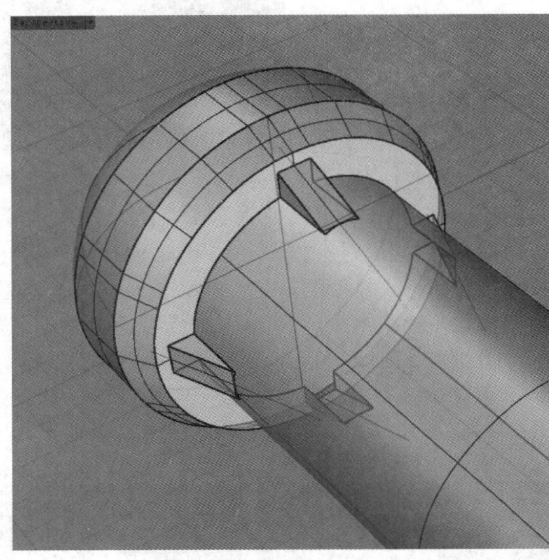
图5-148

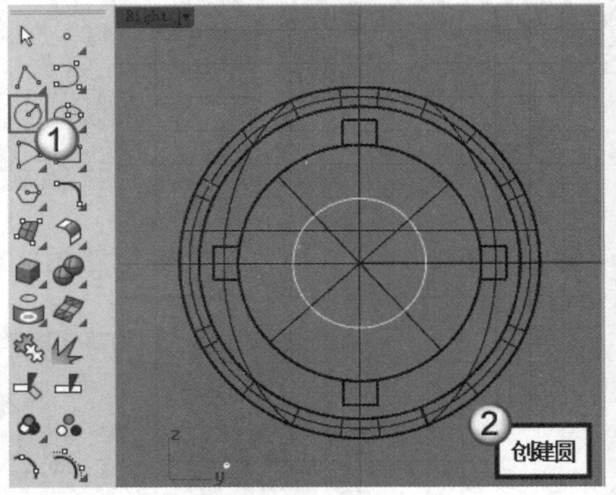

图5-149

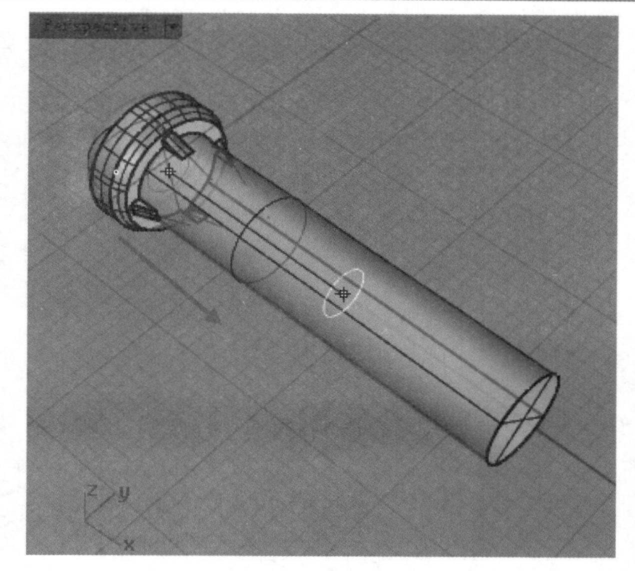

图5-150

16 单击“凸毂”工具，然后选择圆，按Enter键确认后选择之前创建的凸毂，生成内凹造型，如图5-151和图5-152所示。

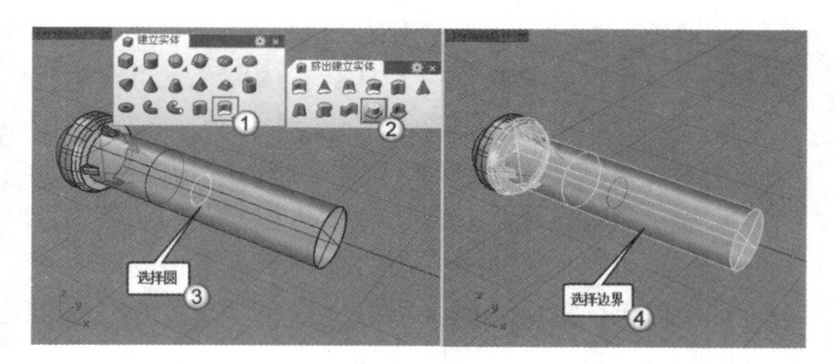

图5-151

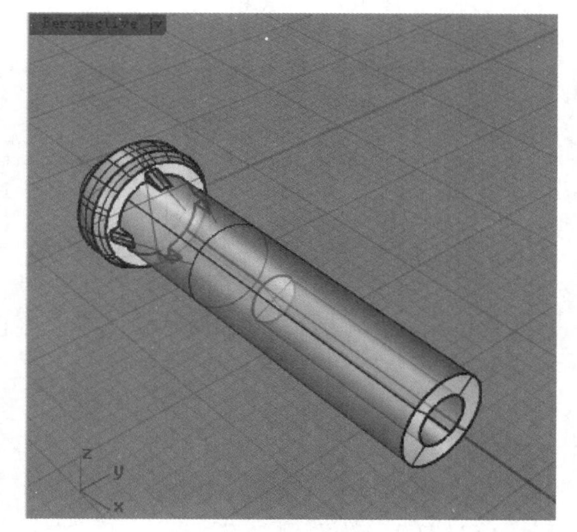

图5-152

17 单击“挤出曲面至点”工具，将内凹圆柱端面挤出至一点，如图5-153和图5-154所示。

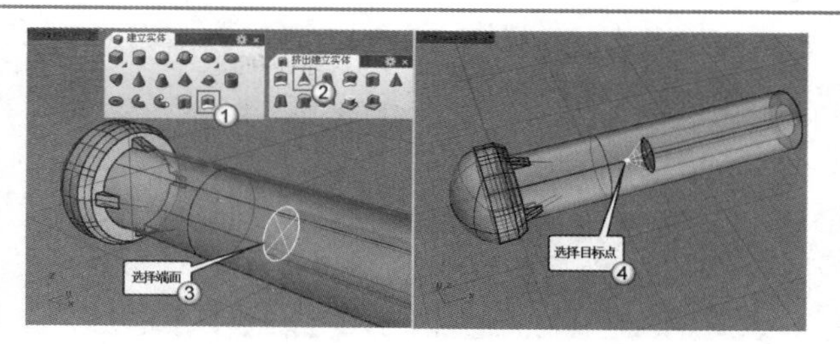

图5-153

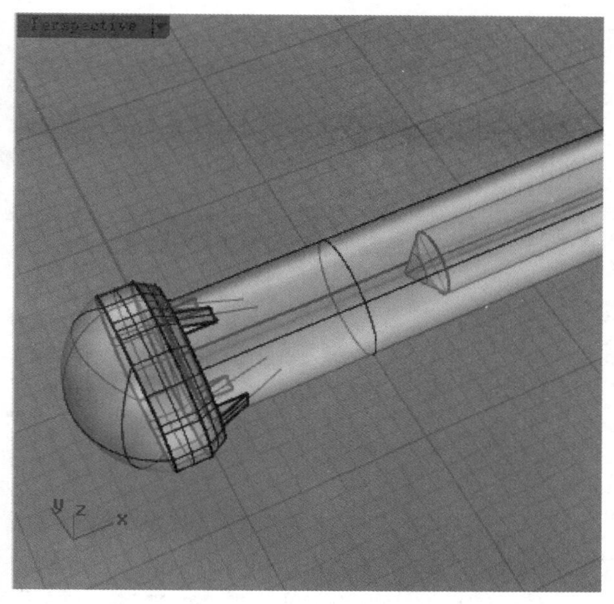

图5-154

18 在“实体工具”工具面板中单击“抽离曲面”工具，然后选择内凹圆柱端面，按Enter键将该端面抽离，如图5-155所示。

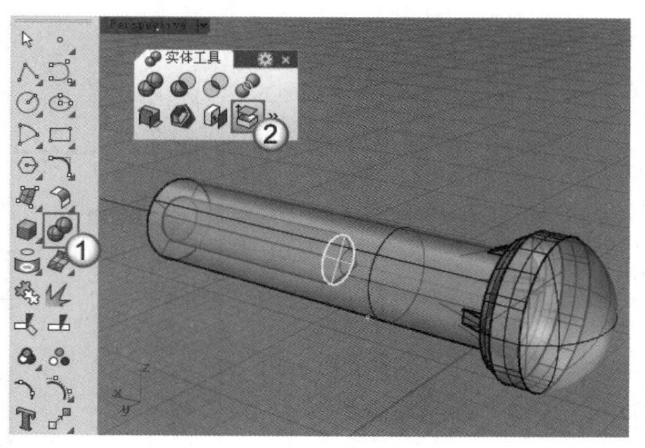

图5-155

19 将上一步抽离的端面删除，完成零件模型的制作，最终效果如图5-156所示。

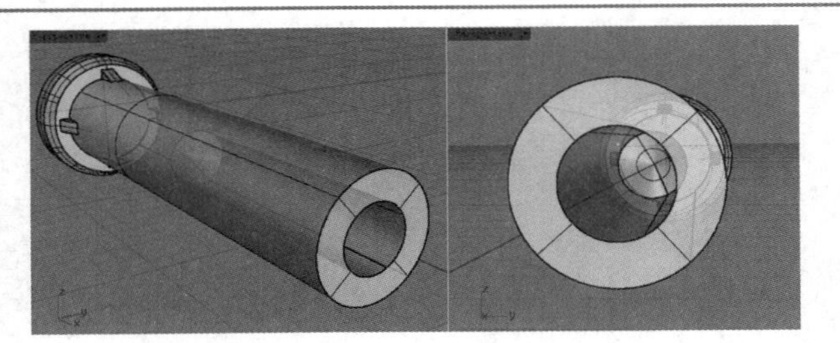

图5-156

5.4 实体编辑

Rhino用于编辑实体的工具主要位于“实体”工具栏和“实体工具”工具面板内，如图5-157和图5-158所示。

标准 工作平面 设定视图 显示 选取 作业视窗配置 可见性 曲线 曲面 实体 网格 彩现 出图

图5-157

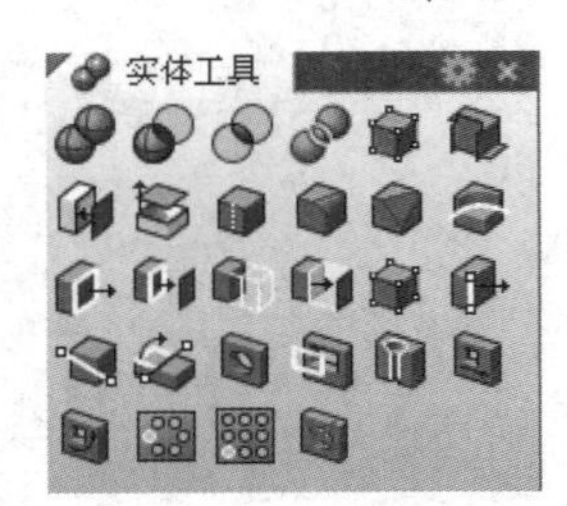

图5-158

在“实体”菜单下也可以找到对应的菜单命令，如图5-159所示。

实体(O) 网格(M) 尺寸标注

- 立方体(B)
- 球体(S)
- 圆柱体(Y)
- 圆锥体(C)
- 平顶锥体(E)
- 棱锥(M)
- 椭圆体(L)
- 抛物面锥体(R)
- 圆柱管(U)
- 圆管(P)
- 厚片(S)
- 环状体(O)
- 文字(T)...
- 挤出平面曲线(X)
- 挤出曲面(X)
- 挤出曲面至边界(X)
- 凸缘(B)
- 柱肋(R)
- 偏移(O)
- 边缘圆角(F)
- 将平面洞加盖(H)
- 抽离曲面(A)
- 并集(N)
- 差集(D)
- 交集(I)
- 布尔运算两个物件(W)
- 布尔运算分割(S)
- 自动建立实体(C)
- 实体编辑工具(O)

图5-159

5.4.1 布尔运算

在“实体工具”工具面板内，前4个工具都是用于对实体模型进行布尔运算的，如图5-160所示，下面分别进行介绍。

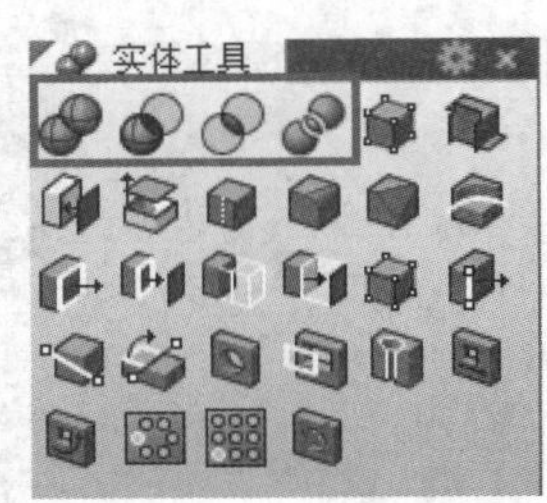

图5-160

布尔运算联集

对于有一定交接的两个或两个以上的物件，如果要减去交集的部分，同时以未交接的部分组合成为一个多重曲面，可以使用“布尔运算联集”工具。启用该工具后，依次选择需要合并的物件，然后按Enter键即可。

见图5-161所示的立方体与球体，这两个物件有一部分相交，以“着色模式”显示模型时，从视觉上看，立方体与球体是一个整体；其实不然，将“着色模式”改为“半透明模式”后，可以看到球体与立方体是两个独立完整的物体，立方体伸入球体的部分及球体伸入立方体的部分都存在，如图5-162所示。

使用“布尔运算联集”工具对球体和立方体进行并集运算后，这两个物件就成为了一个物体，如图5-163和图5-164所示。比较图5-163和图5-161，运算前后的视觉感受基本一致，只是运算后的物体在相交的位置多了一条边线；再来比较图5-164和图5-162，可以看到原先伸入对方体内的部分已经被剪除。这说明经过布尔运算后，原则上已经不存在立方体与球体，因为立方体与球体相交的部分被剪除，而余下的部分合并成为了一个新的物件。

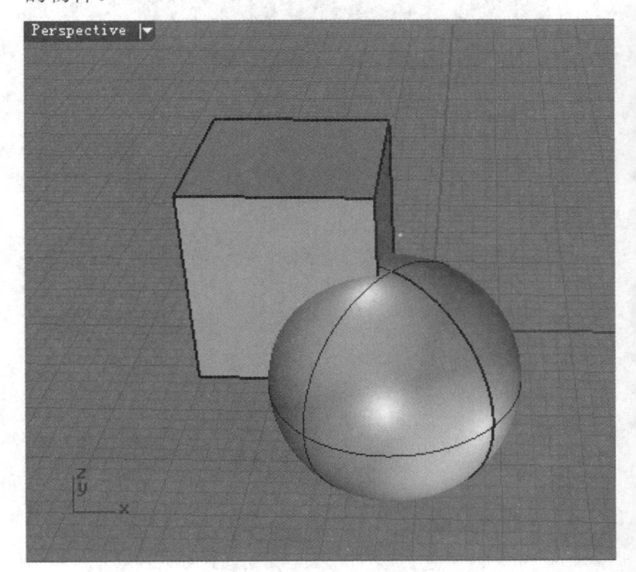

图5-161

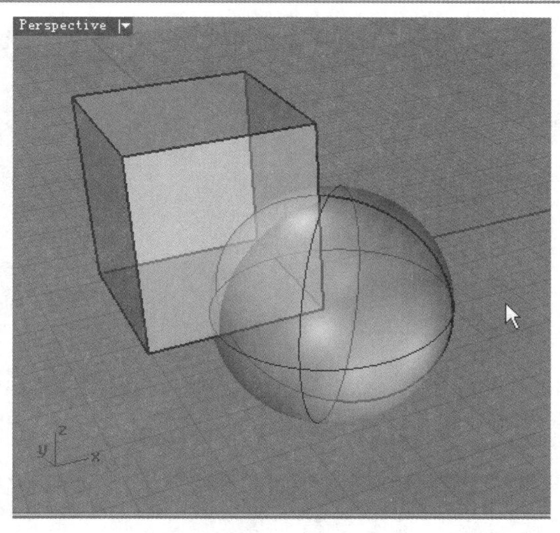

图5-162

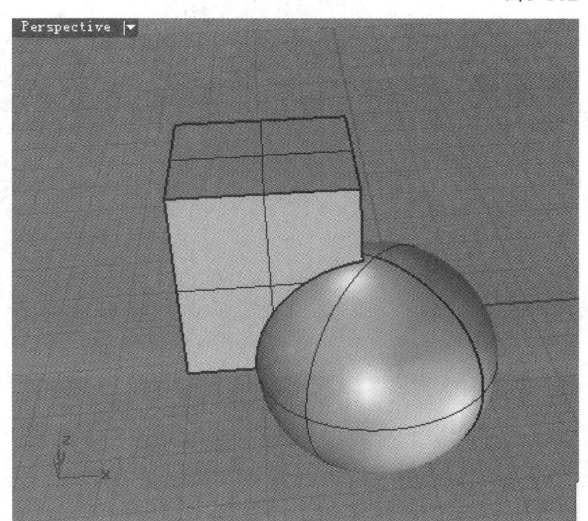

图5-163

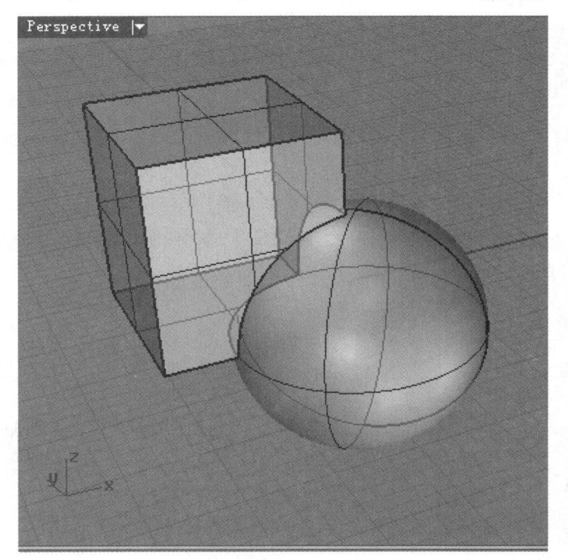

图5-164

疑难问答

问：如何区分相交两物体是否经过布尔联集运算？

答：上面分析了运算前后的差别，但使用上面介绍的方法来区分是否经过布尔联集运算显得烦琐一些。这里介绍一种更简便的方法，对物件进行布尔联集运算后，直接单击其中一个物件，如果同时选中参与运算的物件，那么表示运算成功；如果只选中了该物件，那么表示运算不成功。

布尔运算差集

与布尔运算联集相反，如果要从两个相交的物件中减去其中一个物件和相交的部分，可以使用“布尔运算差集”工具。

启用“布尔运算差集”工具后，首先选择被减的物体，然后按Enter键确认，接着再选择起到剪刀作用的物体，同样按Enter键完成差集运算。如图5-165所示的立方体和球体，如果要将球体从立方体中减去，那么先选择立方体作为被减物体，再选择球体作为剪刀，如图5-166所示；如果要将立方体从球体中减去，那么先选择球体作为被减物体，再选择立方体作为剪刀，如图5-167所示。

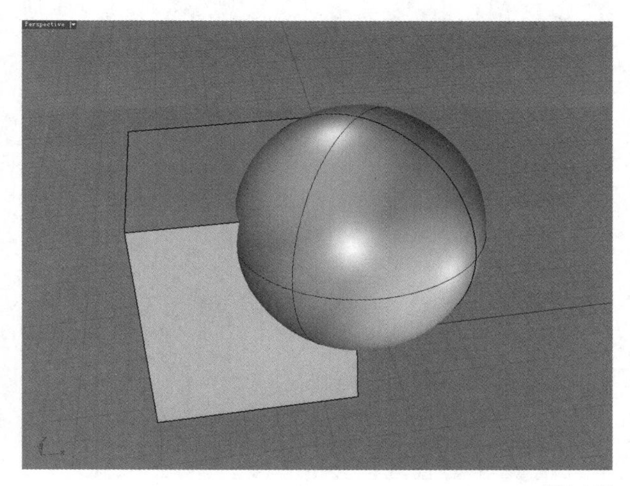

图5-165

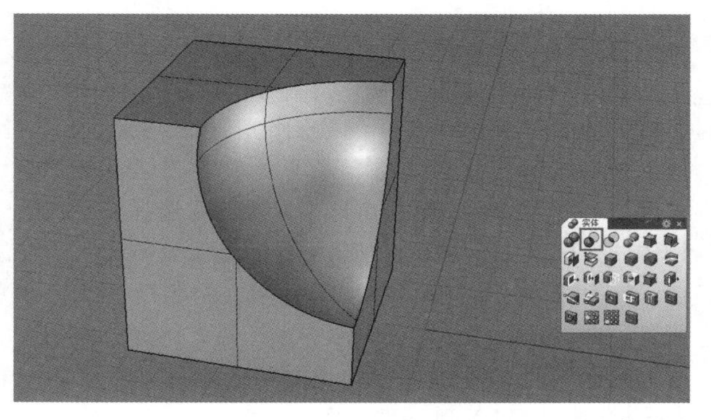

图5-166

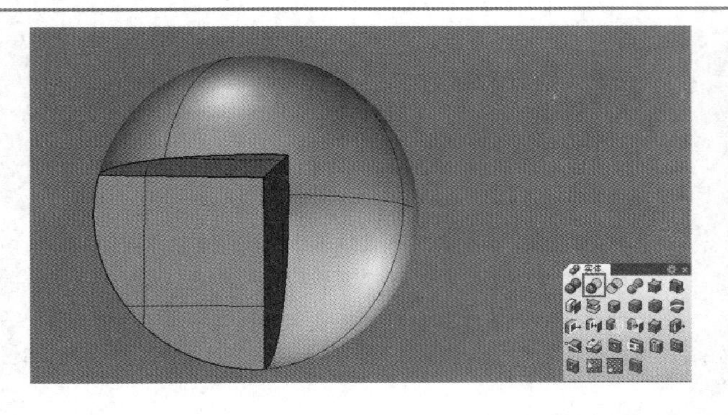

图5-167

布尔运算交集

使用“布尔运算交集”工具可以减去相交物件未产生交集的部分，保留交集的部分。该工具的用法同“布尔运算差集”工具相同，不过不需要区分物件的前后选择顺序。例如，对图5-165所示的球体和立方体进行交集运算，先选择一个物件，按Enter键确认，再选择另一个物件，同样按Enter键确认，得到立方体与球体相交的部分模型，如图5-168所示。

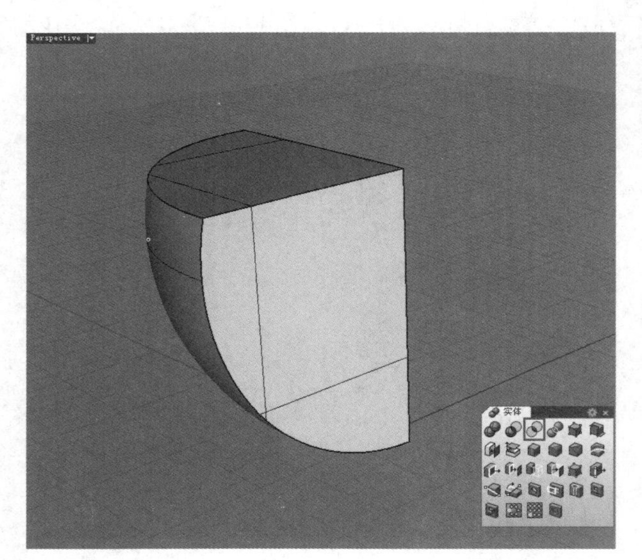

图5-168

布尔运算分割/布尔运算两个物件

使用“布尔运算分割/布尔运算两个物件”工具可以将相交物件的交集及未交集的部分分别建立多重曲面。

“布尔运算分割/布尔运算两个物件”工具有两种用法，使用鼠标左键单击该工具，然后选择要分割的物体，并按Enter键确认，接着再选择起到切割作用的物体，最后按Enter键结束分割布尔运算。例如，对图5-169所示的立方体与球体进行布尔分割运算，将立方体作为要分割的物件，将球体作为切割用的物体，结果如图5-170所示，可以看到立方体被分割成两个部分。

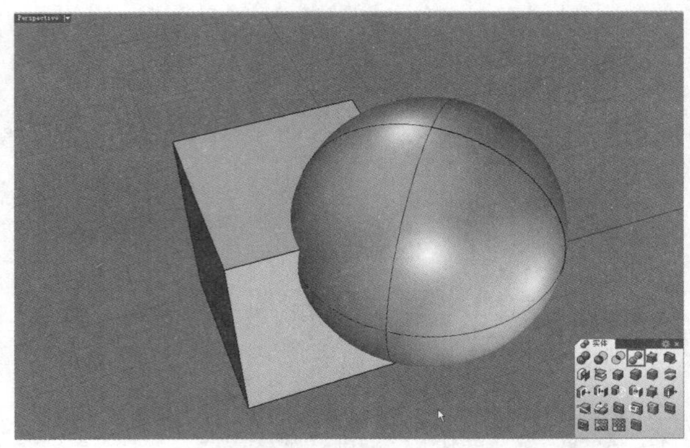

图5-169

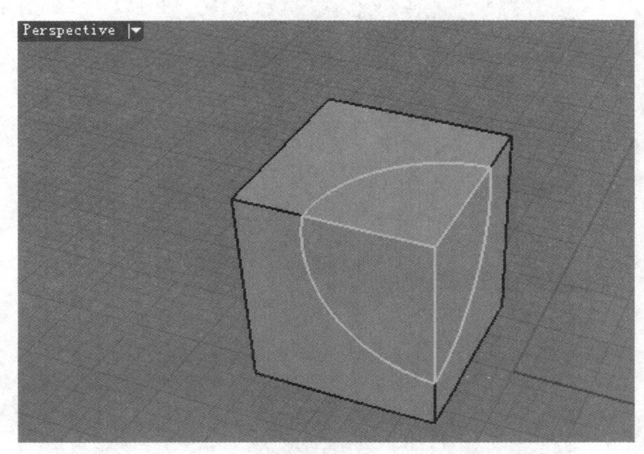

图5-170

“布尔运算分割/布尔运算两个物件”工具的右键功能集合了并集、差集和交集功能，使用鼠标右键单击该工具，然后选择需要进行布尔运算的物件，接着单击鼠标左键即可在3种运算结果之间切换，切换到需要的结果后，按Enter键完成操作。

实战

利用布尔运算创建实体零件模型

场景位置	无
实例位置	实例文件>第5章>实战——利用布尔运算创建实体零件模型.3dm
视频位置	第5章>实战——利用布尔运算创建实体零件模型.flv
难易指数	★★☆☆☆
技术掌握	掌握标准体的创建和对实体模型进行差集运算的方法

本例创建的实体零件模型效果如图5-171所示。

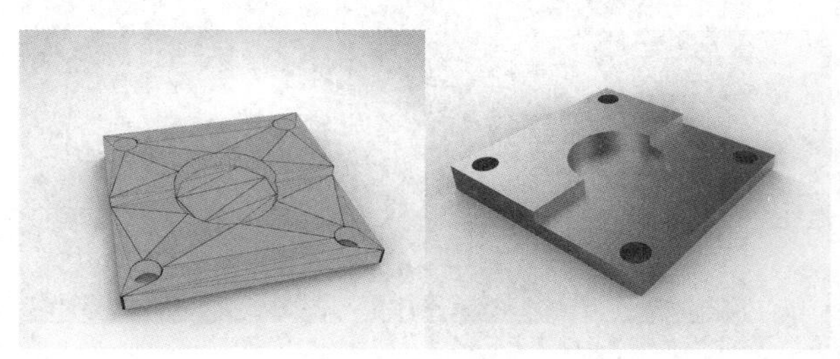

图5-171

01 单击“立方体：角对角、高度”工具，然后开启“锁定格点”功能，接着在Top（顶）视图中指定立方体的底面尺寸，如图5-172所示，再到Perspective（透视）视图中指定立方体的高度，如图5-173所示。

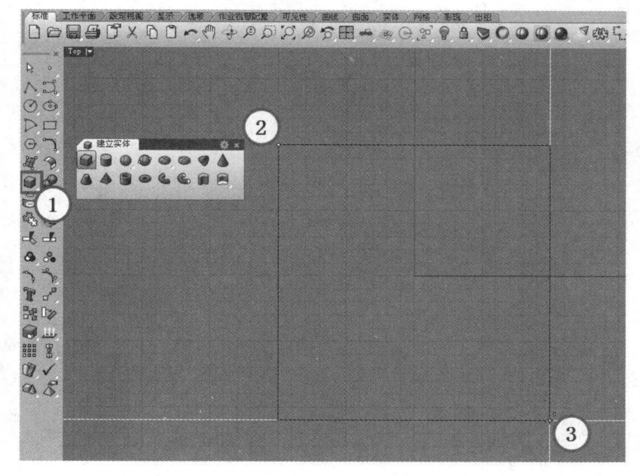

图5-172

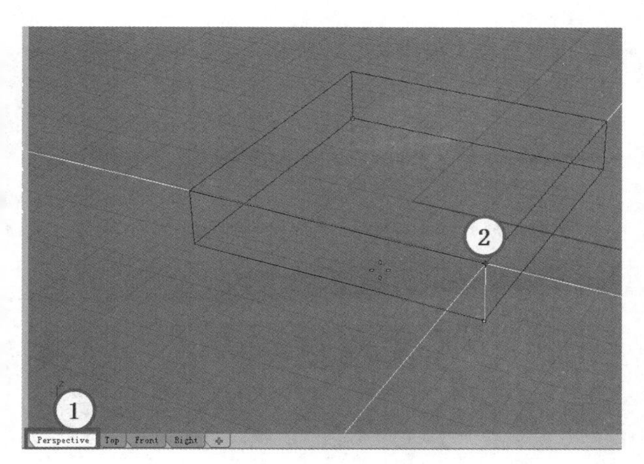

图5-173

02 使用同样的方式再次创建一个立方体，如图5-174所示。

03 使用“移动”工具在Front（前）视图中将上一步创建的立方体移动到图5-175所示的位置，使其不超过第1个立方体的三分之二。

04 单击“布尔运算差集”工具，然后选择底部的立方体作为被减物体，按Enter键确认后选择上一步移动的立方体作为要减去的物体，接着再次按Enter键完成运算，结果如图5-176所示。

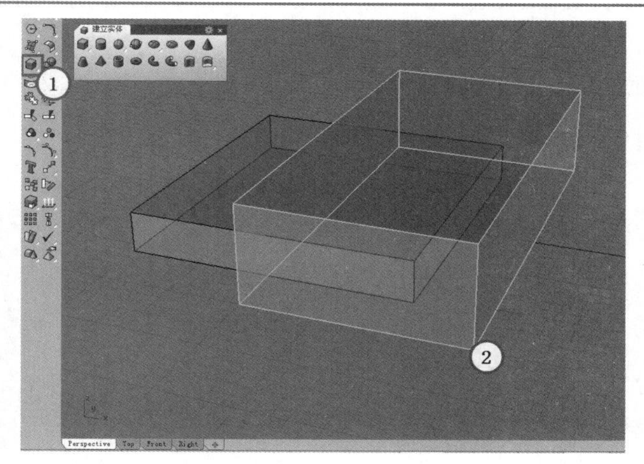

图5-174

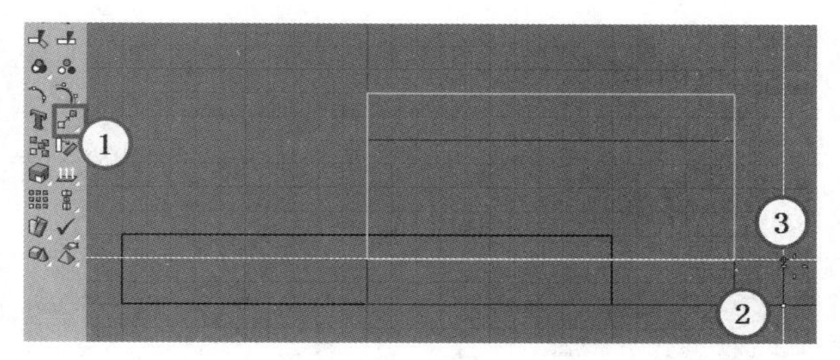

图5-175

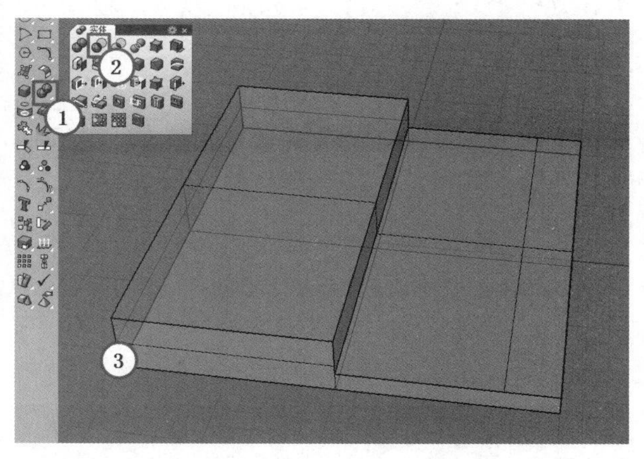

图5-176

05 单击“圆柱体”工具，在Top（顶）视图立方体的中心位置指定底面圆心和半径，如图5-177所示，然后在命令行单击“两侧”选项，设置“两侧”为“否”，接着在Perspective（透视）视图中指定圆柱体的高度，如图5-178所示。

06 从图5-178中可以看到，圆柱体的底面与运算后几何体的底面位于同一平面，需要使用“移动”工具将圆柱体向上移动一段距离，使其不超过运算前第1个立方体的三分之二，如图5-179所示。

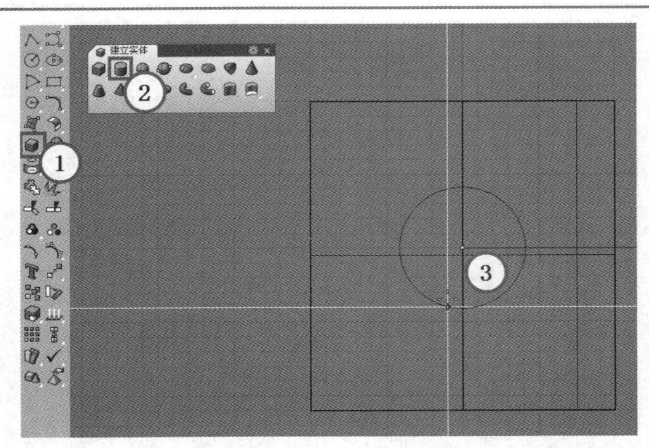

图5-177

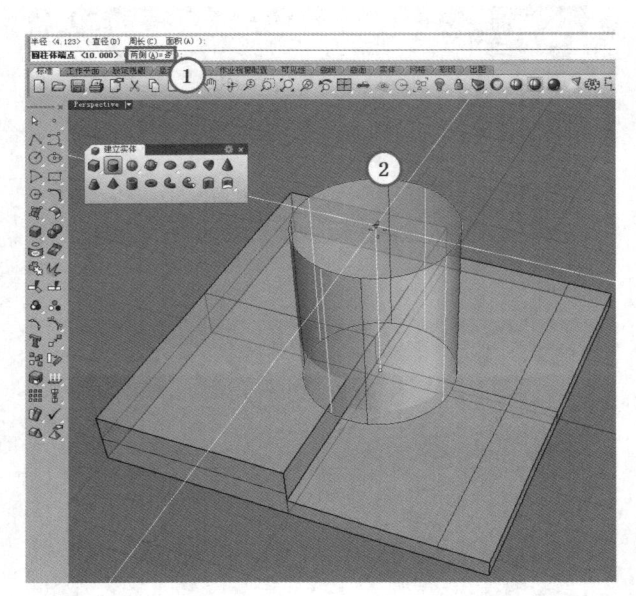

图5-178

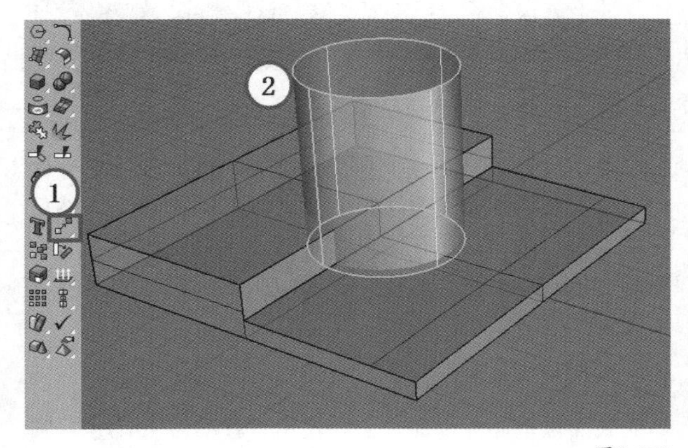

图5-179

07 单击“布尔运算差集”工具，将圆柱体从运算后的几何体中减去，如图5-180所示。

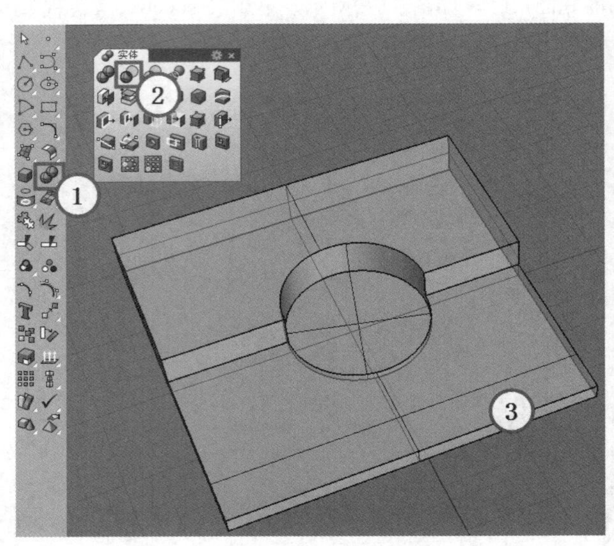

图5-180

08 再次启用“圆柱体”工具，然后在Top（顶）视图中模型的左上角创建一个小圆柱体（设置“两侧”为“是”），如图5-181所示，创建完成后的效果如图5-182所示。

09 使用鼠标左键单击“复制/原地复制物件”工具，将上一步创建的圆柱体复制到其余3个角上，如图5-183所示。

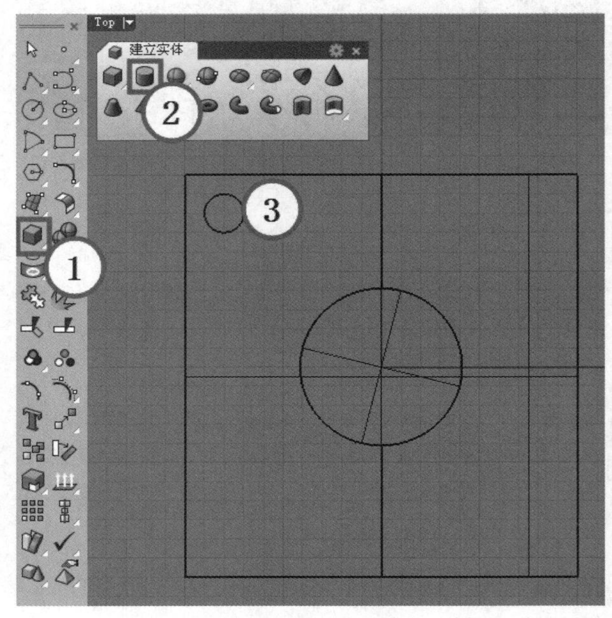

图5-181

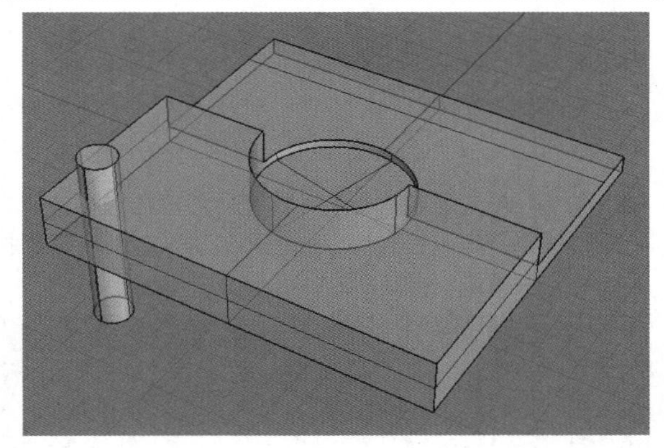

图5-182

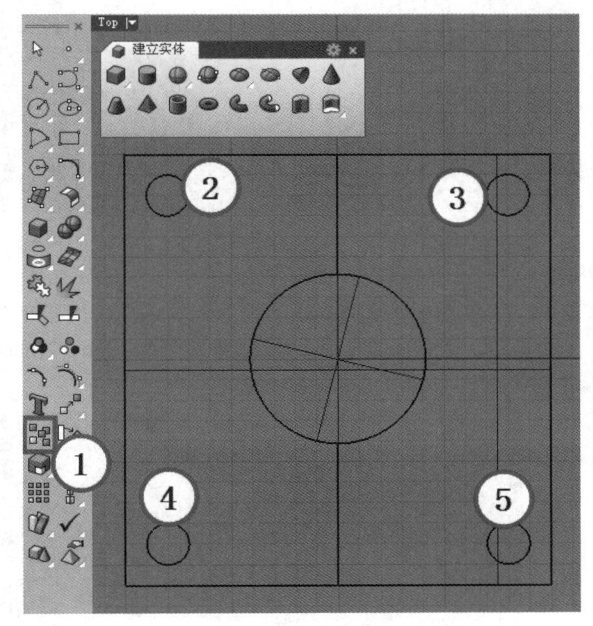

图5-183

10 再次启用“布尔运算差集”工具，将4个小圆柱体从模型中减去，得到实体零件模型，如图5-184所示。

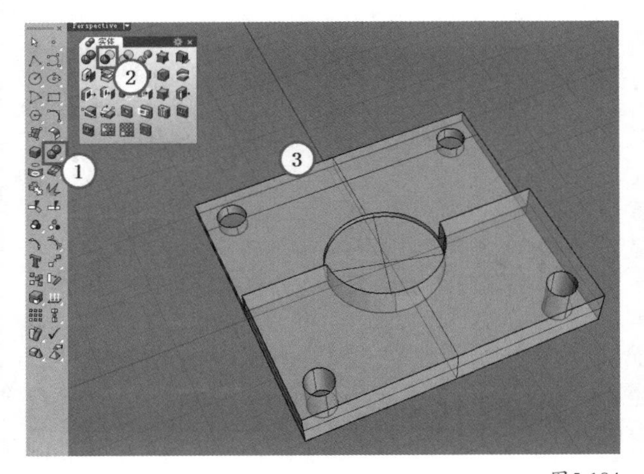

图5-184

实战

利用布尔运算制作杯子

场景位置 无
实例位置 实例文件>第5章>实战——利用布尔运算制作杯子.3dm
视频位置 第5章>实战——利用布尔运算制作杯子.flv
难易指数 ★★★☆☆
技术掌握 掌握通过标准体制作复杂形体的方法和对实体模型进行布尔运算的方法

本例制作的杯子效果如图5-185所示。观察模型，杯子的内外侧壁都是均匀的弧面，杯底是平的，杯口有一圆棱，可以利用标准体和布尔运算的方式得到这一造型。

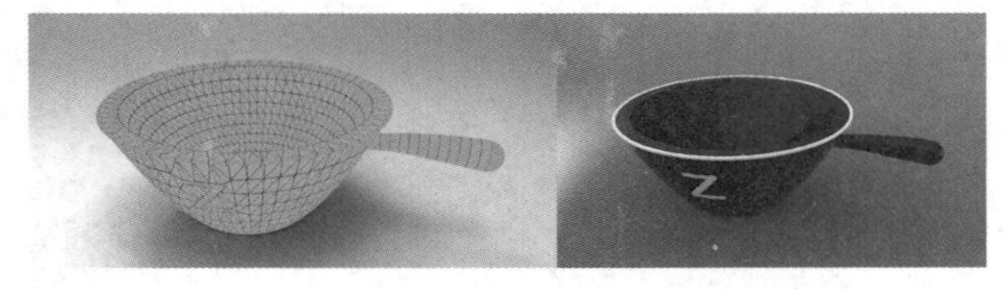

图5-185

01 单击“抛物面锥体”工具，然后在Front（前）视图指定抛物面锥体的顶点，接着按住Shift键的同时在上一点的上方拾取一点，指定抛物面锥体的方向，最后在水平方向上拾取合适的一点，得到杯子的基础模型，如图5-186所示。

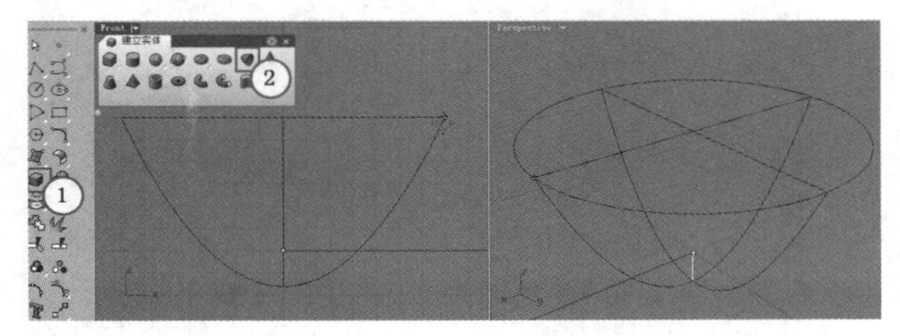

图5-186

注意一定要在抛物面锥体顶点的上方拾取一点指定方向，以保证创建的抛物面锥体的摆放方向与杯子放置方式一致。

02 使用“复制/原地复制物件”工具将上一步创建的抛物面锥体向上复制一个，如图5-187所示。

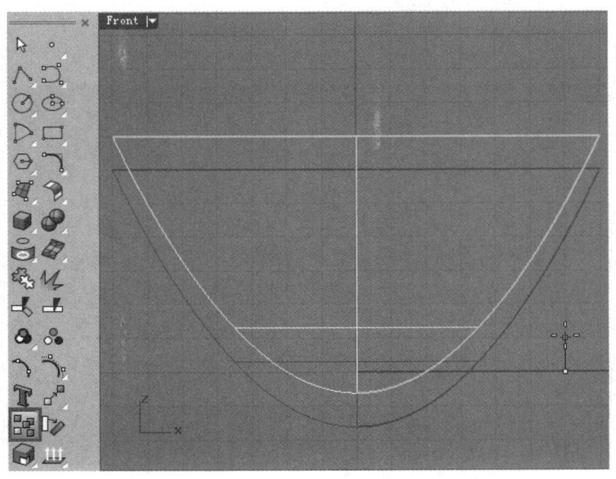

图5-187

03 单击“布尔运算差集”工具，然后选择下方的抛物面锥体作为被减物体，按Enter键确认后选择上方的抛物面锥体，如图5-188所示，最后按Enter键完成布尔差集运算，得到图5-189所示的杯子外形。

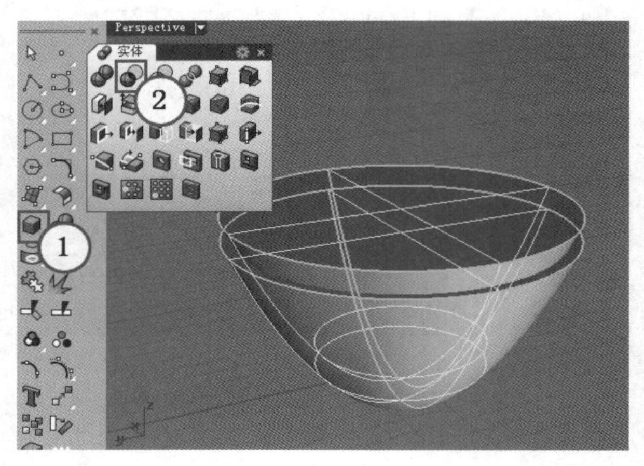

图5-188

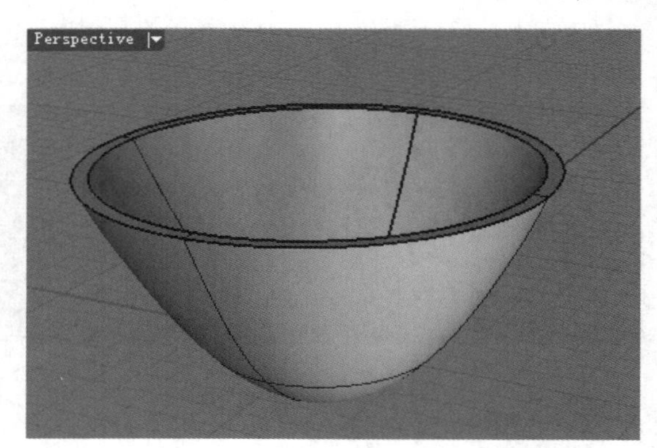

图5-189

04 现在需要把杯体的外底面制作成平面，因此需要在杯体底部先建立一个用于差集运算的立方体。单击“立方体：角对角、高度”工具，在Top（顶）视图中创建一个包围杯体模型的立方体，并使用“移动”工具将立方体移动到合适的位置，如图5-190所示。

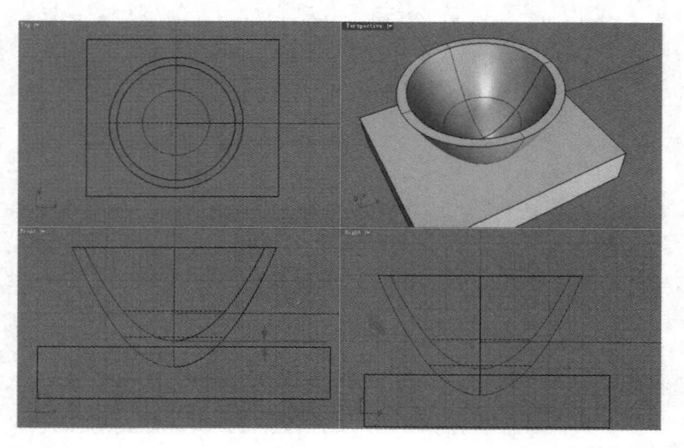

图5-190

注意从Front（前）视图观察立方体的高度，不能超过杯体的内壁。

05 单击“布尔运算差集”工具，然后选择杯体作为被减物体，按Enter键确认后选择立方体，接着再次按Enter键完成操作，得到图5-191所示的平底杯体。

图5-191

06 现在创建杯口红色的外沿。单击“圆管（平头盖）”工具，然后选择模型顶面的外边缘，接着拖曳光标指定一个合适的半径，如图5-192所示，最后按Enter键完成操作，效果如图5-193所示。

图5-192

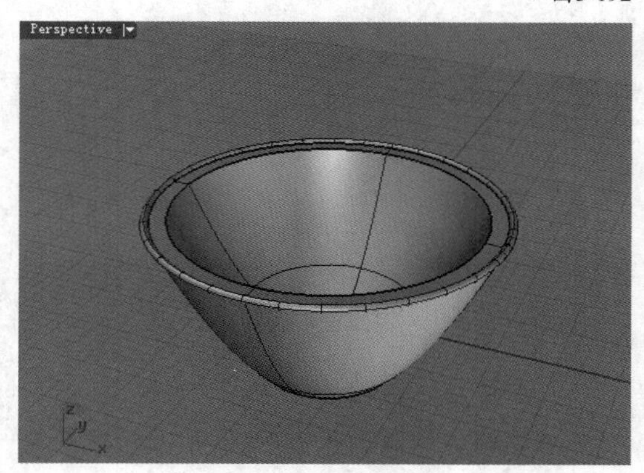

图5-193

07 为方便观察，将杯口外沿模型调整到其他图层，如图5-194所示，调整后的效果如图5-195所示。

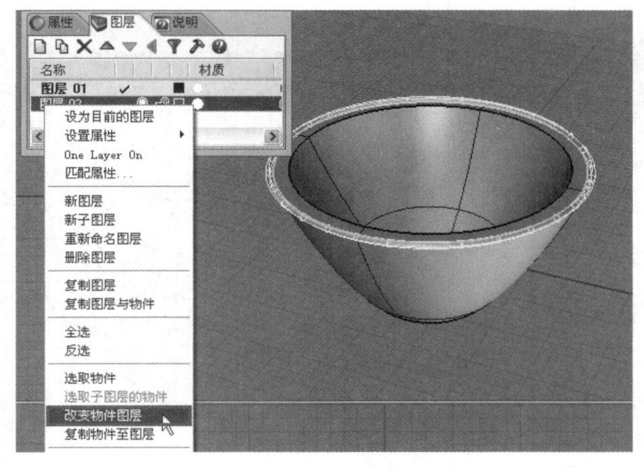

图5-194

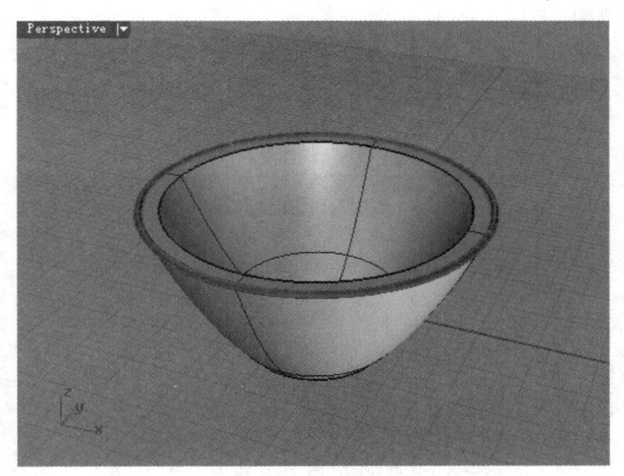

图5-195

08 接下来创建杯体上的装饰件。单击“文字物件”工具，弹出“文字物件”对话框，然后在文本框中输入文字Z，在“建立”选项组中选择“实体”选项，并设置文字的“高度”为3厘米、“实体厚度”为5厘米，如图5-196所示；接着单击 确定 按钮，并在Front（前）视图中捕捉坐标轴上面的格点放置文字，最后将放置的文字拖曳到图5-197所示的位置，使文字物件与杯体相交。

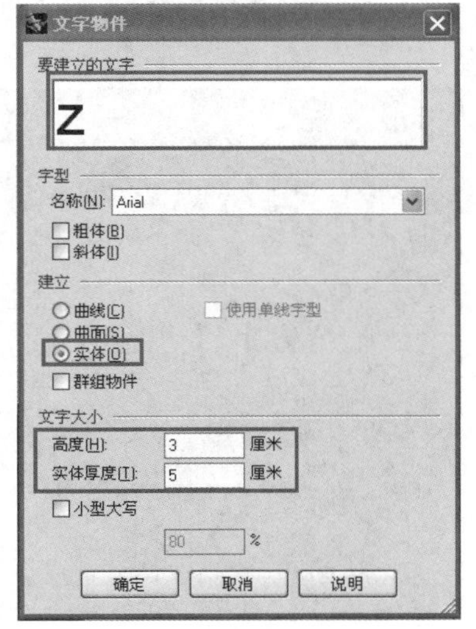

图5-196

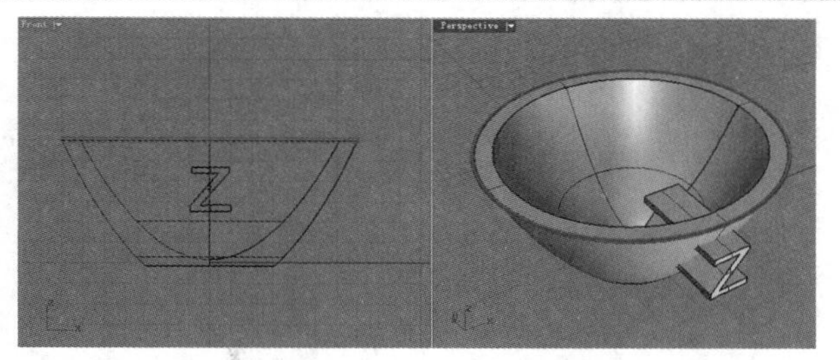

图5-197

09 按住Shift键的同时选择文字物件和杯体，然后按Ctrl+C组合键进行复制，再按Ctrl+V组合键在原位置粘贴物件，接着将复制得到的物件隐藏，如图5-198所示。

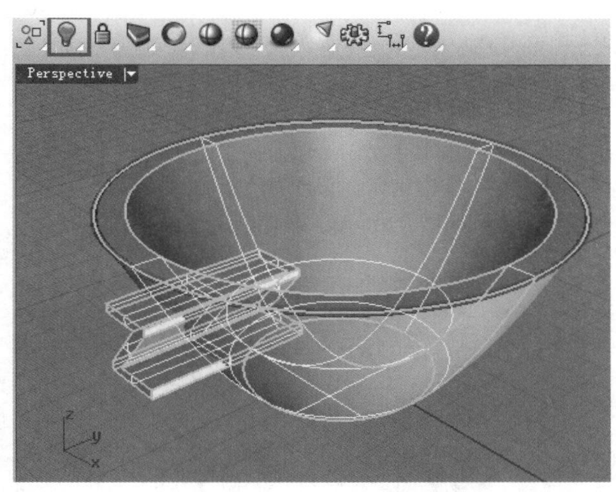

图5-198

10 单击“布尔运算交集”工具，然后选择杯体，并单击鼠标右键确认，接着选择文字物件，如图5-199所示，最后再次单击鼠标右键，得到如图5-200所示的物件。

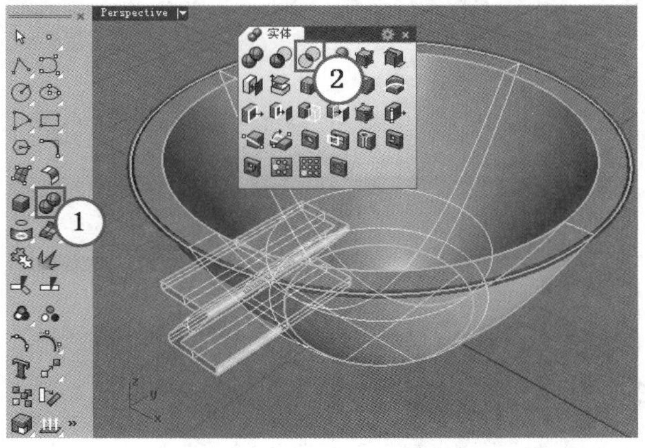

图5-199

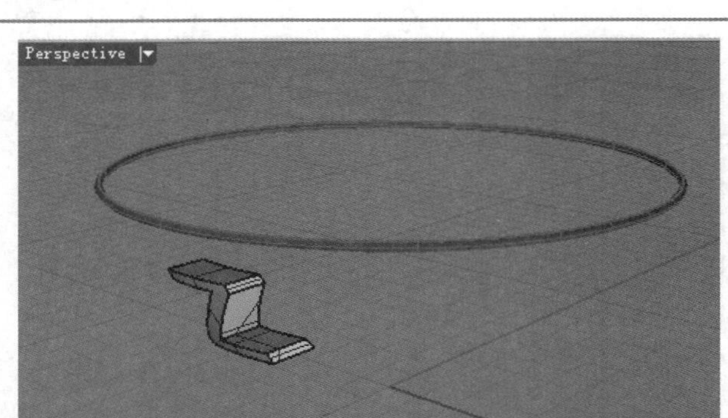

图5-200

11 将布尔运算交集得到的物件移动到“图层02”中，然后关闭“图层02”，并将隐藏的杯体及文字物件显示出来，接着单击“布尔运算差集”工具，先选择杯体，单击鼠标右键确认，再选择文字物件，同样单击鼠标右键，得到如图5-201所示的模型。

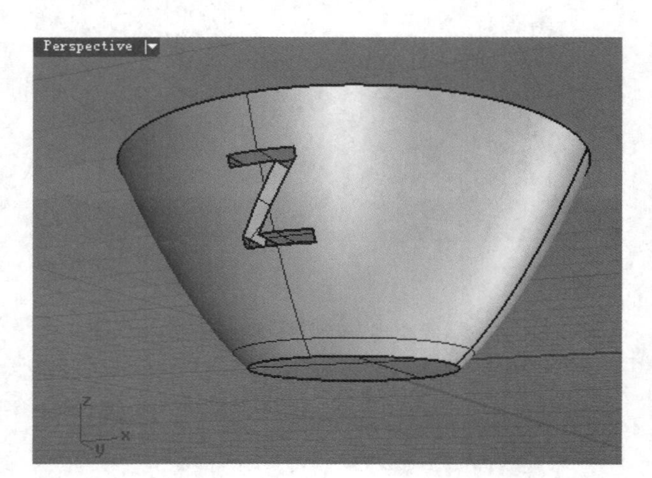

图5-201

12 将“图层02”显示出来，得到如图5-202所示的模型效果。

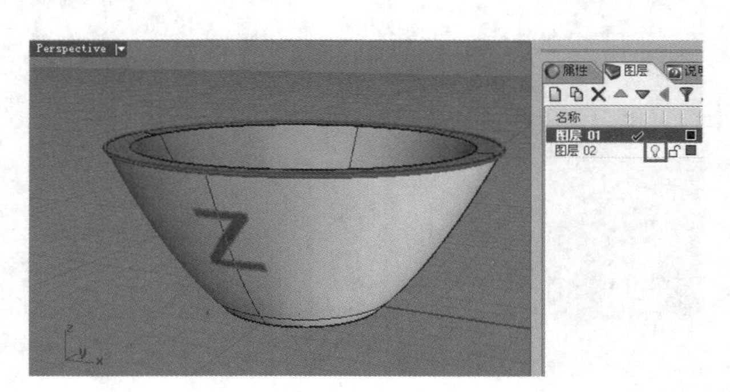

图5-202

13 接下来创建杯子的把手。使用“控制点曲线/通过数个点的曲线”工具在Front（前视图）中绘制如图5-203所示的曲线。

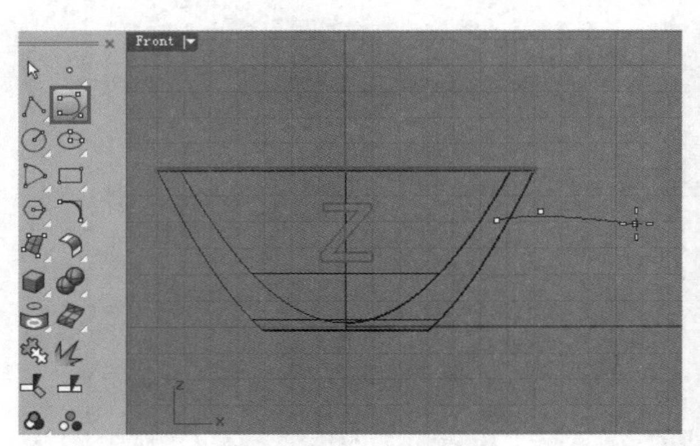

图5-203

14 单击“圆管（圆头盖）”工具，然后选择上一步绘制的曲线，接着在视图中拖曳鼠标指针拾取合适的一点确定把手端面圆的大小，如图5-204所示，最后按Enter键结束命令，得到如图5-205所示的把手模型。

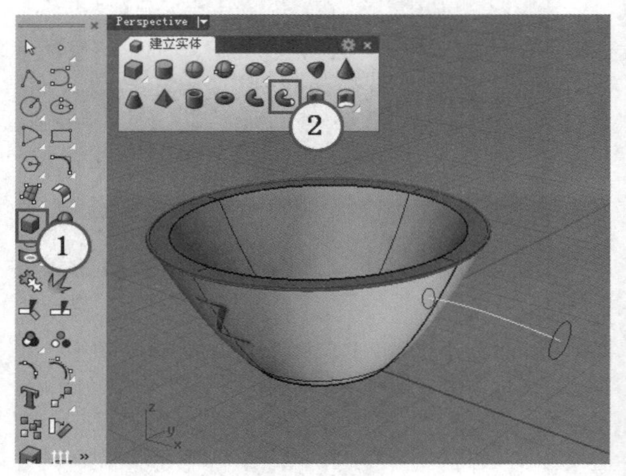

图5-204

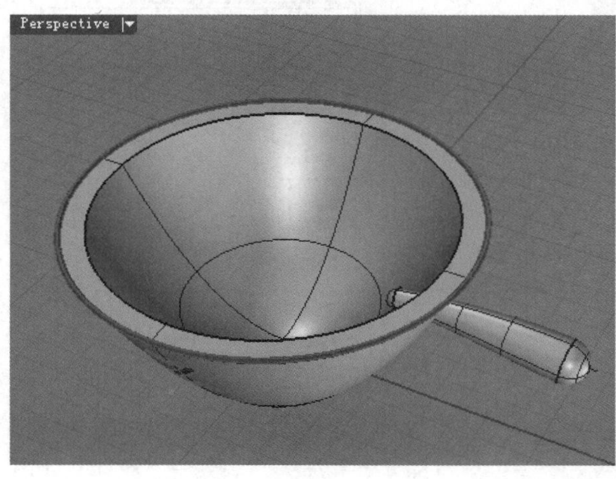

图5-205

15 观察图可以发现，此时把手贯穿了杯体内壁，需要调整把手的位置。在把手模型上单击鼠标左键不放，然后向外进行移动，保证把手与杯体内壁不相交，如图5-206所示。

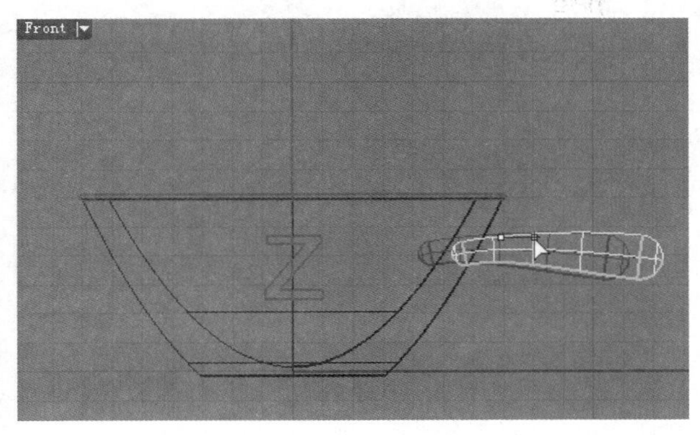

图5-206

16 单击“布尔运算差集”工具，选择把手作为被减物体，然后单击鼠标右键确认，接着在命令行中单击“删除输入物件”选项，设置“删除输入物件”为“否”，再选择杯体，如图5-207所示，最后按Enter键结束布尔差集运算，得到图5-208所示的模型。

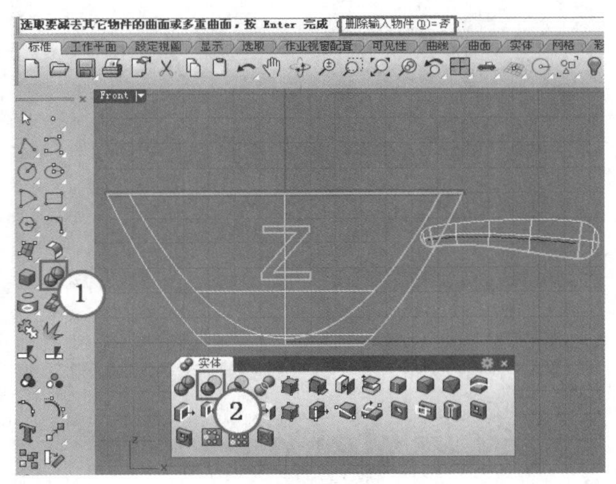

图5-207

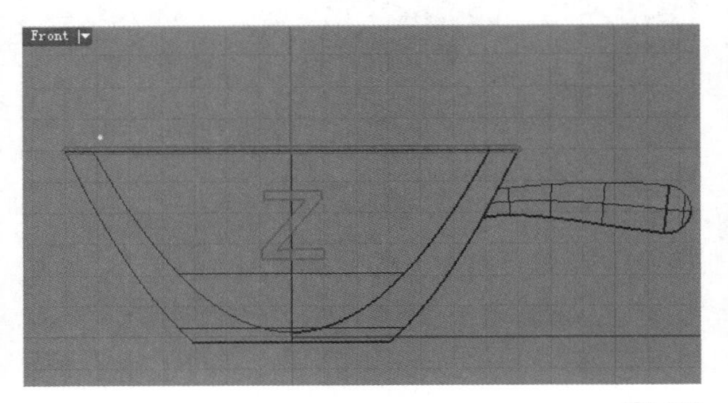

图5-208

17 在“图层”面板中将“图层01”的颜色设置为绿色，视图中模型的最终效果如图5-209所示。

图5-209

5.4.2 打开实体物件的控制点

使用“打开实体物件的控制点/关闭点”工具可以显示或关闭实体模型的控制点，如图5-210所示。该工具多用来进行实体造型的调整，通过移动控制点来改变实体的形状。

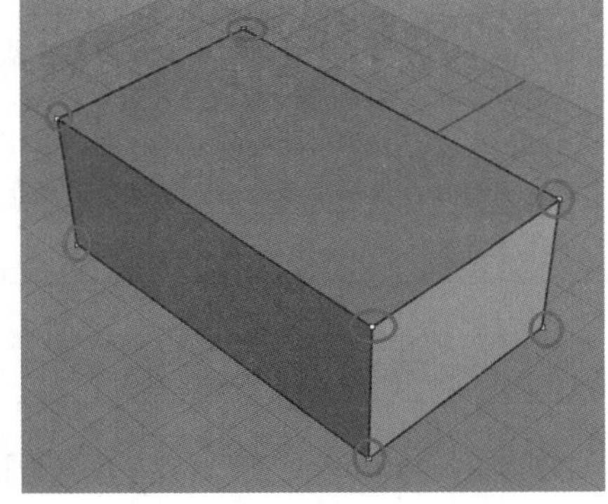

图5-210

在前面我们介绍过，显示或关闭曲线和曲面的控制点可以通过F10键和F11键，这里所说的曲面一定是单一曲面，如果是多重曲面和实体就必须使用“打开实体物件的控制点”工具。

当然，按F10键也可以在实体上显示出控制点，如图5-211所示，图中显示的3个点主要用来对立方体物件进行旋转（拖曳控制点即可），如图5-212所示。

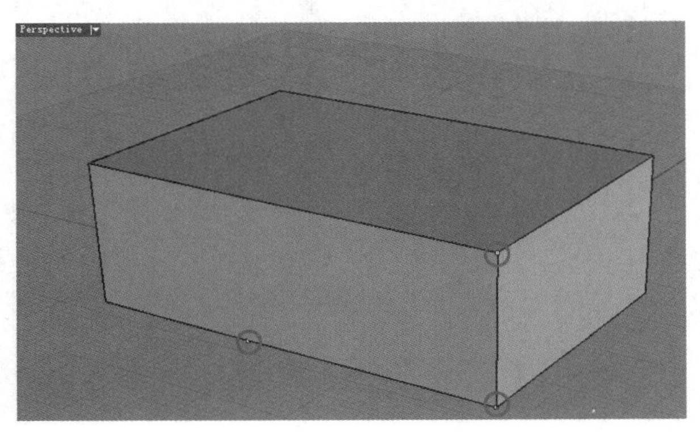

图5-211

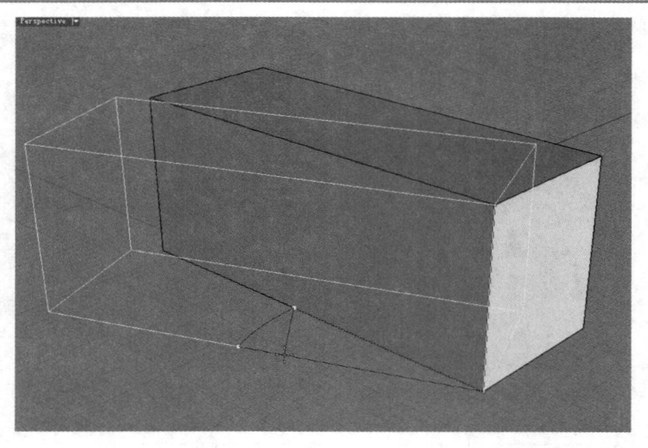

图5-212

疑难问答

问：如何区分单一曲面和多重曲面？

答：区分单一曲面和多重曲面可以使用“炸开/抽离曲面”工具，例如，球体、椭圆体和圆管无法炸开，因此是单一曲面，可以使用F10键打开控制点；抛物面锥体和圆锥体这两种实体，有封闭端面时可以炸开，因此是多重曲面，无封闭端面时为单一曲面；而立方体、圆柱体和棱锥等实体模型都是多重曲面。

5.4.3 自动建立实体

“自动建立实体”工具是以选取的曲面或多重曲面所包围的封闭空间建立实体。启用该工具后，框选构成封闭空间的曲面或多重曲面，然后按Enter键即可自动建立实体模型。

例如，图5-213所示的3个物件都是单一曲面，并且这3个单一曲面围成了一个封闭的空间。使用“自动建立实体”工具框选这3个曲面，然后按Enter键，效果如图5-214所示。

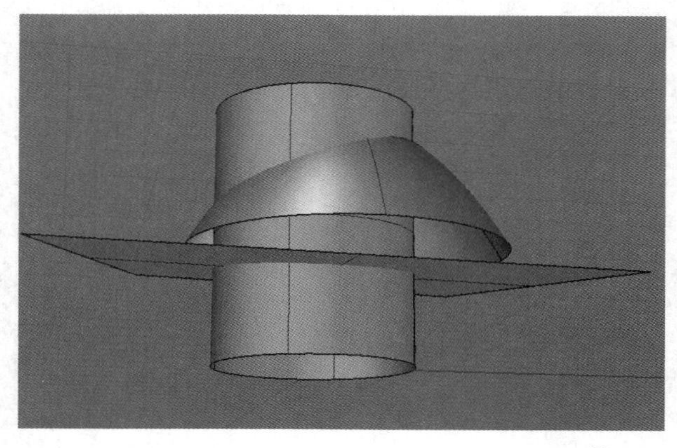

图5-213

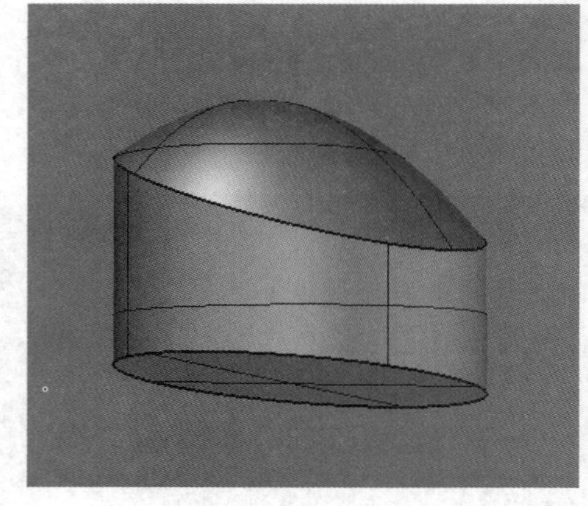

图5-214

如果单一曲面或多重曲面所围合的封闭空间不是一个，而是多个，那么将建立多个封闭的实体。

例如，图5-215所示的闭合圆柱体、闭合抛物面锥体和平面，由于圆柱体和抛物面锥体都是封闭的实体模型，因此就构成了3个封闭的空间，使用“自动建立实体”工具可以建立3个实体模型，如图5-216所示。

图5-215

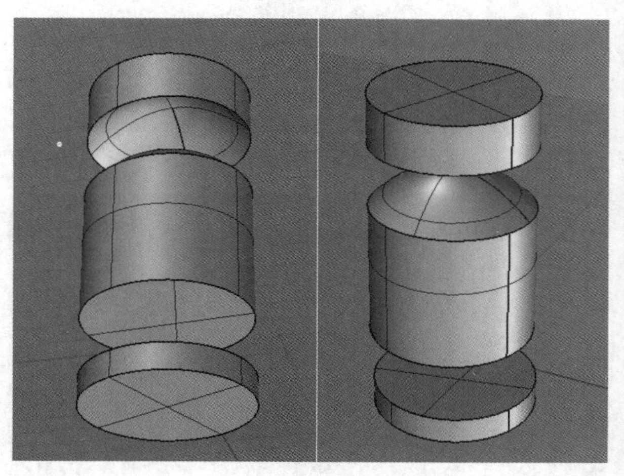

图5-216

图5-216中是将建立的3个模型分开，并且以不同角度观察的效果。

5.4.4 将平面洞加盖

使用“将平面洞加盖”工具可以为物件上的平面洞建立平面，其功能与“以平面曲线建立曲面”工具相似，区别在于“将平面洞加盖”工具操作的对象是曲面或多重曲面，而“以平面曲线建立曲面”工具操作的对象是曲线。

“将平面洞加盖”工具的用法比较简单，选择需要为平面洞加盖的曲面或多重曲面后，按Enter键即可。如果曲面或多重曲面上有多个平面洞，那么所有的洞都将被加盖，并且与原曲面合并为一个物件。

注意，必须是平面洞才能够加盖，理解“平面”两个字，例如，图5-217所示的就不是平面洞，因此不能应用“将平面洞加盖”工具。

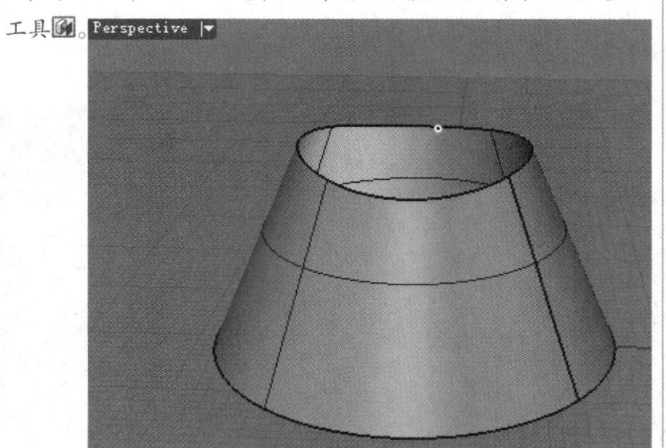

图5-217

5.4.5 抽离曲面

如果要抽离或者复制多重曲面上的个别曲面，那么可以使用“抽离曲面”工具。该工具与“将平面洞加盖”工具正好是一对相反的工具。“抽离曲面”工具是把多重曲面中的单个曲面分离开来，而“将平面洞加盖”工具是给物体上的平面洞添加曲面，使之成为实体。

见图5-218所示的模型，这是一个整体模型，如果要将下凹的曲面分离出来，启用“抽离曲面”工具后选择下凹的曲面，然后按Enter键即可。为方便观察，将抽离的下凹曲面移开一定位置，其余曲面仍然是一个整体，如图5-219所示。

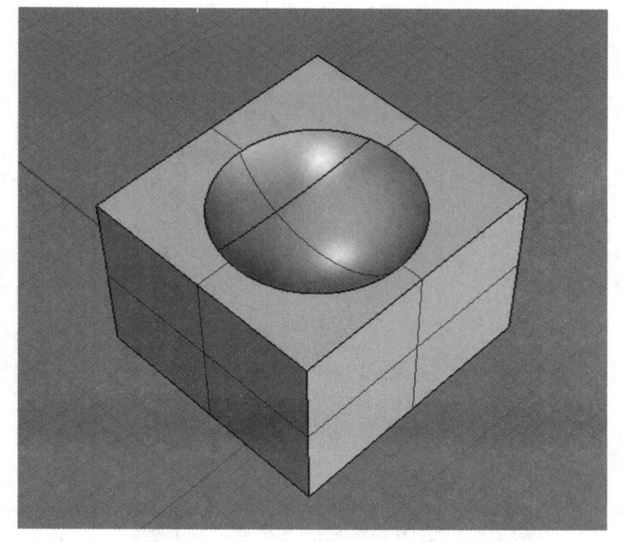

图5-218

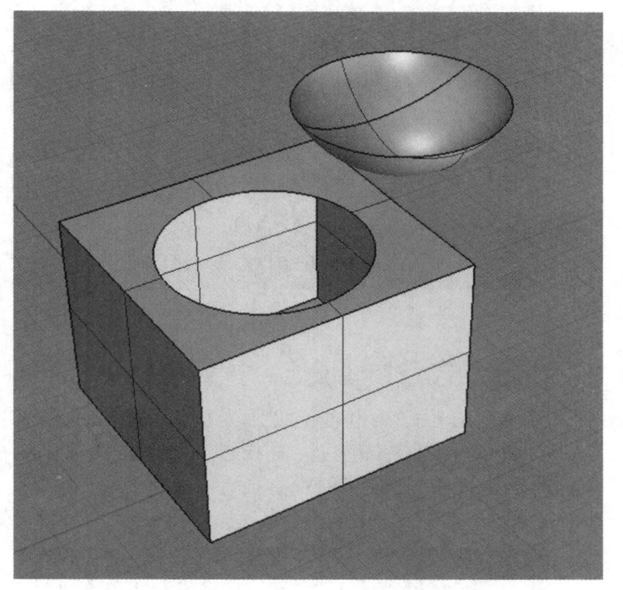

图5-219

5.4.6 不等距边缘圆角/不等距边缘混接

在前面的实战中，曾多次使用到“不等距边缘圆角/不等距边缘混接”工具，该工具用于在多重曲面的多个边缘建立不等距的圆角曲面，并修剪原来的曲面使其与圆角曲面组合在一起。

以对圆柱体顶面的边进行导圆角为例，使用鼠标左键单击“不等距边缘圆角/不等距边缘混接”工具，然后选择圆柱体顶面的边，并按Enter键结束选择（可以同时对多个边进行倒角），此时在选择的边缘上将出现倒角半径的提示和倒角控制杆，如图5-220所示，可以直接在命令行中输入倒角半径，也可以拖曳倒角控制杆直观地设定倒角的大小，如图5-221所示。

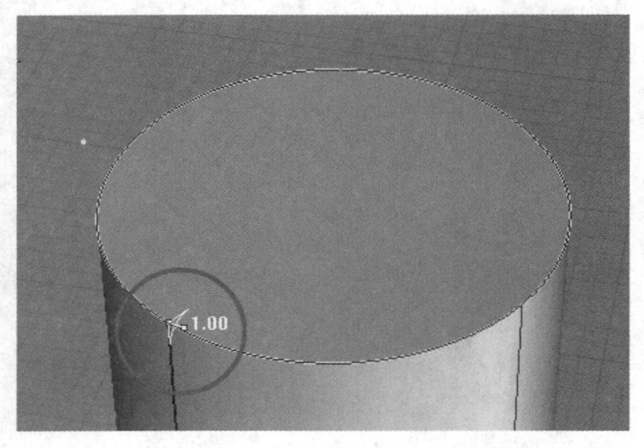

图5-220

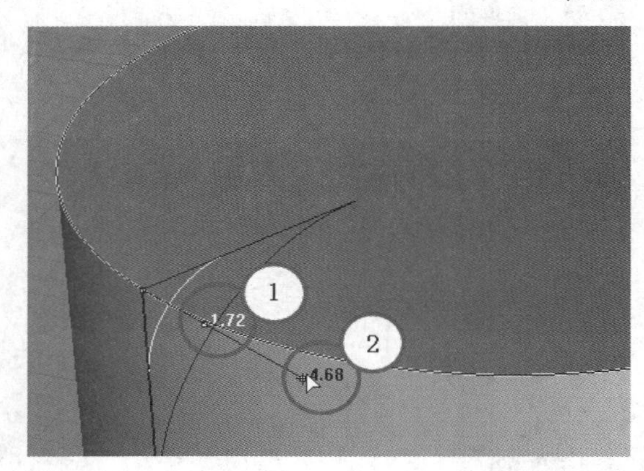

图5-221

倒角控制杆上有两个控制点，其中位于倒角边上的控制点决定了倒角控制杆在倒角边上的位置，如图5-222所示的红色圆圈内的控制点；另一个控制点决定倒角的半径大小，如图5-222所示的红色方框内的控制点。

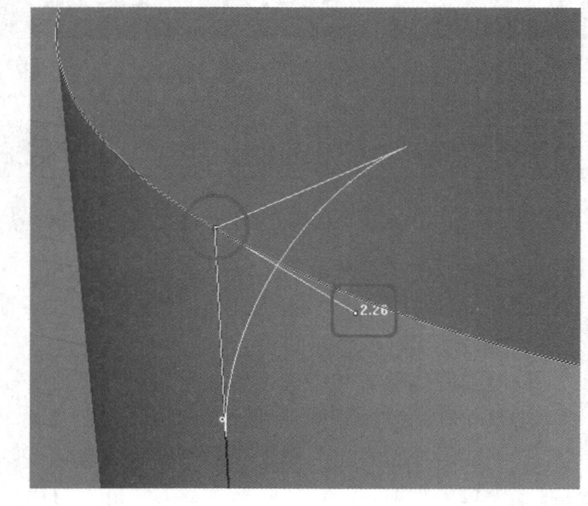

图5-222

如果希望得到相同半径的圆角，可以直接按Enter键或单击鼠标右键结束倒角操作，得到图5-223所示的模型。

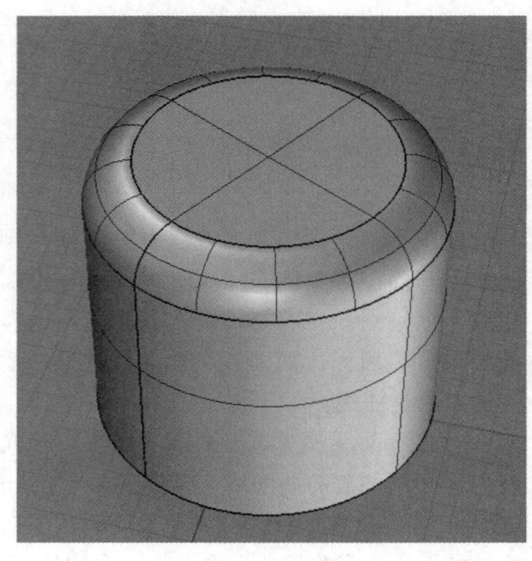

图5-223

如果希望得到半径是变化的圆角，可以在选择倒角边后单击命令行中的“新增控制杆”选项，然后在倒角边上指定新的控制杆的位置（可以增加多个控制杆），接着再对增加的控制杆的半径进行调整，如图5-224所示，倒角后的效果如图5-225所示。

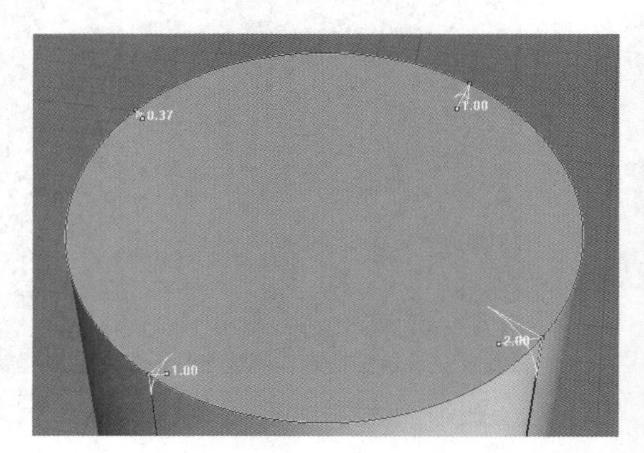

图5-224

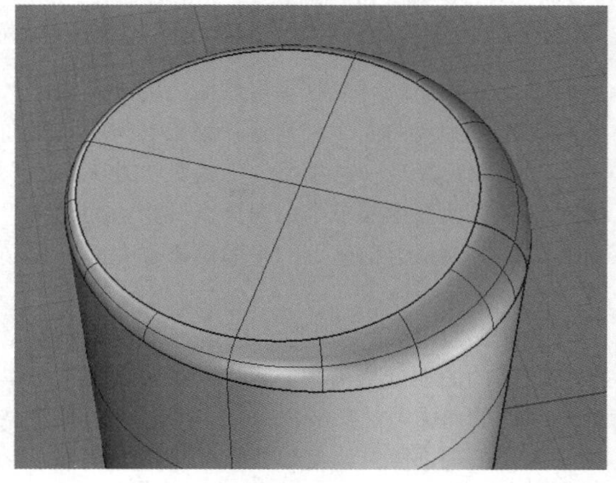

图5-225

如果需要增加的控制杆的半径与已有控制杆的半径相同，也可以通过命令行中的“复制控制杆”选项进行复制。

“不等距边缘圆角/不等距边缘混接”工具具有多个命令选项，这些选项的含义可以参考本书第4章的4.4.5小节。

实战

变形几何体倒角

场景位置	无
实例位置	实例文件>第5章>实战——变形几何体倒角.3dm
视频位置	第5章>实战——变形几何体倒角.flv
难易指数	★★☆☆☆
技术掌握	掌握创建倒角的方法

本例创建的变形几何体倒角效果如图5-226所示。

图5-226

01 首先创建变形几何体，先来看一下创建完成后的效果，如图5-227所示，从图中可以看到，这一变形几何体的部分面与立方体一致，最大区别在于侧面外倾的造型，因此可以利用立方体作为基础模型，在基础模型上创建变异的侧面曲面。单击“立方体：角对角、高度”工具，在Perspective（透视）视图中创建一个立方体，如图5-228所示。

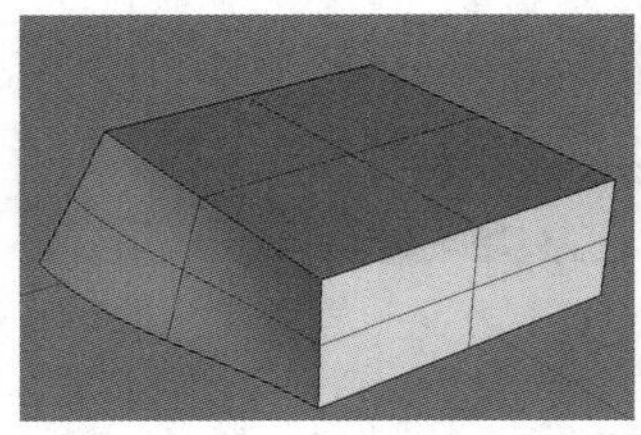

图5-227

图5-228

02 单击“抽离曲面”工具，将立方体底面及侧面从立方体中抽离出来，如图5-229所示。

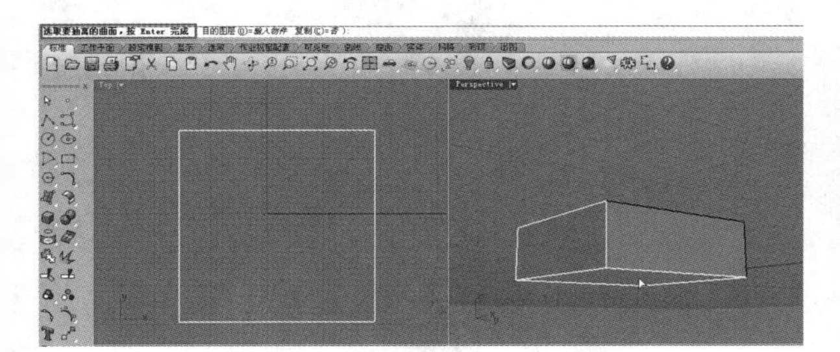

图5-229

03 按住Shift键的同时选择被分离出来的底面及侧面，然后按键盘上的Delete键删除，得到如图5-230所示的几何体。

图5-230

04 现在要创建变形的侧面，单击“打开实体物件的控制点”工具，然后选择几何体，并按Enter键或单击鼠标右键结束命令，该几何体控制点被打开。选择左下角控制点，按住Shift键的同时拖曳该控制点到合适位置，如图5-231所示。

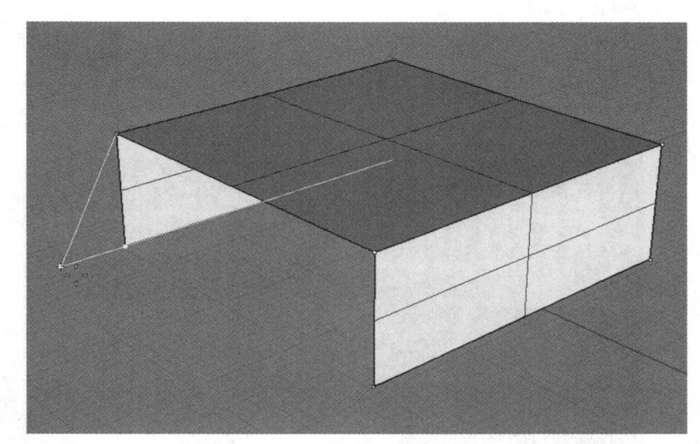

图5-231

05 单击“控制点曲线/通过数个点的曲线”工具，绘制如图5-232所示的曲线。

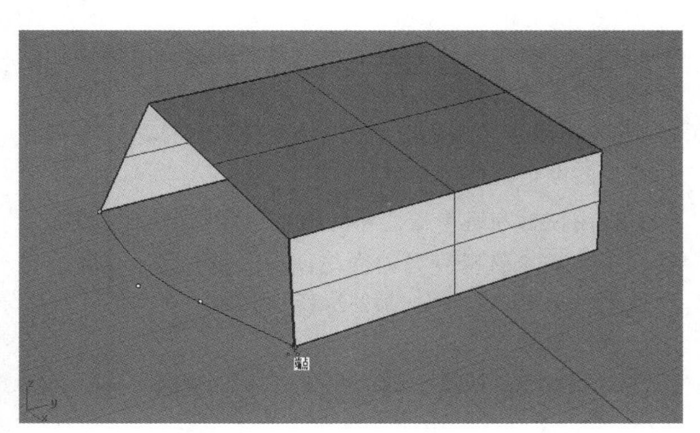

图5-232

06 选择上一步绘制的曲线，按F10键打开该曲线的控制点，然后移动控制点调整曲线的走向，如图5-233所示。

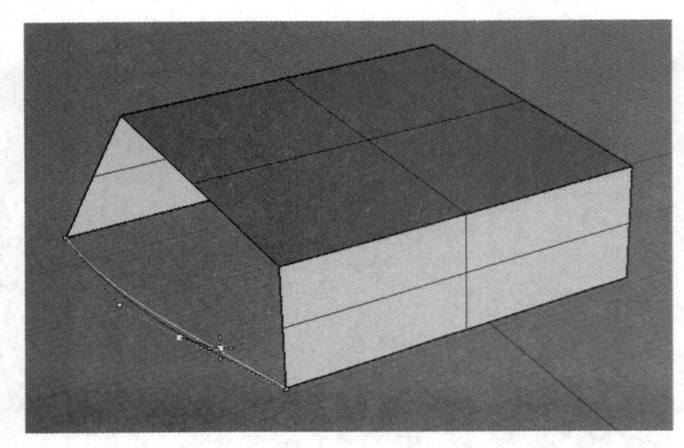
图5-233

为保证所创建的变形曲面与立方体两侧面的关系，注意曲线的两个端点不能移动。

07 单击“双轨扫掠”工具，分别选择图5-234所示的A、B曲线作为双轨扫掠的路径，再选择其余两条曲线作为断面曲线，按Enter键或单击鼠标右键后，打开“双轨扫掠选项”对话框，参考图5-234中的参数进行设置，最后单击确定按钮，得到变异曲面。

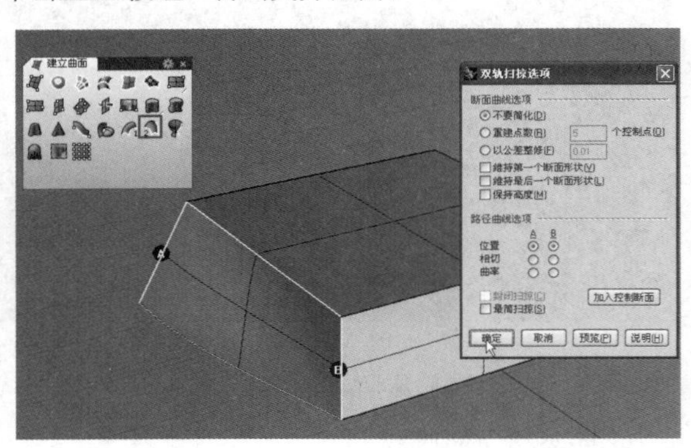

图5-234

08 使用“组合”工具组合变异曲面和立方体曲面，以便进行体的倒角，然后再将组合后的几何体复制3个，如图5-235所示。下面分别对3个变异几何体进行不同路径造型的倒角处理。

09 使用鼠标左键单击“不等距边缘圆角/不等距边缘混接”工具，选择变异曲面与顶面的交线进行倒角，倒角效果如图5-238所示，具体操作步骤如下。

操作步骤

① 选择变异曲面与顶面的交线，按Enter键确认，如图5-236所示。

② 在命令行中单击“连结控制杆”选项，设置“连结控制杆”为“是”，再单击“路径造型”选项，设置“路径造型”为“与边缘距离”。

③ 拖曳倒角控制杆的控制点，调整倒角半径，如图5-237所示，完成调整后按Enter键结束操作。

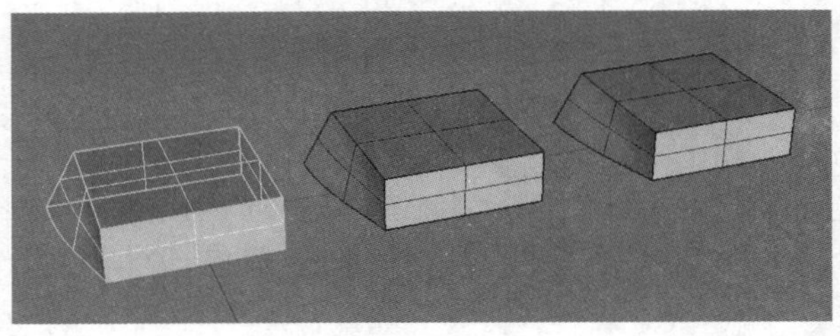
图5-235

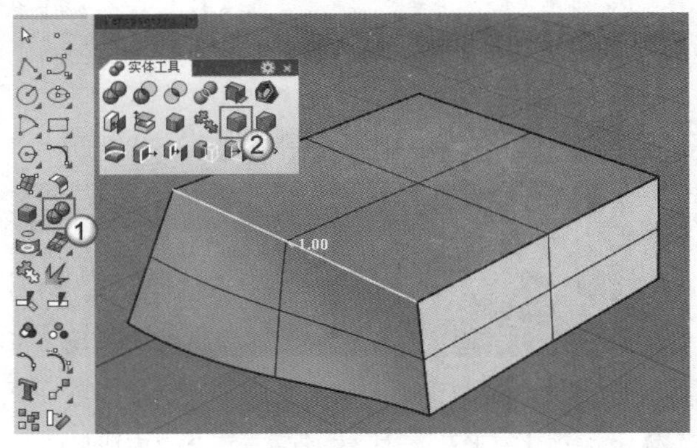

图5-236

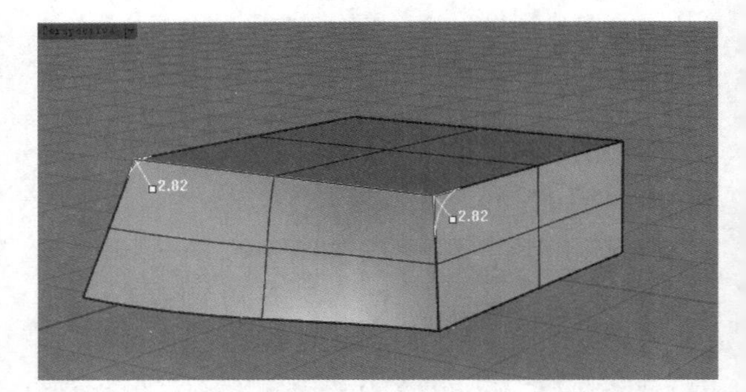

图5-237

图5-238

10 再次使用鼠标左键单击“不等距边缘圆角/不等距边缘混接”工具，选择另一个变形几何体变异曲面与顶面的交线进行倒角，设置“路径造型”为“滚球”，并调整其中一个半径稍大一些，如图5-239所示，倒角效果如图5-240所示。

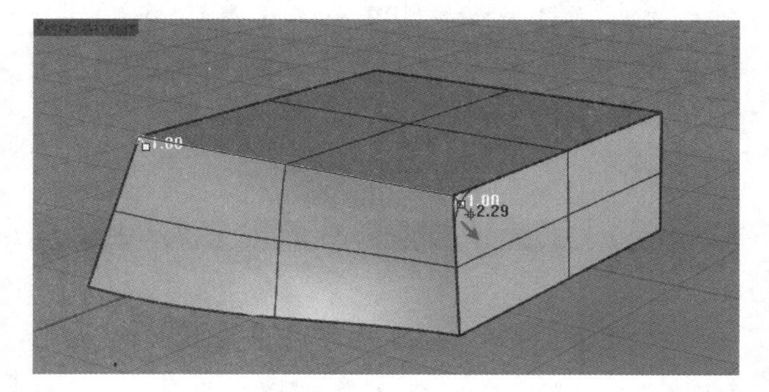

图5-239

图5-240

11 使用相同的方法对第3个变形几何体的变异曲面与顶面交线进行倒角，设置“路径造型”为“路径间距”，并调整倒角半径的大小，如图5-241所示，倒角后的效果如图5-242所示。

现在就完成了本例的操作，对3个变形几何体倒角之后的效果如图5-243所示，其中第1个变形几何体采用“与边缘距离”路径方式倒角，第2个变形几何体采用“滚球”路径方式倒角，第3个变形几何体采用“路径间距”路径方式倒角。

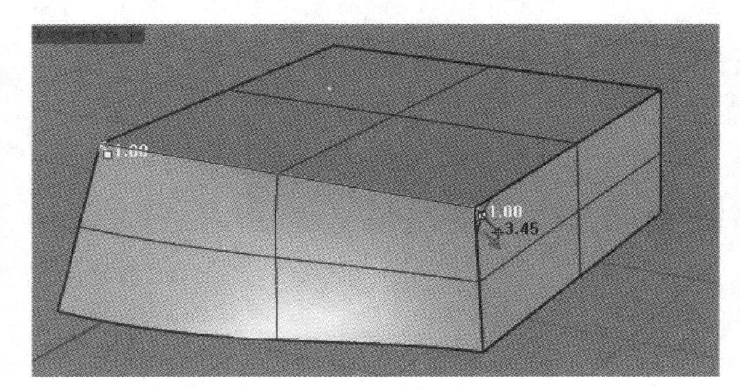

图5-241

图5-242

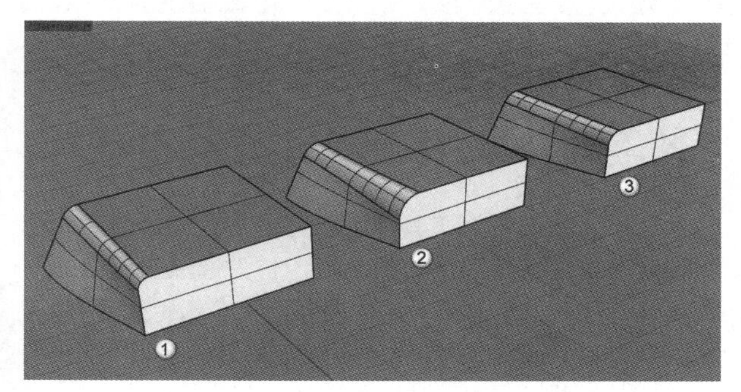

图5-243

5.4.7 不等距边缘斜角

使用“不等距边缘斜角”工具可以在多重曲面的多个边缘建立不等距的斜角曲面，并修剪原来的曲面使其与斜角曲面组合在一起，如图5-244和图5-245所示。“不等距边缘斜角”工具与“不等距边缘圆角/不等距边缘混接”工具的使用方法基本一致，只是两个工具倒角得到的造型不同，一是斜角，一是圆角。

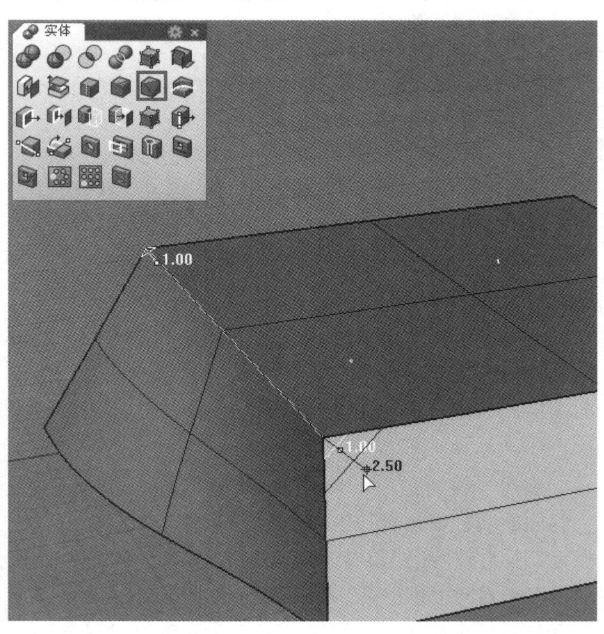

图5-244

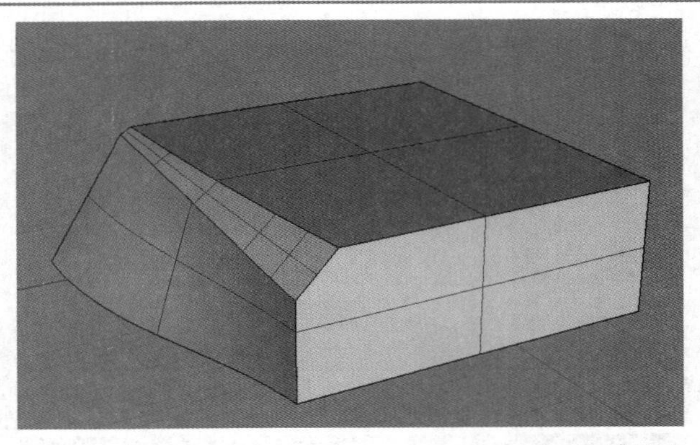

图5-245

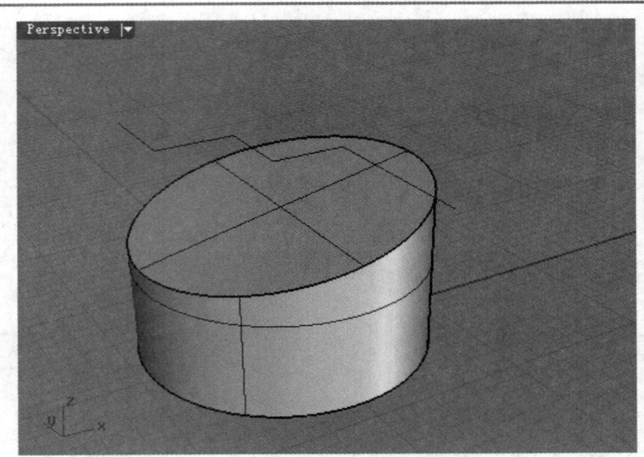

图5-247

5.4.8 线切割

使用“线切割”工具可以通过开放或封闭的曲线来切割多重曲面。启用该工具后，首先选取切割用的曲线，然后选取一个曲面或多重曲面，接着指定第1切割深度点或按Enter键切穿物件，再指定第2切割深度点或按Enter键切穿物件，最后选取要切掉的部分。

使用“线切割”工具，关键是注意切割方向的选择，如图5-246所示。

```
指令: _WireCut
选取切割用曲线 ( 直线(L) ):
选取要切割的物件:
选取要切割的物件，按 Enter 完成:
曲线法线不明确，方向设置为工作平面法线。
第一切割深度点，按 Enter 切穿物件 ( 方向(D)=与曲线垂直  删除输入物件(L)=否  两侧(B)=否 ): 方向
方向 <与曲线垂直> ( X(A)  Y(B)  Z(D)  与曲线垂直(N)  工作平面法线(C)  指定(P) ):
第一切割深度点，按 Enter 切穿物件 ( 方向(D)=与曲线垂直  删除输入物件(L)=否  两侧(B)=否 ):
第二切割深度点，按 Enter 切穿物件 ( 方向(D)=与第一个挤出方向垂直  两侧(B)=否 ): 方向
方向 <与第一个挤出方向垂直> ( X(A)  Y(B)  Z(C)  与第一个挤出方向垂直(N)  指定(P) ):
```

图5-246

图5-248

命令选项介绍

X/Y/Z：限制切割用曲线挤出的方向为世界坐标轴方向。

与曲线垂直： 限制切割用曲线挤出的方向与曲线平面垂直。

工作平面法线： 限制切割用曲线挤出的方向为工作平面z轴的方向。

指定： 指定两个点，设置切割用曲线的挤出方向。

与第一个挤出方向垂直： 限制切割用曲线的第2个挤出方向与第1个挤出方向垂直。

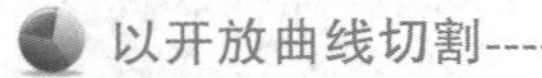

以开放曲线切割

观察图5-247所示的两个物件，这是一个顶面为斜面的圆柱体和一条开放曲线，现在使用开放曲线来切割顶面为斜面的圆柱体，定义不同的切割深度所得到的结果不一样，下面分别进行介绍。

启用“线切割”工具，先选择曲线，再选择顶面为斜面的圆柱体，并按Enter键结束选择，然后拖曳鼠标指针在垂直方向上指定第1切割深度，如图5-248所示，接着在水平方向上指定第2切割深度，如图5-249所示，最后按Enter键结束操作，得到如图5-250所示的切割模型。

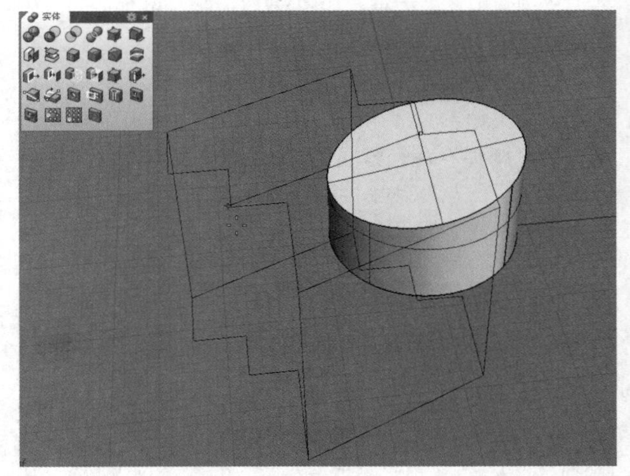

图5-249

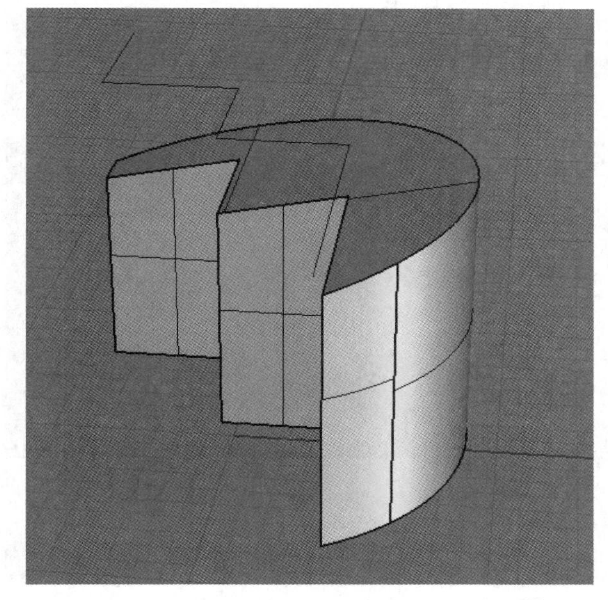

图5-250

从上面的图中可以看到，两次切割都贯穿了圆柱体本身的范围，所得到的结果也是完全剖切开的。如果第1切割深度没有贯穿圆柱体，第2切割深度贯穿了圆柱体，如图5-251和图5-252所示，那么得到的结果如图5-253所示。

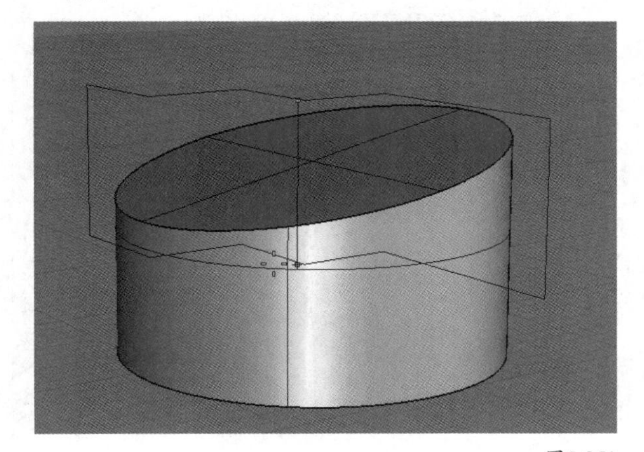

图5-251

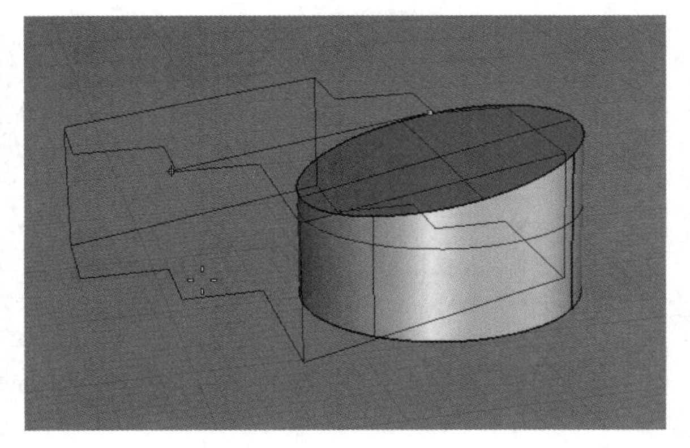

图5-252

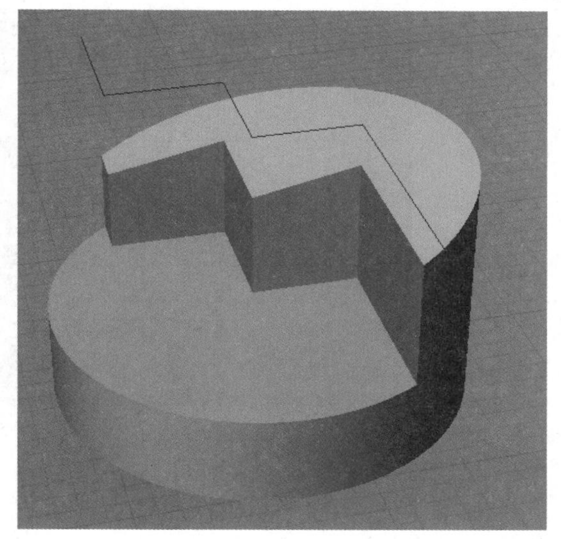

图5-253

如果两个方向的切割深度都没有贯穿圆柱体，如图5-254和图5-255所示，得到的模型效果如图5-256所示。

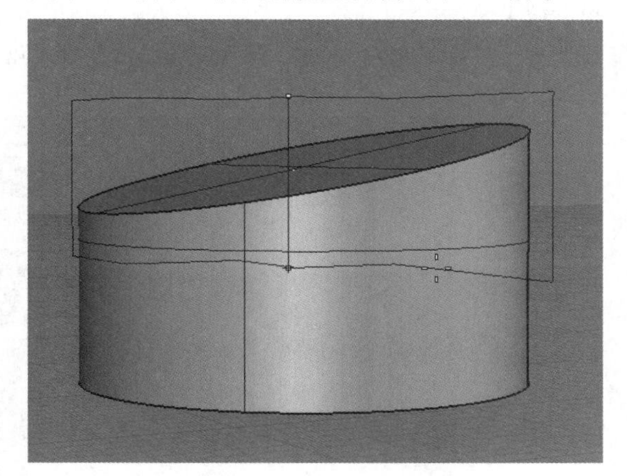

图5-254

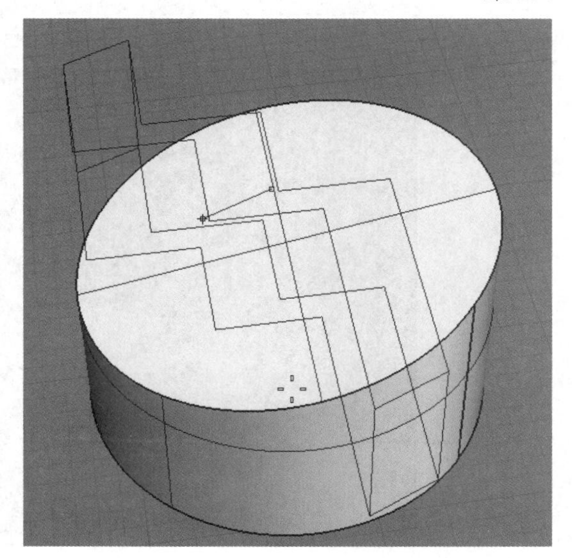

图5-255

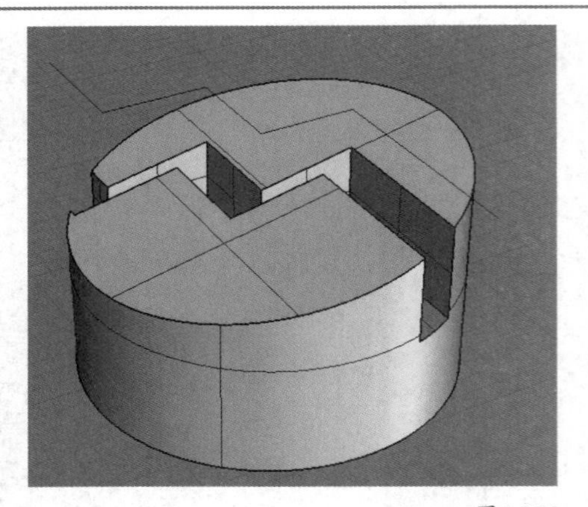

图5-256

以封闭曲线切割

现在来看使用封闭曲线切割多重曲面。图5-257所示的圆柱体与五边形，启用"线切割"工具，先选择五边形曲线，再选择圆柱体，按Enter键结束选择，然后拖曳光标定义切割深度，如图5-258所示，得到的切割后的模型效果如图5-259所示。从图中可以看到，使用封闭曲线切割不涉及第2切割深度，只有开放曲线要涉及第1和第2切割深度。

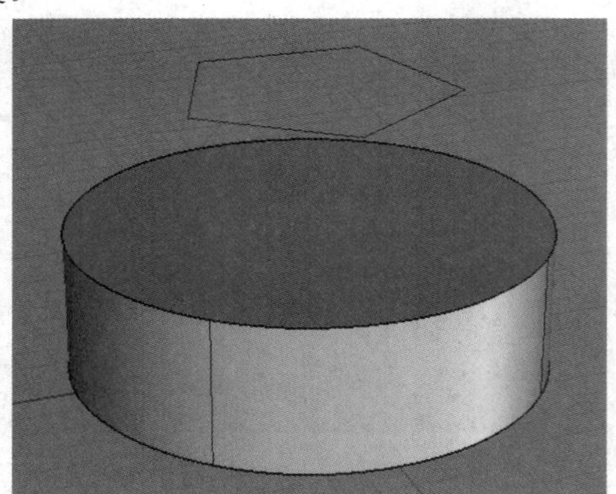

图5-257

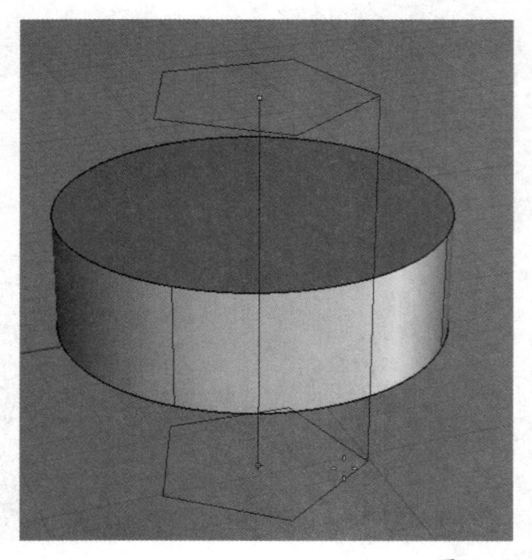

图5-258

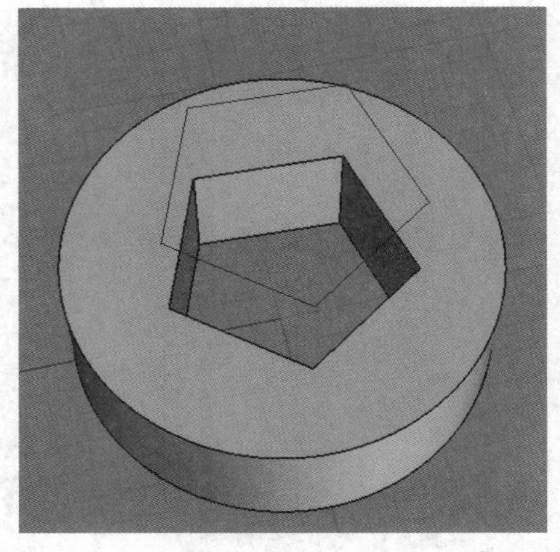

图5-259

23 技术专题：不同方向切割效果的差异

这里再深入介绍一下不同方向切割效果的差异。为了让大家能够直观地感受这些差异，开始讲解前先打开本书学习资源中的"场景文件>第5章>01.3dm"文件，方便进行实际的演练，如图5-260所示。图中显示了圆柱实体与曲线的位置关系，其中用于切割的曲线与坐标轴呈一定角度。

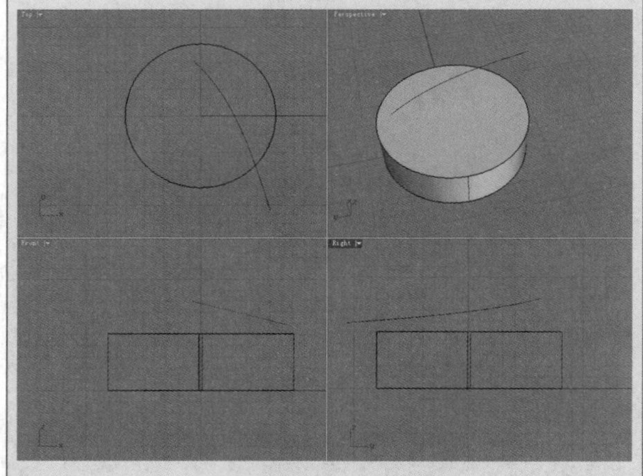

图5-260

1.第1方向沿着x/y/z轴

启用"线切割"工具后，按照命令行提示选择开放曲线，再选择圆柱体，按Enter键或单击鼠标右键结束选择，接下来在命令行单击"方向"选项，调整为z轴方向，再移动鼠标向下拖曳切割曲线，单击鼠标左键确定切割深度，如图5-261所示。

命令行提示指定第2方向时，设置为"与第一个挤出方向垂直"，再拖曳出与第一个挤出方向垂直的切割曲线，单击鼠标左键确定切割深度，如图5-262所示，最后单击鼠标右键结束切割，得到实体模型，如图5-263所示。

如果在确定第2方向时，选择的是x轴方向，如图5-264所示，切割后的效果如图5-265所示。

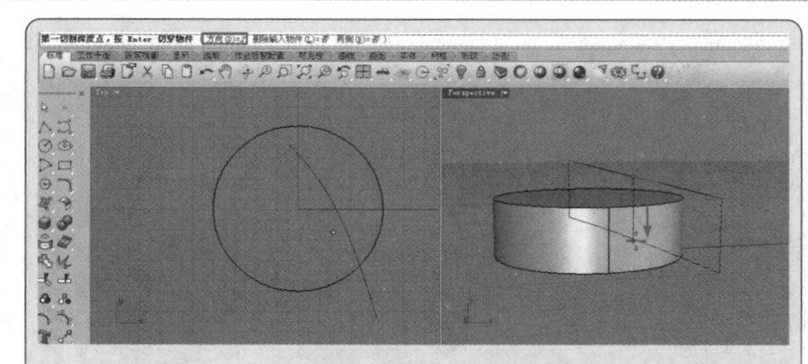

图5-261

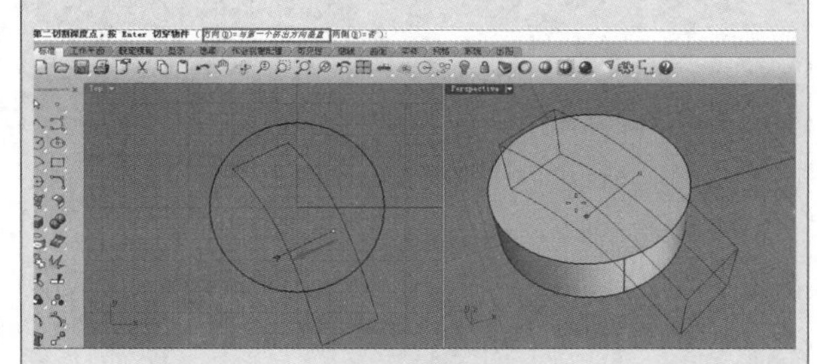

图5-262

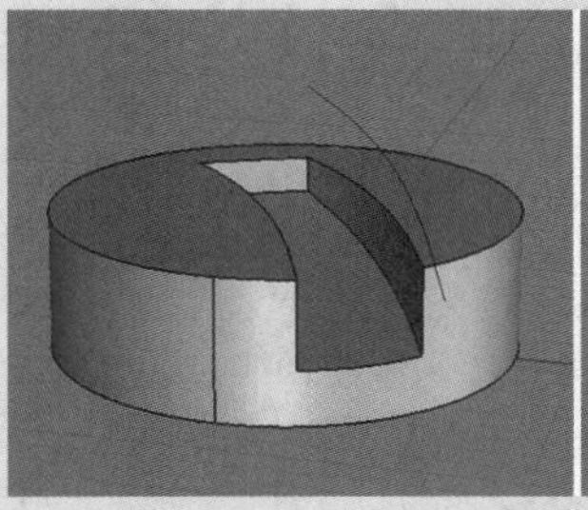

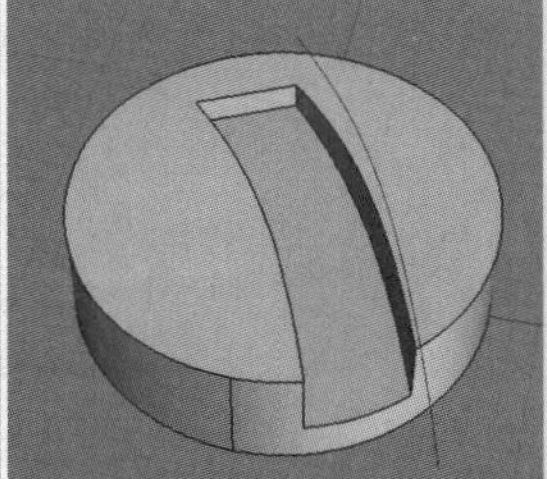

图5-263

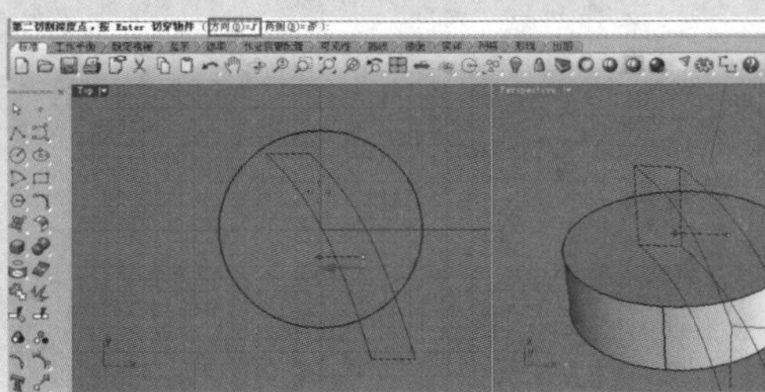

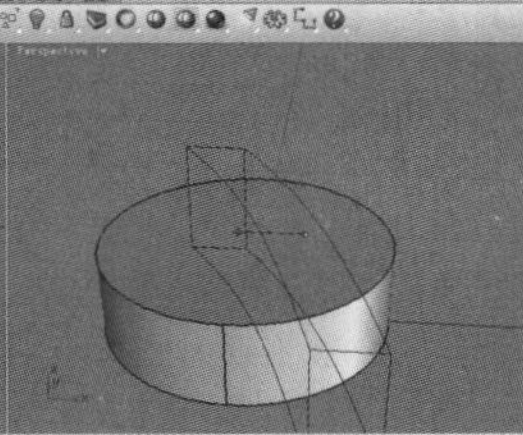

图5-264

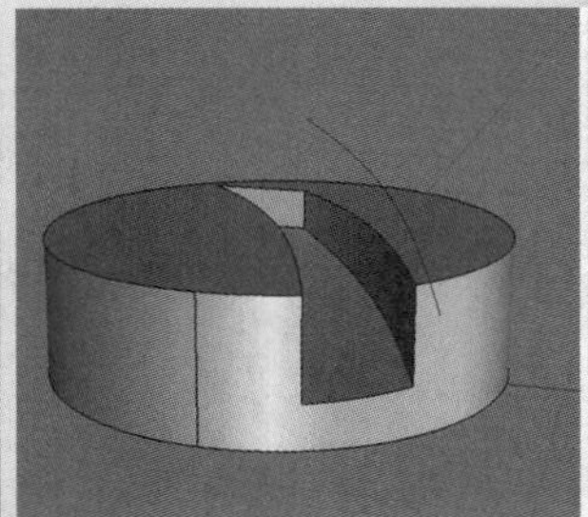

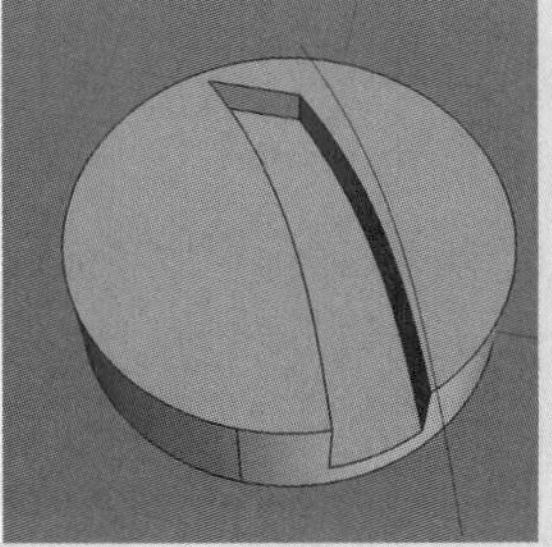

图5-265

2.第1方向与曲线垂直

如果在指定第1方向时设置为“与曲线垂直”，可以看到切割曲线与圆柱体顶面呈一定角度，如图5-266所示。

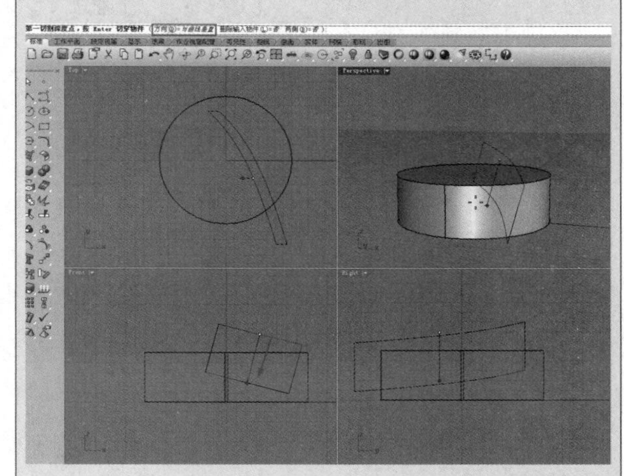

图5-266

再指定第2方向为“与第一个挤出方向垂直”，如图5-267所示，切割效果如图5-268所示。对比图5-265和图5-268，第1方向为“与曲线垂直”的切割方式获得的实体模型，其圆柱体侧面的凹槽不再垂直于圆柱体底面。

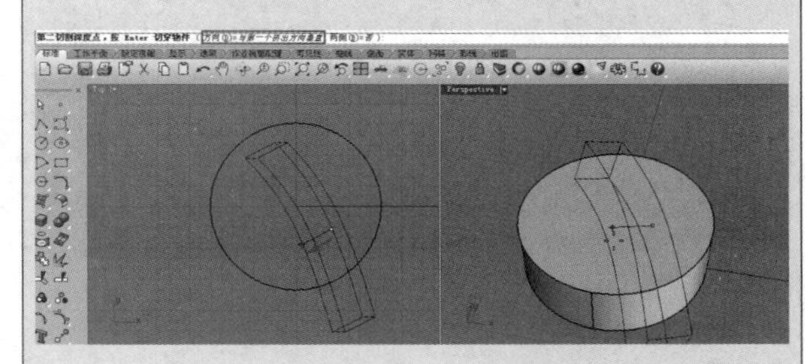

图5-267

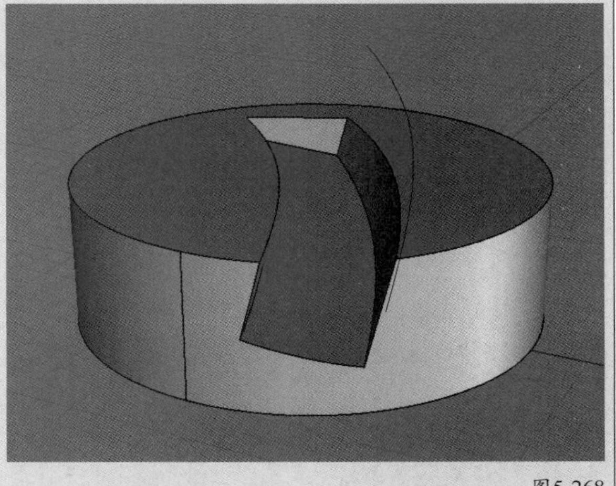

图5-268

3.第1方向为工作平面法线

首先将切割曲线进行镜像复制，如图5-269所示。

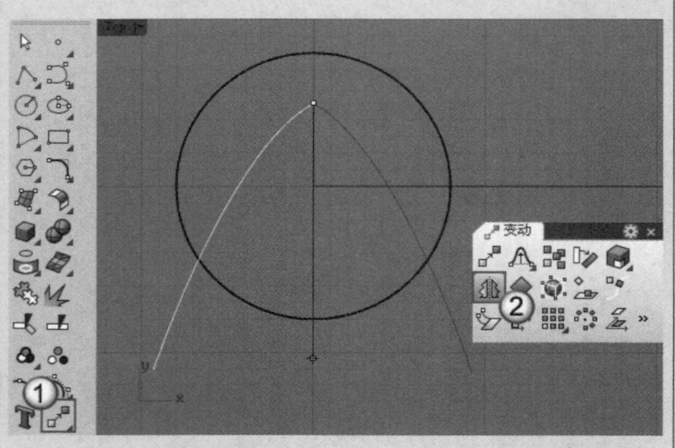

图5-269

启用“线切割”工具后，按照命令行提示选择开放曲线，再选择圆柱体，按Enter键或鼠标右键结束选择，然后调整第1方向为“工作平面法线”，再拖曳出切割曲线，可以看到切割曲线与圆柱体顶面成一定角度，接着指定第2方向为“与第一个挤出方向垂直”，得到如图5-270所示的切割效果。

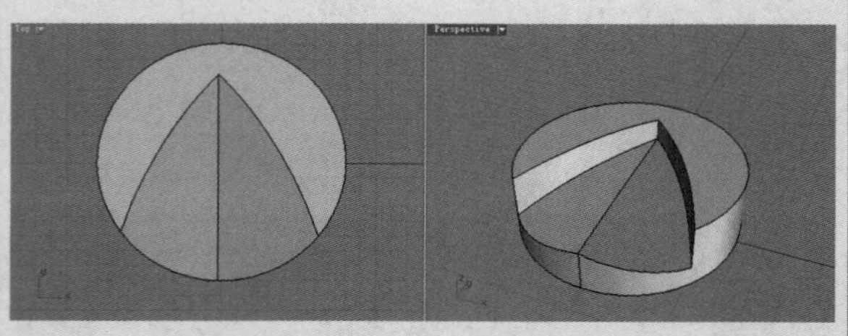

图5-270

4.第1方向为指定

对图5-269所示的实体与曲线进行线切割，指定第1方向时设置为“指定”，然后在Right（右）视图中指定第1方向的起始点和终点，得到线切割的第1方向，如图5-271所示；切割深度如图5-272所示。

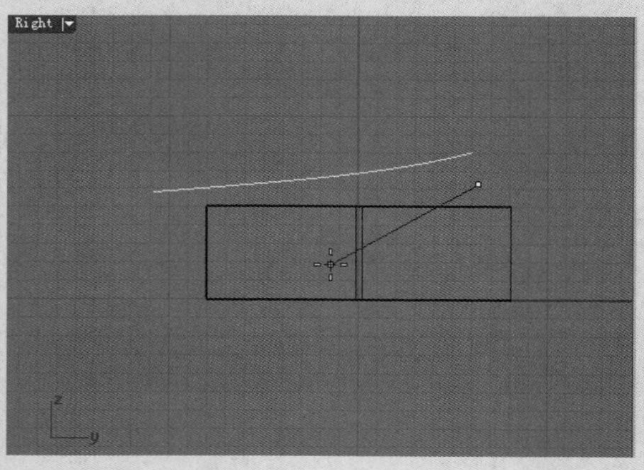

图5-271

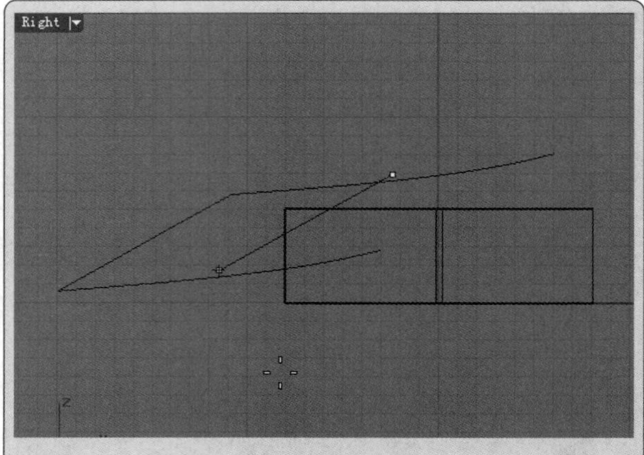

图5-272

指定第2方向时，同样设置为“指定”，在Top（顶）视图中指定第2方向的起始点和终点，得到线切割的第2方向，如图5-273所示，在第2方向上进行贯穿切割，得到如图5-274所示的切割效果。

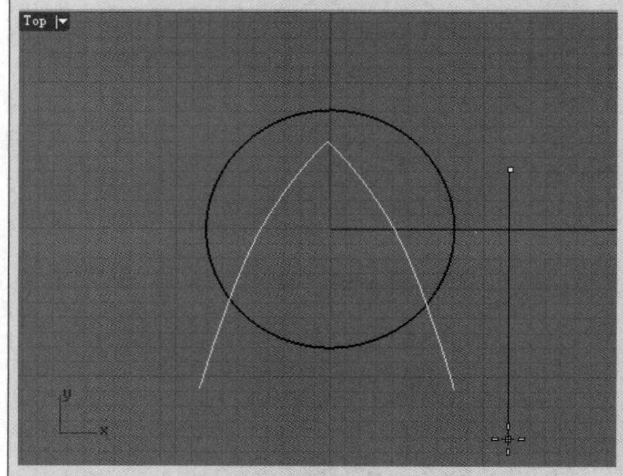

图5-273

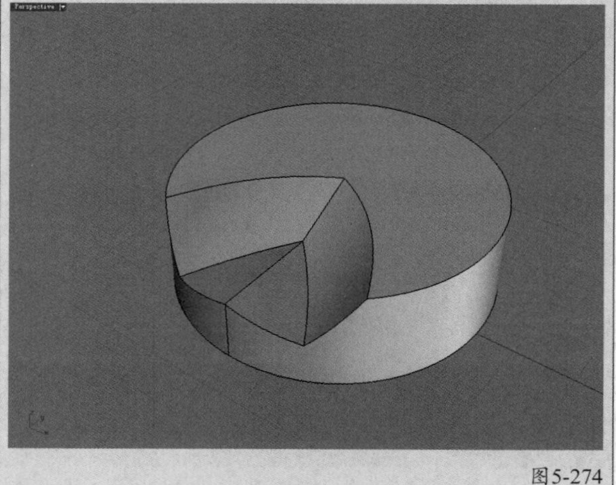

图5-274

5.第1方向沿着曲线

“沿着曲线”方式只适用于封闭曲线，它是沿着曲线挤出洞的轮廓曲线。以图5-275所示的实体与曲线为例，图中封闭曲线为线切割曲线，开放曲线是用来指定切割方向的曲线（也就是设置为“沿着曲线”方式时选择的挤出路径），切割效果如图5-276所示。

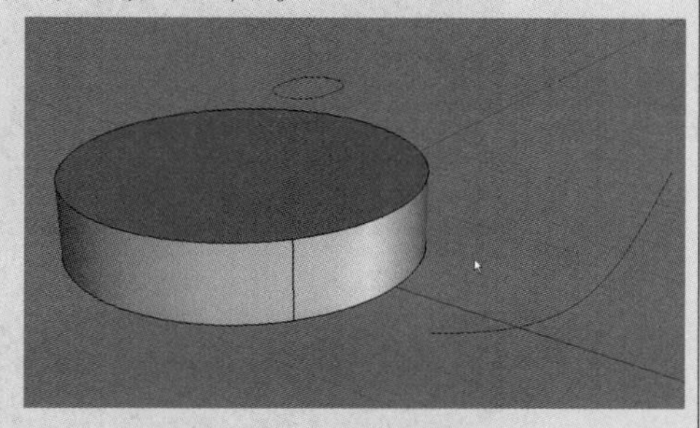

图5-275

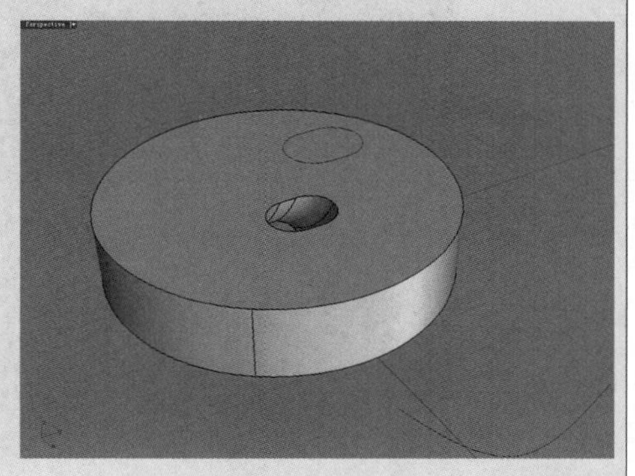

图5-276

5.4.9 将面移动

使用“将面移动/移动未修剪的面”工具可以移动多重曲面的面，周围的曲面会随着进行调整。这个工具适用于移动较简单的多重曲面上的面，如调整物体的厚度。方法为启用工具后选取一个面，然后指定移动的起点和终点即可，如图5-277所示的模型，移动凹面后的效果如图5-278所示。

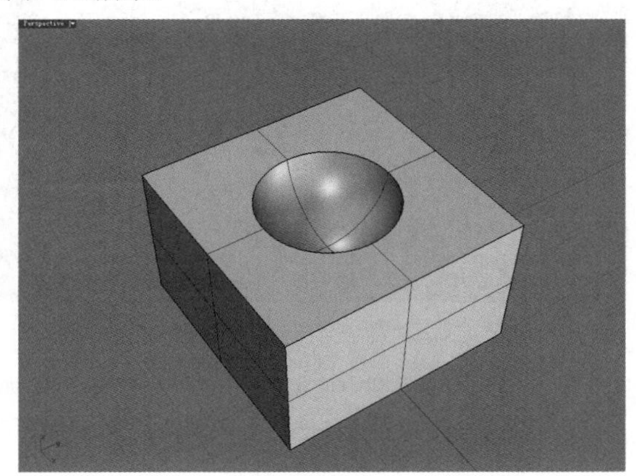

图5-277

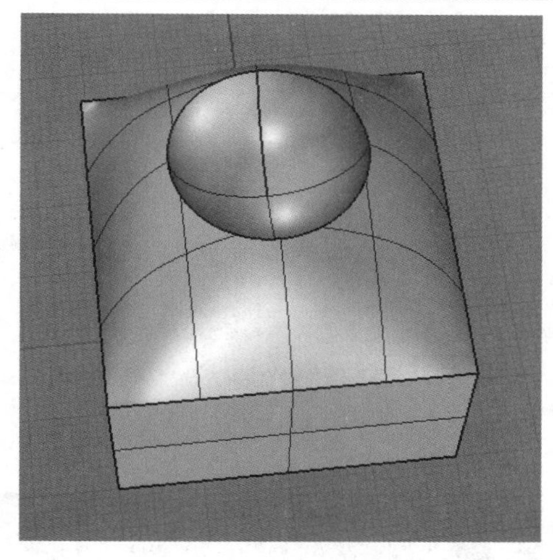

图5-278

5.4.10 将面移动至边界

对于两个不相交的物件，如果要将其中一个物件的某个面延伸至与另一个物件相交，可以使用“将面移动至边界”工具。

观察图5-279所示的两个模型，现在要将圆柱体的圆面延伸至与立方体相交，那么启用“将面移动至边界”工具后，选择圆柱体的圆面，然后按Enter键结束选择，接着选择立方体，得到如图5-280所示的模型。

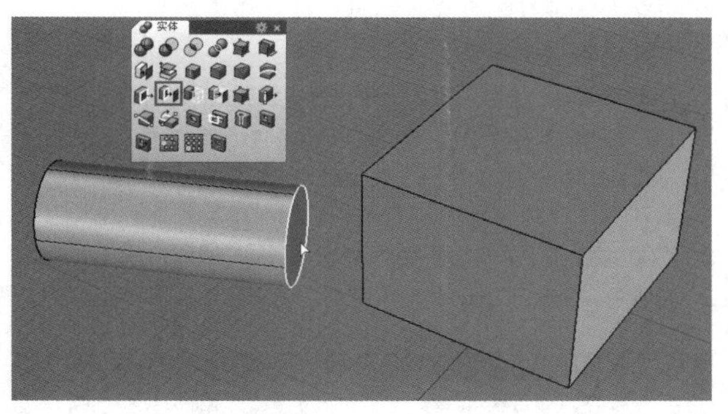

图5-279

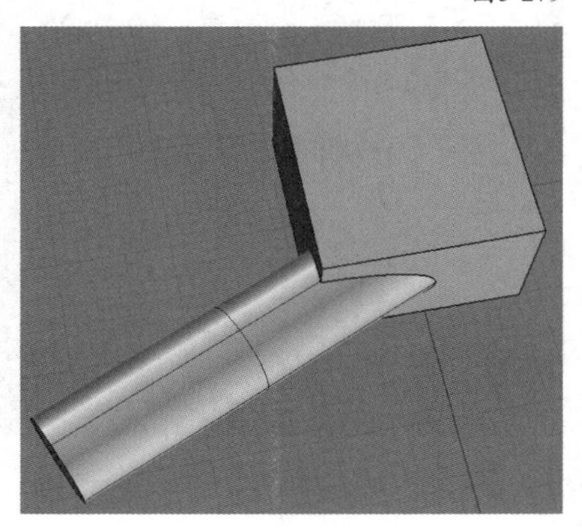

图5-280

技巧与提示

注意观察图5-280，圆柱体的圆面延伸至与立方体相交后，多余的部分被自动修剪。

实战

利用将面移动至边界制作创意坐凳

场景位置	无
实例位置	实例文件>第5章>实战——利用将面移动至边界制作创意坐凳.3dm
视频位置	第5章>实战——利用将面移动至边界制作创意坐凳.flv
难易指数	★★★☆☆
技术掌握	掌握将面移动至边界等实体编辑方法

本例制作的创意坐凳效果如图5-281所示。

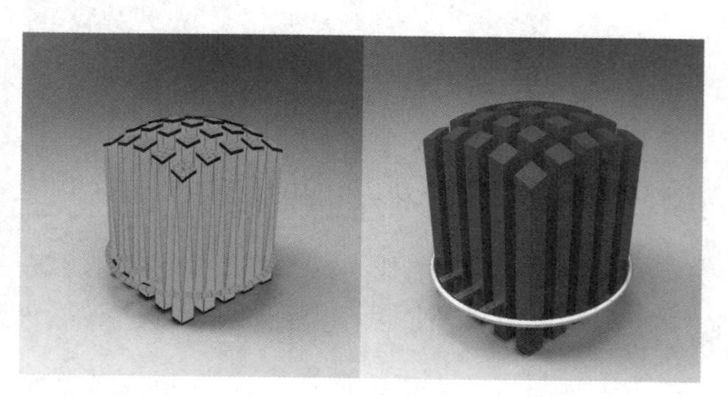

图5-281

01 单击“立方体：角对角、高度”工具，创建一个长条形的立方体，然后单击“矩形阵列”工具，对创建的立方体进行阵列复制，具体操作步骤如下。

操作步骤

① 选择立方体，然后在命令行中设置x轴方向的阵列数为5、y轴方向的阵列数为1、z轴方向的阵列数为5。

② 在Top（顶）视图中确定x轴方向阵列间距，如图5-282所示。

③ 在Front（前）视图中确定z轴方向的阵列间距，如图5-283所示，最后按Enter键完成阵列，效果如图5-284所示。

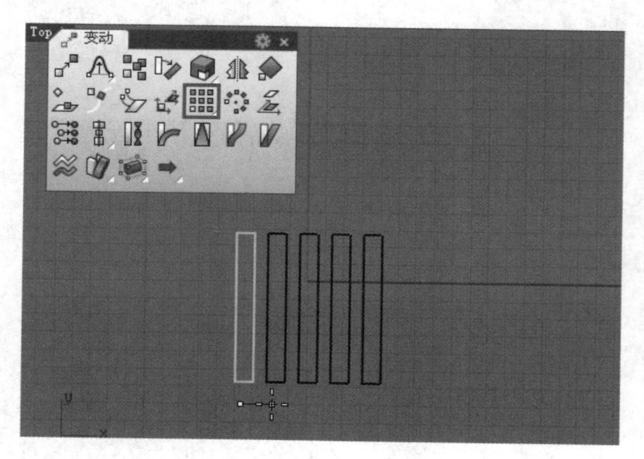

图5-282

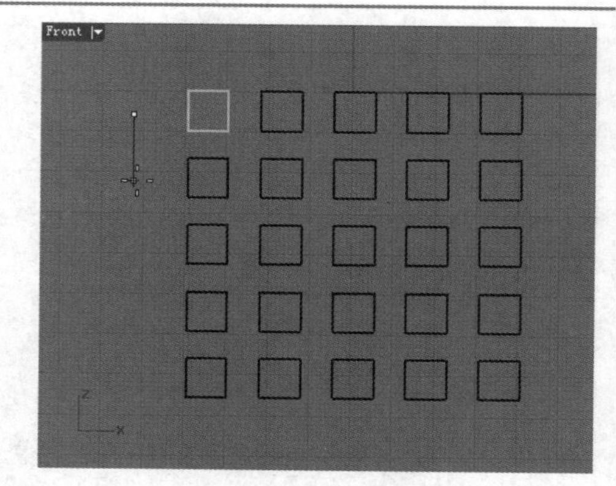

图5-283

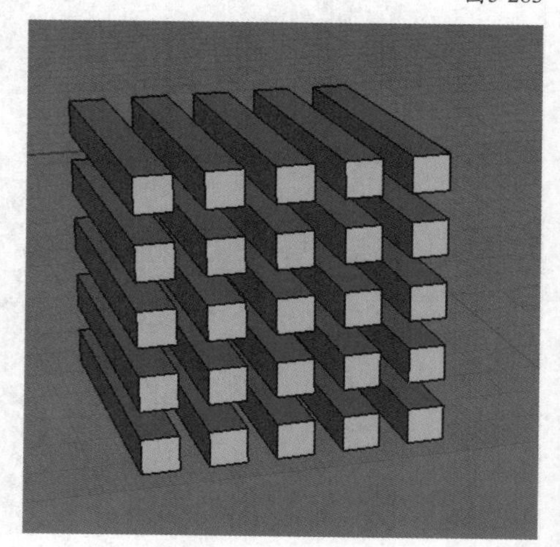

图5-284

02 单击“抛物面锥体”工具，在Top（顶）视图中创建一个抛物面锥体曲面模型（设置“实体”为“否”），如图5-285所示。

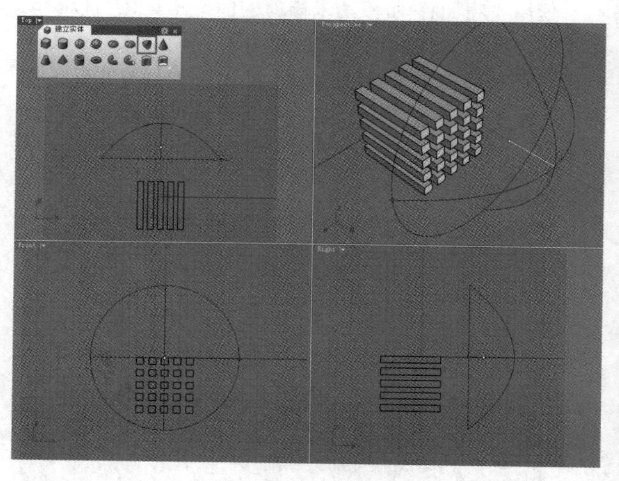

图5-285

03 在Front（前）视图中使用“移动”工具移动抛物面锥体曲面，使其与阵列立方体的位置关系如图5-286所示。

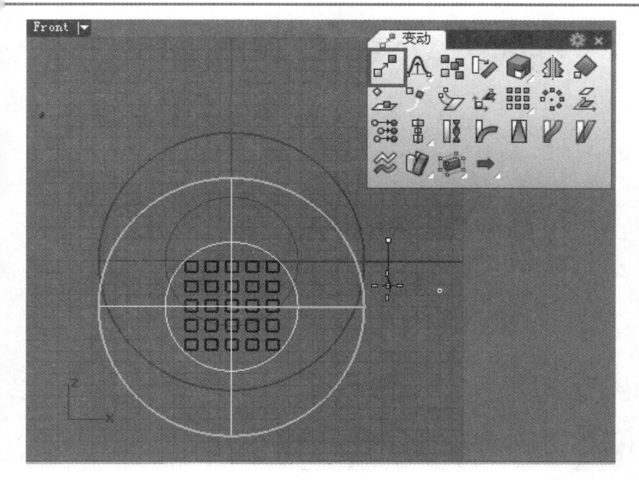

图5-286

04 单击“将面移动至边界”工具，将立方体的端面延伸至与抛物面锥体曲面相交，如图5-287所示，具体操作步骤如下。

操作步骤

① 依次选择立方体面向抛物面锥体曲面的端面，按Enter键确认。

② 选择抛物面锥体曲面。

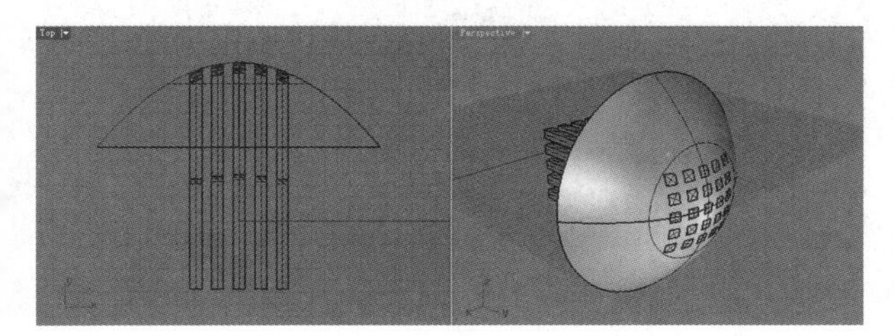

图5-287

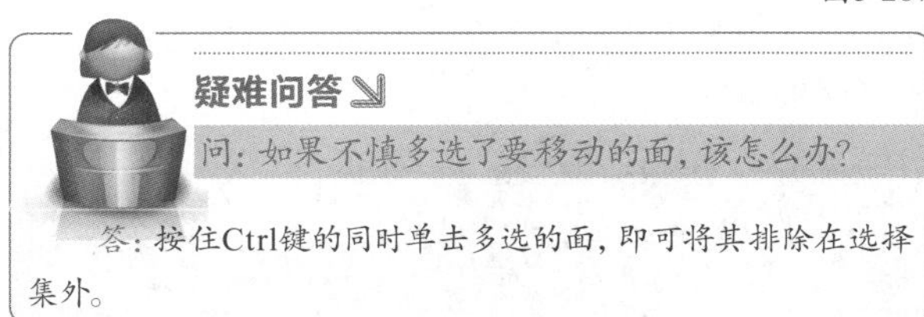

疑难问答

问：如果不慎多选了要移动的面，该怎么办？

答：按住Ctrl键的同时单击多选的面，即可将其排除在选择集外。

05 选择抛物面锥体，按Delete将其删除，得到如图5-288所示的模型，可以看到立方体端面均延展至抛物面锥体弧面处。

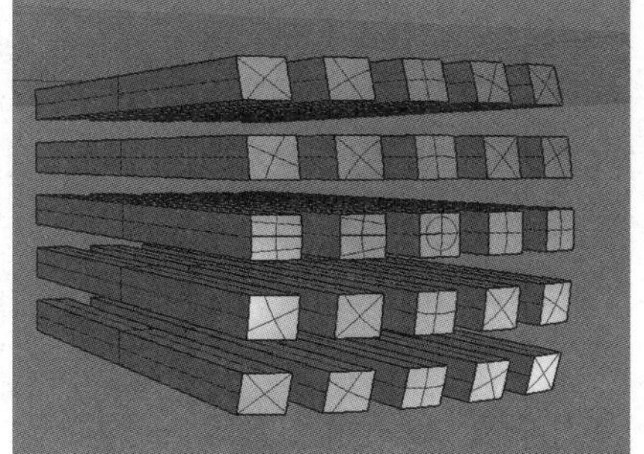

图5-288

06 打开“正交”功能，然后使用鼠标左键单击“2D旋转/3D旋转”工具，接着在Right（右）视图中将所有模型旋转至与水平面垂直，如图5-289所示。

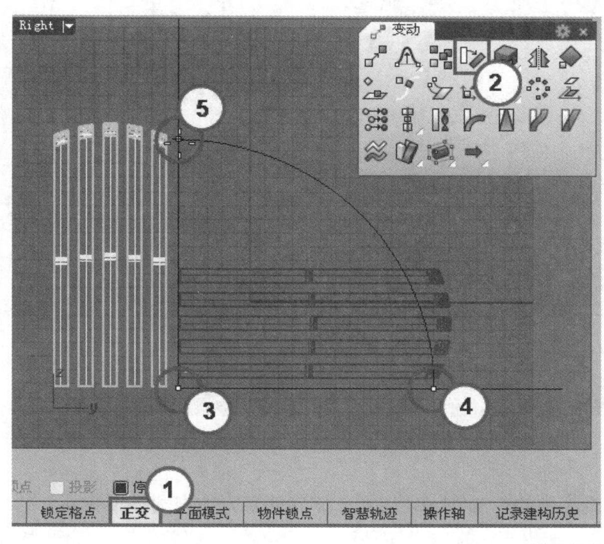

图5-289

07 单击“环状体”工具，在模型中间位置创建一个环状体，具体操作步骤如下。

操作步骤

① 在命令行中单击“正切”选项，然后依次选择最外围4个几何体上的边线，如图5-290所示。

② 在Top（顶）视图依次指定圆环的内径和外径，效果如图5-291所示。

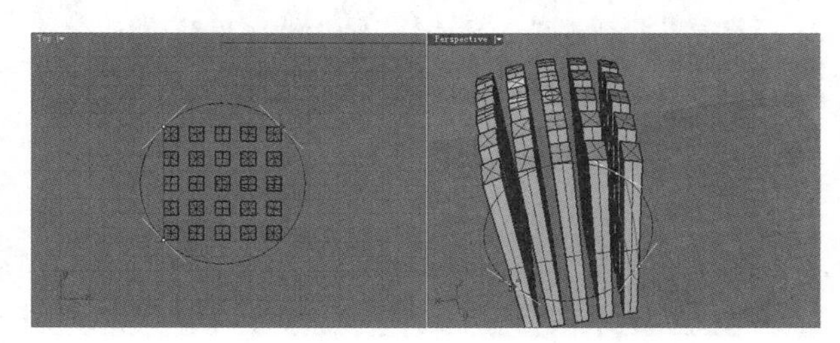

图5-290

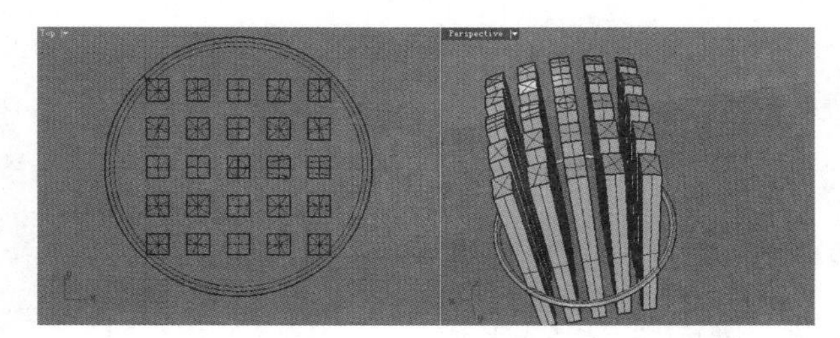

图5-291

08 单击“立方体：角对角、高度”工具，创建一个如图5-292所示的立方体。

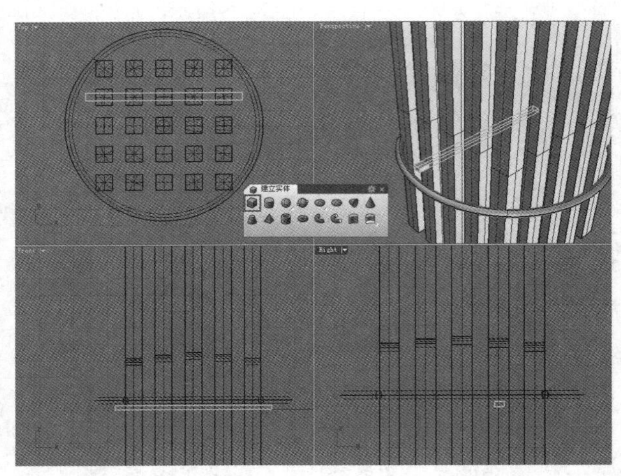

图5-292

09 从图5-292中可以看出，创建的立方体与圆环不在同一高度。调出“对齐”工具面板，然后单击“水平置中”工具，接着依次选择新建的立方体和圆环，并按Enter键完成操作，使圆环及新建的立方体中心在同一高度上，如图5-293所示。

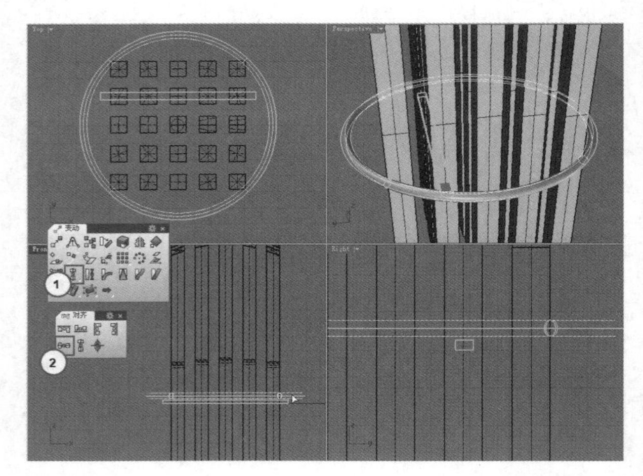

图5-293

10 使用“矩形阵列”工具将对齐后的立方体进行阵复制，具体操作步骤如下。

操作步骤

① 选择立方体，然后在命令行中设置x轴方向的阵列数为1、y轴方向的阵列数为3、z轴方向的阵列数为1。

② 在Top（顶）视图中确定y轴方向阵列间距，如图5-294所示，最后按Enter键完成阵列。

11 从图5-294中可以看出，阵列所得的最上方立方体太长，单击“单轴缩放”工具，在Top（顶）视图中将最上面的立方体缩放到合适大小，如图5-295所示。

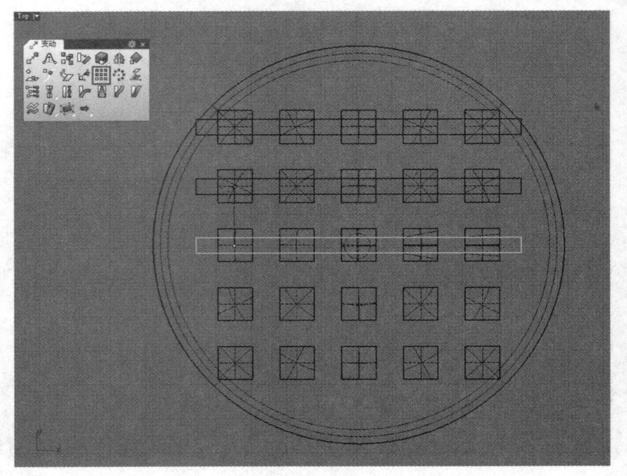

图5-294

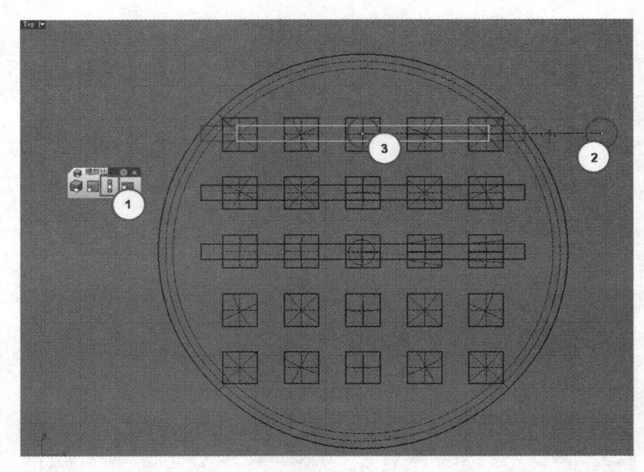

图5-295

12 使用鼠标左键单击“镜射/三点镜射”工具，在Top（顶）视图中将最上面两个立方体镜像复制到下方，如图5-296所示。

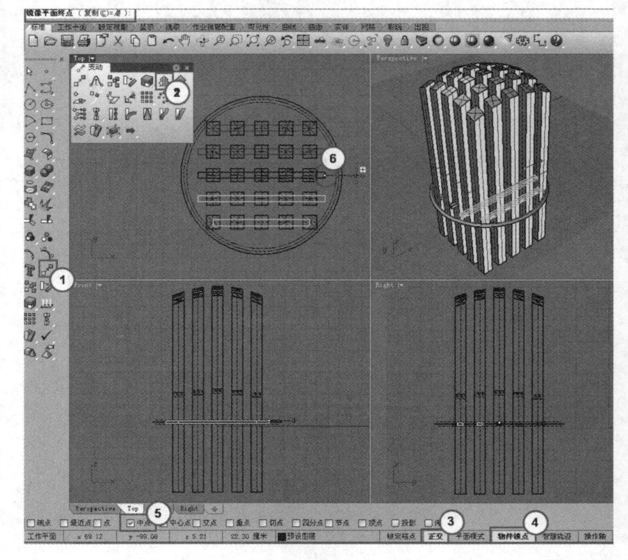

图5-296

13 单击“将面移动至边界”工具，将中间3个立方体的端面延伸至与圆环体相交，效果如图5-298所示，具体操作步骤如下。

操作步骤

① 依次选择立方体的端面，按Enter键确认，如图5-297所示。

② 选择圆环体。

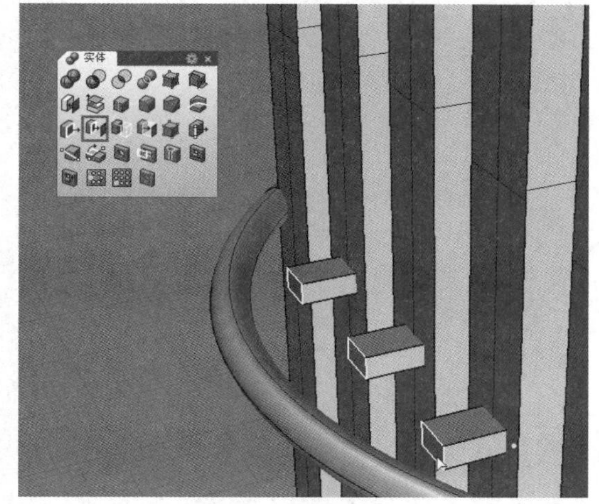

图5-297

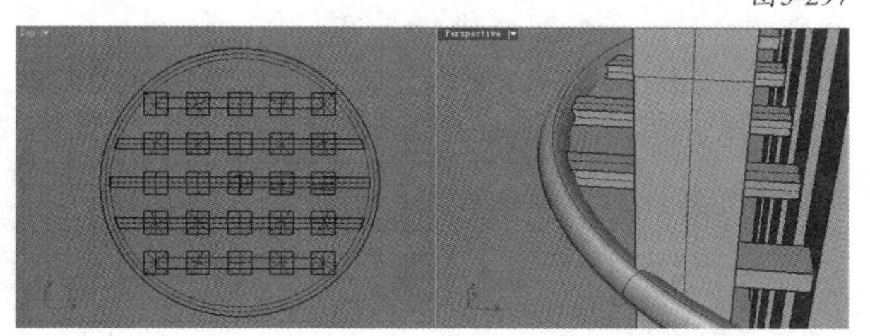

图5-298

14 使用相同的方式将立方体另一端的端面也延伸至与圆环相交，接下来调整坐凳的高度。在模型底部创建一个立方体，并移动至合适的位置，然后使用“布尔运算差集”工具进行差集运算，如图5-299所示，最终效果如图5-300所示。

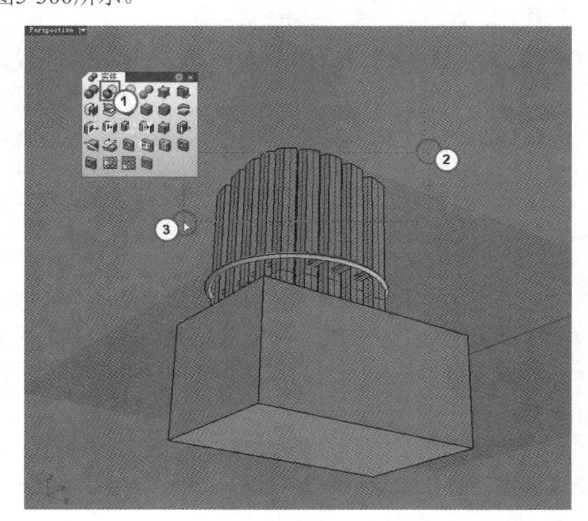

图5-299

图5-300

5.4.11 挤出面/沿着路径挤出面

使用“挤出面/沿着路径挤出面”工具可以将曲面挤出建立实体，该工具有两种用法，左键功能用于挤出面，右键功能用于沿着路径挤出面，工具位置如图5-301所示。

图5-301

挤出面

使用鼠标左键单击“挤出面/沿着路径挤出面”工具，然后选择要挤出的曲面，如图5-302所示，按Enter键结束选择后指定挤出的厚度即可，如图5-303所示。

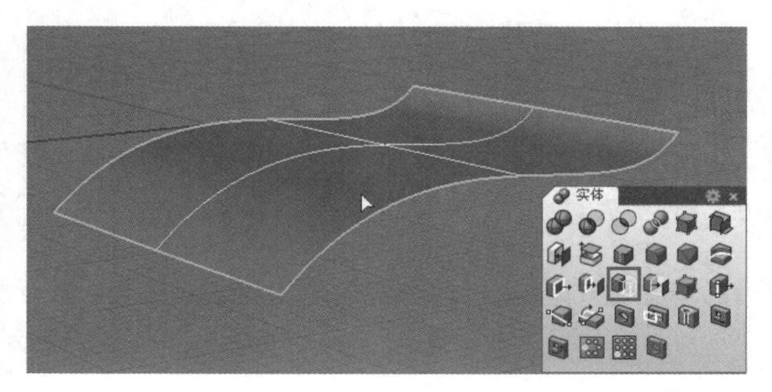

图5-302

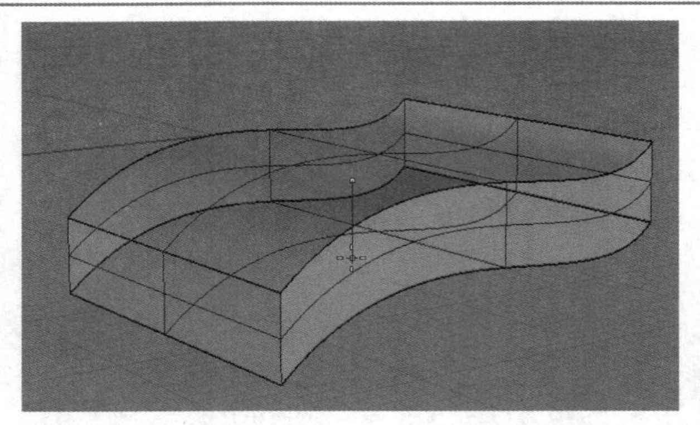

图5-303

挤出面的时候，通过命令选项中的“方向”选项可以指定不同的挤出方向，如挤出为斜方向，效果如图5-304所示；通过“实体”选项可以定义挤出的是实体模型还是曲面模型，图5-305所示是设置“实体”为“否”的挤出效果。

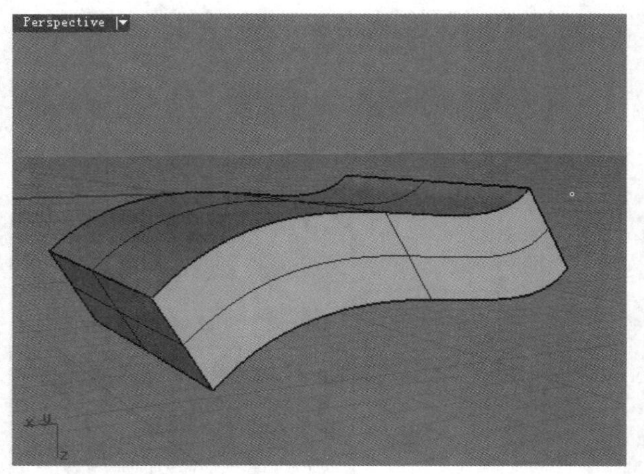

图5-304

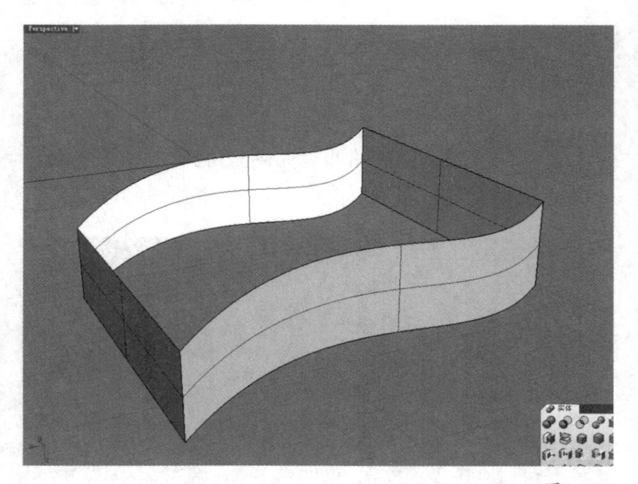

图5-305

沿着路径挤出面

使用鼠标右键单击“挤出面/沿着路径挤出面”工具，然后选择需要挤出的曲面，如图5-306所示，按Enter键确认后，再选择路径曲线（选取路径曲线要在靠近起点处），曲面即可沿路径曲线进行挤出，如图5-307所示。

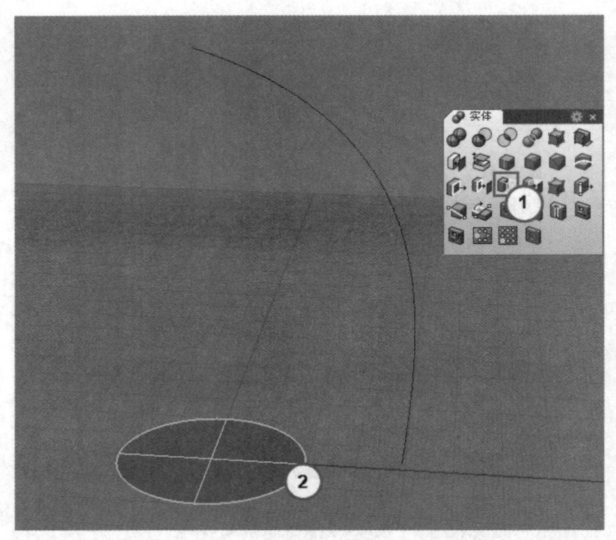

图5-306

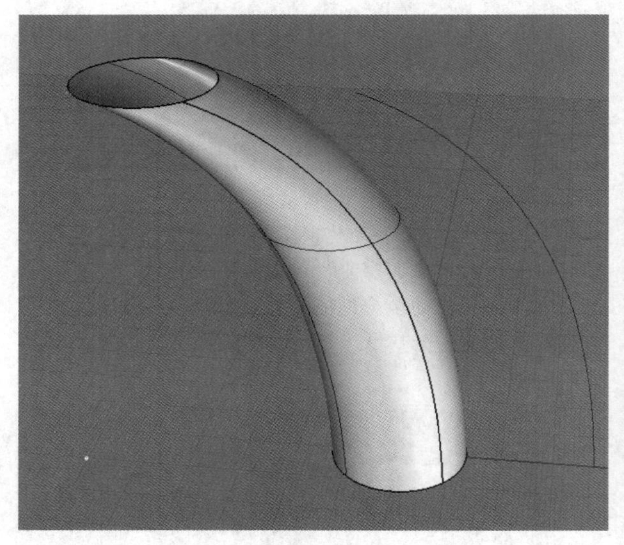

图5-307

5.4.12 移动边缘

移动边缘与移动面类似，随着边的移动，周围的曲面会随着进行调整。由于所有被调整的面都必须是平面或是容易延展的面，因此通常相邻面上的洞都无法移动或延展。

启用“移动边缘/移动未修剪的边缘”工具后，选择需要移动的多重曲面边缘，如图5-308所示，按Enter键确认后，再指定移动的起点和终点即可，如图5-309所示。

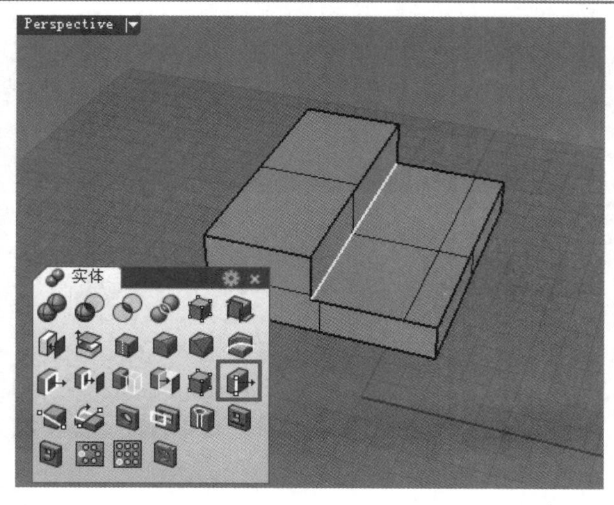

图5-308

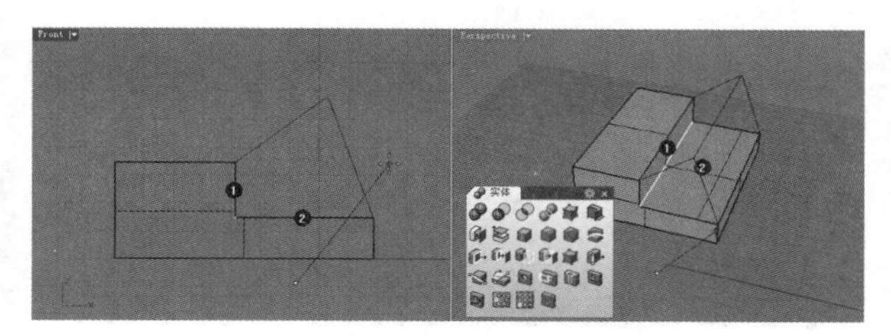

图5-309

5.4.13 将面分割

如果要分割多重曲面中的面，可以使用“将面分割”工具。该工具有两种指定分割线的方式，一种是分割面时指定分割轴的起点及终点，另一种是选取一条现有的曲线作为切割用物件。

指定分割轴分割

以对立方体的侧面进行分割为例，单击“将面分割”工具，然后选择立方体的侧面，按Enter键确认后，在分割面的边线上依次拾取两个点确定分割轴，如图5-310所示，分割后的效果如图5-311所示。现在立方体就不再只是6个面组成的体，而是由7个面组成，此时这些曲面是一个整体。

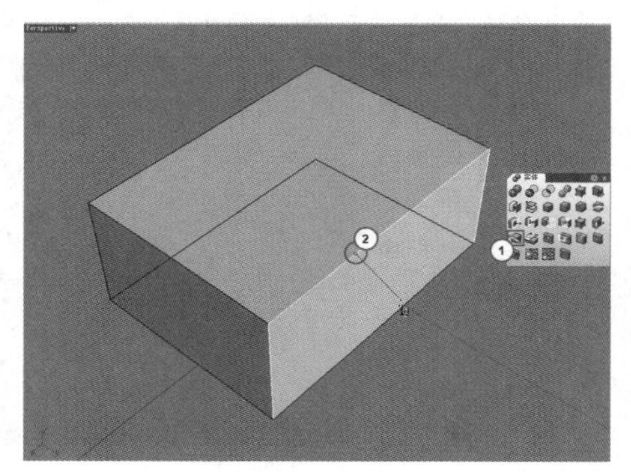

图5-310

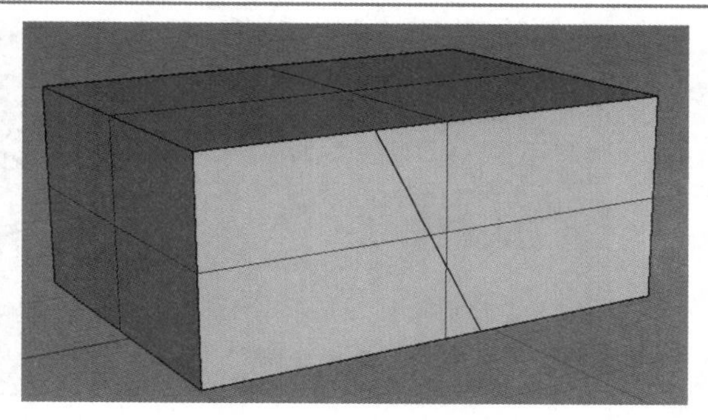

图5-311

被切割的立方体侧面由两个面组成，可以通过“抽离曲面”工具将其中一个面抽离出来，可以清楚感受到立方体侧面被分割的形状，如图5-312所示。

图5-312

以现有曲线分割

以现有曲线分割曲面，需要曲线能够投影至曲面上或经过延伸后能与曲面相交，否则分割操作不会成功。

见图5-313，如果要以太极图形对椭圆体进行分割，那么启用“将面分割”工具后，选择椭圆体，并单击鼠标右键结束选择，然后在命令行单击“曲线”选项，接着选择太极图形，并再次单击鼠标右键结束命令，得到如图5-314所示的分割模型。

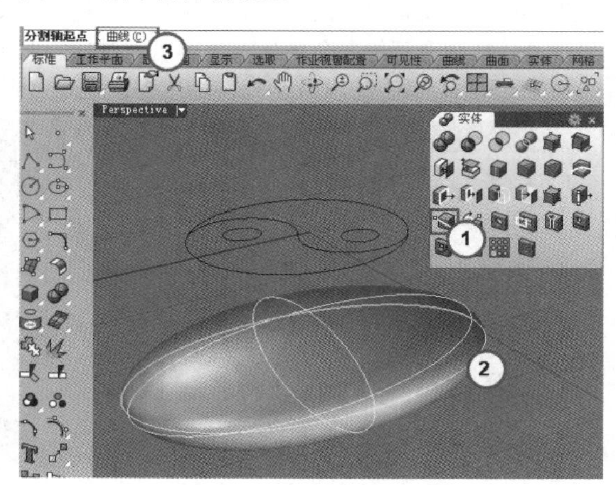

图5-313

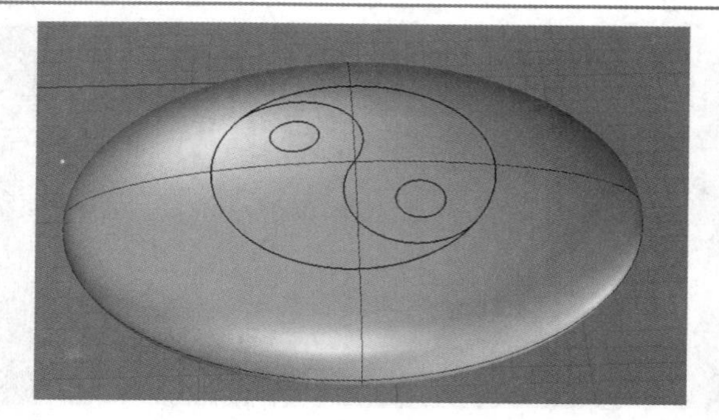

图5-314

5.4.14 将面摺叠

使用“将面摺叠”工具可以将多重曲面中的面沿着指定的轴切割并旋转，周围的曲面会随着进行调整。

启用“将面摺叠”工具后，需要选取一个面，然后在该面上指定叠合轴的起点和终点，接着再指定叠合轴所分开的两个面的旋转角度。

以对立方体的顶面进行摺叠为例，先来看一下摺叠后的效果，如图5-315所示。

图5-315

见图5-316，图中设置叠合轴的起点和终点为顶面两条对边的中点，此时顶面被分割为左右两个面，接下来要做的就是依次指定这两个面的旋转角度，指定角度时可以直接在命令行输入角度值，也可以通过指定两个点来自定义角度的范围，如图5-317和图5-318所示。

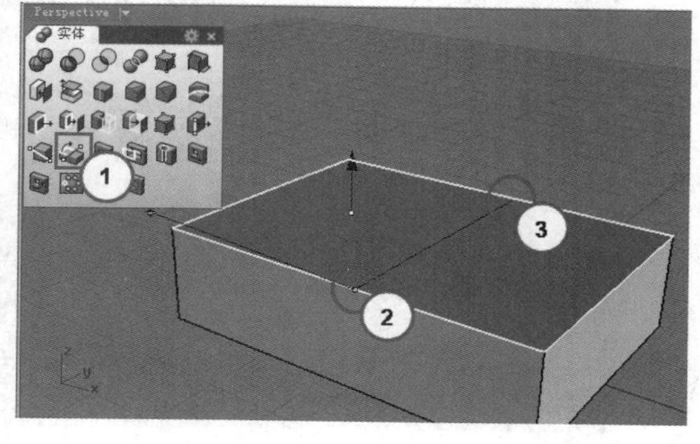

图5-316

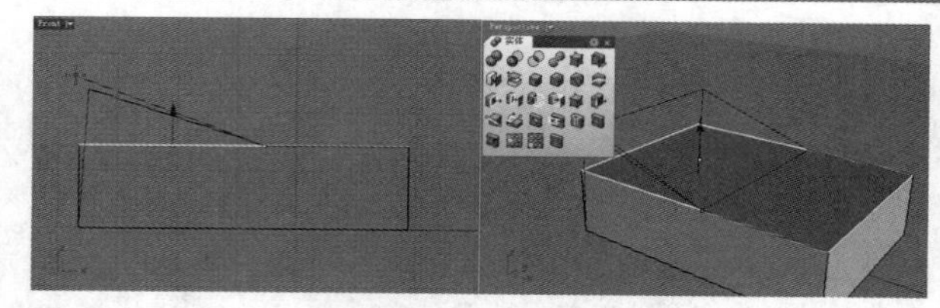

图5-317

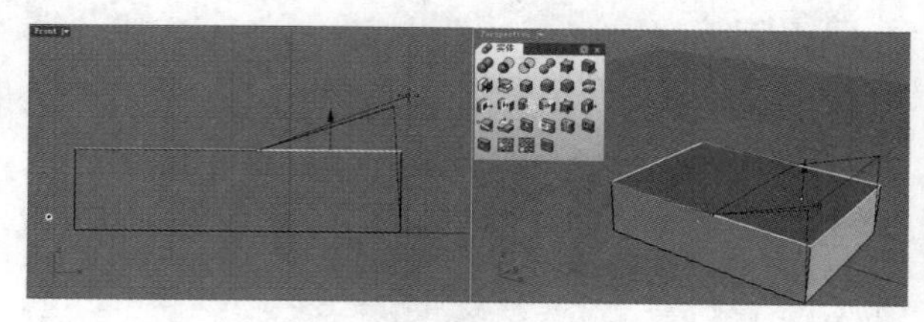

图5-318

5.4.15 建立圆洞

使用“建立圆洞”工具可以在曲面或多重曲面上建立圆洞，该工具的命令提示中提供了如图5-319所示的命令选项。

指令: _RoundHole
选取目标曲面:
中心点 (深度(D)=1 半径(R)=1 钻头尖端角度(T)=180 贯穿(T)=否 方向(C)=工作平面法线):

图5-319

命令选项介绍

深度/半径： 设置圆洞的深度和半径，如图5-320所示。

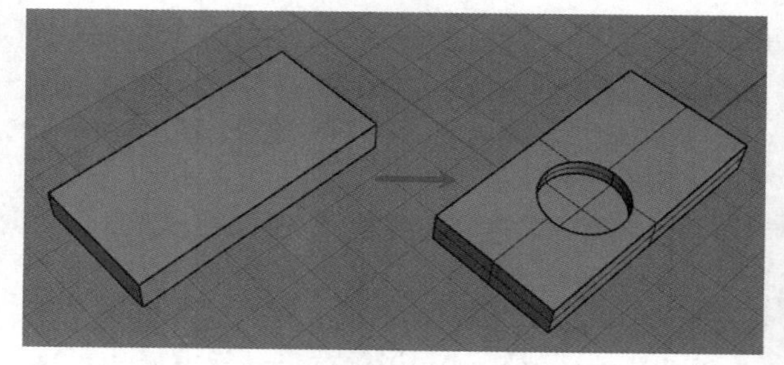

图5-320

技巧与提示

启用“建立圆洞”工具后，选择一个曲面或多重曲面，此时在鼠标指针上会显示出一个圆柱体，用于创建圆洞时实时预览，该圆柱体的底面半径和高度就是这里设置的“深度”和“半径”数值，如图5-321所示。

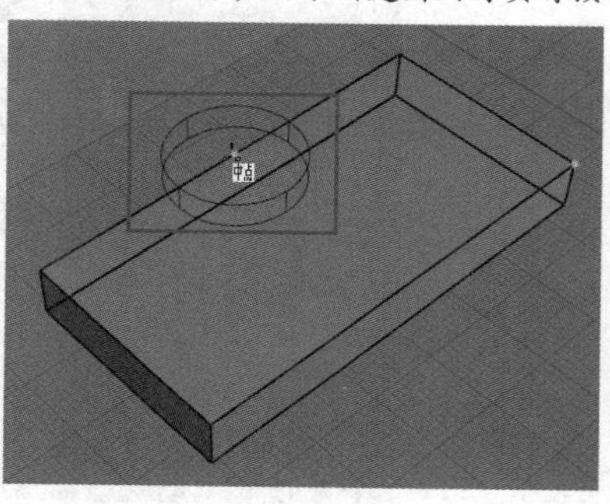

图5-321

钻头尖端角度：设定洞底的角度，默认为180°，表示洞底为平面；如果设置为其他数值，那么可以得到底部为锥形的圆洞，如图5-322所示。

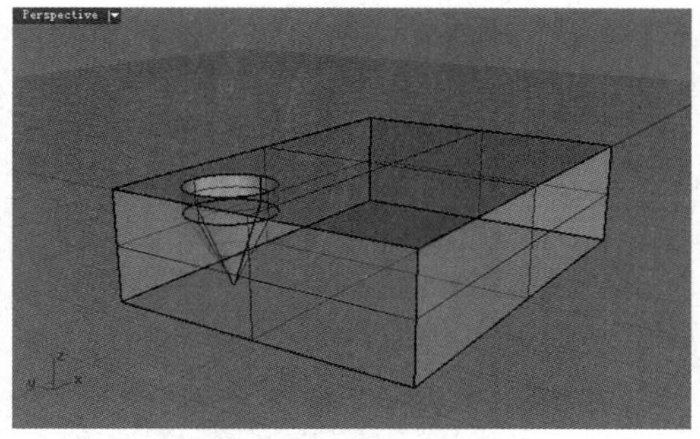

图5-322

贯穿：如果设置为“是”，表示创建的圆洞贯穿实体。

5.4.16 建立洞/放置洞

“建立洞/放置洞”工具有两种用法，左键功能是以封闭的曲线作为洞的轮廓，然后以指定的方向挤出到曲面建立洞；右键功能是将一条封闭的平面曲线挤出，然后在曲面或多重曲面上以设定的深度与旋转角度挖出一个洞。

无论是左键功能还是右键功能，都必须要有一条封闭的曲线作为洞的轮廓。

建立洞

使用“建立洞/放置洞”工具的左键功能前，必须先创建好一个实体模型和一条封闭曲线，并将曲线放置到希望建立洞的位置。该工具是以类似投影的方式来建立洞的。

例如，要以图5-323所示的正五边形在立方体上建立洞，首先使用鼠标左键单击“建立洞/放置洞”工具，然后选择正五边形，并按Enter键确认，接着选择立方体，此时拖曳鼠标指针可以发现出现了一个虚拟的正五边形，并且原来的正五边形与虚拟的正五边形的中心点相连，如图5-324所示。

图5-323

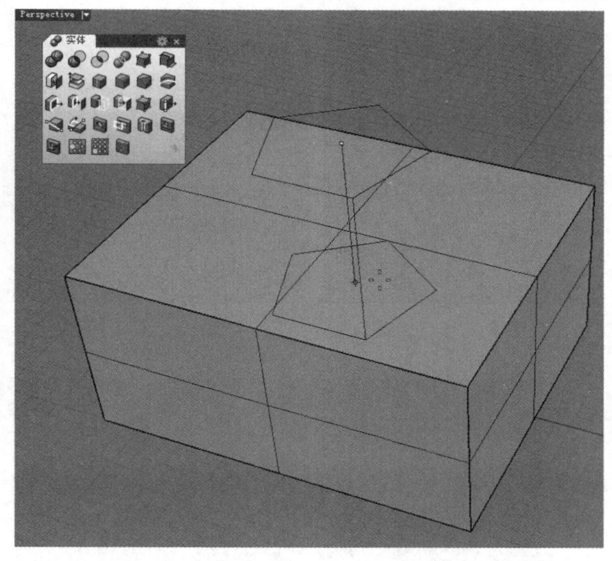

图5-324

虚拟的正五边形的中心点就是洞的深度点，所以在命令行输入一个数值或在视图中指定一个点后，就可以确定建立的洞的深度，这个深度从原始封闭曲线处开始计算，如图5-325所示。

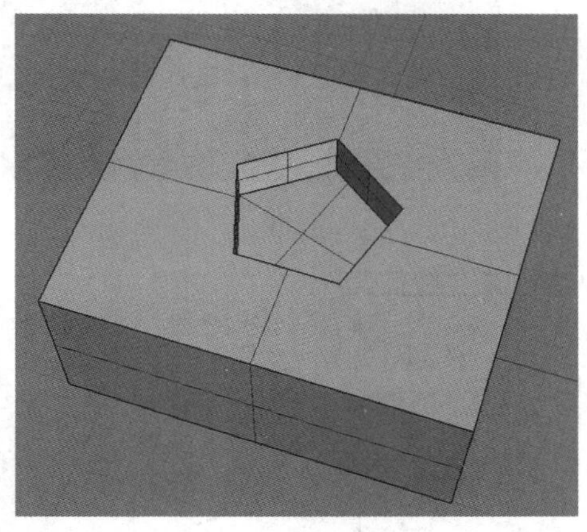

图5-325

放置洞

“建立洞/放置洞”工具的右键功能与左键功能的区别在于，右键功能不需要将曲线放置到希望建立洞的位置，只要是封闭曲线，那么在任意位置都可以。

如图5-326所示的两个物件，使用鼠标右键单击“建立洞/放置洞”工具，然后选择曲线，此时需要指定洞的基准点和方向，基准点就是后面放置洞时的放置点，如图5-327所示。

完成基准点和方向的设置后，接下来要选择目标曲面，可以选择任意面，选择后需要在目标曲面上拾取一点确定洞的放置位置，如图5-328所示，最后通过命令行指定洞的深度和旋转角度，如图5-329所示。

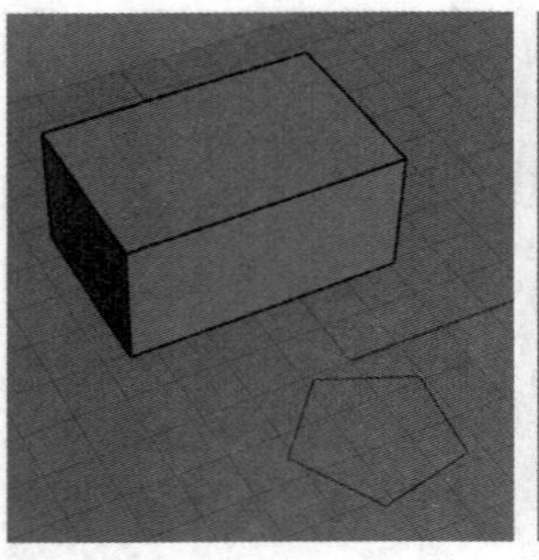

图5-326

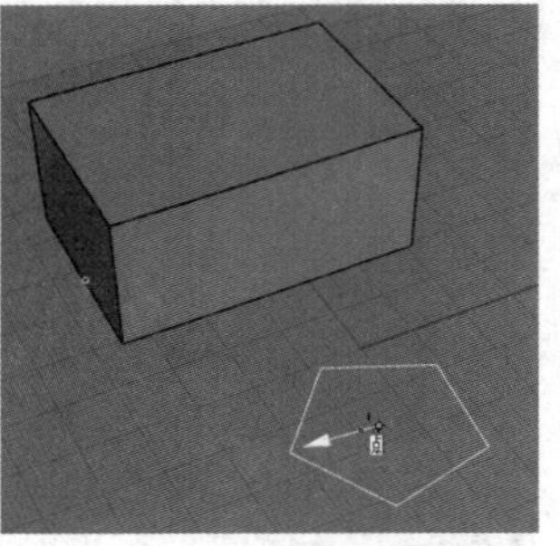

图5-327

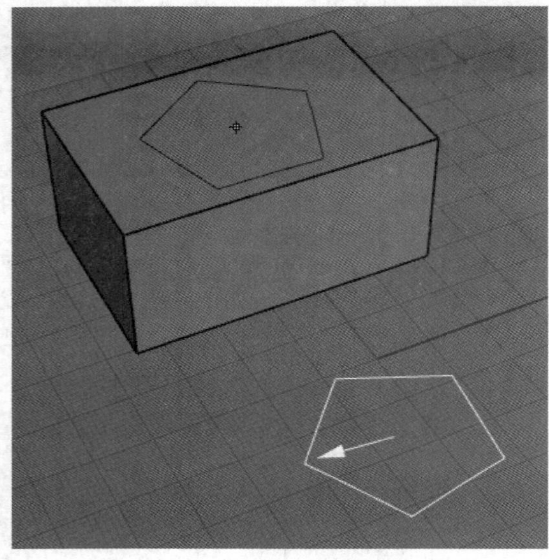

图5-328

图5-329

指定洞的深度和旋转角度后，现在还没有完成命令的操作，还可以通过继续指定目标点在曲面上再次放置洞，直到按Enter键结束命令，图5-330所示即是放置了两个洞之后的效果。

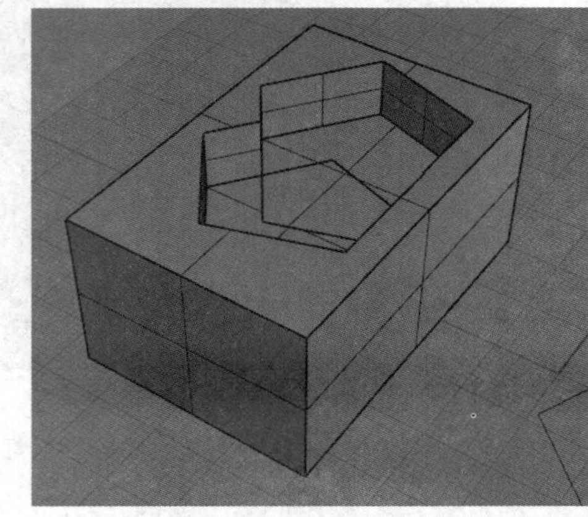

图5-330

5.4.17 旋转成洞

使用“旋转成洞”工具可以对洞的侧面轮廓曲线进行旋转，从而在曲面或多重曲面上建立洞。使用该工具之前，需要先创建好要建立洞的曲面和用于旋转成洞的曲线，曲线可以在任意位置。

使用“旋转成洞”工具并不需要真的去将轮廓曲线旋转成为实体模型。启用该工具后，先选择轮廓曲线，然后指定基准点，基准点是轮廓曲线与目标曲面交集的点，接着再选择目标曲面，并在目标曲面上指定放置洞的点，按Enter键确认后即可在目标曲面上建立轮廓曲线旋转后形成的洞，如图5-331所示。

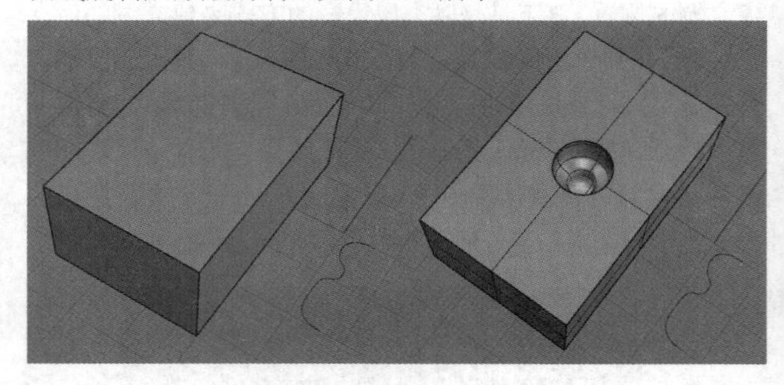

图5-331

在上面的操作过程中，有几个地方需要注意。

第1点：洞的侧面轮廓曲线是以两个端点之间的直线为旋转轴，绘制洞的轮廓曲线时要注意这一点，因为会影响洞的造型。如图5-332所示，图中白色的直线就是旋转轴。

第2点：在轮廓曲线上拾取基准点时，通常是在旋转轴上拾取，就是在图5-332中的白色直线上拾取。要注意点位置的选择，这非常重要。观察图5-333，图中是在旋转轴的中间位置拾取基准点，该点右侧白色的部分就是最终在曲面上挖出洞的部分，如图5-334所示。

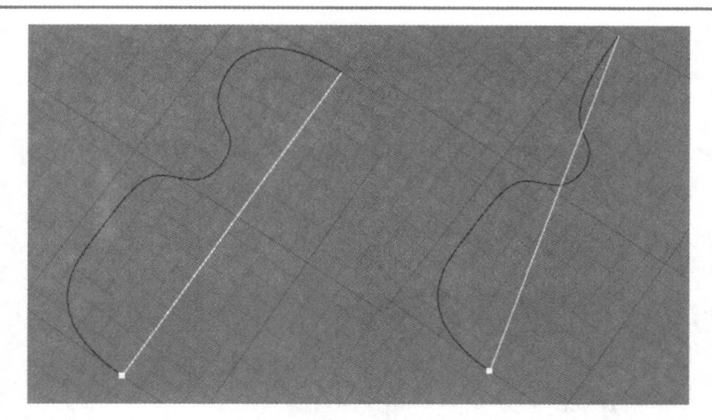

图5-332

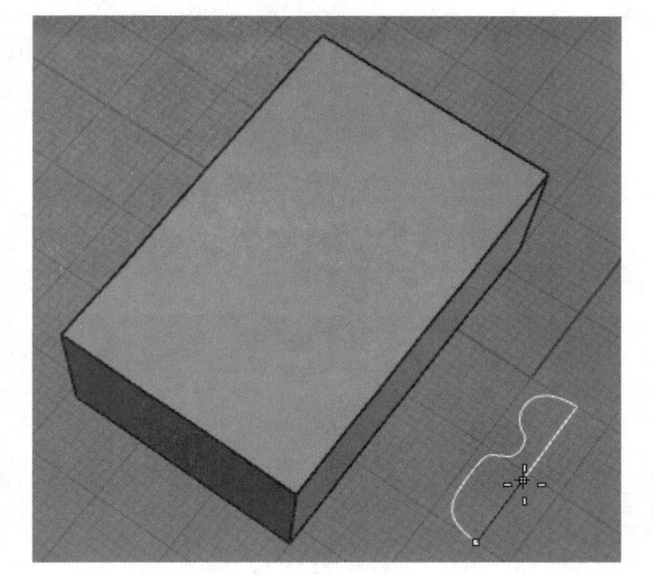

图5-333

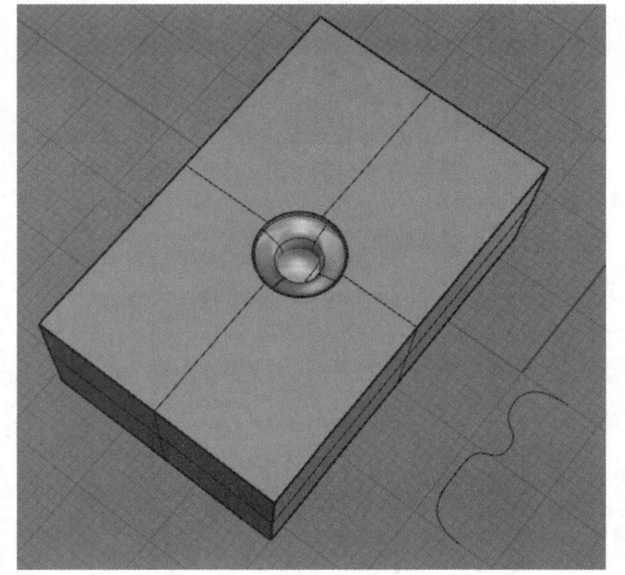

图5-334

技巧与提示

如果是以轮廓曲线的首尾端点作为基准点，那么会出现两种结果，一种是洞完全位于多重曲面内部，如图5-335所示；另一种是无法创建出洞。

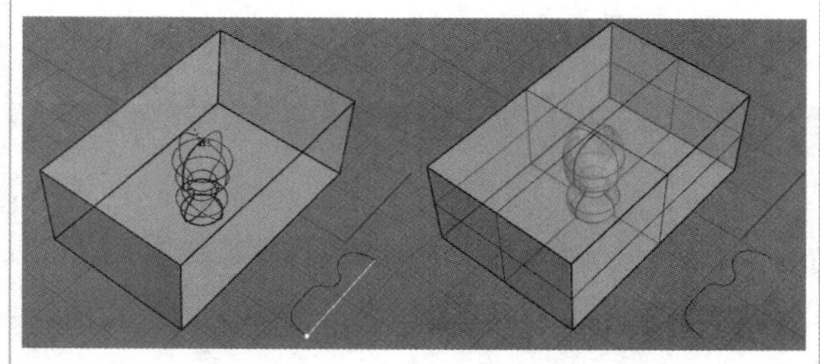

图5-335

5.4.18 将洞移动/将洞复制

“将洞移动/将洞复制”工具同样具有两种用法，左键功能是移动模型上的洞，右键功能是复制模型上的洞。

将洞移动

使用鼠标左键单击“将洞移动/将洞复制”工具，然后选择模型上的洞，并按Enter键确认，接着指定移动的起点和终点即可，如图5-336所示。

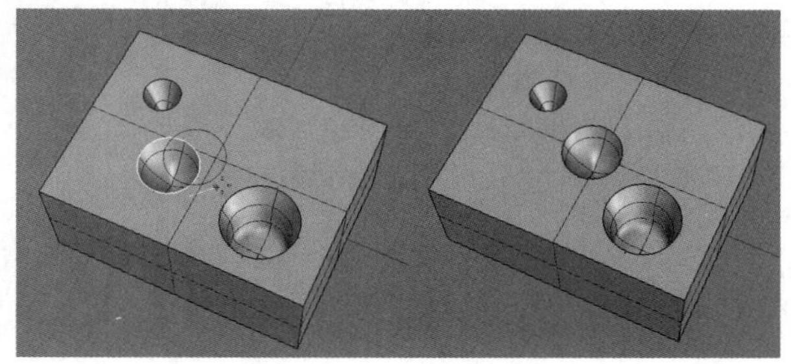

图5-336

将洞复制

“将洞移动/将洞复制”工具右键功能的用法与左键功能类似，选择需要复制的洞，按Enter键确认后，再指定复制的起点和终点，如图5-337所示。

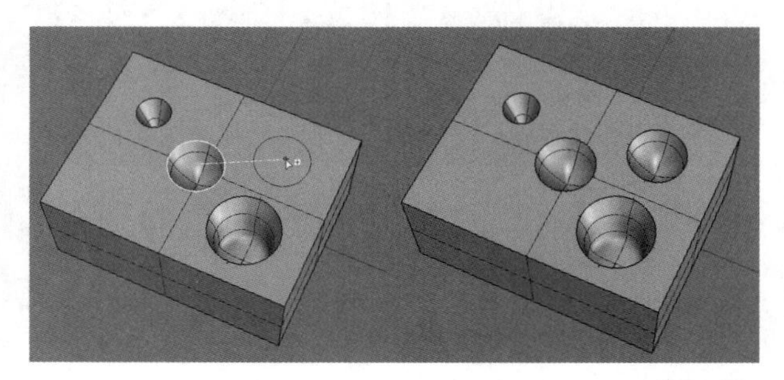

图5-337

5.4.19 将洞旋转

如果要旋转模型上的洞，可以使用“将洞旋转”工具，旋转时需要指定旋转中心点和旋转角度，也可以指定两个点来定义旋转角度，还可以利用命令行中的“复制”选项进行复制旋转，如图5-338所示。

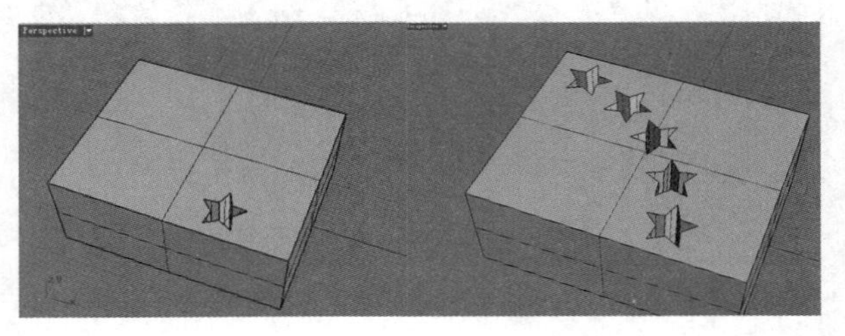

图5-338

5.4.20 阵列洞

与其他物件不同，洞一般是嵌入模型中的，因此使用常规的阵列工具无法对洞进行阵列复制，只能阵列包含洞的物件。

要阵列洞，需要使用“以洞做环形阵列”工具和“以洞做阵列”工具，工具位置如图5-339所示。前者是对洞进行环形阵列，与“环形阵列”工具的用法相似；后者是对洞进行矩形阵列，与“矩形阵列”工具的用法相似，效果如图5-340所示。

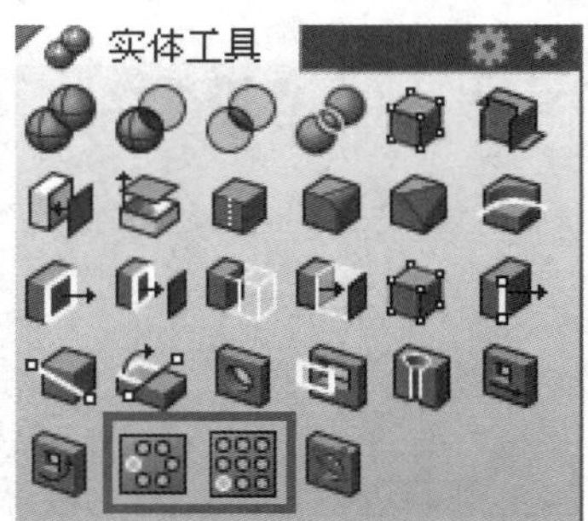

图5-339

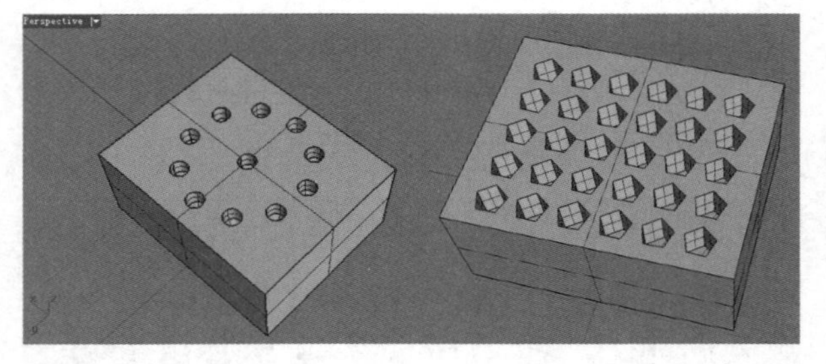

图5-340

“以洞做阵列”工具只能在平面上的两个方向进行阵列，Rhino称其为A方向和B方向。

实战

通过建立洞创建汤锅

场景位置　无
实例位置　实例文件>第5章>实战——通过建立洞创建汤锅.3dm
视频位置　第5章>实战——通过建立洞创建汤锅.flv
难易指数　★★★☆☆
技术掌握　掌握建立内凹洞和凸洞的方法

本例制作的汤锅效果如图5-341所示。

图5-341

01 单击“圆柱体”工具，创建一个圆柱体，如图5-342所示。

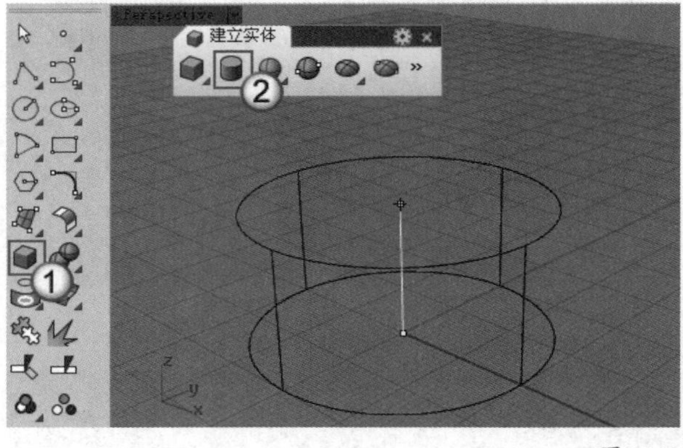

图5-342

02 单击“控制点曲线/通过数个点的曲线”工具，在Front（前）视图中绘制一条如图5-343所示的曲线，注意曲线的首尾两个端点在一条竖线上，并且曲线两端的垂直距离长于圆柱体高度。

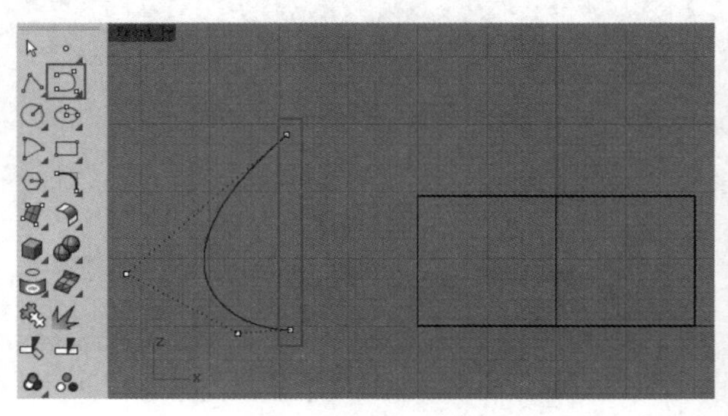

图5-343

03 单击“旋转成洞”工具，在圆柱体上创建一个洞，具体操作步骤如下。

操作步骤

① 选择曲线，然后捕捉曲线底端点为基准点，如图5-344所示。

② 选择圆柱体的底面为目标面。

③ 在命令行单击“反转”选项，然后开启“中心点”捕捉模式，再捕捉底面的中心点指定洞的中心点，最后按Enter键完成操作，效果如图5-345所示。

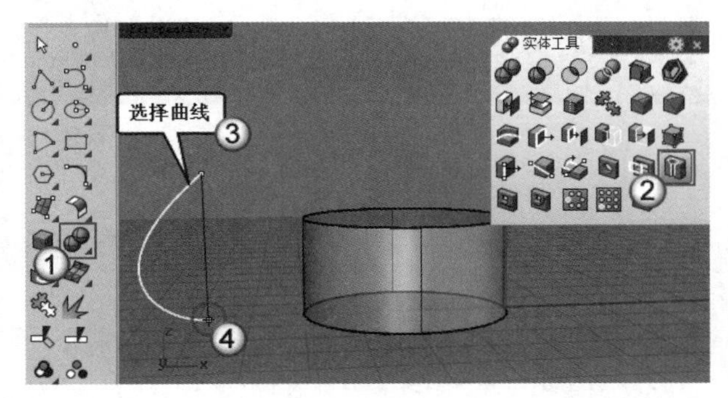

图5-344

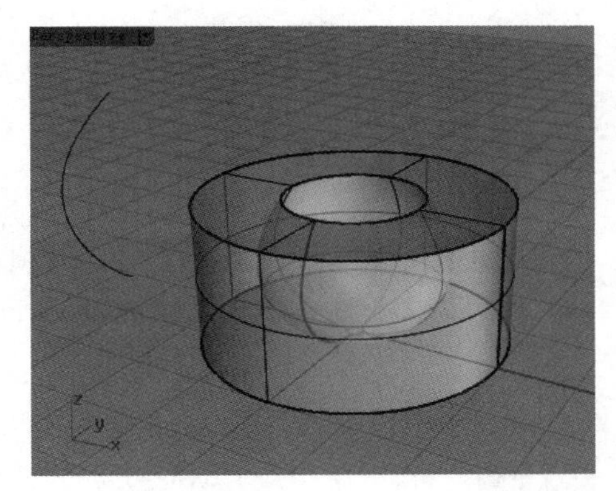

图5-345

04 单击“抽离曲面”工具，将上一步创建的洞内侧面抽离出来，如图5-346所示，然后将其他曲面删除，得到如图5-347所示的模型。

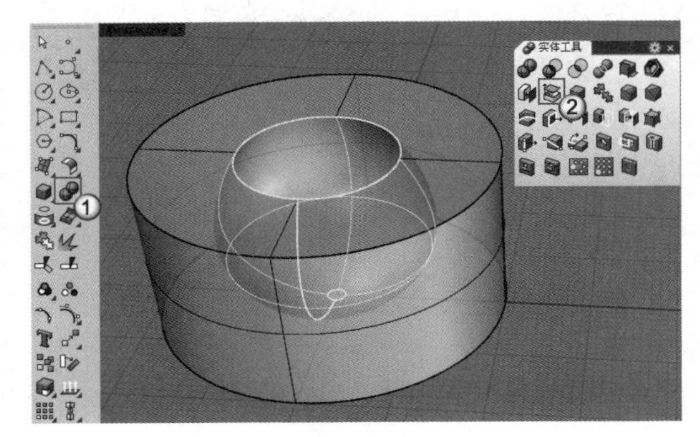

图5-346

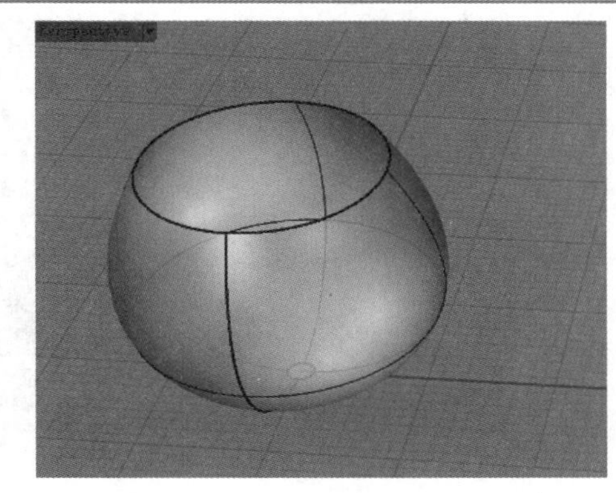

图5-347

05 单击“插入节点”工具，选择曲面，增加一条结构线，如图5-348所示。

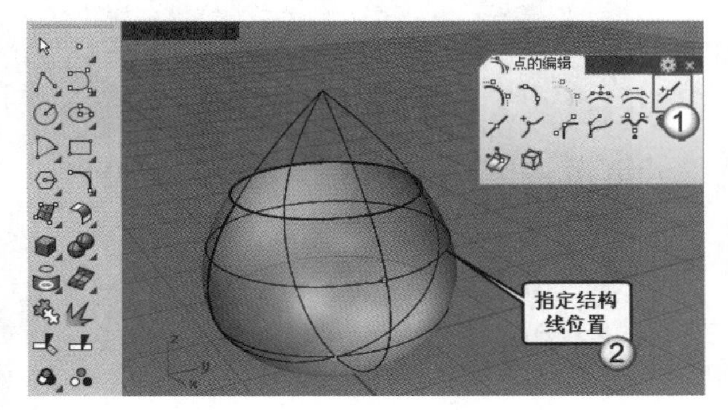

图5-348

06 单击“抽离结构线”工具，选择曲面，并单击鼠标右键结束命令，将曲面的结构线抽离，如图5-349所示。

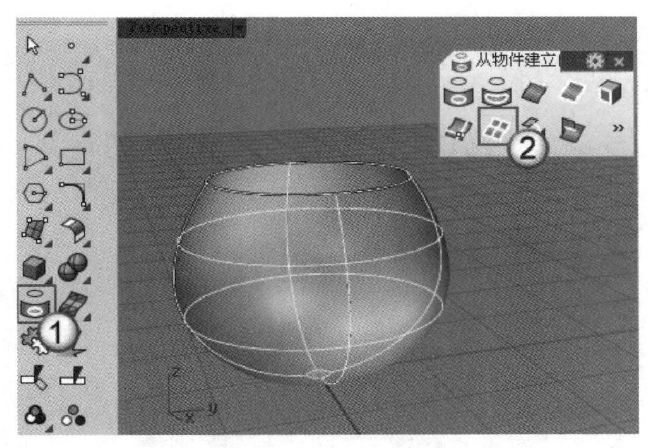

图5-349

抽离结构线的目的是为下一步操作中洞的放置位置定位。

07 打开“交点”捕捉模式，然后单击“建立圆洞”工具，接着选择曲面，并分别捕捉结构线交点放置圆洞，如图5-350所示，创建完成后的效果如图5-351所示。

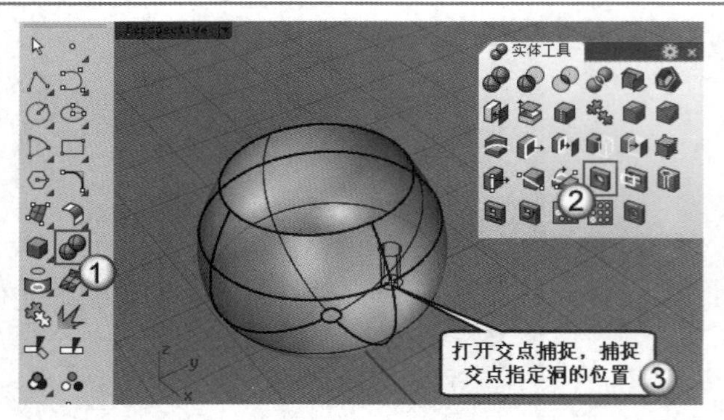

图5-350

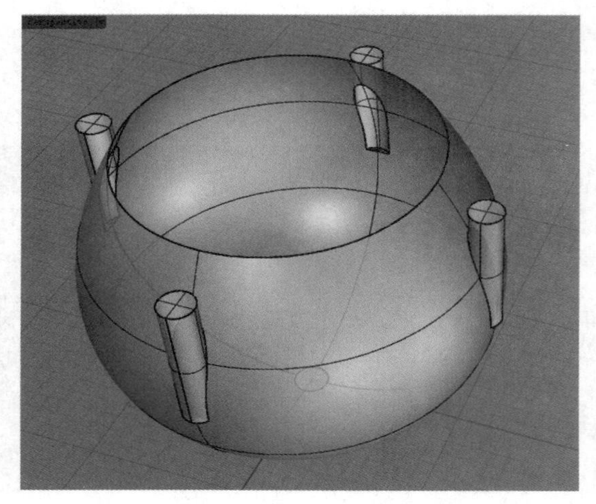

图5-351

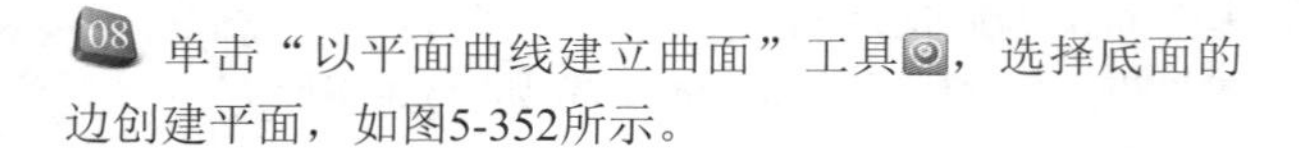

08 单击“以平面曲线建立曲面”工具，选择底面的边创建平面，如图5-352所示。

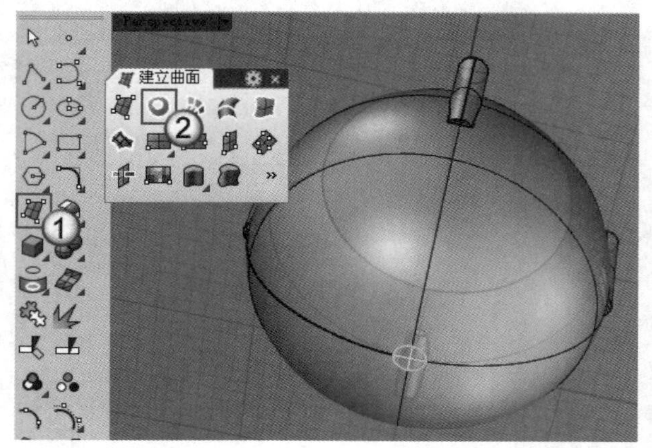

图5-352

09 单击“挤出曲面成锥状”工具，以-70°的拔模角度将上一步创建的平面向下挤出至锥状，如图5-353所示。

10 单击“圆：直径”工具，打开“四分点”捕捉模式，绘制如图5-354和图5-355所示的两个圆。

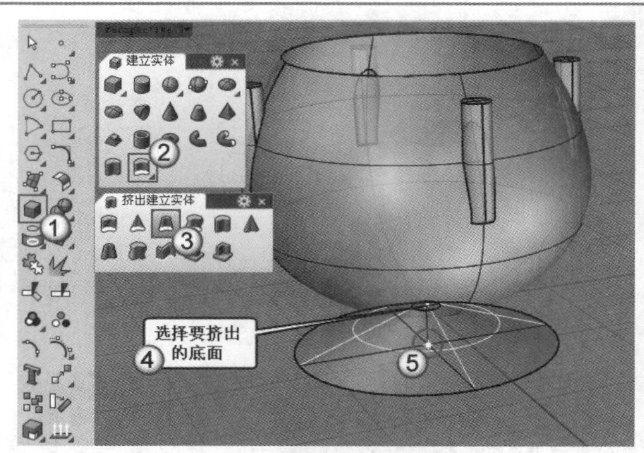

图5-353

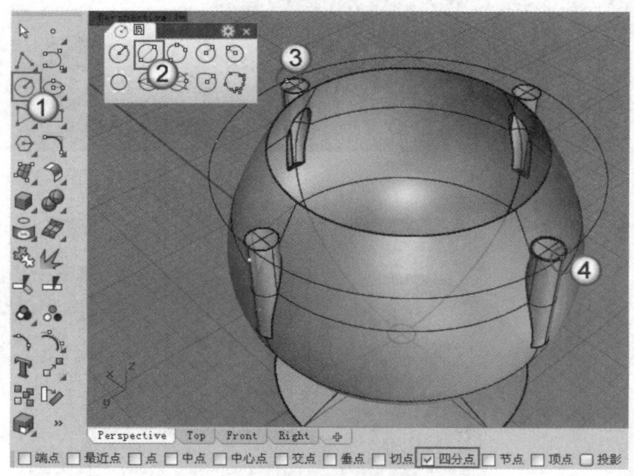

图5-354

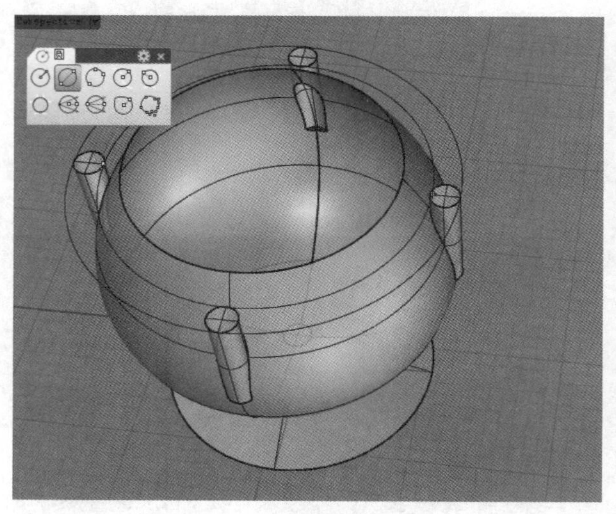

图5-355

11 单击“放样”工具，对上一步绘制的两个圆进行放样，如图5-356所示。

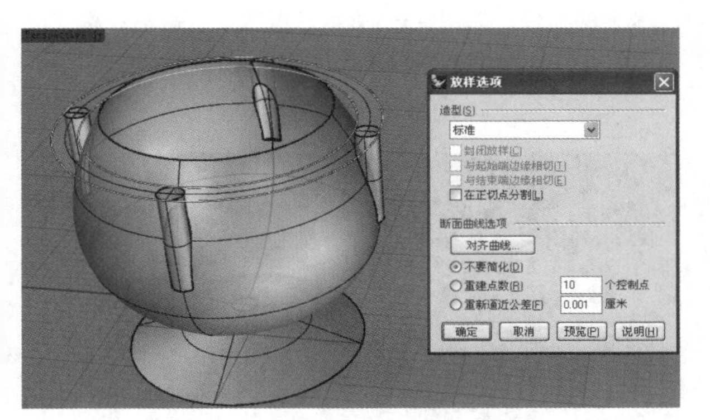

图5-356

12 单击“挤出曲面”工具，选择上一步创建的平面向下挤出，如图5-357和图5-358所示。

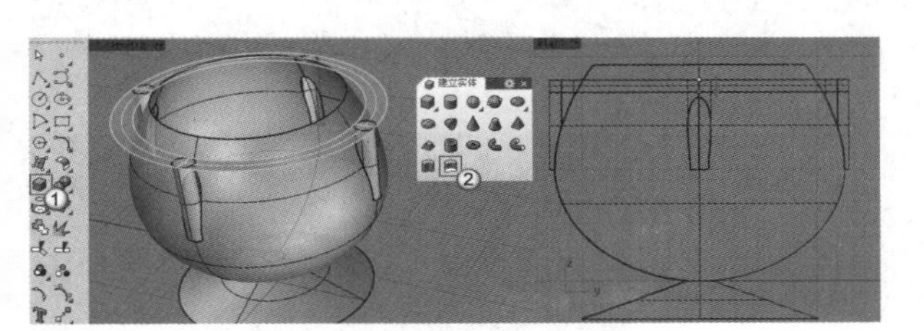

图5-357

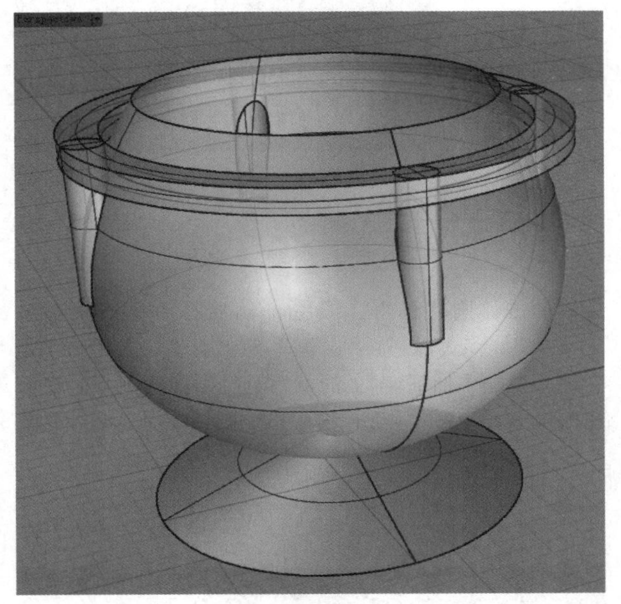

图5-358

13 单击“布尔运算联集”工具，对上一步创建的物体和原锅体进行并集运算，得到如图5-359所示的效果。对比图5-358和图5-359，在图5-359中的红色框部分可以看到差异。汤锅模型的最终效果如图5-360所示。

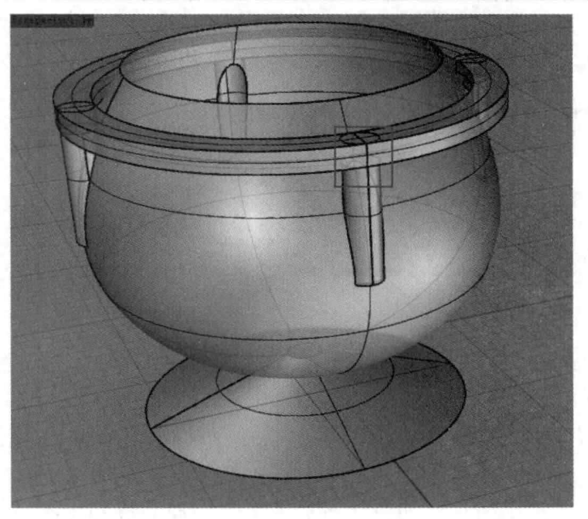

图5-359

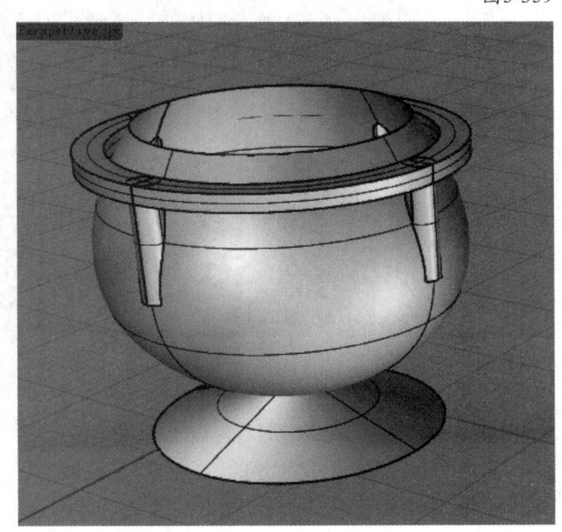

图5-360

5.4.21 将洞删除

如果要删除洞，可以使用“将洞删除”工具，操作方法比较简单，启用工具后选择洞的边界即可。

5.5 综合实例——银质茶壶建模表现

场景位置	无
实例位置	实例文件>第5章>综合实例——银质茶壶建模表现.3dm
视频位置	第5章>综合实例——银质茶壶建模表现.flv
难易指数	★★★☆☆
技术掌握	掌握体的建模思路和编辑方法

本例将制作一个银质茶壶模型，综合运用各种创建和编辑实体模型的方法和技巧，图5-361所示是本例的着色效果和渲染效果。

图5-361

5.5.1 制作壶身基础模型

01 单击“球体：中心点、半径”工具，然后开启“锁定格点”功能，接着捕捉坐标原点创建如图5-362所示的球体。

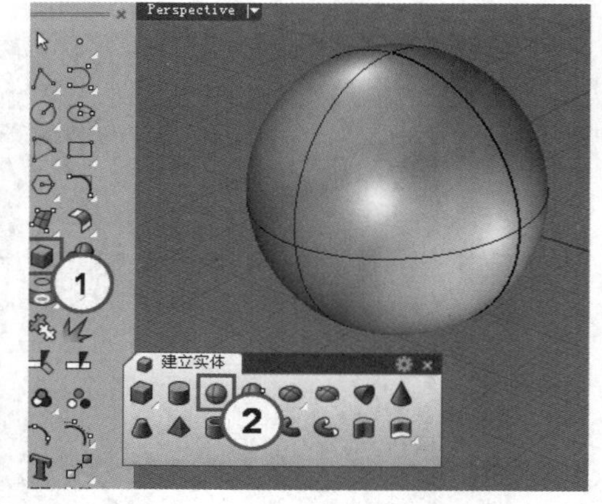

图5-362

02 单击“立方体：角对角、高度”工具，在Top（顶）视图中确定立方体的顶面，然后在Perspective（透视）视图中确定立方体的高度，如图5-363所示。

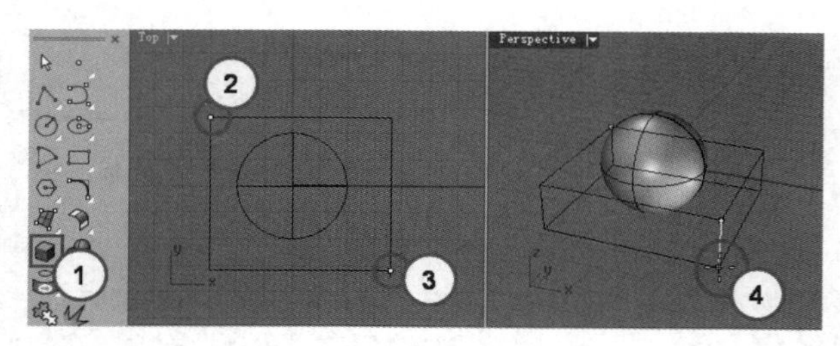

图5-363

03 开启“正交”功能，然后在Front（前）视图中将立方体拖曳至图5-364所示的位置。

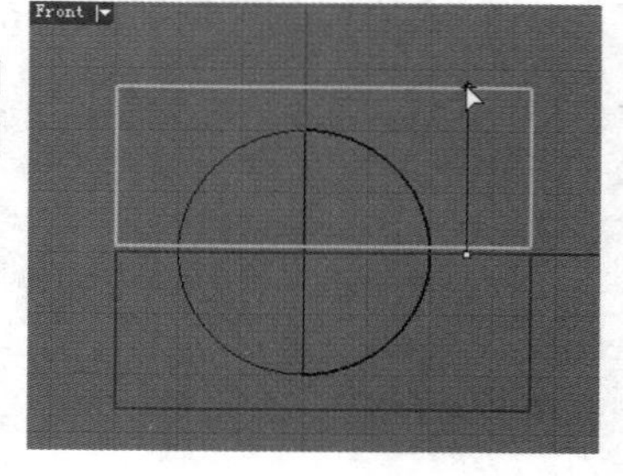

图5-364

04 单击“布尔运算差集”工具，然后选择球体作为被减物体，并单击鼠标右键确认，接着选择立方体作为要减去的物件，如图5-365所示，再次单击鼠标右键完成运算，得到壶身的基础模型，如图5-366所示。

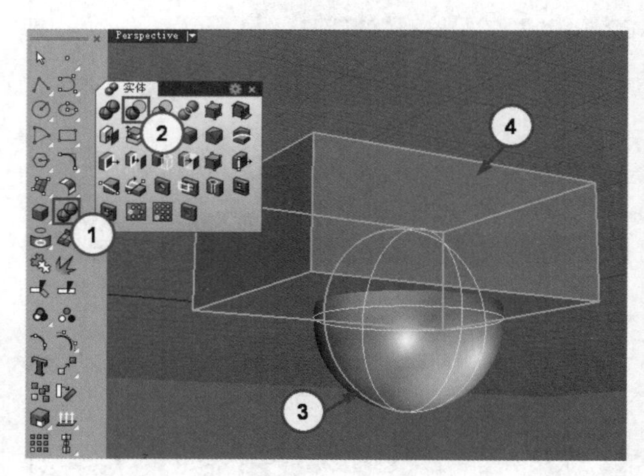

图5-365

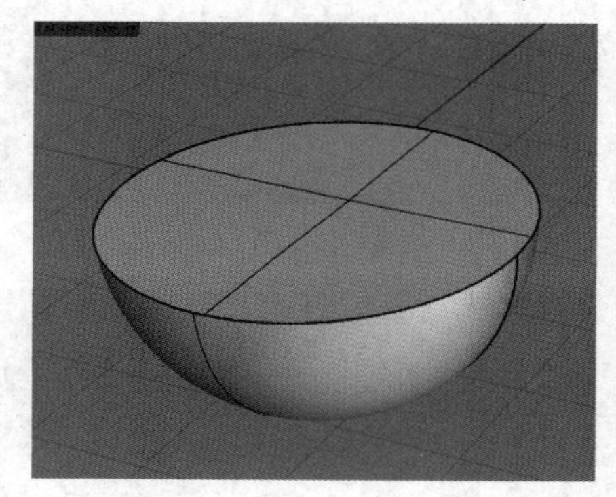

图5-366

5.5.2 制作壶盖

01 单击“圆柱体”工具，然后在命令行中单击“实体”选项，设置“实体”为“否”，接着在Top（顶）视图中捕捉x轴上的点指定底面圆的圆心，最后在Perspective（透视）视图中指定圆柱体的高度，如图5-367所示。

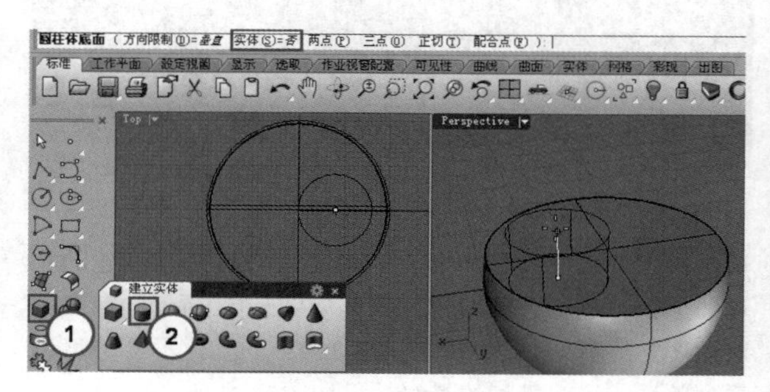

图5-367

02 通过视图菜单设置模型的显示模式为“半透明模式”，效果如图5-368所示。

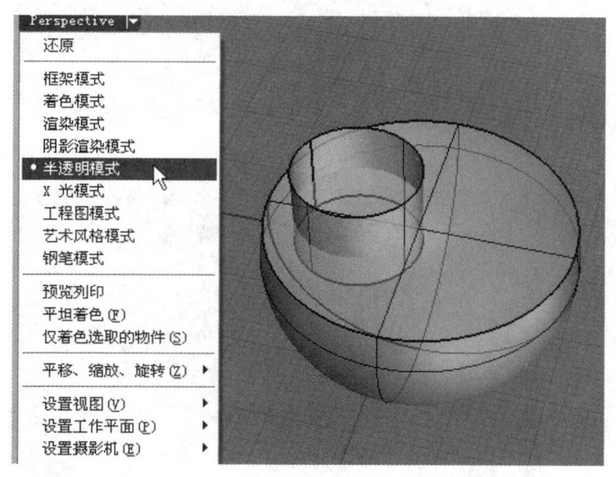

图5-368

03 单击“分割/以结构线分割曲面”工具，然后选择半球，并按Enter键确认，接着选择圆柱面，再次按Enter键结束分割，如图5-369所示。

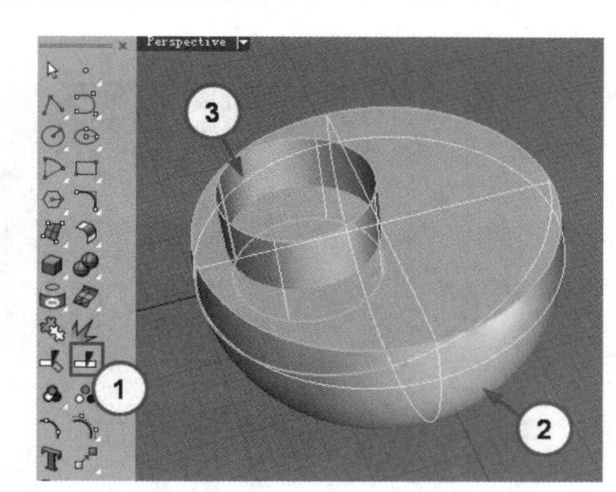

图5-369

04 调整模型的显示模式为“着色模式”，然后选择圆柱面，并按Delete键删除，接着选择被分割出来的圆形面，并在Front（前）视图中将其垂直向上拖曳，效果如图5-370所示。

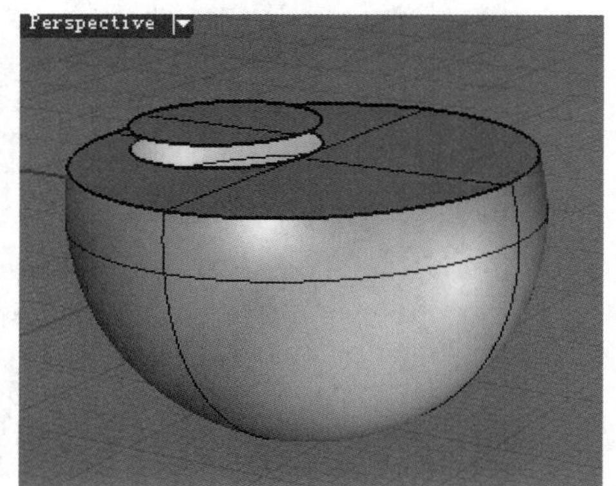

图5-370

05 在“建立实体”工具面板中单击“挤出封闭的平面曲线”工具，然后选择半球上圆形洞口的边向下挤出，如图5-371所示。

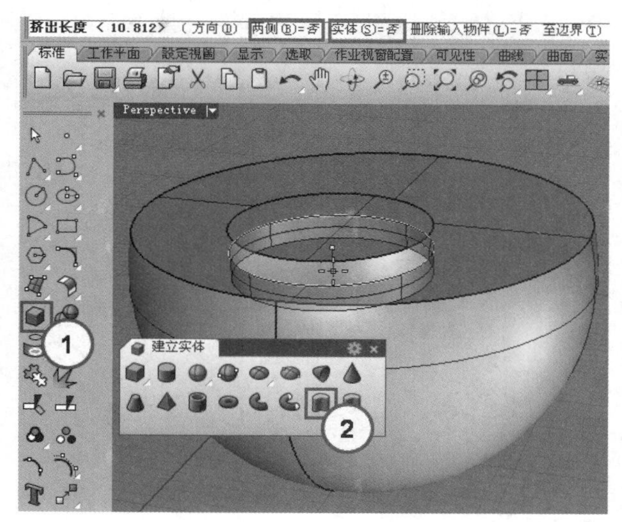

图5-371

06 使用“组合”工具组合上一步挤出的面和半球，如图5-372所示。

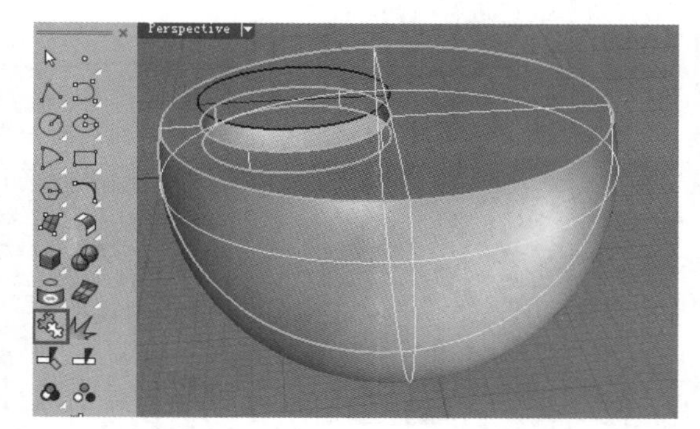

图5-372

07 单击“不等距边缘圆角/不等距边缘混接”工具，以0.5的圆角半径对图5-373所示的边进行倒角。

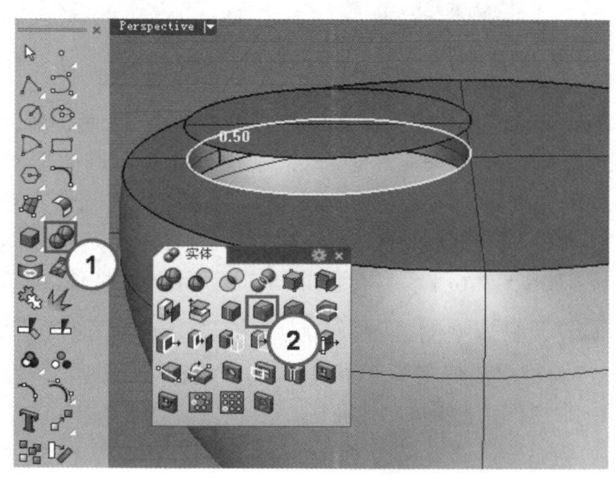

图5-373

08 再次启用“挤出封闭的平面曲线”工具，将圆形面的边向下挤出至洞口处，如图5-374所示。

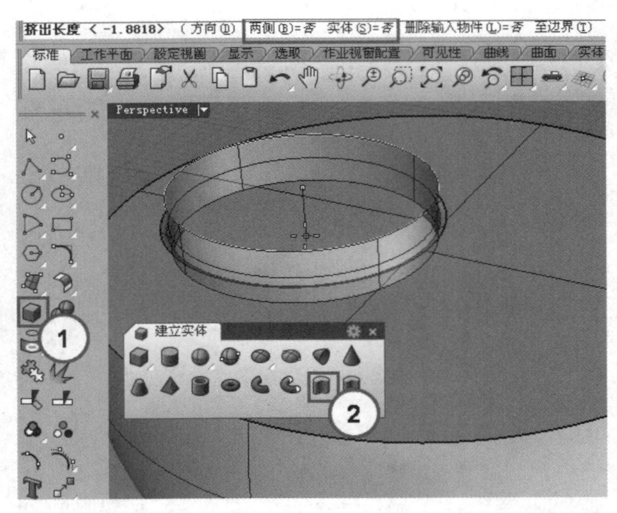

图5-374

09 使用“组合”工具将上一步挤出的面和圆形面合并为一个多重曲面，然后使用鼠标左键单击“不等距边缘圆角/不等距边缘混接”工具，以0.2的半径对图5-375所示的边进行倒角。

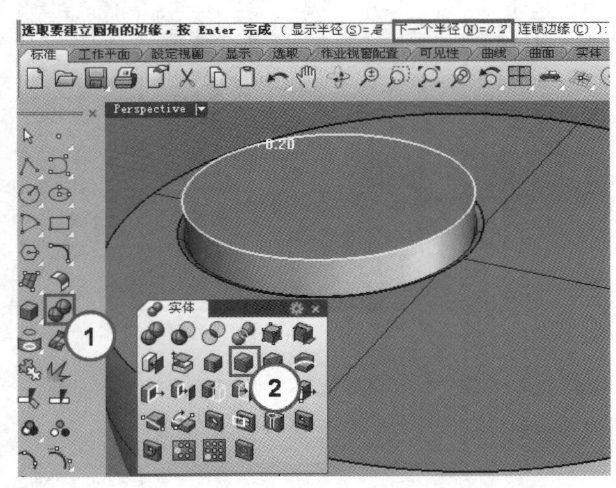

图5-375

10 单击“圆柱体”工具，打开“中心点”捕捉模式，然后在Perspective（透视）视图中捕捉壶盖的圆心作为圆柱体的底面圆心，接着在Front（前）视图中指定圆柱体的底面圆半径，再回到Perspective（透视）视图中指定圆柱体的高度，如图5-376所示，得到如图5-377所示的圆柱体。

11 调整模型的显示模式为“半透明模式”，然后单击“修剪/取消修剪”工具，接着选择壶盖曲面作为切割用的物件，按Enter键确认，单击上一步创建的圆柱体的下半部分，将该部分剪掉，如图5-378所示；模型效果如图5-379所示。

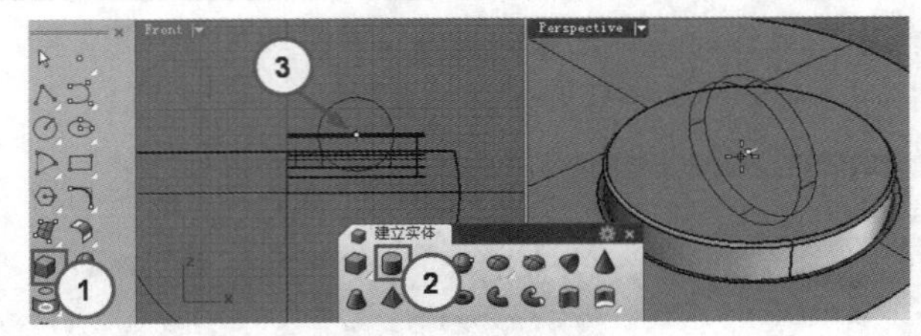

图5-376

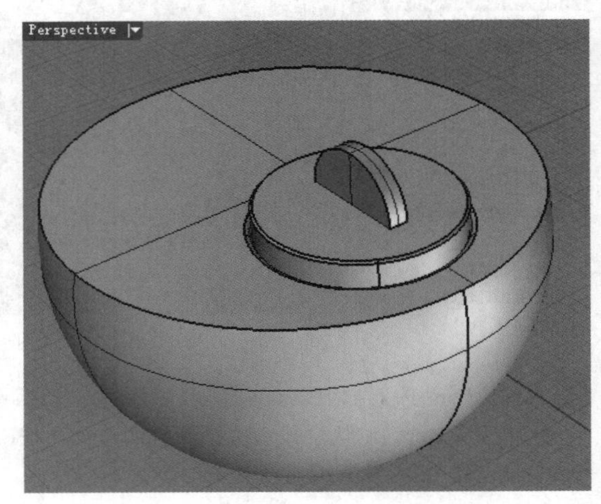

图5-377

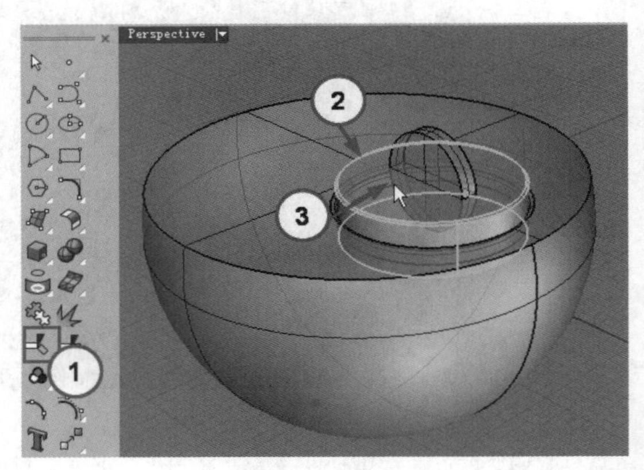

图5-378

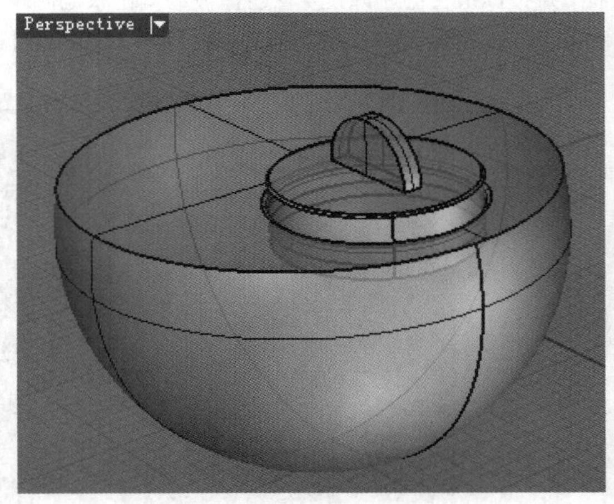

图5-379

12 调整模型的显示模式为“着色模式”，然后单击“不等距边缘圆角/不等距边缘混接”工具，以0.2的半径对图5-380所示的两条边进行倒角。

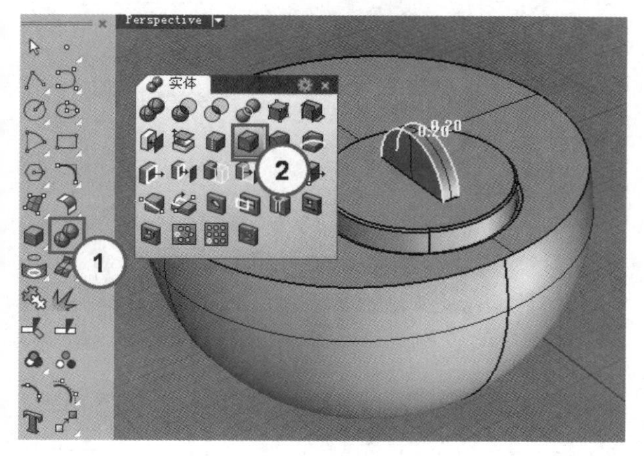

图5-380

5.5.3 制作壶把手

01 使用“控制点曲线/通过数个点的曲线”工具在Front（前）视图中绘制如图5-381所示的曲线。

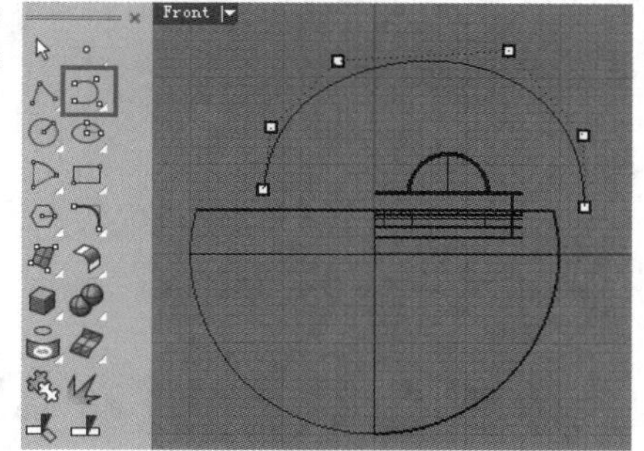

图5-381

02 单击“圆管（圆头盖）”工具，然后选择上一步绘制的曲线，接着在曲线起点和终点处指定两个相同半径的截面圆，再将鼠标指针移动到曲线的中间部分，指定一个大一些的截面圆，如图5-382所示。定义好截面圆后，按Enter键或单击鼠标右键，即可根据截面圆建立圆管模型，如图5-383所示。

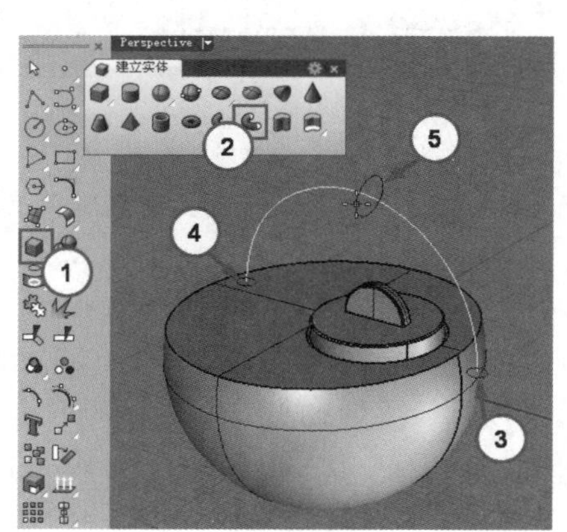

图5-382

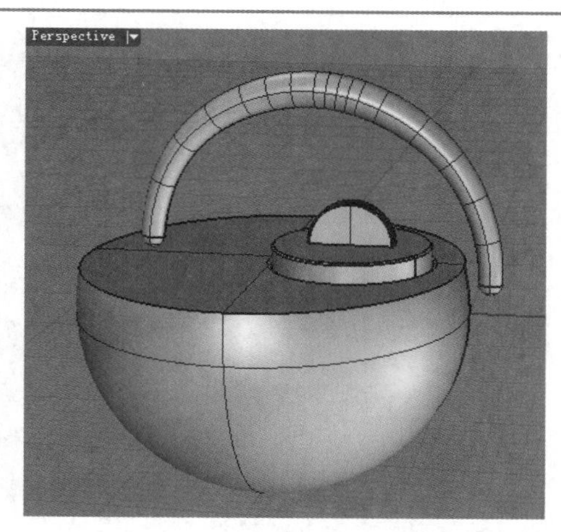

图5-383

03 单击“炸开/抽离曲面”工具，将上一步创建的圆头管模型炸开成单面，如图5-384所示。

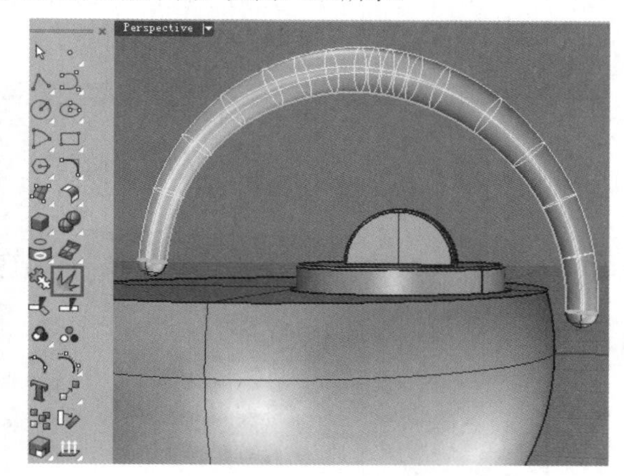

图5-384

04 使用鼠标右键单击“分割/以结构线分割曲面”工具，然后选择圆管模型，并按Enter键确认，接着在图5-385所示的两处位置进行分割。

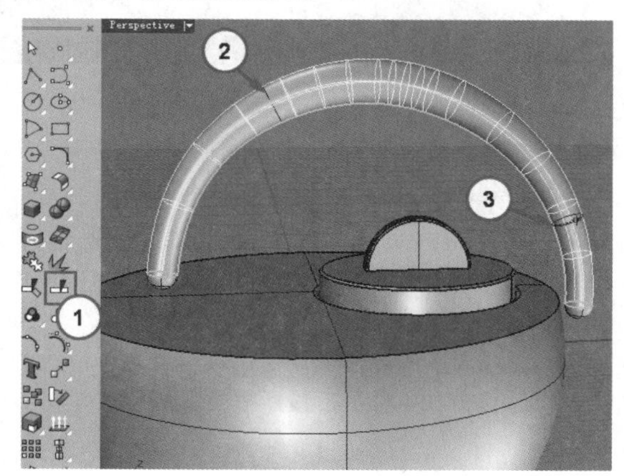

图5-385

05 选择分割后的中间部分的曲面，然后使用“偏移曲面”工具将其向外偏移0.2个单位，如图5-386所示。

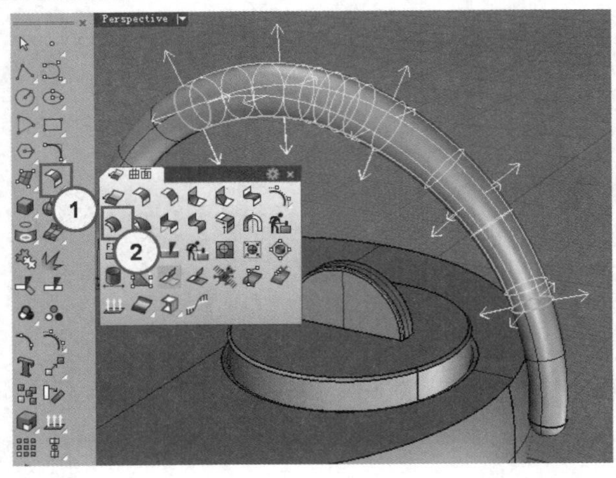

图5-386

06 使用“组合”工具将之前分割的3个曲面和两个圆头曲面组合为一个多重曲面，如图5-387所示。

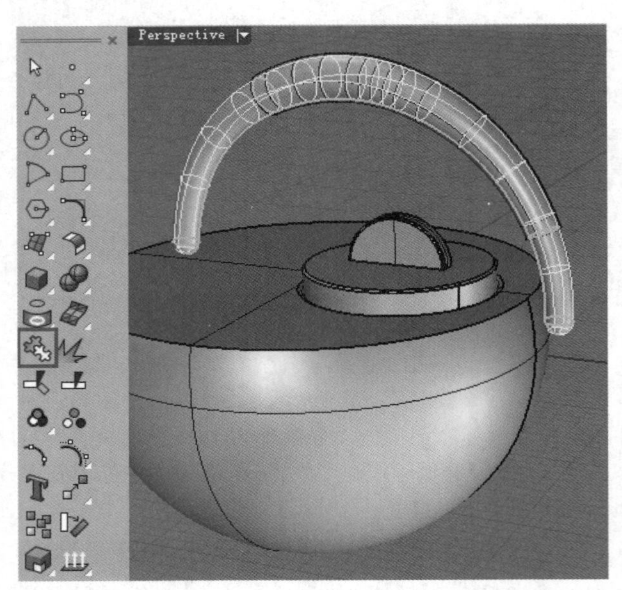

图5-387

07 选择之前偏移得到的曲面，然后使用“偏移曲面”工具将其向内偏移0.15mm，如图5-388所示。

08 单击“混接曲面”工具，然后依次选择两个偏移曲面的圆形边线，并单击鼠标右键打开“调整曲面混接”对话框，在该对话框中设置连续性为“曲率”，单击按钮，使其锁定，再设置两个滑块的值都为0.4，如图5-389所示，最后单击按钮得到混接曲面。

09 使用相同的方法在两个偏移曲面的另一端也创建一个混接曲面，然后使用“组合”工具组合两个混接曲面和偏移曲面，接着将组合后的曲面移动到“图层01”中，如图5-390所示。

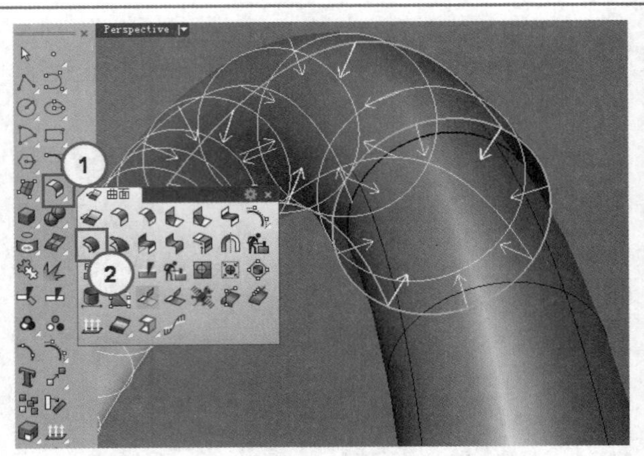

图5-388

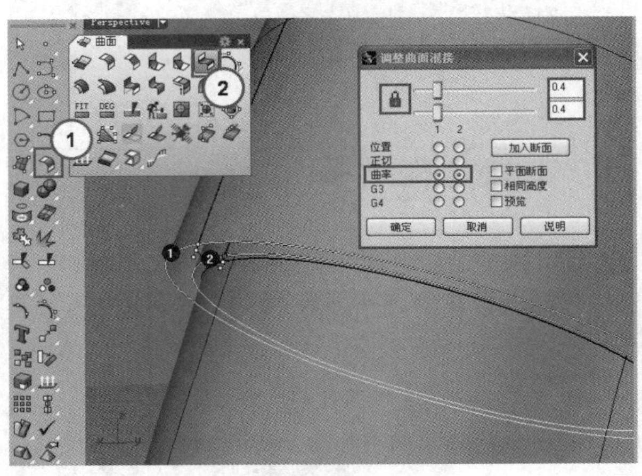

图5-389

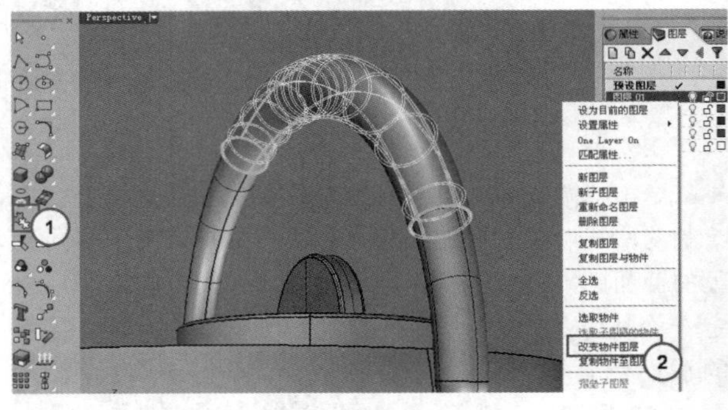

图5-390

10 单击“立方体：角对角、高度”工具，在Right（右）视图中创建一个小立方体，然后将其拖曳至如图5-391所示的位置。

11 单击“2D旋转/3D旋转”工具，在Front（前）视图中对上一步创建的立方体进行旋转，如图5-392所示。

12 单击“镜射/三点镜射”工具，在Front（前）视图中镜像复制旋转后的小立方体，如图5-393所示。

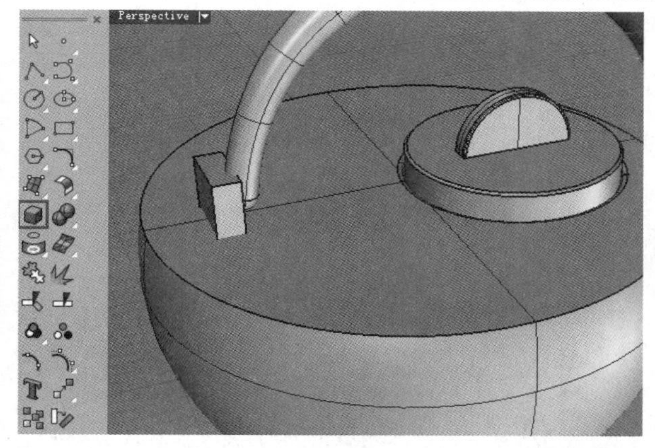

图5-391

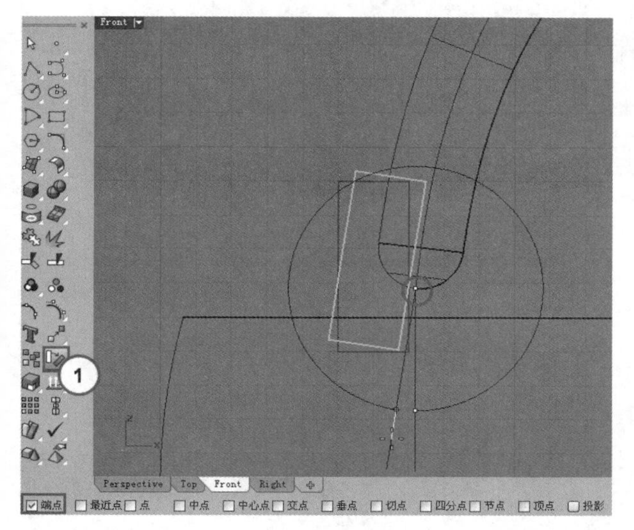

图5-392

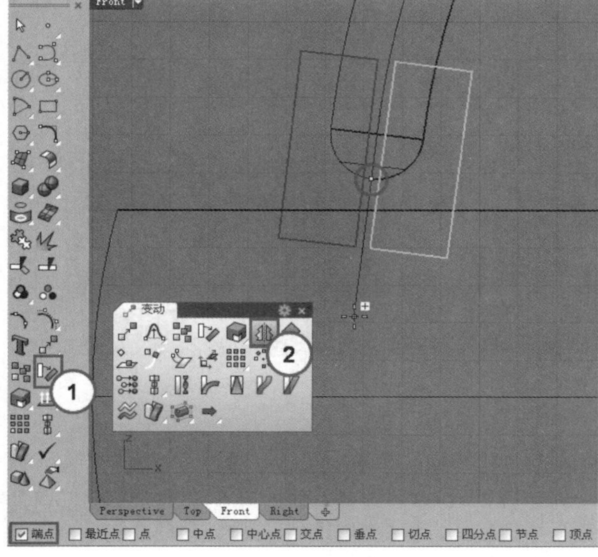

图5-393

13 单击“复制/原地复制物件”工具，然后打开“端点”捕捉模式，将两个小立方体从圆头管的端点处复制一份到另一端的端点处，如图5-394所示。

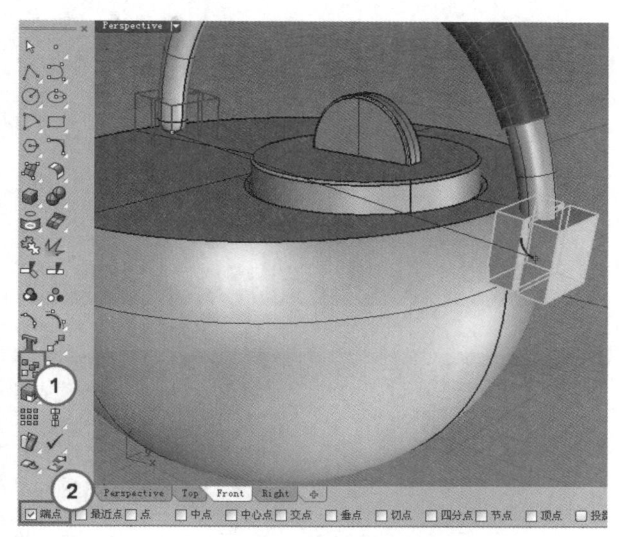

图5-394

14 单击“2D旋转/3D旋转”工具，对复制得到的立方体进行旋转，如图5-395所示。

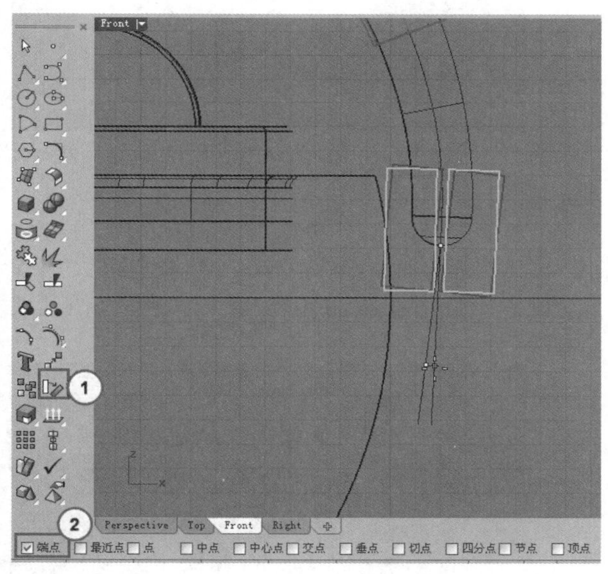

图5-395

15 单击“布尔运算差集”工具，然后选择圆头管作为被减物件，并单击鼠标右键确认选择，接着依次选择4个小立方体，如图5-396所示，最后按Enter键结束操作，得到如图5-397所示的模型。

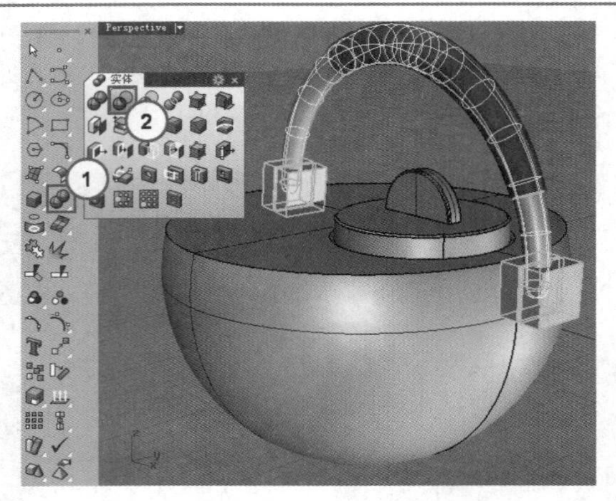

图5-396

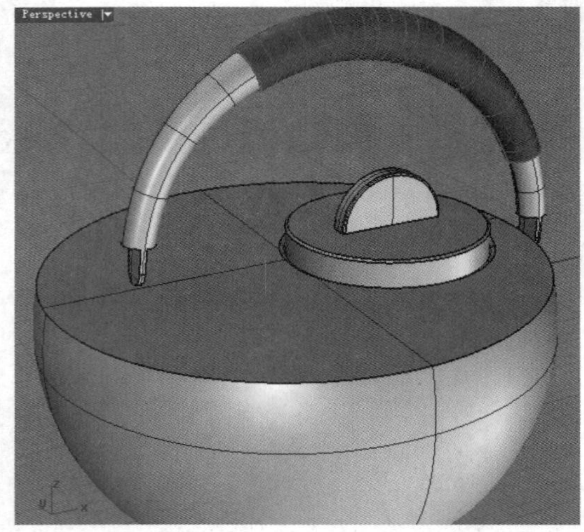

图5-397

16 单击“抽离曲面”工具，将图5-398所示的两个端面抽离出来，然后选择抽离出来的曲面，并按Ctrl+C组合键将其复制到Windows应用程序的剪贴板中，接着再按Ctrl+V组合键在原位粘贴，最后使用“组合”工具重新组合端面和圆头管。

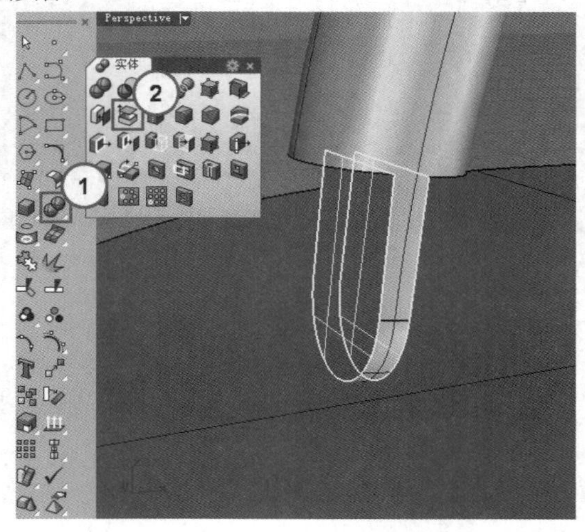

图5-398

复制后有两组端面，组合其中的一组即可。

17 单击“设定工作平面至物件”工具，然后选择图5-399所示的曲面，将工作平面定位在该面所在的位置上。

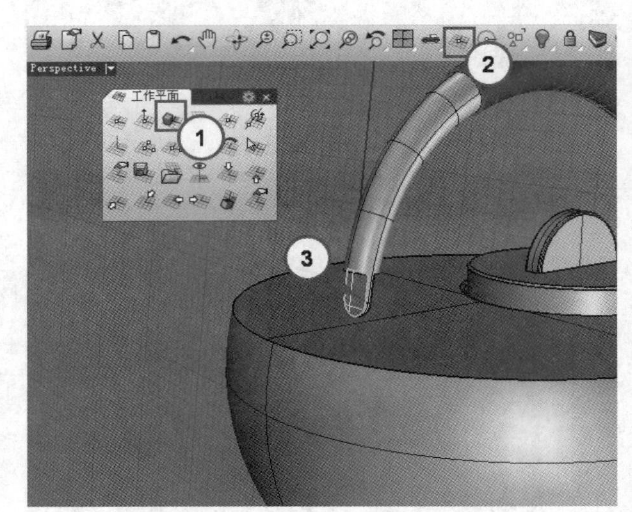

图5-399

18 使用鼠标左键单击“2D旋转/3D旋转”工具，对复制得到的端面进行旋转，如图5-400所示。

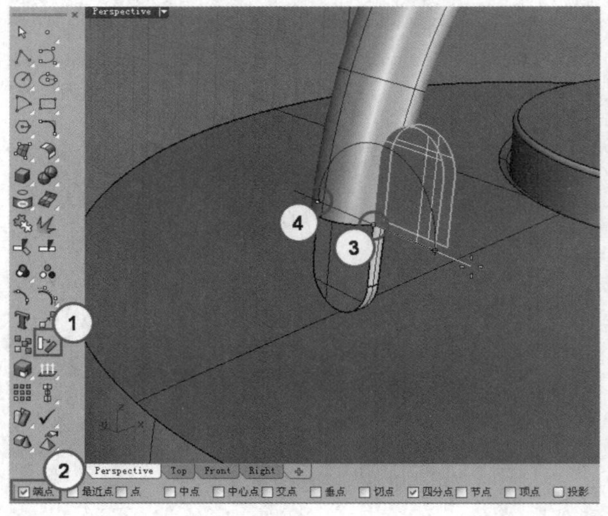

图5-400

19 单击“移动”工具，然后选择上一步旋转后的两个面，并按Enter键确认，接着打开“中点”和“四分点”捕捉模式，捕捉端面的中点作为移动的起点，再捕捉圆头管的四分点作为移动的终点，如图5-401所示。

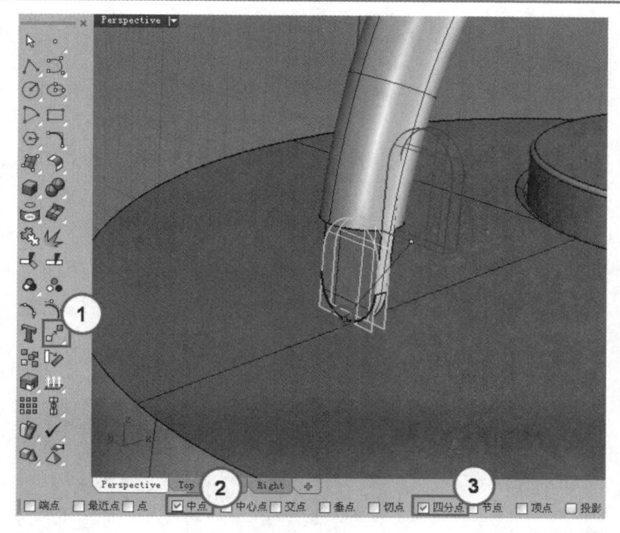

图5-401

20 单击“挤出封闭的平面曲线”工具，然后选择移动后的一个曲面边线，将其挤出至图5-402所示的四分点位置上。

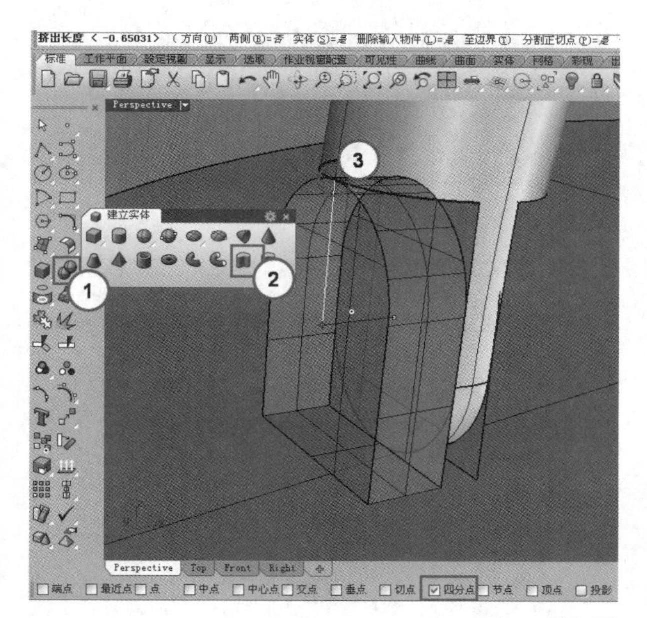

图5-402

21 使用相同的方法挤出另一个曲面边线，然后将两个挤出的实体模型向下拖曳一段距离，如图5-403所示。

22 单击“抽离曲面”工具，将图5-404所示的两个底面抽离。

23 单击“挤出曲面”工具，将分离出来的两个面挤出，如图5-405所示。

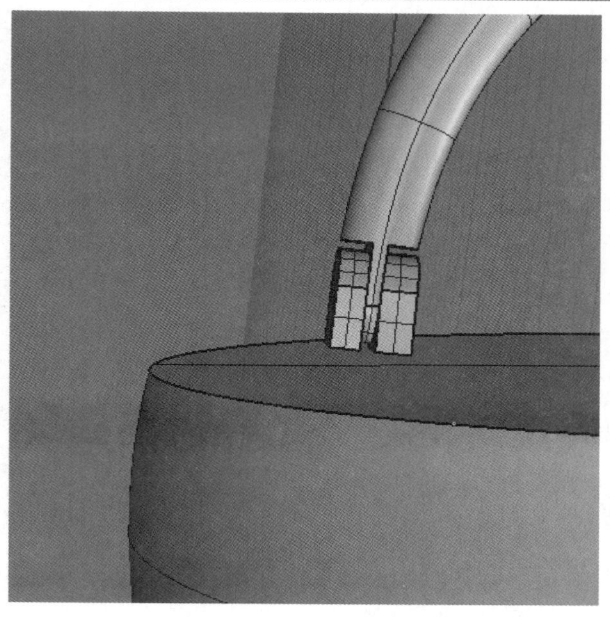

图5-403

图5-404

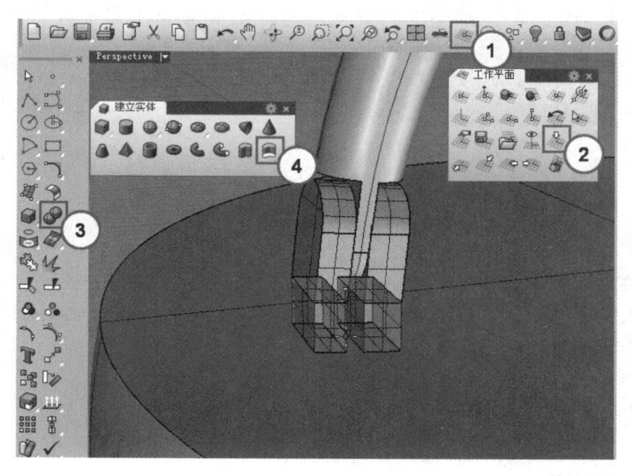

图5-405

24 使用鼠标左键单击“修剪/取消修剪”工具，将上一步挤出的模型位于壶身内的部分剪掉，如图5-406和图5-407所示。最后再使用相同的方法创建圆头管另外一端的造型。

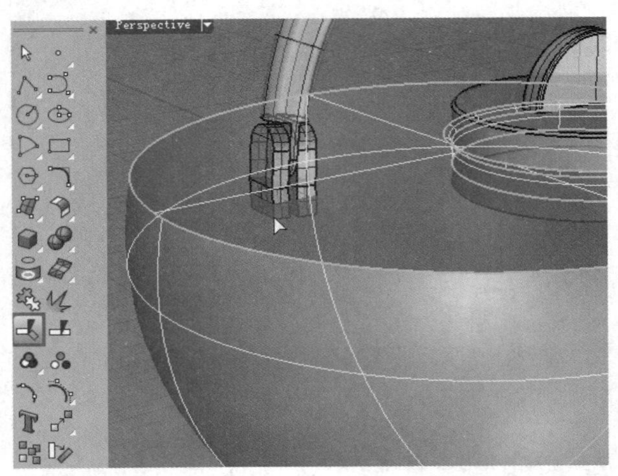

图5-406

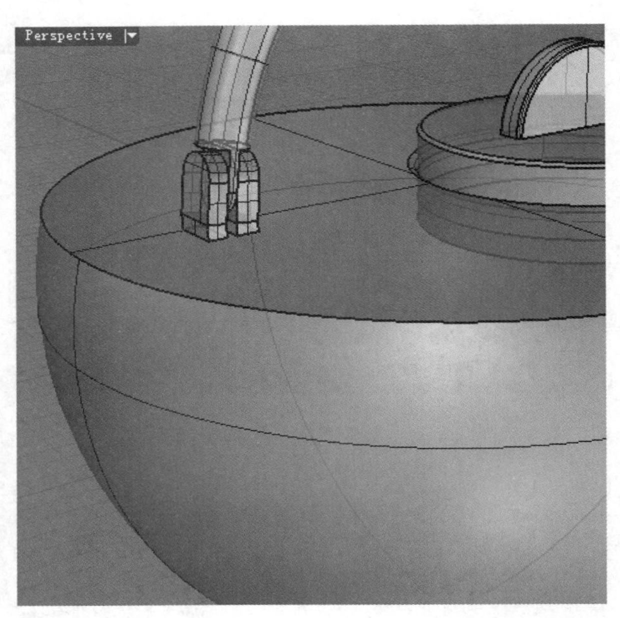

图5-407

5.5.4 制作壶嘴

01 单击“直线”工具，在Front（前）视图中绘制如图5-408所示的两条直线。

02 单击“圆锥体”工具，在Front（前）视图中创建一个圆锥体，具体操作步骤如下。

操作步骤

① 在命令行中单击“方向限制”选项，再单击“环绕曲线”选项，然后选择上一步绘制的倾斜直线。

② 捕捉倾斜直线的右下端点确定圆柱体底面的中心点，然后再指定一点确定底面的半径（不要超过壶体），如图5-409所示。

③ 沿着倾斜直线指定一点确定圆锥体的顶点，使其刚好将水平线包含在内，如图5-410所示。

03 单击“直线”工具，然后在命令行单击“两侧”选项，接着在Front（前）视图中捕捉水平线的右端点绘制一条如图5-411所示的直线。

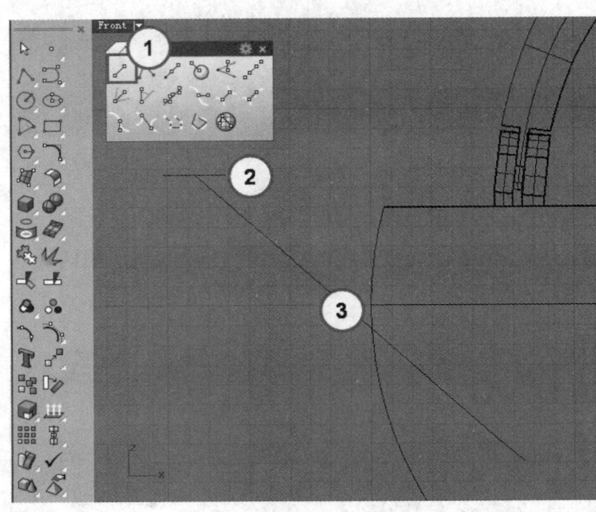

图5-408

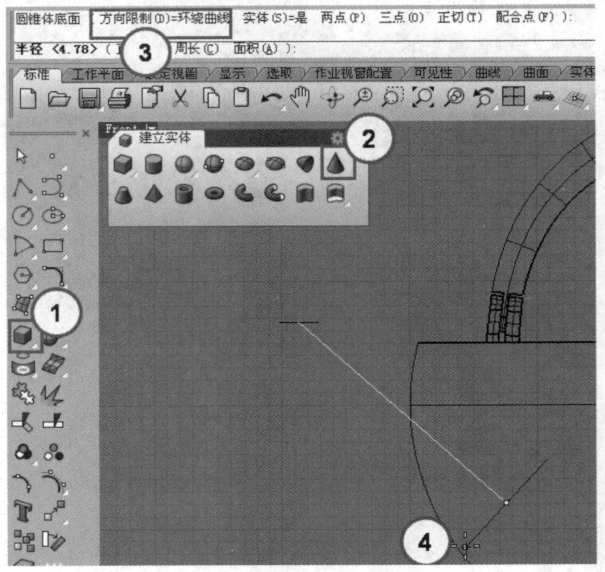

图5-409

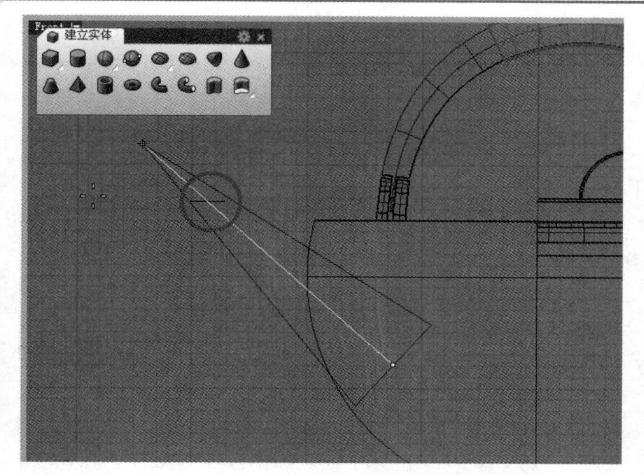

图5-410

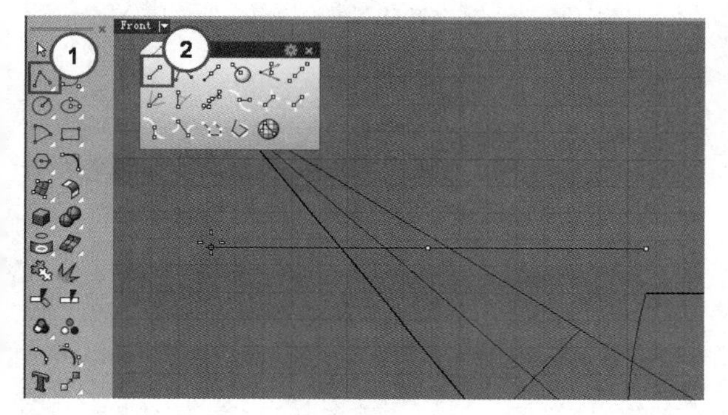

图5-411

04 在“建立曲面”工具面板中单击“直线挤出”工具，然后选择上一步绘制的直线，并按Enter键确认，接着在命令行单击“两侧”选项，将其设置为“是”，再单击“方向”选项，设置挤出方向为y轴方向，最后拖曳光标挤出一个水平面，如图5-412所示。

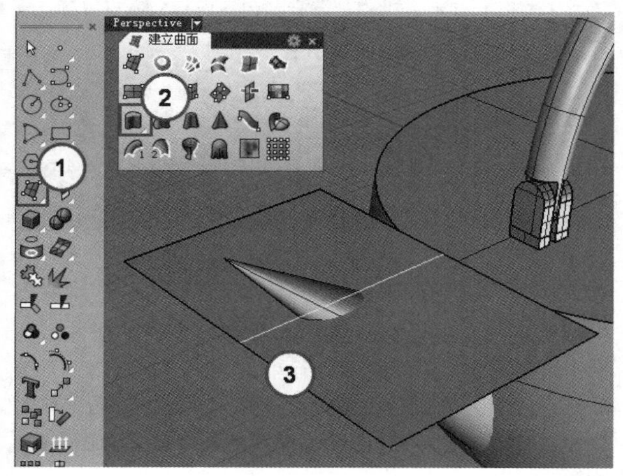

图5-412

05 使用鼠标左键单击“分析方向/反转方向”工具，然后选择上一步创建的平面，发现方向朝上，在命令行中输入f并按Enter键，反转法线方向，如图5-413所示。

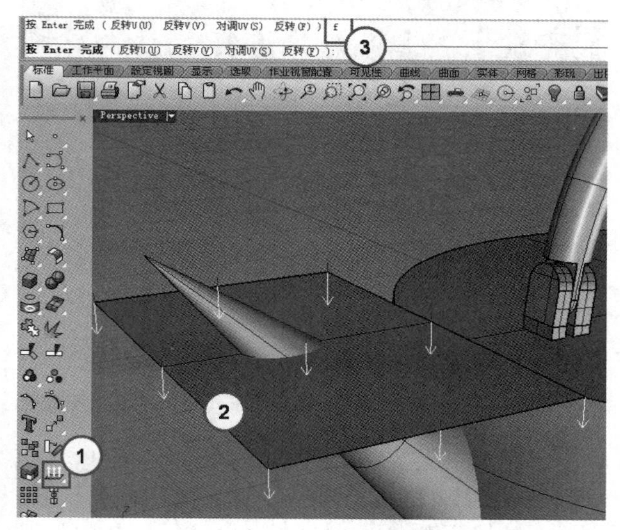

图5-413

06 单击“布尔运算差集”工具，先选择圆锥体，按Enter键确认，再选择平面，同样按Enter键确认，结果如图5-414所示。

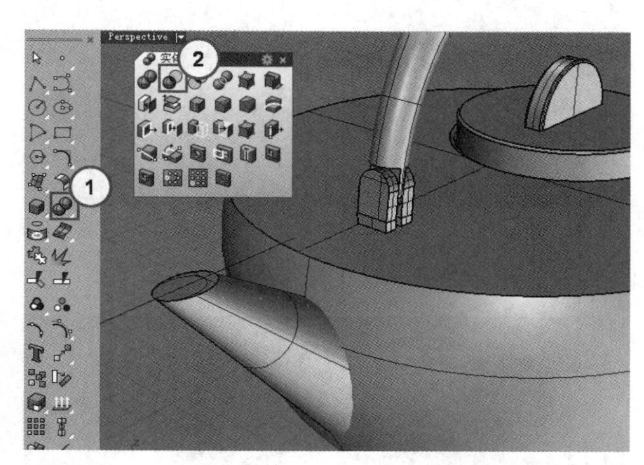

图5-414

07 单击“曲面圆角”工具，设置圆角半径为1，然后分别选择壶体和壶嘴，结果如图5-415所示。

08 使用同样的方式对壶嘴斜面和平面进行圆角处理，圆角半径为0.1，完成圆角后隐藏壶嘴平面，结果如图5-416所示。

09 单击“立方体：角对角、高度”工具，创造一个如图5-417所示的立方体。

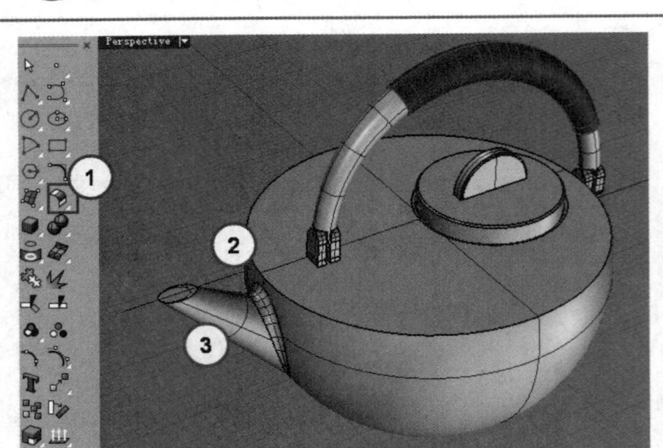

图5-415

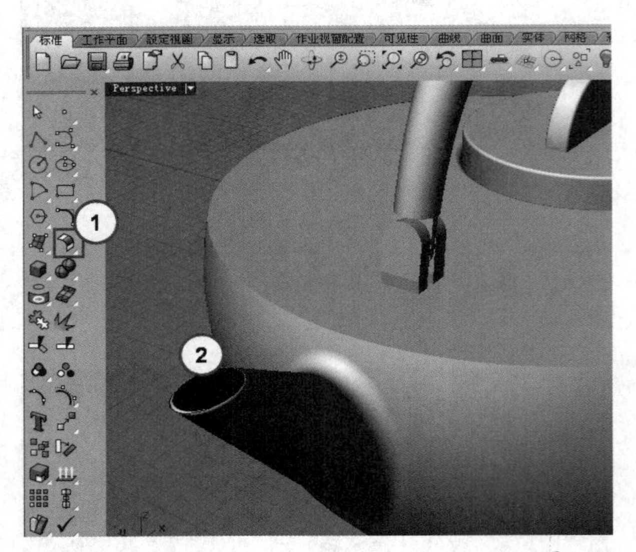

图5-416

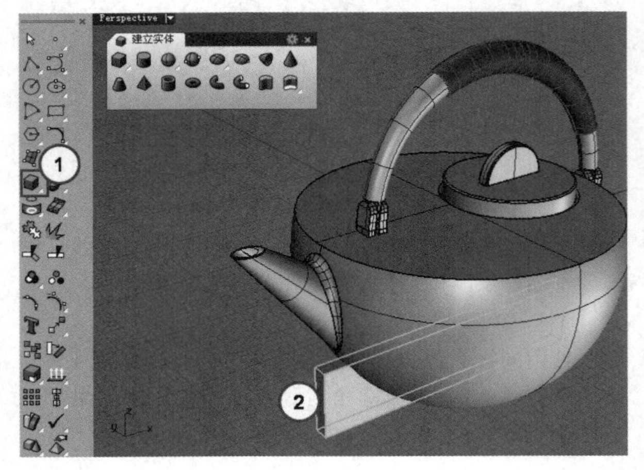

图5-417

10 单击“单轴缩放”工具，对上一步创建的立方体进行缩放，如图5-418所示。

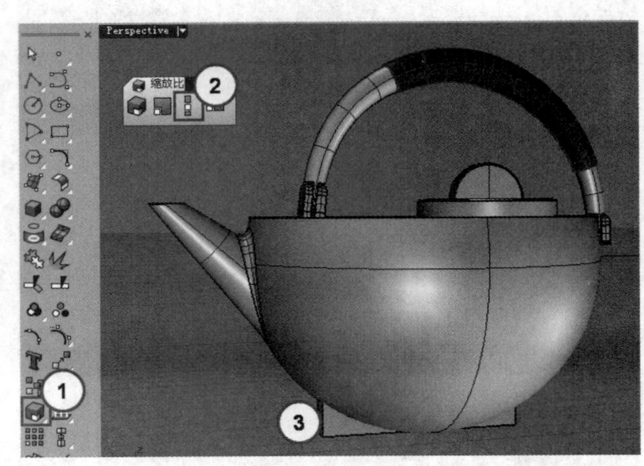

图5-418

11 使用鼠标左键单击“2D旋转/3D旋转”工具，然后选择缩放后的立方体，并按Enter键确认，接着在命令行单击“复制”选项，设置“复制”为“是”，最后捕捉壶体顶部的圆心为旋转的中心点，并在命令行中输入90，将其旋转复制90°，如图5-419所示。

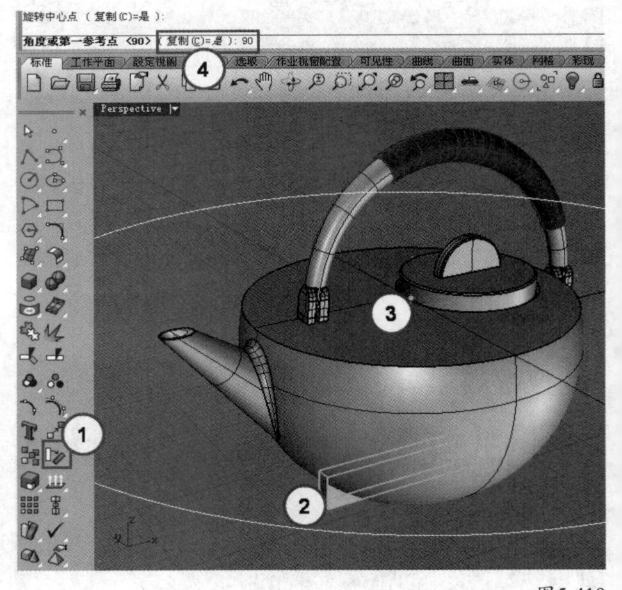

图5-419

12 单击“布尔运算差集”工具，选择半球体，并单击鼠标右键，然后在命令行单击“删除输入物件”选项，设置其为“否”，接着选择两个立方体，同样单击鼠标右键，如图5-420所示。模型的最终效果如图5-421所示。

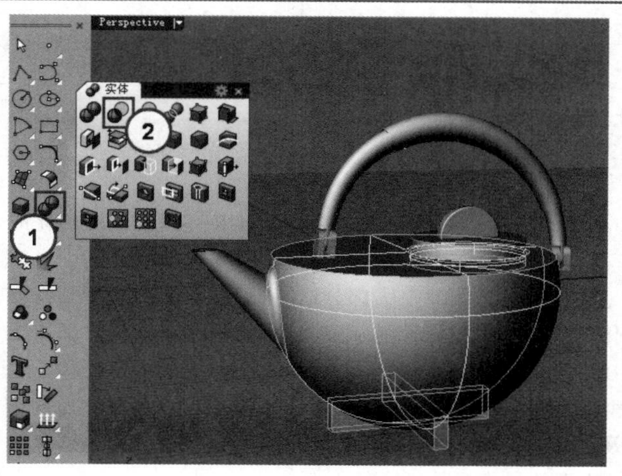

图5-420

图5-421

第6章 网格建模

Rhino

6.1 了解网格

在Rhino中，网格的作用主要体现在将NURBS复合曲面转化成网格曲面。由于只有少数工程软件才需要使用NURBS复合曲面进行结构表现或其他用途，因此在大部分情况下，Rhino的模型都需要涉及网格化。例如，模型着色显示或Rhino的渲染器工作前都需要先把NURBS曲面转化为在造型上近似NURBS曲面的网格物体，通过使用这个网格物体代替显示或渲染出NURBS曲面。而且到后期材质贴图以及与其他软件数据交换上，都需要先网格化，因为这直接决定了物体表现的最终品质和精度。

6.1.1 关于网格面

在三维建模中，网格对象与几何参数对象的区别主要在于：几何参数对象采用参数化的整体控制方式；而网格对象没有几何控制参数，采用的是局部的次级构成元素控制方式。因此，网格建模主要是通过编辑“节点”“边”和“面”等次级结构对象来创建复杂的三维模型。

在这些次级结构对象中，“节点”是网格对象的结构顶点，“边”是两个节点之间的线段，“面”是网格对象上的三角结构面或四边形面片，“多边形”是由多个三角结构面或四边形面片组成的次级结构对象。

在Rhino中，网格是一块块平整的面片组成的多面体，包含三角形和四边形面片，如图6-1所示。

图6-1

6.1.2 网格面与NURBS曲面的关系

要了解网格面与NURBS曲面的关系，首先要知道网格面与NURBS曲面的异同。

NURBS和网格都是一种建模方式（其他软件也有），NURBS建模方式最早起源于造船业，它的理念是曲线概念，其物体都是用一条条曲线构成的面；而网格建模是由一个个面构成物体。这两种建模方式中，NURBS建模方式侧重于工业产品建模，而且不用像网格那样展开UV，因为NURBS是自动适配UV；网格建模方式侧重于角色、生物建模，因为其修改起来比NURBS方便。

目前市面上有很多软件制作的模型都是用多边形的网格来近似表示几何体，例如，3D Studio Max、LightWave、AutoCAD中的DXF格式都支持多边形网格，所以Rhino也可以生成网格对象或者把NURBS的物体转换为网格对象，以支持3DS、LWO、DWG、DXF、STL等文件格式。

6.2 创建网格模型

Rhino中用于建立网格模型的工具主要位于“建立网格”工具面板内，如图6-2所示。

图6-2

通过“网格”工具栏和“网格”菜单也可以找到这些工具和对应的命令，如图6-3和图6-4所示。

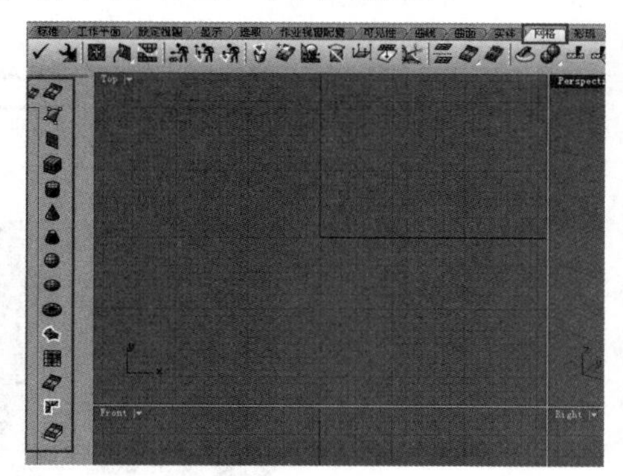

图6-3

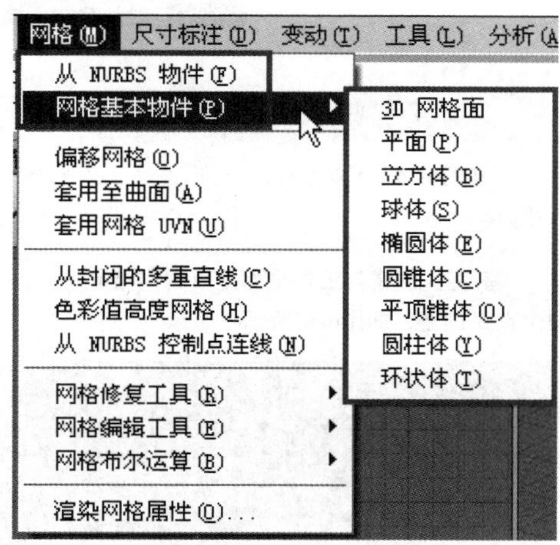

图6-4

6.2.1 转换曲面/多重曲面为网格

使用“转换曲面/多重曲面为网格”工具可以将NURBS曲面或多重曲面转换为网格对象。该工具的用法比较简单，启用工具后选择需要转换为网格对象的模型即可。例如，图6-5中有两个球体，启用“转换曲面/多重曲面为网格”工具后选择其中一个球体，并按Enter键确认，此时将打开“网格选项”对话框，如图6-6所示。

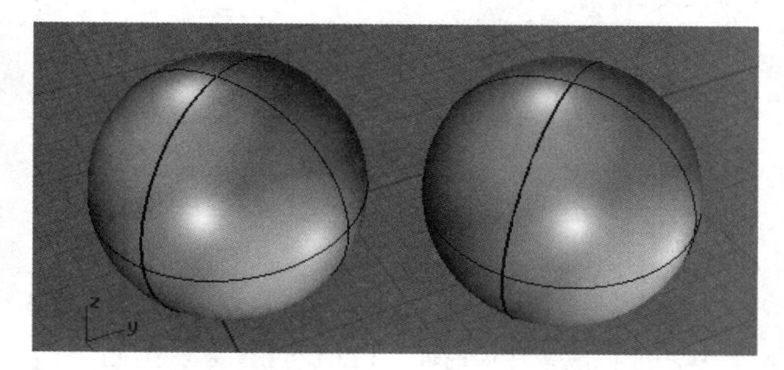

图6-5

图6-6

在“网格选项”对话框中，通过拖曳滑块可以设定网格面的数量。滑块向右滑动时，网格面数较多，模型较精细，但是占有的内存也多；滑块向左滑动时，网格面数较少，模型较粗糙，但是占有的内存也少，运行的速度会较快。

在“网络选项”对话框中单击预览(P)按钮可以预览NURBS球体转换成网格球体的效果，如图6-7所示，如果直接单击确定按钮，可以得到如图6-8所示的模型。

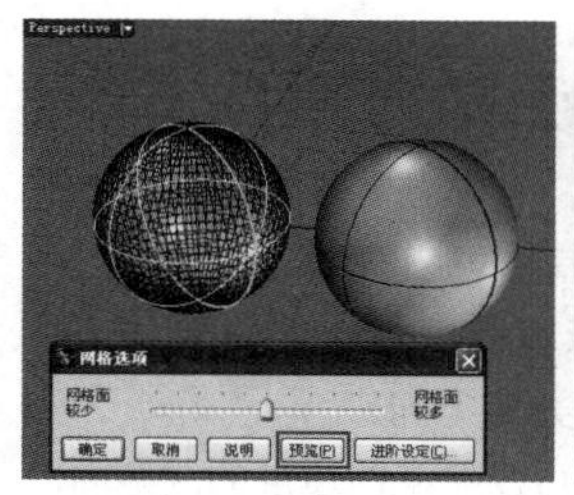

图6-7　　图6-8

此外，如果单击进阶设定(C)...按钮，可以打开“网格高级选项”对话框，如图6-9所示。

“网格高级选项”对话框中各个参数的具体含义可以参考本书第1章1.4.1小节。

网格高级选项

密度: 0.5
最大角度(M): 0.0
最大长宽比(A): 0.0
最小边缘长度(E): 0.0001
最大边缘长度(L): 0.0
边缘到曲面的最大距离(D): 0.0
起始四角网格面的最小数目(I): 0

☑ 精细网格(R)
☐ 不对齐接缝顶点(J)　☑ 贴图座标不重叠(X)
☐ 平面最简化(S)

确定　取消　说明　预览(P)　简易设置(C)...

图6-9

在“网格高级选项”对话框提供的参数中，“最大长宽比”“最大边缘长度”和“起始四角网格面的最小数目”参数用于控制初始网格生成；“最大角度”“最大边缘长度”“最小边缘长度”和“边缘到曲面的最大距离”参数用于控制更细分的初始四边网格面。

对照前面的讲解可以看出，由于网格是通过微小的平面（即三角形和四边形的结合）来显示模型的，因此可以通过控制这些参数的数值来规定显示的具体要求。其中，“最大角度”参数的默认值应适当设置得小一些，其他的数值读者可以根据每次模型的大小和需要的精确程度来具体设置。

网格创建主要分为以下3个步骤。

步骤1：初始划分四边形网格，预估符合标准。

步骤2：细分以满足设置要求。

步骤3：调整适合边界。

6.2.2 创建单一网格面

使用“单一网格面”工具可以建立一个3D网格面，该工具的用法与“指定三或四个角建立曲面”工具相同，区别在于建立的模型类型不同。

使用“单一网格面”工具可以建立四边形的网格面，也可以建立三角形的网格面，如图6-10和图6-11所示。

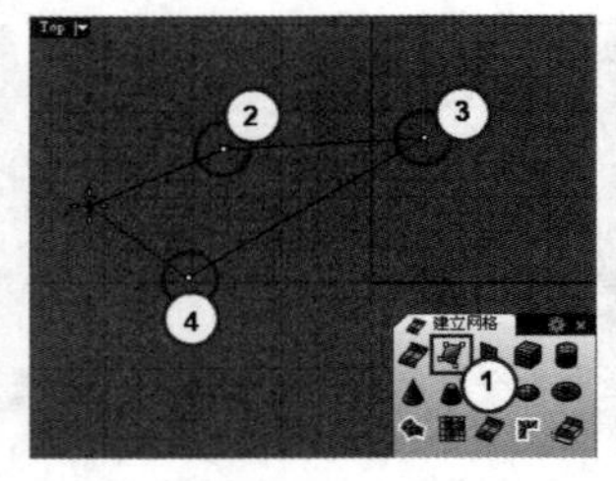

图6-10

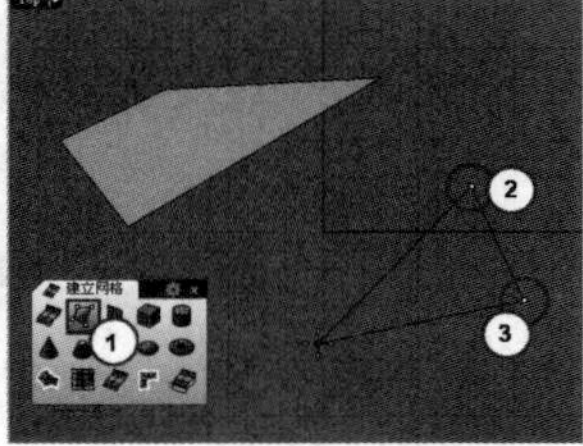

图6-11

6.2.3 创建网格平面

使用“网格平面”工具可以创建矩形网格平面，默认是以指定对角点的方式进行创建，如图6-12所示。

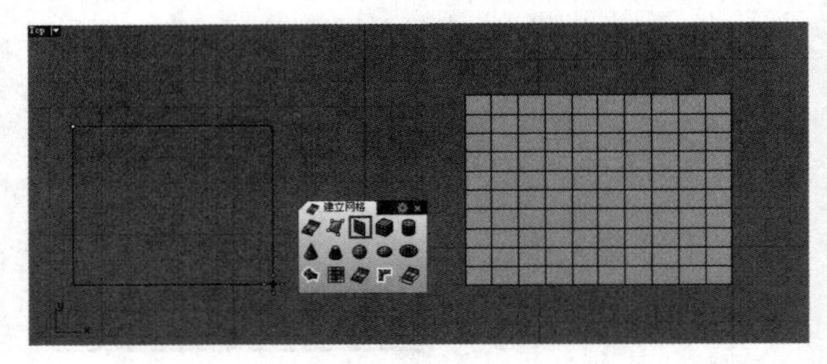

图6-12

启用“网格平面”工具后，在命令行中将看到如图6-13所示的命令选项。

图6-13

命令选项介绍

三点：通过指定3个点来创建网格平面，前面两个点定义网格平面一条边的长度，第3点定义网格平面的宽度，如图6-14所示。

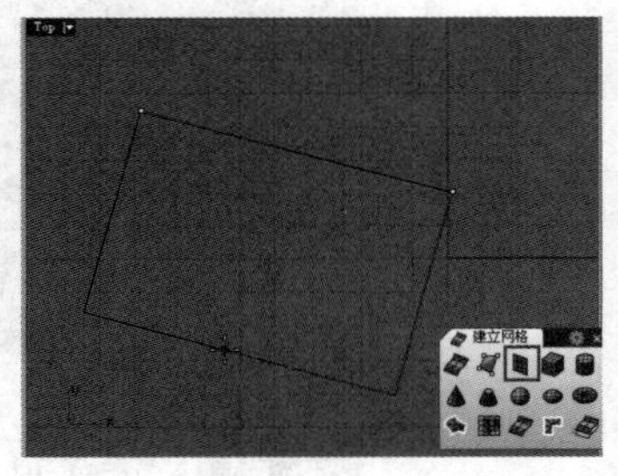

图6-14

技巧与提示

从图6-14中可以看到，“三点”方式可以创建任意方向的网格平面。

垂直：创建与工作平面垂直的网格平面，同样是通过指定3个点来创建，如图6-15所示。

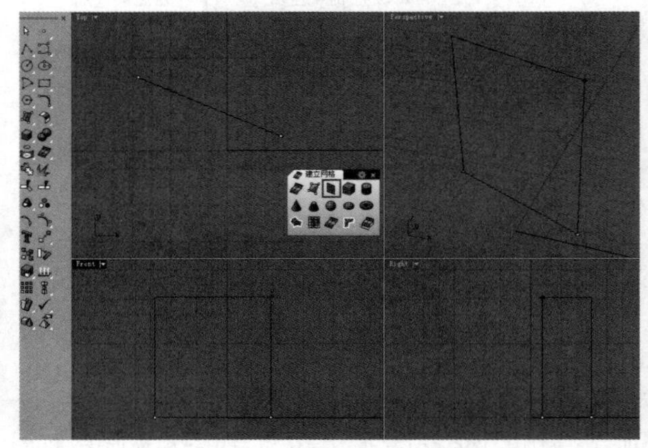

图6-15

中心点：通过指定中心点和一个角点来创建网格平面，如图6-16所示。

X面数/Y面数：这两个选项分别控制矩形网格面x轴方向和y轴方向的网格数。如图6-17所示，左侧网格平面的“X面数”为5、“Y面数”为6，右侧网格平面的“X面数”为10、“Y面数”为12。

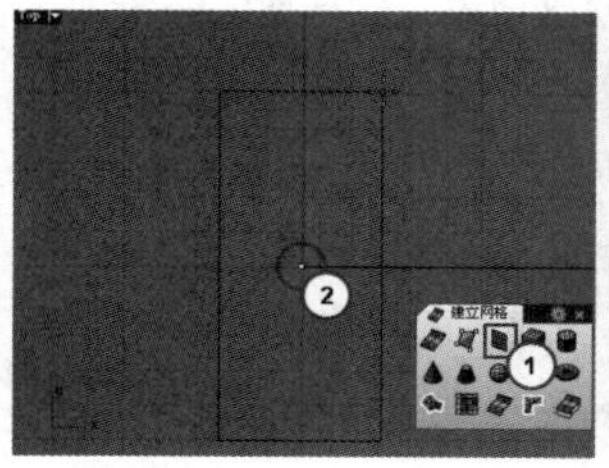

图6-16

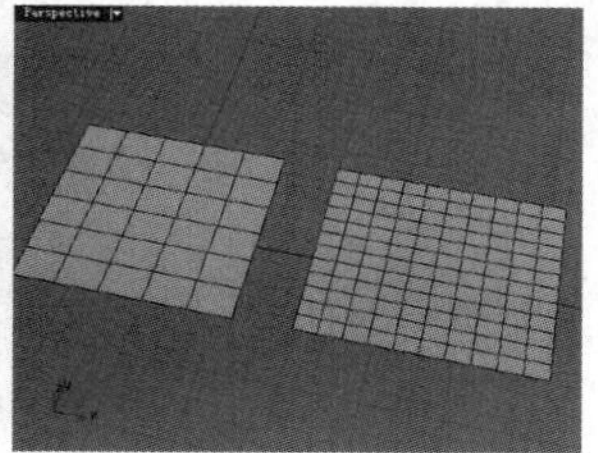

图6-17

6.2.4 创建网格标准体

同上一章介绍的NURBS实体模型一样，Rhino也为网格模型提供了一些标准体，包括网格立方体、网格圆柱体、网格圆锥体、网格平顶锥体、网格球体、网格椭圆体和网格环状体7种类型，如图6-18所示。

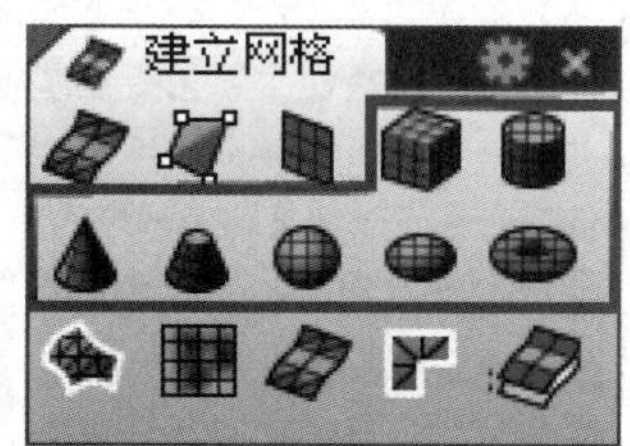

图6-18

创建各种网格标准体的方法与上一章介绍的标准实体一致，不同的是创建网格实体时命令行中会多出一项控制网格数的选项。例如，创建网格立方体，单击“网格立方体”工具后，其命令行提示如图6-19所示，对比立方体的命令选项，如图6-20所示。可以看出多了“X面数”“Y面数”和“Z面数”3个选项，这3个选项分别用于控制所建网格立方体3个方向的网格数。

```
指令: _MeshBox
底面的第一角 ( 对角线(D)  三点(P)  垂直(V)  中心点(C)
 X面数(X)=10  Y面数(Y)=10  Z面数(Z)=10 ):
```

图6-19

```
指令: _Box
底面的第一角 ( 对角线(D)  三点(P)  垂直(V)  中心点(C) ):
```

图6-20

图6-21给出了网格实体与NURBS实体的对比效果。

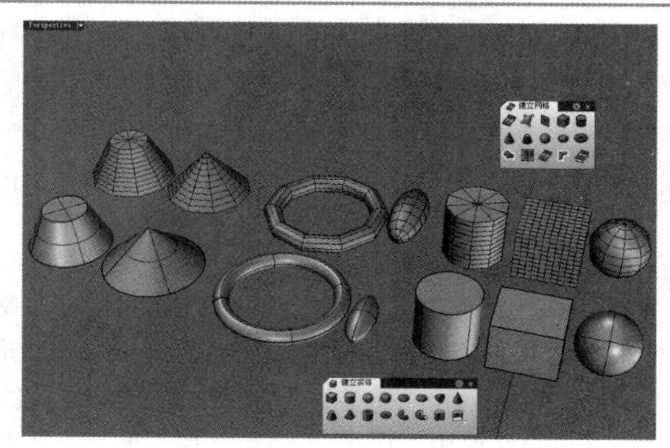

图6-21

6.3 网格编辑

6.3.1 熔接网格

熔接网格是网格编辑中非常重要的一点，开始介绍如何熔接网格前，先来了解一下为什么要熔接网格。

首先要知道，是否熔接网格顶点会影响渲染的效果。观察图6-22，这是以“线框模式”显示的两个网格物件，这两个物件看起来很类似；但切换到“着色模式”或“渲染模式”后，左边的网格看起来比较平滑，而右边的网格却有明显的锐边，如图6-23所示。这是因为左边网格上的顶点都熔接在了一起，所以看起来比较平滑；而右边网格上的顶点只是重叠在一起，并未熔接，所以每一个网格面的边缘都清晰可见。

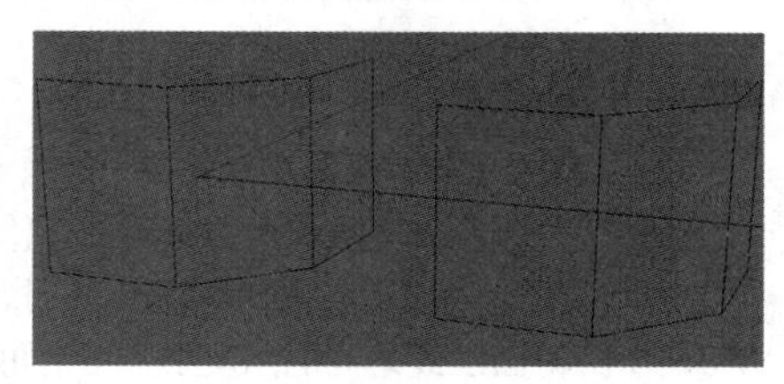

图6-22

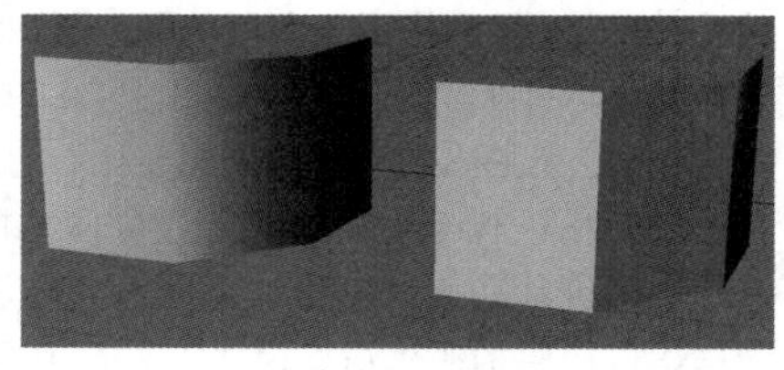

图6-23

其次，是否熔接网格顶点也会影响网格上的贴图对应。网格物体最大的特点就在于贴图，贴图如何包覆在物件上是由贴图坐标所控制，贴图坐标会将贴图的2D坐标对应在网格顶点上，然后依据顶点的数值将贴图影像插入在相邻的顶点之间。位图左下角的坐标为原点（0,0），右下角的坐标为（1,0），左上角的坐标为

（0,1），右上角的坐标为（1,1），贴图坐标的数值永远都在这些数值以内。每一个顶点只能含有一组贴图坐标，重叠的几个顶点含有的几组贴图坐标在熔接后只有一组会被留下来。当一个网格的贴图坐标遗失后，无法从该网格复原遗失的贴图坐标。

最后，是否熔接网格顶点还会影响导出为STL格式的文件，因为某些软件只能读取STL格式的网格文件。可以通过以下步骤确保导出的是有效的STL格式文件。

步骤1：使用“组合”工具组合网格。

步骤2：使用“熔接网格/解除熔接网格”工具熔接组合后的网格（设置角度公差为180）。

步骤3：使用“统一网格法线/反转网格法线”工具统一网格法线，建立单一的封闭网格。

步骤4：使用“显示并选取未熔接的网格边缘点”工具检查网格是否完全封闭（没有外露边缘）。

使用“熔接网格/解除熔接网格”工具熔接位于不同网格上的顶点时，必须先将网格组合以后才可以进行熔接。

熔接网格主要通过“熔接”工具面板中提供的3个工具，如图6-24所示。

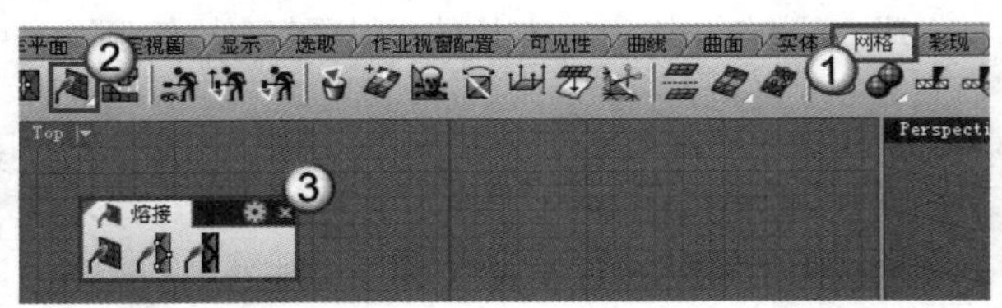

图6-24

熔接网格/解除熔接网格

使用“熔接网格/解除熔接网格”工具可以熔接重叠的网格顶点，熔接后网格顶点的贴图坐标信息会被删除。该工具通常用于熔接组合后的网格，熔接时需要指定角度公差，两个网格面法线之间的角度小于这个角度公差时，熔接这两个网格面的顶点。如果同一个网格的不同边缘有顶点重叠在一起，且网格边缘两侧的网格面法线之间的角度小于角度公差的设置值，则重叠的顶点会以单一顶点取代。

例如，在图6-23中，如果想要让右边的网格看起来和左边的网格一样平滑，必须先决定网格的熔接角度公差值，如果锐边两侧的网格面之间的角度小于该值，那么网格熔接后原本在“渲染模式”下看到的锐边会消失。

不同网格组合而成的多重网格在熔接顶点以后会变成单一网格。

使用“熔接网格/解除熔接网格”工具的右键功能可以解除熔接网格，同时会加入贴图坐标信息到解除熔接后的每一个网格顶点。解除熔接以后的网格在“渲染模式”下或渲染时网格上会有明显的锐角。

熔接网格顶点

使用“熔接网格顶点”工具可以将组合在一起的数个顶点合并为单一顶点，同时删除重叠网格顶点的贴图坐标信息。使用该工具可以只熔接选取的网格顶点，而不必熔接整个网格。

“熔接网格顶点”工具不用设置熔接角度公差，启用该工具，选择要熔接的网格顶点，然后按Enter键即可完成操作。

熔接网格边缘/解除熔接网格边缘

使用“熔接网格边缘/解除熔接网格边缘”工具可以在组合的网格边缘上熔接共点的网格顶点，同时删除重叠顶点的贴图坐标信息。该工具的右键功能是将网格面的共用顶点解除熔接。

24 技术专题：关于组合与熔接

每一个网格都是由网格点和面组成，网格点包含了位置、法线、贴图坐标和顶点色等属性，而面主要是用来描述网格点连接形成的图形。

对于两个边缘相接的网格，其相接处的网格点是重合的，也就是每一个点的位置上实际上有两个点。如图6-25所示的两个网格面，红色方框内的就是相接处的网格点，单击其中一个点，将弹出“候选列表”对话框，其中列出了两个选项，表示该处有两个网格点，如图6-26所示。

图6-25

图6-26

每一个网格点都具有自己独立的属性，这些属性无法通过组合来改变，虽然组合后两个网格合并成为了一个多重网格，但其相接处的网格点仍然是重合的两个，并没有减少或增加。而当网格面熔接成一个网格时则有所不同，相同位置的顶点会被一个新的顶点与新的属性取代，例如，熔接后新顶点的法线方向是原来两个顶点法线方向的平均值。

由此可以得出一个结论，组合不会改变网格点的任何属性，而熔接会重新计算网格点的所有属性。

6.3.2 网格布尔运算

网格布尔运算和NURBS布尔运算类似，可以选择曲面、多重曲面和网格进行网格布尔运算，但得到的结果都是网格。

对网格进行布尔运算的工具主要有“网格布尔运算联集”工具、“网格布尔运算差集”工具、“网格布尔运算交集”工具和“网格布尔运算分割”工具，如图6-27所示。

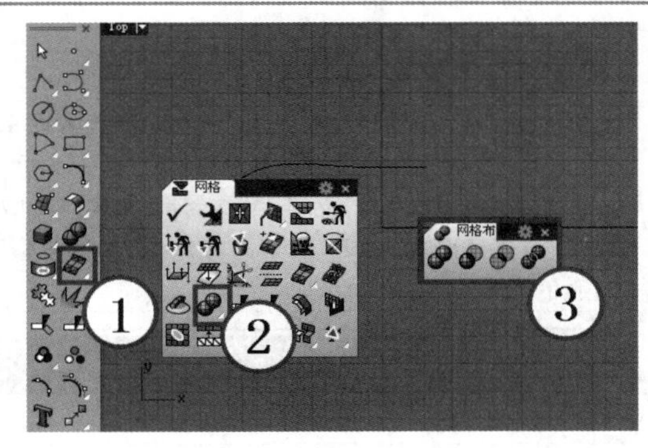

图6-27

技巧与提示

网格布尔运算工具的具体用法请参考本书第5章的5.4.1小节。

6.3.3 检查网格

当导入或导出网格对象时，可以使用“检查物件/检查所有新物件”工具☑检查网格物件的错误，并根据提示清理、修复或封闭网格。

技巧与提示

Rhino 5.0将原来版本中的“检查网格”和“检查物件”功能合在一起了。

“检查物件/检查所有新物件”工具☑的用法比较简单，启用该工具后选取网格物件，并单击鼠标右键确定即可，此时将弹出“检查”对话框，如图6-28所示。该对话框中列出了网格物件的详细数据，作为修复网格时的检查列表。

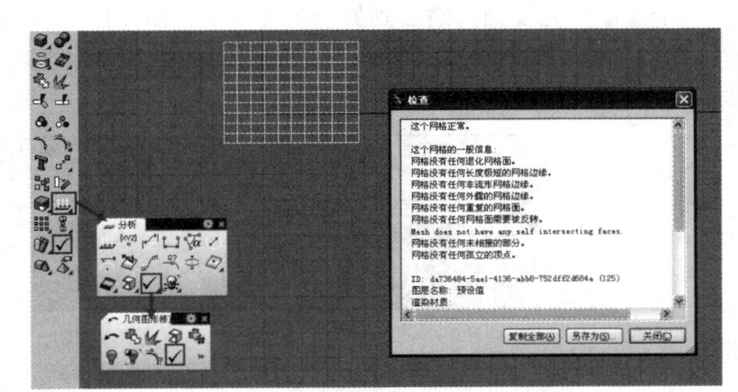

图6-28

技巧与提示

不论是导入Rhino或是在Rhino里由曲面转换为网格，都可以使用“检查物件/检查所有新物件”工具☑检查网格是否有错误，以减少后续处理可能产生的问题。

6.3.4 网格面常见错误及修正方式

下面介绍一下网格面常见的错误及其对应的修正方式，修正这些错误时所使用的工具主要位于“网格”工具栏下。

退化的网格面/非流形网格边缘

所谓退化的网格面是指面积为0的网格面或长度为0的网格边缘，使用“剔除退化的网格面”工具可以将其删除。启用该工具后，选择一个网格，并按Enter键即可。

组合三个网格面或曲面的边缘称为非流形边缘，例如，图6-29中以洋红色显示的边缘就是非流形网格边缘。非流形网格边缘可能会导致布尔运算失败，使用“剔除退化的网格面”工具可以将其删除。

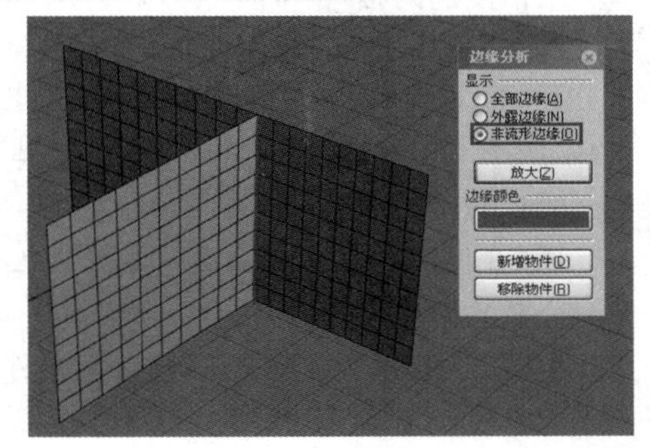

图6-29

技巧与提示

使用“显示边缘/关闭显示边缘”工具可以分析网格的非流形网格边缘和外露边缘。

外露的网格边缘

外露的网格边缘是指未与其他边缘组合的网格边缘，网格上可以有外露边缘存在，但在输出为其他格式的文件时可能会发生问题。

通常需要修补的外露网格边缘是指网格上不应该存在的洞或网格模型上出现了缝隙，这两个问题可以使用“填补网格洞/填补全部网格洞”工具和“衔接网格边缘”工具来消除外露的网格边缘。

重复的网格面

如果网格中存在重复的网格面，可以使用“抽离网格面”工具将其抽离。

技巧与提示

通常在“着色模式”下使用“抽离网格面”工具，因为可以直接选取网格面，也可以选取网格边缘。

网格面的法线方向不一致

网格有“顶点法线”和“网格面法线”两种法线。所有的网格都有法线方向，但有些网格没有顶点法线，例如，

3D面、网格标准体以及不是以3DM或3DS格式导入的网格都没有顶点法线。

通常，网格面顶点的顺序决定了网格面的法线方向，顶点顺序必须是顺时针或逆时针方向，如果网格面的顶点顺序不一致，就会导致网格面的法线方向不一致。使用“统一网格法线/反转网格法线”工具可以使所有熔接后的网格面的顶点顺序一致。

如果“统一网格法线/反转网格法线”工具无法对网格发生作用，请先将网格炸开，将网格面的法线方向统一以后再组合一次。

未相接的网格

对于边缘未接触，但组合在一起的网格，如果要将其分开，可以使用“分割未相接的网格”工具。启用工具后选择需要分割的组合网格，按Enter键即可。

孤立的网格顶点

孤立的网格顶点通常不会造成问题，因此不用理会。

分散的网格顶点

如果出现原本应该位于同一个位置的许多顶点，因为某些因素而被分散的情况，可以使用“以公差对齐网格顶点”工具进行修复。

启用该工具后，需要注意“要调整的距离”选项，如果网格顶点之间的距离小于该选项设置的距离，那么这些顶点会被强迫移动到同一个点。

6.3.5 其余网格编辑工具

这里再简单介绍一下在实际工作中可能会用到的其余网格编辑工具，如表6-1所示。

表6-1 其余网格编辑工具简介

工具名称	工具图标	功能介绍
重建网格法线		该工具可以删除网格法线，并以网格面的定位重新建立网格面和顶点的法线
重建网格		该工具可以去除网格的贴图坐标、顶点颜色和曲面参数，并重建网格面和顶点法线。常用于重建工作不正常的网格
删除网格面		删除网格物件的网格面产生网格洞
嵌入单一网格面		以单一网格面填补网格上的洞
对调网格边缘		对调有共享边缘的两个三角形网格面的角，选取的网格边缘必须是两个三角形网格面的共享边缘
套用网格至NURBS曲面		以被选取的网格同样的顶点数建立另一个包覆于曲面上的网格。该工具只能作用于从NURBS转换而来具有UV方向数据的网格
分割网格边缘		分割一个网格边缘，产生两个或更多的三角形网格面
套用网格UVN		根据网格和参数将网格和点物件包覆到曲面上
四角化网格		将两个三角形网格面合并成一个四角形网格面
三角化网格/三角化非平面的四角网格面		将网格上所有的四角形网格面分割成两个三角形网格面
缩减网格面数/三角化网格		缩减网格物件的网格面数，并将四角形的网格面转换为三角形
以边缘长度摺叠网格面		移动长度大于或小于指定长度的网格边缘的一个顶点到另一个顶点

知识链接

“分割网格”工具和“修剪网格”工具的用法可以参考本书第2章2.4.7小节。

“偏移网格”工具的用法可以参考本书第4章4.4.7小节。

“复制网格洞的边界”工具的用法可以参考本书第5章5.4.18小节。

6.4 网格面的导入与导出

6.4.1 导入网格面

Rhino中网格面的导入可根据软件的类别分为两种情况：一种是同类软件之间的导入，另一种是不同类软件之间的导入。

同类软件之间的导入

通常情况下，一个软件是不可能打开两个窗口的，也就是不能同时运行，如AutoCAD，这类软件一般具有两组窗口控制按钮，如图6-30所示，其中上面一组用于控制软件的最小化、最大化和关闭，下面一组用于控制文件的最小化、最大化和关闭，这是为了应对同时编辑多个文件的情况。

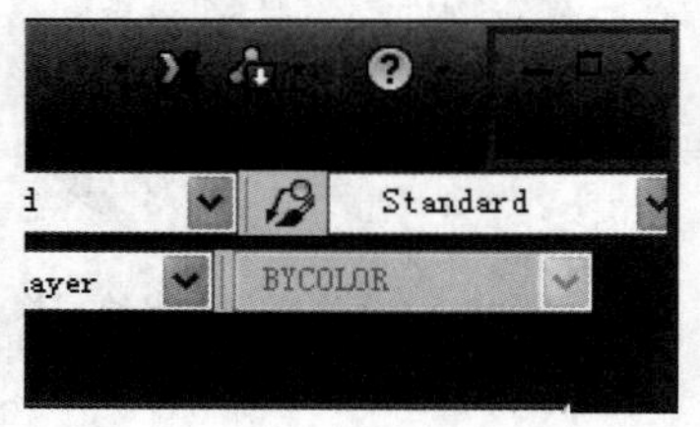

图6-30

而Rhino不同，Rhino可以同时打开多个窗口，每个窗口只能编辑一个文件。因此，当一个窗口中的模型需要导入另一个窗口时，就会涉及同类软件之间的导入。最简便的方法就是通过“复制→粘贴”模式，也就是在第1个窗口中先复制，然后到另一个窗口中粘贴即可。其快捷键为Ctrl+C和Ctrl+V，也可以通过对应的工具和菜单命令，如图6-31和图6-32所示。

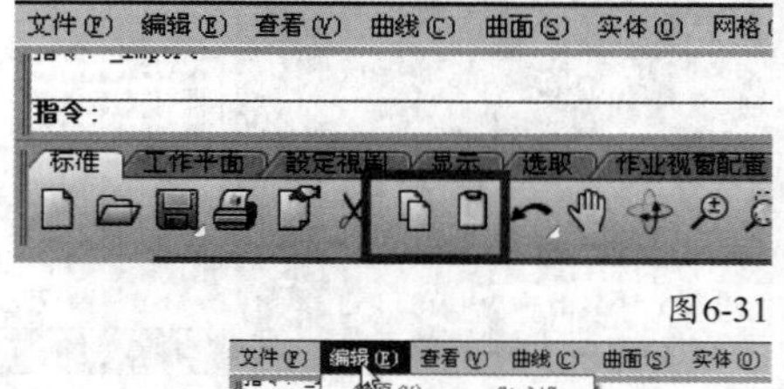

图6-31

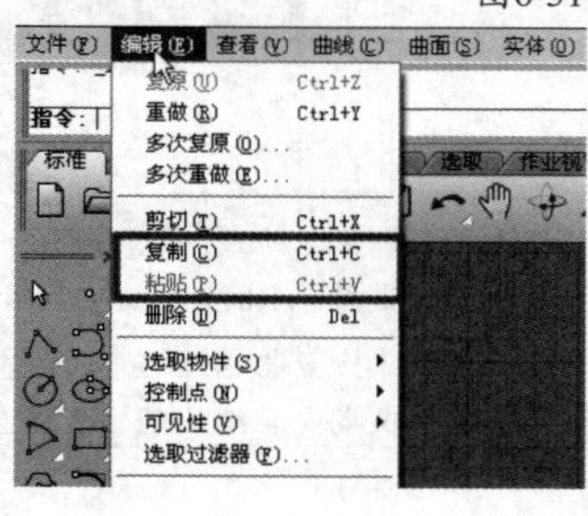

图6-32

不同类软件之间的导入

不同类软件的导入有两种方式，一种是通过“文件”菜单下的“打开”或“导入”命令，如图6-33所示；另一种是通过Rhino的插件导入，当然，前提是需要先安装插件。

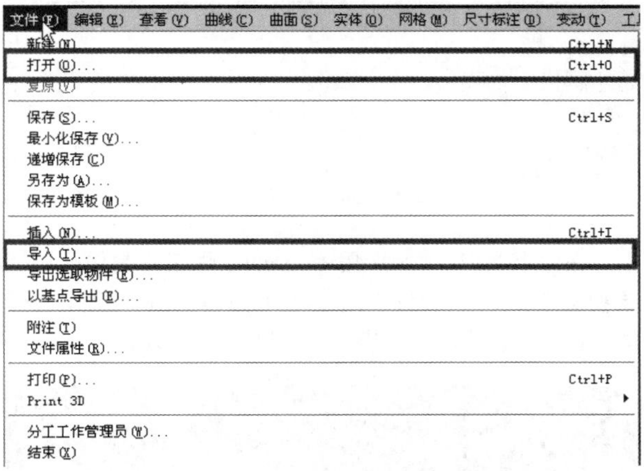

图6-33

6.4.2 导出网格面

Rhino中导出网格面同样可以分为两种情况：一种是直接导出，设置支持网格面的文件格式即可；另一种是先在Rhino中网格化，再进行导出。

直接导出

通过“文件”菜单下的“另存为”“导出选取物件”或“以基点导出”命令即可直接导出，如图6-34所示。

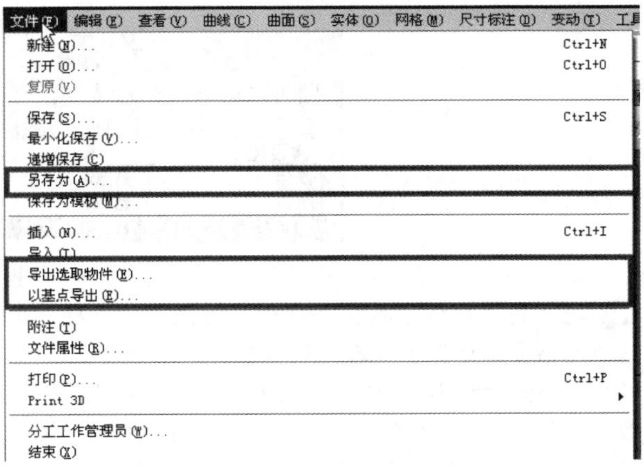

图6-34

这3种导出方式中，执行“另存为”和“导出选择物件”命令将直接打开“储存”和“导出”对话框，而执行“以基点导出”命令还需要在视图中先指定基点才能打开“导出”对话框。用户可以在对话框的“保存类型”列表下选择.3ds、.dwg、.dxf、.obj、.iges、.stl以及.step等扩展名进行导出，如图6-35所示。

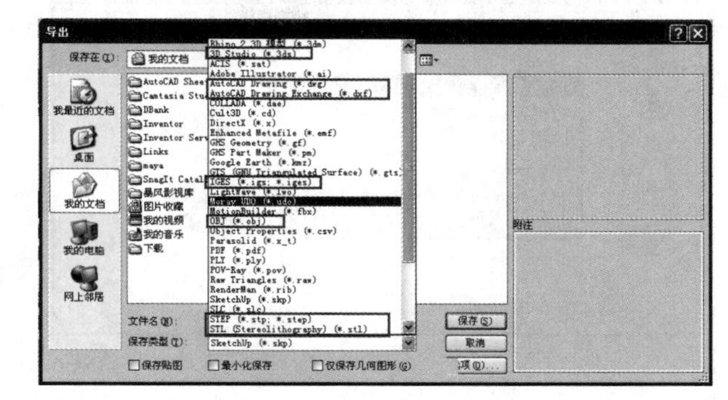

图6-35

先网格化再导出

这种方式是使用“转换曲面/多重曲面为网格”工具将物件先转换为网格模型，然后再通过“文件”菜单下的“另存为”“导出选择物件”或“以基点导出”命令进行导出。

25 技术专题：Rhino常用格式介绍及注意事项

1.IGES

IGES的全称为Initial Graphics Exchange Specifications，这类文件的后缀为.igs或.iges。它是一种中立的文件格式，可用于曲面模型的文件交换。

这种格式的文件如果以“打开”命令导入Rhino，IGES文件的单位与公差会成为Rhino的单位与绝对公差，必要时会做一些调整，避免IGES文件的公差设定不合理时，Rhino将绝对公差设定的太大或太小；如果以“导入”命令导入Rhino，Rhino的公差不变，并以自己的公差或更小的公差值重新计算曲面；如果文件的单位与Rhino的单位不同，可以设定导入IGES文件的缩放选项，使导入的IGES几何图形符合目前Rhino的单位系统。

Rhino中的网格对象无法导出为IGES格式的文件，如果要将3DS格式的文件（网格）导入Rhino再输出，则IGES文件为空。

2.STL

STL的全称为Stereolithography，这类文件的后缀为.stl，是常用的网格文件输出格式，它的网格没有颜色、没有贴图坐标或其他任何属性资料，它的网格面全部都是三角形，并且网格顶点全部解除熔接。

STL文件只能包含网格物件，导入Rhino后仍然是网格物件，不会转换成NURBS物件。导出时通过选项(O)...按钮可以打开“STL导出选项”对话框，如图6-36所示。

在“STL导出选项”对话框中可以控制文件的类型为“二进制”或Ascii，而勾选“导出开放物件”选项可以允许未完全封闭的对象输出。如果要用STL格式而不选此选项，此时如有不封闭对象则导出失败。

此外，如果导出的是NURBS物件，由于STL文件只能包含网格物件，因此导出时会将NURBS物件转换为网格物件，同时会弹出“STL网格导出选项”对话框，如图6-37所示。

图6-36

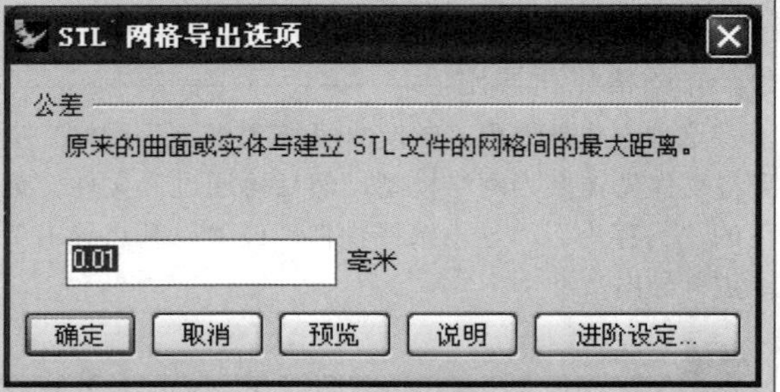

STL 网格导出选项

公差

原来的曲面或实体与建立 STL 文件的网格间的最大距离。

0.01 毫米

确定 取消 预览 说明 进阶设定...

图6-37

在“STL网格导出选项”对话框中，“公差”参数用于设置原始物体和所创建的多边形网格间的最大距离。而通过 进阶设定... 按钮可以打开如图6-38所示的“网格高级选项”对话框，该面板在前面的内容中已经出现过多次，这里不再介绍。

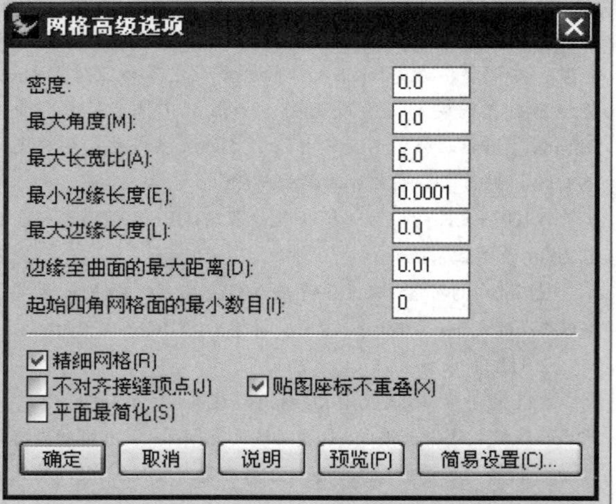

网格高级选项

密度:	0.0
最大角度(M):	0.0
最大长宽比(A):	6.0
最小边缘长度(E):	0.0001
最大边缘长度(L):	0.0
边缘至曲面的最大距离(D):	0.01
起始四角网格面的最小数目(I):	0

☑ 精细网格(R)
☐ 不对齐接缝顶点(J) ☑ 贴图座标不重叠(X)
☐ 平面最简化(S)

确定 取消 说明 预览(P) 简易设置(C)...

图6-38

3.3DS

3DS的全称为3D Studio Max，这类文件的后缀为.3ds。

3DS文件只能包含网格物件，导入Rhino后仍然是网格物件，并不会转换成NURBS。

Rhino可以读取3DS文件的纹理对应坐标。

导出3DS文件时会尽量保留物件的名称。

如果物件在Rhino里的名称为RhinoObjectName，导出为3DS时只能保留物件名称的前10个字符，成为RhinoObjec，因为MAX或3DS文件的物件名称最长只能有10个字符。

Rhino会检查物件名称是否已经存在，发现有同样名称的物件时，Rhino会将物件名称截短为6个字符，并加上_及3个数字，如RhinoO_010，结尾的3个数字是由导出程序的网格计数器产生。

如果导出的物件没有名称，Rhino会以Obj_000010这种格式命名物件，结尾的6个数字由导出程序的网格计数器所产生。

实战

制作网格储物架

场景位置	无
实例位置	实例文件>第6章>实战——制作网格储物架.3dm
视频位置	第6章>实战——制作网格储物架.flv
难易指数	★★★☆☆
技术掌握	掌握网格模型的建模思路和编辑方法

在本书第5章中曾运用Rhino的实体工具制作了一个储物架模型，本节我们通过运用网格工具来重建该模型，并进行一些对比，模型的效果如图6-39所示。

图6-39

01 打开本书学习资源中的“实例文件>第5章>实战——利用立方体制作储物架.3dm”文件，然后进入“图层”面板，并锁定“铁架”“隔板”以及“支柱”3个图层，如图6-40所示。

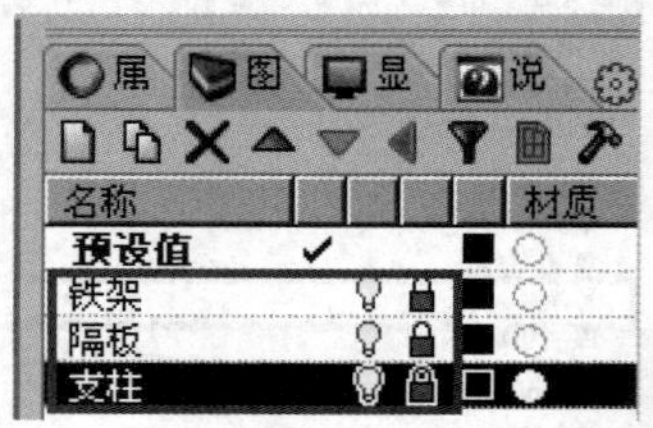

图6-40

02 切换到“网格工具”工具栏，首先重建支柱，单击“网格立方体”工具，然后在命令行中设置x轴、y轴、z轴面数都为1，这样可以极大地减少物体的面片数，接着开启“物件锁点”功能，并打开“端点”捕捉模式，再通过捕捉原始储物架模型的立柱端点，创建4根立柱，最后关闭“支柱”图层，可以看到所创建的网格支柱效果，如图6-41所示。

03 使用同样的方法创建3个“隔板”模型，并关闭“隔板”图层，如图6-42所示。

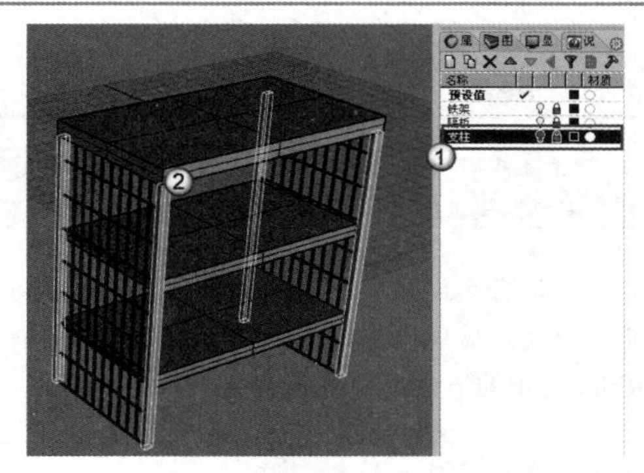

图6-41

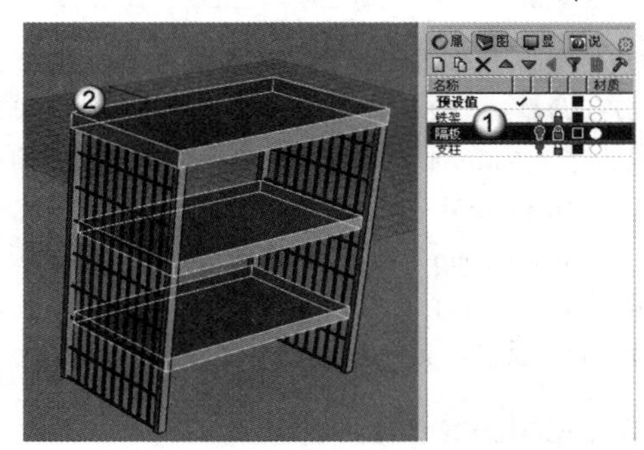

图6-42

04 最后，以同样的方式创建“铁架”模型，并关闭“铁架”图层，如图6-43所示。模型效果如图6-44所示。

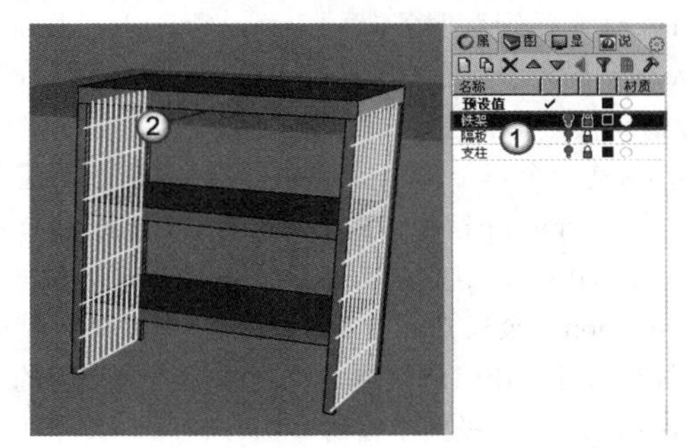

图6-43

图6-44

05 选择重建的网格储物架模型，然后执行“文件>导出选取的物件”菜单命令，并将导出文件的名称命名为“mesh储物架.3dm”，如图6-45所示。

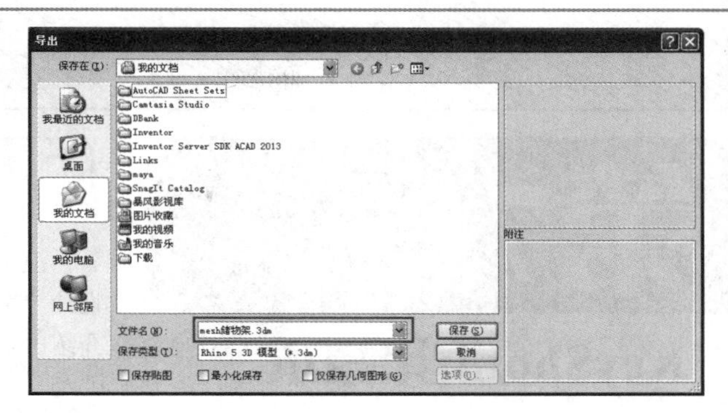

图6-45

06 现在我们来进行一些对比，找到上一章制作的NURBS储物架模型文件，然后在该文件上单击鼠标右键，并在弹出的菜单中选择“属性”选项，观察其大小，如图6-46所示，从图中可以看到，模型的大小为4.64MB，我们再来观察新建的网格储物架模型的大小，如图6-47所示，只有68.2KB。由此可见，人为地控制网格数可以极大地减小模型的面片数，从而减小文件的大小。

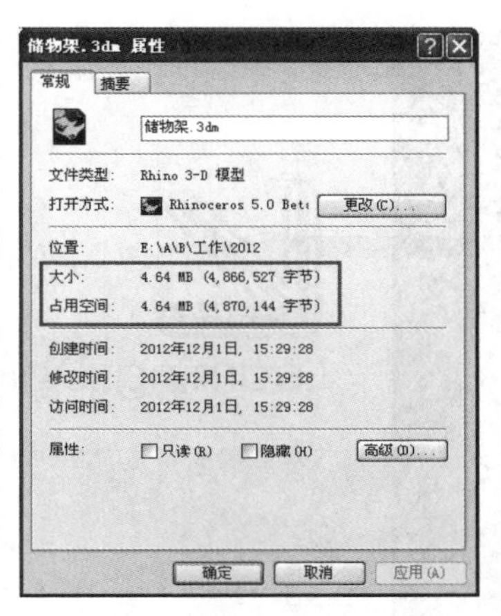

图6-46

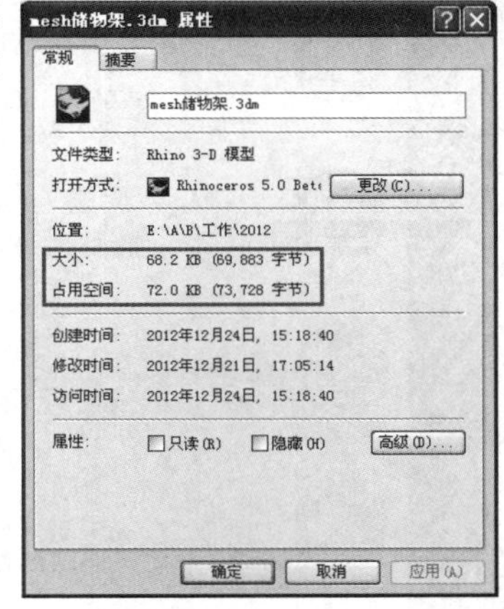

图6-47

26 技术专题：网格面要注意的地方

为避免产生过大的网格文件，可以用相应的网格工具开始建模，因为网格物体的内存占有量相对NURBS较小。

为了输出STL文件，最好将高级网格控制中的最大角度和最大长宽比设置为0。将边缘到曲面的最大距离设置为需要的加工精度左右（0.125mm）。

最好一次只修改一个设置以观察其影响。

一旦生成网格，隐藏原来NURBS对象，用“平坦着色模式”检查网格。

第7章 KeyShot渲染技术

Learning Objectives

Rhino

7.1 Rhino常用渲染软件

渲染是产品设计表现最重要的一个环节，通过渲染能够使产品设计方案更加真实地展现出来，也能够增加设计的感染力。下面来介绍一下Rhino常用的渲染器和渲染软件。

7.1.1 VRay for Rhino

VRay是效果图制作常用的渲染引擎，特点是速度快、容易学习。VRay最开始是3ds Max上一套享有盛名的外挂渲染软件，因此早期的时候为了让Rhino制作的模型能够达到VRay的渲染效果和速度，不得不在Rhino和3ds Max之间导入导出，显得比较烦琐。而从2006年7月Chaos Group公司推出VRay for Rhino 1.0版本后，这种麻烦就不复存在，满足了大量Rhino用户的需求。目前，VRay for Rhino已经推出1.5版本，支持Rhino 5.0版本。

7.1.2 Brazil for Rhino

Brazil r/s是SplutterFish公司的一款非常优秀的渲染器，是为那些希望利用渲染器获得高品质图像的CG设计师而设计的。Brazil r/s由RayServer（光线跟踪服务器）、ImageSampler（图象采样器）、LumaServer（全局光服务器）、RenderPassControl（渲染进程控器）等模块组成，每个模块都有自身独特的功能。

Brazil r/s是一个基于Raytracing（光线跟踪）的渲染引擎，与Rhino自身的Raytracing相比，Brazil r/s的Raytracing有着更快的速度和品质，Brazil r/s采用的是Bucket（块）的渲染方式，并且支持GlobalIllumination（全局光）技术和Caustics（焦散）特效，还有使用光子贴图技术可以让用户快速地重复调用先前使用的运算结果。此外，Brazil r/s还有着极其丰富逼真的材料库，其算法是基于真实物理属性的算法，结合优秀的渲染引擎和采样设置，能让物体产生超乎想象的真实质感。

7.1.3 Flamingo

Flamingo是最早用于Rhino的渲染插件，除了没有GI（Flamingo 2.0将加入类似功能）之外什么都有，同时具备Raytrace与Radiosity渲染引擎。Flamingo最拿手的是金属与塑料质感的表现，在这方面的着色速度非常快。以目前的角度来看，Flamingo使用的技术虽然稍嫌老旧，但仍然可以计算出很出色的图片。

7.1.4 Maxwell

Maxwell是基于真实物理特性的一款独立的GI渲染器，由于其本身是一个独立的渲染软件，因此具有很强大的兼容性，目前市面上所有三维软件创建的模型和场景几乎都可以用Maxwell来渲染。

Maxwell把光定义为一种符合真实世界光谱频率的电磁波（该软件的名字就是为了纪念著名的物理学家Maxwell，电磁波的发现者），Maxwell的光谱范围也是从红外线到紫外线，这样最终渲染的每一个像素都与光谱中响应的频率的能量对应，这种能量的来源就是场景中的光源。更有意思的是，Maxwell把这种光线能量最后的结果设定为摄像机底片接收后的结果，也就是说最终渲染的每一个像素都是不同频率的光线到摄像机底片或者是视网膜后的真实结果，这使得最终的效果非常真实。

7.1.5 Penguin

Penguin是一套提供给Rhino与AutoCAD使用的非真实渲染器，可以表现出非拟真的手绘素描、水彩以及卡通笔触的质感。

7.1.6 Cinema 4D

Cinema 4D是由德国Maxon Computer公司开发的3D设计软件，以极高的运算速度和强大的渲染插件著称，在广告、电影、工业设计等方面都有出色的表现。

7.1.7 3ds Max

3ds Max是由Autodesk公司开发的一款集造型、渲染和动画制作于一身的三维软件，由于可以应用于众多领域，因此在市面上的使用率占据了很大的优势。

7.2 KeyShot渲染器

前面介绍了目前在Rhino中比较常用的渲染软件，除此之外，还有其他一些诸如Maya、RhinoGold等渲染软件适合在不同领域内的表现，这里就不再一一介绍。下面，将重点介绍本书推荐的KeyShot渲染器。

为什么会选择KeyShot渲染器？首先要了解不同领域对渲染器的要求是不一样的，Rhino目前较多地被用于工业设计领域，而工业设计是一个展示新产品概念特征的平台，因此对展示产品本身的效果要求比较高，对于空间、贴图以及机器配置等其他要求相对较低。所以，要选择这样一种合适的渲染器应该符合以下几个要点。

第1点：硬件要求低。

第2点：使用简单方便。

第3点：渲染速度快。

第4点：渲染质量好。

通过比较，KeyShot渲染器正好满足这4个条件。

7.2.1 了解KeyShot渲染器

KeyShot是由Luxion公司推出的一个互动性的光线追踪与全域光渲染程序，是一个基于物理的没有偏见的渲染引擎，能够产生照片级的真实图像。

KeyShot的优点在于几秒种之内就能够渲染出令人惊讶的作品，这使得无论是沟通早期理念，还是尝试设计决策，或者是创建市场和销售图像，KeyShot都能打破一切复杂限制，快速、方便、惊人地帮助用户创建出高品质的渲染效果图。此外，KeyShot还提供了实时渲染技术，可以让使用者更加直观和方便地调节场景的各种效果，大大缩短了传统渲染作业所花费的时间。

目前，KeyShot推出了最新版本KeyShot 3，在大幅加强渲染效率的同时增加了强大的动画功能，具有完整的交互式光线追踪环境和实时播放、物体移动动画、镜头动画等功能。

实战

安装KeyShot

场景位置	无
实例位置	无
视频位置	第7章>实战——安装KeyShot.flv
难易指数	★★☆☆☆
技术掌握	掌握安装KeyShot的方法

01 双击KeyShot安装程序，打开初始界面，如图7-1所示。

图7-1

02 单击“下一步”按钮Next >，进入第2个界面，然后单击I Agree（我同意）按钮I Agree，如图7-2所示。

03 在第3个界面中选择Install for anyone using this computer（为使用这台计算机的任何人安装）选项，然后单击“下一步”按钮Next >，如图7-3所示。

04 选择要安装的目录，然后单击“下一步”按钮Next >，如图7-4所示。

05 再次设置一个没有中文名称的路径，然后单击“Install（安装）”按钮Install，如图7-5所示。

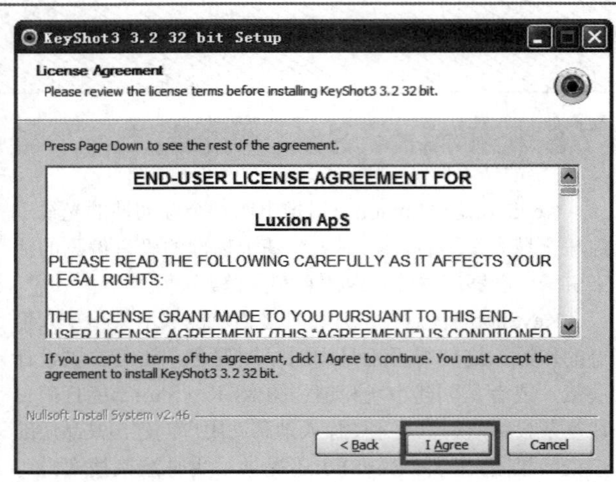

图7-2

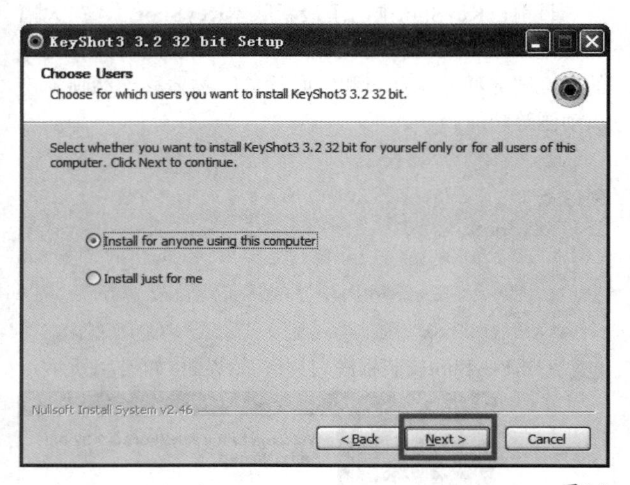

图7-3

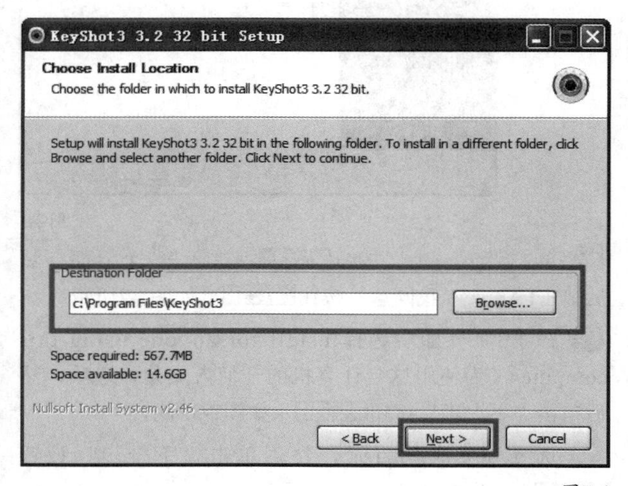

图7-4

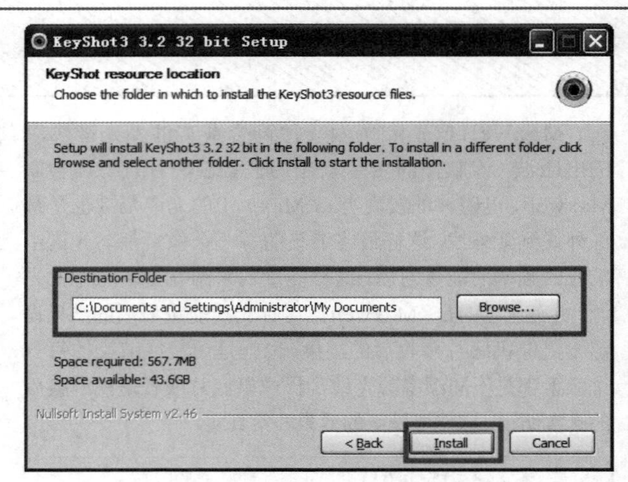

图7-5

KeyShot在渲染输出时无法识别中文，很多情况下，中文在识别时被默认为乱码。所以，通常不建议安装在中文目录下。

06 进入安装阶段，如图7-6所示。

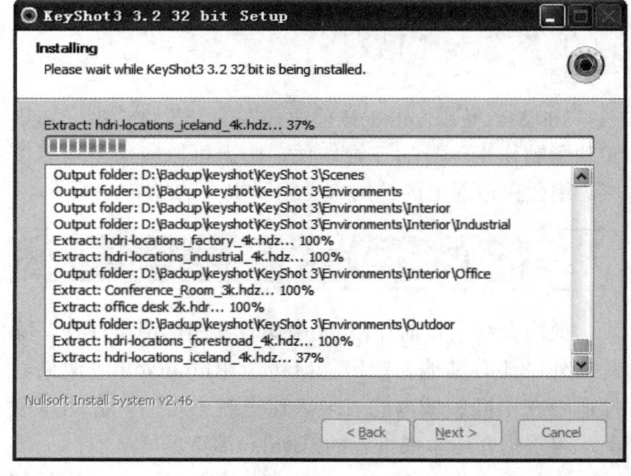

图7-6

07 安装结束后，弹出图7-7所示的对话框，单击Finish（完成）按钮 Finish 完成操作。

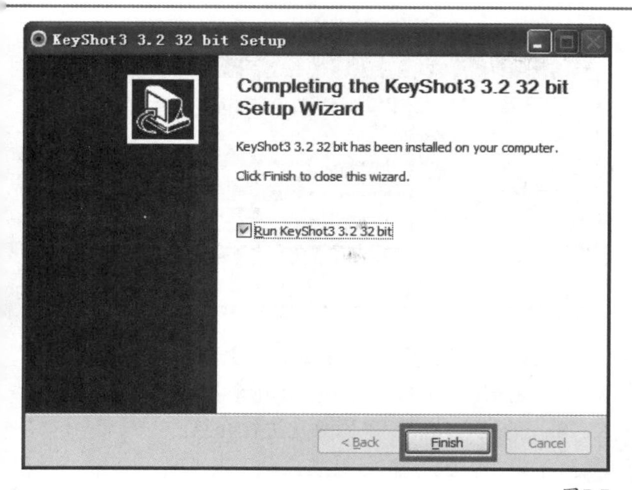

图7-7

技巧与提示

完成安装后，在桌面上出现了图7-8所示的图标。其中上面是启动软件的图标，下面是安装时默认生成的一个文件夹。在渲染的过程中，下面的文件夹非常有用，因为每次渲染时，需要调用或生成的文件都会对应在这个文件夹中，如图7-9所示。

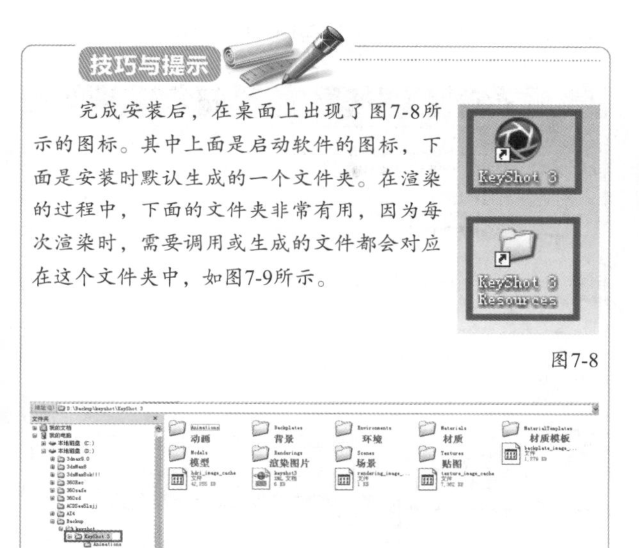

图7-8

图7-9

7.2.2 KeyShot的工作界面

双击桌面上的KeyShot软件启动图标，首先出现的是启动界面，如图7-10所示。

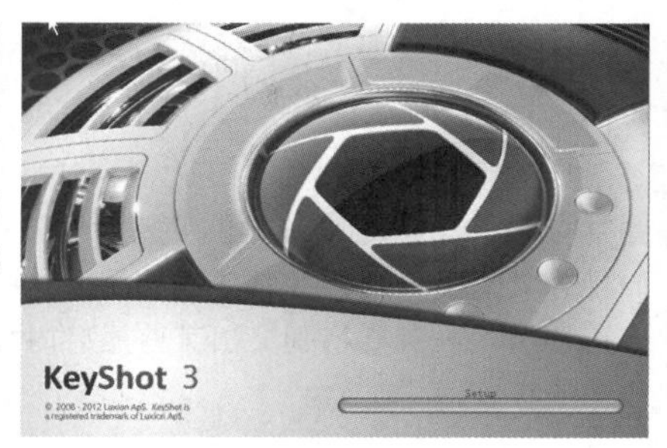

图7-10

初次运行KeyShot 3时，需要先进行注册，如图7-11所示。完成注册后将打开其工作界面，如图7-12所示。

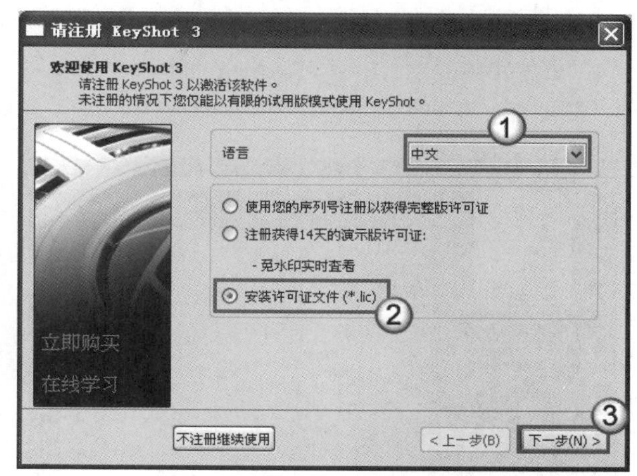

图7-11

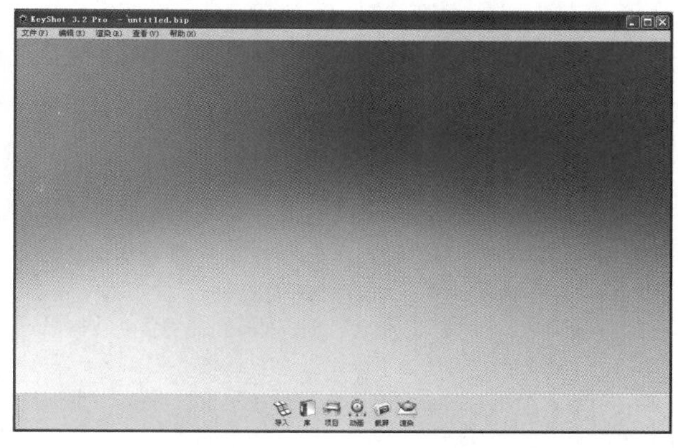

图7-12

27 技术专题：运行KeyShot的常见问题

初次运行KeyShot时，可能会遇到两个问题，一个是KeyShot的工作窗口黑屏，并且可以渲染就是看不到实时预览渲染的效果，如图7-13所示。

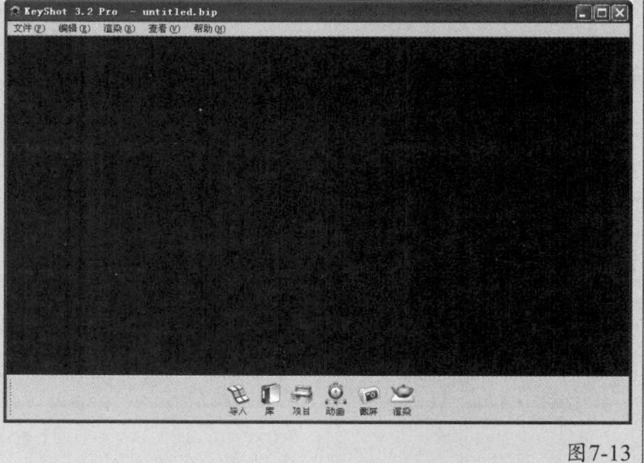

图7-13

出现这一情况的原因是显卡问题，KeyShot 3渲染器是通过CPU和GPU共同渲染的，所以对显卡的要求比较高，至少要有1GB显存，而有的计算机显卡配置不够大。

解决这一问题的方法是执行“编辑>首选项”菜单命令，然后在弹出的“首选项”对话框中展开“高级”面板，并取消勾选“启动GPU”选项，如图7-14所示。

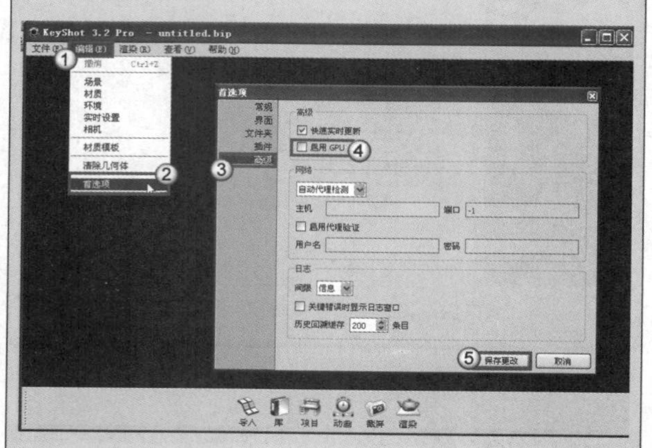

图7-14

另一个问题是一旦运行KeyShot 3后，CPU很快就会占用到100%，如果计算机配置不高，还有可能会出现卡机的现象（一般情况下还是可以正常运行的）。如果是多核电脑，下面所述的办法可以在KeyShot 3运行时降低CPU的利用率。

首先运行KeyShot 3，进入其工作界面，然后按Ctrl+Alt+Delete组合键，打开“Windows任务管理器”对话框，接着单击“进程”选项卡，找到KeyShot 3选项，并在该选项上单击鼠标右键，在弹出的菜单中选择“关系设置”选项，最后在弹出的“处理器关系”对话框中取消多个CPU的利用，只保留一个即可，如图7-15和图7-16所示。

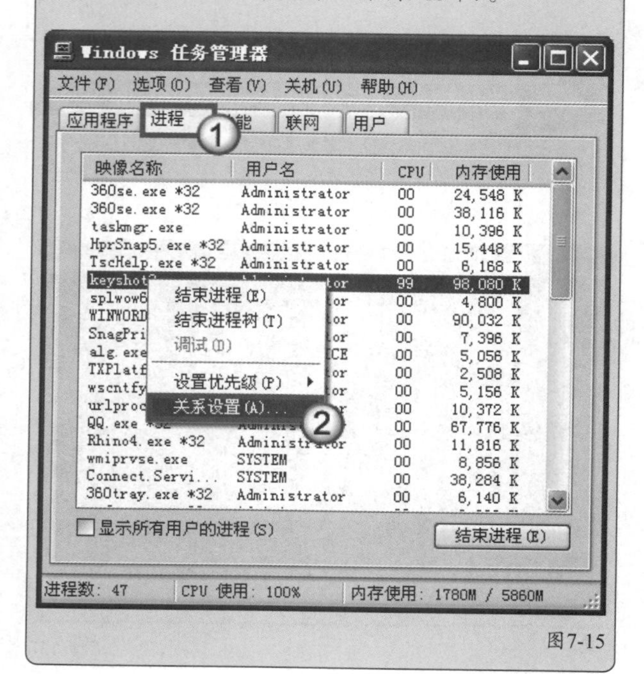

图7-15

图7-16

KeyShot 3的界面非常简洁，主要由菜单栏、工作窗口和底部的6个按钮组成，这6个按钮基本上包含了KeyShot的核心功能，下面分别进行介绍。

导入

单击“导入”按钮将打开“导入文件”对话框，可以导入多种格式的文件，如图7-17所示。

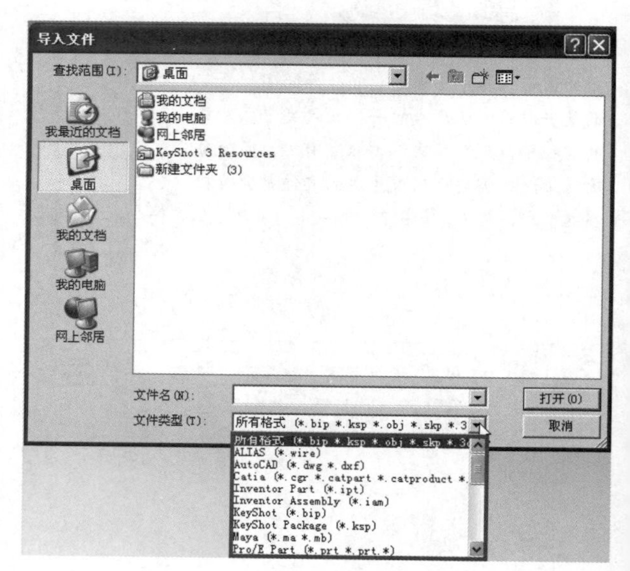

图7-17

库

库是KeyShot非常重要的一个部分，通过库可以非常方便地为模型赋予材质，或者为场景添加环境和背景。KeyShot 3中的库包含材质库、环境库、背景库、纹理库和渲染库。

<1>材质库

单击“库”按钮，打开“KeyShot库”对话框，如图7-18所示。KeyShot 3提供了完整而又齐全的材质库，而且分类清晰直观，非常便于使用。这些材质一般都是直接使用，只有要特别突出某些质感时才有可能调节材质球的参数。

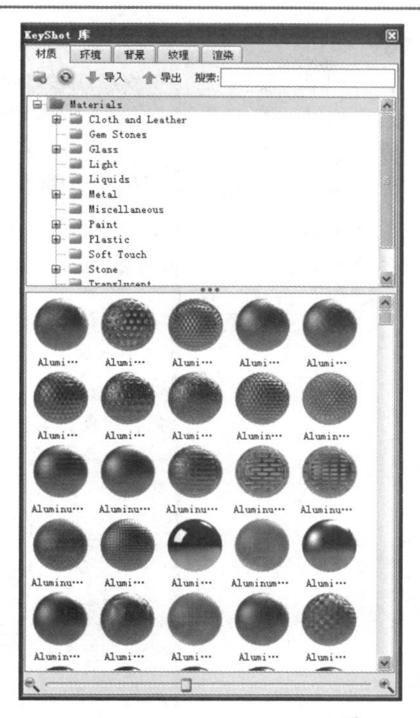

图7-18

<2>环境库

单击切换到“环境”选项卡下，如图7-19所示。环境库里面的环境贴图是KeyShot与其他软件相比最特别的地方，因为KeyShot是没有灯光系统的，所以它所有的光照必须通过环境库里面的HDR环境贴图来实现。

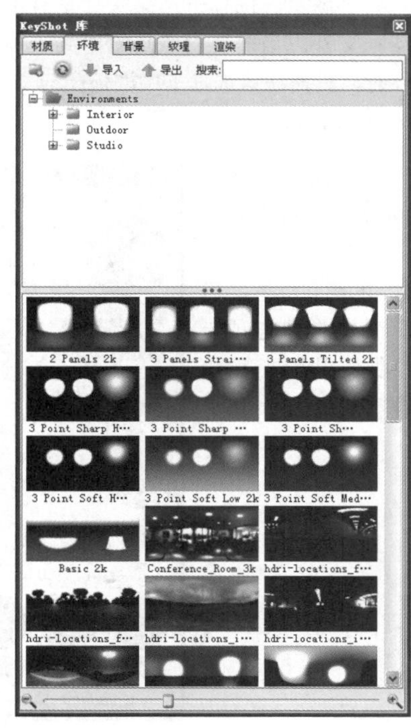

图7-19

技巧与提示

所谓HDR，其全称为High-Dynamic Range，译为“高动态光照渲染”，是电脑图形学中的渲染方法之一，可令立体场景更加逼真，大幅增加三维虚拟的真实感。HDR环境贴图可以模拟人眼自动适应光线变化的这一特点，因此，它就像灯一样控制环境的光照。

环境库不但有很多专业的分类，而且提供了许多专业摄影棚灯光，非常适合各类产品的渲染，如图7-20和图7-21所示。

图7-20

图7-21

<3>背景库

背景库中提供的图片用于为场景添加背景，如图7-22所示。

图7-22

<4>纹理库

图7-23所示为KeyShot预设的纹理贴图库，它包含了材质库中所需要的所有贴图文件。当场景中需要给材质添加新的贴图时，就可以单击纹理贴图库中的导入按钮添加所需的图片。如果想要自定义纹理贴图库，可以在Textures列表下通过右键菜单中的“添加”选项创建自己的纹理贴图文件库。

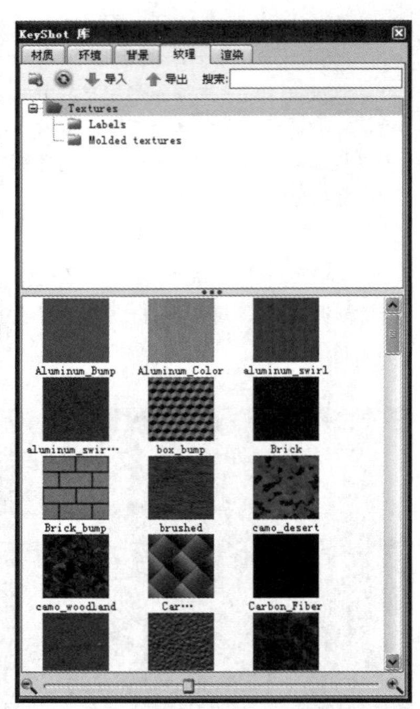

图7-23

<5>渲染库

渲染库是出图或快照保存在预设文件夹内的预览管理，当场景进行即时渲染或直接渲染出图后，其出图文件会以JPG格式保存在渲染库中，提供给使用者预览，如图7-24所示。

图7-24

如果要在库中添加材质种类、环境或背景贴图，可以将文件放置在桌面上的KeyShot 3 Resources文件夹内，只要拥有相同的文件后缀名，就可以在“KeyShot库”对话框中对应的分类下找到。

项目

单击工作界面底部的“项目”按钮，打开“项目”对话框，如图7-25所示。该对话框用于管理场景中的模型、材质、环境、相机等对象。

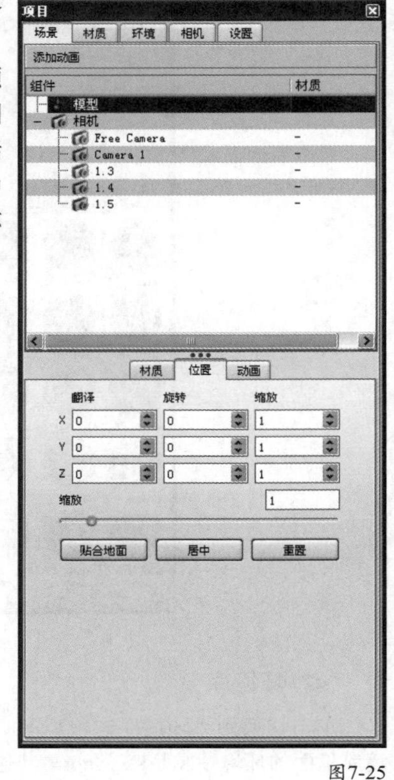

图7-25

<1>场景

“场景”选项卡用来管理场景中的模型、相机以及动画文件。当需要隐藏场景中某一模型、相机或动画文件时，只需在该选项卡中取消相应文件的勾选即可。

<2>材质

当选择一个材质后，其相应的名称、类型、材质属性、贴图和标签会显示在“材质”选项卡中供使用者调节，如图7-26所示。

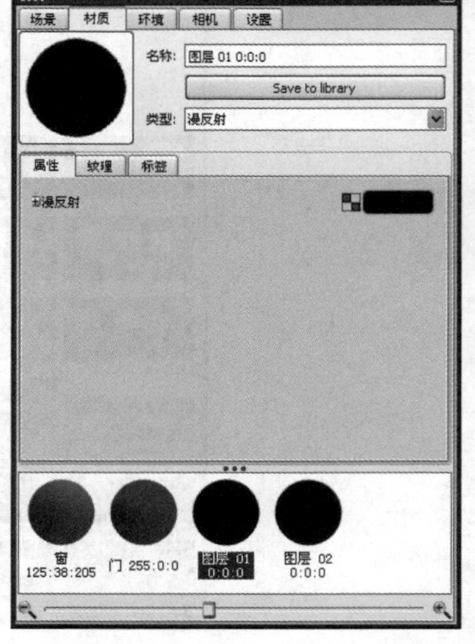

图7-26

<3>环境

“环境”选项卡中的参数主要用于对环境贴图进行调整，此外，也可以设置背景和地面，如图7-27所示。

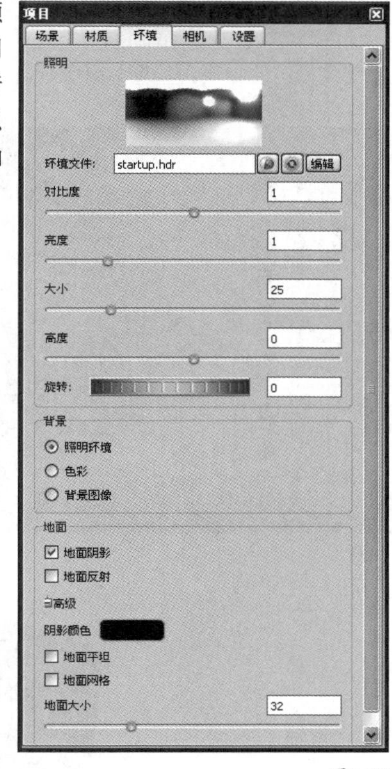

图7-27

<4>相机

在“相机”选项卡中，“相机”选项的下拉菜单显示的是场景中被激活的或正在使用的相机选项。当在下拉菜单中选择一个相机后，即时观看视图也会转换成相应的相机视图模式。相机视图也能通过右侧的加或减按钮被保存或删除，如图7-28所示。

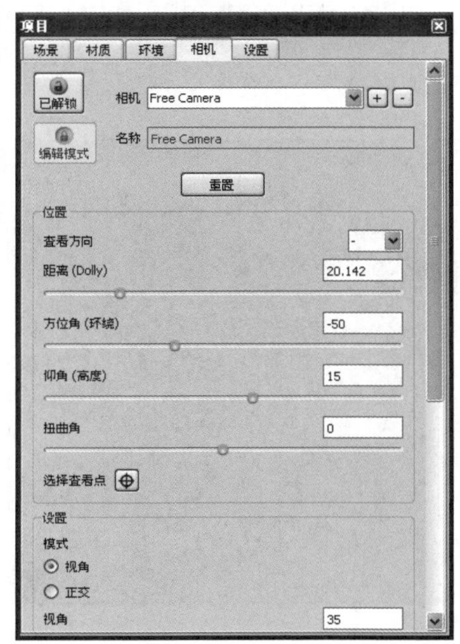

图7-28

<5>设置

“设置”选项卡中的参数是用来调节即时观看视图的分辨率、亮度、伽玛值、显示质量、光线反射次数、阴影质量、阴影细节、间接照明细节以及地面间接照明的设置，如图7-29所示。

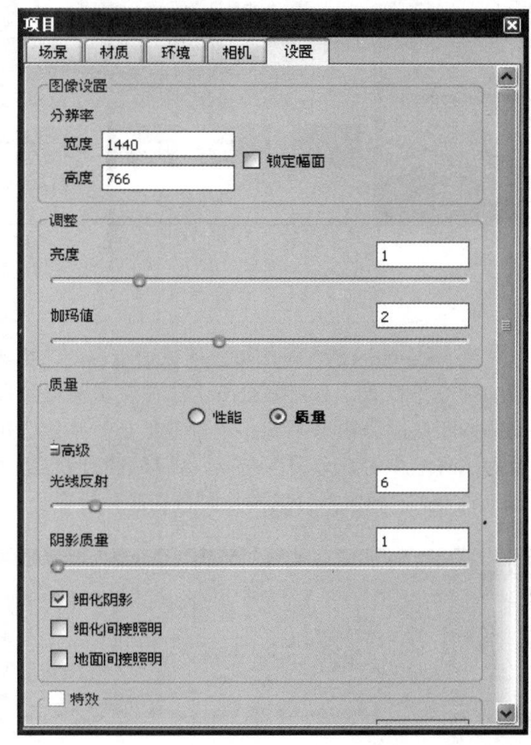

图7-29

动画

KeyShot动画系统用来制作简单的移动组件动画，它主要针对设计师和工程师，而不是职业动画师。它也不运用传统的关键帧系统去创造动画，而只是运用多样的如旋转、移动以及变形等方式显示于时间轴中。

单击“动画”按钮将打开“动画”工具栏，如图7-30所示。

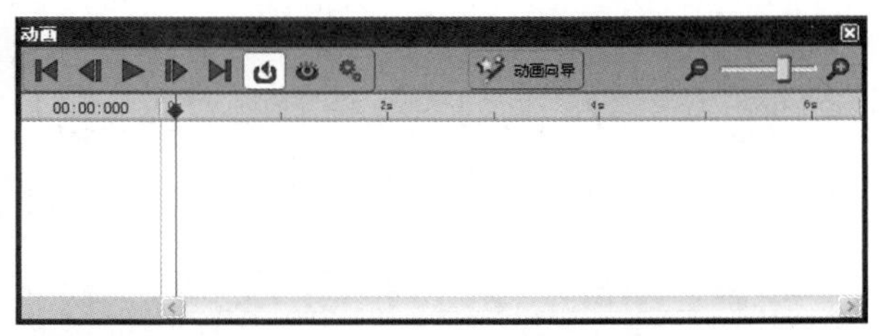

图7-30

截屏

单击“截屏”按钮可以截取当前显示的画面，并自动保存为一张JPG格式的图片，保存的图片在KeyShot 3 Resources文件夹内可以找到，如图7-31所示。

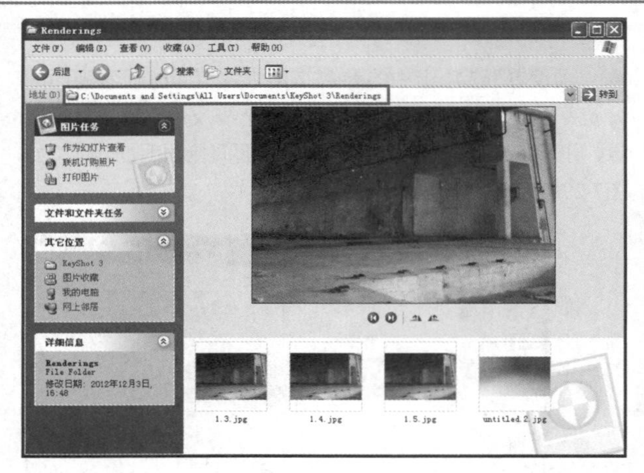

图7-31

渲染

由于KeyShot是实时渲染，所以这里说的渲染实际上指的是渲染设置，如图7-32所示。在测试渲染阶段，建议保持默认的分辨率不动，或设置更小一些的分辨率。因为实时渲染时，分辨率越高，消耗的时间也越久，只有在需要输出较大尺寸的图片时再调高分辨率。

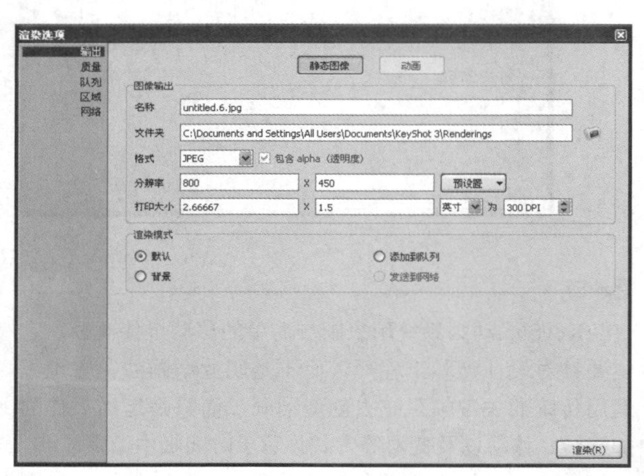

图7-32

在KeyShot 3中，增加了动画渲染功能，同时也增加了PNG图片格式，现在可以输出PNG格式的图片了。

7.3 KeyShot与Rhino的对接

Rhino的文件可以直接在KeyShot 3中打开，但需要注意的是，如果Rhino文件中的所有模型都只在一个图层内，那么在KeyShot内打开后，这些模型将被看作是一个整体。

例如，图7-33所示的创意坐凳模型，其所有部件都位于“预设图层”内。如果将这个文件在KeyShot 3中打开，并赋予其中一个部件任意材质，可以看到整个模型都变成相同的材质，如图7-34所示。

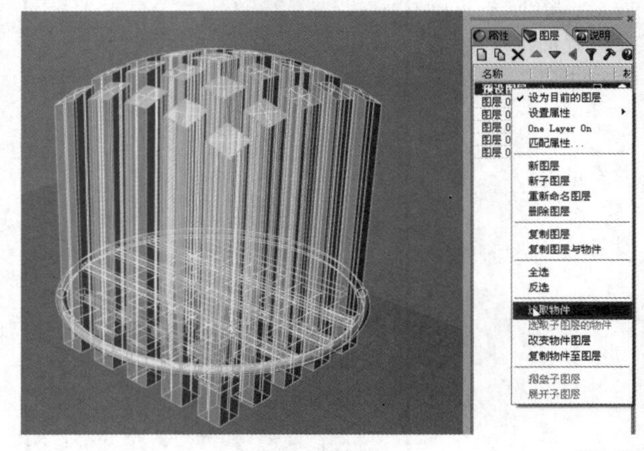

图7-33

图7-34

因此，将Rhino中的模型导入KeyShot 3之前，必须先对模型进行分层处理，这样KeyShot 3与Rhino模型就可以正常对接了，如图7-35所示。

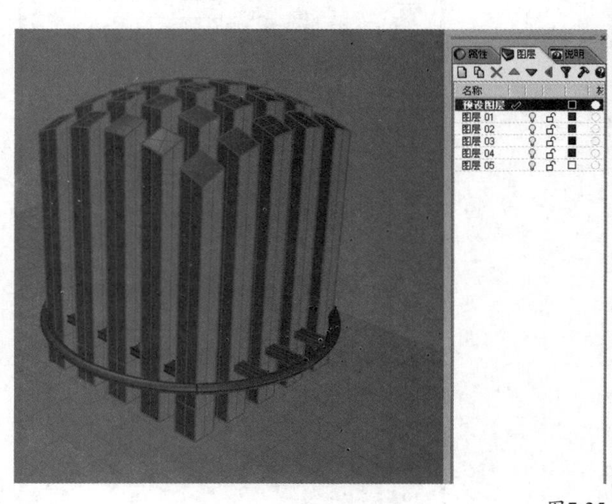

图7-35

7.4 KeyShot常用操作

当Rhino中的模型导入KeyShot 3之后，可以在KeyShot中进行一些简单的编辑，如隐藏或显示、移动、旋转、赋予材质、修改材质以及选择贴图等。下面具体介绍一下KeyShot中的一些常用编辑功能。

7.4.1 移动/旋转/缩放场景

在KeyShot中，通过滚动鼠标中键可以放大或缩小场景，按住鼠标中键不放可以移动整个环境，而鼠标左键则提供了自由旋转功能。

7.4.2 组件的隐藏和显示

为了便于大家理解，下面通过一些实际的操作来进行介绍。首先打开本书学习资源中的“实例文件>第5章>实战——利用立方体制作储物架.3dm”文件，如图7-36所示。由于在Rhino中模型保留了预设的图层颜色（黑色），所以整个模型看上去都是黑色。

图7-36

打开“项目”对话框，查看场景信息，如图7-37所示。

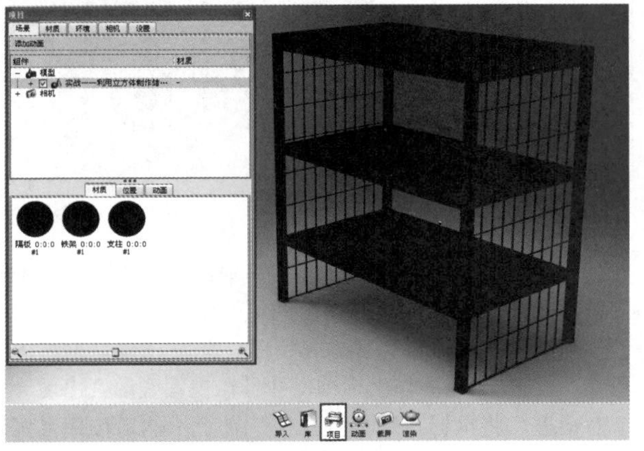

图7-37

单击实战名称左边的+号，可以看到场景中的模型组件，如图7-38所示。

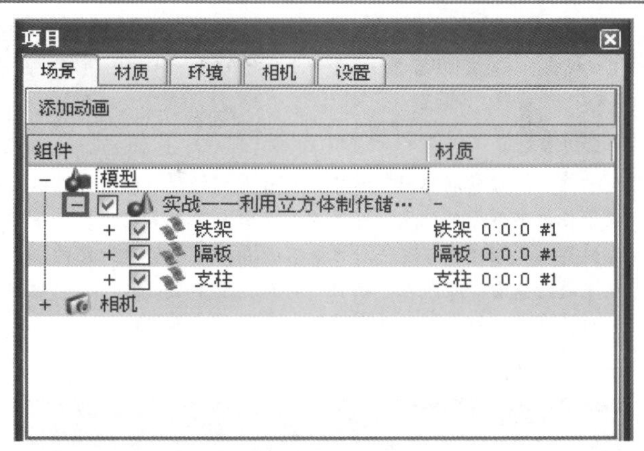

图7-38

如果去掉任意一个组件左边的☑，那么该组件将被隐藏。例如，去掉“铁架”组件左边的☑，效果如图7-39所示。此外，隐藏组件也可以在即时视图中进行操作，将鼠标指针指向“铁架”组件，然后单击鼠标右键，在弹出的菜单中选择“隐藏组件”选项即可，如图7-40所示。

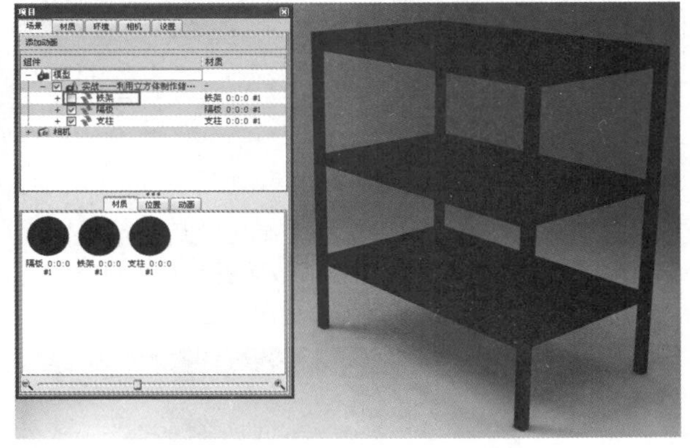

图7-39

图7-40

疑难问答

问：已经隐藏的物件如何在不取消隐藏效果的情况下显示出来？

答：在编辑物体时，常常需要查看已经隐藏的组件，以便于把握整体效果，这时如果先显示出来，查看完后又隐藏会显得比较烦琐。而有一种方法可以在不显示隐藏组件的情况下进行查看，就是在“项目”对话框中单击该组件，此时该组件在对话框中以蓝色亮显，而在即时渲染视图中则以黄色轮廓线勾勒出现，如图7-41所示。

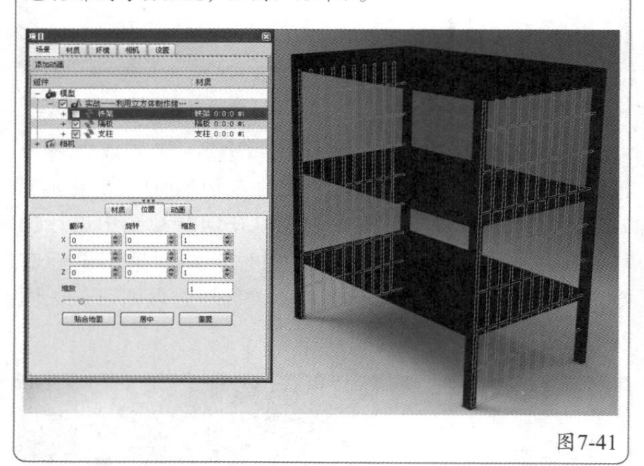

图7-41

7.4.3 移动组件

在“场景”选项卡中选择一个组件后，可以发现下面出现了“位置”控制面板，该面板左右两侧分别是“材质”和“动画”控制面板，如图7-42所示。

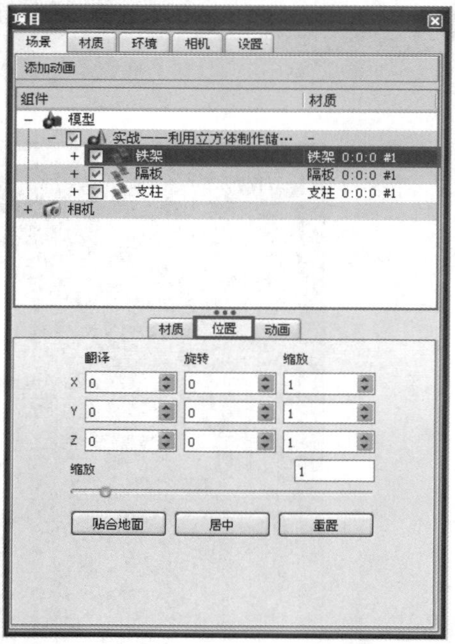

图7-42

“位置”控制面板用于控制KeyShot中物件的移动、旋转和缩放，例如，想要依据某短距离来移动、旋转以及缩放“铁架”组件，可以在对应方向的参数栏中输入一个数值，如图7-43～图7-45所示。

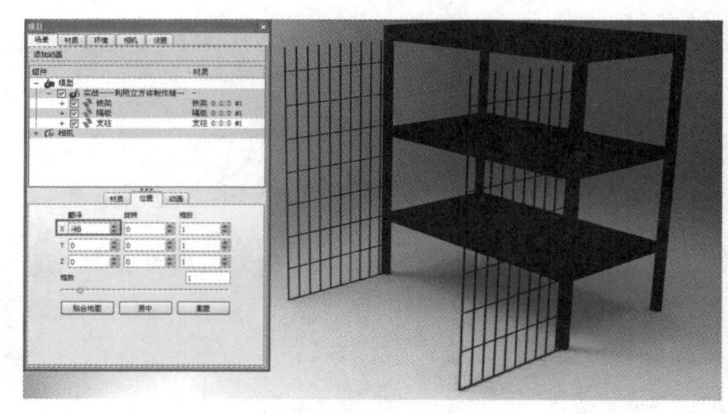

图7-43

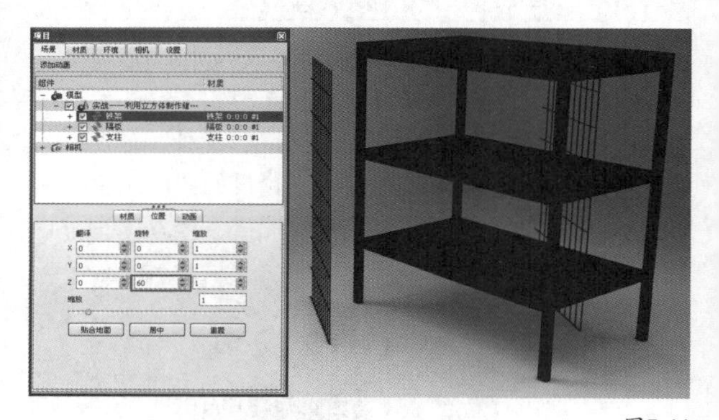

图7-44

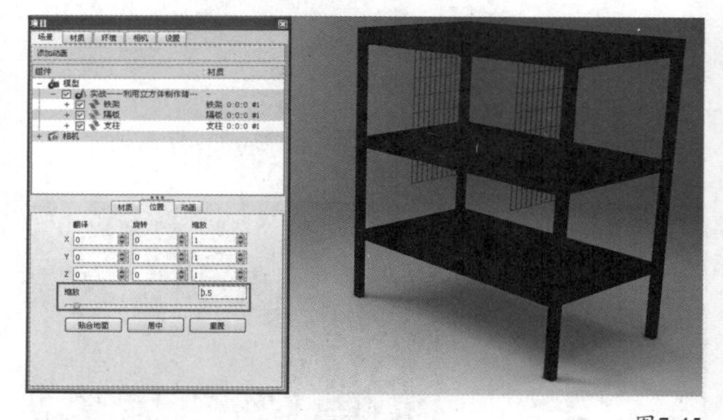

图7-45

如果想要自由移动组件，可以在组件名称或模型上单击鼠标右键，然后在弹出的菜单中选择“移动”或“移动组件”选项，如图7-46所示。此时在模型上将出现红、蓝、绿3色操作坐标轴，并且在视图底部会出现一个对话框，将鼠标指针放置在任一轴上，然后按住鼠标左键不放并进行拖曳即可将组件朝预设的轴方向移动，如果确认位置合适，在对话框中单击✔按钮即可完成操作，如图7-47所示。

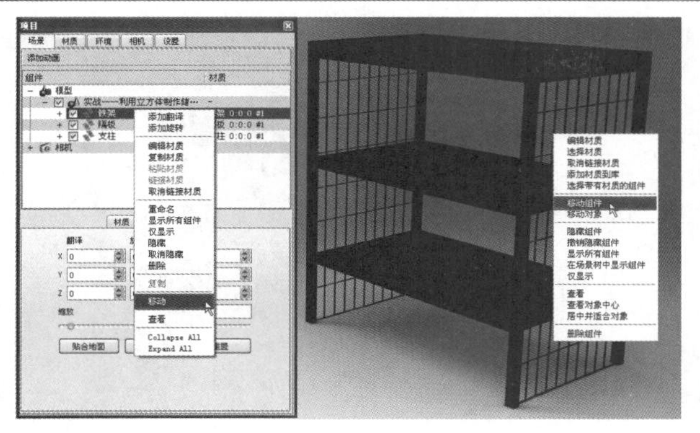

图7-46

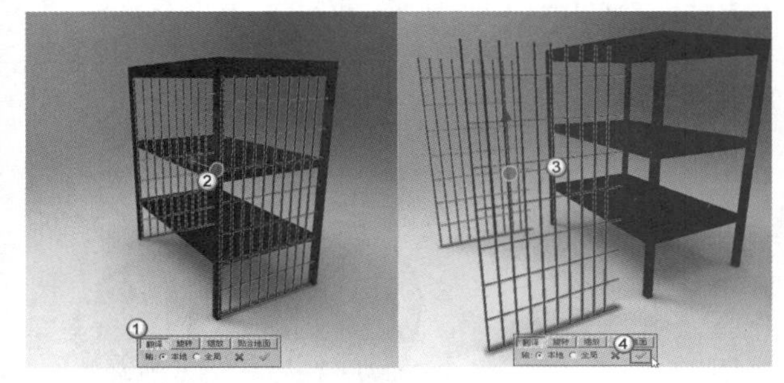

图7-47

7.4.4 编辑组件材质

如果想要编辑组件的材质，可以在组件的右键菜单中选择“编辑材质”选项，如图7-48所示，此时“项目”对话框会直接切换到“材质”选项卡下，单击“类型”参数右侧的▾按钮，弹出下拉菜单，在这里可以设置材质的类型，如图7-49所示。

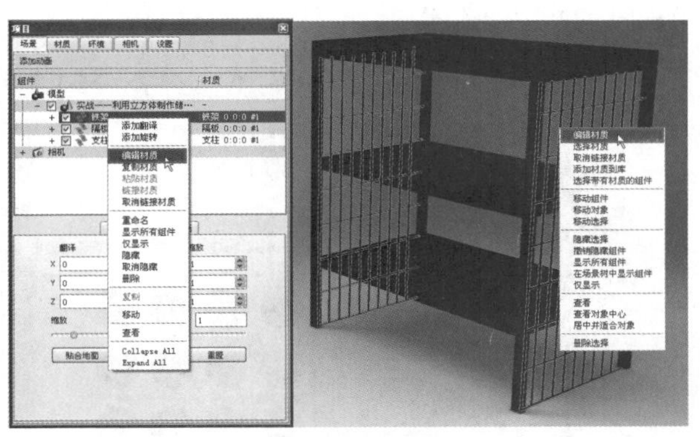

图7-48

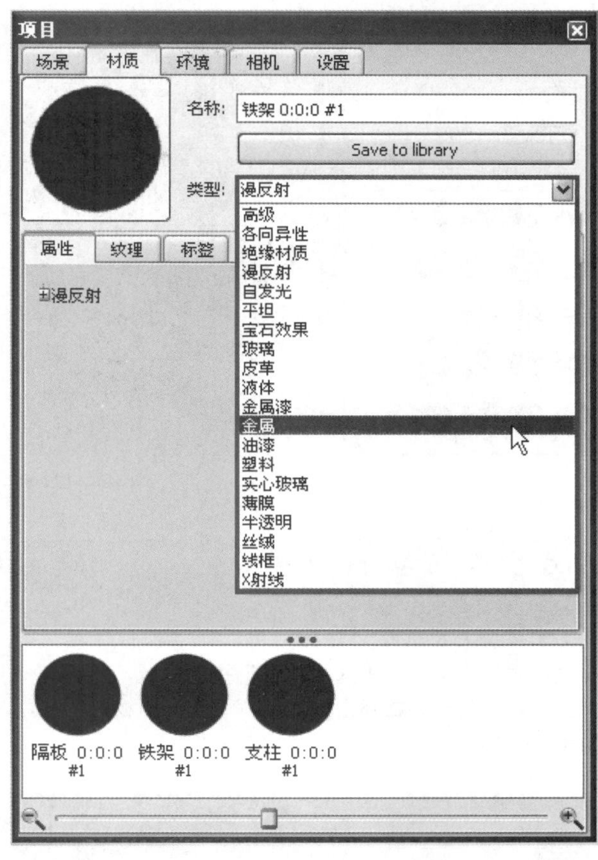

图7-49

为材质选择一种类型，如“金属”类型，然后通过“色彩”参数右边的色块可以调节材质的颜色，如图7-50所示。

如果想要使用KeyShot自带的材质赋予组件，可以打开“KeyShot库”对话框，然后选择一个材质，将其直接拖曳至模型上，如图7-51所示，这是KeyShot最实用也是最常用的赋予材质的方法。

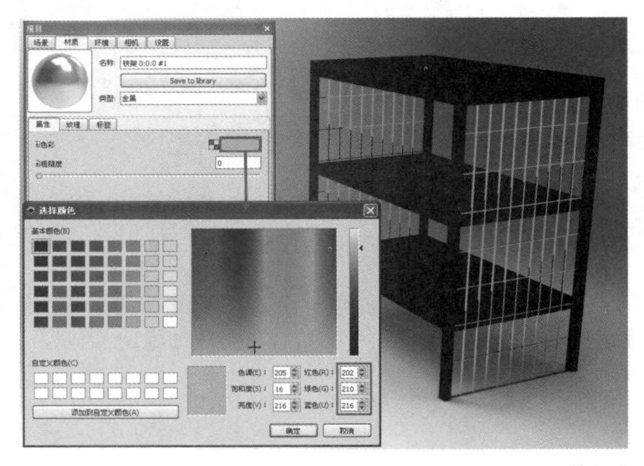

图7-50

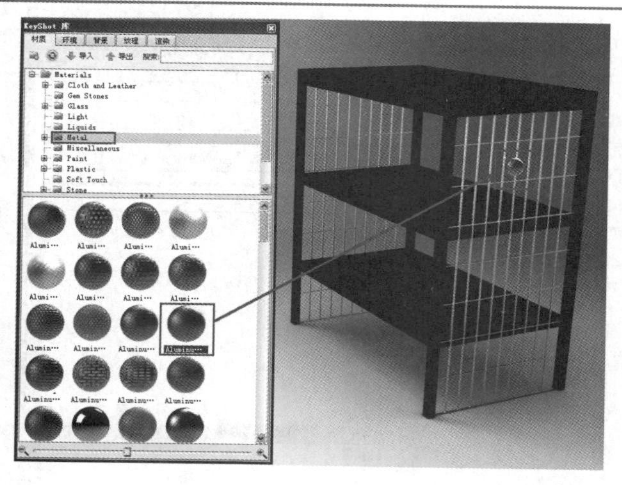

图7-51

7.4.5 赋予组件贴图

如果要为组件赋予贴图，可以在“项目”对话框的“材质”选项卡下进入“纹理”控制面板，然后双击“色彩”选项，并在弹出的对话框中选择需要的贴图，如图7-52所示。

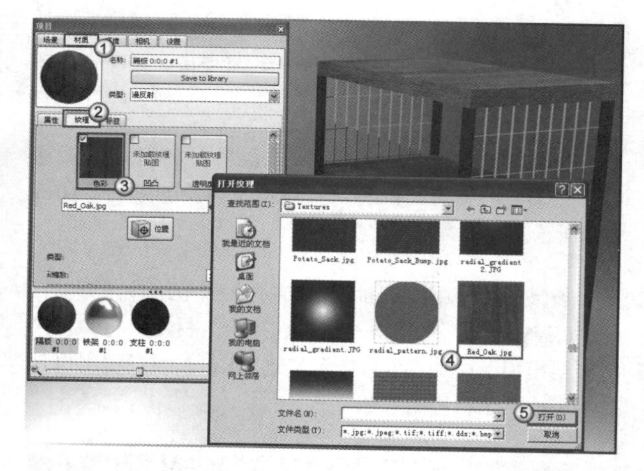

图7-52

实战

渲染洗脸池

场景位置	无
实例位置	实例文件>第7章>实战——渲染洗脸池.bip
视频位置	第7章>实战——渲染洗脸池.flv
难易指数	★★★☆☆
技术掌握	掌握使用KeyShot渲染器渲染Rhino模型的方法

本例将通过第4章创建的洗脸池模型来介绍使用KeyShot渲染器进行渲染的方法，案例效果如图7-53所示。

图7-53

01 在KeyShot中单击“导入”按钮，导入本书学习资源中的“实例文件>第4章>实战——利用双轨扫掠创建洗脸池.3dm”文件，如图7-54所示。

图7-54

02 单击“库”按钮，打开“KeyShot库”对话框，然后在“材质”选项卡下展开Paint（油漆）目录，并单击选择Gloss（光滑）分类，此时在下面的列表框中将只显示该分类下包含的材质，在其中找到Paint - gloss cool grey（油漆-冷灰色光滑）材质，将其拖曳至模型上，得到如图7-55所示的效果。

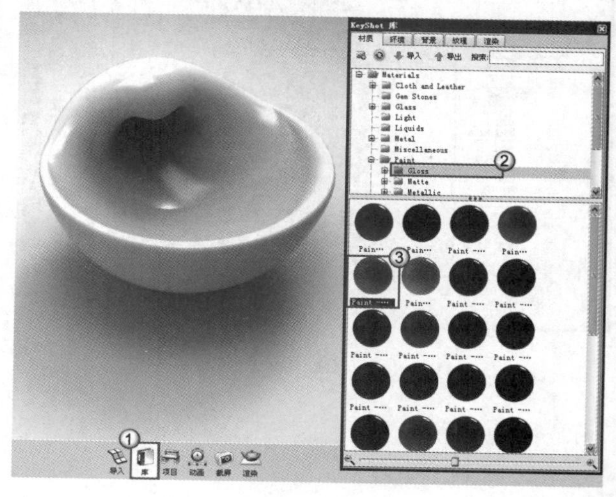

图7-55

03 当前的整个环境过亮，并且洗脸池的陶瓷效果不是特别明显，需要加强釉料的质感，所以需要编辑环境和材质。在“KeyShot库”对话框中切换到“环境”选项卡，然后找到office desk 2k（办公桌2k）环境贴图将其拖曳至场景内，得到如图7-56所示的效果。

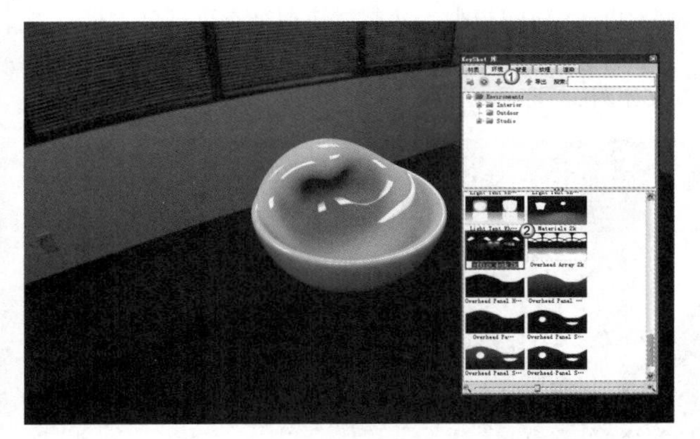

图7-56

04 从图7-56中可以看到一个非常漂亮的陶瓷材质展现出来了，不过这个环境显得不是很适合，还是白色背景更能突出产品的效果，所以需要进一步编辑环境背景。进入“项目”对话框的“环境”选项卡下，然后设置“背景”为“色彩”模式，并保持默认的白色效果，如图7-57所示。最终效果如图7-58所示。

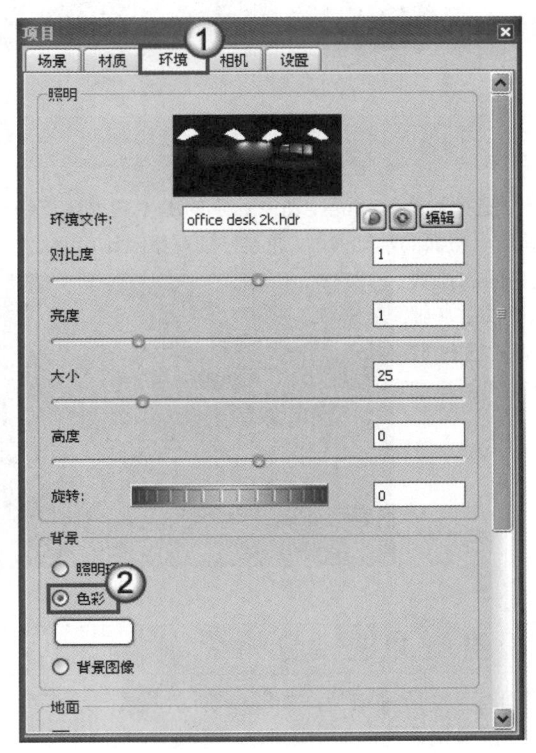

图7-57

图7-58

第8章 综合实例——制作MP3

Learning Objectives

Rhino

8.1 案例分析

本章将制作一个MP3模型，从整体造型来看可以分为机身侧面、顶面、底面及顶环4个部分，模型制作完成后的效果如图8-1所示，渲染效果如图8-2所示。

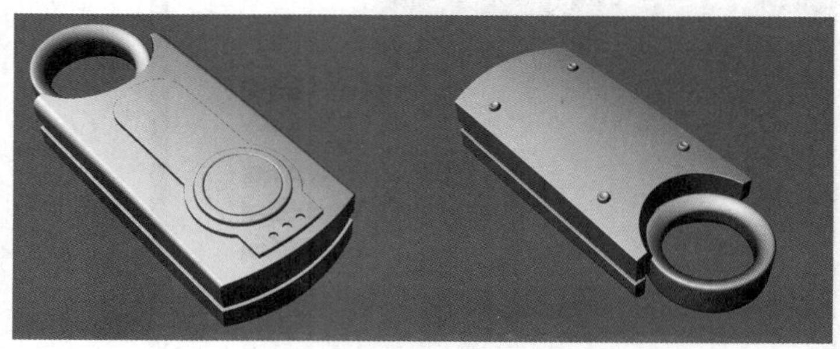

图8-1

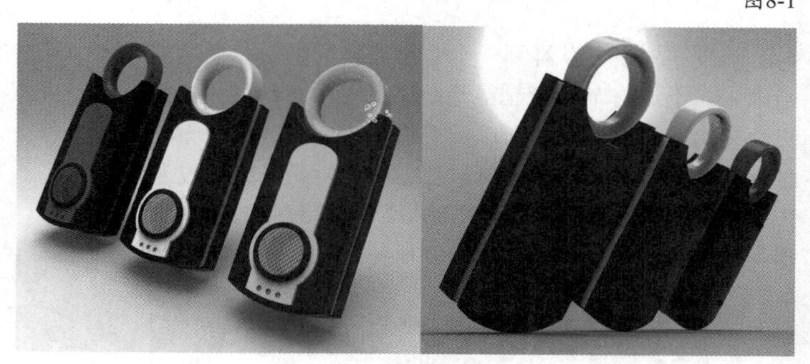

图8-2

8.1.1 机身顶面建模分析

机身顶面造型如图8-3所示，图中标示的B、C两处属于细节造型曲面，而A处属于顶面的基础曲面，通过仔细观察对比，可以发现B、C两处与A处曲面的走势一致，因此可以在基础曲面的基础上通过剪切、偏移等方式创建细节造型。

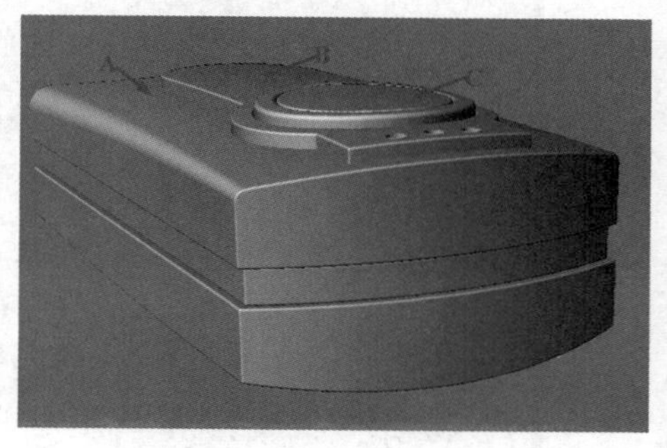

图8-3

8.1.2 机身侧面建模分析

机身侧面有一个阶梯造型，如图8-4所示。这一造型可以通过偏移来实现，机身侧面的曲面由底面及顶面边线来决定，可以在创建好底面及顶面的基础上创建侧面。

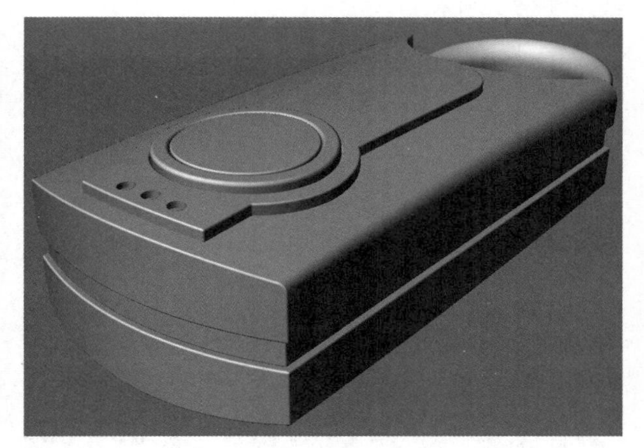

图8-4

8.1.3 机身底面建模分析

机身底面模型与顶面走势一致，是一个带有弧度的二维曲面，而构成这个二维曲面走势的关键线有3条，如图8-5所示。创建底面曲面时，可以绘制3条关键线，再生成具有弧度的曲面，然后创建曲面边界形状的平面图，并进行剪切，便可形成底面。

机身底面另外一个造型主要是防磨球的添加，难点是防磨球要添加到弧度曲面上，可以利用变形工具来实现。

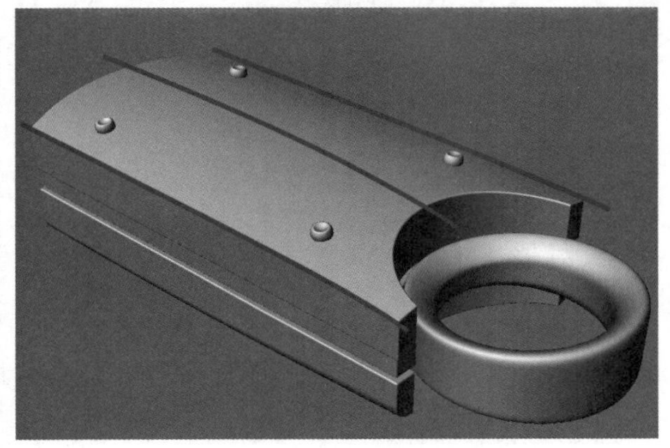

图8-5

本例中的底面创建方法可以应用在诸如鼠标的顶面弧度曲面的创建上，如果顶面弧面是三维曲面，可以再增加曲面另外一个方向的截面线来生成曲面。图8-6所示是由3条曲线创建的基础弧度曲面，而图8-7所示是利用平面轮廓线剪切出造型曲面。

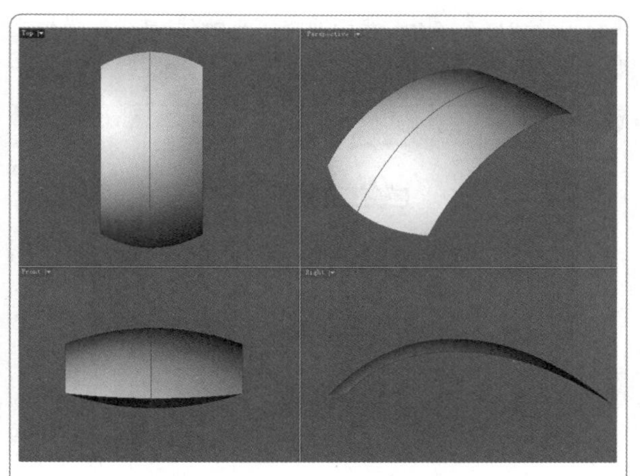

图8-6

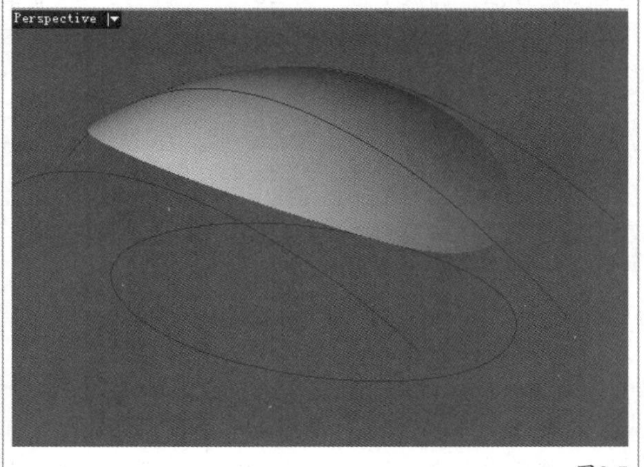

图8-7

8.1.4 顶环建模分析

顶环由圆柱面及曲面组合而成，如图8-8所示。从图中可以看出曲面的边与圆柱侧面边一致，因此可以先创建圆柱侧面，然后以圆柱侧面为基础创建过渡曲面，生成圆环。

图8-8

8.2 设置建模环境

01 运行Rhino 5.0，然后选择“小物件-毫米”模板文件，如图8-9所示。

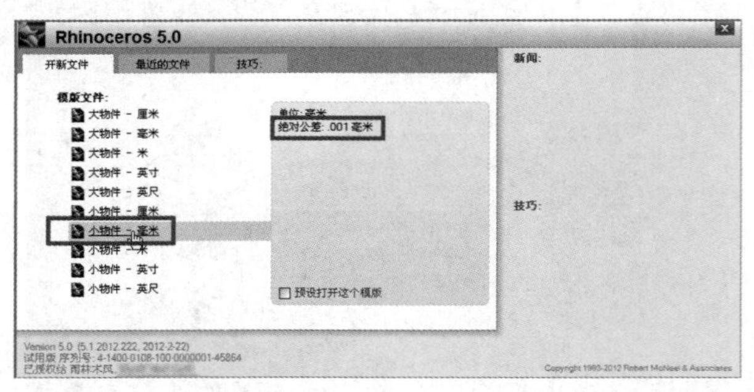

图8-9

02 在“图层”面板中将“图层01”重命名为“基础线面”，再将“图层02”重命名为“曲面”，然后将这两个图层的颜色调整为黑色，如图8-10所示。

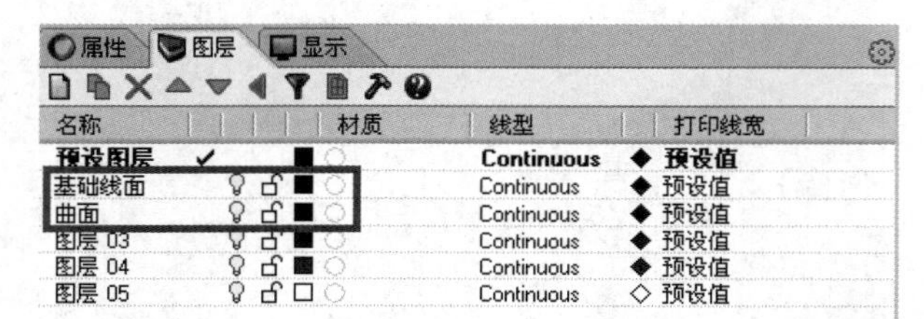

名称	材质	线型	打印线宽
预设图层 ✓		Continuous	◆ 预设值
基础线面		Continuous	◆ 预设值
曲面		Continuous	◆ 预设值
图层 03		Continuous	◆ 预设值
图层 04		Continuous	◆ 预设值
图层 05		Continuous	◇ 预设值

图8-10

03 执行“文件>另存为”菜单命令，打开“储存”对话框，然后将新建的文件命名为MP3，再设置好文件的保存路径，接着单击保存(S)按钮，保存文件，如图8-11所示。

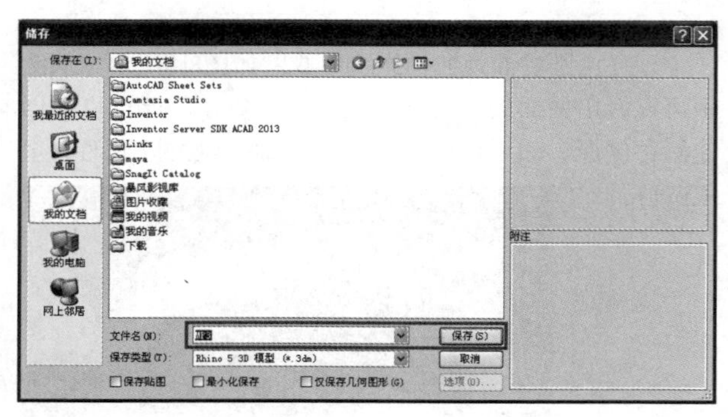

图8-11

8.3 绘制基础曲线

01 将“基础线面”图层设置为当前工作图层，然后使用左键单击“控制点曲线/通过数个点的曲线”工具，再开启“锁定格点”和“正交”功能，接着绘制一条与坐标y轴重合的中轴线，并在中轴线左侧绘制一条竖直线，如图8-12所示。

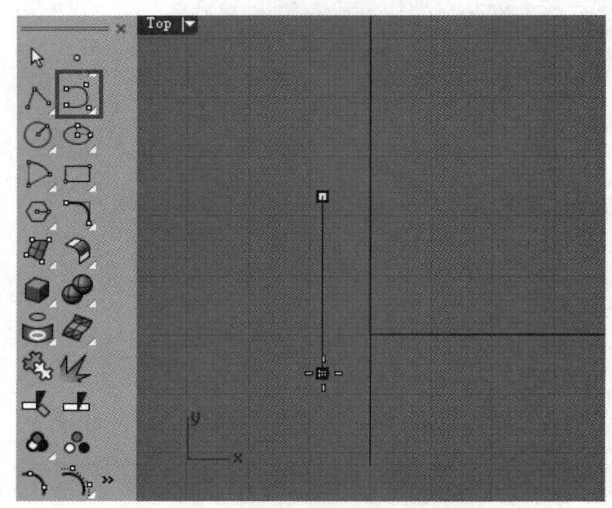

图8-12

02 使用鼠标左键单击“镜射/三点镜射”工具，以中轴线为镜像轴将左侧的竖直线镜像复制到右侧，如图8-13所示。

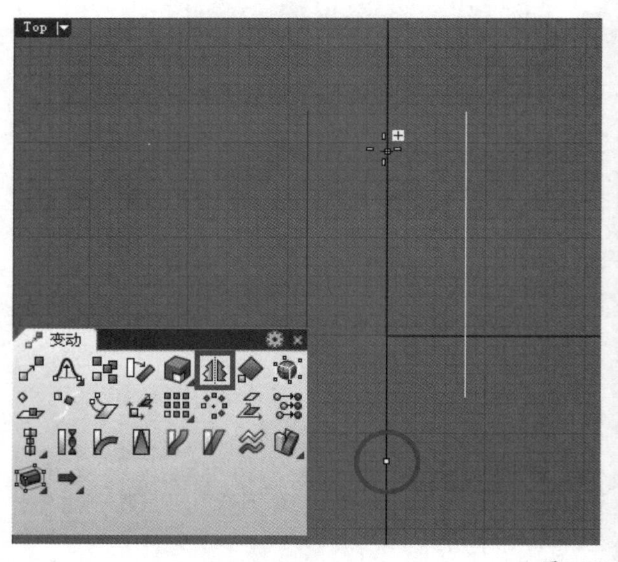

图8-13

03 使用鼠标左键单击“圆弧：起点、终点、起点的方向/圆弧：起点、起点的方向、终点”工具，绘制一条如图8-14所示的圆弧。

04 单击“圆：中心点、半径”工具，开启“锁定格点”功能，在Top（顶）视图中捕捉坐标原点为圆心绘制一个圆，如图8-15所示。

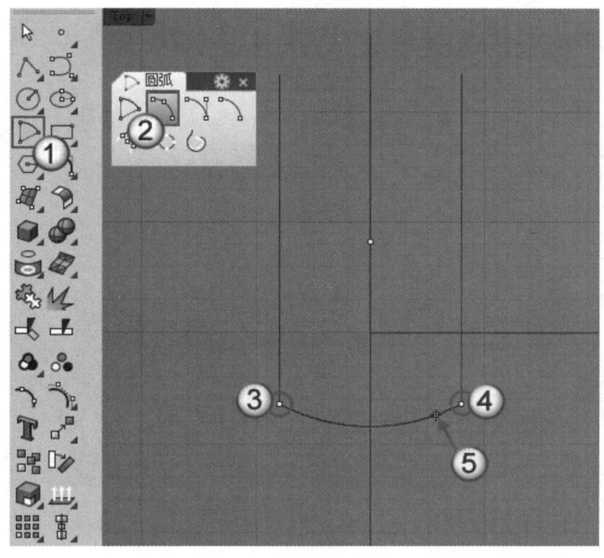

图8-14

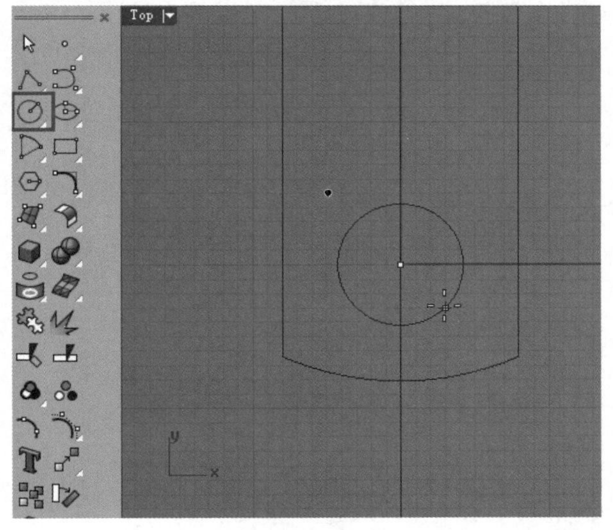

图8-15

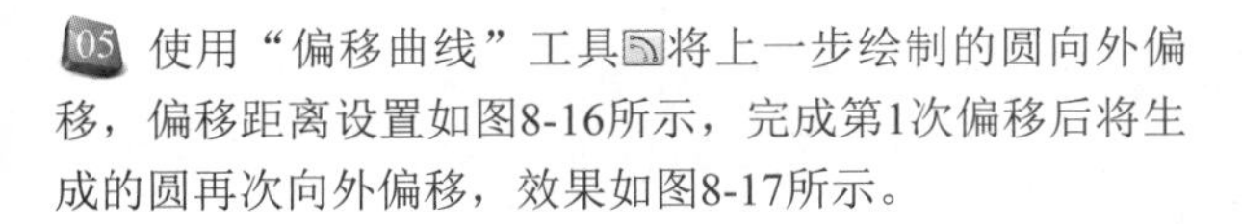

05 使用“偏移曲线”工具将上一步绘制的圆向外偏移，偏移距离设置如图8-16所示，完成第1次偏移后将生成的圆再次向外偏移，效果如图8-17所示。

06 关闭所有捕捉模式，然后使用“复制/原地复制物件”工具将左侧的竖直线复制到图8-18所示的位置。

07 开启“正交”功能，然后再次使用“复制/原地复制物件”工具将弧线垂直向上复制一条，如图8-19所示。

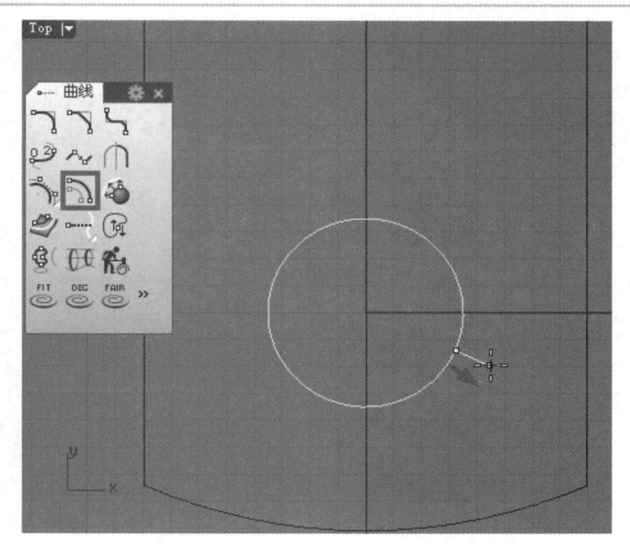

图8-16

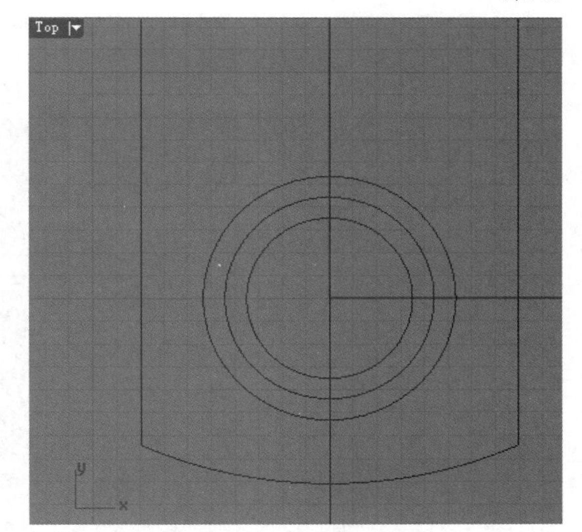

图8-17

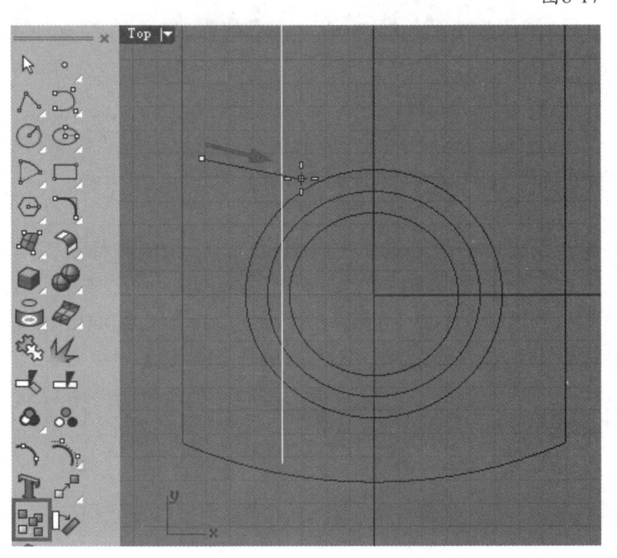

图8-18

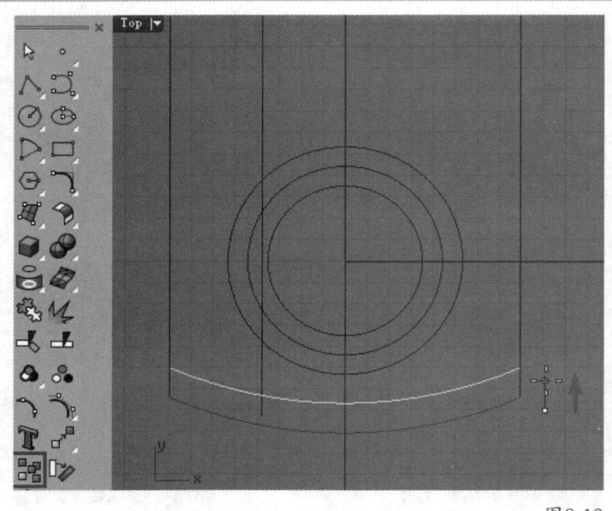

图8-19

08 使用“镜射/三点镜射”工具将前面复制的竖直线镜像到中轴线右侧，如图8-20所示。

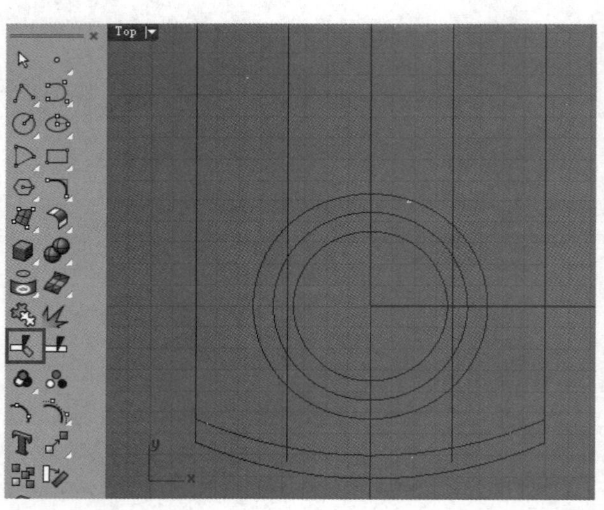

图8-20

09 选择如图8-21所示的4条曲线，然后启用“修剪/取消修剪”工具，剪掉多余的部分，如图8-22所示。

10 调出“曲线工具”工具面板，然后使用鼠标左键单击“可调式混接曲线/混接曲线”工具，并选择图8-23所示的两条竖直线，接着在弹出的“调节曲线混接”对话框中设置“连续性”为“曲率”，再取消“组合”选项，如图8-24所示，最后单击确定按钮，得到一条过渡曲线。

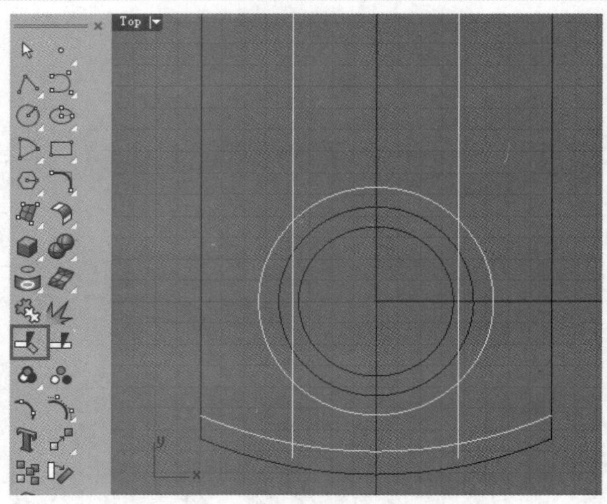

图8-21

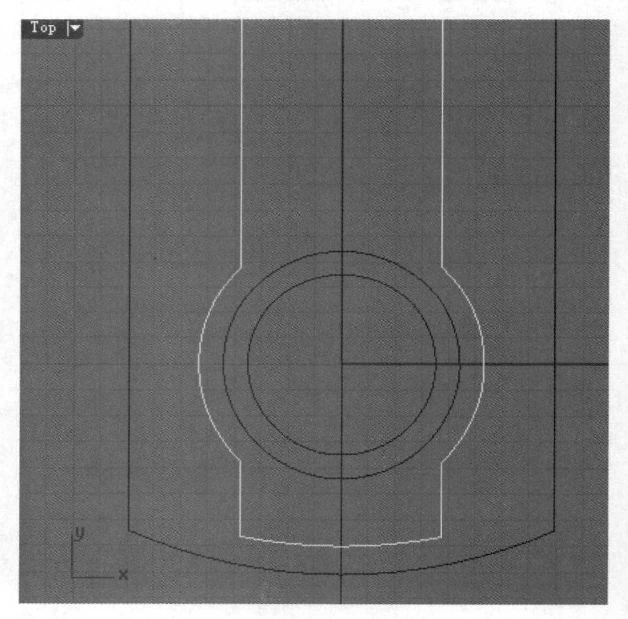

图8-22

11 调出“缩放比”工具面板，然后单击“单轴缩放”工具，对图8-25所示的3条曲线进行缩放，效果如图8-26所示。

12 使用“控制点曲线/通过数个点的曲线”工具绘制一条封闭直线，再使用“圆：中心点、半径”工具绘制一个圆，如图8-27所示。

13 使用“偏移曲线”工具将上一步绘制的圆向内偏移复制两个，如图8-28所示。

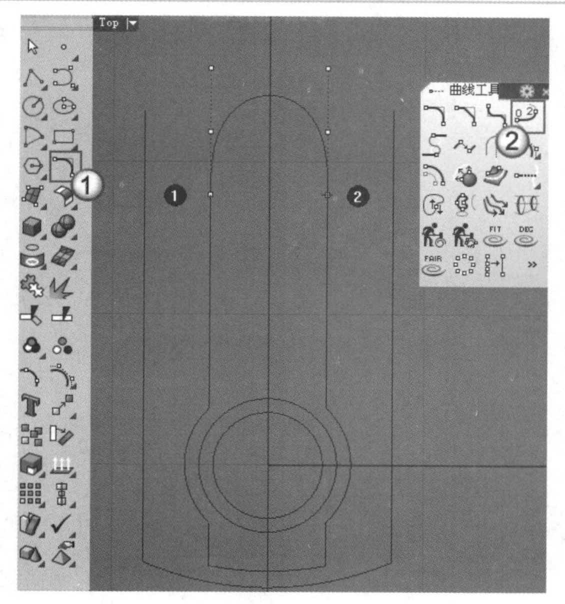

图8-23

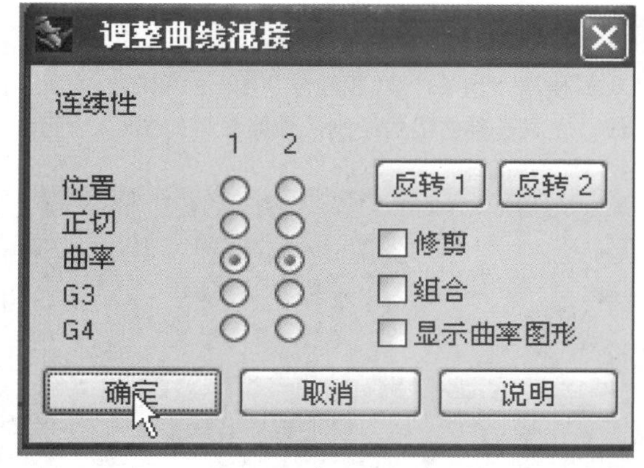

图8-24

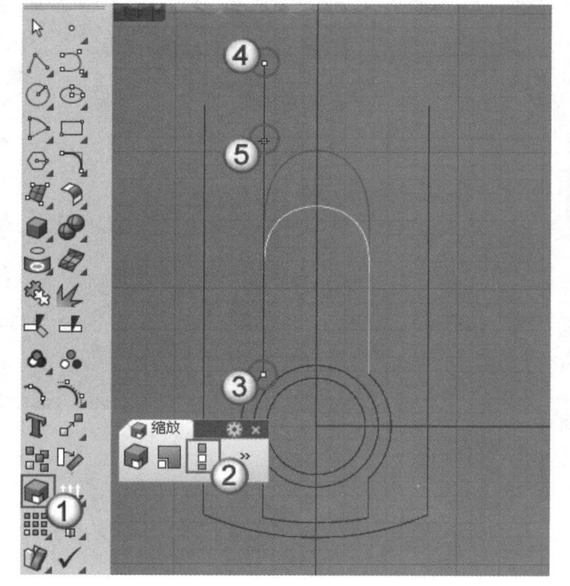

图8-25

图8-26

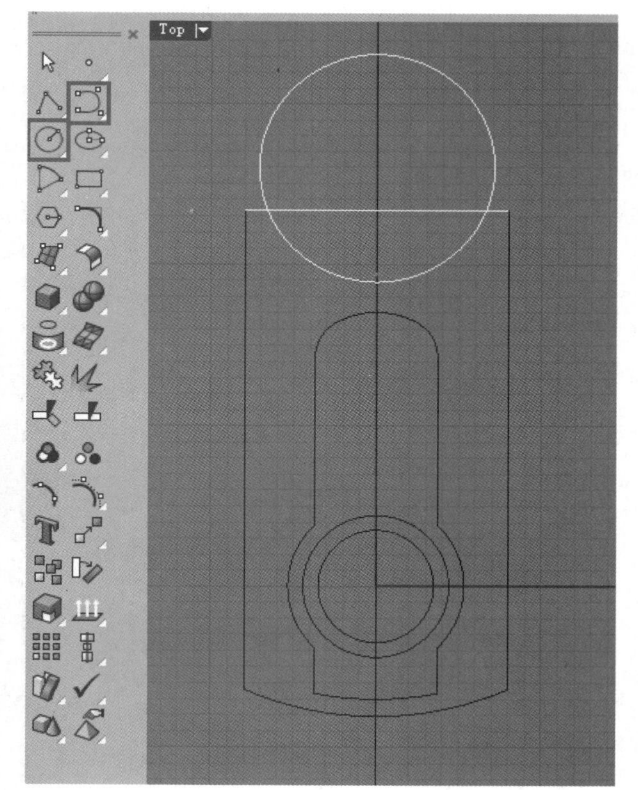

图8-27

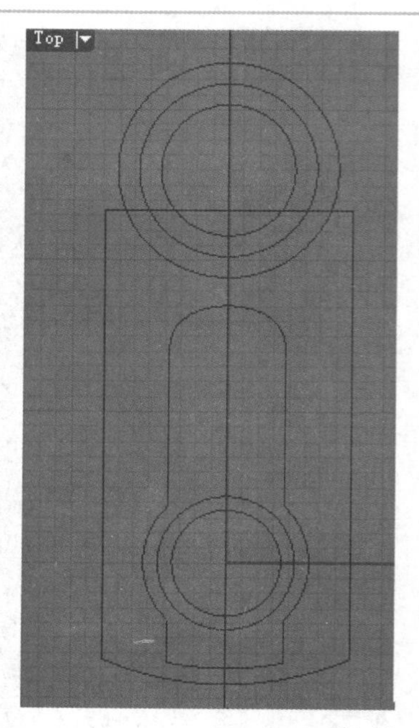

图8-28

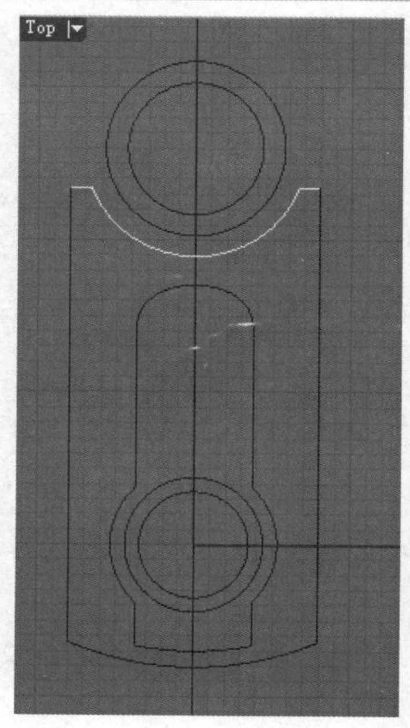

图8-30

14 选择如图8-29所示的圆和直线，然后启用“修剪/取消修剪”工具，剪掉多余的圆，结果如图8-30所示。

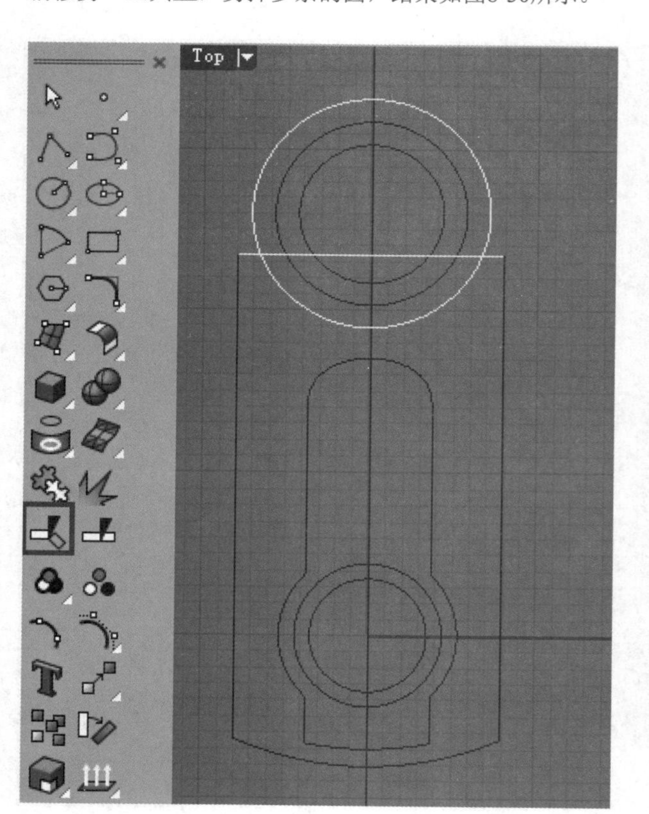

图8-29

15 使用“组合”工具合并图8-31和图8-32所示的曲线，完成基础曲线的绘制，最终效果如图8-33所示。

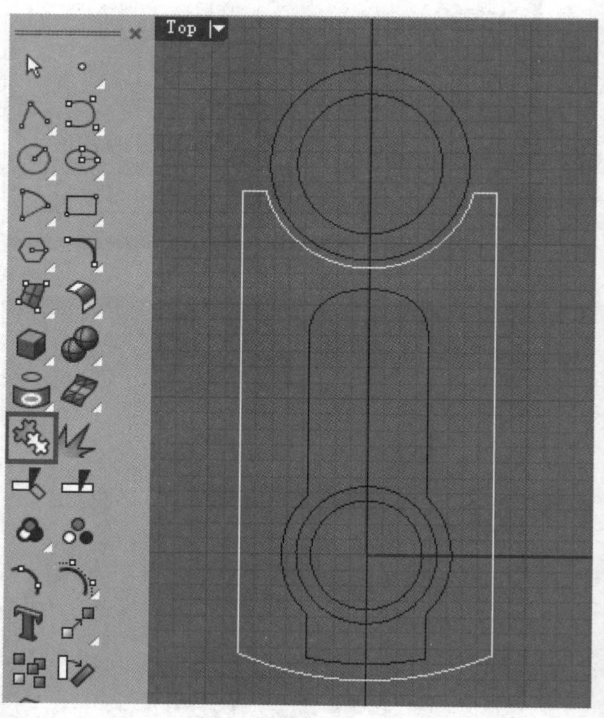

图8-31

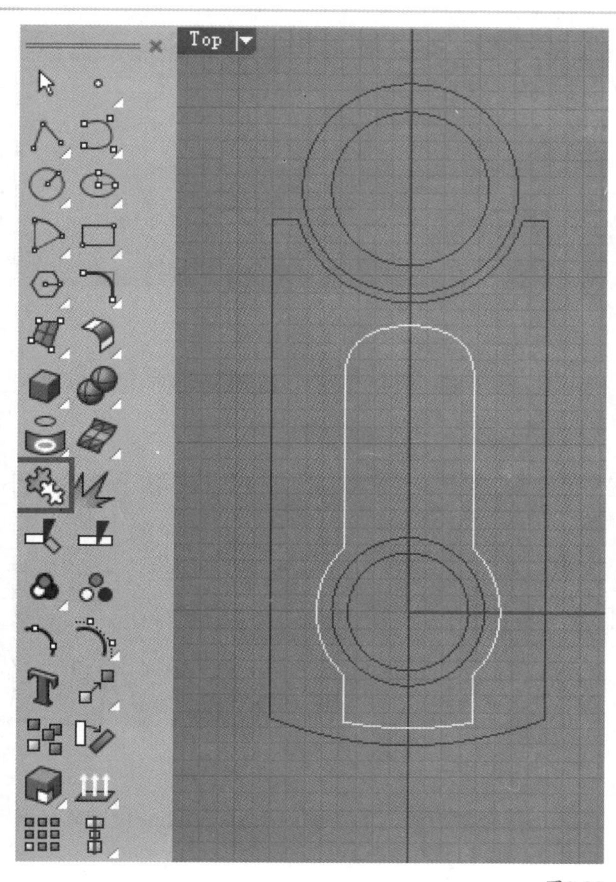

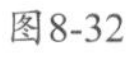

图8-32

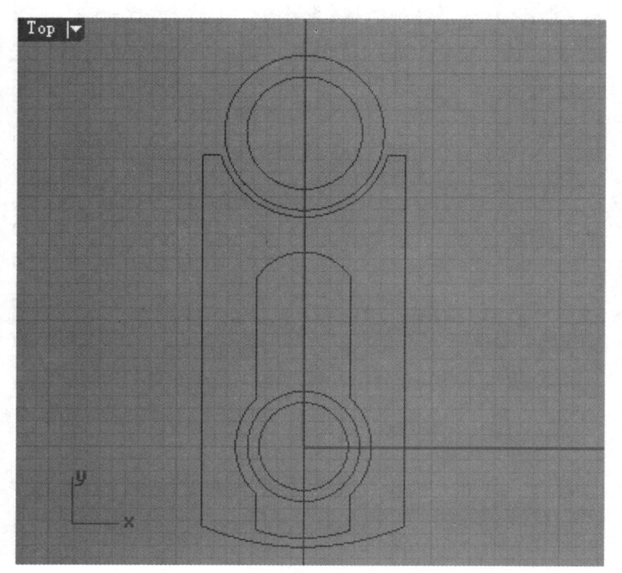

图8-33

8.4 创建MP3顶面

01 使用“控制点曲线/通过数个点的曲线”工具在Right（右）视图中绘制如图8-34所示的曲线。

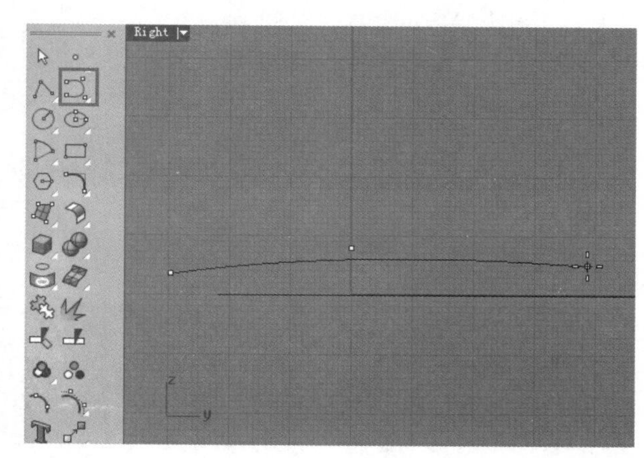

图8-34

02 开启“正交”功能，然后使用鼠标左键单击“复制/原地复制物件”工具，接着在Top（顶）视图中将上一步绘制的曲线向左复制一条，如图8-35所示。

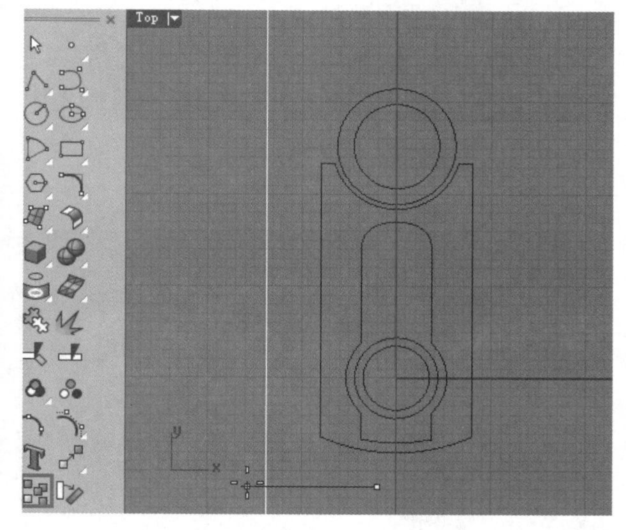

图8-35

03 使用鼠标左键单击“镜射/三点镜射”工具，将上一步复制得到的曲线镜像到中轴线另一侧，如图8-36所示。

04 选择图8-37所示的两条曲线，然后在Right（右）视图中将两条曲线向下移动一段距离，如图8-38所示。

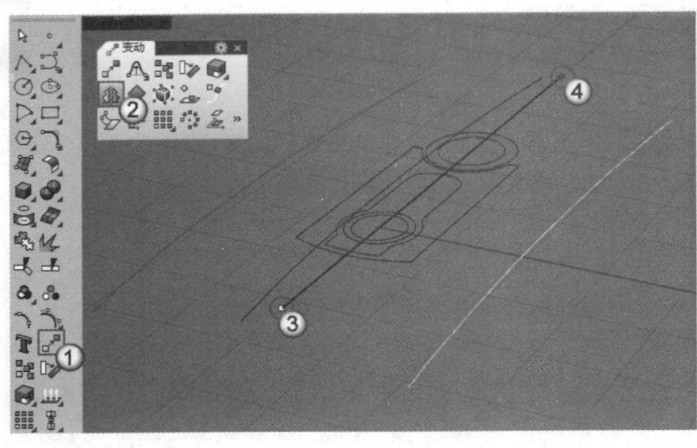

图8-36

图8-37

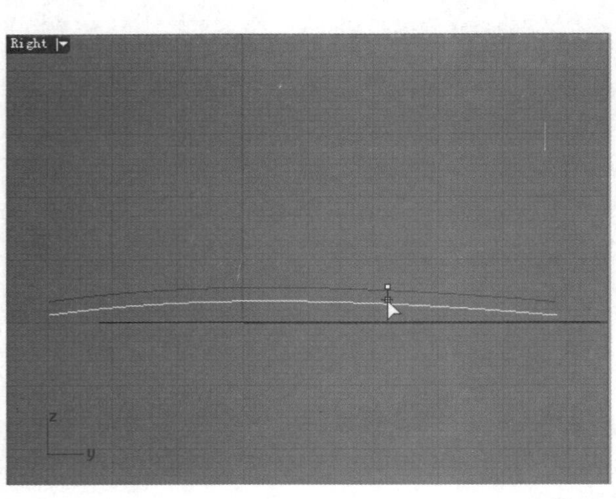

图8-38

05 单击“放样”工具，对图8-39 所示的3条曲线进行放样。

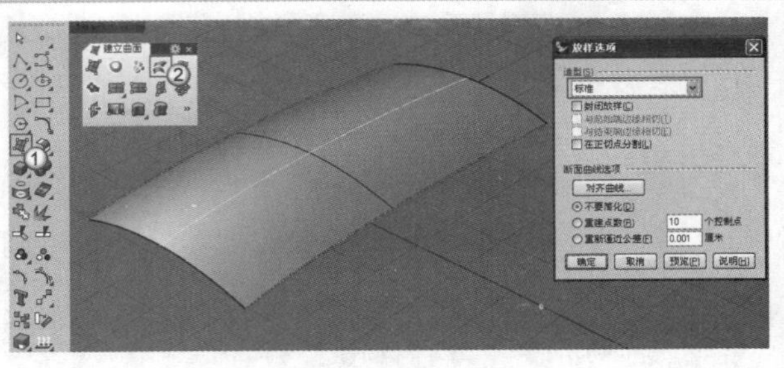

图8-39

06 使用鼠标左键单击“分割/以结构线分割曲面”工具，以封闭曲线对放样生成的曲面进行分割，如图8-40所示。

图8-40

07 选择分割后外围的曲面，然后按Delete键删除，得到如图8-41所示的曲面。

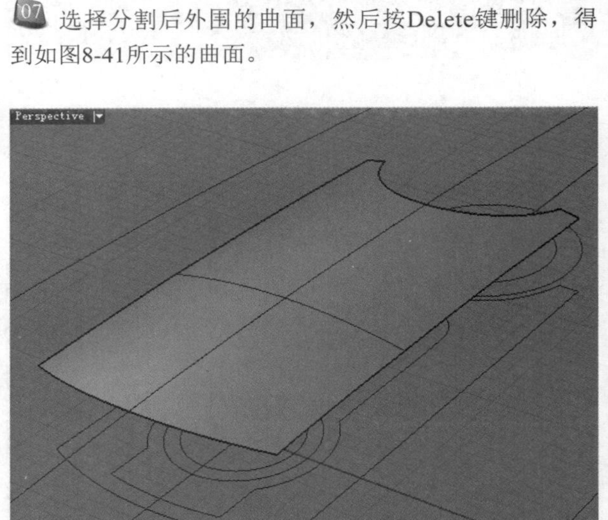

图8-41

08 将“曲面”图层设置为当前工作图层，再将保留的曲面移动到该图层中，如图8-42所示。

09 使用鼠标左键单击“镜射/三点镜射”工具，在Front（前）视图中将曲面镜像复制一个到x轴下方，如图8-43所示。

10 单击“放样”工具，对两个曲面的边进行放样（设置“造型”为“平直区段”），如图8-44所示。

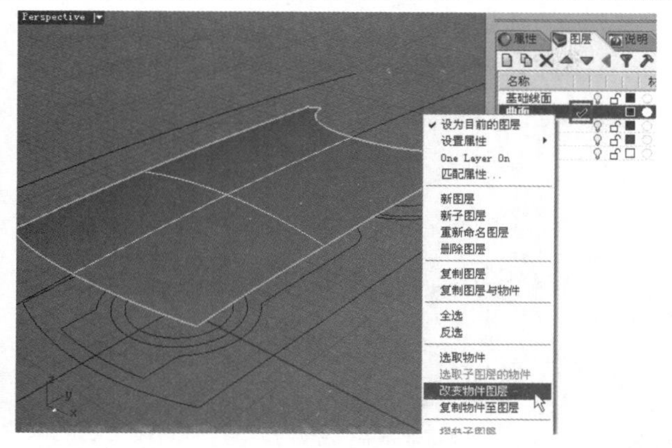

图8-42

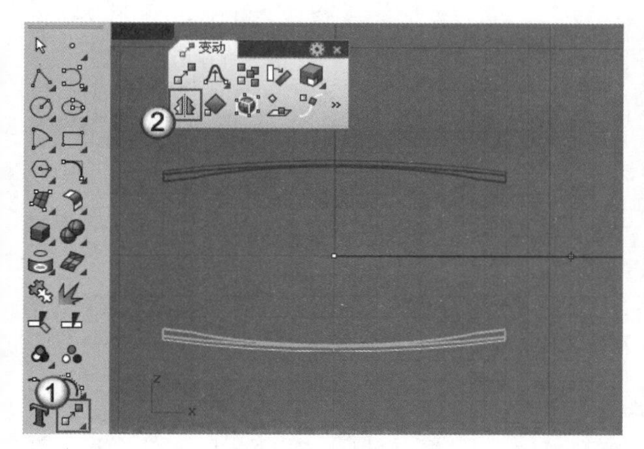

图8-43

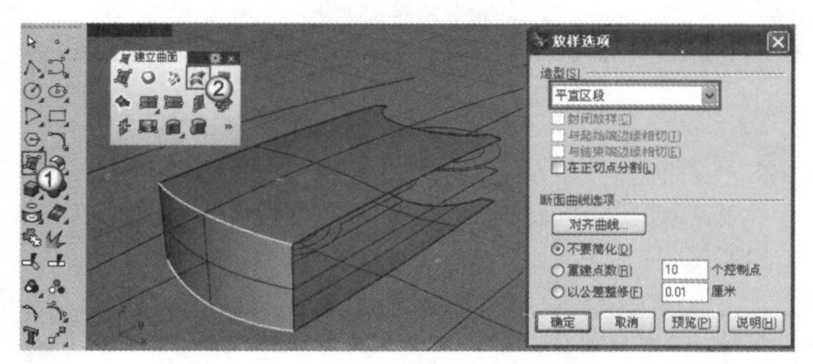

图8-44

11 使用相同的方法对两个曲面其他的边进行放样，得到图8-45所示的模型。

12 使用鼠标左键单击“分割/以结构线分割曲面”工具，以内部的封闭曲线对顶部的曲面进行分割，如图8-46所示。

13 在Front（前）视图中将分割后的曲面向上移动一段距离，如图8-47所示。

14 调出“实体”工具面板，使用鼠标左键单击“挤出面/沿着路径挤出面”工具，将上一步移动后的曲面向下挤出（在命令行设置“实体”为“是”），如图8-48所示。

15 使用鼠标左键单击“不等距边缘圆角/不等距边缘混接”工具，以0.1的圆角半径对图8-49所示的边缘进行圆角处理。

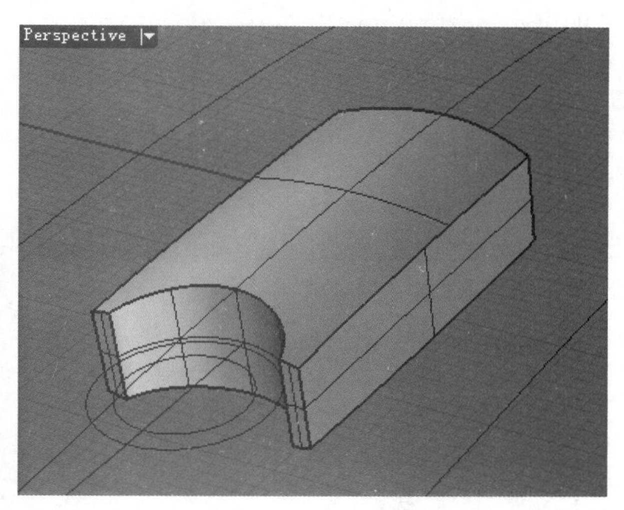

图8-45

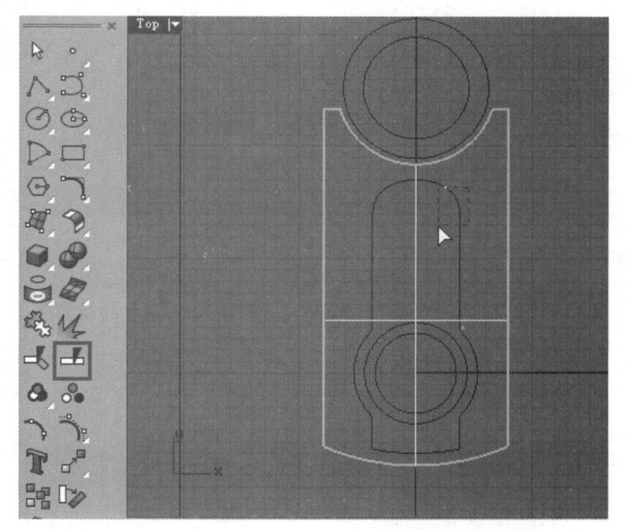

图8-46

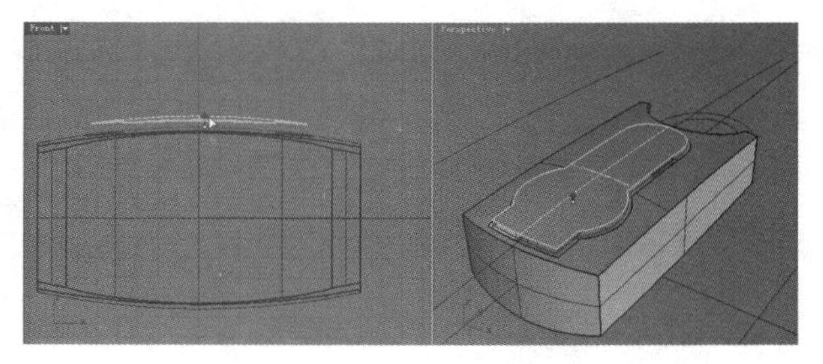

图8-47

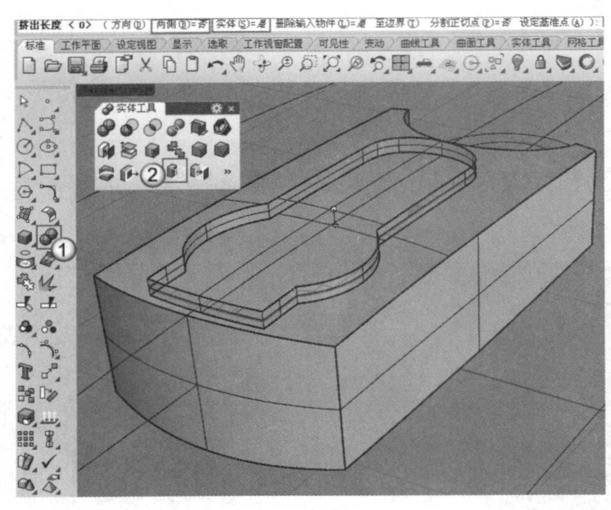
图8-48

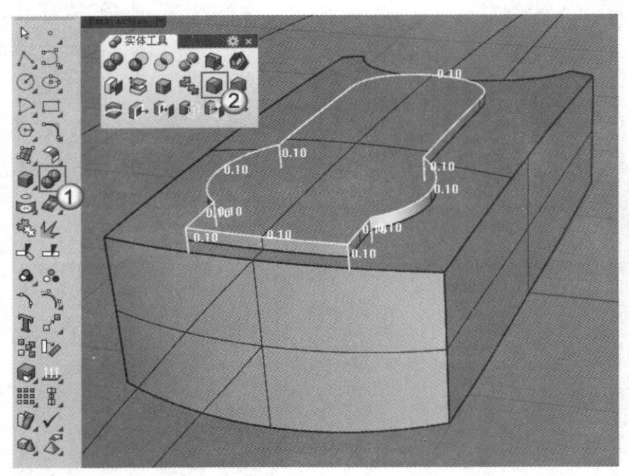
图8-49

16 单击“抽离曲面”工具，将图8-50所示的顶面抽离出来。

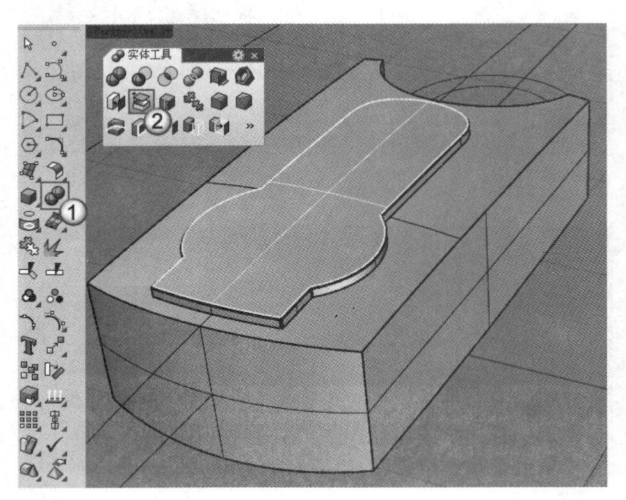
图8-50

17 使用鼠标左键单击“分割/以结构线分割曲面”工具，以两个圆对抽离的曲面进行分割，如图8-51所示。

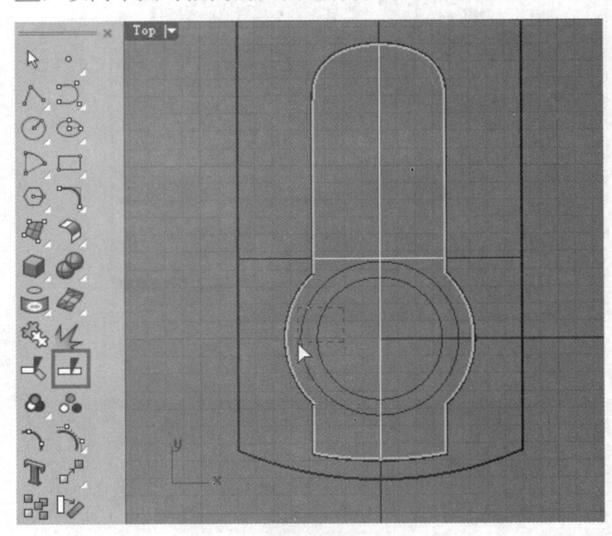
图8-51

18 在Front（前）视图中将分割的两个圆面向上移动一段距离，如图8-52所示。

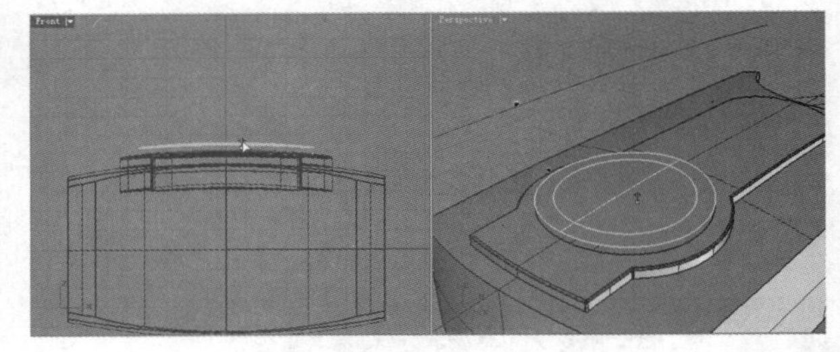
图8-52

19 选择小一些的圆面隐藏，然后使用鼠标左键单击“隐藏物件/显示物件”工具，将选择的面隐藏，如图8-53所示。

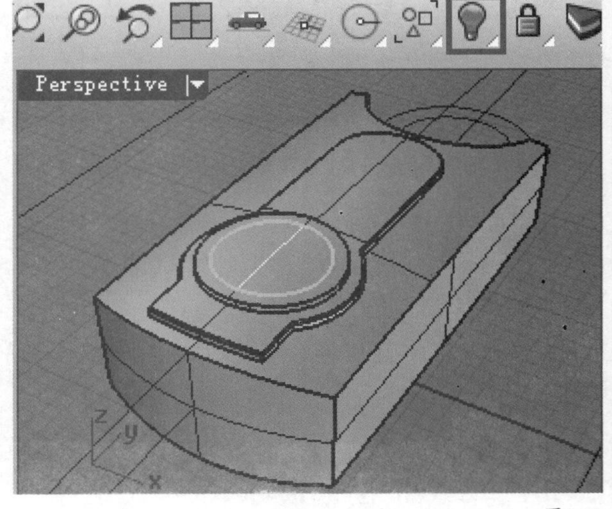

图8-53

20 关闭“基础线面”图层，然后调出“建立曲面”工具面板，并单击“直线挤出”工具，将图8-54所示的3条曲面边线向下挤出生成曲面。

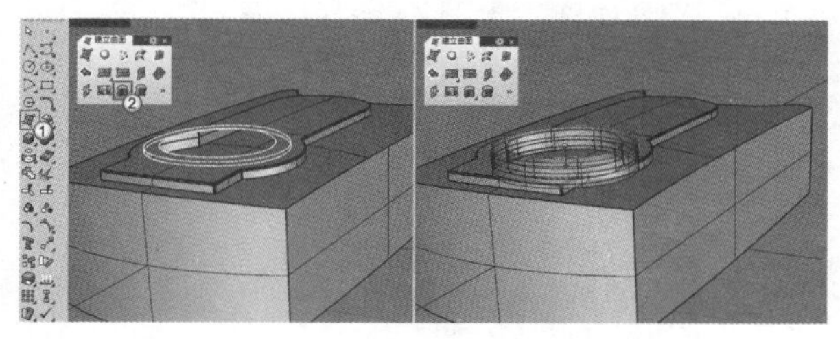

图8-54

21 单击“组合”工具，将图8-55所示的曲面组合成多重曲面。

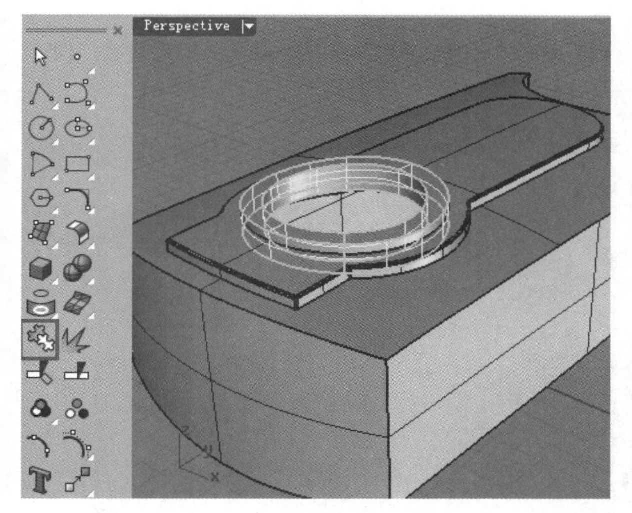

图8-55

22 使用鼠标左键单击“不等距边缘圆角/不等距边缘混接”工具，以0.2的半径对多重曲面的顶面两条边线进行圆角处理，如图8-56和图8-57所示。

23 使用鼠标右键单击“隐藏物件/显示物件”工具，将隐藏的圆面显示出来，再将倒角后的多重曲面隐藏，如图8-58所示。

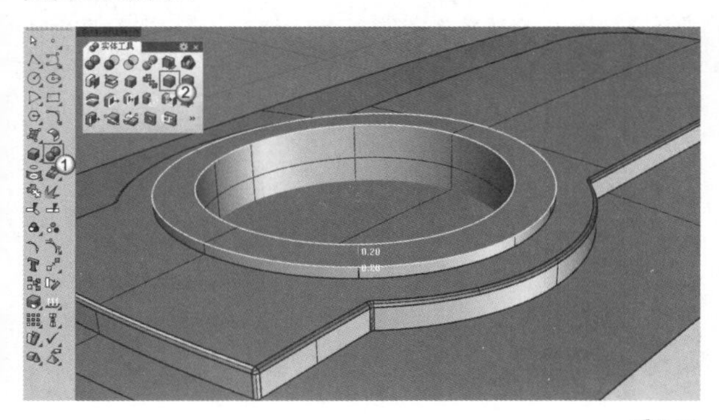

图8-56

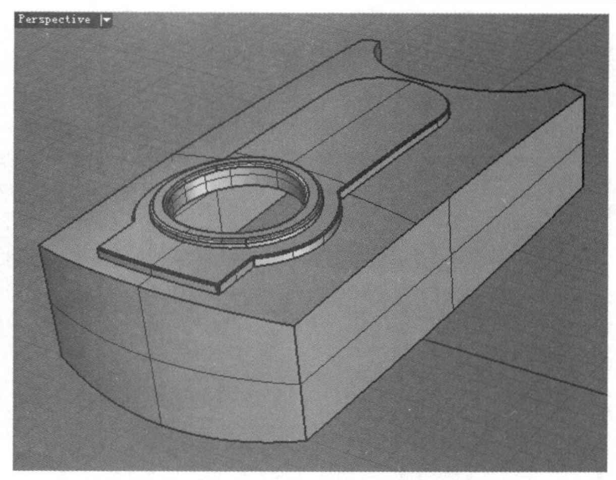

图8-57

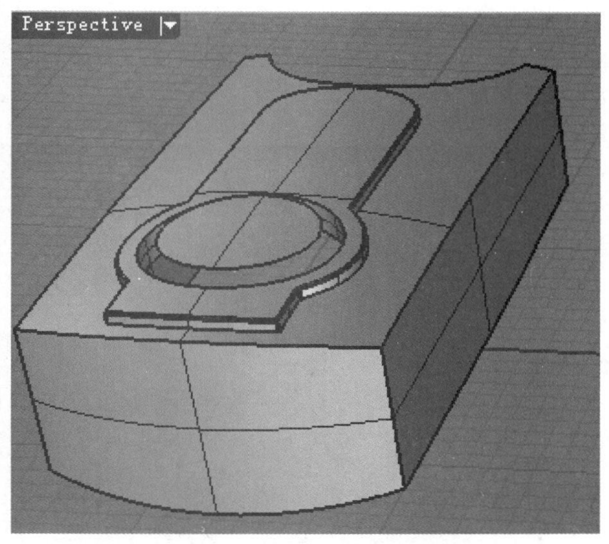

图8-58

24 使用“直线挤出”工具将圆面的边缘向下挤出，如图8-59所示。

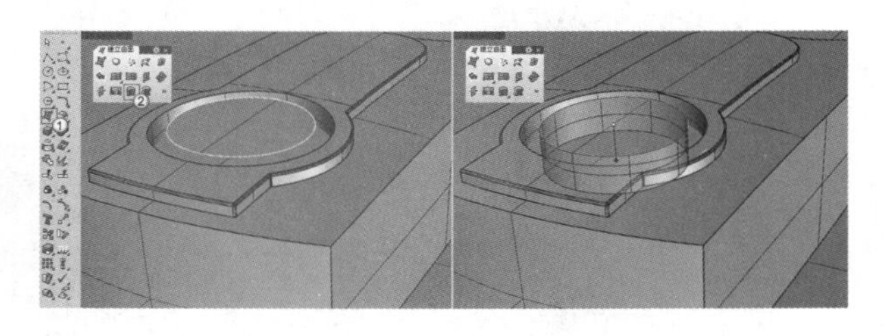

图8-59

25 单击“曲面圆角”工具，设置圆角半径为0.1，对圆面和挤出的曲面进行圆角处理；再使用相同的圆角半径对图8-60所示的顶面和对应的垂直面进行圆角处理。

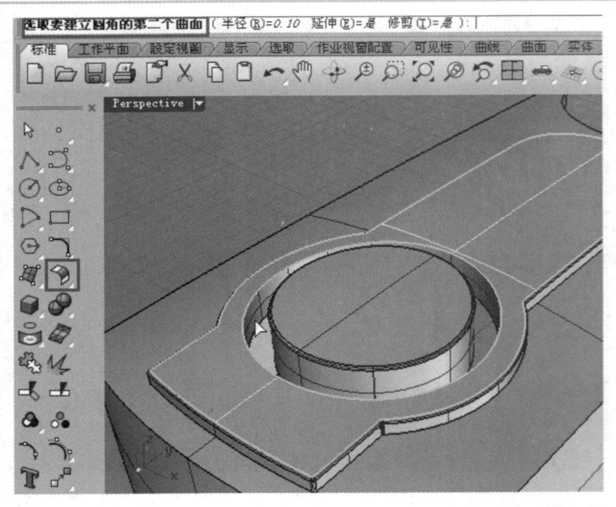

图8-60

26 使用“组合”工具分别组合图8-61、图8-62和图8-63所示的曲面。

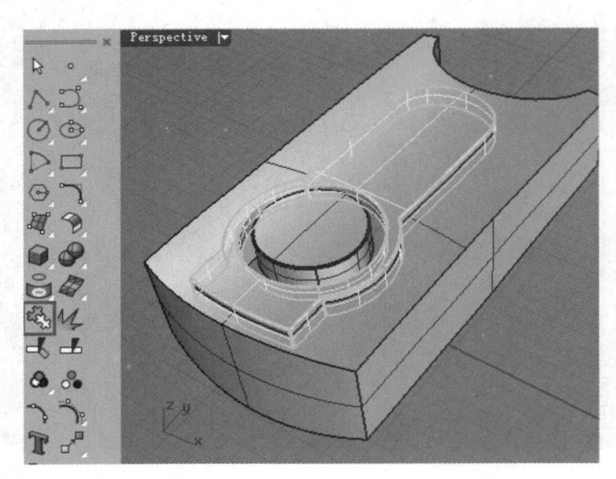

图8-61

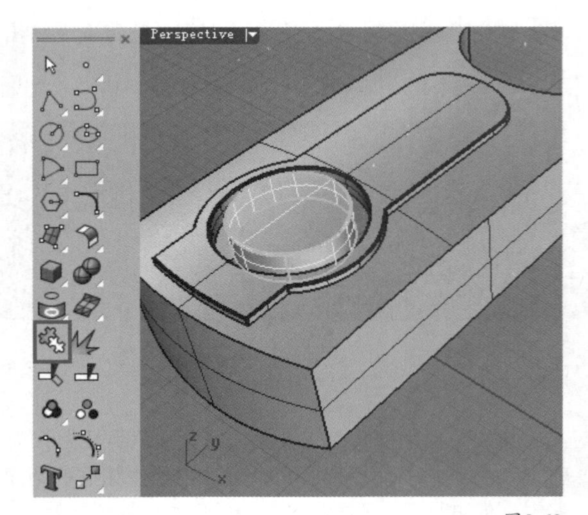

图8-62

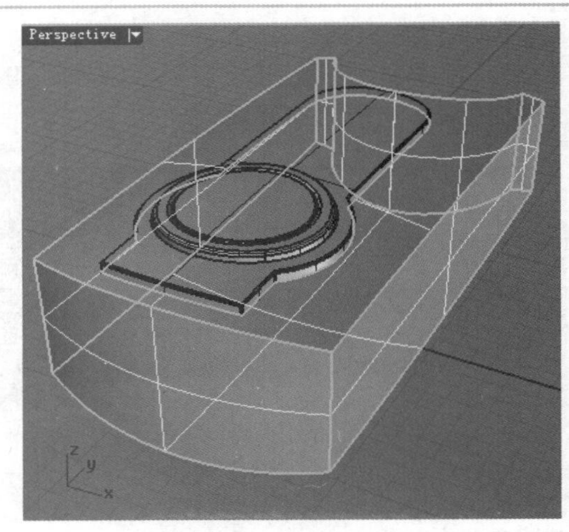

图8-63

27 将“图层03”重命名为“圆角罩”，然后将中间的圆形组合曲面移动到该图层中，如图8-64所示。

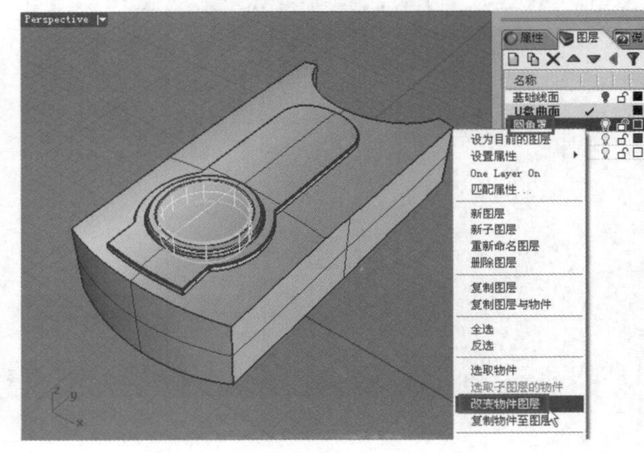

图8-64

28 使用鼠标左键单击“不等距边缘圆角/不等距边缘混接”工具，对模型顶面左右两侧的边缘进行圆角处理，圆角半径分别为0.5和1.2，如图8-65和图8-66所示。

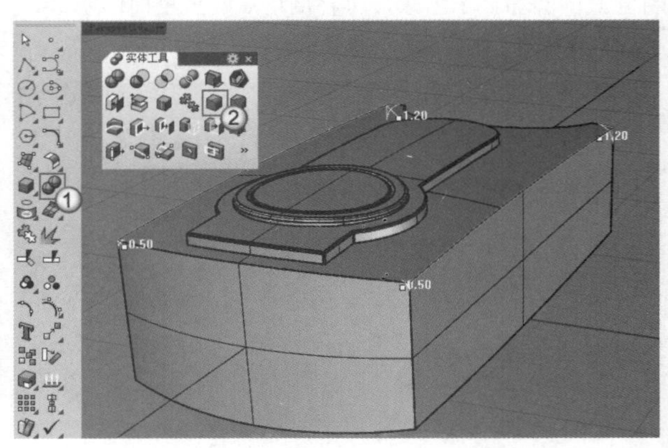

图8-65

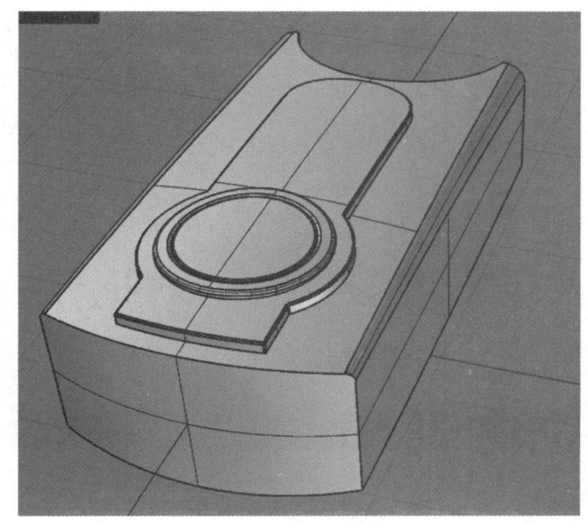

图8-66

29 使用“圆柱体”工具创建3个同样大小的圆柱体，然后移动到图8-67所示的位置。

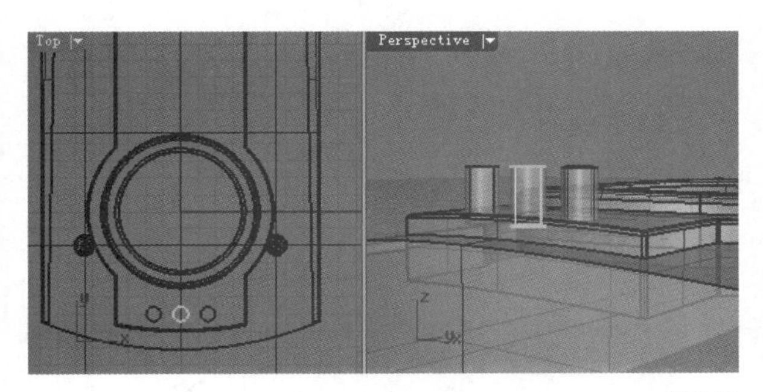

图8-67

30 使用鼠标左键单击“分析方向/反转方向”工具，然后选择顶盖上的多重曲面进行分析，如图8-68所示。

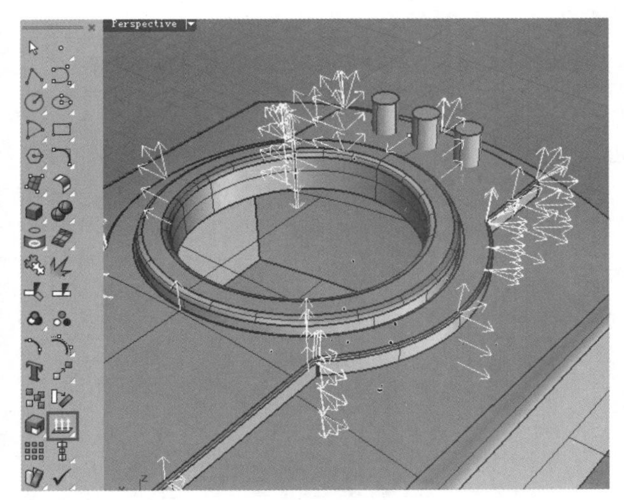

图8-68

技巧与提示

从图8-68中可以看到多重曲面的方向指向外部，这是正确的方向。如果是指向内部，则需要反转曲面的方向。

31 单击“布尔运算差集”工具，将3个小圆柱体从顶部的多重曲面中减去，如图8-69所示。MP3顶面模型效果如图8-70所示。

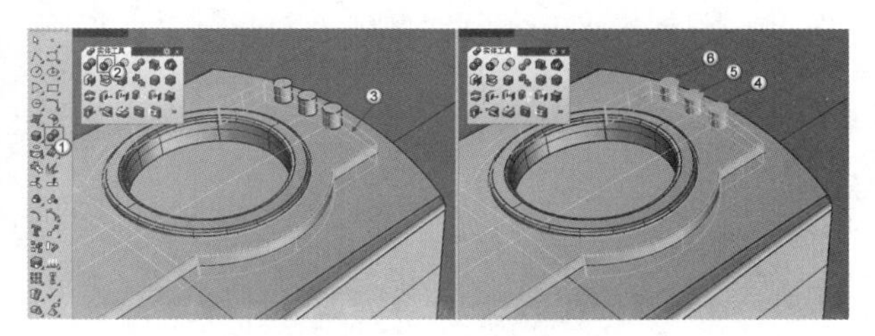

图8-69

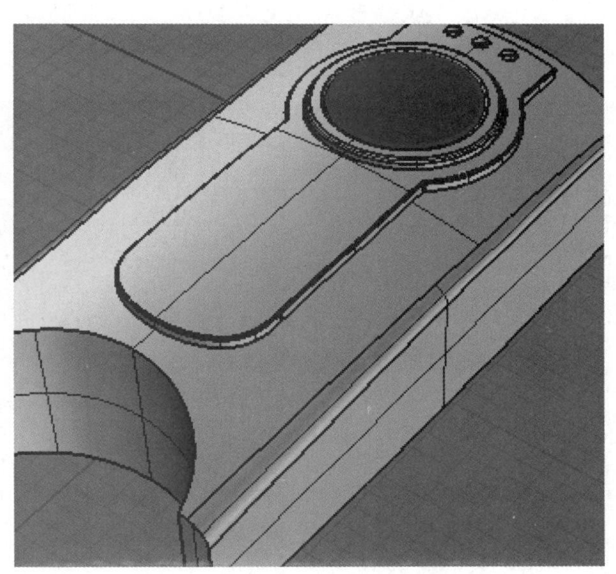

图8-70

8.5 创建MP3底面

01 使用“控制点曲线/通过数个点的曲线”工具在Top（顶）视图中绘制一条竖直线，再使用“镜射/三点镜射”工具将这条竖直线镜像复制到中轴线另一侧，如图8-71所示。

02 再次启用“控制点曲线/通过数个点的曲线”工具，在Top（顶）视图中绘制如图8-72所示的两条水平线。

03 调出“从物件建立曲线”工具面板，然后单击“投影至曲面”工具，在Top（前）视图中将前面绘制的4条直线投影至模型的底面上，形成4条曲线，如图8-73和图8-74所示。

这4条曲线的交点将成为定位防磨球的捕捉点。

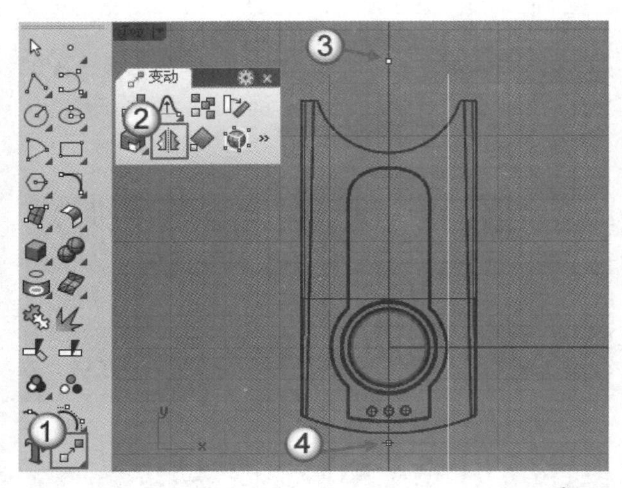

图8-71

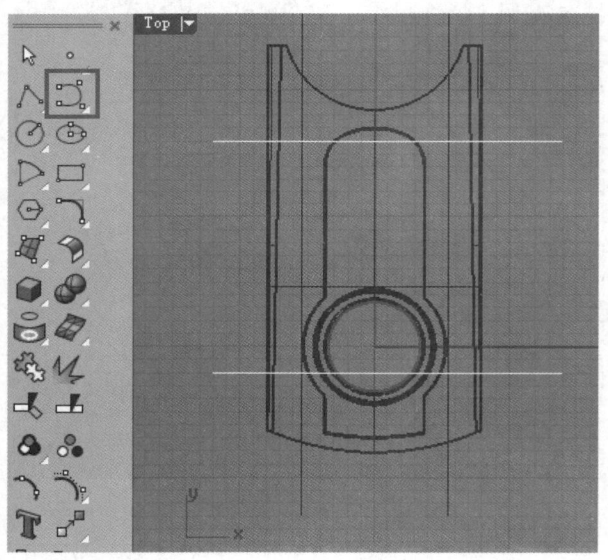

图8-72

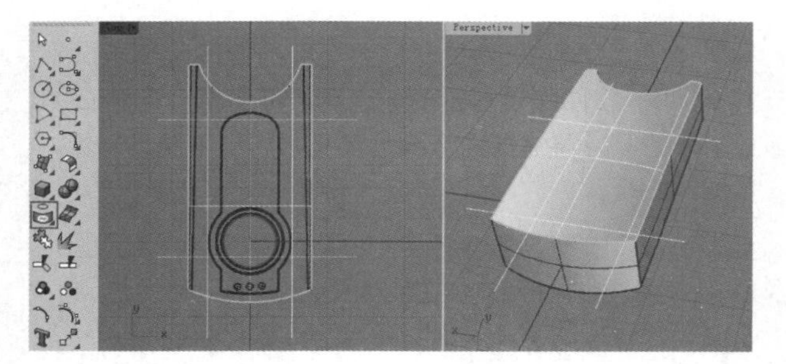

图8-73

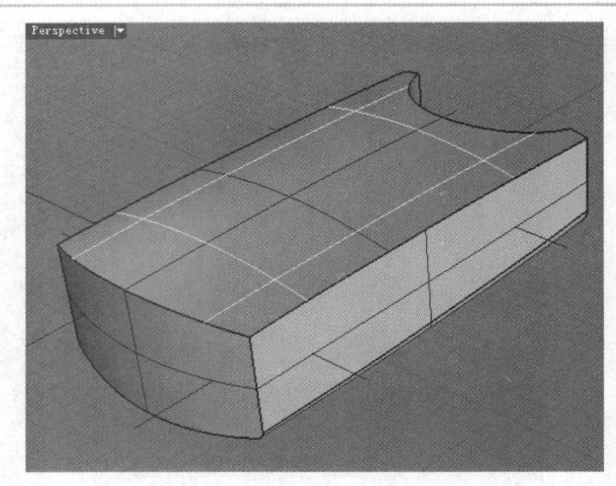

图8-74

04 将“图层05”重命名为“防磨球”，并将其设置为当前工作图层，然后关闭其他图层，接着单击“球体：中心点、半径”工具，创建一个球体，如图8-75所示。

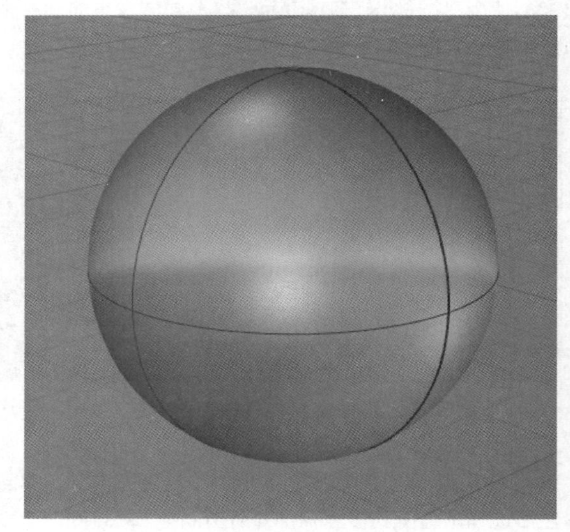

图8-75

05 使用鼠标右键单击“分割/以结构线分割曲面”工具，在球体下半部分的适当位置进行分割，如图8-76所示。

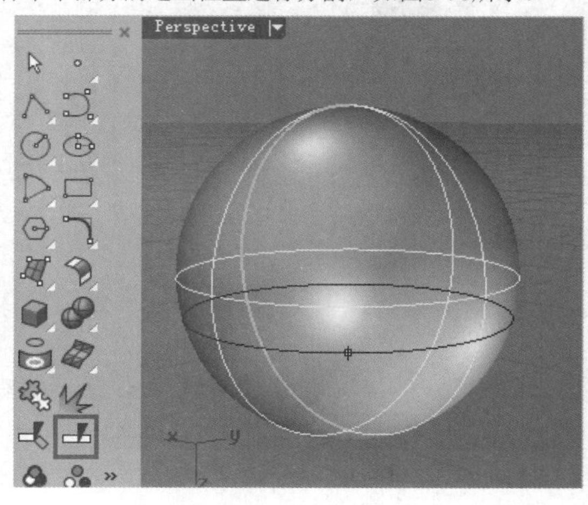

图8-76

06 将分割后下半部分的曲面删除，然后单击“以平面曲线建立曲面”工具，对保留的曲面封面，如图8-77所示。

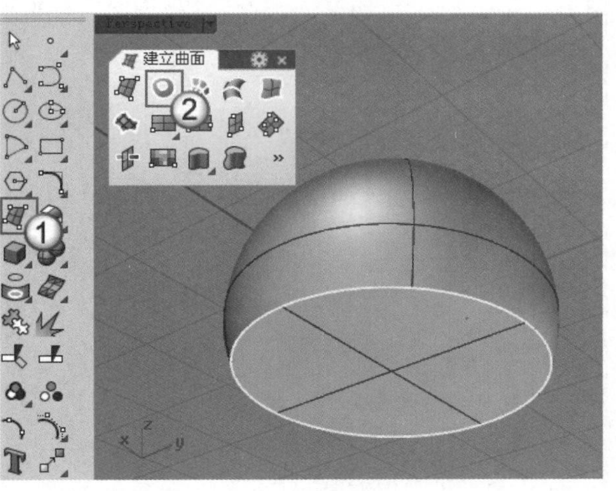

图8-77

07 使用鼠标左键单击“镜射/三点镜射”工具，在Right（右）视图中对半球曲面进行镜像复制（圆形面不用镜像），如图8-78所示。

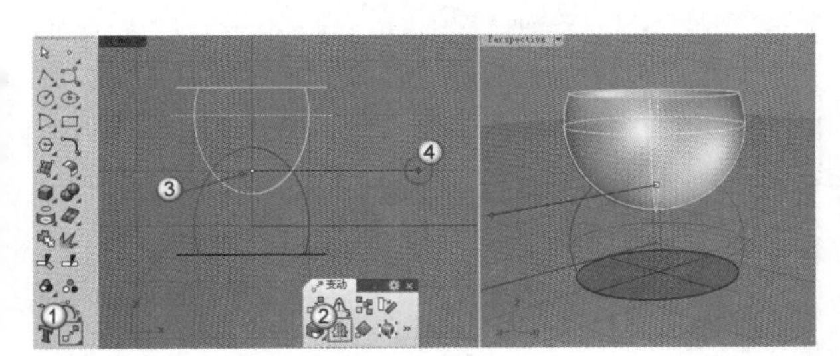

图8-78

08 使用“组合”工具组合镜像前的半球曲面和圆形平面，形成一个半球体，如图8-79所示。

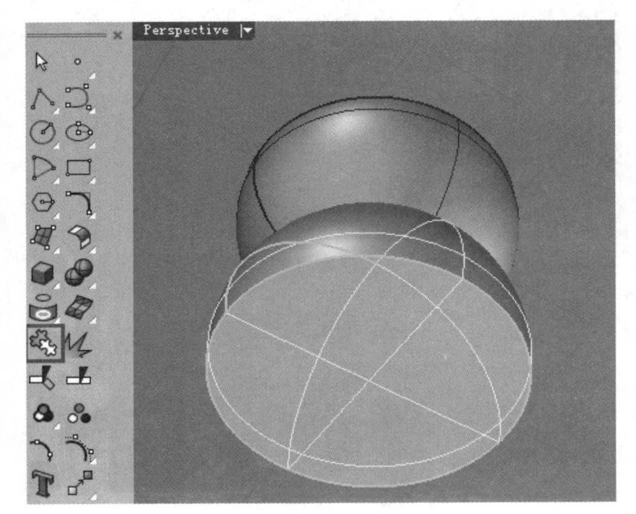

图8-79

09 单击“自动建立实体组合”工具，选择半球曲面和半球体自动建立实体，如图8-80所示。

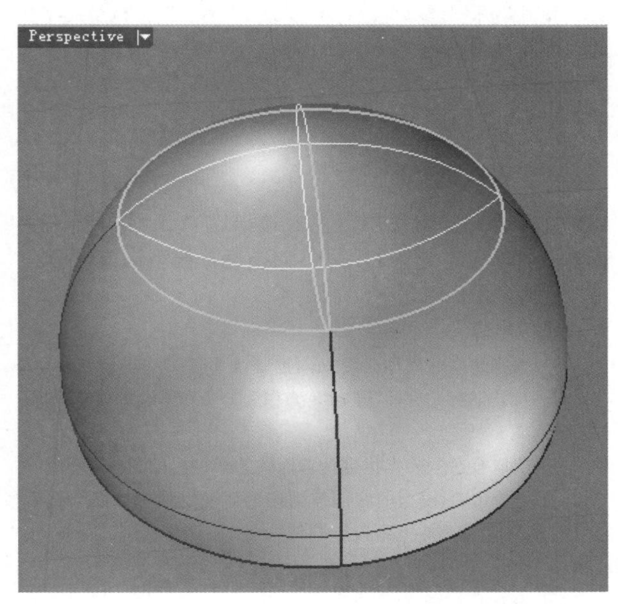

图8-80

10 选择顶部的实体模型，然后按Delete键删除，得到图8-81所示的防磨球模型。

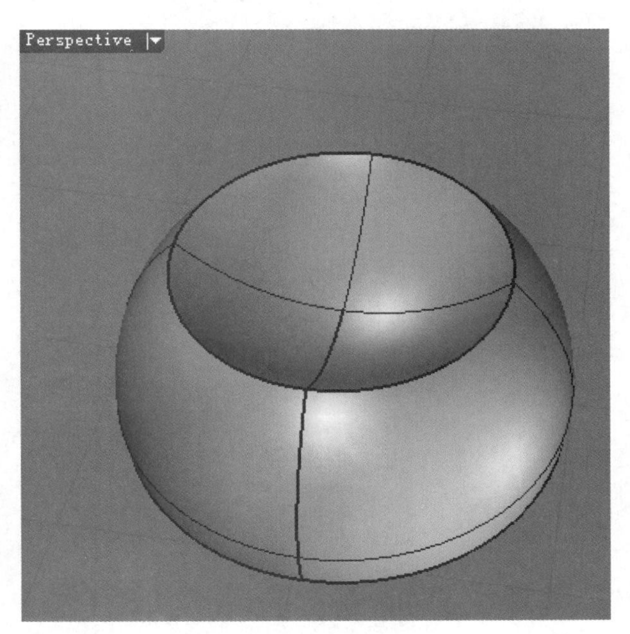

图8-81

11 使用鼠标左键单击“不等距边缘圆角/不等距边缘混接”工具，对防磨球凹面的边进行圆角处理，圆角半径为0.5，如图8-82所示。

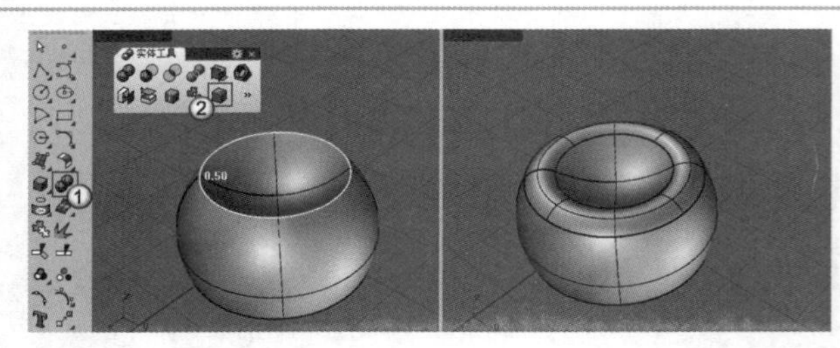

图8-82

12 打开"曲面"图层，然后调出UDT工具面板，接着单击"球形对变"工具，对防磨球模型进行球形对变，具体操作步骤如下。

操作步骤

① 选择防磨球模型，按Enter键确认。

② 捕捉防磨球底面圆的中心点作为参考球体的中心点，如图8-83所示。

③ 拾取合适的一点指定参考球体的半径，如图8-84所示。

④ 选择MP3模型的底面作为球形对变的目标曲面，然后在MP3模型底面上捕捉由投影曲线构成的一个交点，如图8-85所示。

⑤ 在命令行输入1，并按Enter键确认，然后单击鼠标左键确认放置，接着使用同样的方法依次在MP3模型底面上捕捉由投影曲线构成的交点进行放置，完成球形对变操作。

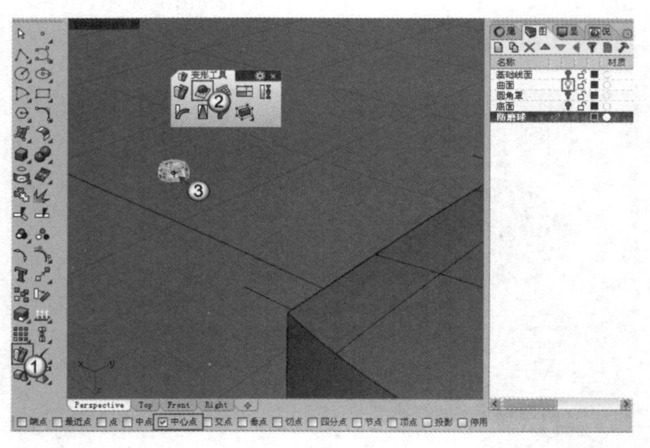

图8-83

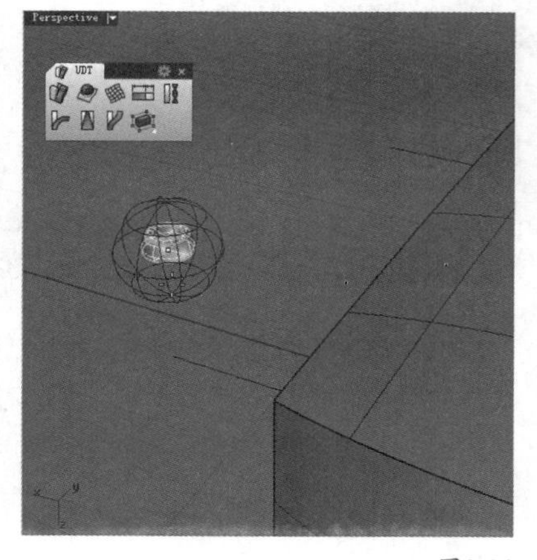

图8-84

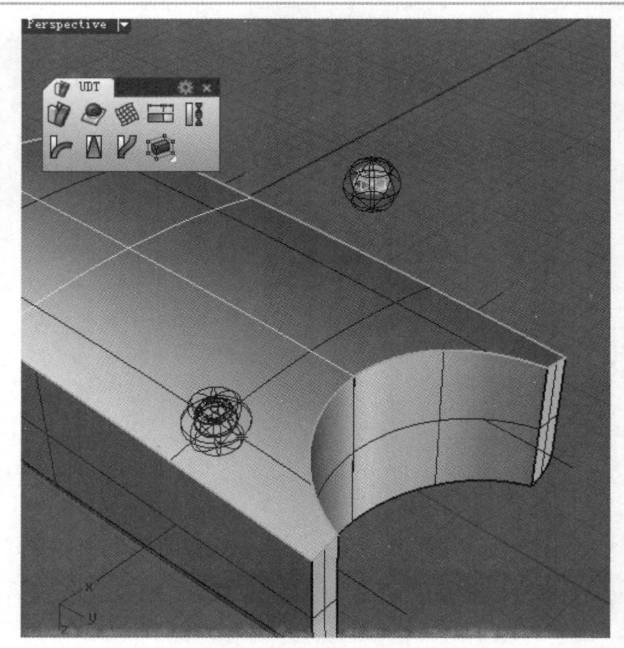

图8-85

制作好的模型效果如图8-86所示。

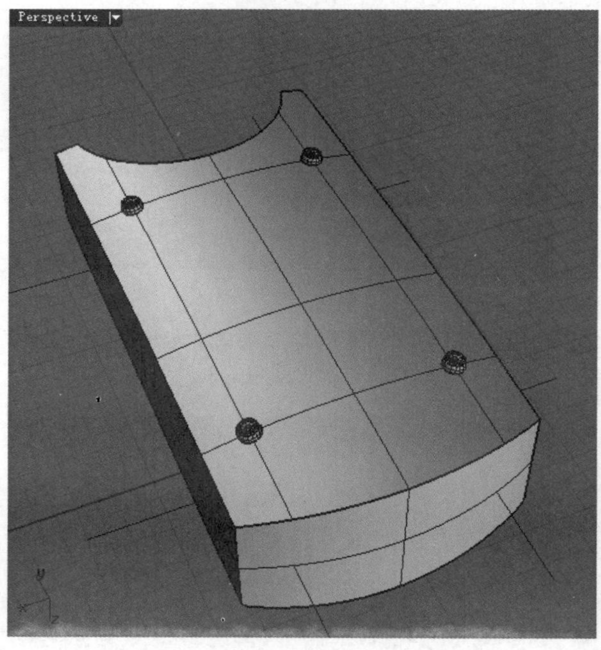

图8-86

8.6 创建MP3侧面

01 使用"控制点曲线/通过数个点的曲线"工具在Front（前）视图中绘制一条和x轴重合的直线，然后将这条直线向上复制一条，接着再将复制生成的直线镜像一条到x轴下方，得到如图8-87所示的3条直线。

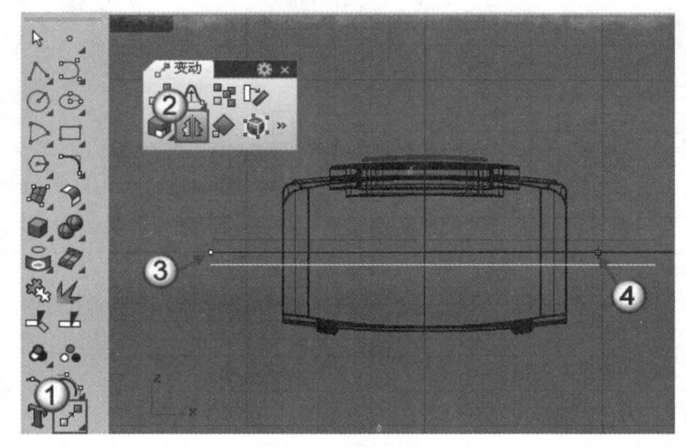

图8-87

02 使用鼠标左键单击"分割/以结构线分割曲面"工具，以上一步绘制的3条直线对模型的侧面进行分割，如图8-88所示。

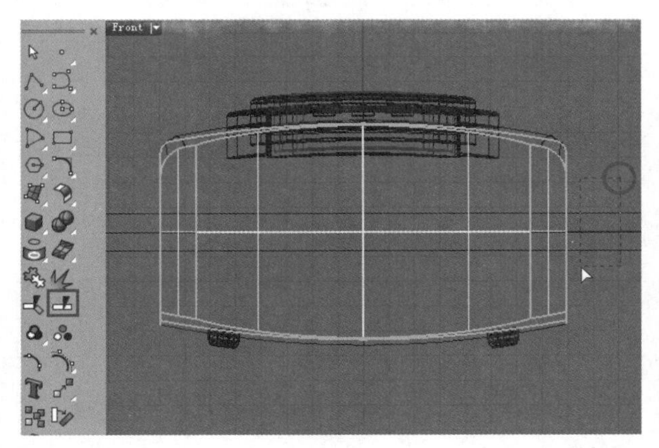

图8-88

03 选择分割后的上下两个侧面，然后使用鼠标左键单击"隐藏物件/显示物件"工具，将其隐藏，如图8-89所示。

04 单击"偏移曲面"工具，将中间的侧面曲面向内偏移，偏移距离为0.3，如图8-90所示。

05 选择偏移前的侧面曲面，然后使用鼠标左键单击"炸开/抽离曲面"工具，将原侧面炸开，接着选择图8-91所示的面，并按Delete键删除。

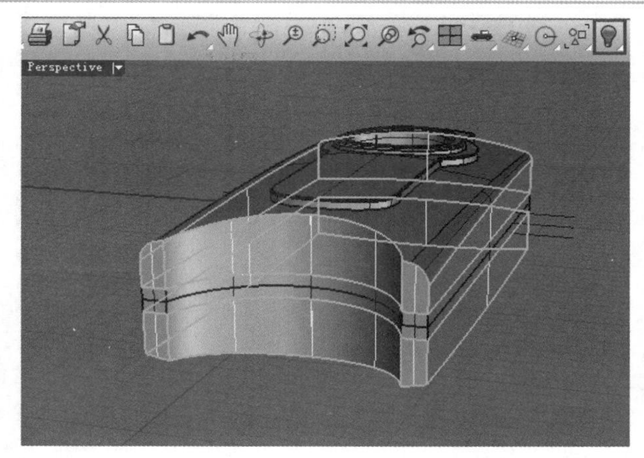

图8-89

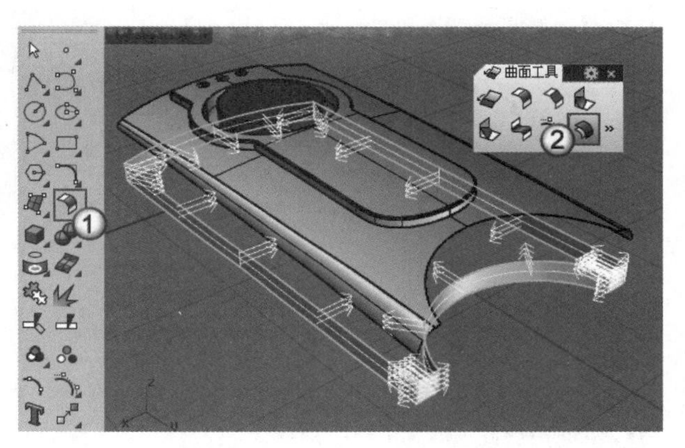

图8-90

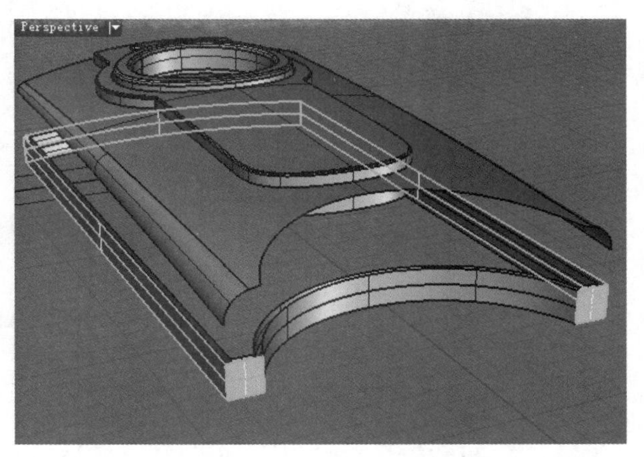

图8-91

06 再次启用"偏移曲面"工具，将原侧面中保留的曲面向外偏移，偏移距离为0.3，如图8-92和图8-93所示。

07 选择靠近MP3机体内部的两个曲面，然后按Delete键删除，得到图8-94所示的模型。

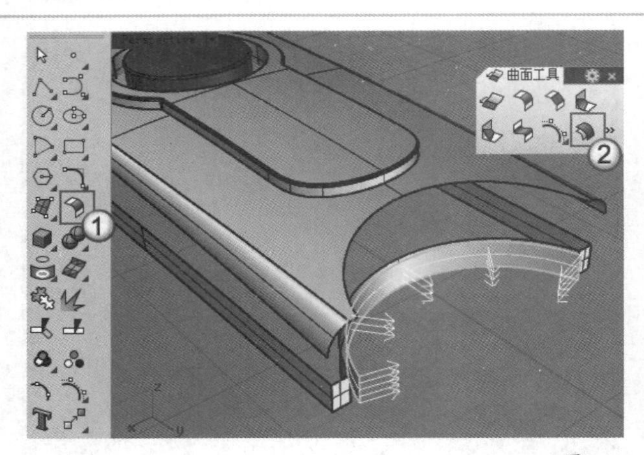

图8-92

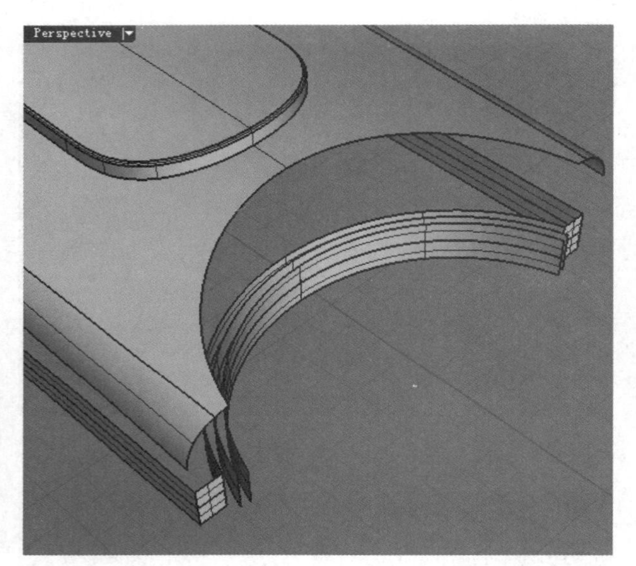

图8-93

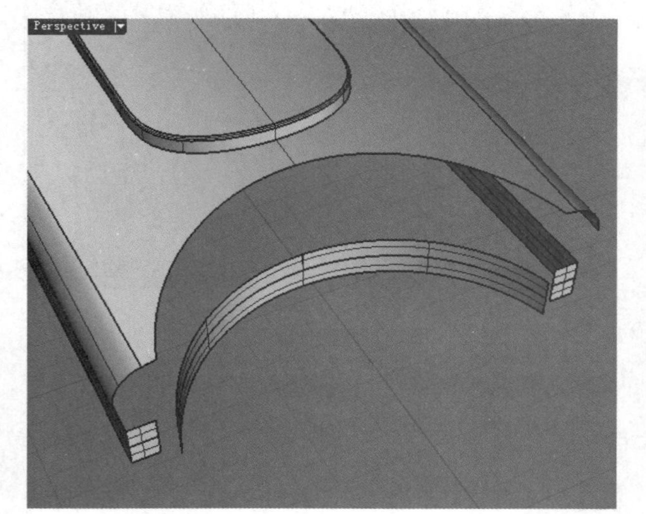

图8-94

08 使用“组合”工具组合图8-95所示的曲面。

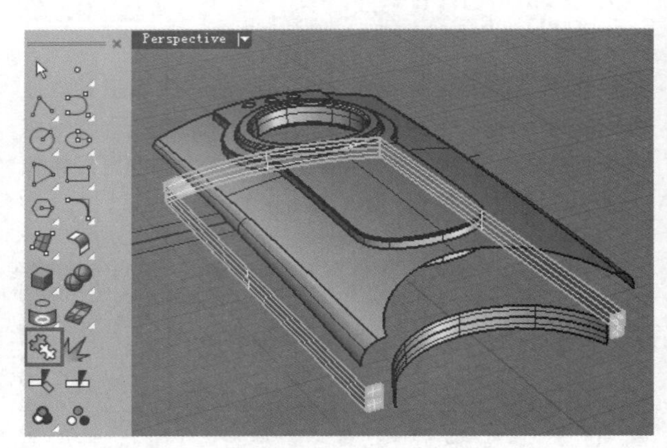

图8-95

09 保持对上一步组合的多重曲面的选择，然后单击“打开实体物件的控制点”工具，接着打开“正交”功能，并对图8-96所示的控制点进行拖曳，使曲面拉长。

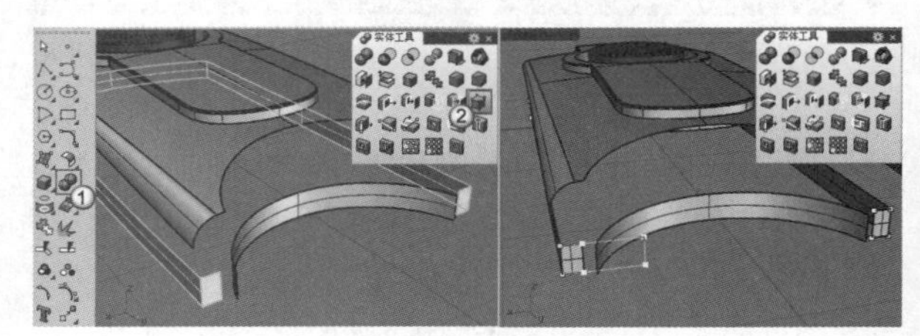

图8-96

10 对另一侧的控制点进行同样的操作，然后按F11键关闭控制点，接着选择图8-97所示的曲面，并使用鼠标左键单击“修剪/取消修剪”工具，最后单击需要修剪掉的曲面部分，得到如图8-98所示的模型。

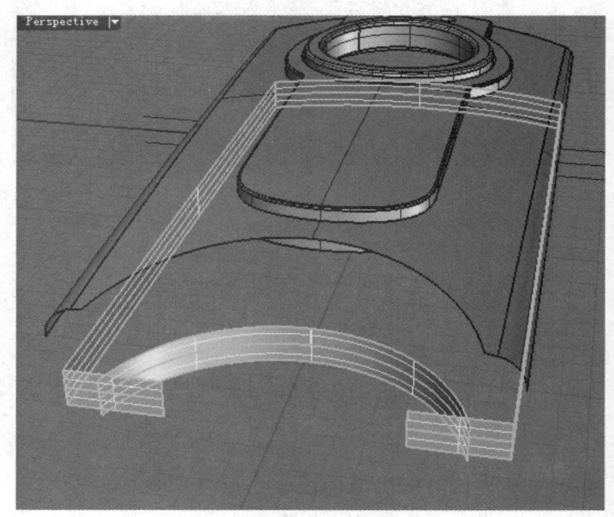

图8-97

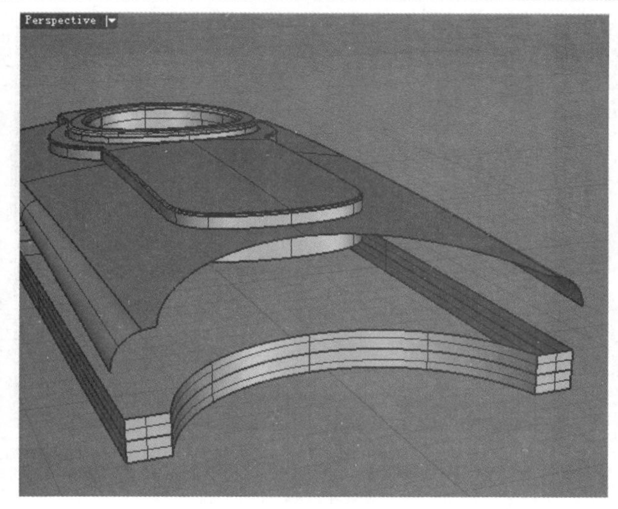

图8-98

11 单击“以平面曲线建立曲面”工具，选择侧面的上下边线分别进行封面，如图8-99和图8-100所示。

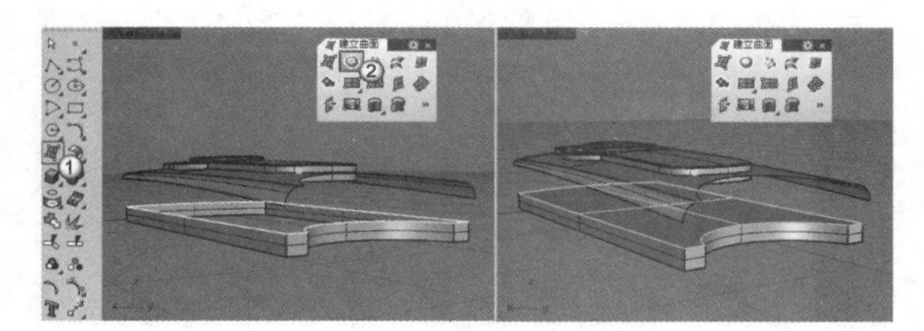
图8-99

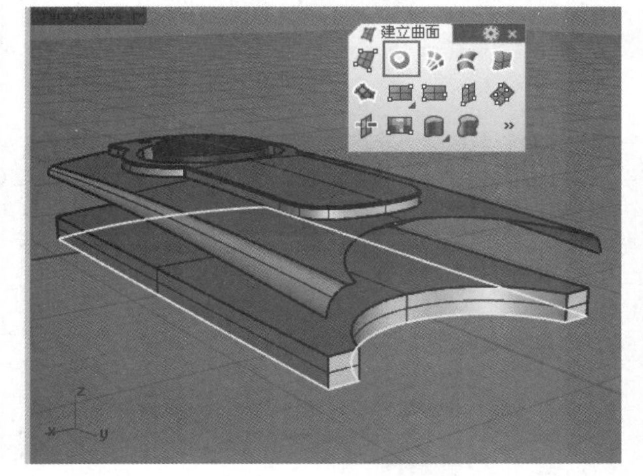

图8-100

12 单击“组合”工具，将上一步创建的两个平面和侧面组合成多重曲面，如图8-101所示。

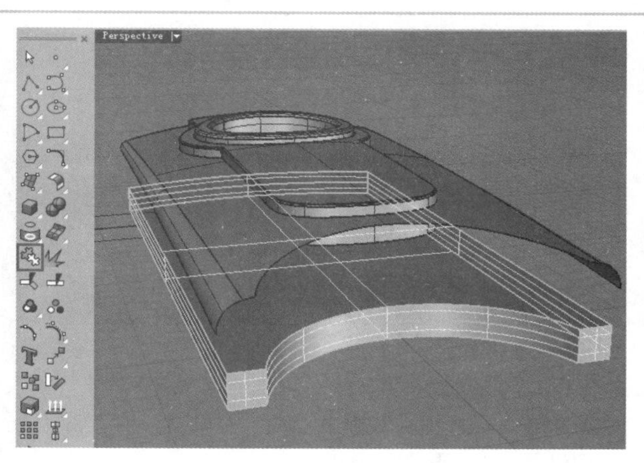

图8-101

13 单击“不等距边缘圆角/不等距边缘混接”工具，对组合后的多重曲面的边缘进行圆角处理，圆角半径为0.1，如图8-102和图8-103所示。

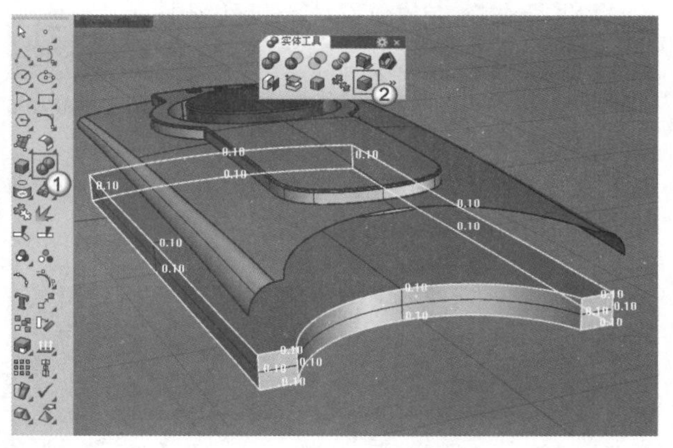

图8-102

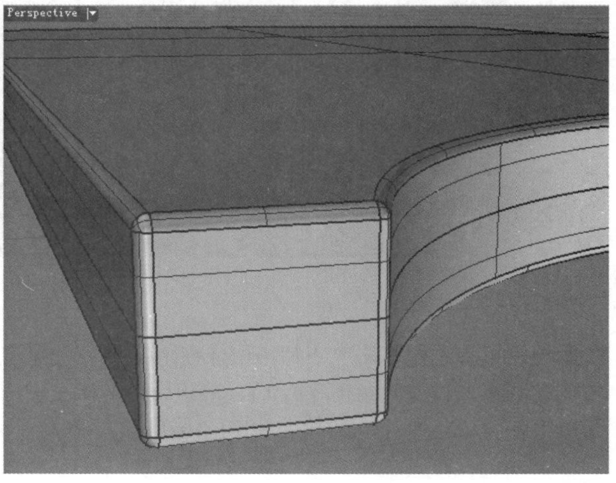

图8-103

14 将隐藏的物件显示出来，再将上一步圆角后的模型隐藏，如图8-104所示。

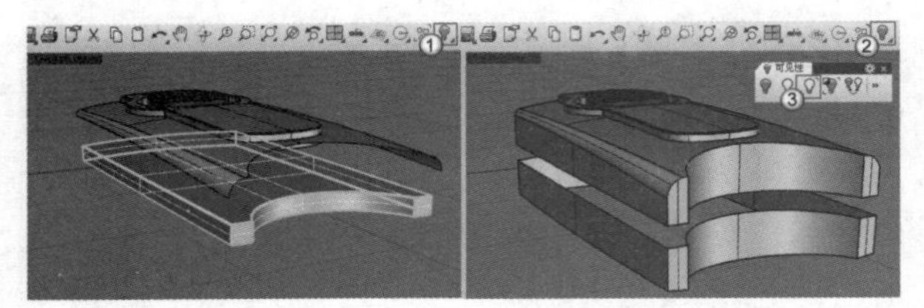

图8-104

15 单击“以平面曲线建立曲面”工具，对上下两个侧面进行封面，如图8-105所示。

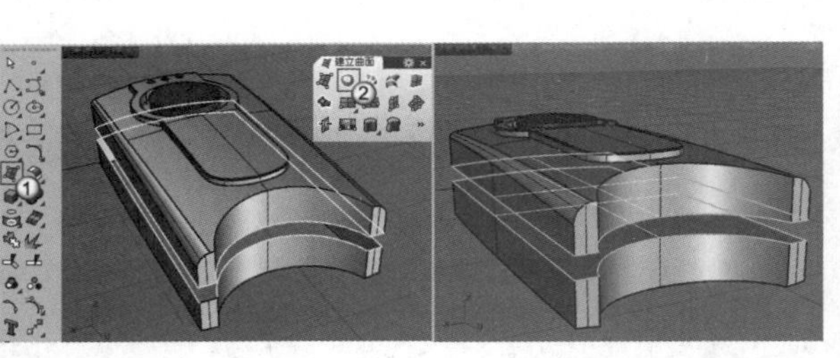

图8-105

16 打开“底面”图层，然后使用“组合”工具分别组合上下两组模型，如图8-106所示。

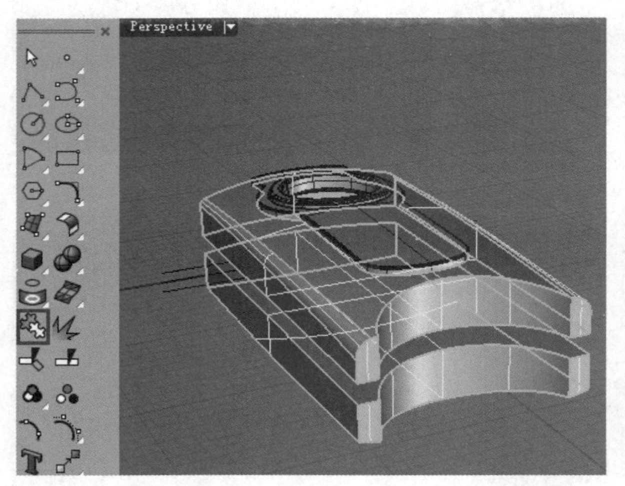

图8-106

17 使用鼠标左键单击“不等距边缘圆角/不等距边缘混接”工具，设置圆角半径为0.1，对组合后的两个模型边缘进行圆角处理，如图8-107和图8-108所示。

18 使用鼠标右键单击“隐藏物件/显示物件”工具，将隐藏的物件显示出来，侧面模型效果如图8-109所示。

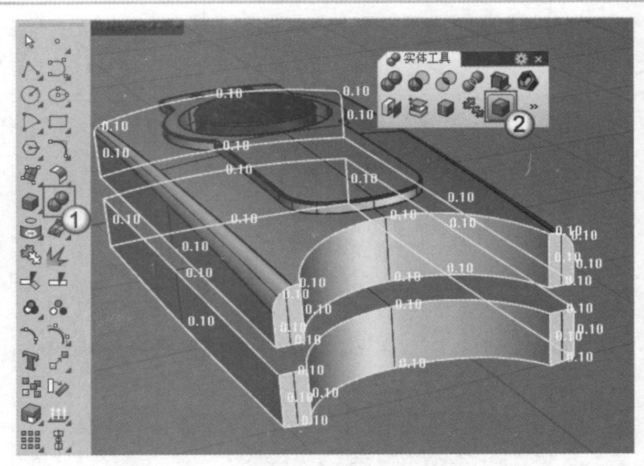

图8-107

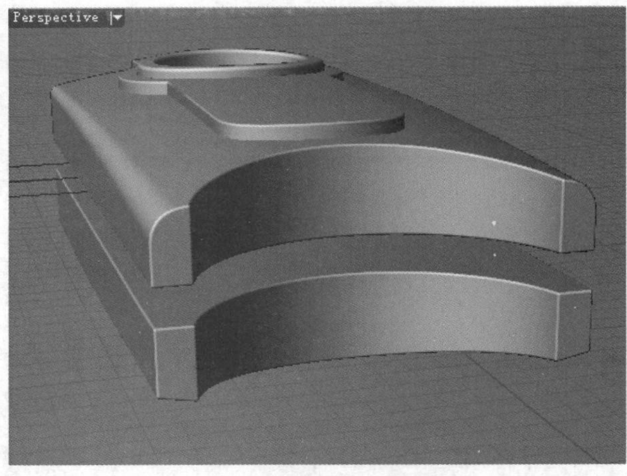

图8-108

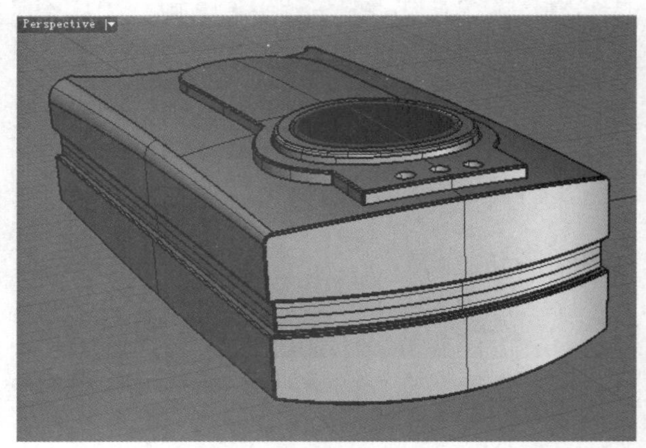

图8-109

8.7 创建MP3顶环

01 新建一个图层，并将其命名为“顶环”，然后将图层的颜色设置为黑色，再将这个图层设置为当前工作图层，如图8-110所示。

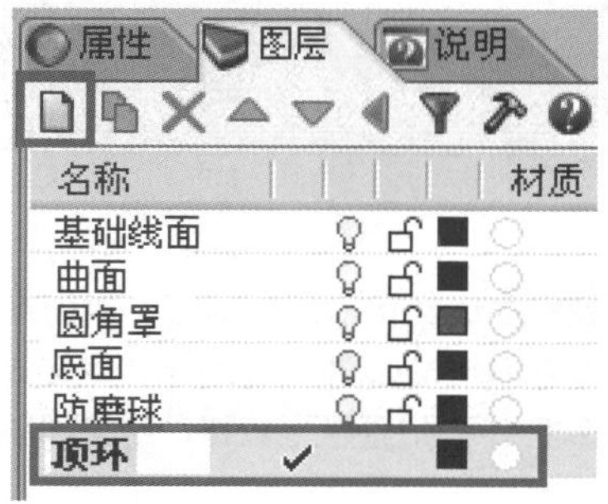

图8-110

02 单击“直线挤出”工具，选择如图8-111所示的圆，然后向两侧挤出成为圆柱面（在命令行中设置“两侧”为“是”），结果如图8-112所示。

图8-111

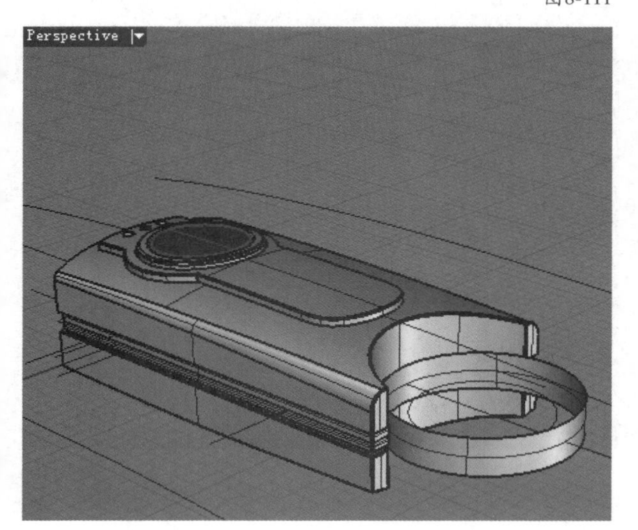

图8-112

03 使用相同的方法挤出小一些的圆，如图8-113所示。

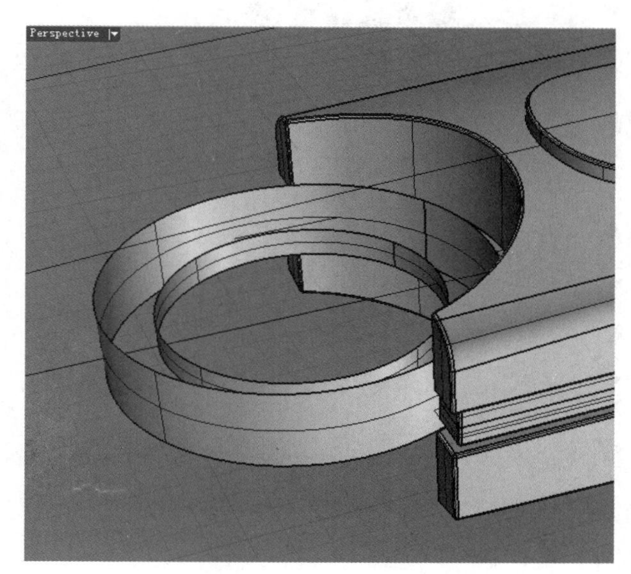

图8-113

04 单击“混接曲面”工具，然后依次选择两个挤出曲面顶部的圆形边线，并按Enter键确认，生成如图8-114所示的混接曲面结构线。

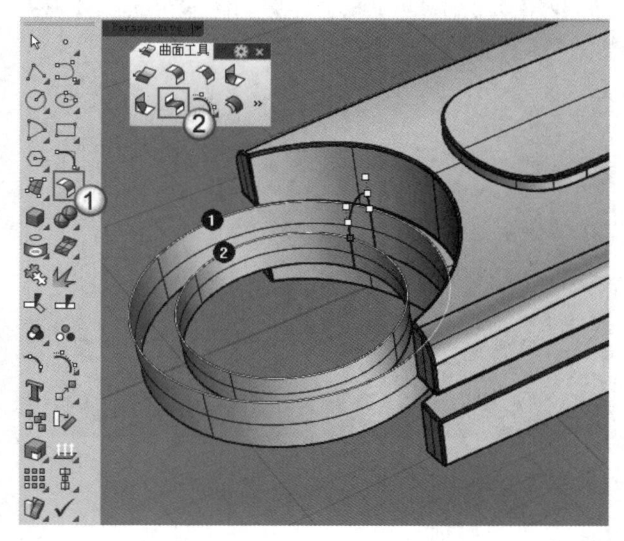

图8-114

05 启用“四分点”捕捉方式，然后将混接曲面结构线的端点移动到圆的4分点处，如图8-115和图8-116所示。

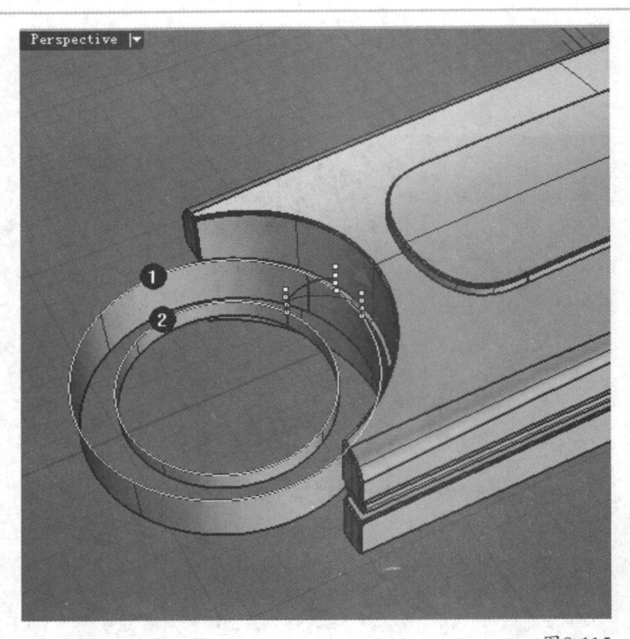

图8-115

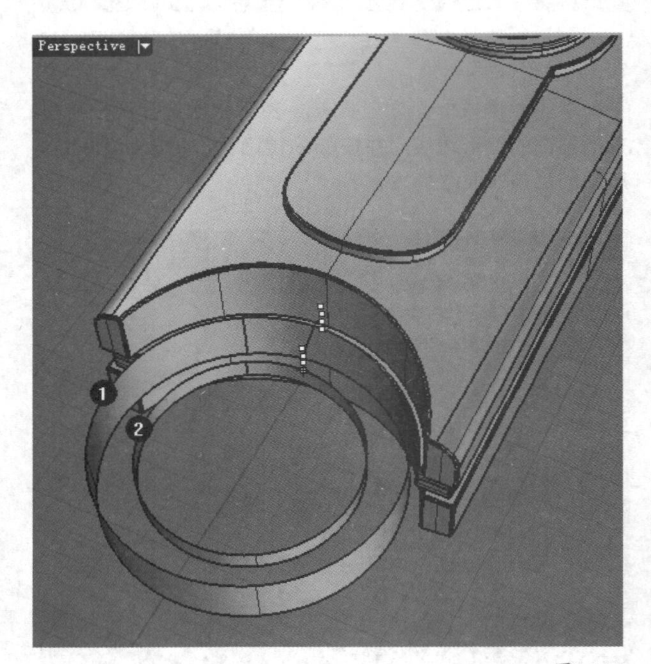

图8-116

06 在“调整曲面混接”对话框中设置连续性为“G3”，然后单击加入断面按钮，接着捕捉圆上的4分点增加一条混接曲面结构线，如图8-117所示。

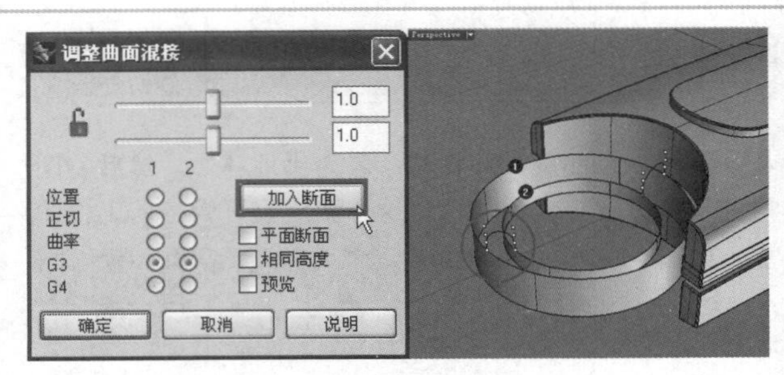

图8-117

07 完成结构线的增加后，对两条结构线的控制点进行调整，结果如图8-118所示，最后在“调整曲面混接”对话框中单击确定按钮，结果如图8-119所示。

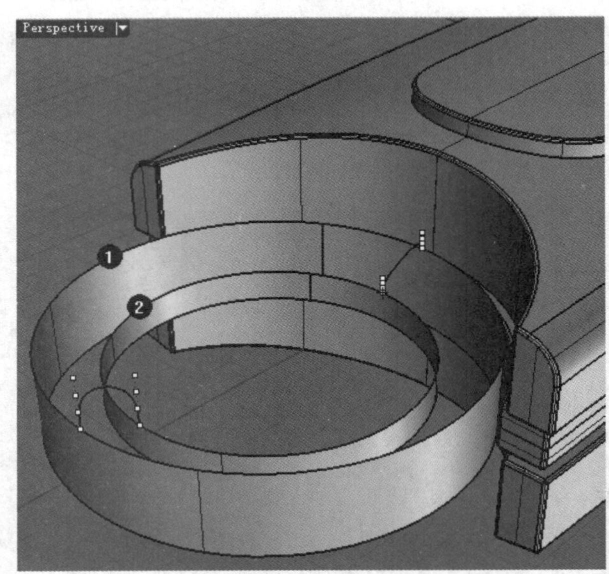

图8-118

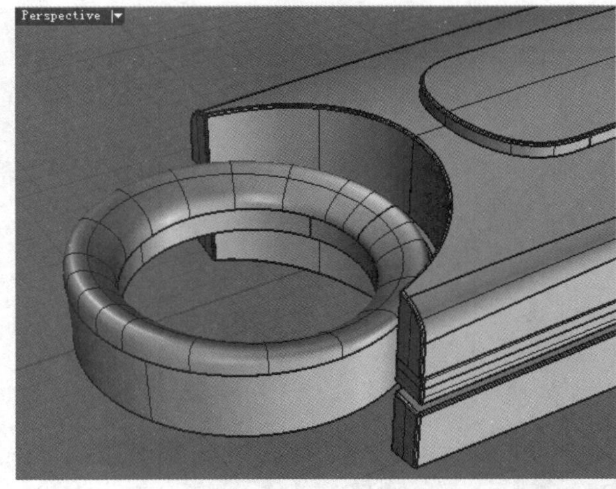

图8-119

08 使用相同的方法创建MP3顶环另一面的过渡曲面，得到如图8-120所示的模型。

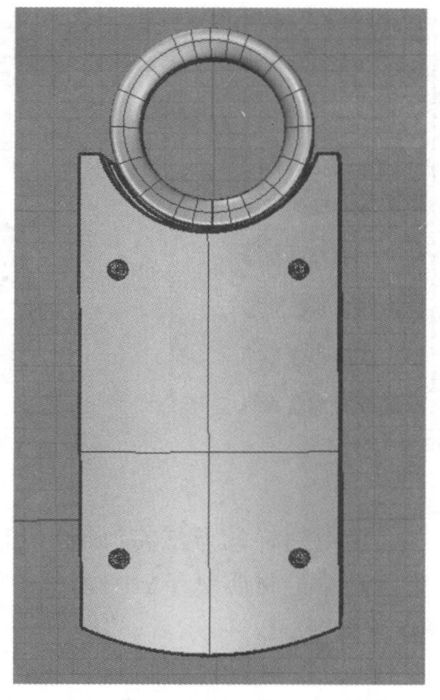

图8-120

09 将“基础线面”图层关闭，然后将其他图层全部打开，观察MP3最终模型效果，如图8-121、图8-122和图8-123所示。

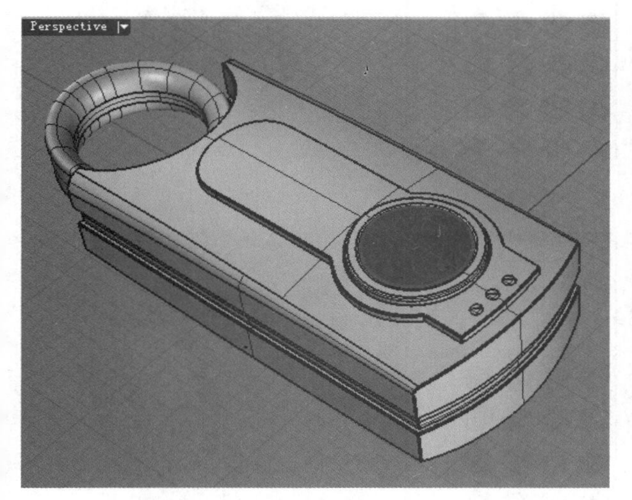

图8-121

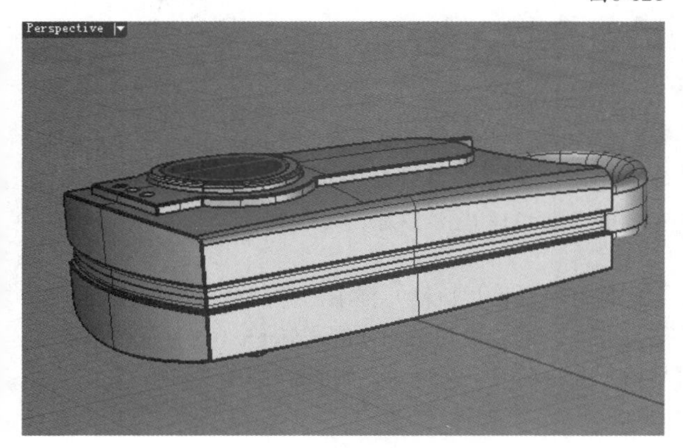

图8-122

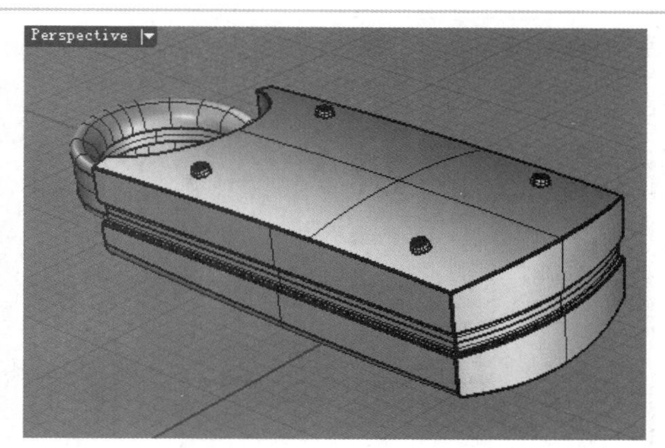

图8-123

8.8 模型渲染

01 首先新建3个图层，并分别命名为“装饰”“环”和“侧面”，然后将各部件按分好的图层归类，如图8-124所示。

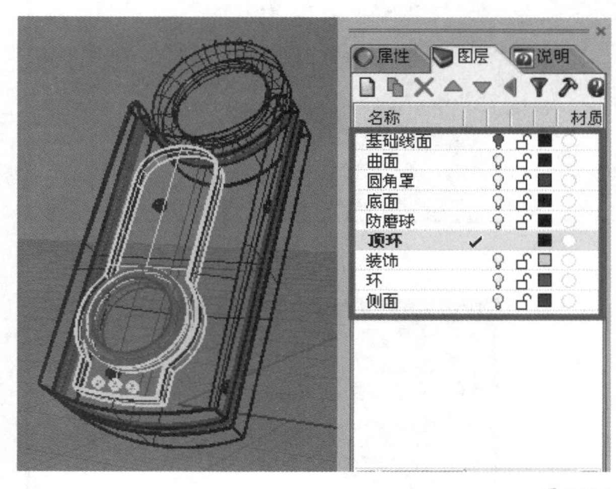

图8-124

02 按Ctrl+S组合键保存文件，然后运行KeyShot 3，并导入保存的文件，如图8-125所示。

03 单击“项目”按钮，打开“项目”对话框，可以看到模型已经按照不同的颜色分好不同的材质了，如图8-126所示。

04 单击“库”按钮，打开“库”对话框，然后在“材质”选项卡下展开Paint（油漆）目录，并单击选择Gloss（光滑）分类，此时在下面的列表框中将只显示该分类下包含的材质，在其中找到Paint-gloss jet black（油漆-深黑色光滑）材质，将其拖曳至MP3模型的顶面上，赋予曲面，如图8-127所示。

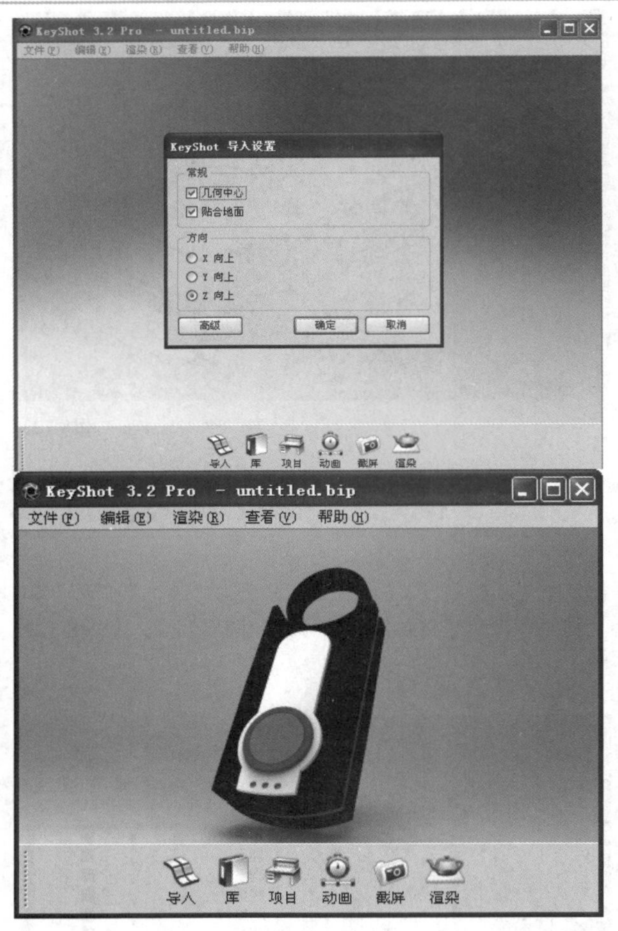

图8-125

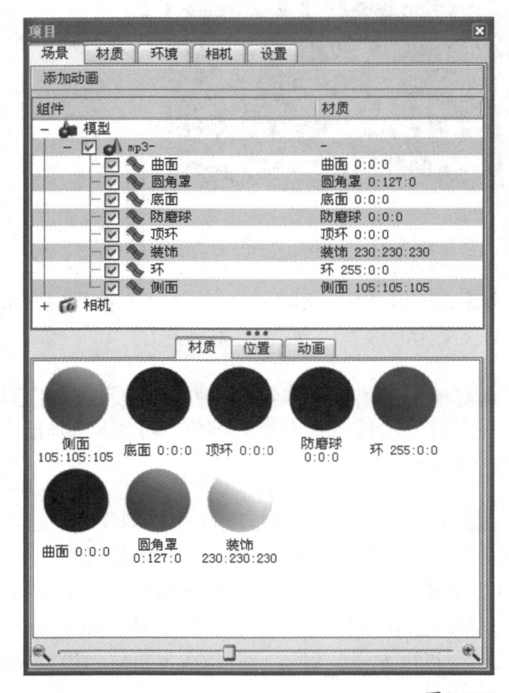

图8-126

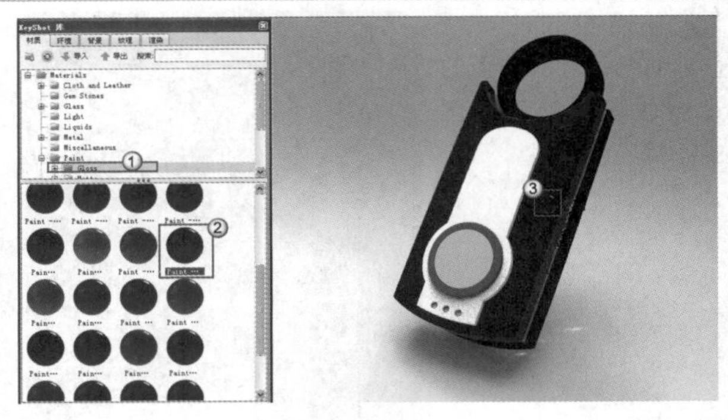

图8-127

05 使用同样的方法将Paint - gloss jet black（油漆-深黑色光滑）材质赋予MP3模型的底面和顶面的环，如图8-128和图8-129所示。

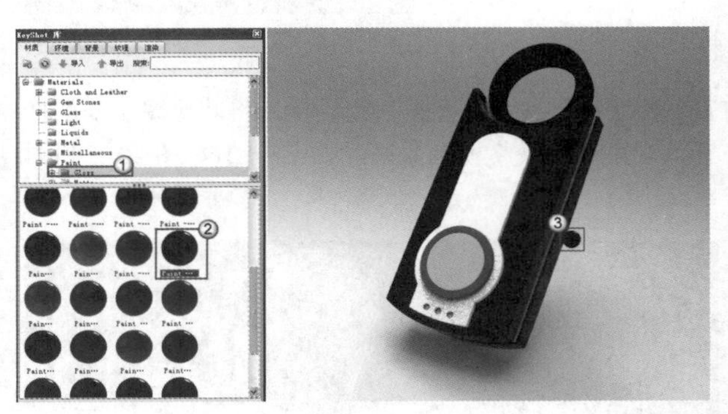

图8-128

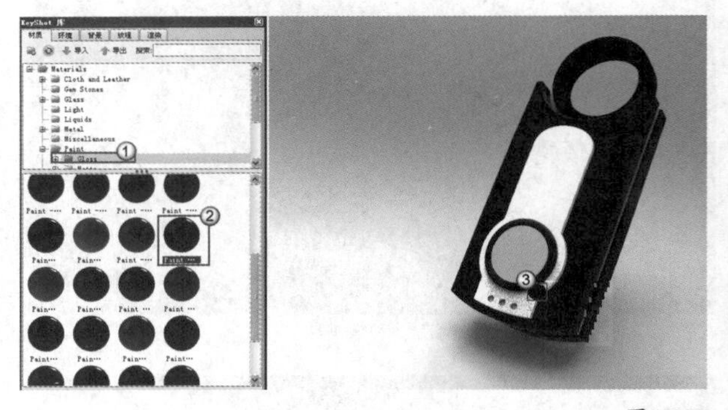

图8-129

06 在Gloss（光滑）分类下找到Paint - gloss red（油漆-红色光滑）材质，将其赋予顶环、装饰和侧面，如图8-130、图8-131和图8-132所示。

07 展开Plastic（塑料）目录，然后单击选择Hard（坚硬）分类，接着找到Hard white rough（白色坚硬粗糙）材质，并将其赋予圆角罩，如图8-133所示。

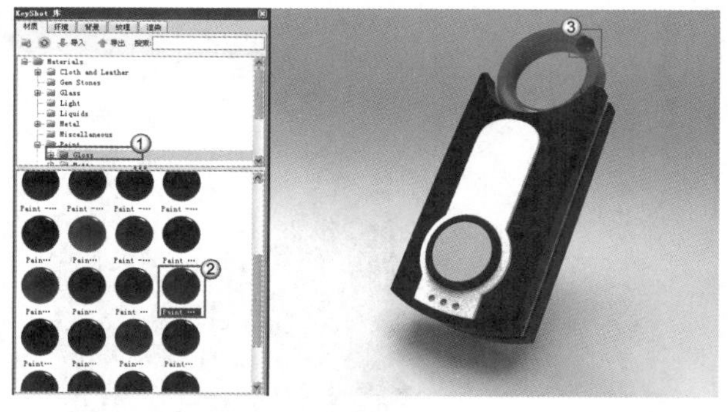

图8-130

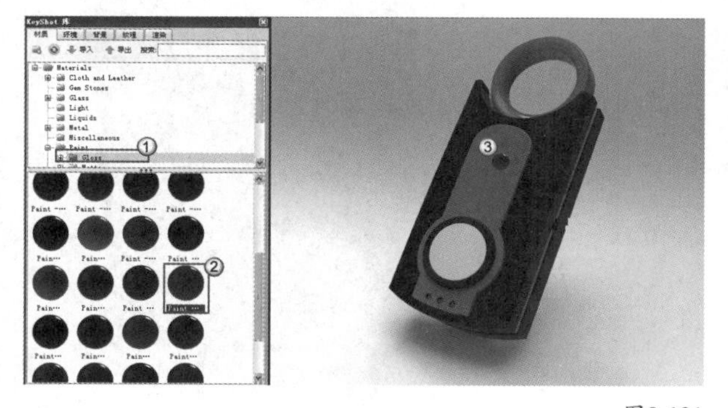

图8-131

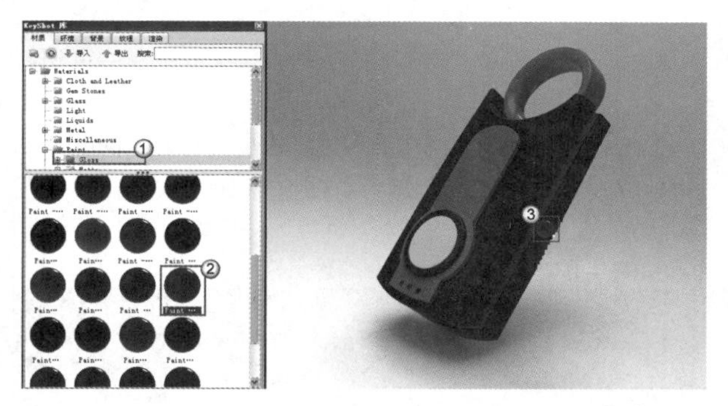

图8-132

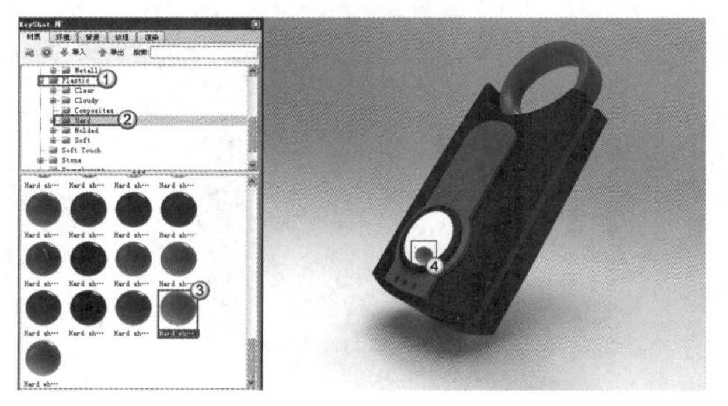

图8-133

08 在圆角罩上单击鼠标右键，然后在弹出的菜单中选择“编辑材质”选项，如图8-134所示。此时将进入“项目”对话框的“材质”选项卡下，在“属性”面板中设置“漫反射”和“反射传播”为红色（R:255，G:0，B:0），再设置“折射指数”为2.8，如图8-135所示。

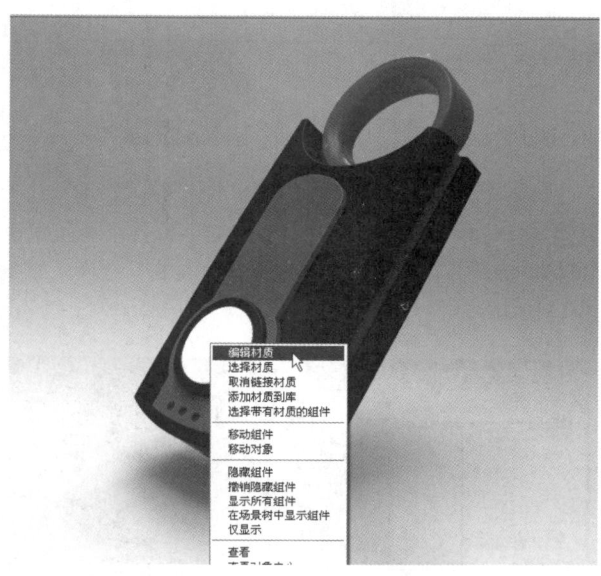

图8-134

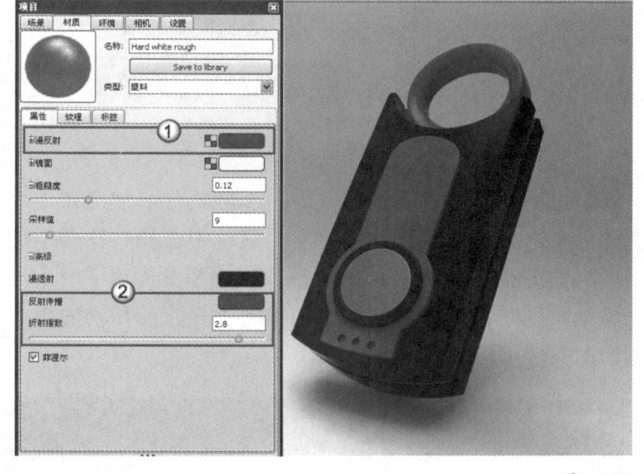

图8-135

09 在“纹理”面板中勾选“透明度”项目，然后在弹出的“打开纹理”对话框中选择Textures文件夹下的mesh_hexagonal_normal.jpg图片，接着设置“缩放”为0.05，如图8-136所示。

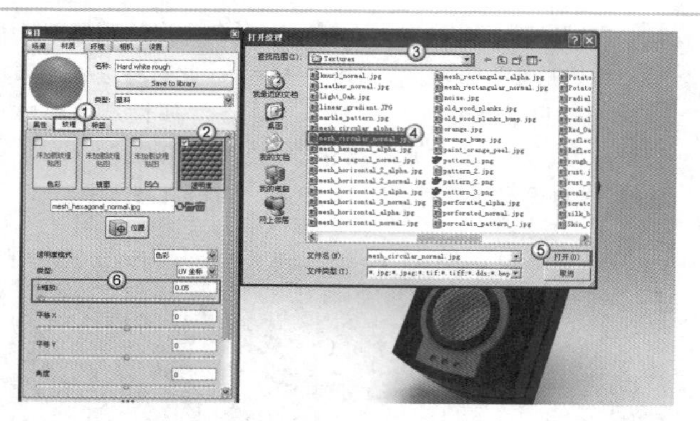

图8-136

10 切换到“场景”选项卡下，然后在mp3-物件上单击鼠标右键，并在弹出的菜单中选择“复制”选项，如图8-137所示。

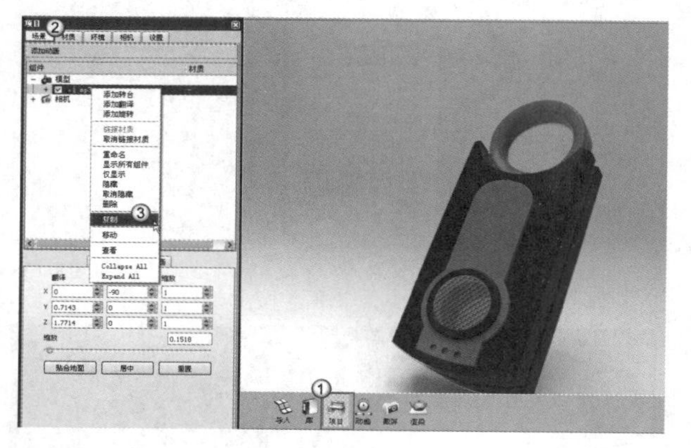

图8-137

11 以同样的方式再复制一个mp3-#2物件，然后在该物件上单击鼠标右键，并在弹出的菜单中选择“移动”选项，如图8-138所示；此时可以发现模型上出现了一个坐标轴，同时在工作界面的底部出现了相应的移动面板，如图8-139所示。

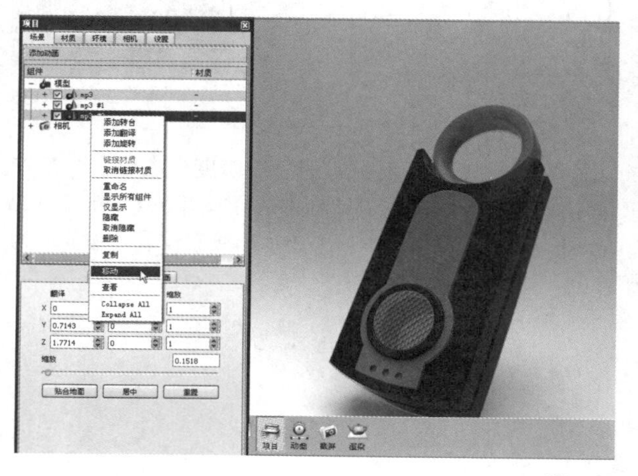

图8-138

图8-139

12 选择红色轴线，同时向右进行拖曳，将复制的mp3-#2物件移动到空白区域，然后单击按钮完成操作，如图8-140所示。

图8-140

13 使用同样的方式将mp3-#1物件也向右移动，如图8-141所示。

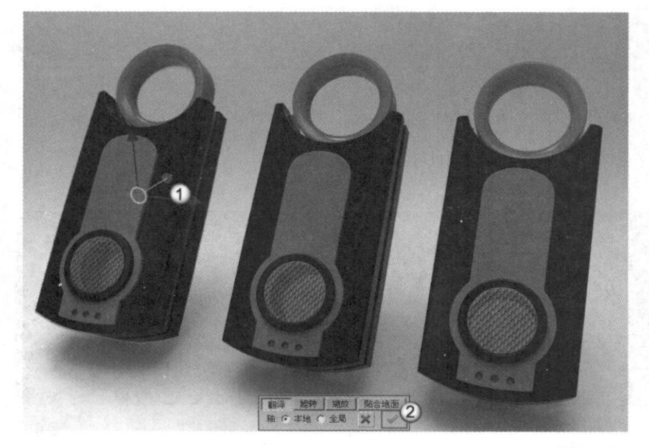

图8-141

技巧与提示

如果要精确调整三者之间的间距，可以在“场景”选项卡的“位置”面板中分别设置模型的x轴间距，如图8-142所示。

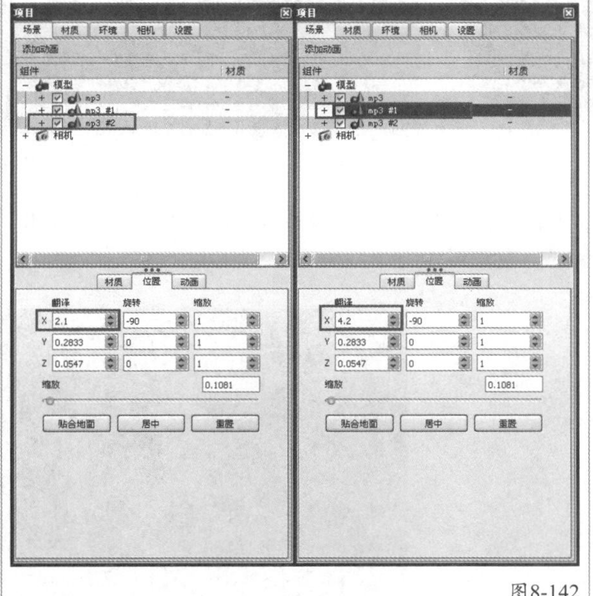

图8-142

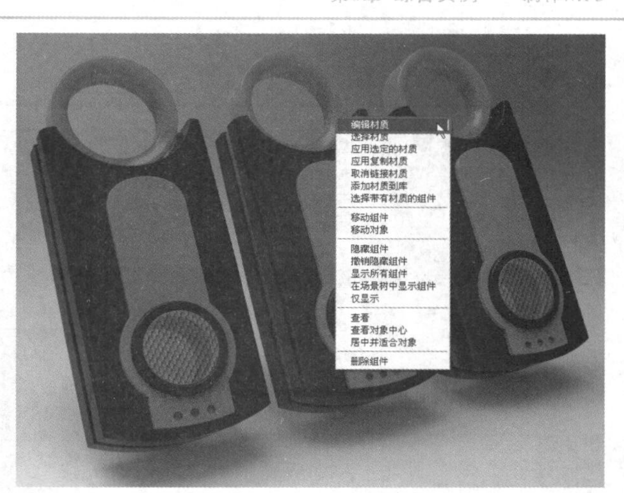

图8-143

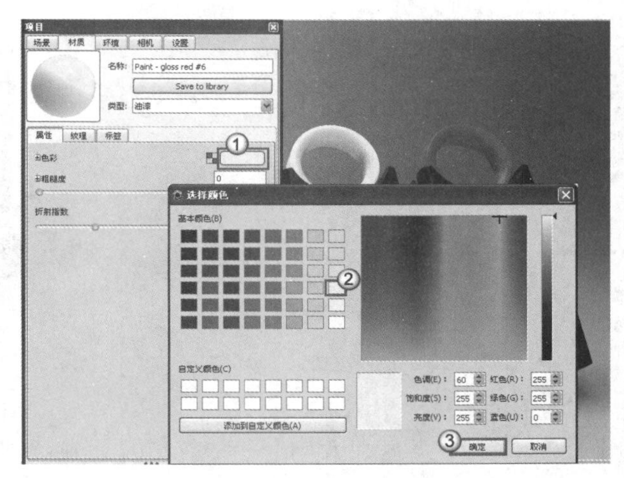

图8-144

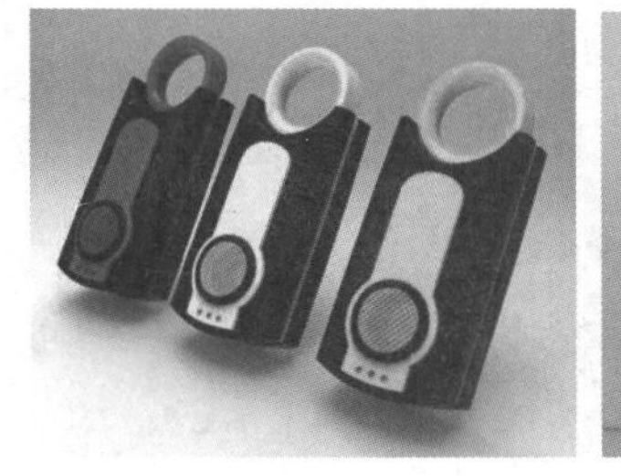

图8-145

图8-146

14 在第2个MP3模型的顶环上单击鼠标右键，然后在弹出的菜单中选择“编辑材质”选项，如图8-143所示；接着在“项目”对话框的“材质”选项卡中设置“色彩”为黄色（R:255，G:255，B:0），如图8-144所示。

15 使用同样的方式依次调整其他顶环、装饰、侧面和圆角罩的颜色，最终效果如图8-145和图8-146所示。

第9章 综合实例——制作概念时钟

Rhino

9.1 案例分析

本章将制作一个概念时钟产品，模型制作完成后的效果如图9-1所示，渲染效果如图9-2所示。

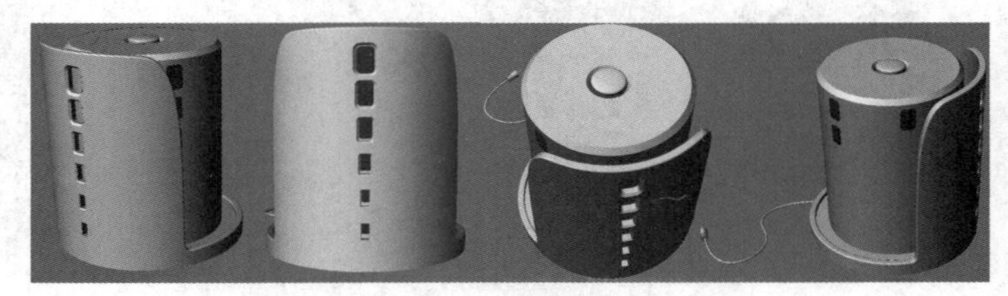

图9-1

图9-2

本例制作的概念时钟模型主要由外罩、时间格、电源接头和中轴4个部分组成，如图9-3所示。

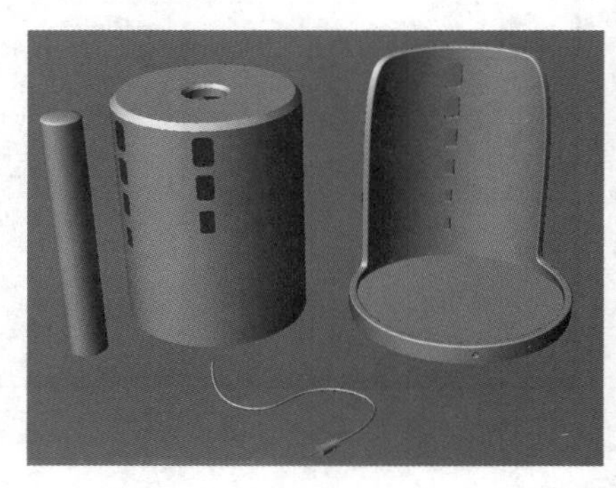

图9-3

9.2 设置建模环境

01 运行Rhino 5.0，然后选择“小物件-毫米”模板文件，如图9-4所示。

02 执行“文件>另存为”菜单命令，打开“储存”对话框，将新建的文件保存为“概念时钟.3dm”文件，如图9-5所示。

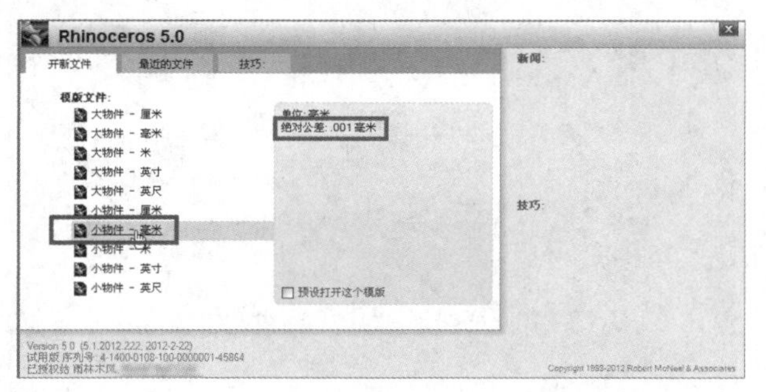

图9-4

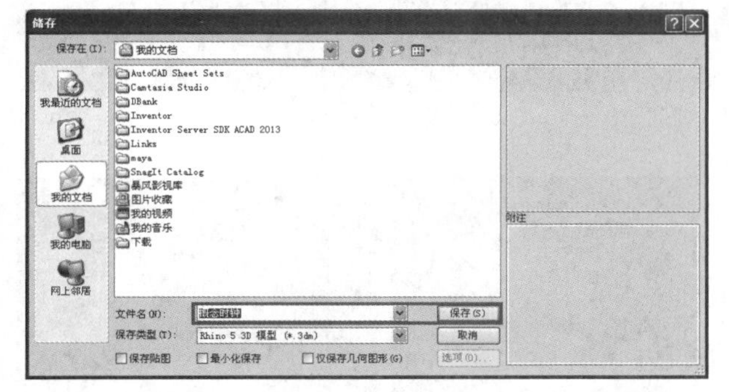

图9-5

9.3 构建时钟外罩

9.3.1 创建基础模型

01 使用"圆柱体"工具在Perspective（透视）视图中创建一个如图9-6所示的圆柱体。

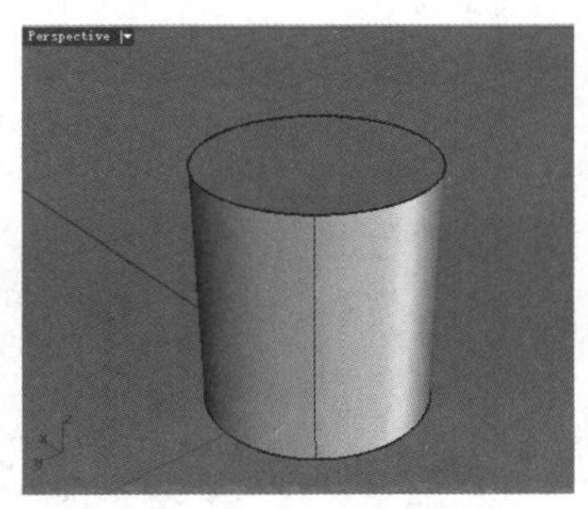

图9-6

02 选择圆柱体，然后使用鼠标左键单击"显示边缘/关闭显示边缘"工具，显示出圆柱体边线的位置，如图9-7所示。为了便于后续剪切等一系列操作，从Right（右）视图观察圆柱体的接缝边是否在右半侧，如果刚好在右半侧，就需要通过"2D旋转/3D旋转"工具将圆柱体绕着轴心旋转一定角度，使其不要位于右半侧。

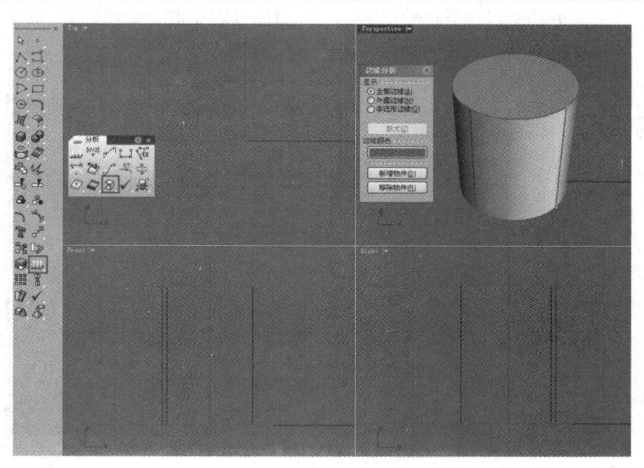

图9-7

03 在"图层"面板中将"图层01"设置为当前工作图层，如图9-8所示。

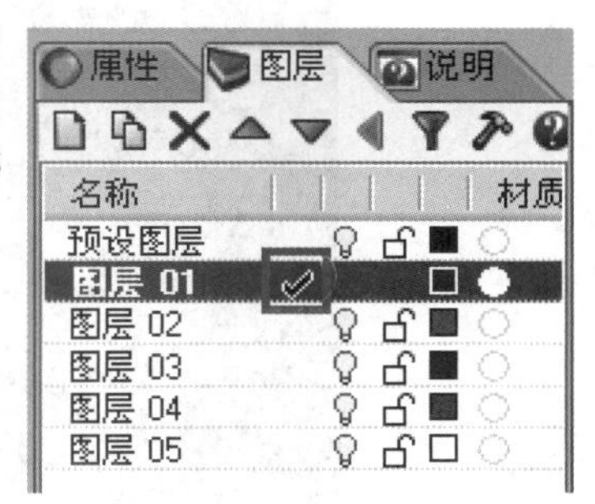

图9-8

04 使用鼠标左键单击"控制点曲线/通过数个点的曲线"工具，在Right（右）视图中绘制如图9-9所示的曲线。

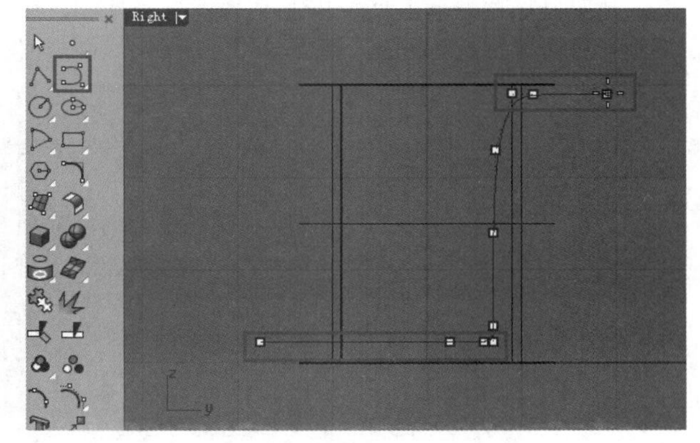

图9-9

注意曲线起始时的4个控制点在同一条水平线上，曲线结束时的3个控制点也在同一条水平线上。为保证在一条水平线上，可以在绘制的时候按住Shift键。

05 使用鼠标左键单击“修剪/取消修剪”工具，然后选择上一步绘制的曲线作为切割用的物件，按Enter键确认后单击圆柱体左半部分，如图9-10所示，接着按Enter键完成操作，得到如图9-11所示的模型。

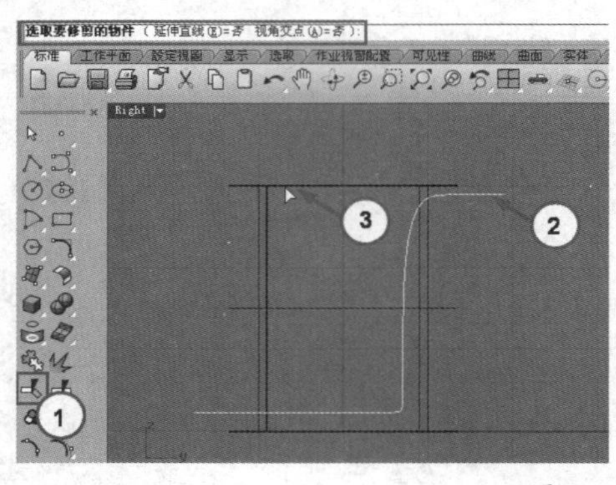

图9-10

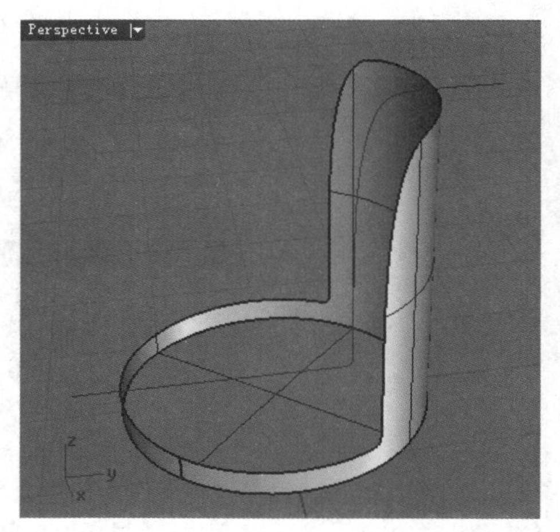

图9-11

06 使用鼠标左键单击“炸开/抽离曲面”工具，然后选择剪切后的多重曲面，并单击鼠标右键将底面与侧面炸开，如图9-12所示。

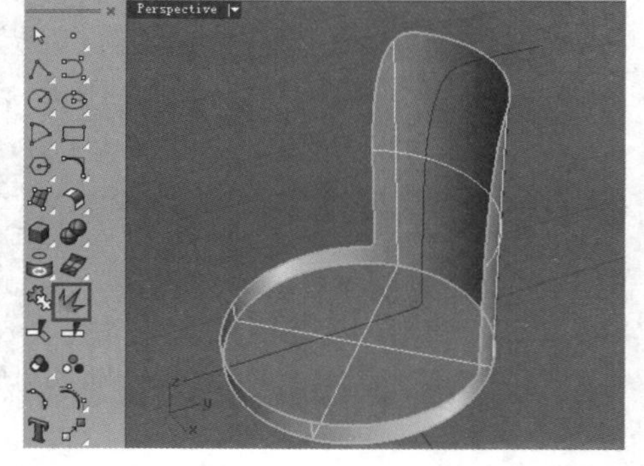

图9-12

07 单击“偏移曲面”工具，选择侧面曲面，此时可以看到曲面的偏移方向向外，如图9-13所示，在命令行单击“全部反转”选项，改变偏移方向，如图9-14所示，接着在命令行再单击“实体”选项，设置“实体”为“是”，最后按Enter键结束命令，得到图9-15所示的模型。

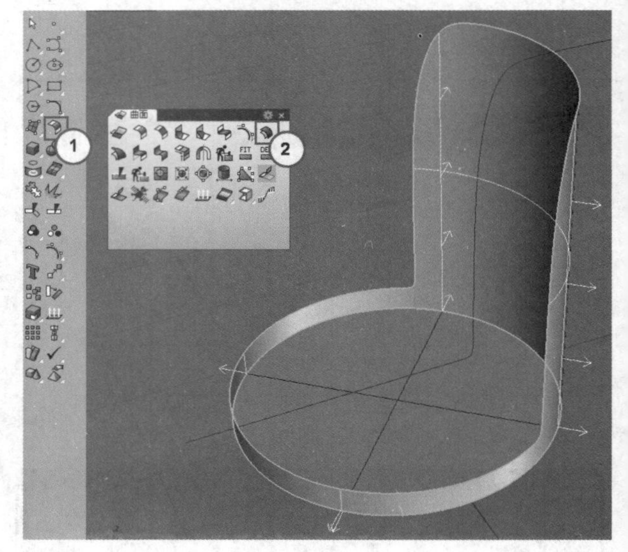

图9-13

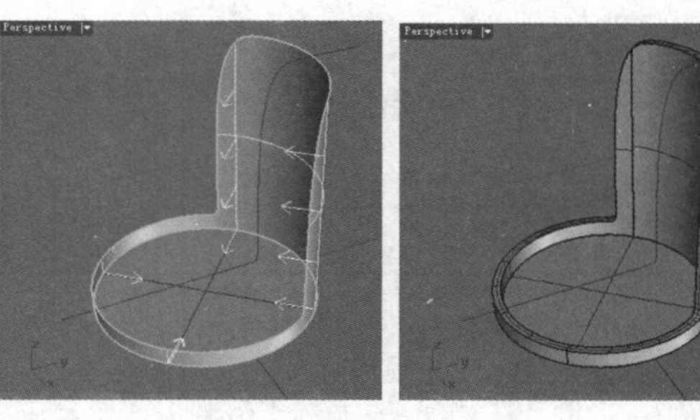

图9-14　　图9-15

9.3.2 细化时钟外罩

01 单击底面，按Delete键将其删除，然后将“预设图层”设置为当前工作图层，接着单击“以平面曲线建立曲面”工具，并选择图9-16所示的底面内边（该内边不是一条整边，需要逐个选择），最后单击鼠标右键结束命令，得到内圆底面，如图9-17所示。

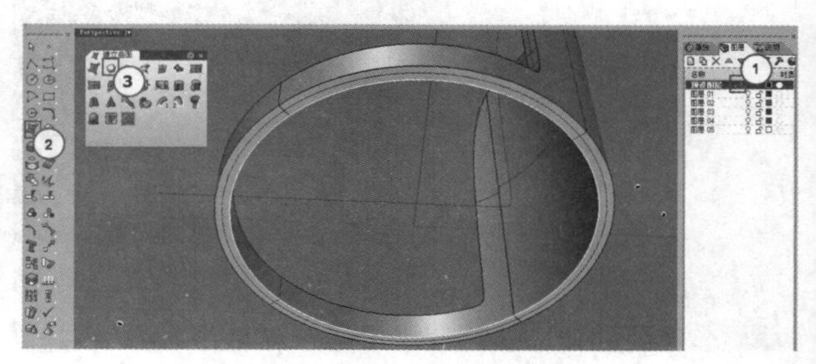

图9-16

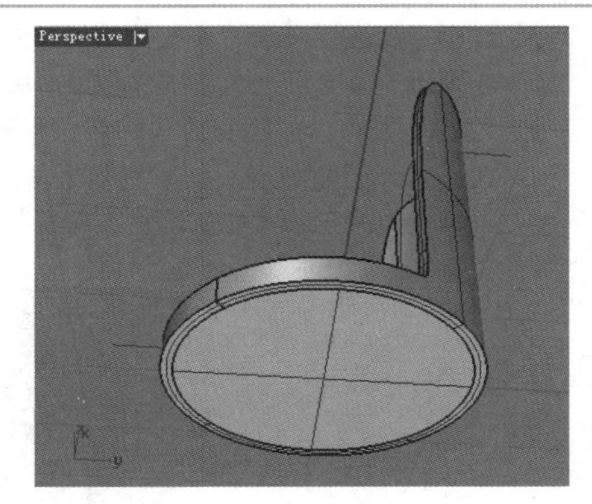

图9-17

02 使用鼠标左键单击“复制/原地复制物件”工具，在Front（前）视图中将上一步创建的底面向上复制一份（不要超过底部圆柱的高度），如图9-18所示，接着以“半透明模式”观察模型效果，如图9-19所示。

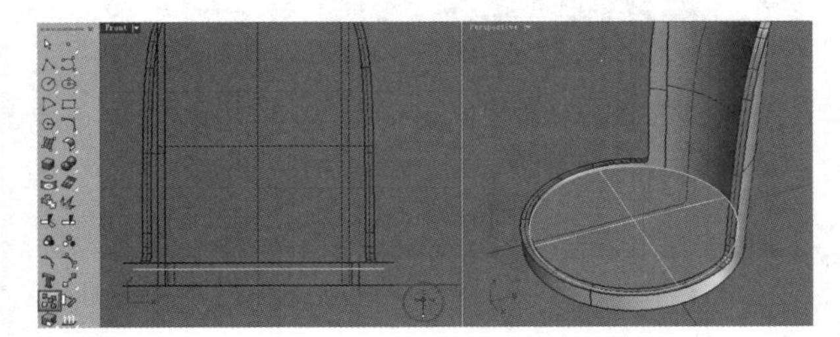

图9-18

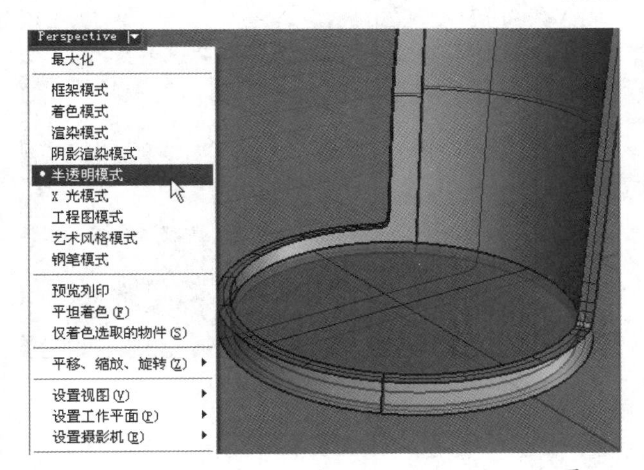

图9-19

03 使用鼠标左键单击“炸开/抽离曲面”工具，选择之前偏移生成的实体模型，并单击鼠标右键结束操作，将其炸开，如图9-20所示。

04 为了便于观察，将暂时不用的曲面隐藏，因为需要隐藏的曲面比较多，不方便选择，因此可以先选择不用隐藏的曲面，再进行反选。如图9-21所示，选择侧壁内侧面及底部上端平面，然后单击“反选选取集合/反选控制点选取集合”工具，得到如图9-22所示的选择状态。

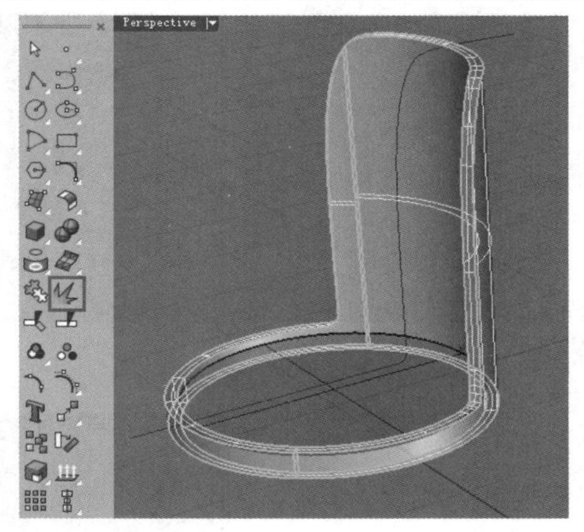

图9-20

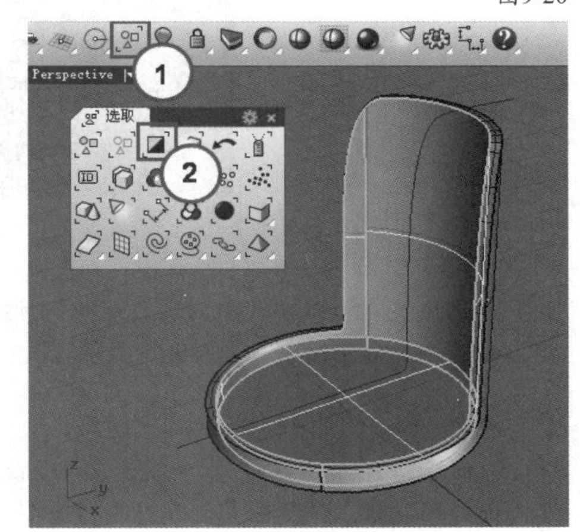

图9-21

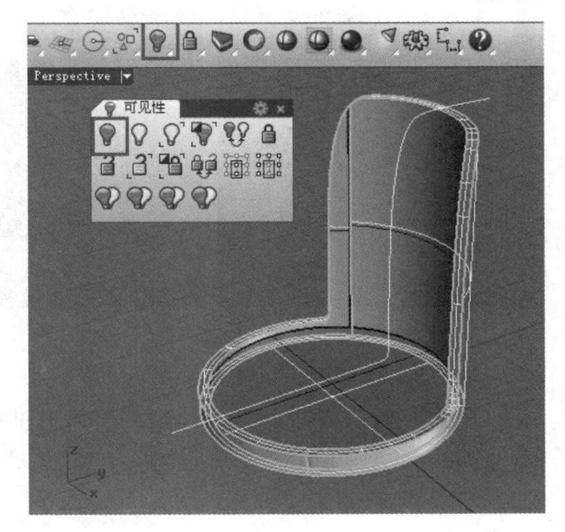

图9-22

05 单击“隐藏物件/显示物件”工具，将选择的曲面隐藏，效果如图9-23所示。

06 单击“修剪/取消修剪”工具，然后选择前面复制的圆形面作为切割用的物件，并单击鼠标右键结束选择，接着单击底部的圆柱面，将多余的部分剪掉，如图9-24和图9-25所示。

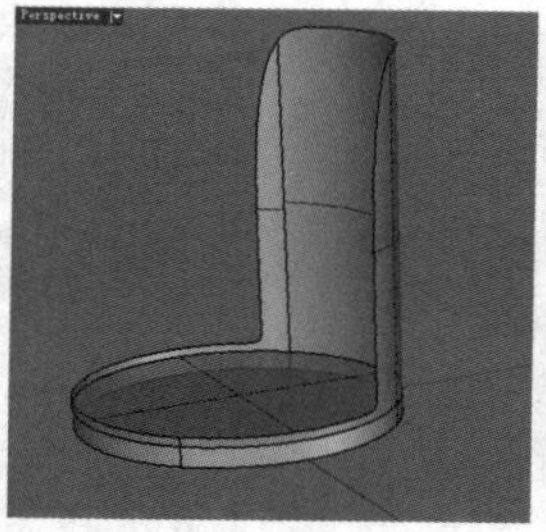

图9-23

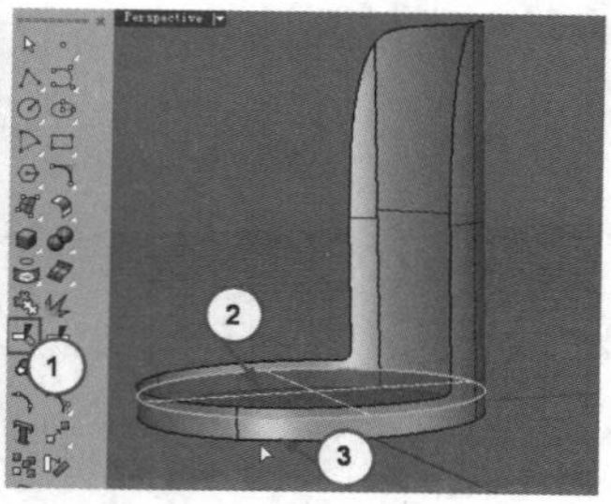

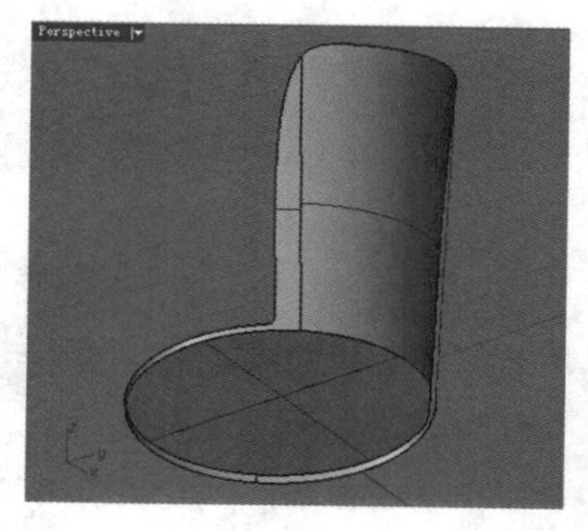

图9-24

图9-25

07 使用鼠标右键单击“隐藏物件/显示物件”工具，将隐藏的物体显示出来，如图9-26所示。

08 选择图9-27所示的圆面，然后按Ctrl+C组合键和Ctrl+V组合键在原位置复制一个圆面。接着选择任意一个圆面将其隐藏，用于后面创建时间格模型。

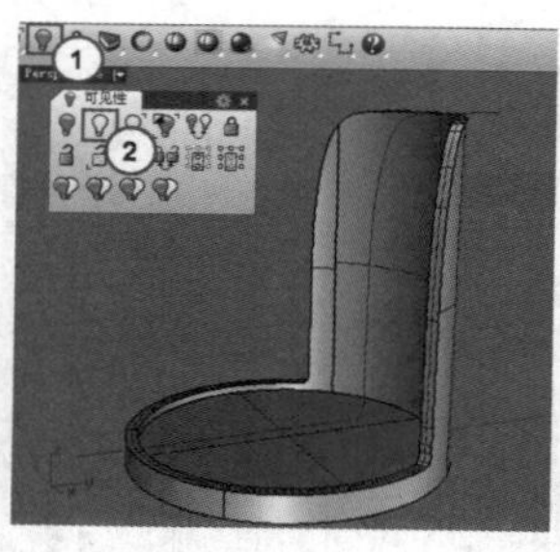

图9-26

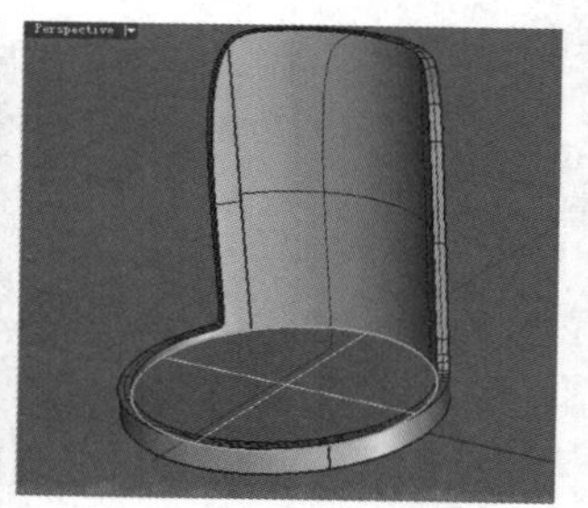

图9-27

09 单击“组合”工具，将视图中所有曲面组合成多重曲面，如图9-28所示。

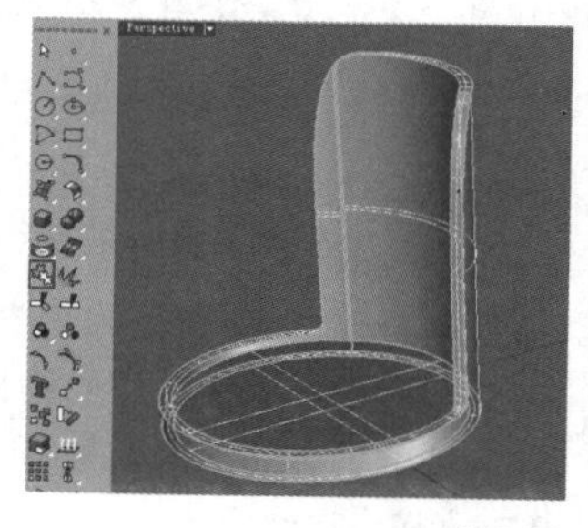

图9-28

10 使用鼠标左键单击“不等距边缘圆角/不等距边缘混接”工具，以“滚球”模式对图9-29所示的外边和内边进行圆角处理，外边和内边的圆角半径都为0.22，如图9-30所示，圆角处理后的模型效果如图9-31所示（分别以“渲染模式”和“着色模式”观察）。

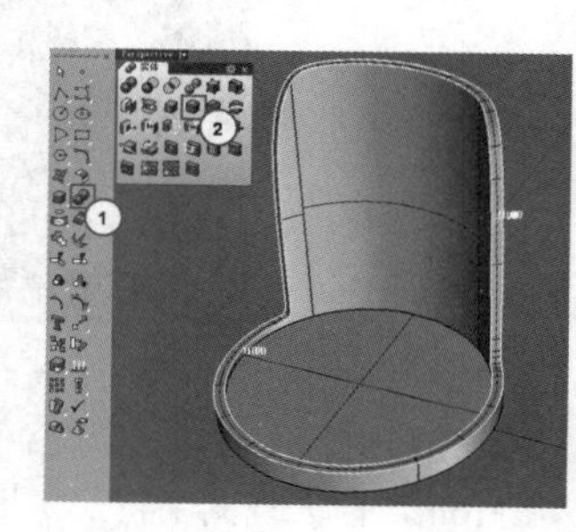

图9-29

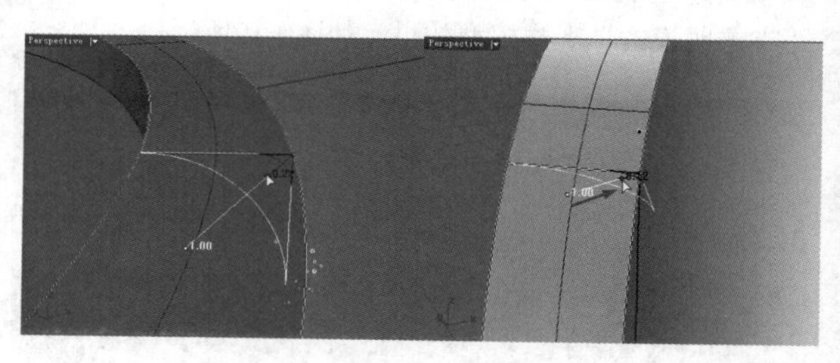

图9-30

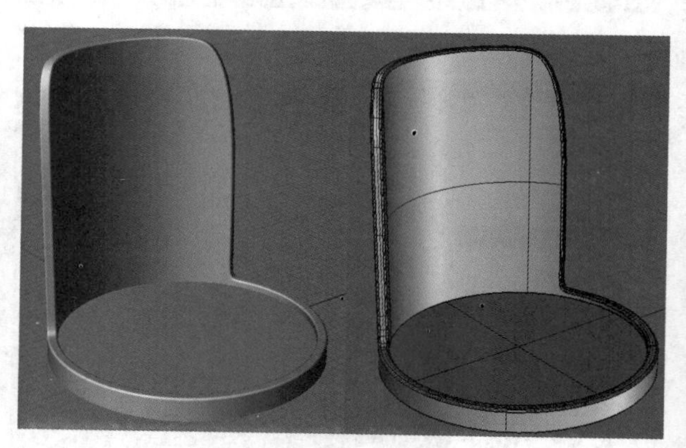

图9-31

9.3.3 制作外罩上的孔

01 单击“直线”工具，开启“锁定格点”功能，在Front（前）视图绘制如图9-32所示的辅助线。

02 单击“偏移曲线”工具，选择上一步绘制的辅助线，移动鼠标后显示出当前的偏移距离，如图9-33所示，从图中可以看到当前偏移距离过大，在命令行中单击“距离”选项，然后在Front（前）视图拾取两点指定偏移的距离，如图9-34所示，接着将辅助线向右偏移复制一条，如图9-35所示。

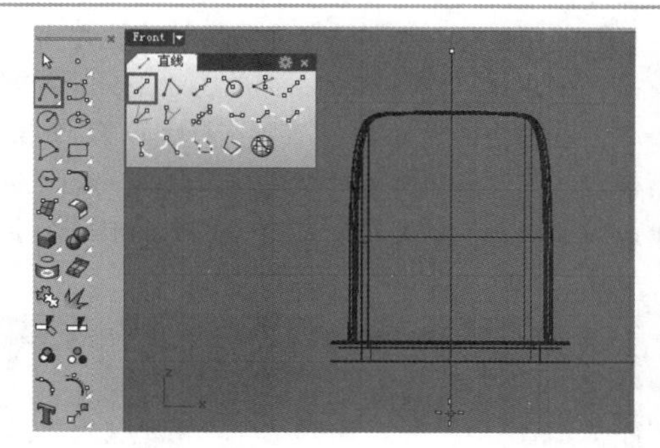

图9-32

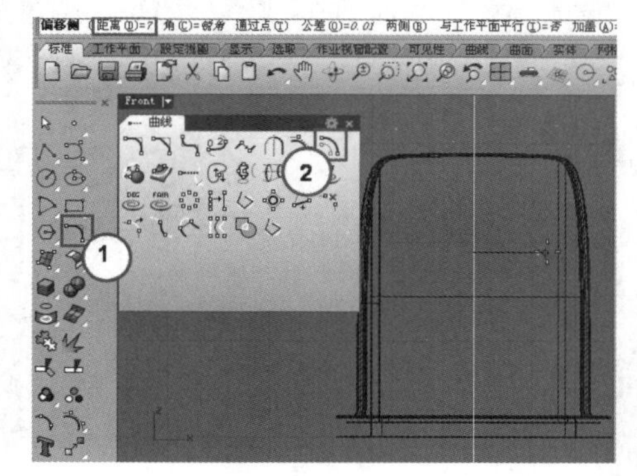

图9-33

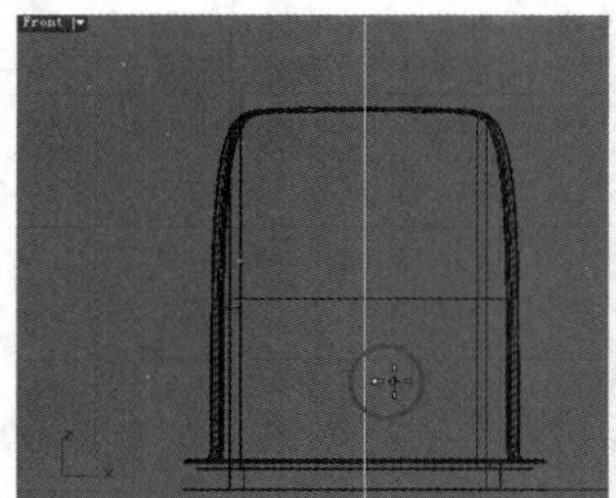

图9-34

图9-35

03 使用相同的方法将辅助线再向左偏移复制一条，如图9-36所示。

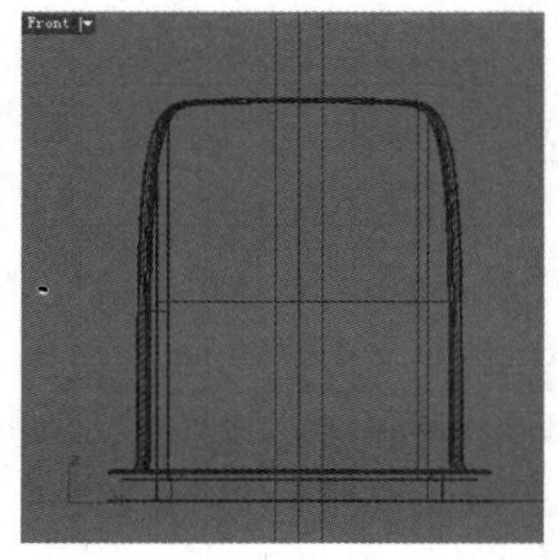

图9-36

04 单击“圆角矩形/圆锥角矩形”工具，在Front（前）视图中捕捉两条偏移辅助线上的点绘制一个如图9-37所示的圆角矩形。

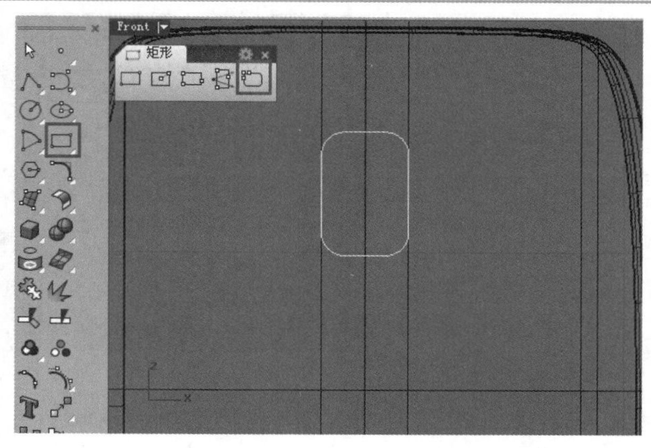

图9-37

05 单击“矩形阵列”工具，对圆角矩形进行阵列复制，设置y轴方向的阵列数为6，x轴和z轴方向的阵列数为1，y轴方向的阵列间距参考图9-38，阵列后的效果如图9-39所示。

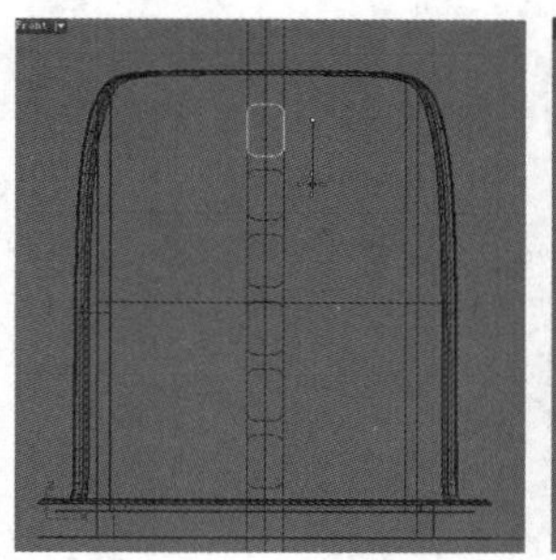

图9-38

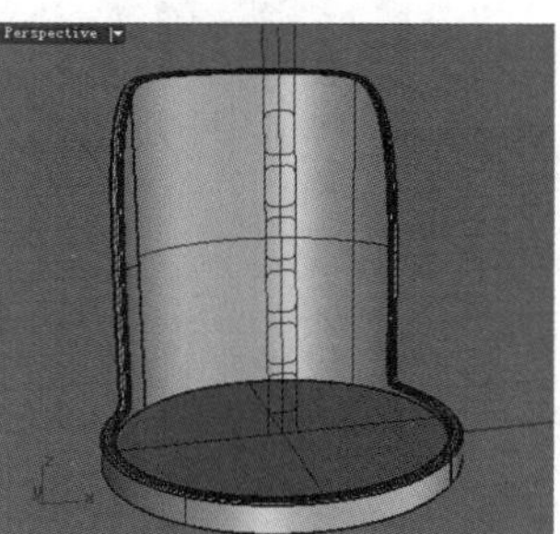

图9-39

06 使用“偏移曲线”工具将阵列的第2个圆角矩形向内偏移一定的距离，如图9-40所示，然后删除偏移前的圆角矩形，接着使用相同的方法依次对其他4个圆角矩形都进行偏移，偏移距离逐渐增大，最终偏移后的效果如图9-41所示。

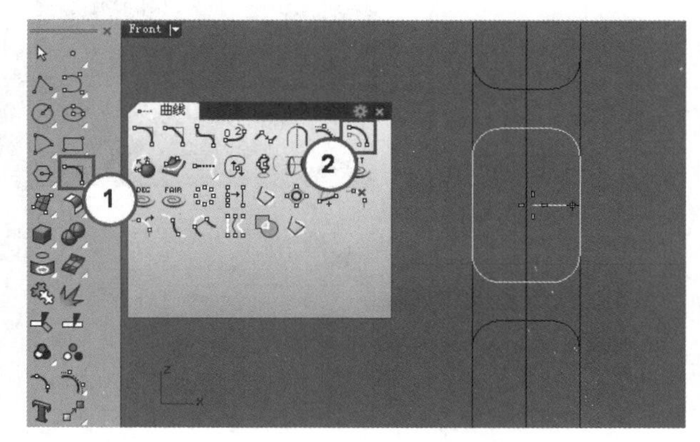

图9-40

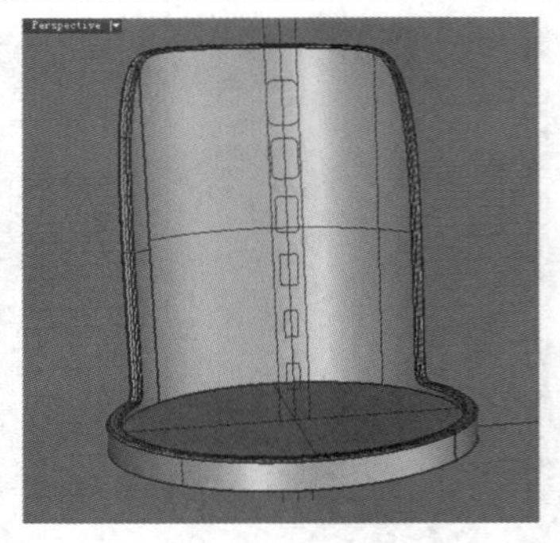

图9-41

07 单击“直线挤出”工具，然后选择所有的圆角矩形，并单击鼠标右键结束选择，如图9-42所示，接着在命令行中单击“两侧”选项，设置“两侧”为“是”，再单击“实体”选项，设置“实体”为“是”，最后拖曳鼠标指针将圆角矩形挤出至与时钟外罩模型相交，如图9-43所示。

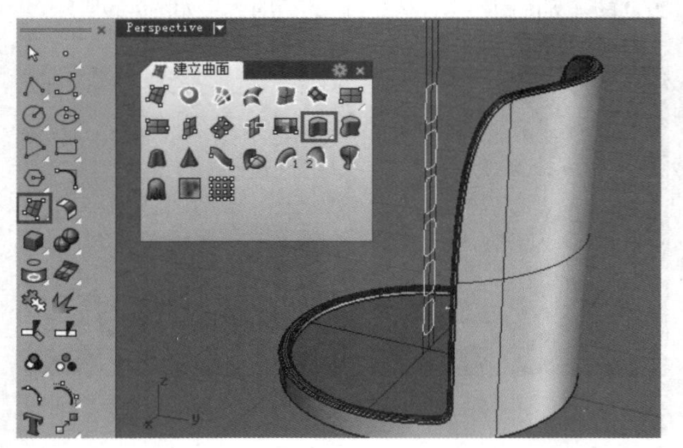

图9-42

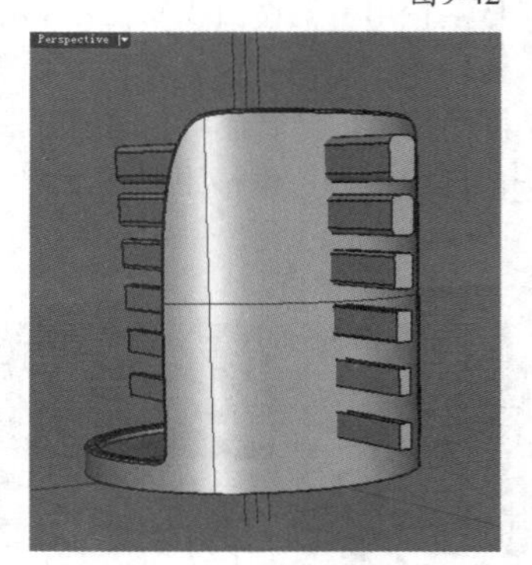

图9-43

技巧与提示

前面对圆角矩形进行偏移的过程中，由于最下方两个矩形的偏移距离大于圆角矩形的圆角大小，所以偏移后生成的两个矩形不再具有圆角，用这两个矩形挤出的实体也是没有倒角的长方体。由于接下来需要用挤出的圆角长方体在时钟外罩模型上开孔，为了使开出的孔具有一定的圆角，因此需要对这两个长方体进行倒角。

08 使用鼠标左键单击“不等距边缘圆角/不等距边缘混接”工具，然后在命令行单击“下一个半径”选项，并设置圆角半径为0.1，接着选择倒数第2个长方体的4条棱边，如图9-44所示，再连续按两次Enter键完成操作，最后使用相同的方法对最下方的长方体进行倒角，圆角半径为0.08，效果如图9-45所示。

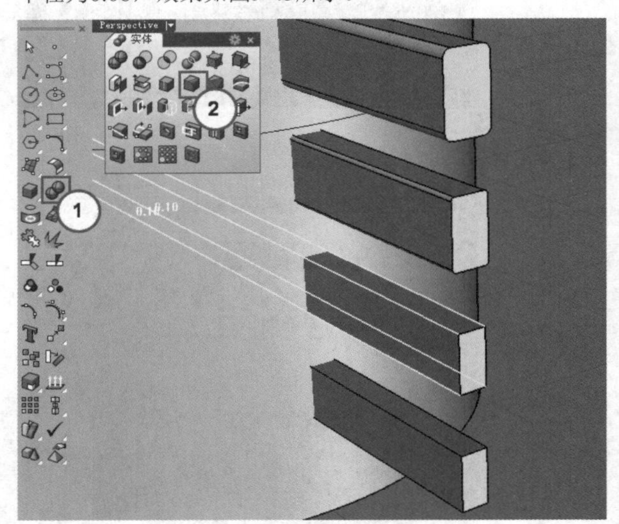

图9-44

图9-45

09 单击“布尔运算差集”工具，选择时钟外罩模型作为被减物体，如图9-46所示，然后单击鼠标右键结束选择，接着分别选择6个圆角长方体，并再次单击鼠标右键结束布尔差集运算，得到如图9-47所示的模型。

10 单击“不等距边缘斜角”工具，然后依次选择最上面一个孔外围的边缘，如图9-48所示，完成选择后按Enter键确认，此时将显示出倒角控制杆，通过拖曳控制点调整倒角半径，如图9-49所示，最后按Enter键完成倒斜角操作，结果如图9-50所示。

11 使用相同的方法对其余圆角孔的外围边缘进行半径不等的倒斜角处理，最终得到图9-51所示的模型。将显示方式调整为“渲染模式”，得到图9-52所示的时钟外罩最终模型。

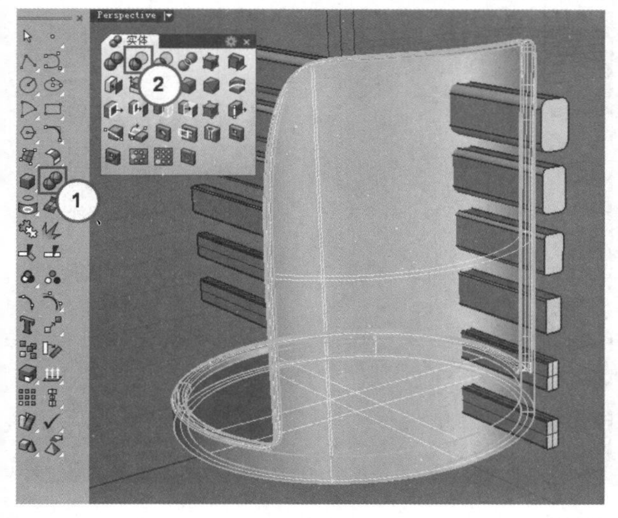

图9-46

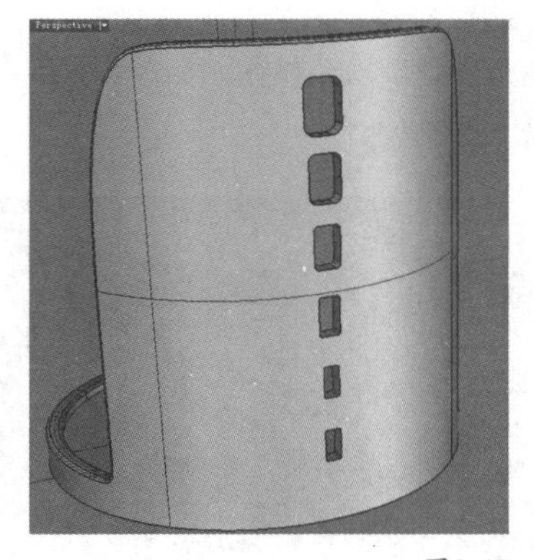

图9-47

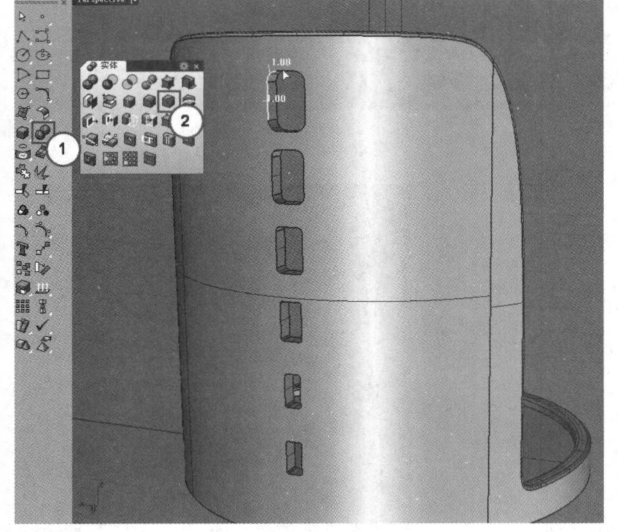

图9-48

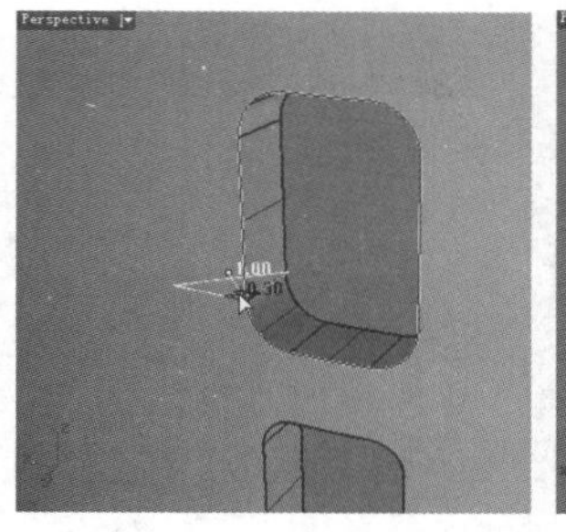

图9-49

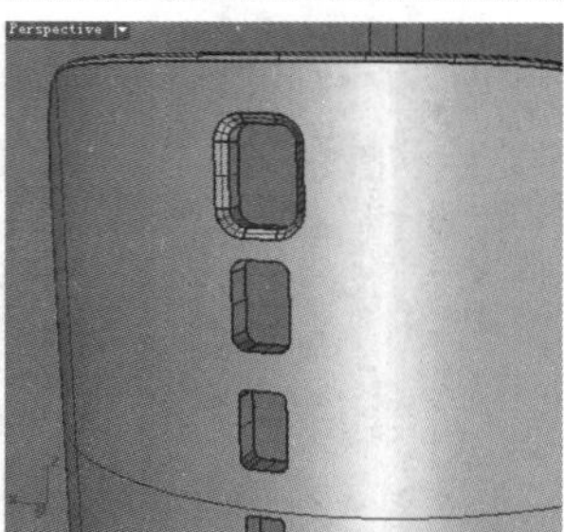

图9-50

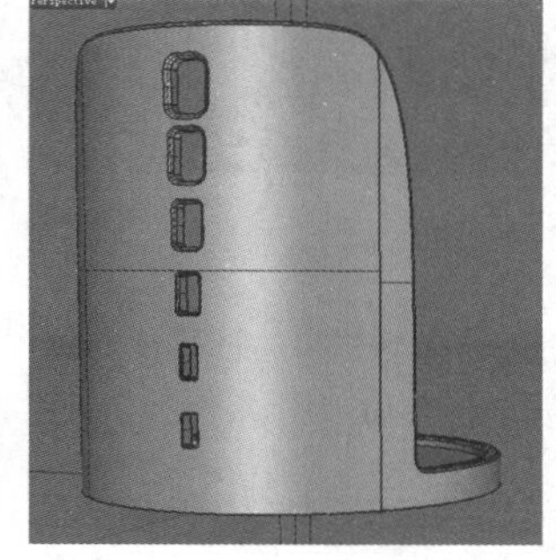

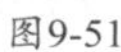

图9-51

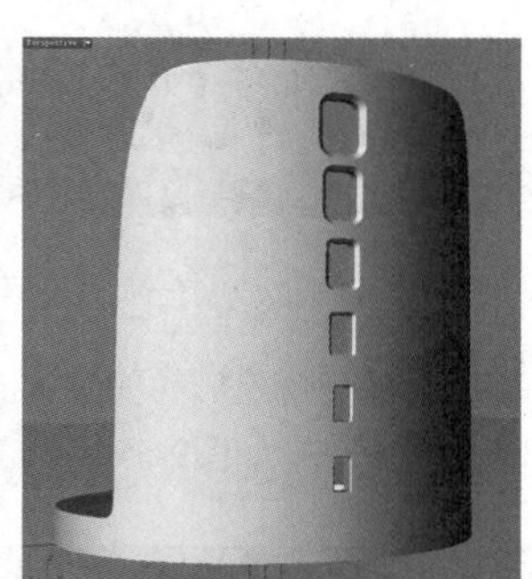

图9-52

9.4 构建时钟时间格

9.4.1 创建时间格基础模型

01 使用鼠标右键单击“隐藏物件/显示物件”工具，将前面隐藏的圆面显示出来，如图9-53所示。

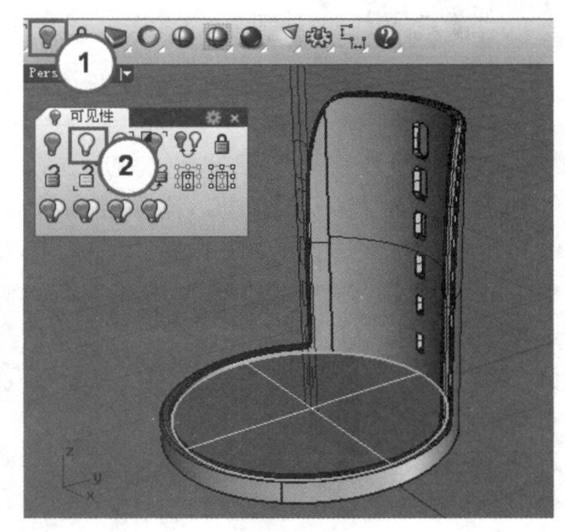

图9-53

02 选择圆面，然后单击“二轴缩放”工具，接着开启“平面模式”和“物件锁点”功能，并启用“中心点”捕捉模式，最后在Top（顶）视图中捕捉圆面的圆心为缩放的中心点，将该面缩小，如图9-54所示。

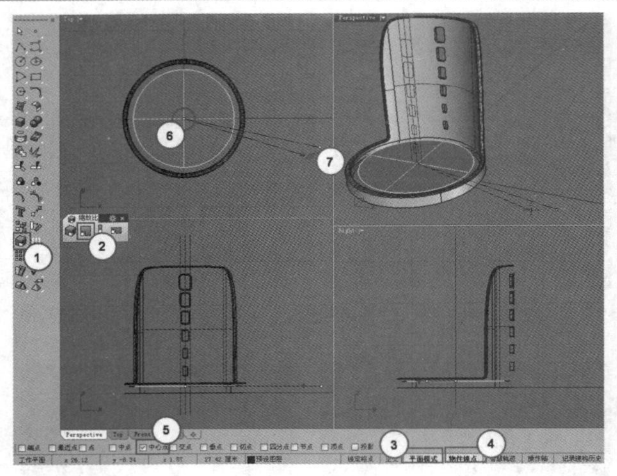
图9-54

03 选择圆角矩形和偏移得到的两条辅助线，将其移动到“图层01”中，如图9-55所示，完成操作后关闭该图层。

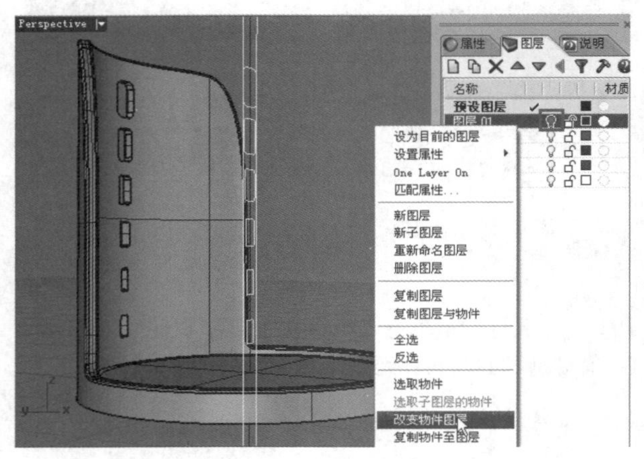

图9-55

04 单击“直线挤出”工具，然后选择圆面的边线（如果该边不是一条整边，需要逐条选择），如图9-56所示，完成选择后按Enter键确认，接着在命令行中单击“两侧”选项，设置“两侧”为“否”，再单击“实体”选项，设置“实体”为“是”，最后拖曳鼠标指针挤出圆柱体的高度，如图9-57所示。

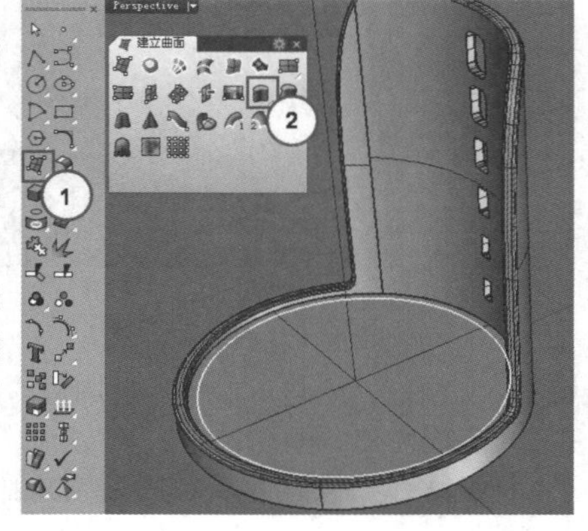

图9-56

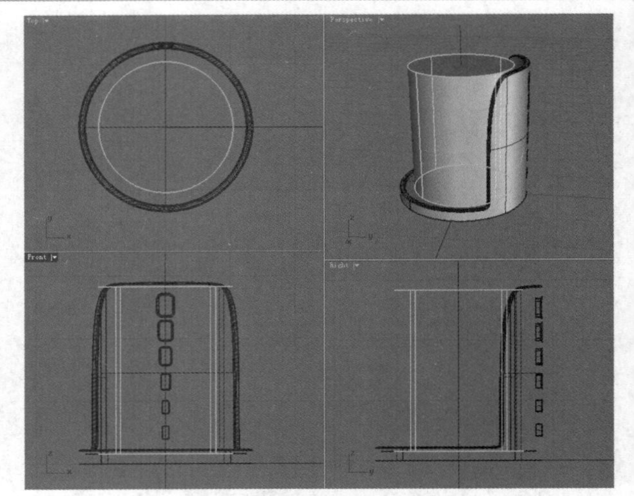
图9-57

05 单击“不等距边缘斜角”工具，对圆柱体的顶边进行倒斜角操作，如图9-58所示，完成后的效果如图9-59所示。

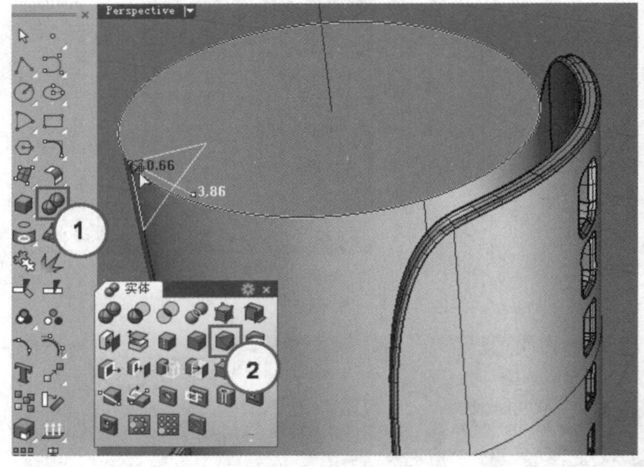

图9-58

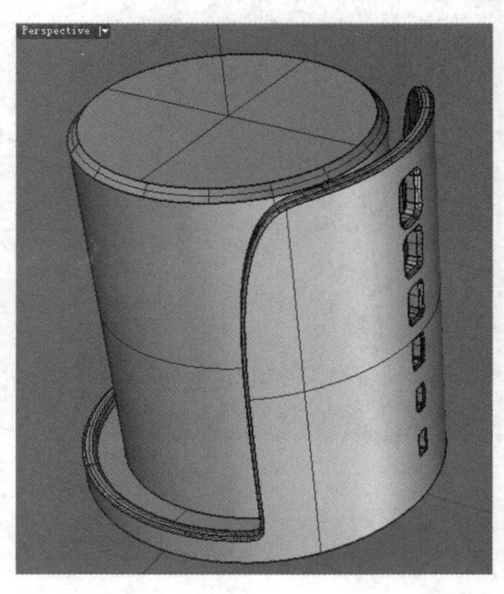

图9-59

9.4.2 创建中轴

01 单击“抽离曲面”工具，然后选择倒斜角圆柱体的顶面，并单击鼠标右键结束命令，将顶面从倒斜角圆柱体中抽离出来，如图9-60所示。

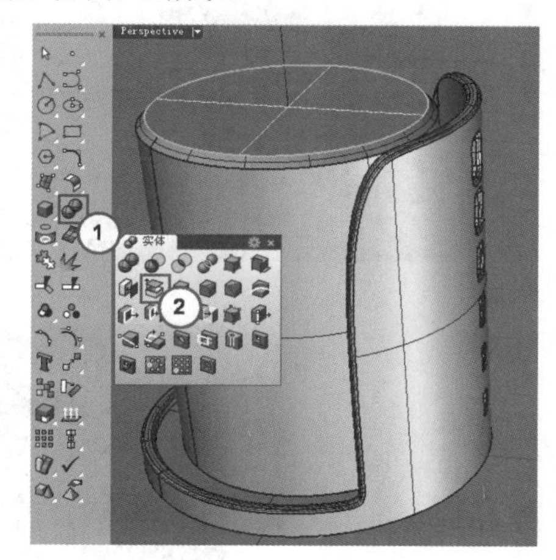

图9-60

02 单击“圆：中心点、半径”工具，然后开启“锁定格点”功能，接着在Top（顶）视图中捕捉坐标原点绘制一个如图9-61所示的圆。

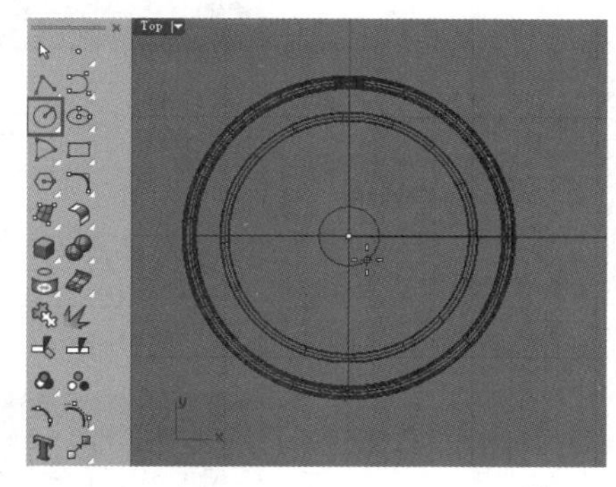

图9-61

03 使用鼠标左键单击“分割/以结构线分割曲面”工具，然后选择抽离出来的顶面作为要分割的物件，并单击鼠标右键结束选择，接着选择上一步绘制的圆作为分割物件，如图9-62所示，最后再次单击鼠标右键将抽离出来的顶面分割为两个部分，在按住Shift键的同时将较小的平面圆向上拖曳一小段距离，得到图9-63所示的模型。

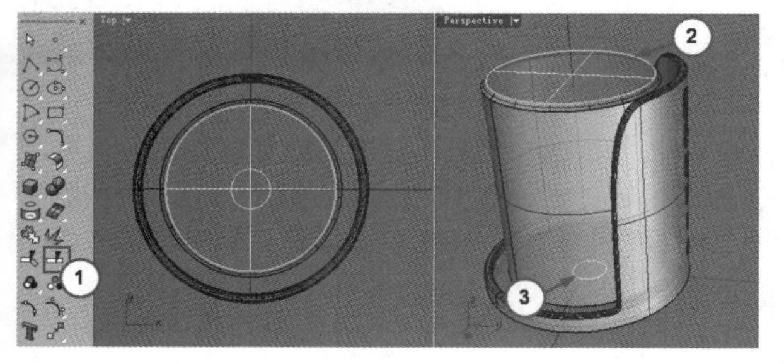

图9-62

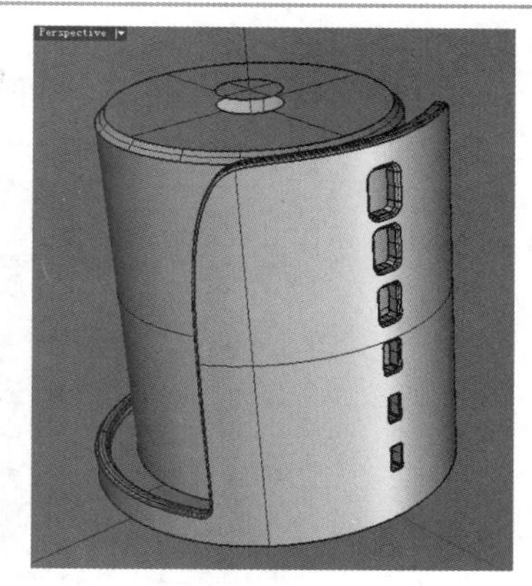

图9-63

04 单击“直线挤出”工具，选择顶面圆洞的边缘向下挤出一小段距离，挤出时设置“两侧”为“否”，如图9-64所示。

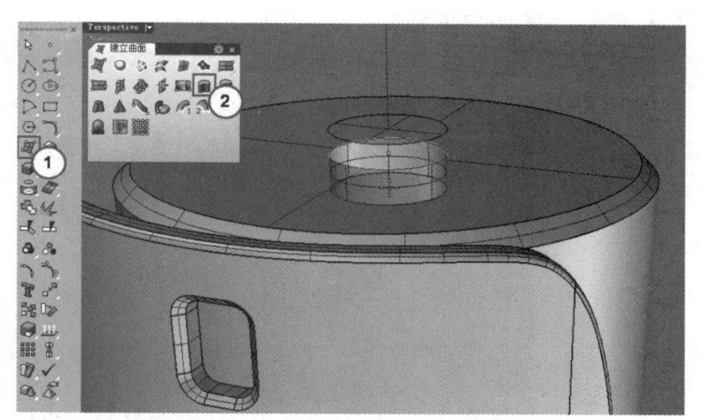

图9-64

05 单击“曲面斜角”工具，然后在命令行单击“距离”选项，并设置两个倒角距离都为0.4，接着选择如图9-65所示的两个面进行倒斜角操作，结果如图9-66所示。

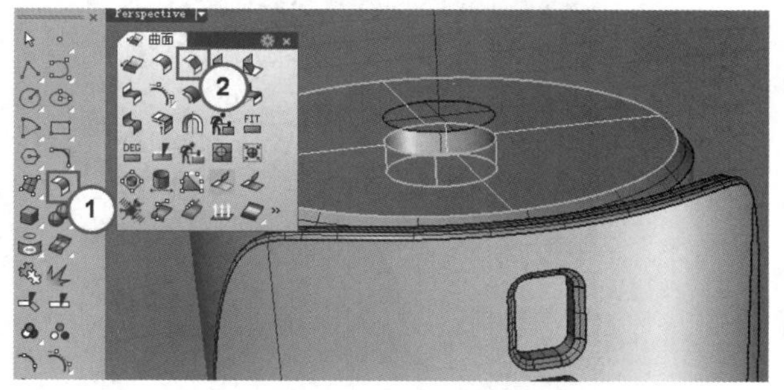

图9-65

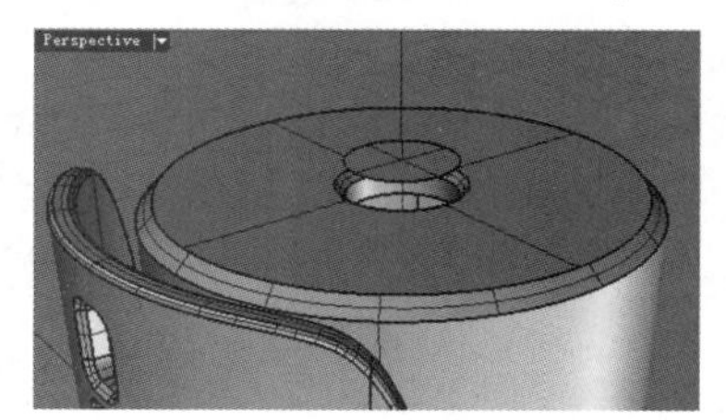

图9-66

06 单击“偏移曲线”工具，将模型顶部小圆面的边线向内偏移复制一小段距离，如图9-67所示。

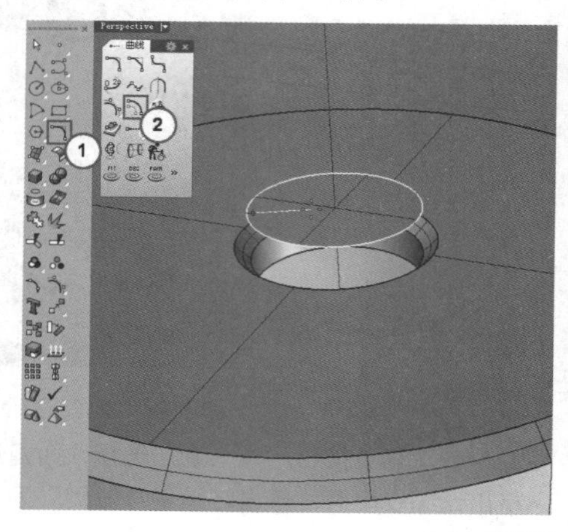

图9-67

07 单击“修剪/取消修剪”工具，以偏移生成的圆对顶部的小圆面进行修剪，将位于该圆外围的部分剪掉，如图9-68所示，结果如图9-69所示。

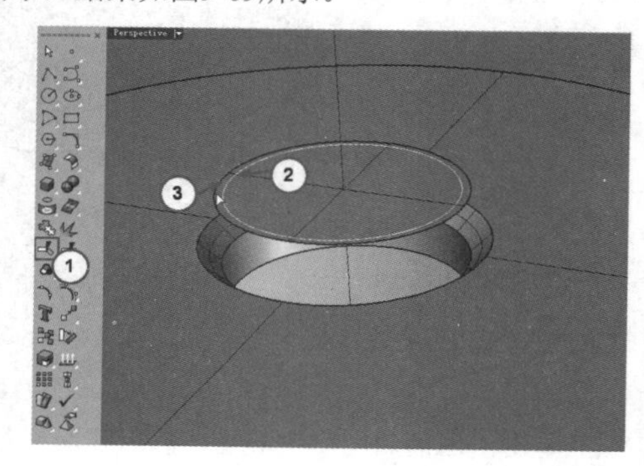

图9-68

图9-69

08 单击“直线挤出”工具，将修剪后小圆面的边线向下挤出一段距离，挤出时设置“两侧”为“否”、“实体”为“否”，如图9-70和图9-71所示。

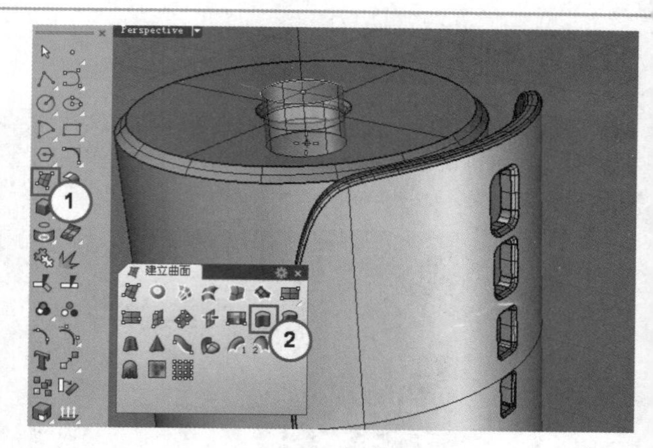

图9-70

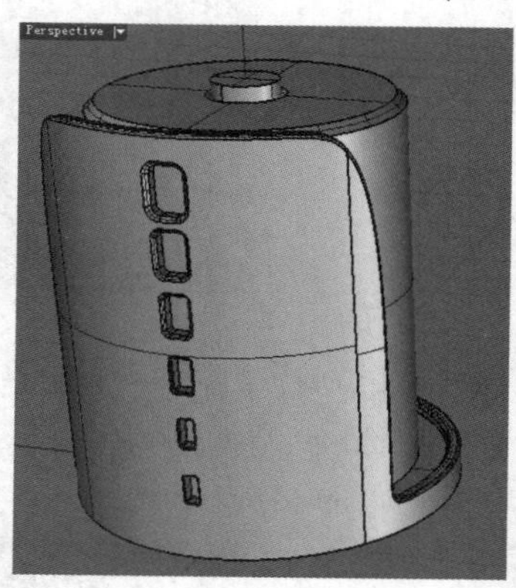

图9-71

注意，这里不要直接挤出到模型的底部，先挤出一部分，方便对细节进行处理。

09 选择挤出前的平面圆，按Delete键将其删除，如图9-72所示。

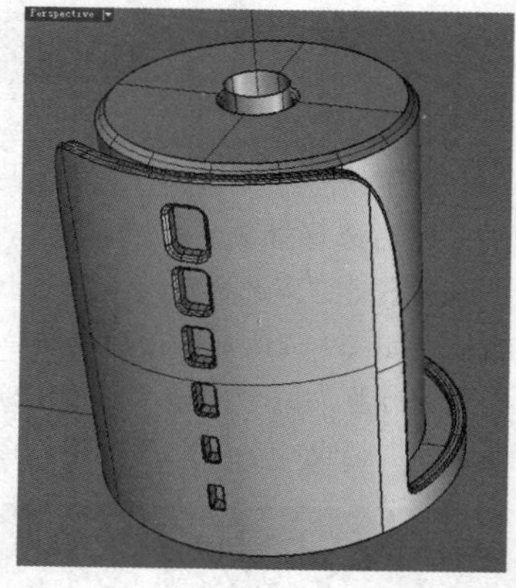

图9-72

10 单击“嵌面”工具，然后选择圆柱面的顶边，并单击鼠标右键打开“嵌面曲面选项”对话框，按照图9-73所示的参数进行设置，完成设置后单击确定按钮建立嵌面，效果如图9-74所示。

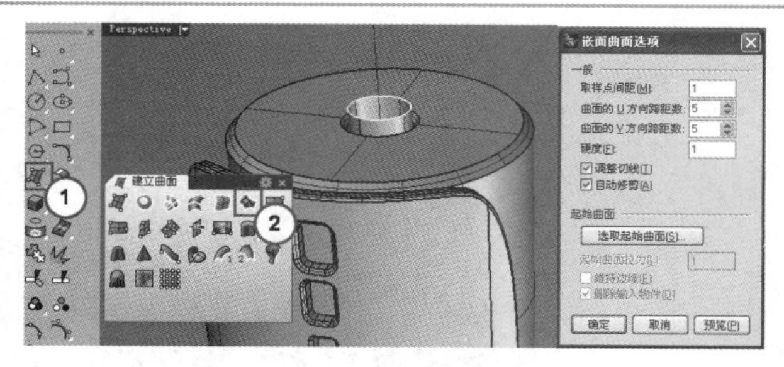

图9-73

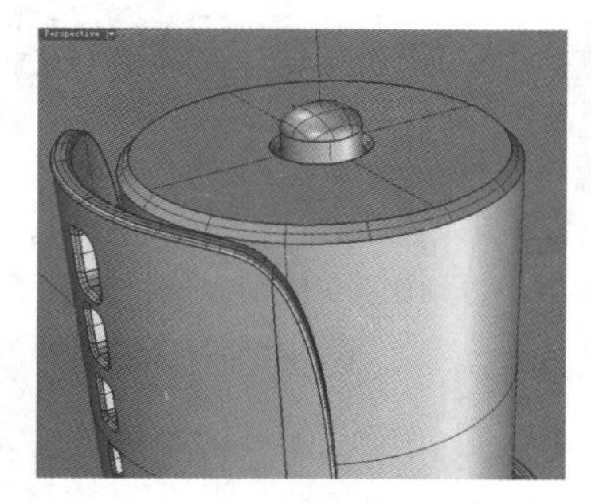

图9-74

11 单击“单轴缩放”工具，然后开启“正交”功能，对嵌面和圆柱面在高度上进行缩小，如图9-75所示，缩小后的效果如图9-76所示。

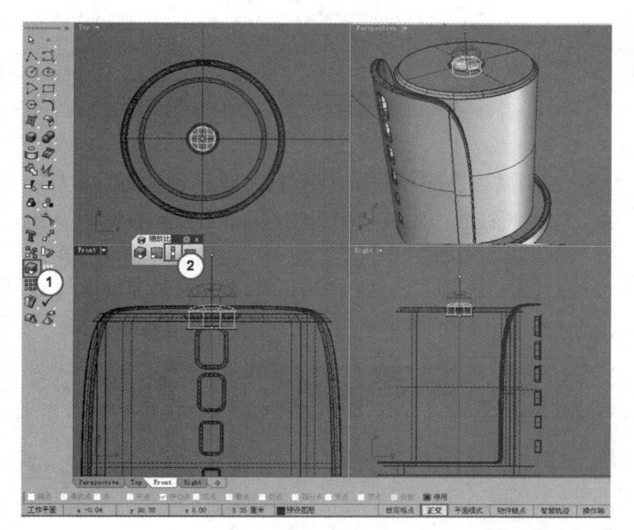

图9-75

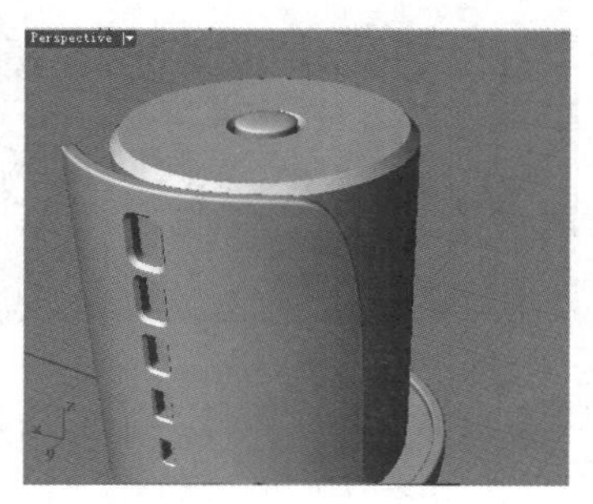

图9-76

9.4.3 创建时间格点

01 打开“图层01”，然后将6个圆角矩形移动到圆柱体外侧，如图9-77所示。

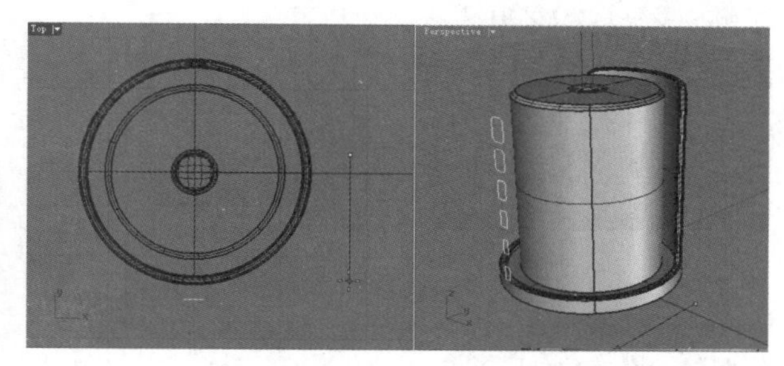

图9-77

02 单击“环形阵列”工具，启用“中心点”捕捉模式，捕捉模型的圆心为环形阵列的中心点，设置阵列数目为6、阵列角度为360°，得到图9-78所示的阵列效果。

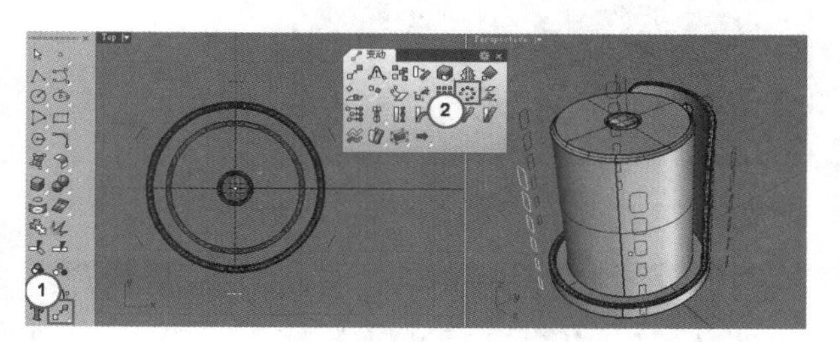

图9-78

03 将“图层02”的名称修改为“时钟时间格”，并设置该图层的颜色为黑色，接着将其设置为当前工作图层，如图9-79所示。

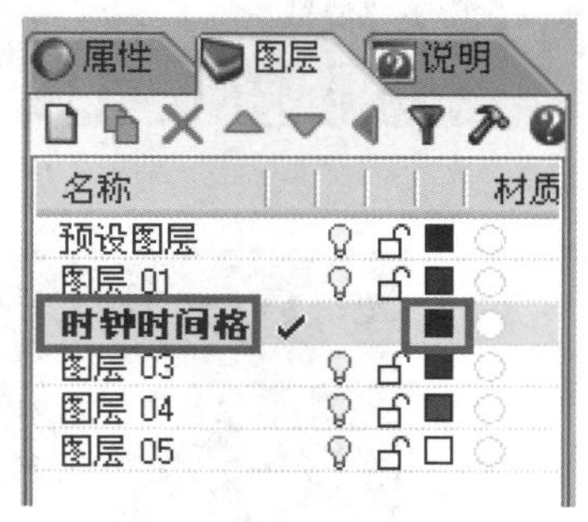

图9-79

04 将表示时间格的圆柱体模型移动到“时钟时间格”图层上，如图9-80所示，然后关闭“预设图层”，效果如图9-81所示。

05 单击“放样”工具，选择图9-82所示的两条曲线进行放样，效果如图9-83所示。

06 使用相同的方法将对应曲线分别进行放样，得到如图9-84所示的模型效果。

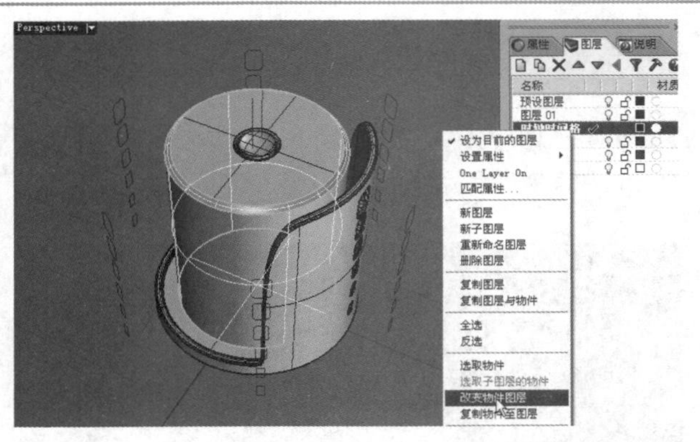

图9-80

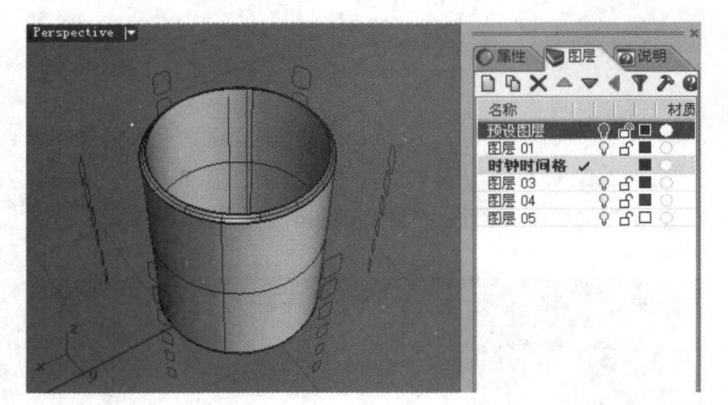

图9-81

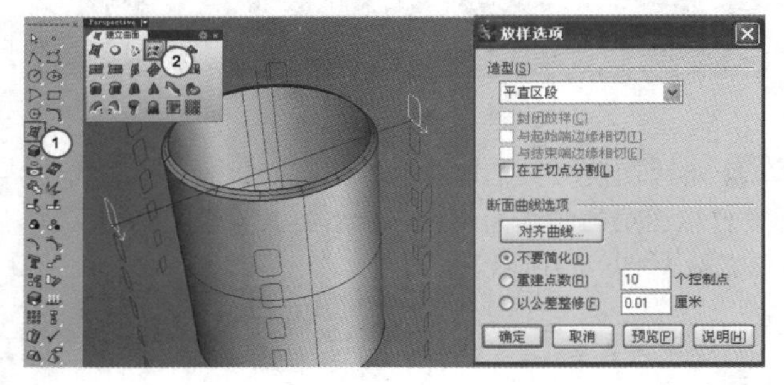

图9-82

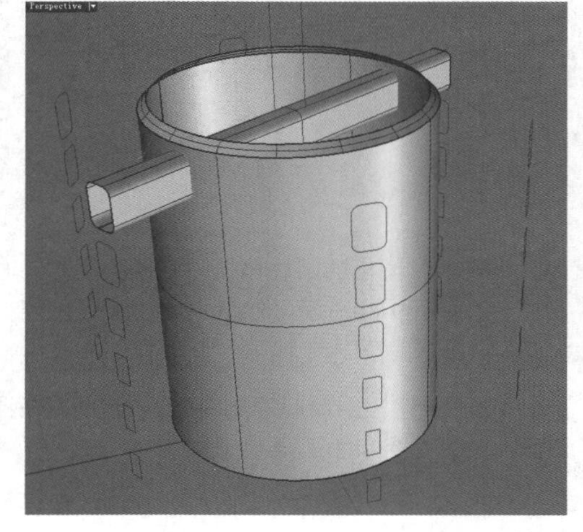

图9-83

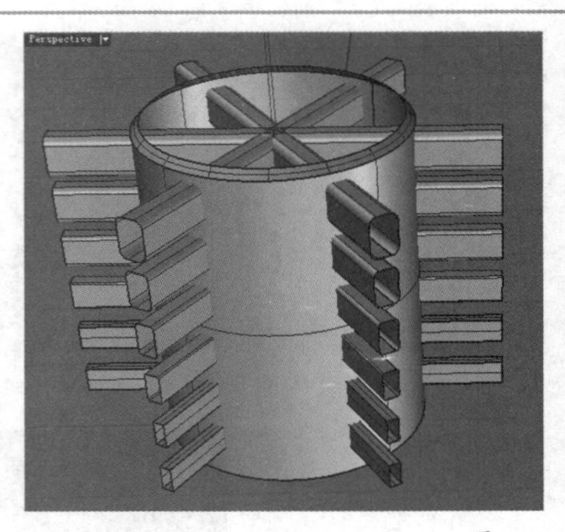

图9-84

07 单击“单轴缩放”工具，将放样曲面单方向缩小，得到如图9-85所示的模型效果。

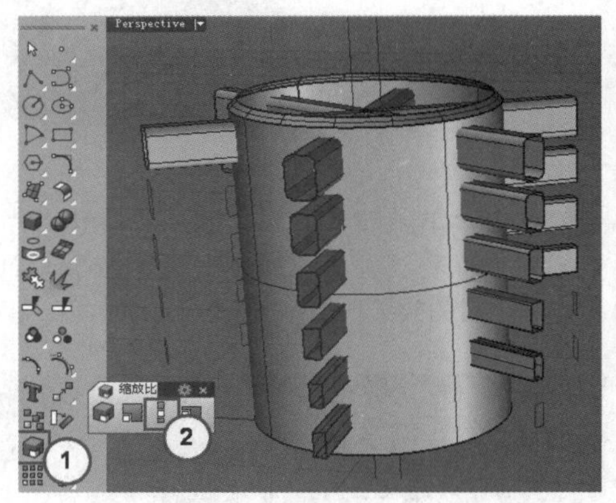

图9-85

08 使用鼠标左键单击“分割/以结构线分割曲面”工具，选择圆柱面作为被分割的物件，单击鼠标右键结束选择。然后依次选择放样曲面作为分割用的物件，并再次单击鼠标右键将圆柱面分割成多个面。接着将所有放样曲面移动到“图层01”中，再将该图层关闭，效果如图9-86所示。

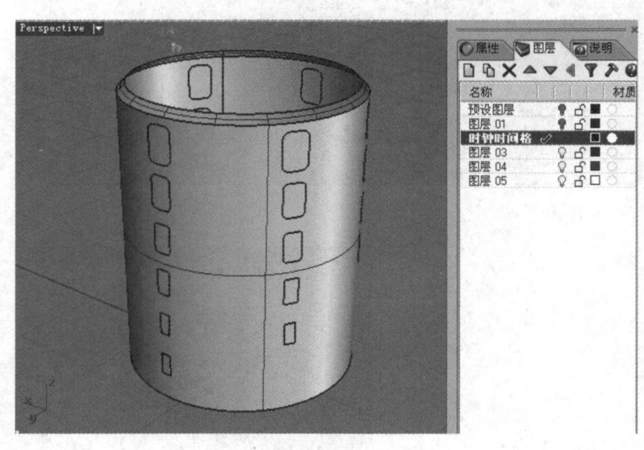

图9-86

09 选择分割后得到的曲面，将其移动到“图层03”中，如图9-87所示。然后将“预设图层”打开，效果如图9-88所示。

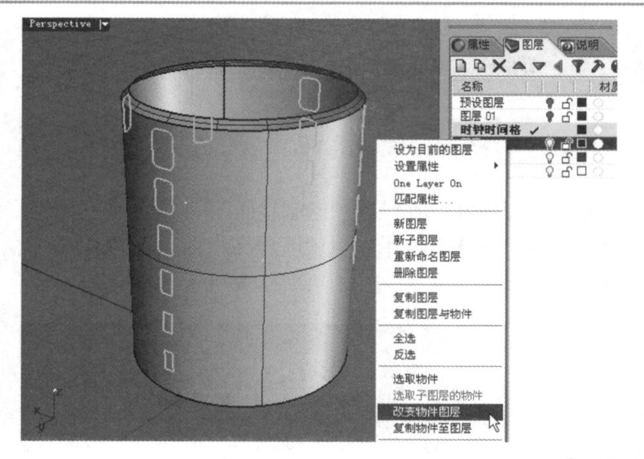

图9-87

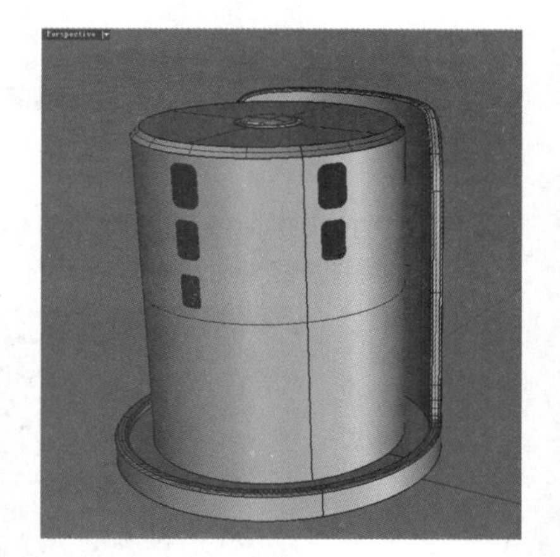

图9-88

9.4.4 整理并细化模型

01 将“图层04”重命名为“中轴”，然后将表示中轴的嵌面和小圆柱面移动到该图层下，如图9-89所示。

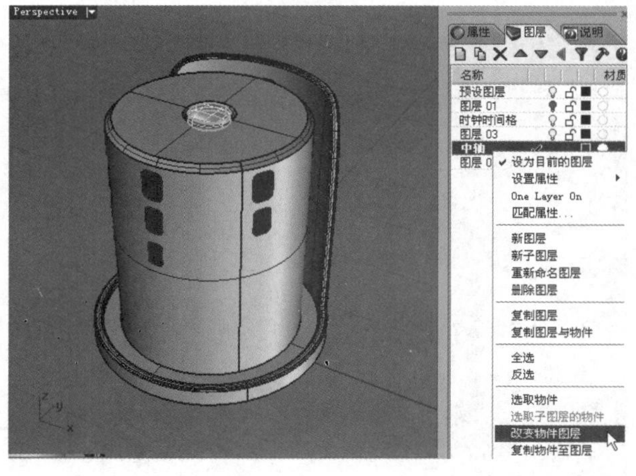

图9-89

02 将“预设图层”重命名为“时钟外罩”，然后将“图层03”重命名为“时间格点”，调整后的图层如图9-90所示。

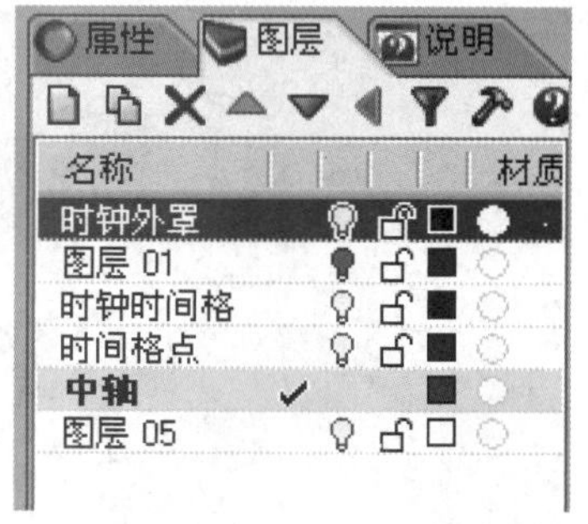

图9-90

03 将“时钟外罩”图层设置为当前工作图层，然后关闭“中轴”和“时钟格点”图层，接着选择时钟外罩模型，并使用鼠标左键单击“反选选取集合/反选控制点选取集合”工具，反选其他物件，如图9-91所示。最后将选择的物件移动到“时钟时间格”图层中，如图9-92所示。

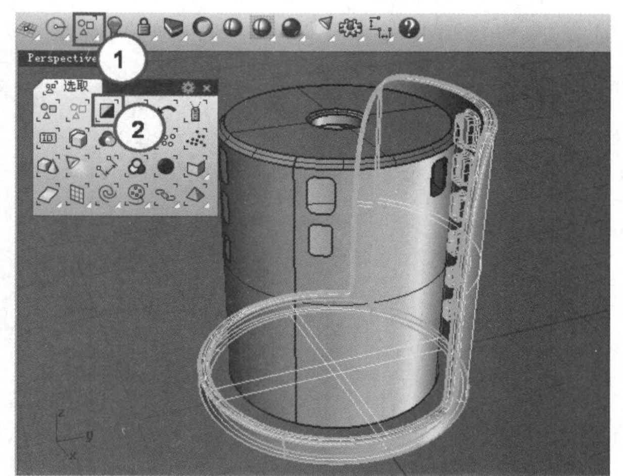

图9-91

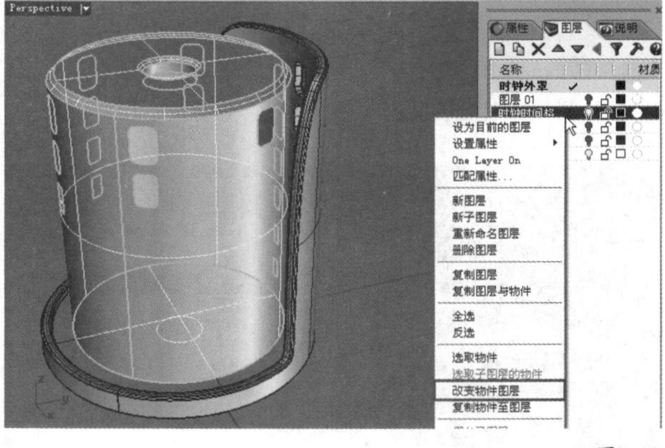

图9-92

04 打开“中轴”图层，并将其设置为当前工作图层，然后关闭“时钟时间格”图层，如图9-93所示。接下来将细化中轴模型。

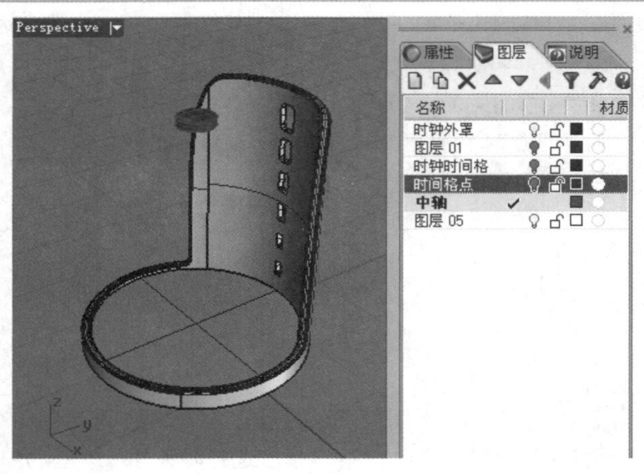

图9-93

05 单击“直线挤出”工具，选择中轴圆柱面的底边进行挤出，挤出时设置“两侧”为“否”、“实体”为“否”，如图9-94所示。

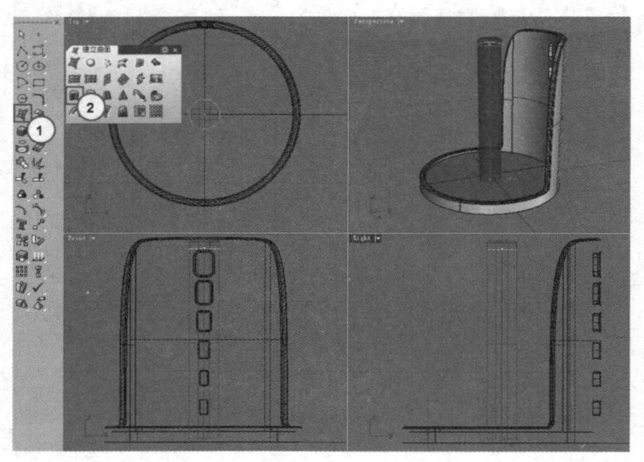
图9-94

06 将除了“图层01”之外的其他图层全部打开，观察模型的效果，如图9-95所示。

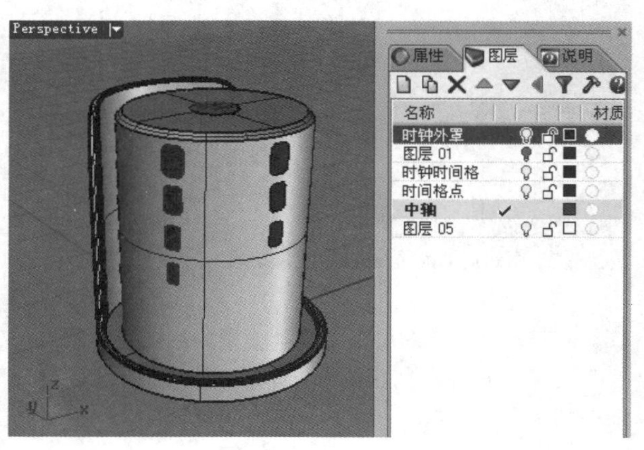

图9-95

9.5 构建细节零部件

9.5.1 创建电源管线

01 将“图层01”重命名为“基础线面”，然后将“图层05”重命名为“细节零部件”，并设置该图层的颜色为黑色，接着将其设置为当前工作图层，如图9-96所示。

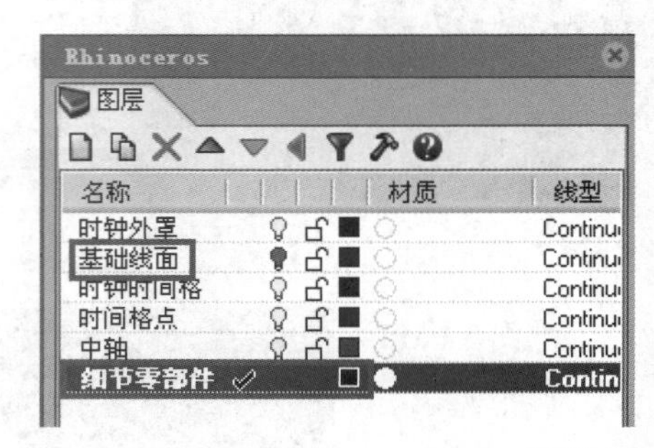

图9-96

02 使用“控制点曲线/通过数个点的曲线”工具在Top（顶）视图中绘制如图9-97所示的曲线。

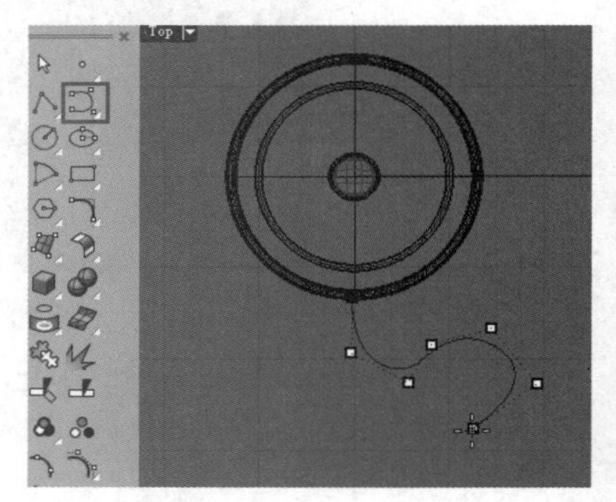

图9-97

03 选择曲线挨近时钟模型的控制点，在Right（右）视图中拖曳该点至底座中间的位置，如图9-98所示。

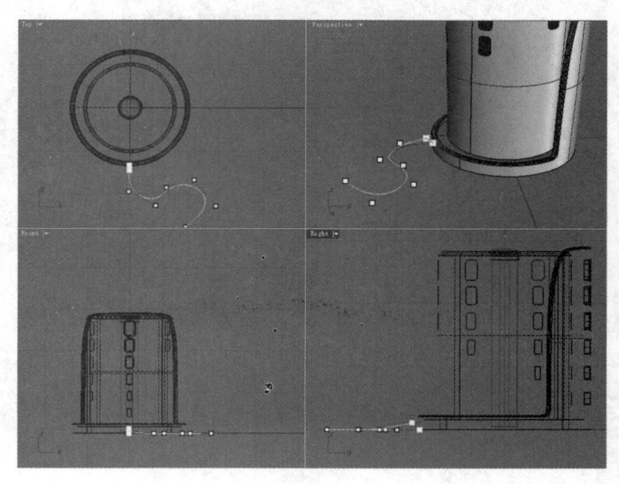
图9-98

04 单击“圆管（平头盖）”工具，然后选择曲线，并在该曲线的起点和终点处设置同样半径的截面圆，如图9-99所示，完成设置后按Enter键建立如图9-100所示的圆管模型。

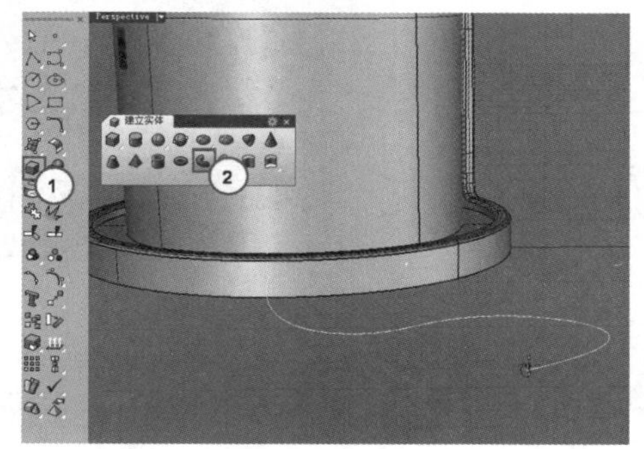

图9-99

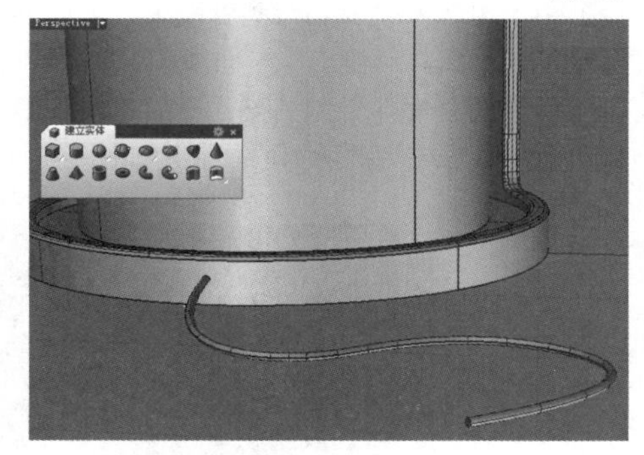

图9-100

05 单击“物件交集”工具，然后选择圆管和时钟外罩模型，如图9-101所示，完成选择后单击鼠标右键，得到如图9-102所示的交线。

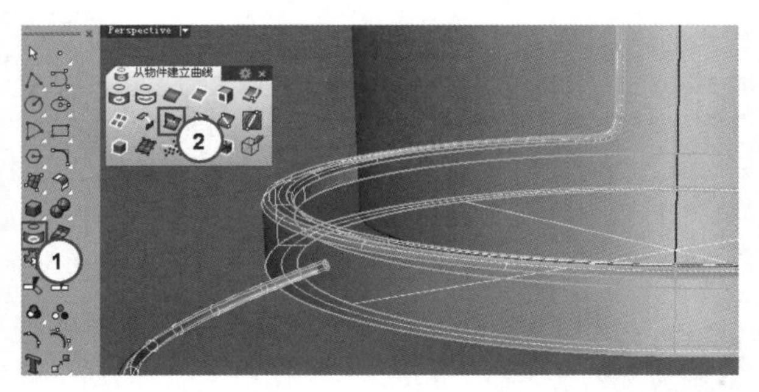

图9-101

图9-102

06 单击“偏移曲线”工具，将上一步创建的交线向外偏移，如图9-103和图9-104所示。

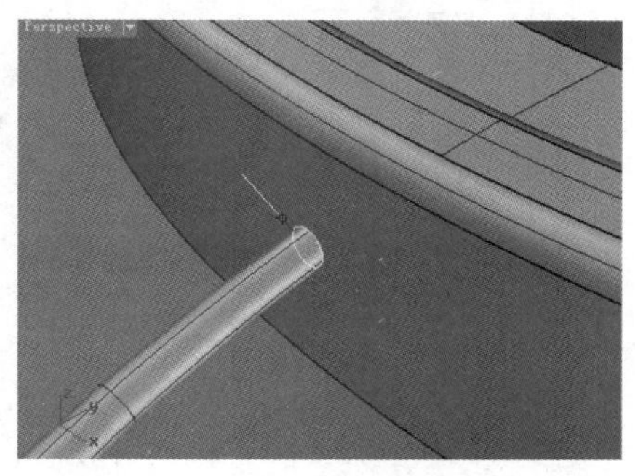

图9-103

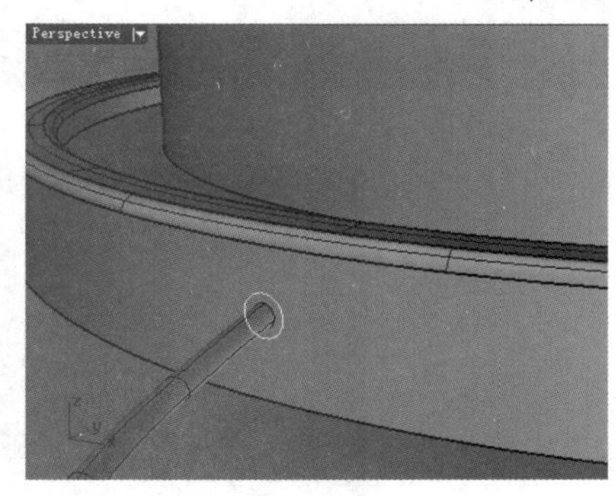

图9-104

07 单击“直线挤出”工具，挤出偏移后的圆，挤出时设置“两侧”为“是”、“实体”为“是”，如图9-105所示。

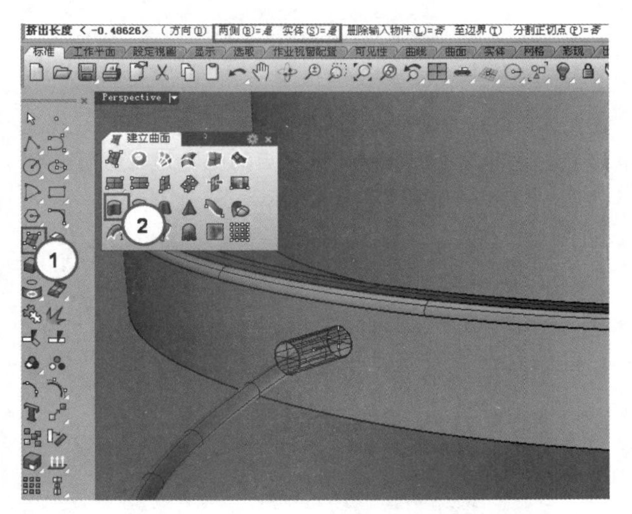

图9-105

08 单击“布尔运算差集”工具，将上一步创建的圆柱体从时钟外罩模型中减去，如图9-106和图9-107所示。

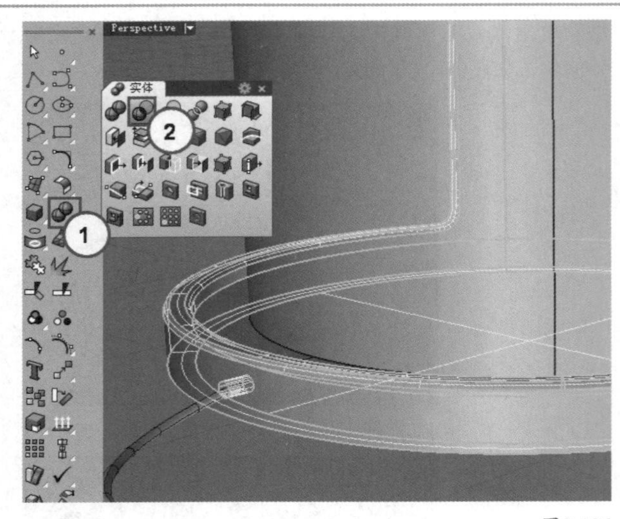

图9-106

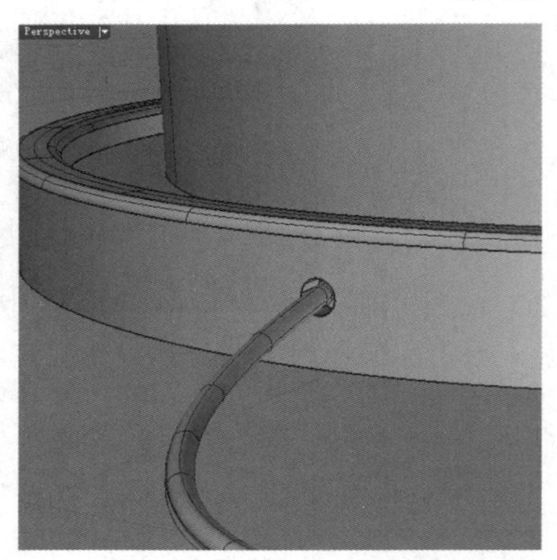

图9-107

09 使用鼠标左键单击“不等距边缘圆角/不等距边缘混接”工具，对布尔差集运算后的圆孔边缘进行圆角处理，如图9-108和图9-109所示。

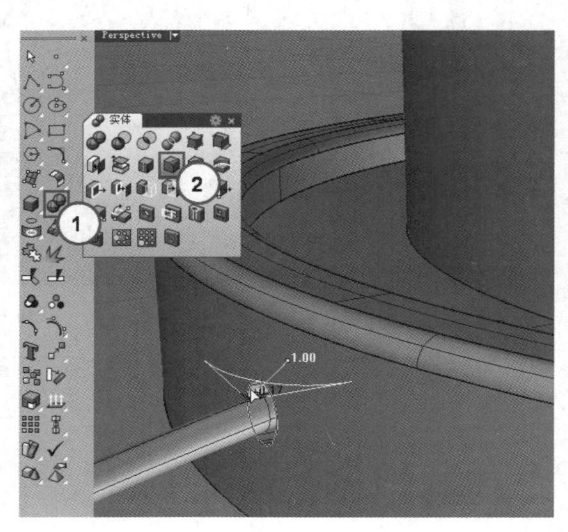

图9-108

图9-109

9.5.2 创建电源接头

01 由于电源接头要连接到管线上，因此创建时需要先调整工作平面，当前工作平面如图9-110所示。单击“设定工作平面至物件”工具，然后单击管线端面，将工作平面更改为该端面所在的位置，如图9-111所示。

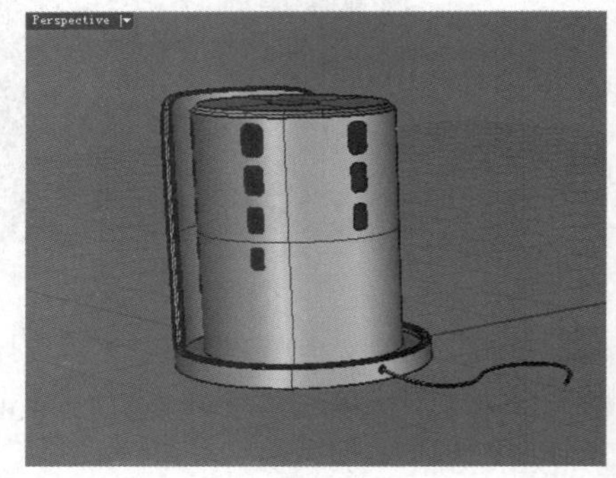

图9-110

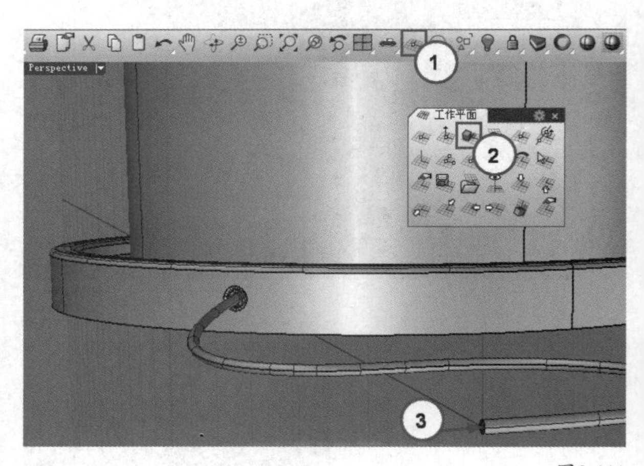

图9-111

02 单击“偏移曲线”工具，将圆管端面处的圆形边线向外偏移，如图9-112和图9-113所示。

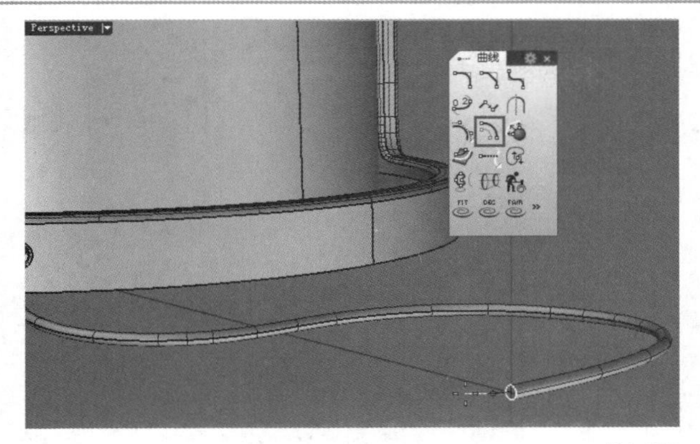
图9-112

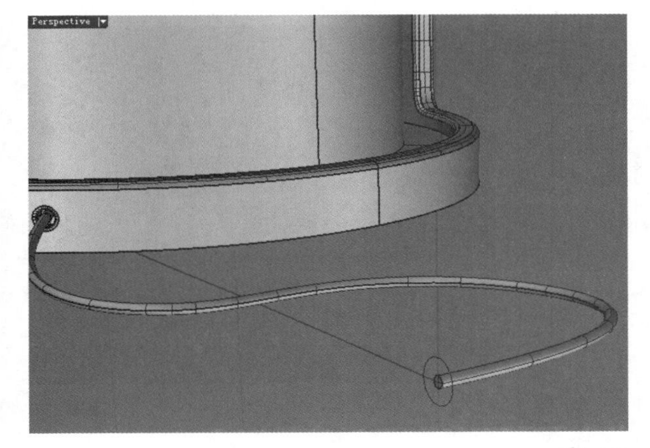
图9-113

03 单击“直线挤出”工具，挤出偏移后的曲线，挤出时设置“两侧”为“否”、“实体”为“是”，如图9-114所示。

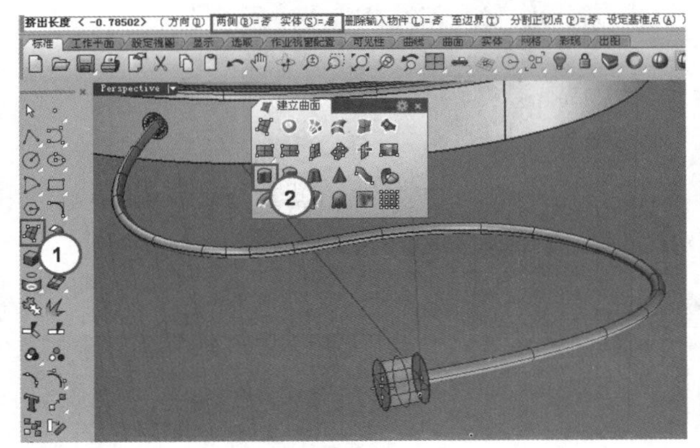
图9-114

04 使用鼠标左键单击“炸开/抽离曲面”工具，将上一步新建的圆柱体炸开，然后单击“重建曲面”工具，接着选择圆柱体炸开后的侧面，并按Enter键打开“重建曲面”对话框，在该对话框中设置好重建的U、V点数，如图9-115所示，最后单击确定按钮，得到如图9-116所示的模型。

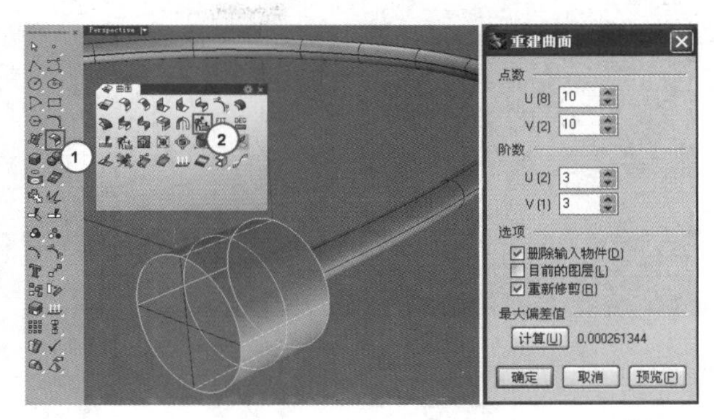

图9-115

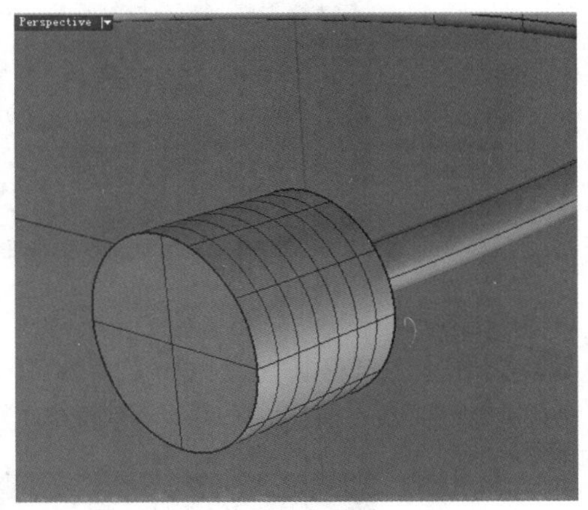
图9-116

05 单击“抽离框架”工具，选择重建后的圆柱体侧面，如图9-117所示，完成选择后单击鼠标右键结束命令，得到该面的结构线，保持对这些结构线的选择，在“属性”面板中将“显示颜色”设置为“红色”，如图9-118所示，效果如图9-119所示。

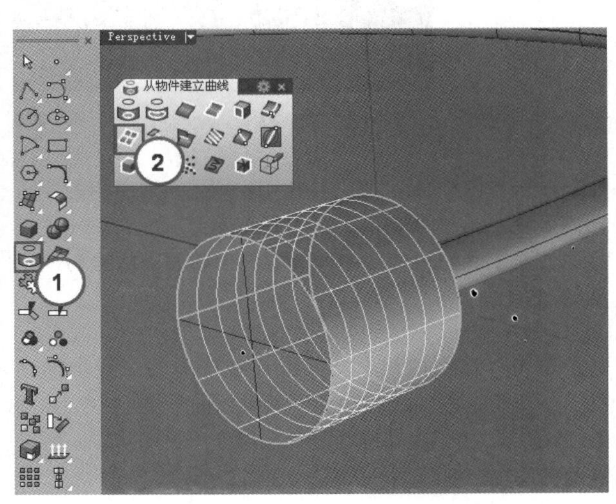

图9-117

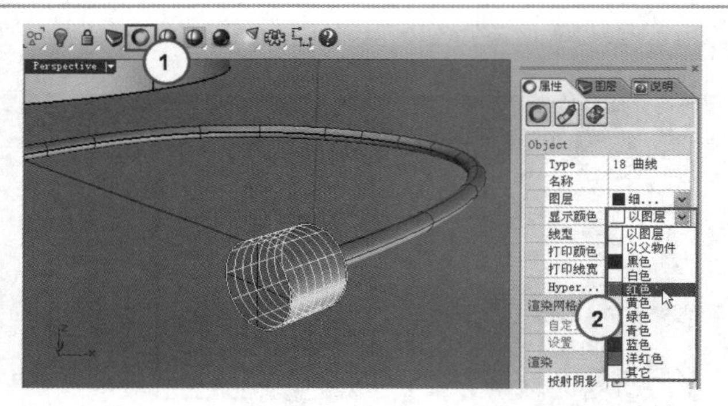

图9-118

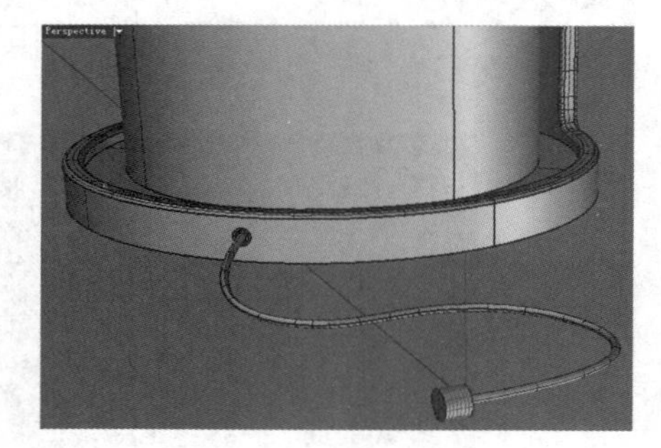
图9-119

06 使用鼠标左键单击“分割/以结构线分割曲面”工具，以图9-120所示的4条结构线将圆柱体侧面分割为5个部分。

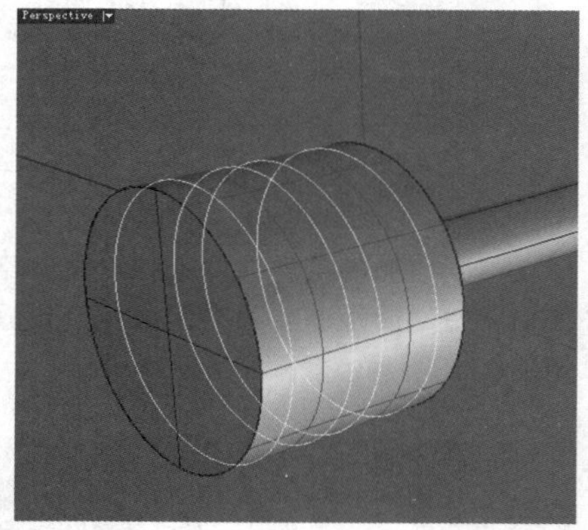
图9-120

07 单击“偏移曲面”工具，选择图9-121所示的曲面向内偏移，偏移时设置“实体”为“否”。完成偏移后将原曲面删除，再使用相同的方法偏移间隔的曲面，结果如图9-122所示。

08 单击“选取曲线”工具，视图中的曲线全部选择，然后将这些曲线移动到“基础线面”图层中，如图9-123所示，由于“基础线面”图层处于关闭状态，所以这些曲线也会被隐藏，效果如图9-124所示。

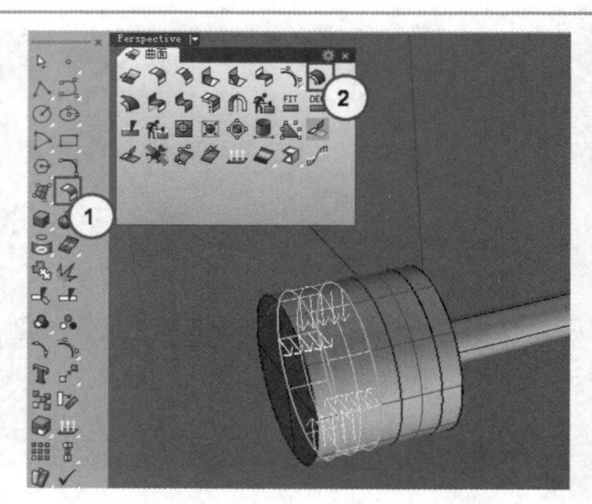

图9-121

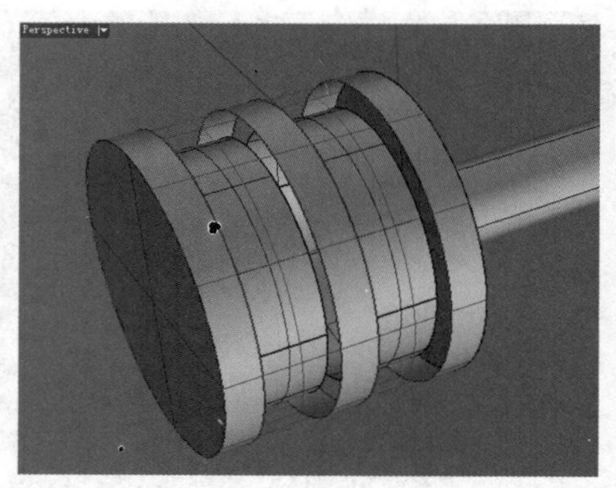
图9-122

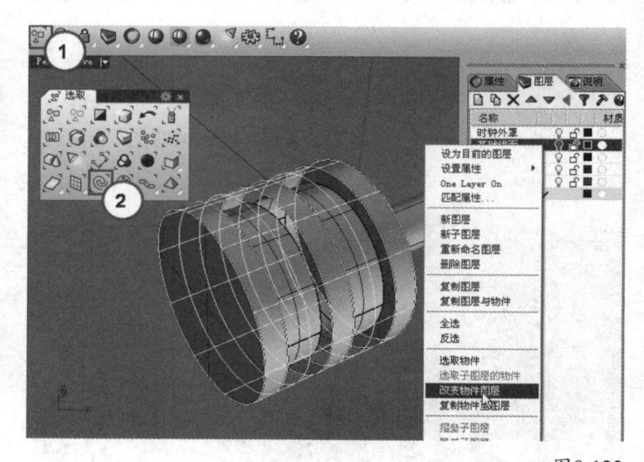

图9-123

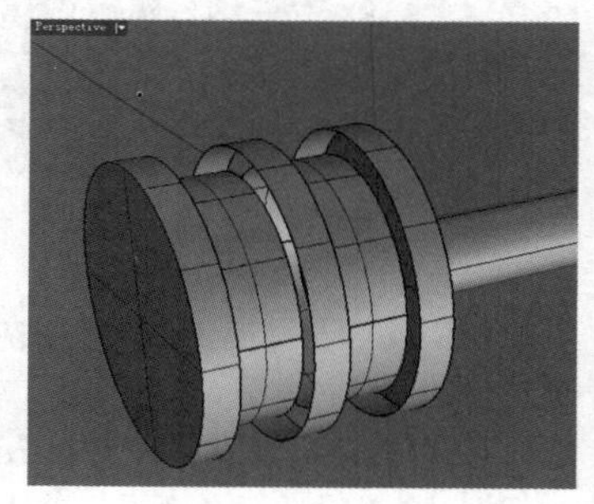
图9-124

09 接下来需要对侧面的边缘进行放样，在此之前先对侧面边缘进行一些分析。使用鼠标左键单击“显示边缘/关闭显示边缘”工具，然后选择多段侧面，并按Enter键打开“边缘分析”对话框，如图9-125所示。从图中可以看到半径较小的侧面边有两个接缝点（分割点），相对应的半径较大的侧面边有1个接缝点（分割点），如果直接进行放样，其结果会出现如图9-126所示的情况（无法放样成功）。因此，需要对半径较大的侧面边增加分割点。

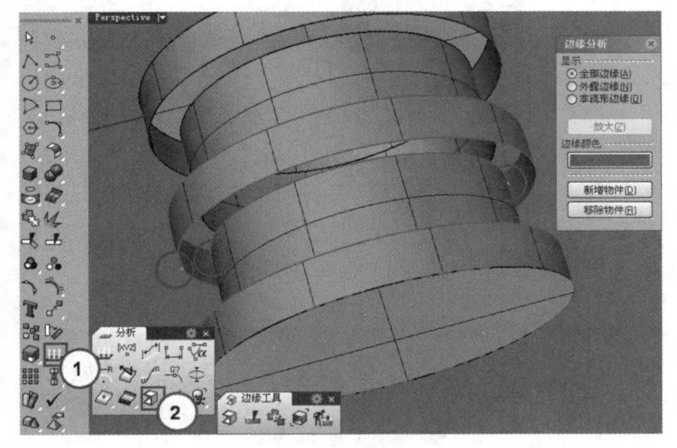

图9-125

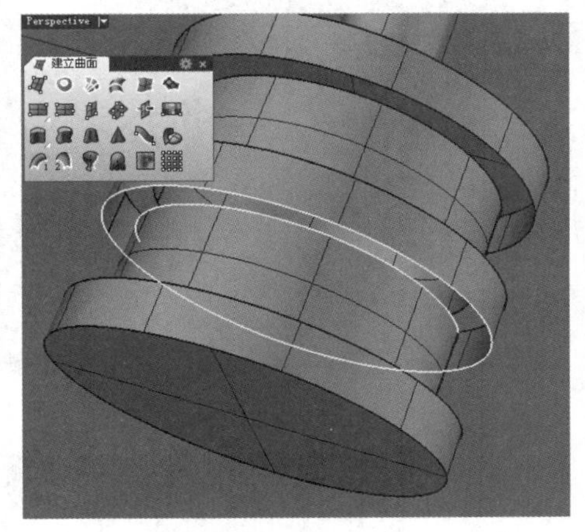

图9-126

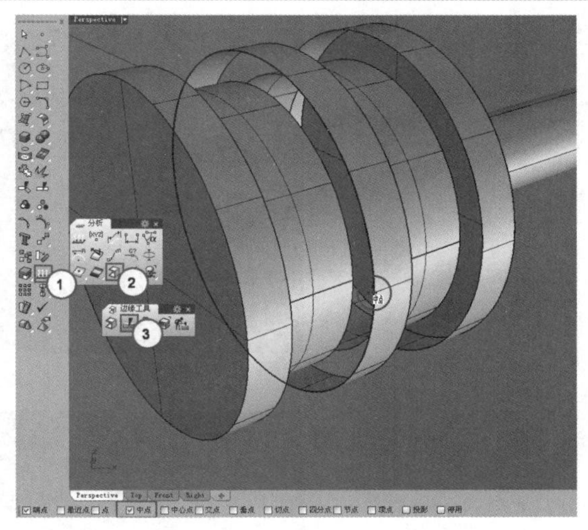

图9-127

10 使用鼠标左键单击“分割边缘/合并边缘”工具，打开“中点”捕捉模式，在图9-127所示的位置分割边缘，按Enter键结束命令。此时该侧面边由两段组成，如图9-128所示。

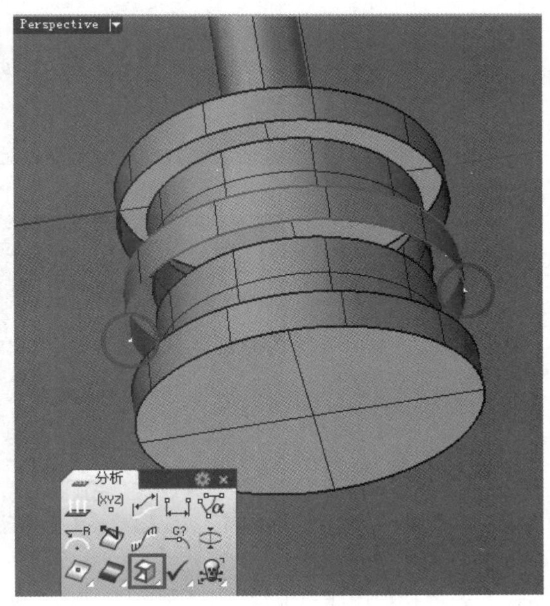

图9-128

11 单击“放样”工具，选择图9-129所示的两个曲面的边线，然后单击鼠标右键结束命令，得到如图9-130所示的放样物件。

12 使用相同的方法对这两个曲面另外的两条边进行放样，并与上一步创建的半个放样曲面组合，得到如图9-131所示的端面模型。

13 使用相同的方法创建所有端面，得到如图9-132所示的模型。

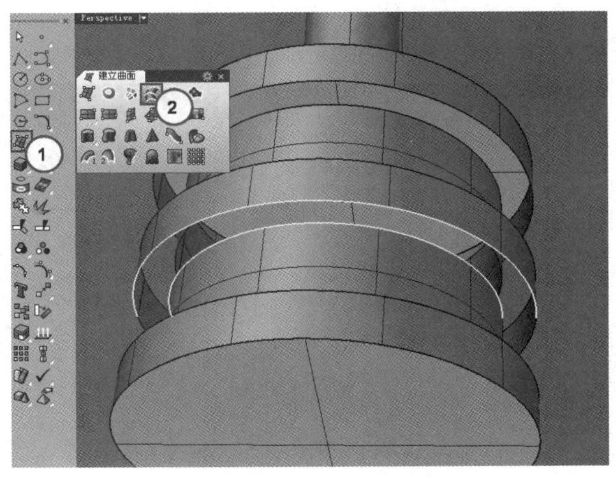

图9-129

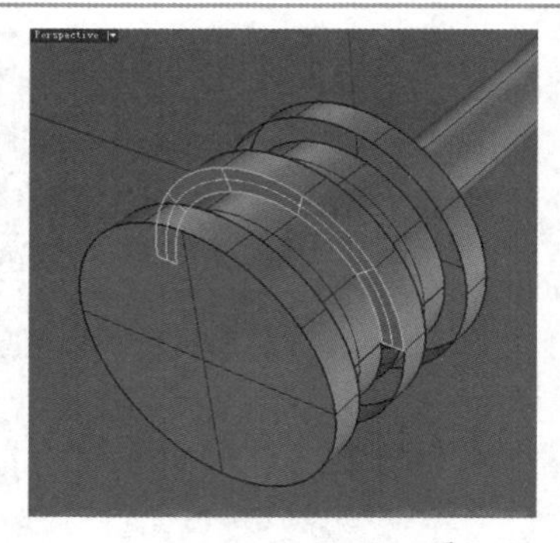

图9-130

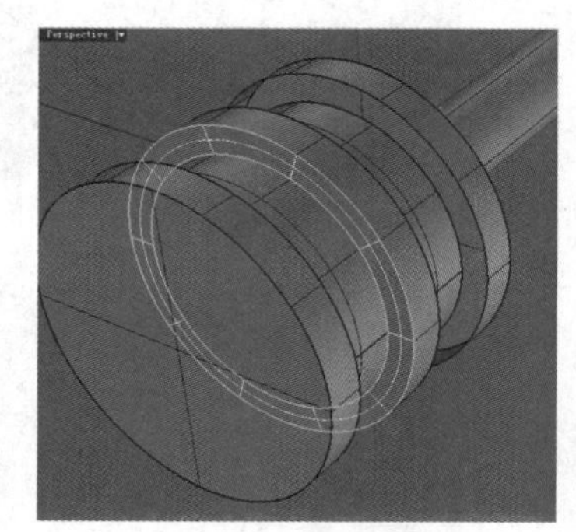

图9-131

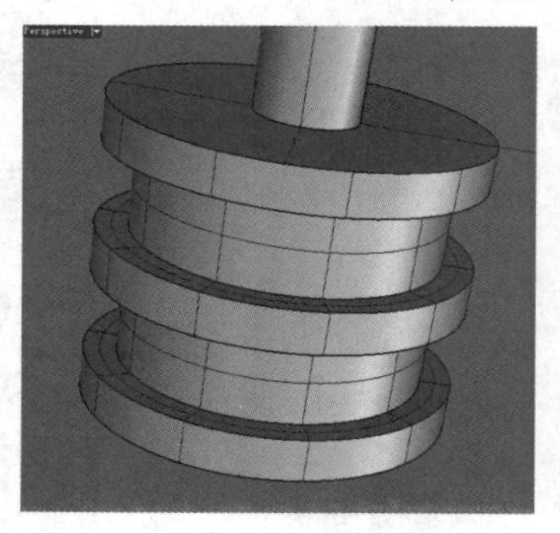

图9-132

14 单击“挤出曲线成锥状”工具，然后选择端面圆的边，并按Enter键确认，接着在命令行单击“拔模角度”选项，设置“拔模角度”为3，最后移动鼠标指针指定挤出长度，如图9-133所示，挤出后的模型效果如图9-134所示。

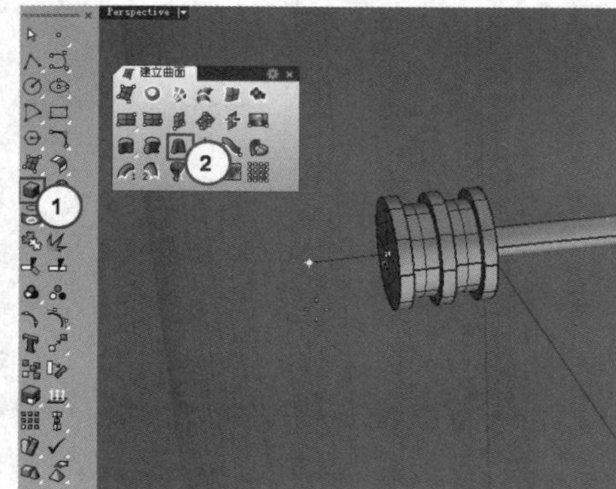

图9-133

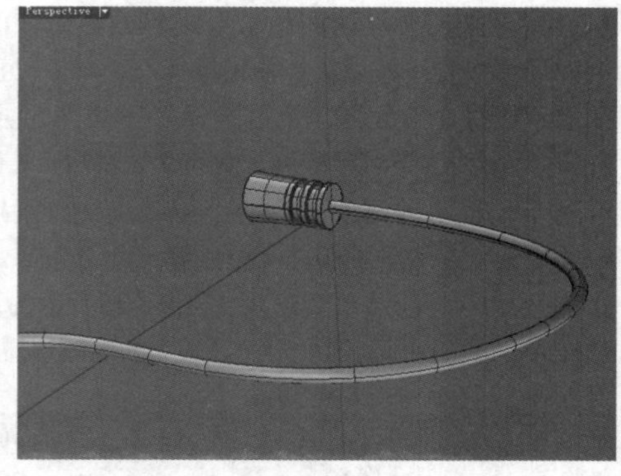

图9-134

15 单击“圆柱体”工具，开启“平面模式”功能，再打开“中心点”捕捉模式，捕捉端面圆的圆心为圆柱体底面圆心，创建一个小圆柱体，完成插接电脑主机箱接头模型的制作，如图9-135和图9-136所示。

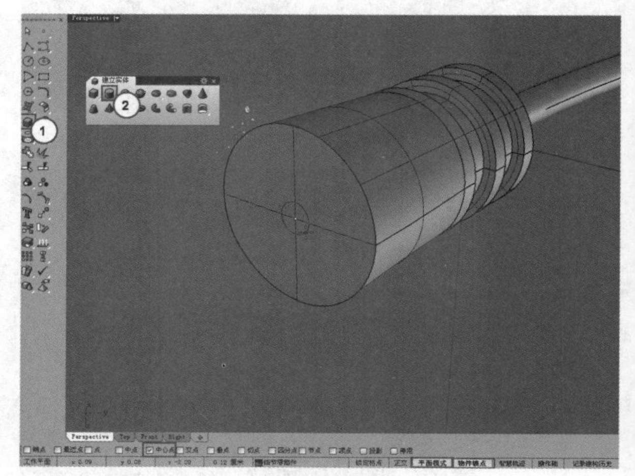

图9-135

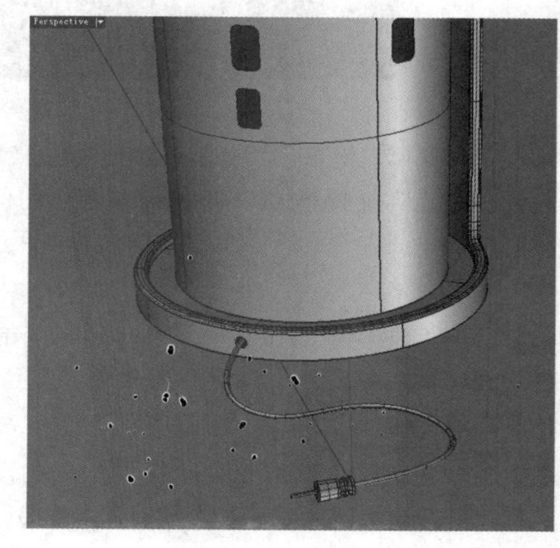

图9-136

16 单击“设定工作平面为世界Top”工具，将工作平面还原，如图9-137所示。

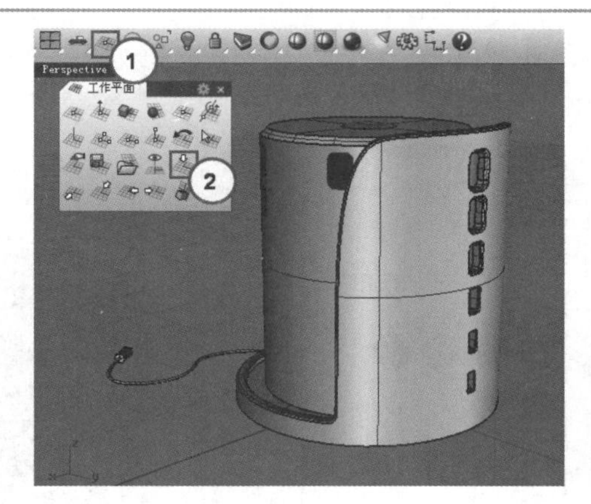

图9-137

至此就完成了所有模型的制作，最终效果如图9-138和图9-139所示。

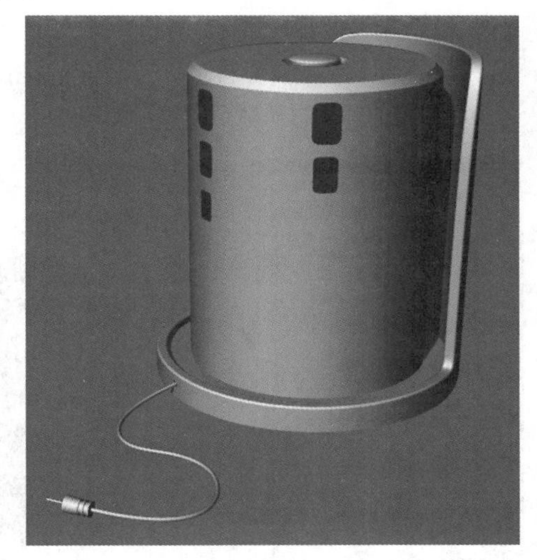

图9-138

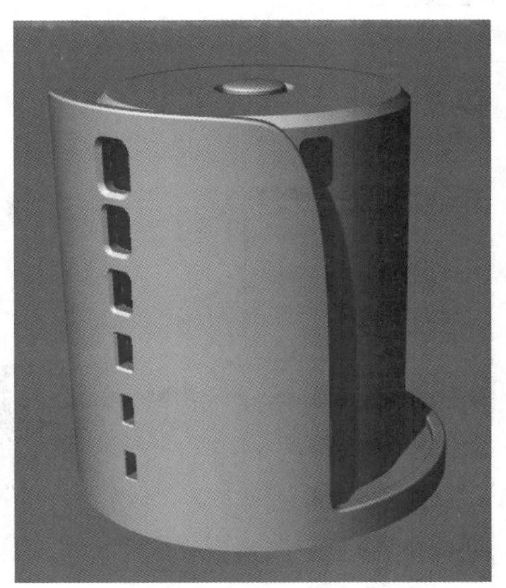

图9-139

9.6 模型渲染

01 首先删除模型中所有不必要的点、线和面，然后新建一个“金属”图层，并将电源接头处的小圆柱体移动到该图层下，如图9-140所示。

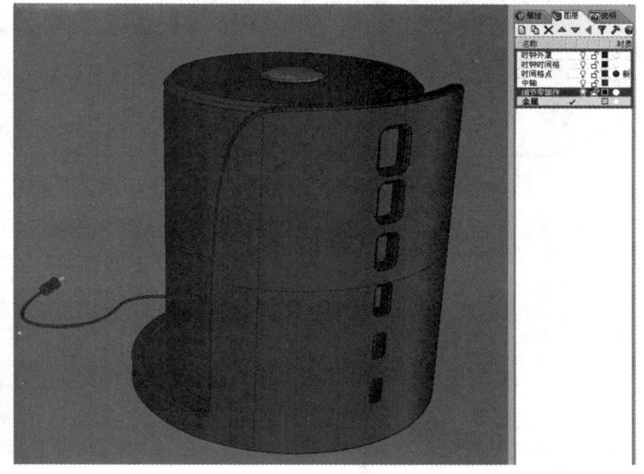

图9-140

02 按Ctrl+S组合键保存文件，接着运行KeyShot 3，并导入保存的文件，如图9-141和图9-142所示。

03 从图9-142中可以看到模型已经按照不同的颜色分好不同的材质了，这些材质也可以在“项目”对话框的“场景”选项卡下找到，如图9-143所示。

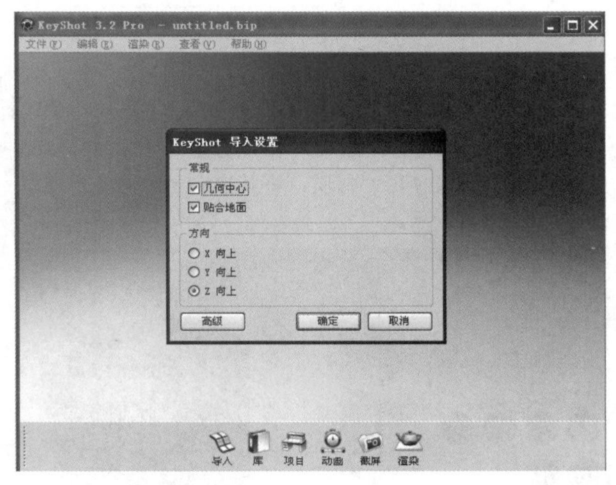

图9-141

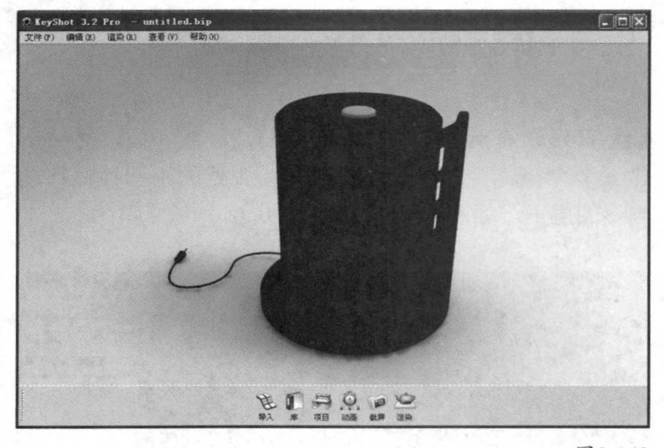

图9-142

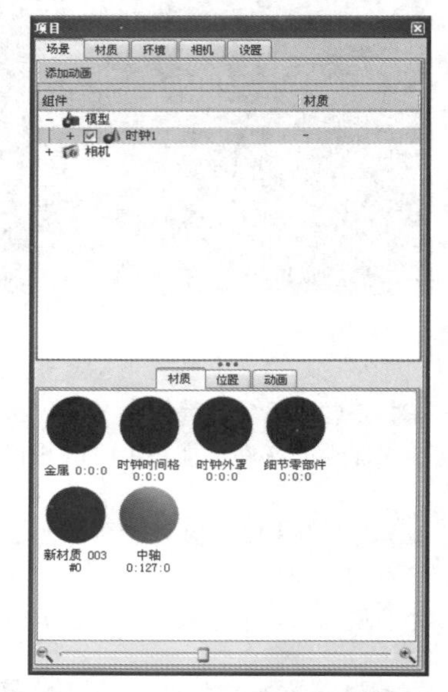

图9-143

04 单击“库”按钮，打开“库”对话框，然后在“材质”选项卡下展开Plastic（塑料）目录，并单击选择Molded（模压）分类，在该分类下找到Molded woodgrain（木纹模压）材质，将其拖曳至时钟外罩模型上，如图9-144所示。

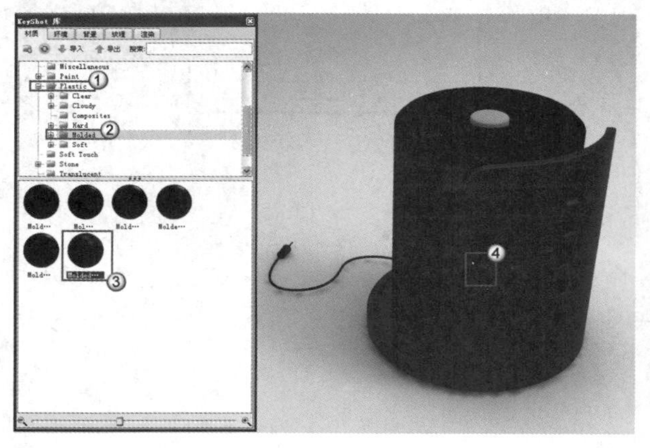

图9-144

05 将Molded squares（方格模压）材质赋予时钟时间格，如图9-145所示。

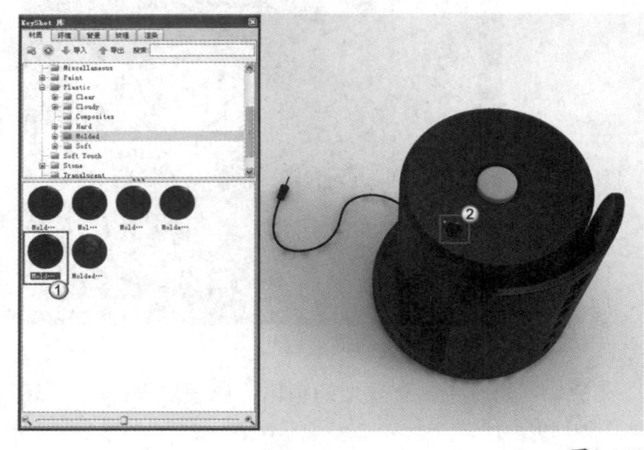

图9-145

06 单击Metal（金属）目录，然后将Aluminum rough（表面粗糙的铝）材质赋予中轴，如图9-146所示。

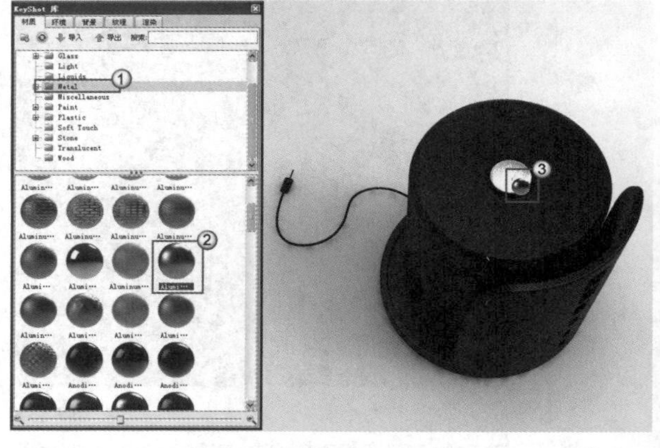

图9-146

07 将Anodized rough black（黑色阳极电镀表面粗糙）材质赋予金属插头，如图9-147所示。

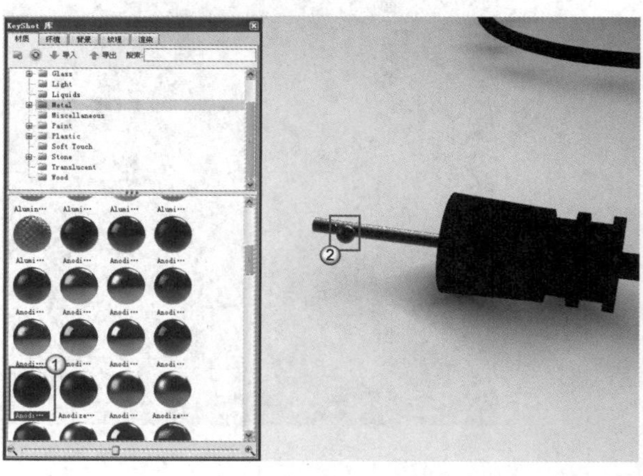

图9-147

08 单击Light（自发光）目录，然后将Cool Light（冷光）材质赋予时间格点，如图9-148所示。

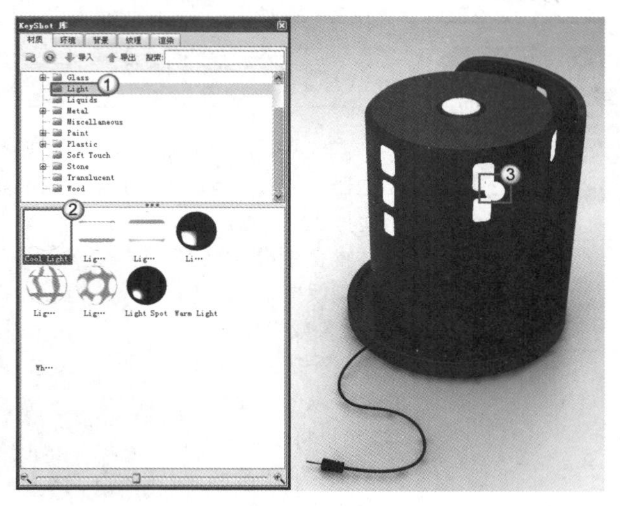

图9-148

09 单击Miscellaneous（杂项）目录，然后将Rubber（橡胶）材质赋予电源管线和接头，如图9-149所示。

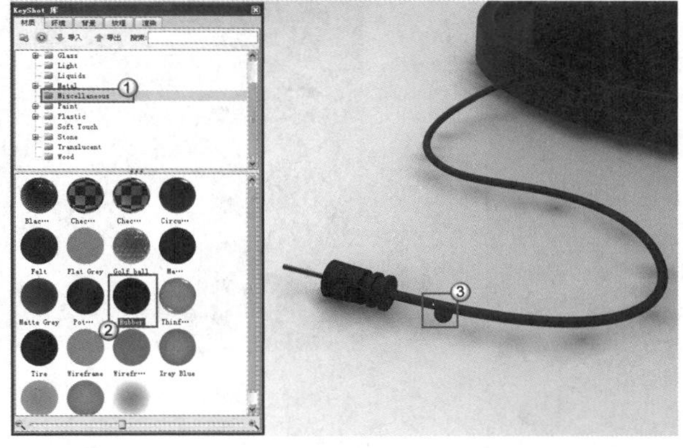

图9-149

至此，所有模型的材质都已赋予完毕，最终效果如图9-150所示。

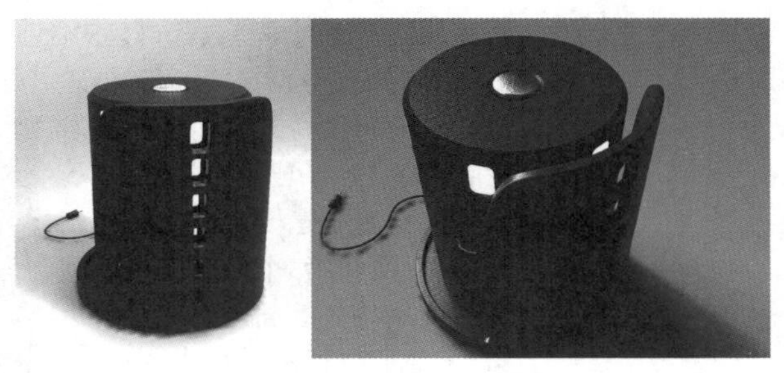

图9-150

第10章 综合实例——制作加湿器

Learning Objectives

Rhino

10.1 案例分析

本例将制作一个加湿器模型，加湿器是一种增加房间湿度的家用电器，可以给指定房间加湿，也可以与锅炉或中央空调系统相连给整栋建筑加湿。

本例制作的加湿器模型效果如图10-1所示，渲染效果如图10-2所示。分析图10-1和图10-2，从整体造型来看，可以将模型分为机身侧面、顶面及底面3个部分进行创建。

图10-1

图10-2

10.1.1 机身侧面建模分析

机身侧面可以细分成图10-3所示的3个面，其中第1个面和第3个面的轮廓线走势一致，可以一次性作为一个整体创建；第2个面的上下轮廓线分别是第1个面和第3个面的轮廓线，左轮廓线为波浪线、右轮廓线与其余两个面的右轮廓线形成一条连续的曲线。

机身侧面建模可以先创建包含第1个面和第3个面的流畅基础侧面，然后在基础侧面上剪切出第2个面的位置，再构建第2个面的轮廓线，创建出该面。

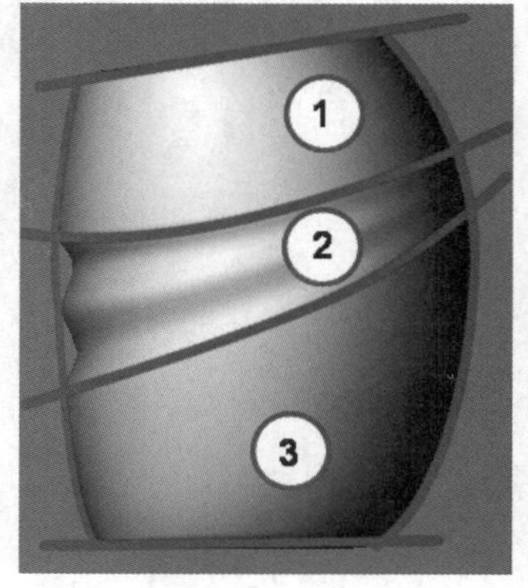

图10-3

10.1.2 机身顶面建模分析

机身顶面由一系列的圆环面构成，图10-4所示的主要轮廓线是顶面造型的关键，各下凹曲面、凸起曲面边线与该关键线走势一致，可以通过偏移得到。顶面中心部分的按键有一个下凹的造型，可以通过控制点的调整来实现。各凹凸面所形成的圆角既可以用面倒角实现，也可以用体倒角实现（通过组合顶面将所有曲面变成多重曲面，便可用体倒角一次实现倒角建模）。

图10-4

10.1.3 机身底面建模分析

机身底面由两个面构成，如图10-5所示。第1个面是平面，可以通过为机身侧面封底的方式创建，第2个面是一个变化的曲面，可以通过曲面倒角来实现。

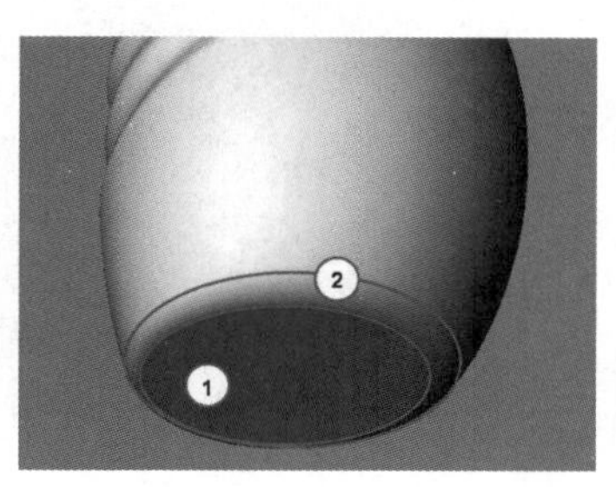

图10-5

10.2 设置建模环境

01 运行Rhino 5.0，然后选择“小物件-毫米”模板文件，如图10-6所示。

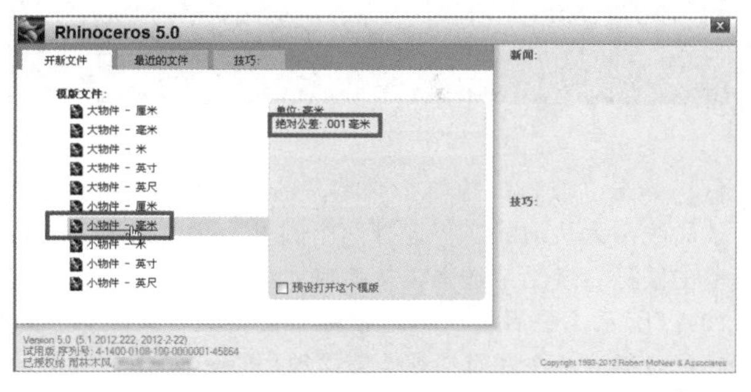

图10-6

02 执行“文件>另存为”菜单命令，打开“储存”对话框，然后将新建的文件命名为“加湿器”，再设置好文件的保存路径，接着单击保存(S)按钮，保存文件，如图10-7所示。

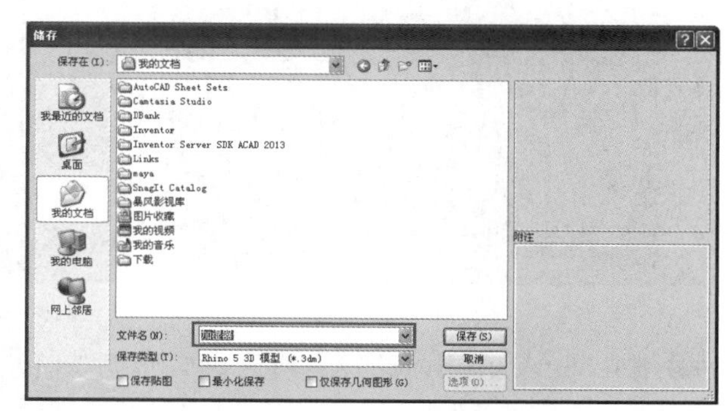

图10-7

10.3 制作机身侧面造型

10.3.1 构建机身侧面基础曲面

01 启用“控制点曲线/通过数个点的曲线”工具，在Front（前）视图中绘制如图10-8所示的机身轮廓基础曲线，该曲线由4个控制点构成。

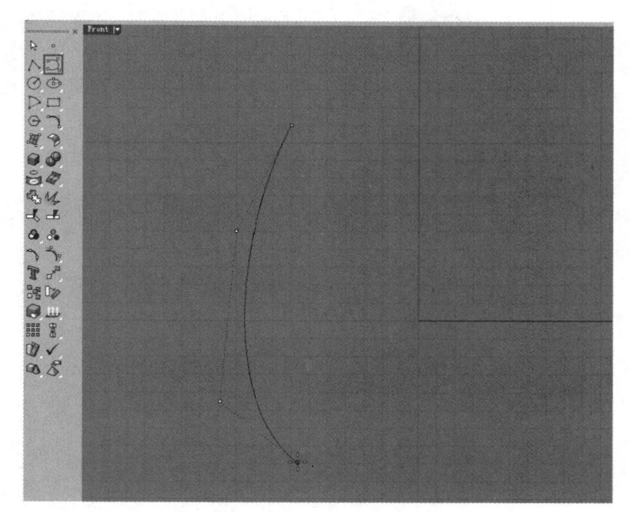

图10-8

02 开启“锁定格点”功能，然后使用鼠标左键单击“镜射/三点镜射”工具，在Front（前）视图中沿坐标y轴镜像复制上一步绘制的曲线（设置“复制”为“是”），如图10-9所示。

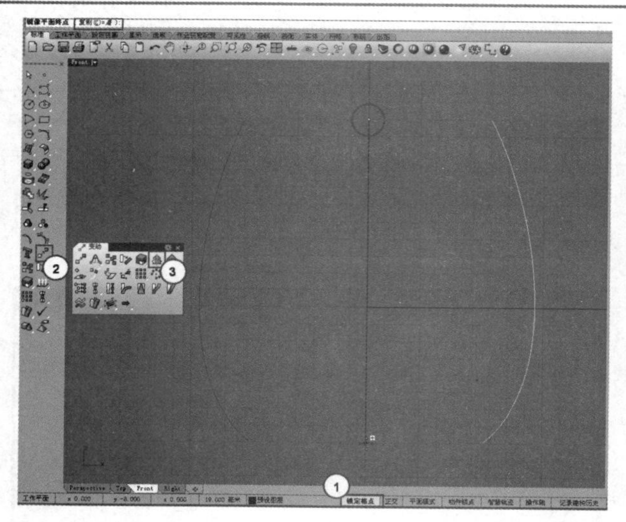

图10-9

03 按住Shift键的同时依次选择两条曲线，然后按F10键打开控制点，接着拖曳光标从右上到左下框选如图10-10所示的控制点。

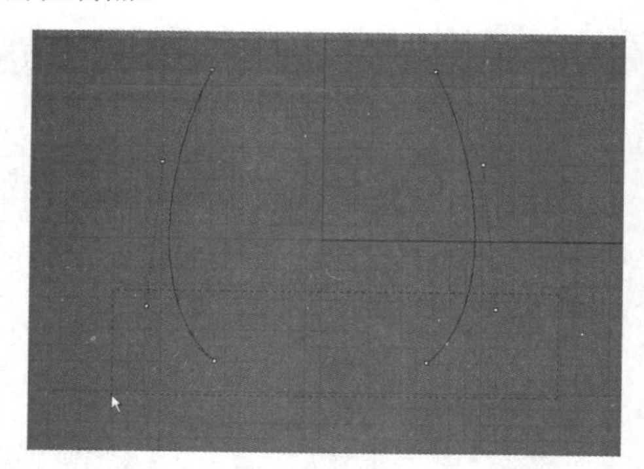

图10-10

04 保持对控制点的选择，然后单击“移动”工具，将选择的4个控制点垂直向下移动，如图10-11所示。完成移动后按Esc键取消对控制点的选择。

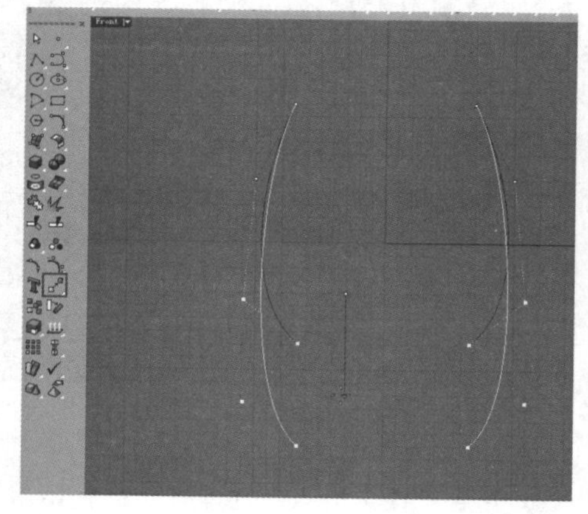

图10-11

05 选择右侧曲线的第2个控制点，将其拖曳至合适的位置，使右侧曲线更加圆润，如图10-12所示，然后使用同样的方法移动其他控制点，调整后的曲线控制点位置如图10-13所示。最后按F11键关闭两条曲线的控制点。

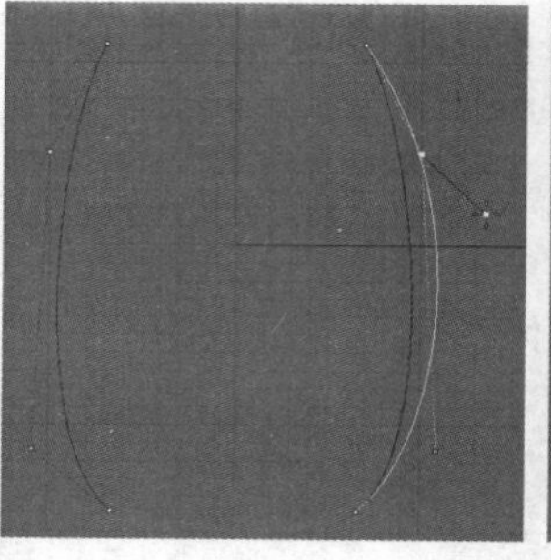

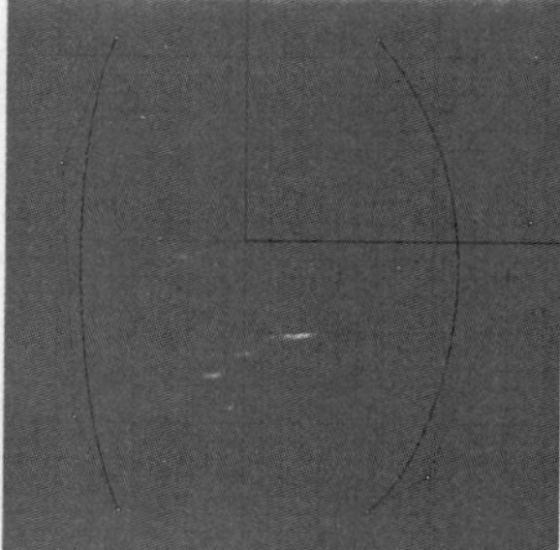

图10-12　图10-13

06 单击“圆：直径”工具，打开“端点”捕捉模式，捕捉两条侧面基础曲线的顶部端点绘制上端圆，如图10-14所示。

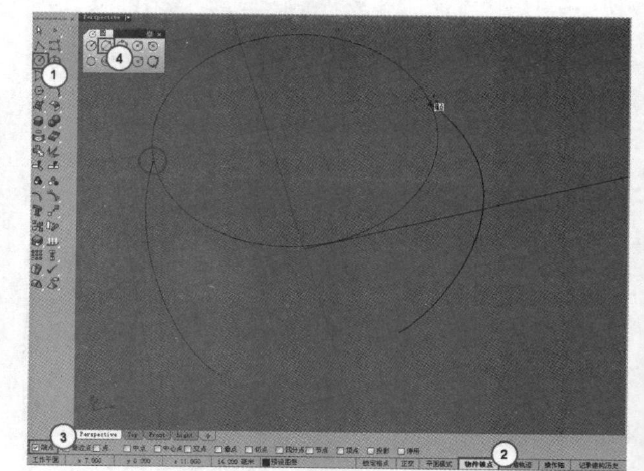

图10-14

07 使用相同的方法绘制底部的圆，得到侧面基础建模轮廓线，如图10-15所示。

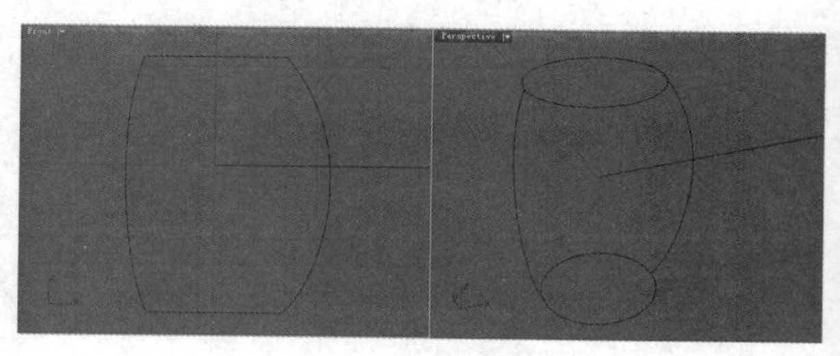

图10-15

08 单击“双轨扫掠”工具，选择图10-16所示的两条曲线作为轨道线，再选择两个圆作为断面曲线，然后单击鼠标右键结束选择，接着确定接缝点的位置，如图10-17所示，最后再次单击鼠标右键打开“双轨扫掠选项”对话框，在该对话框中直接单击确定按钮，得到如图10-18所示的侧面曲面。

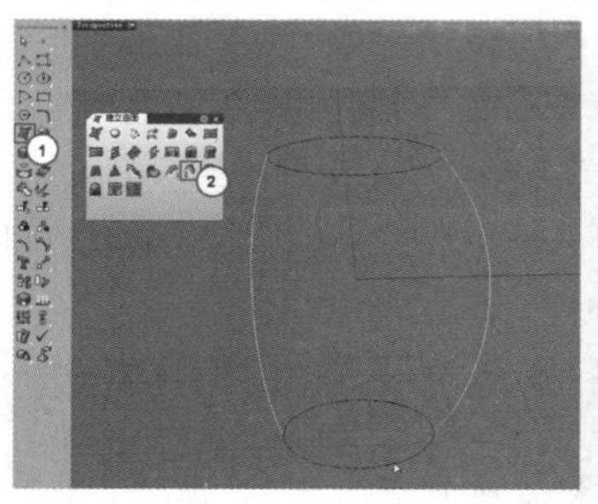

图10-16 图10-17

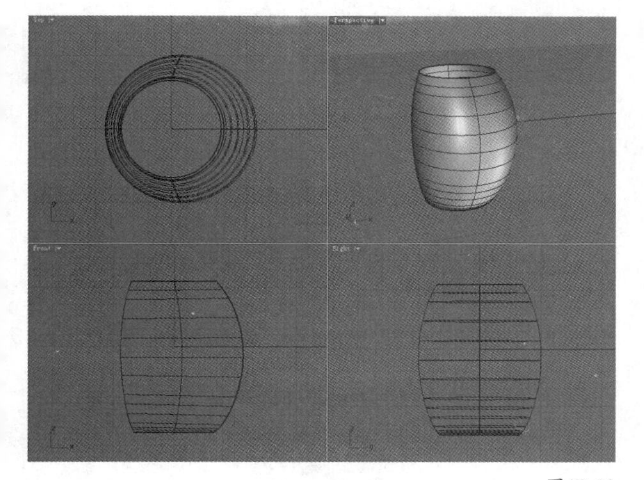

图10-18

10.3.2 制作机身侧面细节造型

01 启用“控制点曲线/通过数个点的曲线”工具，在Front（前）视图中绘制如图10-19所示的两条曲线。

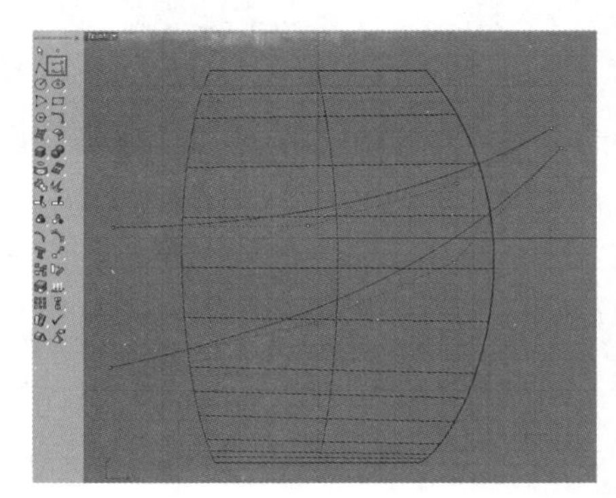

图10-19

技巧与提示

为了保证机身侧面的曲面质量，尽量让用于剪切的这两条曲线的控制点个数和位置基本一致。如果绘制的过程中不一致，可以通过打开控制点进行调节，调节完成后再关闭控制点。

02 单击“分割/以结构线分割曲面”工具，以上一步绘制的两条曲线对侧面曲面进行分割，将机身侧面打断成3段，如图10-20和图10-21所示。

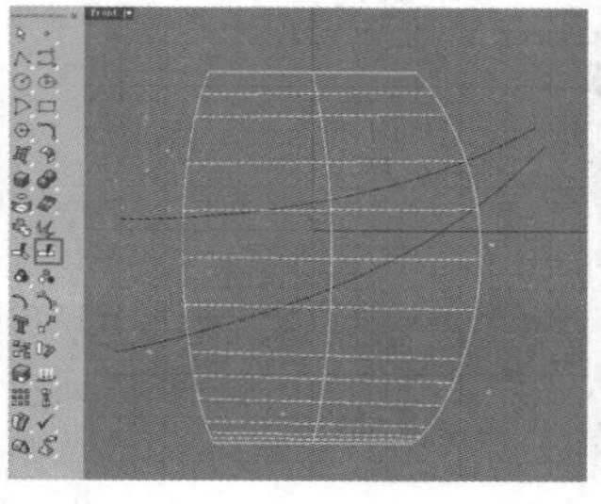

图10-20 图10-21

03 选择分割后中间的那段曲面，按Delete键删除，得到如图10-22所示的模型。

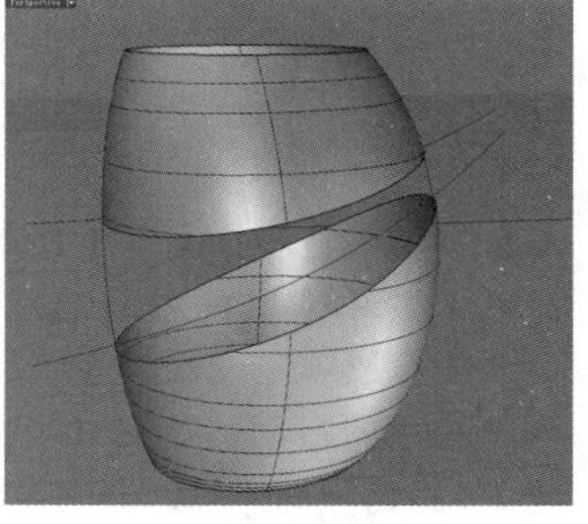

图10-22

04 单击“选取曲线”工具，将视图中曲线全部选择，然后将这些曲面移动到“图层01”中，如图10-23所示，改变图层后的模型效果如图10-24所示。

05 将“图层01”关闭，如图10-25所示，然后单击“直线：从中点”工具，并打开“中心点”捕捉模式，接着捕捉顶面圆洞的圆心指定直线的中点，再捕捉底面圆洞的圆心指定直线的终点，得到过圆心点的一条竖线，如图10-26所示。

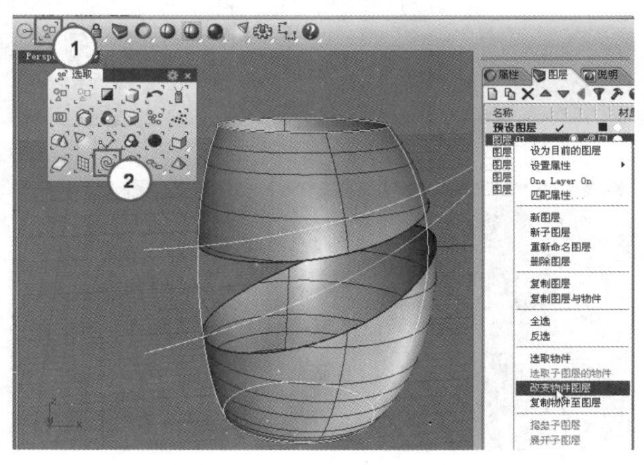

图10-23

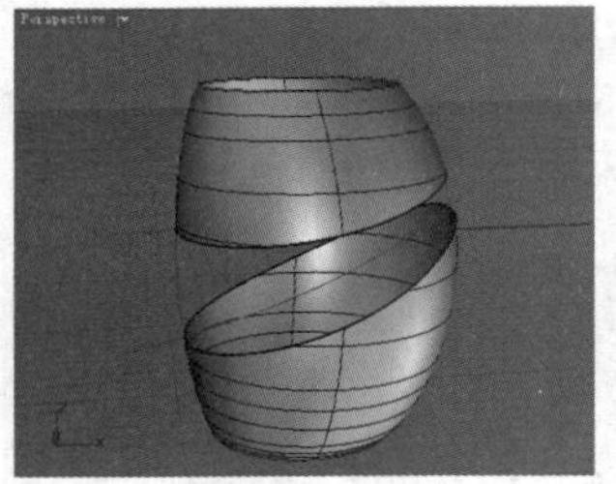

图10-24　　图10-25

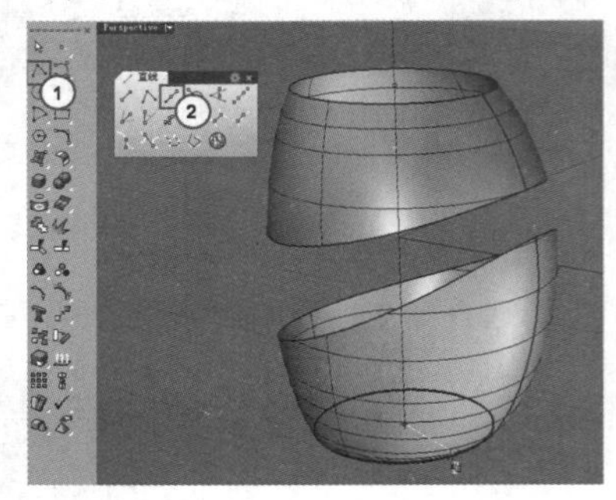

图10-26

06 单击“直线挤出”工具，然后选择上一步绘制的直线，并单击鼠标右键结束选择，接着在命令行单击“两侧”选项，设置其为“是”，此时移动鼠标可以看到拖曳出的直面，如图10-27所示，现在所创建的直面方向与*y*轴方向一致，而我们需要的是将直面调整到与*x*轴方向一致，在命令行单击“方向”选项，并在Front（前）视图中确定直线挤出的方向，如图10-28所示，得到如图10-29所示的模型。

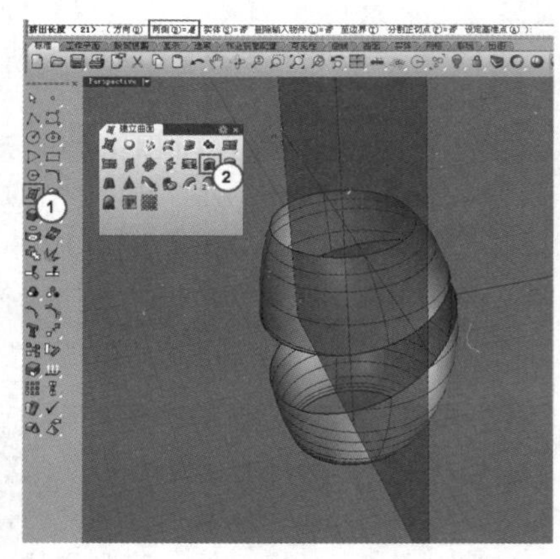

图10-27

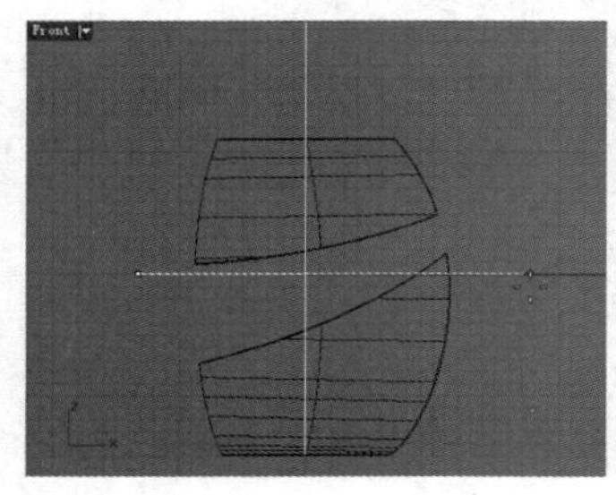

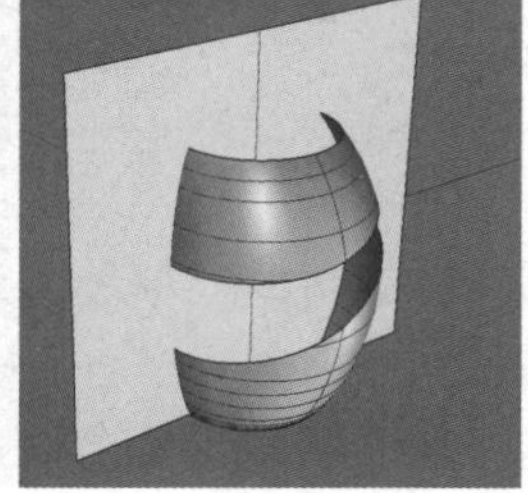

图10-28　　图10-29

07 单击“物件交集”工具，选择图10-29中的3个面，并单击鼠标右键结束选择，得到如图10-30所示的交线，这些交线将作为机身侧面细节造型的辅助线。

08 选择平面，然后将其移动到“图层01”中，得到如图10-31所示的显示效果。

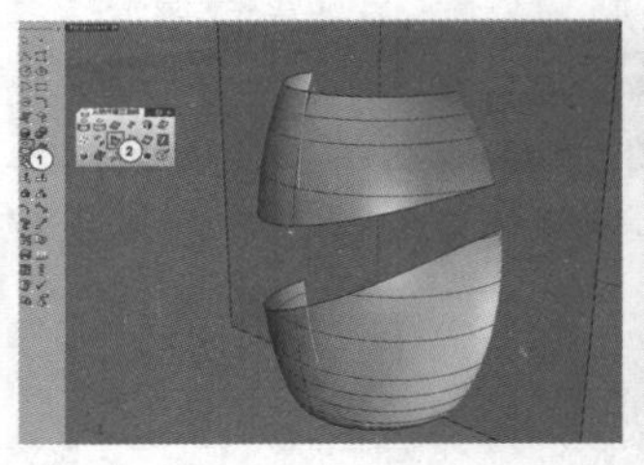

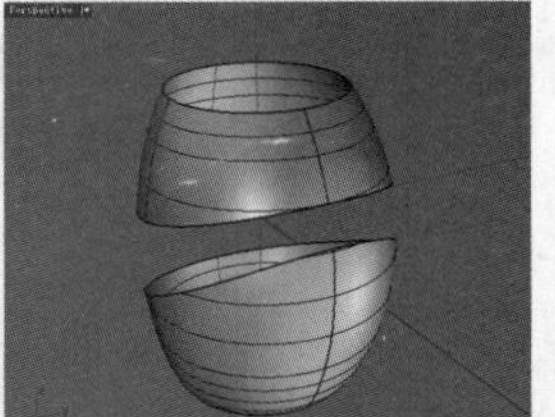

图10-30　　图10-31

09 使用鼠标左键单击“可调式混接曲线/混接曲线”工具，然后选择之前创建的交线（选择其中对应的两条），此时将打开“调整曲线混接”对话框，在该对话框中设置“连续性”为“曲率”，再单击确定按钮，得到机身细节模型的截面曲线，如图10-32所示，最后选择该曲线，并按F10键打开控制点，该曲线有6个控制点。

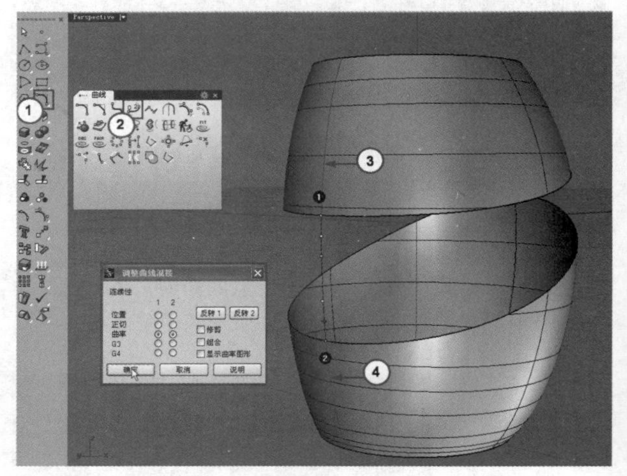

图10-32

接下来将要调整机身细节模型的截面曲线走向，由于该截面曲线与两条交线G2连续，所以调整截面曲线的走向时，不能改变G2连续关系。因此，切记不能直接移动截面曲线的控制点，否则会直接影响连续性。

例如，将该曲线中的控制点拖曳一小段距离，如图10-33所示，再使用“两条曲线的几何连续性”工具检查3条曲线的连续性，可以发现截面曲线与上一条曲线的连续性已经变为G1，而截面曲线与下一条曲线的连续性还是G2，这是因为在图10-33中移动的是上端的控制点。由此可以看出，截面曲线下端3个控制点决定了其与下面曲面交线的连续性，如果不希望更改曲线原先的G2连续，图10-34所示的6个控制点不能直接拖动，必须借助“调整曲面边缘转折”工具。

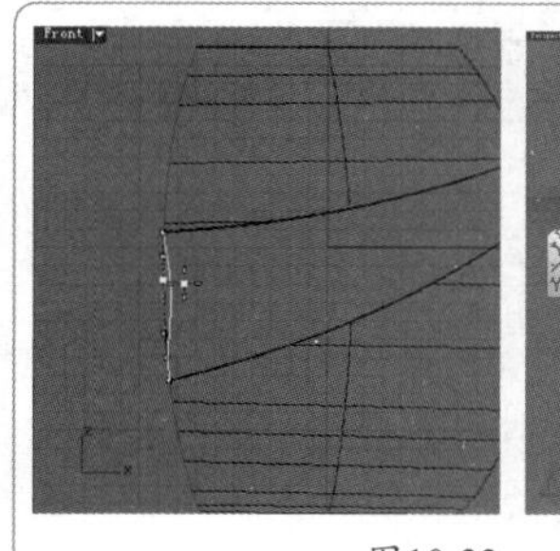

图10-33

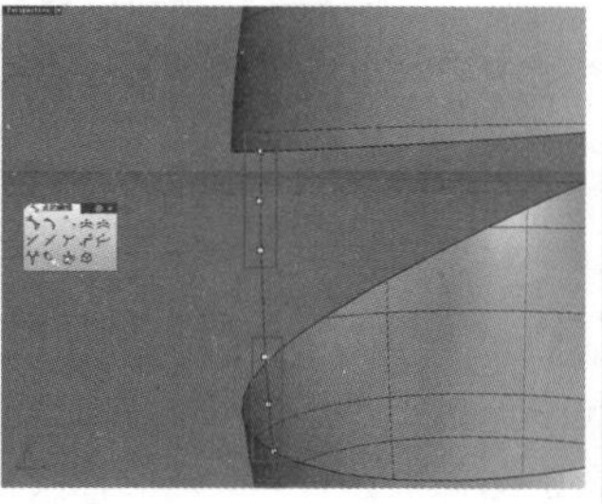

图10-34

10 因为机身细节模型有波浪造型，因此截面曲线现有的6个控制点不够。单击“插入节点”工具，然后选择截面曲线，并在该曲线上单击鼠标左键增加一个控制点，如图10-35所示，接着在曲线其他位置继续增加控制点，如图10-36所示，现在曲线上总共有9个控制点。

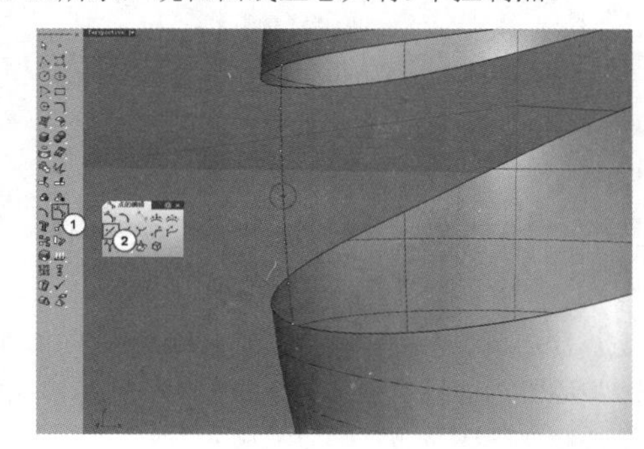

图10-35

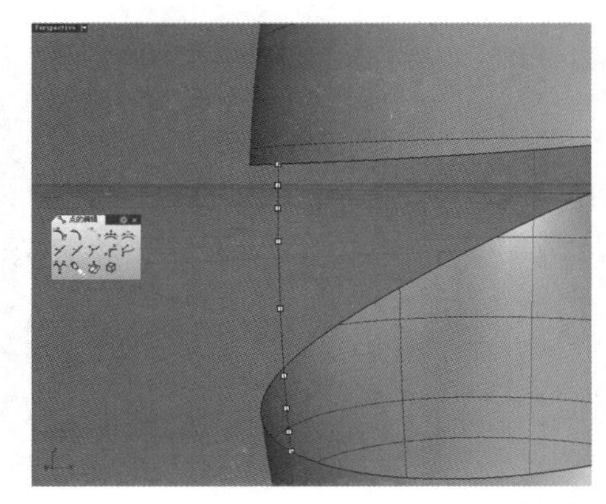

图10-36

11 在Front（前）视图中对中间的3个控制点的位置进行调整，如图10-37所示。

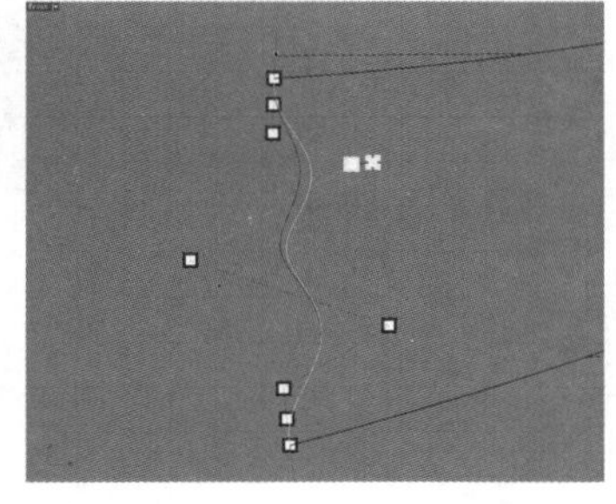

图10-37

12 单击“调整曲面边缘转折”工具，选择调整中间3个控制点之后的波浪曲线，然后调整曲线上端的第2个和第3个控制点，如图10-38所示，接着再调整曲线下端的控制点，得到如图10-39所示的波浪曲线形状和控制点位置，最后单击鼠标右键结束操作。

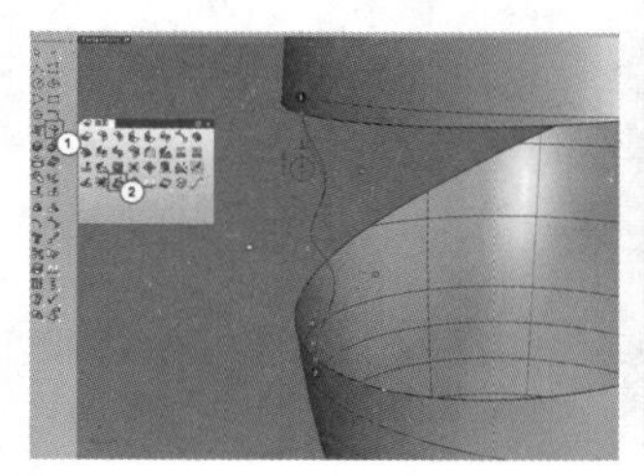

图10-38

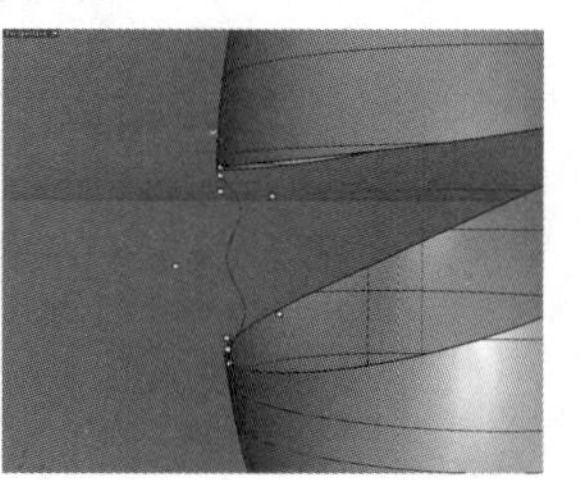

图10-39

技巧与提示

在上面的操作中，移动控制点后，波浪曲线与曲面上的交线仍然为G2连续。

13 再次使用“可调式混接曲线/混接曲线”工具构建另外一条机身细节模型截面曲线，如图10-40所示。

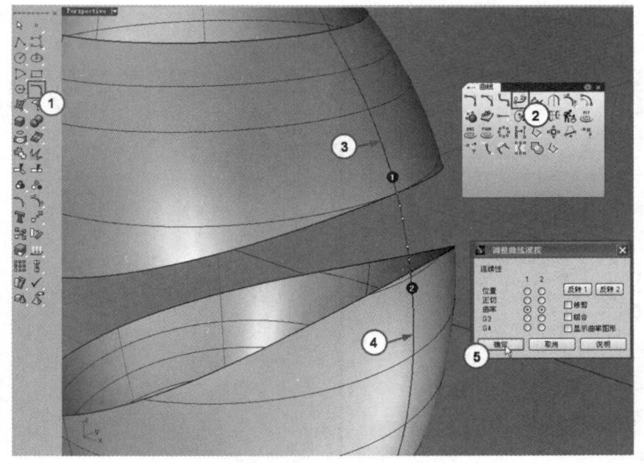

图10-40

技巧与提示

根据机身侧面造型，这一步构建的截面曲线走向不需要调整，但必须增加控制点，而且相同走向的曲面轮廓线控制点尽量保证数量一致、位置相当，这样可以提高曲面质量。为此，将该曲线的控制点数调整为9个。

14 单击“插入节点”工具，在上一步构建的曲线上增加3个控制点，如图10-41所示。

15 单击“双轨扫掠”工具，选择图10-42所示的两条轨道线作为路径，然后选择前面构建的两条截面曲线，接着单击鼠标右键打开“双轨扫掠选项”对话框，在该对话框中勾选“封闭扫掠”选项，然后设置连续性为“曲率”连续，如

图10-43所示，最后单击确定按钮，得到如图10-44所示的机身侧面模型。

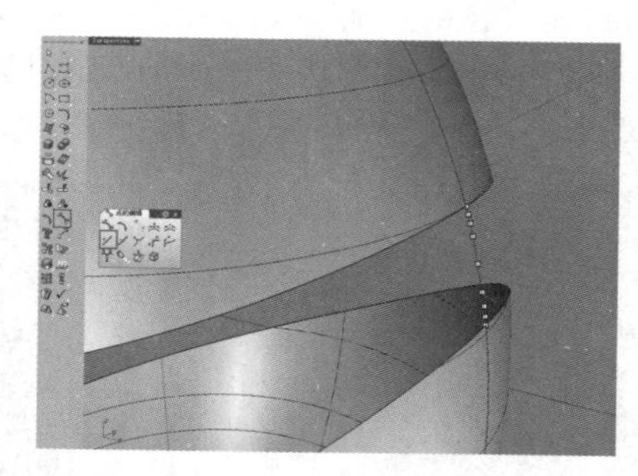
图10-41

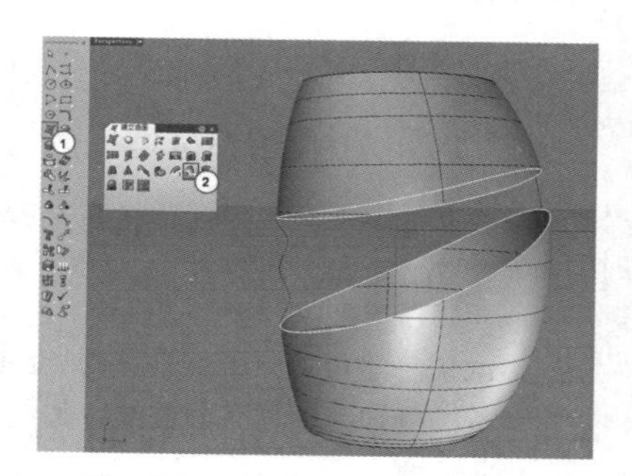
图10-42

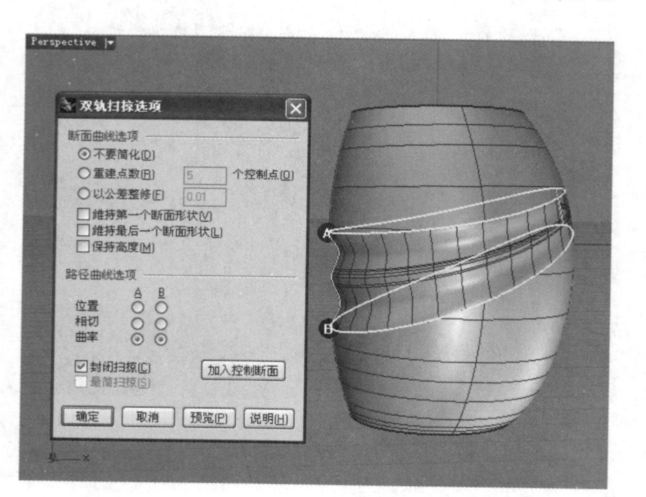

图10-43

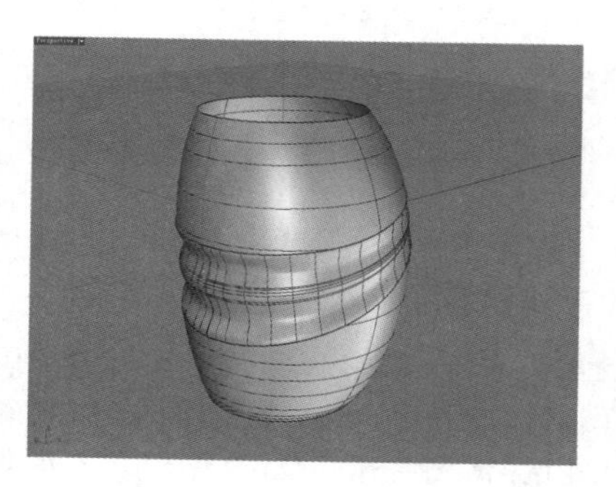
图10-44

10.4 制作机身顶部造型

10.4.1 构建机身顶盖基础模型

01 首先将暂时不需要的曲线调整到“图层01”中隐藏起来。单击“选取曲线”工具，将视图中的曲线全部选中，然后按住Ctrl键的同时选择垂直轴线，将该直线排除在选择集外，接着将剩下的曲线移动到“图层01”中，此时视图中的显示效果如图10-45所示。

02 启用“控制点曲线/通过数个点的曲线”工具，在Front（前）视图中绘制如图10-46所示的曲线。

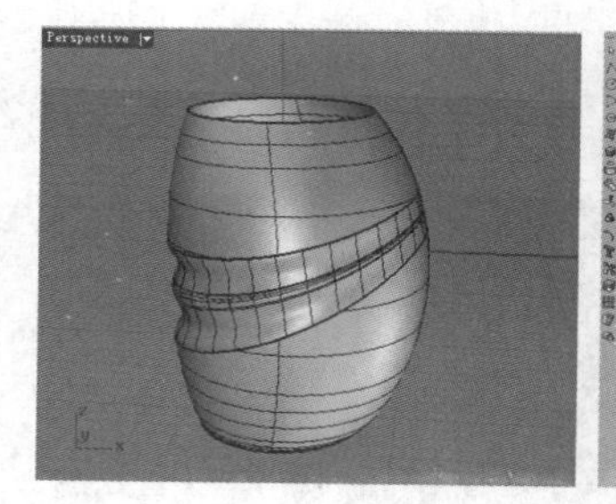
图10-45

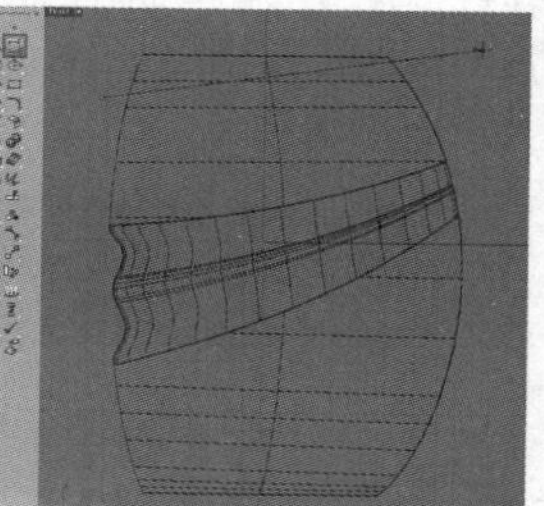
图10-46

03 使用鼠标左键单击“修剪/取消修剪”工具，以上一步绘制的曲线将顶部多余的模型修剪掉，如图10-47所示，修剪完成后的效果如图10-48所示。

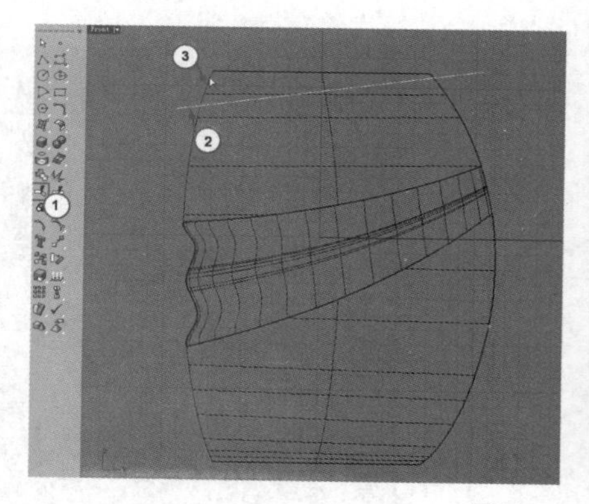
图10-47

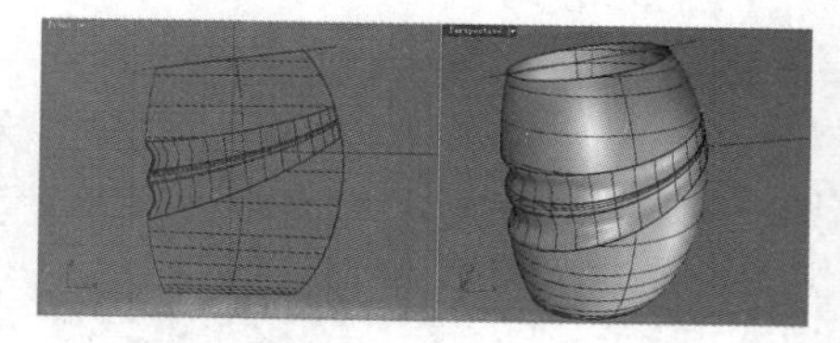
图10-48

04 单击“以平面曲线建立曲面”工具，然后选择修剪后侧面顶部的边界，如图10-49所示，接着单击鼠标右键结束命令，得到图10-50所示的顶盖基础模型。

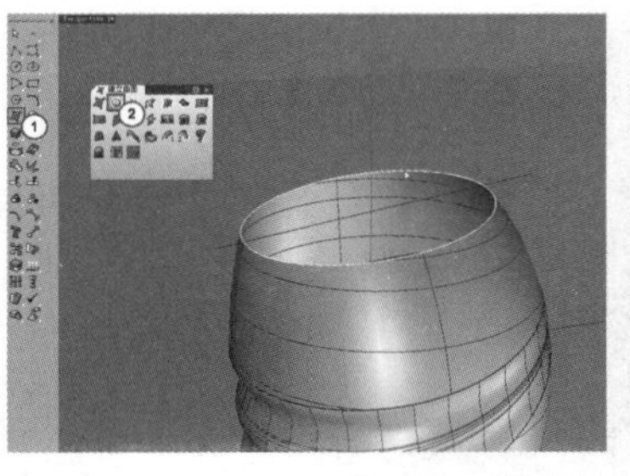

图10-49

图10-50

10.4.2 构建机身顶盖细节造型

01 单击“偏移曲线”工具，然后单击侧面与顶面的交线，此时将弹出如图10-51所示的“候选列表”对话框，在该对话框中选择顶面边界，接着将其向内偏移，如图10-52所示，得到如图10-53所示的偏移曲线。

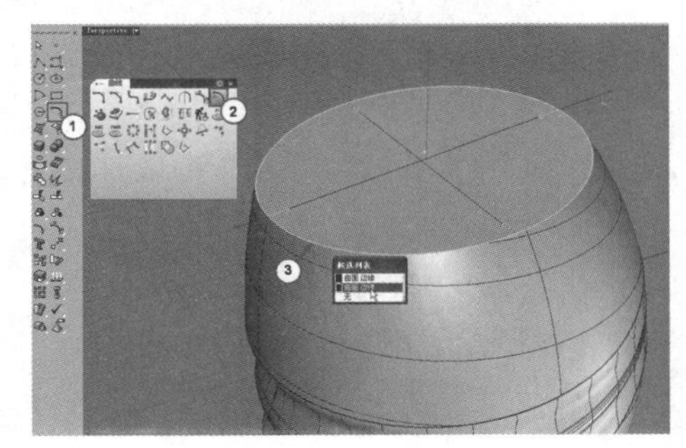

图10-51

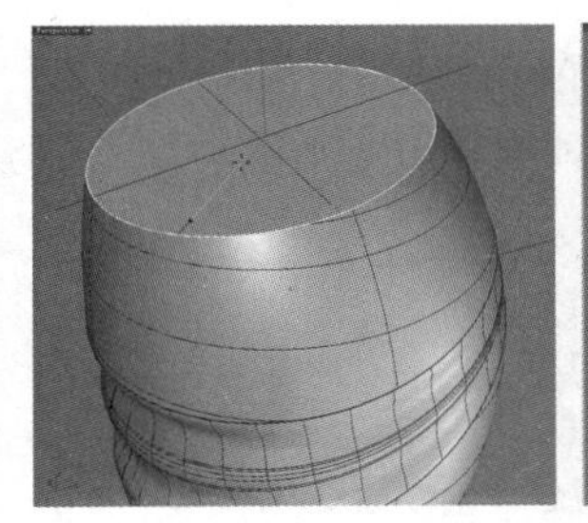

图10-52

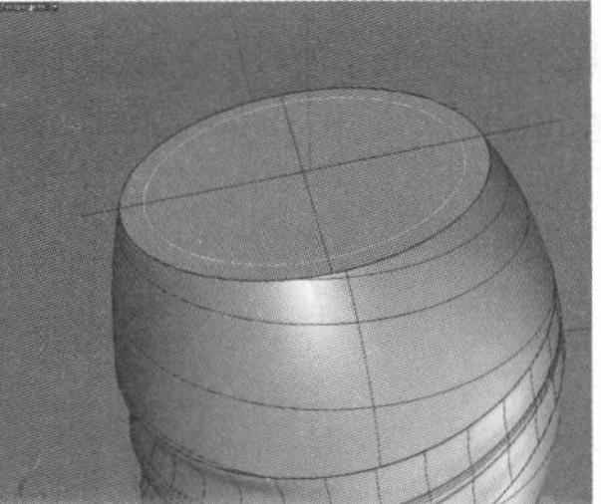

图10-53

02 使用鼠标左键单击“分割/以结构线分割曲面”工具，以上一步偏移生成的圆对顶面曲面进行分割，如图10-54所示。

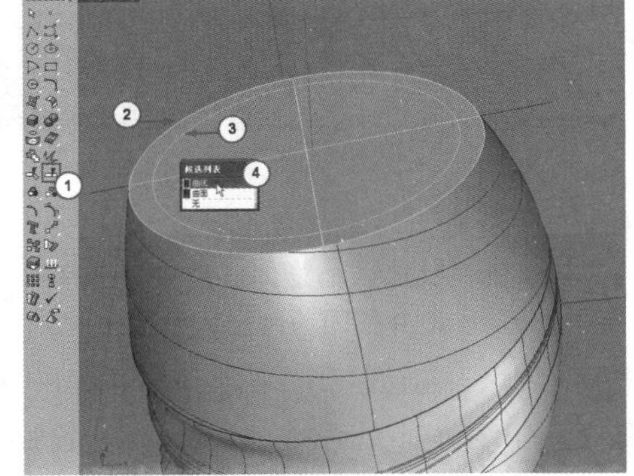

图10-54

03 选择分割后中间的曲面，按Delete键删除，得到如图10-55所示的模型。

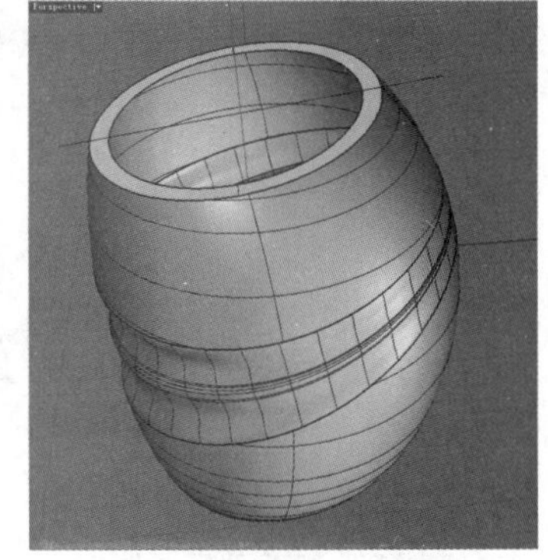

图10-55

04 单击“直线挤出”工具，在Perspective（透视）视图中选中顶面内边缘，然后单击鼠标右键结束选择，接着在命令行单击“两侧”选项，使“两侧”为“否”，再移动鼠标拖曳出拉伸面，在Front（前）视图中指定挤出曲面的长度，如图10-56所示。

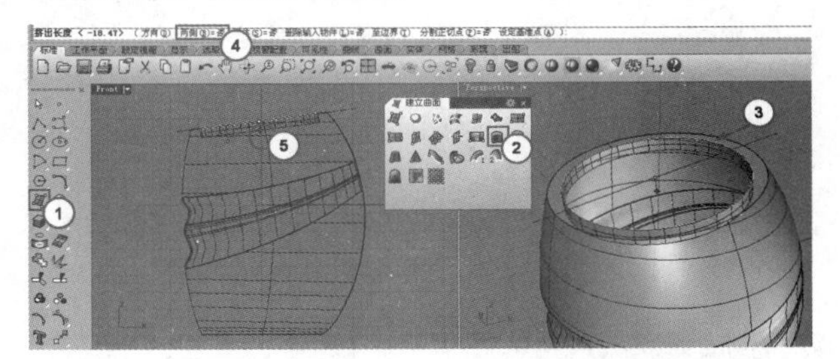

图10-56

05 单击“以平面曲线建立曲面”工具，选择下凹面底部的边界建立下凹面的底面，如图10-57所示。

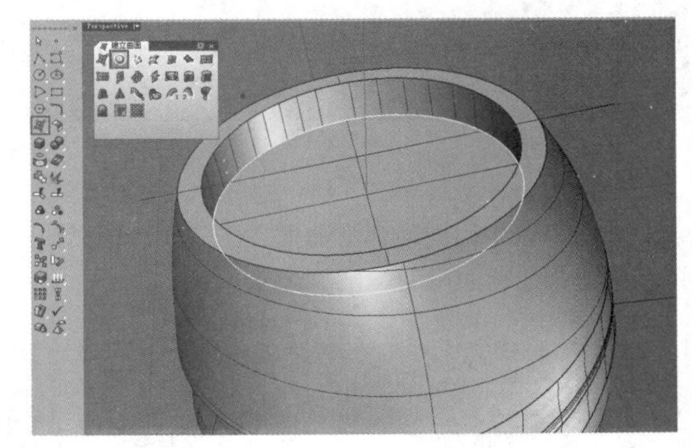

图10-57

06 使用与创建顶盖圆洞相同的方法在下凹面的底面上开一个圆洞，如图10-58所示。

07 单击“直线挤出”工具，在Perspective（透视）视图中单击下凹平面内边缘，并在弹出的“候选列表”对话框中选择“曲面边缘”，如图10-59所示，然后单击鼠标右键结束选择，接着将曲面边缘向上拖曳，并在Front（前）视图中指定挤出曲面的长度，如图10-60所示。

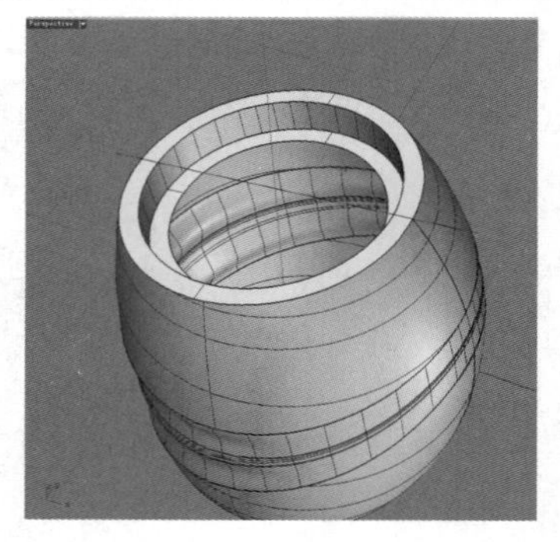

图10-58

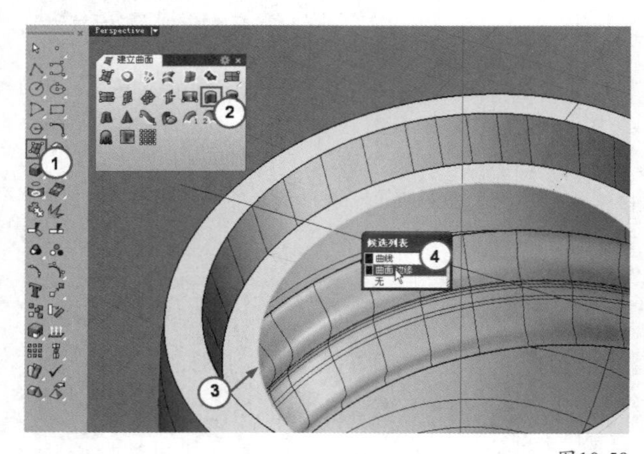

图10-59

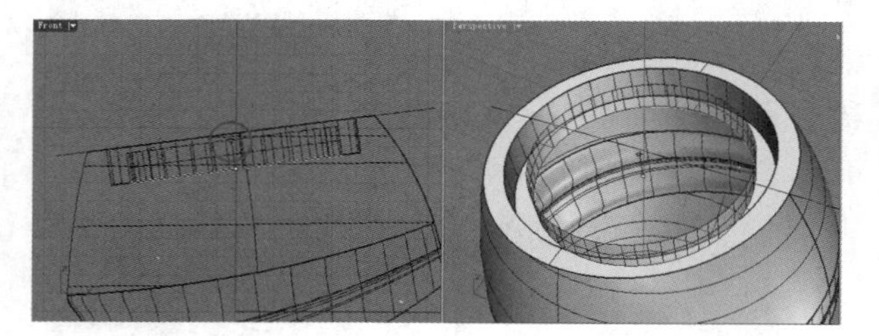

图10-60

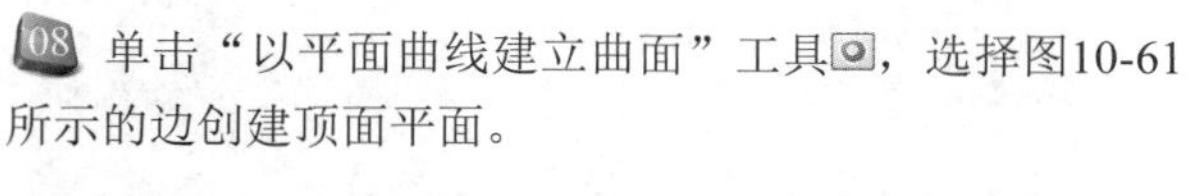

08 单击“以平面曲线建立曲面”工具，选择图10-61所示的边创建顶面平面。

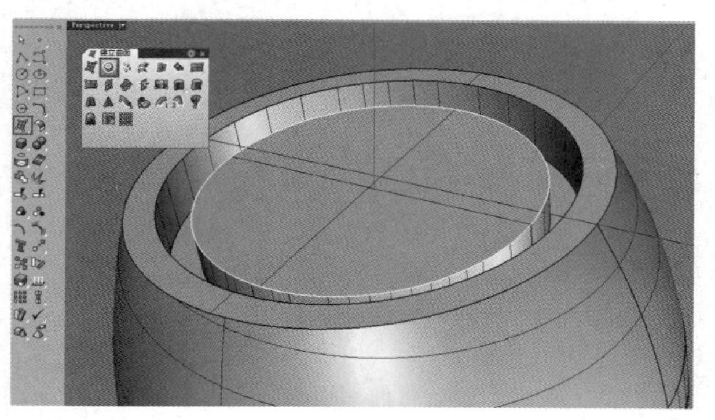

图10-61

09 单击“偏移曲线”工具，选择图10-62所示的曲面边线向内偏移，偏移距离参考图10-63自定义。

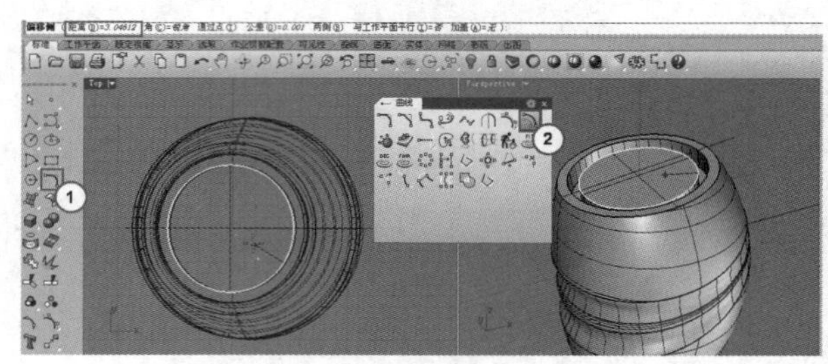

图10-62

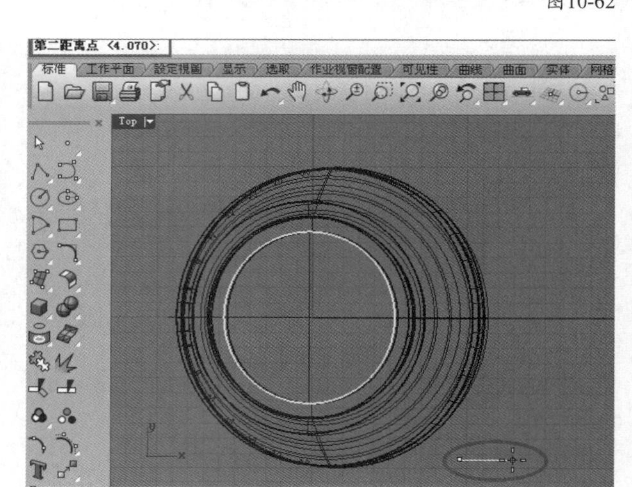

图10-63

10 单击“分割/以结构线分割曲面”工具，以上一步偏移生成的圆对顶面曲面进行分割，如图10-64所示。

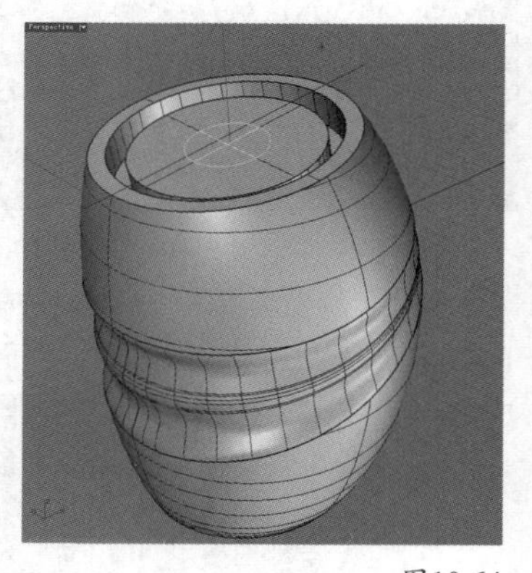

图10-64

11 选中分割后较小的圆面，然后单击“反选选取集合”工具，反选其他物体，接着将选择的物体移动到“图层02”中，并关闭该图层，如图10-65所示。

12 现在工作视图中只剩下顶面的小平面，选择该面，然后按F10键打开曲面控制点，可以发现该曲面控制点仍然保持未分割前的属性，如图10-66所示。

13 使用鼠标左键单击“缩回已修剪曲面/缩回已修剪曲面至边缘”工具，然后选择小圆面并按Enter键确认，得到如图10-67所示的控制点曲面，最后按F11键关闭控制点。

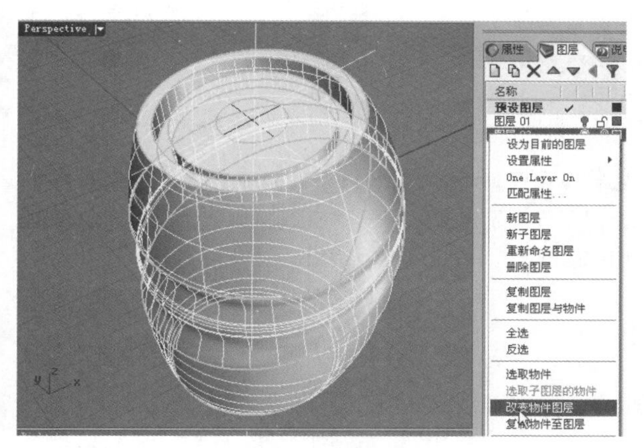

图10-65

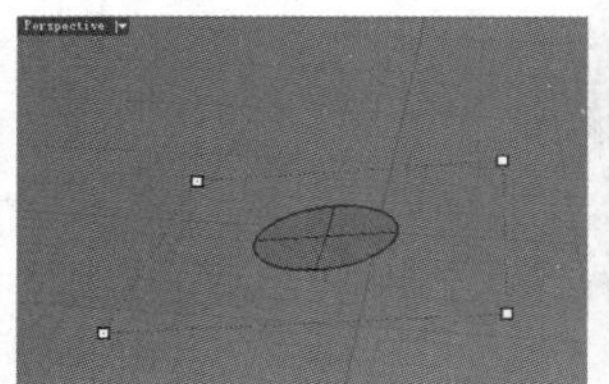

图10-66

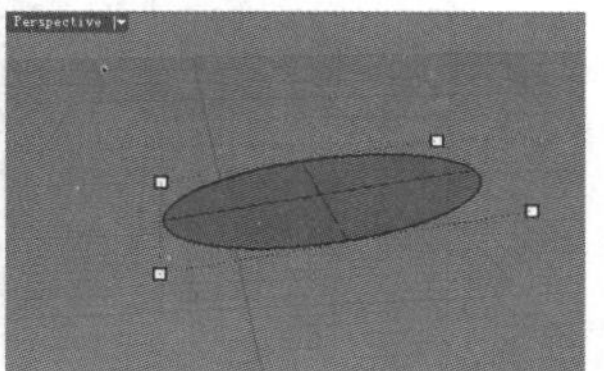

图10-67

14 单击“重建曲面”工具，然后选择小圆面，并按Enter键打开“重建曲线”对话框，在该对话框中将U、V方向的控制点数都调整为9，如图10-68所示，接着单击确定按钮完成重建，最后选择曲面，并按F10打开控制点，如图10-69所示。

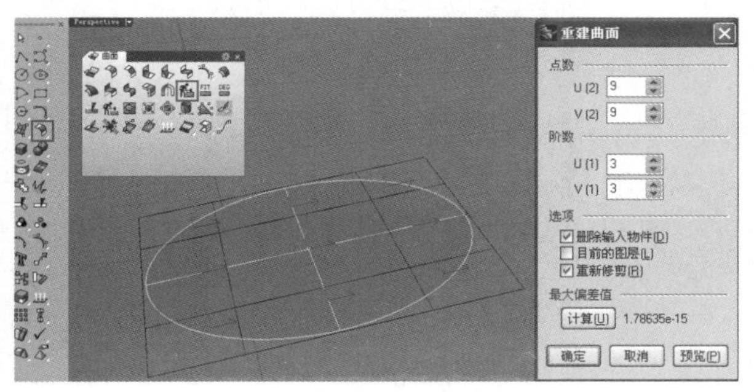

图10-68

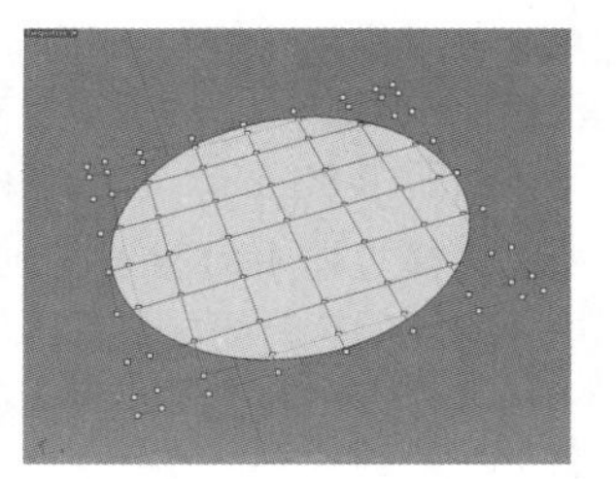

图10-69

15 选择曲面最中心的控制点，然后使用鼠标左键单击“UVN移动/关闭UVN移动”工具，打开“UVN移动”对话框，在该对话框中向左拖曳N方向的滑块，如图10-70所示，从Front（前）视图中可以看到标示出的控制点移动后的位置；模型效果如图10-71所示。

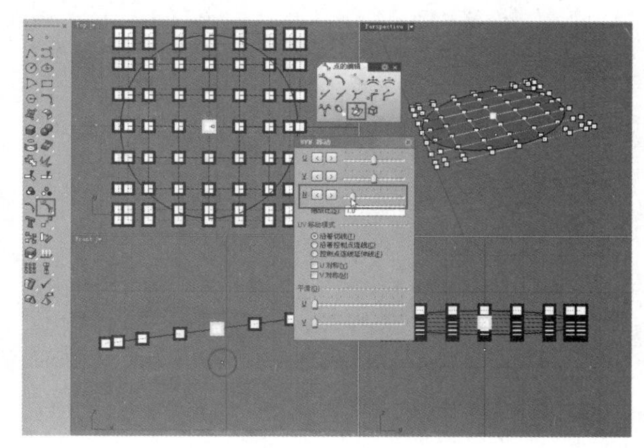

图10-70

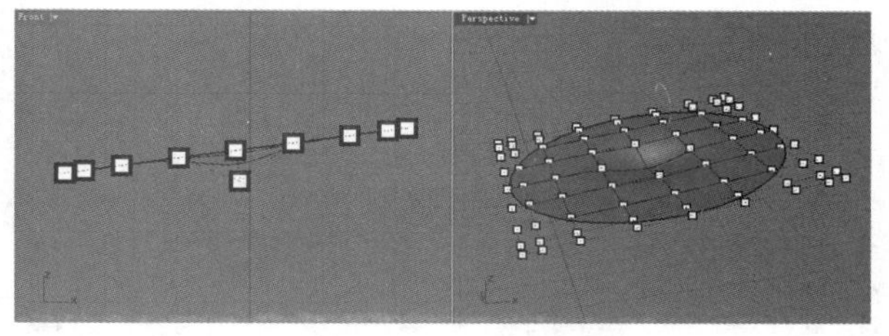

图10-71

16 按F11键关闭控制点，然后单击“直线挤出”工具，在Front（前）视图中将曲面的边缘向下挤出，如图10-72和图10-73所示。

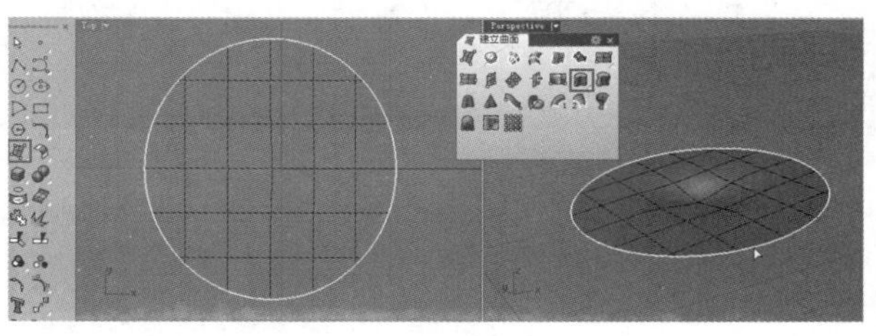

图10-72

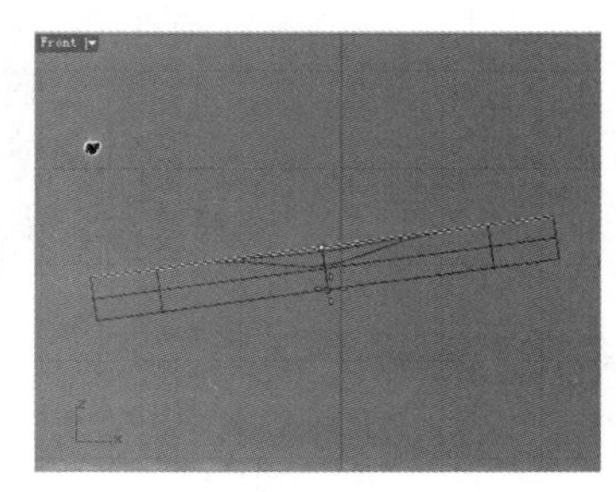

图10-73

17 单击“组合”工具，将图10-74所示的两个单独曲面组合成多重曲面，接下来将利用体倒角工具对其进行倒斜角处理。

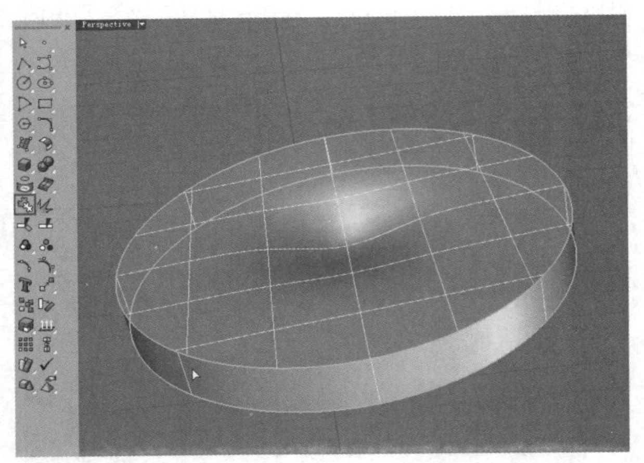

图10-74

18 单击“不等距边缘斜角”工具，对多重曲面顶部的边缘进行倒角，倒角时在命令行中设置“路径造型”为“滚球”模式，倒角半径如图10-75所示，效果如图10-76所示。

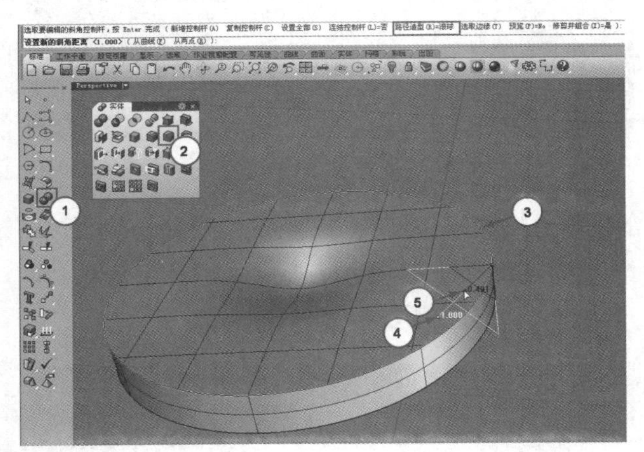

图10-75

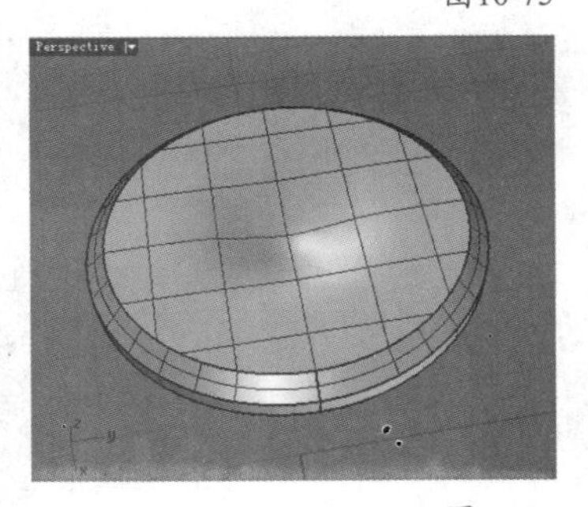

图10-76

19 打开“图层02”，然后将其设置为当前工作图层，再将该图层的颜色设为黑色，接着关闭“预设图层”，如图10-77所示。

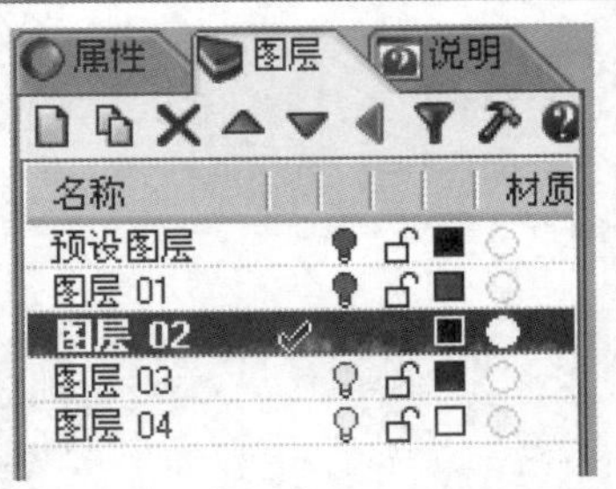

图10-77

20 现在图10-76所示的模型被隐藏起来，机体其他部分模型被显示出来。单击“直线挤出”工具，选择图10-78所示曲面的边缘向下挤出。

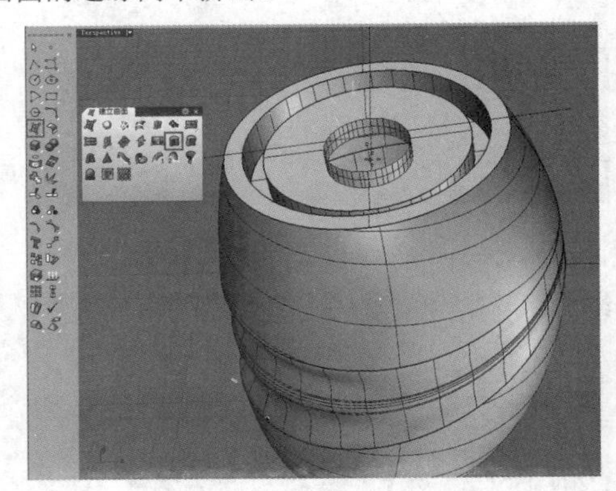

图10-78

21 使用“组合”工具将视图中所有曲面组合成多重曲面，如图10-79所示。

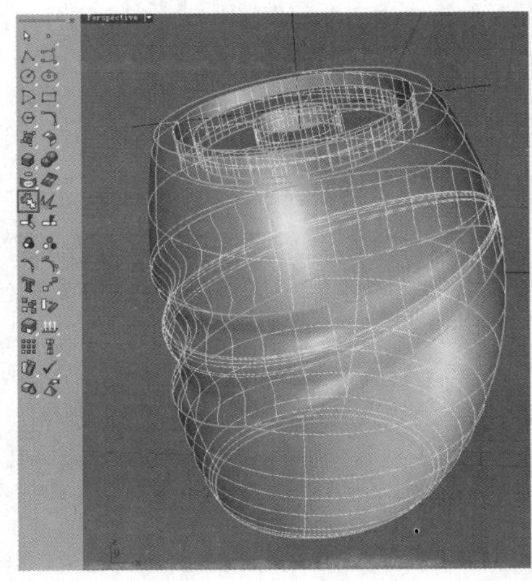

图10-79

22 使用鼠标左键单击“不等距边缘圆角/不等距边缘混接”工具，以0.2的半径对模型顶面所有的边进行倒角，如图10-80所示，倒角后的效果如图10-81所示。

23 选择视图中的两条曲线，将其移动到“图层01”中，隐藏所有的线。然后再将“预设图层”打开，得到图10-82所示的模型效果及图层关系。

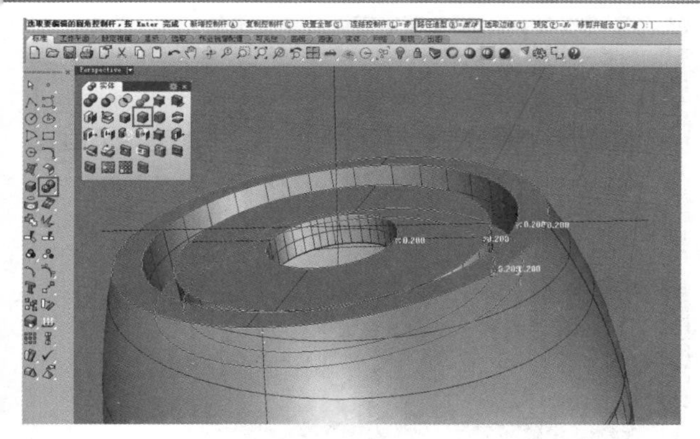

图10-80

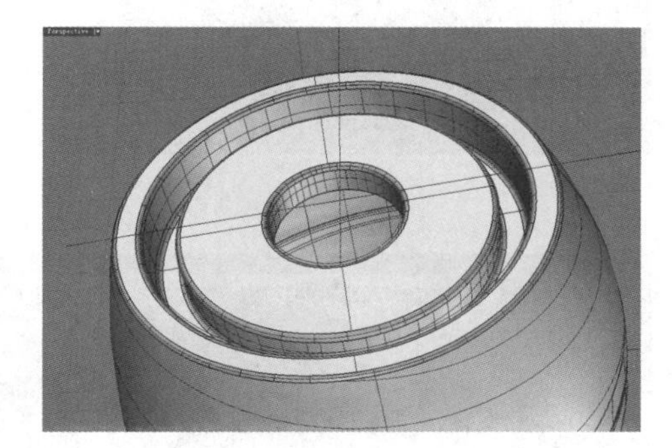

图10-81

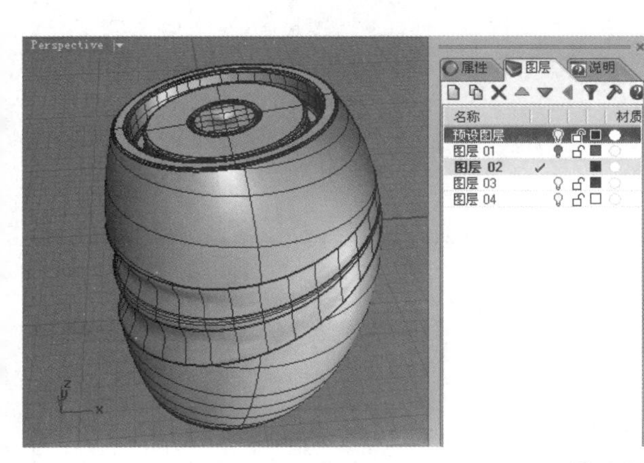

图10-82

10.5 制作机身底座及倒角造型

01 单击“以平面曲线建立曲面”工具，选择如图10-83所示的曲线，接着按Enter键确认，对侧面底部的边界封面，得到底盖模型。

02 使用“组合”工具将上一步创建的底面和侧面组合为多重曲面，如图10-84所示。

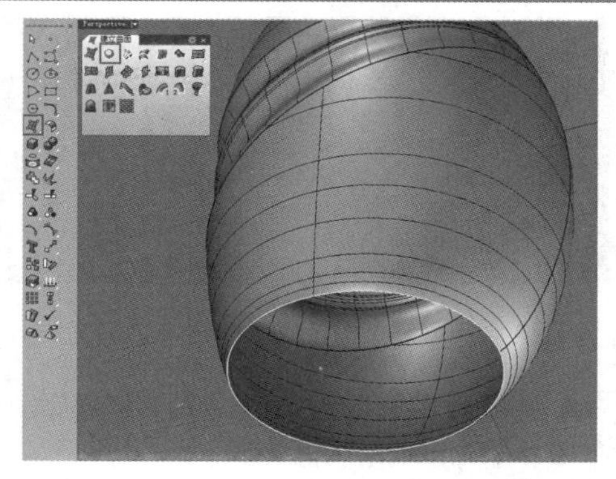

图10-83

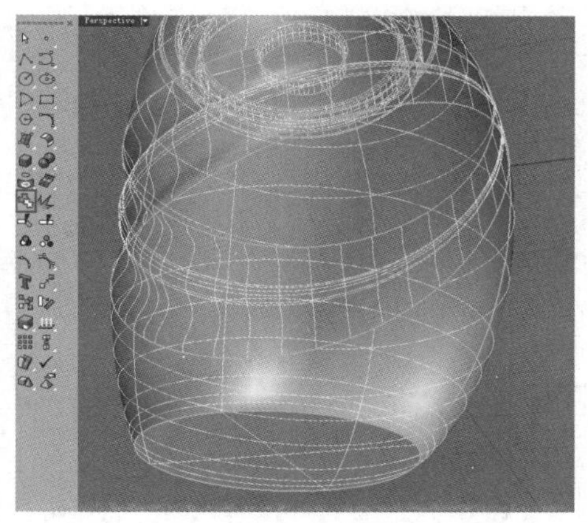

图10-84

03 单击“不等距边缘圆角/不等距边缘混接”工具，对底面与侧面的交线进行倒角，倒角后的效果如图10-87所示，具体操作步骤如下。

操作步骤

① 选择底面与侧面的交线，按Enter键确认，如图10-85所示。

② 在命令行单击“新增控制杆”选项，在已有控制杆的正对面（侧面最大波浪曲面正下面）增加一个控制杆，如图10-86所示。

③ 调整控制杆的半径大小，然后单击鼠标右键完成操作，得到倒角模型。

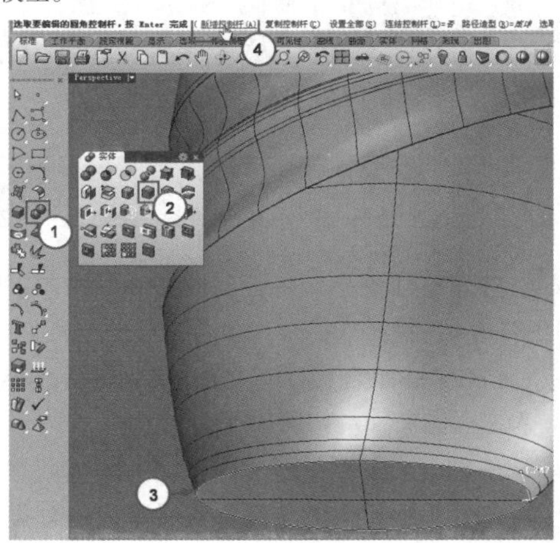

图10-85

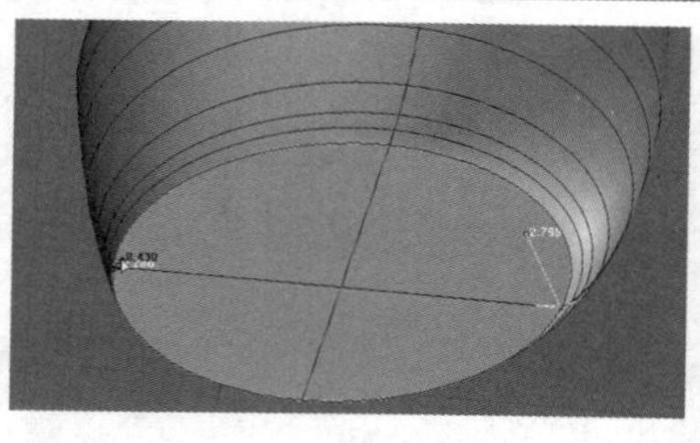

图10-86　　图10-87

04 将4个视图的显示模式全部改为“着色模式”，得到如图10-88所示的最终模型效果。

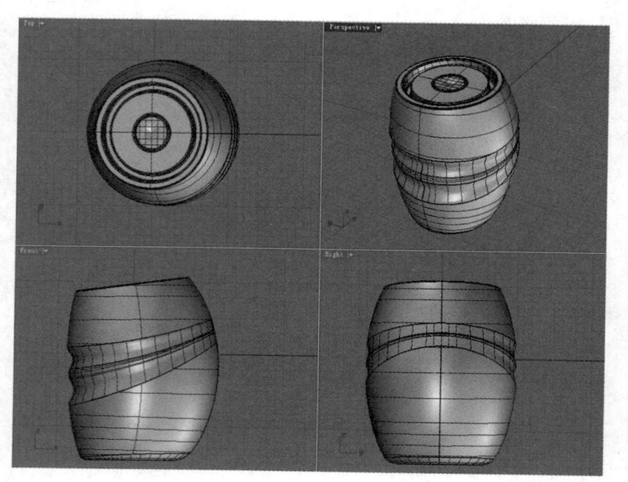

图10-88

05 将4个视图的显示模式全部改为“渲染模式”，加湿器模型的白模渲染效果如图10-89和图10-90所示。

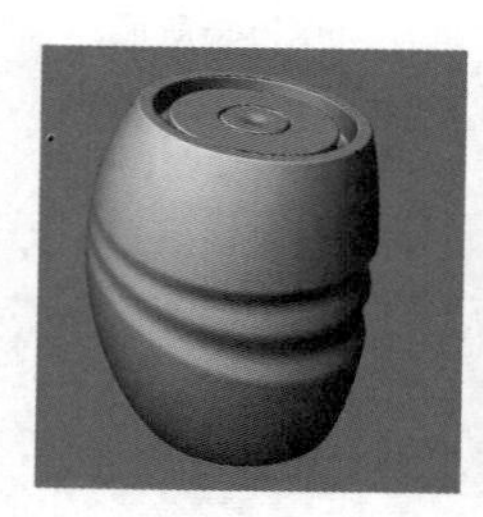

图10-89

图10-90

10.6 模型渲染

01 首先整理模型，将各部件按分好的图层归类，如图10-91所示。

02 按Ctrl+S组合键保存文件，然后运行KeyShot 3，并导入保存的文件，如图10-92所示。

03 场景中的模型已经按照不同的颜色分好不同的材质了，打开“项目”对话框，查看相应的分类和对应的材质，如图10-93所示。

图10-91

图10-92

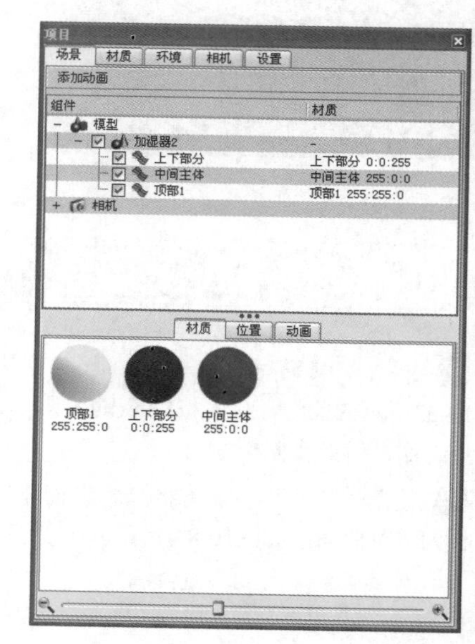

图10-93

04 打开“KeyShot库”对话框，然后在“材质”选项卡下展开Paint（油漆）目录，并单击选择Metallic（金属漆）分类，在该分类下找到Paint-metallic dark grey（油漆-深灰色金属漆）材质，然后将其赋予模型的上下部分，如图10-94所示。

图10-94

05 展开Plastic（塑料）目录，然后单击选择Clear（清澈）分类，接着找到Clear shiny plastic-lime gree（透明闪亮的塑料-青绿灰）材质，并将其赋予中间主体，如图10-95所示。

图10-95

06 将Clear shiny plastic-lime gree（透明闪亮的塑料-青绿灰）材质赋予顶部的组件，如图10-96所示。

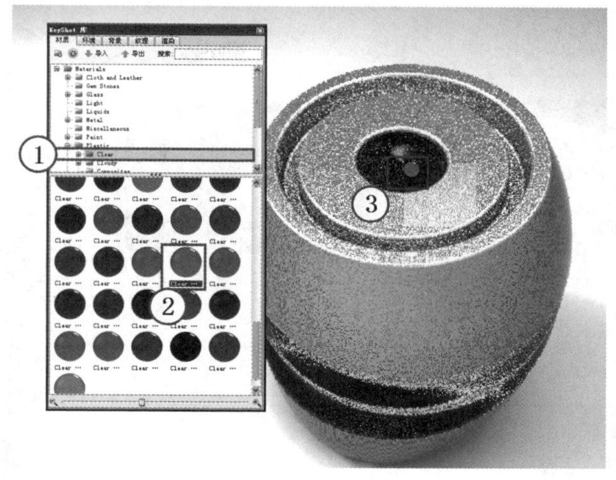

图10-96

至此就完成了材质的赋予，最终效果如图10-97所示。

图10-97

第11章 综合实例——制作洗衣液瓶

Rhino

11.1 案例分析

本章将制作一个洗衣液瓶，开始建模前先打开本书学习资源中的“实例文件>第11章>瓶子.jpg”图片，如图11-1所示。图中有一个瓶子的造型，本章案例将参考该造型进行制作。

仔细观察图11-1，对瓶子进行建模的前期分析，主要是找出建模思路，可以将瓶子的整体造型抽象为如图11-2所示的轮廓，通过这些轮廓来构建基础模型。

图11-1

图11-2

本章案例的制作难点在于瓶身一侧的波浪线造型和凹陷部分，模型制作完成后的效果如图11-3所示，渲染效果如图11-4所示。

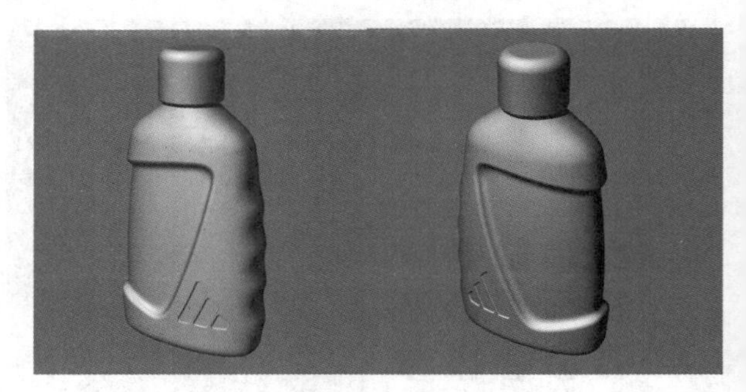

图11-3

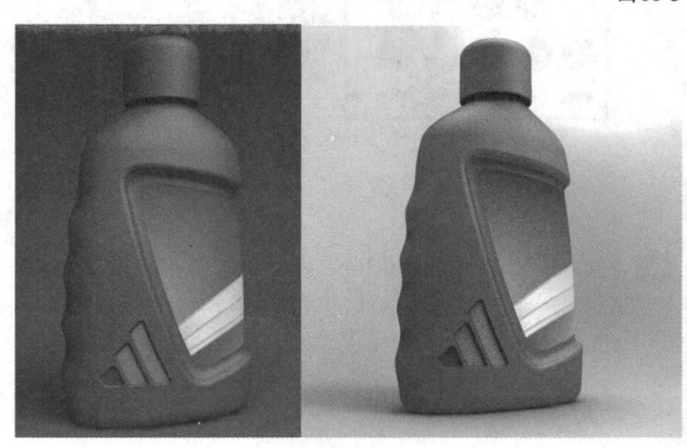

图11-4

11.2 设置建模环境

根据前面的分析，首先要确定的就是图11-2中红色部分显示的主轮廓线。在此之前，先新建一个合适的模板文件，运行Rhino 5.0，然后选择“小物件-毫米”模板文件，如图11-5所示。该模板文件的绝对公差为0.001毫米，通常像这样的塑胶件产品精度要求只要达到0.01就足够生产加工，所以这样的预设完全满足条件。

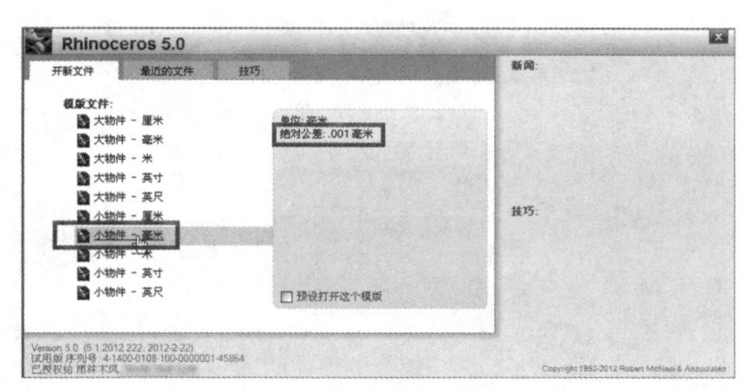

图11-5

11.3 制作瓶身

11.3.1 构建轮廓曲线

01 单击“直线”工具，然后在命令行单击“两侧”选项，设置“两侧”为“是”，接着在Front（前）视图中绘制如图11-6所示的骨架线。

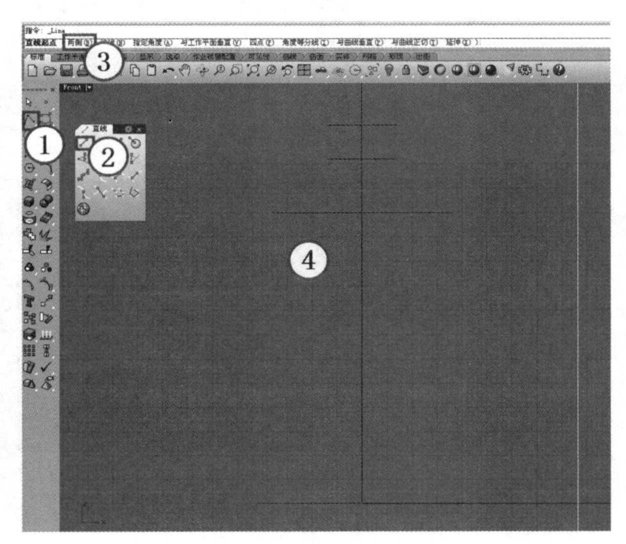

图11-6

技巧与提示

这里绘制的骨架线包括1条中心线和4条水平线，其中下面两条作为瓶身部分，上面两条作为瓶盖部分。要特别注意比例上的关系，多与参考图片相比较。

02 使用鼠标左键单击“圆弧：起点、终点、起点的方向/圆弧：起点、起点的方向、终点”工具，然后勾选“端点”捕捉模式，在Front（前）视图中绘制一段如图11-7所示的圆弧。

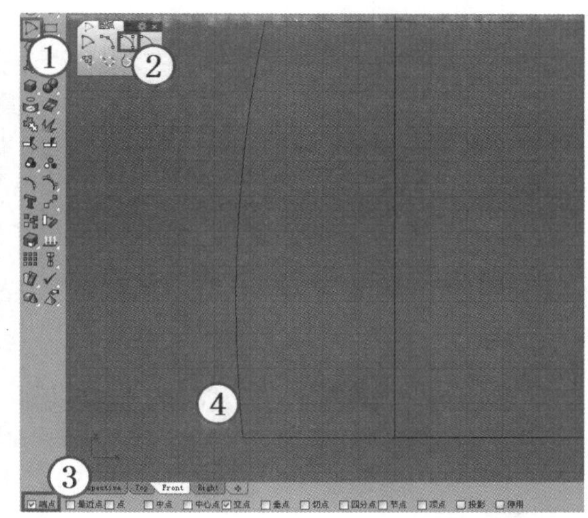

图11-7

03 使用鼠标左键单击“镜射/三点镜射”工具，将上一步绘制的圆弧镜像复制一条到右侧，得到如图11-8所示的结果。

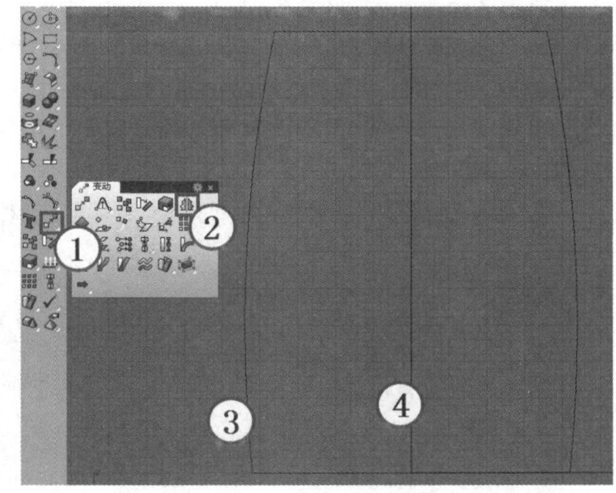

图11-8

04 启用“直线”工具，然后开启“正交”和“智慧轨迹”功能，接着绘制如图11-9所示的6条直线作为辅助线。

05 使用鼠标左键单击“圆弧：起点、终点、起点的方向/圆弧：起点、起点的方向、终点”工具，捕捉壶盖辅助直线的两个端点，在“正交”功能开启的状态下绘制如图11-10所示的两个半圆。

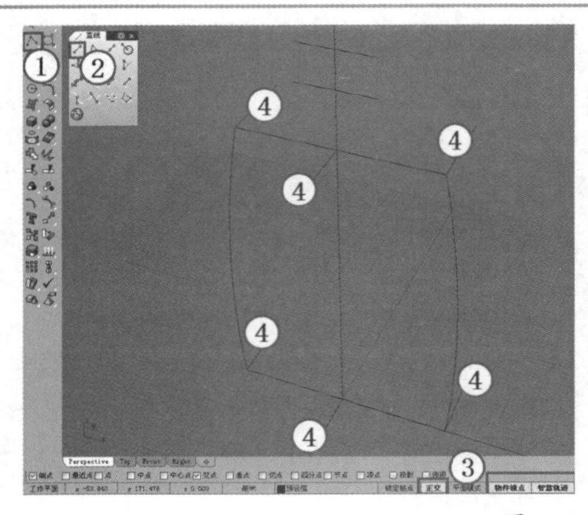

图11-9

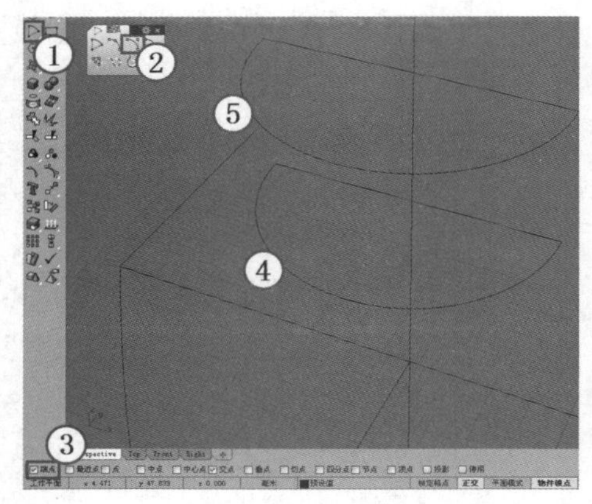

图11-10

疑难问答

问：为什么要先绘制瓶盖的半圆曲线？

答：因为在图片中，首先可以判断瓶盖的横截面是圆；其次，瓶身要比瓶盖横截面大一些，所以确定了瓶盖横截面的大小也就可以为瓶身的创建提供非常有用的参考。

06 再次使用“直线”工具绘制如图11-11所示的两条直线作为辅助线。

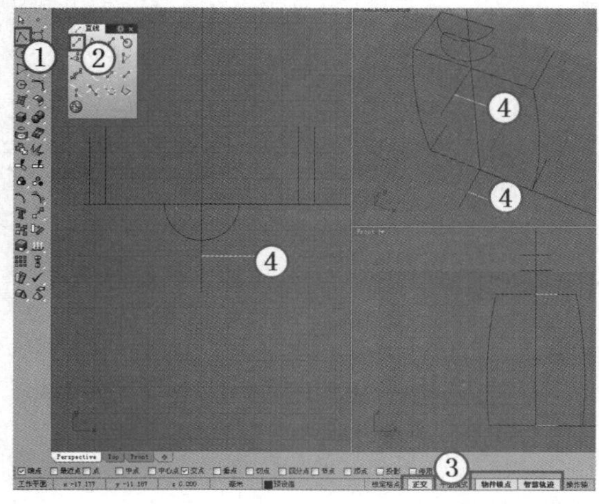

图11-11

技巧与提示

注意Top（顶）视图中这两条直线的位置要比半圆略大一些。

07 现在就定好了瓶身的三维空间范围，接下来创建瓶身两端的横截面曲线。使用鼠标左键单击“可调式混接曲线/混接曲线”工具，然后分别单击辅助直线的两个端点，打开“调整曲线混接”对话框，如图11-12所示；在该对话框中设置连续性为“曲率”，再通过拖曳控制点来编辑混接曲线的外形，如图11-13所示；最后根据参考图对比现在瓶子的型线，确定型线外形合适后，单击确定按钮完成操作。

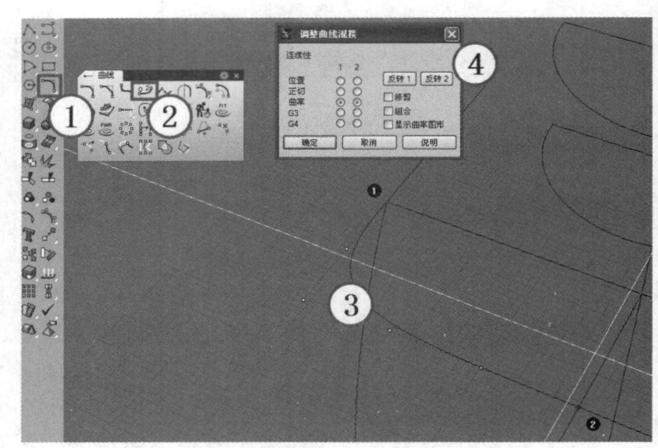

图11-12

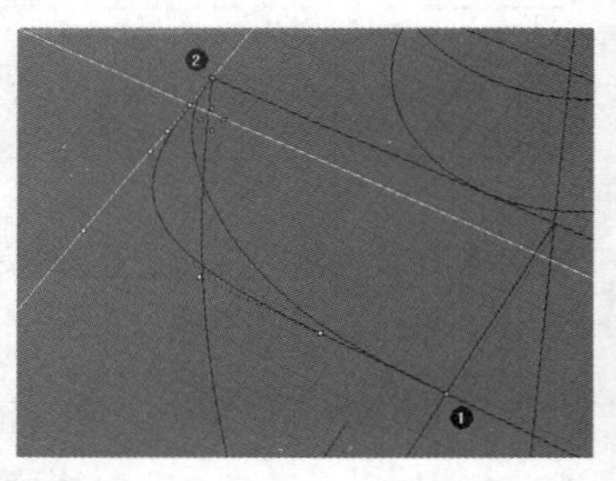

图11-13

08 单击“镜射/三点镜射”工具，将型线镜像复制一条到另一侧，再使用“组合”工具将两条型线合并，结果如图11-14所示。

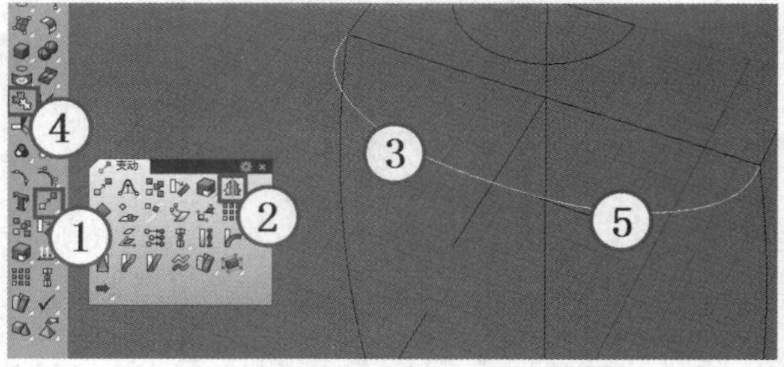

图11-14

09 使用同样的方式创建瓶身底部型线，结果如图11-15所示。

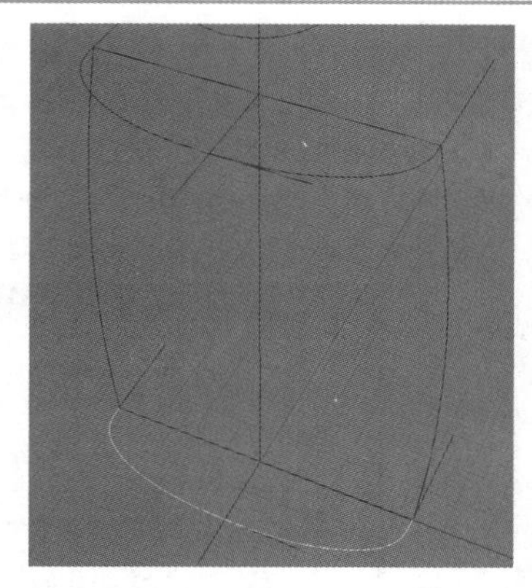

图11-15

11.3.2 制作瓶身基础模型

现在有了4条型线，接下来可以开始创建瓶身的初步外形了。不过在建模之前，还是要先考虑瓶身的结构设计特点：当前瓶身的分型是一个以XZ平面对称的物体，所以在设计的时候只用创建瓶身的一半即可，另一半可以通过镜射来完成。这样做的好处是工作量减小了一半；但是，其本身也是有潜在要求的，即必须满足前后的曲率，保持曲率连续。所以，前半部分的曲面设计里必然要加入曲面曲率的保证性条件。由此可见，在创建瓶身曲面之前，先要创建保证瓶身曲面曲率连续的客观环境。

01 单击"直线挤出"工具，选择侧面的两条弧线进行挤出，如图11-16所示。

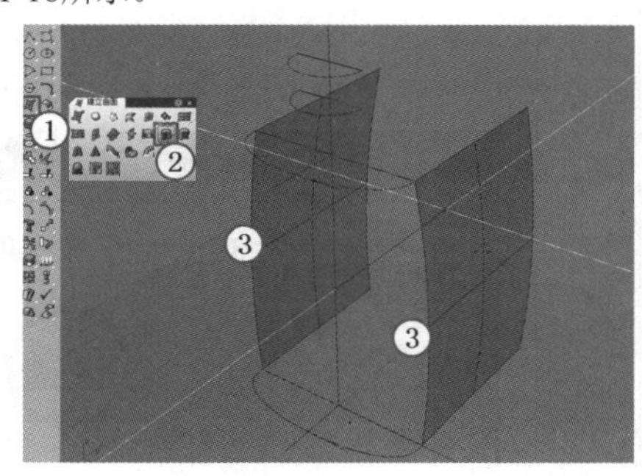

图11-16

02 单击"双轨扫掠"工具，选取刚刚创建的两个面的边缘作为路径轨迹，再选取上下弧线作为截面曲线，按Enter键确定后，弹出"双轨扫掠选项"对话框，在其中设置连续性为"曲率"，其他保持不变，如图11-17所示。

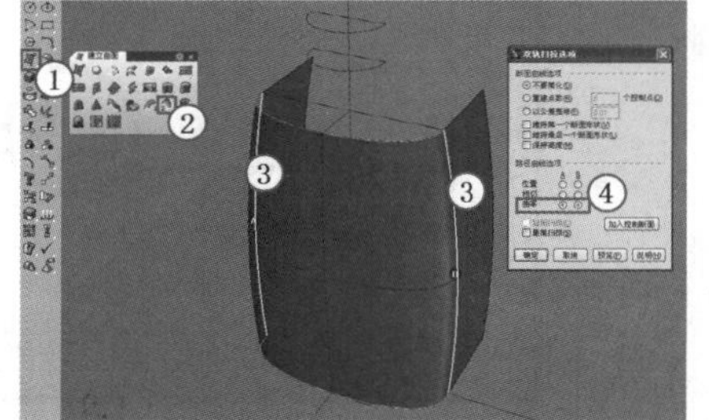

图11-17

28 技术专题：双轨扫掠的路径和断面曲线分析

在上面的操作中要注意一个问题，选择不同的曲线作为路径，其结果会不一样。

例如，上面是选择两个面的边作为路径轨迹，其结果如图11-18所示（这里再次给出参考图是为了方便大家进行对比）；现在调整一下，选择上下两条弧线作为路径，以两个面的边作为断面曲线，其结果如图11-19所示。

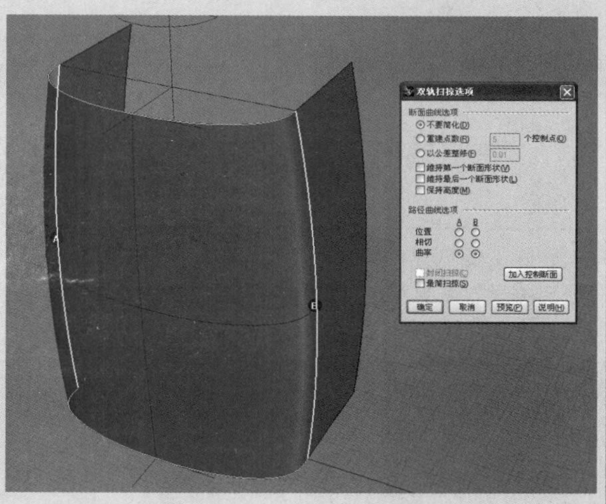

图11-18

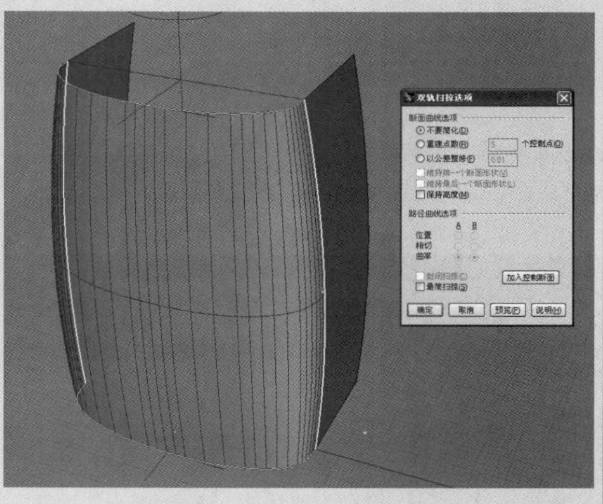

图11-19

对比分析图11-18和图11-19。首先，从"双轨扫掠选项"对话框中可以看出，选择不同的路径其可选项上就有很大的差别。选择两个面的边作为路径轨迹时，几乎所有的选项都可以调节，特别是"路径曲线选项"中可以调节曲面之间的曲率关系；而选择上下两端弧线作为路径时，不可以调节"路径曲线选项"。

其次，从曲面的ISO线上也可以看出差别。选择两个面的边作为路径轨迹时，其ISO线比选择上下两端弧线作为路径的ISO线要简略得多。

最后，从顶视图来看，如图11-20所示，左边是选择两个面的边作为路径轨迹生成的曲面，右边是选择上下两端弧线作为路径生成的曲面，左边的曲面明显没有右边的曲面松弛，也就是说，左边的曲面与右边的曲面相比变形幅度更小。

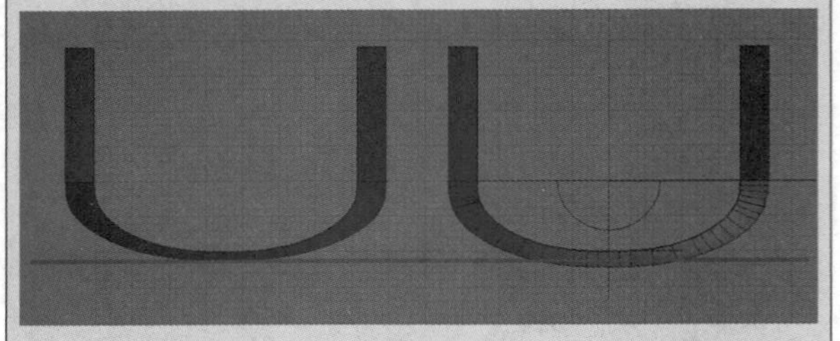

图11-20

从以上比较可以看出，合理选择路径对曲面的生成质量非常重要，所以，要根据曲面的分布特点来选择适当的创建方式。

03 删除两侧创建的弧面，然后单击“放样”工具，对顶部两段瓶盖半圆进行放样，如图11-21所示。

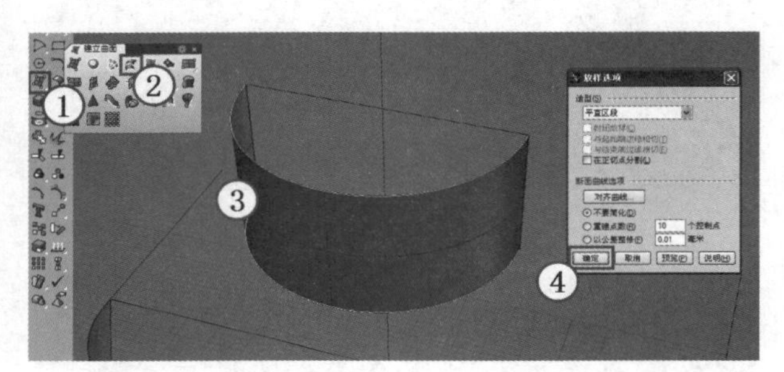

图11-21

04 再次启用“放样”工具，对瓶盖曲面底部的边和瓶身曲面顶部的边进行放样，如图11-22所示。

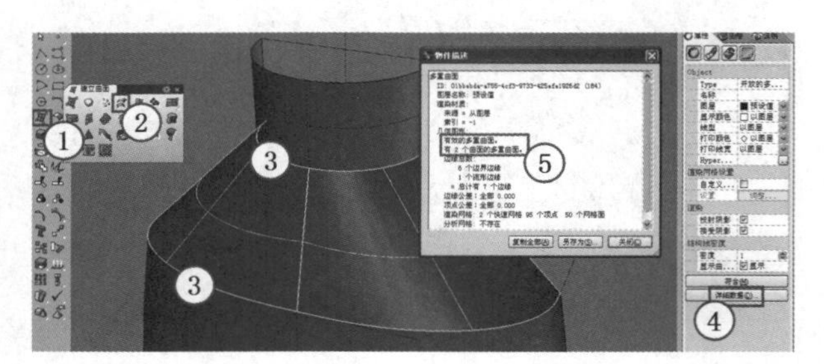

图11-22

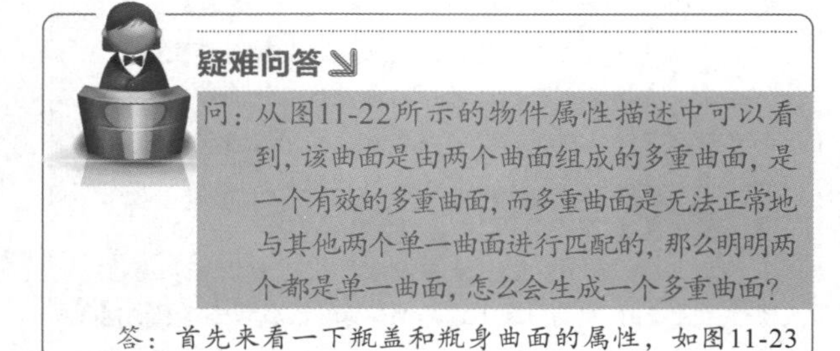

疑难问答

问：从图11-22所示的物件属性描述中可以看到，该曲面是由两个曲面组成的多重曲面，是一个有效的多重曲面，而多重曲面是无法正常地与其他两个单一曲面进行匹配的，那么明明两个都是单一曲面，怎么会生成一个多重曲面？

答：首先来看一下瓶盖和瓶身曲面的属性，如图11-23所示。从物件描述中可以看到，瓶盖是一个有理曲面，而瓶身是一个NURBS曲面。在本书第5章开始就介绍了两者之间的差别，NURBS曲面是指以多项式定义，可以进行编辑的曲面；而有理曲面不是以多项式定义的曲面。所以，问题就出在两个曲面的性质不一致，主要问题还是在瓶盖上面。

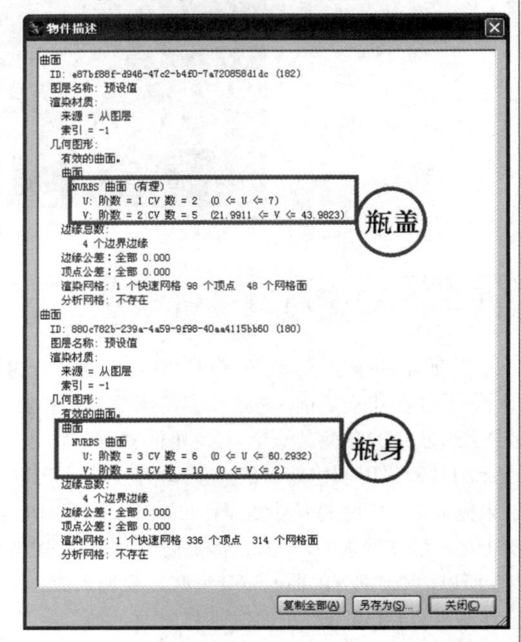

图11-23

那么造成瓶盖是有理曲面的原因又是什么？检查一下生成它们的曲线，如图11-24所示。原来与瓶身的曲线相比，瓶盖的曲线就像圆的曲线一样是一个有理曲线，而有理曲线是不能进行编辑的，所以，要重新修改瓶盖的原始曲线。

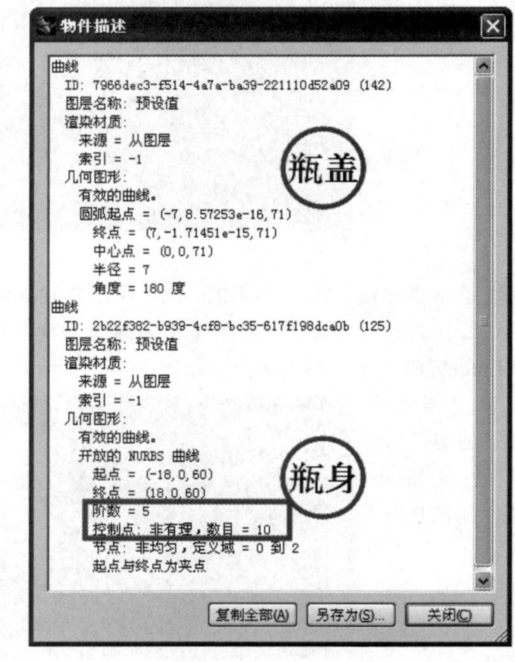

图11-24

05 删除衔接曲面、瓶盖曲面和上下两条瓶盖曲线，然后单击“圆：可塑形”工具，并开启“中点”捕捉模式，接着捕捉瓶盖直线的中点绘制一个圆，如图11-25所示。

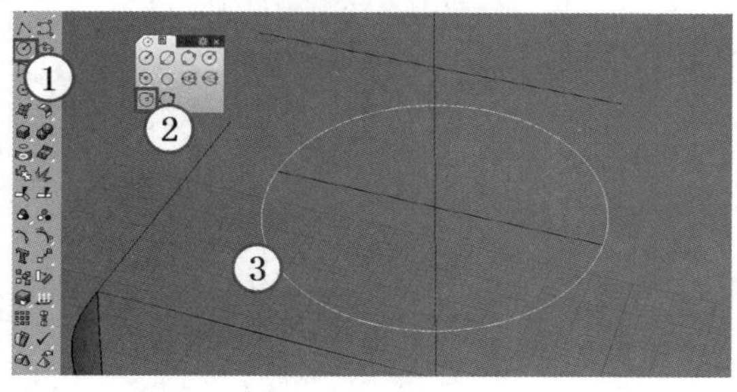

图11-25

06 选择上一步绘制的圆，然后在“属性”面板中单击详细数据(D)...按钮，查看物件的详细数据，以便于确定生成的线是否理想，如图11-26所示。

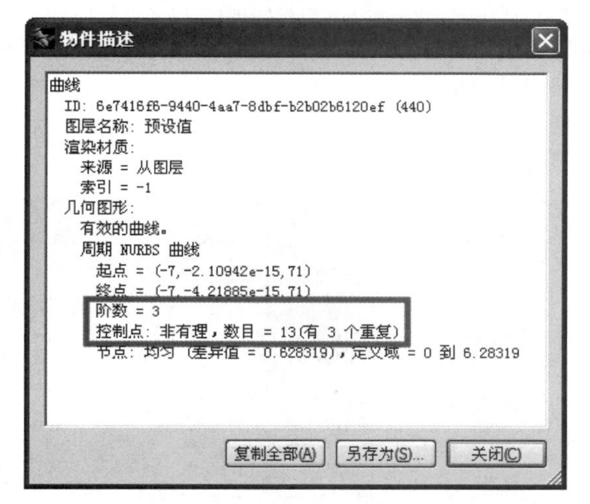

图11-26

07 使用鼠标左键单击“修剪/取消修剪”工具，将圆的后半部分剪掉，如图11-27所示。

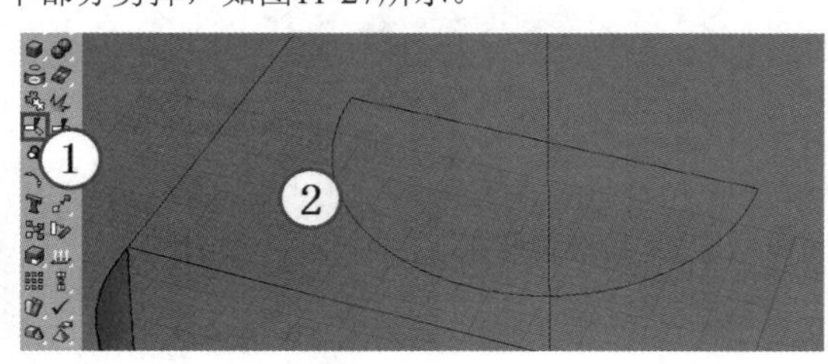

图11-27

08 单击“直线挤出”工具，挤出瓶盖的型线，如图11-28所示。

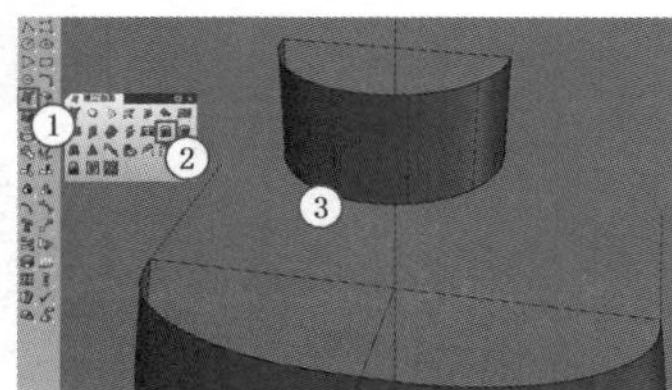

图11-28

09 单击“放样”工具，对瓶盖底边和瓶身顶边进行放样，结果如图11-29所示。

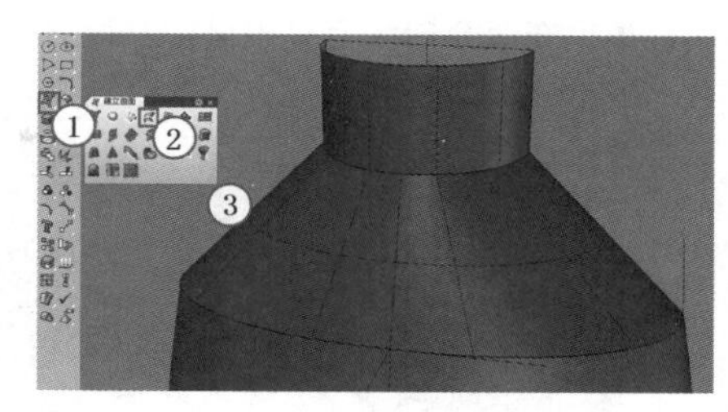

图11-29

10 检查一下放样曲面的属性，如图11-30所示，从图中可以看到现在的曲面是一个单一曲面。

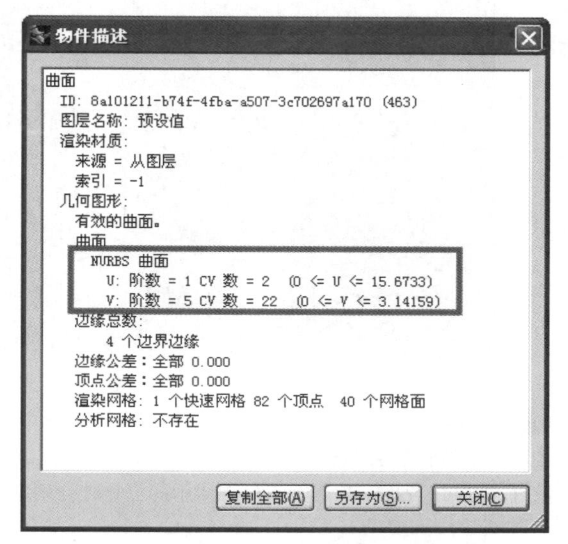

图11-30

11 单击“衔接曲面”工具，然后选择放样曲面底部的边，再选择瓶身顶部的边，按Enter键确认后弹出“衔接曲面”对话框，在该对话框中设置“连续性”为“正切”、“维持另一端”为“正切”，如图11-31所示，最后单击确定按钮完成操作。

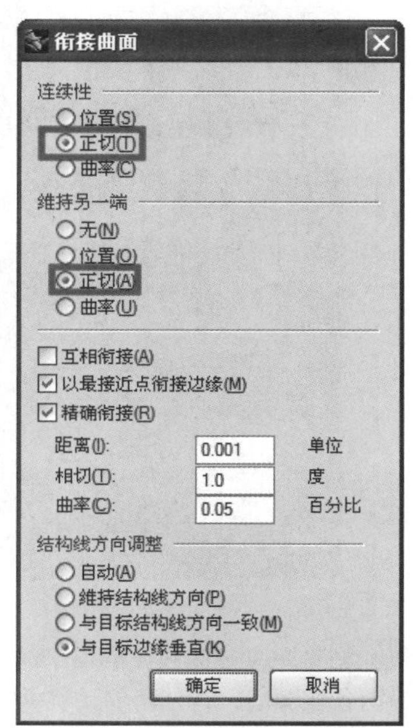

图11-31

12 单击“插入节点”工具，然后选择瓶身曲面，接着开启“交点”捕捉模式，并将“方向”设置成U方向，最后在瓶身曲面上单击鼠标左键插入结构线，如图11-32所示的白色线条。

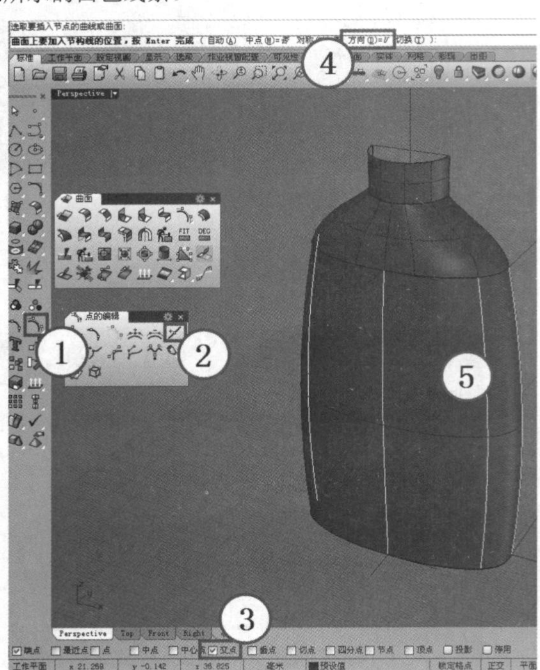

图11-32

13 使用鼠标右键单击“分割/以结构线分割曲面”工具，然后选择瓶身曲面，单击鼠标右键确定后，在命令行设置“方向”为U，并在如图11-33所示的位置进行切割。

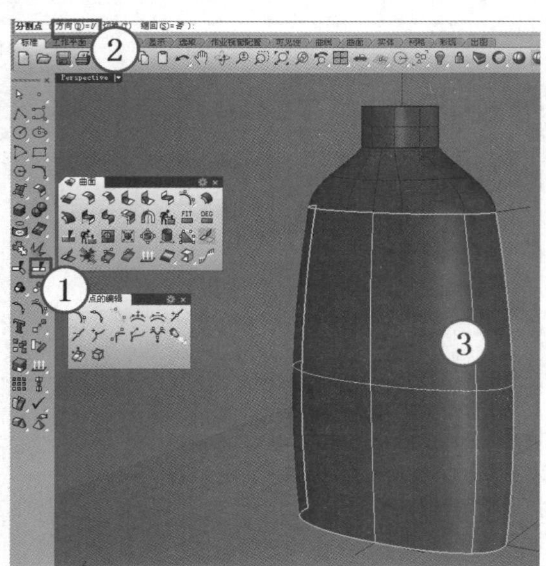

图11-33

14 删除瓶身右侧被分割出来的面片，然后复制瓶身上下两条截面线，再使用“修剪/取消修剪”工具将两条截面线修剪成如图11-34所示的效果。

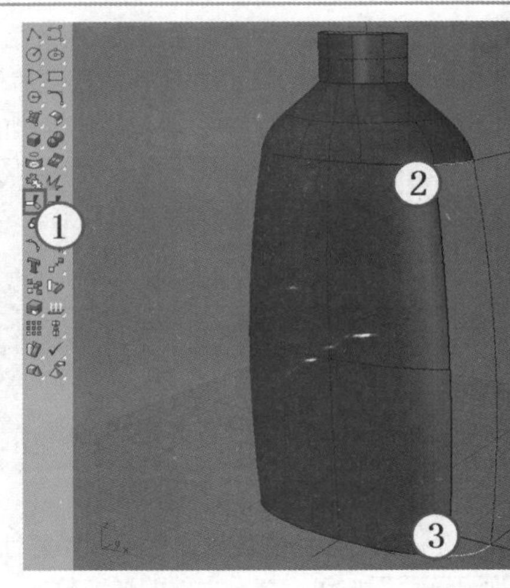

图11-34

15 使用鼠标左键单击“重建曲线/以主曲线重建曲线”工具，然后选择瓶身侧边线（未与曲面相连），单击鼠标右键确认后，弹出“重建曲线”对话框，在该对话框中设置“点数”为14，如图11-35所示，最后单击确定按钮完成操作。

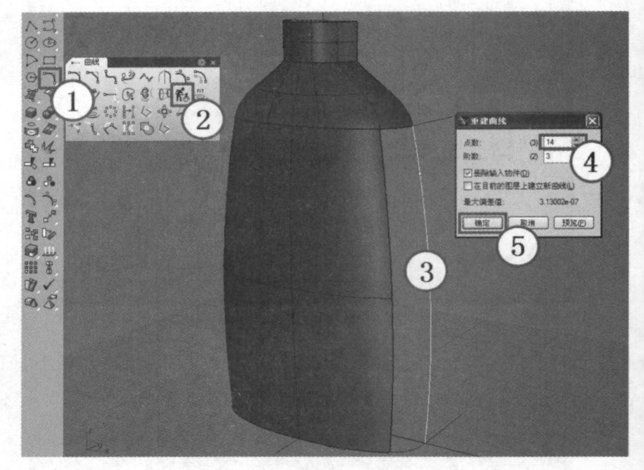

图11-35

16 按F10键打开曲线的控制点，然后选择如图11-36所示的4个控制点。

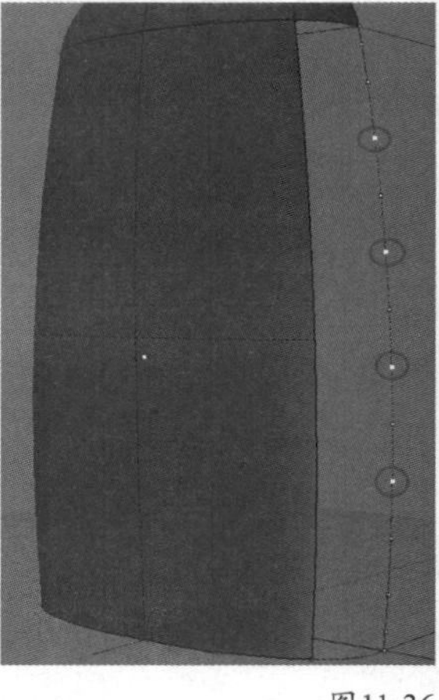

图11-36

17 单击“UVN移动/关闭UVN移动”工具，打开“UVN移动”对话框，然后设置“缩放比”为2，再将N方向的滑竿向左移动到顶点，如图11-37所示。

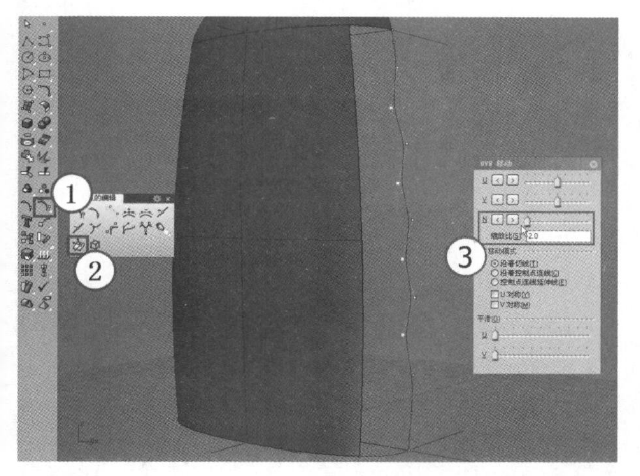

图11-37

18 选择另外的控制点，如图11-38所示。

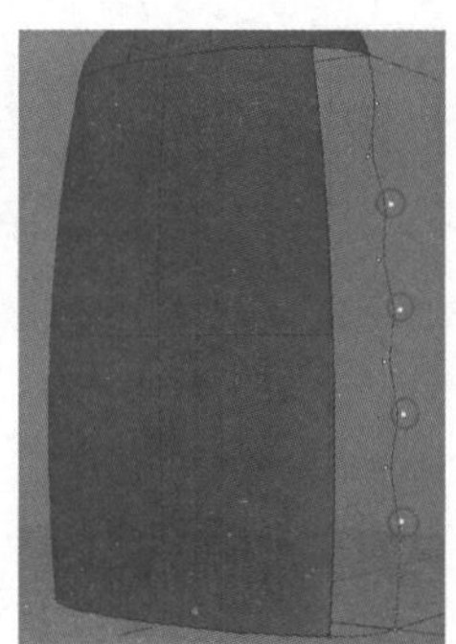

图11-38

19 再次单击“UVN移动/关闭UVN移动”工具，打开“UVN移动”对话框，然后设置“缩放比”为2，再将N方向的滑竿向右移动到顶点，如图11-39所示。

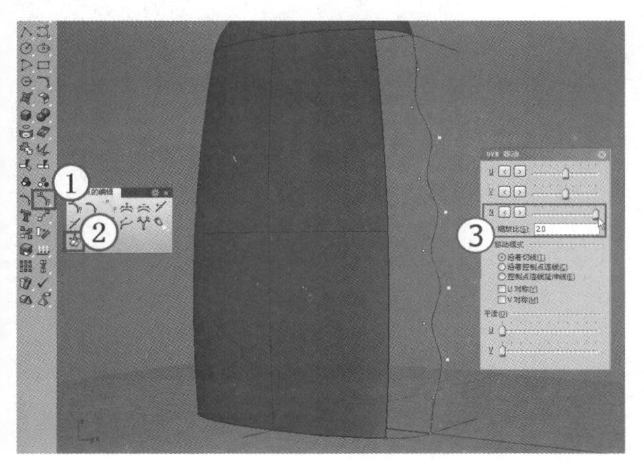

图11-39

20 按Esc键取消显示控制点，然后单击“以二、三或四个边缘曲线建立曲面”工具，并选择之前修剪和调整后的4条边线，单击鼠标右键确定，得到如图11-40所示的结果。

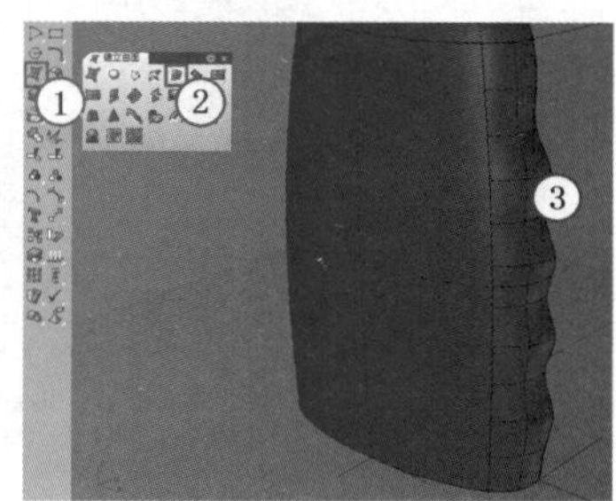

图11-40

21 现在来分析曲面的曲率，单击“斑马纹分析/关闭斑马纹分析”工具，然后选择瓶身、过渡曲面和新建立的曲面，单击鼠标右键确认后，模型上显示出斑马纹，如图11-41所示。

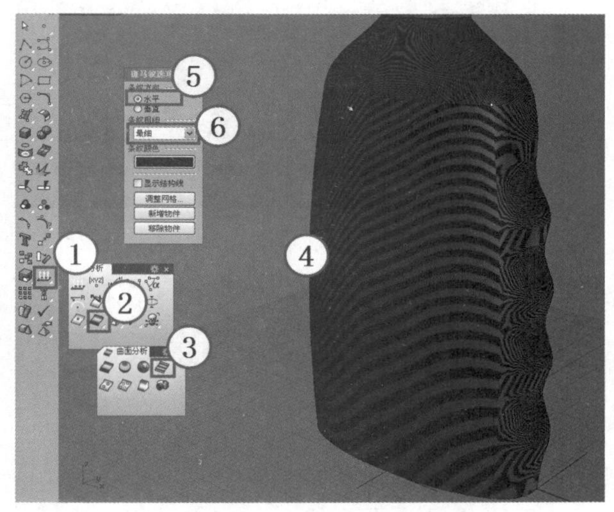

图11-41

22 从图11-41中的斑马纹分析可以看出，在3个面的交界处都有明显的裂缝，显然右下角新建立的曲面还不能和其他两个曲面相连续，所以需要进行衔接。单击“衔接曲面”工具，选择新建曲面与瓶身交接处的两条边缘，按Enter键确认后弹出“衔接曲面”对话框，参照图11-42所示的参数进行设置，最后单击 确定 按钮完成操作。

23 现在已经完成了瓶身与新建区面的连续匹配，使用同样的方法完成过渡曲面与新建曲面的匹配，完成后可以得到如图11-43所示的斑马纹分析结果。

24 从图11-43中可以看出，经过匹配后的曲面连续达到了相切连续，这样就完成了瓶身曲面的制作，最后来构建瓶的底部。单击“以平面曲线建立曲面”工具，选取要建立曲面的瓶底型线和相交的底部直线，单击鼠标右键确定，结果如图11-44所示。

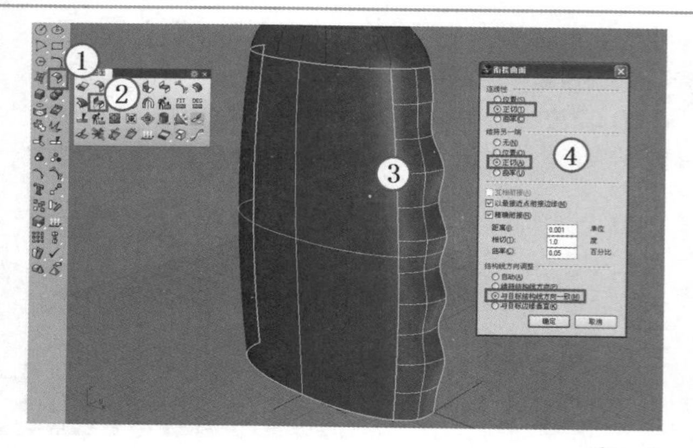
图11-42

图11-43

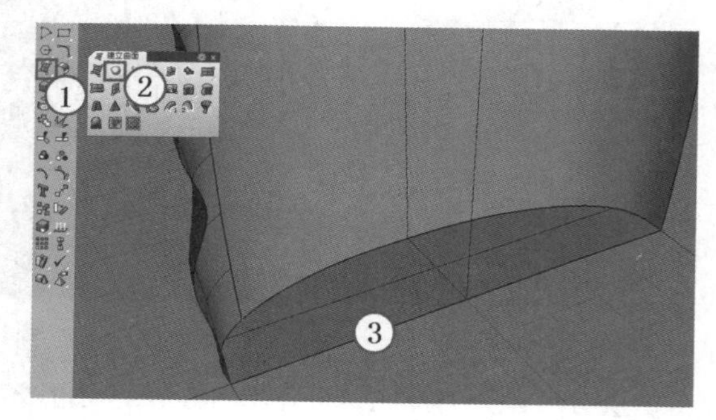
图11-44

11.3.3 制作凹陷部分

01 执行“文件>导入”菜单命令，导入本书配套学习资源中的“案例文件>第11章>凹线图.3dm”文件，如图11-45所示。

02 使用鼠标左键单击“分割/以结构线分割曲面”工具，以导入的曲线对瓶身进行分割，如图11-46所示。

03 再次启用“分割/以结构线分割曲面”工具，对上一步分割出来的瓶身面片进行第二次分割，如图11-47所示。

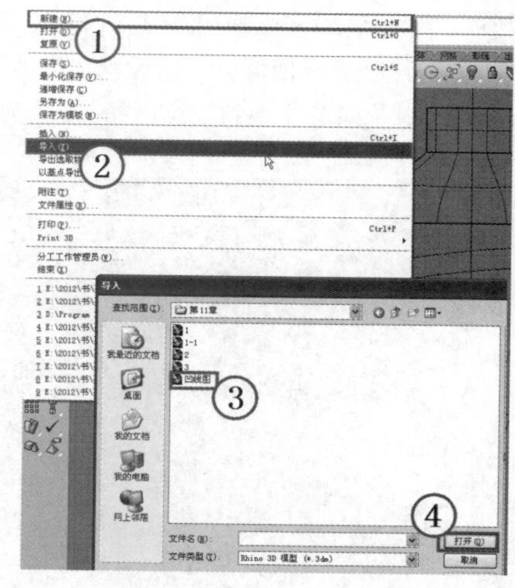
图11-45

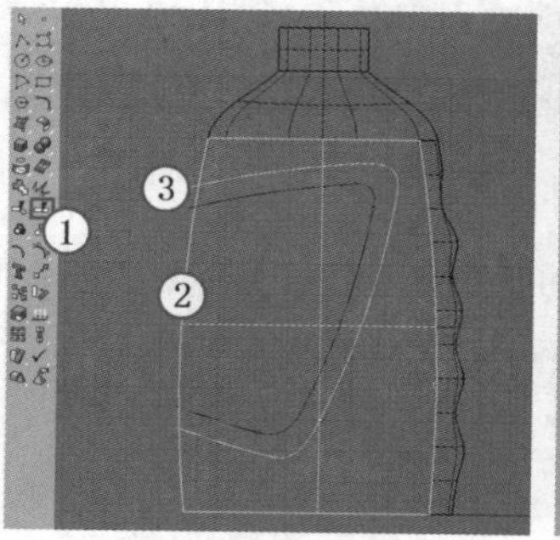
图11-46

图11-47

04 删除瓶身与剩下面片之间的带状面片，然后单击“不等距偏移曲面”工具，并选择中间的面片，接着在命令行单击“公差”选项，设置“公差”为0.1，再单击“反转”选项，反转偏移方向，最后单击“设置全部”选项，设置该选项的数值为2，如图11-48所示，完成设置后按Enter键结束命令。

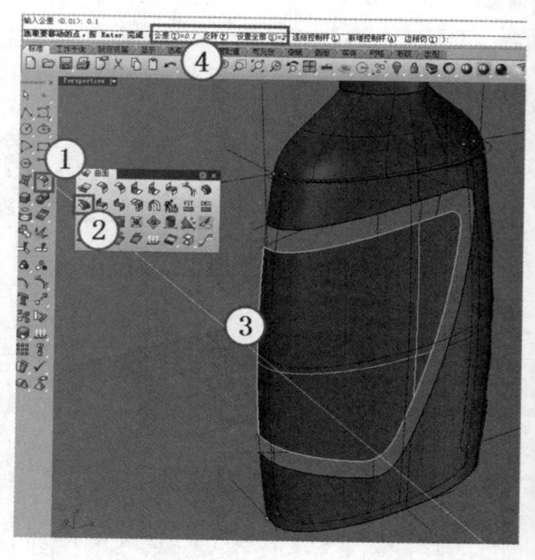
图11-48

疑难问答

问：为什么要用"不等距偏移曲面"工具？

答：如果使用"偏移曲面"工具去偏移中间的曲面，在Front（前）视图可以发现其4个点的转角位置都有很大的偏差，如图11-49所示。所以，为了防止过度变形，我们采用"不等距偏移曲面"工具，这样可以恢复成一个整面。

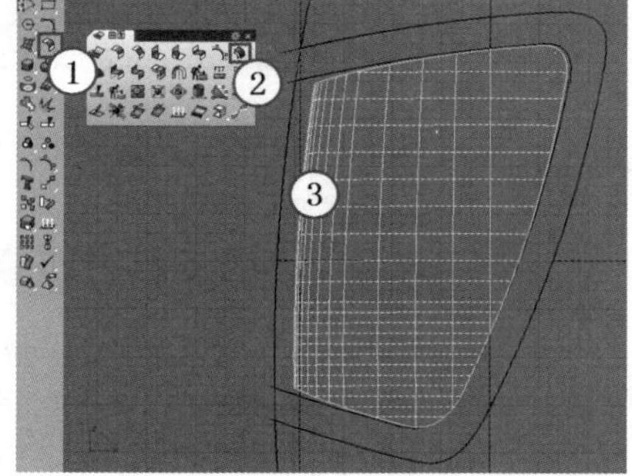

图11-49

05 使用鼠标左键单击"分割/以结构线分割曲面"工具，以之前导入的弧线对偏移生成的曲面进行分割，如图11-50所示。

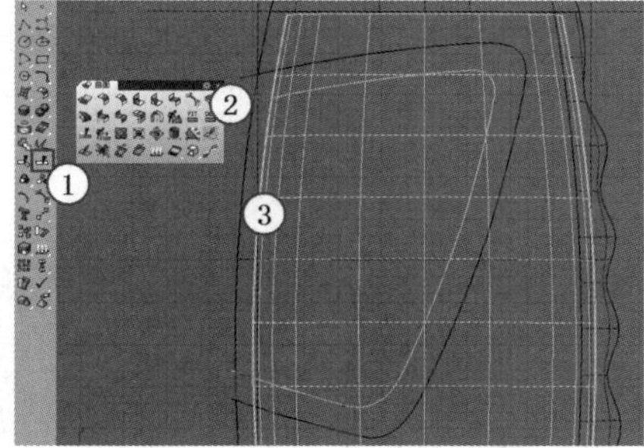

图11-50

06 单击"直线"工具，勾选"端点"捕捉模式，绘制如图11-51所示的两段直线。

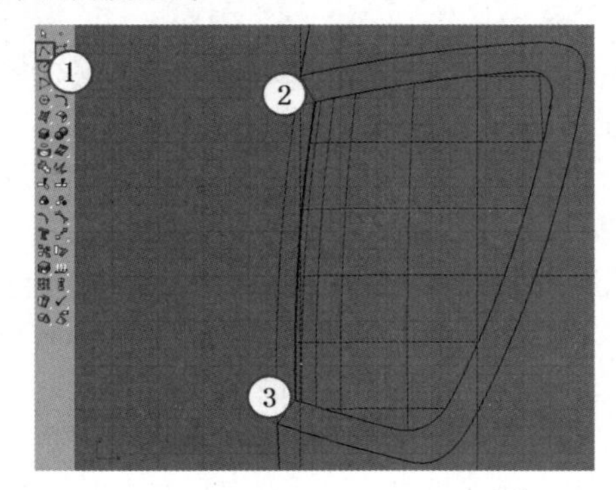

图11-51

07 单击"衔接曲线"工具，选取上一步绘制的一条直线和与其连接的曲面边，系统弹出"衔接曲线"对话框，参照图11-52所示的参数进行设置。

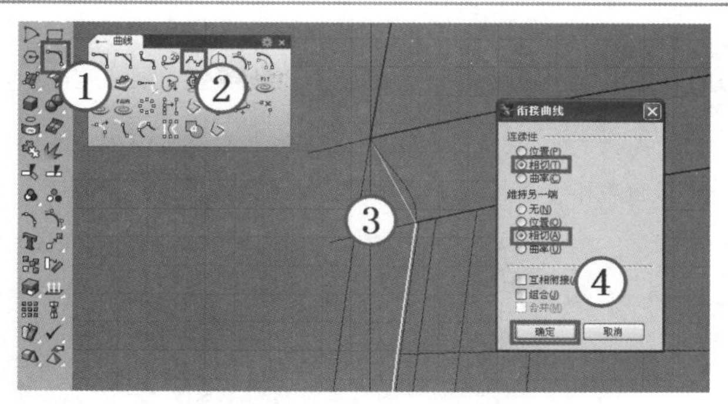

图11-52

08 使用同样的方法对底部的另一条直线也进行衔接编辑，然后单击"双轨扫掠"工具，选择瓶身中间两个曲面的边作为路径，选取两条修改过的曲线作为断面曲线，按Enter键确认后，弹出"双轨扫掠选项"对话框，参照图11-53设置对话框中的参数设置。

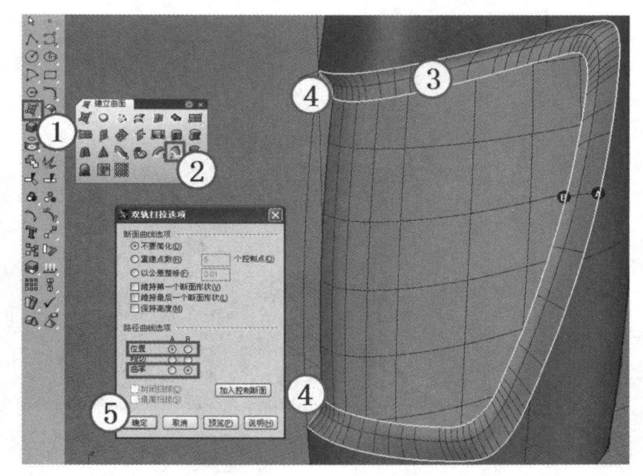

图11-53

09 在图11-53中，当前生成的两个面都是黄色，代表其法线方向与其他曲面相反，所以要修改曲面方向。选择这两个曲面，然后使用鼠标右键单击"分析方向/反转方向"工具，得到图11-54所示的效果。

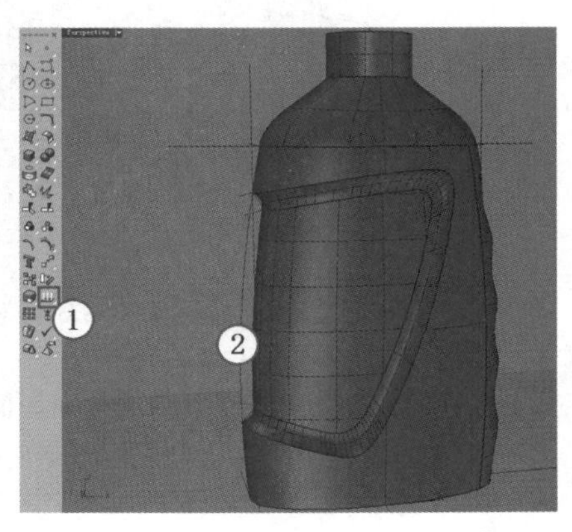

图11-54

11.4 制作装饰线和瓶底

01 单击“曲面圆角”工具，设置圆角半径为1，然后分别选择瓶盖和过渡曲面进行圆角处理，结果如图11-55所示。

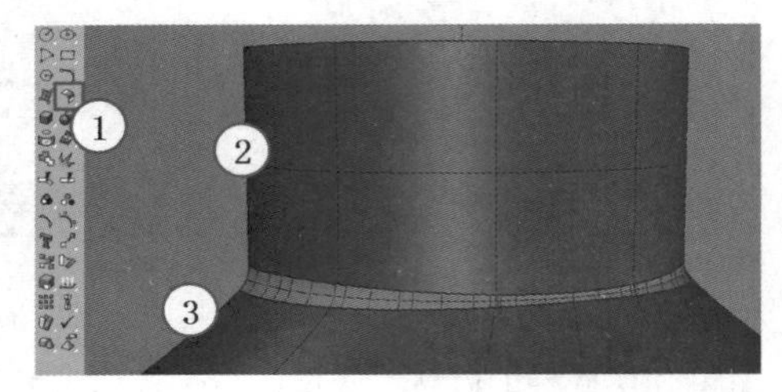

图11-55

02 选择上一步生成的圆角面，然后使用鼠标右键单击“分析方向/反转方向”工具，将其法线方向反转，接着再次启用“曲面圆角”工具，设置圆角半径为1.5，分别选择瓶身和混接曲面建立圆角曲面，结果如图11-56所示。

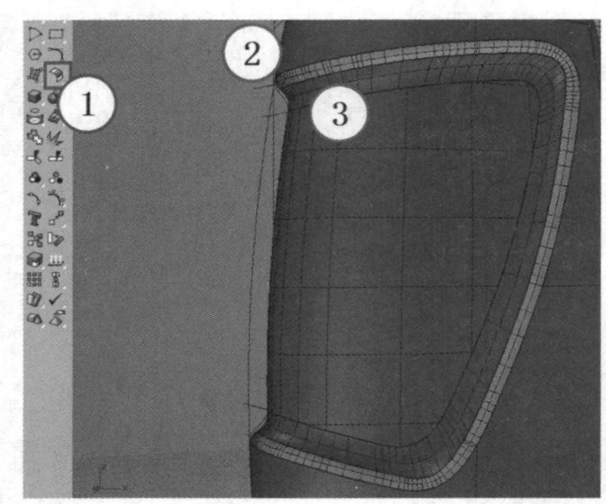

图11-56

03 同样，将上一步创建的过渡曲面反转法线方向，然后使用“组合”工具将瓶身底部型线与相连的两条直线合并，如图11-57所示。

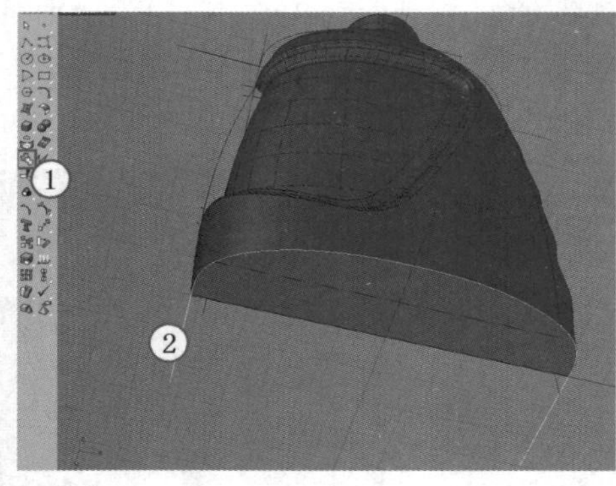

图11-57

04 使用“组合”工具将瓶底曲面、侧面曲面和相连的瓶身曲面组合在一起，然后使用鼠标左键单击“不等距边缘圆角/不等距边缘混接”工具，对3个面相交的边进行圆角处理，圆角半径为4，如图11-58所示。

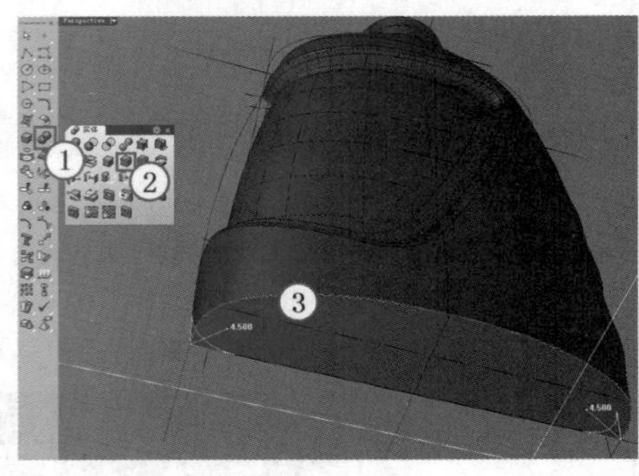

图11-58

疑难问答

问：为什么不使用“曲面圆角”工具进行圆角处理？

答：因为瓶身底部是由3个曲面拼接而成，而3个曲面是无法使用“曲面圆角”工具的（该工具只能在两个面之间进行），所以只能考虑合并后倒圆角这一方式。

11.5 模型细节处理

01 执行“文件>导入”菜单命令，导入本书配套学习资源中的“案例文件>第11章>装饰线.3dm”文件，结果如图11-59所示。

02 单击“分割/以结构线分割曲面”工具，在Front（前）视图中以导入的外围线框对瓶身曲面进行分割，如图11-60所示。

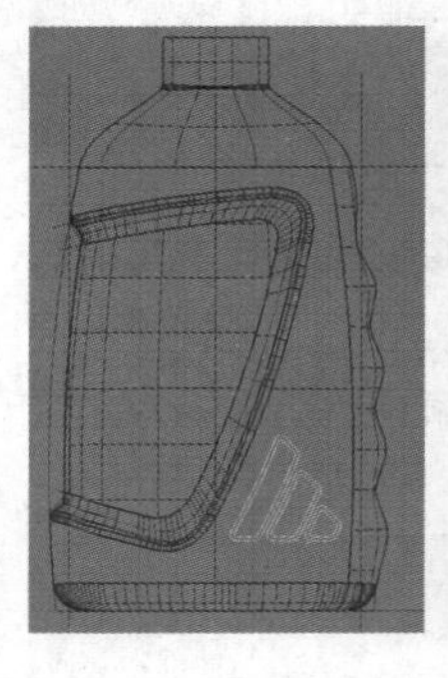

图11-59

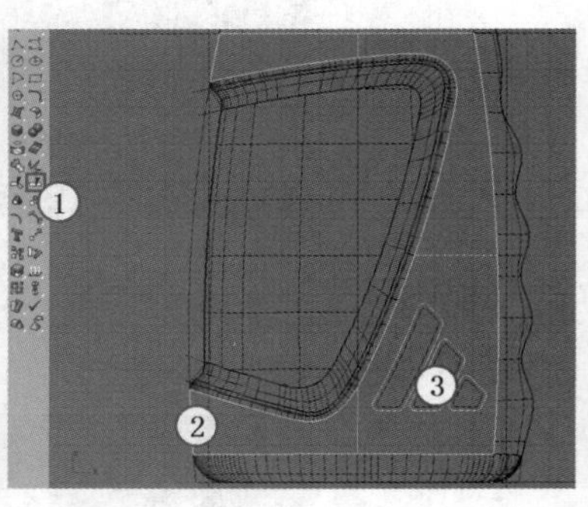

图11-60

03 选中分割出来的3个面片，使用“移动”工具在Top（顶）视图中将其向内移动0.5的距离，然后单击“分割/以结构线分割曲面”工具，在Front（前）视图中以导入的内部线框对3个面片再次进行分割，最后将多余的周边面片删除，如图11-61所示。

04 单击“垂直混接”工具，并开启“垂点”和“节点”捕捉模式，然后选取要垂直混接的内部面片的边线，并捕捉其左上节点为混接线的起点，接着在命令行单击“连续率”选项，设置“连续率”为“曲率”，再选择瓶身上的挖切曲线，并捕捉对应的节点为混接线的终点，建立如图11-62所示的混接曲线。

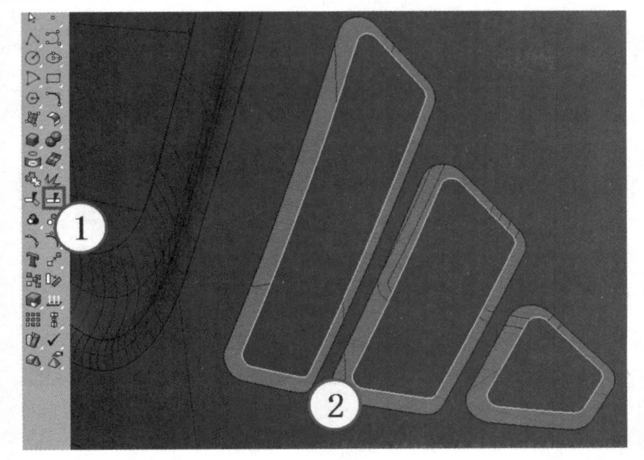

图11-61

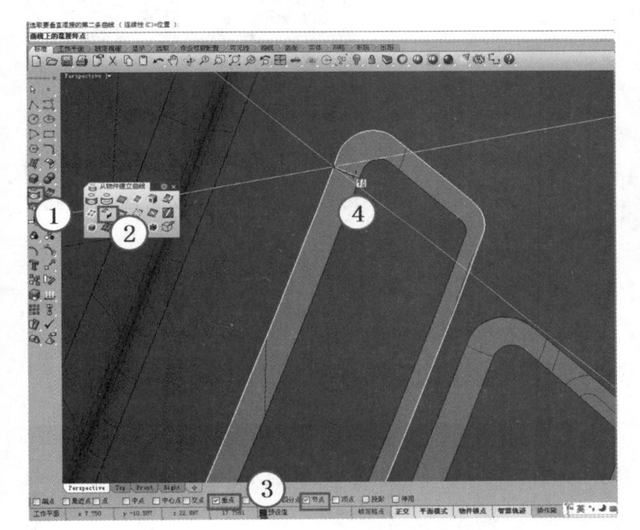

图11-62

使用“垂直混接”工具时，修改一次“连续率”后，第2次使用时可能会出现无法捕捉的情况。遇到这种情况可以按Esc键取消这次操作，之后再次使用“垂直混接”工具即可。

单击垂直混接命令，修改完一次连续率后，第二次使用时会出现无法捕捉的情况，这可能是Rhino 5.0的一个漏洞，所以，解决的办法是按Esc键取消这次操作，之后再次使用垂直混接命令就可以了。

05 使用同样的方式建立其他7个方向的混接曲线，如图11-63所示。

06 单击“双轨扫掠”工具，选择两条边作为两条路径，再依次选择建立的8条混接曲线作为断面曲线，单击鼠标右键确定后，弹出“双轨扫掠选项”对话框，修改成如图11-64所示的参数，最后单击确定按钮完成操作。

图11-63

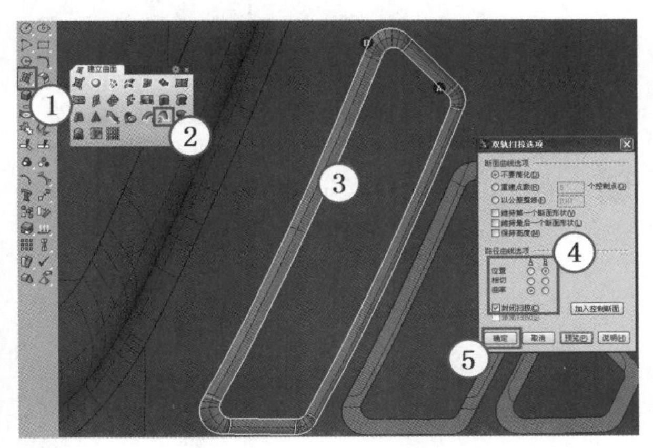

图11-64

07 使用鼠标右键单击“分析方向/反转方向”工具，反转上一步扫掠生成的曲面，将法线方向反转，然后使用同样的方式创建另外两个混接曲面，结果如图11-65所示。

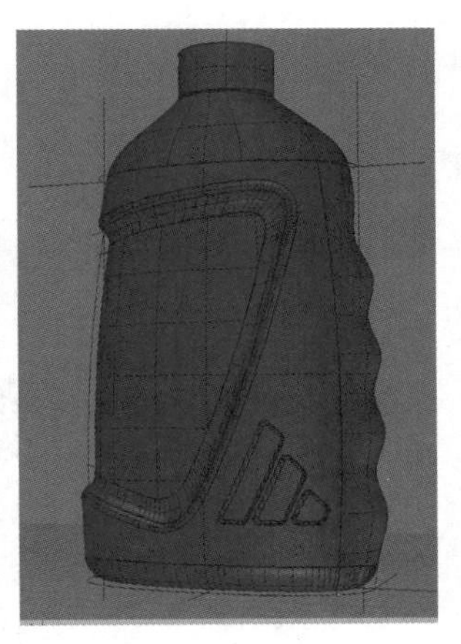

图11-65

08 单击“选取曲面”工具，将所有的面全部选中，然后单击“组合”工具，将选中的面合并成一个复合曲面，如图11-66所示。

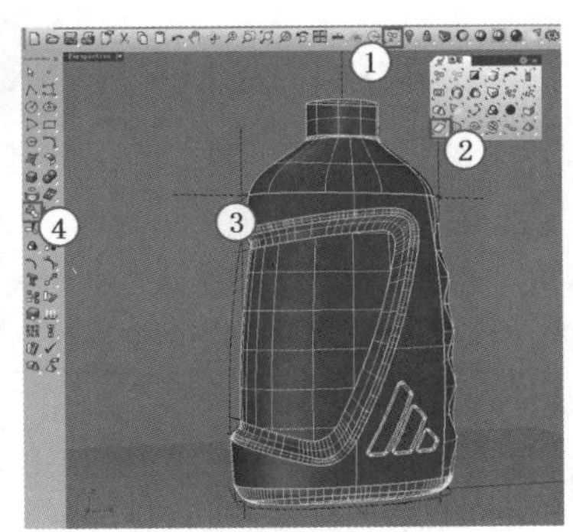

图11-66

09 单击“镜射/三点镜射”工具，在Right（右）视图中以坐标y轴为对称轴进行镜像复制，结果如图11-67所示。

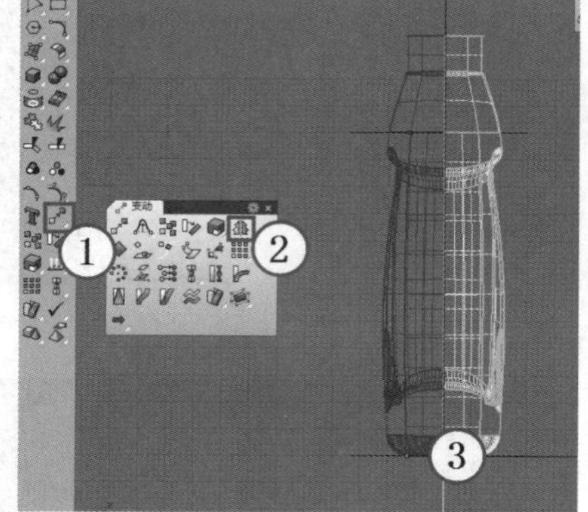

图11-67

10 调整模型的显示模式为“渲染模式”，效果如图11-68所示。

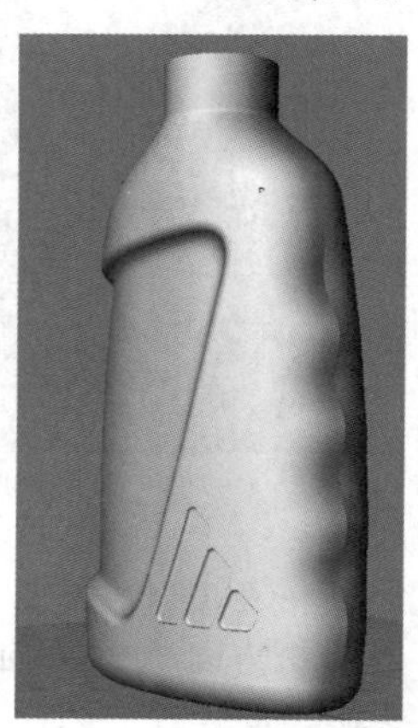

图11-68

11 从图11-68中可以发现，模型右边有很明显的缝隙，所以要重新编辑右边和底面的曲面。单击“抽离曲面”工具，将右边和底面的曲面抽离，如图11-69所示。

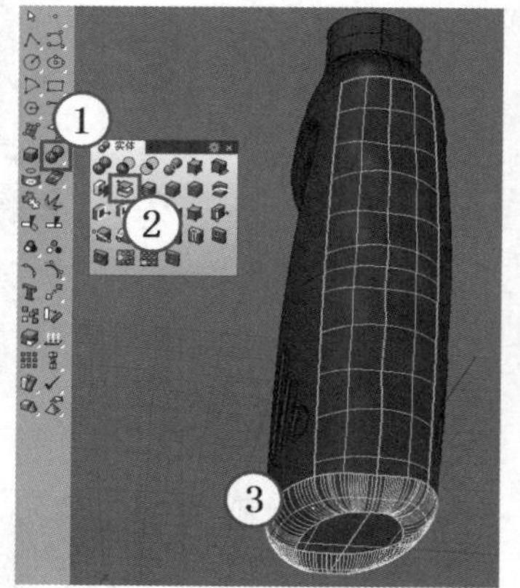

图11-69

12 单击“衔接曲面”工具，选择侧面两个面的相交边，并单击鼠标右键确定，此时将弹出“衔接曲面”对话框，修改成如图11-70所示的参数，最后单击确定按钮完成操作。

13 滚动鼠标中键放大瓶身的底部，如图11-71所示。从图中可以看到瓶底的面没有结合。

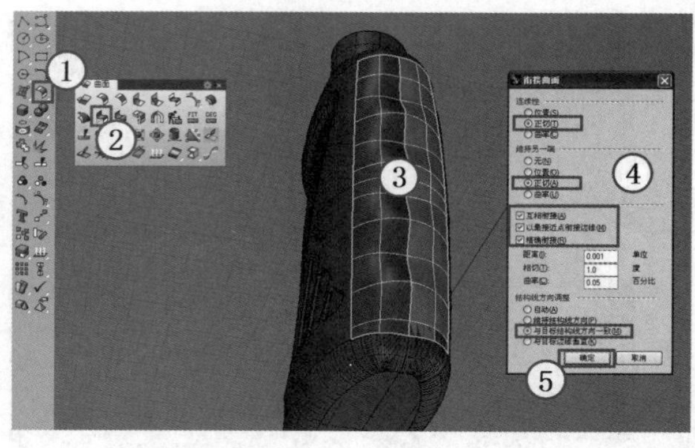

图11-70

图11-71

14 再次启用“衔接曲面”工具，选择瓶身底部的两个面，可以发现系统没有反应。选择这两个面，查看其详细数据，如图11-72所示。

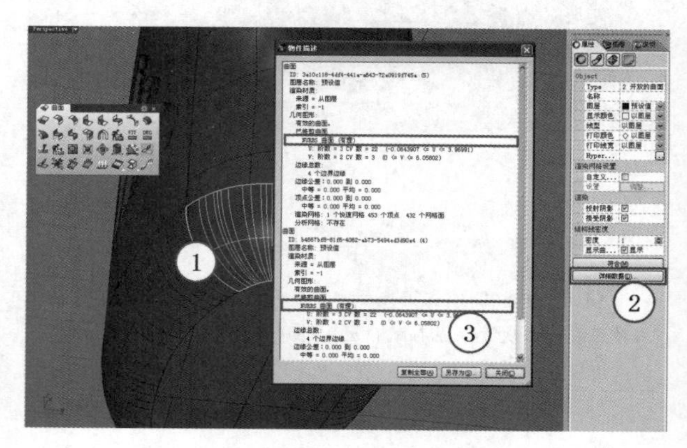

图11-72

15 从图11-72中可以看到，原来这两个面是已经修剪的有理曲面，而前面介绍过已经修剪的曲面是不能进行衔接编辑的，所以要另想办法。删除整个底部，然后使用鼠标左键单击“炸开/抽离曲面”工具，炸开所有组合的曲面，再使用鼠标左键单击“取消修剪/分离修剪”工具，最后选择瓶身两边的底部，结果如图11-73所示。

16 单击“以平面曲线建立曲面”工具，然后选择要建立曲面的瓶身底线，并单击鼠标右键确定，接着对建立的底面的法线方向进行反转，结果如图11-74所示。

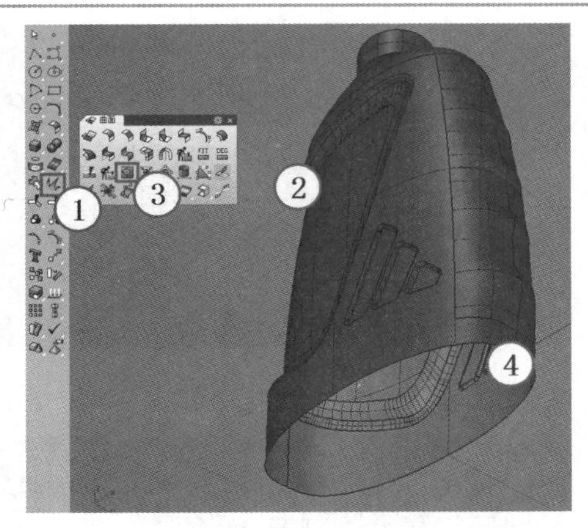

图11-73

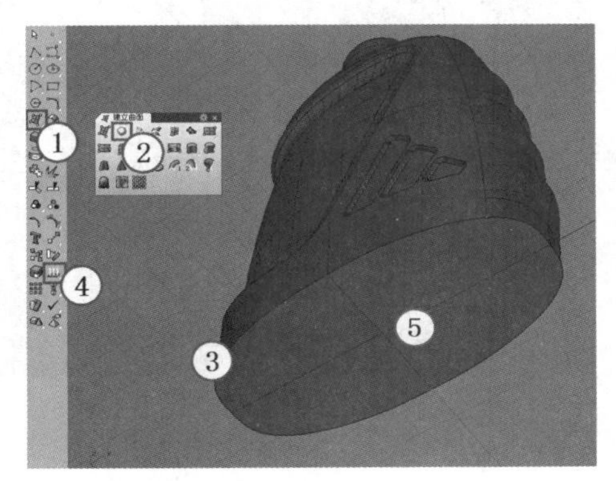

图11-74

17 使用鼠标左键单击“取消修剪/分离修剪”工具，选择侧面曲面两边的底部，结果如图11-75所示。

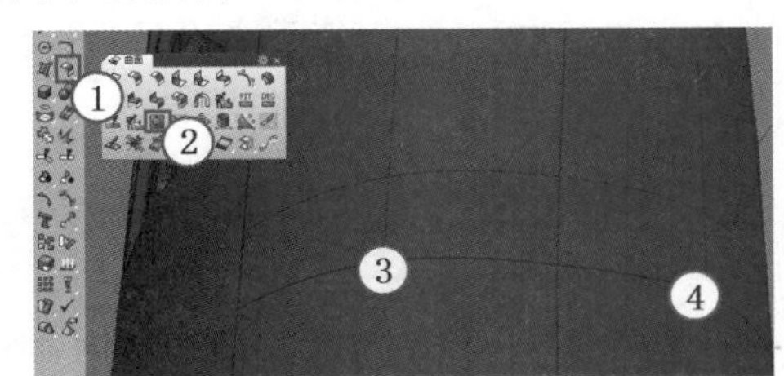

图11-75

18 使用鼠标右键单击“分割/以结构线分割曲面”工具，然后选取瓶身，并单击鼠标右键确定，接着开启“交点”捕捉模式，并在命令行中设置“方向”为U方向，最后捕捉与侧面曲面的交点，单击鼠标右键完成操作，再删除多余的曲面，如图11-76所示。

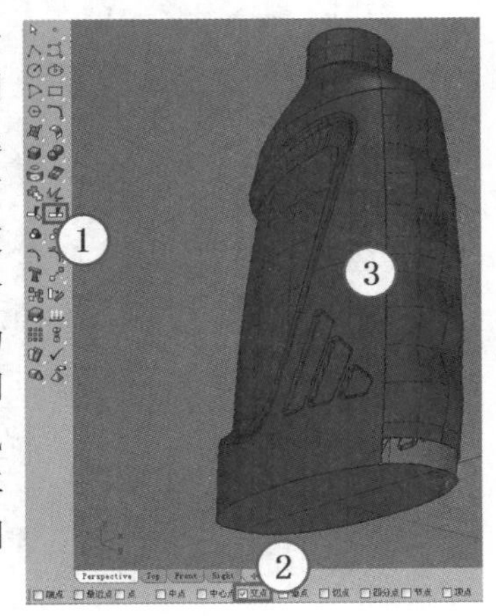

图11-76

19 单击“圆管（平头盖）”工具，选择瓶身底部的边建立半径为4的圆管，如图11-77所示。

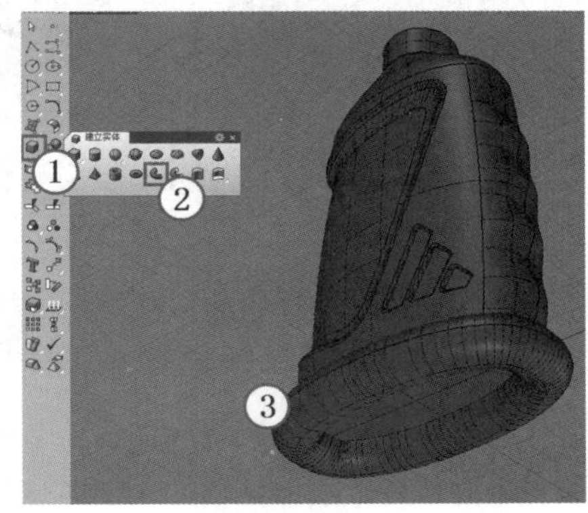

图11-77

20 使用鼠标左键单击“分割/以结构线分割曲面”工具，然后选择瓶身、侧面和底面作为要分割的对象，按Enter键确认后，选取上一步创建的圆管作为分割物件，如图11-78所示，最后再次按Enter键完成操作。

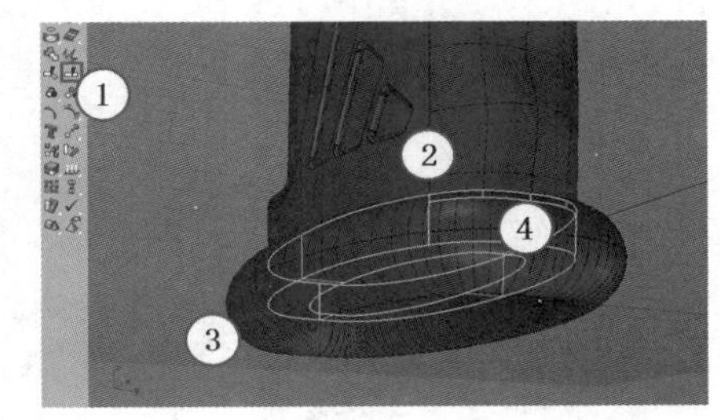

图11-78

21 删除圆管和分割后下半部分的曲面，然后单击“混接曲面”工具，选择瓶身和侧面的边作为第1个边缘，单击鼠标右键确定，再选择瓶底的边作为第2个边缘，同样单击鼠标右键确定，此时将弹出“调整曲面混接”对话框，参照图11-79所示的参数进行设置。

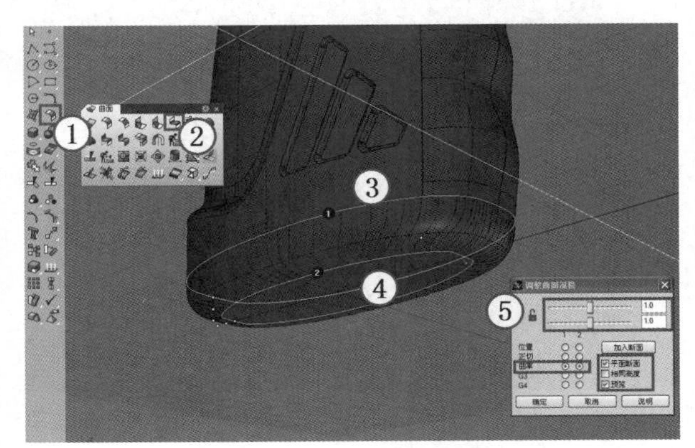

图11-79

22 从图11-79中可以看到，生成的ISO线比较扭曲，曲面也不是很平整，所以要加入平面断面，勾选“平面断面”选项，在Front（前）视图中绘制一条垂直线端，最后单击 确定 按钮，如图11-80所示。

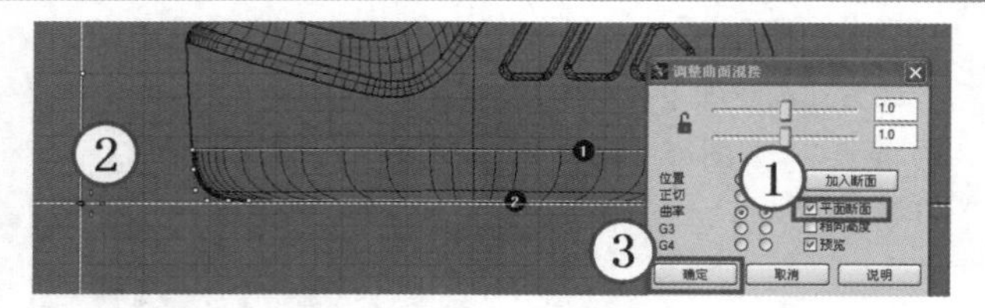

图11-80

11.6 制作瓶盖

01 执行“文件>导入”菜单命令，导入本书配套学习资源中的“案例文件>第11章>瓶盖.3dm”文件，并将导入的瓶盖曲线移动到图11-81所示的位置。

02 使用鼠标左键单击“旋转成形/沿着路径旋转”工具，以中心线为旋转轴将瓶盖曲线旋转生成瓶盖模型，接着再反转瓶盖模型的法线方向，如图11-82所示。

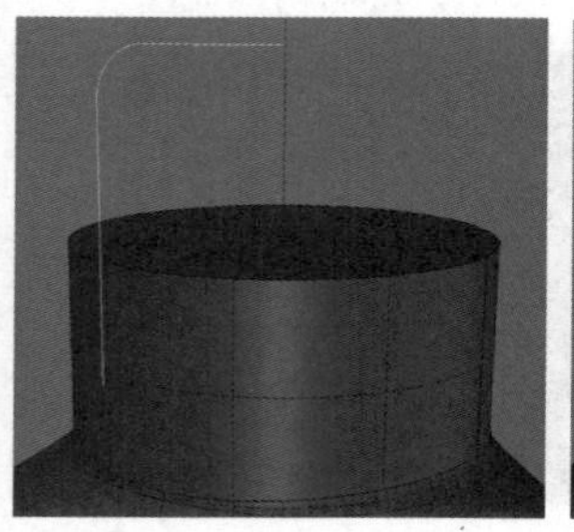

图11-81

图11-82

03 单击“偏移曲面”工具，选择瓶盖曲面向内偏移1的距离，偏移时设置“实体”为“是”，结果如图11-83所示。

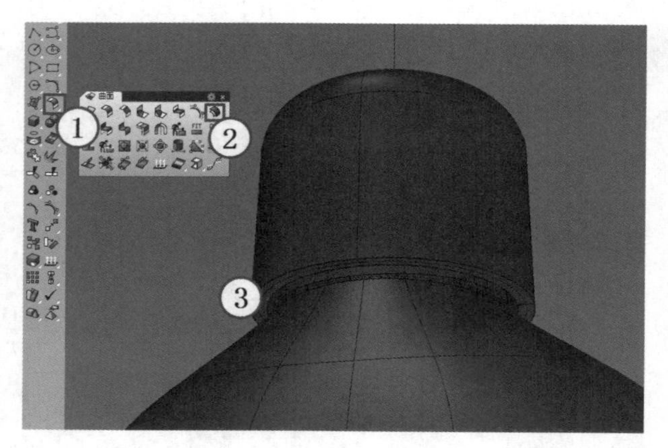

图11-83

04 单击“不等距边缘圆角/不等距边缘混接”工具，以0.4的圆角半径对瓶盖下端的两条边进行圆角处理，结果如图11-84所示。

现在就完成了洗衣液瓶的制作，最终效果如图11-85和图11-86所示。

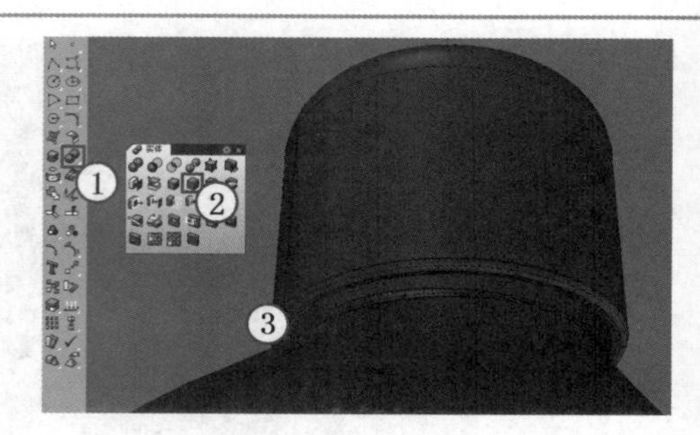

图11-84

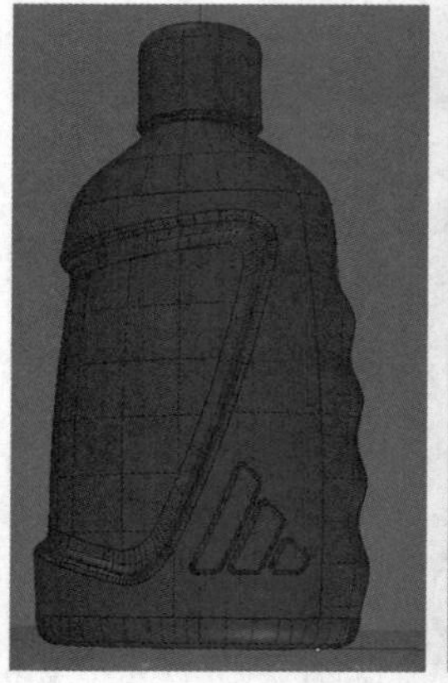

图11-85

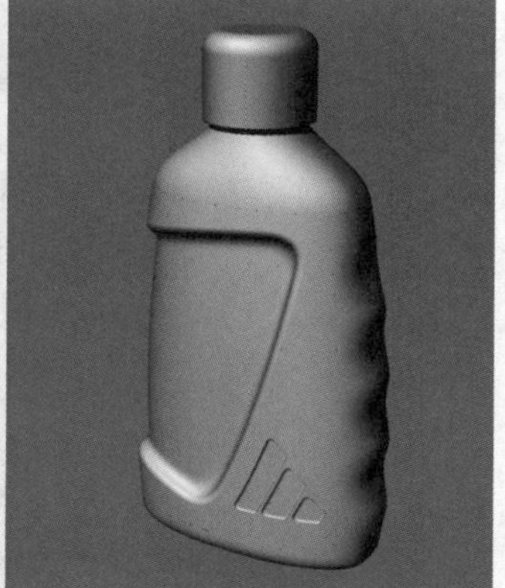

图11-86

11.7 模型渲染

01 首先整理模型，将各部件按分好的图层归类，如图11-87所示。

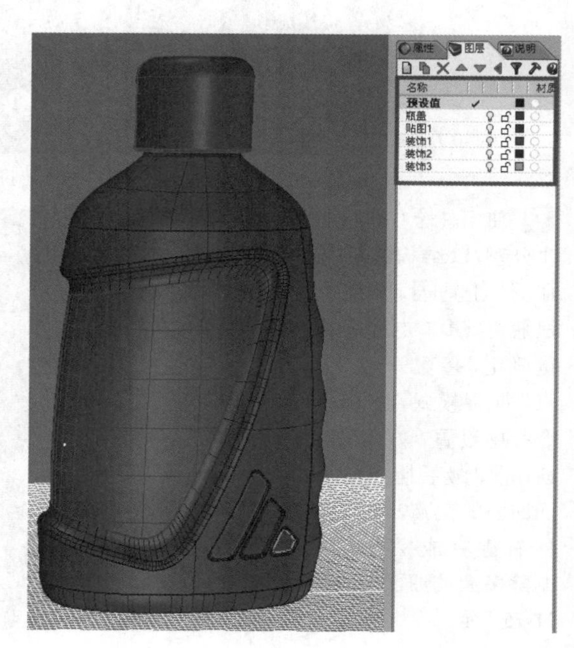

图11-87

02 按Ctrl+S组合键保存文件，然后运行KeyShot 3，并导入保存的文件，如图11-88所示。

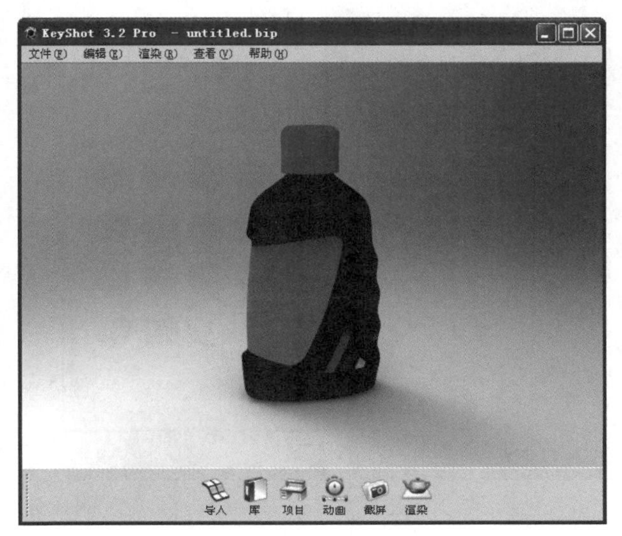

图11-88

03 打开“项目”对话框，查看相应的分类和对应的材质，如图11-89所示。

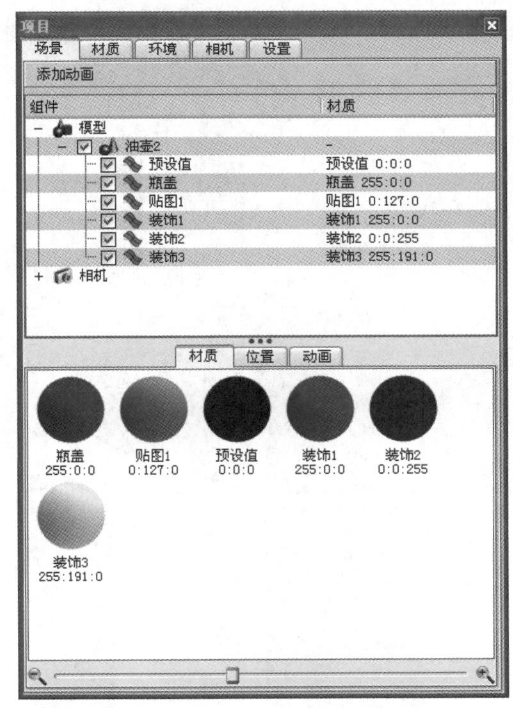

图11-89

04 打开“KeyShot库”对话框，然后在“材质”选项卡下单击Soft Touch（触感柔软）分类，并在该分类下找到Soft Touch Blue（蓝色触感柔软）材质，接着将其赋予瓶身，如图11-90所示。

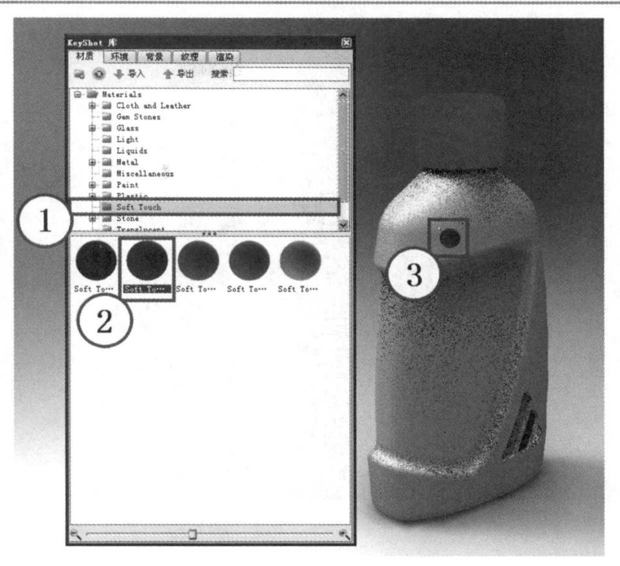

图11-90

05 将Soft Touch Blue（蓝色触感柔软）材质赋予瓶盖和凹陷部分，如图11-91所示。

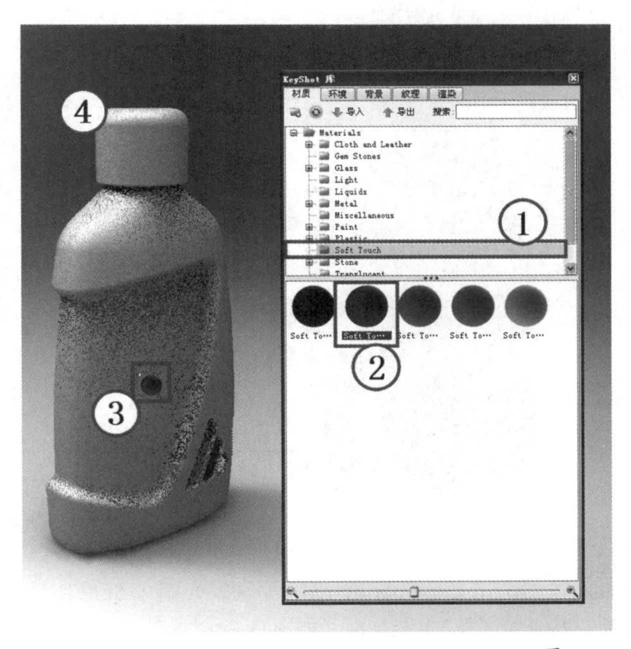

图11-91

06 展开Plastic（塑料）目录，然后展开Hard（坚硬）分类，再展开Shiny（发光）子分类，接着找到Hard shiny plastic-electric b（坚硬发光塑料-导电b）材质，并将其赋予装饰面，如图11-92所示。

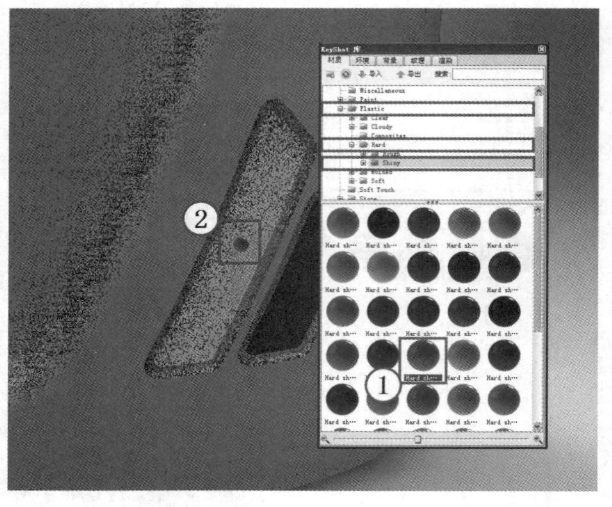

图11-92

07 找到Hard shiny plastic-tangerine（坚硬发光塑料-橘黄色）材质，将其赋予另一个装饰面，如图11-93所示。

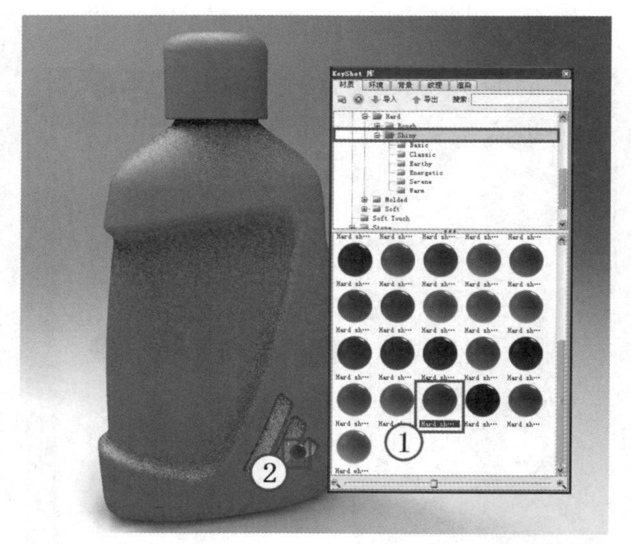

图11-93

08 找到Hard shiny plastic-red（坚硬发光塑料-红色）材质，将其赋予第3个装饰面，如图11-94所示。

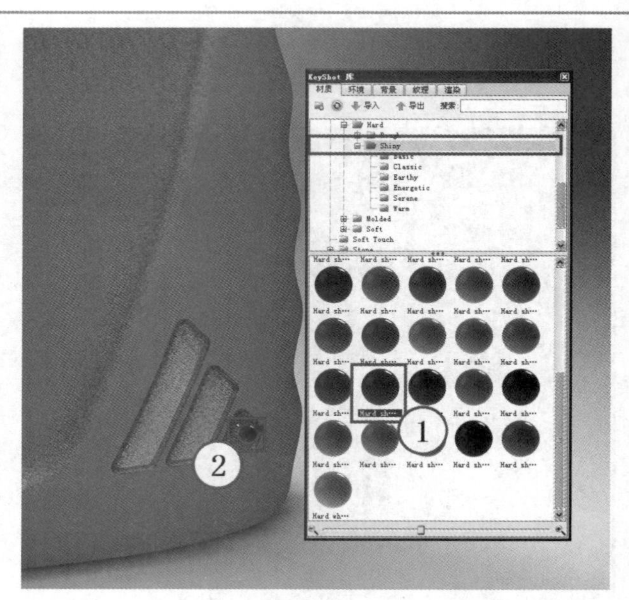

图11-94

09 现在就完成了模型材质的赋予，接下来要给瓶身内凹处进行贴图。在瓶身内凹处单击鼠标右键，并在弹出的菜单中选择“编辑材质”选项，如图11-95所示。

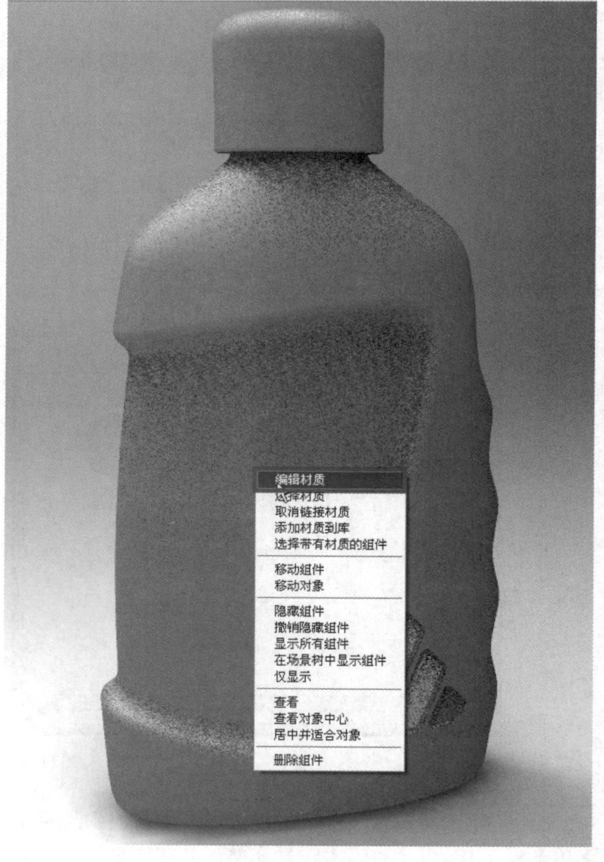

图11-95

10 系统弹出“项目”对话框，切换到“材质”选项卡下，然后进入“标签”面板，并勾选“标签”选项，此时将弹出“加载标签”对话框，在其中找到本书学习资源中的“未标题-1.png”图片，如图11-96所示。

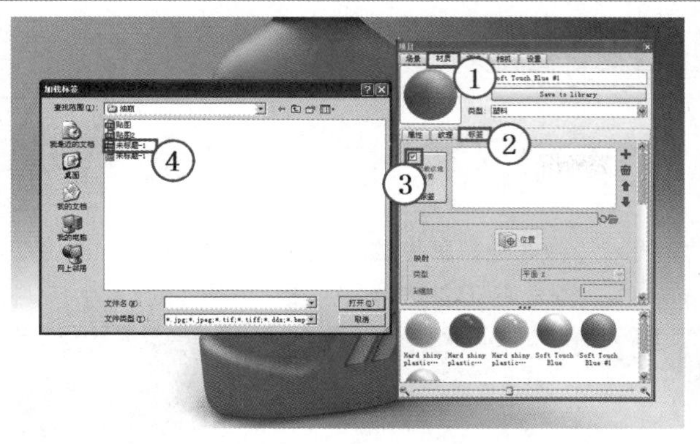

图11-96

11 单击 打开(O) 按钮，将选择的图片打开到“标签”面板中，然后单击 位置 按钮，并在瓶身内凹处单击鼠标左键，可以看到图片出现，如图11-97所示。

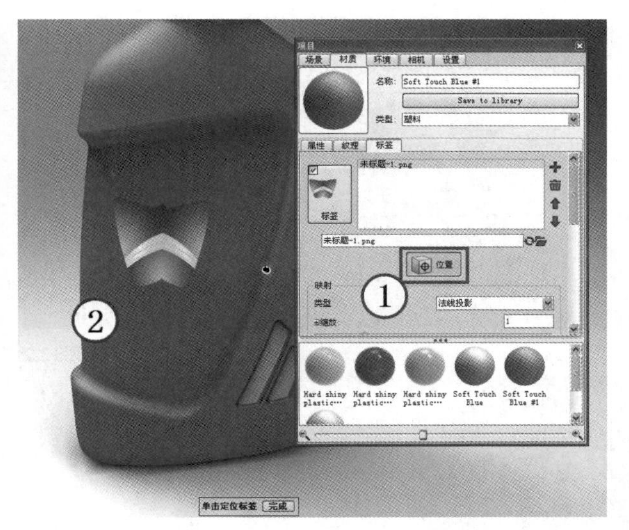

图11-97

12 在“标签”面板中将“缩放”设置成6，并平移图片到一个合适的位置，如图11-98所示。

13 在“标签”面板的最底部勾选“双面”选项，最终效果完成，如图11-99和图11-100所示。

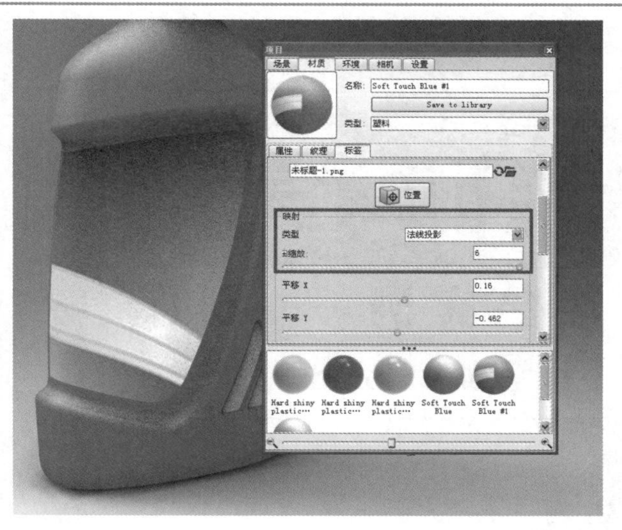

图11-98

图11-99

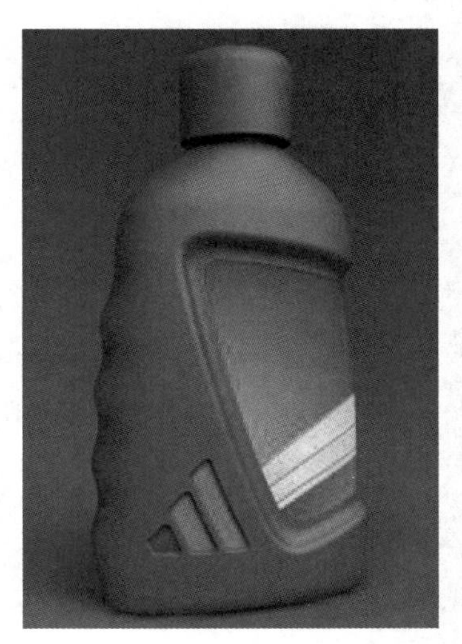

图11-100

第12章 综合实例——制作汽车遥控器

Learning Objectives

416页
学会分析产品的轮廓结构

416页
了解产品的制作难点

416页
熟练掌握建模环境的设置方法

417页
掌握构建复杂曲面的方法

420页
熟练掌握渐消面等细节造型的构建方法

434页
熟练掌握在KeyShot中渲染模型的技巧

Rhino

12.1 案例分析

本章将制作一个汽车遥控器模型，模型效果如图12-1、图12-2和图12-3所示，渲染效果如图12-4所示。

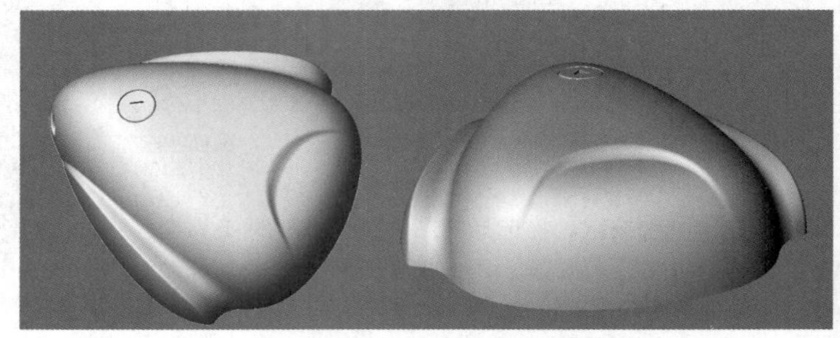

图12-1

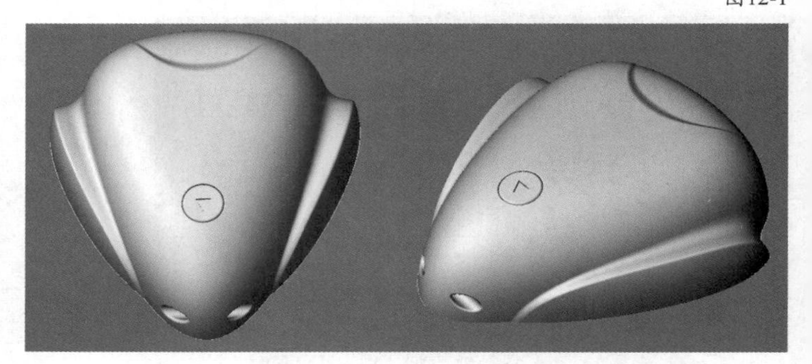

图12-2

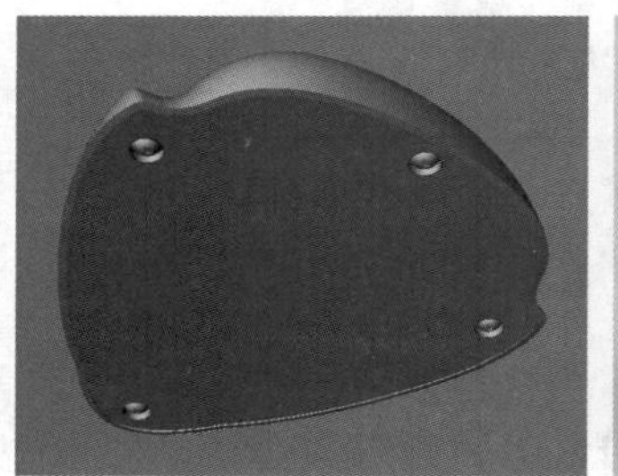

图12-3

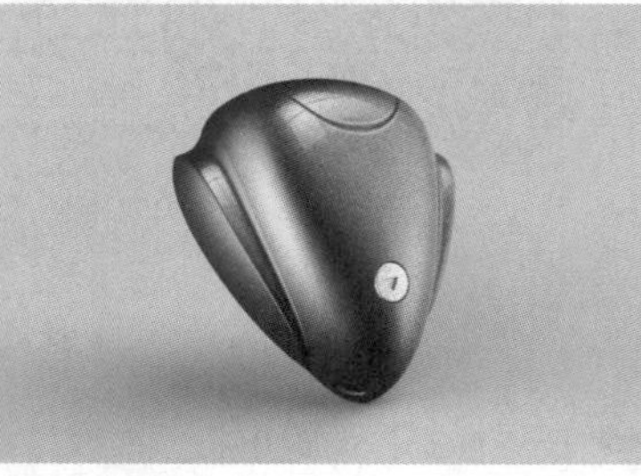

图12-4

分析模型的效果图，从整体造型来看，可以分为机身顶盖、底盖及按键等部分进行创建。这几部分的建模中比较困难的是机身顶盖。机身顶盖的主曲面比较规则，可以通过创建底边轮廓线及侧面轮廓线的方式来生成。此外，渐消面、过渡面等细节造型可以在主要曲面的基础上进行创建。

12.2 设置建模环境

01 运行Rhino 5.0，然后选择“小物件-毫米”模板文件，如图12-5所示。

02 设置如图12-6所示的4个图层，其中“基础线面”图层用来放置遥控器的结构线、辅助线及基础面等，“机身顶盖”及“机身底盖”图层用来放置机身不同部分的曲面模型；“按键”图层用来放置遥控器按键。

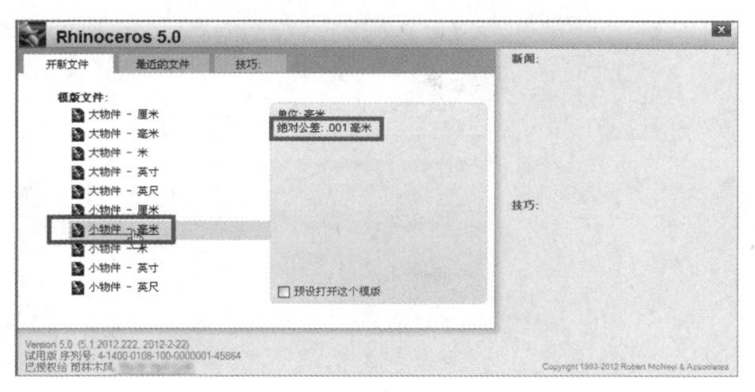

图12-5

图12-6

12.3 构建结构曲线

01 单击“控制点曲线/通过数个点的曲线”工具，在Right（右）视图中绘制如图12-7所示的曲线。

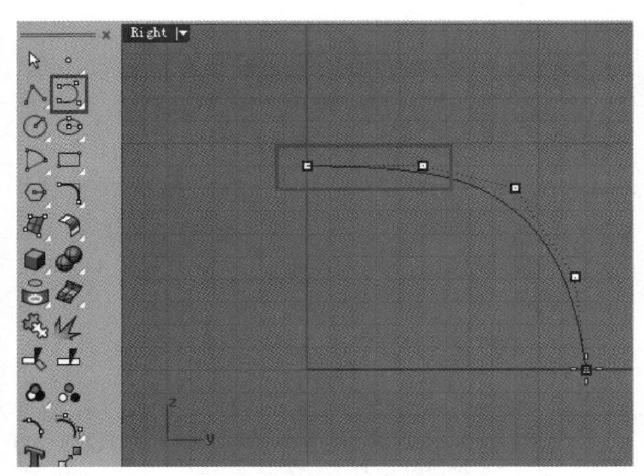

图12-7

技巧与提示

注意图12-7中红色方框内的两个控制点在一条水平线上。

02 单击“圆：直径”工具，然后开启“锁定格点”和“正交”功能，并打开“端点”捕捉模式，绘制如图12-8所示的圆。

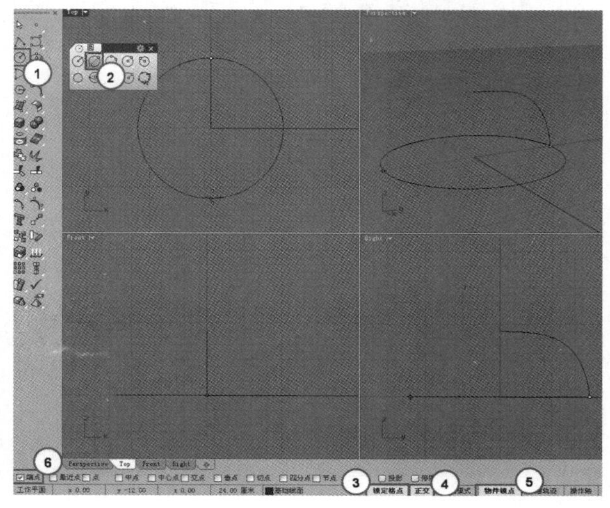

图12-8

03 使用鼠标左键单击“打开编辑点/关闭点”工具，然后选择圆，并单击鼠标右键结束选择，如图12-9所示，从图中可以看出该圆有8个控制点。

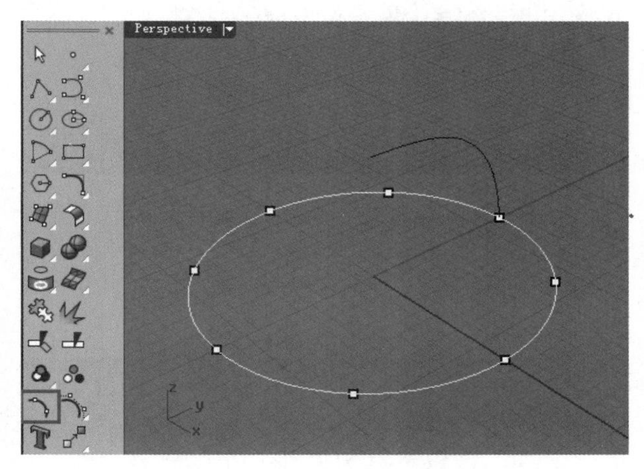

图12-9

04 按F11键关闭控制点的显示，然后使用鼠标左键单击“重建曲线/以主曲线重建曲线”工具，对圆进行重建，设置“点数”为5、“阶数”为3，如图12-10所示。

05 完成圆的重建后，按F10键打开圆的控制点，如图12-11所示，可以看到该圆的控制点变成了5个。最后按F11键关闭控制点的显示。

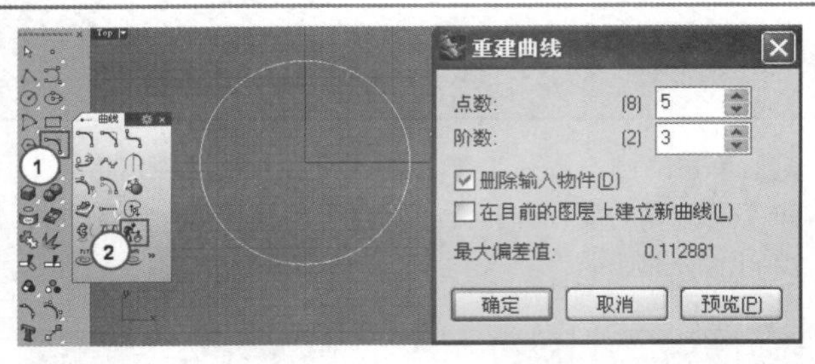

图12-10

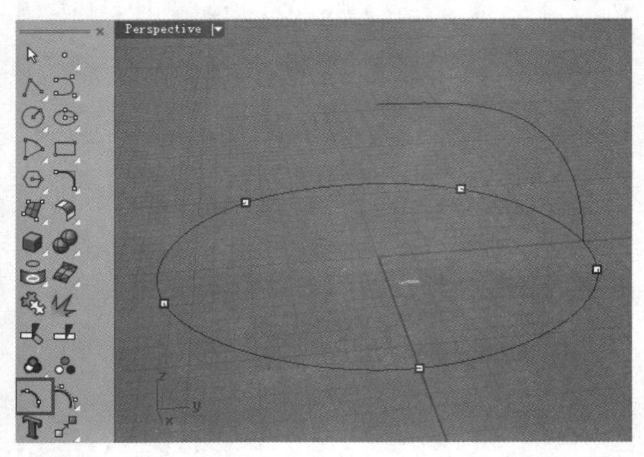

图12-11

06 单击"单轴缩放"工具，在Top（顶）视图中将圆在y轴方向上缩小，得到一个变形的圆，如图12-12所示。

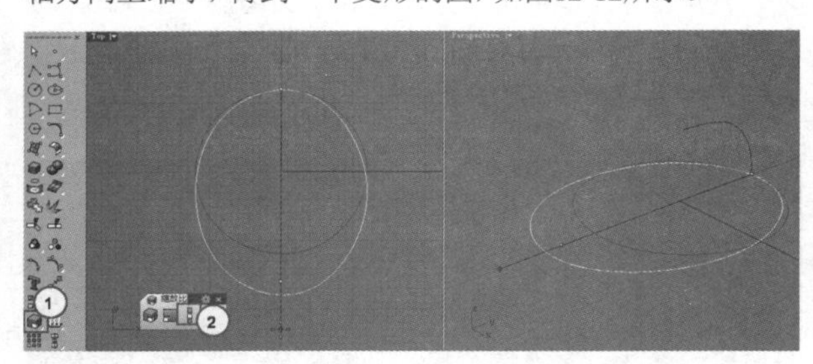

图12-12

07 选择圆，然后按F10键打开控制点，接着选择如图12-13所示的控制点进行拖曳。完成操作后按F11键关闭控制点的显示。

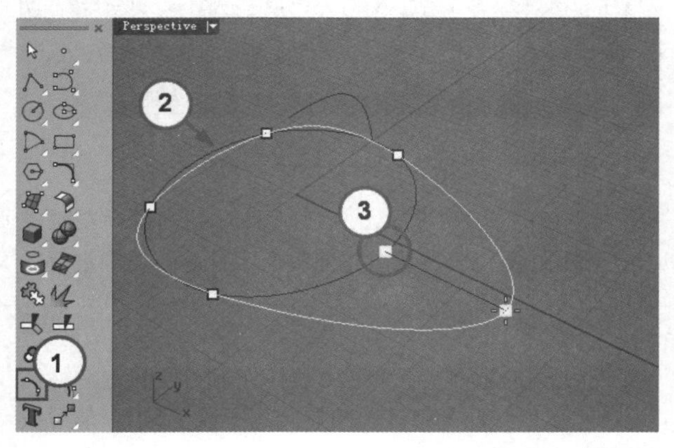

图12-13

08 单击“控制点曲线/通过数个点的曲线”工具，开启“正交”功能，在Perspective（透视）视图中绘制如图12-14所示的直线。

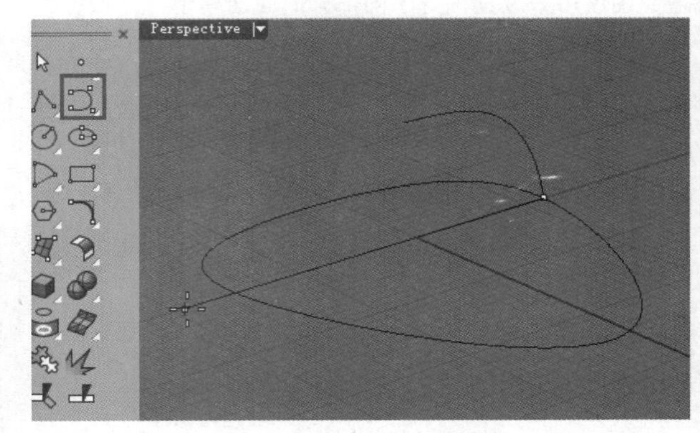

图12-14

09 使用鼠标左键单击“修剪/取消修剪”工具，以上一步绘制的直线对封闭曲线进行修剪，如图12-15所示。

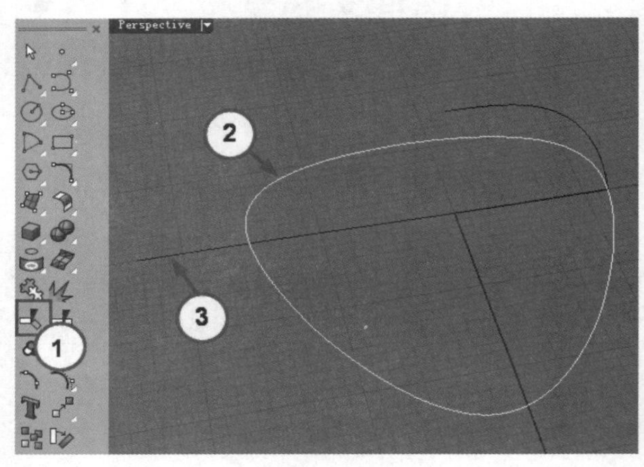

图12-15

10 再次启用“控制点曲线/通过数个点的曲线”工具，打开“中点”捕捉模式和“正交”功能，然后在Perspective（透视）视图中绘制如图12-16所示的直线。

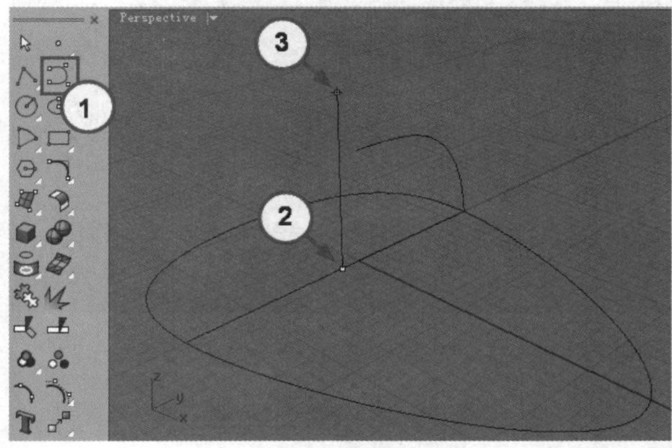

图12-16

11 单击“延伸曲线（平滑）”工具，然后选择顶部的开放曲线，延长至如图12-17所示的位置。

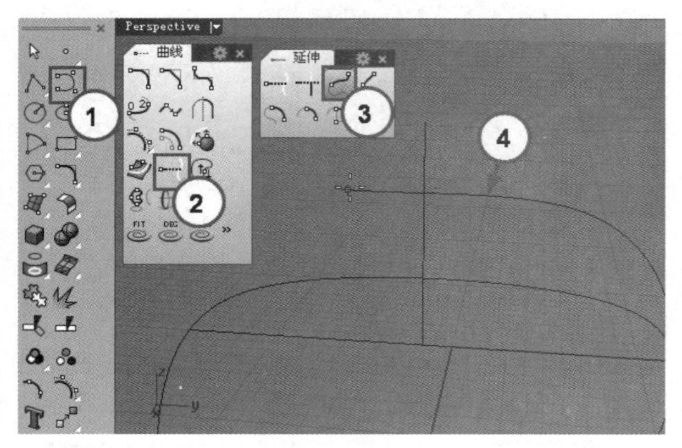

图12-17

12 使用“修剪/取消修剪”工具对上一步延长的开放曲线进行修剪，如图12-18所示。

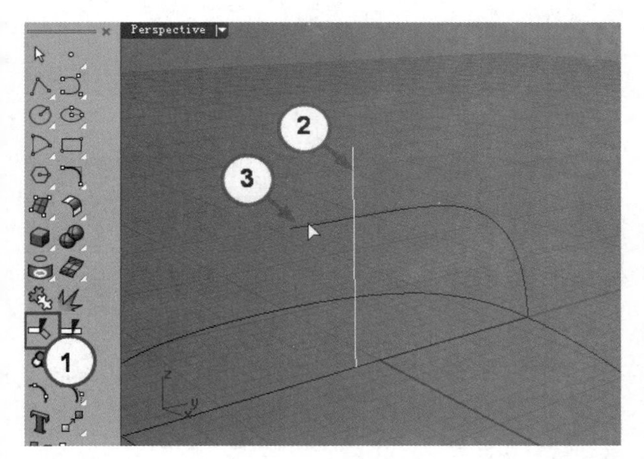

图12-18

完成上述操作之后，得到如图12-19所示的遥控器建模结构线，接下来将要开始创建曲面。

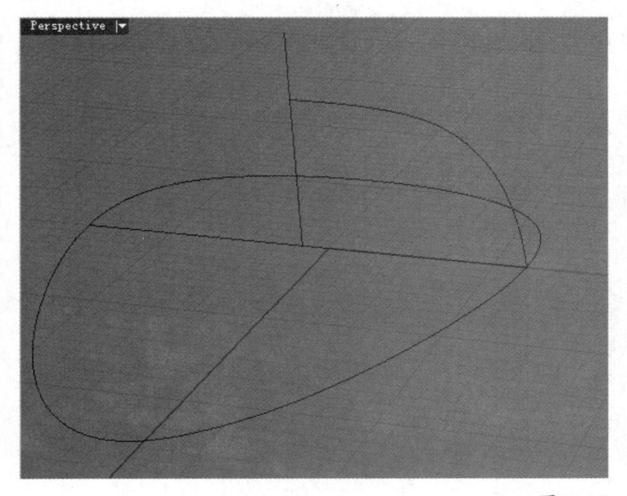

图12-19

12.4 创建机身顶盖

12.4.1 构建机身顶盖基础曲面

01 将“机身顶盖”图层设置为当前工作图层，如图12-20所示。

图12-20

02 使用鼠标右键单击“旋转成形/沿路径旋转”工具，然后选择开放曲线作为轮廓曲线，再选择封闭曲线作为路径曲线，接着捕捉垂直直线的两个端点作为旋转轴的起点和终点，如图12-21所示，最后单击鼠标右键完成操作，得到如图12-22所示的曲面，选择该曲面，在“属性”面板中将其命名为“顶面曲面”。

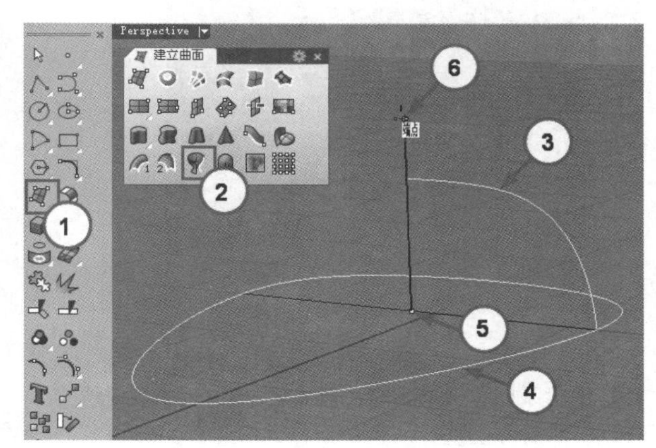

图12-21

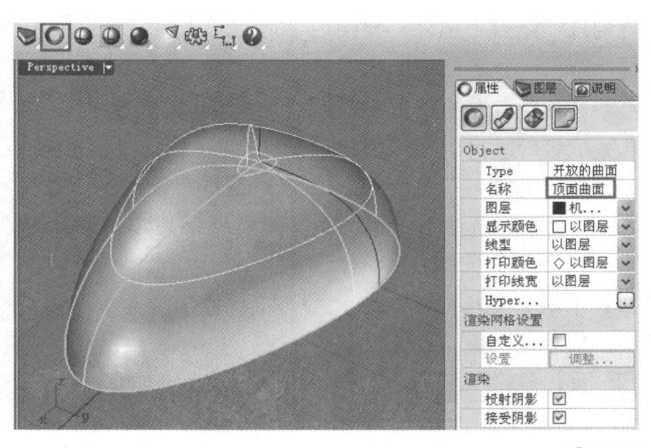

图12-22

12.4.2 构建机身顶盖细节造型

01 将“基础线面”图层设置为当前工作图层，然后使用“控制点曲线/通过数个点的曲线”工具在Top（顶）视图中绘制如图12-23所示的曲线。

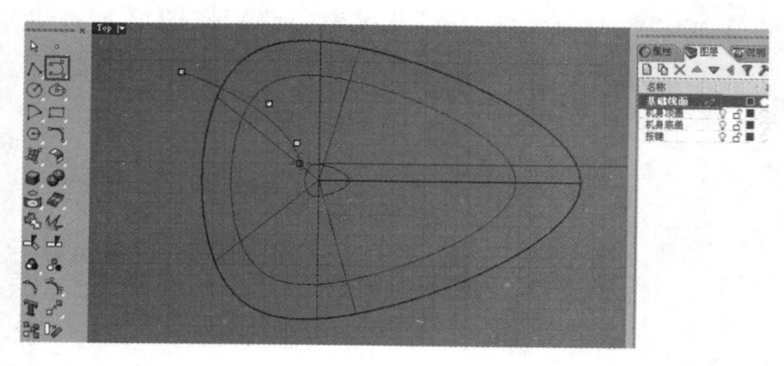

图12-23

02 使用鼠标左键单击“镜射/三点镜射”工具，在Top（顶）视图中对上一步绘制的曲线进行镜像复制，如图12-24所示。

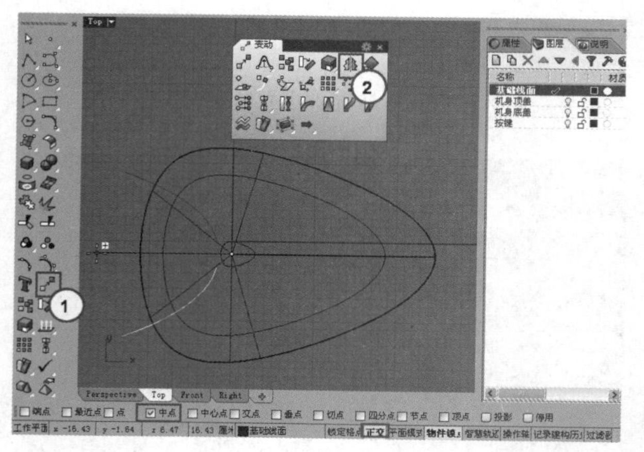

图12-24

03 使用鼠标左键单击“可调式混接曲线/混接曲线”工具，然后分别选择两条曲线，此时将弹出“调节曲线混接”对话框，在该对话框中设置连续性为“曲率”，再勾选“组合”选项，如图12-25所示，最后单击确定按钮，得到一条连续的曲线。

04 使用鼠标左键单击“重建曲线/以主曲线重建曲线”工具，然后选择上一步混接后的连续曲线，并按Enter键打开“重建曲线”对话框，在该对话框中设置“点数”为14、“阶数”为3，如图12-26所示，最后单击确定按钮，得到新的曲线，如图12-27所示。

05 单击“偏移曲线”工具，将重建后的曲线向内偏移，如图12-28所示。

06 使用鼠标左键单击“分割/以结构线分割曲面”工具，以两条曲线对顶面曲面进行分割，如图12-29所示，完成分割后选择如图12-30所示的曲面，并按Delete键删除该曲面。

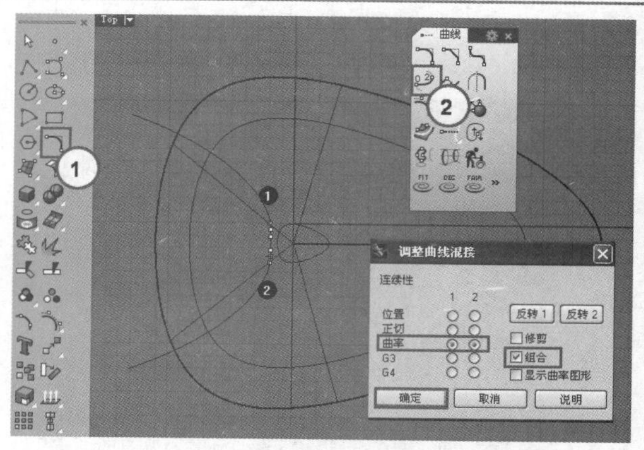

图12-25

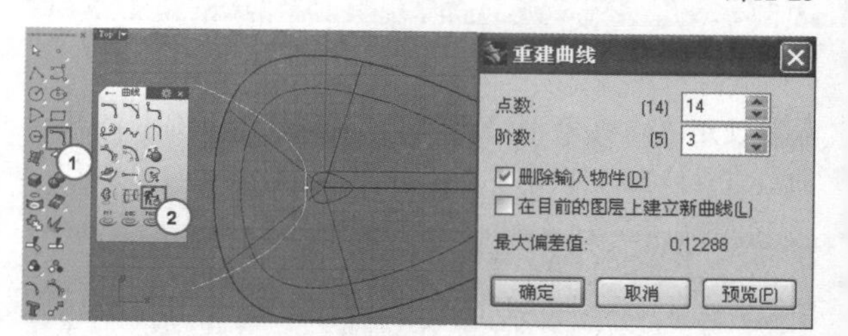

图12-26

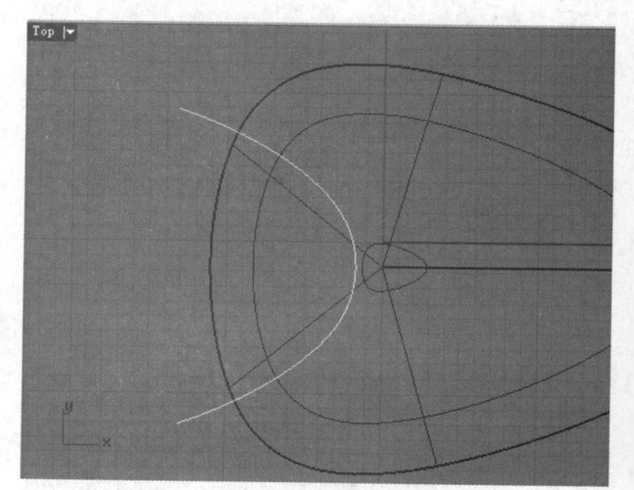

图12-27

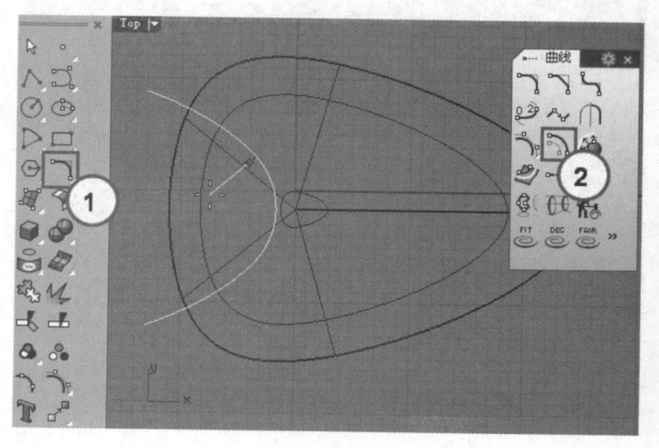

图12-28

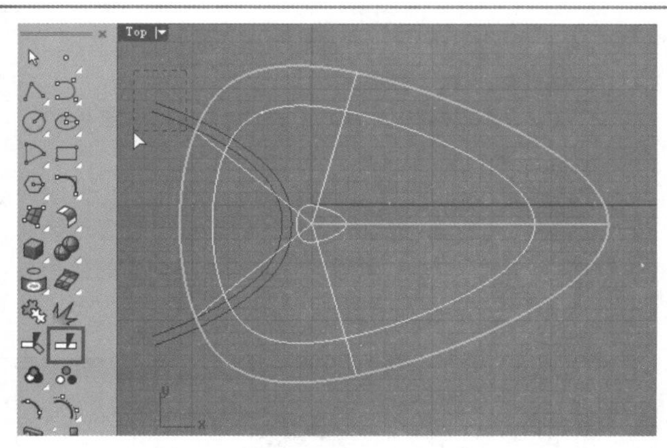

图12-29

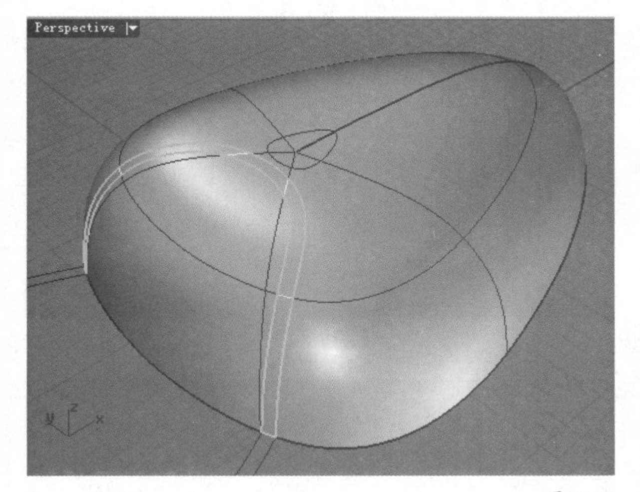

图12-30

07 现在要利用曲面控制点来调整曲面的形状，首先将小一些的曲面复制一个，并按F10键打开其控制点，查看该曲面控制点的分布情况，如图12-31所示，从图中可以看到该曲面的控制点还是未修剪曲面前的分布状态。因此，这些控制点不适宜直接调整曲面形状。

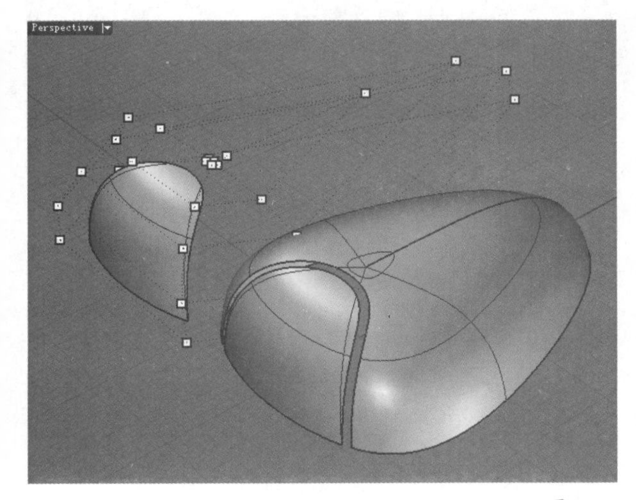

图12-31

08 将复制的曲面删除，然后使用鼠标左键单击“缩回已修剪曲面/缩回已修剪曲面至边缘”工具，并选择如图12-32所示的曲面，接着按Enter键完成操作，最后选择该曲面，按F10键查看缩回后的控制点分布情况，如图12-33所示。

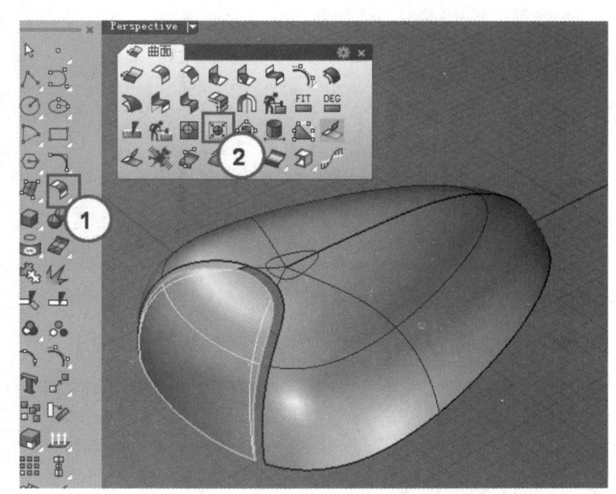

图12-32

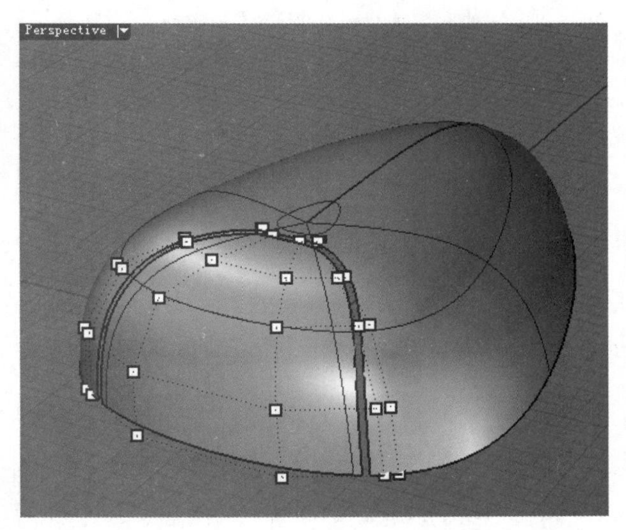

图12-33

09 开启“正交”功能，在Front（前）视图中选择如图12-34所示的控制点向下拖曳，完成第1次调整。

10 选择最上面3排控制点，在Top（顶）视图中水平向左拖曳一段距离，如图12-35所示；完成操作后按F11键关闭控制点，得到如图12-36所示的模型。

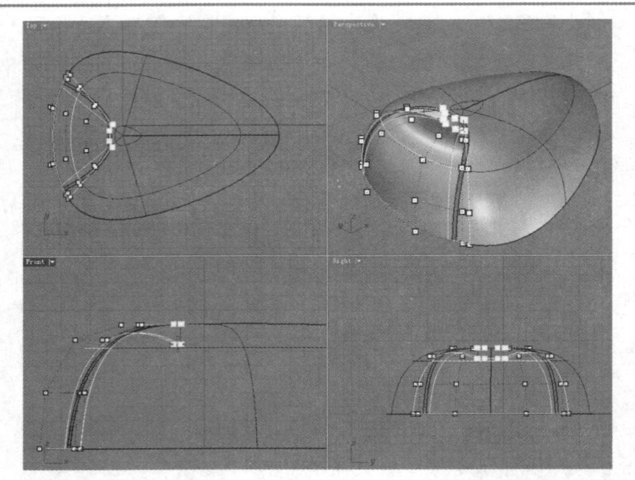

图12-34

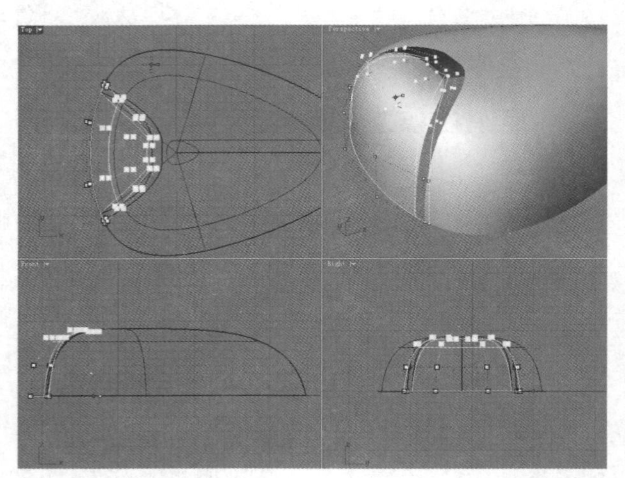

图12-35

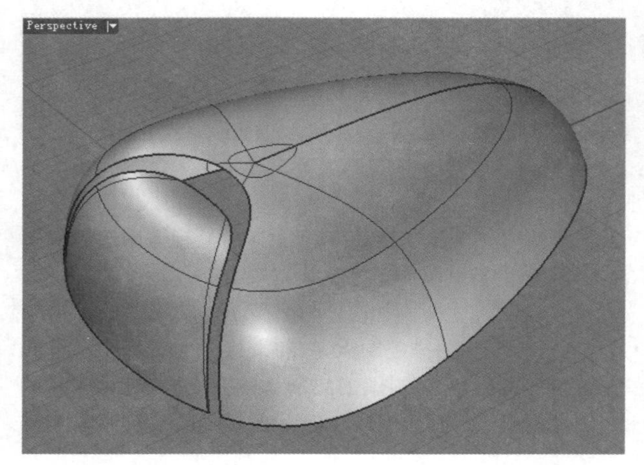

图12-36

技巧与提示

注意整个控制点移动的过程中，最下边两行控制点不移动。

11 单击“混接曲面”工具，选择视图中两个曲面的边进行混接，在“调整曲面混接”对话框中设置连续性为“曲率”，如图12-37所示，生成的混接曲面的效果如图12-38所示。

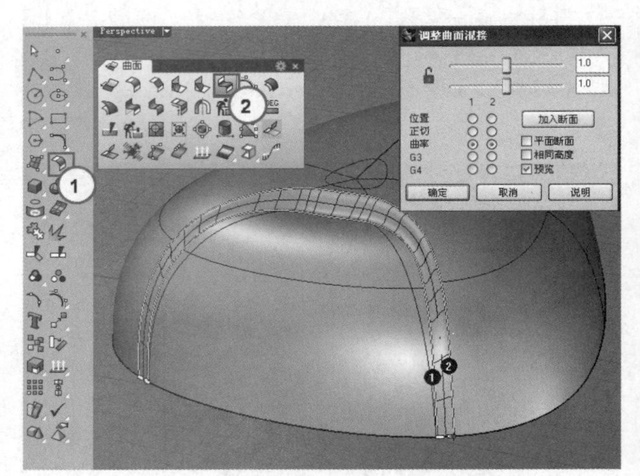

图12-37

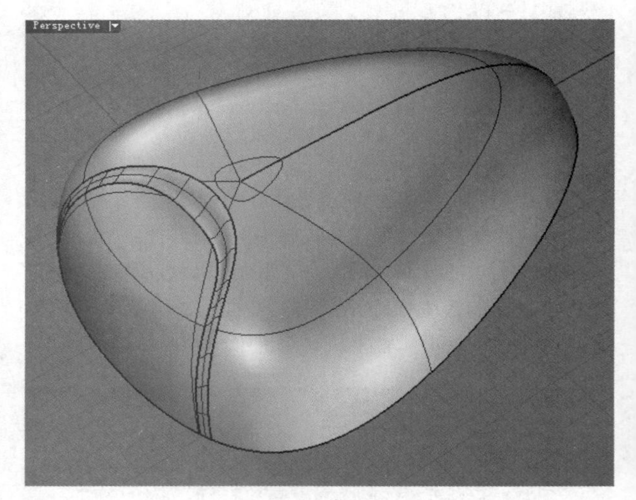

图12-38

12 将“基础线面”图层设置为当前工作图层，然后使用“控制点曲线/通过数个点的曲线”工具在Top（顶）视图中绘制如图12-39所示的曲线。

13 使用鼠标左键单击“镜射/三点镜射”工具，在Top（顶）视图中将上一步绘制的曲线沿x轴进行镜像复制，如图12-40所示。

14 使用鼠标左键单击“分割/以结构线分割曲面”工具，以镜像后的两条曲线对顶面曲面进行分割，如图12-41所示。

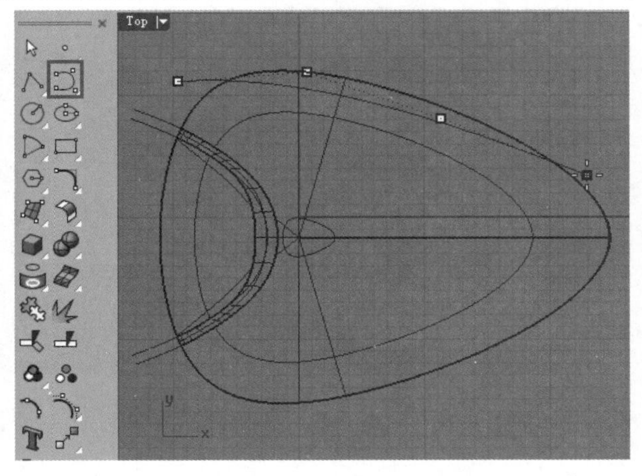

图12-39

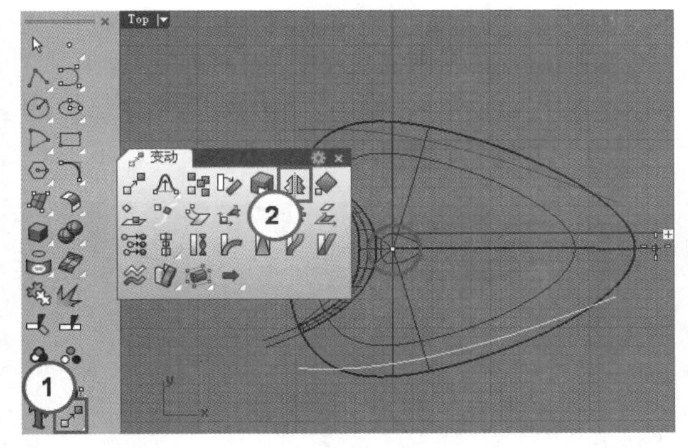

图12-40

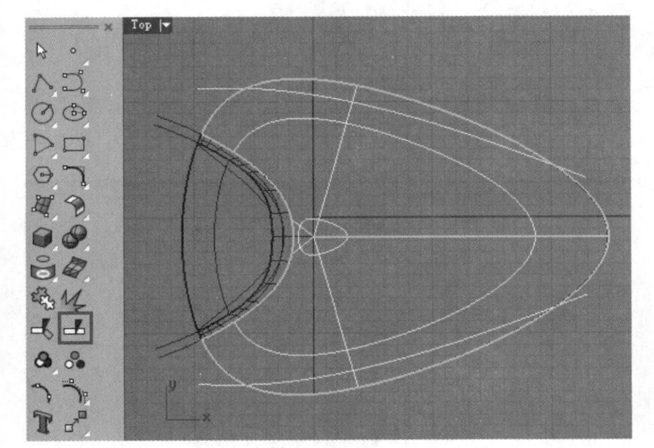

图12-41

15 使用“移动”工具将分割出来的顶面侧面进行移动，如图12-42所示。

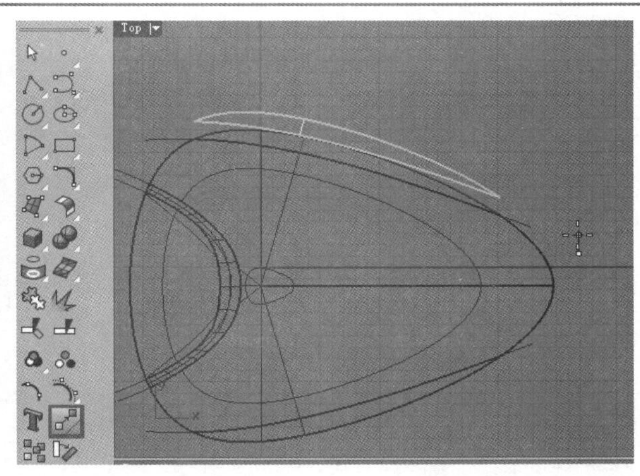

图12-42

16 选择上一步移动后的侧面，然后单击“二轴缩放”工具，并开启“平面模式”功能和“中心点”捕捉模式，接着在Front（前）视图中捕捉中心点将曲面缩小，如图12-43所示。

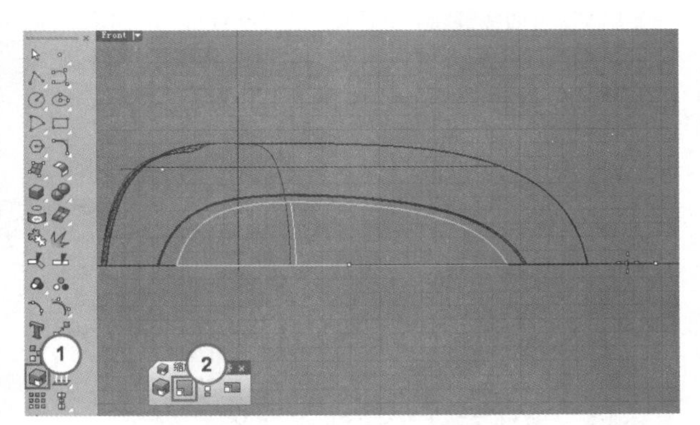

图12-43

17 使用鼠标左键单击“2D旋转/3D旋转”工具，对缩小后的曲面进行旋转，如图12-44所示。

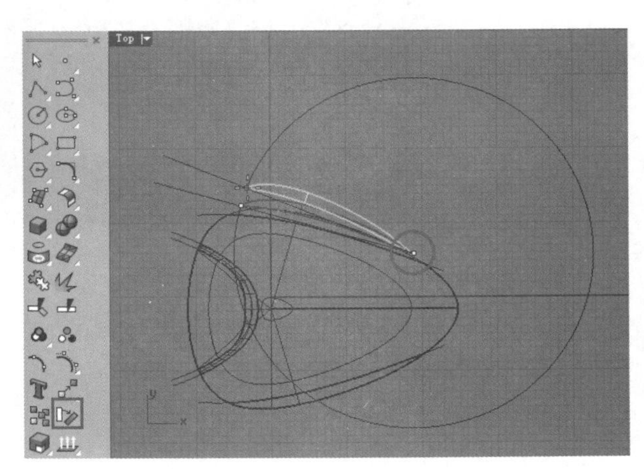

图12-44

18 使用“移动”工具再次移动该侧面，如图12-45所示。

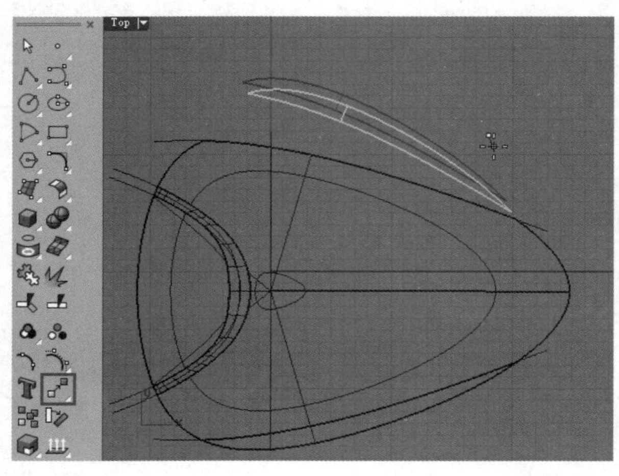

图12-45

19 关闭“基础线面”图层，使用鼠标左键单击“可调式混接曲线/混接曲线”工具，然后选择两个曲面的底边，系统弹出“调节曲线混接”对话框，设置连续性为“曲率”，再对过渡曲面的控制点进行调整，如图12-46所示，最后单击确定按钮，得到过渡曲线，如图12-47所示。

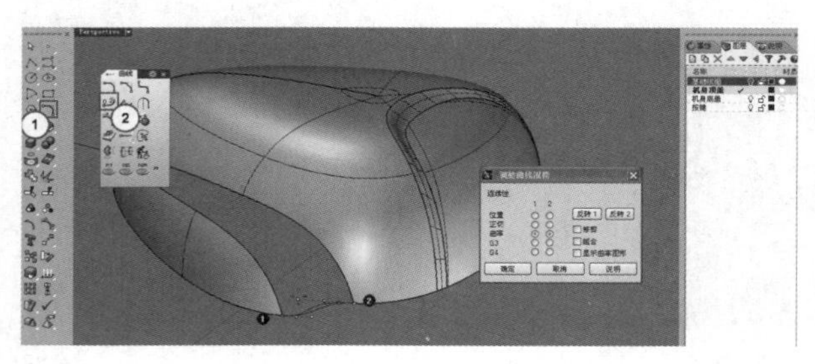

图12-46

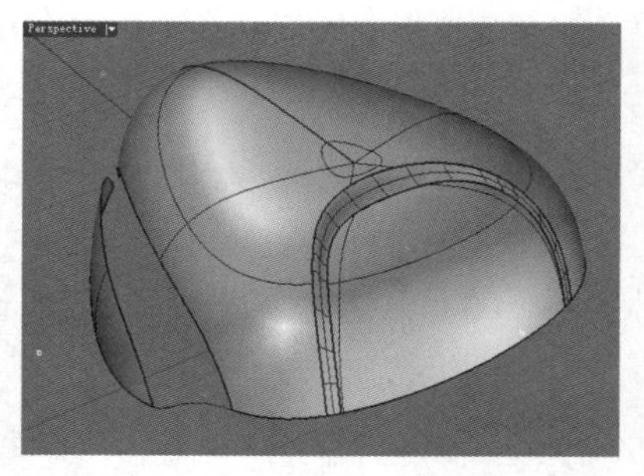

图12-47

20 再次启用“可调式混接曲线/混接曲线”工具，创建另一侧的过渡曲线，如图12-48所示。

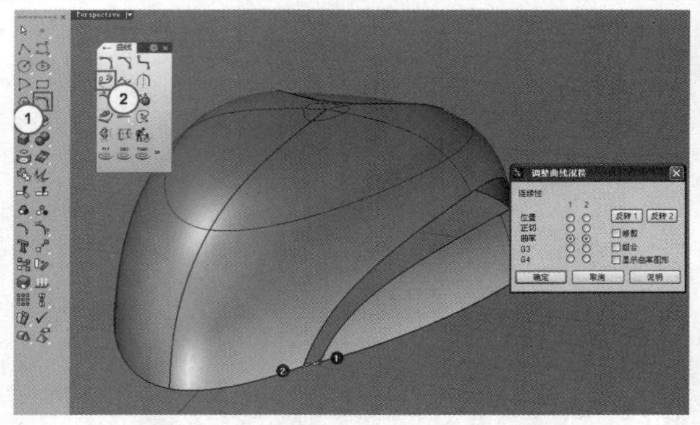

图12-48

21 单击“双轨扫掠”工具，选择如图12-49所示的两条边缘作为路径轨迹，再选择前面创建的两条混接曲线作为截面曲线，接着单击鼠标右键打开“双轨扫掠选项”，在该对话框中设置连续性为“曲率”，其他保持不变，如图12-50所示，最后单击确定按钮，得到如图12-51所示的双轨扫掠模型（以渲染模式显示）。

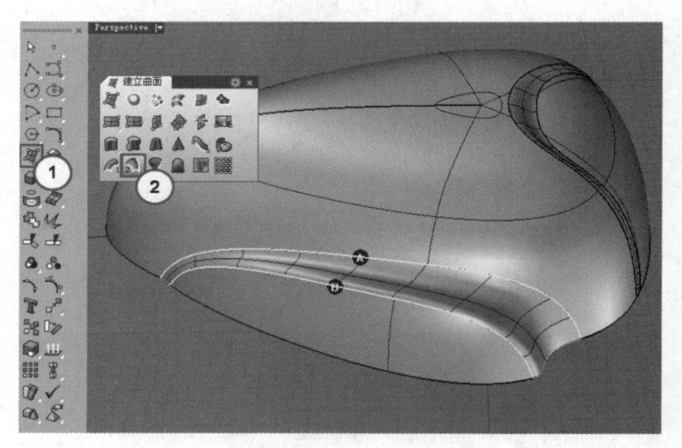

图12-49

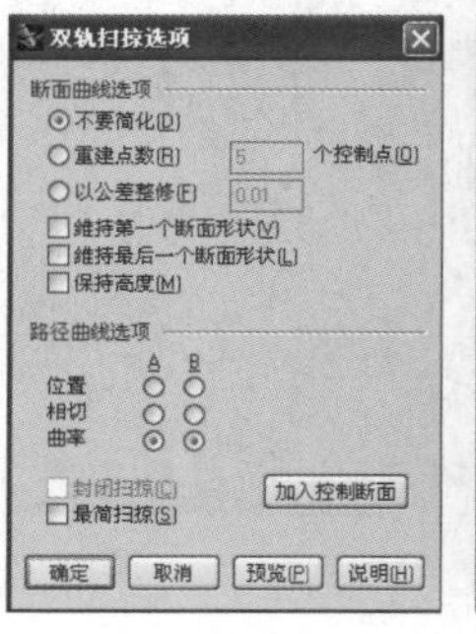

图12-50

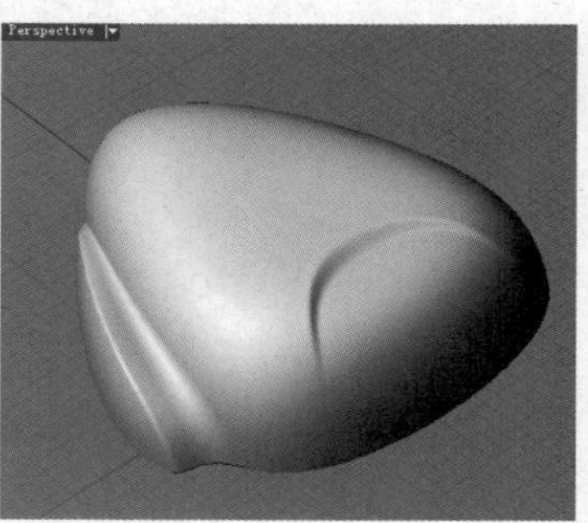

图12-51

22 选择另一侧修剪出来的侧面，按Delete键删除，如图12-52所示。

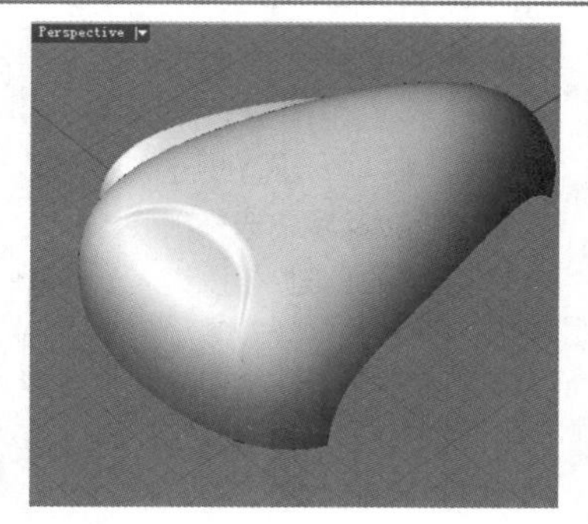

图12-52

23 打开“基础线面”图层，然后使用鼠标左键单击“镜射/三点镜射”工具，将侧面的两个曲面镜像复制到另一侧，如图12-53所示。

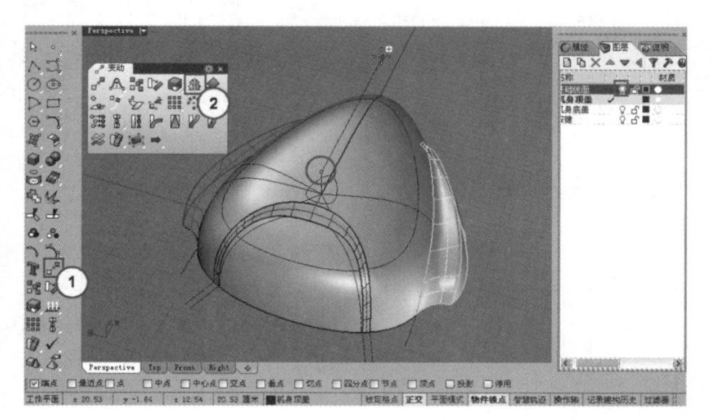

图12-53

24 关闭“基础线面”图层，将所有曲线隐藏，然后分别使用“着色模式”和“渲染模式”查看机身顶盖模型，如图12-54和图12-55所示。

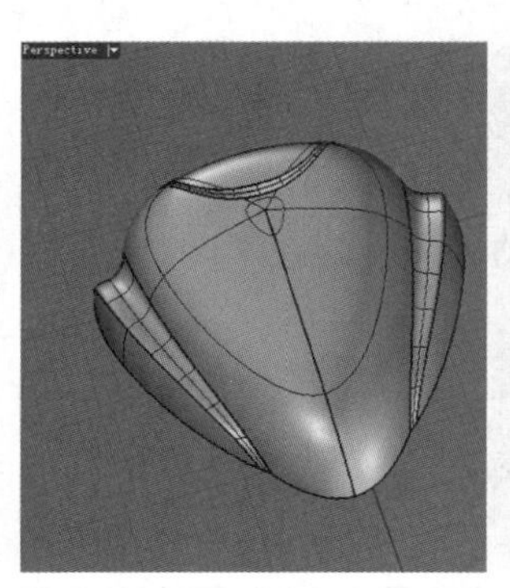

图12-54

图12-55

25 使用“组合”工具将机身顶盖曲面组合为一个整体，如图12-56所示。

26 单击“偏移曲面”工具，将多重曲面向内偏移，设置“实体”为“是”，得到具有一定厚度的机身顶盖模型，如图12-57所示。

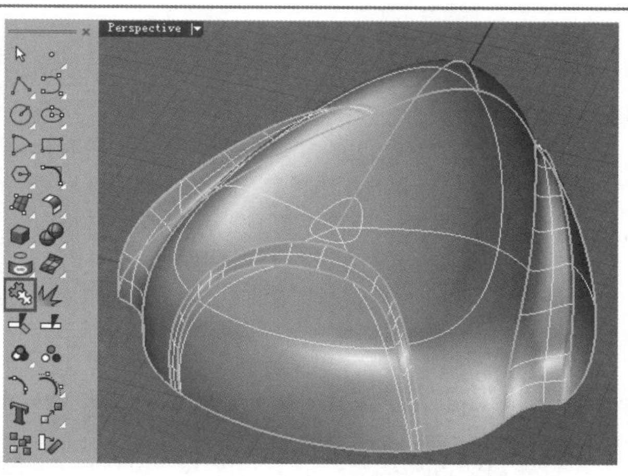

图12-56

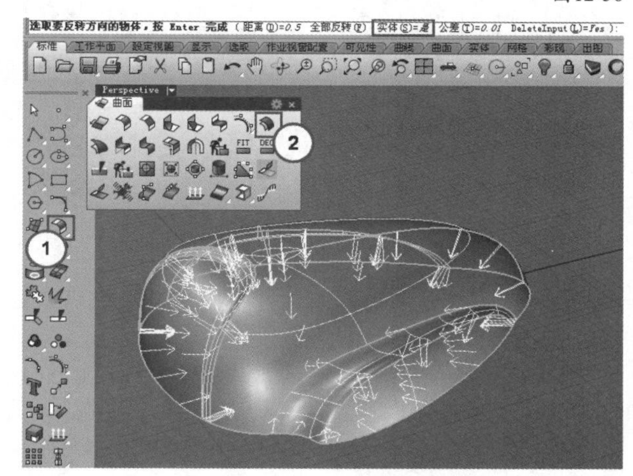

图12-57

技巧与提示

注意，偏移时在过渡面部分如果发生变形，可以使用“设定XYZ坐标”工具将偏移后的曲面底边控制点进行z方向对齐（该工具位于“变动”工具面板中），再利用“以二、三或四个边缘曲线建立曲面”工具重新生成两曲面之间的过渡平面。

现在就完成了机身顶盖模型的制作，效果如图12-58和图12-59所示。

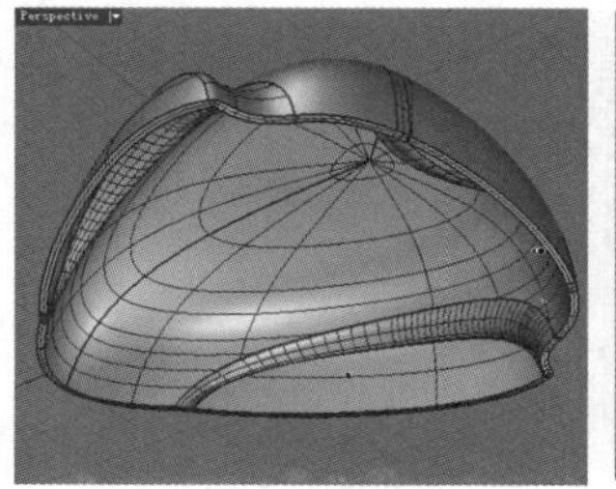

图12-58

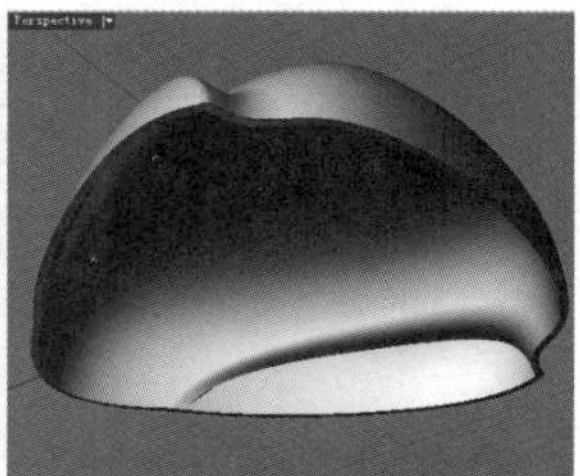

图12-59

12.5 制作按键

01 将“按键”图层设置为当前工作图层，然后单击“建立圆洞”工具，并选择机身顶盖，接着在命令行单击“贯穿”选项，设置“贯穿”为“是”，再单击“方向”选项，设置“方向”为“曲面法线”，最后打开“最近点”捕捉模式，捕捉如图12-60所示的点确定圆洞位置，得到如图12-61所示的模型。

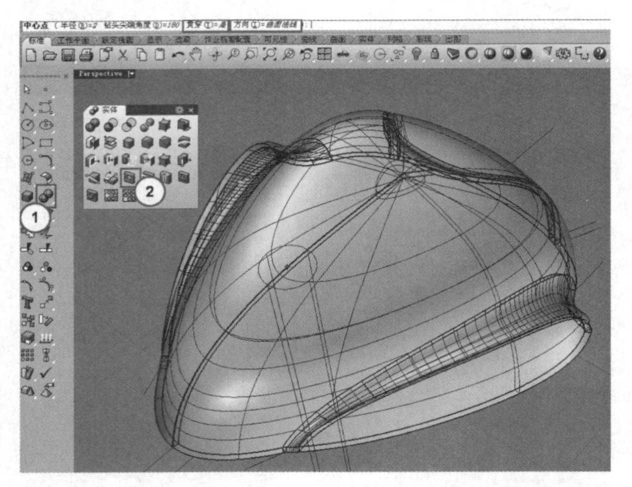
图12-60

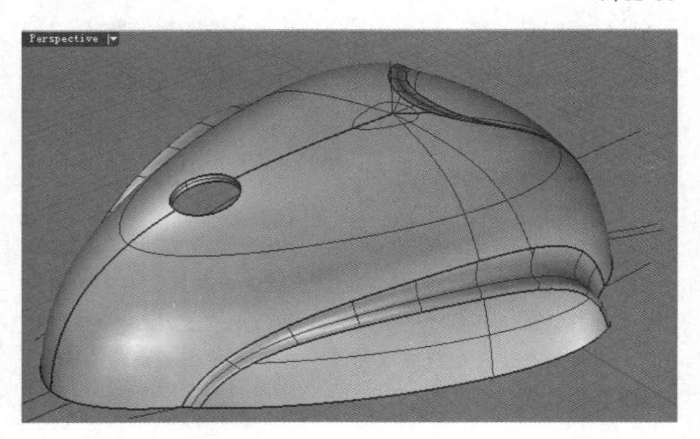
图12-61

02 将“基础线面”图层设置为当前工作图层，然后使用“圆：直径”工具绘制一个与圆洞顶面的圆形边线同样大小的圆，如图12-62所示。

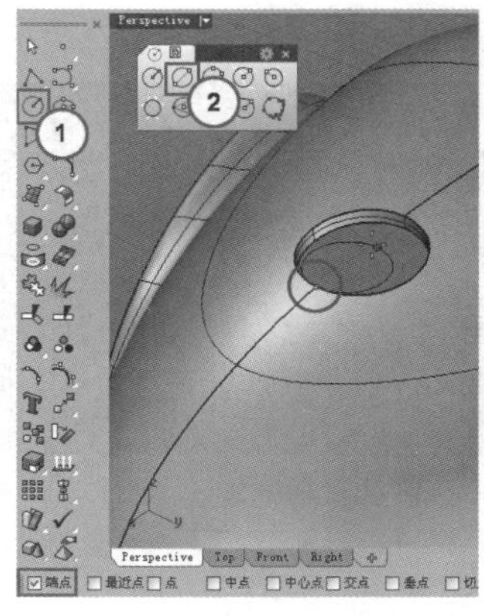
图12-62

03 将“按键”图层设置为当前工作图层，然后单击“以平面曲线建立曲面”工具，选择上一步绘制的圆建立按键平面，如图12-63所示。

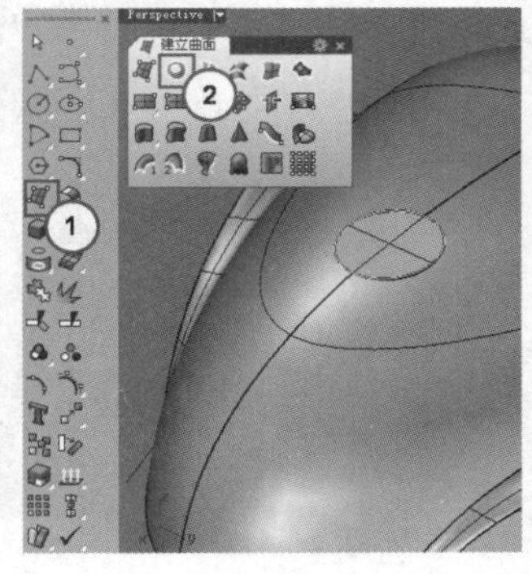
图12-63

04 单击“挤出曲面”工具，挤出上一步创建的圆面，如图12-64所示。

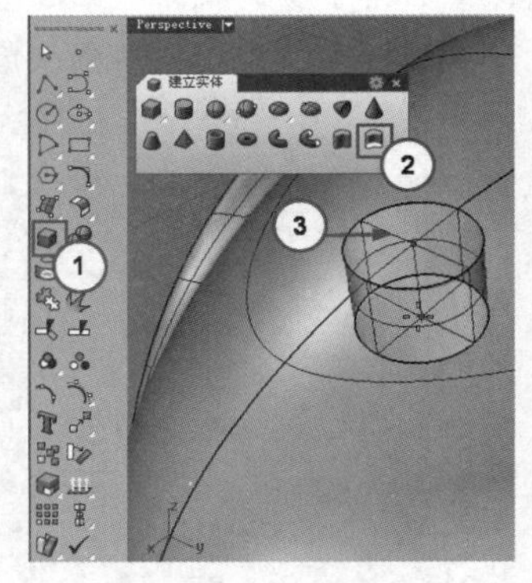
图12-64

05 关闭“基础线面”图层，使用鼠标左键单击“不等距边缘圆角/不等距边缘混接”工具，对挤出的实体模型的顶边进行导圆角处理，如图12-65和图12-66所示，效果如图12-67所示。

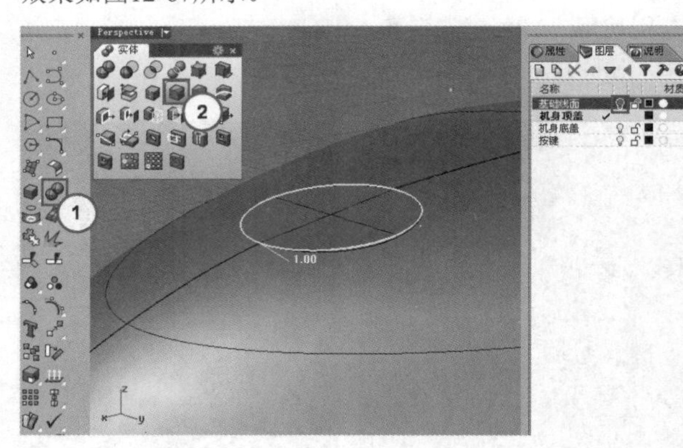
图12-65

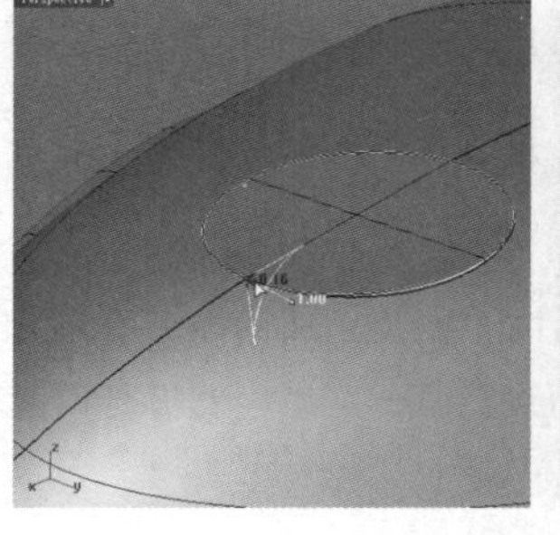
图12-66

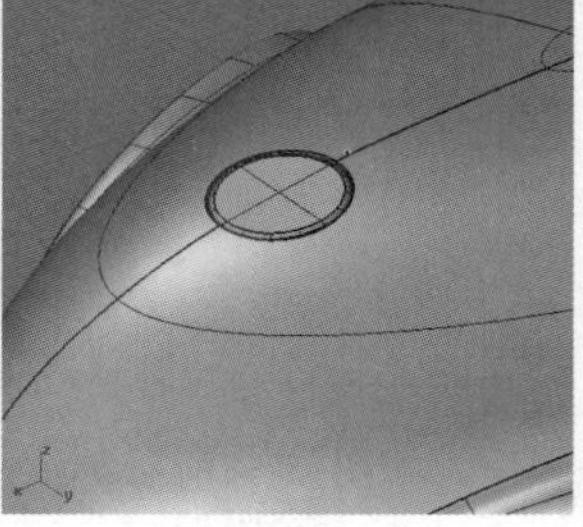
图12-67

06 使用相同的方法对顶盖圆洞边缘进行导圆角处理，得到如图12-68所示的模型。

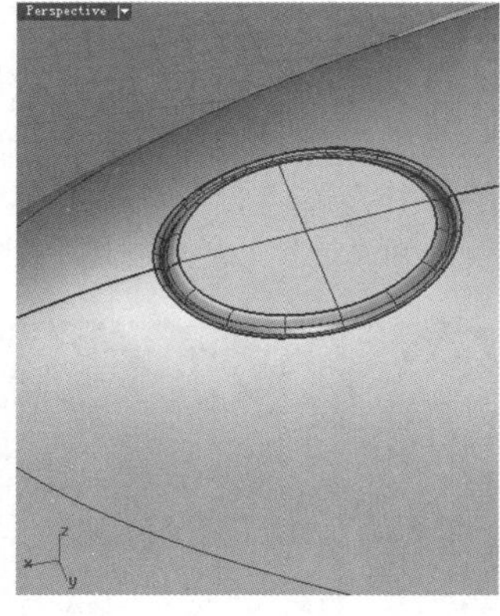

图12-68

07 单击“设定工作平面至物件”工具，选择按键顶面，将工作平面设置为按键顶面所在的平面，如图12-69和图12-70所示。

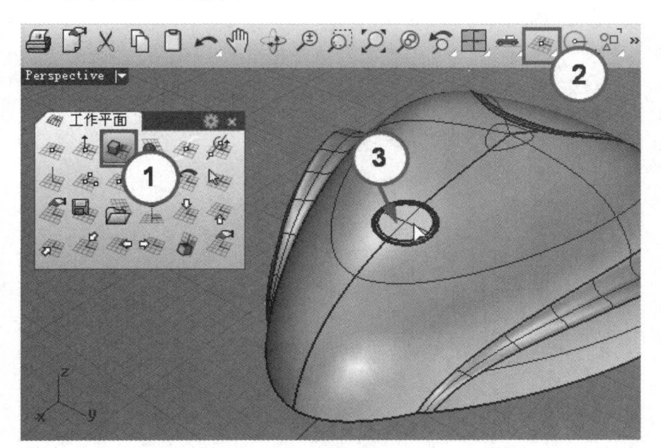

图12-69

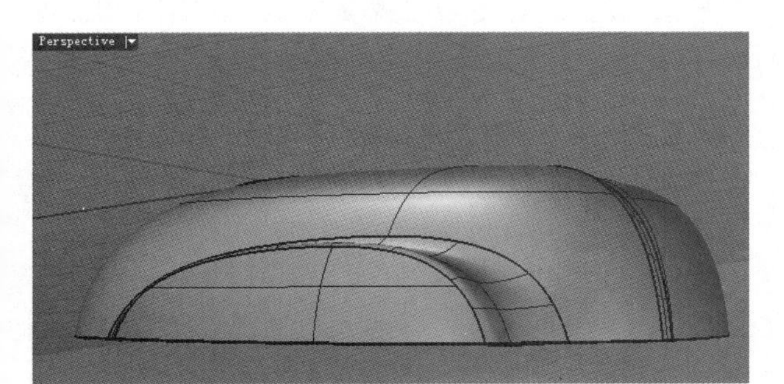

图12-70

08 将“基础线面”图层设置为当前工作图层，然后使用“多边形：中心点、半径”工具在按键顶面的中心位置绘制一个正三角形，如图12-71所示。

09 将“按键”图层设置为当前工作图层，然后单击“挤出封闭的平面曲线”工具，将上一步绘制的三角形挤出，挤出时设置“两侧”为“是”、“实体”为“是”，如图12-72所示。

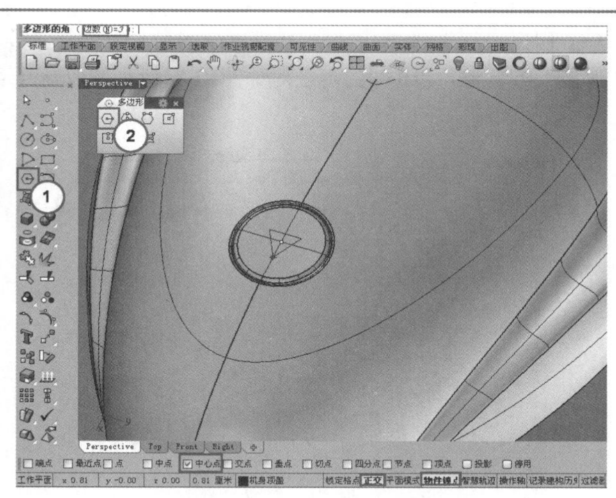

图12-71

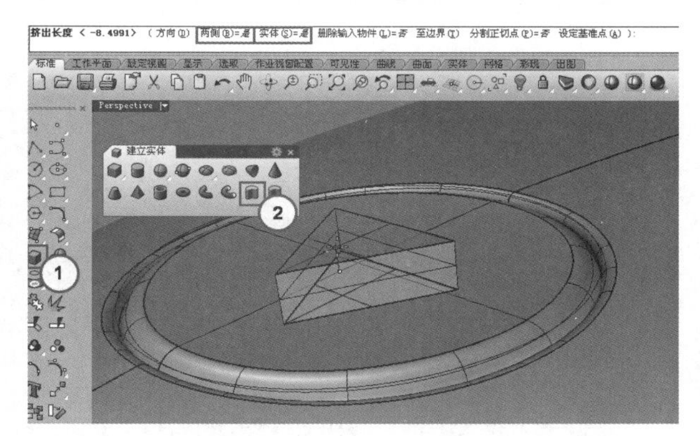

图12-72

10 使用“布尔运算差集”工具将三角体从按键模型中减去，如图12-73所示，运算后的效果如图12-74所示。

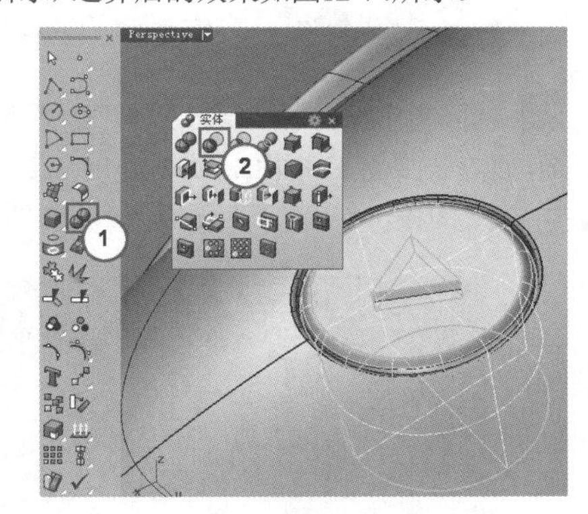

图12-73

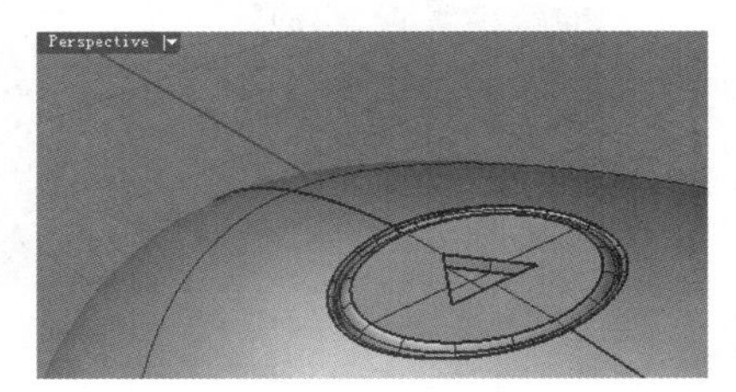

图12-74

11 使用鼠标左键单击“不等距边缘圆角/不等距边缘混接”工具，以0.03的半径对如图12-75所示的边导圆角，结果如图12-76所示。

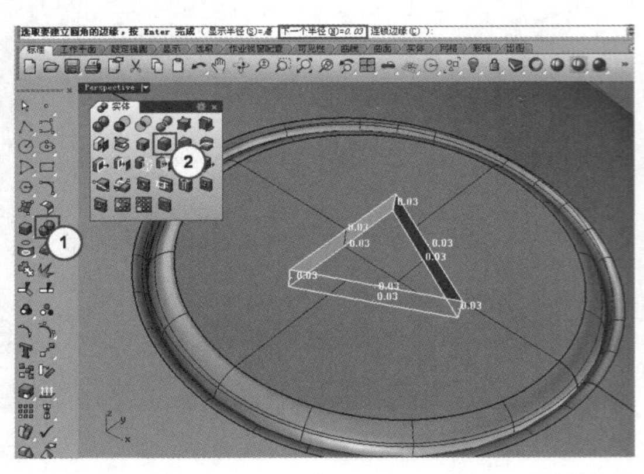

图12-75

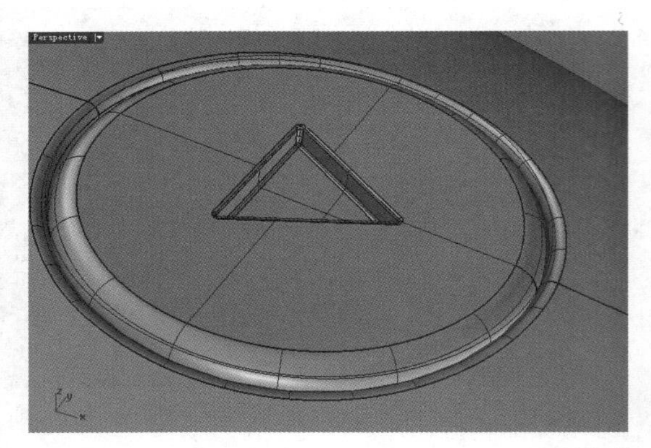

图12-76

12.6 制作挂孔

01 前面制作按键的时候将工作平面更改为按键所在的平面，现在需要将工作平面还原。单击“设定工作平面为世界Top”工具，将工作平面还原，如图12-77所示。

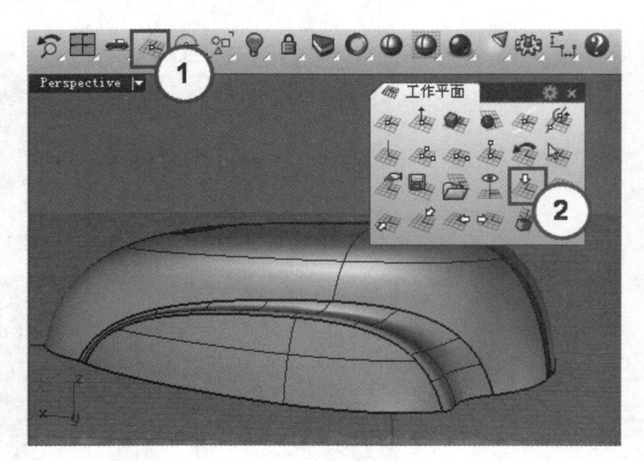

图12-77

02 关闭“基础线面”图层，隐藏所有曲面，然后将“机身顶盖”图层设置为当前工作图层，接着单击“圆柱体”工具，并在命令行单击“实体”选项，设置“实体”为“否”，再单击“两侧”选项，调整“两侧”为“是”，最后创建一个如图12-78所示的圆柱面。

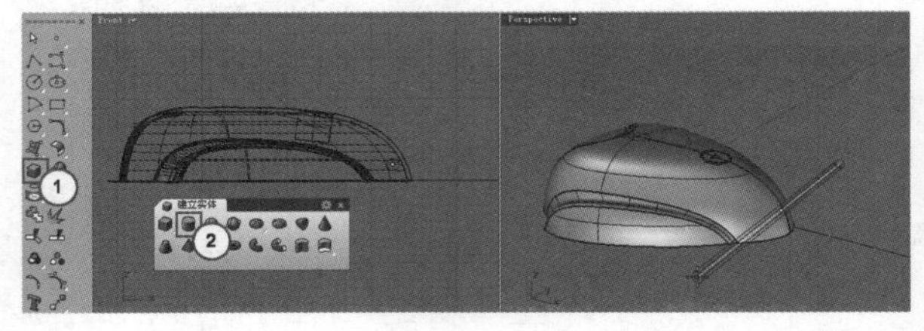

图12-78

03 使用鼠标左键单击“分割/以结构线分割曲面”工具，以上一步创建的圆柱面对机身顶盖模型进行分割，如图12-79所示。

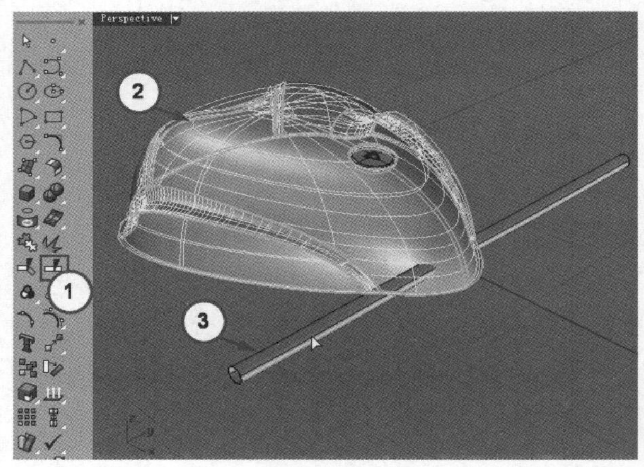

图12-79

04 再次启用“分割/以结构线分割曲面”工具，以机身顶盖对圆柱面进行分割，如图12-80所示。

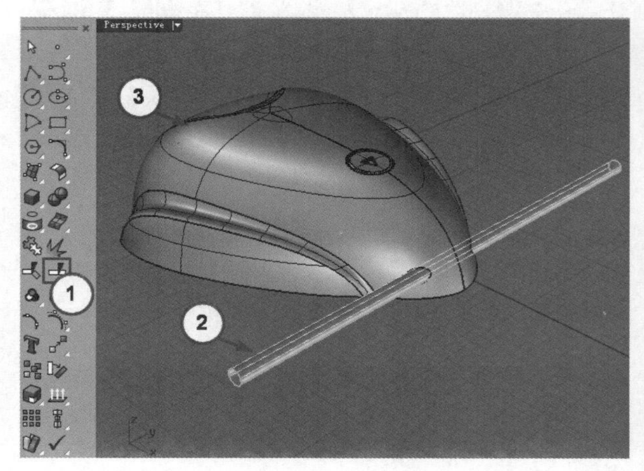

图12-80

05 选择多余的面，按Delete键删除，得到如图12-81所示的模型。

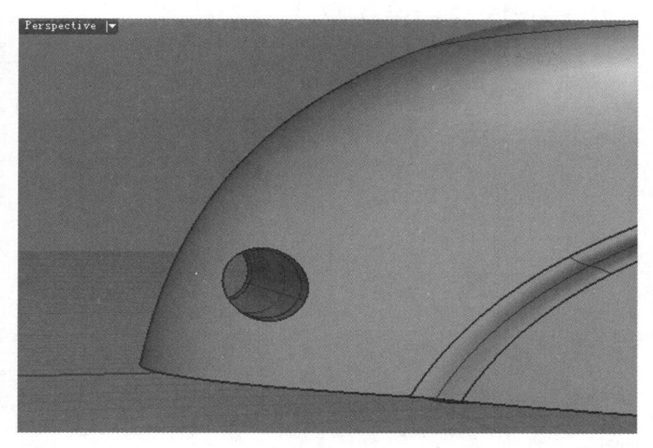

图12-81

06 新建一个名为“挂孔”的图层，然后选择如图12-82所示的曲面，并将其移动到“挂孔”图层中。

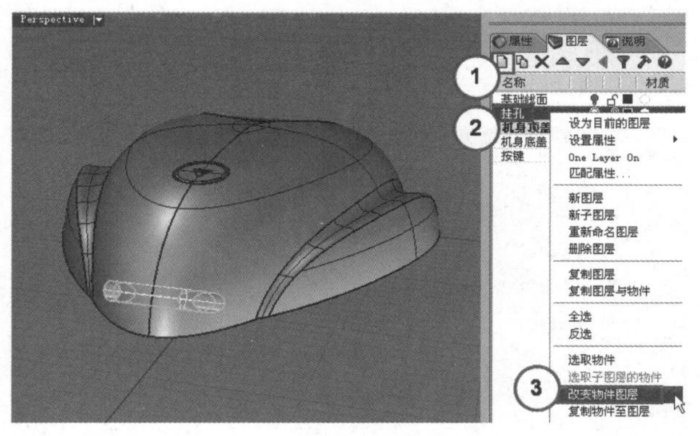

图12-82

07 使用鼠标左键单击“不等距边缘圆角/不等距边缘混接”工具，选择挂孔的边进行导圆角处理，如图12-83所示，效果如图12-84所示。

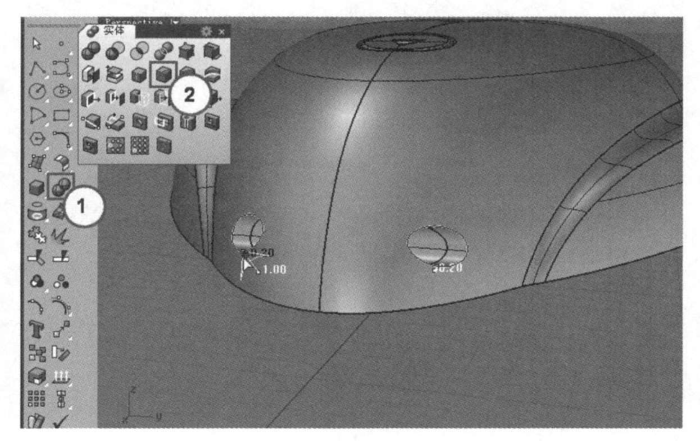

图12-83

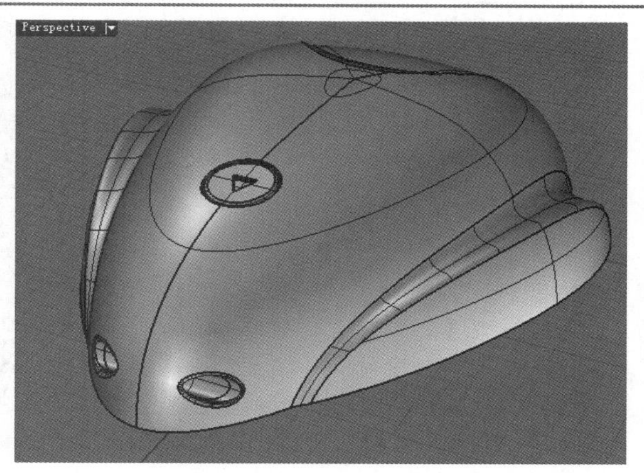

图12-84

12.7 制作底盖

01 将“机身底盖”图层设置为当前工作图层，然后单击“矩形平面：角对角”工具，创建一个如图12-85所示的矩形平面。

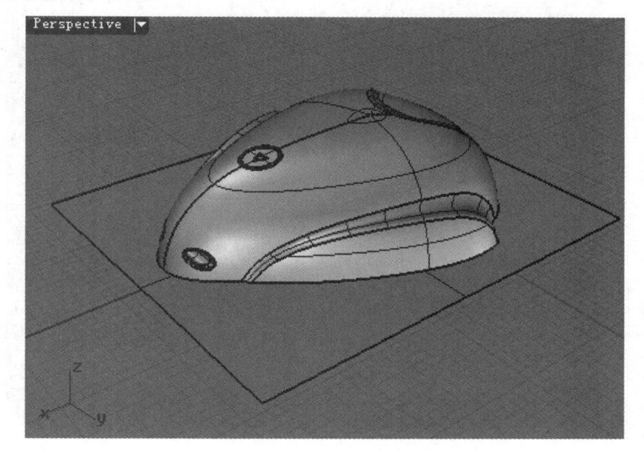

图12-85

02 使用鼠标左键单击“分割/以结构线分割曲面”工具，以机身顶盖模型对平面进行分割，如图12-86所示，然后再选择如图12-87所示的曲面，按Delete将其删除，得到底面模型。

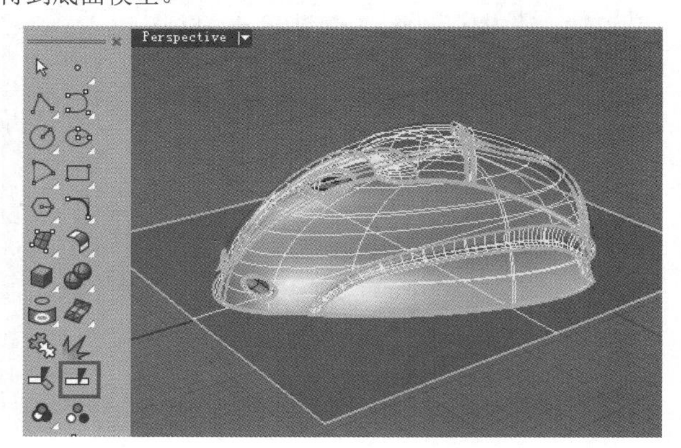

图12-86

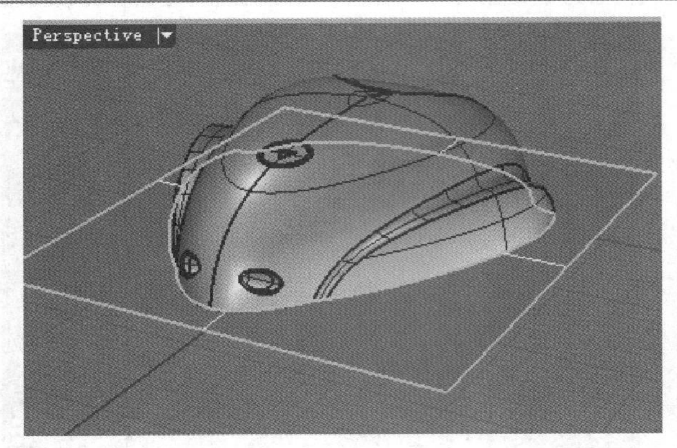

图12-87

03 打开“基础线面”图层，单击“圆：中心点、半径”工具，再打开“端点”和“最近点”捕捉模式，接着在Top（顶）视图中绘制如图12-88所示的4个圆。

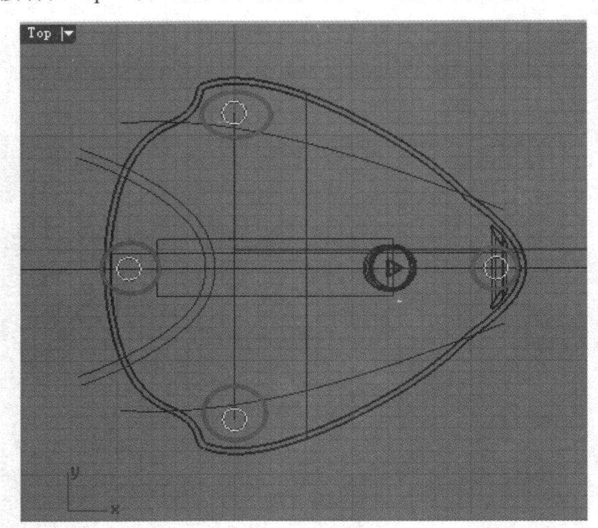

图12-88

04 单击“挤出封闭的平面曲线”工具，将上一步绘制的4个圆挤出为4个圆柱实体，如图12-89所示。

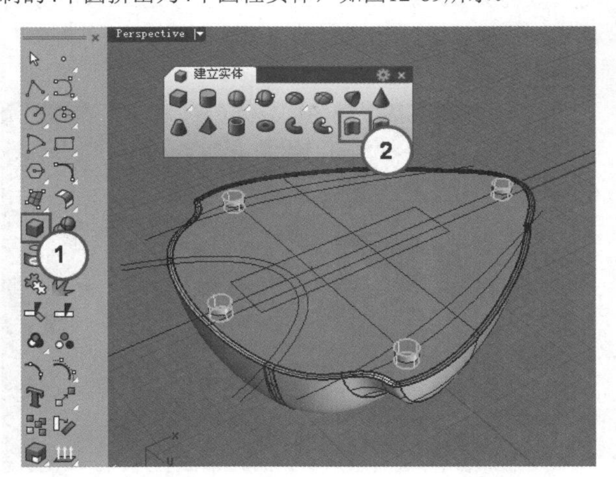

图12-89

05 使用鼠标左键单击“分析方向/反转方向”工具，然后选择底面平面，如图12-90所示，从图中可以看到该平面的方向指向遥控器内部，在命令行中单击“反转”选项，改变平面的方向，效果如图12-91所示。

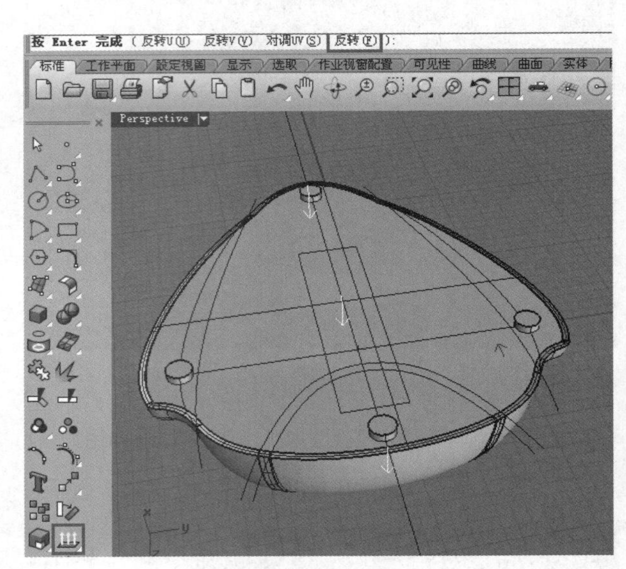

图12-90

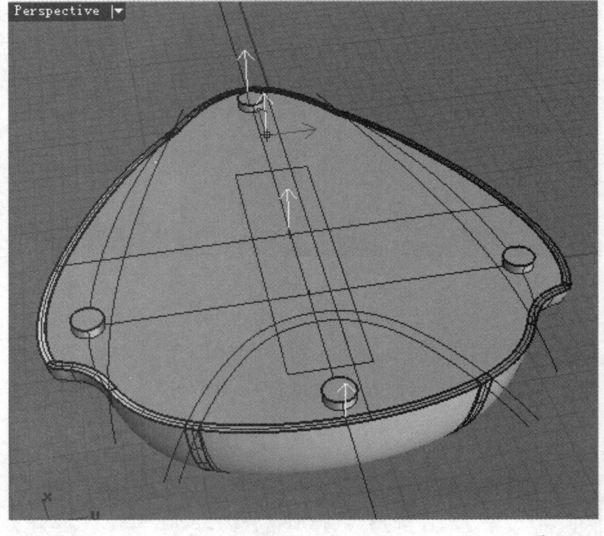

图12-91

06 使用“布尔运算差集”工具将4个圆柱体从底面平面中减去，如图12-92所示，完成操作后关闭“基础线面”图层，得到如图12-93所示的模型。

07 打开“基础线面”图层，然后选择如图12-94所示的圆移动到遥控器外。

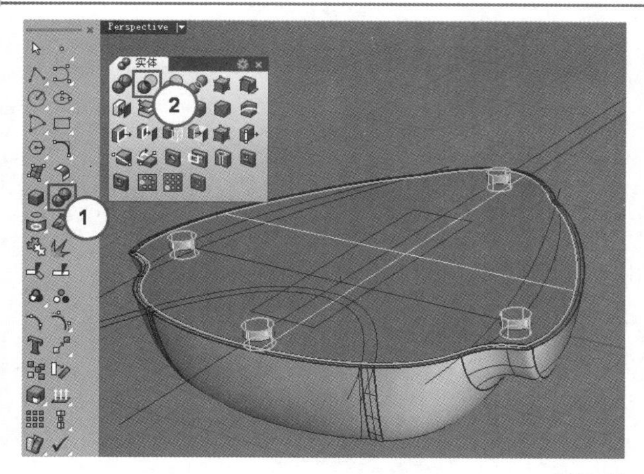

图12-92

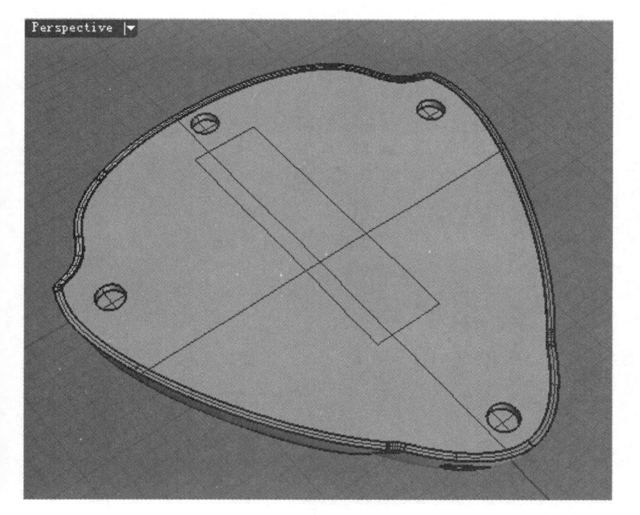

图12-93

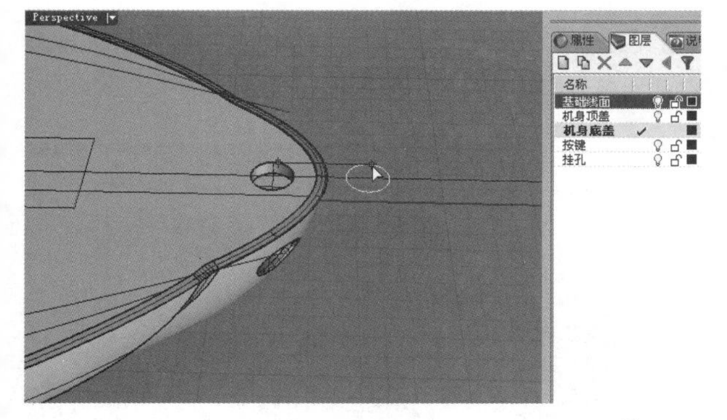

图12-94

08 单击“球体：直径”工具，打开“四分点”捕捉模式，捕捉圆的四分点创建一个球体，如图12-95所示。

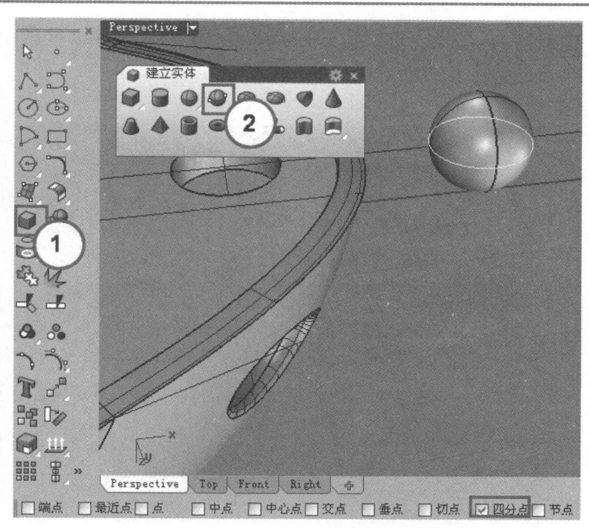

图12-95

09 使用鼠标右键单击“分割/以结构线分割曲面”工具，在球体上半部分的合适位置指定一点分割球体，如图12-96所示，然后将球体的下半部分删除，如图12-97所示。

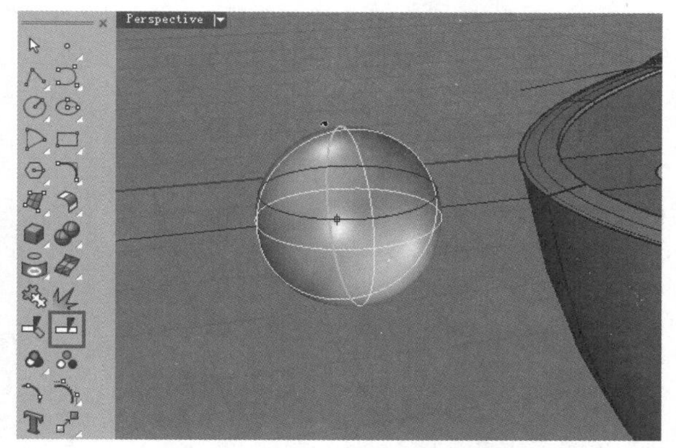

图12-96

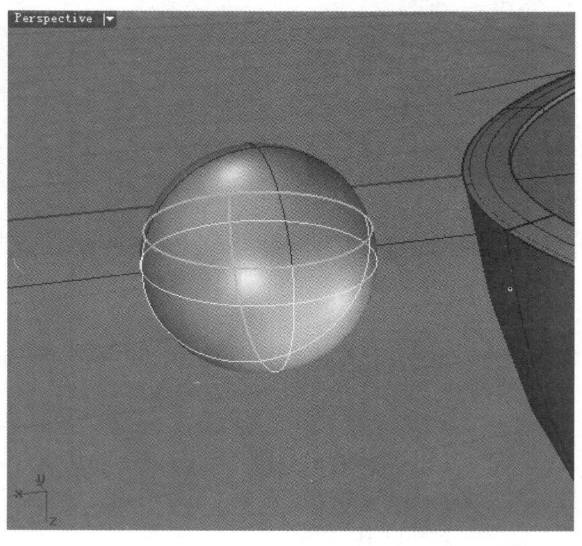

图12-97

10 单击“以平面曲线建立曲面”工具，对上半部分球面的边封面，如图12-98所示。

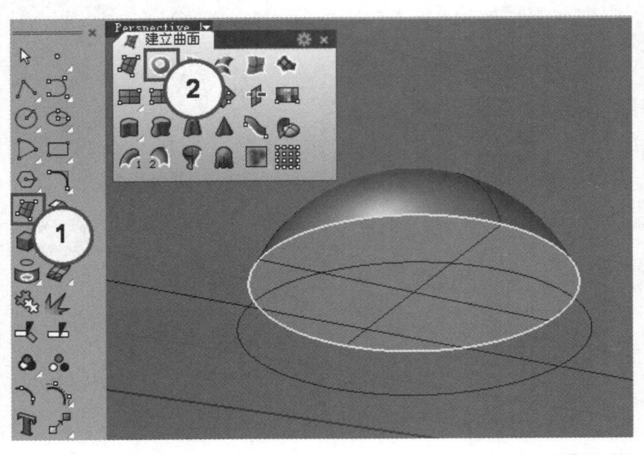

图12-98

11 单击“选取曲线”工具，将视图中的曲线全部选中，然后将其移动到“基础线面”图层中，再关闭该图层，接着单击“设定工作平面至物件”工具，将工作平面设置为上一步创建的圆面所在的平面上，如图12-99所示。

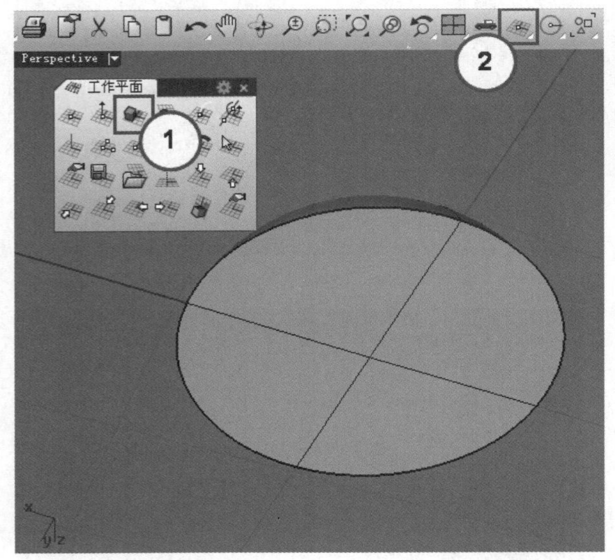

图12-99

12 单击“多边形：星形”工具，打开“中心点”捕捉模式，绘制如图12-100所示的五角星图形。

13 单击“挤出封闭的平面曲线”工具，挤出上一步绘制的五角星图形，设置“两侧”为“否”、“实体”为“是”，如图12-101所示。

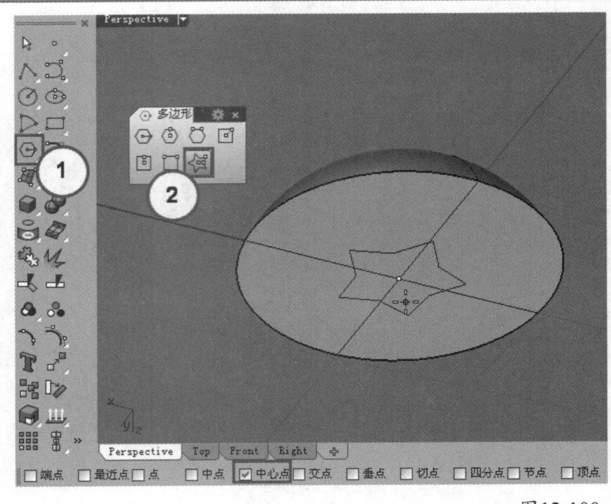

图12-100

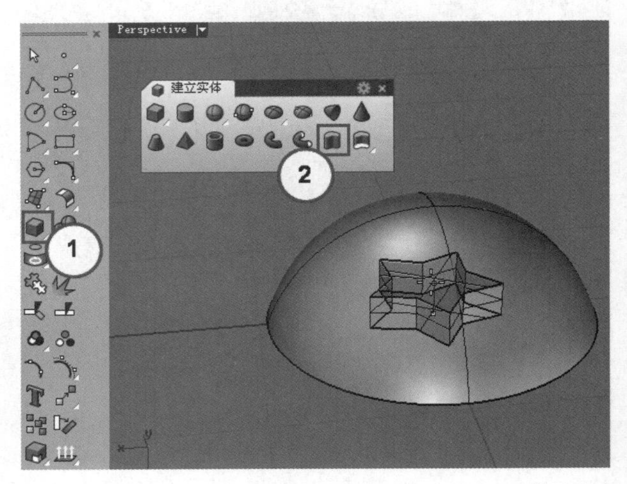

图12-101

14 在Front（前）视图中将上一步创建的五角星实体模型拖曳至如图12-102所示的位置。

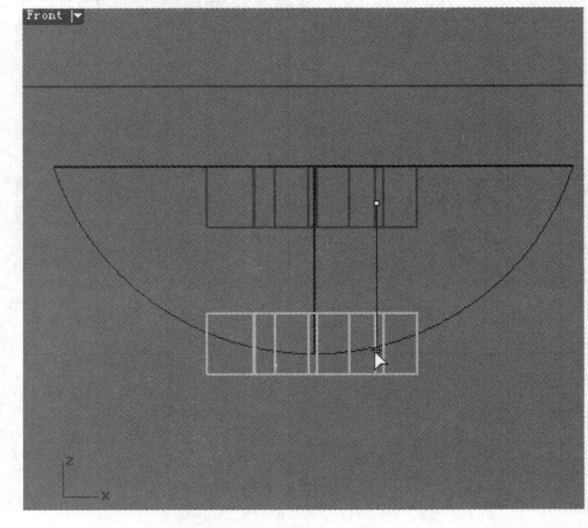

图12-102

15 使用“布尔运算差集”工具将五角星实体从半球实体中减去，如图12-103和图12-104所示。

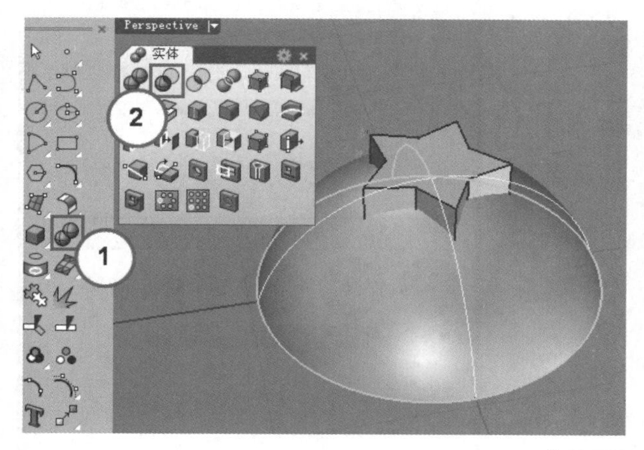

图12-103

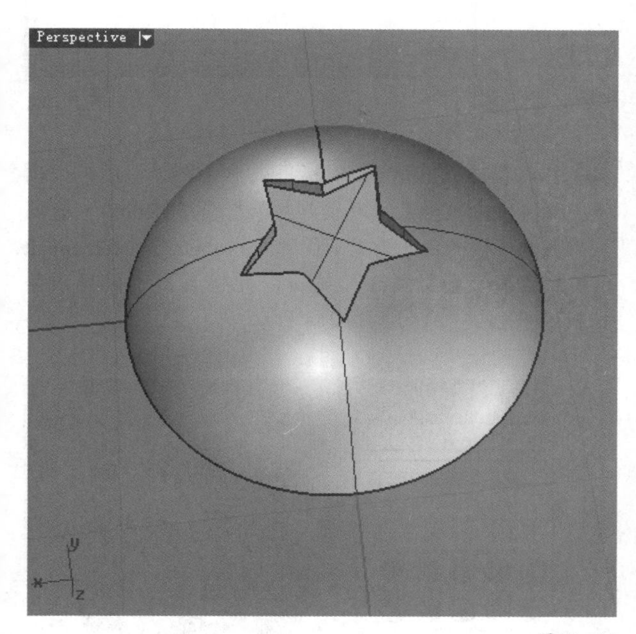

图12-104

16 单击“圆柱体”工具，打开“中心点”捕捉模式，捕捉底面平面的中心为圆柱体底面的中心点，创建一个如图12-105所示的圆柱体，得到螺钉物件。

17 单击“选取曲线”工具，将视图中的曲线全部选中，然后将其移动到“基础线面”图层中，接着单击“设定工作平面为世界Top”工具，调整工作平面设置，最后将螺钉物件复制4个到如图12-106所示的位置。

现在就完成了底盖的制作，同时也完成了汽车遥控器模型的制作，最终效果如图12-107和图12-108所示。

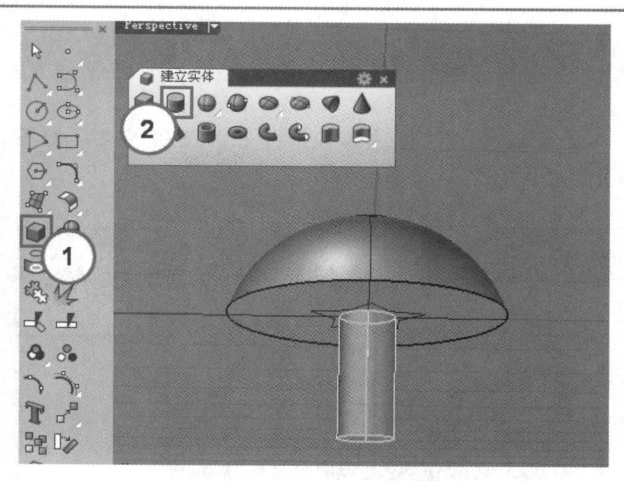

图12-105

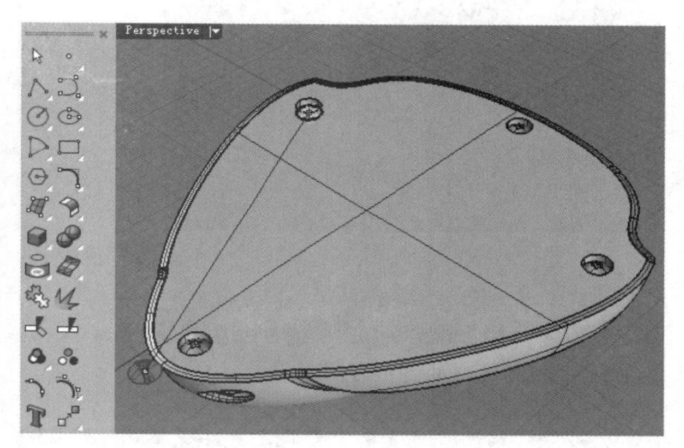

图12-106

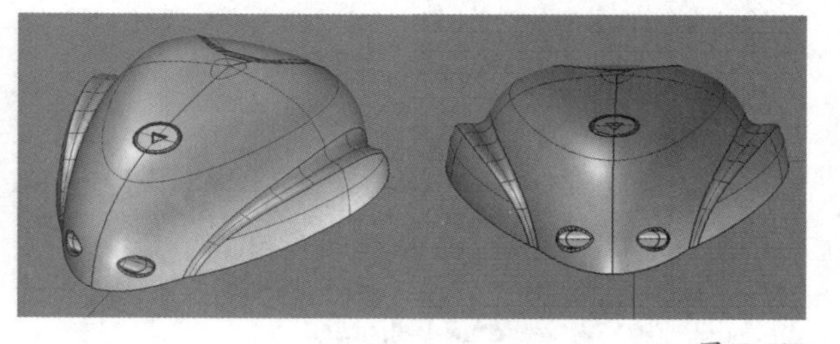
图12-107

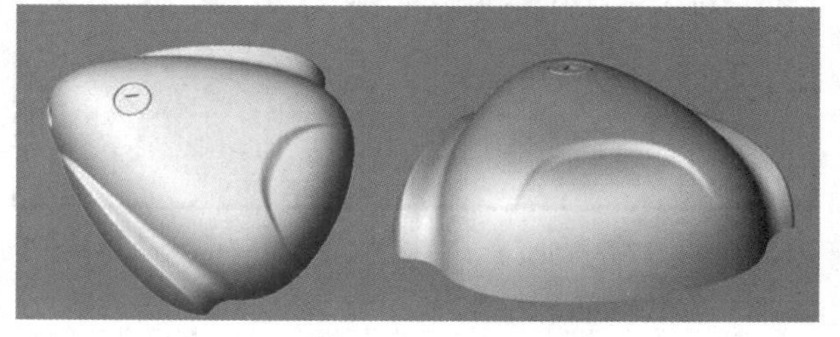
图12-108

12.8 模型渲染

01 整理模型，将各部件按分好的图层归类，如图12-109所示。

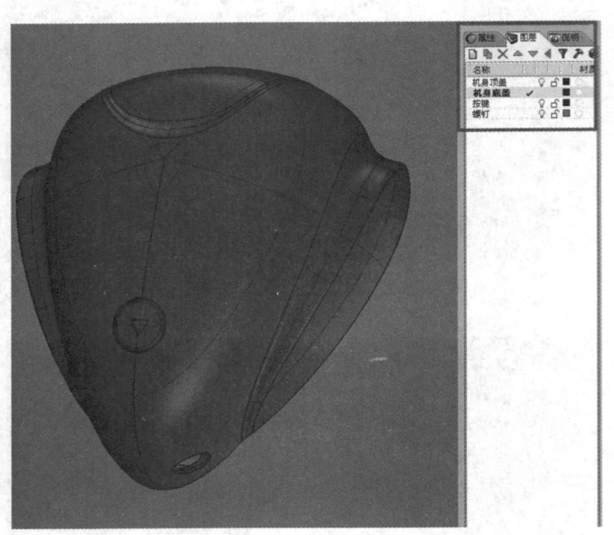

图12-109

02 按Ctrl+S组合键保存文件，然后运行KeyShot 3，并导入保存的文件，如图12-110所示。

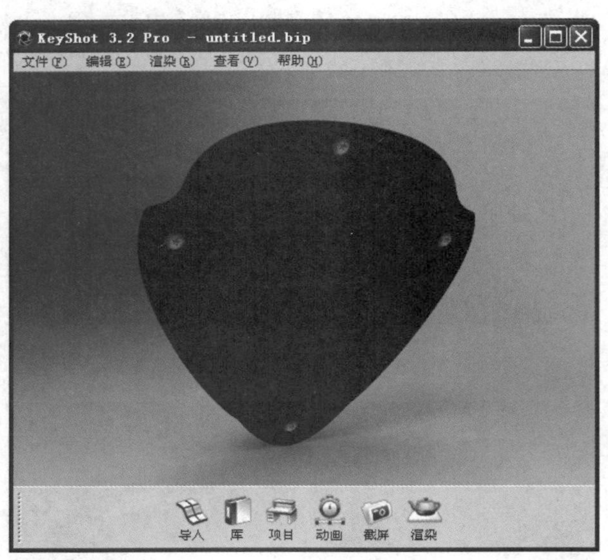

图12-110

03 打开“项目”对话框，查看相应的分类和对应的材质，如图12-111所示。

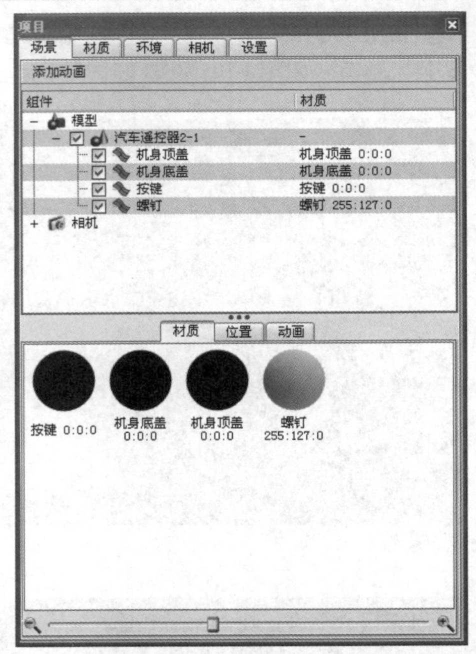

图12-111

04 打开“KeyShot库”对话框，然后在“材质”选项卡下展开Paint（油漆）目录，并单击选择Metallic（金属漆）分类，接着在该分类下找到Paint-metallic deep cobalt bl（油漆-深蓝色金属漆）材质，并将其赋予机身顶盖和机身底盖，如图12-112所示。

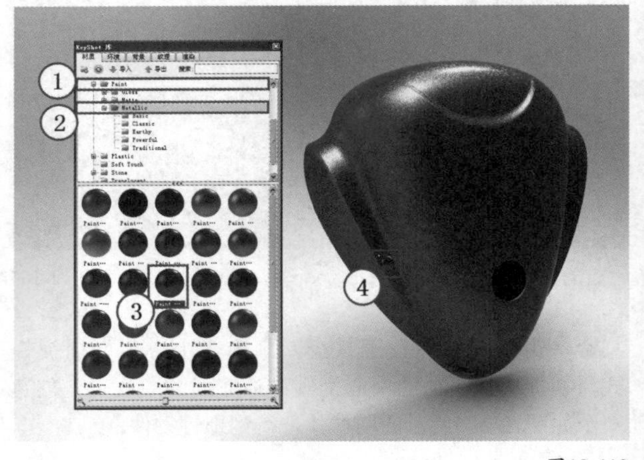

图12-112

05 展开Metal（金属）目录，然后单击Aluminum（铝）分类，接着找到Aluminum rough（粗糙的铝）材质，并将其赋予螺钉，如图12-113所示。

06 再次展开Paint（油漆）目录，然后单击Metallic（金属漆）分类，接着将Paint-metallic slate grey（油漆-瓦灰色金属漆）材质赋予按键，如图12-114所示。

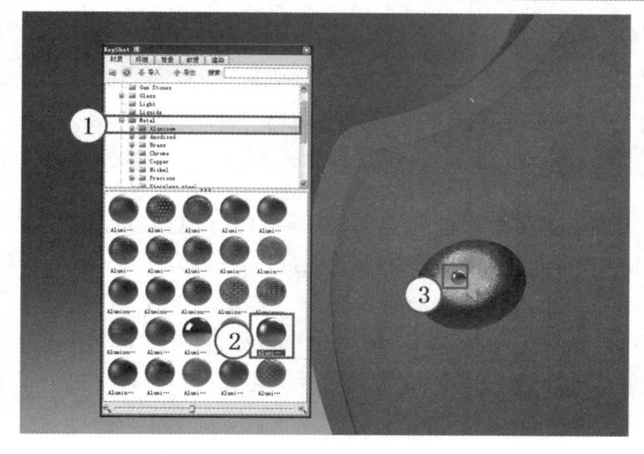

图12-113

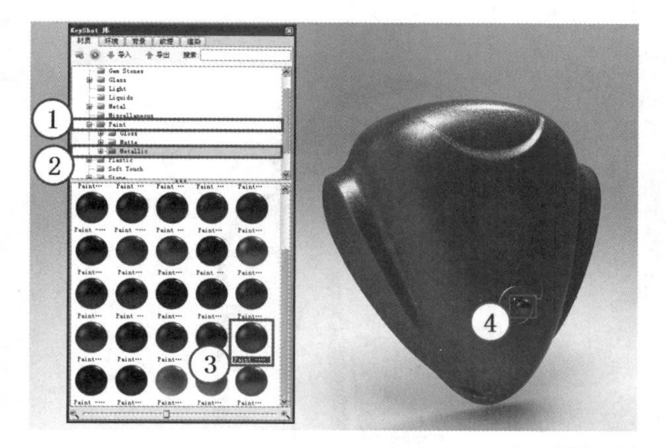

图12-114

07 在按键上单击鼠标右键，然后在弹出的菜单中选择“编辑材质”选项，如图12-115所示；此时将自动打开“项目”对话框，并切换到“材质”选项卡，在“属性”面板下调整“基色”为（R:91，G:91，B:124），再调整“金属颜色”为（R:189，G:209，B:250），使按键变亮，接着设置“金属覆盖范围”为0.9，如图12-116所示。

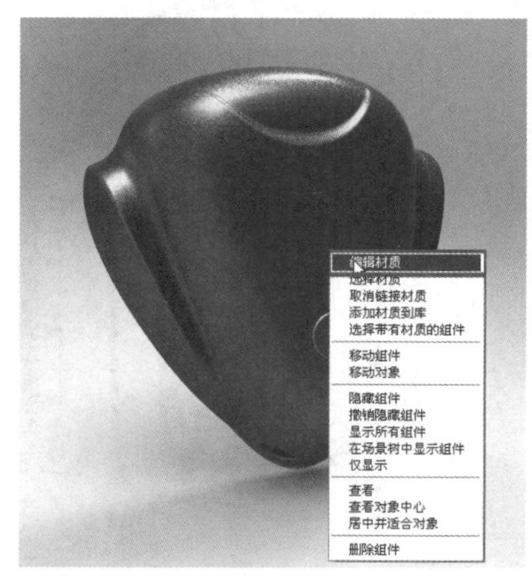

图12-115

图12-116

汽车遥控器模型的最终渲染效果如图12-117所示。

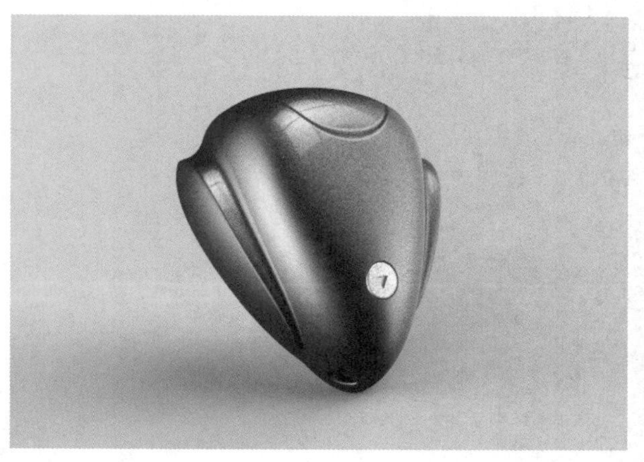

图12-117

第13章 综合实例——制作豆浆机

Learning Objectives

Rhino

13.1 案例分析

打开本书学习资源中的“实例文件>第13章>豆浆机.jpg”文件，如图13-1所示，本章案例将参照该图片进行制作。

首先对豆浆机进行建模的前期分析，观察图13-1，可以将豆浆机的整体造型分为如图13-2所示的6个部分。按照自下而上的原则，依次创建机身底杯、机头、机头提手、电源接口、机身提手和流口（按图中标示的顺序来理解）。先整体后部分开始建模。

图13-1

图13-2

本章案例制作的豆浆机模型效果如图13-3所示，渲染效果如图13-4所示。

图13-3

图13-4

13.2 导入参考图片

单击“图框平面”工具，然后在弹出的“打开位图”对话框中找到本书学习资源中的“实例文件>第13章>豆浆机.jpg”文件，如图13-5所示，接着单击打开(O)按钮，并在Front（前）视图中创建一个图框，此时打开的图片将自动附着在图框平面上，如图13-6所示。

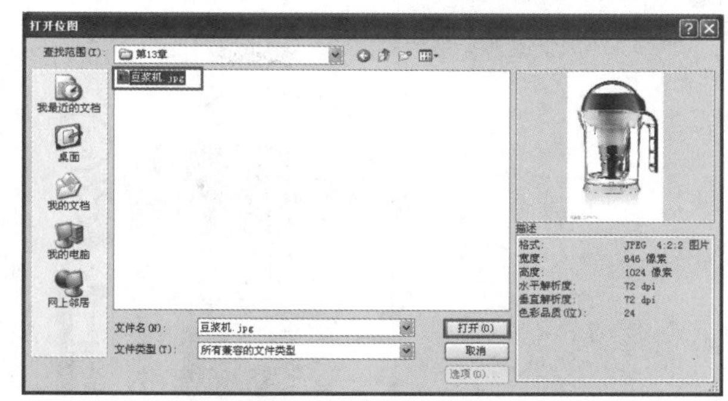

图13-5

图13-6

13.3 制作机身底杯和机头

机身底杯和机头的构建主要是通过绘制如图13-7所示的侧面型线，然后再通过“旋转成形/沿路径旋转”工具旋转生成实体模型。

图13-7

13.3.1 绘制侧面型线

01 在Front（前）视图中参考打开的图片绘制一条垂直中心线和4条分割线，如图13-8所示。

图13-8

02 单击“直线”工具，开启“端点”捕捉模式，绘制如图13-9所示的侧面直线。

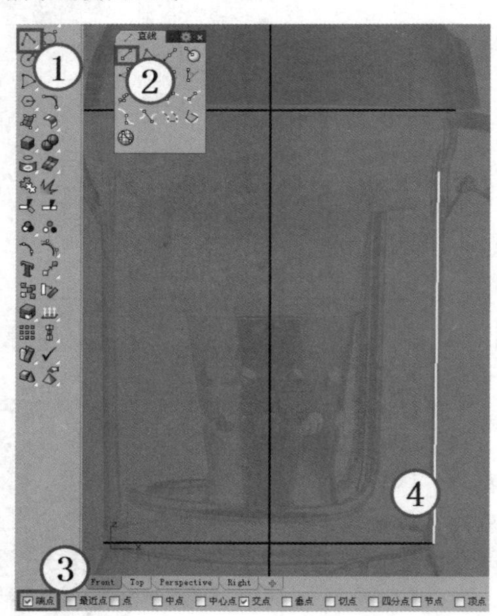

图13-9

03 使用同样的方式绘制底部侧边直线，如图13-10所示。

04 使用鼠标左键单击“圆弧：起点、终点、通过点/圆弧：起点、通过点、终点”工具，绘制底杯右侧面顶部的圆弧，如图13-11所示。

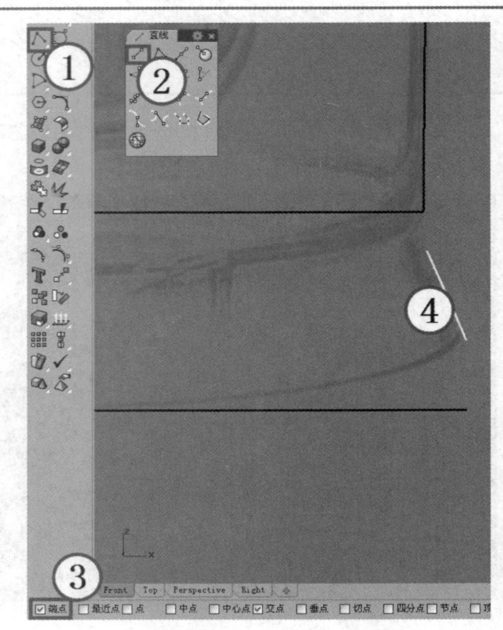

图13-10

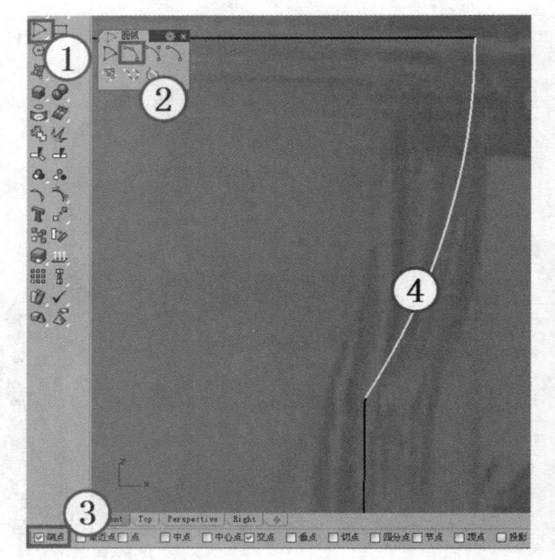

图13-11

这里绘制的圆弧造型是为了适应机头电机的装配需要。

05 使用鼠标左键单击“圆弧：起点、终点、通过点/圆弧：起点、通过点、终点”工具，绘制机头的半圆弧，如图13-12所示。

06 使用鼠标左键单击“分割/以结构线分割曲面”工具，以中心线对上一步绘制的半圆进行分割，如图13-13所示。

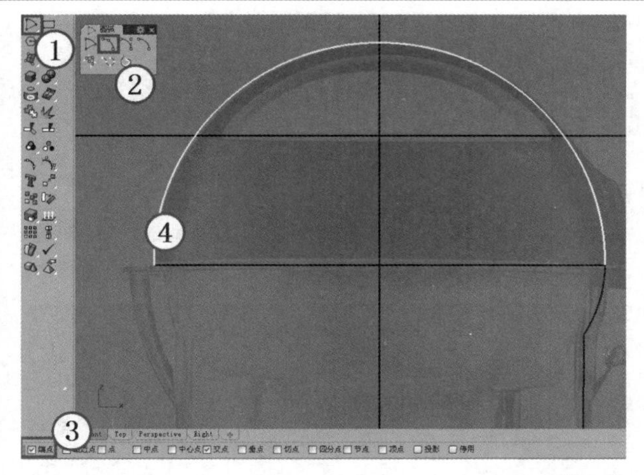
图13-12

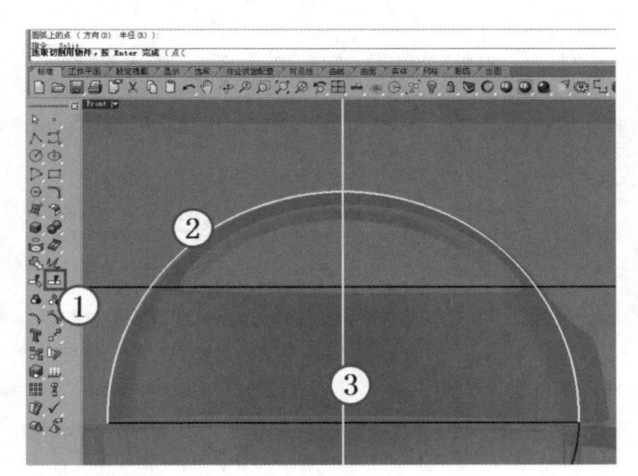
图13-13

07 选择分割后左侧的四分之一段圆弧，按Delete键删除，得到右边的四分之一段圆弧，如图13-14所示。

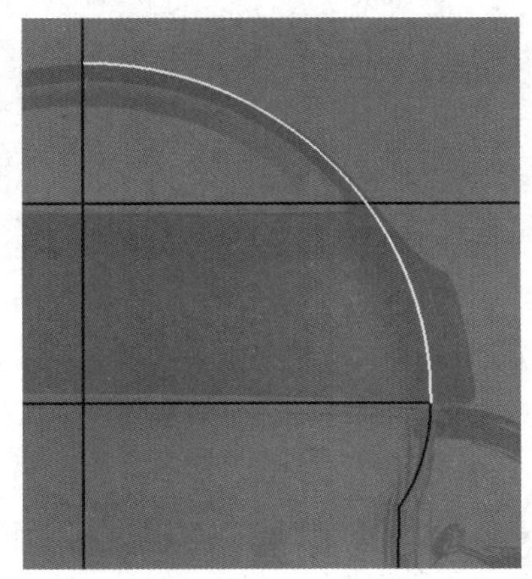
图13-14

08 单击“曲线圆角”工具，在底杯右侧面顶部的圆弧和侧面直线之间创建转角，圆角半径为20，如图13-15所示。

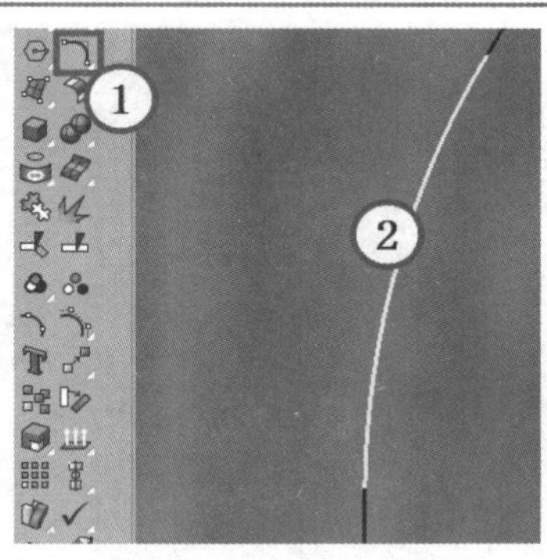
图13-15

09 单击“可调式混接曲线/混接曲线”工具，在侧面直线和底部侧边直线之间建立混接曲线，如图13-16所示。

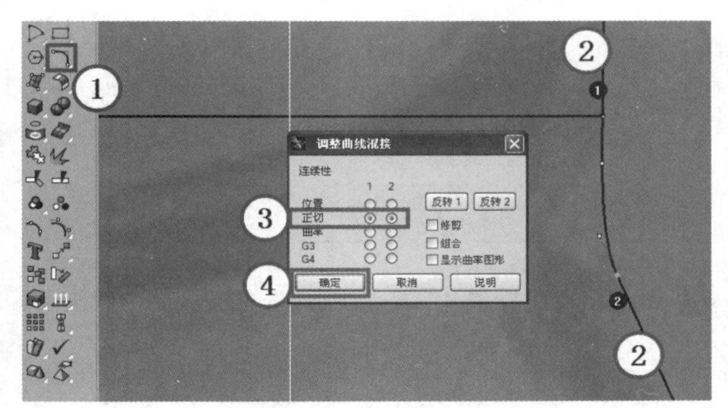

图13-16

10 使用“组合”工具合并机身底杯的侧面型线，如图13-17所示。

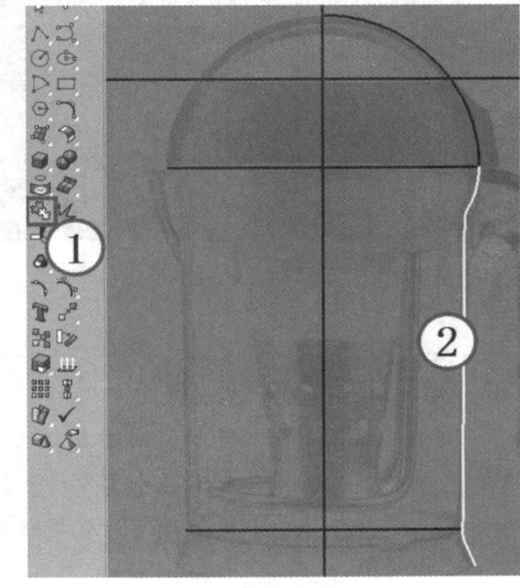
图13-17

13.3.2 生成机身和机头

使用鼠标左键单击“旋转成形/沿路径旋转”工具，以垂直中心线为旋转轴将侧面的两条型线旋转生成豆浆机的机身和机头模型，如图13-18所示。

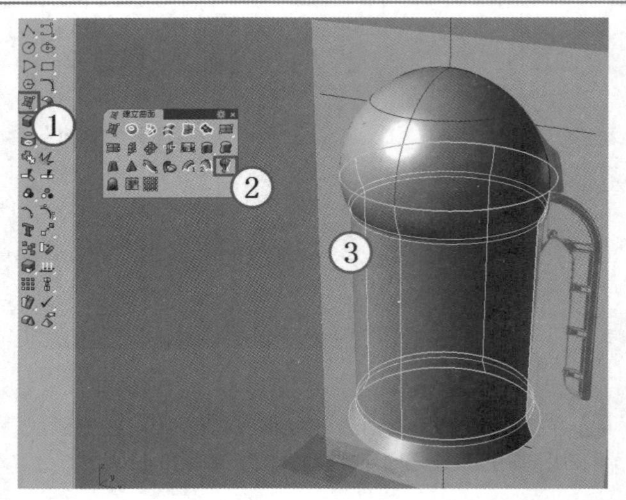

图13-18

13.4 制作机头提手

13.4.1 绘制机头提手型线

01 单击“直线”工具，在Front（前）视图中绘制一条如图13-19所示的直线。

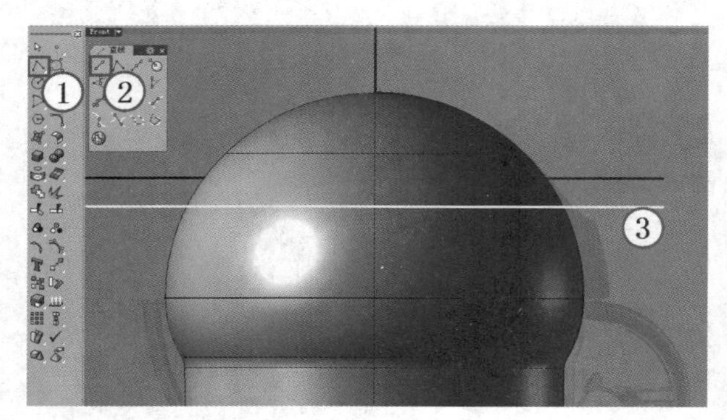

图13-19

这条直线用来限制手柄空间的最大范围，因为手柄的分型由中空的方式构成，那么这个中空的范围底部就由这条直线来决定。当然这条直线的位置要凭借经验来决定，要多试几次才能确定。

02 使用同样的方法在顶部绘制一条如图13-20所示的直线，注意保持中心线对称。

03 再次单击“直线”工具，开启“端点”和“最近点”捕捉模式，绘制如图13-21所示的两条直线，注意对照底部的参考图片（隐藏机头模型）。

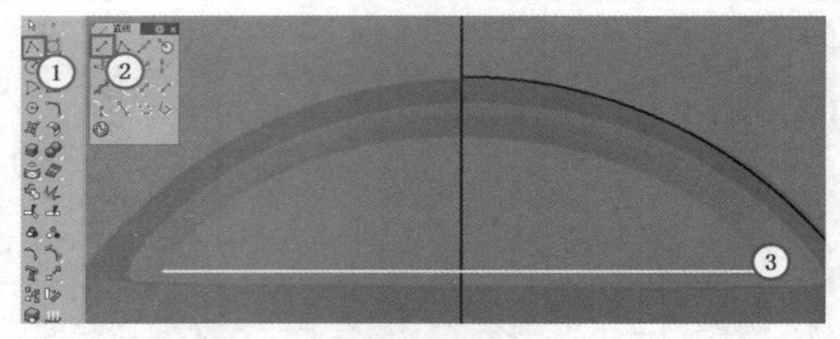

图13-20

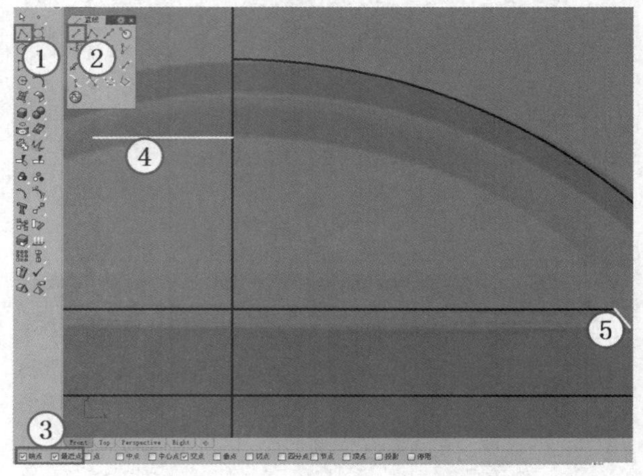

图13-21

04 使用鼠标左键单击“可调式混接曲线/混接曲线”工具，在上一步绘制的两条曲线之间建立一条混接曲线，如图13-22所示。

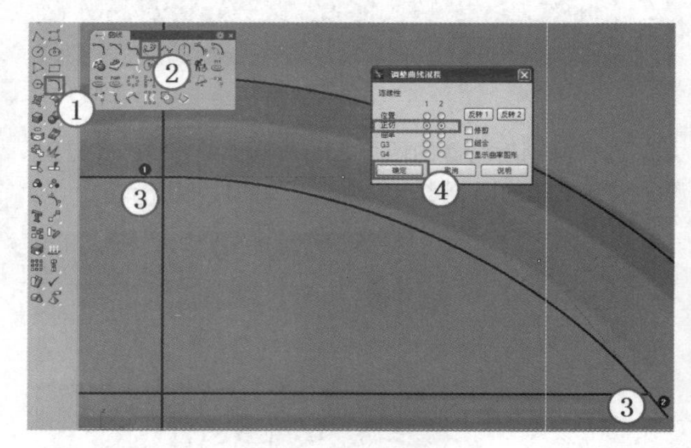

图13-22

05 使用鼠标左键单击“镜射/三点镜射”工具，将上一步建立的混接曲线镜像复制一条到左侧，如图13-23所示，完成操作后再删除用来建立混接曲线的两条直线。

06 单击“曲线圆角”工具，设置圆角半径为5，对两条混接曲线及与其相接的底部直线进行圆角处理，如图13-24所示。

07 使用“组合”工具合并机头把手型线，如图13-25所示。

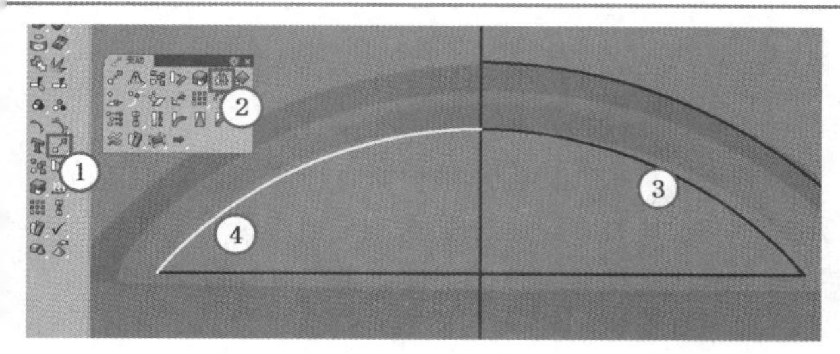

图13-23

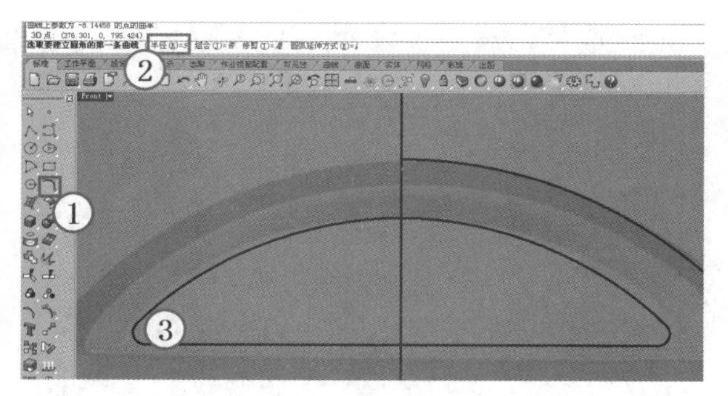

图13-24

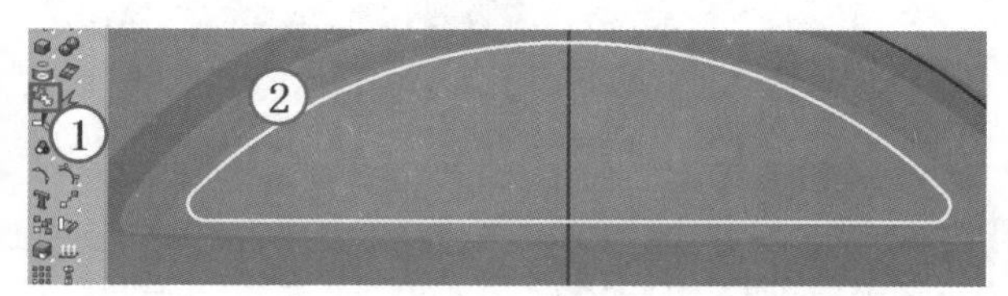

图13-25

13.4.2 构建机头曲面

01 将图13-19中绘制的直线向前移动到如图13-26所示的位置。

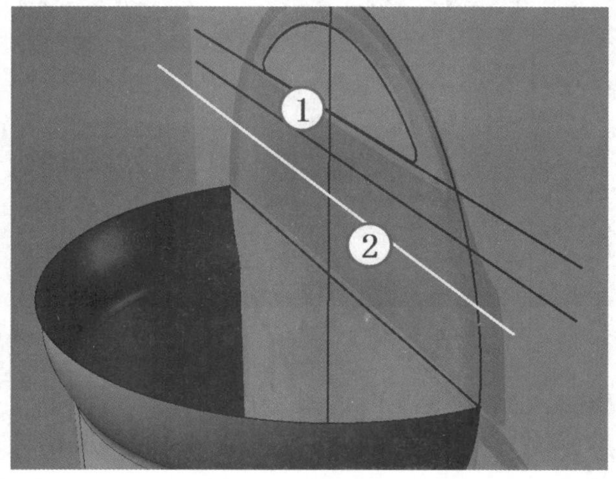

图13-26

02 单击"直线挤出"工具，然后选取上一步移动的直线，并分别从水平方向和垂直方向挤出两个平面，如图13-27所示。

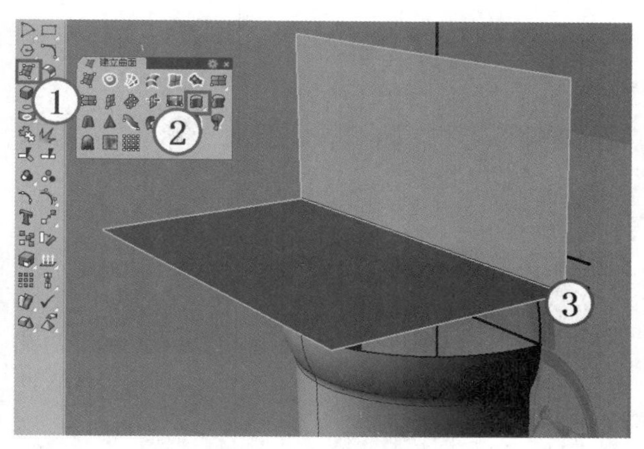

图13-27

03 单击"曲面圆角"工具，设置圆角半径为30，对上一步挤出的两个面创建圆角，如图13-28所示。

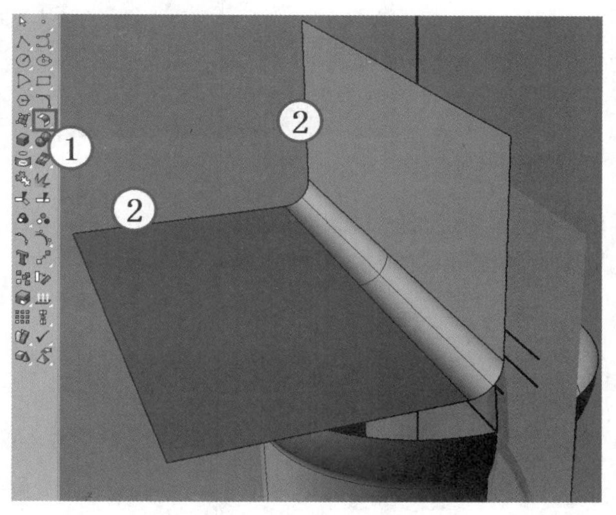

图13-28

04 使用"组合"工具合并3个面，然后在Right（右）视图中再使用"镜射/三点镜射"工具将合并的曲面镜像复制一个，如图13-29所示。

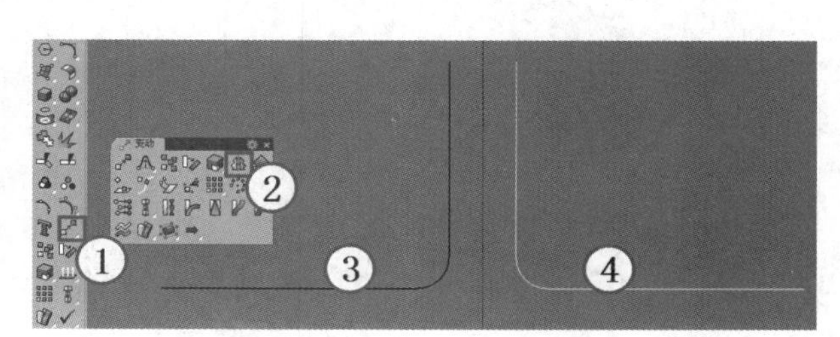

图13-29

05 显示出隐藏的机头模型，然后使用鼠标左键单击“分割/以结构线分割曲面”工具，以两个合并的曲面对机头进行分割，如图13-30所示。

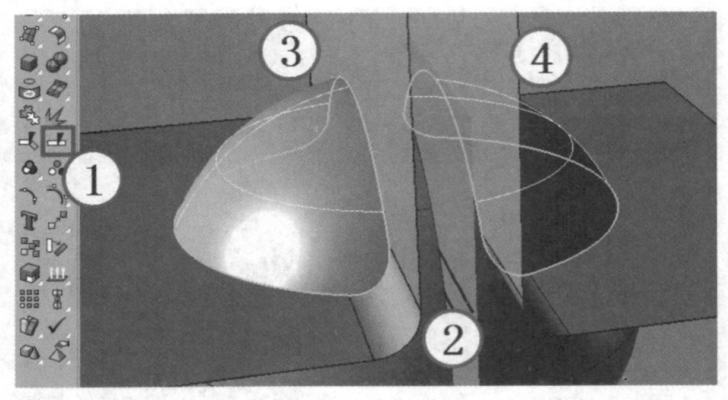

图13-30

06 删除多余的面，只保留如图13-31所示的曲面。

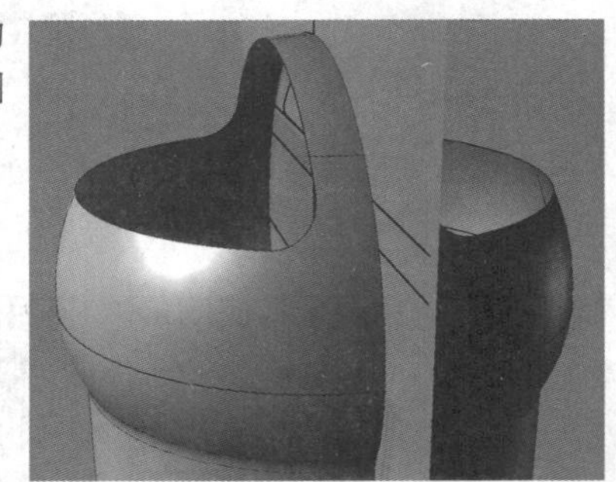

图13-31

07 单击“直线挤出”工具，将表示机头把手的中空型线向两侧挤出，如图13-32所示。

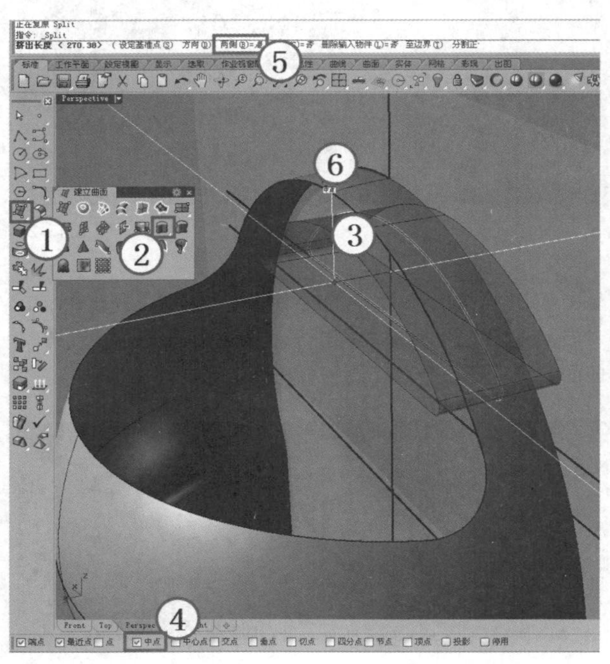

图13-32

13.4.3 构建机头混接曲面

01 首先分析机头曲面和挤出曲面边缘的对应关系。使用鼠标左键单击“显示边缘/关闭显示边缘”工具，然后选择机头曲面和挤出的曲面，单击鼠标右键确定，结果如图13-33所示。从白色的断点位置来看，挤出曲面的断点要比机头曲面的断点少一个，如图13-34所示。

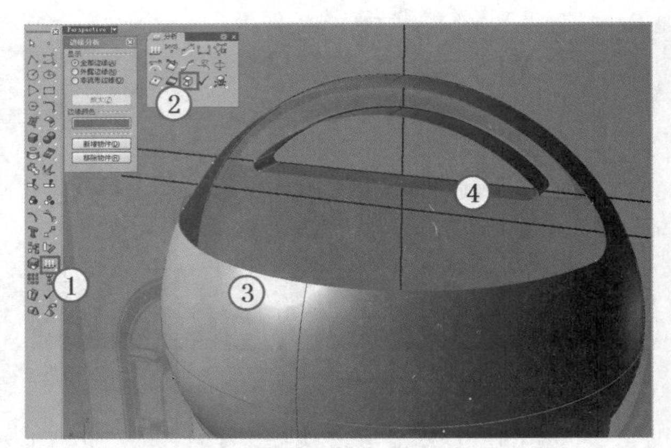

图13-33

图13-34

02 使用鼠标左键单击“分割边缘/合并边缘”工具，在挤出的曲面上添加一个对应的断点，如图13-35所示。

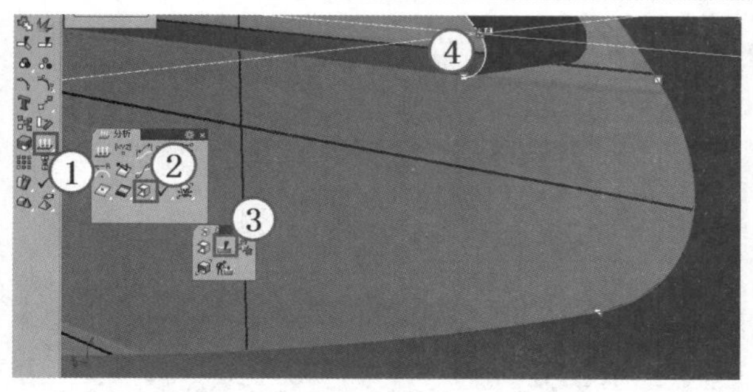

图13-35

03 单击“混接曲面”工具，选择挤出曲面左边转角的边作为第1个边缘，按Enter键确定后，再选择机头左边转角的边作为第2个边缘，如图13-36所示，然后再次按Enter键确认，弹出“调整曲面混接”对话框，参照图13-37所示的参数进行设置。

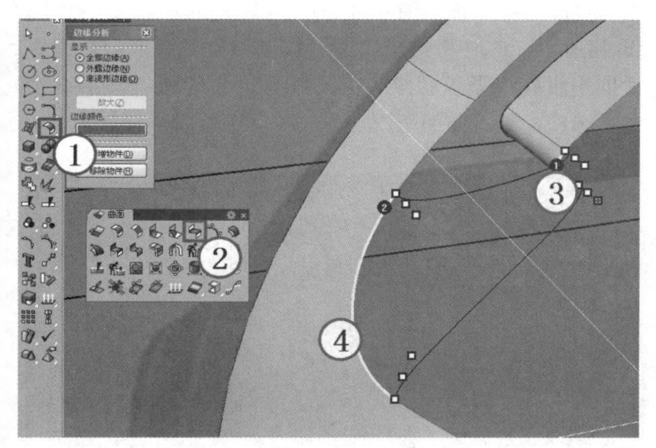

图13-36

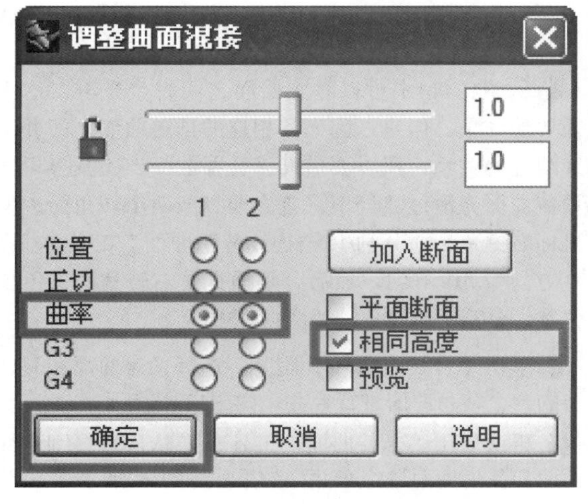

图13-37

04 使用同样的方法创建另外一个转角的混接曲面，如图13-38所示。

图13-38

05 单击“双轨扫掠”工具，选取机头和挤出曲面两个面的边缘作为路径轨迹，再选取刚刚创建的两个面的边缘作为断面曲线，如图13-39所示，按Enter键确认后，弹出“双轨扫掠选项”对话框，在该对话框中设置连续性为“曲率”，其他保持不变，如图13-40所示。

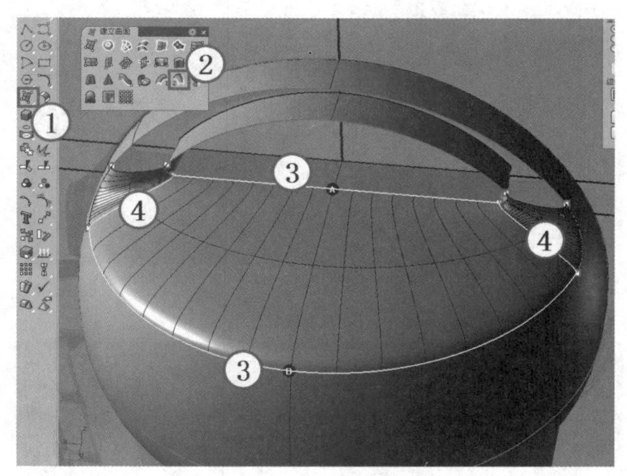

图13-39

06 使用同样的方法创建其他把手的双轨扫掠曲面，如图13-41所示。

07 单击“合并曲面”工具，选择把手侧面曲面和与之相连的一个转角曲面进行合并，如图13-42所示。

双轨扫掠选项

断面曲线选项

不要简化(D)

重建点数(R) 5 个控制点(O)

以公差整修(F) 0.01

维持第一个断面形状(V)

维持最后一个断面形状(L)

保持高度(M)

路径曲线选项

A B

位置

相切

曲率

封闭扫掠(C)

最简扫掠(S)

加入控制断面

确定 取消 预览(P) 说明(H)

图13-40

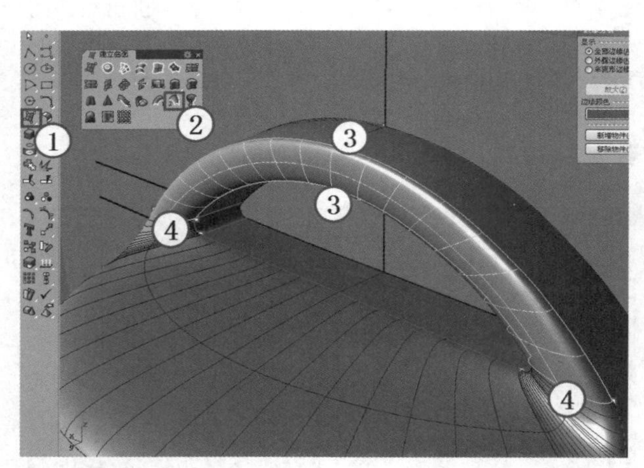

图13-41

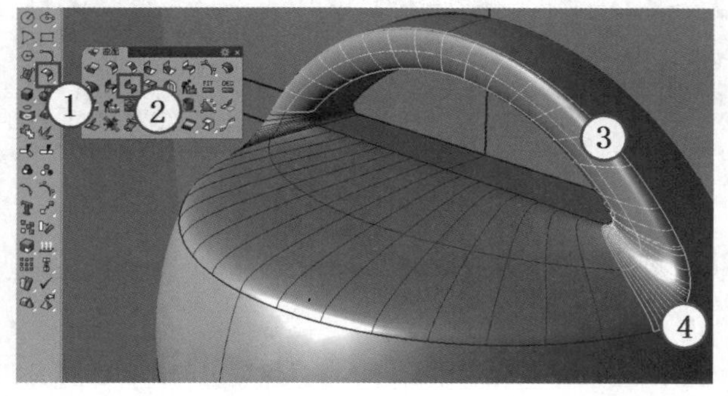

图13-42

08 再次启用“合并曲面”工具，选择上一步合并的曲面和另一侧的转角曲面进行合并，效果如图13-43所示。

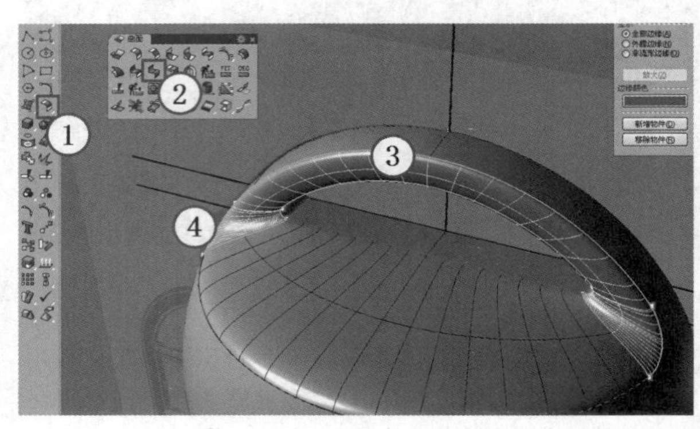

图13-43

09 使用鼠标左键单击“斑马纹分析/关闭斑马纹分析”工具，选择前面合并的曲面，并单击右键确定，如图13-44所示，此时将弹出“斑马纹选项”对话框，在该对话框中设置“条纹粗细”为“细”，再勾选“显示结构线”选项，查看曲面情况。

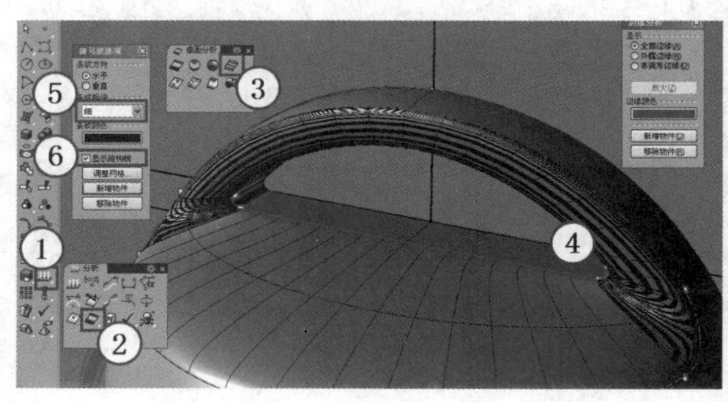

图13-44

10 从图13-44中可以看到曲面之间完全光滑，这正是需要的结果。但是，因为和相连的顶盖曲面之间并没有连续性的关系，所以要借助“合并曲面”工具再次与顶盖曲面光滑过渡一下。首先要打断两个转角面，使用鼠标右键单击“分割/以结构线分割曲面”工具，设置“方向”为V方向，然后分别捕捉左右转角的白色断点位置，分割两个转角，如图13-45所示。

11 单击“合并曲面”工具，选择顶盖曲面和与之相连的一个转角曲面进行合并，如图13-46所示。

12 再次启用“合并曲面”工具，依次选择刚合并的曲面和其他曲面进行合并，效果如图13-47所示。

13 再次使用“斑马纹分析/关闭斑马纹分析”工具对合并后的曲面进行分析，如图13-48所示。

14 从图13-48中可以看到，现在的曲面整体达到了需要的曲率连续要求。最后在Right（右）视图中使用“镜射/三点镜射”工具将合并的曲面镜像复制一个到右侧，如图13-49所示。

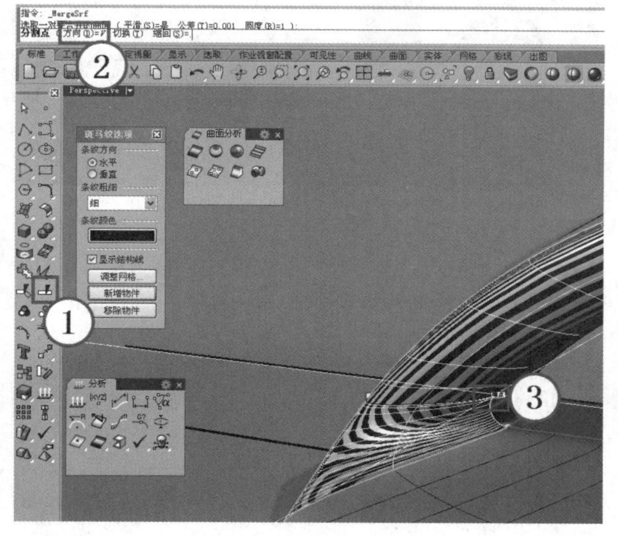

图13-45

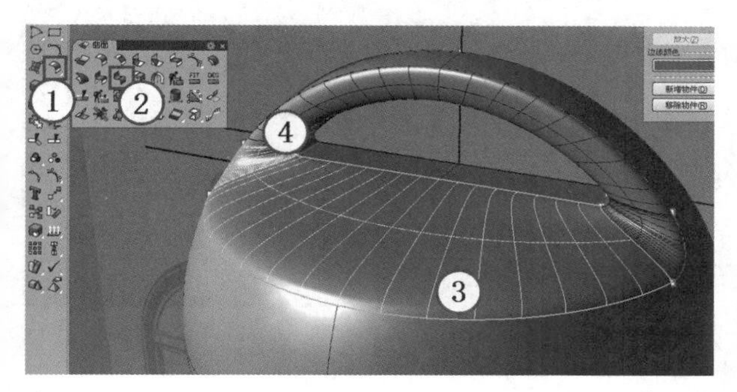

图13-46

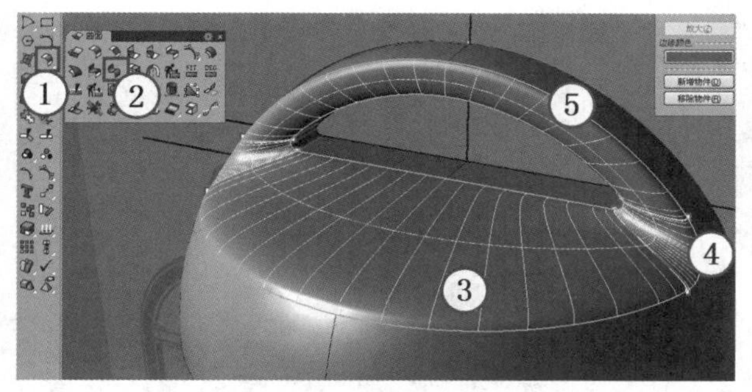

图13-47

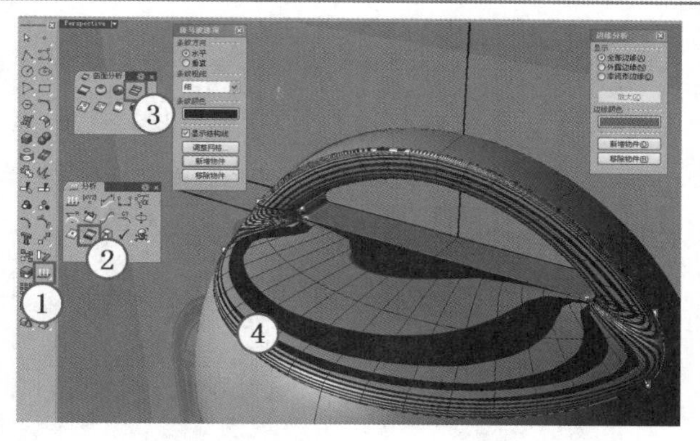

图13-48

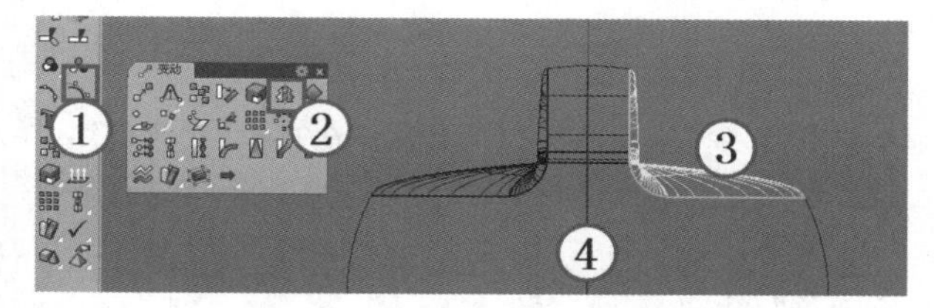

图13-49

13.5 制作机头电源接口

13.5.1 制作电源接口连接件

01 使用“直线”工具在Front（前）视图中绘制如图13-50所示的两条直线，以确定机头插头的范围。

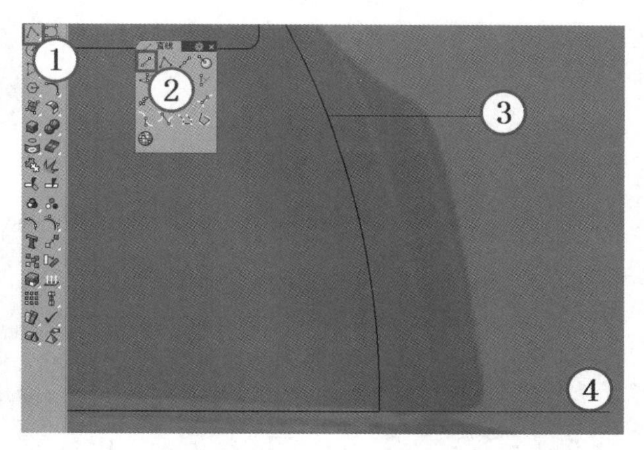

图13-50

02 复制机头曲面，然后将其隐藏一个，接着使用鼠标左键单击“取消修剪/分离修剪”工具，再选择中间两个挖空的洞的边缘，恢复其原来半球的状态，如图13-51所示。

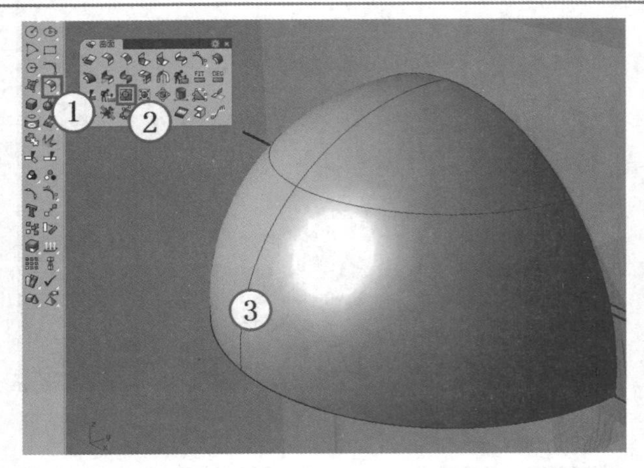

图13-51

03 单击“投影至曲面”工具，在Top（顶）视图中投影直线到半球上，如图13-52所示。

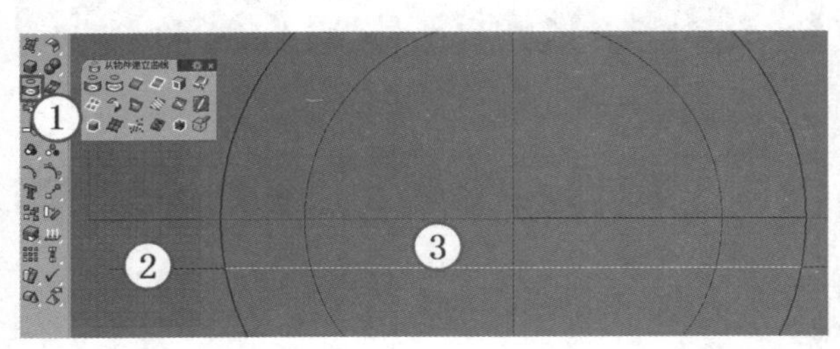

图13-52

04 显示出隐藏的机头曲面，然后单击“抽离结构线”工具，再开启“最近点”捕捉模式，接着选择半球，并在命令行中设置“方向”为U方向，最后在如图13-53所示的位置创建一条水平方向的结构线。

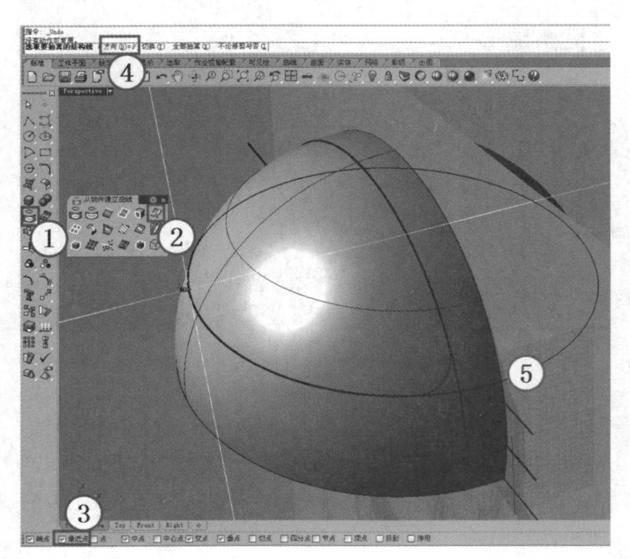

图13-53

05 使用同样的方式捕捉端点再创建一条水平方向的结构线，如图13-54所示。

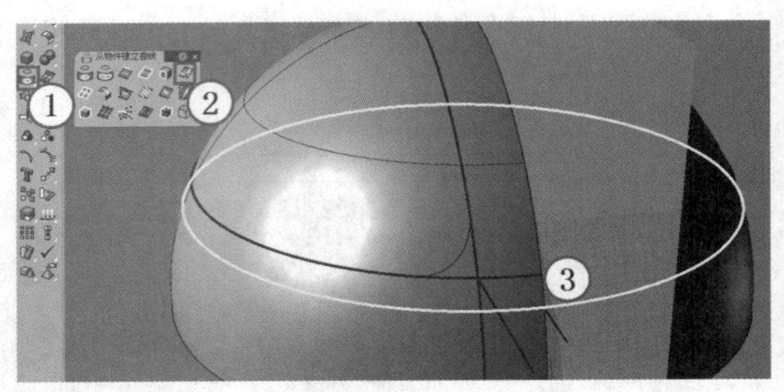

图13-54

06 使用“镜射/三点镜射”工具在Right（右）视图中将半球上的投影曲线镜像复制一条到另一侧，如图13-55所示。

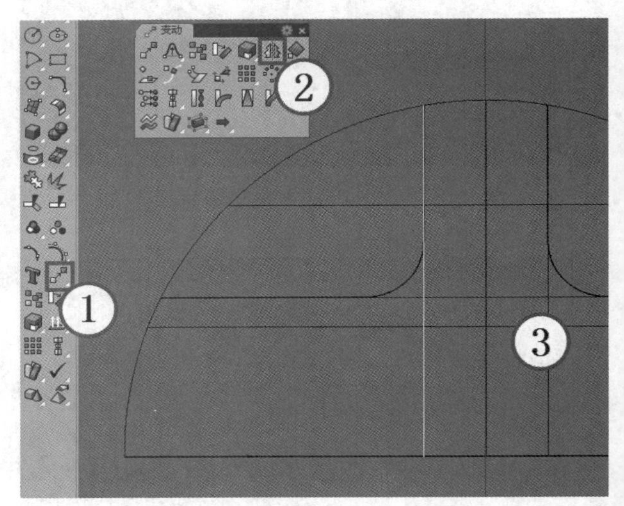

图13-55

07 隐藏机头球面，然后绘制一条如图13-56所示的水平直线。

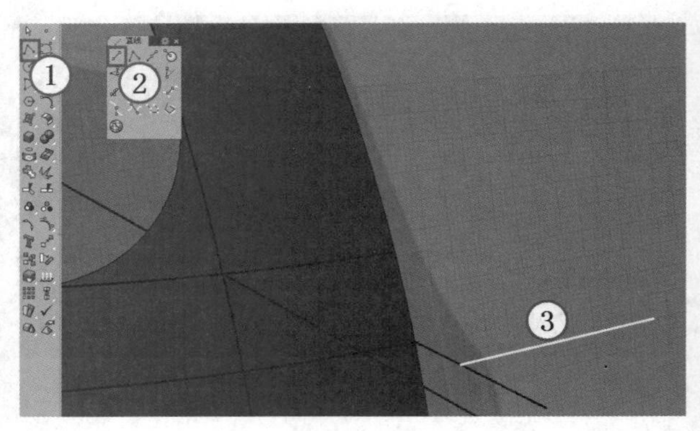

图13-56

08 开启“交点”捕捉模式，在结构线的交叉位置绘制直线，如图13-57所示。

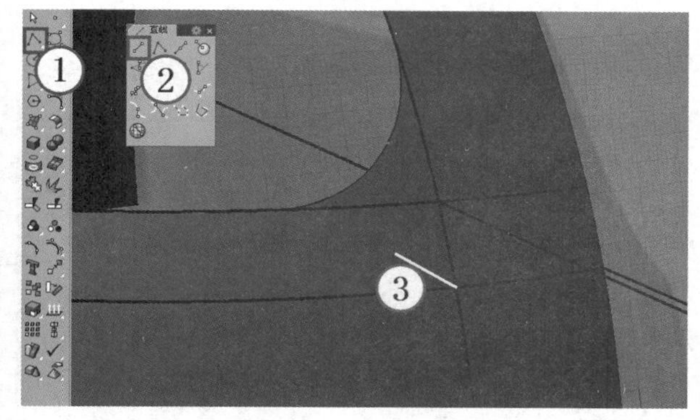

图13-57

09 使用鼠标左键单击“可调式混接曲线/混接曲线”工具，选择前面两步绘制的两条直线，单击鼠标右键确定，然后在弹出的“调整曲线混接”对话框中设置连续性为“正切”，再调整混接曲线的控制点，如图13-58所示，最后单击确定按钮完成操作。

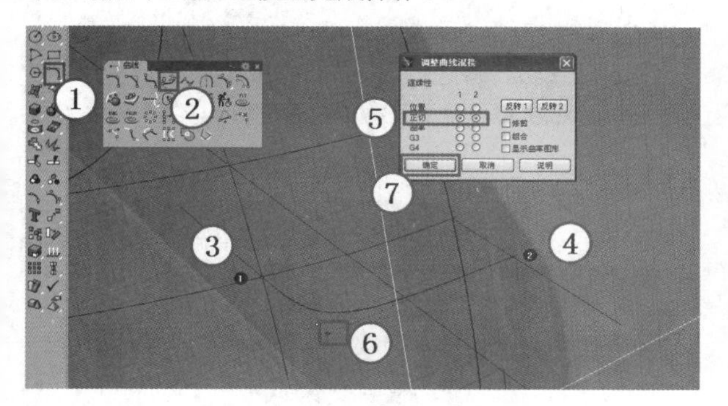

图13-58

10 将上一步创建的混接曲线复制一条到底部，如图13-59所示。

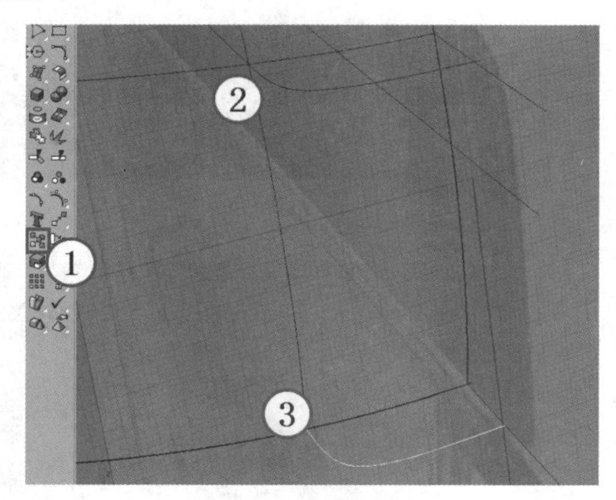

图13-59

11 使用鼠标左键单击“圆弧：起点、终点、通过点/圆弧：起点、通过点、终点”工具，绘制一段如图13-60所示的圆弧。

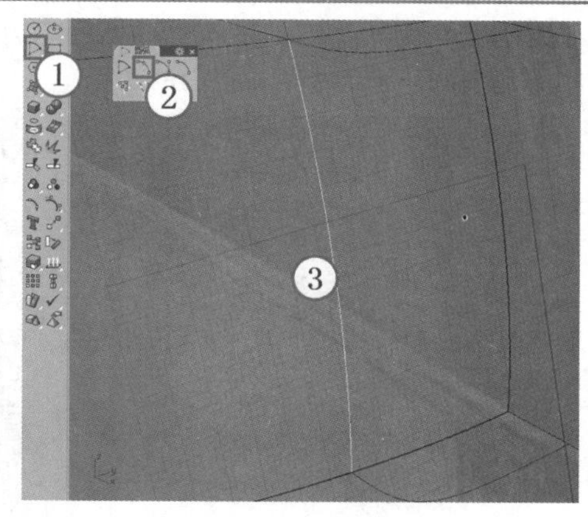

图13-60

12 单击“单轨扫掠”工具，选择上一步绘制的弧线作为轨迹，然后选取上下两条混接曲线作为断面曲线，建立一个单轨扫掠曲面，如图13-61所示。

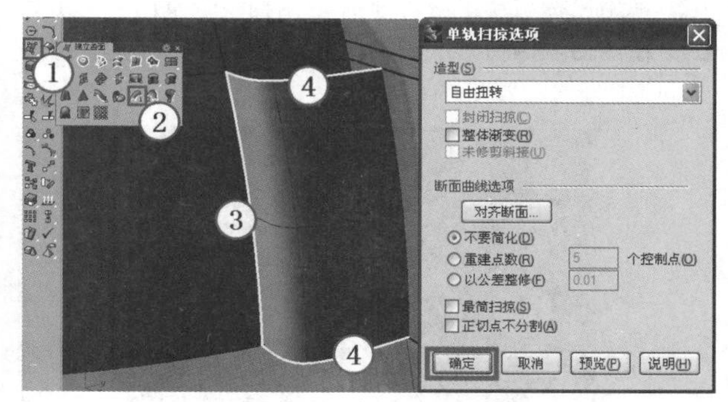

图13-61

13 单击“延伸曲面”工具，将上一步创建的单轨扫掠曲面顶部的边缘延长，延长的长度为30，如图13-62所示。

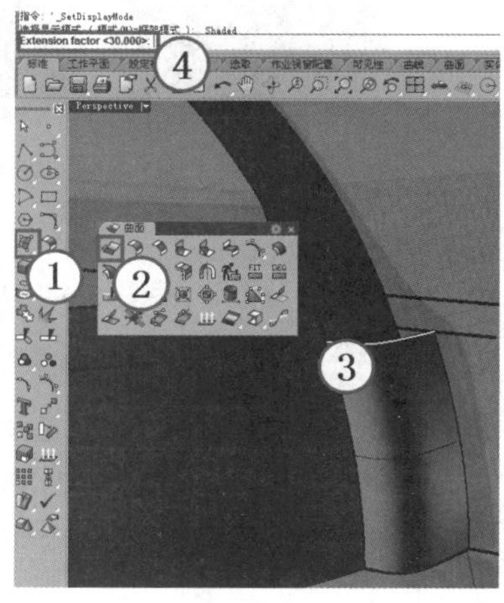

图13-62

14 最近单击“镜射/三点镜射”工具，将延长后的曲面镜像复制一个到右侧，如图13-63所示。

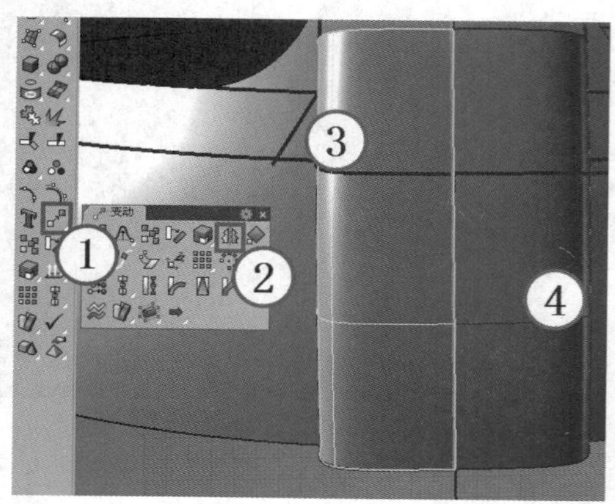

图13-63

15 使用鼠标右键单击“分割/以结构线分割曲面”工具，在图13-63所示的两个曲面的转角处进行分割，分割方向为U方向，如图13-64所示。

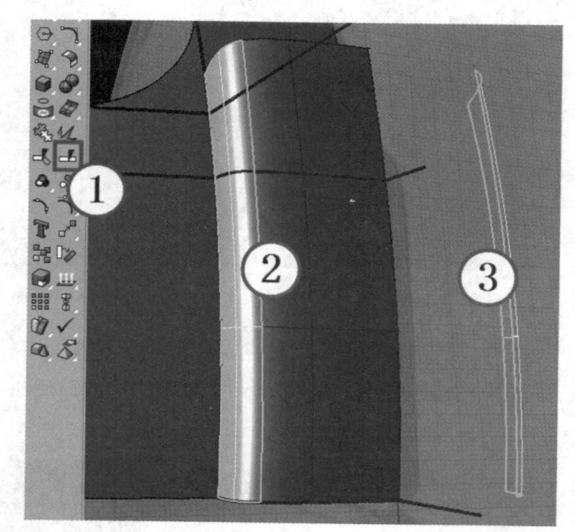

图13-64

16 单击“合并曲面”工具，在命令行中设置“平滑”为“否”，然后合并图13-64中4个被分割的曲面，如图13-65所示。

17 隐藏合并后的延伸曲面，然后使用鼠标左键单击“内插点曲线/控制点曲线”工具，并开启“交点”捕捉模式，捕捉交点绘制一条如图13-66所示的直线。

18 使用鼠标左键单击“圆弧：起点、终点、通过点/圆弧：起点、通过点、终点”工具，开启“最近点”捕捉模式，绘制一段如图13-67所示的圆弧。

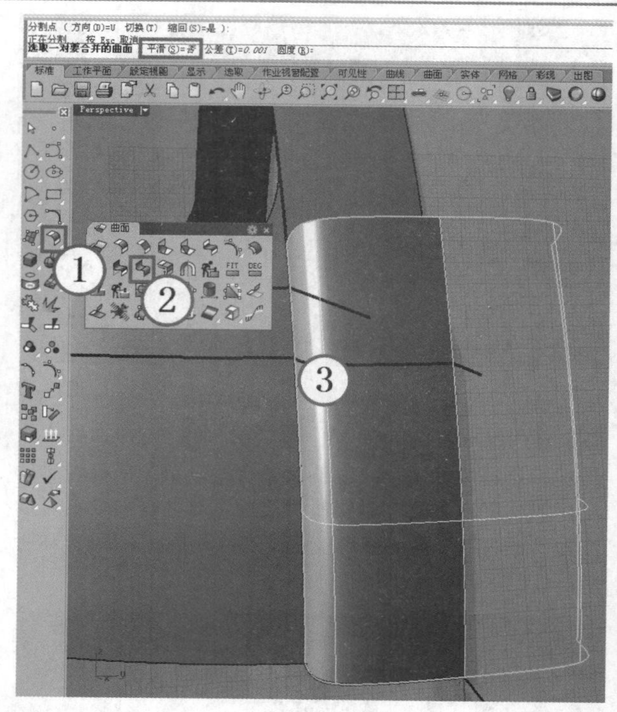

图13-65

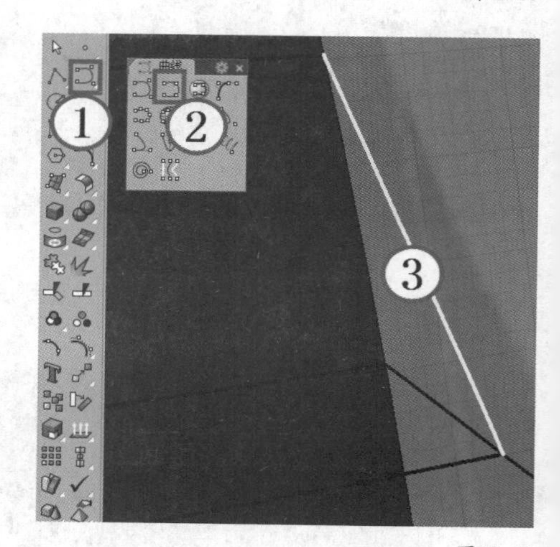

图13-66

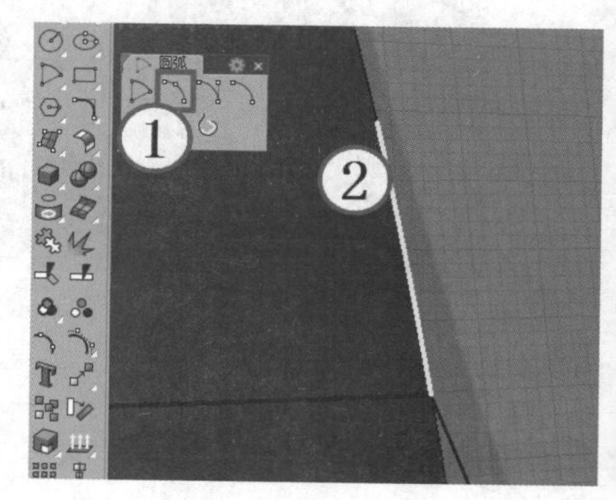

图13-67

19 单击“衔接曲线”工具，衔接如图13-68所示的圆弧和直线。

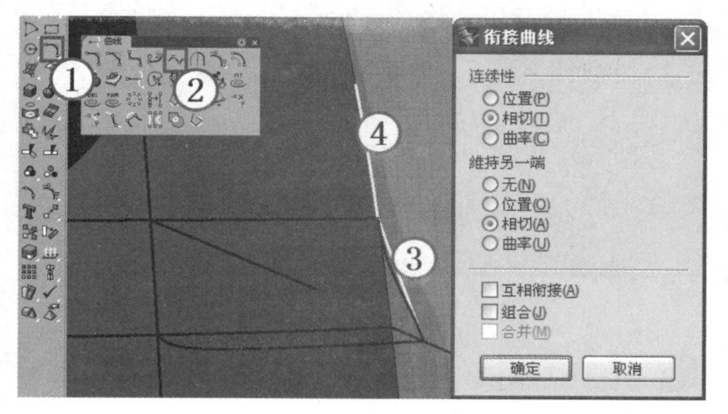

图13-68

20 单击“以直线延伸”工具，将直线两端延伸，如图13-69所示。

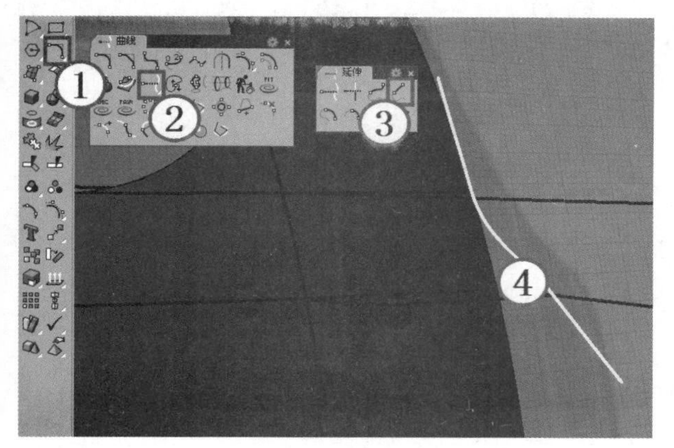

图13-69

21 开启“交点”捕捉模式，使用“复制/原地复制物件”工具将上一步延伸后的弧形复制两条到左右两侧，如图13-70所示。

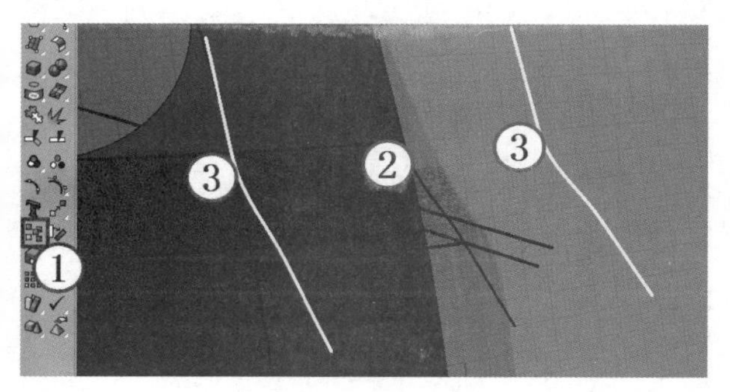

图13-70

22 单击“放样”工具，对复制后的3条曲线进行放样，如图13-71所示。

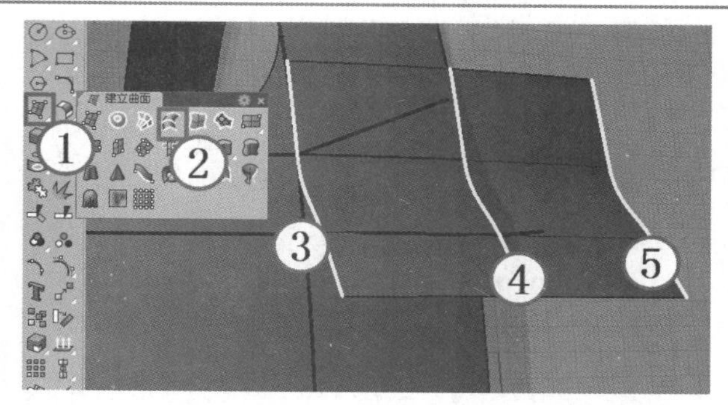

图13-71

23 将隐藏的延伸曲面显示出来，然后使用鼠标左键单击“分割/以结构线分割曲面”工具，以放样生成的曲面对延伸曲面进行分割，如图13-72所示。

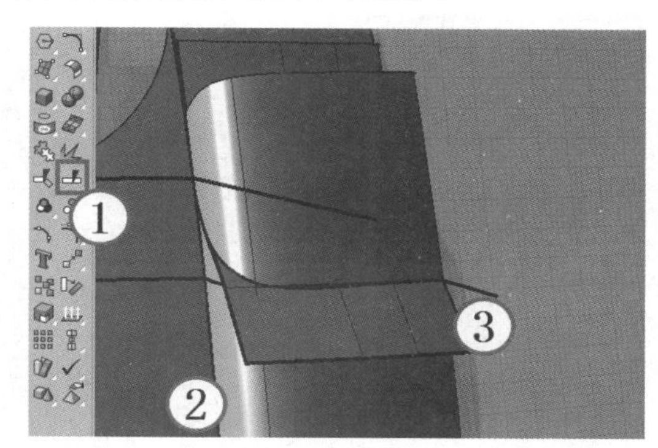

图13-72

24 使用鼠标左键单击“分割/以结构线分割曲面”工具，以延伸曲面对放样生成的曲面进行分割，如图13-73所示。

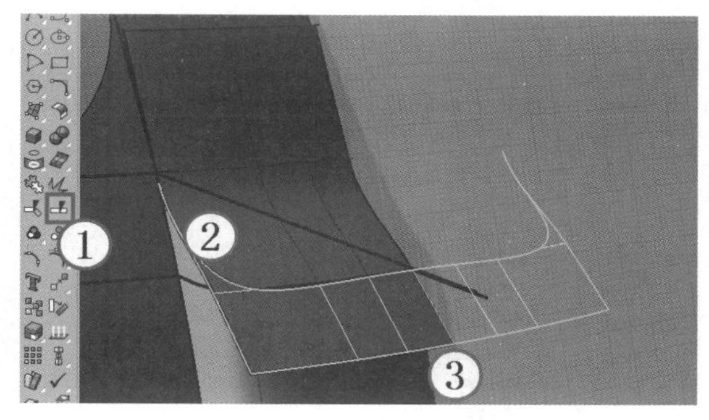

图13-73

25 使用鼠标右键单击“分割/以结构线分割曲面”工具，在放样曲面的上半部分进行分割，分割方向为U方向，如图13-74所示。

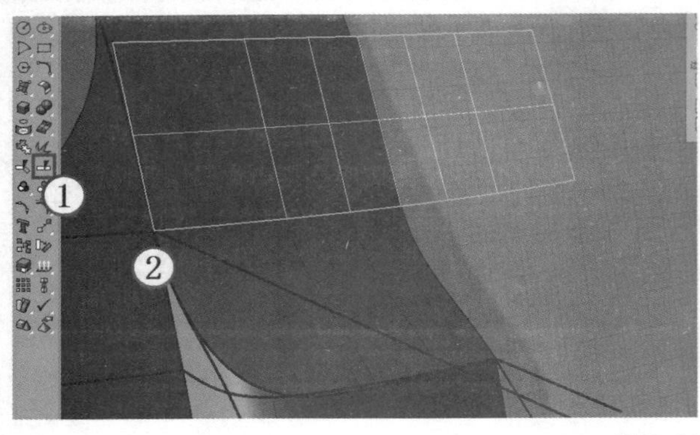

图13-74

26 单击“曲面圆角”工具，设置圆角半径为3，对如图13-75所示的两个曲面进行圆角处理。

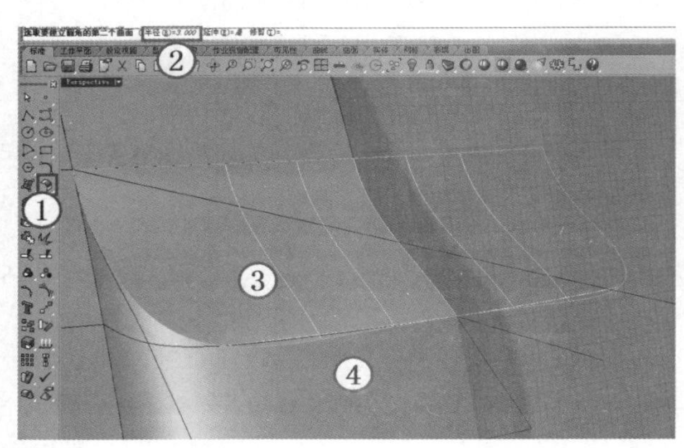

图13-75

27 使用鼠标左键单击“圆弧：起点、终点、通过点/圆弧：起点、通过点、终点”工具，绘制一段如图13-76所示的圆弧。

图13-76

28 单击“以平面曲线建立曲面”工具，选择上一步绘制的圆弧和曲面的底边创建一个平面，如图13-77所示。

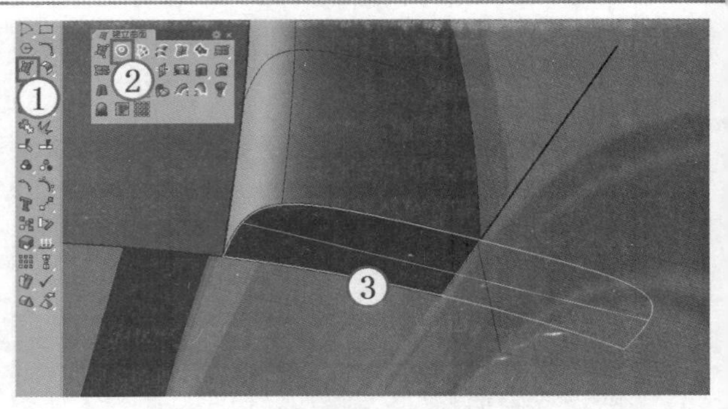

图13-77

29 单击“曲面圆角”工具，设置圆角半径为3，对如图13-78所示的两个面进行圆角处理。

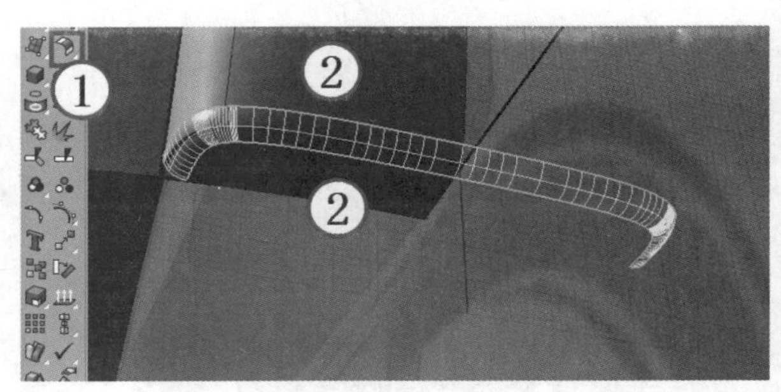

图13-78

13.5.2 制作插孔

01 单击“图框平面”工具，然后在弹出的“打开位图”对话框中找到本书学习资源中的“实例文件>第13章>插头.jpg”文件，将图片导入Right（右）视图，并对齐插头造型的位置，如图13-79所示。

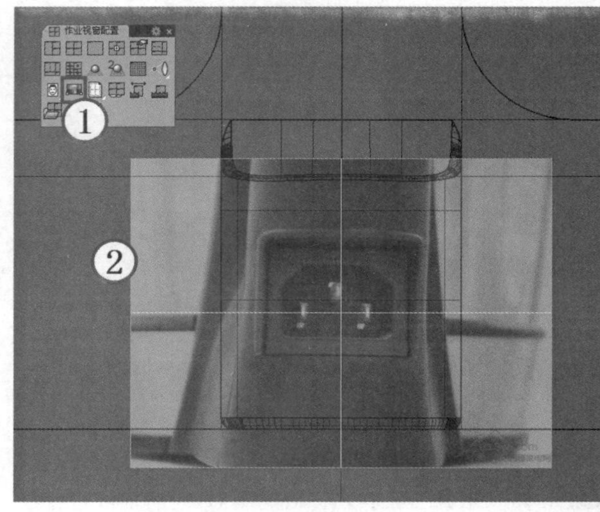

图13-79

02 利用“直线”工具和“曲线圆角”工具创建如图13-80所示的两段封闭曲线，其中圆角处的半径为3。

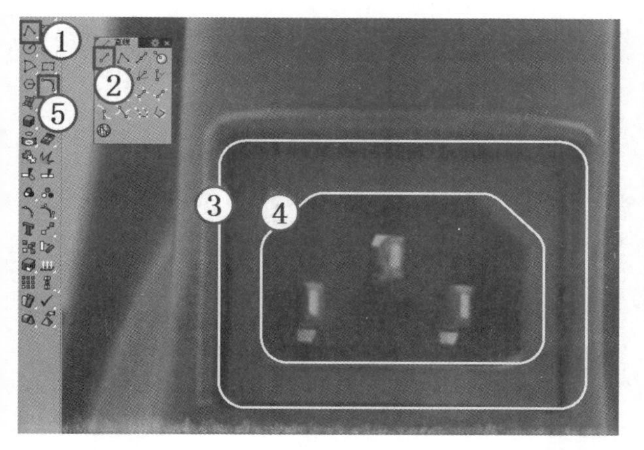

图13-80

03 单击“设定工作平面至曲面”工具，然后开启“交点”捕捉模式，将工作平面设置至曲面的相切面状态，如图13-81所示。

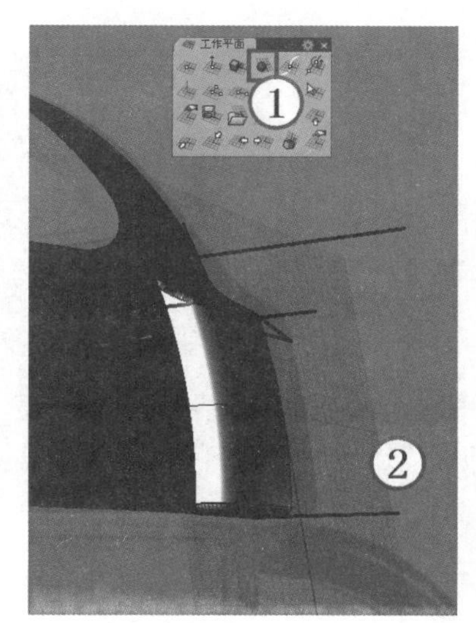

图13-81

04 单击“定位至曲面”工具，将前面绘制的两段封闭型线定位至电源接口连接件上，效果如图13-84所示，具体操作步骤如下。

操作步骤

① 选取前面绘制的两段封闭型线，并单击鼠标右键确定，再捕捉外围封闭型线的上下两个中点为基准点（要从上至下指定这两个参考点），如图13-82所示。

② 选取定位的曲面，打开“定位至曲面”对话框，在该对话框中直接单击确定按钮，如图13-83所示。

③ 开启“智慧轨迹”功能，然后在曲面上拾取合适的一点，完成操作。

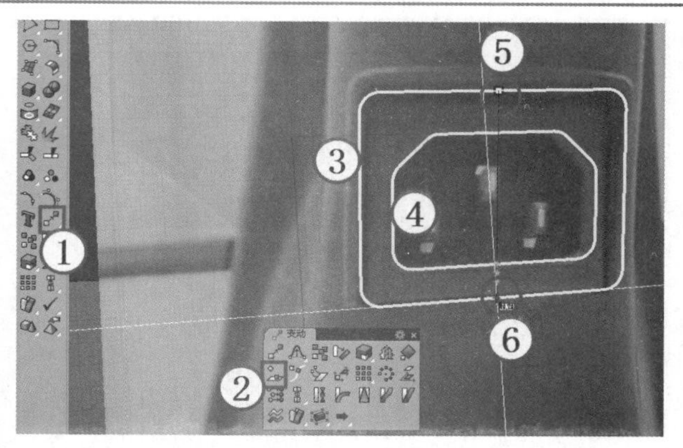

图13-82

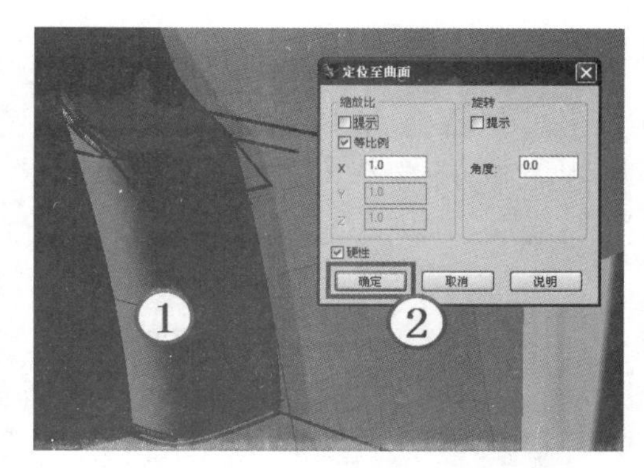

图13-83

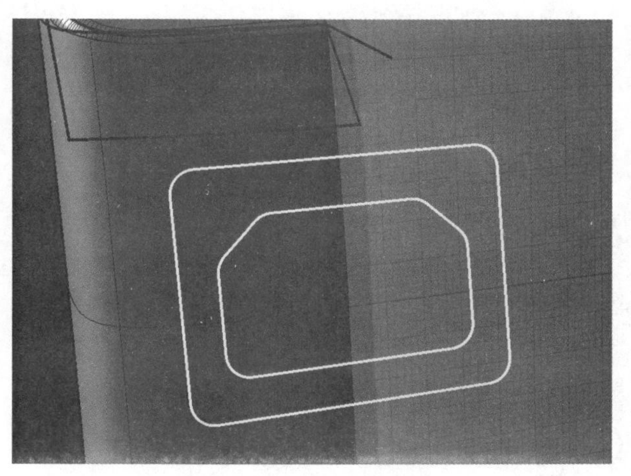

图13-84

05 单击“投影至工作平面”工具，然后选取上一步定位的两条型线，接着在命令行中单击“删除输入物件”选项，设置其为“是”，如图13-85所示，结果如图13-86所示。

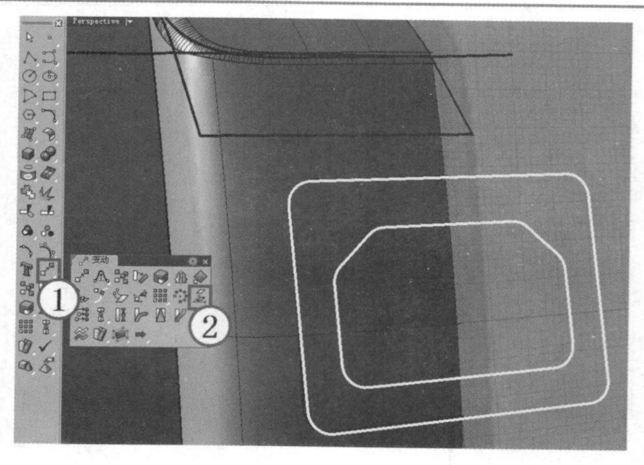

图13-85

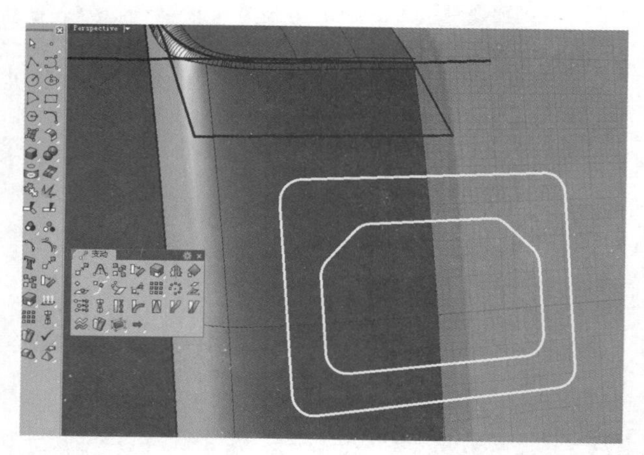

图13-86

06 单击“直线挤出”工具，将上一步投影生成的外侧型线拉伸-5的距离，如图13-87所示。

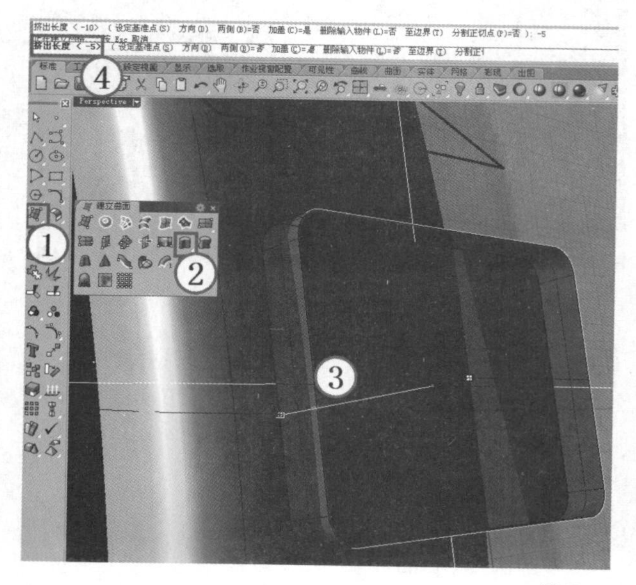

图13-87

07 使用“布尔运算差集”工具从外围弧面中减去上一步拉伸出来的体，如图13-88所示。

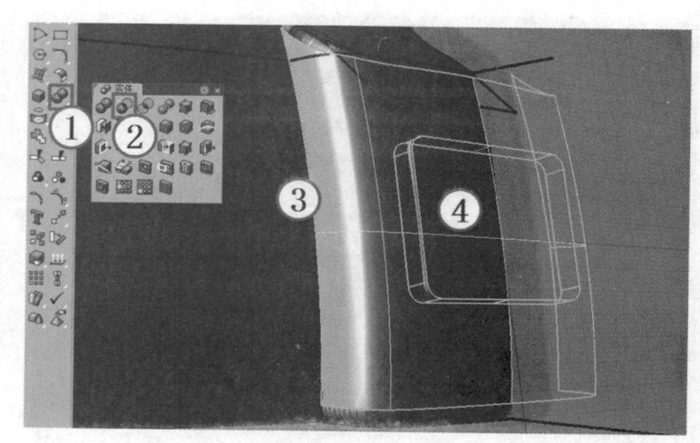

图13-88

08 单击“直线挤出”工具，将投影生成的内侧型线拉伸-10的距离，如图13-89所示。

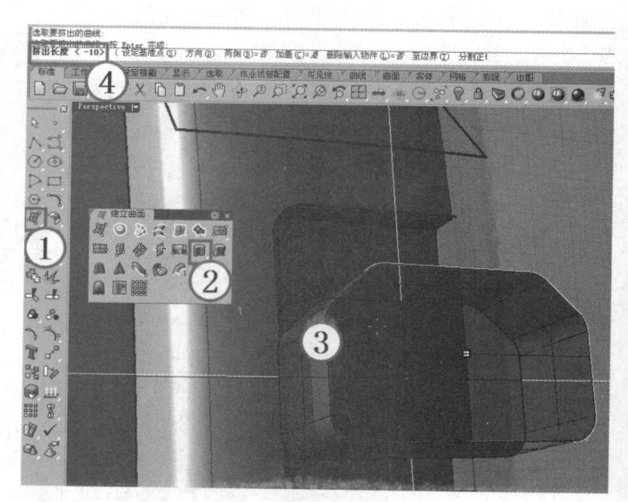

图13-89

09 使用“布尔运算差集”工具从外围弧面中减去上一步拉伸出来的体，如图13-90所示。

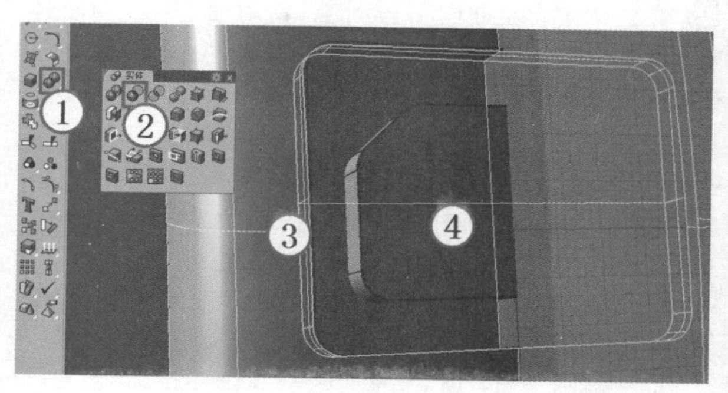

图13-90

10 单击“矩形：角对角”工具，绘制如图13-91所示的3个矩形。

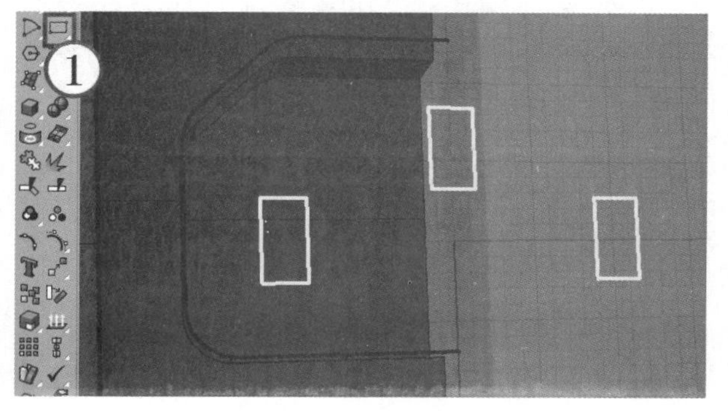

图13-91

11 使用“直线挤出”工具将上一步绘制的3个矩形拉伸-15的高度，如图13-92所示。

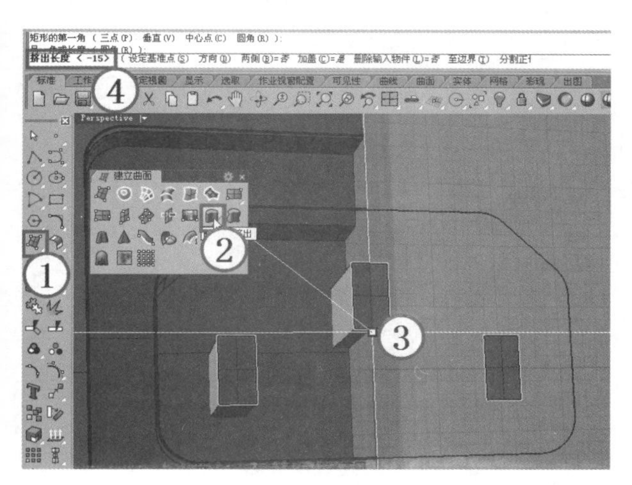

图13-92

12 使用鼠标左键单击“不等距边缘圆角/不等距边缘混接”工具，对插孔的上下两条边进行圆角处理，如图13-93所示。

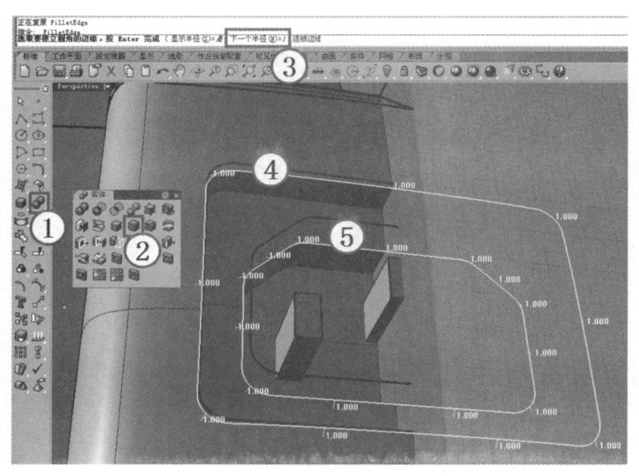

图13-93

现在已经完成了大部分模型的制作，先看一下模型现在的效果，如图13-94所示。

图13-94

13.6 制作机身提手

01 使用“直线”工具在Front（前）视图中绘制表示把手的直线，如图13-95所示。

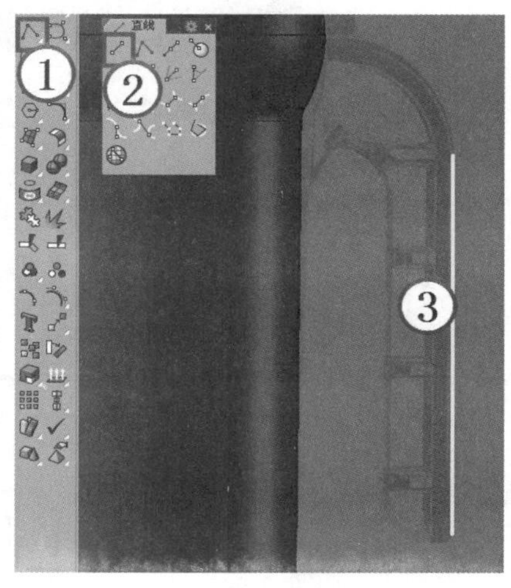

图13-95

02 再次使用“直线”工具绘制一条如图13-96所示的直线。

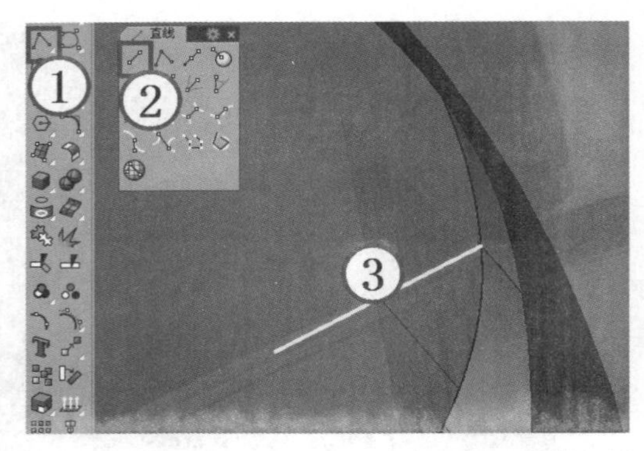

图13-96

03 使用鼠标左键单击“可调式混接曲线/混接曲线”工具，然后分别单击辅助直线的两个端点，如图13-97所示，此时弹出“调整曲线混接”对话框，参照图13-98所示的参数进行设置。

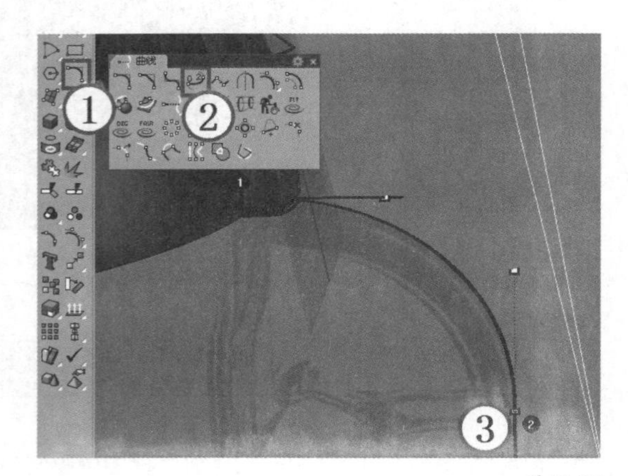

图13-97

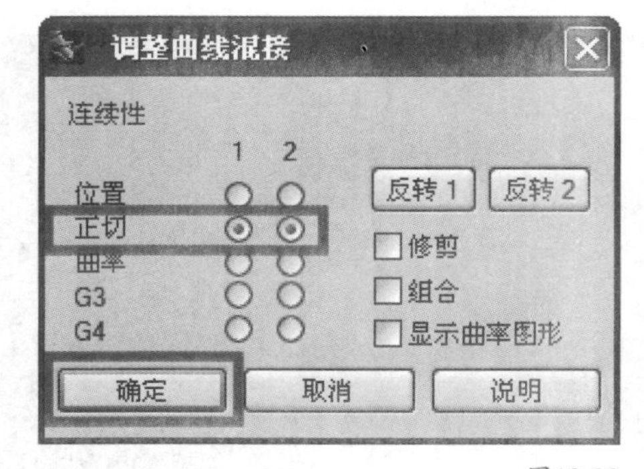

图13-98

04 使用“组合”工具将两条型线合并，然后单击“偏移曲线”工具，设置偏移半径为15，向内偏移生成一条型线，如图13-99所示。

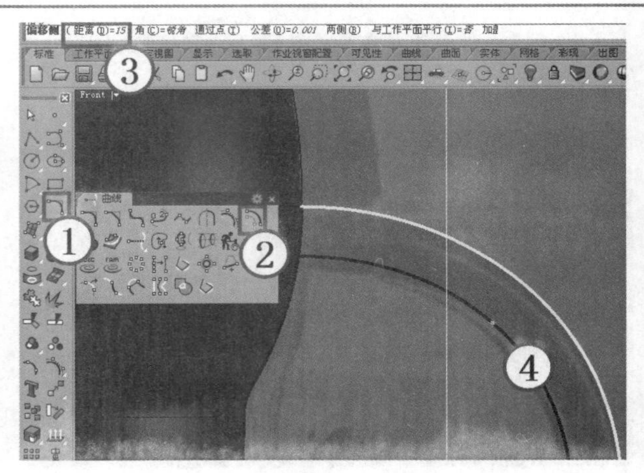

图13-99

05 将上一步偏移生成的曲线隐藏，然后使用“直线”工具在Front（前）视图中绘制把手内侧直线，如图13-100所示。

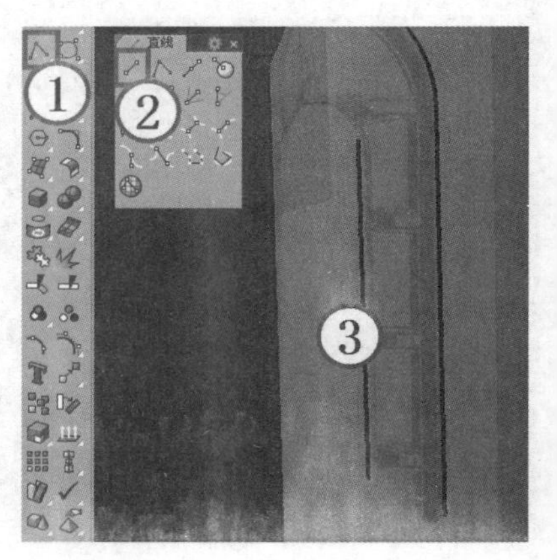

图13-100

06 使用鼠标左键单击“可调式混接曲线/混接曲线”工具，在把手内侧和外侧直线的下端建立一条混接曲线，设置连续性为“正切”，如图13-101所示。

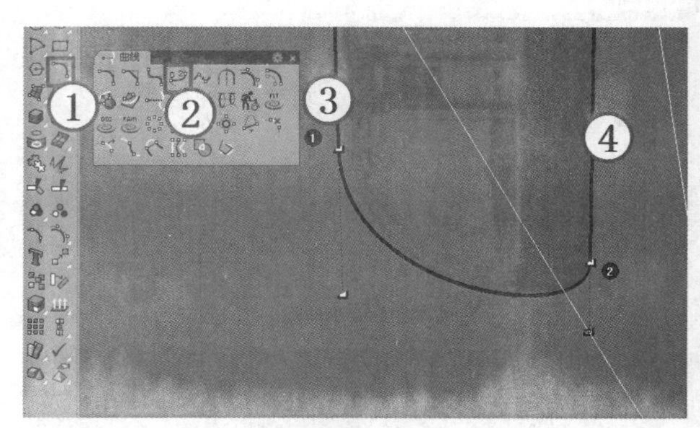

图13-101

07 使用“直线”工具在Front（前）视图中绘制把手内侧直线，如图13-102所示。

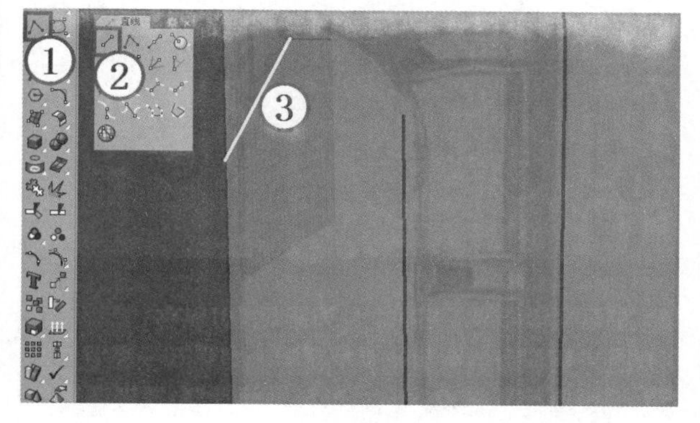

图13-102

08 使用鼠标左键单击“可调式混接曲线/混接曲线”工具，在两条内侧直线之间建立一条混接曲线，设置连续性为“正切”，如图13-103所示。

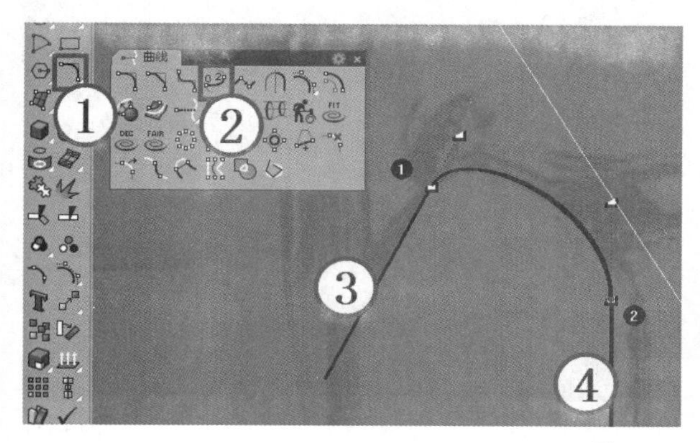

图13-103

09 将前面隐藏的曲线显示出来，单击“直线挤出”工具，挤出该曲线，使其宽度与机头把手宽度一致，如图13-104所示。

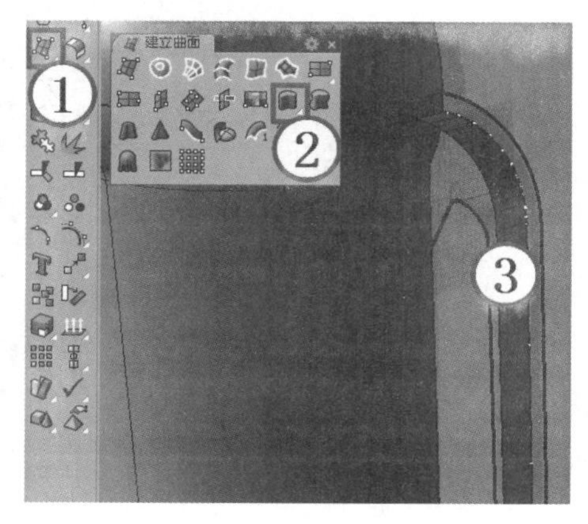

图13-104

10 单击“彩带”工具，在Front（前）视图中选择挤压型面的任意一边，设置“距离”为10，创建一段带状面，如图13-105所示。

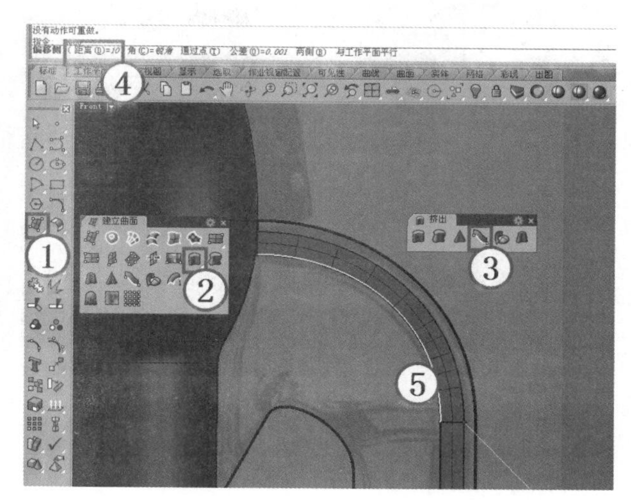

图13-105

11 使用同样的方式在挤压面的另一边也创建一段相同距离的带状面，然后单击“混接曲面”工具，在两段带状面的边缘处建立混接曲面，如图13-106所示，具体参数设置如图13-107所示。

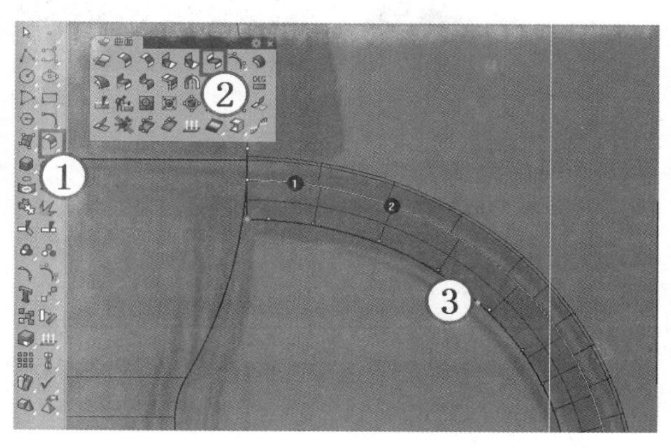

图13-106

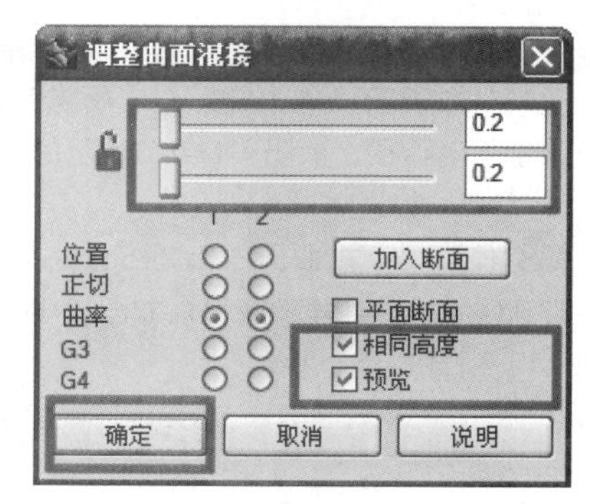

图13-107

12 使用“直线”工具在Front（前）视图中继续绘制把手内侧直线，如图13-108所示。

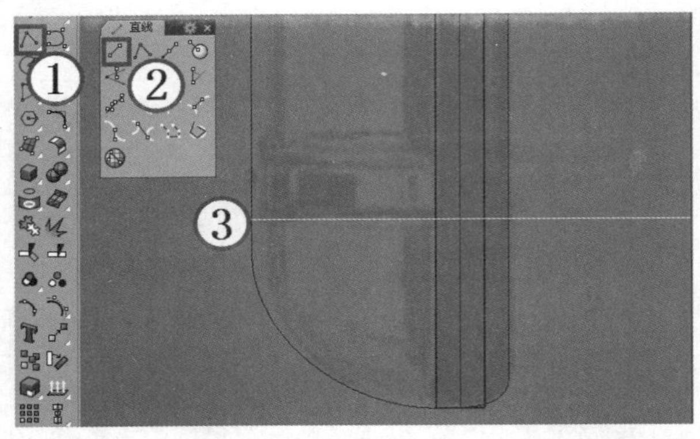

图13-108

13 单击“设定工作平面至物件”工具，然后选择中间的曲面，设定新工作平面，如图13-109所示。

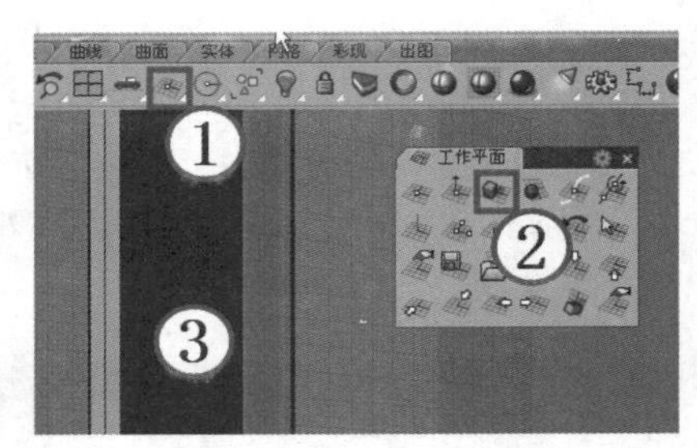

图13-109

14 使用鼠标左键单击“圆弧：起点、终点、通过点/圆弧：起点、通过点、终点”工具，开启“端点”捕捉模式和“正交”功能，绘制一个半圆，如图13-110所示。

15 单击“直线挤出”工具，选择半圆弧线挤出一个面，如图13-111所示。

16 单击“双轨扫掠”工具，然后选择两条边作为扫掠路径，再选择混接曲线的底部边缘作为断面曲线，如图13-112所示，单击鼠标右键确定后，弹出“双轨扫掠选项”对话框，参照图13-113所示的参数进行设置。

17 使用“混接曲面”工具创建把手内部曲面，如图13-114所示，具体参数设置如图13-115所示。

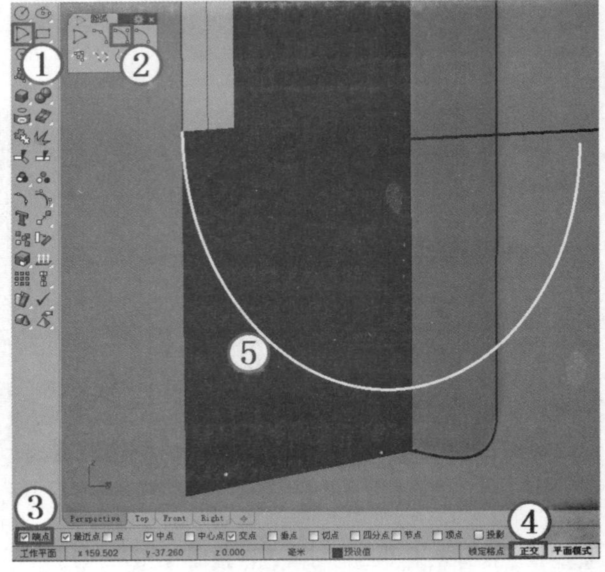

图13-110

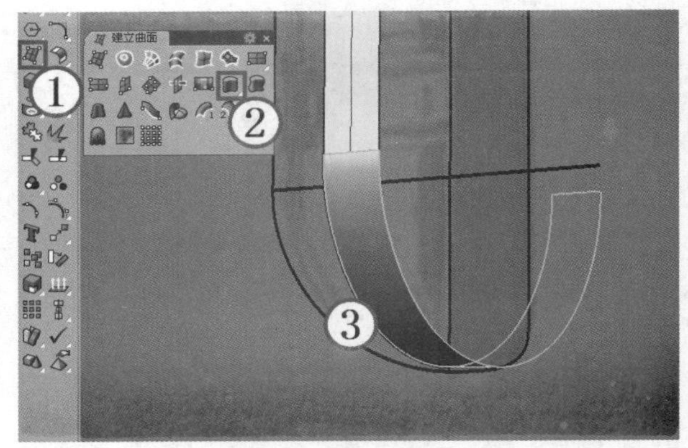

图13-111

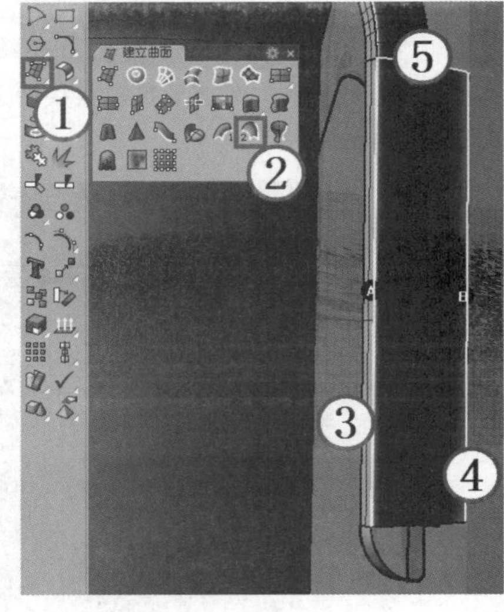

图13-112

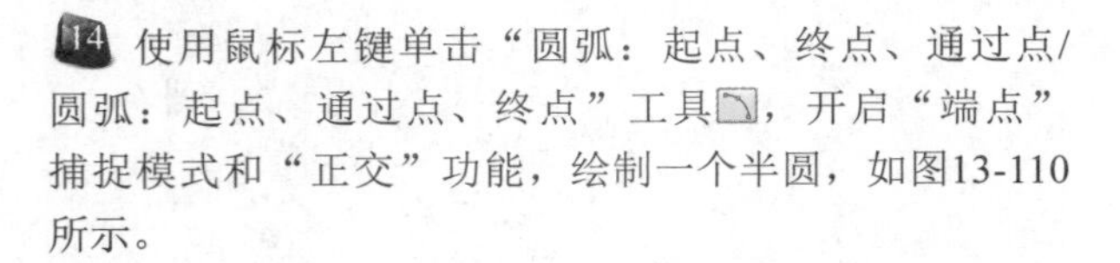

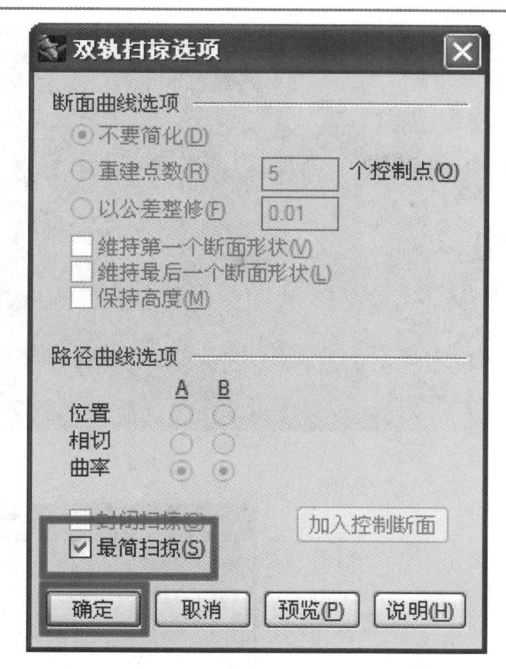

图13-113

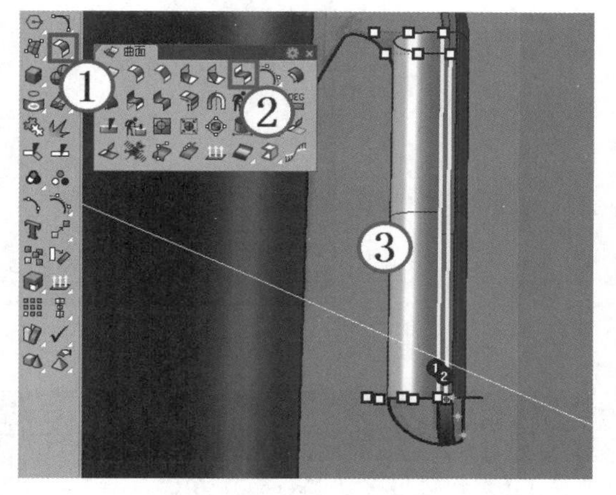

图13-114

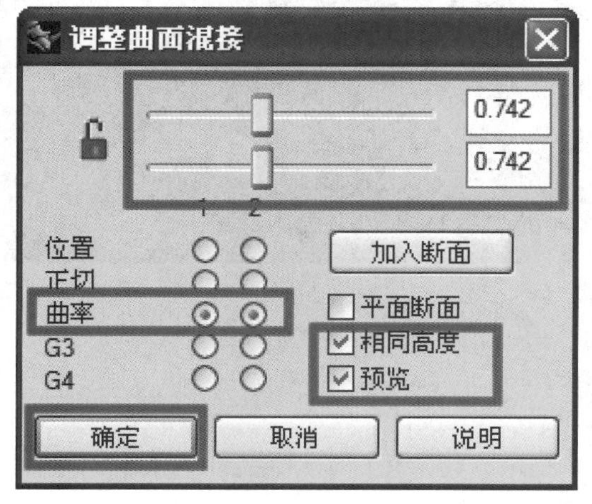

图13-115

18 使用鼠标左键单击"显示边缘/关闭显示边缘"工具，选择刚才创建的两个曲面，查看曲面的边，如图13-116所示。

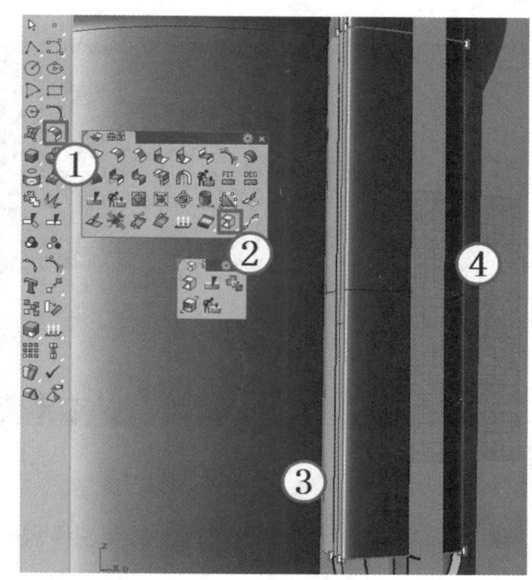

图13-116

19 使用鼠标左键单击"分割边缘/合并边缘"工具，在如图13-117所示的边上创建一个断点。

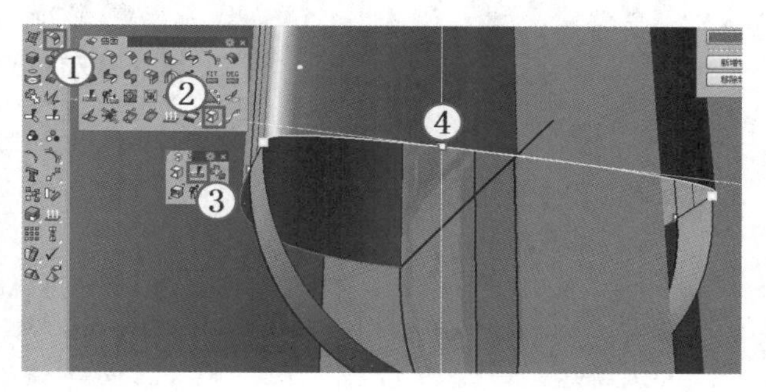

图13-117

20 单击"直线"工具，开启"点"捕捉模式，绘制一条如图13-118所示的直线。

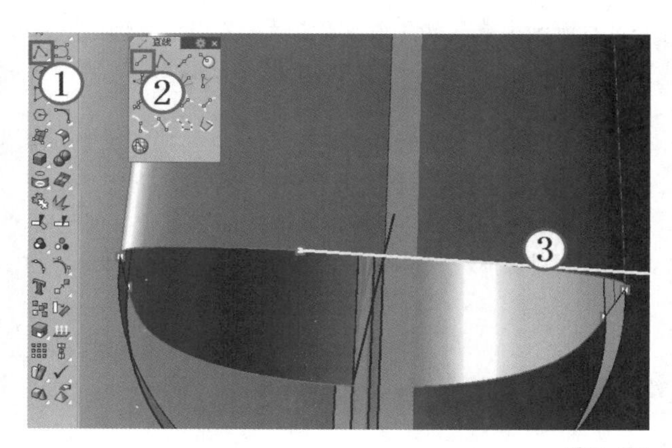

图13-118

21 使用鼠标左键单击“分割边缘/合并边缘”工具，在之前创建了断点的边上创建对应的另一个断点，如图13-119所示。

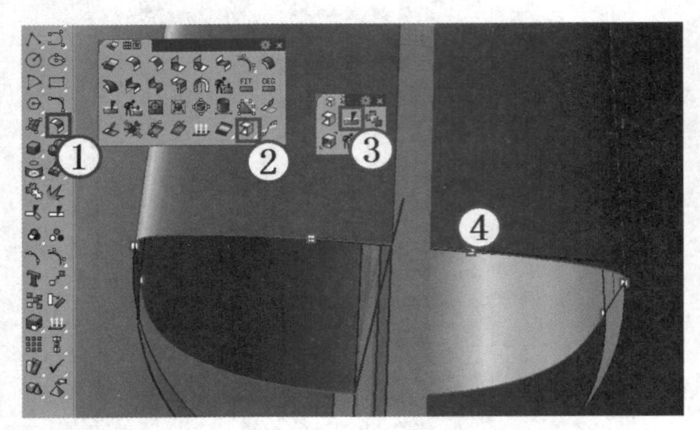

图13-119

22 使用鼠标左键单击“圆弧：起点、终点、通过点/圆弧：起点、通过点、终点”工具，绘制一个如图13-120所示的半圆。

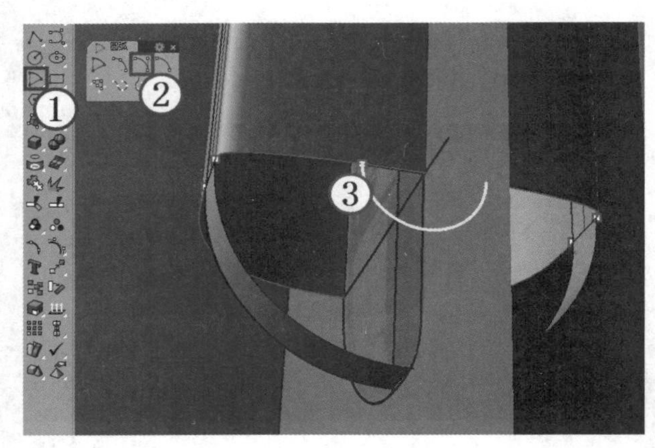

图13-120

23 单击“双轨扫掠”工具，选择两个半圆作为两条路径，再选择混接曲线的底部边缘作为断面曲线，如图13-121所示，单击鼠标右键确定后，弹出“双轨扫掠选项”对话框，参照图13-122所示的参数进行设置。

24 单击“混接曲面”工具，选择开口边作为第1个边缘，按Enter键确认后，再选择断点的边作为第2个边缘，如图13-123所示，接着再次按Enter键打开“调整曲面混接”对话框，参照图13-124所示的参数进行设置。

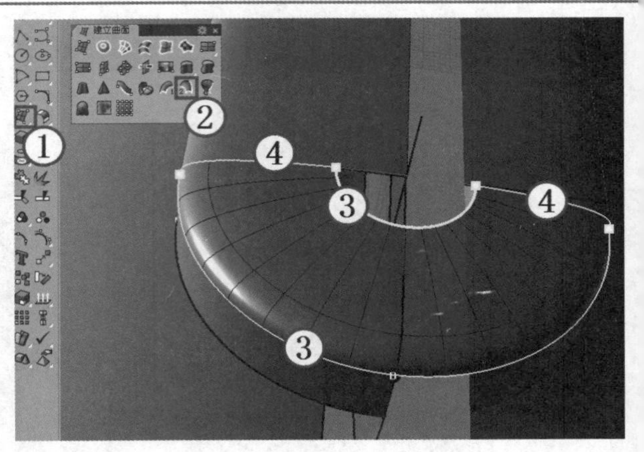

图13-121

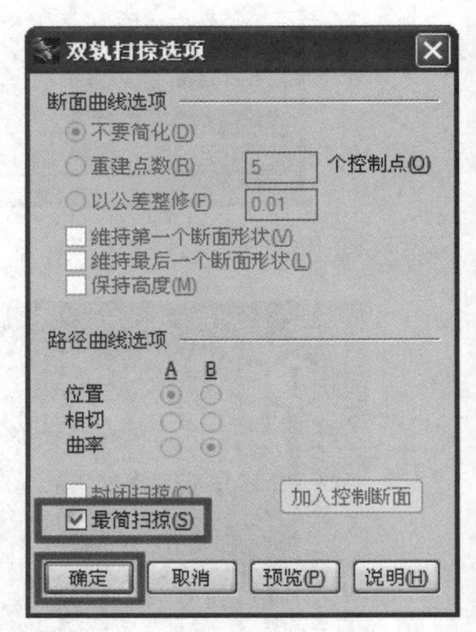

图13-122

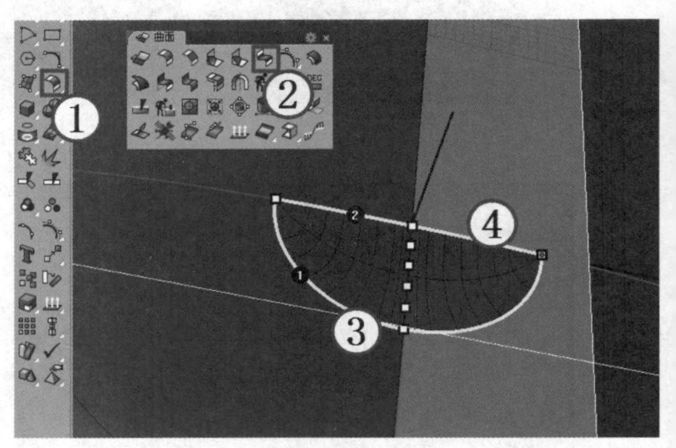

图13-123

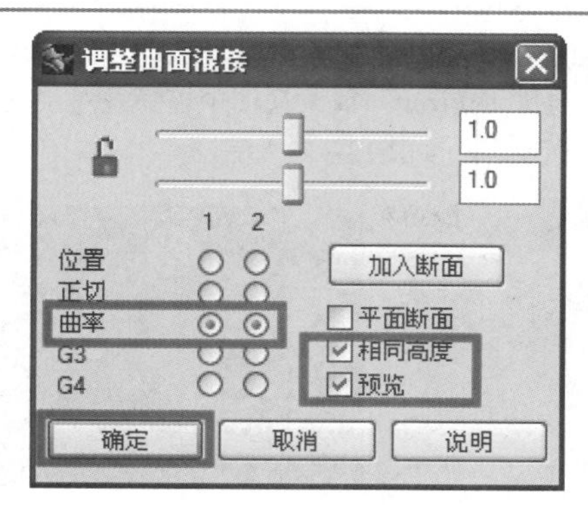

图13-124

25 使用鼠标左键单击“分割边缘/合并边缘”工具，在手柄内侧曲面紫色显示的一条边上创建一个断点，如图13-125所示。

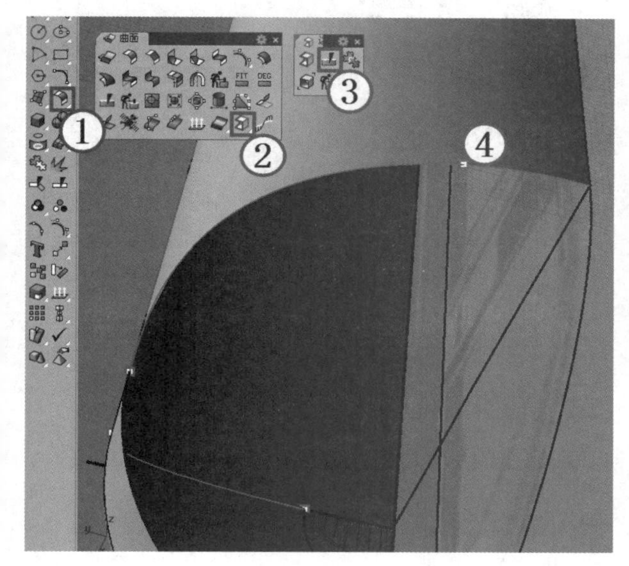

图13-125

26 单击“直线”工具，捕捉上一步创建的断点绘制一条如图13-126所示的直线。

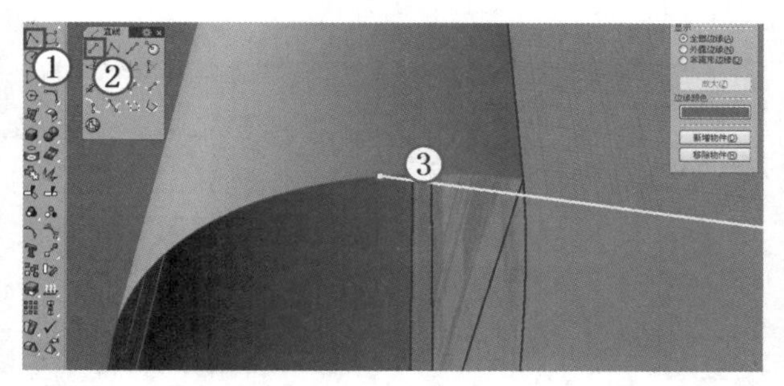

图13-126

27 使用鼠标左键单击“分割边缘/合并边缘”工具，在之前创建了断点的边上创建对应的另一个断点，如图13-127所示。

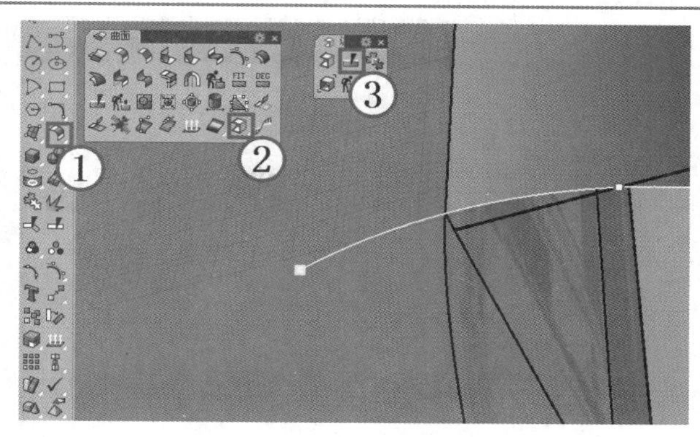

图13-127

28 使用鼠标左键单击“圆弧：起点、终点、通过点/圆弧：起点、通过点、终点”工具，绘制一个如图13-128所示的半圆。

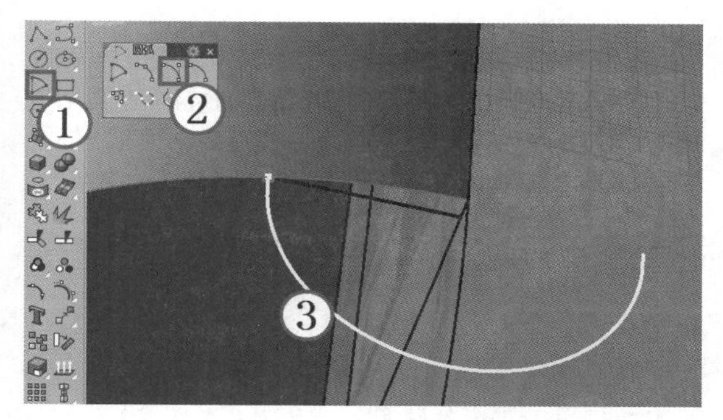

图13-128

29 单击“双轨扫掠”工具，选择两个半圆作为两条路径，再选择混接曲线的底部边缘作为断面曲线，如图13-129所示，按Enter键打开“双轨扫掠选项”对话框，参照图13-130所示的参数进行设置。

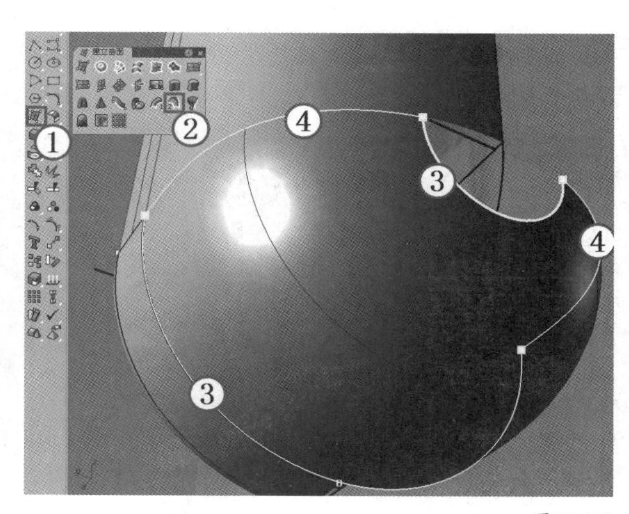

图13-129

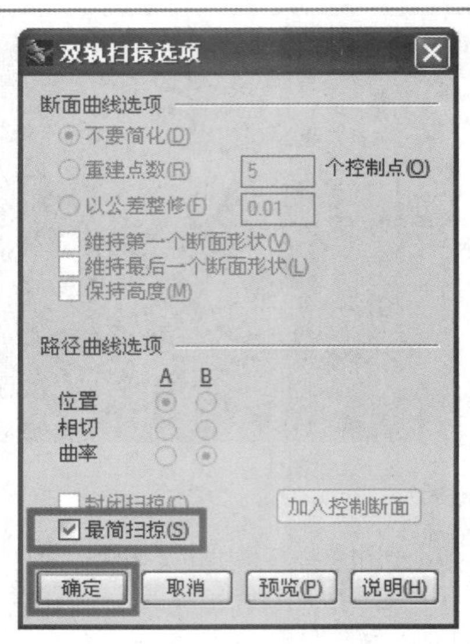

图13-130

30 单击"混接曲面"工具，选择开口的边作为第1个边缘，按Enter键确认后，再选择断点的边作为第2个边缘，如图13-131所示，再次按Enter键确认，打开"调整曲面混接"对话框，直接单击确定按钮。

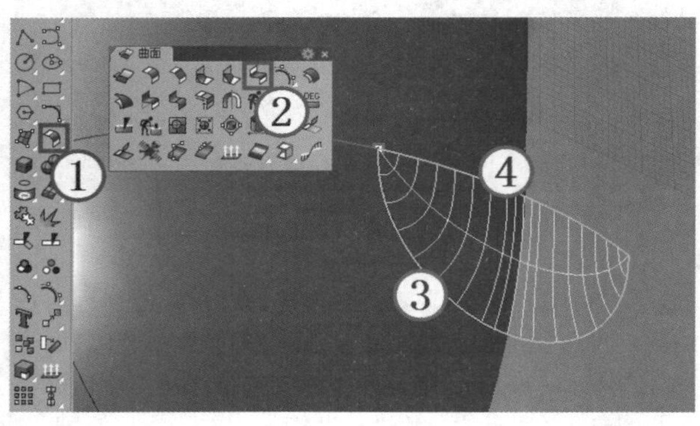

图13-131

31 单击"直线"工具，捕捉端点绘制一条如图13-132所示的直线。

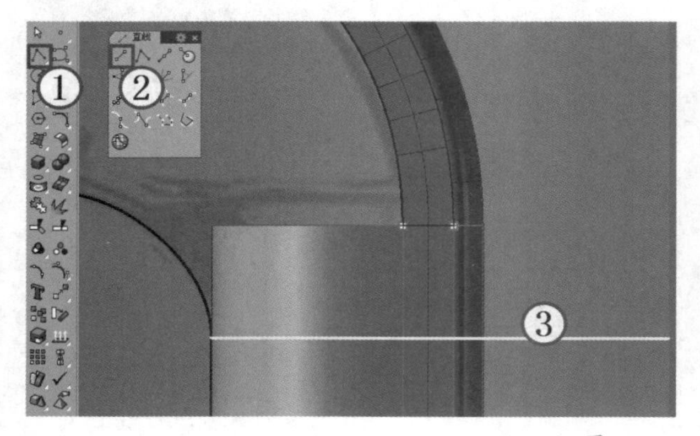

图13-132

32 使用鼠标左键单击"分割/以结构线分割曲面"工具，在Front（前）视图中以弧线对手柄内侧面和侧面进行分割，如图13-133所示。

图13-133

33 单击"直线挤出"工具，挤出手柄内侧下面的型线，如图13-134所示。

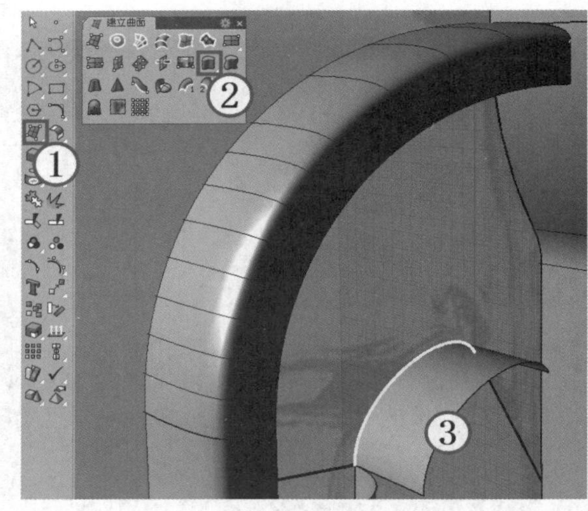

图13-134

34 单击"混接曲面"工具，选择上一步挤出面的边作为第1个边缘，右键确定后，选择侧面两段弧面的边作为第2个边缘，并再次单击鼠标右键打开"调整曲面混接"对话框，在视图中调整混接编辑点，然后单击确定按钮完成操作，如图13-135所示。

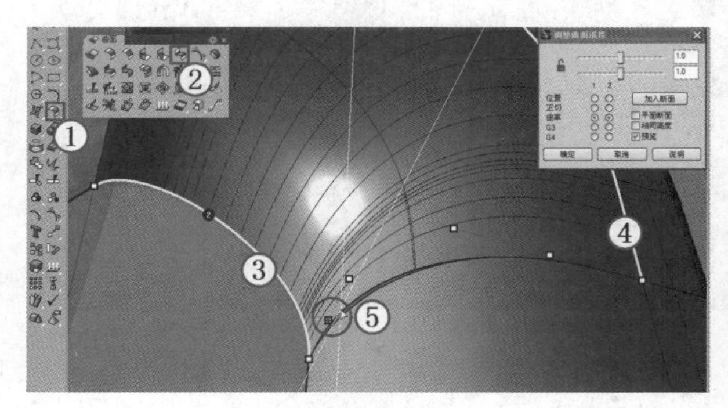

图13-135

35 使用“镜射/三点镜射”工具镜像复制上一步创建的曲面，如图13-136所示。

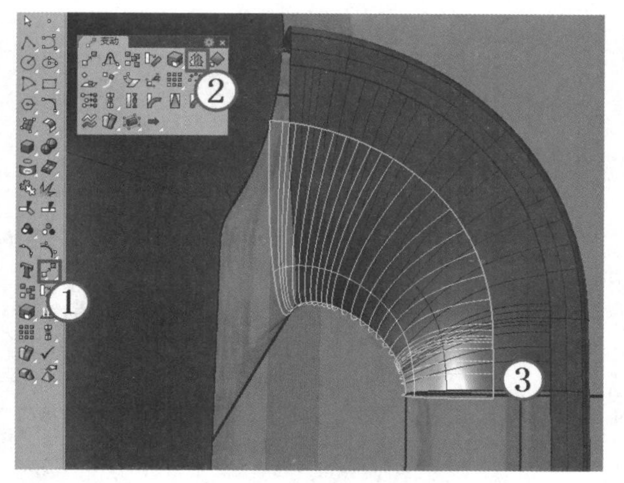

图13-136

36 单击“合并曲面”工具，选择镜像曲面和与之相连的混接曲面进行合并，如图13-137所示。

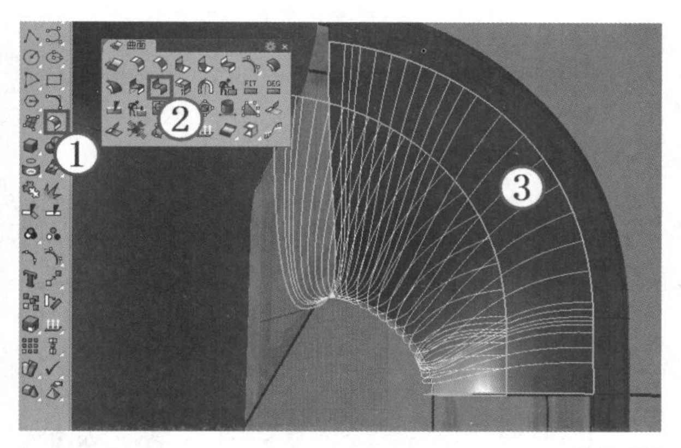

图13-137

37 因为这个过渡面的原因，手柄内侧面需要随之调整，所以要先删除之前创建的手柄内侧面，再单击“双轨扫掠”工具，然后选择两条边作为两条路径，接着选择混接曲线的底部边缘作为断面曲线，如图13-138所示，右键确定，弹出“双轨扫掠选项”对话框，勾选“最简扫掠”选项，再单击确定按钮完成操作。

38 使用鼠标左键单击“分割边缘/组合边缘”工具，在如图13-139所示的位置创建断点。

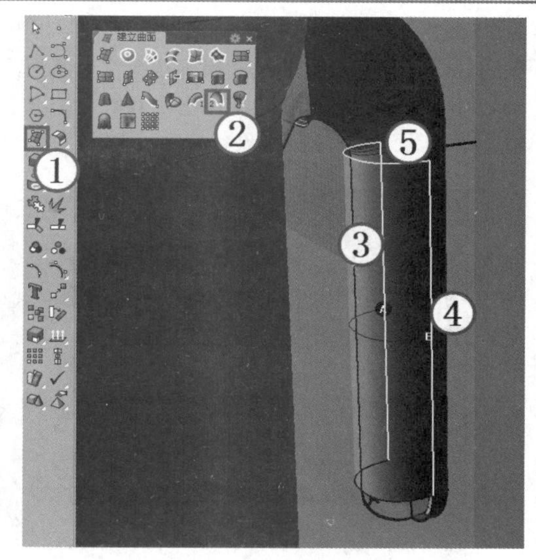

图13-138

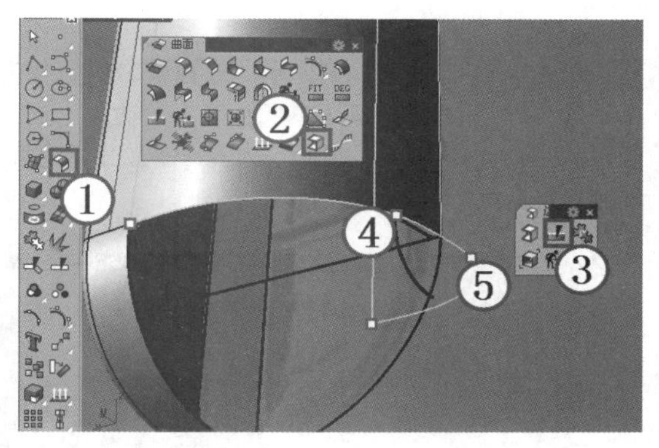

图13-139

39 使用鼠标左键单击“圆弧：起点、终点、通过点/圆弧：起点、通过点、终点”工具，绘制一个如图13-140所示的半圆。

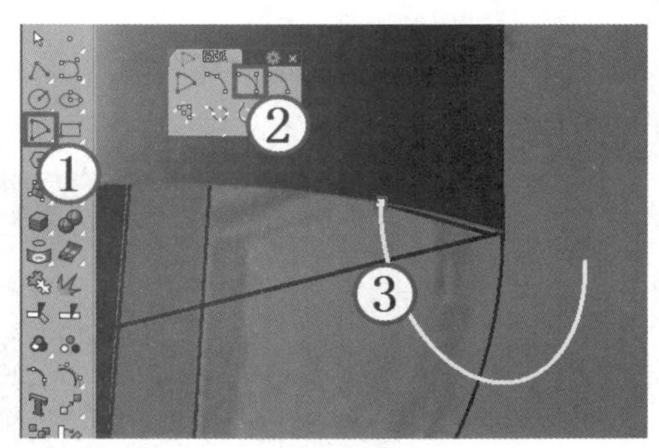

图13-140

40 单击“双轨扫掠”工具，选择两个半圆作为两条路径，再选择混接曲线的底部边缘作为断面曲线，如图13-141所示，右键确定，弹出“双轨扫掠选项”对话框，单击确定按钮完成操作。

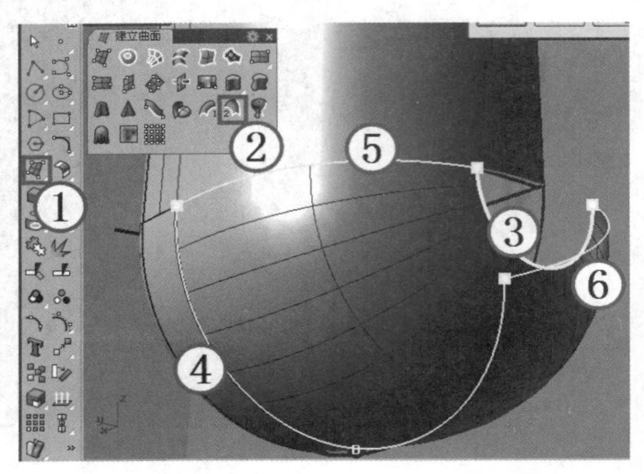

图13-141

41 单击“混接曲面”工具，选择开口的边作为第1个边缘，按Enter键确认，再选择断点的边作为第2个边缘，如图13-142所示，并再次按Enter键打开“调整曲面混接”对话框，单击确定按钮完成操作。

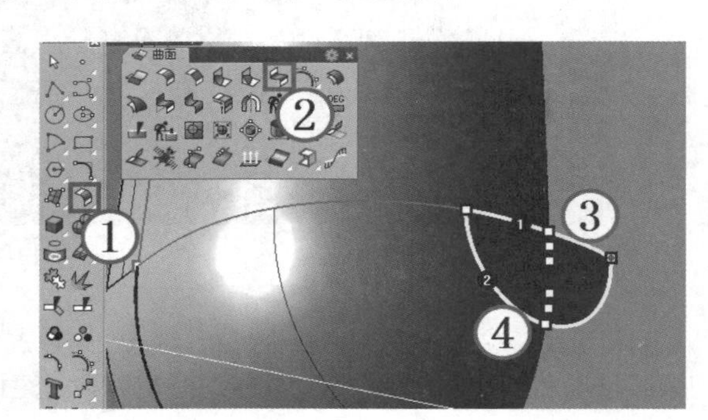

图13-142

42 使用“直线”工具捕捉端点绘制一条如图13-143所示的直线。

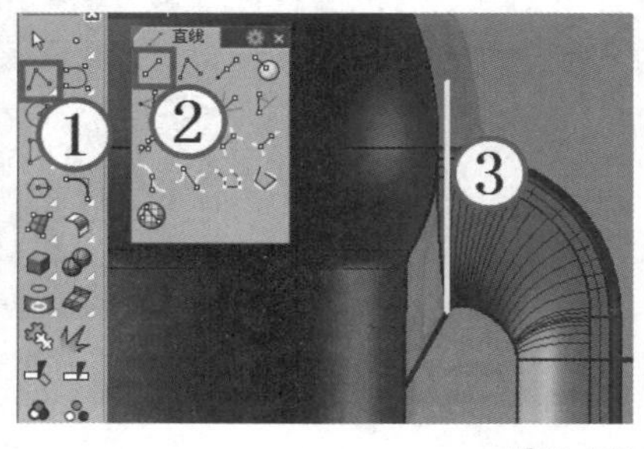

图13-143

43 使用鼠标左键单击“分割/以结构线分割曲面”工具，以上一步绘制的直线对手柄进行分割，如图13-144所示。

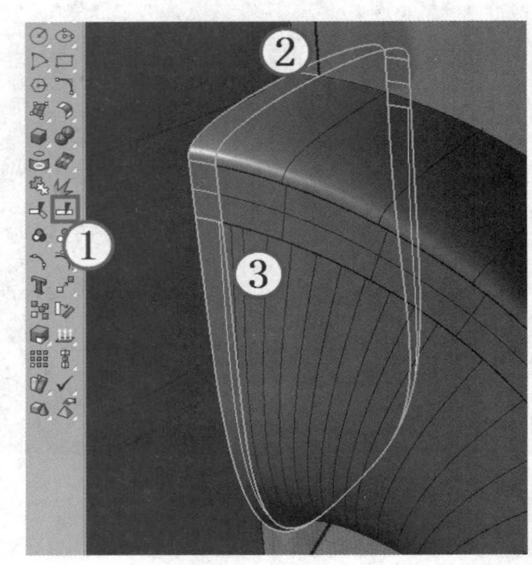

图13-144

44 使用鼠标左键单击“控制点曲线/通过数个点的曲线”工具，绘制一条具有4个控制点的曲线，要求竖直方向的3个控制点保持垂直，水平方向的两个控制点保持水平，如图13-145所示。

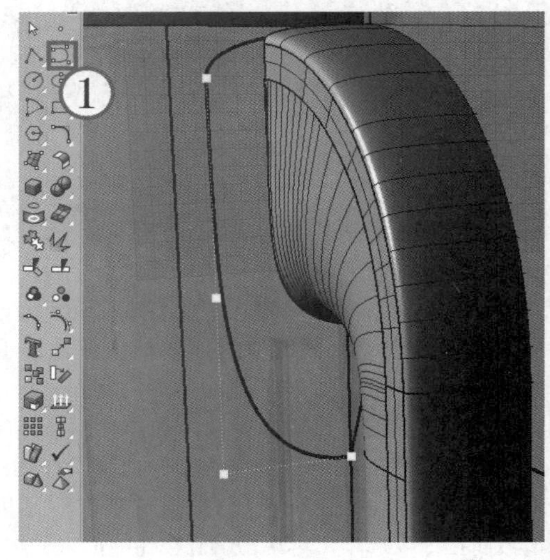

图13-145

45 使用“镜射/三点镜射”工具将上一步绘制的曲线镜像复制一条到右侧，如图13-146所示。

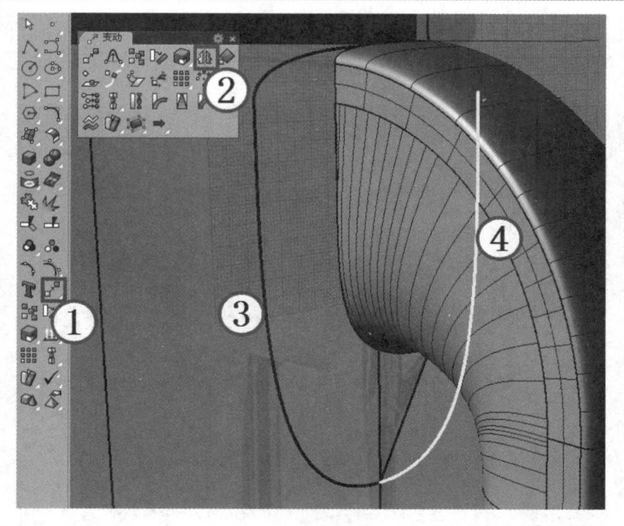

图13-146

46 使用鼠标左键单击“控制点曲线/通过数个点的曲线”工具，在镜像后两条曲线的顶部绘制一条具有4个控制点的曲线，要求上下两个控制点保持垂直，左右方向的两个控制点保持水平，如图13-147所示。

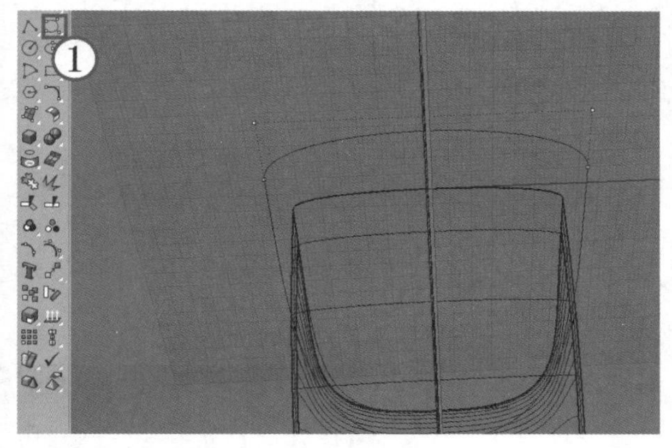

图13-147

47 单击“衔接曲线”工具，分别衔接两个端点，如图13-148所示，衔接时参照图13-149所示的参数进行设置。

48 使用“组合”工具将两条型线合并，然后使用鼠标左键单击“分割/以结构线分割曲面”工具，选择要分割的杯身，右键确定，再选择切割用的弧线，右键确定，如图13-150所示。

49 框选手柄所有的型面，将其向下移动10个单位，如图13-151所示。

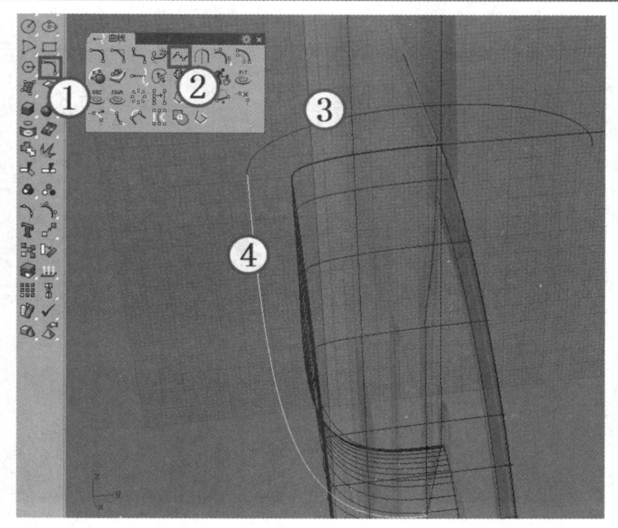

图13-148

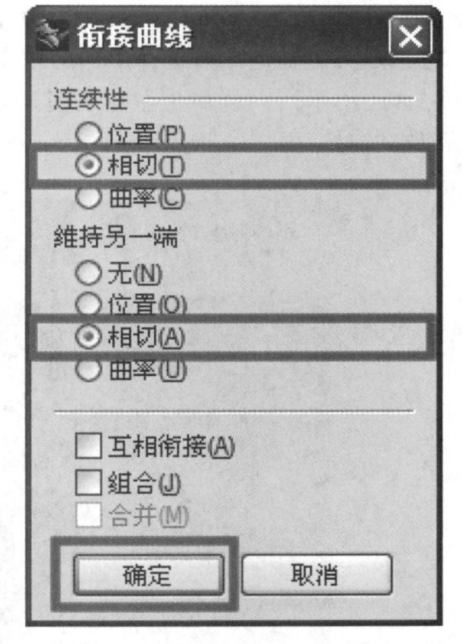

图13-149

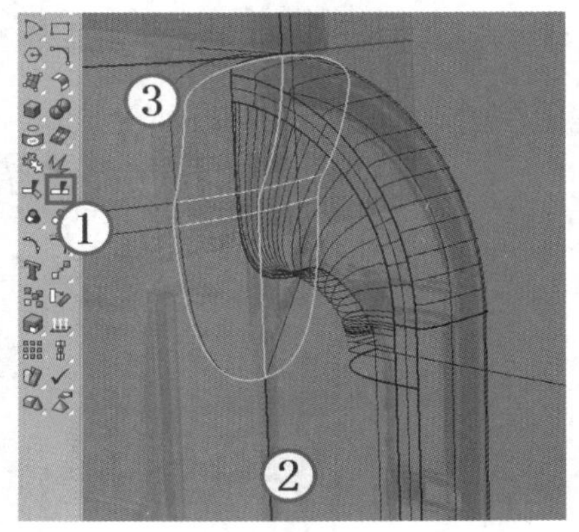

图13-150

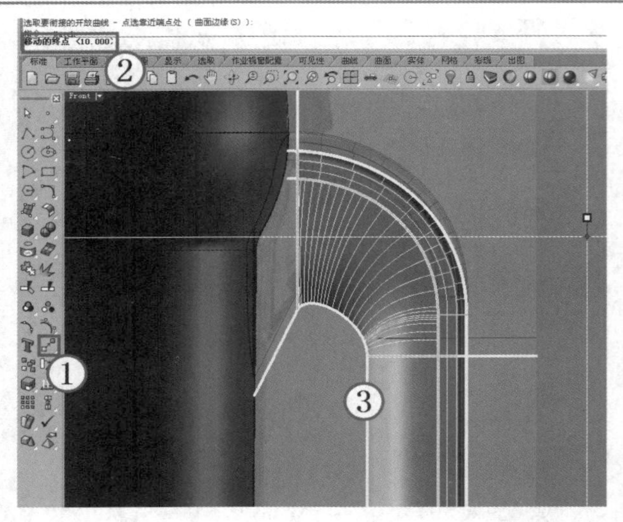
图13-151

50 单击“混接曲面”工具，选择挖切的边作为第1个边缘，右键确定，再选择手柄的边作为第2个边缘，如图13-152所示，同样单击鼠标右键确定，弹出“调整曲面混接”对话框，参照图13-153所示的参数进行设置。

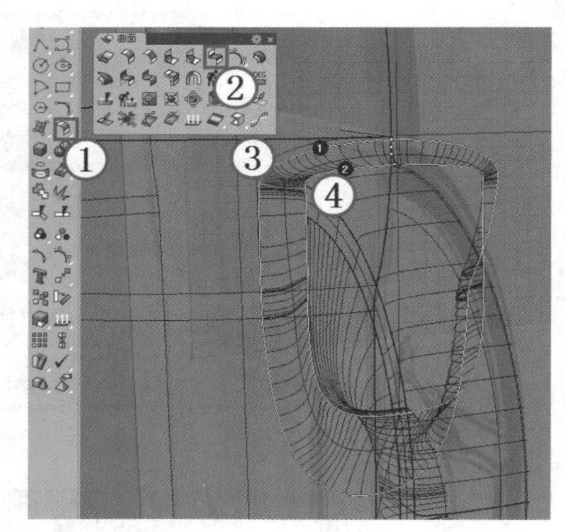
图13-152

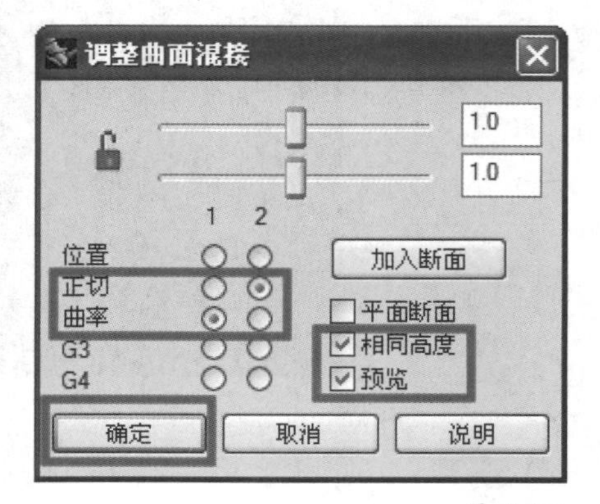

图13-153

现在就完成了机身提手模型的制作，效果如图13-154所示。

图13-154

13.7 制作流口

01 使用“直线”工具捕捉端点绘制一条如图13-155所示的直线。

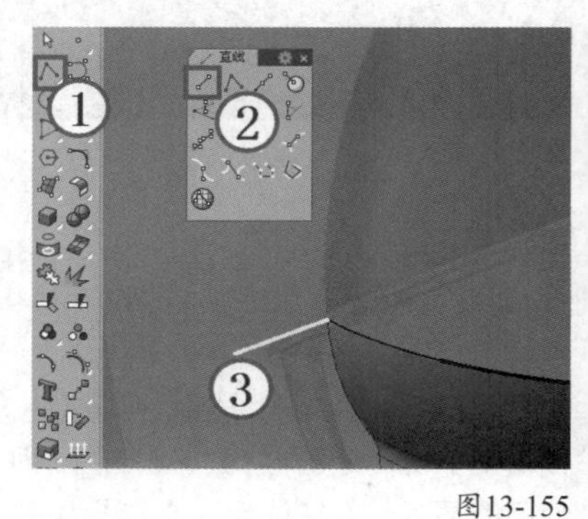
图13-155

02 使用同样的方式再绘制一条直线，如图13-156所示，这一直线的一个端点与流口底部一致。

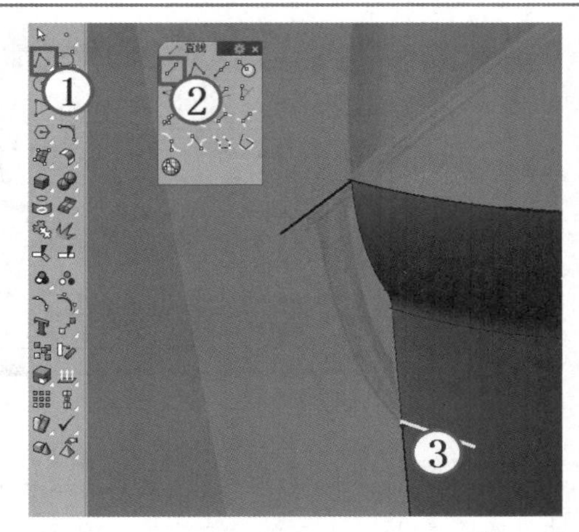

图13-156

03 使用鼠标左键单击“圆弧：起点、终点、通过点/圆弧：起点、通过点、终点”工具，绘制一段如图13-157所示的圆弧，要求上下方向的两个控制点保持垂直。

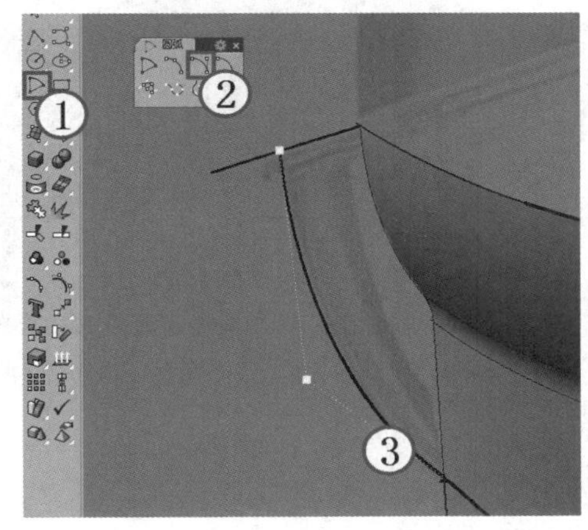

图13-157

04 使用鼠标左键单击“单点/多点”工具，开启“最近点”捕捉模式，在杯口处任意位置创建一点，如图13-158所示。

05 单击“直线”工具，捕捉上一步创建的点为起点，绘制一条如图13-159所示的直线。

06 再次使用左键单击“单点/多点”工具，在之前创建的杯口点的对应端任意绘制一点，如图13-160所示。

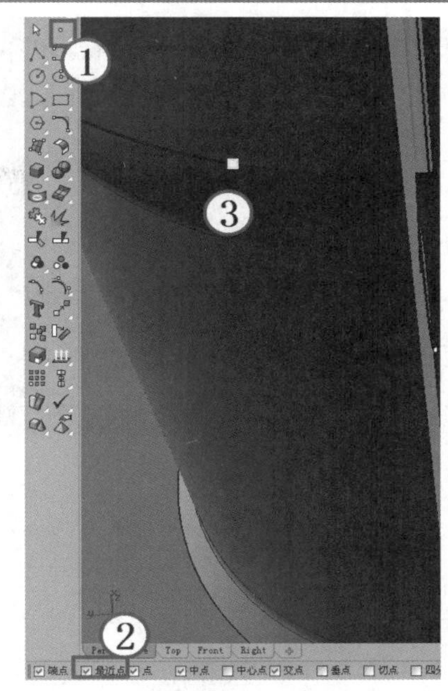

图13-158

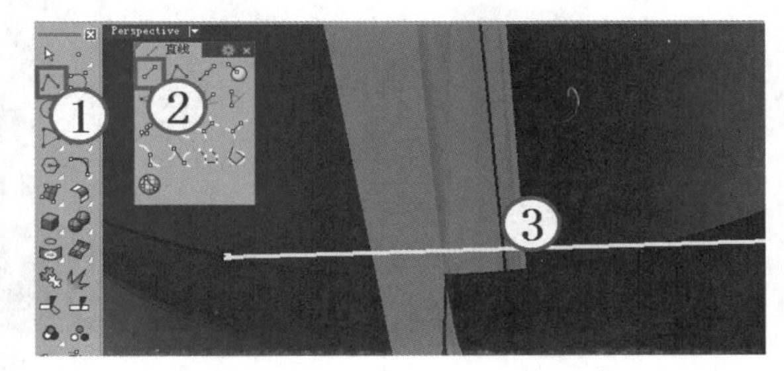

图13-159

图13-160

07 使用鼠标左键单击“复制边缘/复制网格边缘”工具，复制杯口边缘，如图13-161所示。

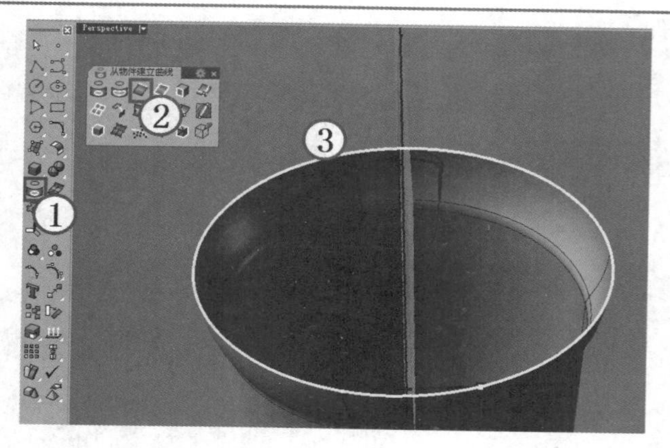

图13-161

08 使用鼠标左键单击“分割/以结构线分割曲面”工具，以前面创建的两个点对上一步复制的边缘进行分割，如图13-162所示。

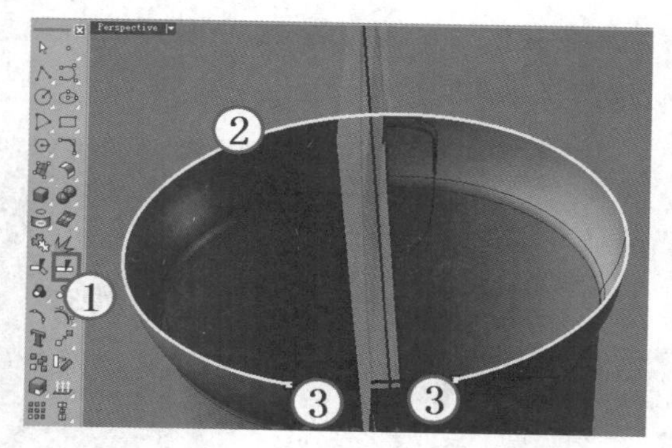

图13-162

09 使用鼠标左键单击“可调式混接曲线/混接曲线”工具，建立如图13-163所示的混接曲线，具体参数设置如图13-164所示。

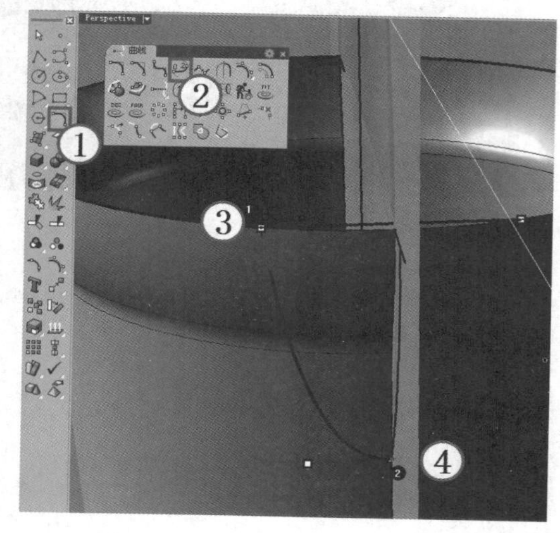

图13-163

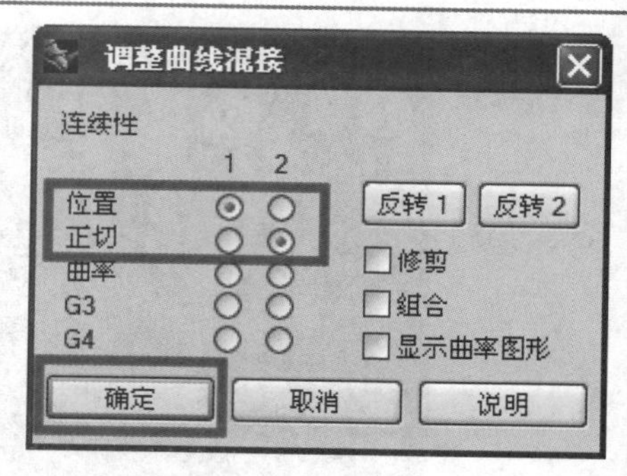

图13-164

10 使用“镜射/三点镜射”工具将上一步创建的混接曲线镜像复制一条到右侧，如图13-165所示。

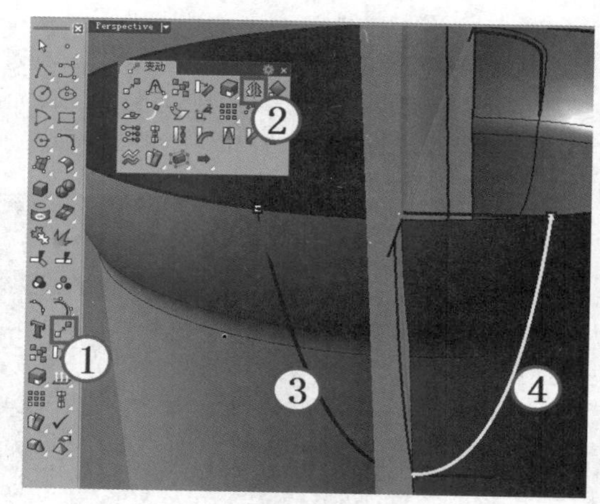

图13-165

11 使用鼠标左键单击“圆弧：起点、终点、通过点/圆弧：起点、通过点、终点”工具，绘制一段如图13-166所示的圆弧。

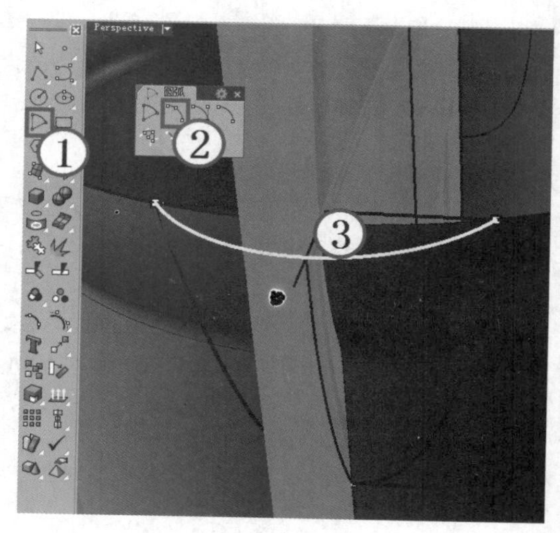

图13-166

12 单击“从网线建立曲面”工具，选择前面创建的4条型线，如图13-167所示，单击鼠标右键确定，弹出“以网线建立曲面”对话框，参照图13-168所示的参数进行设置。

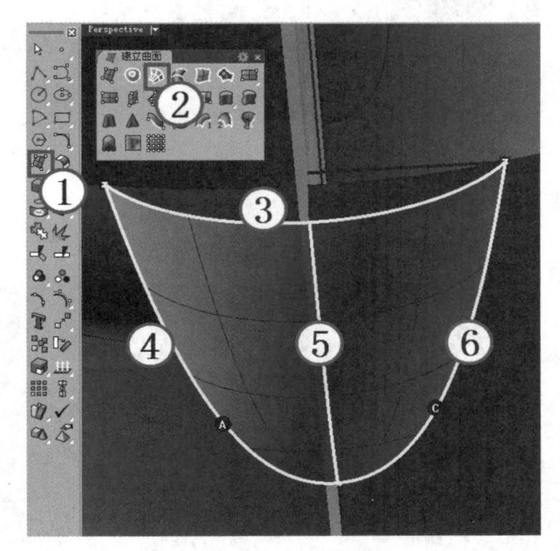

图13-167

以网线建立曲面

公差

边缘曲线(E): 1

内部曲线(I): 0.01

角度(N): 1

预览

边缘设置

	A	B	C	D
松弛	○	○	○	○
位置	⊙	○	⊙	⊙
相切	○	○	○	○
曲率	○	○	○	○

确定 取消 说明(H)

图13-168

13 单击“延伸曲面”工具，选择上一步生成的曲面的两条边进行延伸，设置延伸长度为30，如图13-169所示。

14 单击“曲面圆角”工具，设置圆角半径为8，对延伸曲面和杯面进行圆角处理，如图13-170所示。

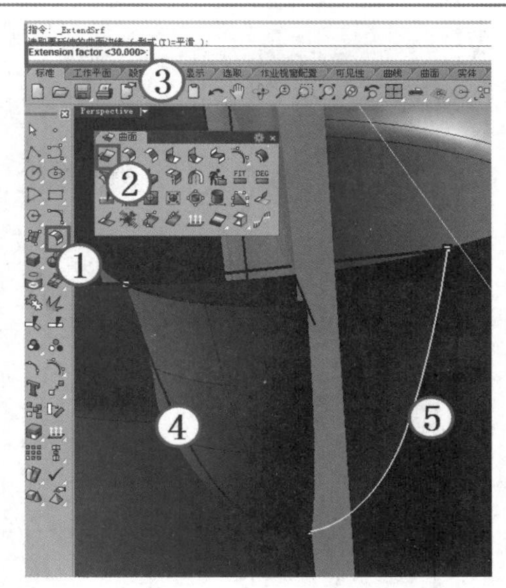

图13-169

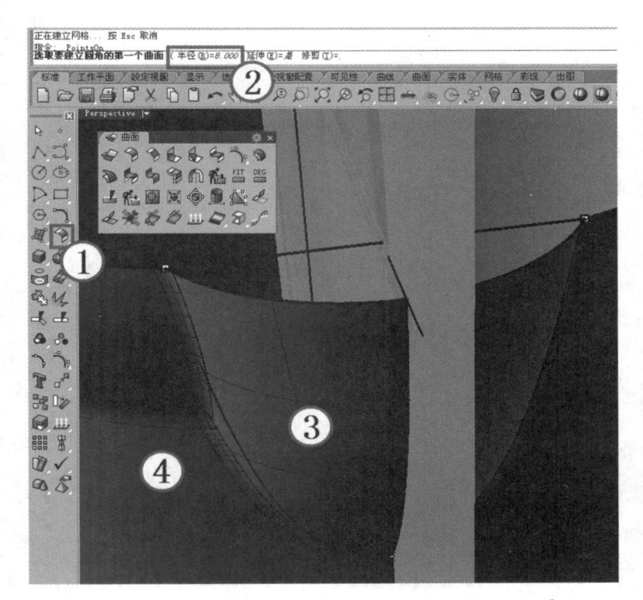

图13-170

15 删除圆角曲面，然后单击“混接曲面”工具，选择杯身修剪的边作为第1个边缘，右键确定，再选择延伸曲面修剪的边作为第2个边缘，右键确定，如图13-171所示。滚动鼠标左键将混接边缘处放大，观察混接边缘，如图13-172所示，可以看到混接边缘已经变形，所以要增加平面断面，修平边缘。

16 在“调整曲面混接”对话框中勾选“平面断面”选项，如图13-173所示，然后在Front（前）视图中拖曳一条水平线，结果混接曲面边缘变平了，单击确定按钮完成操作，如图13-174所示。

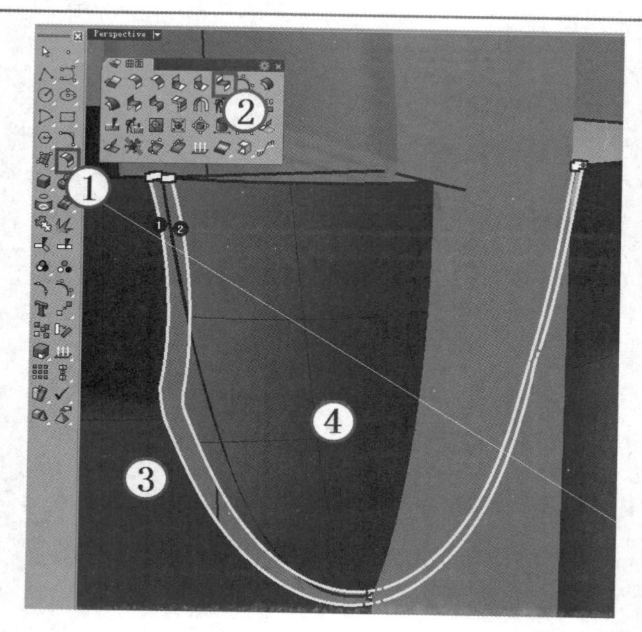

图13-171

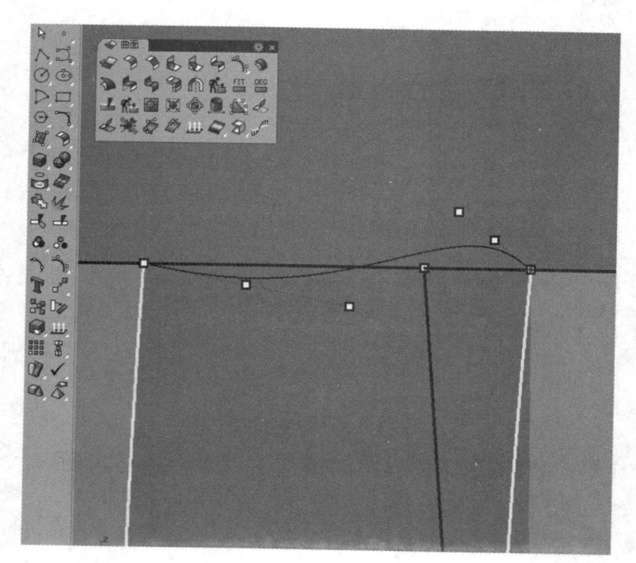

图13-172

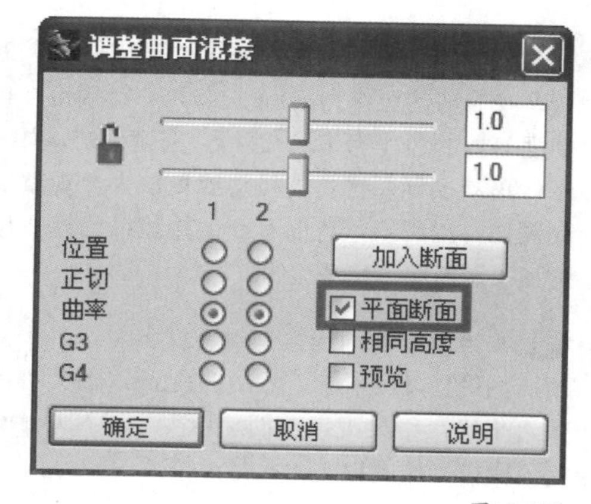

图13-173

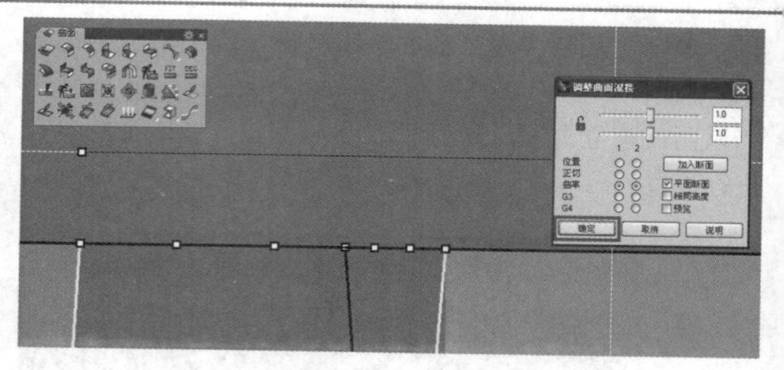

图13-174

17 使用鼠标左键单击“复制边缘/复制网格边缘”工具，复制杯口和流口边缘，如图13-175所示。

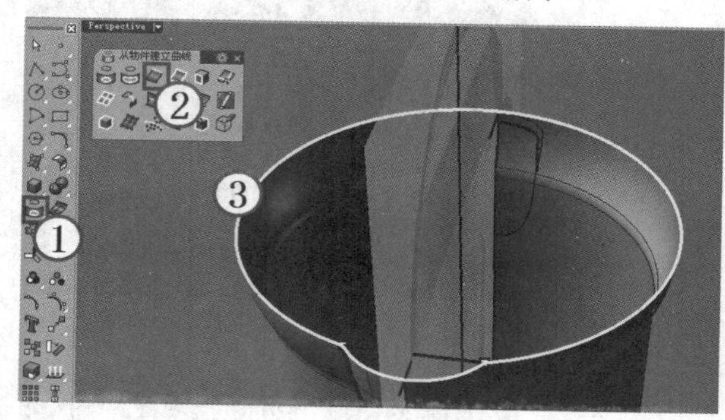

图13-175

18 单击“彩带”工具，在Top（顶）视图中选择型线，设置“距离”为3，创建一段带状面，如图13-176所示。

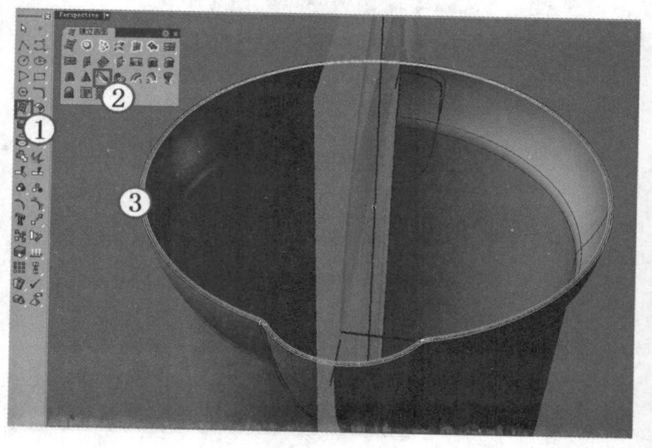

图13-176

19 使用同样的方式再向外创建一段带状面，如图13-177所示。

20 将创建的带状面向下移动一段距离，如图13-178所示。

21 单击“混接曲面”工具，选择一段带状面边缘作为第1个边缘，右键确定，再选择另一段带状面边缘作为第2个边缘，如图13-179所示，单击鼠标右键确定后，弹出“调整曲面混接”对话框，参照图13-180所示的参数进行设置。

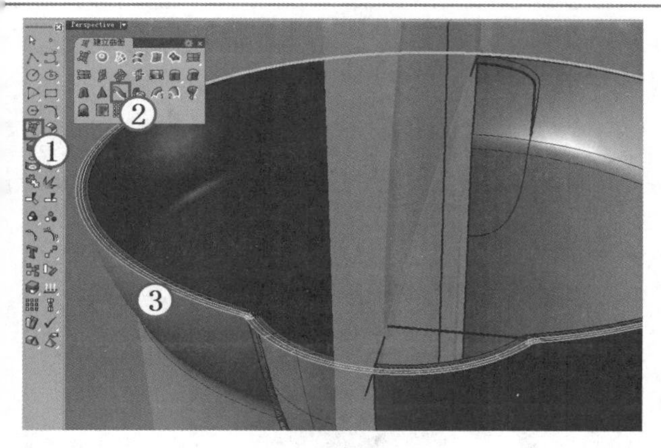

图13-177

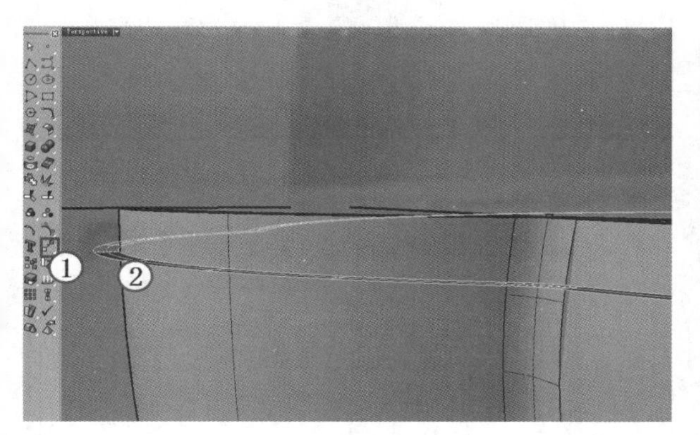

图13-178

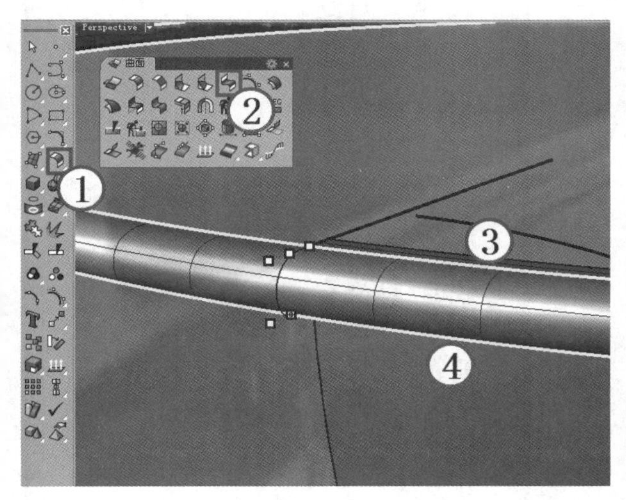

图13-179

现在就完成了豆浆机模型的制作，最终效果如图13-181所示。使用“斑马纹分析/关闭斑马纹分析”工具对模型进行分析，观察曲面上斑马纹的走向，如图13-182所示，曲面达到了曲率连续。

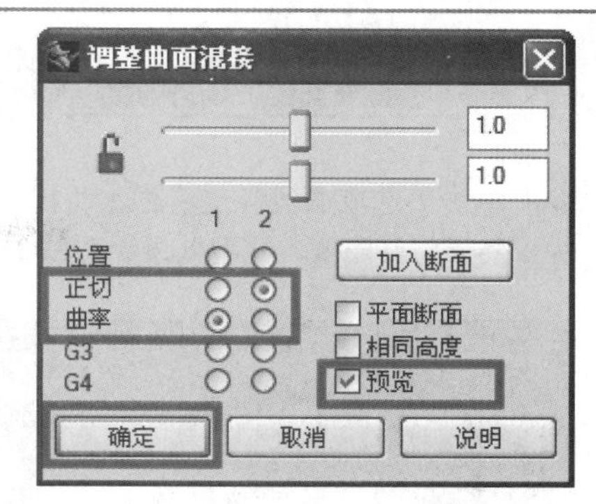

图13-180

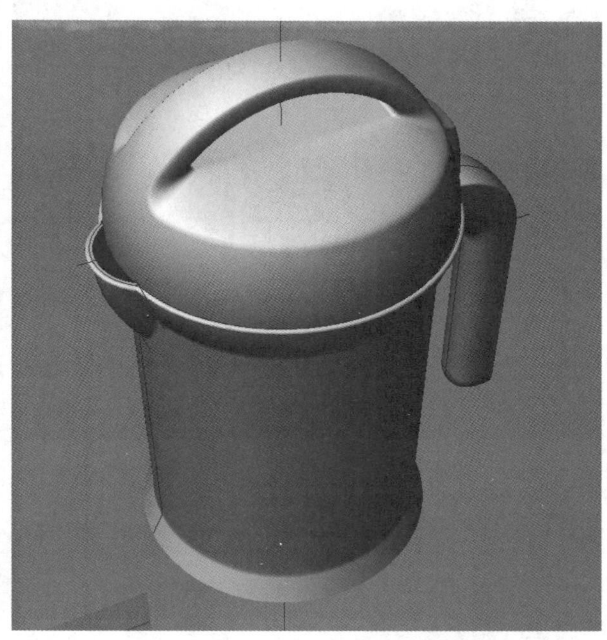

图13-181

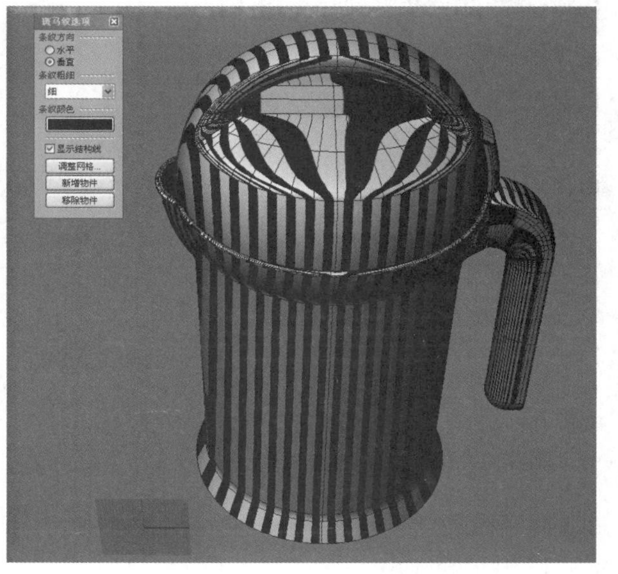

图13-182

13.8 模型渲染

01 单击“选取曲线”工具，将视图中的曲线全部选中，然后将其隐藏，模型效果如图13-183所示。

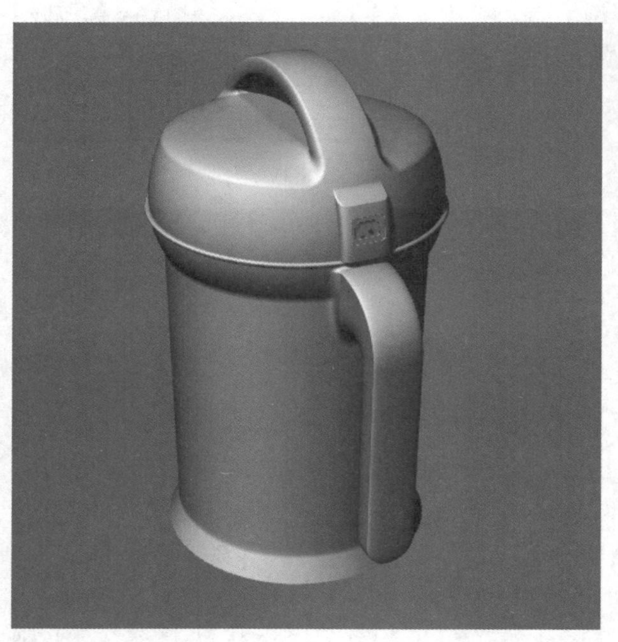

图13-183

02 整理模型，将各部件按分好的图层归类，如图13-184所示。

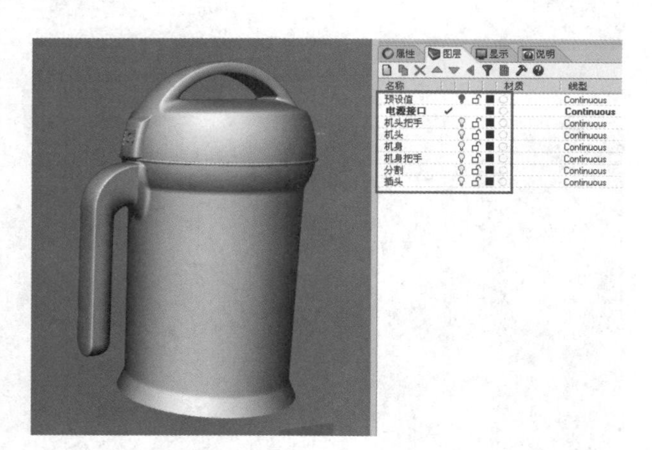

图13-184

03 按Ctrl+S组合键保存文件，然后运行KeyShot 3，并导入保存的文件，如图13-185所示。

04 打开“项目”对话框，查看相应的分类和对应的材质，如图13-186所示。

图13-185

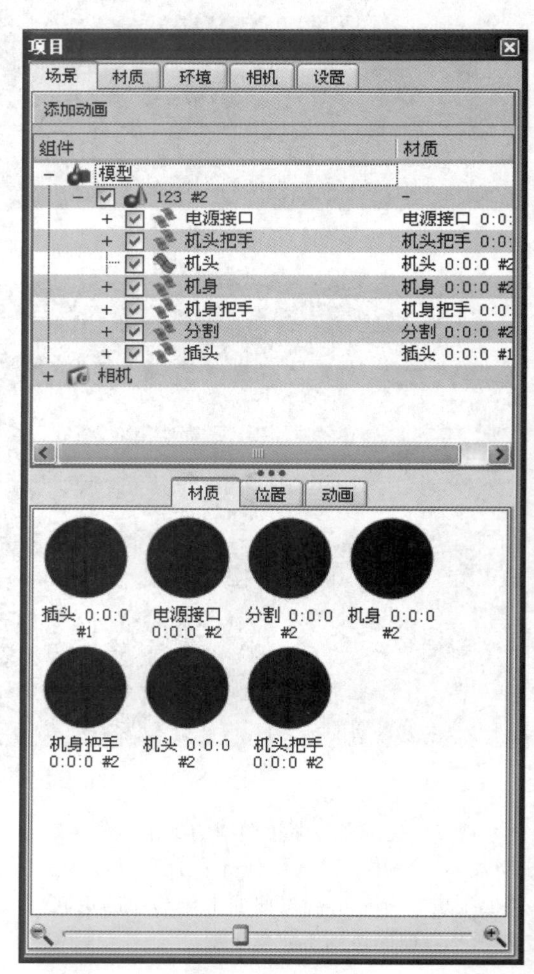

图13-186

05 打开"KeyShot库"对话框，然后在"材质"选项卡下展开Paint（油漆）目录，并单击选择Gloss（光滑）分类，接着在该分类下找到Paint-gloss cool grey（油漆-冷灰色光滑）材质，并将其赋予机身，如图13-187所示。

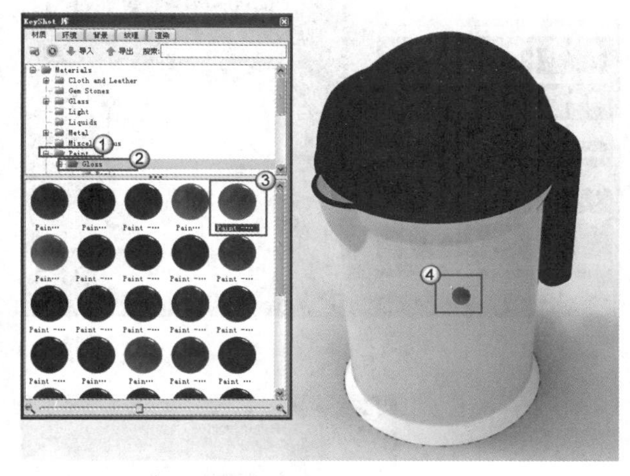

图13-187

06 找到Paint-gloss red（油漆-红色光滑）材质，将其赋予机头，如图13-188所示。

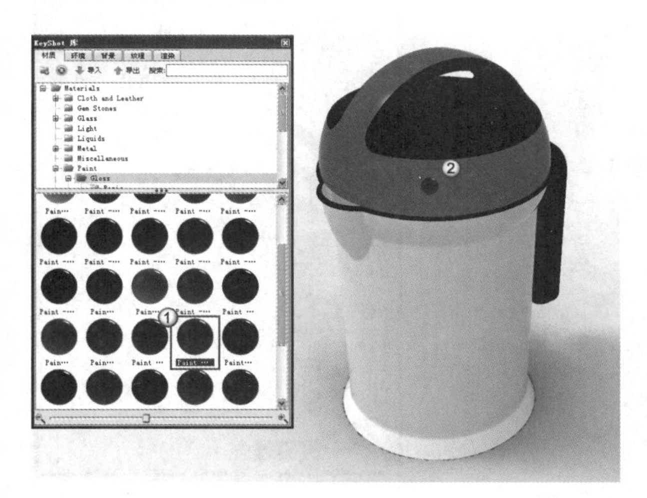

图13-188

07 展开Plastic（塑料）目录，然后单击选择Hard（坚硬）分类，接着找到Hard rough plastic-black（粗糙坚硬的塑料-黑色）材质，将其赋予机头把手，如图13-189所示。

08 将Hard rough plastic-black（粗糙坚硬的塑料-黑色）再赋予机身把手，如图13-190所示。

09 单击Metal（金属）目录，然后找到Chrome black（铬黑）材质，将其赋予机身和机头中间的金属隔断物件，如图13-191所示。

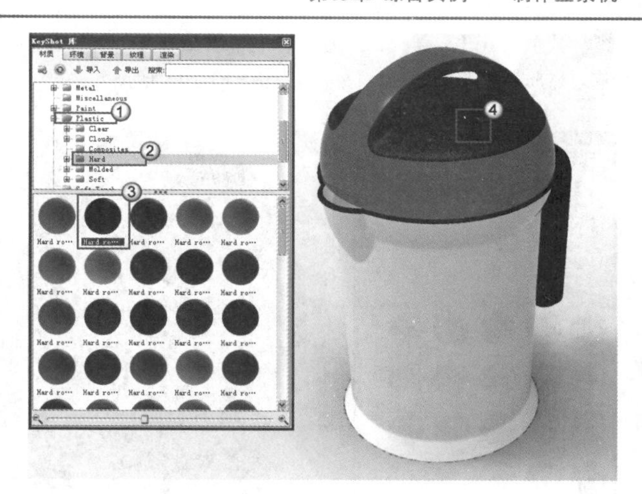

图13-189

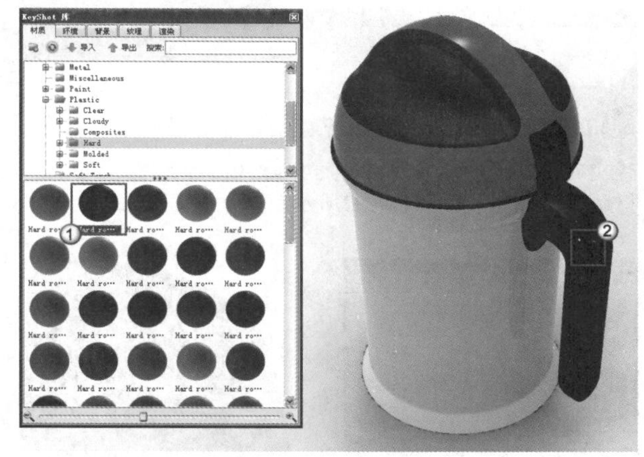

图13-190

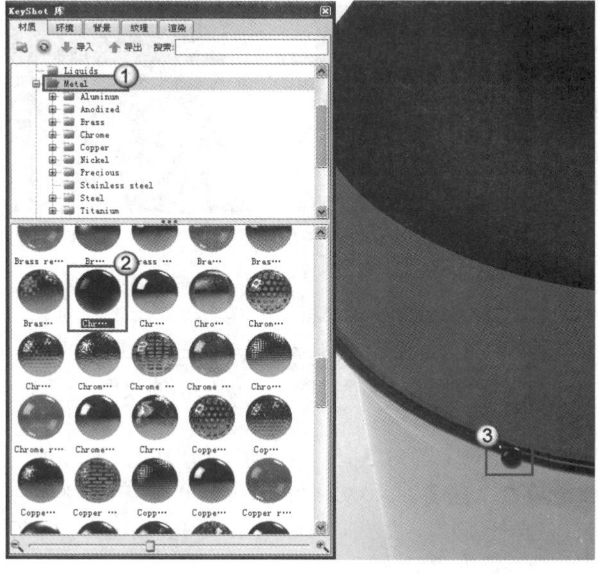

图13-191

10 找到Anodized rough black（黑色阳极电镀表面粗糙）材质，将其赋予金属插头，如图13-192所示。

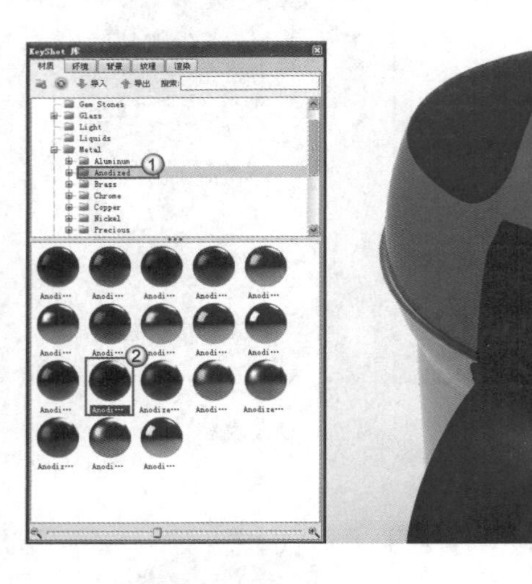

图13-192

11 再次展开Paint（油漆）目录，然后单击选择Gloss（光滑）分类，接着将Paint-gloss red（油漆-红色光滑）材质赋予插座，如图13-193所示。

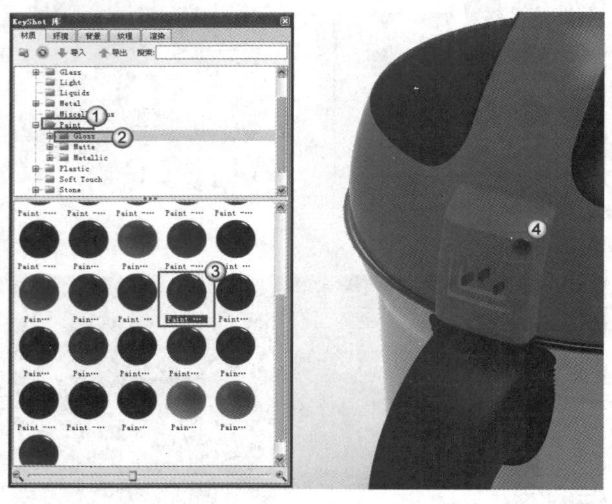

图13-193

12 在“KeyShot库”对话框中切换到“环境”选项卡，然后找到Conference_Room_3k（会议室_3k）环境贴图，将其拖曳至场景内，得到如图13-194所示的效果。

13 打开“项目”对话框，然后切换到“环境”选项卡，接着设置“亮度”为0.9、“高度”为0.2，再调整“背景”为“色彩”，如图13-195所示，得到如图13-196所示的最终渲染效果。

图13-194

图13-195

图13-196